"十二五"普通高等教育本科国家级规划教材

大学化学实验

Chemistry Experiments

林 深　王世铭　主编

第二版

化学工业出版社
·北京·

《大学化学实验》(第二版)是"十二五"普通高等教育本科国家级规划教材《大学化学实验》、《大学化学实验学习指导》的合并修订版。为方便教师教学和学生学习,删减了第一版两册中重复或相近的内容;补充或更新了化学实验科学发展的部分内容;学习指导融入每一章节中。内容共九章:化学实验基础知识,化学实验基本操作与规范,基本化学原理和无机物的制备,定量分析化学实验,有机物的制备,基本物理量及有关参数的测定,现代仪器分析实验,化工基础实验,综合性、设计性和研究性实验。综合性、设计性和研究性实验注意加强能源、材料、环境、生命科学的主题及交叉学科内容,注重培养学生创新意识、实践能力和独立解决化学问题的能力。

《大学化学实验》(第二版)面向普通高等院校近化学类专业如材料化学、材料物理、环境科学、环境工程、资源循环科学与工程、生物科学、生物技术、生物工程、地理科学、生态学、新能源科学与工程等开设基础化学实验的本、专科学生,同时可供工科院校有关专业化学实验课选用及化学实验人员参考使用。

图书在版编目(CIP)数据

大学化学实验/林深,王世铭主编. —2版. —北京:化学工业出版社,2016.10(2024.8重印)
"十二五"普通高等教育本科国家级规划教材
ISBN 978-7-122-27899-9

Ⅰ.①大… Ⅱ.①林…②王… Ⅲ.①化学实验-高等学校-教材 Ⅳ.①O6-3

中国版本图书馆CIP数据核字(2016)第197431号

责任编辑:刘俊之　　　　　　　　　　文字编辑:刘志茹
责任校对:宋　玮　　　　　　　　　　装帧设计:张　辉

出版发行:化学工业出版社(北京市东城区青年湖南街13号　邮政编码100011)
印　　装:涿州市般润文化传播有限公司
787mm×1092mm　1/16　印张31½　字数839千字　2024年8月北京第2版第6次印刷

购书咨询:010-64518888　　　　　　　售后服务:010-64518899
网　　址:http://www.cip.com.cn
凡购买本书,如有缺损质量问题,本社销售中心负责调换。

定　　价:66.00元　　　　　　　　　　　　　　　版权所有　违者必究

《大学化学实验》(第二版)编委会

主任: 林　深　王世铭

编委(按姓氏笔画排列)

马秀玲　王丽华　叶瑞洪　许利闽　李国清

吴　阳　林　棋　郑可利　郑细鸣　赵升云

胡志彪　黄　颖　黄紫洋　童庆松　颜桂炀

戴玉梅

前　言

由化学工业出版社出版的《大学化学实验》《大学化学实验学习指导》自2009年出版以来，在许多地方高校中使用，是具有一定影响力、适用于近化学类本科专业化学实验教学的高等学校实验教材，并于2012年入选第一批"十二五"普通高等教育本科国家级规划教材。教学一线教师和读者在对《大学化学实验》《大学化学实验学习指导》教材给予充分肯定之余，也提出了许多宝贵的意见和建议，编者对此表示由衷的感谢。随着教学思想更新、教育观念转变和教学改革深入以及对实验教学要求的不断提高，针对本教材在使用过程中存在的问题和不足，我们对第一版进行了修订，使第二版教材更有利于培养学生的实验技能和实验动手能力，更有利于培养学生的科学思维、创新意识和协作精神。

《大学化学实验》（第二版）的修订原则：

1. 保留第一版教材主体框架内容，删去第10章和两册中重复或相近的内容，使教材内容整体更加精练。

2. 为更加适应近化学类本科专业培养目标和化学实验科学发展的需要，补充或更新了部分内容。

3. 为适应不同学校实验教学改革的多样性和对教材的不同要求，方便教师教学和学生学习，《大学化学实验》和《大学化学实验学习指导》合并为一册，学习指导融入每一章节中。每一章设有绪论部分，概述该模块实验相关的化学实验与技术所依托的理论知识体系、学习总体要求和实验报告参考格式；每个实验之后配套实验操作要点及注意事项和实验知识拓展，思考题提示置于附录中。

4. 本教材共有九章：化学实验基础知识；化学实验基本操作与规范；基本化学原理和无机物的制备；定量分析化学实验；有机物的制备；基本物理量及有关参数的测定；现代仪器分析实验；化工基础实验；综合性、设计性和研究性实验。编写中遵循由易到难、循序渐进的原则，除第1章、第2章为基本知识、基本操作与规范，与各章均有联系外，其余各章均可独立使用。

本教材的特点：

1. 定位明确，符合近化学类理工科专业实践能力培养的要求；

2. 系统性强，注重化学实验与技术理论知识的系统化和实验综合能力的培养；

3. 内容精简，既满足近化学类专业少学时教学需要又凸显实验教学规律和特点；

4. 指导性强，便于学生自主学习、拓展化学实验科学知识，同时减轻教师负担。

《大学化学实验》（第二版）的编写由以下教师完成：王世铭、林深（第1章节选、第2章节选、第3章、附录），黄颖（第4章），戴玉梅（第1章节选、第2章节选、第5章），王丽华（第6章），马秀玲（第7章），吴阳（第8章），颜桂炀（第9章）。全书由林深、王世铭策划与统稿。

福建师范大学化学与化工学院、环境科学与工程学院、材料科学与工程学院、物理与能源学院、生命科学学院等实验教学教师，三明学院的郑可利，闽江学院的林棋，福建师范大学福清分校的叶瑞洪，武夷学院的郑细鸣、赵升云，泉州师院的李国清，龙岩学院的胡志彪等同志对本教材（第二版）修订大纲的讨论及审定稿提出了许多宝贵意见；特别需要指出的是童庆松、许利闽和黄紫洋老师对本教材（第一版）作出了贡献；教材修订、编写过程中还参阅了许多化学及化学实验教材，在此一并对以上老师及所参考教材的作者致以诚挚的谢意。

限于编者水平，书中不当之处在所难免，诚请专家同行及读者批评指正。

编 者

2016 年 6 月

第一版前言

化学实验教学的目的不只是培养学生的基本实验技能和动手实践能力，更重要的是培养学生的科学思维、创新意识、研究能力和协作精神。化学实验教材建设是实现这一目的的重要保证。本套教材是在福建师范大学化学与材料学院（福建省化学实验教学示范中心）多年来为本校高分子材料与工程、环境科学、环境工程、生物科学、生物技术、地理科学、生态学等专业学生开设基础化学实验的基础上，充分吸收化学实验教学改革研究成果和教学实践经验编写而成的。本大学化学实验教学体系坚持以学生为本，以知识传授、能力培养、素质提高、协调发展为教育理念，从根本上改变近化学学科专业化学基础实验教学依附于理论教学的传统观念，重视实验教学，充分认识并落实实验教学在近化学类理工科人才培养和实践教学工作中的地位，形成理论教学与实验教学既相对独立又有机结合的教学模式。

本套教材分为《大学化学实验》和《大学化学实验学习指导》两册，较全面地涵盖了近化学类学科专业的学生所必须掌握的化学实验相关知识和实验技能，同时还涉及部分当今化学研究的前沿领域和与化学密切相关的交叉学科的内容。立足于满足近化学类学科专业少学时基础化学实验教学的需要，面向普通高等理科院校环境、生物、制药、材料及地理等近化学类相关学科专业的本、专科学生，也可供工科院校有关专业化学实验课选用及化学实验人员参考使用。《大学化学实验》共分为10章：化学实验基础知识；化学实验基本操作；元素性质和无机物的制备；定量分析化学实验；有机化合物的制备；基本物理量及有关参数的测定；现代仪器分析实验；化工基础实验；综合性、设计性和研究性实验；生活中的化学实验。《大学化学实验学习指导》是《大学化学实验》教材的配套学习指导书，旨在帮助学生建立较为完整的基础化学实验知识结构体系，强调给予学生实验方法论的指导，提高学生自主学习的能力、实验的效率和成功率。

本教材力求突出以下特色：

（1）精选实验内容，同时满足大学化学实验和技术知识系统化和少学时教学的需要；

（2）大学化学实验和技术集成一套两册，便于近化学类学生选用，减轻学生负担，符合当今构建和谐社会节约环保的宗旨；

（3）《大学化学实验》与同期出版的《大学化学实验学习指导》配套使用，便于学生自主学习、拓展化学实验科学知识。

《大学化学实验》由林深、王世铭主编。本教材的编写设计思路由林深提出，各章节内容的编写主要由福建师范大学化学与材料学院本科教学一线教师完成：王世铭（第1章节选、第2章节选、第3章），童庆松（第1章节选、第2章节选、第4章节选、第7章），黄颖（第4章节选），戴玉梅（第1章节选、第2章节选、第5章），王丽华（第6章），吴阳（第8章），颜桂炀（第1章节选、第9章），许利闽（第10章），全书由林深、王世铭统稿。

教材编写过程中参阅了大量的化学及化学实验教材，龙岩学院的何立芳、胡志彪，三明学院的郑可利、邓如新，武夷学院的陈良壁、郑细鸣，闽江学院的林棋、杨平，福建师范大学福清分校的陈素平、叶瑞洪，泉州师院的李国清等对本套教材编写大纲的讨论、书稿的修改和定稿提出了许多宝贵意见，在此一并对所参考教材的作者及以上老师致以诚挚的感谢。

由于编者水平有限，书中难免有疏漏，诚请有关专家及读者批评指正。

编 者
2009 年 5 月

目 录

第1章 化学实验基础知识 ... 1
1.1 实验室规则 ... 1
1.2 实验室安全与事故处理 ... 1
1.2.1 实验室安全守则 ... 2
1.2.2 实验室意外事故的急救处理 ... 2
1.3 常见危险品及安全预防措施 ... 5
1.3.1 有毒化学品及其预防措施 ... 5
1.3.2 易燃、易爆品 ... 6
1.4 实验室"三废"的处理 ... 8
1.5 化学试剂的一般知识 ... 8
1.5.1 试剂的规格 ... 8
1.5.2 气体钢瓶 ... 9
1.6 实验用水 ... 9
1.7 实验数据的记录、测量结果的表示及实验误差 ... 10
1.7.1 误差的种类、起因和减免误差的措施 ... 10
1.7.2 有效数字和实验可疑数据的取舍规则 ... 11
1.7.3 实验记录 ... 12
1.7.4 实验数据的表示 ... 12
1.7.5 实验结果的表示 ... 13
1.8 化学实验学习方法 ... 14
1.9 化学实验文献资料 ... 15
1.9.1 工具书 ... 16
1.9.2 数据手册 ... 16
1.9.3 参考教材 ... 17
1.9.4 相关网站 ... 17

第2章 化学实验基本操作与规范 ... 19
2.1 化学实验基本仪器（或器具）介绍 ... 19
2.1.1 化学实验常用仪器 ... 19
2.1.2 有机化学实验室常用玻璃仪器与装置 ... 25
2.2 常用玻璃仪器的洗涤和干燥 ... 28
2.2.1 玻璃仪器的洗涤 ... 28
2.2.2 玻璃仪器的干燥 ... 30
2.3 加热方法与冷却方法 ... 30
2.3.1 加热装置 ... 30
2.3.2 常用的加热操作 ... 34
2.3.3 冷却方法 ... 36
2.4 试剂的取用 ... 36
2.4.1 试剂瓶的种类及化学试剂的存放 ... 36

2.4.2　试剂瓶塞子的开启方法 ·· 37
　2.4.3　试剂的干燥 ·· 37
　2.4.4　试剂的取用 ·· 39
2.5　液体试剂体积的量度仪器及使用方法 ·· 40
　2.5.1　量筒、量杯 ·· 40
　2.5.2　移液管、吸量管 ·· 41
　2.5.3　容量瓶 ··· 41
　2.5.4　滴定管 ··· 42
2.6　台秤、电子天平的使用 ·· 43
　2.6.1　台秤 ·· 43
　2.6.2　电子天平 ··· 44
2.7　气体的发生、净化和收集 ··· 45
　2.7.1　气体的发生 ·· 45
　2.7.2　净化和干燥 ·· 46
　2.7.3　气体收集 ··· 46
2.8　固体物质的溶解、固液分离、蒸发和结晶 ··· 47
　2.8.1　固体物质的溶解 ·· 47
　2.8.2　固、液分离及沉淀洗涤 ·· 47
　2.8.3　蒸发 ·· 52
　2.8.4　结晶与重结晶 ··· 52
　2.8.5　升华 ·· 53
2.9　试纸的使用 ··· 53
2.10　标准物质和溶液的配制方法 ··· 55
　2.10.1　标准物质 ··· 55
　2.10.2　标准溶液的配制方法 ··· 55
　2.10.3　一般溶液的配制及保存方法 ·· 56
2.11　常用无机微型仪器及其使用方法 ·· 57
2.12　化学基本操作实验 ··· 58
　实验2-1　仪器认领、洗涤与干燥 ·· 58
　实验2-2　粗食盐的提纯 ··· 59
　实验2-3　电子天平称量练习 ·· 61
　实验2-4　溶液的性质和配制 ·· 63
　实验2-5　滴定分析基本操作练习 ·· 65
　实验2-6　蒸馏 ·· 67
　实验2-7　简单分馏 ··· 70
　实验2-8　水蒸气蒸馏 ·· 72
　实验2-9　减压蒸馏（真空蒸馏） ·· 75
　实验2-10　有机物重结晶提纯法 ·· 79
　实验2-11　有机物熔点与沸点的测定 ··· 83
　实验2-12　萃取 ··· 86
　实验2-13　液态有机化合物折射率的测定 ·· 88
　实验2-14　薄层色谱法 ··· 91

第3章　基本化学原理和无机物的制备 ·· 94
3.1　基本无机化学原理 ··· 94

  3.1.1 无机化学原理概述 …… 94
  3.1.2 化学实验室三级试剂供储系统管理办法 …… 94
  3.1.3 学习要求 …… 96
 3.2 无机化学原理实验 …… 98
  实验 3-1 电离平衡与缓冲溶液 …… 98
  实验 3-2 氧化还原反应与电化学 …… 102
  实验 3-3 配合物与配位平衡 …… 106
  实验 3-4 平衡原理综合设计实验 …… 109
  实验 3-5 pH 法测定醋酸电离度及电离平衡常数 …… 110
  实验 3-6 化学反应速率与活化能 …… 115
 3.3 元素和化合物性质 …… 119
  3.3.1 无机化合物的颜色及其显色原因 …… 119
  3.3.2 化合物的性质及其研究方法 …… 121
 3.4 元素性质实验 …… 127
  实验 3-7 化合物的性质及其实验研究方法 …… 127
  实验 3-8 未知物鉴别与未知离子混合液的分离与鉴定——设计实验 …… 133
 3.5 无机物合成 …… 142
  3.5.1 无机合成（制备）的几个基本问题 …… 142
  3.5.2 无机化合物的常规制备方法 …… 145
  3.5.3 无机化合物的分离和提纯方法 …… 151
  3.5.4 无机物的结构鉴定和分析 …… 151
  3.5.5 产率的计算 …… 151
  3.5.6 学习要求 …… 152
 3.6 无机物合成实验 …… 153
  实验 3-9 硝酸钾的制备和提纯 …… 153
  实验 3-10 碱式碳酸铜的制备——设计实验 …… 155
  实验 3-11 由铁屑出发制备含铁化合物——综合实验 …… 156
    Ⅰ 硫酸亚铁铵的制备 …… 157
    Ⅱ 硫酸亚铁铵杂质及成品含量的分析 …… 158
    Ⅲ 三草酸合铁（Ⅲ）酸钾的制备及其性质 …… 160
  实验 3-12 以废铝为原料制备明矾——设计实验 …… 163

第 4 章 定量分析化学实验 …… 165
 4.1 滴定分析的原理和方法 …… 165
 4.2 重量分析的原理和方法 …… 165
 4.3 可见分光光度法概述 …… 166
 4.4 学习要求和实验报告参考格式 …… 166
 4.5 滴定分析实验 …… 167
  实验 4-1 甲醛法测定硫酸铵化肥中氮的含量 …… 167
  实验 4-2 混合碱的分析（双指示剂法） …… 170
  实验 4-3 络合滴定法测定天然水的总硬度 …… 172
  实验 4-4 溶液中铅铋含量的连续测定 …… 176
  实验 4-5 碘量法测定葡萄糖注射液中葡萄糖（$C_6H_{12}O_6$）的含量 …… 177
  实验 4-6 高锰酸钾法测定过氧化氢的含量 …… 180
  实验 4-7 重铬酸钾法测定铁矿石中铁的含量（无汞定铁法） …… 182

  实验 4-8 银量法测定生理盐水中氯化钠含量 ······ 184
 4.6 重量分析实验 ······ 186
  实验 4-9 丁二酮肟重量法测定合金钢中镍含量的测定 ······ 186
  实验 4-10 钡盐中钡含量的测定 ······ 189
 4.7 分光光度法分析实验 ······ 191
  实验 4-11 茶叶中微量元素的鉴定与定量分析 ······ 191

第 5 章 有机化合物的制备 ······ 196
 5.1 有机化合物制备的原理和方法 ······ 196
  5.1.1 有机合成概述 ······ 196
  5.1.2 有机化合物的常规制备方法 ······ 196
  5.1.3 有机化合物的分离和提纯方法 ······ 196
  5.1.4 有机物的结构鉴定和分析 ······ 196
 5.2 学习要求和实验报告格式 ······ 197
  5.2.1 学习要求 ······ 197
  5.2.2 实验报告格式 ······ 198
 5.3 有机化合物的制备实验 ······ 199
  实验 5-1 己二酸的制备 ······ 199
  实验 5-2 环己烯的制备 ······ 200
  实验 5-3 正丁醚的制备 ······ 204
  实验 5-4 1-溴丁烷的制备 ······ 206
  实验 5-5 肉桂酸的制备 ······ 208
  实验 5-6 三苯甲醇的制备 ······ 210
  实验 5-7 偶氮苯的制备及其光学异构化 ······ 213
  实验 5-8 电化学合成碘仿 ······ 214
  实验 5-9 微波辐射合成 2-甲基苯并咪唑 ······ 216
  实验 5-10 从茶叶中提取咖啡因 ······ 217
  实验 5-11 乙酰水杨酸（阿司匹林）的制备 ······ 219
  实验 5-12 局部麻醉剂苯佐卡因的合成——设计实验 ······ 221
  实验 5-13 利用官能团反应鉴别有机化合物——设计实验 ······ 221

第 6 章 基本物理量及有关参数的测定 ······ 223
 6.1 温度的测量 ······ 223
  6.1.1 温标 ······ 223
  6.1.2 温度计 ······ 223
  6.1.3 温度控制 ······ 228
 6.2 压力测量与真空技术 ······ 229
  6.2.1 压力的测量及仪器 ······ 229
  6.2.2 真空技术 ······ 233
  6.2.3 气体钢瓶及其使用 ······ 234
 6.3 实验报告要求 ······ 236
 6.4 热力学实验 ······ 237
  实验 6-1 温度测量与控制 ······ 237
  实验 6-2 凝固点下降法测尿素的摩尔质量 ······ 240
  实验 6-3 Sn-Bi 二组分金属相图 ······ 245
 6.5 电化学实验 ······ 249

实验6-4　电导法测乙酸电离平衡常数 …………………………………………………… 249
　　实验6-5　原电池电动势的测定 …………………………………………………………… 253
6.6　动力学实验 …………………………………………………………………………………… 260
　　实验6-6　旋光法测蔗糖水解反应速率常数 ……………………………………………… 261
　　实验6-7　乙酸乙酯皂化反应速率常数的测定 …………………………………………… 266
6.7　胶体化学和表面化学实验 …………………………………………………………………… 271
　　实验6-8　溶液吸附法测活性炭的比表面积 ……………………………………………… 271
　　实验6-9　溶液表面张力的测定——最大气泡法 ………………………………………… 274
　　实验6-10　黏度法测定高聚物的分子量 …………………………………………………… 279
　　实验6-11　电泳法测 $Fe(OH)_3$ 胶体的电动势 …………………………………………… 284
6.8　结构化学实验 ………………………………………………………………………………… 287
　　实验6-12　磁化率的测定 …………………………………………………………………… 287

第7章　现代仪器分析实验 ……………………………………………………………………… 293
7.1　学习要求和实验报告格式 …………………………………………………………………… 293
7.2　光学分析实验 ………………………………………………………………………………… 293
　　实验7-1　紫外分光光度法测定废水中苯酚含量 ………………………………………… 294
　　实验7-2　傅里叶变换红外分光光度法测定有机化合物的红外光谱 …………………… 296
　　实验7-3　原子吸收分光光度法测定生活用水中钙和镁的含量 ………………………… 298
　　实验7-4　电感耦合等离子体发射光谱法测定废水中镉、铬的含量 …………………… 301
　　实验7-5　荧光法测定维生素 B_2 片剂中核黄素含量 …………………………………… 303
7.3　电化学分析实验 ……………………………………………………………………………… 306
　　实验7-6　氟离子选择电极法测定饮用水中的微量氟 …………………………………… 307
　　实验7-7　银电极在碱性介质中的循环伏安曲线的测定 ………………………………… 311
7.4　分离分析实验 ………………………………………………………………………………… 314
　　实验7-8　气相色谱法测定白酒中乙酸乙酯的含量 ……………………………………… 314
　　实验7-9　高效液相色谱法测定磺胺类药物的含量 ……………………………………… 317

第8章　化工基础实验 …………………………………………………………………………… 320
8.1　实验基础知识和要求 ………………………………………………………………………… 320
　　8.1.1　流量测量技术 ……………………………………………………………………… 320
　　8.1.2　化工实验一般注意事项和安全知识 ……………………………………………… 325
8.2　实验预习和实验报告要求 …………………………………………………………………… 326
8.3　流体流动实验 ………………………………………………………………………………… 327
　　实验8-1　流体流动型态及临界雷诺数的测定 …………………………………………… 328
　　实验8-2　流体流动过程的能量转化 ……………………………………………………… 330
　　实验8-3　流体流动阻力的测定 …………………………………………………………… 334
　　实验8-4　离心泵特性曲线的测定 ………………………………………………………… 339
8.4　传热实验 ……………………………………………………………………………………… 343
　　实验8-5　空气-蒸汽传热膜系数的测定 …………………………………………………… 344
8.5　传质实验 ……………………………………………………………………………………… 350
　　实验8-6　干燥操作和干燥速率曲线的测定 ……………………………………………… 350
　　实验8-7　筛板精馏塔实验 ………………………………………………………………… 356
　　实验8-8　填料吸收塔传质系数的测定 …………………………………………………… 363
8.6　反应工程实验 ………………………………………………………………………………… 367

实验8-9　多釜串联反应器停留时间分布的测定 ·· 367

第9章　综合性、设计性和研究性实验 ·· 372

9.1　学习要求 ·· 372
9.1.1　综合性实验的要求 ·· 372
9.1.2　设计性实验的要求 ·· 372
9.1.3　研究性实验的要求 ·· 373
9.1.4　教学安排 ·· 373
9.1.5　建议时间安排 ·· 374

9.2　综合性实验 ·· 374
　　实验9-1　天然水体综合分析 ·· 374
　　实验9-2　表面活性剂综合分析 ·· 389
　　实验9-3　植物叶绿体色素的提取、分离、表征及含量测定 ·· 394
　　实验9-4　GC-ECD法测定蔬菜中拟除虫菊酯类农药的残留量 ·· 397
　　实验9-5　稀土铕、铽 β-二酮配合物的合成、表征及其发光性能测定 ·· 400

9.3　设计性实验 ·· 402
　　实验9-6　水和土壤中有机磷农药残留量的测定 ·· 402
　　实验9-7　γ-Al_2O_3的制备、表征和活性评价 ·· 403
　　实验9-8　光学树脂的合成与表征 ·· 405
　　实验9-9　环氧树脂的合成与表征 ·· 408
　　实验9-10　裂化催化剂活性的表征 ·· 409

9.4　研究性实验 ·· 411
　　实验9-11　纳米材料（CuO、Mn_2O_3、CdS）的合成与表征 ·· 411
　　实验9-12　微波等离子体化学反应制备纳米新材料 ·· 413
　　实验9-13　新型添加剂氨基酸锌的制备及性质 ·· 417
　　实验9-14　功能化超支化聚酯的合成 ·· 422
　　实验9-15　纳米组装血红蛋白的直接电化学和催化研究 ·· 427

附录 ·· 430
　　附录1　酸性、碱性溶液中的半电极反应和标准电极电势 ·· 430
　　附录2　难溶化合物的溶度积常数（298.16K） ·· 432
　　附录3　弱酸、弱碱在水中的解离常数（298.16K） ·· 434
　　附录4　配合物的稳定常数（298.16K） ·· 436
　　附录5　常用酸、碱溶液的密度和浓度 ·· 436
　　附录6　滴定分析中的常用指示剂 ·· 437
　　附录7　常用的缓冲溶液 ·· 438
　　附录8　常用基准物质及其干燥条件与应用 ·· 439
　　附录9　几种液体的折射率 ·· 440
　　附录10　实验室中某些试剂的配制 ·· 440
　　附录11　常见阳离子的鉴定 ·· 441
　　附录12　水的物性数据 ·· 444
　　附录13　不同温度下某些液体的密度 ·· 445
　　附录14　原子吸收光谱及原子发射常用谱带 ·· 446
　　附录15　红外、紫外常用特征峰 ·· 447
　　附录16　色谱常用固定相、流动相 ·· 451
　　附录17　KCl溶液的电导率（25℃） ·· 453

附录18 不同温度下甘汞电极的电极电势（vs. SHE） …………………………………… 453
附录19 不同温度下 Ag/AgCl 的电极电势（vs. SHE） …………………………………… 454
附录20 思考题提示 …………………………………………………………………………… 454
参考文献 ……………………………………………………………………………………… 487

第1章 化学实验基础知识

1.1 实验室规则

① 熟悉实验室水、电、燃气的阀门、消防器材、洗眼器与紧急淋浴器的位置和使用方法。熟悉实验室安全出口和紧急情况时的逃生路线。掌握实验室安全与急救常识,进入实验室应穿实验服并根据需要佩戴防护眼镜。

② 实验前认真预习,明确实验目的和要求,弄清实验原理,了解实验方法,熟悉实验步骤,查阅有关文献,写好预习报告。按时进入实验室,未预习者,不能进行实验。

③ 严格遵守实验室各项规章制度。

④ 实验室内要保持肃静,不得大声喧哗。实验应在规定的位置上进行,未经允许,不得擅自挪动。

⑤ 实验开始前要认真清点仪器和药品,如有破损或缺少,应立即报告指导教师,按规定手续补领。实验时如有损坏仪器、设备,应立即主动报告如实说明情况并按规定予以赔偿。

⑥ 必须认真完成规定的实验,如果对实验步骤或操作有改动、重做实验,或做规定内容之外的实验,必须经实验指导教师批准。

⑦ 实验时要认真观察,如实记录实验现象、数据;使用仪器时,应严格按照操作规程进行;试剂应按教材规定的规格、浓度和用量取用,若教材中未规定用量或自行设计的试验,应注意尽量节约试剂。

⑧ 爱护公物,节约药品、水、电、气等。

⑨ 保持实验室整洁、卫生和安全。药品仪器应整齐地摆放在一定位置,用后立即放还原位。废弃有机溶剂要倒入指定的回收瓶,有腐蚀性或污染的废液及废渣必须倒在废液桶或指定容器内,以便统一处理。破损温度计及发生意外事故要及时向教师报告并采取必要的措施,严防水银等有毒物质流失而污染实验室;火柴梗、废纸、碎玻璃等固体废物应倒入废物桶内,不得随地乱丢。严禁将实验仪器、化学药品擅自带出实验室。

⑩ 实验结束后,应将自己的实验台面、试剂架整理好,关闭水、电、燃气,认真洗手,实验记录由指导教师审阅、签字后方可离开实验室,注意按时交实验报告。

⑪ 实验后由同学轮流值日,负责打扫和整理实验室。关好门、窗,检查水、电、燃气阀门,待指导教师检查同意后,方可离开实验室。

1.2 实验室安全与事故处理

化学实验室是教与学、理论与实践相结合的重要场所,实验室教学是培养学生化学素质、安全和环境意识的重要环节;实验室的安全问题不仅关系到个人的健康安全,而且关系到国家财产安全。

化学实验室中存在有许多不安全的因素。首先,由于拥有大量易燃、易爆危险品和高压气体等,如果处理不当,操作失误或者遇到明火,往往会酿成火灾或爆炸事故。其次,有时在实验过程中会产生或使用大量的易燃、易爆、有腐蚀性、有毒的化学试剂等，如不加小心，极易造成事故。再者，在实验中还会用到各种电器设备，不仅要与220V的低压电打交道，甚至还会用到上千伏的高压电，如果缺乏用电安全常识，就有可能引起电器事故或由此引起二次事故。另外，在实验过程中，玻璃器皿破碎造成的皮肤与手指创伤、割伤也时有发生。

安全专家在对各种事故分析调查研究后提出了控制事故发生的"3E"措施，即安全技术（engineering）、安全教育（education）和安全管理（enforcement）。安全技术是指符合安全技术要求的设计，包括实验室安全设计、实验工艺流程、操作条件、设备性能的安全等。安全教育是要不断提高实验人员的安全素养，通过教育，使实验人员提高操作技能，了解各种不安全因素并懂得如何防止，一旦事故发生，能迅速冷静地排除事故。安全管理包括制定和执行与安全有关的制度、标准、章程等。

因此，为确保环境不受污染，确保人身安全和实验室、仪器、设备的安全，保证实验的正常进行，必须严格遵守实验室安全规则。掌握发生事故时的急救措施和紧急处理方法，是避免事故发生和处理事故的有效手段。

1.2.1 实验室安全守则

① 学生进入实验室前，必须进行安全、环保意识的教育和培训。

② 熟悉实验室及其周围环境，了解与安全有关的设施（如水、电、煤气的总开关，消防用品、洗眼器、喷淋器、急救箱等）的位置和使用方法。

③ 使用电器时，要谨防触电，不要用湿的手、物去接触电源，实验完毕及时拔下插头，切断电源。

④ 一切有毒的、恶臭气体的实验，都应在通风橱内进行。

⑤ 为了防止药品腐蚀皮肤和进入体内，不能用手直接拿取药品，要用药勺或指定的容器取用。取用一些强腐蚀性的药品，如氢氟酸、溴水等，必须戴上橡胶手套。绝不允许用舌头品尝药品。严禁将食品及餐具等带入实验室。

⑥ 不允许随意将各种化学药品混合，以免引起意外事故，自选设计的实验必须经指导教师批准后方可进行。

⑦ 使用易燃物（如酒精、丙酮、乙醚等）、易爆物（如氯酸钾等）时，要远离火源，用完应及时将易燃、易爆物加盖存放阴凉处。

⑧ 酸、碱是实验室常用试剂，浓酸或浓碱具有强烈腐蚀性，应小心取用，注意不要洒在衣服或皮肤上。实验用过的废酸应倒入指定的废酸缸中。使用浓 HNO_3、HCl、$HClO_4$、氨水、冰醋酸等时，均应在通风橱中操作。夏天，打开浓氨水、盐酸瓶盖之前，应先用自来水流水冷却后，再行开启。如不小心溅到皮肤和眼内，应立即用水冲洗。

⑨ 如果有机溶剂散落到实验台面或地上，应立即用吸水纸吸除，并做适当的处理。

⑩ 禁止使用无标签、性质不明的药品。实验室内所有药品不得带出实验室外。

⑪ 使用高压气体钢瓶（如氢气、乙炔等）时，要严格按规定进行操作，钢瓶应存放在远离明火、通风良好的地方。钢瓶在更换前仍应保持一部分压力。

⑫ 使用各种仪器时，要在教师讲解或阅读操作规程后，方可动手操作。

⑬ 实验室应保持整洁，废纸、废毛刷、玻璃碎片应投入废物桶内，要保持水槽的清洁，废液倒入指定废液缸中。

⑭ 实验完毕后必须洗手。值日生和最后离开实验室的人员应负责检查门、窗、水、煤气是否关好，电闸是否断开。

1.2.2 实验室意外事故的急救处理

为了对实验过程中意外事故进行紧急处理，实验室内均应配备急救医药箱。药箱内准备有下列药品和工具：医用酒精、紫药水、红药水、3％碘酒、烫伤膏、饱和碳酸氢钠溶液、饱和硼酸溶液、2％醋酸溶液、5％氨水、5％硫酸铜溶液、高锰酸钾晶体和甘油等；创可贴、消毒纱布、消毒棉、消毒棉签、医用镊子和剪刀等。

医药箱供实验室急救用，不得随便挪动或借用。

(1) 眼睛灼伤或掉进异物

一旦眼内溅入任何化学药品，应立即用大量水（洗眼器）缓缓彻底冲洗。忌用稀酸中和溅入眼内的碱性物质，反之亦然。对因溅入碱金属、溴、磷、浓酸、浓碱或其他刺激性物质的眼睛灼伤者，急救后必须迅速送往医院检查治疗。

若玻璃屑进入眼睛时，绝不可用手揉、擦，也不要试图让别人取出碎屑，尽量不要转动眼球，可任其流泪，有时碎屑会随泪水流出。用纱布轻轻包住眼睛后，迅速送医院处理。

(2) 割伤（玻璃或铁器刺伤等）

先将碎玻璃从伤口处挑出，如轻伤，可用生理盐水或硼酸溶液擦洗伤处，涂上紫药水（或红药水），必要时撒些消炎粉，用绷带包扎。伤势较重时，则先用酒精在伤口周围清洗消毒，再用纱布按住伤口压迫止血，并立即送往医院治疗。

(3) 烫伤

烫伤切勿用水冲洗。轻度烫伤可在烫伤处涂些烫伤膏或正红花油。烫伤较重时，若起水泡不宜挑破，涂上烫伤药膏，用纱布包扎后送医院治疗。

(4) 强酸腐蚀

先用大量水冲洗，然后以3％～5％碳酸氢钠溶液洗，再用水洗，拭干后涂上碳酸氢钠油膏或烫伤油膏。如受氢氟酸腐蚀受伤，应迅速用水冲洗，再用稀碳酸氢钠溶液冲洗，然后浸泡在冰冷的饱和硫酸镁溶液中30min，最后敷以硫酸镁（20％）、甘油（18％）、水和盐酸普鲁卡因（1.2％）配成的药膏，伤势严重时，应立即送医院急救。

(5) 强碱腐蚀

立即用大量水冲洗，然后用10％柠檬酸或硼酸溶液冲洗，最后用水洗。

(6) 溴、磷烧伤

溴灼伤，立即用大量水洗，再用苯或甘油洗，然后涂上甘油或烫伤油膏。磷烧伤用5％的硫酸铜、1％的硝酸银或10％的高锰酸钾溶液处理后，送医院治疗。

(7) 吸入溴、氯等有毒气体

吸入溴、氯、氯化氢等气体时，可吸入少量酒精和乙醚的混合蒸气解毒，同时应到室外呼吸新鲜空气。吸入硫化氢或一氧化碳气体感到不适时，应立即到室外呼吸新鲜空气。要注意吸入氯、溴气中毒时，不可进行人工呼吸，一氧化碳中毒不可施用兴奋剂。

(8) 中毒急救

实验中若感觉咽喉灼痛、嘴唇脱色或发酸、胃部痉挛或恶心呕吐、心悸头晕等症状时，则可能系中毒所致，视中毒原因实施下述急救后，立即送医院治疗，不得延误。

固体或液体毒物中毒，有毒物质尚在嘴里的立即吐掉，用大量水漱口。

误食碱者，先饮大量水再喝些牛奶。

误食酸者，先喝水，再服 $Mg(OH)_2$ 乳剂，最后饮些牛奶。不要用催吐药，也不要服用碳酸盐或碳酸氢盐。

重金属盐中毒者，喝一杯含有几克 $MgSO_4$ 的水溶液，立即就医。不要服催吐药，以免引起危险或使病情复杂化。

砷化物和汞化物中毒者，必须紧急就医。

(9) 触电事故

应立即切断电源，尽快用绝缘物（干燥的木棒、竹竿等）将触电者与电源隔离。

(10) 火灾事故紧急处理

万一实验室发生火灾,要保持镇静,立即切断电源及燃气源,并根据起火的原因,采取针对性的灭火措施。一般的小火用湿布、石棉布或沙子覆盖燃烧物灭火。火势大时可用泡沫灭火器。如电器起火,应当立即切断电源,再用四氯化碳灭火器灭火。情况紧急时应立即报警。注意在灭火的同时,要迅速移走易燃、易爆物品,以防火势蔓延。

火灾的发展分为初起、发展和猛烈扩展三个阶段。其中初起阶段持续 5～10min。实践证明,该阶段是最容易灭火的阶段,所以一旦出现事故,实验室人员应保持冷静,设法制止事态的发展。首先发出警报,然后尽快把火种周围的易燃物品转移,最后采用相应的手段灭火。常用的灭火措施有以下几种,使用时要根据火灾的轻重,燃烧物的性质、周围环境和现有条件进行选择。

① 石棉布　适用于小火。用石棉布盖上以隔绝空气,就能灭火。如果火很小,用湿抹布或石棉板盖上就行。

② 干沙土　一般装于沙箱或沙袋内,只要抛洒在着火物体上就可灭火。适用于不能用水扑救的燃烧,但对火势很猛,面积很大的火焰欠佳。如遇金属钠着火,可用细沙、石墨粉或石棉布扑灭。

③ 水　常用的救火物质。它能使燃烧物的温度下降,但一般有机物着火不适用,因有机溶剂与水不相溶,又比水轻,水浇上去后,溶剂还漂在水面上,扩散开来继续燃烧。但若燃烧物与水互溶,或用水没有其他危险时,方可用水灭火。在有机溶剂着火时,先用泡沫灭火器灭火,再用水降温是有效的救火方法。

④ 泡沫灭火器　实验室常用的灭火器材,使用时,把灭火器倒过来,往火场喷。由于它生成二氧化碳及泡沫,使燃烧物与空气隔绝而灭火,效果较好,适用于除电流起火外的灭火。但喷出的大量碳酸氢钠和氢氧化铝会给处理带来困难。

⑤ 二氧化碳灭火器　在小钢瓶中装入液态二氧化碳,使用时应打开灭火器上面的开关,对准火源喷射二氧化碳以灭火,要注意手不能握在喇叭筒处,以免冻伤。工厂和实验室中它都很适用,它不损坏仪器,灭火现场不留残渣,对于通电的仪器也可使用。但金属镁燃烧不可使用二氧化碳灭火器来灭火。

⑥ 四氯化碳灭火器　四氯化碳沸点较低,喷出来后形成沉重而惰性的蒸气掩盖在燃烧物体周围,隔绝空气,从而灭火。它不导电,适于扑灭带电物体的火灾。但它在高温时会分解出有毒气体,故在不通风的地方最好不用。另外,在有钠、钾等金属存在时不能使用,因为有引起爆炸的危险。

⑦ 其他灭火器　近年来还生产有多种新型的高效能的灭火器,如 1211 灭火器,它在钢瓶内装有药剂二氟一氯一溴甲烷,灭火效率很高;干粉灭火器是将二氧化碳和一种干粉剂配合起来使用,灭火速度很快。

⑧ 水蒸气　在有水蒸气的地方把水蒸气对火场喷,也能隔绝空气而起灭火作用。

⑨ 石墨粉　当钾、钠或锂着火时,可用石墨粉扑灭。

此外还应注意,在着火和救火时,若衣服着火,千万不要乱跑,因为这会因空气的迅速流动而加剧燃烧。正确的措施应当是躺在地下滚动,这样一方面可压熄火焰,另一方面也可避免火烧到头部。另外,立即脱下衣服,马上以大量水扑灭也是行之有效的方法。

如果火势已开始蔓延,则应该及时通知有关消防和安全部门,切断所有电源开关,并且尽量疏散那些可能使火灾扩大、有爆炸危险的物品以及重要物资,对消防人员进出通道及时清理,在专业消防人员到达后,主动介绍着火部位等有关信息。一些严重的紧急事故,要求进行人员疏散。

1.3 常见危险品及安全预防措施

1.3.1 有毒化学品及其预防措施

(1) 有毒化学品

毒物侵入人体后，通过血液循环分布到各个组织或器官中。由于毒物本身的理化特性及各自的生化、生理特点，可破坏人的正常生理机能，导致中毒。中毒可分为急性中毒和慢性中毒两种情况。急性中毒指短时间内大量毒物迅速作用于人体后所发生的病变，多见于突发性事故场合。慢性中毒指长期接触少量毒物，毒物在人体内积累到一定程度所引起的病变。

有毒化学品进入人体有三种途径：①呼吸道吸入，它是最常见，也是最危险的一种侵入方式。毒物经肺部吸收进入大循环，可不经肝脏的解毒作用直接遍及全身，产生毒性作用，从而引起急、慢性中毒。②皮肤吸收，如二硫化碳、汽油、苯等能溶解于皮肤脂肪层，且通过皮脂腺及汗腺而侵入人体。当皮肤破损时，各类毒物只要接触患处都可以顺利地侵入人体。③消化道摄取。

(2) 有毒化学品分类及其预防措施

① 窒息化学品　窒息气体取代正常呼吸的空气，使氧的浓度达不到维持生命所需的量，从而引起窒息（一般氧气浓度低于 16% 时，人会感到眼花；低于 12% 时，会造成永久性脑损伤；低于 5% 的场合，6~8min 人就会死亡）。窒息分为物理窒息和化学窒息，化学窒息更危险，如 HCN、CO，有关实验应在通风橱中进行。

② 刺激性化学品　氯气、氨气、二氧化硫等气体作用于上呼吸道黏膜，导致气管痉挛和支气管炎。当病情严重时，可发生呼吸道机械性阻塞而窒息死亡。

溴为棕色液体，易蒸发成红色蒸气，强烈地刺激眼睛、催泪，能损伤眼睛、气管和肺。触及皮肤，轻者剧烈的灼痛，重者溃烂，长久不愈。使用溴时，应加强防护，戴橡胶手套。除上述外，实验室还可能会有氮氧化物、三氧化硫、卤代烃、光气、硫酸二甲酯等，有关实验均应在通风橱中进行。

③ 麻醉或神经性化学品　锰、汞、苯、甲醇、有机磷等所谓"亲神经性毒物"作用于人体对神经系统起不良反应，会出现头晕、呕吐、幻视、视觉障碍、昏迷等。二硫化碳、砷、铊的慢性中毒可引起指、趾触觉减退、麻木、疼痛、痛觉过敏，甚至会造成下肢运动神经瘫痪和营养障碍。

④ 剧毒化学危险品　氰化钾、氰化钠、丙烯腈等系烈性毒品，进入人体 50mg 即可致死，与皮肤接触经伤口进入人体，即可引起严重中毒。氰化物遇酸产生氢氰酸气体，易被吸入人体而中毒。在使用氰化物时，严禁用手接触。大量使用这类药品时，应戴上口罩和橡胶手套。

汞及其可溶性化合物如氯化汞、硝酸汞、硝酸亚汞都是剧毒物品。金属汞因易蒸发，蒸气剧毒，又无气味，吸入人体具有累积性，容易引起慢性中毒，所以切不可麻痹大意。实验中应特别注意金属汞（如使用温度计、压力计、汞电极等）的使用。为减少室内的汞蒸气，贮汞容器应紧密封闭，而且汞表面要加水覆盖。一旦汞洒落在桌面或地面，首先应尽可能收集回收，其余用硫黄粉覆盖处理，使汞转变成不挥发的 HgS，最后清除干净。

砷和砷的化合物都有剧毒，常使用的是三氧化二砷（砒霜，内服 0.1g 即可致死）和亚砷酸钠。这类物质的中毒一般由于口服引起。当用盐酸和粗锌作用制备氢气时，也会产生一些剧毒的砷化氢气体，应加以注意。一般将产生的氢气经过高锰酸钾洗涤后再使用。砷的解毒剂是二巯基丙醇，由肌肉注射即可解毒。通常服用新配制的氧化镁与硫酸铁溶液强烈摇动后而成的氢氧化铁悬浮液。

其他有毒无机物还很多，如磷、铍的化合物，可溶性钡盐、铅盐等，使用时都应注意，这里不一一介绍。

⑤ 强腐蚀化学品　氢氟酸有第一酸之称，具有强烈的腐蚀作用，轻者使人剧痛难忍，重者肌肉腐烂，如不及时抢救，就会造成死亡。因此在使用氢氟酸时，应特别注意，操作必须在通风橱内进行，并戴上橡胶手套，用塑料滴管吸取。另外，在工作中所有可能接触到氢氟酸的地方都要备有葡萄糖酸钙。一旦有皮肤接触氢氟酸，立即用大量水淋浴，彻底冲洗皮肤5min，在灼伤处擦葡萄糖酸钙，然后尽快接受医生的检查和处理。

(3) 防毒措施
① 养成良好的个人卫生习惯，保持实验室良好的环境卫生。
② 实验前应了解所用药品的性能、毒性；实验时操作要规范，采取必要的防护措施，进入实验室一定要穿工作服，必要时选择并戴好防护眼镜、防护手套；离开实验室要洗手。
③ 加强室内通风条件，防止吸入有毒气体、蒸汽、烟雾。相应的化学操作一定要在通风橱中完成。改进实验方案，尽量不用或少用有毒物质。

1.3.2　易燃、易爆品

(1) 燃爆类别
① 燃烧　它是一种同时有热和光产生的剧烈氧化反应。燃烧的发生必须同时具备三个条件：a. 可燃物质，如气体、液体和固体可燃物；b. 助燃物质，如氧或氧化剂；c. 点火能源，即要使可燃物和助燃物发生化学反应，必须具备足够的点火能量。实验室潜在的点火能源有明火、电器火花、摩擦静电火花、化学反应热、高温表面、雷电火花、日光聚焦。因此，预防燃烧发生的措施是避免燃烧三条件同时出现。化学实验室唯一可行的预防措施是禁止明火出现。

② 爆炸　物系在热力学上是一种或多种均一或非均一很不稳定的体系，当受到外界能量的激发时，迅速地从一种状态转变为另一种状态，并在瞬间以机械功的形式放出大量能量，此过程称为爆炸。爆炸具有过程进行快，爆炸点附近瞬间压力急剧升高，发出响声和周围介质发生振动或物质遭到破坏等特点。爆炸只能预防，不能中途控制。爆炸分为物理爆炸和化学爆炸。物理爆炸如压力容器爆炸，化学爆炸如物质发生高速放热的化学反应，产生大量气体并急剧膨胀做功而形成的爆炸。

(2) 燃爆危险品种类
① 可燃气体　如 H_2、CH_4、乙炔、煤气等。当这类气体从容器或管道里泄漏出来，或者空气进入盛有这类气体的容器相互混合达到某种浓度范围时，遇火就会立即燃烧，甚至能在瞬间将燃烧传播到整个混合物而发生爆炸。

② 可燃液体　一般是指闪点小于45℃的易燃液体，如乙醚、丙酮、汽油、苯、乙醇等。所谓闪点是指液面挥发的可燃性气体与空气混合，当火源接近时，发生瞬间火苗或闪光的最低温度。在闪点时，液体的挥发速度并不快，蒸发出来仅能维持一刹那的燃烧，还来不及补充新的蒸气，所以火焰会自然熄灭。闪点低的可燃液体在常温下就能不断地挥发出可燃蒸气，与空气形成爆炸性混合物。因此，闪点越低，危险性越大。乙醚的闪点为－45℃，特别是夏天乙醚的放置更要当心。有些人习惯把乙醚放入冰箱，这同样具有危险性。因为液体在任何温度下都能挥发，只不过温度低时挥发得慢，温度高时挥发得快。由于冰箱空间小，长期不打开冰箱，就会使乙醚充满整个空间。一般冰箱使用继电器控温，如果继电器质量不好就可能产生火花并引起爆炸，这样的事故曾经发生过。

实验中使用易燃有机溶剂时，注意取用应在通风橱中进行，并且不能用烧杯等敞口容器盛装，盛装容器不得靠近火源，更不能直接加热，数量较多的易燃有机溶剂，应放在危险药品柜内。蒸馏易燃溶剂时，应采用水浴加热，并远离火源；整套装置切勿漏气，接收器支管应与橡胶管相连,使余气通往水槽或室外。切勿将易燃溶剂倒入废液缸内,用过的溶剂要设法回收。

③ 易燃固体　凡是遇火、受热、撞击、摩擦或与氧化剂接触能着火的固体称为可燃固体,燃点小于300℃的称为易燃固体。固体物质的颗粒越细,其危险性越大,如镁粉、铝粉、合成树脂粉,当粒度小于10μm时,会悬浮在空气中,它们与空气形成的混合物具有一定的爆炸性。

④ 自燃物　有些物质,在没有任何外界热源的作用下,由于本身自行发热和向外散热的速度处于不平衡状态,热量积蓄,温度升高到自燃点能自行燃烧,称为自燃物。自燃物分为两个级别。其中一级自燃品,在空气中氧化速度极快,自燃点低,燃烧迅速而猛烈,危害性大。例如黄磷,自燃点为34℃,在常温下就能与空气中的氧发生氧化反应,同时放出大量热,极易达到自燃点而燃烧,故应存放于水中。

⑤ 遇水燃烧物　有些化学品当吸收空气中的潮气或接触水分时,会发生剧烈反应,并放出可燃气体和大量热量,这些热量使可燃气体的温度猛升到自燃点而发生燃烧或爆炸。根据物质性质不同,遇水后危险程度不同,碱金属、硼氢化物置于空气中就会自燃;氢化钾遇水具有自燃性和自爆性;磷化钙遇水生成有毒磷化氢。遇水燃烧物遇到酸或氧化剂时,反应更剧烈,危险性更大。安全预防措施有:a. 密封放置,严禁受潮,如K、Na应放入煤油中;b. 与氧化剂、酸、易燃物、含水物隔离;c. 发生火灾时,只能用干沙或干粉灭火,不能用水、泡沫灭火器、二氧化碳灭火器灭火;d. 在通风橱中使用,防止外撒或细粉在空气中扩散。

⑥ 混合危险物　两种或两种以上物质,相互混合或接触能发生燃烧和爆炸。一般发生在强氧化剂和还原剂之间。实验室的强氧化剂有硝酸盐、高氯酸盐、高锰酸钾、重铬酸钾、过氧化物、发烟硝酸、发烟硫酸等;强还原剂有胺类、醇类、油脂、硫黄、磷、碳、金属粉等。因此,氧化剂使用安全的原则是:a. 用量最小化;b. 远离有机品、易燃品、还原剂存放;c. 实验过程中注意移去不必要的化学品;d. 使用通风橱和个人安全防护用品;e. 防止过期化学品中有过氧化物存在。在化学实验室中易形成过氧化物的化学品有乙醛、环己烯、乙醚、对二氧六环、金属钠、四氢呋喃、二异丙醚等。防止过氧化物引起爆炸的措施有:a. 熟悉常用的易形成过氧化物的化学品;b. 过期药品使用前要检查是否含有过氧化物;c. 加还原剂去除过氧化物;d. 化学品应存放于干燥、低温、阴暗处。

⑦ 其他危险品　实验室可能还会使用其他一些燃爆危险品,使用时要十分小心。例如过氧化合物、苦味酸、叠氮化合物、高氯酸盐等对撞击敏感的危险品。

(3) 安全措施

① 存有易燃易爆物品的实验室禁止使用明火,如需加热,可使用封闭式电炉、电热套或可加热的磁力搅拌器,玻璃加工操作应有专用房间。

② 使用电磁搅拌前应检查转动是否正常,有无火花产生。

③ 加热回馏易燃液体时,蒸馏中途不要添加沸石。对于乙醚等试剂,在进行回流和加热之前,应检查是否有过氧化物存在,如有,应先除去过氧化物后方可进行。

④ 实验室保持良好的通风环境,实验过程应在通风橱中进行。

⑤ 如有机溶剂洒落在实验台面和地上,应立即用吸水纸吸除,并做适当的处理。

⑥ 熟悉使用物质的爆炸危险性质、影响因素与正确处理事故的方法,了解仪器结构、性能、安全操作条件和防护要求。

⑦ 干燥有爆炸危险性的物质时,不得关闭烘箱门,且宜使用氮气保护。

⑧ 使用个人保护措施。

⑨ 禁止使用无标签、性质不明的物品。

⑩ 勿将易燃液体与玻璃器皿放于日光下,否则由于玻璃弯曲面的聚焦作用,会产生局

部高温而引起爆炸事故。

1.4 实验室"三废"的处理

化学实验室中会遇到各种有毒的废渣、废液和废气（简称"三废"），如不加处理随意排放，就会对周围的环境、水源和空气造成污染，形成公害。"三废"中的有用成分，不加回收，在经济上也是个损失。因此，树立环境保护观念，综合利用，变废为宝，处理及减免污染，也是实验室学习的重要组成部分。

(1) 废气处理

产生少量有毒气体的实验应在通风橱内进行。通过排风设备将少量毒气排到室外（被大量空气稀释），以免污染室内空气。

产生大量毒气或剧毒气体的实验，必须有吸收或处理装置。如二氧化氮、二氧化硫、氯气、硫化氢、氟化氢等酸性气体用碱液吸收后排放；氨气用硫酸溶液吸收后排放；一氧化碳可点燃转化为二氧化碳或Cu(Ⅰ)氨液吸收。

(2) 废渣处理

有回收价值的废渣应收集起来统一处理，回收利用，少量无回收价值的有毒废渣也应集中起来进行处理。

① 钠、钾屑及碱金属、碱土金属氢化物、氨化物悬浮于四氢呋喃中，在搅拌下慢慢滴加乙醇或异丙醇至不再放出氢气为止，再慢慢加水澄清后冲入下水道。

② 硼氢化钠（钾）用甲醇溶解后，用水充分稀释，再加酸、放置，此时有剧毒硼烷产生，所以应在通风橱内进行，其废液用水稀释后冲入下水道。

③ 酰氯、酸酐、三氯化磷、五氯化磷、氯化亚砜在搅拌下加入大量水中，用碱中和后再排放。

④ 沾有铁、钴、镍、铜催化剂的废纸、废塑料，变干后易燃，不能随便丢入废纸篓内，应注意回收、集中处理。

⑤ 重金属及其难溶盐能回收的尽量回收，不能回收的集中处理。

(3) 废液处理

有回收价值的废液应收集起来统一处理，回收利用；无回收价值的有毒废液也应集中起来送废液处理站或在实验室分别进行处理后排弃。

实验室应配备酸、碱、有机溶剂等回收桶，有害化学废液集中回收时应注意：a. 检查回收桶液面高度，控制加入后的废液不能超过容器的3/4；b. 加新液体前应做相溶性实验；c. 为防止溢出烟和蒸汽，每次倾倒废液之后应盖紧容器；d. 填写化学废物记录卡。

废液混合安全检查方法：在通风橱中，取目标液50mL于烧杯中，插入温度计，慢慢混合化学废液到适当的体积比，如果起泡、产生蒸汽或温度上升10℃，则停止混合，该目标物不能倒入废液桶，如果5min内无反应，则可以混合。

废物处理时，注意要使用个人保护工具，如防护眼镜、手套等，有毒蒸气的废物处理时应使用通风橱。为了给废液处理单位提供参考，废液废物记录卡填写内容应包括：废物名称、每种化学品的量、主要有害特征等有关信息。

1.5 化学试剂的一般知识

1.5.1 试剂的规格

化学试剂是用于研究其他物质的组成、性状及其质量优劣的纯度较高的化学物质。化学试剂种类繁多，分类的标准不尽相同。

实验室使用最普遍的试剂为一般试剂，其规格是以其中所含杂质的多少划分为一级、二级、三级及生物试剂。一般化学试剂的规格和适用范围见表1-1。

表1-1 一般化学试剂的规格和适用范围

级别	名称	符号	适用范围
一级	优级纯	G.R.	精密的分析研究
二级	分析纯	A.R.	精密的定性、定量分析用
三级	化学纯	C.P.	一般定性分析及化学制备用
生物试剂	生化试剂、生物染色剂	B.R.	生物化学及医学化学实验用

指示剂也属于一般试剂，此外还有标准试剂、高纯试剂、专用试剂等。

标准试剂是用于衡量其他待测物质化学量的标准物质，我国习惯称其为基准试剂。标准试剂的特点是主体含量高而且准确可靠。我国规定容量分析第一基准和容量分析工作基准其主体含量分别为 $100\%\pm0.02\%$ 和 $100\%\pm0.05\%$。

高纯试剂中的杂质含量低于优级纯或基准试剂，其主体含量与优级纯试剂相当，而且规定检测的杂质项目要多于同种的优级纯或基准试剂。它主要用于痕量分析中试样的分解及试液的制备。如测定试样中超痕量铅，就须用高纯盐酸溶液，因为优级纯盐酸所引入的铅可能比试样中的铅还多。

专用试剂是指具有专门用途的试剂。例如仪器分析专用试剂中有色谱分析标准试剂、薄层分析试剂、核磁共振分析专用试剂、光谱纯试剂等。专用试剂主体含量较高，杂质含量很低。如光谱纯试剂的杂质含量用光谱分析法已测不出或者杂质的含量低于某一限度，它主要用于光谱分析中的标准物质。但光谱纯试剂不能作为分析化学中的基准试剂。

按规定，试剂瓶的标签上应标示试剂名称、化学式、摩尔质量、级别、技术规格、产品标准号、生产批号、厂名等，危险品和毒品还应给出相应的标志。

同一化学试剂因规格不同而价格差别很大，实践中应本着节约的原则，根据实验要求选用不同级别的试剂，以能达到实验结果的准确度为准，尽量选用低价位的试剂。

1.5.2 气体钢瓶

实验室气体一般以高压状态储存在钢瓶中。在储存使用时要严格遵守有关规程，避免气体误用和造成事故。常用高压气体钢瓶的颜色与标志见表1-2。

表1-2 常用高压气体钢瓶的颜色与标志

气瓶名称	瓶体颜色	字样	字样颜色	气瓶名称	瓶体颜色	字样	字样颜色
氧气瓶	天蓝	氧	黑	氨气瓶	黄	氨	黑
氢气瓶	深绿	氢	红	乙炔气瓶	白	乙炔	红
氮气瓶	黑	氮	黄				

1.6 实验用水

在化学实验中洗净仪器、配制溶液、洗净产品以及分析测定等都要用到大量不同级别的纯水，而不能用普通的自来水代替。化学用水的规格、制备和使用简介如下。

(1) 规格

根据国家标准 GB 6682—86 的技术要求，实验室用水分为一级、二级和三级，其主要指标见表1-3。

表 1-3　实验室用水的级别及主要指标

指标名称		一级	二级	三级
pH 范围(25℃)		—	—	5.0~7.5
电导率(25℃)/ $\mu S \cdot cm^{-1}$	≤	0.1	1.0	5.0
吸光度(254nm,1cm 光程)	≤	0.001	0.01	—
二氧化硅/ $mg \cdot L^{-1}$		0.02	0.05	—

电导率是纯水质量的综合指标,其值越低,说明水中含有的杂质离子越少。

(2) 制备方法

化学实验用的纯水常用蒸馏法、电渗析法和离子交换法来制备。

① 蒸馏法　将自来水在蒸馏装置中加热汽化,水蒸气冷凝后即得蒸馏水。该法可除去水中的非挥发性杂质及微生物等,但不能除去易溶的气体。

② 电渗析法　电渗析法是将自来水通过由阴、阳离子交换膜组成的电渗析器,在外电场的作用下,利用阴、阳离子交换膜对水中阴、阳离子的选择透过性,使杂质离子自水中分离出来,从而达到净化水的目的。

③ 离子交换法　离子交换法是将自来水通过内装有阳离子交换树脂和阴离子交换树脂的离子交换柱,利用交换树脂中的活性基团与水中的杂质离子发生交换反应,以除去水中的杂质离子,实现水的净化。用此法制得的水通常为"去离子水",其纯度较高。

三级水可采用蒸馏、反渗透、离子交换及电渗析等方法制备;二级水含有微量的无机、有机或胶质杂质,可用反渗透或去离子后再经蒸馏方法制备;一级水基本上不含有溶质或胶态离子杂质及有机物,可用二级水经进一步蒸馏、离子交换等方法制备。

(3) 纯水的使用

三级水、去离子水适用于一般的实验室工作,如洗涤仪器、配制溶液等。在定量分析化学中,有时要用二级水或将二级水加热煮沸后再用。在仪器分析实验中,一般用二级水。有时将去离子水分为"一次水"和"二次水","一次水"指自来水经电渗析器提纯的电渗析水,其质量接近于三级水,可用于一般的无机化学实验和定量化学实验;"二次水"指电渗析水再经离子交换树脂处理后的离子交换水,其质量介于一级水和二级水之间,可用于仪器分析实验。水的纯度越高,价格越贵,所以在保证实验要求的前提下,要注意合理用水与节约用水。

1.7　实验数据的记录、测量结果的表示及实验误差

1.7.1　误差的种类、起因和减免误差的措施

物理量测量过程中,有很多因素影响所得实验结果的准确程度,即人们不能得到绝对无误的真值,只能对测试对象做出相对准确的估计。因此要求实验工作者必须有正确的误差概念,能够判断误差的种类,找出产生误差的原因,然后有针对性地采取措施,以提高测定的准确度。

误差按产生的原因及特点可分为三类。

(1) 系统误差

这种误差使测量结果总是偏向某一方,使所测的数据恒偏大或恒偏小。引起系统误差的因素有:测量仪器未经校准或调节不当;实验方法不够完善;计算公式的近似性;化学试剂纯度不够;实验者操作上的不良习惯等。

系统误差不能通过增加测量次数取平均值来消除。一般通过采用空白试验、对照试验和仪器校正,发现系统误差,而后通过对仪器的校正和精心调节、实验方法的改进、试剂的提

纯、实验者不良习惯的改正等措施使系统误差消除或减少到最小限度。

(2) 随机误差（又称偶然误差）

随机误差由于外界条件（如温度、湿度、压力、电压……）不可能绝对保持恒定，它们总是不时地发生着不规则的微小变化，以及实验者在估计仪器最小分度值以下数值时难免会有时略偏大有时略偏小等因素引起。所以随机误差有时大，有时小，有时正，有时负。虽然可通过改进测量技术、提高实验者操作熟练程度来减小，但不可避免。随机误差一般服从正态分布规律，其分布特点之一是绝对值相等的正误差和负误差出现的概率相等，因此可采用多次测量取平均值的办法来消除。

如果测量中只存在随机误差，而且测量次数足够多时，根据上述随机误差的分布特点，测量结果的算术平均值可以代替真值。

(3) 过失误差

由于操作不仔细（如看错读数、加错试剂、记录写错等）而造成的误差称为过失误差。只要实验者严肃认真地进行实验工作，这种误差就可避免。

总之，一个好的测量结果应该只含有随机误差。

1.7.2 有效数字和实验可疑数据的取舍规则

有效数字的有效位是指从数字最左边第一个不为零的数字起到最后一位数字的数字个数。例如：20.57g、0.02057kg 都是 4 位有效数字，最后一位数字是估计出来的，为可疑数字，但它不是臆造的，所以记录时必须保留。注意首位数字≥8 的数据，其有效数字的位数可多算一位，如 8.64 可看作 4 位有效数字，而常数、系数等，有效数字的位数没有限制。

(1) 有效数字的修约

任何测量的准确度都是有限的。人们在实验中只能以一定的近似值表示该测量结果，因此在实验记录时，既不可随意多写数字的位数，夸大测量精度；也不可轻率少写数字的位数，降低测量的精度。如在酸度计上读取某试液的 pH 为 6.20。若记作 6.2 或 6.200 二者都不能正确如实地反映测量的精度。在数据后的"0"也不能任意增加或删去。有效数字修约时应采用"四舍六入五成双"规则：当测量值中被修约的数字≤4，则舍去；≥6，则进 1；等于 5 时其右边的数字并非全部为 0，则进 1，若其右边的数字皆为 0，所拟保留的末位数字为奇数时，则进 1，若为偶数（包括"0"）时，则不进。注意修约数字时，应一次修约到所需要的位数，不得连续进行多次修约。

(2) 有效数字的运算

加减运算结果中，保留有效数字的位数应与绝对误差最大的一个数据相同。乘除运算结果中，保留有效数字的位数应以相对误差最大（即位数最少）的数据为准。如在乘、除、乘方、开方运算中，若第一位有效数字≥8 时，则有效数字可以多计一位，如 8.25 可看作四位有效数字。对数计算中，对数小数点后的位数应与真数的有效数字位数相同。计算式中用到的常数以及乘除因子，可以认为其有效数字的位数是无限的，不影响其他数据的修约。实验中按照操作规程使用经校正过的容量瓶、移液管时，其体积如 250mL、10mL，达刻度线时，其中所盛（或放出）溶液体积的精度一般可认为具有 4 位有效数字。

(3) 可疑数据的取舍

分析测定中常常有个别数据与其他数据相差较大，成为可疑数据（或称离群值、异常值）。对于有明显原因造成的可疑数据，应予舍去，但是对于找不出充分理由的可疑数据，则应慎重处理，不可一概保留，也不可随意舍去。应根据数理统计的规律，判断这些可疑数据是否合理，再行取舍。

在 3~10 次的测定数据中，有一个可疑数据时，可采用 Q 或 $4d$ 检验法决定取舍；若有两个或两个以上可疑数据时，宜采用 Grubbs 检验法。

1.7.3 实验记录

实验记录是对研究工作的原始状况的记载，是整理实验报告和研究论文的依据。实验记录也是培养学生严谨的科学作风和良好工作习惯的重要环节。

学生应有专用、预先编有页码的实验记录本。在使用过程中，记录本不得撕去任何一页。实验记录中，对文字的记录应整齐清洁。记录数据尽量使用表格形式更为清楚明白。实验记录应尽可能详细，有些似乎没有用的数据也宁可在整理实验报告时舍去，以避免因缺少数据而重新做实验。总之，当实验记录完成时，别人应能看懂所记录的内容，并能根据记录重复该实验的全部内容。

实验过程中，应及时、准确地记录各种测量数据。注意有效数字的位数，绝不能随意拼凑和伪造数据；在重复观测时，每一个数据，都是测量结果，即使数据完全相同，也应记录下来。在实验记录过程中，如发现数据算错、测错或读错而需要改动时，可将该数据用一横线划去（不要涂改或抹掉），并在其上方写上正确的数字。

实验过程中涉及的各种特殊仪器的型号以及溶液的浓度、摩尔比等，也应准确记录。实验记录要如实反映实验过程的情况。当实际发生的实验现象和预期的相反时，或与教材所叙述的内容不一致时，也应记下实验的情况，以便探讨其原因。

1.7.4 实验数据的表示

取得实验数据后，应以简明的方式表达出来。通常可采用列表法、图解法和数学方程表示法等表达方法。

(1) 列表法

列表法是将一组实验数据中的自变量和因变量按一定形式和顺序一一对应列成表格。

列表法简单易行，不需特殊图纸和仪器，形式紧凑又便于参考比较。在同一表格内，可以同时表示几个变量间的变化情况。实验的原始数据一般是用列表法记录。列表时需注意以下事项。

① 每一表格应有完整简明的表名。若表名不足以说明表中数据含义时，则在表名或表格下面再进一步说明。如获得数据的实验条件、数据来源等。

② 表格中每一横行或纵列要有名称和单位。在不加说明即可了解的情况下，表格中应尽可能用符号表示。

③ 自变量的数值常取整数或其他方便的值，间距最好均匀，按递增或递减的顺序排列。

④ 表中所列数据的有效数字位数应取舍适当，同一纵列中小数点应上下对齐，以便相互比较。表中数值为零时应记作"0"，数值空缺时应记为短横"—"。

(2) 图解法

将实验数据按自变量与因变量的对应关系标绘成图形，能够把变量间的变化趋向，如极大、极小、转折点、周期性变化以及变化速率等重要特性直观地显示出来，便于进行分析研究。为了把实验数据用图形正确地表示出来，需注意以下一些要点。

① 正确选择坐标纸　应根据具体情况选择直角毫米坐标纸、半对数坐标纸或对数坐标纸。

② 正确选择比例尺度　下面就直角毫米坐标图绘制技术作一简要的说明。习惯上以 x 轴代表自变量，y 轴代表因变量，横、纵坐标原点不一定从零开始。坐标轴应注明所代表的变量的名称和单位，一般将坐标轴表示的物理化学量除以其基本单位得到的纯数字量作为坐标。如某坐标轴表示物理量温度，其单位为 K（或℃）。若用温度除以基本单位 1K（或 1℃），其结果就成为纯数字量。这样的处理是使绘图规范化和带来方便。从图中读出数据时应注意单位的变化。坐标轴上比例尺度的选择对表达实验数据及其变化规律极为重要。坐标分度应便于读出图上任一点的坐标位置。而且其精度应与测量的精度一致。对于主线间分为

十等份的直角坐标,每格所代表的变量值以 1、2、4、5 等数量最为方便,应避免采用 3、6、7、9 等数值。在最小分度不超过实验数据精度的情况下,可用低于最小测量值的某一整数点作起点,以高于最大测量值的整数作终点,使全图布局匀称。

③点和线的描绘　作图点标绘于坐标纸上时,可用点圆符号("○"),圆心小点表示测得数据的正确值,圆的大小粗略表示该点的误差范围。若需在一张图纸上表示几组不同的测量值时,则各组数据应分别选用不同形式的符号,以示区别,如用形式为"△"、"▲"、"×"、"○"、"●"等符号,并在图上简要注明各符号分别代表何种情况。

如各实验点呈直线关系,用铅笔和直尺依各点的趋向,在点群之间画一直线。注意所取的直线应使所在的直线两侧的点数近乎相等。对于曲线来说,一般在其平缓变化部分,测量点可取得少些;而在关键点,如滴定终点、极大、极小以及转折等变化较大的区间,应适当增加测量点的密度,以保证曲线规律是可靠的。

描绘曲线应表现出整体走向,一般不必通过图上所有的点,但应力求使各点均匀地分布在曲线两侧附近。对于个别远离曲线的点,作图时先用硬铅笔(2H)沿各点的变化趋势轻轻描绘,再以曲线板逐段拟合手描线的曲率,绘出光滑曲线。为了使曲线各段连接处光滑连续,使用曲线板时,不应将曲线板上的曲边与手描线的所有重合部分一次描完,应每次只描一段为宜。

④ 图名和说明　每图应有简明标题,注明获得数据的主要实验条件、作者姓名(包括合作者姓名)以及实验日期等。

(3) 数学方程表示法

仪器分析实验数据的自变量与因变量之间多呈直线关系,或是经过适当变换后,使之呈现直线关系。许多分析方法都是利用这一特性由工作曲线查得待测组分的含量,进行定量分析。由于测量误差是不可避免的,所有的实验点都处在同一条直线上的情况较少见,在测量误差较大时,实验点就会比较散乱,仅凭眼睛观察各实验点的分布趋势和走向,绘出合理的直线更加困难。较为妥当的方法是对数据进行回归分析,以数学方程的表示方法,描述自变量与因变量之间的关系。可采用两种方法进行一元线性回归分析,即平均值法和最小二乘法。

1.7.5　实验结果的表示

在实验结果报告中,只需列出测定次数 n,测定平均值 $\bar{x}$ 及标准偏差 s 三项,即可反映出测定数据的集中趋势(准确度)和各次测定数据的分散情况(精密度),而不必列出全部数据。

一般对单次测定的一组结果 $x_1, x_2, \cdots, x_n$,计算出算术平均值 $\bar{x}$。然后,应再计算出单次测量结果的相对偏差、平均偏差、标准偏差、相对标准偏差等,它们是化学实验中最常用的处理数据的方法。

算术平均值($\bar{x}$)为:n 次测量数据 $x_1, x_2, \cdots, x_n$

$$\bar{x} = \frac{x_1 + x_2 + \cdots + x_n}{n} = \frac{1}{n}\sum_{i=1}^{n} x_i$$

相对偏差为:
$$d = \frac{x - \bar{x}}{\bar{x}} \times 100\%$$

平均偏差为:
$$\bar{d} = \frac{|d_1| + |d_2| + \cdots + |d_n|}{n}$$

平均偏差没有正负号。

$$\text{相对平均偏差} = \frac{\bar{d}}{\bar{x}} \times 100\%$$

相对平均偏差是实验中最常用的确定分析测定结果精密度好坏的方法。

标准偏差为

$$s = \sqrt{\frac{\sum_{i=1}^{n}(x_i - \bar{x})^2}{n-1}}$$

$$\text{相对标准偏差} = \frac{s}{\bar{x}} \times 100\%$$

化学实验数据的处理，有时是大宗数据的处理，甚至有时还要进行总体和样本的大宗数据的处理。例如某河流水质调查，地球表面的矿藏分布，某地不同部位的土壤调查等。其他有关实验数据的统计学处理，例如置信度与置信区间、是否存在显著性差异的检验及对可疑值的取舍判断等可参考《分析化学》教材的有关章节或有关专著。在一组平行测量中，出现个别测量值偏离较大的现象。这时，首先要检查一下是否在测量中出现了错误，若没有，则必须由统计规律来决定取舍，一般较简单的方法是 $4d$ 法或 Q 检验法。

在化工实验中，除了以上的算术平均值外，还常用几何平均值、均方根平均值和对数平均值等几项。均方根平均值主要用于计算气体分子动能。当一组测量数据取对数后，所得数据分布曲线呈对称曲线时，常用几何平均值。在化学反应和热量、质量传递过程中，测量数据的分布曲线具有对数特性时，采用对数平均值。

几何平均值是将一组 n 个测量值连乘并开 n 次方求得：

$$\bar{x} = \sqrt[n]{x_1 x_2 \cdots x_n}$$

均方根平均值按下式计算：

$$\bar{x} = \sqrt{\frac{x_1^2 + x_2^2 + \cdots + x_n^2}{n}} = \sqrt{\frac{\sum x_i^2}{n}}$$

设有两个测量值 x_1 和 x_2，其对数平均值的计算公式为：

$$\bar{x} = \frac{x_1 - x_2}{\ln x_1 - \ln x_2} = \frac{x_1 - x_2}{\ln \frac{x_1}{x_2}}$$

1.8 化学实验学习方法

要达到化学实验目的，不仅要有正确的学习态度，还需要有正确的学习方法。学好化学实验必须掌握如下各个环节。

(1) 预习

实验课是以学生为活动主体，通过操作获取知识和技能的教学环节，因此充分预习是做好实验的保证和前提。

化学实验课是在教师指导下，由学生独立实验，只有充分理解实验原理、操作要领，明确自己在实验室将要解决哪些问题，怎样去做，为什么这样做，才能主动和有条不紊地进行实验，取得应有的效果，感受到做实验的意义和乐趣。为此，必须做到以下几点。

① 钻研实验教材，阅读实验指导及其他参考资料的相应内容。明确实验目的，弄懂实验原理，明了做好实验的关键及有关实验操作的要领和仪器用法。注重对注意事项的理解。

② 统筹、合理安排实验内容。
③ 完成自学与思考中提出的有关问题，培养自学能力。
④ 对设计性实验，应综合运用所学知识，结合文献，设计出可操作性强的实验方案。
⑤ 写出预习报告。内容包括：每项实验的标题（用简练的语言点明实验目的），用反应式、流程图等表明实验步骤，留出合适的位置记录实验现象，或精心设计一个记录实验数据和实验现象的表格等，注明特别需注意的事项，切忌原封不动地照抄实验教材。总之，好的预习报告，应有助于实验的进行。

（2）实验

实验是培养学生分析问题、解决问题、独立思考、独立工作能力的重要环节，必须认真完成，要求做到以下几点。

① 认真听教师讲解实验，进一步了解实验原理、操作要点、注意事项等，仔细观察教师的操作示范，掌握操作规范。
② 实验时要认真正确地操作，正确使用仪器，多动手、动脑。仔细观察和积极思考，及时、如实地作好记录，按照要求认真记录实验数据。要善于巧妙安排和充分利用时间，以便有充裕的时间进行实验和思考。
③ 仔细观察实验现象。在实验中观察到的物质的状态和颜色、沉淀的生成和溶解、气体的产生、反应前后温度的变化等都是实验现象。对现象的观察是积极思维的过程，善于透过现象看本质是科学工作者必须具备的素质。
④ 对于设计性实验，方案应合理，现象要清晰。实验中若发现设计方案存在问题，应找出原因，及时修正，以达到最终目的。
⑤ 实验中自觉养成良好的实验习惯。遵守实验工作规则，保持实验室卫生、肃静，仪器摆放整齐、布局合理，保持实验台和整个实验室的整洁，不乱扔废纸杂物，保持水池清洁。
⑥ 实验结束后应将实验预习报告、实验记录和产物同时交给教师审阅。对有机合成的液体产品，应盛于细口瓶中并塞好瓶塞，固体则应装入广口瓶内，贴上标签纸，以标明产物的名称、熔点或沸点、产量、实验人的姓名和日期等。

（3）实验报告

书写实验报告是对实验现象进行分析、对实验数据进行处理、将感性认识上升为理性认识的加工过程，实验操作完成后，必须根据自己的实验记录进行归纳总结。用简明扼要的文字、条理清晰地写出实验报告。报告要求文字精练、内容确切、书写整洁，应对反应现象给予讨论，对操作中的经验教训和实验中存在的问题提出改进性建议。

实验报告的内容包括以下几部分。

① 预习部分：实验名称和日期、实验目的、简明原理、步骤（尽量用简图、反应式、表格等表示）、装置示意图等。
② 记录部分：测得的数据、观察到的实验现象。
③ 结论：包括实验数据的处理，实验现象的分析与解释，实验结果的归纳与讨论，对实验的改进意见等。

1.9 化学实验文献资料

在学习和研究工作中经常需要了解各种物质的物理和化学性质、制备或提纯方法及原理；或需要了解某个研究课题的历史、现状及其发展趋势等，都需要查阅参考资料。为此，学会如何从已出版的各种期刊论文、科技报告、会议资料、专利说明书、技术标准、百科全书、大全、手册、专题述评、文献指南、教材等图书资料中找出所需的资料显得尤为重要，同时学会查阅和使用相关的文献资料，既是化学实验课程的基本要求之一，也是培养分析问题和解决问题能力的重要手段。

1.9.1 工具书

①《英汉化学化工词汇》，化学工业出版社书辞书编辑部编。化学工业出版社，2005。收录专业词汇约 30 万条，涉及化学、化工学科及其相关领域的概念、术语及各种物质名词。

②《化工辞典》。姚虎卿、管国锋主编。第 5 版．化学工业出版社，2014。是根据我国化学工业的发展和普及石油化工基本知识的需要而编辑的一本综合性工具书。

③《化学化工药学大辞典》，黄天守编译。中国台北大学图书公司，1982。收录化合物万余种和摘要。

④《化学用表》，顾庆超编。南京：江苏科学技术出版社，1979。以表格形式介绍化学工作中常用的资料，主要内容有原子和分子的性质、无机化合物和有机化合物、分析化学、化肥和农药、高分子化合物和物理化学等常用的数据。

⑤《分析化学手册》，杭州大学化学系分析化学教研室编。第 2 版．化学工业出版社，2003。这是一本化学分析工具书，较为全面地收集了分析化学常用数据，详尽介绍了各种实验方法。共分 10 个分册：基础知识与安全知识、化学分析、光谱分析、电分析化学、气相色谱分析、液相色谱分析、核磁共振波谱分析、热分析、质谱分析和化学计量学。

⑥《无机化合物合成手册》，日本化学会编，第 1~3 卷．化学工业出版社，1988。收集了 2000 多种常见及重要的单质和无机化合物的制备方法，是制备无机化合物的重要工具书。

1.9.2 数据手册

①《中国大百科全书》。中国大百科全书总编委会编。第 2 版．中国大百科全书出版社，2009。在第一版基础上，适应时代发展变化和要求，重新撰写大量条目，替换更新过时条目，归类合并重复条目，修改保留稳定条目，对原书做了进一步完善。共收条目约 6 万个，约 6000 万字，插图 3 万幅，地图约 1000 幅。

②《科学技术百科全书》，科学技术百科全书编辑部。科学出版社，1981。译自《McGraw-Hill Encyclopedia of Science and Technology》1977 年第 4 版，共 15 卷。其中第七卷为无机化学，第八卷有机化学，第九卷物理化学、分析化学。介绍了各专业有关论题的定义、基本概念、基本原理、发展动向、新近成果和实际应用等。

③《中国国家标准汇编》。中国标准出版社编。中国标准出版社，2009。从 1983 年开始分册出版，收集了公开发行的全部现行国家标准，并按照国家标准的顺序号编排，已出版了 40 多个分册，每册都有目录。在化学分册中，介绍了化合物的各个等级的含量标准、杂质含量和分析方法。

④《中华人民共和国国家标准目录》。国家标准化管理委员会编。中国标准出版社，2011。该书按标准的顺序号目录和分类目录两部分编排。因此，可从标准的顺序号目录分类目录或分册的目录进行检索。国家标准的制修订对我国的经济和社会发展起着重要作用。2010 年，制修订国家标准 2694 项，其中新制定标准 1990 项，修订标准 704 项；强制性国家标准 327 项，推荐性国家标准 2303 项，国家标准化指导性技术文件 64 项。

⑤《试剂手册》。中国医药公司上海试剂采购供应站编。第 3 版．上海科学技术出版社，2002。介绍了 11560 余种一般试剂、生化试剂、色谱试剂、生物染色素和指示剂，每种都有中文、英文名称，按化学式、相对分子质量、主要物理化学性质、用途等项分别阐述。

⑥《苏联化学手册》。нископьски 编。科学出版社，1958。分三册，第一册介绍了元素和物质结构知识、重要的物理性质。第二册介绍 2700 多种无机化合物、8000 多种有机化合物的主要性质。第三册为化学平衡和动力学数据。

⑦《实用化学便览》。傅献彩编。南京大学出版社，1989。汇集了常用物理化学数据，化学实验基本技术和方法，化学试剂的制备、纯化和性能，大气和水的环境质量标准，食品卫生标准。

⑧《简明化学手册》。北京师范大学无机化学教研室编。北京出版社，1980。全书共分五部分：化学元素，无机化合物，水、溶液，常见有机化合物，其他。内容简明扼要。

⑨《简明化学手册》。Б. А. 拉宾诺维奇，э. я. 哈文编。化学工业出版社，1983。介绍了各种物质的物理化学性质和热力学性质、化学平衡和试验技术等方面的有关数据、资料，各章之前有简要说明、索引和文献目录。手册采用国际单位制（SI），并附有各种计量单位的换算数据、常用基础数据、物理常数。

⑩《简明分析化学手册》。常文保，李克安编。北京大学出版社，1981。该手册根据教学和科研的实际需要，把分析化学中所需基本材料尽量收录，数据简明扼要，便于查阅。

⑪ Handbook of Chemistry and Physics（《化学和物理手册》）。David R. Lide 编。英文版，CRC Press 出版社，2014，第 95 版。自 1914 年出第 1 版以来，基本上每年出一次新版，是世界上最著名的化学物理手册，介绍了数学、物理和化学常用的参考资料和数据。

⑫ Lange's Handbook of Chemistry（《兰格化学手册》）。Dean J A 编。英文版，McGraw-Hill Book Company 出版社，1999，第 15 版。内容包括：原子和分子结构、无机化学、分析化学、电化学、有机化学、光谱学、热力学性质、物理性质等方面的资料和数据，并附有化学工作者常用的数学方面的有关资料。

⑬《无机化学试剂手册》。卡尔雅金编。化学工业出版社，1964。列举了多种无机化合物的中、俄、拉丁、英、法文名词，并介绍了物理化学性质及制备方法。

⑭《无机制备化学手册》（上册）。Brauer G. 编。化学工业出版社，1959。原著介绍了 1000 多种无机制剂的制备方法。但译文只有各种元素单质及其化合物的制备方法。

⑮《无机盐工业手册》（上、下册）。周连江、乐志强编。第 2 版. 化学工业出版社，1996。收集了大量无机盐的性质、用途、理化数据、工业生产方法和制法流程。

1.9.3 参考教材

①《化学实验基础》。孙尔康编。南京大学出版社，1991。这是一本综合性实验讲座教材，系统介绍了化学实验的基本知识、基本操作和基本技术；常用仪器、仪表和大型仪器的原理、操作及注意事项；计算机技术、误差和数据处理、文献查阅等。

②《化学实验规范》。北京师范大学《化学实验规范》编写组编。北京师范大学出版社，1987。介绍了高等学校各门化学基础实验课的教学目的和要求、操作规范及各项培养规格。

③《化学分析基本操作规范》。《化学分析基本操作规范》编写组编。高等教育出版社，1984。该书是在总结全国各高校分析化学实验教学经验后，编写的定性和定量分析规范操作。

④《定量分析基本操作》。北京化学会分析化学专业组定量分析基本操作编写组编。高等教育出版社，1964。介绍了重量分析与容量分析的基本操作，有一定的权威性。

⑤《无机合成》（第 1~20 卷）。美国化学会无机合成编辑委员会编。科学出版社，1986。介绍合成方法、合成物的性质及保存方法，且每种合成方法都经过检验复核。

⑥《分析化学基本操作》。马晓宇编。分析化学基本操作。北京：科学出版社，2011。是普通高等教育"十二五"规划教材。共有七章，包括实验室基础知识、分析天平与称量、实验室一般溶液与试剂的配制、滴定分析技术、重量分析技术、试样的采集、制备与预处理、分析化学综合实验等内容。

1.9.4 相关网站

① 化学信息网（The Chemical Information Network）

网址：http://chin.csdl.ac.cn/

② 中国科学院国家科学图书馆

网址：http://www.las.ac.cn/

③ 化学数据库

网址：http://www.organchem.csdb.cn/scdb/default.asp

④ 科学数据库

网址：http://www.sdb.ac.cn/

⑤ CALIS 专题特色资源数据库

网址：http://222.29.81.74/tskportal/pages/index/index.html

⑥ 化学文献网

网址：http://chemdocs.com/

⑦ 美国化学会网站

网址：http://www.acs.org/

⑧ Dialog Database Subject Categories

网址：http://library.dialog.com/bluesheets/html/bls0017.html

⑨ SciCentral: Best Chemistry Online Resources

网址：http://www.scicentral.com/

⑩ The NIST Chemistry WebBook

网址：http://Webbook.nist.gov

⑪ Chemistry Resources

网址：http://www.chemtopics.com/

⑫ Organic Chemistry

网址：http://en.wikibooks.org/wiki/Organic_chemistry

⑬ Patent Service of QPAT-US

网址：http://www.qpat.com/

⑭ Chemistry Teaching Resources

网址：http://www.anachem.umu.se/cgi-bin/pointer.exe?Software

⑮ STN Pocket Guide

网址：http://www.cas.org/training/stn/stn-pocket-guide

⑯ ChemExper

网址：http://www.chemexper.com/

⑰ CSIR-Chemistry Software and Information Resources

网址：http://www.csir.org/

⑱ 中国化学课程网

网址：http://chem.cersp.com

⑲ 中国大学 MOOC-爱课程

网址：http://www.icourses.cn/imoocl

第 2 章 化学实验基本操作与规范

正确的操作是做好实验的前提,是实验者实验技能和实验素质的重要标志。学会基本操作的目的就是要通过实验使学生系统、规范、熟练地掌握化学实验的基本操作和实验技能,为学生进行化学实验和设计实验打下坚实的基础。

本章将详细介绍化学实验的基本操作规范,安排化学基本实验操作和技能训练实验。其中每个实验项目及建议学时数为:仪器的认领、洗涤与干燥(2 学时);粗食盐的提纯(3 学时);电子天平称量练习(3 学时);溶液的性质和配制(3 学时);滴定分析基本操作练习(5 学时);蒸馏(3 学时);简单分馏(3 学时);水蒸气蒸馏(3 学时);减压蒸馏(真空蒸馏)(3 学时);有机物重结晶提纯法(3 学时);有机物熔点与沸点的测定(3 学时);萃取(3 学时);液态有机化合物折射率的测定(3 学时);薄层色谱法(3 学时)。

2.1 化学实验基本仪器(或器具)介绍

2.1.1 化学实验常用仪器

化学实验常用仪器(或器具)名称、规格、主要用途、使用方法和注意事项见表 2-1。

表 2-1 化学实验常用仪器简表

仪 器	规 格	主要用途	使用方法和注意事项
试管 离心管	玻璃质 普通试管分硬质和软质,有翻口、平口,有刻度、无刻度,有支管、无支管等几种 离心试管分有刻度和无刻度两种 有刻度试管以最大容积(mL)表示;无刻度以管口外径(mm)×管长(mm)表示,有 8×70、10×75、12×150、15×150 等	1. 在常温或加热条件下用作少量试剂的反应容器,便于操作和观察 2. 收集少量气体用 3. 支管试管还可检验气体产物,也可接到装置中用 4. 离心管主要用于沉淀分离	1. 反应液体不超过试管容积 1/2,加热时不超过试管 1/3 2. 加热前试管外面要擦干,加热时要用试管夹夹持 3. 加热液体时管不要对人,并将试管倾斜与桌面成 60°角,同时不断振荡,火焰上端不能超过管内液面 4. 加热固体时,管口应略向下倾斜 5. 离心管不可直接加热
试管架	有木质、铝质和塑料质等。有大小不同、形状各异的多种规格	盛放试管用	1. 加热后的试管应以试管夹夹好悬放在架上,以防烫坏木质、塑料架子,避免骤冷或遇架上湿水炸裂 2. 试管欲放在试管架时,其外壁不能沾有试剂
试管夹	有木质、竹质,也有金属丝制品,形状也不同	夹持试管用	1. 夹在试管上端 2. 不要把拇指按在夹的活动部分 3. 试管夹要从试管底部套上和取下

续表

仪 器	规 格	主要用途	使用方法和注意事项
毛刷	用动物毛（或化学纤维）和铁丝制成，以大小或用途表示。如试管刷、滴定管刷等	洗刷玻璃仪器用	洗涤时手持刷子的部位要合适。小心刷子顶端的铁丝撞破玻璃仪器，顶端无毛者不能使用
烧杯	玻璃质，分硬质和软质，有一般型和高型、有刻度和无刻度等几种 按容量（mL）分，有 10、20、50、100、150、200、500 等规格	1. 在常温或加热条件下用作大量物质反应容器，反应物易混合均匀 2. 配制溶液用 3. 容量较大的可代替水槽或作简易水浴等盛水用器	1. 反应液体不得超过烧杯容量的 2/3 2. 加热前要将烧杯外壁擦干，烧杯底要垫石棉网
平底烧瓶 圆底烧瓶 蒸馏烧瓶	玻璃质，分硬质和软质，有普通型和磨口型，有平底、圆底长颈、短颈、细口和粗口和蒸馏烧瓶等种类 按容量（mL）分，有 50、100、250、500 等规格	圆底烧瓶、平底烧瓶：反应物较多，且需长时间加热时用作化学反应器 蒸馏烧瓶用于液体蒸馏、少量气体的发生装置	1. 盛放液体的量不能超过烧瓶容量的 2/3，也不能太少 2. 固定在铁架台上，下垫石棉网再加热，不能直接加热，加热前外壁要擦干 3. 圆底烧瓶竖放在桌上时，应垫以合适的器具，以防滚动，打破
锥形瓶	玻璃质，分硬质和软质，有塞和无塞，广口、细口和微型等几种 按容量（mL）分，有 50、100、150、200、250 等规格	1. 反应容器 2. 振荡方便，适用于滴定操作	1. 盛液不能太多 2. 加热时，外壁要擦干，要放在石棉网上，加热后也要放在石棉网上，不要与湿物接触，不可干热 3. 也可用水浴加热
滴瓶	玻璃质，分棕色和无色两种，滴管上带有橡皮胶头 按容量（mL）分，有 15、30、60、125 等规格	盛放少量液体试剂或溶液，便于取用	1. 棕色瓶放见光易分解或不太稳定物质 2. 滴管不能吸得太满，能倒置 3. 滴管专用，不得弄乱，弄脏
细口瓶 广口瓶	以容积大小表示。有无色、棕色，有具磨和无塞，有细口和广口之分 按容量（mL）分，有 30、60、100、125、250、500 等规格	细口瓶盛放液体药品，广口瓶盛放固体药品 若无塞的广口瓶口上是磨砂的，可作为集气瓶	1. 不能加热，瓶塞不能互换，盛放碱液要用橡胶塞 2. 对磨口塞的试剂瓶，不用时应洗净并在磨口处垫上纸条 3. 棕色瓶用于盛放见光易分解或不太稳定的物质 4. 收集气体后，要用毛玻璃片盖住瓶口；作气体燃烧实验时，瓶底应放少许沙子或水

续表

仪　器	规　格	主要用途	使用方法和注意事项
洗瓶	塑料质。规格以容积（mL）表示。一般为250、500	装蒸馏水或去离子水用。用于挤出少量水洗沉淀或仪器用	不能漏气，远离火源
量筒　量杯	玻璃质。规格以刻度最大标度容量(mL)表示。有5、10、20、25、50、100、200、500、1000等规格	量取一定体积的液体	1. 读数时视线应和液面水平，读取与弯月底相切的刻度 2. 不可加热，不可做实验（如溶解、稀释）容器 3. 不可量热的溶液或液体
移液管　吸量管	玻璃质。规格以刻度最大标度（mL）表示，统称为吸管。分刻管（吸量管）和单刻度胖肚管（移液管）两种。此外还有完全流出式和不完全流出式之外	精确移取一定体积的液体时用	1. 用时应先用少量所移取液体淋洗三次 2. 将液体吸入液面超过刻度，再用食指肚按住管口，轻轻转动放气，将液面降至刻度后，压紧管口，移至指定容器，放开食指，将液体注入
称量瓶	玻璃质。分高型、矮型两种 规格按容量(mL)分，有高型：10、20、25、40等，矮型：5、10、15、30	准确称取一定量固体药品时用	1. 不能加热 2. 盖子是磨口配套的，不得丢失、弄乱 3. 不用时应洗净，在磨口处垫上纸条
容量瓶	以刻度以下的容积表示 按容量(mL)分，有5、10、25、50、100、200、250、500等规格	配制准确浓度的溶液时用	1. 溶质先在烧杯内全部溶解，然后移入容量瓶 2. 不能加热，不能代替试剂瓶存放液体

仪 器	规 格	主要用途	使用方法和注意事项
滴定管 a—碱式滴定管； b—酸式滴定管；c—蝴蝶夹	分酸式(b. 具玻璃活塞)、碱式(a. 具乳胶管连接的玻璃尖嘴)两种 按刻度最大标度(mL)分，有10、25、50等规格	滴定时用，或用于量取较准确体积的液体时用	1. 酸管、碱管不能对调使用 2. 装液前用预装液淋洗三次 3. 使用酸管滴定时，用左手开启旋塞；碱管用左手轻捏橡皮管内玻璃珠，溶液即可放出。碱管要注意赶尽气泡 4. 酸管旋塞应涂凡士林，碱管下端橡皮管不能用洗液清洗
长颈漏斗　漏斗	玻璃质、塑料质或搪瓷质。分长颈和短颈两种。按斗径(mm)分，有30、40、60、100等规格 此外，铜制热漏斗专用于热滤	1. 用于过滤等操作 2. 长颈漏斗特别适用于定量分析中的过滤操作 3. 长颈漏斗常装配气体发生器加液用	1. 不可直接加热 2. 过滤时漏斗顶尖端必须紧靠承接滤液的容器壁 3. 用长颈漏斗加液时，斗颈应插入液面内
漏斗架	木制品，有螺丝可固定于铁架或木架上	过滤时用于放置漏斗	
分液漏斗	玻璃质。有球形、梨形、筒形和锥形等几种 按容量(mL)分，有50、100、250、500等规格	1. 用于互不相溶的液-液分离 2. 气体发生器装置中加液用	1. 不能加热 2. 塞上涂一薄层凡士林，旋塞处不能漏液 3. 分液时，下层液体从漏斗管流出，上层液体从上口倒出 4. 装气体发生器时，漏斗管应插入液面内(漏斗管不够长，可接管)或改装成恒压漏斗
抽滤瓶　布氏漏斗	布氏漏斗为瓷质，以直径(mm)表示。抽滤瓶为玻璃质，按容量(mL)分，有50、100、250、500等规格 两者配套使用	两者配套与真空泵或抽气管相接，用于晶体或沉淀的减压过滤	1. 不能直接加热 2. 滤纸要略小于漏斗的内径 3. 先开抽气管，后过滤。过滤完毕，先断开抽气管与抽滤瓶的连接处，后关抽气管
表面皿	玻璃质。按口径(mm)分，有45、65、75、90等规格	盖在烧杯上，防止液体进溅或其他用途	不能用火直接加热

续表

仪　器	规　格	主要用途	使用方法和注意事项
蒸发皿	瓷质,也有玻璃、石英、金属制成的,有平底、圆底两种 规格按口径(mm)或容量(mL)表示	蒸发、浓缩溶液用 随液体性质不同,可选用不同材质的蒸发皿	1. 瓷质蒸发皿能耐高温,但不宜骤冷 2. 可直接用火加热,加热前应擦干外壁,溶液不要超过2/3
坩埚	瓷质,也有石墨、石英、氧化锆、铁、镍或铂制品 按容量(mL)分,有10、15、25、50等规格	强热、煅烧固体用。随固体性质不同,可选用不同材质的坩埚	1. 放在泥三角上直接强热或煅烧 2. 加热或反应完毕用坩埚钳取下时,坩埚钳应预热,取下后应放在石棉网上,不能骤冷
泥三角	由铁丝扭成,套有瓷管。有大小之分	加热时,坩埚或蒸发皿放在其上直接用火加热	1. 使用前应检查铁丝,铁丝断裂不能使用 2. 坩埚放置要正确,坩埚底应横或斜放在三个瓷管中的一个瓷管上 3. 灼烧后应放在石棉网上,不能骤冷,不要摔落
研钵	瓷质,也有玻璃、玛瑙或铁制品 规格依口径(mm)大小表示	用于研磨固体物质。按固体性质和硬度,选用不同质地的研钵	1. 不能用火直接加热 2. 大块物质只能碾压,不能捣碎 3. 放入量不宜超过研钵容积的1/3 4. 不能研磨易爆炸物质
持夹 单爪夹 铁圈 铁架台	铁制品,铁夹现在有铝制的 铁架台有圆形的,也有长方形的	用于固定或放置反应容器。铁圈还可代替漏斗架使用	1. 仪器固定在铁架台上时,仪器和铁架的重心应落在铁架台底盘中部 2. 用铁夹夹持仪器时,应以仪器不能转动为宜,不能过紧或松 3. 加热后的铁圈不能撞击或摔落在地

续表

仪　器	规　格	主要用途	使用方法和注意事项
三脚架	铁制品，有大小、高低之分，比较牢固	放置较大或较重的加热容器	1. 放置加热容器（除水浴锅外），应先放石棉网 2. 下面加热灯焰的位置要合适，一般用氧化焰加热
石棉网	有大小之分。由铁丝编成，中间涂有石棉	加热时，垫上石棉网能使受热物体均匀受热，避免局部过热	不能与水接触，以免石棉脱落或铁丝生锈
坩埚钳	铁制品，有大小、长短的不同（要求开启或关闭钳子时，不要太紧或太松）	夹持坩埚加热或往高温电炉（马弗炉）中放、取坩埚（亦可用于夹取热的蒸发皿）	1. 使用时必须用干净的坩埚钳 2. 坩埚钳用后应尖端向上平放在实验台上（如温度很高，则应放在石棉网上） 3. 实验完毕应将钳子擦干净放入实验柜中，干燥保存
水浴锅	铜或铝制品	用于间接加热，也可用于粗略控制温度的实验中	1. 应选择好圈环，使加热器皿没入锅中2/3 2. 经常加水，防止将锅内水烧干 3. 用完将锅内剩水倒出并擦干水浴锅
干燥器	玻璃质。规格以外径(mm)大小表示，分普通干燥器和真空干燥器	内放干燥剂（常用变色硅胶做干燥剂，当蓝色硅胶变成红色时，则应更换，红色硅胶烘干后可反复使用），用于干燥或保存干燥物品	1. 绝对禁止用单手拿，以防盖子滑动打碎 2. 灼热的样品待稍冷后再放入
比色管	玻璃质。按容积(mL)分，有10、25、50等。有刻度，磨口，具塞，也有不具塞的	用于光度分析中的目视比色	1. 不可以直接用火加热 2. 磨口必须原配 3. 不可用去污粉刷洗

2.1.2 有机化学实验室常用玻璃仪器与装置

(1) 常用标准接口玻璃仪器

有机化学实验室玻璃仪器可分为普通玻璃仪器和磨口玻璃仪器。

标准接口玻璃仪器是具有标准化磨口或磨口塞的玻璃仪器。由于仪器口塞尺寸的标准化、系统化、磨砂密合，凡属于同类规格的接口，均可任意连接，各部件能组装成各种配套仪器。与不同类型规格的部件无法直接组装时，可使用转换接头连接。使用标准接口玻璃仪器，既可免去配塞子的麻烦手续，又能避免反应物或产物被塞子沾污的危险，口塞磨砂性能良好，可使密合性达较高真空度，对蒸馏尤其减压蒸馏有利，对于毒物或挥发性液体的实验较为安全。

标准接口玻璃仪器，均按国际通用的技术标准制造，当某个部件损坏时，可以选购。

标准接口仪器的每个部件在其口塞的上或下显著部位均具有烤印的白色标志，表明规格。常用的有10、12、14、16、19、24、29、34、40等。

有的标准接口玻璃仪器有两个数字，如10/30，10表示磨口大端的直径为10mm，30表示磨口的高度为30mm。

一些常见标准接口玻璃仪器见图2-1。

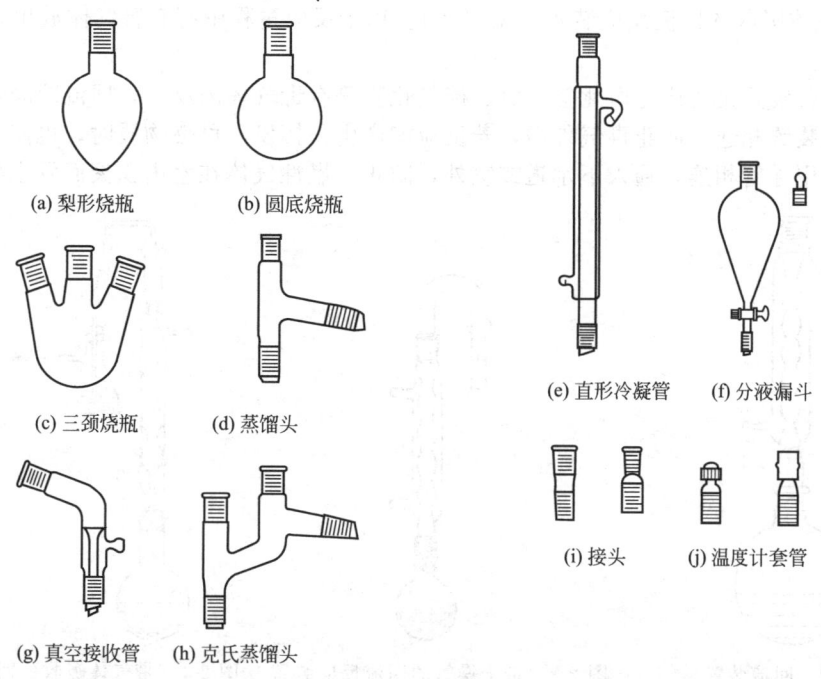

图 2-1 一些常见标准接口玻璃仪器

(2) 标准接口玻璃仪器的使用注意事项

使用标准接口玻璃仪器应注意以下几点。

① 磨口塞应经常保持清洁，使用前宜用软布揩拭干净，但不能附上棉絮。

② 使用前在磨砂口塞表面涂以少量凡士林或真空油脂，以增强磨砂口的密合性，避免磨面的相互磨损，同时也便于接口的装拆。

③ 装配时，把磨口和磨塞轻轻地对旋连接，不宜用力过猛。但不能装得太紧，只要达到润滑密闭要求即可。

④ 用后应立即拆卸洗净。否则，对接处常会粘牢，以致拆卸困难。

⑤ 装拆时应注意相对的角度，不能在角度偏差时进行硬性装拆，否则极易造成破损。

磨口套管和磨塞应该是由同种玻璃制成的。

（3）有机实验常用装置

为了便于查阅和比较有机化学实验中常见的基本操作，在此集中讨论回流、蒸馏、气体吸收及搅拌等操作的仪器装置。

① 回流装置　很多有机化学反应需要在反应体系的溶剂或液体反应物的沸点附近进行，这时就要用回流装置（见图 2-2）。回流装置是圆底烧瓶与球形冷凝管直接相连组成的一套装置。回流的速率应控制在液体蒸汽浸润不超过两个球为宜。球形冷凝管能将从烧瓶中上升的热蒸汽快速冷却凝聚成液体，重新回落到烧瓶中，从而达到减少或防止有机物在加热时挥发，也使有机蒸气出口远离热源而增加操作过程的安全性，主要应用包括以下三个方面：加热有机物、制备有机物饱和溶液（重结晶）和用作反应装置。

回流装置是有机实验中最基本、最重要的装置之一，根据不同反应的特征差异，回流装置可与其他实验仪器构件串联组合成一系列不同的实验装置，也可与其他仪器构件并联组合成另一系列的实验装置，首先就回流装置与其他构件串联产生的实验装置如下。

a. 带干燥管的回流反应装置　见图 2-3。用于回流温度下进行的反应，为了防止空气中的水分进入反应体系中，用此装置。

b. 带气体吸收的回流反应装置　见图 2-4。用于反应过程中有有害气体放出，需要吸收气体的反应。

回流吸收装置是对产生卤化氢、氨、硫氢化物等有毒气体的反应，回流冷凝管顶端必须与毒气吸收装置相连，防止毒气外溢，若反应能产生易挥发、可燃物质时，也需要在回流冷凝管顶端另用导管相连，通入下水道或室外，防止可燃性气体在室内积聚而发生事故。

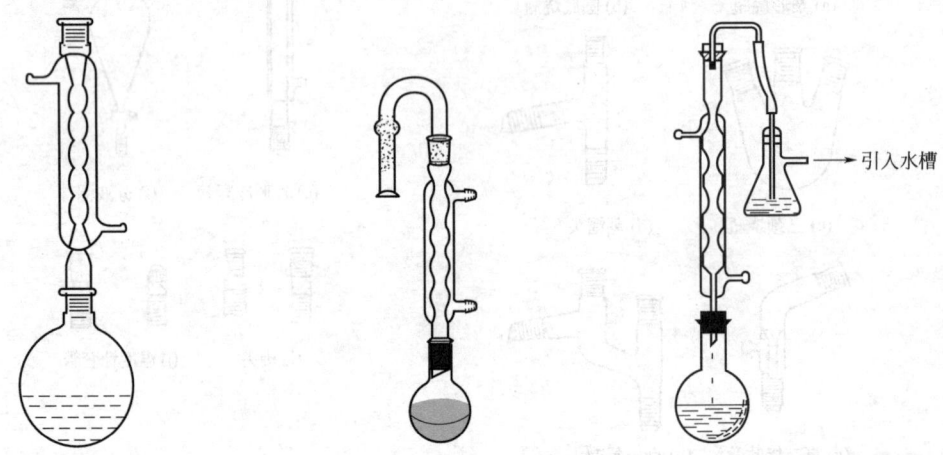

图 2-2　回流装置　　图 2-3　带干燥管的回流反应装置　图 2-4　带气体吸收的回流反应装置

c. 回流分水反应装置　见图 2-5。分出反应过程中生成的水，使某些生成水的可逆反应进行到底。

回流分水装置是在回流装置的烧瓶与回流冷凝管之间插入一个油水分离器，使回流液先滴入油水分离器后再回流到烧瓶中，这套装置最适合于原料和产物都不溶于水，但有水生成的可逆反应。例如正丁醚的制备。借油水分离器将水蒸出，减少产物的浓度，使可逆平衡向产物方向移动，对反应物中有可溶于水的物质时，可以通过计算用过量可溶性反应物和加入带水剂，应用回流分水器装置控制反应，所谓带水剂就是该物质可与水形成低恒沸混合物，降低蒸出水的温度，减少其他物质蒸出。回流分水装置可借蒸出水的量判断反应进行的程度。

d. 带测定反应温度的回流滴加装置　见图 2-6。用反应物的加入速度来控制反应速率或产物的选择性,并需要监测反应温度时用此装置。

滴加回流装置指除在烧瓶一口装回流装置外,另一磨口接恒压漏斗,将反应物或反应物之一逐滴滴加到反应体系中,以控制反应的进行。尤其是以下特征的反应,必须选用滴加回流装置:ⅰ.反应物活性较大,为了使反应平稳进行采用滴加以控制活性大的物质的浓度,以达到控制整个反应的目的。ⅱ.强放热反应。为了使反应热能有效地向环境扩散,防止发生事故,需控制反应物浓度来使反应热量的逐点释放,达到控制反应的目的。ⅲ.控制副反应或二次反应发生,对反应物之一能与产物反应时,除了严格控制反应条件外,还要控制好该反应物在反应体系中的浓度,而采用滴加方法,如格氏试剂制备时,若采用将镁投入卤代烃中,则镁与卤代烃反应生成的格氏试剂也与卤代烃反应生成烃。因此需采用将卤代烃滴入到镁的醚溶液中,在其基本反应完成以后,再滴加以控制卤代烃的浓度,减少副反应发生。

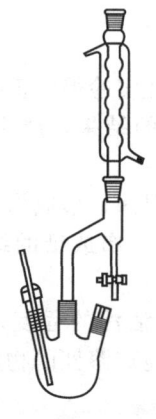

图 2-5 回流分水反应装置

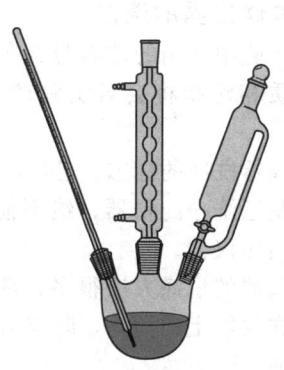

图 2-6 带测定反应温度的回流滴加装置

e. 回流滴加搅拌装置 见图 2-7。搅拌器是有机实验中常用仪器之一,与回流滴加组合成反应装置,在以下 3 种情况下需安装。

ⅰ.在异相反应中为了增加反应物之间相互接触,以加快反应进程,尤其两相互不相溶的液体时靠振荡很难有效,必须用搅拌器。

ⅱ.强放热反应。为了使热量能尽快向环境传递,防止局部过热而诱发副反应或事故,必须采用搅拌器。

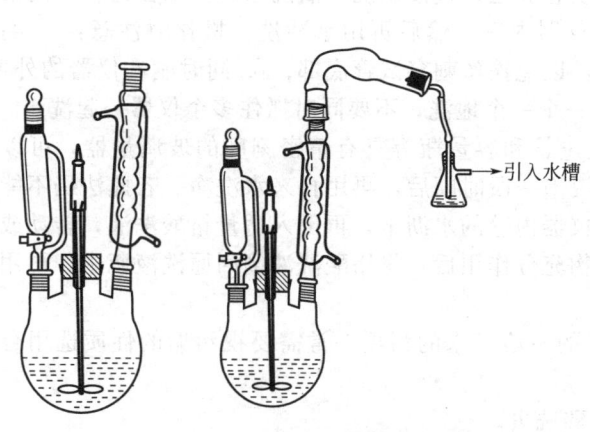

图 2-7 回流滴加搅拌装置

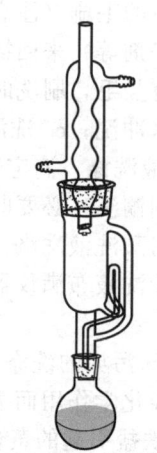

图 2-8 回流提取装置

ⅲ.反应体系的黏度。反应体系的黏度不仅影响反应物之间的接触,也影响热量扩散和小分子物质的挥发,故一般需要搅拌。总之搅拌有利于反应物之间的接触,防止反应体系中局部过热或局部过浓,及在缩合反应时能促使小分子逸出等,达到控制反应的目的。

f. 回流提取装置　见图2-8。回流提取装置如索氏提取器,是从固体物质中提取有机物的重要方法之一,原理是溶剂蒸汽在回流冷凝管中回流首先滴到被提取固体物质上,使固体物质中被提取成分溶解在溶剂中,再流回圆底烧瓶,这一过程蒸发的是纯溶剂,流回烧瓶的是溶解了被提取物的溶剂,通过溶剂循环达到用有限的溶剂将固体物质中的被提取物完全提取出来。

② 蒸馏装置　蒸馏是分离两种以上沸点相差较大的液体和除去有机溶剂的常用方法。几种常用的蒸馏装置具体参见蒸馏与简单分馏实验。

2.2 常用玻璃仪器的洗涤和干燥

2.2.1 玻璃仪器的洗涤

化学实验中使用的玻璃器皿在使用前必须清洗干净,以保证实验得到正确结果。否则仪器上的杂质和污物将会对实验产生影响,使实验得不到正确的结果,严重时可导致实验失败。

玻璃仪器洗净的标志:已洗净的仪器内外壁可以被水完全湿润,形成均匀的水膜,不挂水珠。凡是已洗净的仪器,绝不能用布或纸去擦拭内壁。否则,布或纸的纤维会留在器壁上,反而沾污仪器。

玻璃仪器的洗涤方法很多,应根据实验要求、污物性质及沾污的程度来选择。一般来说,附着在仪器上的污物,既有可溶性的物质,也有尘土及其他难溶性的物质,还可有油污等有机物质。

(1) 常用的洗涤方法

① 冲洗法　对于可溶性污物可用水冲洗,这主要是利用水把可溶性污物溶解而除去。操作时,往玻璃仪器中注入少量水(不超过容量的1/3),稍用力振荡后,把水倾出,如此反复冲洗数次。

② 刷洗法　借助于毛刷等工具用水洗涤,可使附着在仪器壁面上不牢的灰尘及不溶物脱落下来,但洗不掉油污等有机物质。

对试管、烧杯或其他薄壁玻璃容器等刷洗时,可先在容器内注入1/3左右的自来水,选用大小合适的毛刷(注意:毛刷顶端必须有竖毛)直接刷洗或沾洗涤剂(如去污粉、洗洁精和合成洗涤剂等)来回擦洗或旋转擦洗仪器内壁,然后再用水冲洗。操作时注意:a. 毛刷顶端必须有竖毛,刷洗时不要用力过猛,以免铁丝刺穿试管底部;b. 同时刷洗仪器的外壁,然后再用水冲洗;c. 洗涤仪器时,应该一个一个地洗,不要同时抓住多个仪器一起洗。

③ 洗液洗涤　滴定管、移液管、吸量管和容量瓶等具有精密刻度的玻璃量器,可以用合成洗涤剂涮洗,必要时用热的洗涤剂浸泡一段时间后,再用自来水洗净。若此法仍不能洗净,可用铬酸洗液洗涤。洗涤时尽量将仪器内壁的水沥干,再倒入适量铬酸洗液,转动或摇动仪器,让洗液布满仪器内壁,待与污物充分作用后,将铬酸洗液倒回原洗液瓶中,再用水洗净仪器。

④ 特殊污垢的洗涤　一些反应留下的不溶于水的污垢,常需要视污垢的性质选用合适的试剂,经化学作用而去除,例如:

a. 由铁盐引起的黄色可用盐酸或草酸洗去;
b. 由锰盐、铅盐或铁盐引起的污物,可用浓HCl洗去;
c. 由金属硫化物沾污的颜色,可用硝酸(必要时可加热)除去;
d. 使用高锰酸钾后的沾污可用草酸溶液洗去,粘在器壁上的二氧化锰可用浓盐酸处理;

e. 银镜反应附着的银或有铜附着时，可加入硝酸后加热溶解除去；

f. 容器器壁沾有的硫黄可与 NaOH 溶液一起加热，或用浓 HNO_3 加热溶解，或加入少量苯胺加热。

⑤ 超声波清洗　超声波清洗器是利用超声波发生器所发出的高频振荡信号，通过换能器转换成高频机械振荡而传播到介质——清洗溶液中，超声波在清洗液中疏密相间地向前辐射，使液体流动而产生数以万计的微小气泡，这些气泡在超声波纵向传播成的负压区形成、生长，而在正压区迅速闭合，在这种被称为"空化"效应的过程中，气泡闭合可形成超过 $1.01×10^8 Pa$ 的瞬间高压，连续不断地产生的高压就像一连串小"爆炸"不断地冲击物件表面，使物件表面及缝隙中的污垢迅速"剥落"，从而达到物件表面净化的目的。

超声波清洗器的使用方法及注意事项如下。

a. 将需要清洗的仪器放入清洗网架中，再把清洗网架放入清洗槽中，绝对不能将物件直接放入清洗槽底部，以免影响清洗效果和损坏仪器。

b. 清洗槽内按比例放入清洗剂，注入水或水溶液，注意仪器规定的最低水位和最高水位。在清洗槽内无水溶液的情况下，不应开机工作，以免烧坏清洗器。

c. 使用适当的化学清洗液，应避免水溶液或其他各种有腐蚀性液体浸入清洗器内部。

d. 根据仪器清洗要求，用温度控制器调节好所需要的温度。当加热温度达到清洗要求时，同时轴流风机会运转。根据仪器清洗要求设置定时器的工作时间，定时器位置可在 1～20min 内任意调节，也可调在常通位置。一般清洗时间在 10～20min，对于特别难清洗的物件，可适当延长清洗时间。开启超声定时器，轴流风机必须运转，如不运转立即停机，否则超声波清洗器会升温造成损坏。

e. 清洗完毕后，从清洗槽内取出网架，并用自来水喷洗或漂洗干净。

无论用何种方法洗涤，都应注意：ⅰ. 仪器用过后尽快洗净，若久置，则往往凝结而难于洗涤；ⅱ. 洗涤时污物需尽量倒出后再洗；ⅲ. 凡可用清水和合成洗涤剂刷洗干净的仪器，就不要用其他洗涤方法；ⅳ. 用以上各种方法洗净的仪器，经自来水冲洗后，往往残留有自来水中的 Ca^{2+}、Mg^{2+}、Cl^- 等，如果实验不允许这些杂质存在，则应该再用纯水冲洗仪器 2～3 次；ⅴ. 洗涤过程中，无论使用自来水或纯水，都应遵循少量多次的原则；这样既提高了洗涤效率，又可节约用水；ⅵ. 玻璃磨口仪器和带有活塞的仪器洗净需较长期放置时，应该在磨口处和活塞处垫上小纸片，以防放置后粘上不易打开。

(2) 常用的洗涤剂

① 合成洗涤剂　这类洗涤剂主要是洗衣粉、洗洁精等，适用于洗涤油污和某些有机物。

② 铬酸洗液　洗液是重铬酸钾在浓硫酸中的饱和溶液（50g 粗重铬酸钾加到 1L 浓 H_2SO_4 中，加热溶解而得），溶液呈暗红色，它具有很强的氧化性，适宜洗涤除去油污和部分有机物。铬酸洗液可反复使用，当溶液呈绿色时，表明洗液已经失效，必须重新配制。

使用时应注意以下几点：a. 使用洗液前，应先用水或合成洗涤剂清洗仪器，尽量除去其中污物；b. 洗涤时先将仪器用水湿润，应尽量把容器内的水去掉，以防把洗液稀释；c. 洗液具有很强的腐蚀性，会灼伤皮肤和损坏衣服，使用时要特别小心，尤其不要溅到眼睛内。使用时最好戴橡胶手套和防护眼镜，万一不慎溅到皮肤或衣服上，要立即用大量水冲洗。

能用别的洗涤方法洗干净的仪器，就不要用铬酸洗液洗，因为它具有毒性。使用洗液后，先用少量水清洗残留在仪器上的洗液，洗涤水不要倒入下水道，应集中统一处理。

③ 碱性高锰酸钾洗液　用于洗涤油污和某些有机物，其配制方法是，将 4g $KMnO_4$ 溶于少量水中，慢慢加入 100mL $100g·L^{-1}$ 的 NaOH 溶液即可。

④ 盐酸-乙醇溶液　将化学纯盐酸和乙醇按 1∶2 的体积比混合即可。适用于洗涤被有

色物质污染的比色皿、容量瓶和吸量管等。

⑤ 有机溶剂洗涤液 用于洗聚合体、油脂及其他有机物。可直接取丙酮、乙醚、苯使用，或配成 NaOH 的饱和乙醇溶液使用。

2.2.2 玻璃仪器的干燥

有些仪器洗涤干净后就可用来做实验，但有些化学实验，特别是需要在无水条件下进行的有机化学实验所用的玻璃仪器，常常需要干燥后才能使用。常用的干燥方法有晾干、烘干、烤干、吹干、有机溶剂干燥等。

① 晾干 不急用的仪器，在洗净后，可以倒立放置在实验柜内、或适当的仪器架上自然晾干。倒置可以防止灰尘落入，但要注意放稳仪器。

② 烘干 洗净后仪器可放在电热恒温干燥箱（简称烘箱）内烘干，温度控制在 105～110℃。仪器在放进烘箱之前，应尽可能把水去掉；放置时应使仪器口向上，木塞和橡胶塞不能与仪器一起干燥，玻璃塞应从仪器上取下，放在仪器的一旁，这样可防止仪器干后卡住，拿不下来；沾有有机溶剂的玻璃仪器不能用电热干燥箱干燥，以免发生爆炸。

③ 烤干 急用的仪器可置于石棉网上用小火烤干。试管可直接用火烤，但必须使试管口稍微向下倾斜，以防水珠倒流，引起试管炸裂。

④ 吹干 用压缩空气机或吹风机把洗净的仪器吹干；也可用气流烘干器干燥锥形瓶、烧瓶、试管等。

⑤ 有机溶剂干燥 带有刻度的计量仪器，既不易晾干或吹干，又不能用加热方法进行干燥（因为会影响仪器的精度），可用与水相溶的有机溶剂（如乙醇、丙酮等）进行干燥。方法是：往仪器内倒入少量乙醇或乙醇与丙酮的混合溶液（体积比为 1∶1），将仪器倾斜、转动，使溶剂在内壁流动，待内壁全部浸润，倾出溶剂（应回收），擦干仪器外壁，放置使有机溶剂挥发，或向仪器内吹入冷空气，使残留物快速挥发。

2.3 加热方法与冷却方法

2.3.1 加热装置

许多化学实验的基本操作，如溶解、蒸发、灼烧、蒸馏、回流等过程都需要加热。在实验室中常用的加热装置有酒精灯、酒精喷灯、煤气灯、煤气喷灯、电炉、电热板、电加热套、红外灯、白炽灯、马弗炉、管式炉、烘箱、微波辐射加热及热浴等。

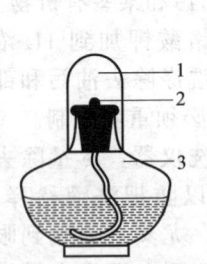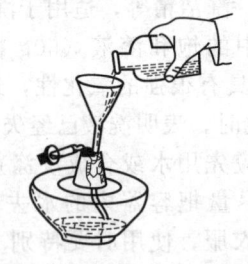

图 2-9 酒精灯及酒精的添加
1—灯帽；2—灯芯；3—灯壶

(1) 酒精灯

① 酒精灯的构造 酒精灯的构造如图 2-9 所示，是缺少煤气（或天然气）实验室常用的加热工具。加热温度通常在 400～500℃，适用于不需太高加热温度的实验。

② 使用方法

a. 检查灯芯并修整 灯芯不要过紧，最好松些，灯芯不齐或烧焦，可用剪刀剪齐或把烧焦处剪掉。

b. 添加酒精 用漏斗将酒精加入酒精灯壶中，加入量为壶容积的 1/2～2/3。

c. 点燃 取下灯帽，直放在台面上，不要让其滚动，擦燃火柴，从侧面移向灯芯点燃。燃烧时火焰不发嘶嘶声，并且火焰较暗时火力较强，一般用火焰上部加热。

d. 熄灭 灭火时不能用口吹灭，要用灯帽从火焰侧面轻轻罩上，切不可从高处将灯帽扣下，以免损坏灯帽。灯帽和灯身是配套的，不要搞混。

③ 注意事项

a. 长时间使用或在石棉网下加热时，灯口会发热，为防止熄灭时冷的灯帽使酒精蒸气冷凝而导致灯口炸裂，熄灭后可暂时将灯帽拿开，等灯口冷却以后再罩上。

b. 酒精蒸气与空气混合气体的爆炸范围为 3.5%～20%，夏天无论是灯内还是酒精桶中都会自然形成达到爆炸界限的混合气体。因此点燃酒精灯时，必须注意这一点。

c. 当灯内的酒精少于 1/4 体积时，需添加酒精。燃着的酒精灯不能补添酒精，更不能用点着的酒精灯对点。

d. 酒精易燃，其蒸气易燃易爆，使用时一定要按规范操作，切勿溢洒，以免引起火灾。酒精易溶于水，着火时可用水来灭火。

(2) 煤气灯加热

煤气灯是利用煤气或天然气为燃料气的实验室中常用的一种加热工具。煤气和天然气一般由一氧化碳（CO）、氢气（H_2）、甲烷（CH_4）和不饱和烃等组成。煤气燃烧后的产物为二氧化碳和水。煤气本身无色无臭、易燃易爆，并且有毒，不用时一定要关紧阀门，绝不可将其逸入室内。为提高人们对煤气的警觉和识别能力，通常在煤气中掺入少量有特殊臭味的三级丁硫醇，这样一旦漏气，马上可以闻到气味，便于检查和排除。煤气灯有多种样式，但构造原理是相同的。它由灯管和灯座组成。见图 2-10，灯管下部有螺旋针与灯座相连。灯管下部还有几个分布均匀的小圆孔，为空气的入口，旋转灯管即可完全关闭或不同程度地开启，以调节空气的进入量。

煤气灯构造简单，使用方便，用橡胶管将煤气灯与煤气龙头连接起来即可使用。

点燃煤气灯步骤：ⅰ. 先关闭空气入口（因空气进入量大时，灯管口气体冲力太大，不易点燃）；ⅱ. 擦燃火柴，将火柴从下斜方向移近灯管口；ⅲ. 打开煤气阀门（龙头）；ⅳ. 点燃煤气灯。最后调节煤气阀门或螺旋针，使火焰高度适宜（一般高度为 4～5cm）。这时火焰呈黄色，逆时针旋转灯管，调节空气进入量，使火焰呈淡紫色。正常火焰由三部分组成（见图 2-11）：内层（焰心）呈绿色，圆锥状，此处煤气和空气仅仅混合，并未燃烧，所以温度不高（约 300℃）；中层（还原焰）呈淡蓝色，此处由于空气不足，煤气燃烧不完全，并部分地分解出含碳的产物，具有还原性，温度约 700℃；外层（氧化焰）呈淡紫色，此处空气充足，煤气完全燃烧，具有氧化性，温度约 1000℃。通常利用氧化焰来加热。在淡蓝色火焰上方与淡紫色火焰交界处为最高温度区（约 1500℃）。

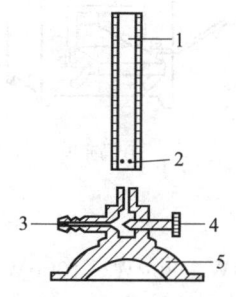

图 2-10 煤气灯的构造

1—灯管；2—空气入口；3—煤气入口；
4—螺旋针；5—灯座

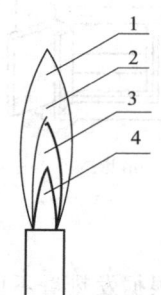

图 2-11 火焰组成

1—氧化焰（高温）；2—最高温区；
3—还原焰（低温）；4—焰心

当煤气和空气的进入量调配不合适时，点燃时会产生不正常火焰，如图 2-12 中（b），(c)。当煤气和空气进入量都很大时，由于灯管口处气压过大，容易造成以下两种后果：①用火柴难以点燃；②点燃时会产生凌空火焰［火焰脱离灯管口，凌空燃烧，见图 2-12

(a) 正常火焰　　(b) 凌空火焰　　(c) 侵入火焰

图 2-12　各种火焰

(b)]。遇到这种情况，应适当减少煤气和空气进入量。如空气进入量过大，则会在灯管内燃烧，这时能听到一种特殊的嘶嘶声，有时在灯管口的一侧有细长的淡紫色的火舌，形成"侵入焰"[见图 2-12(c)]。它将烧热灯管，一不小心就会烫伤手指。有时在煤气灯使用过程中，因某种原因煤气量会突然减小，空气量相对过剩，这时就容易产生"侵入焰"，这种现象称为"回火"。产生侵入焰时，应立即减少空气的进入量或增大煤气的进入量。当灯管已烧热时，应立即关闭煤气灯，待灯管冷却后再重新点燃和调节。

煤气灯使用过程中的注意事项如下。

① 煤气中的一氧化碳有毒，且当煤气和空气混合到一定比例时，遇火源即可发生爆炸，所以不用时一定要把煤气阀门关好；点燃时一定要先划燃火柴，再打开煤气阀门；离开实验室时，要再检查一下煤气开关是否关好。

② 点火时要先关闭空气入口，再擦燃火柴点火，因空气孔太大，管口气体冲力太大，不易点燃，且易产生"侵入焰"。

(3) 电加热

实验室还常用电炉、电热板、电加热套、烘箱、管式炉和马弗炉等多种电器加热（见图 2-13）。和煤气加热法相比，电加热不产生有毒物质、蒸馏易燃物时不易发生火灾。因此，了解一下用于不同目的的电加热方法很有必要。

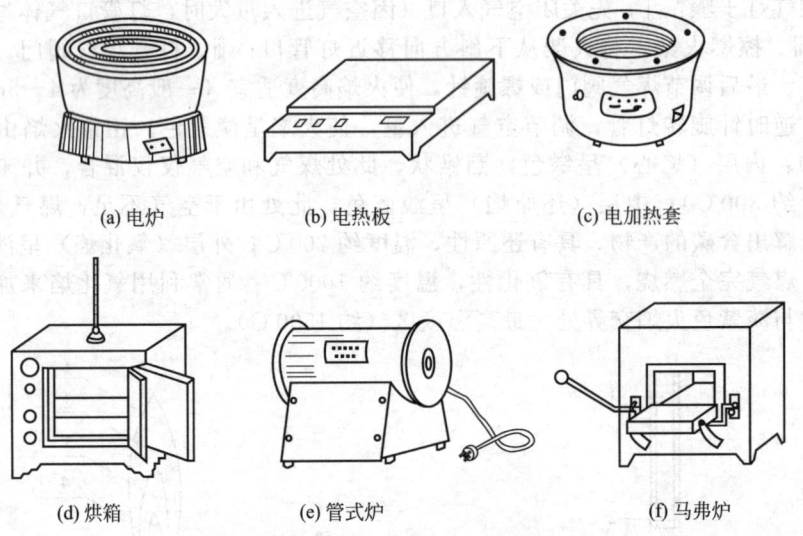

(a) 电炉　　　　　　(b) 电热板　　　　　　(c) 电加热套

(d) 烘箱　　　　　　(e) 管式炉　　　　　　(f) 马弗炉

图 2-13　实验室电器加热设备

① 电炉　根据发热量不同有不同规格，如 300W、500W、800W、1000W 等。有的带有电压调节装置。单纯加热，可以用一般的电炉。使用电炉时应注意以下几点：a. 电源电压与电炉电压要相符；b. 加热容器与电炉间要放一块石棉网，以使受热均匀和保护电热丝；c. 炉盘的凹槽要保持清洁，要及时清除烧焦物，以保证炉丝传热良好，延长使用寿命。

② 电热板　电炉做成封闭式称为电热板。电热板加热是平面的，且升温较慢，多用作水浴、油浴的热源，也常用于加热烧杯、平底烧瓶、锥形瓶等平底容器。许多电磁搅拌装置附有可调电热板。

③ 电加热套（包） 专为加热圆底容器而设计的电加热源，是特别适用于蒸馏易燃物品的热源。有适合不同规格烧瓶的电加热套，相当于一个均匀加热的空气浴，热效率最高。

④ 红外灯、白炽灯 加热乙醇、石油等低沸点液体时，可使用红外灯和白炽灯。使用时受热容器应正对灯面，中间留有空隙，再用玻璃布或铝箔将容器和灯泡松松包住，既保温又能防止冷水或其他液体溅到灯泡上，还能避免灯光刺激眼睛。

⑤ 烘箱 用于烘干玻璃仪器和固体试剂。工作温度从室温至设计最高温度。在此温度范围内可任意选择，有自动控温系统。箱内装有鼓风机，使箱内空气对流，温度均匀。工作室内设有两层网状隔板，以放置被干燥物。

使用时注意事项：a. 被烘的仪器应洗净、沥干后再放入，且使口朝下，烘箱底部放有搪瓷盘承接仪器上滴下的水，不让水滴到电热丝上。b. 易燃、易挥发物不能放进烘箱，以免发生爆炸。c. 升温时应检查控温系统是否正常，一旦失效，就可能造成箱内温度过高，导致水银温度计炸裂。d. 升温时，箱门一定要关严。

⑥ 管式炉 高温下气-固的反应常用管式炉。管式炉利用电热丝或硅碳棒加热，温度可分别达到950℃和1300℃。被加热物应放在石英管或瓷管中，可在空气或控制其他气氛中加热。

⑦ 马弗炉 又叫箱式电炉。马弗炉也是利用电热丝或硅碳棒加热的高温炉，炉膛呈长方体，很容易放入要加热的坩埚或其他耐高温的容器。

管式炉和马弗炉的温度用温度控制仪连接热电偶来控制。

(4) 热浴

当被加热的物质需要受热均匀又不能超过一定温度时，可用特定热浴间接加热。

① 水浴加热 当被加热物质要求受热均匀且温度又不超过100℃时，可用水浴加热［见图2-14(a)、(b)］。恒温水浴及水浴锅的盖子是由一套不同口径的金属圈组成。使用时可按受热器皿的大小任意选用。有时为了方便，常用烧杯代替水浴锅［见图2-14(c)］。

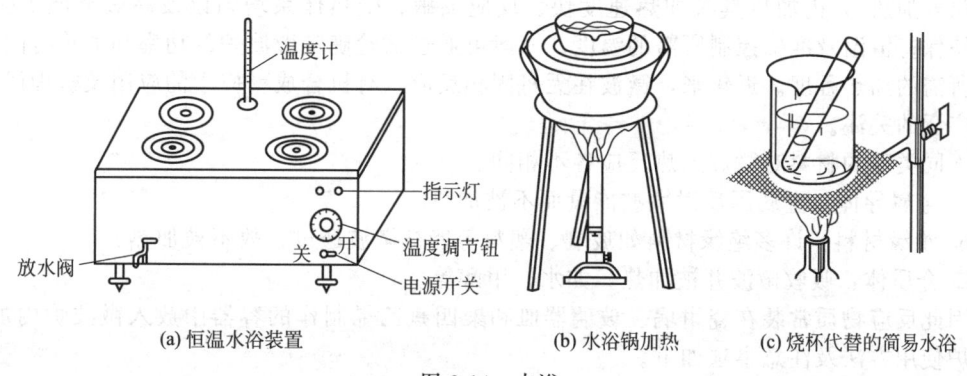

图 2-14 水浴

使用水浴锅应注意以下几点：a. 水浴锅中的存水量不超过容积的2/3；b. 受热玻璃器皿勿触及锅壁或锅底；c. 若被加热器皿并不浸入水中，而是通过水蒸气加热，则称之为水蒸气浴；d. 当需要加热到近100℃时，可用沸水浴或蒸气浴；沸水浴时间较长时，可以在水面上加薄薄一层液体石蜡即油封水浴，以避免水的蒸发；e. 水浴装置不能用做油浴、沙浴。

必须强调，使用金属钾、钠的操作时，绝不能在水浴上加热。

② 油浴加热 油浴适用于100～250℃的加热。油浴锅一般由生铁铸成，有时也用大烧杯代替。反应物的温度一般低于油浴液温度20℃左右。常用作油浴的有以下几种物质。

a. 甘油，可加热到140～150℃。

b. 植物油，如菜籽油、豆油、蓖麻油和花生油，新加植物油加热以不超过200℃为宜，用久以后可以加热到220℃。为抗植物油的氧化，常加入1%的对苯二酚等抗氧化剂，当温度过高它会分解，达到闪点可能燃烧，所以使用时要十分小心。

c. 石蜡，固体石蜡和液体石蜡均可加热到200℃左右。

d. 硅油。硅油在250℃左右时仍较稳定，透明度好，但价格较贵。

油浴加热时，应悬挂温度计，以便监控温度。

加热完毕，把容器提离油浴液面，仍用铁夹夹住，放置在油浴上面。待附着在容器外壁上的油流完后，用纸和干布把容器擦净。

使用油浴时，要特别注意防止着火。当油受热冒烟时，要立即停止加热；油量要适量，不可过多，以免受热膨胀溢出；油锅外不能沾油；如遇油浴着火，要立即拆除热源，用石棉布盖灭火焰，切勿用水浇。

③ 沙浴加热　用生铁铸成的平底铁盘中放入约一半的细沙而成。受热器皿下部埋入沙中，但注意不能触及沙浴盘底或盘壁（见图2-15），加热前先将盘中沙熔烧除去有机物。

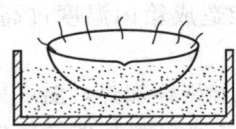

图2-15　沙浴加热

由于沙子导热性差，升温慢，因此沙层不能太厚；沙中各部位温度也不尽相同，若要测量加热温度，必须将温度计水银球部分埋在靠近被加热器皿处的沙中。沙浴适用于80℃以上、400℃以下的加热。

(5) 微波辐射加热

微波辐射加热常用的装置是微波炉。微波炉主要由磁控管、波导管、微波腔、波形搅拌器、循环器和转盘六个部分组成。微波炉加热原理是利用磁控管将电能转换成高频电磁波，经波导管传入微波腔，进入微波腔内的微波经波形搅拌器作用可均匀分散在各个方向。在微波辐射作用下，微波能量对反应物质的耗散通过偶极分子旋转和离子传导两种机理来实现。极性分子接受微波辐射能量后，通过分子偶极以每秒数十亿次的高速旋转产生生热效应，此瞬间变态是在反应物内部进行的，因此微波炉加热叫做内加热（传统靠热传导和热对流过程的加热叫外加热），内加热具有加热速度快、反应灵敏、受热体系均匀以及高效节能等优点，但不易保持恒温及准确控制所需的温度。一般可通过试验确定微波炉的功率和加热时间，以达到所需的加热程度。近年来，微波在无机固相反应、有机合成反应中的应用及机理研究已引起广泛的关注。

不同类型的材料对微波加热反应各不相同。

a. 金属导体：金属因反射微波能量而不被加热。

b. 绝缘材料：许多绝缘材料如玻璃、塑料等能被微波透过，故不被加热。

c. 介质体：吸收微波并被加热，如水、甲醇等。

因此反应物质常装在瓷坩埚、玻璃器皿和聚四氟乙烯制作的容器中放入微波炉内加热。微波炉使用方法及注意事项如下。

a. 将待加热物均匀地放在炉内玻璃转盘上。

b. 关上炉门，选择加热方式和加热时间。开始加热，待加热结束后，微波炉会自动停止工作，并发出提示铃声。

c. 金属器皿、细口瓶或密封的器皿不能放入微波炉内加热。不要在炉内烘干布类、纸制品类，因其含有容易引起电弧和着火的杂质。

d. 当炉内无待加热物体时，不能开机。若待加热物体很少，则不能长时间开机，以免空载运行（空烧）而损坏机器。

2.3.2　常用的加热操作

化学实验中使用的玻璃器皿，不能直接受热的有吸滤瓶、比色管、离心管、表面皿及一些量具（如量筒、容量瓶等）；加热时要隔以石棉网的有烧杯、锥形瓶等；试管是可以直接置于火焰中加热的。有时也用陶瓷器皿（如蒸发皿、瓷坩埚）和金属器皿（如铁坩埚），它们可耐受较高的温度。无论玻璃器皿或陶瓷器皿，受热前均应将其外壁的水擦干，开始加热时，应尽可能使用小火和弱火；它们都不能骤冷和骤热，否则会使器皿破裂。如果加热有沉淀的溶液，应不断搅拌，防止沉淀受热不均而溅出。

(1) 液体的加热

适用于在较高温度下不易分解的液体。一般把装有液体的器皿（如烧杯、烧瓶）放在石棉网上，用酒精灯、煤气灯、电炉或电加热套（不需石棉网）等加热。液体体积不超过烧杯容积的1/2、烧瓶的1/3。煮沸时注意要不断搅拌或放入几粒沸石，以防止暴沸。

若加热带有沉淀的溶液，加热时更要注意受热均匀。

盛装液体的试管一般可直接放在火焰上加热，但易分解的物质或沸点较低的液体，仍应放在水浴中加热（见图2-14）。直接火焰加热盛液体的试管时，应注意以下几点。

a. 要用试管夹夹持试管的中上部，不能用手持试管加热。

b. 试管管口向上，与台面成约60°角倾斜，如图2-16所示。试管口不要对着他人或自己，以免发生意外。

c. 应使液体各部分受热均匀，先加热液体的中上部，再慢慢移动试管热及下部，然后不时地移动或振荡试管，不要集中加热某一部分，避免试管内液体暴沸，使液体冲出管外。

d. 试管中被加热液体的体积不要超过试管高度的1/3，火焰上端不能超过管里液面。

e. 对带有沉淀的溶液，加热时更要注意受热均匀。热试管应该用试管夹夹住，悬放在试管架上，以免它接触试管架底部的水骤冷而破裂。

(2) 固体的加热

① 试管中固体的加热　加热少量固体时，可用试管直接加热。加热时，药品应尽可能平铺在试管末端。块状或粒状固体，一般应先研细，加热的方法与在加热试管中液体时相同，有时也可将试管固定在铁架台上加热（见图2-17）。但是必须注意，应使试管口略向下倾斜，以免凝结在试管内的水珠倒流，使试管炸裂。开始加热时，先来回将整个试管预热，然后用氧化焰集中加热。一般随着反应的进行，灯焰从试管内固体试剂的前端慢慢向末端移动。

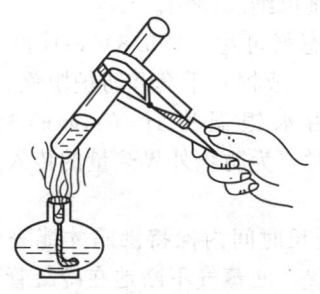
图2-16　试管中液体的加热

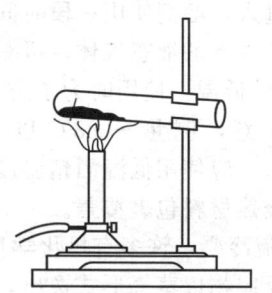
图2-17　试管中固体的加热

② 坩埚的加热——灼烧　把固体物质加热到高温以达到脱水、分解、除去挥发性杂质等目的的操作称为灼烧。灼烧时可将固体放在坩埚、瓷舟等耐高温的容器中，用高温电炉或高温灯进行加热。

如果在煤气灯上灼烧固体，可将坩埚置泥三角上，利用氧化焰加热。开始时，先用小火烘烧，使坩埚受热均匀，然后逐渐加大火焰灼烧。灼烧到符合要求后，停止加热，先在泥三角上稍冷，再用坩埚钳夹持坩埚置干燥器内放冷。要夹取高温下的坩埚，必须使用干净的坩埚钳，而且应把坩埚钳放在火焰上预热一下。坩埚钳有两种用法：一种是用坩埚钳夹住坩埚身；另一种是用坩埚钳的尖端夹持坩埚。坩埚钳用后，应平放在石棉网上，钳尖向上，以保证坩埚钳尖端洁净。

2.3.3 冷却方法

在化学实验中,有些反应、分离、提纯要求在低温下进行,可根据要求的温度条件选择不同的冷却剂和合适的制冷技术。

① 自然冷却　热的物质在空气中放置一定时间,会自然冷却至室温。

② 吹风冷却和流水冷却　当实验需要快速冷却时,可将盛有溶液的器皿放在冷水流中冲淋或用吹风机或鼓风机吹冷风冷却。

③ 冰水冷却　将需冷却物体直接放在水和碎冰组成的冰水中,可使其温度降至0℃左右。如果水的存在不妨碍反应的进行,也可把碎冰直接投入反应物中,这能更有效地利用低温。

④ 冰(雪)盐冷却剂冷却　要使溶液达到较低温度,可使用冰(雪)盐冷却剂冷却。实验室中常用冰(雪)盐冷却剂见表2-2。制冰(雪)盐冷却剂时,应把盐研细,将冰用刨冰机刨成粗砂糖状,然后按一定比例均匀混合。

表2-2　常用冰盐冷却剂及其最低制冷温度

盐类	100g碎冰(或雪)中加入盐的质量/g	混合物能达到的最低温度/℃
NH_4Cl	25	-15
$NaNO_3$	50	-18
$NaCl$	33	-21
$CaCl_2 \cdot 6H_2O$	100	-29
$CaCl_2 \cdot 6H_2O$	143	-55

用干冰(固体二氧化碳)和乙醇、乙醚或丙酮的混合物,可以达到更低的温度(-80~-50℃),如与乙醇或丙酮的混合物可达-86℃,与乙醚的混合物可达-72℃。操作时,先将干冰放在浅木箱中用木锤打碎(注意戴防护手套,以免冻伤),装入杜瓦瓶中至2/3处,逐次加入少量溶剂,并用筷子很快搅拌成粥状。注意:一次加入溶剂过多时,干冰气化会把溶剂溅出。由于干冰易气化跑掉,必须随时加以补充。另外干冰本身有相当的水分,加之空气中水的进入,溶剂使用一段时间后,就变成黏结状而难以继续使用。

利用低沸点的液态气体,可获得更低的温度,如液态氮可达-195.8℃,而液态氦可达-268.9℃的低温。使用时为了防止低温冻伤,必须戴皮(或棉)手套和防护眼镜。

应当注意,测量-38℃以下的低温时,不能用水银温度计(Hg的凝固点为-38.87℃),应使用低温酒精温度计等。使用低温冷浴时,为防止外界热量的传入,冷浴外壁应使用隔热材料包裹覆盖。

⑤ 回流冷凝　许多有机化学反应需要使反应物在较长时间内保持沸腾才能完成,同时又要防止反应物以蒸气形式逸出,这时常用回流冷凝装置,使蒸气不断地在冷凝管内冷凝成液体,然后返回反应器中。

2.4 试剂的取用

2.4.1 试剂瓶的种类及化学试剂的存放

实验室中常用试剂瓶有细口试剂瓶、广口试剂瓶和滴瓶,它们分别有无色和棕色两种,并有大小不同规格。

固体试剂一般存在易于取用的广口瓶内,液体试剂或配制的溶液盛放在细口瓶或带有滴管的滴瓶(用量小,使用频繁)中。而且应该根据试剂的特性,选用不同的储存方法。例如：易腐蚀玻璃的试剂（如氢氟酸、氟化物等），应保存在塑料瓶中；见光易分解的试剂（如 $AgNO_3$、$KMnO_4$、饱和 Cl_2 水、$H_2C_2O_4$ 等），则应装在棕色的试剂瓶中；对于 H_2O_2，虽然也是见光易分解的试剂，但不能盛放于棕色的玻璃瓶中，因棕色玻璃中含有重金属氧化物成分，会催化 H_2O_2 的分解。因此，H_2O_2 通常存放于不透明的塑料瓶中，放置于阴凉处。存放碱的试剂瓶要用橡胶塞（或带滴管的橡胶塞），由于碱会跟玻璃作用，不宜用磨砂玻璃塞。浓硫酸、硝酸对橡胶塞、软木塞都有较强的腐蚀作用，就要用磨砂玻璃塞的试剂瓶装，浓硝酸还有挥发性，不宜用有橡胶帽的滴瓶装。

对于易燃、易爆、强腐蚀性、强氧化剂及剧毒药品的存放应特别加以注意，一般需要分类单独存放，如强氧化剂要与易燃、可燃物分开隔离存放。低沸点的易燃液体要求在阴凉、通风的地方存放，并与其他可燃物和易产生火花的器物隔离放置，更要远离明火。闪点在 −4℃以下的液体（如石油醚、苯、乙酸乙酯、丙酮、乙醚等）理想的存放温度为 −4～4℃；闪点在 25℃以下的液体（如甲苯、乙醇、丁酮、吡啶等），存放温度不宜超过 30℃。

盛放试剂的试剂瓶都应贴上标签，并写明试剂的名称、规格或浓度以及日期。在标签外面涂上一层蜡或蒙上一层透明胶带等保护它。

2.4.2 试剂瓶塞子的开启方法

如遇到固体或液体试剂瓶上的塑料塞子或酚醛树脂塞子很难打开时，可用热水浸过的布裹上塞子，然后用力拧。

细口试剂瓶塞或广口试剂瓶塞也常有打不开的情况，此时可用热水浸过的布包裹瓶的颈部（塞子嵌进的部分），瓶颈处玻璃受热膨胀后，可在水平方向转动塞子或左右交替横向摇动塞子，若仍打不开，可紧握瓶的上部，用木柄或木锤从侧面轻轻敲打塞子，也可在桌端轻轻扣敲。

注意：开启存有挥发性药品的瓶塞和安瓿时，必须注意瓶内所盛物品的性质，充分冷却，然后开启（开启安瓿时需要用布包裹）；开启时瓶口需指向无人处，以免液体喷溅伤人。如遇瓶塞不易开启时，切不可用火加热或乱敲瓶塞。

2.4.3 试剂的干燥

除去固体、气体或液体试剂中的少量水分的过程称为干燥。不同的试剂干燥的方法也不同，如加热烘干、用干燥剂脱水等。下面分别介绍几种基本的干燥方法和有关技术。

(1) 液体的干燥

① 干燥剂的选择　液体有机化合物的干燥，通常是用干燥剂直接与其接触。因此选择干燥剂时，应注意下列几点。

a. 干燥剂的干燥速度快、吸水量大、价格便宜。在使用干燥剂时，还要考虑干燥剂的吸水容量和干燥效能。吸水容量是指单位质量干燥剂所吸收的水量；干燥效能是指达到平衡时液体干燥的程度。

b. 干燥剂与有机物不发生任何化学反应，对有机物亦无催化作用。例如酸性物质不能用碱性干燥剂，而碱性物质则不能用酸性干燥剂。有的干燥剂能与某些干燥的物质生成配合物，如氯化钙易与醇类、胺类形成配合物，因而不能用来干燥这些液体。强碱性干燥剂如氧化钙、氢氧化钠能催化某些醛类或酮类发生缩合、自动氧化等反应；也能使酯类或酰胺类发生水解反应。

c. 干燥剂应不溶于有机液体中，如氢氧化钾（钠）能溶解于低级醇中。

② 干燥剂的用量　根据水在被干燥液体中的溶解度和所选干燥剂的吸水量，一般来说，干燥剂的用量约为所干燥液体量的 5%～10%。由于液体中所含水分量不尽相同，干燥剂的质量、黏度、干燥时的温度也不尽相同，再加上干燥剂还有可能吸收一些副产物，如氯化钙吸收醇等原因，因此实难规定一个准确的用量范围，操作者应在实践过程中注意积累这方面

的经验。

③ 干燥实验操作　在干燥前应将被干燥的液体中的水分尽可能分离干净，宁可损失一些有机物，也不能存在可见的水层。如果有机液体中存较多的水分，实验过程中还有可能出现少量的水层（例如在用氧化钙干燥时），必须将此水层分去或用吸管将水吸去。将该液体置于锥形瓶中，取适量的干燥剂直接放入液体中用软木塞塞紧，振摇片刻。如果发现干燥剂附着瓶壁，互相黏结，通常是表示干燥剂不够，应继续添加；放置一段时间（至少30min，最好放置过夜），并不时加以振摇。若干燥剂与水反应放出气体，应采取相应措施，保证气体能顺利逸出而水汽又不至于进入。干燥时所用干燥剂的颗粒应适中，太大时因表面积小吸水很慢，且内层干燥剂不起作用；太小时则不易过滤，吸附有机物太多。

干燥过程中，浑浊的液体会变为澄清透明状。

但是注意这并不一定说明它已被彻底干燥，澄清与否和水在该化合物中的溶解度有关。滤去干燥剂，再进一步蒸馏处理，由于金属钠、生石灰、五氧化二磷等和水反应后生成比较稳定的产物，有时可不必过滤而能直接进行蒸馏。

(2) 固体试剂的干燥

① 加热干燥　根据被干燥物对热的稳定性，通过加热将物质中的水分变成蒸汽蒸发出去。加热干燥可在常压下进行，例如将被干燥物放在蒸发皿内用电炉、电热板、红外线照射、各种热浴和热空气干燥等。除此之外，也可以在减压下进行，如真空干燥箱等。加热干燥应注意控制温度，防止产生过热、焦糊和熔融现象，易爆易燃物质不宜采用加热干燥的方法。

② 低温干燥　一般指在常温或低于常温的情况下进行的干燥。可将被干燥物平摊于表面皿上，在常温常压下，在空气中晾干、吹干，也可在减压（或真空）下干燥。图2-18是真空干燥器。

有些易吸水潮解或需要长时间保持干燥的固体，应放在干燥器内。干燥器是一种具有磨口盖子的厚质玻璃器皿，真空干燥器在磨口盖子顶部装有抽气活塞，干燥器的中间放置一块带有圆孔的瓷板，用于放置被干燥物品。

干燥器的使用方法和注意事项如下。

a. 在干燥器的底部放好干燥剂，常用的干燥剂有变色硅胶、无水氯化钙等。

b. 在圆形瓷板上放上被干燥物，被干燥物应用器皿装好。

c. 在磨口处涂一层薄薄的凡士林，平推盖上磨口盖后，转动一下，密封好。

d. 使用真空干燥器时，必须抽真空。

e. 开启干燥器时，左手按住干燥器的下部。右手按住盖顶，向左前方推开盖子[见图2-19(a)]。真空干燥器开启时应首先打开抽气活塞。

f. 搬动干燥器时，应用两手的拇指同时按住盖子[见图2-19(b)]，防止盖子滑落打破。

图 2-18　真空干燥器

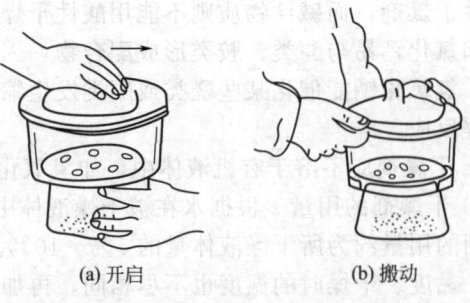

(a) 开启　　　(b) 搬动

图 2-19　干燥器的操作

g. 温度很高的物体应稍微冷却后再放入干燥器内，放入后，要在短时间内打开盖子1~2次，以调节干燥器内的气压。有些带结晶水的晶体，不能加热干燥，可以用有机溶剂（如乙醇、乙醚等）洗涤后晾干。

2.4.4 试剂的取用

取用试剂前，要核对标签，确认无误后才能取用。取用试剂时必须遵守两个原则。一是不沾污试剂。不能用手接触试剂，瓶塞应倒置于桌面上，取用试剂后，立即盖严，将试剂瓶放回原处，标签朝外。二是节约，尽量不多取试剂。万一多取了试剂不能倒回原瓶，以免影响整瓶试剂纯度，应放在其他合适容器中另作处理或供他人使用。

(1) 液体试剂的取用

① 从滴瓶中取用少量试剂的方法　应先提起滴管使管口离开液面，用手指捏紧滴管上部橡胶滴头排去空气，再把滴管伸入液面下，放开手指，吸入试剂。往试管滴加液体时，垂直提起滴管，滴管口应距试管口上方3~5mm（见图2-20）滴加，严禁将滴管伸入所用的容器中。一个滴瓶上的滴管不能用来移取其他试剂瓶中的试剂，也不允许用自己的滴管到滴瓶中取试剂，以免污染试剂。

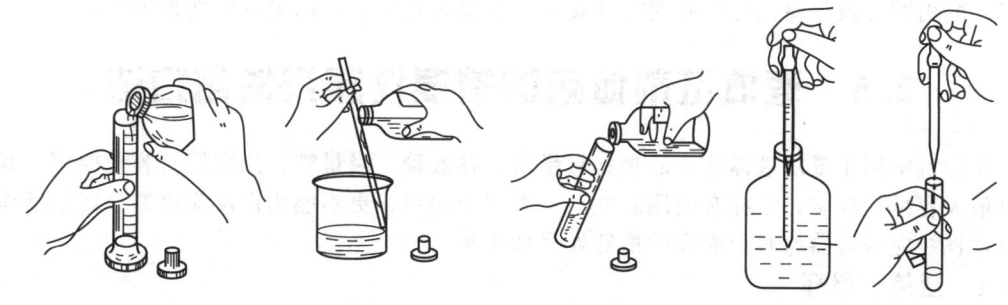

图 2-20　液体试剂的取用

使用滴管过程中，注意不要倒持滴管，这样试剂会流入橡胶帽，可能与橡胶发生反应，引起瓶内试剂变质。如果要从滴瓶中取出较多的试剂，可以直接倾倒，先把滴管内的液体排出，然后把滴管夹持在食指和中指之间，倒出所需要量的试剂。滴管不能随意放置，以免弄脏。

② 从细口试剂瓶中取用试剂的方法　从细口瓶中取用液体试剂时，一般用倾注法。先将瓶塞取下，倒置在实验台面上，手握住试剂瓶上贴标签的一面（有双面标签的试剂瓶，则应手握标签处），以免试剂万一流到标签上。瓶口要紧靠容器，使倒出的试剂沿容器壁流下，或沿洁净的玻璃棒流入容器，倒出所需用量后，瓶口不离开容器（或玻璃棒），稍微竖起瓶子，将瓶口倒出液体处在容器（或玻璃棒）上沿水平或垂直方向"刮"一下，然后竖直瓶子，这样可避免遗留在瓶口的试剂流到瓶的外壁。万一试剂流到瓶外，务必立即擦干净。取出试剂后，应立即将试剂瓶瓶盖盖好，放回原处。

③ 有些实验，不必很准确量取试剂，所以必须学会估计从瓶内取出试剂的量（如用滴管滴数估计液体体积）。如果需准确地量取液体，则要根据准确度要求，选用量筒、移液管或滴定管等。

(2) 固体试剂的取用

① 要用清洁、干燥的药匙取固体试剂。药匙两端为大、小两个匙，取用固体量大时用大匙，取用量小用小匙。

② 要求取用一定质量的固体试剂时，可把固体放在洁净的称量纸或表面皿上称量。具有腐蚀性、强氧化性或易潮解的固体应放在表面皿上或玻璃容器内称量。

③ 如果要把粉末试剂放进小口容器底部（特别是湿试管），又要避免容器其余内壁沾有

试剂，就要使用干燥的容器，或者先把用药匙将取出的药品放在对折的纸片上，伸进试管约 2/3 处（见图 2-21），然后竖立容器，用手轻弹纸卷，让试剂全部落下（注意，纸张不能重复使用）。

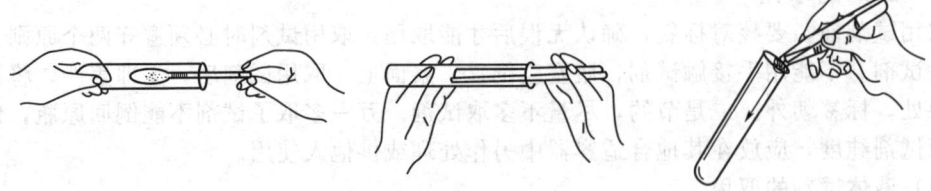

图 2-21 固体药品的取用

把锌粒、大理石等粒状固体或其他坚硬且密度较大的固体装入容器时，应把容器斜放，然后慢慢竖立容器，使固体沿着容器内壁滑到底部，以免击破容器底部。

④ 取用有毒药品应在教师指导下进行。

注意取用易挥发的试剂，如浓盐酸、浓硝酸、溴等，应在通风橱内操作，防止污染室内空气。取用剧毒及强腐蚀性药品要注意安全，不要碰到手上，以免发生伤害事故。

2.5 液体试剂体积的量度仪器及使用方法

实验室中用于量度液体体积的量具有量筒、移液管、吸量管、滴定管及容量瓶等。其规格以最大容量为标志，常标有使用温度，不能用于加热，更不能用作反应容器。读取液体体积时，视线应与容器弯月形液面的最低处保持水平。

2.5.1 量筒、量杯

量筒和量杯都是外壁有容积刻度的准确度不高的玻璃容器。量筒分为量出式和量入式两种（见图 2-22），量出式在基础化学实验中普遍使用。量入式有磨口塞子，其用途和用法与容量瓶相似，其精度介于容量瓶和量出式量筒之间，在实验中用得不多。量杯为圆锥形（见图 2-23），其精度不及筒形量筒。量筒和量杯都不能用作精密测量，只能用来测量液体的大致体积，也用来配制大量溶液。市售量筒（杯）有 5mL、10mL、25mL、50mL、100mL、500mL、1000mL、2000mL 等，可根据需要来选用。

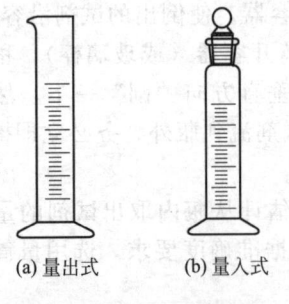 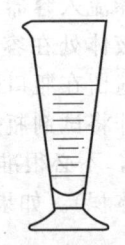

(a) 量出式　(b) 量入式

图 2-22 量筒　　　　　　图 2-23 量杯

量液时，眼睛要与液面取平，即眼睛置于液面最凹处（弯月面底部）同一水平面上进行观察，读取弯月面底部的刻度（见图 2-24）。

量筒（杯）不能放入高温液体，也不能用来稀释浓硫酸或溶解氢氧化钠（钾）。用量筒量取不润湿玻璃的液体（如水银），应读取液面最高部位。量筒易倾倒而损坏，用时应放在桌面当中，用后应放在平稳之处。

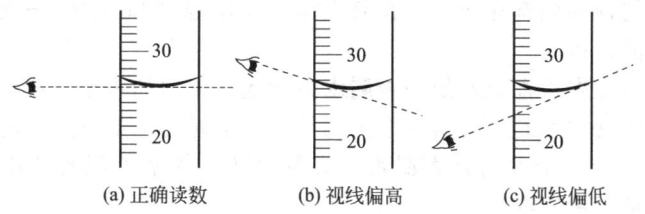

(a) 正确读数　　　(b) 视线偏高　　　(c) 视线偏低

图 2-24　观看量筒内液体的容积

2.5.2　移液管、吸量管

移液管用于准确地移取一定体积的液体。它是一细长而中部膨大的玻璃管（见图 2-25），上端刻有环形标线，膨大部分标有它的容积和标定时的温度。常用的移液管容积有 5mL、10mL、25mL、50mL 等。

吸量管是具有分刻度的玻璃管（见图 2-26），用于吸取所需不同体积的液体。常用的吸量管有 1mL、2mL、5mL、10mL 等规格。

使用方法：右手拇指和中指捏住移液管上端，将其下端伸入液面下约 1cm 处，左手用洗耳球（先排出其中空气）将液体吸入移液管至刻度线以上 3～4cm，立即用右手食指按住管口，然后以拇指和中指转动管身，使管中液面平稳下降，直至液面弯月面最低处与刻度线水平相切时，立即按紧食指，取出移液管至容器中。将移液管尖端紧靠盛器内壁，使盛器稍倾斜而移液管保持直立，放开食指使液体自然地沿器壁流出（见图 2-27），待液体流完后，停留 15s，转动移液管一周，再移开移液管。注意若移液管上标有"吹"或"快"字，则应将留在管端的液体吹入盛器。移取少量或非整数体积液体时，可用标有分刻度的吸量管。使用方法与单刻度移液管相同。

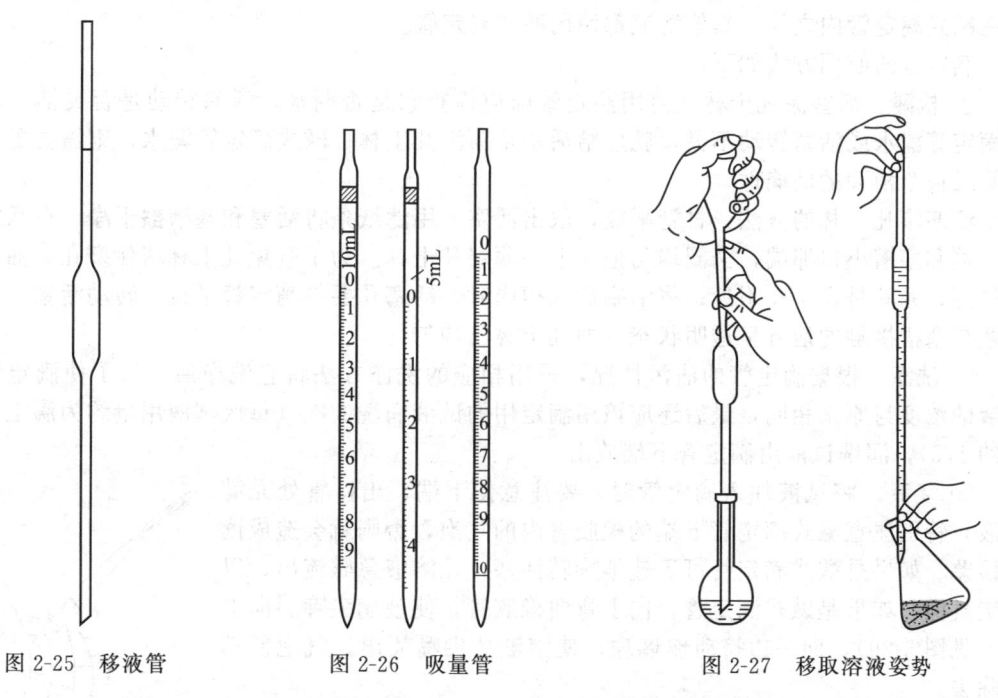

图 2-25　移液管　　　图 2-26　吸量管　　　图 2-27　移取溶液姿势

移液管和吸量管在使用前应依次用洗液、自来水、蒸馏水洗至内壁不挂水珠。

吸取试液前，要用滤纸将管外壁擦干，并用少量试液润洗 2～3 次。

2.5.3　容量瓶

容量瓶的容积比量筒准确，用来配制准确浓度的溶液，它是个细颈平底瓶，瓶口配有磨口玻璃塞,容量瓶的颈部刻有标线,并在瓶上标明使用温度和容量(表示在标明的温度下,液体充满至标线时的容积)。

在洗涤容量瓶前应先检查瓶塞处是否漏水,为此在瓶内加水至标线附近,塞好瓶塞用手顶住,另一只手将瓶倒立片刻,观察瓶塞周围是否有水漏出。如不漏,将瓶正立,把塞子旋转180°塞紧,同法试验这个方向是否漏水。容量瓶和它的塞子配套使用,不能互换。检漏后,再按常规方法把容量瓶洗净。

如果用固体物质配制溶液,应先在烧杯中把固体溶解,再把溶液转移到容量瓶中(见图2-28),然后用蒸馏水"少量多次"洗涤烧杯,洗涤液也转移到容量瓶中,以保证溶质的全部转移。再加入蒸馏水时,当瓶内溶液体积达容积的3/4左右时,应将容量瓶沿水平方向摇动,使溶液初步混合,当再加蒸馏水至接近标线时,稍等片刻,让附在瓶颈上的水全流入瓶内,再用滴管加水至标线(标线与弯月形液面最低处相切),盖好瓶塞,用食指按住瓶塞,用另一只手的手指把住瓶底边缘,将容量瓶反复倒置摇动数次,以保证溶液混合均匀。

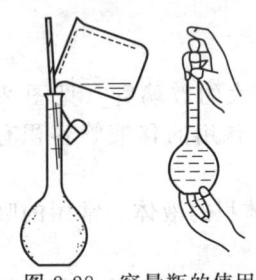

图2-28 容量瓶的使用

如果固体是加热溶解的,或溶解时热效应较大,要待溶液冷至室温才能转移到容量瓶中。

2.5.4 滴定管

滴定管分酸式和碱式两种。酸式滴定管下端有一玻璃活塞;碱式滴定管下端用橡胶管连接一段一端有尖嘴的小玻璃管,橡胶管内装一个玻璃珠,以代替玻璃活塞。除了碱性溶液应装在碱式滴定管内之外,其他溶液都使用酸式滴定管。

滴定管的使用方法如下。

① 检漏、活塞涂凡士林 使用滴定管前应检查它是否漏水,活塞转动是否灵活。若酸式滴定管漏水或活塞转动不灵,就应给活塞重新涂凡士林;碱式滴定管漏水,则需要更换橡胶管或换个稍大的玻璃珠。

活塞涂凡士林的方法:将管平放,取出活塞,用滤纸条将活塞和塞槽擦干净,在活塞粗的一端和塞槽小口那端,全圈均匀地涂上一薄层凡士林。为了避免凡士林堵住塞孔,油层要尽量薄,尤其是在小孔附近;将活塞插入槽内时,活塞孔要与滴定管平行。转动活塞,直至活塞与塞槽接触的地方呈透明状态(即凡士林已均匀)。

② 洗涤 根据滴定管的沾污情况,采用相应的洗涤方法将它洗净后,为了使滴定管中溶液的浓度与原来相同,最后还应该用滴定用的试液润洗3次(每次试液用量约为滴定管容积的1/5),润洗试液由滴定管下端放出。

③ 装液 将试液加入滴定管时,要注意使下端、出口管处充满试液,特别注意碱式滴定管下端的橡胶管内的气泡,否则就会造成读数误差。如果是酸式滴定管可迅速地旋转活塞,让溶液急骤流出,以带走气泡;如果是碱式滴定管,向上弯曲橡胶管,使玻璃尖嘴斜向上方(见图2-29),向一边挤动玻璃珠,使溶液从尖嘴喷出,气泡便随之除去。

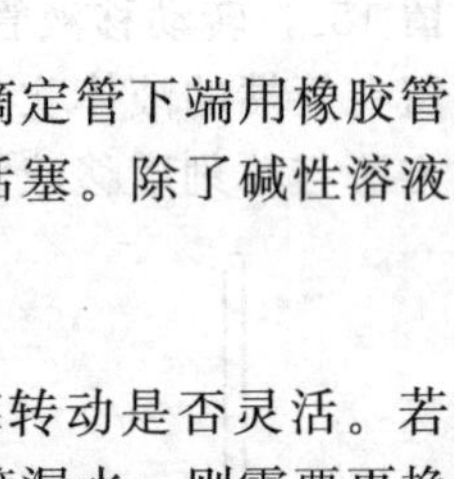

排除气泡后,继续加入溶液到刻度"0"以上,放出多余的溶液,调整液面在"0.00"刻度附近。

图2-29 排除气泡

④ 读数 常用的滴定管的容量为50mL,它的刻度分50大格,每一大格又分为10小格,所以每一大格为1mL,每一小格为0.1mL。读数应读到小数点后两位。注入或放出溶

液后应稍等片刻，待附着在内壁的溶液完全流下后再读数。读数时，滴定管必须保持垂直状态，视线必须与液面在同一水平。对于无色或浅色溶液，读弯月面实线最低点的刻度。若滴定管背后有一条蓝线（或蓝带），溶液就形成了两个弯月面，并且相交于蓝线的中线上，读数时就读此交点的刻度。对于深色溶液如 $KMnO_4$ 溶液、I_2 水溶液等，弯月面不易看清，则读液面的最高点。

⑤ 滴定　滴定时，最好每次都从 0.00mL 附近开始，这样读数方便，且可以消除由于滴定管管径不均而带来的误差。

使用酸式滴定管时，必须用左手的拇指、食指及中指控制活塞，旋转活塞的同时稍稍向内（左方）扣住（见图 2-30），这样可避免把活塞顶松而漏液。要学会以旋转活塞来控制溶液的流速。

使用碱式滴定管时，应该用左手的拇指及食指在玻璃珠所在部位稍偏上处，轻轻地往一边挤压橡胶管，使橡胶管和玻璃珠之间形成一条缝隙，溶液即可流出（见图 2-31）。要掌握手指用力的轻重来控制缝隙的大小，从而控制溶液的流出速度。

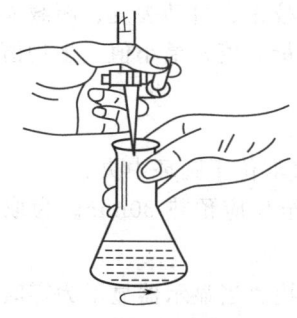
图 2-30　酸式滴定管操作

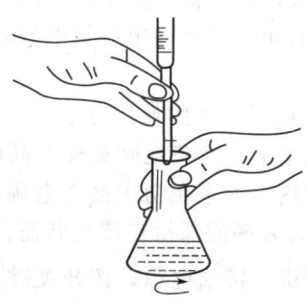
图 2-31　碱式滴定管操作

滴定时，将滴定管垂直地夹在滴定管架上，下端伸入锥形瓶口约 1cm。左手按上述方法操纵滴定管，右手的拇指、食指和中指拿住锥形瓶的瓶颈，沿同一方向旋转锥形瓶，使溶液混合均匀，不要前后、左右摇动。开始滴定时，无明显变化，滴液流出的速度可以快一些，但必须成滴而不是一股液流。随后，滴落点周围出现暂时性的颜色变化，但随着旋转锥形瓶，颜色很快消失。当接近终点时，颜色消失较慢，这时就应逐滴加入溶液，每加一滴后都要摇匀，观察颜色变化情况，再决定是否还要滴加溶液。最后常需控制加入半滴溶液，即液滴在滴定管尖嘴处悬而不落，用锥形瓶内壁将液滴沾下来，用洗瓶以少量蒸馏水冲洗瓶的内壁，摇匀。如此重复操作，直到颜色变化符合要求为止。

滴定完毕，滴定管尖嘴外不应留有液滴，尖嘴内不应留有气泡。将剩余溶液弃去，依次用自来水、蒸馏水洗涤滴定管，以备下次使用。若学期结束要将带旋塞的滴定管收起，应在塞子和磨口接触处夹放纸片，以防黏结。

2.6　台秤、电子天平的使用

2.6.1　台秤

台秤又叫托盘天平，用于粗略的称量，常用的台秤能称准至 0.1g。台秤的横梁架在天平座上，横梁左右有两个盘子，横梁的中间有一指针，由指针在刻度盘的摆动情况，可看出台秤的平衡状态。

(1) 台秤的使用方法

① 称量前应调整零点。

② 称量时，左盘放被称量物，右盘放砝码（10g 或 5g 以下用游码），增减砝码使指针在刻度盘中心附近摆动。砝码的总质量就是被称量物的质量。

③ 称量完毕，将台秤和砝码恢复原状。

(2) 台秤称量注意事项

① 被称量物要放在称量用纸或表面皿上，不能直接放在托盘上；潮湿的或具有腐蚀性的药品，则要放在玻璃容器内。

② 不能称量热的物品。

③ 要用镊子取砝码，不要用手拿。

④ 应保持台秤及桌面的整洁。

2.6.2 电子天平

电子天平是最新一代的天平，它是根据电磁力平衡原理直接称量，支撑点采取弹性簧片代替机械天平的玛瑙刀口，用差动变压器取代升降枢装置，全量程不需要使用砝码，可直接读取称量质量数字。它具有使用寿命长、性能稳定、操作简便和灵敏度高等特点。称量时直接显示读数，速度快，精度高。此外，电子天平还有自动校正、自动去皮、超载显示、故障报警、与打印机联用输出质量电信号，还可以统计称量的最大值、最小值、平均值和标准偏差等功能。

2.6.2.1 电子天平的使用方法

① 调水平 调整地脚螺栓的高度，使水平仪内空气气泡位于圆环中央。

② 预热 天平在初次接通电源或长时间断电之后，至少应预热 30min。为取得理想的测量结果，天平应保持在待机状态。

③ 开机 接通电源，按开关键 ON/OFF 直至全屏自检。当显示器显示为零时，自检过程即告结束，此时天平工作准备就绪。

④ 校正 首次使用天平必须进行校正，校正时取下秤盘上的被称物，轻按 TARE 清零，按 CAL 键，显示器出现"CAL-100"，其中 100 为闪烁码，表示校准砝码为 100g 的标准砝码，此时把 100g 的标准砝码放在秤盘上，显示器较长时间显示"100.0000g"。取回砝码，显示器显示"0.0000g"。若显示不为零，则再清零，重复校正操作直至为零，校正完成。

⑤ 称量 放上称量的容器，使用除皮键 TARE 除皮清零。选择合适的称量方法进行样品称量。

⑥ 称量完毕，取出称量瓶，按开关键 ON/OFF，不使用时将开关键关至待机状态，登记天平的使用情况，经老师检查，签字后方可离开。

⑦ 实验结束，最后一位称量的同学称量完毕必须关闭电源，套上防尘罩才能离开。

需要特别注意的是：要称量的样品质量不得超过天平的最大载荷量，有腐蚀性的物质或吸湿性物体必须放在密闭容器内称量。

2.6.2.2 称量方法

电子天平称量时要依据不同的称量对象选择不同的天平和合适的称量方法。常用的称量方法包括直接称量法、固定质量称量法和递减称量法。

(1) 直接称量法

直接称量法可在天平上直接称出物体的质量。此法适用于称量洁净干燥的器皿、合金或金属样品及不易潮解或升华的固体试样。注意不要用手直接取放被称物体，可采用戴棉布手套，或垫纸条，或用镊子、钳子夹取等适宜的方法。

(2) 固定质量称量法

固定质量称量法用于称量某一固定质量的试剂或试样。用于称量不易吸潮,在空气中能稳定存在的粉末或小颗粒样品,以便精确调节其质量。

称量的方法是:用小烧杯或表面皿放入天平托盘的正中央,关好天平门,待显示平衡后,使用除皮键 TARE 除皮清零,显示屏显示"0.0000g"。然后打开天平门,用药匙往天平托盘上的容器中逐渐加入样品至与要称的质量相近(过多时可取出,但不能放回原瓶),关上天平门,当显示器上出现为稳定标记的质量单位"g"时准确读数,直至天平读数正好为止。

(3) 递减称量法

递减称量法用于称量一定质量范围内的样品和试剂。称量瓶是递减称量法最常用的容器。称量过程中,称量瓶除放在干燥器内和天平盘上外,需放在洁净的纸上,不得随意乱放,以免沾污。这种称量方法适用于称取一般的颗粒、粉状及液体样品。

称量时,取适量的待称样品于一洁净干燥的称量瓶中(液体样品可用小滴瓶),在天平上准确称量,将部分或全部样品倾入到另一实验容器中后,再次准确称量,两次称量读数之差,即为称取样品的质量。如果倾出的仅是一小部分试样,可如此重复操作,称量得到若干份样品。

由于称量瓶和滴瓶都有磨口瓶塞,对称量较易挥发、易吸水、易氧化和易与二氧化碳反应的物质比较适宜。递减法称量的规范操作要求如下。

① 要求称量瓶洗净烘干或自然晾干,称量时不能用手抓取操作,要用纸条套住瓶身的中部,用手指捏紧纸条进行操作(见图 2-32)。

图 2-32 称量瓶拿法(a)和倾出试样的操作(b)

② 先将称量瓶放在台秤上粗称,用一小块纸包住瓶盖,将瓶盖打开,放在同一称量盘上,根据所需样品量(通常稍多一些)调整砝码,用药匙慢慢加入样品至台秤平衡。盖上瓶盖,再拿到电子天平上准确称量并记录读数。

③ 从天平上取出称量瓶,在盛装样品的容器上方打开称量瓶,用瓶盖的下面轻敲称量瓶口的上沿,使样品缓缓落入容器。估计倾出的样品已够量时,再轻敲瓶口的边并扶正瓶身,盖好瓶盖后将瓶移出容器的上方,然后再准确质量。差减得到称得药品的质量。特别注意,在敲出样品的过程中,保证样品没有损失。

此外还应当注意:称量物体的温度必须与天平温度相同;读数时必须关好侧门;一个实验使用同一台天平与砝码完成全部测定,以减少称量误差。原始记录必须记在实验记录本上。发现天平有毛病,应立即告知教师,不要自己修理,以免引起更大的损坏。

2.7 气体的发生、净化和收集

2.7.1 气体的发生

实验室中常使用启普发生器使液体和固体在常温下作用,以制备气体。例如用锌和稀盐酸作用以制备氢气，用大理石与盐酸作用以产生二氧化碳，用硫化亚铁与盐酸作用以制备硫化氢等。启普发生器（见图 2-33）由一个葫芦状的玻璃容器和球形漏斗组成。参加反应的固体（$CaCO_3$、FeS、Zn 等）盛放在中间圆球内，可在狭缝处放些玻璃丝来承受固体，以免固体落入底部。酸从安全漏斗经球形漏斗注入。使用时，只需打开活塞，由于中间球体内压力降低，酸液即从底部通过狭缝上升到玻璃容器，与固体接触而产生气体。停止使用时，关闭活塞，由于产生的气体使中间压力增加，会把酸压回球形漏斗，酸和固体不再接触而停止反应。下次使用只要打开活塞即可。

启普发生器不能加热，装入的固体必须是较大的颗粒状。所以制备 O_2、SO_2 等不能使用，可采用另一种发生气体的装置（见图 2-34）。

在实验室中，当需用较大量的某种气体时，也可使用气体钢瓶。如氧气、氮气、氢气、二氧化碳和二氧化硫等钢瓶。使用时，通过减压阀来控制气体流量。

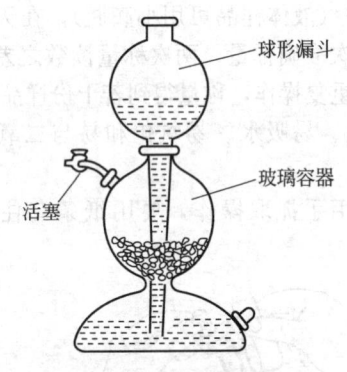

图 2-33 启普发生器

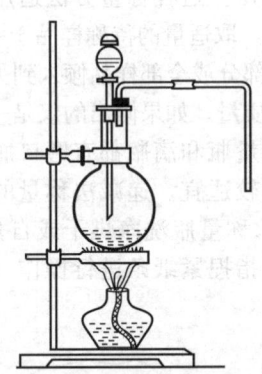

图 2-34 发生气体装置

2.7.2 净化和干燥

实验室制备的气体常带有酸雾和水汽，有时需要净化和干燥。酸雾可用水或玻璃棉除去，然后根据气体性质选用浓硫酸、无水氯化钙或硅胶等吸收水汽（见表 2-3）。通常可使用洗气瓶、干燥塔、U 形管或干燥管（见图 2-35）等仪器进行净化或干燥。液体（如水、浓硫酸等）一般装在洗气瓶内，无水氯化钙和硅胶等固体装在干燥塔或 U 形管内，玻璃棉装在 U 形管或干燥管内。气体中如果还有其他杂质，则应根据具体情况分别用不同的洗涤液或干燥剂进行处理，例如氢气中夹杂的硫化氢、砷化氢等可用高锰酸钾溶液、醋酸铅溶液除去。

表 2-3 常用气体干燥剂

干燥剂	适于干燥的气体
CaO、KOH	NH_3、胺类
碱石灰	NH_3、胺类、O_2、N_2（同时可除去气体中的 CO_2 和酸气）
无水 $CaCl_2$	H_2、O_2、N_2、HCl、CO_2、CO、SO_2、烷烃、烯烃、氯代烃、乙醚
$CaBr_2$	HBr
CaI_2	HI
H_2SO_4	O_2、N_2、Cl_2、CO_2、CO、烷烃
P_2O_5	O_2、N_2、H_2、CO、CO_2、SO_2、乙烯、烷烃

2.7.3 气体收集

根据气体密度及在水中溶解度的不同，收集气体的方法也不相同。

(1) 排水集气法

在水中溶解度很小的气体，如氢气、氧气、氮气等，可用本法收集。

(2) 排气集气法

在水中溶解度较大的气体，根据其密度大小可分别采取瓶口向下的排气集气法（如氨气等比空气轻的气体）和瓶口向上的排气集气法（如氯气、二氧化碳等比空气重的气体）。

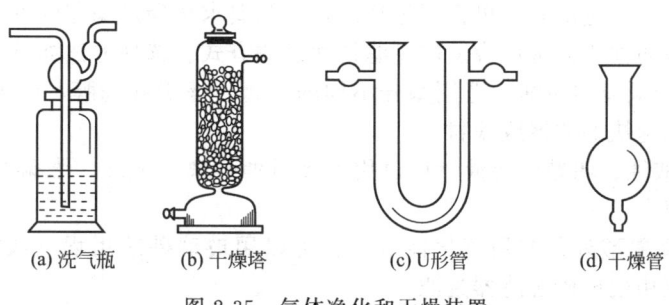

(a) 洗气瓶　　(b) 干燥塔　　(c) U形管　　(d) 干燥管

图 2-35　气体净化和干燥装置

2.8　固体物质的溶解、固液分离、蒸发和结晶

在化合物制备、提纯过程中，常用到溶解、过滤、蒸发（浓缩）和结晶（重结晶）等基本操作。

2.8.1　固体物质的溶解

溶解固体物质通常分 4 个步骤进行。

① 研细固体　除非固体试剂或固体物质已经足够细，或者极易溶解，否则必须先将固体物质用研钵研细后再倒入烧杯中进行溶解。

② 加入溶剂　在拟订方案时，用于溶解固体物质的溶剂其种类和用量都应先予以确定。选用溶剂时，除了要考虑待溶物质在其中的溶解度之外，还要考虑在后续过程中易于处理而又不致引入难以除去的杂质。溶剂的用量应以能使固体粉末完全溶解而又不致过量太多为宜（必要时应根据固体在操作温度下的溶解度及固体的量进行估算）。把准备好的溶剂沿玻璃棒加入烧杯中。

③ 搅拌溶解　搅拌可以加速溶解过程。用玻璃棒搅拌时，应手持玻璃棒并转动手腕，使搅拌棒在溶液中均匀地转圈子，不要用力过猛，用微力使玻璃棒在容器中部的液体中均匀搅拌，使固体与溶剂充分接触而溶解，不要使搅拌棒碰到器壁上，以免发出响声，损坏容器。

④ 必要时加热　在大多数情况下，加热可加速固体物质的溶解。采用直接加热还是间接加热取决于物质的热稳定性。应该注意的是对于热分解温度小于 100℃ 的物质，不能采用直接加热的方法，只能用水浴加热。

2.8.2　固、液分离及沉淀洗涤

常用的固、液分离方法有倾析法、过滤法和离心分离。

2.8.2.1　倾析法

当沉淀的密度较大或结晶的颗粒较大，静置后能沉降至容器底部时，可用倾析法进行沉淀的分离和洗涤。具体作法是把沉淀上部的溶液倾入另一容器内，然后往盛着沉淀的容器内加入少量洗涤液，充分搅拌后，沉降，倾去洗涤液。如此重复，即可把沉淀洗净，使沉淀与溶液分离。

2.8.2.2 过滤法

要彻底分离固体和溶液,最常用的操作方法是过滤法。过滤时沉淀留在过滤器上,溶液通过过滤器而进入容器中,所得溶液叫做滤液。

溶液的黏度、温度、过滤时的压力、过滤器孔隙的大小和沉淀物的状态都会影响过滤的速度。溶液的黏度越大,过滤越慢。热溶液比冷溶液容易过滤。减压过滤比常压过滤快。过滤器的孔隙要合适,太大时会透过沉淀,太小时则过滤速度较慢。沉淀呈胶状时,需加热破坏后方可过滤。总之,过滤时,可根据过滤的目的和要求选择过滤器的种类,视沉淀颗粒的大小、状态及溶液的性质而选用合适的过滤器和过滤方式。选择方法如下。

① 根据沉淀物颗粒的粗细,选用型号不同的滤纸、滤板和滤膜,以沉淀物不穿滤为原则,尽可能选择滤速快的滤器或滤材。

② 中性、弱酸性、弱碱性溶液,可以用滤纸过滤分离。强酸、强碱和强氧化性溶液不能用滤纸过滤分离。

③ 强酸(除氢氟酸外)或强氧化性溶液,可以用玻璃砂芯坩埚(或漏斗)过滤分离,但强碱性溶液不能用玻璃砂芯滤器过滤。

④ 当沉淀物颗粒极细甚至是胶状物,难以取得良好的过滤效果时,可以采用离心分离法。

常用的过滤方法共有三种:常压过滤、减压过滤和热过滤。

(1) 常压过滤

此法最简便和常用,只需普通漏斗和滤纸即可进行。

普通漏斗大多是玻璃材质,但也有搪瓷、塑料的,分长颈和短颈两种。

化学实验室中常用的有定量分析滤纸和定性分析滤纸两种,按过滤速度和分离性能的不同,又分为快速、中速和慢速三种。滤纸外形有圆形和方形两种。常用的圆形滤纸有 $\phi 7cm$、$\phi 9cm$、$\phi 11cm$ 等规格,滤纸盒上贴有滤速标签。方形滤纸都是定性滤纸,有 $60cm \times 60cm$、$30cm \times 30cm$ 等规格。定量滤纸又称为无灰滤纸。以直径 12.5cm 定量滤纸为例,每张滤纸的质量约 1g,在灼烧后其灰分的质量不超过 0.1mg(小于或等于常量分析天平的感量),在重量分析法中可以忽略不计。

① 滤纸的选择 在实验过程中,应当根据沉淀的性质和数量,合理地选用滤纸。例如对于 $BaSO_4$ 等晶形沉淀,应选用孔隙小的慢速滤纸;而对 $Fe(OH)_3$ 等无定形沉淀,则应选用孔隙大的快速滤纸。滤纸的大小应根据沉淀量的多少而定。沉淀的体积应低于纸容积的 1/3。此外还应跟漏斗相适应,一般滤纸放入漏斗后,其边缘应低于漏斗口 0.5~1.0cm。

② 滤纸的折叠与安放 用干燥洁净的手采用四折法折叠滤纸,即按图 2-36 所示,先将滤纸对折,然后再对折,但不要折死。打开形成圆锥体后,放入洁净漏斗中,试其与漏斗壁是否密合。如果滤纸与漏斗不十分密合,可稍稍改变滤纸折叠的角度,直到与漏斗密合为止。此时可把第二次折边折死。

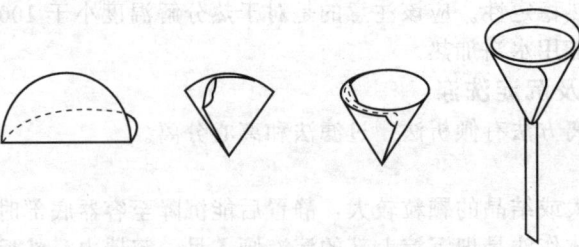

图 2-36 滤纸折叠方法与安放

为了使漏斗与滤纸之间贴合而无气泡,可将三层厚的外层撕去一角(此小块滤纸保留,用于擦洗烧杯）。用食指把滤纸按在漏斗的内壁上，用水润湿，赶尽滤纸与漏斗壁之间的气泡。

然后向漏斗中加蒸馏水至几乎达到滤纸边。这时漏斗颈应全部被水充满，而且当滤纸上的水已全部流尽后，漏斗颈中的水柱仍能保留。如形不成水柱，可以用手指堵住漏斗下口，稍稍掀起滤纸的一边，向滤纸和漏斗间加水，直到漏斗颈及锥体的大部分全被水充满，并且颈内气泡完全排出。然后把纸边按紧，再放开下面堵住出口的手指，此时水柱即可形成。在过滤和洗涤过程中，借助水柱的抽吸作用可使滤速明显加快。

对于较大量的溶液或需要快速过滤时，可采用折叠式滤纸，其折叠方法如图 2-37 所示。先将圆形滤纸对折成半圆［见图 2-37(a)］，再按图 2-37(b) 所示的顺序将半圆折成 8 等份（折痕凸面都保持在同一面）。随后沿每等份的平分线来回对折（折时，折痕不要都集中在顶端的一个点上），得一扇形［见图 2-37(c)］。将折好的扇形展开成为"半圆"［见图 2-37(e)］，便得到可放入漏斗使用的折叠滤纸。

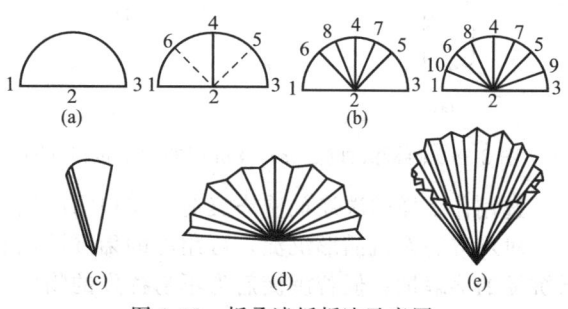

图 2-37 折叠滤纸折法示意图

③ 沉淀的过滤和转移 过滤操作多采用倾析法［见图 2-38(a)］，即待烧杯中的沉淀静置沉降后，将上面的清液倾入漏斗内。让沉淀尽可能留在烧杯内，然后再加少量洗涤液于烧杯中，搅起沉淀进行充分洗涤，再静置澄清，然后再倾出上层清液，这样既可加速过滤，不致使沉淀堵塞滤纸，又能使沉淀得到充分的洗涤。

操作时，溶液应从烧杯尖口处沿玻璃棒流入漏斗中，而玻璃棒的下端对着三层滤纸处，但不要触到滤纸。倾入的溶液液面至滤纸边缘约 0.5cm 处，应暂停倾注，以免沉淀因毛细作用越出滤纸边缘，造成损失。当停止倾注时，将烧杯嘴沿玻璃棒慢慢向上提起，使烧杯直立，再将玻璃棒放回烧杯中，以免杯嘴处的液滴流失。注意玻璃棒勿靠在杯嘴处，以免杯嘴上的少量沉淀黏附在玻璃棒上。

当清液倾析完毕，即可在烧杯内将沉淀作初步洗涤。再用倾析法过滤，如此重复 3~4 次。

初步洗涤后，即可进行沉淀的定量转移。为了把沉淀转移到滤纸上，先用少量洗涤液把沉淀搅起，并立即将悬浮液转移到滤纸上，然后用洗瓶冲下杯壁和玻璃棒上的沉淀，再进行转移。如此重复几次，一般可将绝大部分沉淀转移到滤纸上。残留少量沉淀，按图 2-38(b) 所示的吹洗方法全部转移干净。即用左手拿住烧杯，玻璃棒放在杯嘴上，以食指按住玻璃棒，烧杯嘴朝向漏斗倾斜，玻璃棒下端指向滤纸三层部分，右手持洗瓶吹出液流冲洗烧杯内壁，沉淀连同溶液沿玻璃棒流入漏斗中。注意：这一步最容易引起沉淀洒溅，造成损失，一定要规范操作。

④ 沉淀的洗涤 沉淀完全转移至滤纸上后，在滤纸上进行最后洗涤，用洗瓶吹出细小缓慢的液流，从滤纸上部沿漏斗螺旋式向下吹洗，如图 2-39 所示，使沉淀集中到滤纸锥体的底部直到沉淀洗净为止。注意：洗涤时切勿将洗涤液冲在沉淀上，否则容易溅出。

洗涤的目的是为了洗去沉淀表面所吸附的杂质和残留的母液，获得纯净的沉淀。为了提高洗涤效率，尽量减少沉淀的溶解损失，洗涤应遵循"少量多次"的原则，即总体积相同的洗涤液，应尽可能分多次洗涤，每次使用少量洗涤液（没过沉淀为度），待沉淀沥干后，再进行下一次洗涤。洗涤数次后，用洁净的表面皿或试管接取一些滤液，选择灵敏的定性反应来检验沉淀是否洗净（注意：接取滤液时勿使漏斗下端触及滤器中的滤液）。

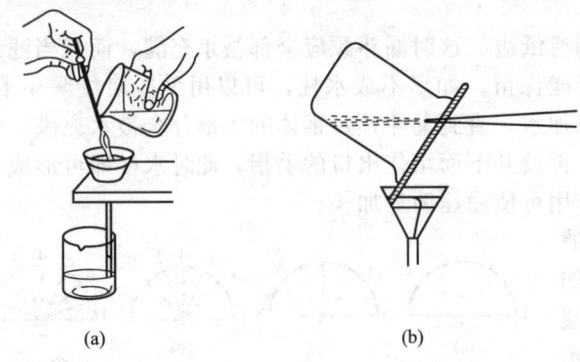
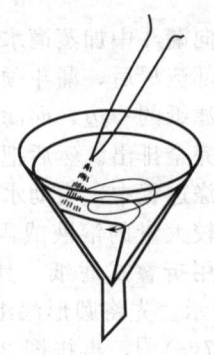

图 2-38　倾析法过滤（a）及沉淀的吹洗转移（b）　　　图 2-39　沉淀的洗涤

选用什么样的洗涤剂洗涤沉淀，应根据沉淀的性质而定。

对难溶的无机晶形沉淀，可用冷的稀沉淀剂洗涤，利用洗涤剂产生的同离子效应，可降低沉淀的溶解量；但若沉淀剂为不易挥发的物质，则只好用水或其溶剂来洗涤。对无机非晶形沉淀，需用热的电解质溶液为洗涤剂，以防止产生胶溶现象，多数采用易挥发的铵盐作洗涤剂。对溶解度较大的沉淀，可采用沉淀剂加有机溶剂来洗涤，以降低沉淀的溶解度。

（2）减压过滤

减压过滤也称吸滤法过滤或抽吸过滤，简称抽滤。此法可加速过滤，并把沉淀抽吸得较干燥，但不适合过滤胶状沉淀和颗粒太细的沉淀，因为胶状沉淀在快速过滤时易透过滤纸，颗粒太细的沉淀易在滤纸上形成一层密实的沉淀，使溶液不易透过。

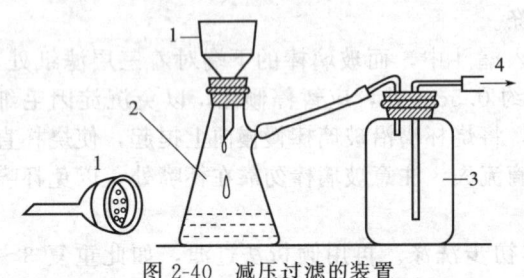

图 2-40　减压过滤的装置
1—布氏漏斗；2—吸滤瓶；3—缓冲瓶；4—接真空泵

减压过滤装置由布氏漏斗、吸滤瓶、抽气管（水泵）、水循环泵或电动真空泵等组成。减压过滤装置如图 2-40 所示。

减压过滤操作时，需掌握五个要点：①抽滤用的滤纸应比布氏漏斗的内径略小一些（滤纸边缘距漏斗壁 1～2mm），但又能把瓷孔全部盖没；剪滤纸时，不能将滤纸折叠，因折叠处在减压过滤时很容易透滤；②布氏漏斗端的斜口应该面对吸滤瓶的支管，以避免减压过滤时，滤液被吸入滤瓶支管口；③将滤纸放入漏斗并用蒸馏水润湿后，打开水泵，先抽气使滤纸贴紧，然后通过玻璃棒向漏斗内转移溶液，注意加入溶液的量不能超过漏斗容积的 2/3；④在停止过滤时，应先打开安全瓶的二通阀或先拔去连接吸滤瓶的橡胶管，再关水泵；⑤洗涤沉淀时（如果固体量较大，可先在烧杯中初步洗涤），应暂停抽滤，加入洗涤剂使沉淀刚好被其没过为宜，用玻璃棒或不锈钢刮刀搅松沉淀（勿把滤纸捅破），再开启水泵，直至沉淀抽干。如此重复 2～3 次，就可把滤饼洗涤干净。

抽滤完毕，先拔掉橡胶管，再关水泵，用玻璃棒或药勺轻轻掀起滤纸边缘，或取下布氏漏斗倒扣在表面皿上，轻轻拍打漏斗以取下滤纸和沉淀。倒出滤液时，注意由吸滤瓶上口倾出，不能从支管倒出。

对于强酸性、强碱性及强腐蚀性溶液，可用尼龙布或微孔玻璃漏斗（或坩埚）过滤，但其不适合过滤碱性太强的物质。

微孔玻璃漏斗、坩埚及抽滤装置分别示于图 2-41～图 2-43。此种过滤器皿的滤板是用玻璃粉末在高温熔结而成。按照微孔的孔径，由大到小分为六级：G_1～G_6（或称 1 号至 6

号)。1号的孔径最大（80～120μm），6号的孔径最小（2μm以下）。在定量分析中一般用 G_3～G_6 规格（相当于慢速滤纸过滤细晶形沉淀）。使用此类滤器时，需用抽气法过滤。不能用微孔玻璃漏斗和坩埚过滤强碱性溶液，因强碱液会损坏漏斗或坩埚的微孔。

  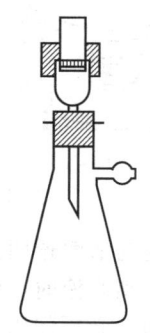

图 2-41　微孔玻璃漏斗　　　　图 2-42　微孔玻璃坩埚　　　　图 2-43　抽滤装置

(3) 热过滤

如果溶液中的溶质在温度下降时容易析出大量结晶，而又不希望它在过滤过程中留在滤纸上，这时就要趁热进行过滤。热过滤有普通热过滤和减压热过滤两种。普通热过滤是将普通漏斗放在铜质的热漏斗内（见图 2-44），铜质热漏斗内装有热水，以维持必要的温度。为了加快过滤速度，常使用折叠式滤纸。对于易燃溶液，应先加热夹套，待熄灭明火后，再开始过滤。

减压热过滤采用布氏漏斗或玻璃砂芯漏斗。过滤前应将漏斗放在水浴上以热水或蒸汽预热（见图 2-45），或放入烘箱内预热（预热时应将橡胶塞取下），抽滤前用热溶剂润湿滤纸，然后快速完成过滤操作。

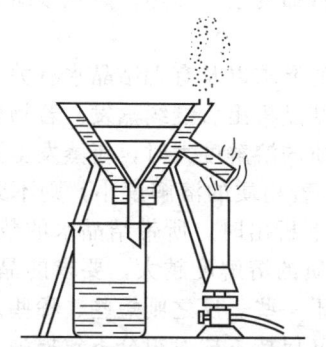 

图 2-44　普通热过滤漏斗及装置　　　　图 2-45　加热布氏漏斗

在进行热过滤操作时，准备要充分，动作要迅速。

2.8.2.3　离心分离

离心分离法是一种快速分离固体和液体的方法，需要借助电动离心机（见图 2-46）或高速冷冻离心机来完成。

使用电动离心机时应注意如下事项。

① 离心机应放在坚实、平整的台面上。

② 将待分离的物料放在离心管内再放入离心机的塑料套管中，放置的位置要对称，质量要平衡。否则，离心机将剧烈震动而损坏机件。

③ 使用时应将盖子盖好。

④ 应先将变速旋钮旋至转速最小处再接通电源。然后逐渐旋转变速旋钮，使转速由小

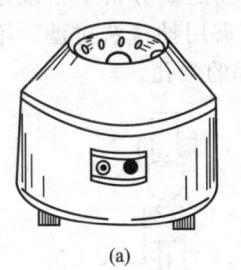 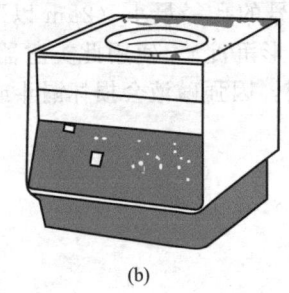

变大，直到所需要的转速（所需的转速和离心的时间由沉淀的性质而定）。

⑤ 关机时应让其自然停止，不能用手强制停止转动。

若要分离由沉淀反应生成的少量沉淀物时，反应可直接在离心试管中进行。操作时，应逐滴加入试剂，待反应完全后再离心分离。离心沉降后，沉淀紧密聚集于离心试管底部的尖端，上层

图 2-46　电动离心机

离心液应为清澈透明溶液。

移出离心液时，可将离心液倾入另一离心试管中，或用滴管徐徐吸出离心液。在用滴管吸溶液时，必须先用手指捏紧滴管的胶头，将滴管慢慢伸入离心液中（切切插入溶液后再捏胶头）；然后慢慢放松胶头，使离心液吸入滴管中；取出滴管，将清液放入另一离心试管中。

如果沉淀需要洗涤，可以加入少量洗涤剂，用玻璃棒充分搅拌后，再进行离心分离，弃去清液。重复上述操作，直至沉淀洗净为止。

2.8.3 蒸发

为使溶解在较大量溶剂中的溶质从溶液中分离出来，常采用蒸发和结晶的方法。在蒸发过程中，溶剂不断被挥发除去，当溶质在溶液中处于过饱和状态时便结晶出来，经固-液分离处理后得到该溶质的结晶。

溶液的蒸发和浓缩有常压加热蒸发和降压蒸发两种。

常压蒸发一般在蒸发皿（或烧杯）中进行，其溶液的体积不应超过蒸发皿容积的 2/3。在无机制备、提纯实验中，蒸发、浓缩一般在水浴上进行。若溶液很稀，物质对热的稳定性又比较好时，可将蒸发皿放在铁环上用火直接（或放在石棉网上）加热，蒸发浓缩时，溶液不应剧烈地沸腾，否则容易溅出。

蒸发浓缩的程度与溶质溶解度的大小和对晶粒大小的要求以及有无结晶水有关。若物质的溶解度随温度变化不大，为了获得较多的晶体，应在结晶析出后继续蒸发。若物质在高温时溶解度很大而在低温时变小，又分为两种情况：若物质的溶解度大时，应蒸发至溶液表面出现晶膜（液面上漂浮一层固体），冷却即可析出晶体；若物质的溶解度小，则不必蒸发至出现晶膜，就可冷却结晶。某些结晶水合物在不同温度下析出时，所带结晶水的数目不同，制备此类化合物时应注意要满足其结晶条件。总之，溶质的溶解度越大，要求的晶粒越小，晶体又不含结晶水，蒸发、浓缩的时间要长些，蒸得要干一些。反之则短些、稀些。

在定量分析中，常通过蒸发来减少溶液的体积，而又保持不挥发组分不致损失。蒸发时容器上要加盖表面皿，容器与表面皿之间应垫以玻璃钩，以便蒸汽逸出。应当小心控制加热温度，以免因暴沸而溅出试样。

用蒸发的方法还可以除去溶液中的某些组分。如驱氧、驱赶 H_2O_2，加入硫酸并加热至产生大量 SO_3 白烟时，可除去 Cl^-、NO_3^- 等。

2.8.4 结晶与重结晶

(1) 结晶

当溶质含量超过其溶解度时，其晶体从溶液中析出的过程称为结晶。结晶是提纯固态物质的重要方法之一。

通常有两种方法：一种是蒸发法，即通过蒸发减少一部分溶剂，使溶液达到饱和而析出晶体。此法主要用于溶解度随温度改变而变化不大的物质（如氯化钠）；另一种是冷却法，即通过降低温度使溶液冷却达到饱和而析出晶体。此法主要用于溶解度随温度下降而明显减

小的物质（如硝酸钾）。有时需将这两种方法结合使用。

当溶液发生过饱和现象时，可以通过振荡容器、用玻璃棒搅动或轻轻摩擦器壁，或投入几粒晶体（晶种），促使晶体析出。

析出晶体的颗粒大小往往与结晶条件有关。若溶液的浓度较高，溶质的溶解度较小，而冷却速度较快，那么析出的晶体颗粒就较细小；反之，若将溶液慢慢冷却或静置，则可得到较大颗粒的晶体。晶体颗粒太小，虽然晶体包含的杂质少，但由于表面积大而吸附杂质多；而晶体颗粒太大，则在晶体中会夹杂母液，难于干燥。实际操作中，常根据需要控制适宜的结晶条件，以得到大小合适的晶体颗粒。

(2) 重结晶

重结晶是纯化固体物质的重要手段之一。当第一次得到的晶体纯度不合乎要求时，可将所得晶体溶于尽可能少的溶剂中使之成为饱和溶液，然后进行蒸发（或冷却）、结晶、分离，这种操作称为重结晶。它适用于溶解度随温度改变有显著变化的物质的提纯。无机化合物重结晶时通常是以水做溶剂，一般适用于提纯杂质含量在5%以下的固体化合物。通常根据物质的纯度要求，可以进行多次重结晶。注意每次操作的母液中都含有一些溶质，应收集起来适当处理，以提高产率。

有机化合物重结晶的一般过程包括：①溶剂的选择，②固体的溶解，③脱色或除去不溶杂质，④析晶，⑤收集和洗涤晶体，⑥晶体的干燥。

2.8.5 升华

升华是提纯固体化合物的方法之一。某些固体物质具有较高的蒸气压，在其熔点以下加热，往往不经过液态而直接变成蒸气，蒸气遇冷，再直接变成固体，这个过程叫做升华。当具有较高蒸气压的物质中含有蒸气压较低的不挥发性杂质时，可以通过升华的方法来除去杂质，使固体混合物分离，达到产品精制的目的。

升华操作时间较长，得到的产品虽然纯度较高，但损失也较大，而且要纯化的固体物质必须在低于其熔点的温度下具有高于2666.9Pa（20mmHg）的蒸气压，一般只适用于实验室中少量物质（1~2g）的提纯。

图2-47是常压下简单的升华装置。在蒸发皿上放置粉状样品，上面覆盖一个直径比它小的漏斗。漏斗颈用棉花塞住，以防止蒸气逸出。蒸发皿和漏斗之间用一张穿有许多小孔（孔刺向上）的滤纸隔开，以避免升华得到的物质再落回蒸发皿中。操作时，用沙浴（或其他热浴）加热，在低于熔点的温度下，使样品慢慢升华。较大量物质的升华可在烧杯中进行，如图2-48所示，烧杯上放置一个通冷水的圆底烧瓶，使蒸气在烧瓶的底部凝结成晶体，并附着在瓶底上。

图2-47 简单的升华装置

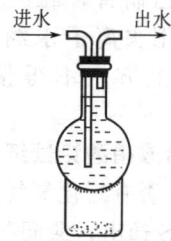

图2-48 较大量物质的升华装置

2.9 试纸的使用

试纸的作用是通过其颜色变化来检测溶液及气体的性质，主要用于定性或定量分析，其特点是简易、方便、快速,并具有一定的精确度。试纸的种类很多,无机化学实验中常用的有石蕊试纸、pH 试纸、醋酸铅试纸和碘化钾-淀粉试纸等。

(1) 石蕊试纸

用于检验溶液的酸碱性,有红色石蕊试纸和蓝色石蕊试纸两种。红色石蕊试纸用于检验碱性溶液(或气体)(遇碱时变蓝),蓝色石蕊试纸用于检验酸性溶液或气体(遇酸时变红)。

制备方法:用热的酒精处理市售石蕊,以除去夹杂的红色素。倾去浸液,1 份残渣与 6 份水浸煮并不断摇荡,滤去不溶物。将滤液分成两份,一份加稀 H_3PO_4 或 H_2SO_4 至变红,另一份加稀 NaOH 至变蓝,然后将滤纸分别浸入这两种溶液中,取出后在避光且没有酸、碱蒸汽的房中晾干,剪成纸条即可。

石蕊试纸的使用方法如下:

检验溶液时,用镊子取一小块试纸放在干燥清洁的点滴板或表面皿上,用蘸有待测液的玻璃棒点试纸的中部,观察被润湿试纸颜色的变化。注意不得将试纸投入到被测溶液中检验,以免造成误差或污染溶液。

检验气体时,则先将试纸用去离子水润湿,再用镊子夹持或粘在干净的玻璃棒的尖端,移至发生气体试管口上方(不得接触试管口),观察试纸颜色的变化。若需同时检验几种不同气体时,可将试纸分别放在干净表面皿的凸面上,以蒸馏水润湿,然后移至试管口上方,转动表面皿即达到同时检验的目的。

(2) pH 试纸

用于检验溶液的 pH。pH 试纸有两种规格:一类是广泛 pH 试纸,pH 变色范围为 1~14,用来粗略检验溶液的 pH,记录 pH 精确至 ±1;另一类是精密 pH 试纸(pH 为 0.5~5.0 或 5.5~9.0 等不同规格),这种试纸在溶液 pH 变化较小时就有颜色变化,因而可较精确地估计溶液的 pH,记录 pH 精确至 ±0.5 或 ±0.3 等。

制备方法:广泛 pH 试纸是将滤纸浸泡于通用指示剂溶液中,然后取出,晾干,裁成小条而成。通用指示剂是几种酸碱指示剂的混合溶液,它在不同 pH 的溶液中可显示不同的颜色。通用酸碱指示剂有多种配方。

使用方法:与石蕊试纸使用基本方法相同。不同之处在于 pH 试纸变色后要和标准色板进行比较,方能得出 pH 或 pH 范围。注意不得将试纸投入到被测溶液中检验;检查气体时,只能根据 pH 试纸变色(变红还是变蓝)确定逸出的气体是酸性还是碱性,不能用来测定 pH。

(3) 淀粉-碘化钾试纸

主要用于检测一些具有氧化性的气体(如氯气、溴气等)。淀粉-碘化钾试纸也可以在实验时自己制备,在一张滤纸条上,滴加 1 滴淀粉溶液和 1 滴碘化钾溶液。检验时,先将试纸用去离子水润湿,再用镊子夹持或粘在干净的玻璃棒的尖端,移至发生气体试管口上方(不得接触试管口),如果试管内有氧化性气体逸出,则试纸变蓝。

(4) 醋酸铅或硝酸铅试纸

用来检测是否有硫化氢气体产生(即溶液中是否有 S^{2-} 存在)。使用方法同淀粉-碘化钾试纸。如有 H_2S 逸出,遇润湿 $Pb(Ac)_2$ 或 $Pb(NO_3)_2$ 试纸后,即有黑色(亮灰色)PbS 沉淀生成,使试纸呈黑褐色并有金属光泽。

试纸也可以在实验时自己制备,在滤纸条上,滴加一滴醋酸铅溶液即成试纸。

注意:①试纸要密封保存,用镊子取用;②使用时,要注意节约,除把试纸剪成小条外,用时不要多取,用多少取多少;③取用后,马上盖好瓶盖,以免试纸被污染变质;④用后的试纸,不要随意丢在水槽内,以免堵塞下水道。

2.10 标准物质和溶液的配制方法

在国民经济的许多部门及科学研究工作中都离不开分析测试工作。为保证测定结果准确可靠，并具有公认的可比性，必须使用标准物质标定溶液浓度、校准仪器和评价分析方法。因此，标准物质是测定物质组成、结构和其他有关特性量值过程中不可缺少的一种标准器具。目前我国已有一千多种标准物质，例如分析化学中标定溶液浓度的基准试剂，冶金、机械部门研制并得到广泛应用的矿物、纯金属、合金、钢铁等标准试样。

2.10.1 标准物质

(1) 标准物质的性质

1986 年，我国国家计量局接受了由国际标准化组织提出的并为国际计量局所确认的标准物质的定义。标准物质是指已确定其一种或几种特性，用于校准测量器具、评价测量方法或确定材料特性量值的物质。

标准物质是由国家最高计量行政部门颁布的一种计量标准，起到统一全国量值的作用。它具有材料均匀、性质稳定、批量生产、准确定性等特性，并有标准物质证书（其中标明特性量值的标准值及定值的准确度等内容）。

(2) 标准物质的分级

我国的标准物质分为一级和二级两个级别。一级标准物质采用绝对测量法定值，定值的准确度具有国内最高水平。它主要用于研究和评价标准方法。二级标准物质的定值用于高精确度测量仪器的校准。二级标准物质采用准确可靠的方法或直接与一级标准物质比较的方法定值，定值的标准度一般要高于现场（即实际工作）测量准确度的 3~10 倍。二级标准物质主要用于研究和评价现场分析方法及现场标准溶液的定值，是现场实验室的质量保证，二级标准物质又称为工作标准物质，它的产品批量较大，通常分析实验时所用的标准试样都是二级标准物质。

(3) 化学试剂中的标准物质

目前，我国的化学试剂中只有滴定分析基准试剂和 pH 基准试剂属于标准物质，其产品只有十几种，我国规定第一基准试剂（一级标准物质）的主体含量为 99.98%~100.02%。工作基准试剂（二级标准物质）的主体含量为 99.95%~100.05%。工作基准试剂是滴定分析实验中常用的计量标准，可使被标定溶液的不准确度在 ±0.2% 以内。

一级 pH 基准试剂（一级标准物质）的 pH 的总不确定度为 ±0.005。pH 基准试剂（二级标准物质）的 pH 的总不确定度为 ±0.01，用该试剂按规定方法配制的溶液称为 pH 标准缓冲溶液，它主要用于酸度计的校准。

基准试剂仅是种类繁多的标准物质中很小的一部分。分析化学实验室中还经常使用非试剂类的标准物质，例如纯金属、合金、矿物、纯气体或混合气体、药物、标准溶液等。

2.10.2 标准溶液的配制方法

标准溶液是已确定其主体物质浓度或其他特性量值的溶液。在化学实验中，标准溶液常用 $mol \cdot L^{-1}$ 表示其浓度。溶液的配制方法主要分直接法和标定法两种。

(1) 直接法

准确称取一定质量的基准物质，溶解后定量转移到容量瓶中，定容、摇匀即成为准确浓度的标准溶液。例如，需配制 500mL 浓度为 $0.01000 mol \cdot L^{-1} K_2Cr_2O_7$ 溶液时，应在分析天平上准确称取 1.4709g 基准物质 $K_2Cr_2O_7$，加少量水使之溶解，定量转入 500mL 容量瓶中，加水稀释至刻度，摇匀。

较稀的标准溶液可由较浓的标准溶液稀释而成。例如，光度分析中需用 1.79×10^{-3}

mol·L^{-1}铁标准溶液。计算得知须准确称取 10mg 纯金属铁，但在一般分析天平上无法准确称量，因其量太小、称量误差大。因此常常采用先配制储备标准溶液，然后再稀释至所要求的标准溶液浓度的方法。可在分析天平上准确称取 1.0000g 高纯（99.99%）金属铁，然后在小烧杯中加入约 30mL 浓盐酸使之溶解，定量转入 1L 容量瓶中，用 1mol·L^{-1} 盐酸稀释至刻度。此标准溶液含铁 $1.79×10^{-2}$ mol·L^{-1}。移取此标准溶液 10.00mL 于 100mL 容量瓶中，用 1mol·L^{-1} 盐酸稀释至刻度，摇匀，此标准溶液含铁 $1.79×10^{-3}$ mol·L^{-1}。由储备液配制成操作溶液时，原则上只稀释 1 次，必要时可稀释 2 次。稀释次数太多累积误差太大，影响分析结果的准确度。

(2) 标定法

适用于直接法配制标准溶液的物质必须是基准物质，因此大多数物质的标准溶液不宜用直接法。不能直接配制成准确浓度的标准溶液，可先配制成近似所需浓度的溶液，再用基准物质或已知准确浓度的标准溶液标定其准确浓度。如由原装的固体酸碱配制溶液时，一般只要求准确到 1~2 位有效数字，故可用量筒量取液体或在台秤上称取固体试剂，加入的溶剂用量筒或量杯量取即可。但是在标定溶液的整个过程中，一切操作要求严格、准确。称量基准物质要求使用分析天平，称准至小数点后四位有效数字。所要标定溶液的体积，如要参加浓度计算的均要用容量瓶、移液管、滴定管准确操作。

2.10.3 一般溶液的配制及保存方法

如果实验对溶液浓度的准确性要求不高，一般利用台秤、量筒、刻度校正过的烧杯等低准确度的仪器配制就能满足需要。

(1) 直接水溶法

对于易溶于水而不发生水解的固体试剂（如 NaOH、NaCl、KNO$_3$ 等），在配制溶液时，可用台秤称取一定量的固体于烧杯中，加入少量蒸馏水，搅拌溶解后稀释至所需体积，再转入试剂瓶中。

(2) 介质水溶法

对于易水解的固体试剂（如 SbCl$_3$、FeCl$_3$ 等），可称取一定量的固体，加入适量的一定浓度的酸（或碱）使其溶解，再用蒸馏水稀释，摇匀后转入试剂瓶。

对于在水中溶解度较小的固体试剂，需先选用合适的溶剂溶解，然后稀释，摇匀转入试剂瓶。例如，在配制 I$_2$ 的溶液时，可先将固体 I$_2$ 用 KI 水溶液溶解。

(3) 稀释法

对于液态试剂（如 HCl、HAc、H$_2$SO$_4$ 等）配制溶液时，先用量筒量取所需量的浓溶液，然后用适量的蒸馏水稀释。需特别注意的是，在配制 H$_2$SO$_4$ 溶液时，应在不断搅拌下将浓 H$_2$SO$_4$ 缓慢地倒入盛水的容器中，切不可将水倒入浓 H$_2$SO$_4$ 中。

一些容易发生氧化还原反应或见光易分解的溶液，要防止在保存期间失效。例如，Fe^{2+} 溶液中应放入一些铁屑；AgNO$_3$、KI 等溶液应保存在棕色瓶中；容易发生化学腐蚀的溶液应存放在合适的容器中。

近年来，国内外文献资料中采用 1∶1（即 1+1）、1∶2（即 1+2）等体积比表示浓度。例如，1∶1 H$_2$SO$_4$ 溶液，即量取 1 份体积原装浓 H$_2$SO$_4$，与 1 份体积的水混合均匀。又如 1∶3 HCl，即量取 1 份体积原装浓盐酸与 3 份体积的水混匀。

配制及保存溶液时可遵循下列原则。

① 经常并大量使用的溶液，可先配制浓度约大 10 倍的储备液，使用时取储备液稀释 10 倍即可。

② 易侵蚀或腐蚀玻璃的溶液，不能盛放在玻璃瓶内，如含氟的盐类（如 NaF、NH$_4$F、NH$_4$HF$_2$）、苛性碱等应保存在聚乙烯塑料瓶中。

③ 易挥发、易分解的试剂及溶液，如 I_2、$KMnO_4$、H_2O_2、$AgNO_3$、$H_2C_2O_4$、$Na_2S_2O_3$、$TiCl_3$、氨水、Br_2 水、CCl_4、$CHCl_3$、丙酮、乙醚、乙醇等溶液及有机溶剂等均应存放在棕色瓶中，密封好放在阴凉处，避免光照。

④ 配制溶液时，要合理选择试剂的级别，不允许超规格使用试剂，以免造成浪费。

⑤ 配好的溶液盛放在试剂瓶中，应贴好标签，注明溶液的浓度、名称以及配制日期。

2.11 常用无机微型仪器及其使用方法

微型化学实验是在微型化的仪器装置中进行的化学实验，其试剂用量是常规实验的十分之一至千分之一。因此，微型实验具有以下几个优点：①用量少，节省试剂及实验经费，可开设许多由于实验费用太高而无法开设的实验；②对环境污染小，有利于培养学生的绿色化学及环保意识；③节省时间，节省教学时数；灵活、方便、安全，可以激发学生的主动学习精神。目前，微型化学实验已扩展到普通化学和中学化学教学各个领域。微型实验技术在工、农、医生产检验中也有广阔应用前景。随着微型实验的发展，目前已研制开发了多种类型微型实验技术。

无机微型实验经常用到由高分子材料制作的一类微型仪器，它们制作精细规范，价格低廉，试剂用量少，不易破碎，易于普及。这是无机、物化、普化（含中学化学）微型实验的一个特点，这类仪器主要是多用滴管和井穴板。

(1) 多用滴管

由聚乙烯吹塑而成，是一个圆筒形的具有弹性的吸泡（吸泡体积为 4mL）连接一根细长的径管构成（见图 2-49）。

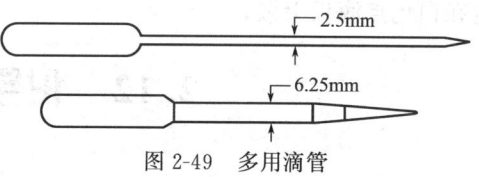

图 2-49 多用滴管

多用滴管的基本用途是作滴液试剂瓶，供学生实验时使用。一般浓度的无机酸、碱、盐溶液可长期储于吸泡中；如浓硝酸等强氧化剂的浓溶液和浓盐酸等与聚乙烯有不同程度反应的试剂不宜长期储于吸泡中，甲苯、松节油、石油醚等对聚乙烯有溶解作用，不要储于多用滴管中。

市售多用滴管的液滴体积约为 0.04mL/滴。利用聚乙烯的热塑性，可以加热软化滴管的径管，拉细径管得到液滴体积约为 0.02mL/滴的滴管，用于一般的微型实验。按捏多用滴管的吸泡排出空气后，便可吸入液体试剂，盖上自制的瓶盖，贴上标签后就是适用的试剂滴液滴瓶。对于一些易与空气中 O_2、CO_2 等反应的试剂储于多用滴管时，再熔封径管隔绝空气进入，可长久保存，也便于携带。

多用滴管还可作滴液漏斗，它穿过塞子与具支试管组合成气体发生器。总之，多用滴管的用途确实很多，掌握了它的材料与结构特点、基本功能与操作要领，开动脑筋，勇于实践，在不同的实验中它还能有不少新的用途。

(2) 井穴板

由透明的聚苯乙烯或有机玻璃（甲基丙烯酸甲酯聚合物），经精密注塑而成。对井穴板的质量要求是一块板上各孔穴的容积相同，透明度好，同一列井穴的透光率相同。

井穴板是微型无机或普化实验的重要反应容器。常用的是 9 孔和 6 孔井穴板，简称 9 孔板和 6 孔板（见图 2-50）。温度不高于 80℃（限于水浴加热）的无机反应，一般可在板上井穴中进行，因而井穴板具有烧杯、试管、点滴板、试剂储瓶等的功能，有时还可起到一组比色管的作用。由于井穴板上孔穴较多，可由板的纵横边沿所标示的数字给每个孔穴定位。这样就便于向指定的井穴滴加规定的试剂。颜色改变或有沉淀生成的无机反应在井穴板上进行

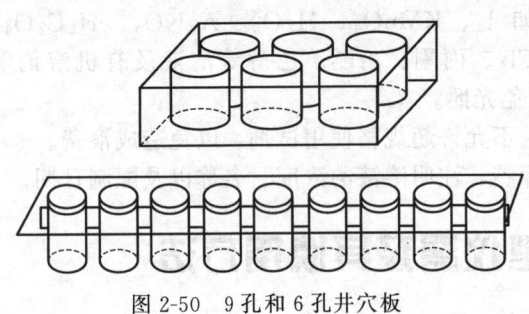

图 2-50　9孔和6孔井穴板

时现象明显，不仅操作者容易观察，而且通过投影仪还可作演示实验。对于一些由量变引起质变的系列对比实验，如指示剂的pH变色范围等实验，9孔板尤其适用。电化学实验、pH测定等宜在6孔板中进行。如给6孔板的空穴中加上有导气和滴液导管的塞子，就使井穴板扩展为具有气体发生、气液反应或吸收功能的装置。

使用井穴板时应注意的是：①不能用火直接加热，而采用水浴间接加热，浴温不超过80℃；②一些能与聚苯乙烯等反应的物质如芳香烃、氯化烃、酮、醚、四氢呋喃、二甲基甲酰胺或酯类有机物不得储于井穴板中（烷烃、醇类、油可放入）。如不清楚试剂是否与其有作用，可取小滴该试剂，滴在井穴板的侧面板上观察15min，如板面无起毛、变形现象，试剂方可放入孔穴中。

(3) 点滴板

无机实验中常用的点滴板是用陶瓷材料制成的，有白色和黑色两种（见图2-51），一般用于常温下无机化学反应中的点滴反应，化学试剂用量少，但实验现象比较明显。有白色沉淀产生的反应在黑色点滴板上做。有色溶液的反应或生成有色沉淀（除白色）的反应在白色点滴板上做。

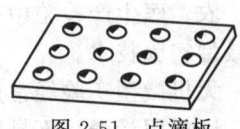

图 2-51　点滴板

2.12　化学基本操作实验

实验 2-1　仪器认领、洗涤与干燥

实验目的

1. 熟悉实验室规则和要求；熟悉实验室中电源、灭火器材、洗眼器、喷淋器、医药箱等的位置。
2. 领取仪器并熟悉其名称、规格，了解使用注意事项。
3. 学习并练习常用玻璃仪器的洗涤和干燥方法。

仪器与药品

烘箱、气流烘干器、电吹风、酒精灯、常用玻璃仪器。

基本操作

1. 认识化学实验常用仪器，参见2.1节。
2. 玻璃仪器的洗涤和干燥，参见2.2节。

实验内容

1. 认领仪器

按照仪器清单仔细清点所发的仪器，认真识别仪器的名称、规格，熟悉其主要用途、使用方法和注意事项。

若发现所发仪器有短缺或破损，可填写"短缺破损补领单"，并填写自己实验台桌号和姓名，由老师统一补领或换取。

2. 洗涤仪器
（1）用水和合成洗涤剂将领取的仪器洗涤干净。
（2）抽取两件交给老师检查。
（3）将洗净的仪器，整齐有序地放回柜内，妥善保管。

3. 干燥仪器
（1）在烘箱中烘干一支试管和一个烧杯。
（2）烤干一支试管。
（3）自然晾干一个烧杯。

思考题
1. 玻璃仪器里附着有不溶于水的碳酸盐、碱性氧化物时怎样洗？附有油脂等污物又怎样洗？容器壁沾有硫黄应该怎样去除？
2. 在酒精灯上烤干试管时为什么管口要略向下倾斜？
3. 在烘箱中烘干玻璃仪器时应注意些什么？
4. 玻璃仪器洗涤洁净的标志是什么？

[学习指导]

实验操作要点及注意事项
取用、洗涤、整理仪器时，为防止发生打碎玻璃仪器的现象，请注意两点：①取出仪器时，放在实验台中心或实验柜台架里，切忌放在桌边；②洗涤仪器时，毛刷不能用力过猛，以防捅破试管底；玻璃仪器不得触碰水嘴、洗涤池等尖硬器物。

实验2-2 粗食盐的提纯

实验目的
1. 掌握粗食盐的提纯原理、方法和有关离子的鉴定方法。
2. 练习称量、溶解、加热、冷却、蒸发、结晶和过滤等化学实验基本操作。

实验原理
化学试剂或医药用的 NaCl 都是以粗食盐为原料进行提纯的。
粗食盐中，除含有泥砂等不溶性杂质外，还含有 Ca^{2+}、Mg^{2+}、K^+、SO_4^{2-} 等可溶性杂质离子。
不溶性杂质可以通过过滤法除去。可溶性杂质可采用化学法，加入某些化学试剂，使之转化为沉淀滤除。在考虑除去 Ca^{2+}、Mg^{2+}、SO_4^{2-} 等杂质时，应首先查阅它们难溶盐的溶解度数据，并在不引进新的杂质或者所引进的杂质能在下一步操作中除去的原则下，选择除去上述离子的沉淀剂。
具体方法如下：
在粗食盐溶液中，加入稍过量的氯化钡溶液，则
$$Ba^{2+} + SO_4^{2-} = BaSO_4$$
过滤，除去硫酸钡沉淀。在滤液中，加入适量的氢氧化钠和碳酸钠溶液，使溶液中的 Ca^{2+}、Mg^{2+}、过量的 Ba^{2+} 转化为沉淀。
$$Mg^{2+} + 2OH^- = Mg(OH)_2$$
$$Ca^{2+} + CO_3^{2-} = CaCO_3$$
$$Ba^{2+} + CO_3^{2-} = BaCO_3$$

产生的沉淀用过滤的方法除去，过量的氢氧化钠和碳酸钠可用纯盐酸中和而除去。少量氯化钾等可溶性杂质与这些沉淀剂不反应，但它们含量少，溶解度又较大，在蒸发、浓缩和结晶过程中，仍然留在母液中而与氯化钠分离。

仪器与药品

烧杯、离心试管、漏斗、酒精灯、循环水多用真空泵、抽滤装置、灯用酒精、石棉网、烘箱、台秤、蒸发皿、表面皿、漏斗架、pH试纸、滤纸。

粗食盐、$1mol\cdot L^{-1}Na_2CO_3$、$2mol\cdot L^{-1}$和$6mol\cdot L^{-1}NaOH$、$2mol\cdot L^{-1}$和$6mol\cdot L^{-1}HCl$、$1mol\cdot L^{-1}BaCl_2$、饱和$(NH_4)_2C_2O_4$、$6mol\cdot L^{-1}HAc$、镁试剂。

基本操作

1. 试剂取用，参见2.4节。
2. 台秤的使用，参见2.6.1。
3. 溶解，参见2.8.1。
4. 溶液加热、冷却，参见2.2节。
5. 固、液的离心分离、常压过滤、减压过滤，参见2.8.2。
6. 蒸发、结晶，参见2.8.3和2.8.4。

实验内容

1. 提纯实验

(1) 溶解粗食盐 用烧杯在台秤上称取8.0g粗食盐，加入30.0mL水。加热搅拌使盐溶解，溶液中少量不溶性杂质留待下步过滤时一并除去。

(2) 除去SO_4^{2-} 将盐溶液加热至沸，在不断搅动下，逐滴加入1~1.5mL $1mol\cdot L^{-1}$ $BaCl_2$溶液，继续加热煮沸数分钟，使硫酸钡颗粒长大易于沉降和过滤。为检验SO_4^{2-}沉淀是否完全，将烧杯从石棉网上取下，待溶液沉降后，沿烧杯壁在上层清液中滴加2~3滴氯化钡溶液，如果溶液无浑浊，表明已沉淀完全（也可取少量溶液放入离心管中，冷却、离心后，再沿试管壁滴加氯化钡溶液，检验沉淀是否完全）。如果发生浑浊，则应继续往热溶液中滴加氯化钡溶液，直至SO_4^{2-}沉淀完全为止。趁热过滤，除去$BaSO_4$沉淀和不溶性杂质，保留滤液。

(3) 除去Mg^{2+}、Ca^{2+}、Ba^{2+}等阳离子 将滤液加热保持微沸，加0.5mL $2mol\cdot L^{-1}$氢氧化钠溶液。滴加1mL $1mol\cdot L^{-1}$碳酸钠溶液，至沉淀完全为止（怎样检验？）。过滤，弃去沉淀。

(4) 除去过量的CO_3^{2-} 往滤液中滴加$2mol\cdot L^{-1}$盐酸，使溶液呈微酸性（pH=5~6），加热，搅动，赶尽二氧化碳。

(5) 浓缩与结晶 将溶液转入蒸发皿中，用小火加热蒸发、浓缩溶液至稠粥状（切不可将溶液蒸发至干，为什么？）。冷却后，减压过滤将产品抽干。

(6) 烘干产品 产品转入蒸发皿中用小火烘干，用玻璃棒搅动防止结块，直至不冒水蒸气、不成团、无劈啪声为止。冷却，称量，计算产率。

2. 产品检验

取提纯前、后的氯化钠各1.0g，分别溶于5mL蒸馏水中，并分盛于3支试管，组成三组，进行对照。

检验离子	加入试剂	现象	结论
Ca^{2+}	1滴$6mol\cdot L^{-1}HAc$ 2滴饱和$(NH_4)_2C_2O_4$	提纯前 提纯后	

检验离子	加入试剂	现象		结论
Mg^{2+}	1滴 $6mol \cdot L^{-1}$ NaOH 1滴镁试剂①	提纯前		
		提纯后		
SO_4^{2-}	1滴 $2mol \cdot L^{-1}$ HCl 2~3滴 $1mol \cdot L^{-1}$ $BaCl_2$	提纯前		
		提纯后		

① 镁试剂是一种有机染料，在碱性溶液中呈红色或紫色，但被 $Mg(OH)_2$ 沉淀吸附后呈天蓝色。
镁试剂 I：对硝基偶氮间苯二酚，分子式为 $NO_2C_6H_4N=NC_6H_3(OH)_2$，分子量 259.22，性状：红棕色粉末。

思考题

1. 在粗食盐提纯过程中涉及哪些基本操作，总结这些操作的要点和注意事项。
2. 加入 30.0mL 水溶解 8.0g 食盐的依据是什么？加水过多或过少有什么影响？
3. 由粗食盐制取试剂级氯化钠的原理是什么？怎样检验其中的 Ca^{2+}、Mg^{2+}、SO_4^{2-} 是否沉淀完全？
4. 在粗食盐的提纯中，除去 SO_4^{2-} 和除去 Mg^{2+}、Ca^{2+}、Ba^{2+} 等阳离子两步，能否合并过滤？
5. 食盐重结晶时，为什么不能将溶液全部蒸干？
6. 制备碘盐，加入何种碘剂？是何考虑？
7. 固液分离有哪些方法？总结选择固液分离方法的依据。

[学习指导]

实验操作要点及注意事项

本实验涉及试剂取用，台秤的使用，溶解，溶液加热、冷却，固、液的离心分离，常压过滤、减压过滤，蒸发，结晶等的基本操作，注意预习、总结归纳上述基本操作要点和注意事项。

实验 2-3　电子天平称量练习

实验目的

1. 学会并掌握电子天平的基本操作。
2. 练习 3 种常用称量方法（直接称量法、固定质量称量法和递减称量法）。

实验原理

参见 2.6.2 节电子天平相关内容。

仪器与药品

电子天平，台秤，表面皿，称量瓶，50mL 烧杯，药匙，烘箱。
石英砂。

基本操作

1. 电子天平的使用，参见 2.6.2 节。
2. 称量瓶的使用，参见 2.6.2 节。
3. 试剂的取用，参见 2.4 节。

实验内容

1. 固定质量称量法

称取 0.5000g 石英砂试样两份。

（1）将洁净、干燥的表面皿或小烧杯小心置于电子天平的秤盘上，称出其质量，记录称量数据。

（2）用药匙将试样慢慢加到表面皿的中央，直到加入试样的量达到 500mg 为止（要求称量的误差范围≤0.2mg），记录称量数据和试样的实际质量。

（3）可以多练习几次。以表面皿加试样的质量为起点，继续加入 500mg 试样（要求称量的误差范围≤0.2mg）。反复练习 2~3 次。

2. 递减称量法

称取 0.3~0.4g 试样两份。

（1）取两个洁净、干燥的小烧杯，分别在电子天平上称准至 0.1mg。记录为 m_0 和 m_0'。

（2）取一个洁净、干燥的称量瓶，先在台秤上粗称其大致质量，加入约 1.2g 试样。在电子天平上准确称量其质量，记录为 m_1；估计一下样品的体积，转移 0.3~0.4g 试样（约占试样总体积的 1/3）至第一个已知质量的空的小烧杯中，称量并记录称量瓶和剩余试样的质量 m_2。以同样方法再转移 0.3~0.4g 试样至第二个小烧杯中，再次称量称量瓶的剩余量 m_3。

（3）分别准确称量两个已有试样的小烧杯，记录其质量分别为 m_1'、m_2'。

数据记录与处理

参照下表格式认真设计和记录实验数据并计算出实验结果。

称量编号	I	II
m(称量瓶＋试样)/g	$m_1=$	$m_2=$
m(称量瓶＋试样)/g	$m_2=$ $m_{s1}=$	$m_3=$ $m_{s2}=$
m(烧杯＋试样)/g	$m_1'=$	$m_2'=$
m(空烧杯)/g	$m_0=$	$m_0'=$
m(称量瓶中试样)/g	$m_{s1}'=$	$m_{s2}'=$
偏差/mg		

思考题

1. 用电子天平称量的方法有哪几种？固定称量法和递减称量法各有何优缺点？如何使这两种方法的称量更准确？

2. 在实验中记录称量数据应准确至几位？为什么？

3. 使用称量瓶时，如何操作才能保证试样不致损失？

4. 本实验中要求称量偏差不大于 0.4mg，为什么？

[学习指导]

实验操作要点及注意事项

1. 电子天平功能键作用

ON——开启；OFF——关闭；TAR——去皮、清零；CAL——校准；INT——积分时间调整；COU——点数功能；ASD——灵敏度调整；UNT——量制转换；PRT——输出模式设定。

2. 使用天平的注意事项

（1）在开关门、取放称量物时，动作必须轻缓，切不可用力过猛或过快，以免造成天平损坏。

（2）对于过热或过冷的称量物，应使其回到室温后方可称量。

（3）称量物的总质量不能超过天平的称量范围。在固定质量称量时要特别注意。

（4）所有称量物都必须置于一定的洁净、干燥容器（如烧杯、表面皿、称量瓶等）中进行称量，以免沾染腐蚀天平。

（5）为避免手上的油脂汗液污染，不能用手直接拿取容器。称取易挥发或易与空气作用的物质时，必须使用称量瓶以确保在称量的过程中物质质量不发生变化。

（6）天平上门一般不使用，操作时开侧门。天平状态稳定后不要随便变更设置。

（7）通常在天平中放置有变色硅胶做干燥剂，若变色硅胶失效后应及时更换。

（8）实验数据必须记录到称量表格上，不允许记录到其他地方。

（9）称量结束后，按 OFF 键关闭天平，将天平还原。在天平的使用记录本上登记天平的使用情况。整理好台面之后方可离开。

若称量结果未达到要求，应寻找原因，再作称量练习，并进行计时，检验自己称量操作正确、熟练的程度。

实验要求经过 3 次称量练习后，称量应达到以下要求：固定质量称量法称一个试样的时间在 2min 内；递减称量法称一个试样的时间在 3min 内，倾样次数不超过 3 次，连续称两个试样的时间不超过 5min。

实验 2-4　溶液的性质和配制

实验目的

1. 了解溶解度随各种条件的变化。
2. 掌握一般溶液的配制方法和基本操作，了解特殊溶液的配制方法和基本操作。
3. 熟悉有关的浓度计算。
4. 掌握台秤、电子天平的正确使用。
5. 学习量筒、移液管和容量瓶的洗涤和使用。

仪器与药品

台秤、电子天平、称量纸、温度计、试管、烧杯、量筒、10mL 移液管/吸量管、100mL 容量瓶、玻棒、药匙、滤纸。

$NaOH(s)$、$NH_4NO_3(s)$、$CuSO_4 \cdot 5H_2O(s)$、$CuSO_4(s)$、$NaCl(s)$、$NaNO_3(s)$、$NaAc(s)$、$Bi(NO_3)_3(s)$、$I_2(s)$；无水乙醇、CCl_4、浓 H_2SO_4、浓 HCl、75% 乙醇、$0.1000 mol \cdot L^{-1}$ HAc 溶液。

基本操作

1. 溶液的配制，参见 2.10 节。
2. 量筒、移液管和容量瓶的洗涤和使用，参见 2.2、2.5.1、2.5.2 及 2.5.3 节。
3. 台秤及电子天平的使用，参见 2.6 节。

实验内容

1. 溶液的性质

（1）溶解过程中的物理化学作用

① 溶解过程中的热效应　在 3 支试管中，各加入 2.0mL 蒸馏水，再分别加入少许固体 NH_4NO_3、NaOH 和 2～3 滴浓 H_2SO_4，振荡试管使其溶解。用手触摸试管底部，确定溶

解过程中的热效应。

②溶解过程中的体积效应 在10mL量筒中加入4.0mL蒸馏水,然后用吸量管吸取4.0mL无水乙醇,小心沿量筒壁注入水中,记下体积读数。用玻棒搅匀,并用手触摸量筒外壁有无热量产生?待冷却后观察体积有何变化?

③溶解过程中的颜色效应 观察$CuSO_4(s)$的颜色。在试管中分别加入少量$CuSO_4(s)$,然后滴加1~2mL蒸馏水使其溶解,观察溶液的颜色。

在1支干燥试管中加入2.0mL无水乙醇,在另1支试管中加入2.0mL 75%乙醇水溶液。分别再加入少量$CuSO_4(s)$,振荡试管使其溶解,观察溶液的颜色。

(2)溶解度与溶剂的关系 在3支试管中分别加入2.0mL蒸馏水、无水乙醇、CCl_4,然后各加入少量固体I_2,振荡试管,观察I_2的溶解情况。

(3)溶解度与温度的关系 在2支试管中各加入5.0mL蒸馏水,再分别加入2.5g $NaCl(s)$和5g $NaNO_3(s)$,振荡试管,观察溶解情况。加热至沸,观察固体能否全溶?将试管中溶液各倾入另一试管中,冷至室温,观察有无晶体析出?

(4)过饱和溶液的制备和破坏 在盛有2.0mL蒸馏水的试管中加入3.0g $NaAc(s)$,加热使其全溶,静置冷却至室温,观察有无晶体析出?加入一小粒$NaAc(s)$(或用玻棒摩擦试管内壁),有何现象?

2. 溶液的配制

本实验具体配制以下几种浓度的溶液,请课前做好称量(或量取)计算,报告中写明实验过程、试剂用量、溶剂用量及实验中观察到的现象等。

① 50mL 2mol·L^{-1} NaOH溶液;

② 50mL 0.5mol·L^{-1} $CuSO_4$溶液;

③ 50mL 3mol·L^{-1} H_2SO_4溶液;

④ 40mL 1:3 HCl溶液;

⑤ 100mL 0.01000mol·L^{-1} HAc溶液。

思考题

1. 影响物质溶解度的因素有哪些?
2. 怎样制备过饱和溶液,它有什么特性?用哪些方法可以破坏过饱和溶液?
3. 为什么实验室中有些试剂需现用现配?请举出5例实验室需要现用现配的试剂。
4. 在使用移液管时,移液管下端伸入溶液液面下约1cm处,不可伸入太深或太浅,为什么?
5. 是否需将残留在移液管尖嘴内的液体吹出,为什么?
6. 用容量瓶配制溶液时
(1) 为什么采用两次混合摇匀?
(2) 最后摇匀时是应先定容至刻度还是摇匀后再定容至刻度?为什么?
(3) 某同学在配制溶液时已定好体积,当最后摇匀后,发现弯月面最低处已低于标线下,于是该同学又用滴管在容量瓶中加了几滴水,重新使弯月面达到标线,应如何评价这位同学的操作?

[学习指导]

实验操作要点及注意事项

(1) 在配制稀硫酸溶液时,要用干燥的量筒量取浓硫酸;在配制硫酸溶液时,一定将浓硫酸慢慢倒入水中,并不断搅拌,切不可将水倒入浓硫酸中。

(2) 在取完氢氧化钠固体后,要及时盖上瓶盖,以防止其潮解;称量时要用小烧杯或表面皿，并快速称量。

（3）容量瓶一定不能用被稀释的溶液润洗，而移液管在使用前一定要用所取试液润洗。

（4）实验所配制的溶液均需回收。

实验知识拓展

1. 溶解过程中的物理化学作用

（1）溶解过程中的热效应　物质溶解包括两个过程。首先按一定规律结合在一起的溶质分子或离子需分开并向溶剂中扩散，这就必须克服质点间的相互吸引而做功，即必须向环境吸热（例如离子化合物溶解时必须克服基态离子结晶为晶体时的晶格能），同时分散在溶剂内的溶质分子或离子与溶剂分子相互作用，形成溶剂合物（如水合物、水合离子等），一般为放热过程。上述两个过程是矛盾的两个方面，故在溶解过程中，当前一过程占主导作用时，就表现为吸热，反之表现为放热，若两者正好相当，则溶解过程中也就几乎无热效应表现出来。

（2）溶解过程中的体积效应　溶解过程中的体积效应与形成溶剂合物有关。溶剂合物中两质点（溶剂与溶质分子或离子）间吸引强烈，则溶液体积将变小（指溶液体积比单独的液体体积之和小），相反则体积变大。若两质点的结构相似，彼此引力相差不大，则混合后溶液体积几乎不变。搅匀后取出玻棒时，应将玻棒靠在量筒内壁停留约半分钟，使沾在玻棒上的液体流下，以免影响液体体积。

（3）溶解过程中的颜色效应　物质溶解后，常有颜色变化，这主要是由于形成的溶剂合物有不同颜色所致。对于同一溶质，如果可形成含不同数量的溶剂分子的溶剂合物，其颜色也有不同。

2. 物质的溶解度与溶剂的关系

目前仅有由实验事实总结出来的定性规则，即结构相似的物质容易互相溶解，就是所谓的"相似相溶"规则，尚无普遍适用的规律。

3. 物质溶解度与温度的关系

固、液体物质溶解度与温度的关系主要决定于溶质溶解过程中的热效应，若溶解放热，则溶解度随温度升高而减小；反之，溶解度随温度升高而增大。

4. 过饱和溶液形成

任何溶液均能形成过饱和溶液，只不过程度不同而已。一般过饱和溶液可由高温下不含有固相的饱和溶液小心冷却而得。过饱和溶液是一种亚稳体系，加入晶种（如加入该结晶物质的小晶体）、搅拌溶液或摩擦器壁都可以破坏过饱和溶液，使过量溶质结晶析出。

实验 2-5　滴定分析基本操作练习

实验目的

1. 学习和掌握滴定分析常用仪器的洗涤、使用及滴定操作技术。
2. 学习滴定管的准确读数，正确判断终点的方法。

实验原理

本实验利用酸碱中和反应原理，通过强酸和强碱相互滴定练习，学习和掌握滴定分析的基本操作，为以后的滴定分析做好准备。

当 $0.1mol \cdot L^{-1}$ HCl 溶液（强酸）和 $0.1mol \cdot L^{-1}$ NaOH（强碱）相互滴定时，化学计量点的 pH 为 7.0。滴定过程 pH 的突跃范围为 4.3～9.7。在滴定实验过程中，选用在突跃范围内变色的指示剂，可以准确地测量。在指示剂不变的情况下，一定浓度的 HCl 溶液和 NaOH 溶液相互滴定时，所消耗的体积比的值 V_{HCl}/V_{NaOH} 是一定的，改变被滴定溶液的体积，此体积比基本不变。依据这一原理，可以练习滴定操作技术和检验判断终点的能力。

甲基橙（简写为 MO）变色的 pH 范围是 pH3.1（红）～4.4（黄）。酚酞变色的 pH 范围是 8.0（无色）～9.6（红）。

仪器与药品

电子天平，台秤，表面皿，50mL 烧杯，酸式滴定管，碱式滴定管，试剂瓶，药匙。
浓 HCl，NaOH(s)，$1g \cdot L^{-1}$ 甲基橙溶液，$2g \cdot L^{-1}$ 酚酞乙醇溶液。

基本操作

1. 溶液的配制方法和基本操作，参见 2.10 节。
2. 酸、碱滴定管的洗涤和使用，参见 2.5.4 节。

实验内容

1. 溶液的配制

（1）$0.1mol \cdot L^{-1}$ HCl 溶液 用洁净量筒量取 12.0mL 浓 HCl，倒入装有 990mL 蒸馏水的 1L 试剂瓶中，盖上玻璃塞，摇匀。

（2）$0.1mol \cdot L^{-1}$ NaOH 溶液 称取 NaOH 固体 4.0g，置于 250mL 烧杯中，用玻璃棒搅拌散开，加入蒸馏水搅拌溶解，冷却后转入试剂瓶中，用蒸馏水稀释至 1L，用橡皮塞塞好瓶口，充分摇匀。

2. 酸碱溶液的相互滴定

（1）用 $0.1mol \cdot L^{-1}$ NaOH 溶液润洗碱式滴定管 2～3 次，每次用 5～10mL 溶液。将滴定剂倒入碱式滴定管中，调节滴定管液面至 0.00 刻度附近。

（2）用 $0.1mol \cdot L^{-1}$ 盐酸溶液润洗酸式滴定管 2～3 次，每次用 5～10mL 溶液。将盐酸溶液倒入酸式滴定管中，调节滴定管液面至 0.00 刻度附近。

（3）在 250mL 锥形瓶中分别加入 20.00mL NaOH 溶液、2 滴甲基橙指示剂，用酸式滴定管中 HCl 溶液进行滴定操作练习。练习过程中，可以不断加入 NaOH 溶液，反复用 HCl 溶液滴定，直至操作熟练后，再进行（4）、（5）的实验步骤。

（4）用移液管准确吸取 25.00mL $0.1mol \cdot L^{-1}$ NaOH 溶液于 250mL 锥形瓶中，加入 2 滴甲基橙指示剂，用 $0.1mol \cdot L^{-1}$ 盐酸溶液滴定至黄色转变为橙色。准确记下读数。平行滴定三份。实验数据记录于下列表格。计算 V_{HCl}/V_{NaOH} 的体积比。测试的相对平均偏差要求落在 ±0.3% 以内。

（5）用移液管准确吸取 25.00mL $0.1mol \cdot L^{-1}$ 盐酸溶液于 250mL 锥形瓶中，加 1～2 滴酚酞指示剂，用 $0.1mol \cdot L^{-1}$ NaOH 溶液滴定至溶液呈微红色。若此微红色能保持 30s 不褪即达到终点。注意若 30s 后，溶液仍保持较深的红色，表示滴定所用碱液过多。平行测定三份，三次消耗 NaOH 溶液体积的最大差值要求不超过 ±0.04mL。

数据记录与处理

（1）HCl 滴定 NaOH（指示剂：甲基橙）

滴定号码	I	II	III
V_{NaOH}/mL			
V_{HCl}/mL			
V_{HCl}/V_{NaOH}			
V_{HCl}/V_{NaOH} 平均值			
相对偏差/%			
平均相对偏差/%			

(2) NaOH 滴定 HCl（指示剂：酚酞）

滴定号码	Ⅰ	Ⅱ	Ⅲ
V_{HCl}/mL			
V_{NaOH}/mL			
$\overline{V}_{NaOH}$/mL			
n 次 V_{NaOH} 最大差值/mL			

思考题

1. 自学相关实验内容的操作规范，在预习报告中总结出操作要点。

2. HCl 和 NaOH 溶液能直接配制准确浓度吗？为什么？

3. 配制 NaOH 溶液时，应用何种天平称取试剂？为什么？

4. 用 NaOH 固体直接配制 NaOH 溶液的操作对初学者较为方便，但不严格，为什么？如何配制不含 CO_3^{2-} 的 NaOH 溶液？

5. 在滴定分析实验中，滴定管、移液管为何分别用滴定剂和要移取的溶液润洗？滴定使用的锥形瓶是否也要用滴定剂润洗？为什么？

6. HCl 与 NaOH 溶液定量反应后，生成 NaCl 和水。为什么用 HCl 滴定 NaOH 溶液时采用甲基橙作为指示剂，而用 NaOH 滴定 HCl 溶液时使用酚酞作指示剂？

[学习指导]

实验操作要点及注意事项

1. 用 NaOH 固体直接配制 NaOH 溶液的操作对初学者较为方便，但不严格。因为市售 NaOH 常吸收 CO_2 而混有少量 Na_2CO_3，以致在分析结果中造成误差。在严格要求的实验过程中，必须设法除去或减小杂质的影响。

2. NaOH 溶液腐蚀玻璃，盛装 NaOH 溶液的试剂瓶不能使用玻璃塞，一定要使用橡皮塞。久置的 NaOH 标准溶液，应在瓶塞上部装有碱石灰装置，以减小 CO_2 对试剂的影响。

3. 在滴定过程中，甲基橙由黄色转变为橙色的终点颜色不好观察。为了解决这个问题，可用三个锥形瓶比较。在一个锥形瓶中放入 50mL 水，滴入甲基橙 1 滴，溶液呈现黄色；另一个锥形瓶中加入 50mL 水，滴入 1 滴甲基橙，再滴入 1/4～1/2 滴 $0.1mol·L^{-1}$ HCl 溶液，溶液会呈现橙色；另取一个锥形瓶，在锥形瓶中加入 50mL 水，滴入 1 滴甲基橙，滴入 1 滴 $0.1mol·L^{-1}$ NaOH，溶液会呈现深黄色。比较练习观察 3 个锥形瓶中溶液的颜色，有助于确定橙色终点。

4. 滴定分析的基本操作包括滴定仪器的选择和正确的使用方法、滴定终点的判断和控制、滴定数据的读取、记录和处理等。

实验 2-6　蒸　馏

实验目的

1. 掌握蒸馏的原理和在实际应用中的意义。
2. 掌握蒸馏的基本操作技术。

实验原理

液体在一定的温度下具有一定的蒸气压，在一定的压力下液体的蒸气压只与温度有关，而与体系中存在液体的量无关。将液体加热时，它的蒸气压随温度升高而增大。当液体表面蒸气压增大到与其所受的外界压力相等时，液体呈沸腾状态，这时的温度称为该液体的沸点。纯液体有机化合物在一定的压力下具有一定的沸点（沸程0.5～1.5℃）。利用这一点，可以测定纯液体有机物的沸点，又称常量法。但是具有固定沸点的液体不一定都是纯的化合物，因为某些有机化合物常和其他组分形成二元或三元共沸混合物，它们也有一定的沸点。

蒸馏是将液体有机物加热到沸腾状态，使液体变成蒸汽，又将蒸汽冷凝为液体的过程。为了消除蒸馏过程中的过热现象和保证沸腾的平稳状态，常加入素烧瓷片或沸石，或一端封口的毛细管，因为它们都能防止加热时的暴沸现象，故把它们叫做止爆剂。在加热蒸馏前就应加入止爆剂。当加热后发现没加止爆剂或原有的止爆剂失效时，应立即停止加热，待液体冷却后再补加止爆剂，切忌在加热过程中补加，否则会引起剧烈的暴沸，甚至使部分液体冲出瓶外，有时会引起着火。若中途停止蒸馏，重新开始蒸馏时，因液体已被吸入止爆剂的空隙中，再加热已不能产生细小的空气流而失效，必须重新补加止爆剂。

蒸馏是有机实验中最重要的基本操作之一，在实验室和工业生产中都有广泛的应用。其主要作用是：①通过蒸馏除去不挥发性杂质；②分离沸点差大于30℃且不能形成共沸物的液体混合物；③测定纯液体有机物的沸点及定性检验液体有机物的纯度。

实验装置和基本操作

1. 蒸馏装置

常见蒸馏装置见图2-52，一般由热源、蒸馏瓶、温度计、冷凝管、接收器等组成。

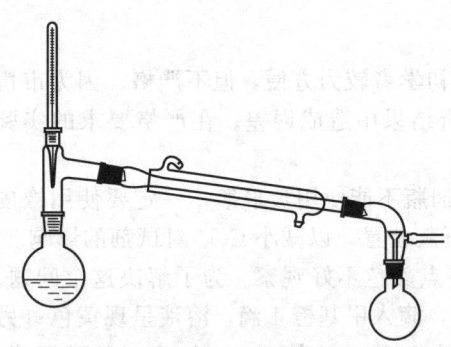

图 2-52　蒸馏装置

可供蒸馏的热源有多种，应根据蒸馏产品的物理与化学性质进行选择，常用的热源有水浴、油浴、电热套、煤气灯等。蒸馏烧瓶要根据蒸馏物的量来选择。通常为蒸馏液体的体积占蒸馏烧瓶容量的1/3～2/3。磨口温度计可直接插入蒸馏头，普通温度计通过温度计套管或带孔的胶塞固定在蒸馏头的上口出处。温度计水银球的上缘和蒸馏头侧管的下缘在同一水平线上。

当蒸馏沸点低于130℃物质时，应该用直形冷凝管冷凝，冷凝水应从冷凝管的下口流入，上口流出，以保证冷凝管的套管中始终充满水；沸点高于130℃时，应该用空气冷凝管。如果蒸馏出的物质易受潮分解，可在接引管上边接一个氯化钙干燥管；如果蒸馏时放出有毒气体，则需装配气体吸收装置。如果蒸馏出的物质易挥发、易燃或有毒，可在接收器上连接一长橡胶管，通入水槽的下水管内。

仪器的安装顺序：（从下到上，从左到右）以热源为基准，首先将装有待蒸馏物质的圆底烧瓶固定在铁架台上，然后插入蒸馏头，顺次连接冷凝管、接引管，最后插入温度计套管和温度计。

2. 加料

仪器安装好后，将待蒸馏的液体通过玻璃漏斗倒入蒸馏瓶中，然后加入2～3粒沸石，如果有搅拌可不用沸石。装好温度计，再次检查仪器各部分连接处是否严密，并排除封闭体系。然后开通冷凝水并调到适当流速。

3. 加热

加热应先快后慢，沸腾时调节馏出液速度每秒1～2滴为宜，并使温度计水银球上有液滴存在，此时温度计的读数为该液体的沸点。

4. 收集

接收器至少准备2个,要求洁净。去掉馏头,接收当温度升至所需物的沸点并恒定时的馏出液。收集馏分的温度越窄,馏分的纯度就越高。一般收集馏分的温度差在1~2℃。记录从开始到停止接收该馏分的温度,这就是此馏分的沸点范围。蒸馏较纯物质时,可能残留液较少,温度变化不大,但是一定不要蒸干。

5. 装置的拆除

蒸馏完毕,应先停止加热,移走热源,待稍冷后关闭冷却水,待温度降到40℃左右时,拆卸仪器。拆卸的顺序与安装顺序相反。蒸馏装置要及时拆除和清洗,否则接口部分容易粘连。

仪器与药品

蒸馏瓶、蒸馏头、温度计套管、温度计、冷凝管、接收器。
极稀的高锰酸钾水溶液。

实验内容

(1) 安装　按蒸馏装置图安装蒸馏装置。

(2) 加料　向100mL圆底烧瓶中加入40mL稀高锰酸钾水溶液,并加入几粒人造沸石(量为2~3个小米粒大小即可)。

(3) 加热　应先向冷凝管中缓慢通入冷凝水后,再开始加热,使之沸腾进行蒸馏,控制加热程度,使蒸馏速度以每秒滴出1~2滴馏出液为宜。

(4) 馏出液的收集　在蒸馏过程中,应使温度计水银球常有被冷凝的液滴润湿,此时的温度计读数就是馏出液的沸点。收集所需温度范围的馏出液。本实验当收集大约15mL馏出液即可停止蒸馏,实验结束。并记录第一滴馏出液进入锥形瓶时的温度与最后一滴馏出液进入锥形瓶时的温度。注意:因为水的沸点是100℃,本实验收集蒸馏水时,可以根据收集产品的纯度要求而人为地规定只收集沸点范围在99.6~100.3℃之间的蒸馏水。

(5) 仪器的拆卸　蒸馏完毕,先应拔下电源插头,然后停止通水,最后拆除蒸馏装置(与安装顺序相反)。

思考题

1. 蒸馏时为何要加入沸石?加热后发现忘了加沸石,应怎么操作?
2. 欲蒸馏60mL丙酮(沸点56.5℃),应如何选择仪器和热源?
3. 蒸馏时温度计水银球上是否应有液滴存在?为什么?若没有液滴,将会产生什么影响?

[学习指导]

实验操作要点及注意事项

1. 蒸馏装置操作规范总体要求:严密、正确、整齐和稳妥。安装时从下至上,从左到右依次安装。仪器拆卸:先停止加热,再停止通水,拆下仪器。拆除仪器的顺序与装配仪器顺序相反。

2. 热源选择:80~300℃用电热套或油浴;<80℃用水浴。

3. 蒸馏烧瓶大小的选择:液体的体积占蒸馏烧瓶容量的1/3~2/3。

4. 温度计位置:温度计水银球上缘和蒸馏头下缘在同一水平线。

5. 冷凝管的选择及通水:<130℃用直形冷凝管;>130℃用空气冷凝管,低沸点可选用蛇形冷凝管。下口进水,上口出水。尾接管的支管应保持与大气畅通,保证整套装置不密闭。

6. 烧瓶用烧瓶夹,冷凝管用冷凝管夹(夹在中下部),两种夹子不能对换使用。

7. 蒸馏速度过快,会使蒸气过热,破坏汽液平衡,温度计的读数会偏高。蒸馏若进行得太慢,会使蒸气短时间内不能充分浸润水银球,温度计读数将下降或不规则波动,使沸点偏低。

8. 如果维持原来加热程度,不再有馏出液蒸出,温度突然下降时,就应停止蒸馏,即使杂质量很少也不能蒸干,特别是蒸馏低沸点液体时更要注意不能蒸干,否则易发生意外事故。

实验知识拓展

蒸馏水的质量标准之一是含盐量一般为 $1\sim 5mg \cdot L^{-1}$。因为水中的含盐量减少,水的电阻率增加,就能用测定水的电阻率来衡量水的纯度。蒸馏水的电阻率要求在 $0.1M\Omega \cdot cm$ 左右。蒸馏水经过二次蒸馏,可得重蒸馏水,它的纯度更高。

实验 2-7　简单分馏

实验目的

1. 掌握分馏的原理和在实际应用中的意义。
2. 掌握分馏的基本操作技术。

实验原理

蒸馏作为分离液态有机化合物的常用方法,要求其组分的沸点至少相差 30℃,只有当组分的沸点差达 110℃ 以上时,才能用蒸馏法充分分离。但对沸点相近的混合物,仅用一次蒸馏不可能把它们分开。若要获得良好的分离效果,就要采用分馏的方法。

定义:分馏是利用分馏柱将多次汽化-冷凝过程在一次操作中完成的方法。

分馏的原理:混合液沸腾后蒸汽进入分馏柱中被部分冷凝,冷凝液在下降途中与继续上升的蒸汽接触,二者进行热交换,蒸汽中高沸点组分被冷凝,低沸点组分仍呈蒸汽上升,而冷凝液中低沸点组分受热汽化,高沸点组分仍呈液态下降。结果是上升的蒸汽中低沸点组分增多,下降的冷凝液中高沸点组分增多。如此经过多次热交换,就相当于连续多次的普通蒸馏。以致低沸点组分的蒸汽不断上升,而被蒸馏出来;高沸点组分则不断流回蒸馏瓶中,从而将它们分离。简单地说,分馏就是多次蒸馏,即分馏的基本原理与蒸馏类似,不同之处是在装置上多一分馏柱,使汽化冷凝的过程由一次改进为多次进行,它更适合于分离提纯沸点相差不大的液体有机混合物。分馏的方法在工业和实验室中被广泛应用。最精密的分馏设备已能将沸点相差 $1\sim 2℃$ 的混合物分开。

分馏的装置:实验室中简单的分馏装置包括热源、蒸馏器、分馏柱、冷凝管和接收器五个部分。安装时要注意使分馏柱保持垂直。整个装置重心较高,一定要保证各部分的稳定,最好在接收瓶底垫上用铁圈支持的石棉网,而且接液管和接收瓶也要用专用卡环或橡皮筋固定好。

简单分馏操作的仪器装置如图 2-53 所示,分馏柱一般采用韦氏分馏柱,将待分馏的混合物放入圆底烧瓶中,加入沸石。选用合适的热源加热,液体沸腾后要注意调节浴温,使蒸汽慢慢升入分馏柱,蒸汽到达柱顶后,温度计开始快速上升,在有馏出液滴出后,调节浴温使得蒸出液体的速度控制在每 $2\sim 3$ 秒 1 滴,这样可以得到比较好的分馏效果,待低沸点组分蒸完后,再渐渐升高温度,收集其他温度区间的馏分。

仪器与药品

蒸馏瓶,蒸馏头,分馏柱,温度计套管,温度计,冷凝管,接收器(接收器改用量筒)。

丙酮。

实验内容

分别按蒸馏和简单分馏装置图安装仪器。准备3个15mL的量筒为接收管,分别注明A、B、C。在50mL圆底烧瓶中放置15mL丙酮、15mL水及1~2粒沸石,开始缓缓加热,并控制加热程度,使馏出液以每1滴/(1~2s)

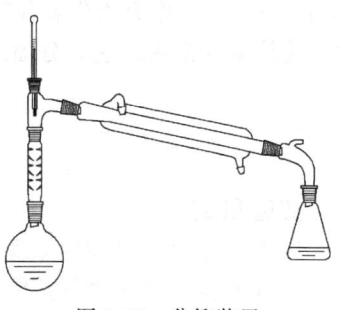

图2-53 分馏装置

的速度蒸出。将初馏出液收集于量筒A,注意并记录柱顶温度及接收器A的馏出液总体积。继续蒸馏,记录每增加1mL馏出液时的温度及总体积。温度达62℃时换量筒B接收,98℃用量筒C接收,直至蒸馏烧瓶中残液为1~2mL,停止加热(A56~62℃,B62~98℃,C98~100℃)。

记录3个馏分的体积,并记录残留液体积,以柱顶温度为纵坐标,馏出液体积为横坐标,将实验结果绘成温度-体积的蒸馏与分馏曲线,对分馏曲线进一步讨论分馏效率。

思考题

1. 分馏柱分馏效率的高低取决于哪些因素?
2. 何谓韦氏(Vigreux)分馏柱?使用韦氏分馏柱的优点是什么?
3. 什么叫共沸物?为什么不能用分馏法分离共沸混合物?

[学习指导]

实验操作要点及注意事项

1. 分馏柱易折断,安装过程中用力勿太大。
2. 分馏一定要缓慢进行,控制好恒定的蒸馏速度[1滴/(1~2s)]。
3. 合适的回流比:要使有相当量的液体沿柱流回烧瓶中,就要选择合适的回流比,使上升的气流和下降液体充分进行热交换。
4. 减少分馏柱热量散失和波动:必须尽量减少分馏柱的热量损失和波动。柱的外围可用石棉绳包住,这样可以减少柱内热量的散发,减少风和室温的影响,也减少了热量的损失和波动,使加热均匀,分馏操作平稳地进行。
5. 密切观察温度变化。

实验知识拓展

石油分馏(the fractional distillation of the petroleum) 石油(petroleum)是由超过8000种分子量不同的碳氢化合物(及少量硫化合物)所组成的混合物。石油在使用前必须经过加工处理,才能制成适合各种用途的石油产品。常见的处理方法为分馏法(fractionation),利用分子量大小不同,沸点不同的原理,将石油中的碳氢化合物予以分离,再以化学处理方法提高产品的价值。

工业上先将石油加热至400~500℃,使其变成蒸气后输进分馏塔。在分馏塔中,位置愈高,温度愈低。石油蒸气在上升途中会逐步液化,冷却及凝结成液体馏分。分子量较小、沸点较低的气态馏分则慢慢地沿塔上升,在塔的高层凝结,例如燃料气(fuel gas)、液化石油气(LPG)、轻油(naphtha)、煤油(kerosene)等。分子量较大、沸点较高的液态馏分在塔底凝结,例如柴油(diesel)、润滑油及蜡等。在塔底留下的黏滞残余物为沥青及重油

(heavy oil)，可作为焦化和制取沥青的原料或作为锅炉燃料。不同馏分在各层收集起来，经过导管输离分馏塔。这些分馏产物便是石油化学原料，可再制成许多的化学品。

实验 2-8　水蒸气蒸馏

实验目的
1. 学习水蒸气蒸馏的原理及应用范围。
2. 了解并掌握水蒸气蒸馏的装置及其操作方法。
3. 比较水蒸气蒸馏、普通蒸馏和分馏的异同点。

实验原理
水蒸气蒸馏是用来分离和提纯液态或固态有机化合物的一种方法，常用于下列几种情况：

① 某些沸点高的有机化合物，在常压下蒸馏虽可与副产品分离，但易被破坏；
② 混合物中含有大量树脂状杂质或不挥发性杂质，采用蒸馏萃取等方法都难以分离；
③ 从较多固体反应物中分离出被吸附的液体。

根据道尔顿分压定律，当与水不相混溶的物质与水共存时，整个体系的蒸气压应为各组分蒸气压之和，即

$$P = p_A + p_B$$

式中，P 为总的蒸气压；p_A 为水的蒸气压；p_B 为与水不相混溶物质的蒸气压。

当混合物中各组分蒸气压总和等于外界大气压时，则液体沸腾。显然，混合物的沸点比任何一个组分的沸点都低，即有机物可在比其沸点低得多的温度下，而且在低于100℃的情况下与水一起蒸馏出来。以苯胺为例，它的沸点为184℃，且和水不相混溶。当和水一起加热至98.4℃时，水的蒸气压为95.4kPa，苯胺的蒸气压为5.6kPa，它们的总压力接近大气压力，于是液体就开始沸腾，苯胺就随水蒸气一起被蒸馏出来。

已经知道，混合物蒸气中各个气体分压（p_A、p_B）之比等于它们的物质的量（n_A、n_B）之比，即：

$$\frac{n_A}{n_B} = \frac{p_A}{p_B}$$

式中，n_A 为蒸气中含有 A 的物质的量；n_B 为蒸气中含有 B 的物质的量。而

$$n_A = \frac{m_A}{M_A} \quad n_B = \frac{m_B}{M_B}$$

式中，m_A、m_B 为 A、B 在容器中蒸气的质量；M_A、M_B 为 A、B 的摩尔质量。因此

$$\frac{m_A}{m_B} = \frac{M_A n_A}{M_B n_B} = \frac{M_A p_A}{M_B p_B}$$

两种物质在馏出液中相对质量（也就是在蒸汽中的相对质量）与它们的蒸气压和摩尔质量呈正比。以溴苯为例，溴苯的沸点为156.12℃，常压下与水形成混合物于95.5℃时沸腾，此时水的蒸气压力为86.1kPa（646mmHg），溴苯的蒸气压为15.2kPa（114mmHg）。总的蒸气压=86.1kPa+15.2kPa=101.3kPa（760mmHg）。因此混合物在95.5℃沸腾，馏出液中两物质之比：

$$\frac{m_\text{水}}{m_\text{溴苯}} = \frac{18 \times 86.1}{157 \times 15.24} = \frac{6.5}{10}$$

就是说馏出液中有水6.5g、溴苯10g；溴苯占馏出物61%。这是理论值，实际蒸出的

水量要多一些，因为上述关系式只适用于不溶于水的化合物，但在水中完全不溶的化合物是没有的，所以这种计算只是个近似值。又例如苯胺和水在98.5℃时，蒸气压分别为5.7kPa（43mmHg）和95.5kPa（717mmHg），从计算得到馏出液中苯胺的含量应占23%，但实际得到的较低，主要是苯胺微溶于水所引起的。

利用水蒸气蒸馏来分离提纯物质时，要求此物质在100℃左右时的蒸气压至少在1.33kPa左右。如果蒸气压在0.13~0.67kPa，则其在馏出液中的含量仅占1%，甚至更低。

从上面的分析可以看出，使用水蒸气蒸馏这种分离方法是有条件限制的，被提纯物质必须具备以下几个条件：

① 不溶或难溶于水；

② 与沸水长时间共存而不发生化学反应；

③ 在100℃左右必须具有一定的蒸气压（一般不小于1.33kPa）。

实验装置

水蒸气蒸馏的方法分为直接法和间接法两种。

直接法在实验上比较方便，常用于微量实验。操作时将盛有被蒸馏物的烧瓶中加入适量蒸馏水，加热至沸以便产生蒸汽，水蒸气与被蒸馏物一起蒸出。对于挥发性液体和数量较少的物料，此法非常适用。

间接法是常量实验中经常使用的方法，其操作相对比较复杂，需要安装水蒸气发生器，图2-54(a)是实验室常用的水蒸气蒸馏装置，它包括水蒸气发生器、蒸馏、冷凝和接收器四个部分。如果不用水蒸气发生器而采用一种更为简单的水蒸气蒸馏装置，也可以正常地进行水蒸气蒸馏操作［见图2-54(b)］。其操作方法也很简单，先将待分离有机物和适量的水置入圆底烧瓶中，再投入几粒沸石，接通冷凝水，开始加热，保持平稳沸腾。其他操作同前面叙述相同，只是当烧瓶内的水经连续不断的蒸馏而减少时，可通过蒸馏头上配置的滴液漏斗补加水。如果依装置图2-54(b)进行水蒸气蒸馏操作容易使混合物溅入冷凝管，使分离纯

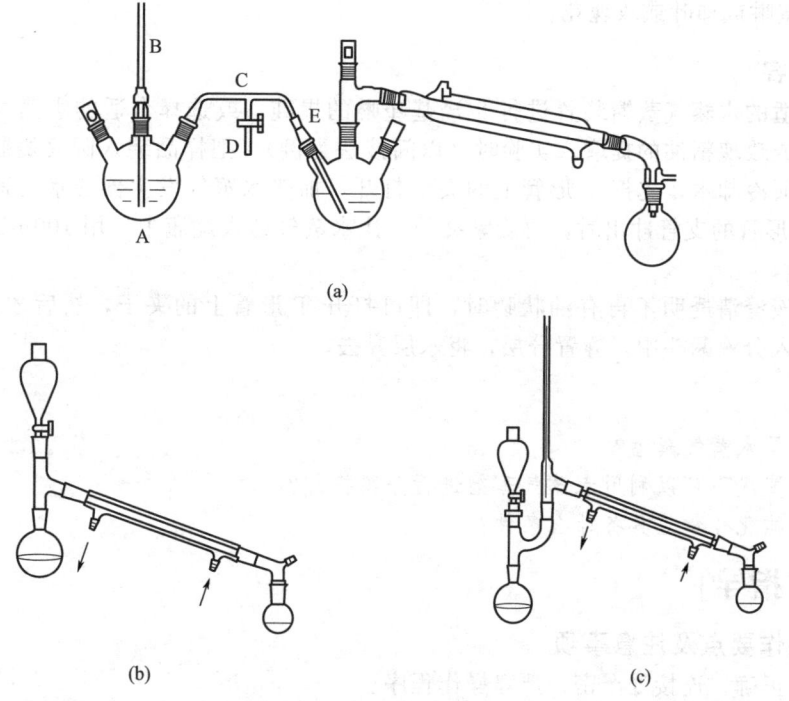

图 2-54 水蒸气蒸馏装置

化受到影响，那么采用图 2-54(c) 来操作就可以有效地避免这个问题。不过，由于克氏蒸馏头弯管段较长，蒸汽易冷凝，影响有效蒸馏。此时，可以用玻璃棉等绝热材料缠绕，以避免热量迅速散失，从而提高蒸馏效率。

在图 2-54(a) 水蒸气蒸馏装置图中，水蒸气发生器通常盛水量以其容积的 2/3 为宜。如果太满，沸腾时水将冲至烧瓶。安全玻管几乎插到发生器 A 的底部。当容器内气压太大时，水可沿着玻管上升，以调节内压。如果系统发生阻塞，水便会从管的上口喷出，此时应检查导管是否被阻塞。

水蒸气导出管与蒸馏部分导管之间由一 T 形管相连接。T 形管用来除去水蒸气中冷凝下来的水，有时在操作发生不正常的情况下，可使水蒸气发生器与大气相通。蒸馏的液体量不能超过其容积的 1/3。水蒸气导入管应正对烧瓶底中央，距瓶底 8~10mm，导出管连接在一直形冷凝管上。

在水蒸气发生瓶中，加入占容器 2/3~3/4 的水，待检查整个装置不漏气后，旋开 T 形管的螺旋夹，加热至沸。当有大量水蒸气产生并从 T 形管的支管冲出时，立即旋紧螺旋夹，水蒸气便进入蒸馏部分，开始蒸馏。在蒸馏过程中，通过水蒸气发生器安全管中水面的高低，可以判断水蒸气蒸馏系统是否畅通，若水平面上升很高，则说明某一部分被阻塞了，这时应立即旋开螺旋夹，然后移去热源，拆下装置进行检查（通常是由于水蒸气导入管被树脂状物质或焦油状物堵塞）和处理。如由于水蒸气的冷凝而使蒸馏瓶内液体量增加，可适当加热蒸馏瓶。但要控制蒸馏速度，以每秒 2~3 滴为宜，以免发生意外。

当馏出液无明显油珠、澄清透明时，便可停止蒸馏。其顺序是先旋开螺旋夹，然后移去热源，否则可能发生倒吸现象。

仪器与药品

水蒸气蒸馏装置一套。
8-羟基喹啉或柿叶或玫瑰花。

实验内容

选择合适的水蒸气蒸馏装置进行 8-羟基喹啉的提纯，或选择合适的水蒸气蒸馏装置进行柿叶精油或玫瑰精油的提取。实验时（以间接法为例），把样品装入圆底烧瓶中，仪器安装好后，接通冷却水，先把 T 形管上的夹子打开，加热水蒸气发生器使水迅速沸腾，当有水蒸气从 T 形管的支管冲出时，再旋紧夹子，让水蒸气通入烧瓶中。用 100mL 锥形瓶收集馏出物。

当馏出液澄清透明不再有油状物时，即可打开 T 形管上的夹子，然后才能停止加热，把馏出液倒入分液漏斗中，静置分层，将水层弃去。

思考题

1. 什么是水蒸气蒸馏？
2. 什么情况下可以利用水蒸气蒸馏进行分离提纯？
3. 被提纯化合物应具备什么条件？

[学习指导]

实验操作要点及注意事项

1. 安装正确，连接处严密，严守操作程序。
2. 调节火焰，控制蒸馏速度为 2~3 滴/s，并时刻观察整个系统是否畅通。

3. 若蒸馏瓶中液体超过 2/3 容积或蒸馏不快时，可将蒸馏部分小火加热，并注意观察瓶中蹦跳现象。若蹦跳厉害，则不应加热，以免发生意外。

4. 在蒸馏过程中，要经常检查安全管中的水位是否正常，如发现其突然升高，意味着有堵塞现象，应立即打开止水夹，移去热源，使水蒸气发生器与大气相通，避免发生事故（如倒吸），待故障排除后再行蒸馏。如发现 T 形管支管处水积聚过多，超过支管部分，也应打开止水夹，将水放掉，否则将影响水蒸气通过。

5. 停火前必须先打开夹子，然后移去热源，以免发生倒吸现象。

6. 按安装相反顺序拆卸仪器。

实验知识拓展

共沸物分离的方法有：恒沸精馏、萃取精馏和膜分离。恒沸精馏是指在两组分恒沸液中加入第三组分（称为挟带剂），该组分与原料液中的一个或两个组分形成新的恒沸液，从而使原料液能用普通精馏方法予以分离的精馏操作。萃取精馏和恒沸精馏相似，也是向原料液中加入第三组分（称为萃取剂或溶剂），以改变原有组分间的相对挥发度而得到分离。但不同的是要求萃取剂的沸点较原料液中各组分的沸点高得多，且不与组分形成恒沸液。膜分离是根据生物膜对物质选择性通透的原理所设计的一种对包含不同组分的混合样品进行分离的方法。分离中使用的膜是根据需要设计合成的高分子聚合物，分离的混合样品可以是液体或气体。由以上内容可知，恒沸物分离并不一定需要破坏共沸点。

实验 2-9　减压蒸馏（真空蒸馏）

实验目的

1. 了解减压蒸馏的原理和应用范围。
2. 认识减压蒸馏的主要仪器设备。
3. 掌握减压蒸馏仪器的安装和操作方法。

基本原理

某些沸点较高的有机化合物在未达到沸点时往往发生分解或氧化，所以，不能用常压蒸馏。使用减压蒸馏可避免这种现象的发生。因为当蒸馏系统内的压力降低后，其沸点便降低。当压力降低 1.3~2.0kPa（10~15mmHg）时，许多有机化合物的沸点可以比其常压下的沸点降低 80~100℃。因此，减压蒸馏对于分离提纯沸点较高或高温时不稳定的液态有机化合物具有特别重要的意义。

在进行减压蒸馏前，应当先从文献中查阅该化合物在所选择的压力下的相应沸点，如果文献中查不到与减压蒸馏选择的压力相应的沸点，可用下述经验规律大致推算，以供参考。当蒸馏在 1333~1999Pa（10~15mmHg）下进行时，压力相差 133.9Pa（1mmHg），沸点相差约 1℃。也可由"压力-温度关系图"（见图 2-55）找出该物质在此压力下的沸点的近似值。在常压沸点、减压沸点和压力这三个数据中只要知道了两个，即可使直尺的边缘经过代表这两个数据的点，那么直尺的边缘也必然经过代表第三个数据的点。例如 N,N-二甲基甲酰胺常压下沸点约为 150℃（分解），欲减压至 2.67kPa（20mmHg），可以先在图 2-55 中间的直线上找出相当于 150℃的点，将此点与右边直线上 2.67kPa（20mmHg）处的点连成一直线，延长此直线与左边的直线相交，交点所示的温度就是 2.67kPa（20mmHg）时 N,N-二甲基甲酰胺的沸点，约为 50℃。

实验装置

常用的减压蒸馏系统可分为蒸馏、抽气以及保护和测压装置三部分。其实验装置如图 2-56 所示。

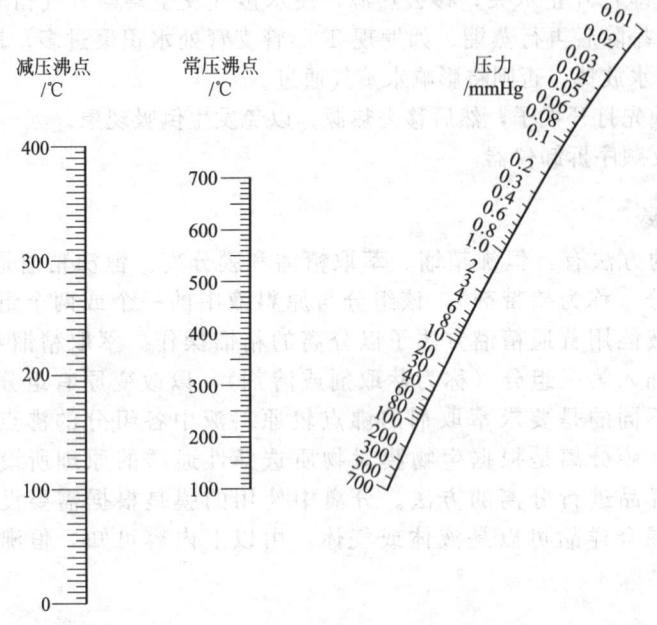

图 2-55　液体常压沸点、减压沸点与压力间的关系（1mmHg＝133.322Pa）

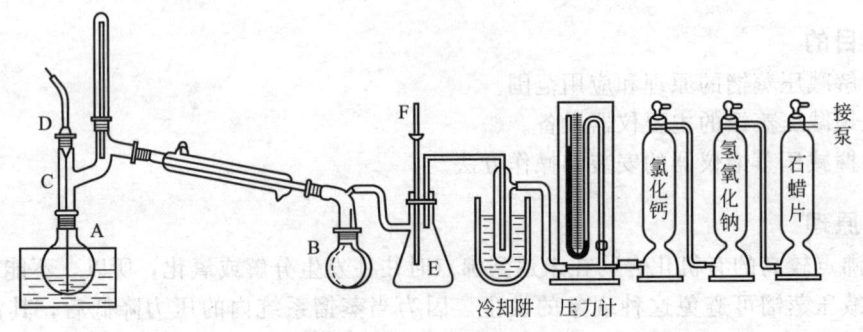

图 2-56　减压蒸馏装置
A—克氏蒸馏烧瓶；B—真空尾接管；C—螺旋夹；D—毛细管；E—安全瓶；F—二通旋塞

1. 蒸馏部分

这一部分与普通蒸馏相似，亦可分为三个组成部分

① 减压蒸馏瓶（克氏蒸馏瓶）有两个颈，其目的是为了避免减压蒸馏时瓶内液体由于沸腾而冲入冷凝管中，瓶的一颈中插入温度计，另一颈中插入一根距瓶底 1～2mm 的末端拉成细丝的毛细管的玻管。毛细管的上端连有一段带螺旋夹的橡皮管，螺旋夹用于调节进入空气的量，使极少量的空气进入液体，呈微小气泡冒出，作为液体沸腾的汽化中心，使蒸馏平稳进行，又起搅拌作用。在减压蒸馏操作中，一定不要引入沸石，沸石在减压条件下不但不能起到汽化中心的作用，反而会引起液泛。

② 冷凝管和普通蒸馏相同。

③ 接液管（尾接管）和普通蒸馏不同的是，接液管上具有可供接抽气部分的小支管。蒸馏时，若要收集不同的馏分而又不中断蒸馏，则可用两尾或多尾接液管。多尾接液管的几

个分支管与多个圆底烧瓶连接起来。转动多尾接液管，就可使不同的馏分进入指定的接收瓶中。接收器可用蒸馏瓶或吸滤瓶，但不能使用平底烧瓶或锥形瓶，否则由于受力不均容易炸裂。

减压蒸馏的热源最好用水浴或油浴，因为水或油具有一定的热容量，能够起到缓冲的作用，使烧瓶受热平稳。蒸馏时应控制热浴的温度，使它比液体的沸点高 20～30℃。如果蒸馏的少量液体沸点较高，特别是在蒸馏低熔点的固体时，可以不使用冷凝管。

2. 抽气部分

实验室通常用水泵或油泵进行减压。

水泵（水循环泵）：水泵所能达到的最低压力为当时室温下水的蒸气压。例如，水温为 10℃时，水蒸气压为 1.2kPa；若水温为 25℃，则水蒸气压为 3.2kPa 左右。如果气温较高，可以在循环真空泵水泵中加入适量冰块以降低水温，从而获得较高的真空度。

油泵：油泵的效能取决于油泵的机械结构以及真空泵油的好坏。好的油泵能抽至真空度为 13.3Pa。油泵结构较精密，工作条件要求较严。蒸馏时，如果有挥发性的有机溶剂、水或酸的蒸汽，都会损坏油泵及降低其真空度。因此，使用时必须十分注意油泵的保护。被蒸馏液体中若含有低沸点物质时，通常先进行普通蒸馏，再进行水泵减压蒸馏，而油泵减压蒸馏应在水泵减压蒸馏后进行。

3. 保护和测压装置部分

当用油泵进行减压时，为了防止易挥发的有机溶剂、酸性物质和水汽对油泵的影响，必须在接收瓶与油泵之间顺次安装冷却阱和几种吸收塔，以免污染泵油，使真空度降低。冷却阱置于盛有冷却剂的广口保温瓶中，冷却剂的选择随需要而定，例如，可用冰-水、冰-盐、干冰与丙酮等。常用的吸收塔有无水氯化钙（或硅胶）吸收塔用于吸收水分、氢氧化钠吸收塔用于吸收挥发酸、石蜡片吸收塔用于吸收烃类气体，所有吸收塔都应采用粒状填充物，以减少压力损失。当然，根据被蒸馏液体性质的不同，也可以用其他形式的保护形式，如蒸馏苯胺时就可以用装有浓硫酸的洗气瓶作为保护装置。

实验室通常采用水银压力计来测量减压系统的压力。如果使用水泵，也可以用真空表来测压力。

在接收瓶与压力计之间还应接上一个安全瓶，瓶上的二通旋塞用来调节系统压力。减压蒸馏的整个系统必须保持密封，系统内部通气顺畅，玻璃仪器间由厚壁胶管连接，胶管要短，以减少压力损失。在需要较高真空度时，各磨口塞应仔细涂好真空脂。

基本操作

1. 装置装好后，先检查系统能否达到所要求的压力，检查方法为：首先用泵抽气，然后关闭旋紧毛细管上的螺旋夹 C 和安全瓶上的二通旋塞 F，观察压力计能否达到要求的压力（如果仪器紧密不漏气，系统内的真空情况应保持良好，否则应查明原因，排除漏气），然后慢慢打开安全瓶上的二通旋塞，放入空气，直到内外压力相等为止。

2. 在克氏蒸馏烧瓶中，放置待蒸馏的液体的体积不得超过烧瓶容积的 1/2。旋紧毛细管上的螺旋夹 C，打开安全瓶上的二通旋塞 F，然后开泵抽气。逐渐关闭 F，从压力计上观察系统所能达到的真空度。如果超过所需要的真空度，可小心地旋转旋塞 F，慢慢地引进少量空气，以调节至所需的真空度。调节螺旋夹 C，使液体中有连续平稳的小气泡通过，开启冷凝水，选用合适的热浴加热蒸馏。加热时，蒸馏烧瓶的圆球部位至少应有 2/3 浸入浴液中。在水浴中放一温度计，控制浴温比待蒸馏液体的沸点高 20～30℃，使每秒钟馏出 1～2 滴。在整个蒸馏过程中，都要密切注意瓶颈上的温度计和压力计的读数。经常注意蒸馏情况和记录压力、沸点等数据。纯物质的沸点范围一般不超过 1～2℃，假如起始蒸出的馏出液比要收集物质的沸点低，则在蒸至接近预期的温度时转动多尾接液管，可收集不同馏分。

3. 蒸馏完毕，移去热源，慢慢旋开螺旋夹（防止倒吸），并慢慢打开二通活塞，平衡内外压力，使测压计的水银柱慢慢地回复原状（若打开得太快，水银柱很快上升，有冲破测压计的可能），然后关闭油泵和冷却水。最后按安装的相反的次序拆除仪器。

仪器与药品

烧瓶、克氏蒸馏头、毛细管、温度计、冷凝管、接收器、保护和测压装置。
苯胺或苯甲醛。

实验内容

1. 将一定量的苯胺或苯甲醛溶液倒入克氏蒸馏瓶中（不得超过蒸馏瓶容积的 1/2），按图安装好仪器。
2. 按上述减压蒸馏法进行蒸馏操作，记录压力和沸点值，收集纯液体。
3. 蒸馏完毕，按操作规程停止实验。

思考题

1. 减压蒸馏时，为什么要在蒸馏烧瓶内插入一根末端拉成毛细管的玻璃管？如何调节毛细管的进气量？
2. 在进行减压蒸馏时，为什么必须用热浴加热，而不能直接用火加热？进行减压蒸馏时须先抽气才能加热？
3. 当减压蒸完所要的化合物后，应如何停止减压蒸馏？为什么？

[学习指导]

实验操作要点及注意事项

1. 进行减压蒸馏时须先抽气才能加热。
2. 装置停当后，先旋紧橡皮管上的螺旋夹，打开安全瓶上的二通活塞，使体系与大气相通，启动油泵（长时间未用的真空泵，启动前应先用手转动下皮带轮，能转动时再启动）抽气，逐渐关闭二通活塞至完全关闭，注意观察瓶内的鼓泡情况（如发现鼓泡太剧烈，有冲料危险，立即将二通活塞旋开些），从压力计上观察体系内压力应能符合要求，然后小心旋开二通活塞，同时注意观察压力计上的读数，调节体系内压到所需值（根据沸点与压力的关系）。
3. 在系统充分抽空后通冷凝水，再加热（一般用油浴，不能直接用火加热）蒸馏，一旦减压蒸馏开始，应密切注意蒸馏情况，调整体系内压，经常记录压力和相应的沸点值，根据要求，收集不同馏分。
4. 蒸馏完毕移去热源，慢慢旋开螺旋夹，并慢慢打开二通活塞（这样可以防止倒吸），平衡内外压力，使测压计的水银柱慢慢地回复至原状（若放开得太快，水银柱很快上升，有冲破压力计的可能），然后关闭油泵和冷却水。

实验知识拓展

要判断汽车司机是否酒后开车，需要检查其呼出的气体中是否含有酒精蒸气。方法较多，这里介绍一种比较简易的验酒器的化学原理。
把呈黄色的酸化的三氧化铬（CrO_3）载在硅胶上，它是一种强氧化剂，而乙醇（酒精）具有还原性，两者发生以下反应：

$$2CrO_3 + 3C_2H_5OH + 3H_2SO_4 \Longrightarrow Cr_2(SO_4)_3 + 3CH_3CHO + 6H_2O$$

生成物硫酸铬是蓝绿色的。这一颜色变化明显，因而可据以检测酒精蒸气。

实验 2-10 有机物重结晶提纯法

实验目的
1. 学习重结晶的基本原理。
2. 掌握重结晶的基本操作。
3. 学习常压过滤和减压过滤的操作技术。

实验原理

从有机化合物中制得的固体产品，常含有少量杂质。除去这些杂质的最有效的方法之一是用适当的溶剂来进行重结晶。重结晶是利用混合物中各组分在某种溶剂中溶解度不同或在同一溶剂中不同温度时的溶解度不同而使它们相互分离。

固体有机物在溶剂中的溶解度与温度有密切关系。一般是温度升高，溶解度增大。利用溶剂对被提纯物质及杂质的溶解度不同，可以使被提纯物质从过饱和溶液中析出，而让杂质全部或大部分仍留在溶液中，或者相反，从而达到分离、提纯的目的。

重结晶的一般过程是使重结晶物质在较高的温度下溶于合适的溶剂里；趁热过滤以除去不溶物质和有色杂质；将滤液冷却，使晶体从饱和溶液中析出，而可溶性杂质仍留在溶液中；然后进行减压过滤，把晶体从母液中分离出来；洗涤晶体，以除去吸附在晶体表面上的母液。

实验装置及基本操作

重结晶提纯法的一般过程为：
选择溶剂→溶解固体→除去杂质→晶体析出→晶体的收集与洗涤→晶体的干燥

1. 选择适宜的溶剂

选择合适的溶剂是重结晶时的首要问题。理想的溶剂应符合下列条件：①与被提纯化合物不起化学反应；②被提纯化合物在冷与热的溶剂中的溶解度应有显著的差别，一般高温时溶解度好，而低温时溶解度差；③杂质的溶解度非常大或非常小；④溶剂的沸点不宜太高，以便容易从结晶中除去；⑤待提纯物在溶剂中能形成较好的结晶。此外，还要考虑溶剂的价格、易燃程度、毒性大小、操作与回收的难易等。

具体选择溶剂时，已知物的精制可查阅手册或参考类似化合物重结晶的条件。若是未知物，主要是通过实验进行选择，选择时应利用"相似相溶"的经验规律，并根据选择溶剂的条件要求，用少量样品反复试验来选择和决定合适的溶剂，即把少量（约 0.1g）被提纯的样品研细放入试管中，用滴管慢慢滴入溶剂并不断振摇，待加入的溶剂量约为 1mL 时，在水浴上加热至沸，观察加热和冷却时样品溶解的情况：①如样品在 1mL 冷或热的溶剂中都溶解，表明溶解度太大。②如样品不溶于 1mL 沸腾的溶剂中，则可慢慢再滴入溶剂，每次滴加 0.1mL，并加热至沸。要是加入溶剂已达 4mL 仍不能溶解，说明溶解度太小，该溶剂也不适用。③如化合物能溶于 1~4mL 沸腾的溶剂中，此时应将试管冷却，或在室温下静置。能自行析出结晶时，则可选择该溶剂为重结晶溶剂；如结晶不能析出，可让溶剂挥发，也可用玻璃棒摩擦试管壁或用冰水浴冷却，以促使结晶析出，如结晶仍不能析出，则该溶剂不能选用，此时应改用其他溶剂或选用混合溶剂。常用的重结晶溶剂（见表 2-4）有水、甲醇、95%乙醇、冰乙酸、丙酮、乙醚、石油醚、乙酸乙酯、苯、氯仿、四氯化碳等。

当一种物质在一些溶剂中的溶解度太大，而在另一些溶剂中的溶解度又太小，不能选择到一种合适的溶剂时，常可使用混合溶剂而得到满意的结果。所谓混合溶剂，就是把对此物质溶解度很大和溶解度很小的两种溶剂（能互溶，如水和乙醇）混合起来，这样可获得新的良好的溶解性能。用混合溶剂重结晶时，可先将待纯化物质在接近溶剂的沸点时溶于溶解度大的溶剂中。若有不溶物，趁热过滤除去；若有色，则用适量（1%～5%）活性炭煮沸脱色后趁热过滤。在热溶液中小心地加入溶解度小的溶剂，维持此温度，直至所出现的浑浊不再消失为止，再加入少量溶解度大的溶剂或稍加热使其恰好完全溶解。然后将混合物冷却，若得到的是油状物，则需重新调整比例进行试验。有时也可将两种溶剂按一定比例先行混合进行重结晶，其操作和用单一溶剂时相同。常用的混合溶剂有：乙醇-水、乙酸-水、丙酮-水、甲醇-乙醚、丙酮-乙醚、乙酸-石油醚、苯-石油醚等。

表 2-4　常用的重结晶溶剂及其沸点

溶剂	沸点/℃	溶剂	沸点/℃	溶剂	沸点/℃
水	100	乙酸乙酯	77	四氯化碳	76.5
甲醇	65	氯仿	61.7	苯	80
乙酸	78	丙酮	56	乙醚	34.5

2. 重结晶物质热的饱和溶液的制备

将待结晶样品置于圆底烧瓶或锥形瓶中，加入比需要量（根据查得的溶解度数据或溶解度试验方法所得的结果进行估算）略少的溶剂，如用低沸点有机溶剂重结晶，必须装上球形冷凝管，以免加热时溶剂挥发。添加溶剂应由冷凝管上端加入，如是易燃溶剂，应熄灭火焰。根据溶剂的沸点和易燃性，选择适当的热浴。若加热到微微沸腾仍未完全溶解，应再分次滴加溶剂，每次加入后均需再加热，使溶液沸腾片刻，直至溶质溶于最少量的微沸溶剂中。若留下固体不多，再加溶剂也不能溶解，说明是不溶性杂质，不需要再加。要使重结晶的产品更纯、回收率高，溶剂的用量是关键。虽然从减少溶解损失来考虑，溶剂尽可能避免过量，但这样在热过滤时由于溶液温度的迅速降低和溶剂的挥发，使结晶在滤纸上析出，会带来很大的麻烦和损失，特别是当待结晶样品的溶解度随温度变化很大时更是如此。因此，要根据这两方面的损失来权衡溶剂的用量，一般比需要量多加 20% 左右的溶剂。

在溶解过程中，有时被提纯的化合物成油状析出，冷却时也不结晶而是固化成块，这样常常会混入杂质和少量溶剂，对纯化产品不利。为了避免这种现象的出现，最好重新选择溶剂。当然，也可选择沸点低于被提纯物熔点的溶剂，使其溶解而不是熔融。如不能选择沸点较低的溶剂，应在比熔点低的温度下进行溶解，也可适当加大溶剂的用量，但这样会影响结晶的回收率。

若存在有色杂质时，应移去火源，向热溶液中加少量活性炭脱色（应使沸腾溶液稍冷后再加，以防发生暴沸），重新煮沸 5～10min，并不时搅拌或摇动。所用的活性炭通常为样品质量的 1%～5%，假如用量太多，则会吸附一部分纯化的物质，影响回收率。活性炭可吸附有色杂质、树脂状物质以及均匀分散的物质，在水溶液中脱色效果最佳，也可在极性有机溶剂中使用，但在烃类等非极性溶剂中效果最差。

3. 热过滤除去不溶性杂质

由上述过程所得到的热溶液必须趁热过滤，以除去不溶解的杂质和活性炭。常用热过滤和吸滤两种方法。过滤易燃溶液时，附近的火源必须熄灭。过滤时，为了过滤得快，避免过滤时结晶析出，要选用颈短而粗的玻璃漏斗。在过滤前要把漏斗放在烘箱中预先烘热，待过滤时将漏斗取出，置于固定在铁架台上的小铁圈中，同时采用折叠滤纸（亦称菊花形滤纸），以加快过滤速度。滤纸向外突出的棱边应紧贴于漏斗壁上。在过滤即将进行时，先用少量热的溶剂润湿，以免干滤纸吸附溶液中的溶剂，使结晶析出而堵塞滤纸孔。过滤时要用玻璃棒将溶液引入漏斗，以免溶液从滤纸和漏斗之间漏入。为了减少溶剂挥发，漏斗上应盖上表面皿，并使其凹面向下。盛滤液的容器一般要用锥形瓶，只有水溶液才可收集在烧杯中。如果过滤顺利，常常只有很少的结晶在滤纸上析出，而结晶较多时需用药匙收回到原来的瓶中，再加适量溶剂加热溶解，趁热过滤后将锥形瓶用塞子塞好，静置冷却使结晶完全析出。

若过滤的溶液量较多，或溶液稍冷就析出结晶时，最好采用热水漏斗过滤。热过漏装置如图 2-57 所示。它是一个用铜皮制作的双层漏斗。使用时在夹层中注入约 3/4 容积的水，安放在铁圈上，将玻璃三角漏斗连同菊花形滤纸放入其中，在支管端部加热，至水沸腾后过滤。在热滤的过程中漏斗和滤纸始终保持在约 100℃。过滤易燃溶液时一定要熄灭火源，直到滤完为止，以免发生火灾。

减压过滤也称抽滤、吸滤或真空过滤，其装置由布氏漏斗、抽滤瓶、安全瓶及水泵组成，如图 2-58 所示。减压过滤的最大优点是过滤速度快，结晶一般不易在漏斗中析出，操作亦较简便。其缺点是滤下的热滤液在减压条件下易沸腾，可能从抽气管中抽走，使结晶在滤瓶中析出；如果操作不当，活性炭或悬浮的不溶性杂质微粒也可能从滤纸边缘通过而进入滤液。减压过滤所用滤纸应略小于布氏漏斗的底面，但能完全遮盖滤孔为宜。布氏漏斗在使用之前应在烘箱中预热（预热时应将橡胶塞取下），如果以水为溶剂，也可将布氏漏斗置于沸水中预热。为了防止活性炭等固体从滤纸边缘吸入抽滤瓶中，在溶液倾入漏斗前必须使滤纸在漏斗底面上贴紧。当溶剂为水或其他极性溶剂时，只要以同种溶剂将滤纸润湿，适当抽气，即可使滤纸贴紧，但在使用非极性溶剂时滤纸往往不易贴紧。在这种情况下，可先加入少量乙醇（有时也可用水）将滤纸润湿，抽气贴紧后再用溶样的溶剂洗去滤纸上的乙醇，然后倒入溶液抽滤。在抽滤过程中应保持漏斗中有较多的溶液，只有当全部溶液倒完后才可抽干，否则吸附有树脂状杂质的活性炭会在滤纸上结成紧密的饼块，阻碍液体透过滤纸。同时压力亦不可抽得过低，以防溶剂沸腾被抽走，或将滤纸抽破使活性炭透滤。如果由于操作不当使活性炭透滤进入滤液，则最后得到的晶体会呈灰色，这时需要重新溶样，重新进行热过滤。停泵时，要先打开放空阀（二通活塞），再停泵，以避免倒吸。

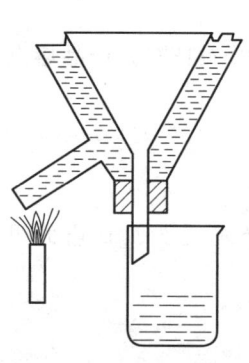

图 2-57 热过滤装置

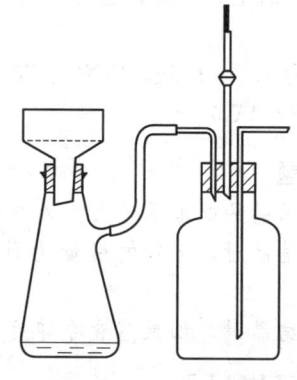

图 2-58 减压过滤装置

4. 晶体的析出

过滤得到的滤液冷却后，晶体就会析出。用冷水或冰水迅速冷却并剧烈搅动溶液时，可得到颗粒很小的晶体，将热溶液在室温条件下静置，使之缓缓冷却，则可得到均匀而较大的晶体。

如果溶液冷却后晶体仍不析出，可用玻璃棒摩擦液面下的容器壁，也可加入晶种，或进一步降低溶液温度（用冰水或其他冷冻溶液冷却）。如果溶液冷却后不析出晶体而得到油状物时，可重新加热，至形成澄清的热溶液后，任其自行冷却，并不断用玻璃棒搅拌溶液，摩擦器壁或投入晶种，以加速晶体的析出。若仍有油状物开始析出，应立即剧烈搅拌使油滴分散。

5. 结晶的洗涤和干燥

用溶剂冲洗结晶再抽滤，除去附着的母液。抽滤和洗涤后的结晶，表面上吸附有少量溶剂，因此尚需用适当的方法进行干燥。固体的干燥方法很多，可根据重结晶所用的溶剂及结晶的性质来选择，常用的方法有以下几种：空气晾干的；烘干（红外灯或烘箱）；用滤纸吸干；置于干燥器中干燥。

仪器与药品

烧杯、量筒、活性炭、热水漏斗、布氏漏斗、滤纸、抽滤瓶。
苯甲酸。

实验内容

称取 2.0g 工业苯甲酸粗品，置于 250mL 烧杯中，加水约 50mL，放在石棉网上加热并用玻棒搅动，观察溶解情况。如至水沸腾仍有不溶性固体，可分批补加适当水直至沸腾温度下可以全溶或基本溶。然后再补加 15~20mL 水，总用水量约 80mL。

暂停对溶液加热，稍冷后加入半匙活性炭，搅拌使之分散开。重新加热至沸并煮沸 2~3min。

取出装好热水的热水漏斗，立即放入事先选定的短颈漏斗和折叠滤纸，以数滴沸水润湿滤纸。将热溶液倒入漏斗中，每次倒入漏斗的液体不要太满，也不要等溶液全部滤完再加。在热过滤过程中，应保持溶液的温度，为此，可继续用小火加热热水漏斗，以防冷却。待所有的溶液过滤完毕，用少量热水洗涤滤纸。滤毕，立即用表面皿盖住杯口，室温下放置冷却结晶。

结晶完成后，用布氏漏斗抽滤，用玻璃塞将结晶压紧，使母液尽量除去。打开安全瓶上的活塞，停止抽气，加 1~2mL 冷水洗涤，然后重新抽干，如此重复 1~2 次。最后将结晶转移到表面皿上，摊开，在红外灯下烘干，测定熔点，并与粗品的熔点作比较。称重，计算回收率。

产量为 1.2~1.6g，收率为 70%~80%，粗品熔点 112~118℃，产品熔点 121~122℃（文献值 122.4℃）。

思考题

1. 重结晶的原理是什么？重结晶提纯法的一般过程如何？
2. 重结晶时，溶剂的用量为什么不能过量太多，也不能过少？正确的用量应该如何控制？
3. 重结晶时，如果溶液冷却后不析出晶体怎么办？

[学习指导]

实验操作要点及注意事项

1. 制备饱和溶液时，至固体完全溶解后，再多加 20% 左右的溶剂，这样可避免热过滤时，由于溶剂挥发和温度降低在漏斗上或漏斗颈中析出晶体造成损失；切不可再多加溶剂，否则溶液太稀，冷却后析不出晶体。
2. 热滤时，漏斗上可盖上表面皿，减少溶剂的挥发，盛溶液的器皿一般用锥形瓶（只有水溶液才可收集在烧杯中）。
3. 冷却析出晶体时，静置滤液，使其缓慢冷却，不能急冷和剧烈搅动，以免晶体过细；若溶液冷却后仍不结晶，可投晶种或用玻璃棒摩擦器壁，以引发晶体形成。
4. 抽滤后，应用饱和母液荡洗烧杯两次，使烧杯中残留的晶体转移完全。

5. 洗涤滤饼时，用少量溶剂均匀洒在滤饼上，并用玻璃棒轻轻翻动晶体，使全部晶体刚好被溶剂浸润（注意不要使滤纸松动），然后打开水泵，抽去溶剂，并重复两次。

实验知识拓展

苯甲酸及其钠盐可用作乳胶、牙膏、果酱或其他食品的抑菌剂，也可作染色和印色的媒染剂，也可以用作制药和染料的中间体，用于制取增塑剂和香料等，也作为钢铁设备的防锈剂。

实验 2-11 有机物熔点与沸点的测定

实验目的

1. 理解熔点、沸点测定的原理和意义。
2. 掌握测定熔点、沸点的操作技术。

实验原理

1. 熔点的测定

化合物的熔点是指在常压下该物质的固-液两相达到平衡时的温度。纯净的固体有机化合物一般都有固定的熔点。在一定的外压下，固液两态之间的变化是非常敏锐的，自初熔至全熔（称为熔程）温度不超过 0.5~1℃。若混有杂质则熔点有明确变化，不但熔距扩大，而且熔点也往往下降。因此，熔点是晶体化合物纯度的重要指标。有机化合物熔点一般不超过 350℃，较易测定，故可借测定熔点来鉴别未知有机物和判断有机物的纯度。

2. 沸点的测定

液体的分子由于分子运动有从表面逸出的倾向，这种倾向随着温度的升高而增大，进而在液面上部形成蒸气。当分子由液体逸出的速度与分子由蒸气中回到液体中的速度相等时，液面上的蒸气达到饱和，称为饱和蒸气。它对液面所施加的压力称为饱和蒸气压。实验证明，液体的蒸气压只与温度有关。即液体在一定温度下具有一定的蒸气压。

当液体的蒸气压增大到与外界施于液面的总压力（通常是大气压力）相等时，就有大量气泡从液体内部逸出，即液体沸腾。这时的温度称为液体的沸点。

通常所说的沸点是指在 101.3kPa 下液体沸腾时的温度。在一定外压下，纯液体有机化合物都有一定的沸点，而且沸距也很小（0.5~1℃）。所以测定沸点是鉴定有机化合物和判断物质纯度的依据之一。测定沸点常用的方法有常量法（蒸馏法）和微量法（沸点管法）两种。测定熔点与沸点有各种形式的加热装置，但实验室最常用的是提勒管，又称 b 形管（见图 2-59）。

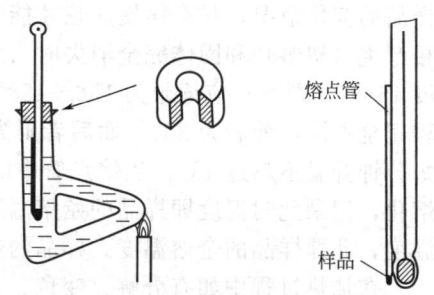

图 2-59 提勒管测定熔点实验装置

仪器与药品

提勒管（b 形管）、毛细管、开口软木塞、指形管。

苯甲酸、氯仿、石蜡油。

实验装置

提勒管法测定熔点、沸点的实验装置见图 2-59。管口装有开口软木塞或橡胶塞（必须有开口与大气相通，否则会造成爆炸事故），温度计插入其中，刻度应面向胶塞开口处，水银球位于 b 形管上下两叉管口中间。b 形管内装入浴液（加热液体），液面至上叉管处即可，在图示的侧管部位用小火加热,这种装置测定熔点、沸点的好处是,受热时浴液以对流方式传至管内各部分,因此不需要任何搅拌,就能使浴液温度均匀上升。但常因温度计的位置和加热部位的变化而影响测定的准确度。

沸点的测定除了采用提勒管法外,还可以采用如图 2-60 所示的装置来测定。

实验内容及基本操作

1. 熔点的测定

(1) 样品的填装　将 0.1~0.2g 待测的干燥样品置于干净的表面皿上,研成细的粉末,并集成小堆。将熔点管开口端向下反复插入粉末中几次。取一根长 30~40cm 的干净玻璃管,垂直于另一表面皿上,将熔点管开口端朝上。从玻璃管上端自由落下,上下弹跳几次,使晶体振落于熔点管底部。如此重复数次,能使样品填装紧密。样品高度为 2~

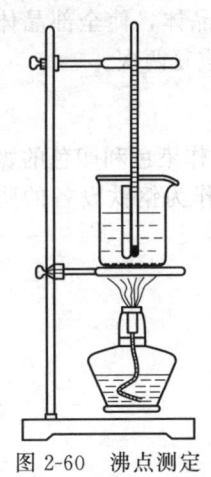

图 2-60　沸点测定实验装置

3mm。装入样品如有空隙,将导致传热不均匀,影响测定结果。黏附于管外的粉末必须拭去,以免污染浴液。

(2) 装置　将 b 形管垂直夹于铁台上,倒入石蜡油作为浴液,其用量以略高于 b 形管的上侧管为宜。将装有样品的熔点管用橡皮圈固定于温度计的下端,使熔点管装样品的部分位于水银球的中部。然后将此带有熔点管的温度计,通过有缺口的软木塞小心插入 b 形管中,使之与管同轴,并使温度计的水银球位于 b 形管两支管的中间。

(3) 测定　粗测:慢慢加热 b 形管的支管连接处,使温度每分钟上升约 5℃。观察并记录样品开始熔化时的温度,此为样品的粗测熔点,作为精测的参考。

精测:待浴液温度下降到 30℃ 左右时,将温度计取出,换另一根熔点管,进行精测。开始升温可稍快,到与熔点差约 15℃ 时,调整火焰使每分钟上升 1~2℃,越接近熔点,升温速度越要缓慢。掌握升温速度是准确测定熔点的关键,这样一方面是为了保证有充分的时间让热量由熔点管外传至管内,使样品熔化;另一方面因操作者不能同时观察温度计读数和样品的变化情况,只有缓慢加热才能使此误差减小。记录熔点时要记下样品开始塌落并有液相产生(初熔)和固体完全消失时(全熔)的温度计读数。例如,初熔温度 156℃,全熔温度 158℃,则熔点应记录为 156~158℃,而不是它们的平均值 157℃,因为这样所表示的熔程完全不同,前者为 2℃,而后者则为 0℃。当温度升至离粗测熔点约 10℃ 时,控制火焰使每分钟升温不超过 1℃。当熔点管中的样品开始塌落,湿润,出现小液滴时,表明样品开始熔化,记录此时温度即样品的始熔温度。继续加热,至固体全部消失变为透明液体时再记录温度,此即样品的全熔温度。样品的熔点表示为:$t_{始熔} \sim t_{全熔}$。

在加热过程中如有分解、变色、萎缩或升华等现象也应如实记录。容易分解的样品在低于熔点时就会分解变色,分解的产物作为杂质使样品熔点下降,下降情况与加热的快慢或所含的分解物多少有关。如硫脲快速加热时,分解物少,熔点为 180℃。反之,熔点可下降至 167~172℃。有的样品在熔化时伴随着分解变色或发泡,这时的熔点也称为分解点。如丙二酸的熔点为 135℃ (分解),表示该物质在 135℃ 熔化,同时也发生分解 (也可能不熔化而直接分解)。许多样品在熔化前瞬间会发生软化或萎缩,这并不代表分解,而是晶体结构的一种改变。有的样品加热时有液体凝结在熔点管壁,可能是放出结晶溶剂的缘故,不要误认为是初熔。有的样品蒸气压较高,在熔化时或熔化前发生升华,则可把样品放在两端封闭的熔点管内,并全部浸入浴内测定,因为压力对熔点的测定影响不大。

b 形管内的石蜡油要冷却到用手可以触摸时才能倒入回收瓶中,温度计应冷却后用纸擦去石蜡油方可用水冲洗,以免水银球破裂。

2. 沸点的测定

沸点测定分常量法和微量法两种。

常量法的装置与蒸馏操作相同；微量法测定沸点其装置见图2-60，测定沸点时的注意事项如下。

① 沸点管的制备：沸点管由外管和内管组成，外管用长7～8cm、内径0.2～0.3cm的玻璃管将一端烧熔封口制得，内管用市购的毛细管截取3～4cm，封其一端而成。测量时将内管开口向下插入外管中。

② 沸点的测定：取1～2滴待测样品滴入沸点管的外管中，将内管插入外管中，然后用小橡皮圈把沸点附于温度计旁，再把该温度计的水银球位于b形管两支管中间或将其置于烧杯中，然后加热。加热时由于气体膨胀，内管中会有小气泡缓缓逸出，当温度升到比沸点稍高时，管内会有一连串的小气泡快速逸出。这时停止加热，使溶液自行冷却，气泡逸出的速度即渐渐减慢。在最后一气泡不再冒出并要缩回内管的瞬间记录温度，此时的温度即为该液体的沸点，待温度下降15～20℃后，可重新加热再测一次（两次所测得温度数值不得相差1℃）。

按上述方法进行$CHCl_3$沸点的测定。

思考题

1. 是否可以使用第一次测过熔点时已经熔化的有机化合物再作第二次熔点测定呢？为什么？

2. 什么叫沸点？液体的沸点和大气压有什么关系？文献里记载的某物质的沸点是否即为实验中的沸点温度？

3. 用微量法测沸点，把最后一个气泡刚欲缩回至内管的瞬间的温度作为该化合物的沸点，为什么？

[学习指导]

实验操作要点及注意事项

1. 熔点管必须洁净。如含有灰尘等，能产生4～10℃的误差。
2. 测熔点时，样品粉碎要细，填装要实，否则产生空隙，不易传热，造成熔程变大。
3. 测熔点时，样品的填装必须紧密结实，高度为2～3mm。
4. 样品不干燥或含有杂质，会使熔点偏低，熔程变大。
5. 样品量太少不便观察，而且熔点偏低；太多会造成熔程变大，熔点偏高。
6. 升温速度应慢，让热传导有充分的时间。升温速度过快，熔点偏高。
7. 熔点管壁太厚，热传导时间长，会产生熔点偏高。
8. 沸点测定时，用酒精灯加热，加热不能太快，被测液体不宜太少，以防液体全部汽化，待有气泡连续生成时，应立即停止加热。

实验知识拓展

纯物质的熔点可以从蒸气压与温度的变化曲线（见图2-61）来理解。固态蒸气压-温度曲线SM的变化速率比相应的液态蒸气压-温度曲线ML的变化速率大，因而两曲线相交在M点，这时的温度T即为该物质的熔点。只有在此温度时，固液两相的蒸气压才相等，固液两相才达到平衡，这就是纯晶体物质有固定熔点的原因。当温度稍超过，即使有很小的变化时，只要有足够的时间，固体就可以全部转变为液体。因此，为了精确测定熔点，在接近熔点时加热速度一定要缓慢，这样才能使熔化过程尽可能接近于两相平衡的条件。

若化合物含有杂质，并假定两者不生成固溶体，则根据拉乌尔定律，在一定压力和温度下，在溶剂中增加溶质的量，将导致溶剂蒸气分压的降低，所以出现新的液态曲线M_1L_1，

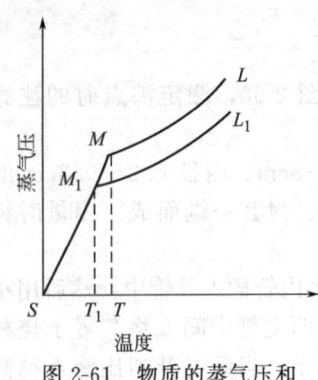

图 2-61 物质的蒸气压和温度的关系

在 M_1 点建立新的平衡,相应的温度为 T_1,即发生熔点下降。应当指出,如有杂质存在,熔化过程中固相和液相平衡时的相对量在不断改变,因此两相平衡时不是一个温度点 T_1,而是从最低共熔点(与杂质能共同结晶成共熔混合物,其熔化的温度称为最低共熔点)到 T_1 一段。这说明杂质的存在不但使初熔温度降低,而且还会使熔程变长,所以在测定熔点时一定要记录初熔和全熔的温度。

在鉴定某未知物时,如测得其熔点和某已知物的熔点相同或相近时,不能认为它们为同一物质。还需把它们混合,测该混合物的熔点,若熔点仍不变,才能认为它们为同一物质。若混合物熔点降低,熔程增大,则说明它们属于不同的物质。故此种混合熔点试验,是检验两种熔点相同或相近的有机物是否为同一物质的最简便方法。

实验 2-12 萃 取

实验目的
1. 理解萃取的原理和意义。
2. 掌握萃取的操作技术。

实验原理
萃取是利用物质在两种不互溶(或微溶)溶剂中溶解度或分配比的不同来达到分离、提取或纯化目的的一种操作。萃取是有机化学实验中用来提取或纯化有机化合物的常用方法之一。应用萃取可以从固体或液体混合物中提取出所需的物质,也可以用来洗去混合物中少量杂质。通常称前者为"抽取"或萃取,后者为"洗涤"。

萃取溶剂的选择,应根据被萃取化合物的溶解度而定,同时要易于和溶质分开,所以最好用低沸点溶剂。一般难溶于水的物质用石油醚等萃取;较易溶者,用苯或乙醚萃取;易溶于水的物质用乙酸乙酯等萃取。

实验装置和基本操作
液体萃取(见图 2-62)最通常的仪器是分液漏斗,一般选择容积较被萃取液大 1~2 倍的分液漏斗。每次使用萃取溶剂的体积一般是被萃取液体的 1/5~1/3,两者的总体积不应超过分液漏斗总体积的 2/3。

实验操作
在活塞上涂好润滑脂,塞后旋转数圈,使润滑脂均匀分布,再用小橡皮圈套住活塞尾部的小槽,防止活塞滑脱。关好活塞,装入待萃取物和萃取溶剂。塞好塞子,旋紧。先用右手食指末节将漏斗上端玻塞顶住,再用大拇指及食指和中指握住漏斗,用左手的食指和中指蜷握在活塞的柄上,上下轻轻振摇分液漏斗,使两相之间充分接触,以提高萃取效率。每振摇几次后,就要将漏斗尾部向上倾斜(朝无人处),打开活塞放气,以解除漏斗中的压力。如此重复至放气时只有很小压力后,再剧烈振摇 2~3min,静置,待两相完全分开后,打开上面的玻塞,再将活塞缓缓旋开,下层液体自活塞放出,有时在两相间可能出现一些絮状物也应同时放去。然后将上层液体从分液漏斗上口倒出,但不可也从活塞放出,以免被残留在漏斗颈上的另一种液体所沾污。

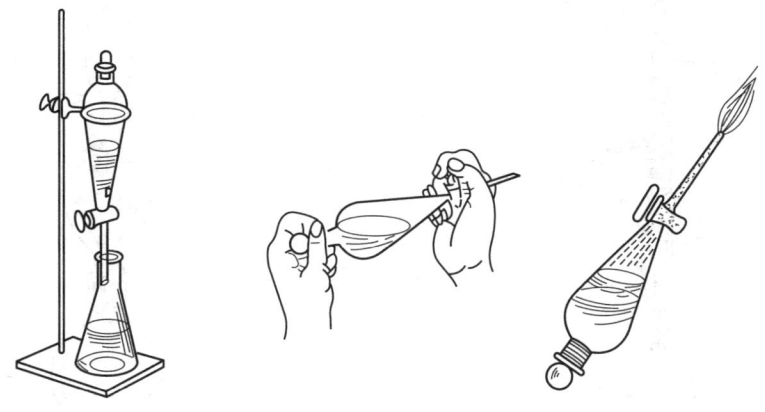

图 2-62 萃取

仪器与药品

分液漏斗、移液管、量筒、碱式滴定管。

乙醚、醋酸、$0.2\,mol\cdot L^{-1}$ 标准氢氧化钠、酚酞指示剂。

实验内容

1. 液-液萃取

本实验以乙醚从醋酸水溶液中萃取醋酸为例来说明液-液萃取。

（1）一次萃取法

① 用移液管准确量取 10mL 冰醋酸与水的混合液放入分液漏斗中，用 30mL 乙醚萃取。

② 用右手食指将漏斗上端玻塞顶住，用大拇指及食指中指握住漏斗，转动左手的食指和中指蜷握在活塞柄上，振荡过程中，玻塞和活塞均夹紧，上下轻轻振荡分液漏斗，每隔几秒针放气。

③ 将分液漏斗置于铁圈，当溶液分成两层后，小心旋开活塞，放出下层水溶液于 50mL 锥形瓶内。

（2）多次萃取法

① 准确量取 10mL 冰乙酸与水的混合液于分液漏斗中，用 10mL 乙醚如上法萃取，分去乙醚溶液。

② 将水溶液再用 10mL 乙醚萃取，分出乙醚溶液。

③ 将第二次剩余水溶液再用 10mL 乙醚萃取，如此共 3 次。

比较萃取效果（可用 $0.2\,mol\cdot L^{-1}$ 氢氧化钠标准溶液滴定水层中的酸量）。

2. 液-固萃取

使用分液漏斗从固体物质中提取物质时，时间长，效率低，萃取剂用量大。所以实验室多使用如图 2-63 所示的脂肪提取器（Soxhlet 提取器），而不使用分液漏斗。

将研细的固体放入滤纸筒（用滤纸卷成的圆柱，其直径稍小于提取筒的内径，一端用线扎紧）中，轻轻压实，再盖上一滤纸片。蒸馏烧瓶中加入适量萃取剂，装成如图 2-63 所示的装置后开始加热。萃取剂沸腾后，其蒸汽由侧管 3 进入冷凝管，再回流至脂肪提取器 2 中与固体物质充分接触、萃取。当滤纸筒 1 中萃取剂的液面超过虹吸管 4 的上端口时，萃取混合液自动流入蒸馏烧瓶中。如此循环，直至物质大部分提出后为止，一般需要数小时才能完成。被萃取的物质与萃取剂一起存于蒸馏烧瓶中，然后再用适当的方法分离。

如果样品量少，可用简易半微量提取器（见图 2-64），把被提取固体放于折叠滤纸中，操作方便，效果也好。

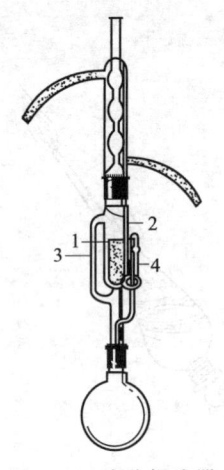
图 2-63 脂肪提取器

图 2-64 简易半微量提取器

思考题
1. 萃取的原则是什么？
2. 使用分液漏斗时应注意什么？
3. 如何判断哪一层是有机物？哪一层是水层？

[学习指导]

实验操作要点及注意事项
1. 如果振摇力度过大，则少数物质容易产生乳化现象，静置时难以分层。这时可以延长静置时间或加入一定量的电解质（如 NaCl），利用盐析效应来破坏乳化。另外，振摇时间太短，则影响萃取率。
2. 注意分析上下两层的组分。本实验中由于乙醚的密度较水小，故下层为水层。萃取操作中如果不注意，经常容易将有用的液层丢弃。
3. 不能将醚层放入锥形瓶内，也不能将水层留于分液漏斗中。放出下层液体时，控制流速不要太快。在水层放出后，须等待片刻，观察是否还有水层出现。如果有，应该将此水层再放入锥形瓶内。
4. 分液漏斗使用后，应用水冲洗干净，玻璃塞和活塞用薄纸包裹后塞回去。

实验知识拓展
超临界流体萃取技术是利用超临界流体的溶解能力与其密度的关系，即利用压力和温度对超临界流体溶解能力的影响而进行的。在超临界状态下，将超临界流体与待分离的物质接触，使其有选择性地依次把极性大小、沸点高低和相对分子质量大小不同的成分萃取出来。

实验 2-13 液态有机化合物折射率的测定

实验目的
1. 学习有机化合物折射率的原理。
2. 了解测定折射率测定的意义。
3. 掌握有机化合物折射率测定的方法。

实验原理
由于光在不同介质中的传播速度是不相同的，所以光线从一个介质进入另一个介质时，当它的传播方向与两个介质的界面不垂直时，则在界面处的传播方向发生改变。这种现象称为光的折射现象（见图 2-65）。

光线在空气中的速度（$v_空$）与它在液体中的速度（$v_液$）之比定义为该液体的折射率（n）：

$$n = v_空 / v_液$$

根据折射定律，波长一定的单色光，在确定的外界条件下，从一个介质进入另一个介质时，入射角 α 的正弦与折射角的正弦之比和这两个介质的折射率成反比，若介质为真空，则其折射率为 1，于是：

$$n = \sin\alpha / \sin\beta$$

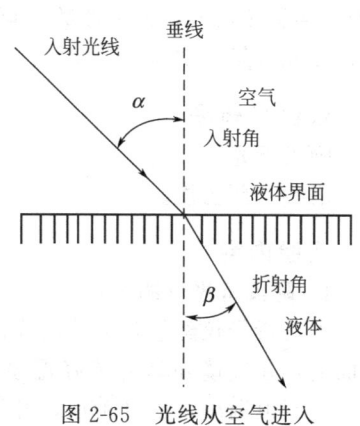

图 2-65　光线从空气进入液体时向垂线偏折

由此可见，一个介质的折射率，就是光线从真空进入这个介质时的入射角的正弦与折射角的正弦之比，这种折射率称为该介质的绝对折射率。通常是以空气作为标准的。折射率是化合物的特性常数，固体、液体和气体都有折射率，尤其是液体，记载更为普遍。不仅作为化合物纯度的标志，也可用来鉴定未知物。如分馏时，配合沸点，作为划分馏分的依据。化合物的折射率随入射光线波长不同而变，也随测定时温度不同而变，通常温度升高 1℃，液态化合物折射率降低 $(3.5 \sim 5.5) \times 10^{-4}$，所以，折射率（$n$）的表示需要注出所用光线波长和测定的温度，常用 n_D^t 来表示，其中 D 表示钠光。

测定液态化合物折射率的仪器常使用阿贝（Abbe）折光仪。

阿贝折光仪的主要组成部分是两块直角棱镜，上面一块是光滑的，下面的表面是磨砂的，可以开启。阿贝折光仪的构造见图 2-66，左面有一个镜筒和刻度盘，上面刻有 1.3000～1.7000 的格子；右面也有一个镜筒，是测量望远镜，用来观察折光情况，筒内装消色散镜（为使用方便，阿贝折光仪光源采用日光而不用单色光。日光通过棱镜时由于其不同波长的光的折射率不同，因而产生色散，使临界线模糊。为此在测量望远镜的镜筒下面设计了一套消色散棱镜，旋转消色散手柄，就可以使色散现象消除）。光线由反射镜反射入下面的棱镜，以不同入射角射入两个棱镜之间的液层，然后再到上面的棱镜的光滑表面上，由于它的折射率很高，一部分光线可以再经折射进入空气而达到测量望远镜 1，另一部分光线则发生全反射。调节螺旋以使测量望远镜中的视野如图 2-67 所示，即使明暗面的界线恰好落在

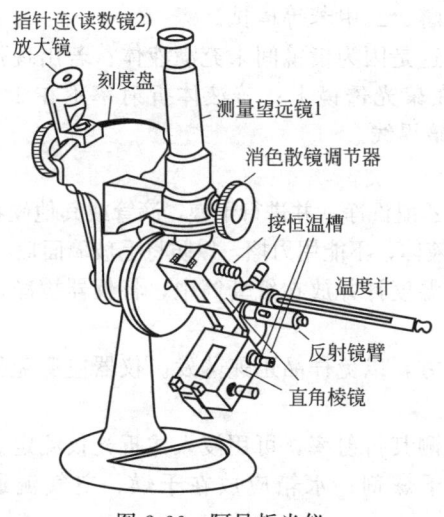

图 2-66　阿贝折光仪

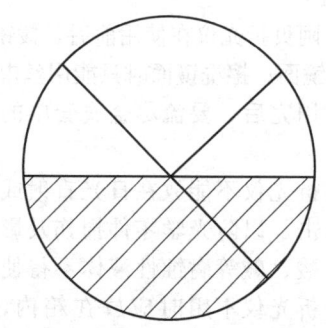

图 2-67　在临界角时目镜视野图

"十"字交叉点上，记下读数，再让明暗界线由上到下移动，直至如图 2-67 所示，记下读数，如此重复 3 次。

仪器与药品

阿贝折光仪。

丙酮、环己烷。

实验内容

1. 阿贝折光仪的校正

阿贝折光仪经校正后才能作测定用，校正的方法是：从仪器盒中取出仪器，置于洁净的台面上，在棱镜外套上装好温度计，用超级恒温水浴相连，通入恒温水，一般为 20℃ 或 25℃。当恒温后，松开锁钮，开启下面棱镜，使其镜面处于水平位置，滴 1~2 滴丙酮于镜面上，合上棱镜，促使难挥发的污物溢走，再打开棱镜，用丝巾或擦镜纸轻轻揩拭镜面。但不能用滤纸！待镜面干后，进行校正标尺刻度。操作时严禁油手或汗手触及光学零件。

（1）用重蒸馏水校正。打开棱镜，滴 1~2 滴重蒸馏水于镜面上，关紧棱镜，转动左面刻度盘，使读数镜内标尺读数等于重蒸馏水的折射率（$n_D^{20}=1.33299$, $n_D^{20}=1.3325$），调节反射镜，使入射光进入棱镜组，从测量望远镜中观察，使视场最亮，调节测量镜，使视场最清晰。转动消色散镜调节器，消除色散，再用一特制的小螺丝刀旋动右面镜筒下方的方形螺旋，使明暗界线和"十"字交叉重合，校正工作就告结束。

（2）用标准折光玻璃块校正，将棱镜安全打开使成水平，用少许 1-溴代萘（$n=1.66$）置光滑棱镜上，玻璃块就黏附于镜面上，使玻璃块直接对准反射镜，然后按上述手续进行。

2. 测定

① 棱镜用丙酮或乙醚洗净后。滴加 1~2 滴样液于进光棱镜磨砂面上，迅速闭合两块棱镜，调节反光镜，使镜筒内视野最亮。

② 由目镜观察，转动棱镜旋钮，使视野出现明暗两部分。

③ 旋转色散补偿器旋钮，使视野中只有黑白两色。

④ 转动左面刻度盘，使明暗分界线对准"十"字交叉点上，并读折射率，重复 2~3 次。

⑤ 测定样液温度。

⑥ 打开棱镜，用水、乙醇或乙醚擦净棱镜表面及其他各部件。在测定水溶性样品后，用脱脂棉吸水洗净，若为油类样品，需用乙醇或乙醚、二甲苯等擦拭。

如果在目镜中看不到半明半暗，而是畸形的，这是因为棱镜间未充满液体；若出现弧形光环，则可能是有光线未经过棱镜面而直接照射在聚光透镜上；若液体折射率不在 1.3~1.7 范围内，则阿贝折光仪不能测定，也调不到明暗界线。

3. 维护

（1）阿贝折光仪在使用前后，棱镜均需用丙酮或乙醚洗净，并进行干燥，滴管或其他硬物均不得接触镜面；擦洗镜面时只能用丝巾或擦镜纸吸干液体，不能用力擦，以防将毛玻璃面擦花。

（2）用完后，要流尽金属套中的恒温水，拆下温度计并放在纸套筒中，将仪器擦净，放入盒中。

（3）折光仪不能放在日光直射或靠近热源的地方，以免样品迅速蒸发。仪器应避免强烈振动或撞击，以防光学零件损伤及影响精度。

（4）酸、碱等腐蚀性液体不得使用阿贝折光仪测其折射率，可用浸入式折光仪测定。

（5）折光仪不用时应放在箱内，箱内需放入干燥剂；水箱应放在干燥、空气流通的室内。

思考题

1. 影响折射率数值的因素有哪些？
2. 折射率相同的两种有机物是同一种物质吗？
3. 滴加样品量过少将会产生什么后果？

[学习指导]

实验操作要点及注意事项

1. 要特别注意保护棱镜镜面，滴加液体时防止滴管口划伤镜面。
2. 每次擦拭镜面时，只许用擦镜纸轻擦，测试完毕，也要用丙酮洗净镜面，待干燥后才能合拢棱镜。
3. 两次测定结果误差过大时，整个仪器应重新校正。
4. 测量完毕，拆下连接恒温槽的胶皮管，棱镜夹套内的水要排尽。
5. 若无恒温槽，所得数据要加以修正，通常温度升高 1℃，液态化合物折射率降低 $(3.5 \sim 5.5) \times 10^{-4}$。

实验知识拓展

油脂的折射率随着脂肪酸的组成而改变。脂肪酸的链长增加，不饱和度增加，折射率也增加，因此当油脂进行氢化反应时，可以利用测定折射率值，了解氢化反应（饱和度增加，折射率减少）进行的状态。

实验 2-14 薄层色谱法

实验目的

1. 了解薄层色谱法分离提纯有机化合物的基本原理和应用。
2. 了解薄层色谱的操作技术。

实验原理

薄层色谱（thin layer chromatography，TLC）又称薄层层析，属于固-液吸附色谱。是近年来发展起来的一种微量、快速而简单的色谱法，它兼备了柱色谱和纸色谱的优点。一方面适用于少量样品（几到几十微克，甚至 $0.01\mu g$）的分离；另一方面若在制作薄层板时，把吸附层加厚，将样品点成一条线，则可分离多达 500mg 的样品。因此又可用来精制样品，故此法特别适用于挥发性较小或在较高温度易发生变化而不能用气相色谱分析的物质。此外，在进行化学反应时，常利用薄层色谱观察原料斑点的逐步消失来判断反应是否完成。

薄层色谱是在被洗涤干净的玻璃板（10cm×3cm）上均匀地涂一层吸附剂或支持剂，待干燥、活化后将样品溶液用管口平整的毛细管滴加于离薄层板一端约 1cm 处的起点线上，晾干或吹干后置薄层板于盛有展开剂的展开槽内，浸入深度为 0.5cm。待展开剂前沿离顶端约 1cm 附近时，将色谱板取出，干燥后喷以显色剂，或在紫外灯下显色。记下原点至主斑点中心及展开剂前沿的距离，计算比移值（R_f）（通常用比移值 R_f 表示物质移动的距离）。

$$R_f = \frac{溶质最高浓度中心至原点中心的距离}{溶剂前沿至原点中心的距离}$$

各种物质的 R_f 随要分离化合物的结构、溶剂、温度等不同而异。但在上述条件固定的情况下，R_f 对每一种化合物来说是一个特定数值。所以薄层色谱是一种简便的微量分析方法，它可以用来鉴定不同的化合物，还用于物质的分离及定量测定。

仪器与药品

玻片、毛细管、紫外线分析仪、有盖的广口瓶。

硅胶、0.5％羧甲基纤维素钠水溶液、碘、苯、环己烷、蒽、芴酮、香草醛、混合样品、未知物（蒽、芴酮、香草醛中的一种）。

实验内容

1. 薄层板的制备

（1）洗涤载玻片：取 7.5cm×2.5cm 载玻片 4 块，用去污粉擦洗，再用水淋洗，最后浸入无水乙醇中，取出晾干。取用时手指只可接触载玻片的边缘，不能接触载玻片两面。

（2）铺层：在 50mL 烧杯中，放入约 3g 硅胶，加入 0.5％羧甲基纤维素钠水溶液 8mL，调成糊状。用牛角匙将此糊状物倾倒于上述玻璃片上，用食指和拇指拿住玻璃片，做前后、左右振摇摆动，使流动的糊状物均匀地铺在载玻片上。将已涂好硅胶的薄层板放置在水平的长玻璃片上，室温放置 0.5h 后，移入烘箱，缓慢升温至 110℃，恒温 0.5h。取出稍冷放入干燥器中备用。或提早三天涂好硅胶板，让其自然晾干。

2. 点样

用内径小于 1mm 的毛细管取样品溶液，在距离薄层板底端 8～10mm 处，垂直地轻轻接触薄层板，斑点直径要小于 2mm，一块薄层板可点 2 个样品，注意保持一定的距离，但斑点不能太靠边。

3. 展开

取一有盖的广口瓶作色谱器，加入展开剂（本实验用苯和环己烷），展开剂高度不要超过 5mm，以免淹没斑点，然后将已点好样品的薄层板放入色谱器中，盖紧，等展开剂上升到接近薄层板上沿时，打开盖子，迅速用铅笔或小针在前沿作一记号取出，晾干。

4. 显色

先用肉眼观察有无可见的斑点，然后放在紫外线分析仪下观察荧光斑点，并用小针轻轻勾划斑点的轮廓，最后放入盛有碘片的瓶中进行显色。

5. 未知物的鉴定

未知物是本实验样品 A、B、C 三者中之一，试设计一薄层色谱分析法鉴定之。

注释： 1. 自备一把直尺。

2. 本实验提供样品 A（蒽）、样品 B（芴酮）、样品 C（香草醛）和 A、B、C 混合样品，还有未知物 W。

A　　　　　　B　　　　　　C

思考题

1. 在一定的操作条件下为什么可利用 R_f 值来鉴定化合物？
2. 薄层色谱法点样应注意些什么？
3. 展开剂的高度若超过了点样线，对薄层色谱有何影响？

[学习指导]

实验操作要点及注意事项

1. 载玻片上涂层要均匀，既不应有纹路、带团粒，也不应有能看到玻璃的薄涂料点。

2. 薄层色谱展开剂的选择原则和柱色谱相同，主要根据样品的极性、溶解度和吸附剂的活性等因素来综合考虑。溶剂的极性越大，则对化合物的洗脱力越大，即 R_f 值也越大。如发现样品各组分的 R_f 值较大，可考虑换用一种极性较小的溶剂，或在原来的溶剂中加入适量极性较小的溶剂去展开，如原用氯仿为展开剂，则可加入适量的苯。相反，如原用展开剂使样品各组分的 R_f 值较小，则可加入极性较大的溶剂，如氯仿中加入适量的乙醇试行展开，以达到分离的目的。

实验知识拓展——柱色谱

柱色谱是化合物在液相和固相之间的分配，属于固-液吸附色谱。柱内装有"活性"固体（固定相），如氧化铝或硅胶等。液体样品从柱顶加入，流经吸附柱时，即被吸附在柱的上端，然后从柱顶加入洗脱溶剂冲洗，由于固定相对各组分吸附能力不同，以不同速度沿柱下移，形成若干色带。再用溶剂洗脱，吸附能力最弱的组分随溶剂首先流出，分别收集各组分，再逐个鉴定。各组分是有色物质，则在柱上可以直接看到色带；若是无色物质，可用紫外线照射，有些物质呈现荧光，以利检查。

1. 固定相选择

柱色谱使用的固定相材料又称吸附剂。

吸附剂对有机物的吸附作用有多种形式。以氧化铝作为固定相时，非极性或弱极性有机物只有范德华力与固定相作用，吸附较弱；极性有机物同固定相之间可能有偶极力或氢键作用，有时还有成盐作用。这些作用的强度依次为：成盐作用＞配位作用＞氢键作用＞偶极作用＞范德华力作用。有机物的极性越强，在氧化铝上的吸附越强。

常用吸附剂有氧化铝、硅胶、活性炭等。

色谱用的氧化铝可分酸性、中性和碱性三种。酸性氧化铝 pH 为 4~4.5，用于分离羧酸、氨基酸等酸性物质；中性氧化铝 pH 为 7.5，用于分离中性物质，应用最广；碱性氧化铝 pH 为 9~10，用于分离生物碱、胺和其他碱性化合物等。

吸附剂的活性与其含水量有关。含水量越低，活性越高。脱水的中性氧化铝称为活性氧化铝。

硅胶是中性的吸附剂，可用于分离各种有机物，是应用最为广泛的固定相材料之一。

活性炭常用于分离极性较弱或非极性有机物。

吸附剂的粒度越小，比表面越大，分离效果越明显，但流动相流过越慢，有时会产生分离带的重叠，适得其反。

2. 流动相选择

色谱分离使用的流动相又称展开剂。展开剂对于选定了固定相的色谱分离有重要的影响。

在色谱分离过程中混合物各组分在吸附剂和展开剂之间发生吸附-溶解分配，强极性展开剂对极性大的有机物溶解得多，弱极性或非极性展开剂对极性小的有机物溶解得多，随展开剂的流过，不同极性的有机物以不同的次序形成分离带。

在氧化铝柱中，选择适当极性的展开剂能使各种有机物按先弱后强的极性顺序形成分离带，流出色谱柱。

当一种溶剂不能实现很好的分离时，选择使用不同极性的溶剂分级洗脱。如一种溶剂作为展开剂只洗脱了混合物中一种化合物，对其他组分不能展开洗脱，需换一种极性更大的溶剂进行第二次洗脱。这样分次用不同的展开剂可以将各组分分离。

第3章 基本化学原理和无机物的制备

本章实验包括基本化学原理、化合物的性质及其实验研究方法、常见离子的分离及鉴定、无机物制备实验等，共选择编入12个实验。通过实验，加深学生对化学基本理论和基本概念的理解，让学生掌握研究元素及其化合物性质的基本方法，加深对元素化学的理解；学习无机物的制备原理、实验方法及技术；学会选择合理、先进的合成路线；掌握无机物的制备和性质实验的操作和方法。

每个实验项目及建议学时数为：电离平衡与缓冲溶液（3学时）；氧化还原反应与电化学（3学时）；配合物与配位平衡（3学时）；平衡原理综合设计实验（6学时）；pH法测定醋酸电离度及电离平衡常数（3学时）；化学反应速率与活化能（3学时）；化合物的性质及其实验研究方法（3学时）；未知物鉴别与未知离子混合液的分离与鉴定——设计实验（5学时）；硝酸钾的制备和提纯（3学时）；碱式碳酸铜的制备——设计实验（5学时）；由铁屑出发制备含铁化合物——综合实验（10~15学时）；以废铝为原料制备明矾——设计实验（5学时）。

3.1 基本无机化学原理

3.1.1 无机化学原理概述

化学工作者在研究一个化学反应时，最关心以下几个问题：①在一定条件下，一个化学反应能否进行？②如能进行，到什么程度为止？③改变条件能否改变反应的方向或提高产率（限度问题）？④反应进行的快慢（反应速率的大小问题）？⑤反应是如何进行的（反应机理怎样）？其中前三个问题属于化学反应热力学研究范畴，后两个问题是化学反应动力学的主要研究内容。

化学反应热力学基本上可分为两大部分：第一部分是从能量视角讨论化学反应热力学量变，常称为"热化学"；第二部分是化学反应平衡的规律，即化学反应在特定条件下的方向、限度及诸因素对它们的影响问题。其研究特点是只研究体系的宏观性质，不涉及物质的微观结构；只研究体系的始态和终态，不涉及物质变化的具体机理和时间。化学反应热力学的重要性不仅在于可以解释许多化学现象和事实，而且可以利用它的基本原理预测一些反应进行的可能性，推测反应进行所需要的条件。例如，汽车尾气中有害气体 NO 和 CO 能否相互作用生成无毒的 N_2 和 CO_2？人们能否找到一种更简洁的方法或更温和的实验条件，使廉价的石墨转化成价格昂贵的金刚石？这些问题都可以通过化学反应热力学原理解决。

化学反应动力学主要是研究化学反应的速率和反应的机理以及浓度（或压力）、温度、催化剂、溶剂和光照等外界因素对反应速率的影响，把热力学可能进行的反应变为具有现实性。

3.1.2 化学实验室三级试剂供储系统管理办法

本教材从绿色化学实验技术出发选取化学基本原理和元素化合物性质实验内容，在保证学习者可观察到实验现象的前提下，对实验进行微型化的设计，对实验的条件进行相应的研究和总结，选用污染性小的试剂代替原来污染较大的试剂，降低试剂溶液的浓度，减少试剂的用量，采用井穴板、点滴板、小试管操作代替普通试管操作等措施，既能达到实验目的，又能减少实验室"三废"的排放。

为方便实验教学和实现实验室的科学管理，针对化学基本原理和元素化合物性质实验中使用频率最高的60种不同种类、不同浓度的液体试剂（参见表3-1），可以在学生实验室中建立三级试剂供储系统管理方法，60种常用试剂由学生自己保管使用，既提高了学生选用试剂的自由度，增强了学生管理试剂的责任感，节约、大大减少"三废"的排放，同时也为开放实验室或开展第二课堂实验创造了良好的条件。

（1）一级储液滴管

一级储液滴管为5mL的塑料眼药水瓶（见图3-1），滴管兼作储瓶。学生每人60只，分别装入60种常用试剂。安置在每人一只的试剂架上，由学生自己保管。

（2）二级储液滴瓶

二级储液滴瓶容积为100mL，共有60只，安置在实验室的公用实验台上，与储液滴管一一对应。学生的储液滴管中试剂用完后，可自行到滴瓶中吸取补充，取液方式见图3-2。添加后注意试剂瓶归位。

（3）三级储液试剂瓶

三级储液试剂瓶（见图3-3），容积500mL，共有60只。由实验员统一管理，并负责配制储存溶液，及时补充到二级储液滴瓶中，供学生取用。

（4）固体药品

固体药品用30mL广口瓶或5mL针剂药瓶分装，每瓶配有微量药匙，分发在实验桌上供学生公用（见图3-4）。

图 3-1　一级储液滴管　　　　图 3-2　二级储液滴瓶　　　　图 3-3　三级储液试剂瓶

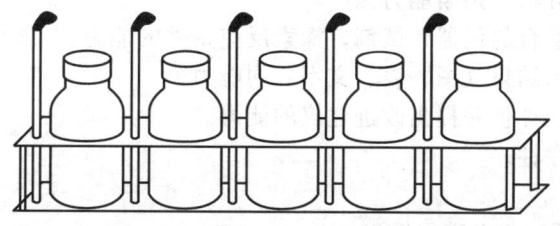

图 3-4　固体药品和微量药匙

（5）三级储液60种试剂

三级储液60种试剂的名称、浓度和排放顺序见表3-1。

表 3-1　无机化学实验60种常用试液

$FeCl_3$ $0.1mol \cdot L^{-1}$	$CoCl_2$ $0.1mol \cdot L^{-1}$	$NiSO_4$ $0.1mol \cdot L^{-1}$	$CH_3CS(NH_2)$ 5%	NH_4SCN $0.1mol \cdot L^{-1}$	NH_4F $1mol \cdot L^{-1}$
$(NH_4)_2C_2O_4$ 饱和	H_2O_2 3%	$K_3[Fe(CN)_6]$ $0.1mol \cdot L^{-1}$	$K_4[Fe(CN)_6]$ $0.1mol \cdot L^{-1}$	$CdSO_4$ $0.1mol \cdot L^{-1}$	$Hg(NO_3)_2$ $0.1mol \cdot L^{-1}$
$Cr_2(SO_4)_3$ $0.1mol \cdot L^{-1}$	K_2CrO_4 $0.1mol \cdot L^{-1}$	K_2CrO_4 $0.5mol \cdot L^{-1}$	$K_2Cr_2O_7$ $0.1mol \cdot L^{-1}$	$K_2Cr_2O_7$ $0.5mol \cdot L^{-1}$	$MnSO_4$ $0.002mol \cdot L^{-1}$
$MnSO_4$ $0.1mol \cdot L^{-1}$	$KMnO_4$ $0.01mol \cdot L^{-1}$	Na_2HPO_4 $0.1mol \cdot L^{-1}$	Na_3PO_4 $0.1mol \cdot L^{-1}$	Na_3AsO_3 $0.1mol \cdot L^{-1}$	$SbCl_3$ $0.1mol \cdot L^{-1}$

续表

Bi(NO$_3$)$_3$ 0.1mol·L^{-1}	Al$_2$(SO$_4$)$_3$ 0.1mol·L^{-1}	Pb(NO$_3$)$_2$ 0.1mol·L^{-1}	CuSO$_4$ 0.1mol·L^{-1}	AgNO$_3$ 0.1mol·L^{-1}	ZnSO$_4$ 0.1mol·L^{-1}
KClO$_3$ 0.5mol·L^{-1}	KIO$_3$ 0.1mol·L^{-1}	MgCl$_2$ 0.5mol·L^{-1}	CaCl$_2$ 0.5mol·L^{-1}	SrCl$_2$ 0.5mol·L^{-1}	BaCl$_2$ 0.1mol·L^{-1}
BaCl$_2$ 0.5mol·L^{-1}	Na$_2$SO$_4$ 0.5mol·L^{-1}	Na$_2$S$_2$O$_3$ 0.1mol·L^{-1}	NaH$_2$PO$_4$ 0.1mol·L^{-1}	NH$_3$·H$_2$O 6mol·L^{-1}	NaOH 0.1mol·L^{-1}
NaOH 1mol·L^{-1}	NaOH 2mol·L^{-1}	NaOH 6mol·L^{-1}	Na$_2$CO$_3$ 0.5mol·L^{-1}	NaCl 0.1mol·L^{-1}	KCl 0.1mol·L^{-1}
KBr 0.1mol·L^{-1}	KI 0.1mol·L^{-1}	H$_2$SO$_4$ 1mol·L^{-1}	H$_2$SO$_4$ 3mol·L^{-1}	H$_2$SO$_4$ 6mol·L^{-1}	HNO$_3$ 2mol·L^{-1}
HNO$_3$ 6mol·L^{-1}	HCl 2mol·L^{-1}	HCl 6mol·L^{-1}	HAc 2mol·L^{-1}	HAc 6mol·L^{-1}	NH$_3$·H$_2$O 2mol·L^{-1}

化学原理及元素性质实验多采用试管实验。试管实验一般都可以做微型实验。对于直接加热和制备等不便进行微型实验的，可以按常量或半微量进行实验。进行实验时，应始终贯穿绿色化和小量半微量化的原则，既满足无机化学实验的基本要求和特点，而且强调建立绿色化的理念，培养绿色化的意识。

3.1.3 学习要求

(1) 实验要求

化学原理及元素化学实验现象丰富多变，反应条件不同，温度、浓度、酸度、介质、催化剂，甚至反应物之间量的关系，反应物加入的次序都会影响实验结果，都会产生不同的现象。因此实验中常出现"异常"现象。应当注意实验中出现的每一种现象都有其原因，都要认真辨析，加以"追究"，不可轻易放过。

在实验教学中，学生应该重视整体实验能力的提高和基本实验素质的培养，正确掌握下述基本实验方法和操作技术。

① 能按照实验步骤进行实验。

② 正确的基本操作方法：熟练掌握试管实验的操作，认真观察和分析实验过程中的颜色和状态（气体、沉淀的生成或溶解等）变化，正确掌握试剂的取用和用量。

③ 实验设计能力，包括方法的选择、组合、修改。

④ 观察、测量、分析、判断能力。

⑤ 根据实验选择适合的仪器、试剂，探索反应条件的能力。

⑥ 处理数据及表示结果（图、表、文字）的能力。

⑦ 对实验结果进行评价并提出改进建议的能力。

⑧ 工作条件的有序性。

(2) 预习要求

实验前必须进行预习，内容包括：

① 认真阅读实验教材、参考教材、资料中的有关内容；

② 明确本实验的目的和内容提要；

③ 掌握本实验的预备知识和实验关键；

④ 了解本实验的内容、步骤、操作和注意事项；

⑤ 写好简明扼要的预习报告。

"性质类"实验的预习报告，应注意把握"实验资料的检索、查阅能力训练；格式设计和实验结果的记录；预测预知性、分析解决问题、研究能力的培养"三个环节。

"实验资料的检索、查阅能力训练"环节，如：实验相关的"平衡常数"等的事先查阅、整理。

"格式设计和实验结果的记录"环节，根据实验的内容和类型不同，格式设计应有所不同，该类实验属于"性质类"，宜采用简明的表格式。

实验结果（现象变化、数据记录和计算等）要及时填入记录本中预习报告内，而不是记在纸片上或教材上。

"预测预知性、分析解决问题、研究能力的培养"环节，就是要对现象变化、解释和反应方程式等事先做出理论预测，鼓励按科学的发现模式，自己设计必要的验证实验、选择合适的"对照"实验。

(3) 实验报告要求

书写实验报告是对实验现象进行分析、对实验数据进行处理、将感性认识上升为理性认识的加工过程，实验操作完成后，必须根据自己的实验记录进行归纳总结。用简明扼要的文字，条理清晰地写出实验报告。报告要求文字精练、内容确切、书写整洁，应对反应现象给予讨论，对操作中的经验教训和实验中存在的问题提出改进性建议。

实验报告以清楚、简练、整齐为总原则，提倡自行设计出最佳格式。

实验报告参考格式 1

实验名称：_____

学院：_____ 系：_____ 专业：_____ 年级：_____

姓名：_____ 学号：_____ 实验时间：_____

一、实验目的

二、实验原理

简明扼要地说明本实验所依据的测定原理和所涉及的化学理论基础，该部分应包括：本实验所依据的原理、计算公式等。

三、实验内容

要求写明各部分实验内容的简略操作步骤，简单明了，突出操作要点。

四、实验数据记录与结果处理

以表格的方式列出所测的实验数据，包括物理量的名称、单位及测量次数。并按要求对原始数据进行计算或作图处理，并将计算结果列于表中。如果是采用作图法对数据进行处理的，要用坐标纸绘出相应的图，再计算出最终结果（具体处理参阅本章实验 3-6 化学反应速率与活化能思考题 7 的内容）。

五、问题和讨论

将计算结果与理论值比较，分析产生误差的原因。总结实验收获或不足，对实验内容和方法可提出自己的看法。

六、思考题

实验报告参考格式 2

实验名称：_____

学院：_____ 系：_____ 专业：_____ 年级：_____

姓名：_____ 学号：_____ 实验时间：_____

一、实验目的

二、实验内容

例：

实验内容	实验现象	解释和反应方程式
一、H_2O_2 的氧化性		
0.5mL 0.1mol·L^{-1}KI+2 滴 3mol·L^{-1}H$_2$SO$_4$ +5 滴 3%H$_2$O$_2$+2 滴 1%淀粉溶液	溶液变为蓝色	$H_2O_2+2I^-+2H^+ \Longrightarrow I_2+2H_2O$ I_2 遇淀粉变蓝
……	……	……

三、问题与讨论
总结实验收获或不足，对实验中出现的反常现象或疑难问题提出自己的见解，对实验内容和方法可提出自己的看法。

四、思考题

3.2 无机化学原理实验

实验 3-1 电离平衡与缓冲溶液

实验目的

1. 加深对电离平衡、水解平衡、沉淀平衡和同离子效应及平衡移动的影响因素等基本原理的理解。
2. 学习缓冲溶液的配制方法并试验其性质。
3. 试验并掌握沉淀的生成、溶解和转化条件。
4. 掌握试管操作，离心机的使用，沉淀的离心分离、洗涤的基本操作，掌握酸碱指示剂和pH试纸的使用。

实验原理

1. 电离平衡和同离子效应

弱酸或弱碱溶液中存在着电离平衡，它们仅能部分解离。在已经建立平衡的弱电解质溶液中，加入与其含有相同离子的另一强电解质，而使平衡向降低弱电解质电离度方向移动的作用称为同离子效应。

2. 盐类水解

盐解离产生的离子与水作用，使水的解离平衡发生移动，从而影响溶液的酸碱性，这种作用叫做盐类的水解。强酸强碱盐在水中不发生水解。除此之外，其他各类盐在水中都会发生水解，从而使大多数的盐溶液呈酸性或碱性。有些盐水解后只能改变溶液的pH，有些则既能改变溶液的pH，又能产生沉淀或气体。盐类的水解同样也受到同离子效应的影响。

影响盐类水解程度的因素，主要是盐本身的特性，即组成盐的离子的K_a和K_b值的大小；另外与盐的浓度、温度和溶液的酸度等外界条件有关。

3. 缓冲溶液

（1）定义　在一定程度上能抵抗外加少量酸、碱或稀释，而保持溶液pH基本不变的作用称为缓冲作用。具有缓冲作用的溶液称为缓冲溶液。

（2）缓冲溶液组成及计算公式　缓冲溶液一般是由共轭酸碱对组成的，例如弱酸和弱酸盐（HAc-NaAc）、多元弱酸酸式盐及其次级盐（NaH_2PO_4-Na_2HPO_4、$NaHCO_3$-Na_2CO_3）或弱碱和弱碱盐（$NH_3·H_2O$-NH_4Cl）等都可以配制成不同pH的缓冲溶液。

缓冲溶液保持体系pH基本不变的作用称为缓冲作用，缓冲作用的原理与同离子效应有密切的关系。

弱酸及其盐溶液中[H^+]的计算公式：$pH = pK_a - \lg \dfrac{c_\text{酸}}{c_\text{盐}}$ （1）

弱碱及其盐溶液中[OH^-]的计算公式：$pOH = pK_b - \lg \dfrac{c_\text{碱}}{c_\text{盐}}$ （2）

由式(1)、式(2)可知，缓冲溶液的pH首先取决于pK_a（或pK_b），即取决于弱酸（或弱碱）的电离常数 K_a（或 K_b）的大小，其次与酸（碱）和盐的浓度比值有关。

(3) 缓冲溶液性质

① 抗酸/碱、抗稀释作用　因为缓冲溶液中具有抗酸成分和抗碱成分，所以加入少量强酸或强碱，其 pH 基本不变。缓冲溶液稀释时，酸和盐浓度的比值不变，因此适当稀释 pH 不变。

② 缓冲容量　缓冲溶液所具有的缓冲能力不是无限的，当缓冲溶液中的抗酸或抗碱成分被大量消耗以致消耗殆尽时，缓冲溶液的缓冲能力明显减弱，甚至不再具有缓冲作用。缓冲溶液缓冲能力的大小可用缓冲容量来衡量。缓冲容量的大小与缓冲组分浓度和缓冲组分的比值有关。缓冲组分浓度越大，缓冲容量越大；缓冲组分的浓度比越接近于 1，缓冲容量越大。

4. 沉淀-溶解平衡

对一般的难溶强电解质 A_nB_m 来说，若溶解反应通式为：

$$A_nB_m(s) \rightleftharpoons nA^{m+}(aq) + mB^{n-}(aq)$$

则溶度积表达式为：　　$K_{sp}(A_nB_m) = [A^{m+}]^n[B^{n-}]^m$

根据溶度积规则，在一定温度下，可以判断沉淀的生成或溶解：

当 $Q_i > K_{sp}$ 时，有沉淀析出，平衡向左移动；

当 $Q_i = K_{sp}$ 时，处于平衡状态，溶液为饱和溶液；

当 $Q_i < K_{sp}$ 时，无沉淀析出，或平衡向右移动，原来的沉淀溶解。

如果溶液中含两种或两种以上的离子都能与逐滴加入的某种离子（称为沉淀剂）反应，生成沉淀时，沉淀的先后次序决定于所需沉淀剂浓度的大小，所需沉淀剂浓度较小的离子先沉淀，较大的后沉淀，这种先后沉淀的现象叫做分步沉淀。对于同一类型的难溶电解质，可按它们的 K_{sp} 大小直接判断沉淀生成先后次序。而对于不同类型的难溶电解质，生成沉淀的先后次序需按它们所需沉淀离子浓度的大小来确定。

使一种难溶电解质转化为另一种难溶电解质，即将一种沉淀转化为另一种沉淀的过程，叫做沉淀的转化。对于同一类型的难溶电解质，一种沉淀容易转化为溶度积更小的、更难溶的另一种沉淀。

仪器与药品

常用玻璃仪器，pH 试纸，精密 pH 试纸，滤纸。

$NH_4Ac(s)$、$NaAc(s)$、$SbCl_3(s)$；$0.1 mol \cdot L^{-1}$ $NH_3 \cdot H_2O$、NH_4Cl、NH_4Ac、$NaAc$、$NaCl$、Na_2HPO_4、Na_3PO_4、$FeCl_3$、HCl、$NaOH$、$Pb(NO_3)_2$、KI、KCl、K_2CrO_4、$AgNO_3$；$6 mol \cdot L^{-1}$ HCl、$NH_3 \cdot H_2O$、HNO_3；$1 mol \cdot L^{-1}$ HAc、$NaAc$、NH_4Cl、$NaCl$、Na_2S；$0.001 mol \cdot L^{-1}$ $Pb(NO_3)_2$、KI；饱和 Na_2SO_4、饱和 $(NH_4)_2C_2O_4$；$0.5 mol \cdot L^{-1}$ $BaCl_2$、K_2CrO_4；酚酞溶液、甲基橙溶液、甲基红溶液。

实验内容

1. 电离平衡和同离子效应

用 pH 试纸、酚酞指示剂测定和检查 $0.1 mol \cdot L^{-1}$ $NH_3 \cdot H_2O$ 的 pH 及其酸碱性；再加少量固体 NH_4Ac，观察现象，简要解释之。用 HAc 代替 $0.1 mol \cdot L^{-1}$ $NH_3 \cdot H_2O$，甲基橙代替酚酞，重复上述实验。

2. 盐类水解

(1) 用精密 pH 试纸测定 $0.1 mol \cdot L^{-1}$ 下列试剂的 pH，将试验测定值与计算值填入表 3-2 中。并简要解释之。

表 3-2 盐类溶液的 pH

pH	NH_4Cl	NH_4Ac	NaAc	NaCl	Na_2HPO_4	Na_3PO_4
测定值						
计算值						

(2) 把几滴 $0.1mol \cdot L^{-1}$ $FeCl_3$ 溶液分别放在含有冷水和热水的试管中,观察溶液颜色,说明原因。

(3) 取 $SbCl_3(s)$ 少许,加约 2mL 水,振荡,有何现象?测定溶液 pH,然后逐滴加入 $6mol \cdot L^{-1}$ HCl,振荡试管,有何现象?再滴加水呢?写出方程式,并解释现象。

3. 缓冲溶液的配制和性质

(1) 按表 3-3 中试剂用量配制 5 种缓冲溶液,测定其 pH,与计算值进行比较。

表 3-3 缓冲溶液的配制及其 pH

编号	配制缓冲溶液	pH 计算值	pH 测定值
1	5mL $1mol \cdot L^{-1}$ HAc - 5mL $1mol \cdot L^{-1}$ NaAc		
2	3mL $0.1mol \cdot L^{-1}$ HAc - 3mL $0.1mol \cdot L^{-1}$ NaAc		
3	3mL $0.1mol \cdot L^{-1}$ HAc - 3mL $1mol \cdot L^{-1}$ NaAc		
4	3mL $0.1mol \cdot L^{-1}$ HAc 中加入 1 滴酚酞,滴加 $0.1mol \cdot L^{-1}$ NaOH 溶液至酚酞变红,30s 不消失,再加入 3mL $0.1mol \cdot L^{-1}$ HAc		
5	3mL $1mol \cdot L^{-1}$ $NH_3 \cdot H_2O$ - 3mL $1mol \cdot L^{-1}$ NH_4Cl		

(2) 在 3 支各盛 1 号缓冲溶液 2mL 的试管中,分别加入 1 滴 $0.1mol \cdot L^{-1}$ HCl、$0.1mol \cdot L^{-1}$ NaOH 和 1mL 蒸馏水,摇匀,分别测定溶液的 pH。

(3) 在 2 支各盛 2mL 蒸馏水的试管中,分别加入 1 滴 $0.1mol \cdot L^{-1}$ HCl 和 $0.1mol \cdot L^{-1}$ NaOH,分别测定溶液的 pH。分析(2)、(3)两组实验结果,对缓冲溶液的性质做出结论。

(4) 在盛有 1 号缓冲溶液 2mL、2 号缓冲溶液 2mL 的 2 支试管中,各加入 1 滴甲基红溶液,分别滴加 $0.1mol \cdot L^{-1}$ NaOH 至试管中溶液变色。记录各试管所滴入的 NaOH 滴数,比较试管中缓冲溶液的缓冲容量。

4. 溶度积规则应用

(1) 在试管中加 1 滴 $0.1mol \cdot L^{-1}$ $Pb(NO_3)_2$ 溶液,滴加 2 滴 $0.1mol \cdot L^{-1}$ KI 溶液,观察有无沉淀生成,保留溶液和沉淀。

(2) 用 $0.001mol \cdot L^{-1}$ $Pb(NO_3)_2$ 和 $0.001mol \cdot L^{-1}$ KI 进行实验,观察现象。

试用溶度积规则解释上述现象。

5. 同离子效应和沉淀平衡

在 PbI_2 的饱和溶液中加入 $0.1mol \cdot L^{-1}$ KI,振荡试管,观察有何现象,说明为什么[PbI_2 饱和溶液的制作:从试验内容 4(1)留下的试管中吸取上层清液于另一试管中,此溶液即为 PbI_2 饱和溶液]。

6. 沉淀的转化和分步沉淀

(1) 在离心试管中滴加 5 滴 $0.1mol \cdot L^{-1}$ $Pb(NO_3)_2$ 溶液,再加入 3 滴 $1mol \cdot L^{-1}$ NaCl,有何现象?离心分离,用 0.5mL 蒸馏水洗涤一次。在 $PbCl_2$ 沉淀中加 3 滴 $0.1mol \cdot L^{-1}$ KI 溶液,观察沉淀颜色变化。按上述操作在沉淀中先后加入 10 滴饱和 Na_2SO_4、5 滴 $0.5mol \cdot L^{-1}$ K_2CrO_4、5 滴 $1mol \cdot L^{-1}$ Na_2S 溶液,每加入一种新的溶液后,都需观察沉淀的颜色变化。用沉淀溶解平衡原理和溶度积数据解释上述沉淀依次转化的现象(PbS 沉淀保留)。

(2) 在离心试管中加入 $0.1mol \cdot L^{-1}$ KCl 和 $0.1mol \cdot L^{-1}$ K_2CrO_4 溶液各 2 滴,然后

逐滴加入 0.1mol·L^{-1} AgNO$_3$，有哪些沉淀物生成？观察沉淀的颜色和颜色变化，用溶度积规则解释试验现象（含银沉淀物回收至废银储瓶中）。

7. 沉淀的溶解

（1）取 0.5mol·L^{-1} BaCl$_2$ 和饱和（NH$_4$）$_2$C$_2$O$_4$ 溶液各 1 滴，观察白色沉淀的生成。滴加 6mol·L^{-1} HCl 有何现象？写出方程式，说明为什么。

（2）取 0.1mol·L^{-1} AgNO$_3$ 和 0.1mol·L^{-1} NaCl 各 1 滴，观察沉淀的生成，逐滴加入 6mol·L^{-1} NH$_3$·H$_2$O，有什么现象？写出方程式，解释现象（废液回收至废银储瓶中）。

（3）取试验内容 6(1) 留下的 PbS 沉淀，洗涤后，在沉淀物上加少许的 6mol·L^{-1} HNO$_3$，水浴加热，沉淀是否溶解？写出反应方程式，解释现象。

思考题

1. 酸式盐是否一定显酸性？

2. （1）0.1mol·L^{-1} HCl 10mL 和 0.2mol·L^{-1} NH$_3$·H$_2$O 10mL 混合；

  （2）0.2mol·L^{-1} HCl 10mL 和 0.1mol·L^{-1} NH$_3$·H$_2$O 10mL 混合，上述两种混合溶液是否均属缓冲溶液？为什么？

3. 实验室有 NaOH、HCl、HAc、NaAc 四种浓度相同的溶液，现要配制 pH＝4.44 的缓冲溶液，问有几种配法，写出每种配法所用的两种溶液及其体积比［已知 K_a(HAc)＝1.8×10^{-5}］。

4. 将 BiCl$_3$、FeCl$_3$ 或 SnCl$_2$ 固体溶于水中发现溶液浑浊时，能否用加热的方法使它们溶解？为什么？

5. 配制 0.1mol·L^{-1} SnCl$_2$ 溶液 50mL，应如何正确操作？

6. 用 FeCl$_3$、MgCl$_2$、NaOH 三种溶液，设计一个分步沉淀实验，并预言试验现象？

［学习指导］

实验操作要点及注意事项

1. 严格按操作步骤去做，取用试剂的体积要准确。一般地，取溶液 2mL 以上用量筒，2mL 以下用滴管。注意，使用滴管根据滴数记体积时，1mL 约 20 滴，所以 1 滴＝0.05mL。

2. 注意"滴加"和"加入"操作的区别，滴加是指每加一滴试剂后都必须摇匀、观察，然后再加下一滴试剂；"加入"是一次性加入一定量试剂。

在实验过程中若要求加入适量及过量试剂时，则要逐滴加入，即加一滴试剂，振荡试管，观察现象，然后再加一滴，重复操作，直至不再变化为止。

使用滴管时，不得倒拿（塑料滴管除外），不得在桌面上乱放，以免沾污尖嘴。滴加溶液时，试管直立，滴管尖嘴不得伸入试管内。

3. 反应时试剂用量要从三方面估算：①反应物间完全反应的物质的量的关系；②反应物的浓度；③反应物的体积。

4. 反应介质条件的选择原则：介质不参加反应，不与溶液中某种离子生成难溶物；介质酸碱性强弱的选择以易于观察反应现象为主。

5. pH 试纸的使用与数据记录

使用 pH 试纸时，应用玻璃棒蘸取溶液点试、与相对应的标准色阶比色卡进行比色。

① 广泛 pH 试纸，变色范围为 pH1～14，记录 pH 精确至±1。如与标准色阶比较时，pH 介于 4～5 之间，不能记为 4.5。

② 精密 pH 试纸，有 0.5～5.0 或 5.5～9.0 等，pH 数值间隔差为±0.5（规格不同，

间隔也不同,有±0.3或±0.2的)应记作 4.0、4.5、5.0 等,不能记作 4、4.6、5 等。

③ 检查确定气体的酸碱性时,将 pH 试纸用蒸馏水润湿,贴在玻璃片(棒)上,置于试管口 (不能与试管接触),根据 pH 试纸变色(变红还是变蓝),确定逸出的气体是酸性还是碱性,不能用来测定气体的 pH。

6. 酸碱指示剂的显色范围及颜色
甲基橙:pH<3.1 时呈红色,pH>4.4 时呈黄色。
酚酞:pH<8.0 时无色,pH>8.0 时呈红色。
甲基红:pH<4.2 时呈红色,pH>6.3 时呈黄色。

实验知识拓展

1. 泡沫灭火器原理

泡沫灭火器是实验室常用的灭火器材,使用时,把灭火器倒过来,往火场喷。由于它生成二氧化碳及泡沫,使燃烧物与空气隔绝而灭火,效果较好,适用于除电流起火外的灭火。但喷出的大量碳酸氢钠和氢氧化铝会给处理带来困难。

离子方程式: $Al^{3+} + 3HCO_3^- \rightleftharpoons Al(OH)_3\downarrow + 3CO_2\uparrow$

2. 缓冲溶液配制方法

在选择和使用缓冲溶液时,注意体系中缓冲溶液组分不能与反应体系中的物质(反应物和生成物)发生作用。药用缓冲溶液还要考虑到其本身是否有毒性等。

配制原则:①首先选择合适的缓冲对。一般可选择 pK_a 或 pK_b 与所指定的 pH 相等或相近的弱酸(弱碱)及其盐。

②适当调整酸(碱)和盐的浓度比。如果 pH 与 pK_a 不完全相等,可以按照所需 pH,利用式 (1)、式 (2) 适当调整酸(或碱)与盐的浓度比。

具体配制方法可参照附录 7B。

实验 3-2 氧化还原反应与电化学

实验目的

1. 试验并掌握电极电势与氧化还原反应方向的关系以及反应物浓度、介质的酸度对氧化还原反应的影响。
2. 定性观察并了解化学电池的电动势、氧化态或还原态浓度对电极电势的影响。
3. 学习利用微型仪器进行化学实验操作,树立环境保护意识。

实验原理

物质的氧化还原能力的大小可以根据相应电对电极电势的高低来判断。电极电势越高,电对中的氧化型物质的氧化能力越强;电极电势越低,电对中的还原型物质的还原能力越强。

298K 时,标准态下,氧化还原反应能否自发进行可以根据发生反应的两电对的标准电极电势 ($\varphi^{\ominus}$) 的大小来判断。

298K 时,非标准态下的电极电势 (φ),可由电极能斯特(Nernst)方程计算:

$$\varphi = \varphi^{\ominus} + (0.059/n)\lg([氧化型]/[还原型])$$

式中,[氧化型](或 [还原型])代表电极反应式中氧化态(或还原态)一侧所有项系数次方的乘积。

由 Nernst 方程可以看出,氧化型或还原型浓度的变化都会改变电极电势的数值。特别是有沉淀剂或配合剂存在时,能显著减少溶液中某种离子浓度时,甚至可改变反应的方向。

另外，溶液的 pH 会影响某些电对的电极电势或氧化还原反应的方向，介质的酸碱性也会影响某些氧化还原反应的产物。

注意：电极电势只可以预测反应进行的方向和程度，它并不能预示氧化还原反应速率的快慢。在氧化还原反应中，有不少反应的速率比较慢。因此，在判断氧化还原反应时，不能仅考虑其反应的可能性，还应考虑它的可行性。

仪器与药品

常用玻璃仪器，毫伏计或 pH 计，两孔恒温水浴，5mL 井穴板，滤纸条，铅笔芯，铜片，锌片，带鳄鱼夹的铜片和锌片，pH 试纸，砂纸。

$0.1mol \cdot L^{-1}$ KI、KBr、$FeCl_3$、$FeSO_4$、$NaHCO_3$、Na_2SO_3、$H_2C_2O_4$、$MnSO_4$；$0.5mol \cdot L^{-1}$ $FeCl_3$、$ZnSO_4$、$CuSO_4$、HNO_3；$1mol \cdot L^{-1}$ H_2SO_4、NH_4F；$6mol \cdot L^{-1}$ NaOH；$0.01mol \cdot L^{-1}$ $KMnO_4$；饱和 KCl；40% NaOH；浓氨水；浓硝酸；浓盐酸；CCl_4；碘水；溴水；淀粉溶液；酚酞溶液；锌粒，$NH_4F(s)$。

实验内容

1. 电极电势和氧化还原反应的方向

(1) 在试管中加入 2 滴 $0.1mol \cdot L^{-1}$ KI 和 1 滴 $0.5mol \cdot L^{-1}$ $FeCl_3$，摇匀后滴加 10 滴 CCl_4，充分振荡，观察 CCl_4 层的颜色有何变化？写出反应方程式［溶液留作 3(2) 使用］。

(2) 用 $0.1mol \cdot L^{-1}$ KBr 代替 KI 进行同样的实验，结果如何？为什么？（废液回收）

(3) 分别用碘水和溴水与 $0.1mol \cdot L^{-1}$ $FeSO_4$ 溶液作用，观察有何现象？

根据以上实验结果，定性比较 Br_2/Br^-、I_2/I^-、Fe^{3+}/Fe^{2+} 3 个电对电极电势的相对大小，并说明电极电势与氧化还原反应方向的关系。

2. 浓度对电极电势的影响

在 5mL 井穴板的相邻两个穴中，分别加入 1.5mL $0.5mol \cdot L^{-1}$ 硫酸锌和 $0.5mol \cdot L^{-1}$ 硫酸铜溶液，并分别插入锌片和铜片组成两个电极，中间以盐桥相通（盐桥的制作：取两张滤纸条折在一起，用饱和 KCl 溶液湿润，即成简易盐桥）。用导线将锌片和铜片分别与伏特计的负、正极相接，测量电池的电动势，并用电池符号表示该原电池。

在搅拌下向硫酸铜溶液中滴加浓氨水至生成的沉淀刚好完全溶解，形成深蓝色溶液。

$$Cu^{2+} + 4NH_3 = [Cu(NH_3)_4]^{2+}$$

观察原电池的电动势变化。

再在硫酸锌溶液中滴加浓氨水至生成的沉淀刚好完全溶解，原电池的电动势又如何变化？

根据以上 3 个电池的电动势的测量结果，说明配合物的形成、沉淀生成对电极电势的影响。

3. 浓度对氧化还原反应的影响

(1) 浓度对氧化还原产物的影响　在两支各盛一粒锌粒的试管中，分别滴加数滴浓硝酸和 $0.5mol \cdot L^{-1}$ HNO_3，观察所发生的现象。它们的产物有无不同？浓硝酸被还原后的主要产物可通过观察气体产物的颜色来判断。稀硝酸的还原产物可用检验是否有 NH_4^+ 来确定。（本试验完成后，锌粒洗净后统一回收。）

气室法检验 NH_4^+：将被检验溶液置于一表面皿中心，再加 1~2 滴 40% NaOH 溶液，混匀。在另一块较小的表面皿中心黏附一小块湿的酚酞试纸（或 pH 试纸），把它盖在大的表面皿上作成气室。将此气室放在水浴上微热，若酚酞试纸变红色（或 pH 试纸呈蓝绿色），则表示 NH_4^+ 存在。

(2) 浓度对氧化还原反应方向的影响　往试验内容 1(1) 留下的溶液中，加入少量的

NH₄F 固体，振荡试管，观察颜色的变化，解释原因。回收含有 CCl₄ 的废液。

4. 酸度对氧化还原反应的影响

（1）酸度对氧化还原产物的影响 在 3 支试管中，各加入 4 滴 0.1mol·L⁻¹ Na₂SO₃，分别加入 2 滴 1mol·L⁻¹ H₂SO₄、2 滴水、2 滴 6mol·L⁻¹ NaOH 溶液，然后各加 1 滴 0.01mol·L⁻¹ KMnO₄，观察产物有何不同？写出反应方程式。

（2）酸度对氧化还原反应方向的影响 在有少量 CCl₄ 试管中，加入 2 滴 0.1mol·L⁻¹ KI 和 2 滴 0.1mol·L⁻¹ FeCl₃，观察 CCl₄ 层的颜色；然后加入 0.1mol·L⁻¹ NaHCO₃ 溶液，使试管中的溶液呈碱性，观察 CCl₄ 层的颜色变化。写出反应方程式。

5. 催化剂对氧化还原反应速率的影响

取 3 支试管分别加入数滴 0.1mol·L⁻¹ 的 H₂C₂O₄ 溶液和 1mol·L⁻¹ H₂SO₄，然后往 1 号试管中滴加 1 滴 0.1mol·L⁻¹ MnSO₄ 溶液，3 号试管中加入 1 滴 1mol·L⁻¹ NH₄F 溶液。最后向 3 支试管中分别加入 1 滴 0.01mol·L⁻¹ 的 KMnO₄ 溶液，混匀溶液，观察 3 支试管中红色褪去的快慢情况。必要时可用水浴加热进行比较。

6. 电解碘化钾溶液

取一块 5ml 井穴板，按图 3-5 进行装配。在 1 号、5 号井穴中加入 4mL 0.5mol·L⁻¹ 的 CuSO₄ 溶液，在 2 号、4 号井穴中加入 4mL 0.5mol·L⁻¹ ZnSO₄ 溶液。在各穴中的溶液，组成两个铜-锌原电池，再将 1 号、4 号井穴中的两个原电池用导线连接好，使两个原电池串联起来。在 6 号井穴中加入 3mL 0.1mol·L⁻¹ 的 KI 溶液，再加入 3 滴淀粉液和 1 滴酚酞指示剂，搅拌均匀后，以两根石墨棒（可用铅笔芯代替）为电极，分别与原电池的正、负极相接，仔细观察电解池内两电极周围溶液的颜色，解释现象，并写出原电池反应和电解反应方程式。

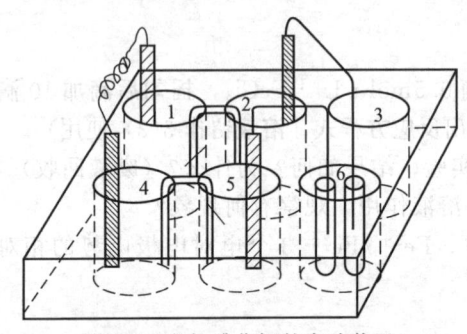

图 3-5 电解碘化钾的实验装置

7. 设计实验

自行设计实验，确定 Zn^{2+}/Zn、Pb^{2+}/Pb、Cu^{2+}/Cu 3 个电对的电极电势的相对大小。

思考题

1. 在 KI（或 KBr）与 FeCl₃ 反应溶液中为什么要加入 CCl₄？
2. 用实验事实说明酸度如何影响电极电势？在实验中应如何控制介质条件？
3. 重铬酸钾与盐酸反应能否制得氯气？与氯化钠溶液反应能否制得氯气？为什么？
4. 通过本实验归纳影响电极电势的因素。
5. 标准电池电动势小于 0.2V，甚至为负值时，反应是否就一定不能进行？
6. 电池电动势越大，反应是否进行得越快？
7. 催化剂能改变反应的速率，它能否改变反应的方向？

［学习指导］

实验操作要点及注意事项

1. 锌粒与浓 HNO₃ 的反应，应在通风橱中进行。没有作用完的锌粒，洗净后统一回收。锌与各种浓度的 HNO₃ 反应后，都可以用气室法检验有无 NH₄⁺ 的存在。注意锌与浓 HNO₃ 反应后，产物因体系中水分很少而结成块，可以加入少量蒸馏水后，再检验溶液中有无 NH₄⁺。

2. 用"气室法"检验 NH_4^+ 的基本操作

"气室法"用的水浴锅,也可用烧杯代替。实验时准备一大一小两个表面皿做"气室"用。大表面皿应选择能盖住烧杯口为宜。

将 5 滴被检液滴在较大一块表面皿的中央,再加 3 滴 40% NaOH,混匀。在另一块较小的表面皿中心黏附一小块湿的酚酞试纸(或 pH 试纸),把它盖在大的表面皿上做成气室。将此气室放在水浴上(烧杯盛沸水),加热 1~2min 微热,若酚酞试纸变红色(或 pH 试纸呈蓝绿色),则表示有 NH_4^+ 存在。

3. 在作催化剂对氧化还原反应速率的试验中,$H_2C_2O_4$ 和 $KMnO_4$ 在酸性介质中的反应为:

$$5H_2C_2O_4 + 2MnO_4^- + 6H^+ =\!=\!= 2Mn^{2+} + 10CO_2\uparrow + 8H_2O$$

此反应的电池电动势虽然较大(标准电极电势之差为多少?),但反应速率较慢。生成物 Mn^{2+} 对此反应有催化作用,因此随着反应自身产生的 Mn^{2+},反应逐渐变快。如果加入 F^-,将与反应产生的 Mn^{2+} 形成配位化合物,则反应仍旧进行得较慢。

4. 非极性的 I_2、Br_2 单质在非极性溶剂 CCl_4 中的溶解度比在极性溶剂水中大得多,I_2 在 CCl_4 中显紫红色,而 Br_2 在 CCl_4 中显棕色。

有机溶剂如苯、四氯化碳、氯仿($CHCl_3$)等,与水不相混。当它们与水混合时,明显分两层,苯比水轻,在上层;四氯化碳和氯仿比水重,在下层。卤素(非极性分子)在有机溶剂中溶解度比水中大,因此当它们被萃取到有机溶剂中显示明显的颜色,这样就使我们容易判断它们的存在。碘分子在 CS_2、CCl_4 非极性溶剂中的紫色与 I_2 蒸气分子的颜色相同,紫色是由 I_2 分子的吸收光谱造成的。而碘溶在苯、乙醇、乙醚等电子给予体溶剂中则为棕色溶液,在此溶液中碘的溶解度、溶解热、化学活性都比紫色溶液要大一些,经研究发现碘分子与这些溶剂形成了 1:1 的配合物。它们是分子化合物,在光的作用下,会引起电子由基态到激发态的跃迁,即存在其特征的荷移谱带。

实验知识拓展

1. 根据 φ 值判断氧化还原反应的完全程度

设氧化还原反应的通式如下,且假定"完全"反应时生成物浓度为反应物浓度的 100 倍,即

$$Ox_1 + Red_2 =\!=\!= Red_1 + Ox_2$$
$$10^{-3} \quad 10^{-3} \quad 10^{-1} \quad 10^{-1}$$
$$-\Delta G^\ominus = RT\ln K^\ominus = nFE^\ominus$$
$$E^\ominus = 0.059/n \lg K \approx 0.06/n \lg 10^4 = 0.24/n$$

式中,$E^\ominus$ 为反应的电池电动势;n 为得失电子数。

若达平衡时反应物浓度是生成物浓度的 100 倍,则被认为反应难以进行,即 $E^\ominus = 0.059/n \lg K^\ominus \approx 0.06/n \lg 10^4 = 0.24/n$

n	完全反应的 $E^\ominus$	很难进行反应的 $E^\ominus$	不完全反应的 $E^\ominus$
$n=1$	$\geqslant 0.24V$	$\leqslant -0.24V$	-0.24~0.24
$n=2$	$\geqslant 0.12V$	$\leqslant -0.12V$	-0.12~0.12
$n=3$	$\geqslant 0.08V$	$\leqslant -0.08V$	-0.08~0.08
…	…	…	…

根据此表可以判断氧化还原反应的倾向和反应所需的条件。

2. 关于硝酸与金属反应的"主要"产物

硝酸最主要的特征是它的强氧化性。金属(除金、铂和一些稀有金属外)与硝酸反应时,一般形成硝酸盐,硝酸本身被还原成什么产物,一方面取决于其浓度,另一方面又受到

还原剂性质的影响。一般来说，浓硝酸主要被还原为 NO_2，稀硝酸主要被还原为 NO。

硝酸与铁、镁、锌等活泼金属反应时，根据硝酸浓度的不同，溶解时除生成相应的硝酸盐外，同时要游离出氢，而氢会很快地进一步与硝酸反应生成 NO_2、NO、N_2O、N_2、NH_3（以 NH_4NO_3 的形式存在）等。硝酸还原产物以何种为主，主要取决于硝酸的浓度和温度。浓硝酸（$>12\text{mol} \cdot L^{-1}$）主要是生成 NO_2，稀硝酸（$4.6\sim12\text{mol} \cdot L^{-1}$）并加热主要是生成 NO、N_2O，更稀的硝酸（$<4.6\text{mol} \cdot L^{-1}$）在室温下反应生成 NH_3。

必须指出，这里讲的是"主要"产物，并不是"唯一"产物。事实上，硝酸的这些反应是复杂的，还原产物不可能是单一的。一般书写的反应式，只表示其主反应的产物。例如，在锌与各种浓度的 HNO_3（浓、$0.5\text{mol} \cdot L^{-1}$）反应中已发现，$HNO_3$ 的还原产物除了各自的主产物外，都能或多或少用气室法检查到 NH_4^+ 的存在。

3. 关于试剂用量和试剂加入方式

在不少反应中，如果不注意试剂的用量和试剂加入方式，往往会出现"异常"现象，即不能达到"预期"效果。因此，对于这个问题，希望引起足够重视。

（1）试剂的用量　在 Br_2 水与 Fe^{2+} 溶液的反应实验中，Br_2 水的用量不能太多，否则 Fe^{2+} 不能将 Br_2 全部还原，致使观察不到溴水的黄色褪去，会误认为 Fe^{2+} 与 Br_2 不发生反应。又例如，Na_2SO_3 在酸性介质中与 $KMnO_4$ 的反应，如果后者用量过多，则不能观察到红色褪去变成肉色溶液，反而使生成的 Mn^{2+} 变为棕色 MnO_2 沉淀。又如，Na_2SO_3 在碱性介质中与 $KMnO_4$ 反应时，如果 $NaOH$ 用量不足，生成的绿色 MnO_4^{2-} 很快会转为 MnO_2 沉淀。

（2）试剂加入方式　在酸性介质中，Na_2SO_3 与 $KMnO_4$ 反应时，如果不是将 $KMnO_4$ 溶液逐滴加入到酸化了的 Na_2SO_3 溶液中，而是将 Na_2SO_3 溶液逐滴加入到酸化了的 $KMnO_4$ 溶液中，结果一开始就观察到棕色沉淀，而不是无色澄清溶液。这是由于加入的 Na_2SO_3 是少量的，生成的 Mn^{2+} 也是少量的，Mn^{2+} 立即与过量存在的 $KMnO_4$ 反应，生成了 MnO_2 沉淀。同样，在试验强碱性中 Na_2SO_3 与 $KMnO_4$ 反应时，一定要先将 Na_2SO_3 与 $NaOH$ 溶液混合后，再滴加 $KMnO_4$ 溶液。

实验 3-3　配合物与配位平衡

实验目的

1. 比较配合物与简单化合物和复盐的区别。
2. 比较配合物的稳定性，了解螯合物的形成条件及其在金属离子鉴定方面的应用。
3. 了解配位平衡与酸碱平衡、沉淀溶解平衡、氧化还原平衡的关系。

实验原理

配位化合物（简称配合物）一般由内界和外界两部分组成。中心离子和配体组成配合物的内界。在配合物的化学式中一般用方括号表示内界，方括号以外的部分为外界，例如：

$$[Co(NH_3)_6]Cl_3 \text{ 和 } K_4[Fe(CN)_6]$$

配合物的内界和外界一般可用实验来确定。

配合物与复盐不同。配合物电离出来的配离子一般较稳定，在水溶液中仅有极少数部分电离成为简单离子，而复盐则全部电离为简单离子。例如：

复盐：　　　　　$K_4[Fe(CN)_6] \Longrightarrow 4K^+ + [Fe(CN)_6]^{4-}$

$$[Fe(CN)_6]^{4-} \rightleftharpoons Fe^{2+} + 6CN^-$$

$$K_{\text{不稳}} = [Fe^{2+}][CN^-]^6/[Fe(CN)_6^{4-}] \approx 10^{-31}$$

复盐： $KAl(SO_4)_2 \cdot 12H_2O === K^+ + Al^{3+} + 2SO_4^{2-} + 12H_2O$

配离子在溶液中存在着配位和解离平衡，根据平衡移动的原理，如果改变溶液中某个离子的浓度，都会使原来的平衡发生移动。溶液的pH、沉淀反应、氧化还原反应以及稀释作用等都有可能使配位平衡发生移动。

螯合物是由中心离子和多基配位体配合而成的具有环状结构的配合物。螯合物的稳定性高，是目前应用最广的一类配合物。螯合物的环上有几个原子，就称为几元环，一般五元环或六元环的螯合物是比较稳定的。

仪器与药品

常用玻璃仪器、两孔恒温水浴、5mL井穴板。

$0.1mol \cdot L^{-1}$ KCl、KBr、KI、$AgNO_3$、$FeCl_3$、$FeSO_4$、$Na_2S_2O_3$、$CuSO_4$、NaOH、$BaCl_2$、$K_3[Fe(CN)_6]$、$NH_4Fe(SO_4)_2$、NH_4SCN、NH_4F、EDTA、$NH_3 \cdot H_2O$；$6mol \cdot L^{-1}$ $NH_3 \cdot H_2O$；饱和$(NH_4)_2C_2O_4$；浓氨水；无水乙醇；CCl_4；0.25%邻菲啰啉溶液；1%二乙酰二肟溶液。

实验内容

1. 配合物的基本概念

(1) 配合物与简单化合物的区别 取2支试管分别滴加1滴$0.1mol \cdot L^{-1}$ $CuSO_4$，然后分别滴加$6mol \cdot L^{-1}$ $NH_3 \cdot H_2O$，至产生的沉淀溶解，再加些$NH_3 \cdot H_2O$，观察溶液的颜色。在1支试管中加1滴$0.1mol \cdot L^{-1}$ NaOH，另1支试管中加1滴$0.1mol \cdot L^{-1}$ $BaCl_2$，观察现象。

另取两支试管，各加1滴$0.1mol \cdot L^{-1}$ $CuSO_4$，用蒸馏水适当稀释，然后分别滴加NaOH和$BaCl_2$，有何现象？解释这些现象。

另取1支试管，用$CuSO_4$和浓$NH_3 \cdot H_2O$作用，使其呈深蓝色，再加入无水乙醇，观察现象。

(2) 配合物与复盐的区别 取等量的浓度都为$0.1mol \cdot L^{-1}$的$K_3[Fe(CN)_6]$和$NH_4Fe(SO_4)_2$，然后各加入1滴$0.1mol \cdot L^{-1}$ NH_4SCN，观察并解释现象。

2. 配位平衡的移动

(1) 配离子之间的转化 在2滴$0.1mol \cdot L^{-1}$ $FeCl_3$溶液中，滴加1滴$0.1mol \cdot L^{-1}$ NH_4SCN，溶液呈何颜色？然后滴加$1mol \cdot L^{-1}$ NH_4F至溶液变为无色，再滴加饱和草酸铵$(NH_4)_2C_2O_4$溶液至溶液变为黄绿色。写出反应方程式。从溶液颜色变化，比较生成的各配离子的稳定性。

(2) 配位平衡与沉淀溶解平衡 在1滴$0.1mol \cdot L^{-1}$ $AgNO_3$中滴入$0.1mol \cdot L^{-1}$ KCl，有何现象？滴加$6mol \cdot L^{-1}$ $NH_3 \cdot H_2O$至沉淀刚好溶解，再滴加$0.1mol \cdot L^{-1}$ KBr至生成沉淀；滴加$0.1mol \cdot L^{-1}$ $Na_2S_2O_3$至沉淀消失。写出离子方程式，解释实验现象。注意银废液回收至指定的硫化银储罐。

(3) 配位平衡和氧化还原反应 取2支试管各加入1滴$0.1mol \cdot L^{-1}$ $FeCl_3$，然后向这两支试管中分别滴加1滴饱和$(NH_4)_2C_2O_4$溶液和1滴蒸馏水，再各加入1滴$0.1mol \cdot L^{-1}$ KI和数滴CCl_4，摇动试管，观察两支试管中CCl_4层的颜色，解释实验现象，回收废液。

(4) 配位平衡和酸碱反应 在自制的硫酸四氨合铜溶液中，逐滴加入稀硫酸，直至溶液呈酸性，观察现象。

3. 螯合物的形成

(1) 分别在自己制备的硫氰酸铁和四氨合铜溶液中滴加$0.1mol \cdot L^{-1}$ EDTA溶液，各有何现象产生？解释发生的现象。

(2) Fe^{2+} 与邻菲啰啉在微酸性中反应，生成橘红色的配离子：

$$3 \text{(邻菲啰啉)} + Fe^{2+} \longrightarrow [Fe(\text{邻菲啰啉})_3]^{2+}$$

在小试管中滴 1 滴 $0.1 mol \cdot L^{-1}$ 硫酸亚铁和 2~3 滴 0.25% 邻菲啰啉溶液，观察现象。

(3) Ni^{2+} 与二乙酰二肟反应生成桃红色的内络盐沉淀：

$$Ni^{2+} + 2 \begin{array}{c} OH-N=C-CH_3 \\ OH-N=C-CH_3 \end{array} \longrightarrow [\text{内络盐结构}] + 2H^+$$

H^+ 浓度过大不利于 Ni^{2+} 生成内络盐，而 OH^- 浓度也不宜太高，否则会生成氢氧化镍沉淀。适宜酸度是 pH 为 5~10。

在小试管中滴 1 滴 $0.1 mol \cdot L^{-1}$ 硫酸镍溶液、1 滴 $0.1 mol \cdot L^{-1}$ 氨水和 1 滴 1% 二乙酰二肟溶液，观察有什么现象。

4. 设计实验

以 $Cu^{2+} + 4NH_3 \rightleftharpoons [Cu(NH_3)_4]^{2+}$ 平衡为基础，用实验证明使此配位平衡向左移动，可有多少种办法？写出简要实验步骤、现象、结论及解释。

思考题

1. 配合盐和复盐有何区别？如何区分硫酸铁铵和铁氰化钾这两种物质？
2. 举例说明有哪些因素影响配位平衡。
3. 实验中所用的 EDTA 是什么物质？它与金属离子形成配离子有何特点？写出 Mg^{2+} 与 EDTA 形成配离子的结构式。

[学习指导]

实验操作要点及注意事项

1. 含银废液储罐（瓶）有两类：一类是氯化银储罐，在储罐中事先装入半罐的稀 HCl，使废液中的 Ag^+ 生成难溶的 AgCl 沉淀加以收存。另一类是硫化银储罐，以 S^{2-} 为沉淀剂，Ag^+ 以 Ag_2S 沉淀加以收存。在氯化银储罐中不允许混入 S^{2-}、$S_2O_3^{2-}$ 等，以避免 AgCl 转化为 Ag_2S，使回收处理复杂化。

2. 进行本实验时，凡是生成沉淀的步骤，沉淀量要少，即到刚生成沉淀为宜。凡是使沉淀溶解的步骤，加入溶液的量以能使沉淀刚溶解为宜。因此溶液必须逐滴加入，且边加边振荡。若试管中溶液量太多，可在生成沉淀后，先离心分离弃去清液，再继续进行实验。

实验知识拓展

1. 配位化学简介

配位化学是在无机化学基础上发展起来的一门边缘学科。它所研究的主要对象为配位化合物（coordination compounds，简称配合物）。早期的配位化学集中在研究以金属阳离子受体为中心（作为酸）和以含 N、O、S、P 等给予原子的配体（作为碱）而形成的所谓

"Werner 配合物"。第二次世界大战期间，无机化学家在围绕耕耘元素周期表中某些元素化合物的合成中得到发展。在工业上，美国实行原子核裂变曼哈顿（Manhattan）工程基础上所发展的铀和超铀元素溶液配合物的研究，以及在学科上，1951 年，Panson 和 Miller 对二茂铁的合成打破了传统无机和有机化合物的界限，从而开始了无机化学的复兴。

当代的配位化学沿着广度、深度和应用 3 个方向发展。在深度上表现在有众多与配位化学有关的学者获得了诺贝尔奖，如 Werner 创建了配位化学，Ziegler 和 Natta 的金属烯烃催化剂，Eigen 的快速反应，Lipscomb 的硼烷理论，Wilkinson 和 Fischer 发展的有机金属化学，Hoffmann 的等瓣理论，Taube 研究配合物和固氮反应机理，Cram、Lehn 和 Pedersen 在超分子化学方面的贡献，Marcus 的电子传递过程。在以他们为代表的开创性成就的基础上配位化学在其合成、结构、性质和理论的研究方面取得了系列进展。在广度上表现在自 Werner 创立配位化学以来，配位化学处于无机化学研究的主流；配位化合物还以其花样繁多的价键形式和空间结构在化学理论发展及其与其他学科的相互渗透中，成为众多学科的交叉点。在应用方面，结合生产实践，配合物的传统应用继续得到发展，例如金属簇合物作为均相催化剂，螯合物稳定性差异在湿法冶金和元素分析、分离中的应用等。随着高新技术的日益发展，具有特殊物理、化学和生物化学功能的所谓功能配合物在国际上得到蓬勃发展。自从 Werner 创建配位化学至今 100 年以来，以 Lehn 为代表的学者所倡导的超分子化学将成为今后配位化学发展的另一个主要领域。人们熟知的化学主要是研究以共价键相结合的分子的合成、结构、性质和变换规律。超分子化学可定义为分子间弱相互作用和分子组装的化学。分子间的相互作用形成了各种化学、物理和生物中高选择性的识别、反应、传递和调制过程。而这些过程就导致超分子的光电功能和分子器件的发展。

2. 螯合物的特性及其在金属离子鉴定和分析方面的应用

当多齿配合体中的多个配位原子同时和中心离子键合时，可形成具有环状结构的配合物，称螯合物，多齿配位体称为螯合剂。在中心离子相同、配位原子相同的情况下，形成螯合物要比形成的配合物稳定，而且螯合物中所含的环越多，其稳定性越高，此外某些螯合物还常呈现特征的颜色。

螯合物的特殊稳定性、特征颜色成为金属离子的定性鉴定或定量测定的有效方法，而且螯合物显色法具有灵敏度高、选择性好的突出特点。如丁二肟（二乙酰二肟，简称 HDMG）在弱碱性介质中与 Ni^{2+} 可形成鲜红色难溶的二（丁二肟）合镍（Ⅱ）沉淀，借此以定性鉴定 Ni^{2+}，也可用于 Ni^{2+} 的定量测定。再如用二安替比林苯乙烯基甲烷（简称 DAVPM）法测定 Mn^{2+}，与高锰酸钾法比较，灵敏度高 23 倍，也已用于定量分析各种合金钢中的锰离子。

实验 3-4　平衡原理综合设计实验

实验目的
1. 进一步理解和掌握溶液中电离、沉淀、氧化还原和配位四大平衡的基本原理。
2. 学习根据所给的命题进行实验设计的方法。
3. 掌握离心分离基本操作、pH 试纸使用，学习利用微型仪器进行化学实验操作。

实验原理
参考实验 3-1、实验 3-2、实验 3-3 的原理部分。

实验内容（可选做或另行确定）
1. 设计配制两个 5mL pH 为 4～5 的缓冲溶液的实验方案
要求：在配制的缓冲溶液中必须有一个缓冲溶液用 NaOH（$0.1mol \cdot L^{-1}$）溶液配制。

用 pH 试纸测定所配制的缓冲溶液的 pH，与理论计算结果比较。并分别检验所配制的缓冲溶液抵御酸碱的能力。

给定试剂：0.1mol·L^{-1} HAc、HCl、NaOH、NaAc、pH 试纸。

2. 设计 PbSO$_4$ 沉淀能多次连续转化的实验方案

给定试剂：0.1mol·L^{-1} Pb(NO$_3$)$_2$、Na$_2$SO$_4$、Na$_2$CO$_3$、KI、Na$_2$S。

3. 设计除去 ZnSO$_4$ 溶液中含有的少量 Fe^{2+}、Cu^{2+}、Cd^{2+}、Ni^{2+} 等杂质的实验方案

要求：写出实验过程的实验步骤（加什么试剂、如何操作、如何检验等，注意不能引入二次杂质）；记录实验现象；确定最佳的实验条件。

4. 设计实验，实现下列变化

(1) 改变介质条件，提高氧化剂的氧化能力；
(2) 改变介质条件，提高还原剂的还原能力；
(3) 改变介质条件，转变氧化还原反应进行的方向；
(4) 证明氧化还原反应进行有次序，先发生在电极电势差值大的两电对之间。

给定试剂：0.1mol·L^{-1} KMnO$_4$、FeCl$_3$、Na$_3$AsO$_4$、KI、FeSO$_4$、Cr$_2$(SO$_4$)$_3$、SnCl$_2$、KBr、KSCN；0.1mol·L^{-1} KI；饱和 KCl；3% H$_2$O$_2$；1mol·L^{-1}、3mol·L^{-1} H$_2$SO$_4$；2mol·L^{-1}、6mol·L^{-1} NaOH；氯水、碘水；CCl$_4$。

要求：写出实验的现象和离子反应方程式。

5. 在不借用其他试剂（水除外）的情况下，将下列两组失去标签的试剂加以鉴别：

(1) 溶液：Bi(NO$_3$)$_3$、HCl、H$_2$SO$_4$、BaCl$_2$、NaCl。
(2) 固体：无水 CuSO$_4$、Na$_2$CO$_3$、NaCl、MgCl$_2$、BiCl$_3$。

实验 3-5　pH 法测定醋酸电离度及电离平衡常数

实验目的

1. 掌握弱酸的电离度、电离平衡常数概念及电离平衡、酸碱滴定等基本原理。掌握用 pH 法测定醋酸电离度及电离平衡常数的原理和方法。要求学生的电离平衡常数（文献值是 1.76×10^{-5}）测定值在 $1.0\times10^{-5}\sim2.0\times10^{-5}$ 范围内。
2. 进一步练习溶液的配制与酸碱滴定的基本操作。
3. 学习酸度计的使用。

实验原理

测定弱电解质的电离度及电离平衡常数一般只要设法测定弱电解质解离达到平衡时各物质的浓度，便可依据电离平衡常数表达式求得电离平衡常数及电离度。测定电离平衡常数的方法主要有目测法、pH 法、电导率法、电化学法和分光光度法。本实验通过 pH 法测定醋酸的电离度和电离平衡常数。

醋酸（CH$_3$COOH 或 HAc）是一元弱酸，在水溶液中存在下列解离平衡：

$$\text{HAc} \rightleftharpoons \text{H}^+ + \text{Ac}^-$$

起始浓度/mol·L^{-1}　　　c　　　　0　　　0
平衡浓度/mol·L^{-1}　$c(1-\alpha)$　　$c\alpha$　　$c\alpha$

$$\alpha=\frac{[\text{H}^+]}{c} \qquad K_a=\frac{[\text{H}^+][\text{Ac}^-]}{[\text{HAc}]}=\frac{c\alpha\cdot c\alpha}{c(1-\alpha)}=\frac{c\alpha^2}{1-\alpha}$$

式中，α 为 HAc 的电离度；K_a 为 HAc 的电离平衡常数。

严格地说，式中的浓度应该为对应物质的活度，但稀溶液中可以近似认为活度系数

$f \approx 1.0$，所以用浓度代替活度进行计算和讨论。

HAc的总浓度 c 可用 NaOH 标准溶液标定，然后再配制出一系列已知浓度的 HAc 溶液。在一定温度下用酸度计测出不同浓度 HAc 溶液的 pH，再换算成 [H^+]（实际上酸度计所测的 pH 反映了溶液中 H^+ 的有效浓度，即 H^+ 的活度值），进而求得 [HAc]，再由上式求出不同浓度 HAc 的 α 和 K_a，取所得的一系列 K_a 值的平均值，即为该温度下 HAc 的电离平衡常数。

仪器与药品

酸度计，复合电极，容量瓶（50mL），锥形瓶（250mL），移液管（25mL），吸量管（5mL），烧杯（50mL），碱式滴定管（50mL），定性滤纸。

pH=4.00、pH=6.86 缓冲溶液；约 0.2mol·L^{-1} NaOH 标准溶液，0.2mol·L^{-1} HAc，2g·L^{-1} 酚酞指示剂（乙醇溶液）。

实验内容

1. HAc 溶液浓度的测定

用移液管吸取 25.00mL 的 HAc 溶液，置于 250mL 锥形瓶中，加入 2 滴酚酞指示剂，用 NaOH 标准溶液滴定至溶液呈微红色，30s 内不褪色即达终点，记下所用 NaOH 溶液的体积。重复进行滴定，结果列于表 3-4。最后求出所配 HAc 溶液的平均浓度。

表 3-4　HAc 溶液浓度的测定

滴定序号		1	2	3
HAc 溶液用量/mL			25.00	
NaOH 标准溶液浓度/mol·L^{-1}				
NaOH 标准溶液用量/mL				
HAc 溶液	测定浓度/mol·L^{-1}			
	平均浓度/mol·L^{-1}			

2. 配制不同浓度的 HAc 溶液

分别吸取 2.50mL、5.00mL、25.00mL 已标定过的 HAc 溶液于 3 个 50.00mL 容量瓶中，用蒸馏水稀释至刻度，摇匀。并分别计算出 3 种溶液的准确浓度并记录。

3. 测定不同浓度 HAc 溶液的 pH

分别用 4 个干燥的小烧杯（50mL）盛装上述 3 种 HAc 溶液和未经稀释的 HAc 溶液各约 25mL，再按由稀到浓的次序，用酸度计分别测出其 pH，记录室温。测定中，电极不必用蒸馏水冲洗，只需用滤纸吸干电极上残留液或用下一个待测溶液冲洗电极，便可进行溶液测定。将测得的数据及计算结果列于表 3-5。

表 3-5　不同浓度 HAc 溶液 pH 的测定　　　　室温＿＿＿℃

编号	c/mol·L^{-1}	pH	[H^+]/mol·L^{-1}	α	K_a	
					测定值	平均值
1						
2						
3						
4						

4. 测定结束后，关闭电源，将复合电极洗净、吸干浸泡于饱和 KCl 溶液中。

思考题

1. 影响 HAc 的 α 和 K_a 的因素有哪些？

2. 为什么在测 pH 时用于盛装 HAc 的小烧杯一定要干燥？若无干燥的烧杯，则先用待装溶液洗 2～3 次亦可，为什么？

3. 若所用的 HAc 溶液浓度极稀，是否还能用 $K_a \approx \dfrac{[H^+]^2}{c}$ 求电离平衡常数？

实验仪器介绍——pHS-3B 型精密酸度计

1. 仪器工作原理

仪器使用的 E-201-C9 复合电极是由 pH 玻璃电极与银-氯化银电极组成的，玻璃电极作为测量电极，银-氯化银电极作为参比电极，当被测溶液氢离子浓度发生变化时，玻璃电极和银-氯化银电极之间的电动势也随着引起变化，而电动势变化关系符合下列公式：

$$\Delta E/mV = 59.16 \times \frac{273+t/\text{℃}}{298} \times \Delta \text{pH}$$

式中　ΔE——电动势的变化量，mV；

　　　ΔpH——溶液 pH 的变化量；

　　　t——被测溶液的温度，℃。

从上式可见，复合电极电动势的变化，比例于被测溶液的 pH 的变化，仪器经用标准缓冲溶液标定后，即可测量溶液的 pH。

2. 仪器结构

(1) 仪器主机　外形结构。前后面板示意于图 3-6。

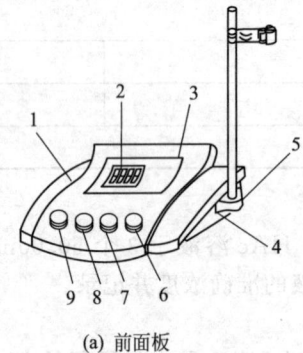
(a) 前面板

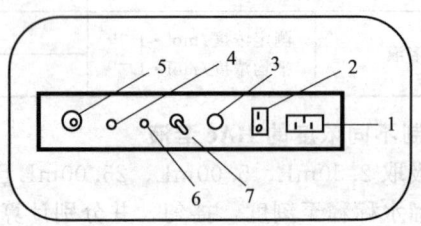
(b) 后面板

1—机箱盖；2—显示屏；3—面板；4—机箱底；
5—电极梗插座；6—定位调节旋钮；
7—斜率补偿调节旋钮；8—温度调节旋钮；
9—选择开关旋钮（pH、℃、mV）

1—电源插座；2—电源开关；3—保险丝；
4—参比电极接口；5—测量电极插座；
6—测温传感器座；7—手动/自动转换开关

图 3-6　仪器外形结构

(2) 复合电极　内参比溶液是零电位等于 7 的含有 Cl^- 的电解质溶液，是中性磷酸盐和氯化钾的混合溶液。外参比溶液为 3～3.3 mol·L^{-1} 的 KCl 溶液。复合电极示意于图 3-7。

3. 操作步骤

(1) 安装、开机前的准备工作　将电极旋入电极板插座中，将电极夹于电极板上，并调节其到适当位置。

用蒸馏水清洗电极头。每当测量溶液前需用蒸馏水清洗电极，清洗后用滤纸吸干或再用被测溶液清洗。

(2) 预热　接通电源，按下开关，预热 30min。

(3) 标定　仪器使用前，先要标定。一般来说，正常使用，每天需标定一次。

① 拔去短路插头，插入复合电极插头（如不用复合电极，则在测量电极插座处插上电极转换器的插头；玻璃电极插头插入转换器插座处；参比电极接入参比电极接口处）。

② 把"选择"开关旋钮调到 pH 挡。

③ 把"温度"旋钮调至溶液温度值（溶液温度事先用温度计测量好）。

④ 把"斜率"旋钮顺时针旋到底（即调到 100% 位置）。

⑤ 清洗过的电极插入 pH＝6.86（该值不一定是 6.86，它的值随温度变化而变化）的缓冲溶液中，晃动烧杯或搅拌溶液。

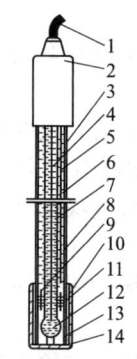

图 3-7　复合电极
1—电极导线；2—电极帽；3—电极塑壳；4—内参比电极；5—外参比电极；6—电极支持杆；7—内参比溶液；8—外参比溶液；9—液接面；10—密封圈；11—硅胶圈；12—电极球泡；13—球泡护罩；14—护套

⑥ 调节"定位"旋钮，使仪器显示读数与该缓冲溶液当时温度下的 pH 相一致（如用混合磷酸盐定位温度为 25℃ 时，pH＝6.86，10℃ 时，pH＝6.92。所以具体测量时需要参看说明书中缓冲溶液的 pH 与温度关系对照表）。

⑦ 蒸馏水清洗电极，用滤纸吸干，再插入 pH＝4.00（或 pH＝9.18）的标准缓冲溶液中，晃动烧杯或搅拌溶液，调节"斜率"旋钮使仪器显示读数与该缓冲液中当时温度下的 pH 一致。

⑧ 重复④～⑦的操作步骤，直至不用再调节"定位"或"斜率"两旋钮为止。说明仪器完成标定。

注意：经标定后，定位调节旋钮及斜率调节旋钮不应再有变动。若有变动，则需重新标定。

(4) 测量 pH　经标定过的仪器，即可用来测量被测溶液，被测溶液与标定溶液温度相同与否，测量步骤也有所不同。

① 被测溶液与标定溶液温度相同时，用蒸馏水清洗电极头部，再用被测溶液清洗电极一次，然后将电极插入被测溶液中，摇动烧杯或搅拌溶液，使溶液均匀后读出溶液的 pH。

② 被测溶液与标定溶液温度不相同时，测量步骤如下：

a. 用蒸馏水清洗电极头部，再用被测溶液清洗电极一次；

b. 用温度计测量被测溶液的温度值；

c. 调节"温度"旋钮至被测溶液温度值；

d. 将电极插入被测溶液中，搅拌溶液，使溶液均匀后读出溶液的 pH。

4. 仪器维护

pH 计具有很高的输入阻抗，使用时经常接触化学药品，为保证仪器正常使用，所以更需要合理维护。

① 仪器的输入端（测量电极插座）必须保持干燥清洁。仪器不用时，将短路插头插入插座，防止灰尘及水汽进入。在环境温度较高的场所使用时，应把电极插头用干净纱布擦干。

② 测量时，电极的引入导线应保持静止，否则会引起测量不稳定。

③ 仪器采用了 MOS 集成电路，因此，在检修时应保证电烙铁有良好的接地。

④ 用缓冲溶液标定仪器时，要保证缓冲溶液的可靠性，不能配错缓冲溶液，否则将导致测量结果产生误差。

5. 电极使用维护的注意事项

① 电极在测量前必须用已知 pH 的标准缓冲溶液进行定位校准，其值愈接近被测值

愈好。

② 取下电极套后，应避免电极的敏感玻璃泡与硬物接触，因为任何破损或擦毛都会使电极失效。

③ 测量后，及时将电极保护套套上，套内应放少量补充液，以保持电极球泡的湿润。切忌浸泡在蒸馏水中。

④ 复合电极的外参比补充溶液为 $3mol·L^{-1}$ 氯化钾溶液，补充液可以从电极上端小孔加入。

⑤ 电极的引出端必须保持清洁、干燥，绝对防止输出两端短路，否则将导致测量失准或失效。

⑥ 电极应与输入阻抗较高的酸度计（$\geqslant 10^{12}\Omega$）配套，以使其保持良好的特性。

⑦ 电极应避免长期浸在蒸馏水、蛋白质溶液和酸性氟化物溶液中。

⑧ 电极避免与有机硅油接触。

⑨ 电极经长期使用后，如发现斜率略有降低，则可把电极下端浸泡在4%HF（氢氟酸）中5～10s，用蒸馏水洗净，然后在 $0.1mol·L^{-1}$ 盐酸溶液中浸泡，使之复新。

⑩ 被测溶液中如含有易污染敏感球泡或堵塞液接界的物质而使电极钝化，会出现斜率降低现象，显示读数不准。如发生该现象，则应根据污染物质的性质，用适当溶液清洗，使电极复新。

注意：

1. 选用清洗剂时，不能用四氯化碳、三氯乙烯、四氢呋喃等能溶解聚碳酸树脂的清洗液，因为电极外壳是用聚碳酸树脂制成的，其溶解后极易污染敏感玻璃球泡，从而使电极失效。也不能用复合电极去测上述溶液。

2. 污染物质和清洗剂参考表：

污染物	清洗剂
无机金属氧化物	低于 $1mol·L^{-1}$ 稀酸稀洗涤剂（若污染物内碱性）
有机油脂类物质、树脂高分子物质	酒精、丙酮、乙醚
蛋白质血球沉淀物	酸性酶溶液（如食母生）
颜料类物质	稀漂白液、过氧化氢

[学习指导]

实验操作要点及注意事项

（1）注意容量瓶检漏：洗涤滴定管时，应避免直接用自来水龙头把水注入管内，以免滴定管破损和水弄湿地板。建议用烧杯将水注入进行洗涤。

（2）碱式滴定管用前应认真查看是否留有气泡。在滴定过程中，手指若挤压玻璃珠下方，将使尖嘴处引入气泡。正确的做法是应将手指捏在玻璃珠两侧中间和稍微偏上方处。

（3）冰 HAc 试剂若因室温低而固化时，需用热水温化。

（4）pH 电极在取下电极套后，应避免电极的敏感玻璃泡与硬物接触，因为任何破损或擦毛都会使电极失效。测量前必须用已知 pH 的标准缓冲溶液进行定位校准，其值愈接近被测值愈好。测量后，及时将电极保护套套上，套内应放少量补充液，以保持电极球泡的湿润。切忌浸泡在蒸馏水中。注意复合玻璃电极的老化现象。已老化的电极，可在4%HF中浸泡5～10s后取出，然后在 $0.1mol·L^{-1}$ 盐酸溶液中浸泡、清洗，活化后再使用。

（5）本实验是溶液配制、标定、测量pH的综合操作实验，每一步操作都会影响实验结果。但是造成实验误差的主要来源是酸度计标定、测量两步骤。注意酸度计经标定后，定位调节旋钮及斜率补偿调节旋钮不应再有变动；电极用蒸馏水清洗后，再用被测溶液清洗，然后将电极插入被测溶液中,摇动烧杯,使溶液均匀后,读出溶液的pH。

实验知识拓展

1. 测定弱电解质的解离常数的方法

测定弱电解质的解离常数的方法主要有目测法、pH法、电导率法、电化学法和分光光度法等。

2. 标准缓冲溶液的配制方法

① pH=4.00缓冲溶液:用G.R.邻苯二甲酸氢钾10.21g,溶解于1000mL的高纯去离子水中。

② pH=6.86缓冲溶液:用G.R.磷酸二氢钾3.4g,G.R.磷酸氢二钠3.55g,溶解于1000mL的高纯去离子水中。

③ pH=9.18缓冲溶液:用G.R.硼砂3.18g,溶解于1000mL的高纯去离子水中。

实验3-6 化学反应速率与活化能

实验目的

1. 正确理解反应级数、反应速率、速率常数、活化能、反应速率方程、Arrhenius方程等化学动力学概念与理论。了解浓度、温度及催化剂对化学反应速率的影响。

2. 通过测定过二硫酸铵与碘化钾反应的速率,求算实验的平均反应速率、反应级数 $m+n$、反应速率常数 k,以 $\lg k$-$1/T$ 作图法求出反应活化能 E_a,要求本实验活化能的测定值误差不大于文献值(51.8kJ·mol^{-1})的10%(即41~59kJ·mol^{-1})。

3. 学习作图法处理实验数据。

4. 练习秒表、温度计和恒温水浴的使用。

实验原理

化学反应速率大小与化学反应的本性有关,此外还受到反应进行时所处的外界条件(浓度、温度、催化剂)的影响。测定反应速率的方法很多,可以直接分析反应物或产物浓度的变化,也可以利用反应前后颜色的改变、导电性的变化等来间接测定。

大多数无机反应较快,不易测定。本实验选用 $(NH_4)_2S_2O_8$ 和 KI 在水溶液中的反应:

$$(NH_4)_2S_2O_8 + 3KI = (NH_4)_2SO_4 + K_2SO_4 + KI_3$$
$$S_2O_8^{2-} + 3I^- = 2SO_4^{2-} + I_3^- \tag{1}$$

此反应速率相对较慢,便于测定;反应中生成的碘遇淀粉变为蓝色,有明显的标志,便于观察。若在反应物中预先加入淀粉作指示剂,则淀粉变蓝色所需要的时间 t 可以用来表示反应速率的大小。反应速率与 t 呈反比,而与 $1/t$ 呈正比。

该反应的平均反应速率 v 可用下式表示

$$v = -\frac{\Delta[S_2O_8^{2-}]}{\Delta t} = k[S_2O_8^{2-}]^m[I^-]^n$$

式中,$\Delta[S_2O_8^{2-}]$ 为反应时间间隔 Δt 内 $S_2O_8^{2-}$ 浓度的改变量;$[S_2O_8^{2-}]$ 和 $[I^-]$ 分别为两种离子的起始浓度;k 是反应速率常数;m、n 是该反应对 $S_2O_8^{2-}$、I^- 的反应级数。m 与 n 之和是反应的总级数。

为了测出在 Δt 内,$S_2O_8^{2-}$ 浓度的改变值 $\Delta[S_2O_8^{2-}]$,在 $(NH_4)_2S_2O_8$ 溶液和 KI 溶液混合前,先在 KI 溶液中加入一定体积、已知浓度的 $Na_2S_2O_3$ 溶液和淀粉溶液。这样在反应(1)进行的同时,还有以下反应发生:

$$2S_2O_3^{2-} + I_3^- = S_4O_6^{2-} + 3I^- \tag{2}$$

反应(2)进行得非常快,几乎瞬间完成,而反应(1)比反应(2)慢得多。由反应(1)生成的 I_3^- 立即与 $S_2O_3^{2-}$ 反应,生成无色的 $S_4O_6^{2-}$ 和 I^-。所以在反应的开始阶段看不到碘与淀粉反应而显示的特有蓝色。但是一旦 $Na_2S_2O_3$ 耗尽,反应(1)继续生成的 I_3^- 就与淀粉反应而呈现出特有的蓝色。

由于从反应开始到蓝色出现标志着 $S_2O_3^{2-}$ 全部耗尽,所以从反应开始到出现蓝色这段时间 Δt 内 $S_2O_3^{2-}$ 浓度的改变 $\Delta[S_2O_3^{2-}]$ 就是 $Na_2S_2O_3$ 的起始浓度。

再从反应式(1)和(2)的关系可以看出,每消耗 1mol $S_2O_8^{2-}$ 就要消耗 2mol 的 $S_2O_3^{2-}$,所以 $S_2O_8^{2-}$ 在 Δt 时间内减少的量可以从下式求得

$$\Delta[S_2O_8^{2-}] = \frac{\Delta[S_2O_3^{2-}]}{2}$$

实验中,通过改变反应物 $S_2O_8^{2-}$ 和 I^- 的初始浓度,测定消耗等量的 $S_2O_8^{2-}$ 的物质的量浓度 $\Delta[S_2O_8^{2-}]$ 所需要的不同时间间隔(Δt),通过计算得到反应物不同初始浓度的初速率,进而可确定该反应的速率方程和反应速率常数。

反应速率常数 k 与反应温度 T 有如下关系:

$$\lg k = -\frac{E_a}{2.303RT} + \lg A$$

式中,E_a 为反应活化能;R 为摩尔气体常数;T 为热力学温度。测出不同温度下的 k 值,以 $\lg k$ 对 $1/T$ 作图可得一直线,由直线的斜率可求出反应活化能 E_a。

仪器与药品

制冰机、两孔恒温水浴、秒表、温度计、烧杯(50mL)、大试管、量筒(20mL)。

0.20mol·L^{-1}(NH$_4$)$_2$S$_2$O$_8$、KI、KNO$_3$、(NH$_4$)$_2$SO$_4$,0.010mol·L^{-1} Na$_2$S$_2$O$_3$,0.02mol·L^{-1} Cu(NO$_3$)$_2$,0.4%淀粉溶液。

实验内容

1. 浓度对化学反应速率的影响

在室温条件下,按表 3-6 所列各反应物用量,用量筒准确量取各试剂,除 0.20mol·L^{-1}(NH$_4$)$_2$S$_2$O$_8$ 溶液外,其余各试剂均按用量混合在各编号的烧杯中,混合均匀。当加入 0.20mol·L^{-1}(NH$_4$)$_2$S$_2$O$_8$ 溶液时,立即计时,并不断搅动,仔细观察。当溶液刚出现蓝色时,立即按停秒表,记录反应时间 Δt 和室温(见表 3-6)。

表 3-6 浓度对化学反应速率的影响   室温_____℃

实验编号	1	2	3	4	5
0.20mol·L^{-1}(NH$_4$)$_2$S$_2$O$_8$/mL	20.0	10.0	5.0	20.0	20.0
0.20mol·L^{-1}KI/mL	20.0	20.0	20.0	10.0	5.0
0.010mol·L^{-1}Na$_2$S$_2$O$_3$/mL	8.0	8.0	8.0	8.0	8.0
0.4%淀粉/mL	2.0	2.0	2.0	2.0	2.0
0.20mol·L^{-1}KNO$_3$/mL	0	0	0	10.0	15.0
0.20mol·L^{-1}(NH$_4$)$_2$SO$_4$/mL	0	10.0	15.0	0	0
反应时间/s					

2. 温度对化学反应速率的影响

按表 3-6 实验序号 4 中的试剂用量,再选择 3 个合适的温度点(注意使相邻温度差在 10℃ 左右),进行实验。此实验编号记为 6、7、8。这样共得到 4 个温度下的反应时间,结果列于表 3-7。

表 3-7　温度对化学反应速率的影响

实验编号	4	6	7	8
反应温度/℃				
反应时间/s				

3. 催化剂对化学反应速率的影响

在室温下，按表 3-6 实验序号 4 的用量，再加入 5 滴 0.02mol·L^{-1} Cu(NO$_3$)$_2$ 溶液，搅匀，然后迅速加入 0.20mol·L^{-1} (NH$_4$)$_2$SO$_4$ 溶液，搅动、记录反应时间 Δt。此实验编号记为 9。将此实验的反应速率与表 3-6 实验序号 4 的反应速率定性地进行比较并得出结论，结果列于表 3-8。

表 3-8　催化剂对化学反应速率的影响

实验编号	4	9
加入 Cu(NO$_3$)$_2$ 溶液的滴数	0	5
反应时间/s		

数据记录与处理

1. 求反应速率常数 k

求出各反应的反应速率、反应级数 $m+n$、反应速率常数 k，并填入表 3-9。

表 3-9　数据处理

实验序号	1	2	3	4	5
溶液总体积/mL					
$-\Delta[S_2O_3^{2-}]$/mol·L^{-1}					
$-\Delta[S_2O_8^{2-}]$/mol·L^{-1}					
反应时间/s					
反应速率 v					
[I$^-$]/mol·L^{-1}					
[S$_2$O$_8^{2-}$]/mol·L^{-1}					
反应级数			$m=$	$n=$	
反应速率常数 k					
k 平均值					

2. 求反应的活化能 E_a

计算不同温度下的反应速率常数 k 值，列于表 3-10，以 $\lg k$ 对 $1/T$ 作图，通过直线的斜率求出反应活化能 E_a。

表 3-10　求反应的活化能

实验序号	4	6	7	8
反应温度/K				
$(1/T)\times 10^3$				
反应速率常数 k				
反应活化能 E_a				

思考题

1. 下列操作对实验有何影响？

(1) 取用试剂的量筒没有分开专用。
(2) 先加 $(NH_4)_2S_2O_8$ 溶液，最后加 KI 溶液。
(3) $(NH_4)_2S_2O_8$ 溶液慢慢加入 KI 等混合溶液中。

2. 为什么在实验序号为 2~5 中，分别加入 KNO_3 或 $(NH_4)_2SO_4$ 溶液？

3. 本实验都是用溶液体积来表示各反应用量的，为什么加入各试剂时不用移液管或滴定管，而用量筒？

4. 在实验中，向 KI、淀粉、$Na_2S_2O_3$ 混合溶液中加入 $(NH_4)_2S_2O_8$ 溶液时，为什么必须迅速倒入？

5. 实验中为什么可以由反应溶液出现蓝色的时间长短来计算反应速率？当溶液出现蓝色后，反应是否就停止了？

6. 化学反应的反应级数是怎样确定的？用本实验的结果加以说明。

7. 用 Arrhenius 公式计算反应的活化能，并与作图法得到的值进行比较。

8. 通过上述实验总结温度、浓度、催化剂对反应速率的影响。

[学习指导]

实验操作要点及注意事项

1. 本实验成败的关键之一是所用溶液的浓度要准确，因此，配制好的试剂，不宜放置过久，否则 $Na_2S_2O_3$、$(NH_4)_2S_2O_8$ 和 KI 溶液均易发生某些化学变化而改变浓度。如碘化钾溶液应为无色透明溶液，不宜使用有碘析出的浅黄色溶液。若 $(NH_4)_2S_2O_8$ 溶液的 pH<3，说明该试剂已有分解，不适合本实验使用。此外，所用试剂中如混有少量 Cu^{2+}、Co^{2+}、Ni^{2+}、Fe^{2+}、Fe^{3+} 等杂质，对 $S_2O_8^{2-}$ 与 I^- 的反应有催化作用，因此不适合本实验。必要时可以加入少量 $0.1 mol \cdot L^{-1}$ EDTA 溶液加以掩蔽。

2. 注意不要将 $(NH_4)_2S_2O_8$ 与 $Na_2S_2O_3$、$(NH_4)_2SO_4$ 误用，还应注意不要忘记加淀粉溶液，否则终点时不出现蓝色。试剂 $(NH_4)_2S_2O_8$、KI 和 $Na_2S_2O_3$ 必须用各自专用的量筒取用。为保证反应浓度计算的准确，向混合溶液中加入 $(NH_4)_2S_2O_8$ 溶液时速度应快。

3. 植物淀粉中含有直链和支链两种分子结构，溶于水中的直链淀粉借助分子内的氢键卷曲成螺旋状，I_2 分子依范德华力在螺旋状结构空腔中形成蓝色包合物。淀粉遇 I_2 变蓝必须有 I^- 存在，并且 I^- 浓度越高，显色的灵敏度也就越高。注意 I_2 遇淀粉结合形成的蓝色包合物的热稳定性较差，因此，实验时一般温度控制在 40℃ 以内。

4. 在做温度的影响实验时，各相邻温度点相差 10℃ 左右较合适，实验时根据室温的高或低，可用冰水浴或热水浴控制实验温度点。注意水浴加热或冷却时盛试液的小烧杯中的液面应在水浴液面之下；而且将盛有试液的烧杯放入水浴中后，应等溶液的温度和水浴的温度达到平衡以后再做实验。

5. 实验中建议两人合作进行，获得测量数据，实验结果处理应单独完成。

6. 处理数据时，用到的 $(NH_4)_2S_2O_8$、KI 和 $Na_2S_2O_3$ 起始浓度，都应该用它们各自提供的原试剂浓度与反应试液的总体积换算求得。

7. 作图要求：坐标轴、比例尺要选择适当；实验点要标示清楚；连接曲线要平滑。

8. 求回归直线的斜率时，要从线上取点。

实验知识拓展

化学动力学研究的新进展——飞秒化学

飞秒化学是利用飞秒激光技术，通过连续释放两个脉冲：第一个脉冲为能量脉冲，用于激发反应物分子达到活化状态；第二个脉冲为探测脉冲，用于捕捉化学反应实际过程及过渡态分子的图像。研究者即可以像看"慢动作片"一样观察反应过程中分子是如何从反应物翻越能垒到达产物的。反应中原子的运动不再只是想像、推理的结果，"活化"、"能垒"、"过渡态"等也已不再是一些模糊的概念，而是十分形象而具体的影像。Zewail 教授采用激光闪烁技术，通过对波长（亦即时间）的精心选择，研究了氰化碘的光解反应 ICN $\longrightarrow$ I+CN 中，首次测得光解反应的过渡态寿命约为 200fs；在另一碘化钠的光解反应 NaI $\longrightarrow$ Na+I 的实验中，又一次观察到反应的过渡态在势能面上的振荡和解离的全过程。此外，他还研究了从简单到复杂的一系列化学反应和生物系统中的各类反应，包括解离、电子转移、质子转移、异构化和结合态内部从非平衡态转变到平衡态的弛豫过程。在这些实验观察的基础上还对上述过程进行了理论计算，并给出了完美的解释。1999 年 10 月 12 日，瑞典皇家科学院宣布将本年度诺贝尔化学奖授予具有埃及和美国双重国籍的科学家 A. H. Zewail，以表彰他在成功地应用飞秒激光光谱技术于化学反应过渡态研究方面的开拓性贡献。Zewail 赢得诺贝尔化学奖的意义在于，凭借飞秒光谱技术，人类第一次可以像看"慢动作片"一样观察化学反应过程中能垒是如何被翻越的，从而深刻理解 van'tHoff 和 S. A. Arrhenius 提出的反应速率与温度关系的公式所揭示的化学反应机制。

3.3 元素和化合物性质

元素和化合物知识涵盖了经典的无机物的重要性质，包含着大量的化学反应方程式及众多化学事实，在学习中，既要灵活运用结构理论、四大平衡原理等指导元素和化合物性质的学习，更要重视实验，通过自己做实验、观察实验现象加深对所学化学原理的理解，掌握化合物的性质及其研究方法，了解和总结各种元素和化合物的化学性质、结构、制备原理、检测方法和手段。

元素及化合物的基本性质包括存在的状态和颜色、酸碱性、氧化还原性、稳定性、配合性及溶解性等。下面简单总结常见离子和化合物的颜色、分析无机物显色原因，对酸碱性、氧化还原性、稳定性、配合性及溶解性等性质及实验基本方法进行讨论。

3.3.1 无机化合物的颜色及其显色原因

(1) 常见离子和化合物的颜色

常见离子和化合物的颜色见表 3-11 和表 3-12。

表 3-11 常见离子的颜色

无色阳离子	Ag^+, Al^{3+}, $As(+Ⅲ$, 主要以 AsO_3^{3-} 存在), $As(+Ⅴ$, 主要以 AsO_4^{3-} 存在), Ba^{2+}, Bi^{3+}, Ca^{2+}, Cd^{2+}, Hg_2^{2+}, Hg^{2+}, K^+, Mg^{2+}, Na^+, NH_4^+, Pb^{2+}, Sb^{3+} 或 Sb^{5+}(主要以 $SbCl_6^{3-}$ 或 $SbCl_6^-$ 存在), Sr^{2+}, Sn^{2+}, Sn^{4+}, Zn^{2+}
有色阳离子	Co^{2+} 玫瑰色；Cr^{3+} 绿色或紫色；Cu^{2+} 浅蓝色；$[Fe(H_2O)_6]^{3+}$ 淡紫色(但平时所见 $FeCl_3$ 溶液呈黄色)；Fe^{2+} 浅绿色，稀溶液无色；Mn^{2+} 浅粉红色，稀溶液无色；Ni^{2+} 绿色
无色阴离子	Ac^-, BO_2^-, $B_4O_7^{2-}$, Br^-, BrO_3^-, $C_2O_4^{2-}$, ClO_3^-, CO_3^{2-}, Cl^-, F^-, I^-, MoO_4^{2-}, NO_2^-, NO_3^-, SO_4^{2-}, SCN^-, $S_2O_3^{2-}$, SiO_3^{2-}, SO_3^{2-}, S^{2-}, WO_4^{2-}
有色阴离子	$Cr_2O_7^{2-}$ 橙色；CrO_4^{2-} 黄色；$[Fe(CN)_6]^{4-}$ 黄绿色；$[Fe(CN)_6]^{3-}$ 黄棕色；MnO_4^- 紫色；MnO_4^{2-} 绿色

表 3-12 有特征颜色的常见无机化合物

白色	$AgCl$, $AgCN$, Ag_2CO_3, $Ag_2C_2O_4$, $CuBr$, $CuCl$, $CuCN$, CuI
黑色	Ag_2S, CoS, CuO, CuS, FeO, Fe_3O_4, FeS, HgS, MnO_2, NiO, NiS, PbS

蓝色	$CuSO_4 \cdot 5H_2O$,$Cu(NO_3)_2 \cdot 6H_2O$ 等许多水合铜盐；无水 $CoCl_2$
绿色	镍盐,亚铁盐,铬盐,某些铜盐如 $CuCl_2 \cdot 2H_2O$
黄色	CdS,PbO,AgI,$AgPO_4$,铬酸盐 $BaCrO_4$、$KCrO_4$
红色	Fe_2O_3,Cu_2O,HgO,HgS(天然产),Pb_3O_4
粉红色	$MnSO_4 \cdot 7H_2O$ 等锰盐,$CoCl_2 \cdot 6H_2O$
紫色	高锰酸盐

(2) 无机物显色原因

凡能吸收某种波长的可见光，并将未被吸收的那部分光反射（或透射）出来的物质都能呈现颜色。一般认为被物质吸收的光的颜色与反射出的（即观察到的）光的颜色为互补色，两者的关系列于表 3-13。

表 3-13 一些物质吸收的可见光波长与物质颜色的关系

吸收波长/nm	波数/cm^{-1}	被吸收光的颜色	观察到物质的颜色
400~435	25000~23000	紫	黄绿
435~480	23000~20800	蓝	黄
480~490	20800~20400	绿蓝	橙
490~500	20400~20000	蓝绿	红
500~560	20000~17000	绿	红紫
560~580	17000~17200	黄绿	紫
580~595	17200~16800	黄	蓝
595~605	16800~16500	橙	绿蓝
605~750	16500~13333	红	蓝绿

注：波数的单位 cm^{-1} 与其他能量单位的关系为 $1cm^{-1}=1.23977\times10^{-4}eV=1.196\times10^{-2}kJ \cdot mol^{-1}$。

目前，无机物的颜色变化规律及其成因是无机化学最复杂也最难解释的问题之一。下面对无机物颜色的产生原因进行简单介绍。

① 配合物中心离子的 d-d 跃迁和 f-f 跃迁　过渡金属配合物大部分都有鲜明的颜色，这是因为它们的 d 轨道在配体晶体场的作用下会发生分裂，其分裂能的大小与表 3-13 所列的可见光能量相当。如果中心离子分裂后的 d 轨道中电子未充满，则处于低能态的 d 电子就会吸收相应的可见光跃迁到高能态轨道（如八面体场中的 $t_{2g} \rightarrow e_g$），这种价层 d 电子由较低能态 d 轨道跃迁到较高能态 d 轨道的跃迁称为 d-d 跃迁。此时配离子就会透射或反射出吸收光的互补光。这就是多数配合物显色的原因。

例如 $[Ti(H_2O)_6]^{3+}$ 中，Ti^{3+} 的 d 电子 d-d 跃迁时吸收波长为 490nm 蓝绿色光，所以它呈现与之相应的互补色光紫红色（或红色）。对于不同的中心原子，分裂能不同，d-d 跃迁时吸收不同波长的可见光，故显不同颜色。

需要说明的是：

a. 如果中心原子 d 轨道全空（d^0）或全满（d^{10}），则不可能发生 d-d 跃迁，其配合物为无色。如 d^0 构型的中心离子 Mg^{2+}、Ca^{2+}、Al^{3+}、$Si(IV)$，d^{10} 构型的中心离子 Ag^+、Zn^{2+}、Cd^{2+}、Hg^{2+}、Sn^{4+} 和 In^{3+} 等形成配合物均无色。

b. d^5 构型的中心离子分两种情况

与强场配体形成低自旋配合物时，当配合物吸收可见光，低能态 d 电子会跃迁到较高能态空轨道，配合物显色，但由于在这种电子跃迁过程中，电子的 n 和 l 均未发生改变，因此这种跃迁是部分禁阻的，配合物颜色一般较浅；与弱场配体形成高自旋配合物时，5 个价层

d 电子自旋方向相同,当低能态 d 电子吸收可见光跃迁到较高能态轨道时,d 电子自旋方向要改变,克服电子成对能电子配对,从理论上讲这种跃迁是自旋禁阻的,发生概率非常低,因此 d^5 构型的中心离子弱场配合物几乎无色。如 $[Mn(H_2O)_6]^{2+}$ 稀溶液无色,$[MnCl_4]^{2-}$ 也无色,$[Fe(H_2O)_6]^{3+}$ 的颜色(浅紫)也很淡。

c. 与 d-d 跃迁相似,镧系元素和锕系元素离子形成的配合物由于中心离子 f 轨道未充满,并在配体晶体场的作用下会发生分裂,因此也会发生 f-f 跃迁而显色。但由于内层 f 轨道离配体较远,分裂能一般较小,颜色较浅。另外 f-f 跃迁属于跃迁禁阻时,配离子同样无色。

d. 从理论上讲,处于跃迁禁阻的配合物应该无色,但实际上多数配合物有色。原因是 d 轨道分裂后,往往掺杂少量 p 轨道的成分,在跃迁强度上具有少量 p-d 或 d-p 型跃迁的特点。例如,$[Mn(H_2O)_6]^{2+}$ 在浓溶液中显浅粉红色。

② 成键原子间的荷移跃迁 电子由一个原子移向相邻的另一个原子的过程称为荷移跃迁。过渡金属含氧酸根显色的主要原因就是荷移跃迁。例如:$Cr_2O_7^{2-}$ 橙色;CrO_4^{2-} 黄色;MnO_4^- 紫色;MnO_4^{2-} 绿色。

离子的相互极化作用越强,发生荷移跃迁的程度越大,化合物的颜色越深,例如 AgF、AgCl、AgBr 和 AgI 颜色逐渐变深。过渡金属硫化物颜色丰富多彩的原因也如此。不仅正、负离子间有荷移跃迁,同性离子之间如果氧化数不同,也会发生荷移跃迁。例如,$[Fe(CN)_6]^{4-}$(黄绿色);$[Fe(CN)_6]^{3-}$(黄棕色)的颜色较浅,但 $KFe[Fe(CN)_6]$(蓝色)中因存在电子由 Fe^{2+} 向 Fe^{3+} 的迁移,因此颜色非常深。

③ 带隙跃迁和晶格缺陷 在金属的能带理论中,当金属的价带与导带间的能量差处于可见光区时,位于低能态价带的电子会吸收可见光跃迁到高能态的导带而显色(如铜和金),这种跃迁属带隙跃迁。当带隙的能量差包含所有的可见光对应的能量时,金属就会吸收全部的可见光,之后又把它们全部释放出来,所以绝大多数金属都呈银白色。

当晶体的某些晶格节点上缺少部分阳离子或阴离子时,就形成了晶格缺陷。但为了保持整个晶体的电中性,空缺的位置往往被其他离子所占据,如果阴离子缺陷,则空位被电子占据,这种缺陷称为 F 色心。例如,萤石(CaF_2)本无色,由于 F 色心的形成而显紫色;天然 Al_2O_3 含有 Fe、Ti 时形成蓝宝石,含有 Cr 时形成红宝石,原因也是晶格缺陷造成的。

④ 晶粒粒度、聚集度的影响 当固体颗粒的直径小到与可见光的波长相近时,就会反复吸收几乎全部的可见光及其折射光。所以金属粉碎到一定程度后就变成了黑色,而不再呈现银白色的金属光泽。HgS 显红色和黑色,HgO 显红色和黄色,一般认为就是粒度不同造成的。当固体颗粒的直径为 0.1~100nm(小于可见光的波长)时,将不再吸收可见光,在溶液中纳米材料无色。

3.3.2 化合物的性质及其研究方法

3.3.2.1 酸碱性

(1) 盐类酸碱性

通常是指盐类所组成的溶液呈酸性还是呈碱性,其酸碱性可采用 pH 试纸或 pH 计测得。在通常条件下,对于一些水解度不大的盐,其稀溶液不易检出,应配制成饱和溶液才能进行试验或根据水解平衡移动原理采用加热的方法使检出明显。例如,将 $MgCl_2$ 配制成热的饱和溶液即可检出 $MgCl_2$ 溶液呈弱酸性。至于某些水解度较大的盐,即使是稀溶液也能检出其酸碱性,如 $SnCl_2$、$SbCl_3$、$BiCl_3$、$Hg(NO_3)_2$ 等。

$$Hg(NO_3)_2 + H_2O \rightleftharpoons Hg(OH)NO_3 \downarrow + HNO_3$$

$$SbCl_3 + H_2O \rightleftharpoons SbOCl \downarrow + 2HCl$$

由于水解生成难溶于水的碱式盐,因此在配制上述溶液时,还需加入相应的酸,以抑制其水解。

（2）难溶于水的氧化物、氢氧化物的酸碱性

难溶于水的氧化物、氢氧化物的酸碱性不能采用 pH 试纸测定，而是通过其与强酸、强碱的反应来判断。凡溶于强酸而不溶于强碱的为碱性。强酸、强碱中都能溶解的则为两性氧化物或氢氧化物。如铝、锌、铬、锡、铅、铜等元素的氢氧化物均具有两性。如：

$$Al(OH)_3 + 3HCl = AlCl_3 + 3H_2O$$
$$Al(OH)_3 + NaOH = Na[Al(OH)_4]（四羟基合铝酸钠）$$
$$Sn(OH)_2 + 2HCl = SnCl_2 + 2H_2O$$
$$Sn(OH)_2 + 2NaOH = Na_2SnO_2（亚锡酸钠）+ 2H_2O$$

根据所加入酸、碱的浓度大小与量的多少还可比较其酸碱性的相对强弱。如 $Cu(OH)_2$ 能溶于稀酸，又能溶于较大浓度的碱中说明 $Cu(OH)_2$ 呈两性，偏碱性。

选择实验的酸碱试剂的原则：

① 选择的强酸一般指稀 H_2SO_4、稀 HCl、稀 HNO_3，强碱常用 NaOH；

② 选用的酸、碱不能与待测的氧化物、氢氧化物起氧化还原反应；

③ 选择的酸、碱不能与待测的氧化物、氢氧化物生成另一种无颜色变化的难溶物质。如在检验 $Pb(OH)_2$ 的碱性时选用的酸只能用 HNO_3，而不能用 HCl 或 H_2SO_4，因为 $PbCl_2$ 与 $PbSO_4$ 都为难溶于水的白色沉淀。

3.3.2.2 氧化还原性

氧化还原反应的本质是电子得失的过程，失去电子的元素氧化态升高，获得电子的元素氧化态降低。当一种元素有多种氧化态时，高氧化态的物质（分子或离子）作氧化剂，如 $NaBiO_3$、PbO_2、$K_2Cr_2O_7$、$KMnO_4$、$FeCl_3$、$KClO_3$ 等；低氧化态的物质作还原剂，如 $SnCl_2$、$Na_2S_2O_3$、$FeSO_4$、H_2S、KI 等；处于中间氧化态的物质既可作氧化剂，又可作还原剂，如 H_2O_2、SO_2、$NaNO_2$ 等。

氧化还原电对的标准电极电势 $\varphi^{\ominus}$（氧化型/还原型）值大小（参阅附录），可用来衡量氧化型或还原型得失电子倾向的大小，即它们氧化还原能力的强弱。若 $\varphi^{\ominus}$ 值越小，表示低氧化态的还原型物质越易失去电子，是较强的还原剂，而与其对应的高氧化态氧化型物质越难得到电子，是较弱的氧化剂；若 $\varphi^{\ominus}$ 值越大，其氧化型物质越易得到电子，是较强的氧化剂，而与其对应的还原型物质越难失去电子，是较弱的还原剂。

值得注意的是并非任意的氧化剂、还原剂混合在一起即能发生反应，氧化型物质和还原型物质的浓度及反应介质的酸碱度都将直接影响电极电势 φ 的数值。例如氯酸钾与盐酸的反应，当两者浓度较低时，未见反应发生；若提高盐酸的浓度，由于溶液中 H^+ 浓度的提高，能增加氧化型物质 $KClO_3$ 的电极电势，因而 ClO_3^- 的氧化性增强。另一方面，由于 Cl^- 浓度的提高，使还原型物质 Cl^- 的电极电势数值减小，Cl^- 还原性增强。在实验中通常用饱和 $KClO_3$ 与浓 HCl 反应

$$KClO_3 + 6HCl(浓) = 3Cl_2 + KCl + 3H_2O$$

生成的 Cl_2 可使 KI-淀粉试纸变蓝，实验现象十分明显。

因此欲使氧化还原反应发生并得到良好的实验效果，在选择氧化剂与还原剂时，应注意以下几个问题。

① 所选的氧化剂与还原剂的电极电势 φ 必须是 φ（氧化）>φ（还原），同时还需考虑反应进行的速率。如用 $S_2O_8^{2-}$ 鉴定 Mn^{2+} 的反应，该反应的速率极慢，必须加热并加入催化剂 Ag^+，才能观察到紫红色 MnO_4^- 的生成

$$2Mn^{2+} + 5S_2O_8^{2-} + 8H_2O = 2MnO_4^- + 10SO_4^{2-} + 16H^+$$

② 所选的氧化剂与还原剂相互反应的现象必须明显。$FeCl_3$ 是一个中强氧化剂，通常选

用 KI 溶液为还原剂与其反应：
$$2FeCl_3 + 2KI == 2FeCl_2 + 2KCl + I_2$$
生成的 I_2 遇淀粉溶液呈蓝色，现象较为明显。如选用 $SnCl_2$ 溶液作还原剂，虽然可发生如下氧化还原反应：
$$2FeCl_3 + SnCl_2 == 2FeCl_2 + SnCl_4$$
但是由于反应前后溶液的颜色无明显变化，就无法判断反应是否进行。

③ 合理选择和控制氧化剂与还原剂的浓度与用量。例如下述反应：
$$K_2Cr_2O_7 + 14HCl == 2CrCl_3 + 3Cl_2\uparrow + 2KCl + 7H_2O$$
欲使该反应进行，并产生明显的实验效果，必须选用浓 HCl 为还原剂，控制 $K_2Cr_2O_7$ 量要少，并且加热，有利于氯气的逸出。

④ 介质的选择原则　介质的酸碱性不仅能改变某些氧化剂、还原剂的电极电势，还能改变电对，影响产物。例如：

$$MnO_4^- + 8H^+ + 5e^- == Mn^{2+} + 4H_2O \qquad \varphi^{\ominus} = 1.51V$$
$$MnO_4^- + 2H_2O + 3e^- == MnO_2 + 4OH^- \qquad \varphi^{\ominus} = 0.57V$$
$$MnO_4^- + 4H^+ + 3e^- == MnO_2 + 2H_2O \qquad \varphi^{\ominus} = 1.69V$$
$$MnO_4^- + e^- == MnO_4^{2-} \qquad \varphi^{\ominus} = 0.54V$$

$[H^+]$ 变化，电极电势变化，电对随之改变，所以 MnO_4^- 的还原产物也不相同。因此必须根据实验具体要求选择合理的介质。介质的选择原则如下。

a. 酸性介质一般选用稀 H_2SO_4、稀 HCl、稀 HNO_3 酸化，碱性介质选用 NaOH 碱化。

b. 所选介质不能参加氧化还原反应，也不能与溶液中某些离子产生难溶物。例如，选用 PbO_2、$KMnO_4$ 作氧化剂的反应就不能选用 HCl 作介质，因为稀 HCl 虽然还原性较弱，但它能与 PbO_2、$KMnO_4$ 等强氧化剂发生氧化还原反应产生氯气，与 PbO_2 反应又能生成难溶于水的 $PbCl_2$，这些都妨碍实验现象的观察。

c. 介质酸碱性的选择应以反应现象明显为主。例如，$KMnO_4$ 和 H_2S 的反应，根据 $\varphi^{\ominus}$ 不同的介质都能将 H_2S 氧化为 S，如从 $\varphi^{\ominus}$ 大小考虑，应选择弱酸性，但 $KMnO_4$ 在弱酸性时的还原产物为棕黑色的 MnO_2 沉淀，掩盖了 H_2S 氧化产物 S 的颜色（乳白色或浅黄色），因此必须选择强酸性介质，用 H_2SO_4 酸化，则紫红透明溶液转化为浅红色或无色，并呈浑浊，即表示有 Mn^{2+} 和 S 生成，实验现象十分明显。但当介质的酸度较大时，$[S^{2-}]$ 大为降低，析出的 S 量少，不利于观察。另一方面，由于介质的酸度增大，提高了 $KMnO_4$ 的氧化性，有可能将 S 进一步氧化为 SO_4^{2-}，此时只能观察到紫红色溶液颜色的褪去，而观察不到 S 的析出。

3.3.2.3　稳定性

物质的稳定性包括：空气中的稳定性，以及不加任何试剂仅改变温度条件或介质条件而发生分解反应的能力的热稳定性、介质中的稳定性。

(1) 空气中的稳定性

空气中的稳定性主要是讨论化合物能否被空气中的氧所氧化。以氧化的难易程度来比较相对稳定性。如在 Fe^{2+}、Co^{2+}、Ni^{2+} 溶液中分别加入 NaOH 时，可以得到相应的 $Fe(OH)_2$（白色）、$Co(OH)_2$（粉红色）、$Ni(OH)_2$（浅绿色）沉淀。但 $Fe(OH)_2$ 很易被空气中氧所氧化，生成绿色到棕色的中间产物，如有足够的时间，可全部氧化为棕红色 $Fe(OH)_3$、$Co(OH)_2$ 也能被空气中的氧所氧化，但比较缓慢，而 $Ni(OH)_2$ 在空气中非常稳定。根据这些实验事实就可比较它们的相对稳定性。

$Mn(OH)_2$、$Fe(OH)_2$、$Co(OH)_2$ 不仅能被空气中的氧所氧化，甚至溶于水中的少量氧也能将它们氧化。为此，这类氢氧化物通常采用下列方法制取：将 M^{2+} 盐溶液与 NaOH 溶液分别加热煮沸，以除去溶液中溶解的氧，然后迅速混合，静置，观察 $M(OH)_2$ 的颜色，将沉淀暴露在空气中，再观察颜色的变化。

溶液中 Sn^{2+}、Fe^{2+}、S^{2-}、SO_3^{2-}、$S_2O_3^{2-}$、NO_2^- 等也易被空气中氧所氧化，需要时只得现配现用。配制 Fe(Ⅱ) 盐、Sn(Ⅱ) 盐溶液时，通常要分别加入铁钉、锡粒，以防止 Fe(Ⅱ)、Sn(Ⅱ) 氧化，同时加酸抑制其水解。

此外，还应注意空气中 CO_2 的存在，因为有些物质容易吸收空气中的 CO_2 而发生分解反应。

（2）热稳定性

物质的热稳定性是指受热时自身发生分解的性质。稳定性大小可借助物质分解时温度的高低加以判断，不稳定的化合物分解所需的温度较低。

氢氧化物的稳定性可根据其在不同温度下氢氧化物的脱水性加以比较。一般来讲，重金属离子所形成的氢氧化物稳定性较差。例如 $Cu(OH)_2$ 放置或加热时脱水成黑色 CuO，而 AgOH 在常温下就能脱水成褐色 Ag_2O。由此就可比较 Cu、Ag 氢氧化物的相对稳定性。

（3）在介质中的稳定性

介质中的稳定性主要指化合物在不同介质中的分解倾向，如 MnO_4^- 在酸性或碱性溶液中能按下式分解：

$$4MnO_4^- + 4H^+ = 4MnO_2\downarrow + 3O_2\uparrow + 2H_2O$$

$$4MnO_4^- + 4OH^- = 4MnO_4^{2-} + O_2\uparrow + 2H_2O$$

光对 MnO_4^- 的分解起催化作用，所以应将 $KMnO_4$ 保存在棕色瓶中，并保持溶液呈中性或微碱性。

MnO_4^{2-} 能被水分解歧化为 MnO_4^- 和 MnO_2。

$$3MnO_4^{2-} + 2H_2O = 2MnO_4^- + MnO_2\downarrow + 4OH^-$$

根据平衡移动的原理，在 MnO_4^{2-} 溶液中加酸或通 CO_2 都有利于 MnO_4^{2-} 的歧化。只有在强碱性溶液中 MnO_4^{2-} 才能稳定存在。

又如硫代硫酸盐及砷、锑、锡（Ⅳ）的硫代酸盐只能存在于中性或碱性溶液中，遇酸即迅速分解：

$$S_2O_3^{2-} + 2H^+ = S\downarrow + SO_2\uparrow + H_2O$$

$$2SbS_3^{3-} + 6H^+ = Sb_2S_3\downarrow + 3H_2S\uparrow$$

由此可见，凡能被介质分解的化合物，实验中欲使其稳定存在，必须严格控制介质条件。

3.3.2.4 配位性质

配位化合物（简称配合物）是由可以给出孤对电子或多个不定域电子的一定数目的离子或分子（称为配体）和具有接受孤对电子或多个不定域电子的空位的原子或离子（统称为中心原子）按一定的组成和空间构型所形成的化合物。

一般的配位化合物由两部分组成，即内界和外界。内界和外界之间在键型、化合比等关系上与简单化合物相同，配位化合物的特殊性表现在内界。以 $[Cu(NH_3)_4]SO_4$ 为例，配位化合物的组成见图 3-8。

中心原子通常是金属离子，尤以过渡金属离子居多。最常见的有 Cr、Mn、Fe、Co、Ni、Cu、Ag、Zn、Cd、Hg 等。常见的配位体有 NH_3、Cl^-、I^-、$S_2O_3^{2-}$ 等。实验中常见的配合物有氨配合物、含卤配合物及部分螯合物。

（1）氨配合物

在上述 10 种常见金属元素中，除 Cr^{3+}、Mn^{2+}、Fe^{2+}、Fe^{3+}、Hg^{2+} 不能直接与 $NH_3·H_2O$ 形成氨配合物外，其他离子都能形成相应的氨合物。在 Cr^{3+}、Mn^{2+}、Fe^{2+}、Fe^{3+} 盐溶液中加入 $NH_3·H_2O$ 产生的都为氢氧化物沉淀。Cr^{3+} 的氨合物通常是在 NH_4Cl 存在下与浓氨水反应而制得的。由于铁盐易水解，只能用无水铁盐与液氨才能形成 $[Fe(NH_3)_6]^{3+}$、$[Fe(NH_3)_6]^{2+}$。Fe 的氨合物不稳定，遇水即分解为 $Fe(OH)_3$、$Fe(OH)_2$。Hg^{2+}、Hg_2^{2+} 与 $NH_3·H_2O$ 作用，则生成氨中的氢被取代的产物——氨基化合物。

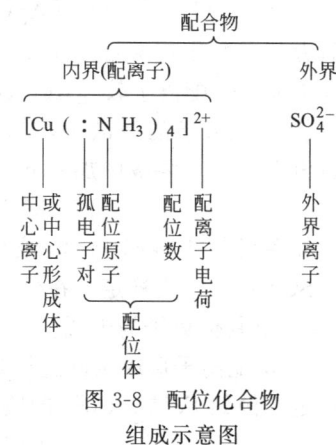

图 3-8 配位化合物组成示意图

$$HgCl_2+2NH_3·H_2O \Longrightarrow HgNH_2Cl\downarrow(白色)+NH_4Cl+2H_2O$$
$$Hg_2Cl_2+2NH_3·H_2O \Longrightarrow HgNH_2Cl\downarrow(白色)+Hg\downarrow(黑色)+NH_4Cl+2H_2O$$

在 Cu^{2+}、Co^{2+}、Ni^{2+}、Zn^{2+}、Cd^{2+}、Ag^+ 盐的溶液中，加入适量 $NH_3·H_2O$ 时，首先生成碱式盐沉淀（Cu^{2+}、Co^{2+}、Ni^{2+}）或氢氧化物沉淀（Zn^{2+}、Cd^{2+}、Ag^+，AgOH 脱水为 Ag_2O），继续加入过量 $NH_3·H_2O$ 时，沉淀溶解生成相应的氨配合物。

（2）含卤配合物

Cu^{2+}、Hg^{2+}、Hg_2^{2+} 与 I^- 反应，首先生成 CuI（白色）、Hg_2I_2（绿色）与 HgI_2（红色）沉淀，沉淀在过量碘离子存在下能继续反应形成含碘配离子 $[CuI_2]^-$、$[HgI_4]^{2-}$（Hg_2I_2 歧化为 $[HgI_4]^{2-}$ 和 Hg）。在含卤配合物中除 $[HgI_4]^{2-}$、$[FeF_6]^{3-}$ 外，其他都不太稳定。

（3）螯合物

由多齿配体（螯合剂或螯合配体）与同一个中心原子作用形成的环称为螯合环，具有螯合环的配离子或配位化合物称为螯合物。由于螯合物中螯合效应的存在，螯合物的稳定性与同类型非螯合物相比有较高的稳定性；螯合物的稳定性与环的大小及环的多少有关，以五元环和六元环最稳定，形成的螯合环越多，螯合物越稳定。元素化学实验中常利用金属离子与多齿配体形成稳定的有色螯合物用作离子的鉴定反应。如：Fe^{2+} 与邻菲啰啉在微酸性中反应，生成橘红色的配离子；Ni^{2+} 在 pH 为 5～10 时，与二乙酰二肟反应生成桃红色的沉淀（见实验 3-3）。

（4）配合稳定性

配合稳定性主要讨论配离子在水溶液中解离为组成它的简单离子或分子的程度。通常用配离子的不稳定常数（或解离常数）$K_{不稳}$ 表示。如配离子 $[Cu(NH_3)_4]^{2+}$ 在溶液中存在下列解离平衡：

$$[Cu(NH_3)_4]^{2+} \Longrightarrow Cu^{2+}+4NH_3$$

解离平衡常数 $K_{不稳}$ 的表达式为：

$$K_{不稳}=\frac{[Cu^{2+}][NH_3]^4}{[Cu(NH_3)_4^{2+}]}$$

$K_{不稳}$ 值越大，表示配合离子越易解离，即越不稳定。

实验中常用以下几种方法来判断配离子的相对稳定性。

① 在配离子溶液中加入沉淀剂，观察是否有沉淀生成。例如在 $[Ag(NH_3)_2]^+$、$[Ag(CN)_2]^-$ 溶液中分别加入沉淀剂 KI 溶液，前者生成黄色 AgI 沉淀：

$$[Ag(NH_3)_2]^+ + I^- \rightleftharpoons AgI\downarrow + 2NH_3$$

而后者却无变化，说明 $[Ag(CN)_2]^-$ 解离的 Ag^+ 极少，不足以形成 AgI 沉淀，因此可知 $[Ag(CN)_2]^-$ 配离子较 $[Ag(NH_3)_2]^+$ 稳定。

② 在配离子的溶液中，加入另一配位剂，观察配离子能否发生转化。例如在血红色 $[Fe(SCN)_n]^{3-n}$ 溶液中加入 NaF，由于生成 $[FeF_6]^{3-}$ 而使溶液褪色。

$$[Fe(SCN)_n]^{3-n} + 6F^- \rightleftharpoons [FeF_6]^{3-} + nSCN^-$$

如在无色 $[FeF_6]^{3-}$ 溶液中加入 KSCN，平衡就不能逆向进行，说明 $[FeF_6]^{3-}$ 比 $[Fe(SCN)_n]^{3-n}$ 更稳定。在化学分析中，利用 Fe^{3+} 与 F^- 能形成无色稳定的 $[FeF_6]^{3-}$ 来掩蔽 Fe^{3+} 对其他离子的干扰。

③ 从配离子形成条件进行判断，凡形成配离子时所需配位体浓度越大，该配离子就越不稳定。例如 Fe^{3+}、Co^{2+} 的鉴定反应：

$$Fe^{3+} \xrightarrow{0.1\,mol \cdot L^{-1}\ KSCN\ 溶液} [Fe(SCN)_n]^{3-n}(血红色)$$

$$Co^{2+} \xrightarrow{饱和\ KSCN\ 溶液,丙酮} [Co(SCN)_4]^{2-}(蓝色)$$

在蓝色 $[Co(SCN)_4]^{2-}$ 溶液中加水稀释时，由于配位体浓度的降低，配离子即被破坏，溶液呈 Co^{2+} 的浅红色，说明 $[Fe(SCN)_n]^{3-n}$ 比 $[Co(SCN)_4]^{2-}$ 稳定。

Cu^+、Pb^{2+} 等含卤配合物的形成均需较大浓度的配位剂，当加水稀释时，就生成相应的卤化物沉淀，说明 Cu^+、Pb^{2+} 的含卤配离子都不稳定。

3.3.2.5　溶解性

物质在溶剂中的溶解是一个复杂的过程，到目前为止就是最简单的固体，在常见溶剂中的溶解度尚不能预言，只能根据结构理论估计在同一溶剂中不同溶质的相对溶解度或某种溶质在不同溶剂中的相对溶解度。下面主要介绍试验难溶氢氧化物、硫化物、卤化物溶解性的方法。

如将难溶电解质 $Fe(OH)_3$ 沉淀放入水中，一部分溶解在水中的 $Fe(OH)_3$ 将完全解离成 Fe^{3+} 与 OH^-，当沉淀与其组成的离子处于平衡状态时，离子积等于难溶电解质的溶度积 K_{sp}，此时的溶液为饱和溶液。

$$Fe(OH)_3(s) \rightleftharpoons Fe^{3+}(aq) + 3OH^-(aq) \qquad K_{sp} = [Fe^{3+}][OH^-]^3$$

在含有难溶电解质沉淀的溶液中，若加入某物质能降低组成沉淀的正离子或负离子的浓度，使离子积小于溶度积，平衡便向溶解方向移动，直至离子积小于溶度积时，沉淀便完全溶解。溶解的方法大致可分为单元溶解和多元溶解。

(1) 单元溶解

① 酸溶解　适用于氢氧化物和溶解度较大的硫化物。

$$MS + 2H^+ \rightleftharpoons M^{2+} + H_2S$$

$$M(OH)_n + nH^+ \rightleftharpoons M^{n+} + nH_2O$$

生成了弱电解质，降低 S^{2-} 和 OH^- 浓度而溶解。

② 氧化还原溶解　适用于溶解度较小的硫化物，可选用硝酸使其发生氧化还原反应，降低 S^{2-} 浓度而溶解。

$$3Bi_2S_3 + 24HNO_3(浓) \rightleftharpoons 6Bi(NO_3)_3 + 6NO\uparrow + 9S\downarrow + 12H_2O$$

③ 配合溶解　加入一定量的配位剂使难溶盐中的金属离子形成配合物，降低金属离子浓度而溶解。例如：$AgCl + 2NH_3 \cdot H_2O \rightleftharpoons [Ag(NH_3)_2]^+ + Cl^- + 2H_2O$

某些两性或两性偏酸元素所组成的硫化物溶于硫化钠溶液中的反应，也属于配合溶解。

$$Sb_2S_3 + 3Na_2S \rightleftharpoons 2Na_3SbS_3$$

$$SnS_2 + Na_2S \rightleftharpoons Na_2SnS_3$$

$$HgS + Na_2S = Na_2HgS_2$$

(2) 多元溶解

多元溶解是指某些难溶物通过几种单一反应的联合进行才能溶解的方法。

① 配合-氧化溶解　HgS 溶于王水，包括配合、氧化两个反应，既降低了 Hg^{2+} 浓度，又降低了 S^{2-} 浓度，从而使其离子浓度乘积小于溶度积而溶解。

$$3HgS + 12HCl + 2HNO_3 = 3H_2HgCl_4 + 3S\downarrow + 2NO\uparrow + 4H_2O$$

② 配合-酸溶解　PbS、Sb_2S_3 溶于浓 HCl，生成配合物和硫化氢，而使其离子浓度乘积小于溶度积而溶解。

$$PbS + 4HCl(浓) = H_2[PbCl_4] + H_2S\uparrow$$
$$Sb_2S_3 + 12HCl(浓) = 2H_3[SbCl_6] + 3H_2S\uparrow$$

③ 间接溶解　例如难溶物 $BaSO_4$，可先使其转化成另一种难溶物 $BaCO_3$，再加酸使其溶解。

$$BaSO_4(s) + Na_2CO_3 = BaCO_3(s) + Na_2SO_4$$
$$BaCO_3 + 2HCl = BaCl_2 + CO_2\uparrow + H_2O$$

虽然 $BaSO_4$ 的 K_{sp} 小于 $BaCO_3$ 的 K_{sp}，但两种沉淀的 K_{sp} 相差不是很大，通过控制离子浓度，K_{sp} 小的沉淀也可以向 K_{sp} 大的沉淀转化还是可以实现的。如果两种沉淀的 K_{sp} 比较接近，由溶解度较小的转化为溶解度较大的。

因为：
$$[Ba^{2+}] = \frac{K_{sp}(BaCO_3)}{[CO_3^{2-}]} = \frac{K_{sp}(BaSO_4)}{[SO_4^{2-}]}$$

则 $[CO_3^{2-}]/[SO_4^{2-}] = K_{sp}(BaCO_3)/K_{sp}(BaSO_4) = 5.1\times10^{-9}/1.1\times10^{-10} = 46$

即 $[CO_3^{2-}] > 46\times[SO_4^{2-}]$ 时，$BaSO_4$ 沉淀可以转化为 $BaCO_3$ 沉淀。如用饱和 Na_2CO_3 溶液反复加热处理，将能使 $BaSO_4$ 全部转化为 $BaCO_3$。然后在含有 $BaCO_3$ 固体的饱和溶液中加入盐酸，则 CO_3^{2-} 与 H^+ 结合生成弱酸 H_2CO_3，因而降低 CO_3^{2-} 浓度。结果 $[Ba^{2+}][SO_4^{2-}] < K_{sp}(BaCO_3)$，平衡向 $BaCO_3$ 溶解的方向移动。

若两种沉淀的 K_{sp} 相差很大时，则难以发生。如 $PbS(K_{sp}=8.0\times10^{-28})$ 转化为 $PbSO_4$ $(K_{sp}=2.53\times10^{-8})$。

3.4　元素性质实验

实验 3-7　化合物的性质及其实验研究方法

实验目的

1. 学习单质及其化合物的酸碱性质、氧化还原性、稳定性、配合性和难溶化合物的生成与溶解性等性质的实验研究方法。
2. 学习和掌握一些元素及其化合物的性质。
3. 掌握水浴加热、沉淀生成和洗涤、离心分离等基本操作。

实验原理

参见 3.3 节相关内容。

仪器与药品

常用玻璃仪器、pH 试纸。

铜片（s）、锌粉（s）、$(NH_4)_2S_2O_8$（s，过二硫酸铵）、$NH_4Cl(s)$、CCl_4。

$0.1mol·L^{-1}$ Na_3PO_4、Na_2HPO_4、NaH_2PO_4、Na_2SO_3、$NaHCO_3$、KI、$KSCN$、$AlCl_3$、$MnSO_4$、$FeCl_3$、$FeSO_4$、$CoCl_2$、$NiSO_4$、$CuSO_4$、$ZnSO_4$、$SnCl_2$、$SnCl_4$、$Pb(NO_3)_2$、$AgNO_3$、$Cd(NO_3)_2$、$Hg(NO_3)_2$、$H_2C_2O_4$；$0.2mol·L^{-1} NaNO_2$；$0.5mol·L^{-1}$ $AlCl_3$、$CaCl_2$、$NaOH$；$1mol·L^{-1} H_2SO_4$、NH_4F、Na_2S、$(NH_4)_2S_x$；$2mol·L^{-1} HCl$、HNO_3、$NaOH$、KOH、$NH_3·H_2O$；$3mol·L^{-1}$ $NaOH$、H_2SO_4；$6mol·L^{-1}$ HCl、HNO_3、$NaOH$；$0.01mol·L^{-1} KMnO_4$；$0.002mol·L^{-1} MnSO_4$；饱和 H_2S 溶液；5%硫代乙酰胺溶液；3% H_2O_2；4%淀粉溶液；5%葡萄糖溶液；碘水；氯水。

实验内容（可选做或另行确定）

1. 化合物的酸碱性

(1) 用 pH 试纸试验 $0.1mol·L^{-1} NaH_2PO_4$、Na_2HPO_4 和 Na_3PO_4 溶液的酸碱性。

(2) $Al(OH)_3$、$Zn(OH)_2$、$Cu(OH)_2$ 的酸碱性。

① $Al(OH)_3$、$Zn(OH)_2$ 的生成和酸碱性

现有试剂：$0.1mol·L^{-1}$ $AlCl_3$、$0.1mol·L^{-1}$ $ZnSO_4$、$2mol·L^{-1}HCl$、$2mol·L^{-1}NaOH$。

通过 $Al(OH)_3$、$Zn(OH)_2$ 沉淀在酸、碱中的溶解实验来说明它的酸碱性。

② 铜的氢氧化物的生成和酸碱性

取 $0.1mol·L^{-1}$ $CuSO_4$ 溶液 2 份，各滴加 $2mol·L^{-1}$ $NaOH$。将其中一份加热，观察有何变化，其他 3 份分别加入 $3mol·L^{-1}$ H_2SO_4、过量 $6mol·L^{-1}$ $NaOH$，写出方程式（留下在过量 NaOH 溶解的那份溶液）。

(3) $AlCl_3$ 的水解 试验 $0.5mol·L^{-1}$ $AlCl_3$ 溶液的酸碱性。

取约 $1mL 0.5mol·L^{-1}$ $AlCl_3$，在蒸发皿中蒸发至干，再用强火灼烧，得到的产物是不是无水三氯化铝？设计实验确认。

2. 化合物的氧化还原性

(1) H_2O_2 的氧化性和还原性

① H_2O_2 的氧化性 H_2O_2 可以将黑色的 PbS 氧化成白色的 $PbSO_4$。许多古画用的颜料含有 $2PbCO_3·Pb(OH)_2$（俗称铅白），时间长了，这些画会逐渐变黑，用 H_2O_2 稀溶液处理后，又可以恢复原来的色彩。

请设计一个验证实验。药品：3% H_2O_2、$0.1mol·L^{-1} Pb(NO_3)_2$ 溶液、饱和 H_2S 水溶液。

② H_2O_2 的还原性 现有 3% H_2O_2、$1mol·L^{-1}$ H_2SO_4、$0.01mol·L^{-1}$ $KMnO_4$ 溶液，试验 H_2O_2 的还原性。写出实验的试剂用量、步骤、现象及反应方程式。

(2) 亚硝酸盐的氧化还原性

现有试剂：$0.2mol·L^{-1}$ $NaNO_2$、$0.1mol·L^{-1}$ KI、$0.01mol·L^{-1}$ $KMnO_4$、$1mol·L^{-1} H_2SO_4$。请试验 HNO_2 的氧化还原性，写出实验的试剂用量、步骤、现象及有关的反应式。

(3) 设计实验，讨论介质条件对氧化还原的影响

① 改变介质条件，讨论对氧化还原产物的影响。

② 改变介质条件，转变氧化还原反应进行的方向。

给定试剂：$0.01mol·L^{-1}$ $KMnO_4$；$0.1mol·L^{-1}$ Na_2SO_3、$FeCl_3$、KI、$SnCl_2$、$KSCN$、$NaHCO_3$；$2mol·L^{-1}$ H_2SO_4；$2mol·L^{-1}$、$6mol·L^{-1}$ $NaOH$；氯水、碘水；淀粉溶液、CCl_4。

要求：写出实验步骤、实验现象和离子反应方程式。

(4) 催化剂对氧化还原反应速率的影响

① $KMnO_4$ 的氧化性　取 3 支试管，分别加入数滴 $0.1mol \cdot L^{-1}$ 的 $H_2C_2O_4$ 溶液和 $1mol \cdot L^{-1}$ H_2SO_4，然后往 1 号试管中滴加 1 滴 $0.1mol \cdot L^{-1}$ $MnSO_4$ 溶液，3 号试管中加入 1 滴 $1mol \cdot L^{-1}$ NH_4F 溶液。最后向 3 支试管中分别加入 1 滴 $0.01mol \cdot L^{-1}$ 的 $KMnO_4$ 溶液，混匀溶液，观察 3 支试管中红色褪去的快慢情况。必要时可用水浴加热进行比较。

② 过二硫酸盐的氧化性　取两支试管，各加入 1 滴 $0.002mol \cdot L^{-1}$ $MnSO_4$、3 滴 $2mol \cdot L^{-1}$ HNO_3。往一份中加入 1~2 滴 $0.1mol \cdot L^{-1}$ $AgNO_3$ 和少量的 $(NH_4)_2S_2O_8$(s)，另一份只加入少量 $(NH_4)_2S_2O_8$(s)，将两试管同时置水浴中加热，观察两试管的现象有何不同？实验结果说明 $S_2O_8^{2-}$、MnO_4^- 何者氧化性较强？

$$5S_2O_8^{2-} + 2Mn^{2+} + 8H_2O \xrightarrow[\triangle]{Ag^+} 10SO_4^{2-} + 2MnO_4^- + 16H^+$$

$$S_2O_8^{2-} + Mn^{2+} + 2H_2O \xrightleftharpoons{\triangle} 2SO_4^{2-} + MnO_2\downarrow + 4H^+$$

试比较上述两种情况，并加以解释。

(5) 铜片镀锌及黄铜的生成——铜变"银"，"银"变"金"（选做）

在蒸发皿中放入一药匙锌粉，然后加入 $3mol \cdot L^{-1}$ $NaOH$，使之浸没锌粉，加热至 $NaOH$ 溶液微沸，待溶液稍冷后，把一洁净的铜片浸入其中，使铜片与锌粉直接接触，立刻就会看到有银白色的锌镀于铜片表面，待铜片表面全部被锌覆盖后，取出铜片，洗净晾干后待用。

移取上述反应后的清液，把另一洁净的铜片浸入其中，观察铜片能否镀上锌。

将得到的镀锌铜片在火焰上直接加热，待铜片由银白色变为黄色时，立即停止加热，放在冷水中冷却后，取出擦干。铜片表面变成黄色，说明生成铜锌合金。解释上述实验现象。

3. 化合物的稳定性

(1) 化合物在空气中的稳定性　在 Mn^{2+}、Fe^{2+}、Co^{2+}、Ni^{2+} 盐中加入碱，可生成相应的氢氧化物沉淀 $Mn(OH)_2$（白色）、$Fe(OH)_2$（白色）、$Co(OH)_2$（不稳定的蓝色，后转变为较稳定的粉红色）、$Ni(OH)_2$（苹果绿色），空气能迅速把 $Mn(OH)_2$、$Fe(OH)_2$ 氧化为 $MnO(OH)_2$、$Fe(OH)_3$，但 $Co(OH)_2$ 被空气氧化是相当缓慢的，而 $Ni(OH)_2$ 则根本不能被空气所氧化。

请设计验证实验。给定试剂：$0.1mol \cdot L^{-1}$ $MnSO_4$、$FeSO_4$、$CoCl_2$、$NiSO_4$；$0.5mol \cdot L^{-1}$ $NaOH$。

(2) 氯化铵的热稳定性　在一干燥的大试管离管口 1/3 处加少量氯化铵固体，用试管夹夹在试管靠底部部位，使试管口略向上，加热氯化铵，用湿润的 pH 试纸悬在试管口，观察试纸颜色有何变化？继续加热，试纸又有何变化？试管内壁温度较低处的白霜晶体为何物？用实验证明。

4. 化合物的配位性

(1) $[Cu(OH)_4]^{2-}$ 的制备与应用　$[Cu(OH)_4]^{2-}$ 能被醛类和某些糖类还原，生成 Cu_2O。如尿糖检验反应：

$$2[Cu(OH)_4]^{2-} + C_6H_{12}O_6(葡萄糖) =\!=\!=$$
$$Cu_2O\downarrow(红色) + 2H_2O + 4OH^- + C_6H_{12}O_7(葡萄糖酸)$$

采用实验内容 1(2)② 留下的 $[Cu(OH)_4]^{2-}$ 溶液验证。

(2) 银配合物的生成与应用

取 2 滴 $0.1mol \cdot L^{-1}$ $AgNO_3$ 于洁净的试管中，滴加 $2mol \cdot L^{-1}$ 氨水至生成的沉淀刚溶

解,再加入1滴10%葡萄糖溶液,在水浴上加热数分钟后观察银镜的形成(实验后立即回收溶液,银层可用6mol·L^{-1}硝酸溶解后回收)。

银镜反应:$2[Ag(NH_3)_2]^+ + C_6H_{12}O_6 + 2OH^- + 3H_2O \Longrightarrow 2Ag\downarrow + C_6H_{12}O_7 + 4NH_3 \cdot H_2O$

(3) 汞配合物的生成与应用

往1滴0.1mol·L^{-1} Hg(NO$_3$)$_2$溶液中滴入0.1mol·L^{-1} KI,观察沉淀的生成和颜色,再继续加入KI,有何现象?写出反应方程式。

在所得的溶液中滴加3滴KOH溶液,制得奈氏试剂,用它鉴定溶液中的NH$_4^+$,观察沉淀的颜色。

5. 难溶化合物的溶解性

(1) 磷酸盐的溶解性及H$_2$PO$_4^-$、HPO$_4^{2-}$和PO$_4^{3-}$的相互转化

在3支试管中分别滴入0.1mol·L^{-1} NaH$_2$PO$_4$、Na$_2$HPO$_4$或Na$_3$PO$_4$溶液,再滴加0.5mol·L^{-1}氯化钙溶液,观察现象。然后各滴入几滴2mol·L^{-1}氨水,有何变化?再滴入2mol·L^{-1}盐酸,又有何变化?

在H$_2$PO$_4^-$、HPO$_4^{2-}$、PO$_4^{3-}$盐中,何者溶解度最大?说明它们之间转化的条件。

(2) Cu^{2+}、Zn^{2+}、Cd^{2+}和Hg^{2+}的难溶硫化物的生成与溶解

分别试验0.1mol·L^{-1} CuSO$_4$、ZnSO$_4$、CdSO$_4$和Hg(NO$_3$)$_2$溶液与硫代乙酰胺溶液作用,在水浴上加热,观察沉淀的颜色。离心分离,弃去清液,试验这些硫化物能不能溶于6mol·L^{-1}盐酸中。如果不溶,再试验它们与6mol·L^{-1} HNO$_3$溶液的作用,最后把不溶于HNO$_3$溶液的沉淀,与王水进行反应。写出相应的反应方程式。

查阅硫化物的溶度积常数,解释它们的酸溶解实验现象。

(3) 锡(Ⅱ、Ⅳ)的硫化物和锡的硫代酸盐的生成和性质

在少量0.1mol·L^{-1} SnCl$_2$溶液中滴加5%的硫代乙酰胺溶液,加热,再用冷水冷却。试验SnS对6mol·L^{-1} HCl、1mol·L^{-1} Na$_2$S和(NH$_4$)$_2$S$_x$的作用。

以同样的方法制备SnS$_2$沉淀,并试验SnS$_2$对浓HCl、1mol·L^{-1} Na$_2$S的作用。

思考题

1. MgCl$_2$和NH$_3$·H$_2$O反应生成Mg(OH)$_2$和NH$_4$Cl,但是Mg(OH)$_2$沉淀又能溶于NH$_4$Cl饱和溶液,试加以解释。

2. 检验Pb(OH)$_2$的碱性时应该用什么酸?为什么不能用稀HCl或H$_2$SO$_4$?

3. 如何分离Cr^{3+}、Al^{3+}和Zn^{2+}?

4. 盛有KMnO$_4$溶液的瓶壁上往往有棕黑色沉淀,是什么物质?怎样除去?

5. 写出3种可以将Mn^{2+}氧化为MnO$_4^-$的强氧化剂,并用方程式表示所进行的反应。

6. 如何配制易水解物质的溶液?实验室配制SnCl$_2$溶液时,为什么既要加HCl,又要加锡粒?久置此溶液,其中Sn^{2+}、H$^+$浓度能否保持不变?为什么?

7. 已知$\varphi^{\ominus}([Cu(NH_3)_4]^{2+}/Cu) = -0.065V$,试说明为什么不宜用铜器存放氨水。

8. NH$_4^+$的定性检验一直采用奈氏试剂法,这个方法的主要缺点是奈氏试剂中含有污染环境的重金属汞。水杨酸法利用显色剂与铵离子作用形成有色化合物来检验NH$_4^+$,是NH$_4^+$检验的国家标准方法。查阅资料设计用水杨酸定性鉴定NH$_4^+$的方法。

9. 选用什么试剂来溶解下列固体:

氢氧化铜　硫化铜　溴化银　碘化银

10. 进行银镜反应时,为什么要把Ag$^+$变成[Ag(NH$_3$)$_2$]$^+$?镀在试管上的银如何洗掉?

11. 稀三氯化铁溶液为淡黄色，当它遇到什么物质时，可以呈现出血红色、浅绿色、蓝色，说出各物质的名称。试根据以上各物质设计出一幅供化学晚会用的"白色显画"图。

12. 砷、镉、铬、铅、汞及其化合物有毒，查阅资料了解它们的环保排放标准、回收和处理的方法。设计出实验室回收和处理它们的合理方案。

[学习指导]

实验操作要点及注意事项

1. 在实验内容 2(1)、① 中 H_2O_2 可以将黑色的 PbS 氧化成白色的 $PbSO_4$，为了使黑色的 PbS 全部迅速地转化为白色的 $PbSO_4$，实验时应注意 $Pb(NO_3)_2$ 不能取用过量，当生成 PbS 沉淀后，要离心分离除去过量的 H_2S 溶液。

2. NH_4^+ 的鉴定。

① 气室法。具体操作方法参见实验 3-2。

② 奈氏法。取上述实验产物白霜适量于试管中，加少量水溶解，加 1 滴奈氏试剂（Nessler's Reagent：$K_2[HgI_4]$ 和 KOH 溶液）。如有红棕色沉淀（NH_4^+ 极少时生成棕黄色溶液），示有 NH_4^+ 存在。反应式为：

$$HgI_2 + 2I^- = [HgI_4]^{2-}（四碘合汞离子）$$

$$NH_4Cl + 2K_2[HgI_4] + 4KOH = \left[\begin{array}{c}Hg\\O\quad NH_2\\Hg\end{array}\right]I\downarrow（碘化氨基氧汞）+ KCl + 7KI + 3H_2O$$

3. 银氨溶液在放置过程中，会生成具有爆炸性的物质（可能是 Ag_2NH 或 $AgNH_2$），因此该溶液不能久置。若要破坏银氨配合物，可加 HCl 使之转化为 AgCl。

4. 银镜反应条件：器皿干净；稀 $[Ag(NH_3)_2]^+$ 溶液；NH_3 不宜多加（Ag_2O 沉淀刚溶解）；温度 50～70 ℃；加入醛和葡萄糖后不要剧烈摇动实验器皿。

5. H_2S 为无色有臭蛋气味、极毒的气体。吸入后引起头疼、眩晕，延髓中枢麻痹；H_2S 沉着于黏膜，易形成有刺激性作用的硫化物。因此，进行有 H_2S 产生的实验必须在通风橱中操作。

鉴于 H_2S 的毒性，实验室制备硫化物时，常以硫代乙酰胺（CH_3CSNH_2，简称 TAA）代之。TAA 是白色鳞片状结晶，它的水溶液相当稳定，常温时水解很慢。在酸性溶液，特别是在碱性溶液中加热水解更易进行。水解反应可表示为：

$$CH_3CSNH_2 + 3OH^- = CH_3COO^- + NH_3 + S^{2-} + H_2O（碱性条件）$$
$$CH_3CSNH_2 + H^+ + 2H_2O = CH_3COOH + NH_4^+ + H_2S（酸性条件）$$
$$CH_3CSNH_2 + 2NH_3 = CH_3CNHNH_2 + NH_4^+ + HS^-（氨性溶液）$$

可见在酸性溶液中可用 TAA 代替 H_2S 水溶液，在碱性溶液中可用 TAA 代替 Na_2S 或 $(NH_4)_2S$ 水溶液。

TAA 水溶液只有微弱的气味，使用时不需要气体发生器，不损害身体健康，这是用硫代乙酰胺比用硫化氢优越的地方。

6. 实验所用的有关 Cd、Hg、Pb 的试剂都有剧毒，实验时试剂应尽量少取，注意实验中相关物质的循环使用，实验后的废液收集与处理。

7. 在进行沉淀溶解实验时，一定要把沉淀物洗干净。洗涤的方法为：① 颗粒较大的沉淀，把产生沉淀的试管放入热水浴中，待沉淀沉降后，用滴管吸出上层清液，然后再加入蒸馏水，充分搅拌后，再放入热水浴中，如此反复洗涤 2～3 次（有特殊要求的除外）；② 颗粒较小的沉淀，用离心机分离后，用滴管吸出上层清液，然后再加入蒸馏水，充分搅拌后，再离心分离，如此反复洗涤 2～3 次。

实验知识拓展

1. 均相沉淀的概念

在均相溶液中，借助于适当的化学反应，有控制地产生沉淀剂，与所需离子作用，在整个溶液中缓慢地析出密实而较重的无定形沉淀或大颗粒的晶态沉淀的过程。

通常的沉淀操作是把一种合适的沉淀剂加到一个欲沉淀物质的溶液中，使之生成沉淀。这种沉淀方法，在相混的瞬间，总不免出现局部过浓现象，因此整个溶液不是均匀的。这种在不均匀溶液中进行沉淀可能引起溶液中其他物质的共沉淀，出现沉淀沾污等现象。

均相沉淀是在1930年由中国学者唐宁康在 H. H. 威拉德的实验室里工作时发现的，他在一份酸性的硫酸铝溶液中加入尿素，观察到溶液中并无任何反应发生，溶液是完全澄清的。但将这份溶液加热近沸时，尿素则逐渐水解：

$$CO(NH_2)_2 + H_2O \longrightarrow 2NH_3 + CO_2$$

水解所生成的氨使溶液的 pH 逐渐升高，同时释出的二氧化碳能起搅拌溶液的作用，防止发生崩溃现象。于是，在整个溶液中就缓慢地生成碱式硫酸铝沉淀，它是很紧密的、较重的无定形沉淀，体积很小，杂质很少，可与很多元素很好地分离。1937年，威拉德和唐宁康在发表他们的研究成果时，把这个方法命名为均相沉淀。

2. 实验室需要现用现配的试剂

有些试剂容易发生氧化还原或分解反应，以及容易吸收空气中的氧和 CO_2 而发生变化的试剂，不能久放，需要在使用时现配。常见的试剂有：①亚硝酸钠溶液；②亚硫酸钠溶液；③硫代硫酸钠溶液；④硫酸钙溶液；⑤硫酸亚铁溶液；⑥H_2S 溶液；⑦Na_2S 溶液；⑧漂白粉溶液。

3. 赤血盐的毒性

虽然赤血盐的 $K_稳$（1.0×10^{42}）比黄血盐的 $K_稳$（1.0×10^{35}）大很多，但由于动力学的因素，前者在溶液中解离的反应远比后者更为迅速，如在中性溶液中 $[Fe(CN)_6]^{3-}$ 水解：

$$[Fe(CN)_6]^{3-} + 3H_2O \rightleftharpoons Fe(OH)_3 + 3CN^- + 3HCN$$

相应地，$[Fe(CN)_6]^{4-}$ 解离速率慢，在动力学上是惰性的，所以赤血盐的毒性反而比黄血盐要大。因此在处理含 CN^- 废水时，常选用 Fe(Ⅱ) 盐。

制备时，利用 CN^- 的强配位能力，Fe^{2+} 与过量 KCN 溶液作用生成配离子 $[Fe(CN)_6]^{4-}$，得到黄血盐 $K_4[Fe(CN)_6] \cdot 3H_2O$ 黄色晶体。因为 Fe^{3+} 有氧化性，CN^- 有还原性，不能用两者直接反应生成 $[Fe(CN)_6]^{3-}$ 制备红色的赤血盐 $K_3[Fe(CN)_6]$，一般可用氯气或过氧化氢溶液氧化 $[Fe(CN)_6]^{4-}$ 而得。

4. 斐林试剂 $K_2[Cu(OH)_4]$

斐林反应：分析化学上利用斐林反应测定醛，医学上利用斐林反应检查糖尿病。

$$2[Cu(OH)_4]^{2-} + C_6H_{12}O_6(葡萄糖) \rightleftharpoons Cu_2O\downarrow(红棕) + 2H_2O + C_6H_{12}O_7(葡萄糖酸) + 4OH^-$$

由于制备方法和条件的不同，Cu_2O 晶粒大小各异，而呈现多种颜色，即黄、橙黄、鲜红或深棕。

5. 化学镀的原理

化学镀是在不借助外接电源的条件下，使用合适的还原剂使镀液中的金属离子还原成金属而沉积在镀件表面的一种镀覆工艺。金属镀层的形成纯粹是化学还原作用，它是一种特殊的镀覆方法，镀件可用金属材料，也可以用非金属材料（如陶瓷、玻璃、塑料等）。

化学镀工艺步骤包括：粗化→敏化→活化→化学镀。

以镀铜为例，镀铜液：硫酸铜、乙二胺四乙酸钠、氢氧化钠、甲醛和少量稳定剂。反应机理为：

$$Sn^{2+} + 催化金属离子 \xrightarrow{} Sn^{4+} + 催化金属$$
$$(Ag^+ 或 Pd^{2+}) \qquad (Ag 或 Pd)$$
$$HCHO + OH^- \xrightarrow{Ag 或 Pb} H_2 + HCOO^-$$
$$Cu^{2+} + H_2 + 2OH^- \xrightarrow{} Cu + 2H_2O$$
$$HCHO + OH^- \xrightarrow{铜膜} H_2 + HCOO^-$$

总的反应方程式：
$$Cu^{2+} + 2HCHO + 4OH^- \xrightarrow{} Cu + 2HCOO^- + 2H_2O + H_2$$

实验 3-8 未知物鉴别与未知离子混合液的分离与鉴定——设计实验

实验目的

1. 运用所学的元素及化合物的基本性质，学习进行常见物质的鉴定或鉴别。
2. 进一步巩固常见阳离子和阴离子的重要反应。
3. 学习和掌握常见阴离子的分离和鉴定方法，以及阴离子检出的基本操作。
4. 学习和掌握常见阳离子的分离和鉴定方法，以及阳离子检出的基本操作，进一步巩固离子鉴定的条件和方法。
5. 巩固和进一步掌握一些金属元素及其化合物的性质。

实验要求与实验内容

1. 实验要求

本实验是在进行平衡原理研究实验的基础上，从不同角度出发，运用化学理论知识和实验技能，对元素及其化合物性质进行综合研究。

要求学生根据实验内容认真分析题意、独立设计实验方案；选择适当仪器、药品、试剂浓度及用量；说明实验应观察的内容。设计方案要经教师审查后方可进行实验。实验中详细记录现象，对出现的问题应及时加以分析、研究，得出结论，写出实验报告。

（1）拟出分离与鉴定方案，画出操作流程示意图进行实验。
（2）记录实验现象，写出有关离子反应方程式和实验结果。
（3）给出结论。

2. 实验内容（可选做或另行确定）

（1）区别两片银白色金属片，一是铝片，另一是锌片。
（2）鉴别 3 种黑色和近于黑色的氧化物：CuO、PbO_2、MnO_2。
（3）鉴别下列 8 种固体样品：硫酸铜、三氧化二铁、氧化亚铜、硫酸镍、二氯化钴、碳酸氢铵、氯化铵、氧化铜。
（4）盛有 9 种以下硝酸盐溶液的试剂瓶标签被腐蚀，试加以鉴别。
$AgNO_3$、$Hg(NO_3)_2$、$Pb(NO_3)_2$、$NaNO_3$、$Cd(NO_3)_2$、$Zn(NO_3)_2$、$Al(NO_3)_3$、KNO_3、$Mn(NO_3)_2$。
（5）鉴别 10 种下列盛有钠盐溶液的试剂瓶。
$NaNO_3$、Na_2S、$Na_2S_2O_3$、Na_3PO_4、$NaCl$、Na_2CO_3、$NaHCO_3$、Na_2SO_4、$NaBr$、Na_2SO_3。
（6）Fe^{3+}、Cr^{3+}、Ni^{2+}、Zn^{2+}、Ag^+ 混合液的分离与鉴定。
该阳离子未知混合液可能含有所述离子中的大部分或全部，设计一实验方案，以确定未知液中含有哪几种离子，哪几种离子不存在。

(7) SO_4^{2-}、CO_3^{2-}、PO_4^{3-}、I^- 混合液的分离与鉴定。

要求按 4 个离子全部存在来设计完整、正确的分离鉴定方案，再根据实验结果确定未知液中含有哪几种离子，哪几种离子不存在。

思考题

1. 怎样证明一晶体是明矾？
2. 什么叫无机定性分析？它涉及哪两方面的问题？
3. 作为鉴定反应应具备什么条件？
4. 可采用什么方法提高鉴定反应的选择性？
5. 是否必须先将各组分离子分离后才可进行鉴定？为什么？
6. 何为空白实验、对照实验？各有何作用？
7. 阴离子常采用分别分析方法，为什么？
8. 加稀 H_2SO_4 或稀 HCl 溶液于固体试样中，如观察到有气泡产生，则该固体试样中可能存在哪些阴离子？
9. 有一阴离子未知液，用稀 HNO_3 调节其至酸性后，加入 $AgNO_3$ 试剂，发现并无沉淀生成，则可以确定哪几种阴离子不存在？
10. 在酸性溶液中能使 I_2-淀粉溶液褪色的阴离子有哪些？
11. 某阴离子未知溶液经初步试验，结果如下：

① 酸化时无气体产生；
② 加入 $BaCl_2$ 时有白色沉淀析出，再加 HCl 后又溶解；
③ 加入 $AgNO_3$ 时有黄色沉淀析出，再加 HNO_3 后发生部分沉淀溶解；
④ 试液能使 $KMnO_4$ 紫色褪去，但与 KI、碘-淀粉试液无反应。

试指出：哪些离子肯定不存在？哪些离子肯定存在？哪些离子可能存在？

[学习指导]

实验操作要点及注意事项

1. 定性鉴定实验应注意的问题

(1) 试液的每次用量为 0.5~1.0mL。试液取多了，试剂用量大，不易沉淀完全，还会造成小试管容纳不下。

(2) 调节酸度或沉淀时，一定要将溶液混合均匀。

(3) 沉淀要完全，除了沉淀剂的量要取够外，还要针对沉淀对象，控制沉淀条件。一是严格控制沉淀时的 pH，使该沉淀的全部沉淀下来，不该沉淀的留在溶液中；二是在加热条件下进行沉淀，以避免胶体的形成。如发现上层溶液浑浊，沉淀分离不清，可在沸水浴上加热 5min 以上，使胶体凝聚而沉降。

(4) 分离要彻底。要做到这一点，需做好两个操作：沉淀与溶液的分离、沉淀的洗涤。分离后的离心液要透明，如浑浊，则需重新离心分离。

(5) 做离子鉴定练习时，应取出几滴溶液，控制好反应条件（如酸度）后进行，同时进行对照试验，以检验反应条件是否控制正确。

2. 凡有 Cl_2、H_2S、SO_2 等有毒气体产生的实验，均要在通风橱中进行。

3. 实验内容 (2)、(3)、(4)、(5) 应注意试管的编号与记录。

实验知识拓展——常见无机物的定性分离与鉴定

在实际工作中，需要进行分析的物质，很少是一种纯净的单质或化合物，多数情况是复杂物质或是多种离子的混合溶液。如直接鉴定其中某种离子时，常常会遇到其他共存离子的干扰，于是在分析工作中时常要进行分离处理或将产生干扰的离子进行掩蔽。所以分离和鉴定是定性分析中两个紧密相关的环节，分离的目的是为了鉴定。而鉴定的目的是为了确定试样中存在的离子种类，进而可以定性确定试样的化学组成。

离子鉴定就是定性地确定某种元素或其离子是否存在。离子鉴定反应大都在水溶液中进行，但并非离子能发生的任何反应都可以作为鉴定反应。只有那些具有明显的外观特征（如溶液颜色的改变，沉淀的生成或溶解，气体的产生等），且反应迅速、灵敏度高（待检出离子量很少就能发生明显反应）、选择性好的反应，才能作为鉴定反应。

下面仅就离子分离与鉴定的基本原理和实验方法作简略介绍。

1. 鉴定反应的灵敏度和选择性

（1）**反应的灵敏度**　在离子鉴定反应中，所需待鉴定离子量的多少反映了反应的灵敏程度。所需离子的量越少，反应的灵敏度就越高。

反应的灵敏度通常用"检出限量"和"最低浓度"来表示。检出限量（绝对量）是指用某种反应可以检出某种离子的最小含量，通常用微克（μg）来表示；最低浓度（相对量）是指能得到肯定结果时待鉴定离子的最低浓度，用 $1:G$ 或 10^{-6} 表示。

例如用 KSCN 鉴定 Fe^{3+} 的反应，若将 Fe^{3+} 稀释到 Fe^{3+} 与水的质量比为 $1:200000$，至少要取 0.05mL 以上试液才能观察到血红色溶液的产生，试液少于 0.05mL，或浓度稀于 $1:200000$，就观察不到血红色溶液，则这个鉴定反应的检出限量为 $0.25\mu g$，最低浓度为 $1:200000$ 或 5×10^{-6}。通常要求鉴定反应的检出限量应小于 $50\mu g$，最低浓度应低于 $1:10000$ 或 100×10^{-6}。

反应的灵敏度主要取决于反应物质的本性。改变反应条件也可以改变灵敏度，因此在元素定性分析中常利用这一点来提高鉴定反应的灵敏度。例如加入不与水相溶的有机溶剂萃取某种有色的无机化合物，使其浓度增大，颜色加深，更加便于观察，也提高了该反应的灵敏度。

如果用某种鉴定反应鉴定某离子时得到否定的结果，实际上是表示该离子含量在检出限量或最低浓度以下。

（2）**反应的选择性**　在一定条件下，一种试剂只能与一些离子起反应产生特征现象，而不与其他离子反应的性质，叫鉴定反应的选择性。在混合离子体系中，与加入的某鉴定试剂起反应的离子种类越少，则这一鉴定反应的选择性就越高。

如果鉴定试剂只与被检离子起反应产生特殊现象，其他离子的存在对此毫无影响，则这一反应的选择性最高，称该反应为鉴定此离子的特效反应，该试剂为鉴定此离子的特效试剂。例如，阳离子中只有 NH_4^+ 与强碱作用逸出氨气：

$$NH_4^+ + OH^- \rightleftharpoons NH_3\uparrow + H_2O$$

该反应是鉴定 NH_4^+ 的特效反应，强碱是鉴定 NH_4^+ 的特效试剂。显然，我们希望每种离子都有特效反应，这样不仅可以大大简化分析操作步骤，还可以提高鉴定反应的准确性。但实际上特效反应并不多，共存的离子往往彼此干扰测定，只能尽量选用选择性好的反应作为鉴定反应，而在进行鉴定之前做一些必要的工作，以消除其他离子对待检离子的干扰，提高离子鉴定反应的选择性。

离子间的相互干扰主要来自两个方面。

① 其他离子也与加入的鉴定试剂起类似反应，产生类似的现象，这就影响了对被检离子的判断。例如用 K_2CrO_4 鉴定 Ba^{2+} 时，如果溶液中有 Pb^{2+} 和 Sr^{2+} 存在，生成的黄色沉淀就不能肯定是 $BaCrO_4$，因为 $PbCrO_4$ 和 $SrCrO_4$ 也都是黄色沉淀。如果生成物的颜色不

同,则深色必然会掩盖住浅色,浅色物质是否生成就难以判断;反之则不会造成影响。例如,Fe^{3+}与$K_4[Fe(CN)_6]$反应生成深蓝色沉淀,如果溶液中还含有Cu^{2+}、Zn^{2+}、Pb^{2+}、Cd^{2+},它们与$K_4[Fe(CN)_6]$也起反应,生成沉淀的颜色分别为红棕色、白色、白色和白色。因此,对于利用$K_4[Fe(CN)_6]$鉴定Fe^{3+}、Cu^{2+}的反应来说,Cu^{2+}、Zn^{2+}、Pb^{2+}、Cd^{2+}对Fe^{3+}的鉴定就无干扰,因为它们生成沉淀的颜色掩盖不住对蓝色的观察;Zn^{2+}、Pb^{2+}、Cd^{2+}的存在也不会干扰Cu^{2+}的鉴定;而Fe^{3+}的存在就会对Cu^{2+}的鉴定形成干扰。

② 妨碍鉴定反应的正常进行。例如用$(NH_4)_2S_2O_8$鉴定Mn^{2+}的反应,还原性离子Cl^-、Br^-、I^-对其有干扰,它们不仅消耗氧化剂$(NH_4)_2S_2O_8$的用量,而且还与催化剂$AgNO_3$起反应生成AgX沉淀,妨碍了Ag^+的催化作用。

(3) 提高鉴定反应选择性的方法

① 控制溶液的酸度消除干扰 例如,用Ba^{2+}鉴定SO_4^{2-}时,CO_3^{2-}、SO_3^{2-}也会与Ba^{2+}作用形成干扰。而若加酸酸化,由于$BaSO_4$不溶于酸,仍有白色沉淀生成,则可排除干扰。

② 加入掩蔽剂消除干扰 例如,用$0.1mol \cdot L^{-1}$ SCN^-鉴定Co^{2+}时,当有Fe^{3+}存在时,由于$[Fe(NCS)_n]^{3-n}$血红色配离子的产生而干扰Co^{2+}的鉴定。若加入NH_4F(或NaF)作掩蔽剂,形成更稳定但无色的$[FeF_6]^{3-}$而被掩蔽起来,而F^-不与Co^{2+}形成稳定的配合物,可消除Fe^{3+}的干扰,使$[Co(NCS)_4]^{2-}$的蓝色呈现出来。

离子掩蔽不仅在定性分析中常用,在定量分析中也会用到。

③ 消除或分离干扰离子 从混合离子的实际情况出发,具体问题具体分析,设法找到一些简单可行的方法来消除干扰离子。例如,加入有机溶剂来萃取反应的产物(如用CCl_4萃取Br_2、I_2等),也可以使反应现象更加明显,从而提高某些反应的选择性。用钼酸铵试剂鉴定PO_4^{3-}时,还原性离子(SO_3^{2-},$S_2O_3^{2-}$,少量S^{2-})可将钼酸根还原为低氧化态钼蓝,使钼酸铵被破坏,影响鉴定。为消除还原性离子的干扰,可加入氧化性试剂(如HNO_3)氧化除去。用$C_2O_4^{2-}$鉴定Ca^{2+}时,生成白色的CaC_2O_4沉淀,如果溶液中存在Ba^{2+},Ba^{2+}也会与$C_2O_4^{2-}$作用形成干扰。为消除Ba^{2+}的干扰,可加入K_2CrO_4,使Ba^{2+}生成$BaCrO_4$沉淀并将其分离出来,消除其干扰。

2. 鉴定反应进行的条件

鉴定反应和其他化学反应一样,需要在一定的实验条件下才能进行。如果不满足反应条件,反应可能根本不发生,或者得不到预期的效果。因此掌握反应条件是作好鉴定反应的关键。最重要的实验条件如下。

(1) 介质的酸碱性

为使鉴定反应顺利进行,必须控制反应介质的酸碱性,这是由反应产物的特性以及鉴定试剂、被检离子的性质所决定的。

例如用SCN^-鉴定Fe^{3+}的反应、$SnCl_2$溶液鉴定Hg^{2+}的反应,都要求在酸性介质中进行,这是因为在中性条件下,第一个反应的被检离子Fe^{3+}、第二个反应的鉴定试剂$SnCl_2$都会发生水解。

(2) 反应离子的浓度

为使鉴定反应的现象明显,要求溶液中待检离子和鉴定试剂必须达到一定的浓度,大体上离子浓度控制为$0.1mol \cdot L^{-1}$。

例如,对于沉淀反应,不仅要求溶液中反应离子的浓度积超过该沉淀物的溶度积,而且要求反应要析出足够量的沉淀,以便于观察。例如,对溶解度较大的$PbCl_2$沉淀,只有当溶

液中 Pb^{2+} 的浓度足够大时,加入稀 HCl 才会有白色沉淀生成。但事物总是一分为二的。个别鉴定反应离子浓度过大反而有害。例如用强氧化剂,如 $NaBiO_3$、PbO_2、$(NH_4)_2S_2O_8$ 等鉴定 Mn^{2+} 的反应,如果 Mn^{2+} 的浓度过大:

$$2MnO_4^- + 3Mn^{2+} + 2H_2O \Longrightarrow 5MnO_2\downarrow + 4H^+$$

使反应产物 MnO_4^- 被还原,影响紫红色溶液现象的观察。

(3) 反应的温度和催化剂

通常,大多数离子鉴定反应是在常温下进行的。加热常常是为了:加快反应速率;使生成的沉淀聚沉;使粉细沉淀陈化为较大的"颗粒";使沉淀溶解,或驱赶气体。但反应温度对某些鉴定反应有较大影响。例如 $PbCl_2$ 沉淀的溶解度随温度升高而迅速增大,因此用稀 HCl 沉淀 Pb^{2+} 时不能在热溶液中进行。有些鉴定反应还需要加入催化剂。例如用 $(NH_4)_2S_2O_8$ 鉴定 Mn^{2+} 的反应,就需要加入 Ag^+ 作催化剂并加热,才能得到紫红色的 MnO_4^- 溶液,否则只能得到 MnO_2 棕色沉淀。

(4) 溶剂

为了提高鉴定反应的灵敏度,增加生成物的稳定性,某些鉴定反应要求在一定的有机溶剂中进行。例如用 H_2O_2 鉴定 Cr(Ⅵ) 的反应:

$$4H_2O_2 + Cr_2O_7^{2-} + 2H^+ \Longrightarrow 2CrO(O_2)_2 + 5H_2O$$

生成的深蓝色过氧化铬不稳定,易分解为 Cr^{3+},使蓝色消失。为了使 $CrO(O_2)_2$ 稳定,加入乙醚或戊醇萃取,并使反应在低温下进行,就能得到较好的效果。

3. 分离方法

混合离子中几种离子互相干扰,又不能用离子掩蔽等简便方法消除时,就必须用分离的方法,使互相有干扰的离子彼此分离开,再设法一一鉴定。

溶液中离子分离的方法主要有以下几种。

(1) 沉淀分离法

借助于形成沉淀与溶液分离的方法。在混合离子溶液中,加入适当的试剂(沉淀剂),它能与被检离子或者干扰离子形成沉淀物,再经过离心分离,就可以使被检离子与干扰离子分离开。沉淀剂一般可使某些离子同时产生沉淀,在定性分析中也称为"组试剂"。如果通过一次沉淀过程,仍不能使干扰离子分离,则应进一步选加其他试剂,使溶液再次沉淀或使部分沉淀发生溶解,这样进行下去直至最终将被检离子与干扰离子分离开。离子鉴定主要是在溶液中进行的,如果被检离子形成了沉淀,一般需要使其溶解后再加以鉴定。

沉淀分离法的关键是要求被沉淀的离子能沉淀完全,而其余离子不会产生沉淀,这就要求选择好沉淀剂的种类、浓度及用量,还要掌握好沉淀反应进行的条件。为使某离子沉淀完全,一般应加稍许过量的沉淀剂;但沉淀剂过多会造成不被沉淀离子浓度的降低,使该离子鉴定反应的灵敏度降低。检验沉淀是否完全的方法是在离心后的上清液中加入 1 滴沉淀剂,看是否还有沉淀生成。若不再产生沉淀,表示已经沉淀完全;若仍有新沉淀产生,则说明沉淀剂不够或原沉淀反应未进行完全,应视具体情况加以调整,使反应最终达到要求。

阳离子常用的沉淀剂有 HCl、H_2SO_4、H_2S、NaOH、$NH_3 \cdot H_2O$、$(NH_4)_2CO_3$、$(NH_4)_2S$ 等;阴离子常用的沉淀剂有 $BaCl_2$、HCl、$AgNO_3$ 等。

(2) 挥发分离法

挥发分离法是使某些离子与特定试剂反应,生成易挥发的生成物而与其他离子分离开的方法。例如,使 NH_4^+ 与碱反应(加热)生成 NH_3;CO_3^{2-}、S^{2-} 与酸反应生成 CO_2、H_2S 等气体从溶液中逸出,从而与其他离子分离。

(3) 萃取分离法

萃取分离法是利用物质在互不相溶的两种溶剂中的溶解度不同,使物质从一种溶剂中转移至另一种溶剂中,从而达到分离的方法。例如 Br_2、I_2 易溶于 CCl_4 而难溶于水,在含有 Br_2、I_2 等的溶液中加入 CCl_4 振荡后,它们大部分转移至 CCl_4 层,再经分液就使它们与原溶液分离。

物质在两种不同溶剂中的溶解度差别越大,萃取分离的效果就越好。在操作上应采用"少量多次"的原则,这比总萃取液量不变而一次萃取的效果好。

其他还有离子交换分离法等。

4. 离子分离与鉴定的原则和方法

(1) 分别分析和系统分析

在已知组成的混合溶液中,若某一离子有特效反应,或其他离子的存在并不干扰此离子的鉴定,就可以取混合液直接鉴定该离子,这种分析方法称为分别分析。但是,特效反应和离子间完全无干扰的情况并不多。一般情况下,需要根据共存离子的特点,设计一个合理的分离方案,按一定的顺序进行分离后,再依次检出各个离子,这种分析方法称为系统分析。

① 阳离子系统分析简介

阳离子种类较多,常见离子共有 28 种,又没有足够的特效鉴定反应可利用,所以当多种离子共存时,阳离子的定性分析多采用系统分析法,首先利用它们的某些共性,按照一定顺序加入组试剂,将离子一组一组地分批沉淀出来,分成若干组,然后在各组内根据它们的差异性进一步的分离、鉴定。阳离子的系统分析方案应用比较广泛,比较成熟的是硫化氢系统分析法和两酸两碱系统分析法。

a. 硫化氢系统 分组方案依据的主要是各离子硫化物以及它们的氯化物、碳酸盐和氢氧化物的溶解度不同,采用不同的组试剂将阳离子分成 5 个组,然后在各组内根据它们的差异性再进一步分离、鉴定。硫化氢系统的优点是系统严谨,分离较完全,能较好地与离子特性及溶液中离子平衡等理论相结合,但不足之处是硫化氢会污染空气,污染环境。为了减轻污染,人们改用硫代乙酰胺代替硫化氢饱和水溶液。硫代乙酰胺的水溶液比较稳定,常温下释放出的硫化氢很少,但加热以后又能达到硫化氢饱和水溶液的反应效果。这样既能发挥硫化氢系统的优点,同时又能减轻硫化氢气体对环境的污染。

硫代乙酰胺系统分析法把阳离子分离为五个组后,再分别鉴定。

b. 两酸两碱系统 该系统是以最普通的两酸(盐酸、硫酸)、两碱(氨水、氢氧化钠)作组试剂,根据各离子氯化物、硫酸盐、氢氧化物的溶解度不同,将阳离子分为五个组,然后在各组内根据它们的差异性进一步分离和鉴定。

两酸两碱系统的优点是避免了有毒的硫化氢,应用的是最普通最常见的两酸两碱,但由于分离系统中用得较多的是氢氧化物沉淀,而氢氧化物沉淀不容易分离,并且由于两性及生成配合物的性质,以及共沉淀等原因,使组与组的分离条件不容易控制。

c. 常见阳离子的鉴定反应 详见附录。

② 阴离子的分离与鉴定原理

a. 阴离子种类与特点 常见阴离子有以下 13 种:SO_4^{2-}、SiO_3^{2-}、PO_4^{3-}、CO_3^{2-}、SO_3^{2-}、$S_2O_3^{2-}$、S^{2-}、Cl^-、Br^-、I^-、NO_3^-、NO_2^-、Ac^-。

在阴离子中,有的遇酸易分解,有的彼此氧化还原而不能共存。故阴离子的分析具有以下两个特点:

(a) 阴离子在分析过程中容易起变化,不易于进行手续繁多的系统分析;

(b) 阴离子彼此共存的机会很少,且可利用的特效反应较多,有可能进行分别分析。

b. 阴离子的分析原则 在阴离子的分析中,主要采用分别分析方法,只有在鉴定时,在某些阴离子发生相互干扰的情况下,才适当采取分离手段。但采用分别分析方法,并不是要针对所研究的全部离子逐一进行检验,而是先通过初步实验,用消去法排除肯定不存在的阴离子，然后对可能存在的阴离子逐个加以确定。

c. 阴离子的初步实验　初步性质检验一般包括如下。

（a）试液的酸碱性试验。

（b）是否产生气体的试验——挥发性实验。

待检离子：SO_3^{2-}、CO_3^{2-}、$S_2O_3^{2-}$、S^{2-}、NO_2^-。

反应方程式：$2H^+ + CO_3^{2-} = H_2O + CO_2\uparrow$

$\qquad\qquad\quad 2H^+ + SO_3^{2-} = H_2O + SO_2\uparrow$

$\qquad\qquad\quad 2H^+ + S_2O_3^{2-} = H_2O + SO_2\uparrow + S\downarrow（黄）$

$\qquad\qquad\quad 2H^+ + S^{2-} = H_2S\uparrow$

$\qquad\qquad\quad 2H^+ + 2NO_2^- = NO\uparrow + NO_2\uparrow + H_2O$

（c）氧化性阴离子的试验。

待检离子：NO_2^-。

反应方程式：$NO_2^- + 2H^+ + 2I^- = I_2 + NO\uparrow + H_2O$

（d）还原性阴离子的试验——还原性试验。

$KMnO_4$ 试验。

$$2MnO_4^- + 5SO_3^{2-} + 6H^+ = 2Mn^{2+} + 5SO_4^{2-} + 3H_2O$$

$$8MnO_4^- + 5S_2O_3^{2-} + 14H^+ = 10SO_4^{2-} + 8Mn^{2+} + 7H_2O$$

$$2MnO_4^- + 10Br^- + 16H^+ = 5Br_2 + 2Mn^{2+} + 8H_2O$$

$$2MnO_4^- + 10I^- + 16H^+ = 5I_2 + 2Mn^{2+} + 8H_2O$$

$$2MnO_4^- + 5NO_2^- + 6H^+ = 5NO_3^- + 2Mn^{2+} + 3H_2O$$

$$2MnO_4^- + 10Cl^- + 16H^+ = 5Cl_2\uparrow + 2Mn^{2+} + 8H_2O$$

$$2MnO_4^- + 5S^{2-} + 16H^+ = 5S\downarrow（黄）+ 2Mn^{2+} + 8H_2O$$

其余离子无明显现象。

I_2 淀粉试验

$$I_2 + S^{2-} = 2I^- + S\downarrow$$

$$I_2 + 2S_2O_3^{2-} = 2I^- + S_4O_6^{2-}$$

$$H_2O + I_2 + SO_3^{2-} = 2H^+ + 2I^- + SO_4^{2-}$$

（e）难溶盐阴离子试验——沉淀实验。

钡组阴离子——与 $BaCl_2$ 的反应。

13 种阴离子中 SO_4^{2-}、SiO_3^{2-}、PO_4^{3-}、SO_3^{2-}、CO_3^{2-}、$S_2O_3^{2-}$ 会与 $BaCl_2$ 反应产生白色沉淀，而 S^{2-}、Cl^-、Br^-、I^-、NO_3^-、NO_2^-、Ac^- 中加入 $BaCl_2$ 后无现象。

银组阴离子——与 $AgNO_3$ 的反应。

13 种阴离子中仅 NO_3^-、NO_2^-、Ac^- 无明显现象，其余均与 $AgNO_3$ 反应产生不同颜色沉淀。

d. 分离与鉴定　经过初步试验后，可以对试液中可能存在的阴离子作出判断，然后根据阴离子特性反应作出鉴定。

（2）空白试验与对照试验

在离子鉴定过程中，常常可能出现过度检出或离子的失落。过度检出是指试样中并不含某种离子，但由于去离子水或试剂中含有被检离子等因素，误以为试样中有该离子存在。相反，若试样中有某离子，但由于试剂失效或没有严格控制好反应条件，可能误认为该离子不存在，造成离子的失落。当实验现象不甚明显，很难作出肯定判断时，则应采用对比法，要做空白试验或对照试验。

① 空白试验 取一份去离子水代替试液，与试液在相同条件下，以相同方法对同一种离子进行鉴定，这种对比的实验方法称为空白试验，目的在于检查去离子水及试剂中是否含有被鉴定的离子。

如用 SCN^- 鉴定试样中有无 Fe^{3+} 时，若得到血红色溶液，则说明有 Fe^{3+}。但试样是用酸溶液配制而成的，微量的 Fe^{3+} 是试样中原有的，还是所使用的酸或是去离子水带入的杂质呢？为此可做空白试验：取少量配制试样的酸与去离子水代替试液，重复上述操作，若得到同样深浅的血红色，说明试样中无 Fe^{3+}。如所得的结果为无色或明显的比试样颜色浅，才能判断试样中确有 Fe^{3+} 存在。

② 对照试验 用含有某种离子的纯盐溶液代替试液，与试液在相同条件下进行鉴定，称为对照试验。目的在于检查试剂是否失效或鉴定反应条件控制是否恰当。

如用 $SnCl_2$ 溶液鉴定 Hg^{2+} 时，未出现灰黑色沉淀（Hg，Hg_2Cl_2），一般认为无 Hg^{2+}。但考虑到 $SnCl_2$ 易被空气氧化而失效，这时可取已知 Hg^{2+} 盐溶液做对照试验，若也不出现灰黑色沉淀，说明试剂 $SnCl_2$ 已经失效，应重新配制后，再进行鉴定。

(3) 已知离子混合液的分析

拟定分析方案的原则如下：

① 在混合离子溶液中，如果某个离子在鉴定时不受其他离子的干扰，则可只进行该离子的分别分析，而不需要进行系统分析。若干扰离子可通过简单方法消除时，也应尽量创造条件进行分别分析。

② 如果溶液中离子间的干扰无法用简单方法排除，则需要根据具体情况确定合理的分离方案进行系统分析。

(4) 未知样品的分析

未知样品的分析，目的是鉴定出样品中存在的各种阴、阳离子，未知样品是多种多样的，有盐类、难溶化合物、矿石、合金、溶液和其他化工产品等。不同的样品组成各不相同，因此所采用的分析方法也就不尽相同。

在进行无机化合物及其混合物等未知样品分析时，一般先进行初步试验，了解样品中可能存在的阴、阳离子，然后再进行确认性试验。即根据可能存在的离子，再进行针对性的系统分析试验，从而得出结论。

① 初步试验

a. 观察物态

(a) 观察试样在常温时的状态，若未知样品是固体，可观察样品的颜色、光泽、结晶形状和均匀程度，是否易潮解、风化等。

(b) 观察试样的颜色。这是判断的一个重要因素。溶液试样可根据离子的颜色，固体试样可根据化合物的颜色以及配成溶液后离子的颜色，预测某些离子是否存在。常见无机化合物的颜色见表 3-11 和表 3-12。

(c) 嗅、闻试样的气味等。根据试样的这些特征物理性质，估计某些离子存在的可能性。

b. 溶解性试验 如果是固体样品，还可进行溶解性试验。根据样品的溶解性也可初步判断试样的组成。溶解性试验按下列步骤进行：首先看其在水中的溶解性。若溶于水，则根据溶液的颜色、pH 可作出初步判断。如果不溶于水，可依次用盐酸（稀、浓）、硝酸（稀、浓）、王水等试验其溶解性。若各种溶剂都不能将其全部溶解，则不溶物部分可采用熔融法将其熔解。根据未知样品的溶解情况，可作出粗略判断。

c. 化学性质试验 根据未知试样与常用试剂 [例如 H_2SO_4、NaOH、$NH_3 \cdot H_2O$、$(NH_4)_2CO_3$、H_2S、$(NH_4)_2S$、$AgNO_3$、$BaCl_2$ 等] 的反应情况，可预测可能存在的离子和不可能存在的离子。例如，加入稀 HCl 若有白色不溶物生成，则试样中可能存在的离子

有 Ag^+、Hg_2^{2+}、Pb^{2+} 等；若有气体产生，则试样中可能有 SO_3^{2-}、CO_3^{2-}、$S_2O_3^{2-}$、S^{2-}、NO_2^- 等存在。另外，在检测阴离子时，还需注意还原性阴离子和氧化性阴离子的变化，如加 HNO_3，若有 S 析出，则有可能存在 S^{2-} 或 $S_2O_3^{2-}$。因此根据阴离子的氧化还原性，可初步判断试液中可能存在的是氧化性阴离子还是还原性阴离子。

通过上述初步试验后，可以估计样品中可能存在的离子，对于进一步建立样品的分析方案及分析结果的可靠性判断都有很大的帮助。

② 确认性试验　在上述初步试验的基础上，制备阳离子分析试液和阴离子分析试液，根据具体情况设计合理的分析方案，然后进行确证试验，最后作出正确判断和结论。

5. 未知物鉴别与未知离子混合液的分离与鉴定实验报告参考格式

　　　　　实验名称：_____

一、实验目的

二、实验原理

简要叙述。

三、主要试剂和仪器

列出实验中所要使用的主要试剂、仪器。

四、实验内容

例1：Ag^+、Ba^{2+}、Fe^{3+}、Cu^{2+}、K^+ 未知混合液的分离与鉴定

1. 分离与鉴定流程图

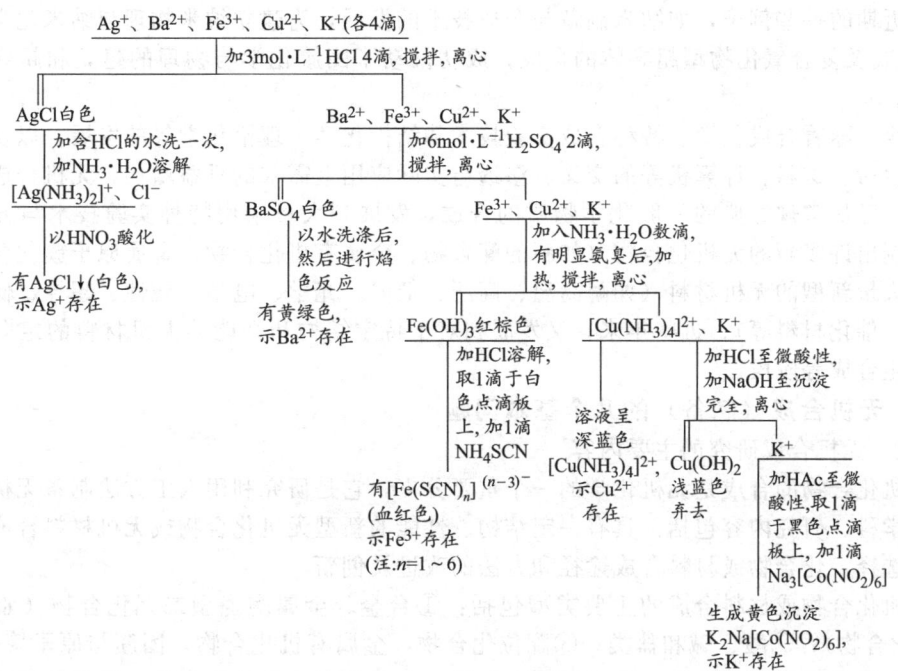

2. 相关的离子反应方程式

3. 实验结论

五、问题与讨论

总结实验收获或不足，对实验现象进行讨论和分析，尽可能地结合无机化学中的有关理论展开论述，以提高分析、解决问题的能力，也为以后的科学研究打下一定的基础。

六、思考题

3.5 无机物合成

现代人类的衣、食、住、行，生存环境的保护和改善，以至国防的现代化等，无不与化学工业和材料工业的发展密切相关，其中以合成化学为技术基础的化学品与各类材料的制造与开发更是起着关键的作用。从科学发展的角度看，美国著名化学家 Stephen J. Iippard 1998 年在探讨化学的未来 25 年（C&EN1998.1.12）时有一段精彩的讲话："化学最重要的是制造新物质。化学不但研究自然界的本质，而且创造出新分子、新催化剂以及具有特殊反应性的新化合物。化学学科通过合成优美而对称的分子，赋予人们创造的艺术；化学以新方式重排原子的能力，赋予我们从事创造性劳动的机会，而这正是其他学科所不能媲美的。"

合成化学是化学学科当之无愧的核心，是化学家为改造世界创造社会未来最有力的手段。化学家不仅发现和合成了众多天然存在的化合物，同时也人工创造了大量非天然的化合物、物相与物态，使得人类社会拥有的化合物品种已达二千万种之多，其中不少已成为人们生产、生活所必不可少。合成化学带动产业革命的例子比比皆是，如 19 世纪合成化学带动染料工业的开创；20 世纪中叶高分子的合成，成功推动了非金属合成材料工业的建立；20 世纪 50 年代初无机固体造孔合成技术的进步，促使一系列分子筛催化材料的开发，使石油加工与石化工业得到了革命性的进步；近年来纳米态以及团簇的合成与组装技术的开创，将大大促进高新技术材料与产业的发展等。发展合成化学，为研究结构、性能（或功能）与反应以及它们间的关系，揭示新规律与原理提供基础，是推动化学学科与相邻学科发展的主要动力。近期的一些例子，如纳米制备与合成技术的发展，为建立纳米物理与纳米化学提供了基础；C_{60} 及复合氧化物型超导体的合成，成功推动了团簇化学与物理的建立和超导科学的发展等。

当今，随着合成化学、特种合成实验技术和结构化学、理论化学等的发展，以及与相邻学科如生命、材料、计算机等的交叉、渗透与实际应用上需求的日益增加，无机合成所研究的内容，已从常规经典的一般化学物质的合成，发展到大量采用特种实验技术与方法的合成。研制出许多新的无机化合物（如新的配合物、金属有机化合物、金属原子簇化合物等），开发出大量新型的无机材料（如耐高温、高压、低温、光学、电学、磁性、超导、储能与能量转换、催化材料等）。近些年来，又发展到对于特定结构和性能的无机材料的定向设计合成与仿生合成等阶段。

3.5.1 无机合成（制备）的几个基本问题

3.5.1.1 无机合成研究的主要内容

无机化合物的合成是无机化学的一个重要分支，它是研究利用人工方法制备无机化合物的一门学科。研究内容包括：具有一定结构、性能的新型无机化合物或无机材料合成路线的设计和选择，化合物或材料合成途径和方法的改进及创新。

无机化合物或材料合成的主要类型包括：①合金、金属陶瓷型二元化合物（如 C、N、B、Si 化合物）；②酸、碱和盐类；③配位化合物，金属有机化合物，团簇与原子簇化合物；④多聚酸和多聚碱及其盐类；⑤无机胶态物质，中间价态或低价化合物；⑥非化学计量比化合物；⑦无机高聚物；⑧标记化合物。

3.5.1.2 无机化合物的制备方法

随着合成化学的深入研究以及特种实验技术的引入，无机合成的方法已由常规的合成发展到应用特种技术的合成。无机化合物的制备方法包括：①常规经典合成；②大量特种实验技术与方法下的合成，如重要的特种条件下的合成，高温合成、低温合成、水热合成、高压合成、化学气相沉积、电解合成、光化学合成、等离子体合成等；③研究特定结构和性能无机材料的定向设计合成与仿生合成等。

无机合成技术的发展，促进许多新的合成方法、新的合成路线的产生。目前，每年都有大量的新无机化合物和新物相被合成与制备出来，从而为相关领域提供了新的课题，成为推动无机化学及相关学科发展的重要基础。

3.5.1.3 无机合成与制备化学中的若干前沿课题

① 新合成反应、路线与技术的开发以及相关基础理论的研究；
② 极端条件下的合成路线、反应方法与制备技术的基础性研究；
③ 仿生合成与无机合成中生物技术的应用；
④ 绿色（节能、洁净、经济）合成反应与工艺的基础性研究；
⑤ 特种结构无机物或特种功能材料的分子设计、裁剪及分子（晶体）工程学。

3.5.1.4 选择合成路线的基本原则

(1) 符合反应规律、热力学可能性和动力学可行性

无机合成的基础是无机化学反应，因此熟悉基本反应、掌握反应规律及化学原理是十分重要的。

选择合成路线时要深入了解反应物和产物（包括副产物及杂质）的物理化学性质、反应性、制备过程中的反应规律和特点，以及热力学、动力学等基本化学原理和规律的运用等。

新合成路线的研究与设计有的还要从热力学角度考虑实现反应的可能性，即可根据有关元素在周期表中的位置和有关物质的性质进行定性判断，也可根据热力学函数 ΔG、K_a、K_b、K_{sp}、$K_稳$、$E^{\ominus}$ 等进行定量判断。除了考虑实现反应的热力学可能性，也要从动力学的角度分析它的现实可行性，以减少合成路线设计与试验工作的盲目性。

例如请分析在过量氧气存在的条件下，若用氨催化氧化法制硝酸，氨氧化所生成的产物是 NO？还是 NO_2？是否可一步制得 NO_2？

[解] 题设条件的反应方程式为

$$4NH_3(g)+5O_2(g) \xrightarrow{\text{Pt-Rh},1173K} 4NO(g)+6H_2O(g) \tag{1}$$
$$+ 2O_2(g) \rightarrow 4NO_2(g) \tag{2}$$

假设先发生反应 (1)，只生成 NO，那么在过量 O_2 的作用下，反应体系中的 NO 有无可能与 O_2 继续发生反应，生成 NO_2 呢？

经查有关热力学数据可计算反应 (2) 的焓变：

$$\Delta_r H_m^{\ominus} = -228.28 \text{kJ} \cdot \text{mol}^{-1}$$
$$\Delta_r S_m^{\ominus} = -292.86 \text{J} \cdot \text{K}^{-1} \cdot \text{mol}^{-1}$$

反应(2)属于焓减和熵减类型，反应 $\Delta_r G_m(T)$ 的符号是（＋）或（－）取决于温度的影响。依据吉布斯公式，设 $\Delta_r G_m(T)=0$，则转化温度

$$T = \Delta_r H_m^{\ominus} / \Delta_r S_m^{\ominus}$$
$$= -228.28 \times 1000/(-292.86)$$
$$= 779.5 \text{K}$$

当 $T > 779.5K$ 时，生成 NO_2 的反应将发生逆转。而 NH_3 和 O_2 催化氧化生成 NO 的反应通常是在大于 1100K 的温度下进行的，因而即使在过量氧气作用下，仍然不能一步制得 NO_2，仅生成 NO。若要制得 NO_2，反应必须分两步进行，将生成的 NO 迅速冷却，使温度降至 779.5K 以下，再使 NO 重新与 O_2 化合制得 NO_2。

注意偶合反应在无机制备中的实际应用。按照热力学观点，反应的偶合是指：化学反应中把一个在任何温度下都不能自发进行的（焓增、熵减型）反应，或在很高温度下才能自发进行的（焓增、熵增型）反应，与另一个在任何温度下都能自发进行的（焓减、熵增型）反

应联合在一起，从而构成一个复合型的自发反应（焓减、熵增型），或在较高温度下就能自发进行的（焓增、熵增型）反应。

例如偶合反应促使金红石氯化反应顺利进行。

金红石（TiO_2）的氯化冶炼反应

单独的氯化反应 $TiO_2(s) + 2Cl_2(g) \Longrightarrow TiCl_4(l) + O_2(g)$ ①

由计算得知：$\Delta_r H_m^\ominus = 141 \text{kJ} \cdot \text{mol}^{-1}$
$\Delta_r S_m^\ominus = -39.19 \text{J} \cdot \text{K}^{-1} \cdot \text{mol}^{-1}$
$\Delta_r G_m^\ominus = 153 \text{kJ} \cdot \text{mol}^{-1}$

用氯气直接与金红石反应的 $\Delta_r G_m^\ominus > 0$，且反应属于焓增、熵减类型，在任何温度下正向反应都不能自发进行。

但反应 $2C(s) + O_2(g) \Longrightarrow 2CO(g)$（焓减、熵增反应）

与金红石氯化反应联合起来就构成一个偶合反应，使得金红石氯化反应在工业上得以实现，其偶合反应为：

$$TiO_2(s) + 2C(s) + 2Cl_2(g) \Longrightarrow TiCl_4(l) + 2CO(g) \quad ②$$

热力学数据如下：$\Delta_r H_m^\ominus = -80 \text{kJ} \cdot \text{mol}^{-1}$
$\Delta_r S_m^\ominus = 139.42 \text{J} \cdot \text{K}^{-1} \cdot \text{mol}^{-1}$
$\Delta_r G_m^\ominus = -121.3 \text{kJ} \cdot \text{mol}^{-1}$

可以看出，偶合后的反应是属焓减、熵增类型的反应；使原来（反应①）不能自发进行的反应，转化成任何温度下正向反应（反应②）都能自发进行的反应。

再例如，众所周知，铜是不溶于稀硫酸的，但若供氧充足，则可使铜溶解。

分析如下：$Cu(s) + 2H^+(aq) \longrightarrow Cu^{2+}(aq) + H_2(g)$
$\Delta_r G_m^\ominus = 64.98 \text{kJ} \cdot \text{mol}^{-1}$

反应不能自发进行。通入氧气，则有

$H_2(g) + 1/2 O_2(g) \longrightarrow H_2O(l)$
$\Delta_r G_m^\ominus = -237.18 \text{kJ} \cdot \text{mol}^{-1}$

两个反应偶合可得总反应：

$2Cu(s) + 4H^+(aq) + O_2(g) \longrightarrow 2Cu^{2+}(aq) + 4H_2O(l)$
$\Delta_r G_m^\ominus = -172.20 \text{kJ} \cdot \text{mol}^{-1}$

总反应是能自发进行的，即偶合促使这一氧化还原反应的进行。所以单质铜制硫酸铜的反应，也可在加热、供氧充足下与稀硫酸反应。

当然已有的、成熟的合成方法都在相关资料、文献中收录，很容易查找。因此在教学实验中一般化合物的合成、制备方案的设计，可以根据所掌握的反应规律或查找相关的资料、文献作为参考，则是最简便的途径。

（2）工艺、技术上的先进性和经济上的合理性

① 选择与环境友好的合成路线　化学合成以及化工生产中，在为人类社会创造大量物质财富的同时，经常用到各种有毒的溶剂、原料和中间体，也经常产生污染环境的废渣、废液、废气，即"三废"，给环境造成严重危害。因此，在学习阶段，头脑里牢固地树立起保护环境的意识是十分必要的。在制定合成路线时，应考虑从源头防止污染，减少使用和产生有害化学品。

② 合成反应的原子利用率高，经济效果好　在设计合成工艺路线时，应以"原子经济性"为基本原则，寻求原子利用率高的合成反应，充分利用每一个原料原子。使用的原料不仅要无毒无害，还要价廉易得，成本低。

③ 在保证质量、经济效益及无污染（或环境污染小）的条件下，要求工艺简单、生产安全性好。

例如，试剂级 CuO 的制备，首先将铜氧化成二价铜的化合物，然后再用不同方案进一步处理可以得到氧化铜，如：

$$Cu(NO_3)_2 \begin{cases} \xrightarrow{\text{加热}} CuO + 2NO_2 + \frac{1}{2}O_2 & \text{方法一} \\ \xrightarrow{NaOH} Cu(OH)_2 \xrightarrow{\text{加热}} CuO + H_2O & \text{方法二} \\ \xrightarrow{Na_2CO_3} Cu_2(OH)_2CO_3 \xrightarrow{\text{加热}} 2CuO + CO_2 + H_2O & \text{方法三} \end{cases}$$

第一种方法：$Cu(NO_3)_2$ 加热分解法，由于有 NO_2 气体产生，污染严重，所以很少采用。第二种方法：$Cu(OH)_2$ 加热分解法，由于 $Cu(OH)_2$ 显两性，当 NaOH 过量时，会溶解，又因 $Cu(OH)_2$ 呈胶性沉淀，难以过滤和洗涤，影响产品纯度和产率。第三种方法：$Cu_2(OH)_2CO_3$ 加热分解法，由于污染少，产品纯度高，因此试剂级 CuO 的制备一般采用碱式碳酸铜加热分解的方法（第三种方法）制得。

(3) 树立创新意识

创新是一个民族的灵魂，创新意识的培养应贯彻在每一个教学环节，合成路线的选择和设计更要体现创新意识。尽管所选的实验都是较成熟的，但仍希望学生多问为什么。例如，现有的制备方法有哪些优点和不足，能否再改进，收率能否再提高，副产物能否利用，"三废"问题怎样解决，有无新的合成方法等。常以创新意识审视自己的学习过程，才有可能产生真正的创造。

3.5.2 无机化合物的常规制备方法

基础化学实验教材，仅介绍无机化合物常规经典的制备方法和原理。通过相应的制备实验训练，加深对元素及其化合物性质的了解，熟悉并掌握有关基本操作。在此基础上，学生可以自行设计制备实验方案，以提高综合分析和实验设计能力。

3.5.2.1 复分解反应

复分解反应是指两种化合物在水溶液中正、负离子发生互换的反应。若生成物是气体或沉淀，则通过收集气体或分离沉淀，即能获得产品。如果生成物也溶于水，则可采用结晶法获得产品。这种制备方法的主要操作包括溶液的蒸发、浓缩、结晶、重结晶、过滤和洗涤等。现以 KNO_3 的制备为例分析。

制备 KNO_3 的原料是 KCl 和 $NaNO_3$，两者的溶液混合后，在溶液中同时存在着 K^+、Na^+、Cl^- 和 NO_3^- 4 种离子，它们可以组成 4 种盐：$NaNO_3$、NaCl、KNO_3 和 KCl。比较它们在不同温度下的溶解度，可以粗略地找出制备 KNO_3 的条件。不同温度时 4 种盐在水中的溶解度列于表 3-14。

表 3-14 KNO_3、KCl、$NaNO_3$、NaCl 在不同温度下的溶解度 （g/100g 水）

盐 \ $t/℃$	0	10	20	30	40	60	80	100
KNO_3	13.3	20.9	31.6	45.8	63.9	110.0	169	246
KCl	27.6	31.0	34.0	37.0	40.0	45.5	51.1	56.7
$NaNO_3$	73	80	88	96	104	124	148	180
NaCl	35.7	35.8	36.0	36.3	36.6	37.3	38.4	39.8

由表中数据可以看出，相同温度时，4 种盐的溶解度各不相同，而且它们受温度变化的影响也不一样。随着温度的升高，NaCl 的溶解度几乎没有改变，KCl 和 $NaNO_3$ 的溶解度改变也不是很大，而 KNO_3 的溶解度却迅速增大。因此，将一定量的固体 $NaNO_3$ 和 KCl 在较高温度溶解后加热浓缩时，由于 NaCl 的溶解度增加很少，随着浓缩，溶剂水减少，NaCl

晶体首先析出。而 KNO_3 溶解度增加很多，它达不到饱和，所以不析出。趁热减压抽滤，可除去 NaCl 晶体。然后将此滤液冷却至室温，KNO_3 因溶解度急剧下降而析出。过滤后可得含少量 NaCl 等杂质的硝酸钾晶体。再经过重结晶提纯，可得硝酸钾纯品。

3.5.2.2 分子间化合物的制备

分子间化合物是由简单化合物分子按一定化学计量比化合而成的，它的范围十分广泛。有水合物，如 $CuSO_4 \cdot 5H_2O$；氨合物，如 $CaCl_2 \cdot 8NH_3$；复盐，如 $(NH_4)_2SO_4 \cdot FeSO_4 \cdot 6H_2O$；配合物，如 $[Cu(NH_3)_4]SO_4 \cdot H_2O$ 等。

制备分子间化合物的原理与操作虽较为简单，但为了得到合格的产品，还要注意以下几点。

(1) 原料的纯度

合成分子间化合物的各组分必须经过提纯，因为分子间化合物一旦合成后，杂质离子就不易除去。如明矾 $K_2SO_4 \cdot Al_2(SO_4)_3 \cdot 24H_2O$，一般由 K_2SO_4 与 $Al_2(SO_4)_3$ 溶液相互混合而制得，如果原料中有杂质 NH_4^+，就可能形成与 $K_2SO_4 \cdot Al_2(SO_4)_3 \cdot 24H_2O$ 同晶的 $(NH_4)_2SO_4 \cdot Al_2(SO_4)_3 \cdot 24H_2O$，后者将很难除去。

(2) 投料量

一般按两种组分的理论量配料，但在实际操作中，往往让其中一种组分过量。如合成 $[Cu(NH_3)_4]SO_4$，为了保持其在溶液中的稳定性，配位剂 $NH_3 \cdot H_2O$ 必须过量。又如合成 $(NH_4)_2SO_4 \cdot Al_2(SO_4)_3 \cdot 24H_2O$ 时，为了防止组分 $Al_2(SO_4)_3$ 水解，合成反应须在酸性介质中进行。为此，应加过量的 $(NH_4)_2SO_4$，同时也有利于充分利用价格较高的 $Al_2(SO_4)_3$，以降低成本。

(3) 溶液的浓度

在合成分子间化合物时，还必须考虑各组分的投料浓度。如在 $(NH_4)_2SO_4 \cdot Al_2(SO_4)_3 \cdot 24H_2O$ 的合成中，由于 $(NH_4)_2SO_4$ 过量，可按其溶解度配制成饱和溶液，而 $Al_2(SO_4)_3$ 则应稍稀些为宜。如果两者的浓度都很高，容易形成过饱和溶液，不易析出结晶。即使析出，颗粒也较小。大量的小晶体，由于表面积较大而易吸附较多杂质，影响产品纯度；如果两者浓度都很小，不仅蒸发浓缩耗能多，时间较长，而且也影响产率。

(4) 严格控制结晶操作

由简单化合物相互作用合成分子间化合物后，一般经过蒸发、浓缩、冷却、过滤、洗涤、干燥等工序后，才能得到产品。但由于分子间化合物的范围十分广泛，性质各异，所以在合成时还应考虑它们在水中以及对热的稳定性。对一些稳定的复盐，如 $K_2SO_4 \cdot Al_2(SO_4)_3 \cdot 24H_2O$、$(NH_4)_2SO_4 \cdot FeSO_4 \cdot 6H_2O$ 等可按上述操作进行。如 $[Cu(NH_3)_4]SO_4 \cdot H_2O$、$Na_3[Co(NO_2)_6]$ 等配合物，热稳定性较差，欲使其从溶液中析出晶体，必须更换溶剂，一般是在水溶液中加入乙醇，以降低溶解度，使结晶析出。对某些能形成不止一种水合晶体的水合物，如 $NiSO_4$，在水溶液中结晶时，温度低于 31.5℃ 时析出结晶为 $NiSO_4 \cdot 7H_2O$；31.5～53.3℃ 时为 $NiSO_4 \cdot 6H_2O$；103.3℃ 时为 $NiSO_4$。因此，蒸发过程中不仅要严格控制浓缩程度，而且还要严格控制结晶温度，否则就得不到合乎要求的产品。

3.5.2.3 无水化合物的制备

水是最重要、应用最广泛的溶剂，大多数无机化学反应都是在水溶液中进行的（如，以上讨论的两类化合物）。但有些反应，由于反应物或产物易水解的关系（如涉及 PCl_3、$SiCl_4$、$SnCl_4$、$FeCl_3$ 等化合物），在水溶液中不能发生，只能在非水溶剂（常用的无机非水溶剂有液氨、H_2SO_4、HF 等，有机非水溶剂有冰醋酸、四氯化碳、乙醚、丙酮和苯等）中才能进行；有些无机化合物的制备反应，要在无水甚至无氧的条件下才可以进行。

下面仅简单介绍无水金属氯化物的几种合成方法。

(1) 金属与氯气直接合成

虽然绝大多数金属氯化物的标准摩尔生成自由能 $\Delta_f G_m^{\ominus}$ 为负值，说明金属与氯气有直接合成的可能性，但还应从动力学的角度考虑合成的现实可行性。金属在一般温度下都为固体（除汞以外），与氯气反应属于多相反应。对气固多相反应来说，包含以下5个过程：反应物分子向固体表面扩散→反应物分子被固体表面所吸附→分子在固体表面上进行反应→生成物从固体表面解吸→生成物通过扩散离开固体表面。

所以，只有生成物易升华或易液化和汽化，能及时离开反应界面的才能用直接合成法制取，如 $AlCl_3$、$SnCl_4$、$FeCl_3$ 等。

$$2Fe(s)+3Cl_2 \xrightarrow{\triangle} 2FeCl_3(g)$$

$$2Al(l)+3Cl_2 \xrightarrow{\triangle} 2AlCl_3(g)$$

升华出来的 $FeCl_3$、$AlCl_3$ 冷却即凝结为固态。

$$Sn(l)+2Cl_2 \Longrightarrow SnCl_4(l)$$

由于 $SnCl_4$ 的沸点较低，合成反应中放出的大量热，可将 $SnCl_4$ 蒸馏除去。

(2) 金属氧化物的氯化

$$氧化物+氯气 \longrightarrow 氯化物+氧气$$

利用上述反应能否制得氯化物，同样要从热力学与动力学两方面考虑。从 $\Delta_f G_m^{\ominus}$ 值来判断，许多金属元素的氯化物都比氧化物稳定，理论上反应是可行的。但是许多元素的无水化合物的 $\Delta_f G_m^{\ominus}$ 负值不大，有的甚至是正值，一般可以采用下列两种方法实现氧化物到氯化物的转变。

① 使反应在流动系统中进行，在反应器的一端通入干燥的氯气，让过量的氯气不断地将置换出的氧气从另一端带走。

② 在反应系统中加入吸氧剂，例如碳，在加热情况下，C 氧化为 CO。如由 TiO_2 制取 $TiCl_4$，先将 TiO_2 和 C 的混合物加热至 800～900℃，然后通入干燥的氯气，即发生氯化反应，反应如下：

$$TiO_2(s)+C(s)+2Cl_2(g) \xrightarrow{\triangle} TiCl_4(l)+CO_2(g)$$

(3) 氧化物与卤化剂反应。例如，

$$Cr_2O_3+3CCl_4 \xrightarrow{\triangle} 2CrCl_3(l)+3CO+3Cl_2$$

由于生成的 $CrCl_3$ 在高温下能与 O_2 发生氧化还原反应，所以反应必须在保护气体（如氮气）中进行。

(4) 水合卤化物与脱水剂反应

水合金属卤化物与亲水性更强的物质（脱水剂）反应，夺取金属卤化物中的配位水，制取无水氯化物。如用氯化亚砜（$SOCl_2$）与水合三氯化铁（$FeCl_3 \cdot 6H_2O$）共热，$SOCl_2$ 与 $FeCl_3 \cdot 6H_2O$ 中的水反应，生成 $FeCl_3$，并有 SO_2 和 HCl 气体逸出。

$$FeCl_3 \cdot 6H_2O+6SOCl_2 \xrightarrow{\triangle} FeCl_3+6SO_2\uparrow+12HCl\uparrow$$

常用的脱水剂还有 HCl、NH_4Cl、SO_2 等。

由于这些无水氯化物具有强烈的吸水性，合成反应一般又需在高温下进行，同时往往有毒性或腐蚀性的气体生成。因此合成反应的设备不仅要密闭性良好，而且要耐高温、耐腐蚀，并在通风良好的条件下进行反应。

3.5.2.4 由矿石、废渣（液）制取化合物

以上讨论的三类制备类型都是以单质或化合物为原料进行合成的，而这些原料的最初来源绝大多数是矿石或工业废料，因此讨论由矿石或工业废料制取无机化合物具有十分重要的

意义。

矿石是指在现代技术条件下,具有开采价值可供工业利用的矿物。在自然界中以单质形式存在的元素只是少数,大多数的金属都以化合态存在。一般可分为两类:一类是亲氧元素,即与氧形成氧化物矿或含氧酸盐矿,如软锰矿($MnO_2 \cdot nH_2O$)、金红石(TiO_2)、钛铁矿($FeO \cdot TiO_2$)、铬铁矿($FeO \cdot Cr_2O_3$)、白云石($CaCO_3 \cdot MgCO_3$)、重晶石($BaSO_4$)、孔雀石[$Cu(OH)_2 \cdot CuCO_3$]等;另一类是亲硫元素,即与硫形成硫化物矿,如黄铁矿(FeS_2)、黄铜矿($CuFeS_2$)、闪锌矿(ZnS)、辰砂矿(HgS)等。

工业废料是指化工产品生产过程中排放出来的"废"物,统称为"三废"(废气、废液、废渣)。如硫酸厂排放出来的二氧化硫废气,氮肥厂排放出来的氨水、铵盐等废液,硼砂厂的废渣硼镁渣等。在化工生产中,常常是甲工厂的废料又是乙工厂的原料,综合、合理地利用资源是国民经济可持续发展的重要原则之一,因此应当充分重视保护环境、变废为宝的问题。

矿石虽然预先经过精选,将所需的组分与矿渣分开,但精选后的矿石往往仍为多组分的原料,含有一定杂质。另一方面,矿石与废渣一般都不溶于水,因此,以矿石或废渣为原料制取化合物,通常要经过三个过程:①原料的分解与造液;②粗制液的除杂精制;③蒸发、浓缩、结晶、分离。

(1) 原料的分解和造液

原料分解的目的是使矿石或废渣中的所需组分变成可溶性物质。分解原料的方法应根据原料的化学组成、结构及有关性质进行选择。常采用方法可分为溶解法和熔融法。

① 溶解法 溶解法较为简单、快速,所以分解原料时尽可能采用溶解法。根据选择溶剂的不同,溶解法又可分为酸溶和碱溶。

酸溶:作为酸性溶剂的无机酸有盐酸、硝酸、硫酸、氢氟酸、混合酸(如王水)等。其中用得最多的是硫酸。硫酸是强酸,除可溶解活泼金属及其合金外,许多金属氧化物、硫化物、碳酸盐都能被硫酸所溶解,生成的硫酸盐除铅、钙、锶、钡外,其他一般都溶于水。浓硫酸沸点高、难挥发,不仅可以提高酸溶的温度,而且能置换出挥发性酸,分解原料中的NO_3^-、Cl^-、F^-等杂质。硫酸所能达到的浓度又是所有酸中最高的。浓硫酸又具吸水性,可以脱除反应所生成的水,从而加快溶解反应的速率。因此,一些难溶于强酸的矿石,如钛铁矿可用浓硫酸溶解:

$$FeO \cdot TiO_2 + 3H_2SO_4 = Ti(SO_4)_2 + FeSO_4 + 3H_2O$$

碱溶:常用的碱性溶剂为NaOH,用于溶解两性金属Al、Zn及其合金,也可用于溶解一些酸性矿石,如白砷矿(As_2O_3):

$$As_2O_3 + 6NaOH = 2Na_3AsO_3 + 3H_2O$$

② 熔融法 当原料用各种酸、碱溶剂不能完全溶解时,才采用高温熔融法。

熔融法的一般工艺过程为:

$$原料 \xrightarrow{熔剂} 熔块 \longrightarrow 浸取 \longrightarrow 分离 \begin{cases} 液相(粗制液) \\ 固相(残渣) \end{cases}$$

根据选择的熔剂不同,可分为酸熔、碱熔两种。

酸熔:常用的酸性熔剂有焦硫酸钾($K_2S_2O_7$),它在高温(>300℃)时能分解产生SO_3,SO_3有强酸性,能与两性或碱性氧化物作用生成可溶性硫酸盐。如金红石(TiO_2)的分解:

$$TiO_2 + 2K_2S_2O_7 \xrightarrow{熔融} Ti(SO_4)_2 + 2K_2SO_4$$

也可用$KHSO_4$代替$K_2S_2O_7$作为酸性熔剂,因在熔融灼烧时$KHSO_4$将脱水分解产生SO_3:

$$2KHSO_4 \xrightarrow{\triangle} SO_3 + K_2SO_4 + H_2O$$

碱熔：常用的碱性熔剂有 Na_2CO_3、K_2CO_3、$NaOH$、KOH、Na_2O_2 及它们的混合物。酸性氧化物及不溶于酸的残渣等均可用碱熔法分解。Na_2O_2 是具有强氧化性的碱性熔剂，能分解许多难熔物，如铬铁矿（$FeO \cdot Cr_2O_3$）：

$$2FeO \cdot Cr_2O_3 + 7Na_2O_2 \xrightarrow{\triangle} 2NaFeO_2 + 4Na_2CrO_4 + 2Na_2O$$

但由于 Na_2O_2 具有强的腐蚀性，而且价格较为昂贵，一般不常用。铬铁矿的分解常采用 Na_2CO_3 作熔剂，利用空气中的氧将铬铁矿氧化，制得可溶性铬（Ⅵ）酸盐：

$$4FeO \cdot Cr_2O_3 + 8Na_2CO_3 + 7O_2 \xrightarrow{熔融} 8Na_2CrO_4 + 2Fe_2O_3 + 8CO_2$$

为了降低熔点，以便在较低温度下实现上述反应，常用 Na_2CO_3 和 $NaOH$ 混合熔剂，并加入少量氧化剂（如 $NaNO_3$）以加速氧化：

$$2FeO \cdot Cr_2O_3 + 4Na_2CO_3 + 7NaNO_3 \xrightarrow{熔融} 4Na_2CrO_4 + Fe_2O_3 + 4CO_2 + 7NaNO_2$$

为了使原料分解反应完全，熔融时要加入大量的熔剂，一般约为原料量的 6~12 倍。大量的熔剂在高温下具有极高的化学活性，为尽量减少其对容器的腐蚀，应根据熔剂的性质选择熔融容器。如碱熔时，一般选用铁或镍坩埚。

原料通过熔融成为熔块，然后用溶剂（常用水）浸取、过滤，滤去不溶性残渣，得到粗制液。

（2）粗制液的除杂精制

粗制液或工业废液中含有较多的杂质，杂质离子的来源一部分是矿石、废渣（液）原有的，另一部分是在溶解、熔融过程中由溶（熔）剂带入的。这些杂质很难通过结晶方法除去，通常需要通过化学除杂的方法除去。

化学除杂的方法最常用的有以下几种。

① 水解沉淀法　水解沉淀法是利用某些杂质离子在水溶液中能发生水解的性质，通过调节溶液的 pH，使杂质离子水解生成氢氧化物沉淀而除去。调节溶液合适的 pH 范围应当是使杂质离子沉淀完全（残留在溶液中的杂质离子浓度 $\leqslant 10^{-5}$ mol·L^{-1}），使有用组分（或产品）不产生沉淀。溶液的 pH 范围可根据氢氧化物的溶度积求得。下面通过实例计算进行讨论。

a. 氢氧化铁沉淀与 pH 的关系　铁是无机产品中最常见的杂质，常以两种价态 Fe^{2+}、Fe^{3+} 存在于粗制液中。

两种氢氧化物开始沉淀及沉淀完全时的 pH 列表如下：

化合物	$Fe(OH)_3$	$Fe(OH)_2$
溶度积常数	4×10^{-38}	8×10^{-16}
开始沉淀①的 pH	2.20	7.45
沉淀完全②的 pH	3.20	8.95

① 假定开始沉淀时杂质离子浓度为 0.01mol·L^{-1}。
② 假定沉淀完全时杂质离子浓度为 10^{-5} mol·L^{-1}。

从上表可以看出，欲使 $Fe(OH)_2$ 沉淀完全，必须调节溶液的 pH>8.95，但是此时许多产品如 Ni、Cu、Zn、Mg 等盐类早已发生水解而沉淀。为了除尽杂质，但又不能使产品水解，必须将 Fe^{2+} 氧化为 Fe^{3+}，以降低除杂的 pH。由于沉淀的过程十分复杂，一般利用水解法去铁，pH 控制应比按溶度积常数计算值略高些，一般取 pH 在 3.5~4.0 范围。

其他氢氧化物沉淀的 pH 范围计算方法与此相同。

b. 两性氢氧化物沉淀与 pH 的关系　$Al(OH)_3$、$Zn(OH)_2$、$Cr(OH)_3$ 等都为典型的两

性氢氧化物，在水溶液中有两种解离形式，因而有两种溶度积常数，即碱式溶度积常数 $K_{sp}(b)$ 与酸式溶度积常数 $K_{sp}(a)$。例如 $Al(OH)_3$：

$$Al^{3+} + 3OH^- \rightleftharpoons Al(OH)_3 \rightleftharpoons H^+ + AlO_2^- + H_2O$$

$$K_{sp}(b) = 5 \times 10^{-33} \qquad K_{sp}(a) = 4 \times 10^{-13}$$

在含有杂质 Al^{3+} 的溶液中，当溶液的 pH 逐渐增加时，可以发生以下 4 个过程：

$$Al(OH)_3 \text{ 开始沉淀} \xrightarrow{OH^-} \text{沉淀完全} \xrightarrow{OH^-} \text{沉淀开始溶解} \xrightarrow{OH^-} \text{沉淀完全溶解}$$

欲使 $Al(OH)_3$ 从溶液中沉淀出来，必须控制一定的 pH 范围，下限是沉淀完全（$[Al^{3+}] \leqslant 10^{-5}$ mol·L^{-1}）时的 pH，上限为沉淀开始溶解（$[AlO_2^-] \geqslant 10^{-5}$ mol·L^{-1}）时的 pH。根据两种溶度积常数即可计算 $Al(OH)_3$ 沉淀完全时 pH 的上、下限数值。

$Al(OH)_3$ 完全沉淀时的 pH 按 $K_{sp}(b)$ 计算：

$$[OH^-] = \sqrt[3]{\frac{K_{sp}^{\ominus}(b)}{[Al^{3+}]}} = \sqrt[3]{\frac{5 \times 10^{-33}}{10^{-5}}} = 7.9 \times 10^{-10} \text{ mol·L}^{-1}, \text{ pH} = 4.9$$

沉淀开始溶解时的 pH 按 $K_{sp}(a)$ 计算：

$$[H^+] = \frac{K_{sp}^{\ominus}(a)}{[AlO_2^-]} = \frac{4 \times 10^{-13}}{10^{-5}} = 4 \times 10^{-8} \text{ mol·L}^{-1}, \text{ pH} = 7.4$$

通过上述计算可知，欲使杂质 Al^{3+} 除尽，应控制溶液的 pH 范围为：$4.9 \leqslant \text{pH} \leqslant 7.4$。其他两性氢氧化物沉淀的 pH 范围计算方法与此相同。

c. 氧化剂的选择　常用的氧化剂有 H_2O_2、$NaClO$、$K_2Cr_2O_7$、$KMnO_4$、Cl_2 水、Br_2 水等。选择氧化剂的原则是：能氧化杂质离子（从 φ 大小判断）、成本低、无污染、不引进杂质离子（如果引进，则要求易于除去）、使用氧化剂的条件（pH）与除杂的工艺条件相符合。

在上述几种氧化剂中用得较多的是 H_2O_2，虽然它价格较高，但它在不同介质条件下都具有较强的氧化性，它的还原产物为 H_2O 或 OH^-，不会引入其他杂质。

d. 调节 pH 的试剂　调节 pH 的试剂有碱性和酸性两类。碱性试剂常用的有氢氧化物、碱性氧化物、碳酸盐等。酸性试剂常用的有稀酸、酸性氧化物等。

如 $CuSO_4$ 溶液中除杂质 Fe^{3+} 时，可以用 $Ba(OH)_2$ 调节 pH，这是由于 $Ba(OH)_2$ 的碱性较强，能使溶液的酸度降低，而且 Ba^{2+} 与 SO_4^{2-} 生成难溶的 $BaSO_4$ 沉淀，不会给 $CuSO_4$ 引入新的杂质。

e. 水解除杂的工艺条件　水解是一个吸热过程，加热可以促进水解反应的进行，同时还有利于水解产物凝聚成大的颗粒，便于过滤。所以在水解法除杂中，除了要严格控制 pH 外，还需加热并进行搅拌。

② 活泼金属置换　溶液中如含有某些重金属（如 Cu、Ag、Cd、Bi、Sn、Pb 等）杂质离子，还可用活泼金属置换的方法除杂。选择的除杂金属必须与产品有相同的组分，这样不会引进新杂质。如由菱锌矿（主要成分为 $ZnCO_3$）制取 $ZnSO_4 \cdot 7H_2O$ 时，原料用 H_2SO_4 浸取后，粗制液中含有 Ni^{2+}、Cd^{2+}、Fe^{2+}、Mn^{2+} 等杂质，杂质 Fe^{2+}、Mn^{2+} 用氧化水解沉淀法除去，对于杂质 Ni^{2+}、Cd^{2+}，则用活泼金属 Zn 置换除去。

$$Ni^{2+} + Zn \longrightarrow Ni + Zn^{2+}, \qquad Cd^{2+} + Zn \longrightarrow Cd + Zn^{2+}$$

金属置换反应是多相反应，为了提高置换反应的速率，除了加热和搅拌外，还要求金属尽量粉碎成小颗粒粉末，以增加反应的接触面积。

除上述两种除杂方法外，还可以用硫化物沉淀、溶剂萃取、离子交换等多种除杂方法，这里不再叙述。

(3) 蒸发浓缩、结晶、分离

精制液中除有产品组分外，还含有少量杂质离子，这些杂质的去除可以通过结晶或重结晶操作加以分离和提纯。有关内容请参阅第 2 章 "结晶与重结晶"。

3.5.3 无机化合物的分离和提纯方法

在无机物制备过程中，由于原料中的杂质，所用反应器皿、生产设备的腐蚀，或者副产物的形成，使所得产物的纯度不能满足要求。为了得到合乎质量标准的产品，分离与纯制是必不可少的步骤。常用的分离方法有化学迁移反应、升华、重结晶、蒸馏、区域熔融和萃取、离子交换以及化学沉淀分离等各种方法。

① 沉淀分离法请参见 2.2.2 中相关内容。

② 化学迁移反应是指一种不纯的固体物质，在一定温度下与一种气体反应形成气相产物，该气相产物在不同温度下，又可发生分解，重新得到纯的固体物。例如提纯粗镍时，粗镍与 CO 在 50~80℃ 反应形成 $Ni(CO)_4$ 气态物质，然而该物质在 180~200℃ 下会发生分解作用，析出纯净的镍。

③ 升华　固体物质受热后不经过液体阶段，直接变成气体的现象称为升华。冷凝升华的物质，便可得到纯品。升华分为常压升华和真空升华。后者主要用于难升华物质，如金属的纯制。

升华操作是将欲纯化的固体物质和冷凝器密封在石英管或陶瓷管中（也可置于坩埚内，再放至管中），受热后，升华的物质便沉积在冷凝器表面。固体碘就可采用升华的方法进行纯化。

④ 重结晶　请参阅第 2 章 "结晶与重结晶" 有关内容。

⑤ 蒸馏　例如，用金属锑法制备 $SbCl_3$，锑在氯气中燃烧得到 $SbCl_3$，但同时生成少量的 $SbCl_5$，由于 $SbCl_5$ 沸点低，可利用减压蒸馏的方法将其除去。

⑥ 区域熔融　区域熔融是利用固态物质熔融后，在熔体缓慢凝固时能析出纯净晶体的原理来纯化易熔金属（如 Sn、Pb、Sb、Bi 等）及室温下呈液体状态的物质（如 $SnCl_4$、$GeCl_4$、$SiCl_4$ 等）的方法。

制备的无机化合物经提纯后，可通过测定其熔点、沸点、电导率、黏度等对其进行鉴定，同时还需通过化学分析以及仪器分析的方法鉴定其化学结构和杂质含量。

3.5.4 无机物的结构鉴定和分析

在无机化合物和无机材料的制备过程中，要求合成反应具有严格的定向性和良好的选择性。这不仅需要对合成产物的结构和性能进行确证，而且还应对中间产物的结构进行检测，以确保合成目标的实现。由此可见，分析与检测始终在制备过程中起引导作用。因此，希望在化学实验的学习过程中，将 "制备—结构测试分析—性能与应用" 联系在一起学习。

常用的物质分析与表征方法如下：

① 物理法　可测定物质的熔点、沸点、电导率、黏度等。

② 化学分析和仪器分析　化学分析主要用于测定物质的主要成分，也可用于结构分析。化学分析法是以物质的化学反应为基础的分析方法。它分为重量分析和滴定分析。用得较多的是滴定分析。根据所利用的反应类型不同，可分为酸碱滴定、氧化还原滴定、沉淀滴定和配位滴定。

仪器分析是以物质的物理性质或物理化学性质为基础的分析方法。仪器分析方法有光谱、色谱、电子显微镜、差热、热重、X 射线衍射等，主要用来测定化合物的结构和杂质含量。

3.5.5 产率的计算

化学反应中，理论产量是根据化学计量方程式计算得到的产物数量，即原料全部转化成产物，同时在分离和纯化过程中没有损失的产物数量。产量（实际产量）是指实验实际分离获得的纯净产物的质量。百分产率是指实际得到的纯净产物的产量和理论计算量的比值，即

$$产率 = \frac{实际产量}{理论产量} \times 100\%$$

在制备化学反应中,产率往往不能够达到理论值,这是因为以下一些因素影响产率:
① 一定的实验条件下,化学反应建立了平衡,反应物不可能完全转化成产物;
② 在主反应进行的同时,副反应使一部分原料转化为其他产物;
③ 实验条件控制不当,如反应时间不够、温度控制不好、搅拌不充分等;
④ 分离纯化操作过程中引起产品的丢失。

为提高产率,一般要使制备反应中的反应物用量增加。增加反应物用量应根据具体情况,本着物料的价格、反应后是否易于除去、是否有利于减少副反应等因素决定哪种反应物过量。

3.5.6 学习要求

合成和制备是化学的重要任务,合成和制备出新物质、新材料是化学发展最重要的目标,也是化学实验中最能体现化学的创造性的部分。因此,合成和制备实验是最能吸引学生兴趣的化学实验,当然也是有一定难度的。

在化学合成和制备实验中,可以培养学生对化学的兴趣,训练学生的基本操作、实验技巧,启发学生的科学思维,激发学生不怕困难、追求创新的科学精神。无机化合物种类多,结构复杂,制备方法也多种多样。本章涉及的无机化合物制备实验包括:基础实验(实验3-9 硝酸钾的制备和提纯)、综合实验(实验3-11 由铁屑出发制备含铁化合物)、设计实验(实验3-10 碱式碳酸铜的制备、实验3-12 以废铝为原料制备明矾)。

从化学的研究手段来说,有合成、制备、分析、测试、结构分析、性质、反应、应用研究等诸多方面,因此为了完整地认识和学习化学,不仅要注重于某一项实验操作技能的训练与培养,而且还必须使学生能在所有化学研究的各个方面都得到综合训练。综合实验、设计实验就是为了达到这个目的而设置的。它在同一个实验中安排合成与分析、制备与测试、性质与应用等,使学生受到综合训练,拓展学生的知识面,加强对基础理论的理解和基本技能的掌握;通过多种实验技术的综合应用来研究和确定所研究的物质对象的结构、性质和应用,充分发挥化学实验在全面加强学生化学科学素质、培养学生分析与解决较复杂问题的能力、提高学生创新能力等方面的作用。

无机化学制备实验报告参考格式

  实验名称:_____
学院:_____ 系:_____ 专业:_____
姓名:_____ 学号:_____ 实验时间:_____

一、实验目的
二、实验原理
三、简单流程
四、实验结果
1. 产品外观
2. 产量
3. 产率
4. 产品质量检查
五、问题和讨论
1. 对产率、产品质量进行分析讨论,对实验结果和实验中的问题进行总结。
2. 质疑、建议。
六、思考题

3.6 无机物合成实验

实验 3-9 硝酸钾的制备和提纯

实验目的
1. 学习利用各种易溶盐在不同温度下溶解度的差别来制备易溶盐的原理和方法。
2. 学习称量、溶解、加热、冷却、蒸发、结晶和过滤等无机物制备的基本操作。
3. 练习用重结晶法提纯无机物的技能。

实验原理
本实验是采用转化法由 $NaNO_3$ 和 KCl 来制备硝酸钾的,其反应如下:
$$NaNO_3 + KCl \rightleftharpoons NaCl + KNO_3$$
该反应是可逆的,因此可以改变反应条件,使反应向右进行。
KNO_3、KCl、$NaNO_3$、$NaCl$ 在不同温度下的溶解度见表 3-14。利用氯化钠溶解度随温度变化不大,而硝酸钾变化很大的性质,在较高温度下蒸发浓缩除去氯化钠,制备硝酸钾。
硝酸钾产品中的杂质氯化钠利用氯离子和银离子生成氯化银白色沉淀来检验。

仪器与药品
烧杯(100mL,250mL),温度计(200℃),吸滤瓶,布氏漏斗,循环水泵,台秤,石棉网,酒精灯,玻棒,量筒(10mL,50mL),滤纸,火柴。
KCl(s)、$NaNO_3$(s,工业级或试剂级)、$3mol·L^{-1} HNO_3$、$0.1mol·L^{-1} AgNO_3$。

实验内容

1. KNO_3 的制备
(1) 称取 10.0g 硝酸钠和 8.0g 氯化钾固体,倒入 100mL 烧杯中,加入 20.0mL 蒸馏水。
(2) 将盛有原料的烧杯放在石棉网上用酒精灯加热,并不断搅拌,至杯内固体全溶,记下烧杯中液面的位置。
(3) 继续加热并不断搅拌溶液,当加热至杯内溶液剩下原有体积的 2/3 时,已有氯化钠析出,趁热快速减压抽滤(布氏漏斗在沸水中或烘箱中预热)。
(4) 将滤液转移至烧杯中,并用 5mL 热的蒸馏水分数次洗涤吸滤瓶,洗涤液转入盛滤液的烧杯中,记下此时烧杯中液面的位置。加热至滤液体积只剩下原有体积的 3/4 时,冷却至室温,观察晶体状态。抽干,得到粗产品,称量。

2. 粗产品的重结晶
(1) 除留下绿豆粒大小的晶体供纯度检验外,按粗产品:水=2:1(质量比)将粗产品溶于蒸馏水中。
(2) 加热,搅拌,待晶体全部溶解后停止加热。若溶液沸腾时,晶体还未全部溶解,可再加极少量蒸馏水使其溶解。
(3) 待溶液冷却至室温后抽滤,水浴烘干,得到纯度较高的硝酸钾晶体,称量,计算理论产量和产率。

3. 纯度检验——杂质 Cl^- 的定性检验
分别取绿豆粒大小的粗产品和一次重结晶得到的产品放入两支小试管中,各加入 2mL 蒸馏水配成溶液。在溶液中分别滴入 1 滴 $3mol·L^{-1}$ 硝酸酸化,再各分别滴入 $0.1mol·L^{-1}$

硝酸银溶液2滴，观察现象，进行对比，重结晶后的产品溶液应为澄清。

若重结晶后的产品中仍然检验出含氯离子，则产品应再次重结晶。

思考题

1. 制备硝酸钾晶体时，为什么要把溶液进行加热和热过滤？能否将除去氯化钠后的滤液直接冷却制取硝酸钾？
2. 重结晶时，主要杂质是什么？硝酸钾与水的比例为2∶1的依据是什么？
3. 何谓重结晶？如何控制重结晶的条件？本实验涉及哪些基本操作？
4. 本实验产品纯度的定性检验中，为什么粗品或重结晶产品 KNO_3 的试液中要加 HNO_3 酸化后，再加 $AgNO_3$？
5. 产品产量高，是否就说明实验完成得好？如何兼顾产品的产量和质量？

[学习指导]

实验操作要点及注意事项

1. 本实验的关键之一是控制好第一步的加热蒸发。10.0g $NaNO_3$ 和 8.0g KCl 固体，加入蒸馏水，加水20.0mL，混合溶液在加热时的总体积约为25mL。如何控制蒸发至原体积的2/3呢？根据经验最好控制在15~17mL。低于（蒸发太多）或高于（蒸发不够）这个范围，都会带来不良后果。若蒸发太多，即体积小于2/3，析出的NaCl中混有 KNO_3，使 KNO_3 产量偏低；若蒸发不够，即体积大于2/3，水分蒸发少，第一步中除去的NaCl少，母液体积较大，从而影响到第二步的蒸发。

2. 本实验的关键之二是第一步达2/3时，要迅速趁热过滤，否则，小烧杯内 KNO_3 也随着降温而析出混在NaCl中。趁热快速减压抽滤时，要求布氏漏斗在沸水中或烘箱中预热。

3. 本实验的关键之三是控制好将 KNO_3 溶液（约20mL）蒸发至原有体积的3/4（约15mL）。如果水分蒸发少，则室温时析出的 KNO_3 将减少。如果蒸发太多，NaCl杂质也可能析出。

4. 烧杯中 KNO_3 晶体产品转移到布氏漏斗中时，杯内壁附着的少量 KNO_3 不能用水洗涤，否则产量偏低。过滤的产品尽量抽干；保留产品，暂不回收。存放产品的称量纸上标注姓名和产量，放到指定地方保存；自然存放一周后复称。减量多的，说明产品含水量多，过滤操作技能掌握不好。

5. KNO_3 晶形为针状，NaCl为细粒状。但 KNO_3 在缓慢冷却时针状较长；快速冷却时，针状较细，不要误认为是NaCl。

6. 进行产品杂质检验时，最好把粗品和重结晶产品一起检验，进行对比。视溶液的浑浊度大小，定性说明杂质 Cl^- 含量的多少。注意，一次重结晶后的 KNO_3 中还是有 Cl^- 存在，甚至二次重结晶后，还能检出 Cl^-。通过一次重结晶，能达到一定程度的除杂，从而加深对重结晶的理解。

7. 两种以上物质混合后，制取某一物质时，加水多少，应以溶解度较小的那种物质（在温度较高时）进行计算。

8. KNO_3 粗品或精品的产率计算：

$$粗品或精品的产率 = \frac{粗品或精品实际产量}{理论产量} \times 100\%$$

KNO_3 晶体理论产量以 KCl 计算：

理论产量 = (KCl的质量 ÷ KCl的相对分子质量) × KNO_3 的相对分子质量
= (8.0 ÷ 74.5) × 101 = 10.8（g）

9. 计算产率时，因产品未烘干，因此标出湿重。

实验知识拓展

无机制备实验在进行产品杂质检验时，最好把粗品和重结晶产品一起检验，进行对比。针对制备 KNO_3 实验，应把粗品、一次重结晶产品同时用 $AgNO_3+HNO_3$ 检验，视哪一个溶液中的浑浊度较浅，说明 Cl^- 较少。注意，一次重结晶后的 KNO_3 中还是有 Cl^- 存在，甚至二次重结晶后，还能检出 Cl^-。本实验目的是通过一次重结晶，达到一定程度的除杂，加深对重结晶的理解。

实验 3-10　碱式碳酸铜的制备——设计实验

实验目的

1. 通过碱式碳酸铜制备条件的探索和生成物颜色、状态的分析，研究反应物的合理配料比并确定制备反应合适的温度条件，以培养独立设计实验的能力。
2. 掌握溶液配制、温度测量、水浴加热、减压过滤、烘箱的使用等基本操作。
3. 制备出暗绿色碱式碳酸铜目标晶体。

实验原理

某些金属离子的氢氧化物和碳酸盐的溶解度相差不多，则可能得到碱式盐。如：

$$2Cu^{2+} + 2CO_3^{2-} + H_2O = Cu(OH)_2 \cdot CuCO_3 \downarrow + CO_2 \uparrow$$

碱式碳酸铜 $Cu_2(OH)_2CO_3$ 为天然孔雀石的主要成分，呈暗绿色或淡蓝绿色，加热至 200℃ 即分解，在水中的溶解度很小，新制备的试样在沸水中很易分解。

仪器与药品

由学生自行列出所需仪器、药品、材料的清单，经指导老师同意，即可进行实验。

实验内容

1. 反应物溶液配制

配制 $0.5\,mol \cdot L^{-1}$ 的硫酸铜溶液和 $0.5\,mol \cdot L^{-1}$ 的碳酸钠溶液各 100mL。

2. 制备反应条件的探求

（1）硫酸铜和碳酸钠溶液的合适配比　于 4 支试管内各加入 2.0mL $0.5\,mol \cdot L^{-1}$ $CuSO_4$ 溶液，另取 4 支编号的试管，分别加入 1.6mL、2.0mL、2.4mL、2.8mL $0.5\,mol \cdot L^{-1}$ Na_2CO_3 溶液，将上述 8 支试管均放于 75℃ 的恒温水浴中。数分钟后，依次将 $CuSO_4$ 溶液分别倒入 Na_2CO_3 溶液中，振荡试管，比较各试管中沉淀生成的速度、沉淀的数量及颜色，定性得出两种反应物溶液以何种比例相混合为佳。

（2）反应温度的探索　于 3 支试管内各加入 2.0mL $0.5\,mol \cdot L^{-1}CuSO_4$ 溶液，另取 3 支试管，各加入由上述实验得到的合适用量的 $0.5\,mol \cdot L^{-1}Na_2CO_3$ 溶液。从这两组试管中各取一支，将它们分别置于室温、50℃、75℃（1）、100℃ 的恒温水浴中，数分钟后将 $CuSO_4$ 溶液分别倒入 Na_2CO_3 溶液中，振荡并观察现象，由实验结果定性确定制备反应的合适温度。

3. 碱式碳酸铜制备

取 30.0mL $0.5\,mol \cdot L^{-1}$ $CuSO_4$ 溶液，根据上述实验确定的反应物的合适比例及适宜温度制取碱式碳酸铜。待沉淀完全后，用蒸馏水洗涤沉淀数次，直至沉淀洗涤干净为止（洗涤干净的标准是什么？如何检验？），吸干。

将所得产品在烘箱中于 100℃ 烘干，待冷至室温后称重，并计算产率。

思考题

1. 哪些铜盐适合于制取碱式碳酸铜？写出硫酸铜溶液和碳酸钠溶液反应的化学方程式。
2. 估计反应的条件，如反应温度、反应物浓度及反应物配料比等对反应产物是否有影响。
3. 本实验寻求反应物配料比，各试管中沉淀的颜色为何会有差别？估计何种颜色产物的碱式碳酸铜含量最高？
4. 若将 Na_2CO_3 溶液倒入 $CuSO_4$ 溶液中，其结果是否会有所不同？
5. 反应温度对本实验有何影响？
6. 反应在何种温度下进行会出现褐色产物？这种褐色物质是什么？
7. 两种反应液混合后，为什么会产生气泡？气泡是什么物质？

[学习指导]

实验操作要点及注意事项

1. 反应试管易混淆，应做好标记。
2. 为使反应物混合充分，要振荡试管，并仔细观察沉淀的生成速度、数量及颜色。
3. 反应物浓度不同，产物会有差别，如 Na_2CO_3 浓度不足时，生成的主要产物为 $Cu(OH)_2$。
4. 反应温度的探索时，可采用合作方式，分别控制不同温度的水浴，以加快实验进程。
5. 制备实验时，为保证沉淀完全，应注意反应物混合后要不断搅拌，直至不产生气泡，得到蓝绿色晶体为止。沉淀至少洗涤 3 次，检验沉淀洗涤干净的标准就是检验 SO_4^{2-} 是否被洗净，可取第三次的洗涤液 1mL 于试管中，用 $0.1mol·L^{-1}$ 酸化 $BaCl_2$ 检验 SO_4^{2-}。若有白色沉淀产生，需继续洗涤。
6. 该方法制得的晶体，主要成分是 $Cu(OH)_2·CuCO_3$，同时可能有蓝色的 $2Cu(OH)_2·CuCO_3$、$2CuCO_3·3Cu(OH)_2$ 和 $5CuCO_3·2Cu(OH)_2$ 等生成，使晶体带有蓝色。

实验知识拓展

纯碳酸盐的制备

碳酸盐和碳酸氢盐都能水解。在金属盐类（碱金属和铵盐除外）的水溶液中加入可溶性碳酸盐，产物可能是碳酸盐、碱式碳酸盐或氢氧化物。究竟是哪种产物，取决于反应物、生成物的性质和反应条件。

如果金属离子是不水解的 Ca^{2+}、Sr^{2+}、Ba^{2+} 等，沉淀为碳酸盐。

有些金属离子如 Cu^{2+}、Zn^{2+}、Pb^{2+} 和 Mg^{2+} 等，其氢氧化物和碳酸盐的溶解度相差不多，则可能得到碱式盐。$2Cu^{2+} + 2CO_3^{2-} + H_2O \Longrightarrow Cu_2(OH)_2CO_3 \downarrow + CO_2 \uparrow$

若要得到它们的碳酸正盐，加入碳酸氢盐可以产生正盐的是 Mg^{2+}、Ni^{2+}、Cd^{2+}、Ag^+、Mn^{2+}；加入被 CO_2 饱和的碳酸氢盐可以产生正盐的是 Co^{2+}、Zn^{2+} 等。

如果金属离子的水解性极强，其氢氧化物的溶度积又小，如 Al^{3+}、Cr^{3+} 和 Fe^{3+} 等，将得到氢氧化物。若要得到它们的碳酸正盐，需采用固相合成法。

实验 3-11 由铁屑出发制备含铁化合物
——综合实验

本实验由铁屑（或碎铁片）为起始原料，依次制备硫酸亚铁、硫酸亚铁铵和三草酸合铁（Ⅲ）酸钾，并对合成产品的杂质及成品含量进行分析，实验内容包括以下 3 部分：

① 硫酸亚铁铵的制备；
② 硫酸亚铁铵杂质及成品含量的分析；
③ 三草酸根合铁（Ⅲ）酸钾的制备。
实验时可按实际情况分 2~3 次完成。

Ⅰ 硫酸亚铁铵的制备

实验目的

1. 制备硫酸亚铁和硫酸亚铁铵，了解它们的性质与制备条件。
2. 学习制备无机化合物有关投料、产率、产品限量分析等的计算方法。
3. 练习与巩固无机物制备的基本操作。

实验原理

本实验以铁屑（或碎铁片）为起始原料，依次制备硫酸亚铁、硫酸亚铁铵，还要进行杂质 Fe^{3+} 的限量分析。硫酸亚铁铵 $(NH_4)_2SO_4 \cdot FeSO_4 \cdot 6H_2O$（又称莫尔盐）是浅蓝绿色单斜晶体。该复盐组成稳定，不易被空气氧化，易溶于水，难溶于乙醇，所以是常用的含亚铁离子的试剂，是化学分析中的基准物之一。

1. $FeSO_4 \cdot 7H_2O$ 的制备

铁与稀硫酸作用生成 $FeSO_4$ 溶液，溶液经浓缩后冷却至室温，即可得到浅绿色的晶体 $FeSO_4 \cdot 7H_2O$（俗称绿矾）。

硫酸亚铁有 3 种水合物，即 $FeSO_4 \cdot 7H_2O$、$FeSO_4 \cdot 4H_2O$ 和 $FeSO_4 \cdot H_2O$，它们在溶液中可以互相转变，表 3-15 给出了硫酸亚铁的溶解度数据。

表 3-15 硫酸亚铁在不同温度下的溶解度（g/100g 水）

温度/℃	0	10	20	30	40	50	57	60	65	70	80	90
溶解度	15.65	20.51	26.5	32.9	40.2	48.6	—	—	—	50.9	43.6	37.3
结晶成分	$FeSO_4 \cdot 7H_2O$						$FeSO_4 \cdot 4H_2O$			$FeSO_4 \cdot H_2O$		

由数据可知，为了防止溶解度较小的白色 $FeSO_4 \cdot H_2O$ 析出，在金属与酸作用及在溶液浓缩过程中温度不宜过高。虽然 $FeSO_4 \cdot H_2O$ 在冷却过程中仍可逐步转变为 $FeSO_4 \cdot 7H_2O$，但是速度比较慢。

$FeSO_4$ 在弱酸性溶液中易被空气氧化，生成黄色的三价铁碱式盐：

$$4FeSO_4 + O_2 + 2H_2O = 4Fe(OH)SO_4$$

温度越高，上述反应越易进行。故在蒸发浓缩时，应维持溶液呈较强的酸性（pH<1），并应控制好温度。

2. $(NH_4)_2SO_4 \cdot FeSO_4 \cdot 6H_2O$ 的制备

将等物质的量的硫酸亚铁和硫酸铵溶液混合，利用复盐硫酸亚铁铵在水中的溶解度比组成它的简单盐的溶解度都小的性质（见表 3-16），制得 $(NH_4)_2SO_4 \cdot FeSO_4 \cdot 6H_2O$ 晶体。

表 3-16 硫酸亚铁铵、硫酸铵在不同温度下的溶解度（g/100g 水）

温度/℃	0	10	20	30	40	50	60	70
$(NH_4)_2SO_4 \cdot FeSO_4 \cdot 6H_2O$	12.5	17.2	21.6	28.1	33.0	40.0	44.6	52.0
$(NH_4)_2SO_4$	70.6	73.0	75.4	78.0	81.0	84.5	88.0	89.6

仪器与药品

恒温水浴，循环水泵，减压过滤装置，常用玻璃仪器，蒸发皿，温度计，滤纸，pH

试纸。

铁屑（或碎铁片）、硫酸铵（s）；10% Na_2CO_3 溶液，浓 H_2SO_4，$3mol \cdot L^{-1}$ H_2SO_4，$1mol \cdot L^{-1}$ NH_4SCN，95%乙醇。

实验内容

1. 铁屑的净化（去油污）

称取 2.0g 铁屑，放在小锥形瓶内或小烧杯中，加入适量（刚好没过铁屑）10% Na_2CO_3 溶液，水浴加热 5min 以除去其表面的油污。用倾析法倾去碱液，用去离子水洗净铁屑。

2. $FeSO_4 \cdot 7H_2O$ 的制备

向铁屑中加入 15mL $3mol \cdot L^{-1}$ H_2SO_4，盖上表面皿，小火加热或放在水浴中加热，反应至不再冒气泡为止。因加热过程中水分蒸发，反应后期注意补充水分，保持溶液原有体积，同时要控制溶液 pH<1。趁热减压过滤，弃去黑色粉状不溶物。

将滤液转移至蒸发皿内，以水浴或小火加热浓缩，溶液温度应保持在 70℃以下。当溶液表面有晶膜出现时，停止加热，冷却至室温，抽滤，得到浅绿色的 $FeSO_4 \cdot 7H_2O$ 晶体。用少量水及 95%乙醇各洗涤一次，将晶体抽干，称量。

3. $(NH_4)_2SO_4 \cdot FeSO_4 \cdot 6H_2O$ 的制备

将上面得到的晶体，参照它的溶解度数据，量取适量 $0.2mol \cdot L^{-1}$ H_2SO_4（自配）配成约 70℃的饱和溶液。另外，称取等物质的量的硫酸铵晶体，也用 $0.2mol \cdot L^{-1}$ H_2SO_4 配成约 70℃的饱和溶液，将两溶液混合在烧杯内，用水浴或小火加热，蒸发浓缩至溶液稍变浑浊，或溶液表面与器皿接触处有晶膜出现为止。自然冷却，即得到 $(NH_4)_2SO_4 \cdot FeSO_4 \cdot 6H_2O$ 晶体。抽滤，用少量水和 95%乙醇各洗涤一次。抽干，称重，产品自己保存，供后面实验使用。

思考题

1. 在制备硫酸亚铁及其铵盐的过程中，为什么溶液必须保持较强的酸性？
2. 在浓缩硫酸亚铁溶液时，为何不能将溶液煮沸？
3. 如何制取 $FeSO_4 \cdot H_2O$ 晶体？
4. 如果硫酸亚铁溶液已有部分被氧化，则应如何处理才能制得较纯的 $FeSO_4 \cdot 7H_2O$？
5. 制备硫酸亚铁铵时，为什么采用水浴加热法？
6. 用乙醇洗涤晶体的目的是什么？
7. 制备硫酸亚铁铵时，为什么采用水浴加热法？
8. 制备 $(NH_4)_2SO_4 \cdot FeSO_4 \cdot 6H_2O$ 的有关计算：
① $FeSO_4 \cdot 7H_2O$ 等物质的量硫酸铵的用量计算。
② 配制 $FeSO_4 \cdot 7H_2O$ 饱和溶液用 $0.2mol \cdot L^{-1}$ H_2SO_4 量计算。
③ 配制硫酸铵饱和溶液用 $0.2mol \cdot L^{-1}$ H_2SO_4 量计算（$0.2mol \cdot L^{-1}$ H_2SO_4 的粗略配制：每 5mL 水中加 1 滴浓 H_2SO_4）。
④ $FeSO_4 \cdot 7H_2O$ 的理论产量。
⑤ $(NH_4)_2SO_4 \cdot FeSO_4 \cdot 6H_2O$ 的理论产量。

Ⅱ 硫酸亚铁铵杂质及成品含量的分析

实验目的

1. 学习用比色法测定硫酸亚铁铵中杂质三价铁的含量。
2. 用滴定法测定硫酸亚铁铵样品中成品的百分含量。

实验原理

在工业上，生产出的成品试剂，最后都要核定试剂的级别，这时需作成品检验，一般要作杂质含量和成品含量两项分析工作。分析杂质含量时，时常将成品配成溶液与标准溶液进行比色或比浊，以确定杂质含量范围。如果成品溶液的颜色或浊度不深于某一标准溶液，则认为杂质含量低于某一规定的限制。故这种分析方法又称为"限量分析"。

在分析成品含量时，一般用定量分析法，确定成品的百分含量。

本实验产品的主要杂质是 Fe^{3+}，因此实验对硫酸亚铁铵进行三价铁的限量分析，并测定硫酸亚铁铵的成品百分含量。

三价铁的限量分析原理：利用在酸性介质中 Fe^{3+} 与 SCN^- 生成血红色配合物：

$$Fe^{3+} + nSCN^- \Longrightarrow [Fe(SCN)_n]^{3-n}$$

当 SCN^- 的量一定时，溶液红色的深浅与 Fe^{3+} 的含量呈正比，因此用目视比色法可确定其 Fe^{3+} 含量。

成品百分含量容量法定量分析原理：用 $K_2Cr_2O_7$ 滴定分析得到 Fe^{2+} 含量

$$6Fe^{2+} + Cr_2O_7^{2-} + 14H^+ \Longrightarrow 6Fe^{3+} + 2Cr^{3+} + 7H_2O$$

仪器与药品

台秤，分析天平，25mL 比色管及比色管架，100mL 容量瓶，50mL 酸式滴定管，25mL 移液管，250mL 锥形瓶。

1∶1 H_2SO_4，3mol·L^{-1} H_2SO_4，1mol·L^{-1} NH_4SCN，0.0100mol·L^{-1} $K_2Cr_2O_7$ 标准溶液，浓磷酸，PA 酸指示剂。

实验内容

1. 硫酸亚铁铵中三价铁的限量分析

在台秤上称取 1.0g 自制的硫酸亚铁铵样品于小烧杯中，用 15mL 不含 O_2 的蒸馏水溶解，转移至 25mL 比色管中，加入 1.0mL 3mol·L^{-1} H_2SO_4 和 1.0mL 1mol·L^{-1} NH_4SCN 溶液，用不含 O_2 的蒸馏水稀释至刻度，摇匀，与下列 3 种标准溶液进行比色，确定产品中杂质离子 Fe^{3+} 的含量范围，进而得到产品杂质 Fe^{3+} 对应的试剂级别。

标准溶液的配制：往 3 支 25mL 比色管中加入 1.0mL 3mol·L^{-1} H_2SO_4 和 1.0mL 1mol·L^{-1} NH_4SCN 溶液。再分别加入 Fe^{3+} 标准溶液（0.1g·L^{-1}）0.50mL、1.00mL、2.00mL，用蒸馏水稀释至刻度，摇匀，制成 Fe^{3+} 含量不同的标准溶液。

标准溶液所对应各级硫酸亚铁铵药品规格分别是：

含 Fe^{3+} 0.05mg，符合一级标准；

含 Fe^{3+} 0.10mg，符合二级标准；

含 Fe^{3+} 0.20mg，符合三级标准。

2. 硫酸亚铁铵的含量分析

在分析天平上用差减法称取自制硫酸亚铁铵约 4g（若完成此分析，实验Ⅰ中反应原料质量应注意增大一倍），放在干净的小烧杯中，加入 5mL1mol·L^{-1} H_2SO_4 和 50mL 蒸馏水，溶解后定量转入 100mL 容量瓶中，并稀释至标线定容，摇匀备用。

用移液管吸取 25.00mL 已知浓度的 $K_2Cr_2O_7$ 标准溶液放入锥形瓶中，再加入蒸馏水 50mL、1∶1 H_2SO_4 2mL、浓磷酸 2mL 以及 PA 酸指示剂 5 滴，溶液呈棕黄色。以上述配制好的硫酸亚铁铵溶液滴定至颜色刚转为绿色即为终点。滴定 3 次，取平均值。

百分含量的计算如下：

$$(NH_4)_2SO_4 \cdot FeSO_4 \cdot 6H_2O(\%) = \frac{6M \times 25.00 \times 392.1/1000}{WV/100.00} \times 100\%$$

式中　M——$K_2Cr_2O_7$ 标准溶液的浓度，$mol \cdot L^{-1}$；

　　　W——分析天平上称得硫酸亚铁铵的质量，g；

　　　V——耗去硫酸亚铁铵溶液的体积，mL；

　　392.1——$(NH_4)_2SO_4 \cdot FeSO_4 \cdot 6H_2O$ 的摩尔质量。

思考题

1. 如何制备"不含 O_2 的去离子水（或蒸馏水）"？
2. 为什么配制比色样品溶液时一定要用不含 O_2（或含 O_2 较少）的去离子水（或蒸馏水）？
3. 在分析纯级和化学纯级 $(NH_4)_2SO_4 \cdot FeSO_4 \cdot 6H_2O$ 试剂中，Fe^{3+} 杂质的百分含量各为多少？

Ⅲ 三草酸合铁（Ⅲ）酸钾的制备及其性质

实验目的

1. 学习简单配合物的制备方法，制备三草酸合铁（Ⅲ）酸钾。
2. 练习用"溶剂替换法"进行结晶的操作。
3. 了解三草酸合铁（Ⅲ）酸钾的光敏性质及用途。

实验原理

1. 制备三草酸合铁（Ⅲ）酸钾

三草酸合铁（Ⅲ）酸钾 $K_3[Fe(C_2O_4)_3] \cdot 3H_2O$ 是一种绿色的单斜晶体，易溶于水而难溶于乙醇。110℃可失去全部结晶水，230℃分解。它具有光敏性，它还是制备负载型活性铁催化剂的主要原料，在工业上具有一定的应用价值。

实验采用自制的硫酸亚铁铵与草酸反应制备出难溶的草酸亚铁 $FeC_2O_4 \cdot 2H_2O$：

$$(NH_4)_2SO_4 \cdot FeSO_4 \cdot 6H_2O + H_2C_2O_4 =\!=\!= FeC_2O_4 \cdot 2H_2O \downarrow + (NH_4)_2SO_4 + H_2SO_4 + 4H_2O$$

然后在草酸钾和草酸的存在下，用过氧化氢将草酸亚铁氧化为草酸高铁配合物。加入乙醇后，晶体便从溶液中析出。总反应式为：

$$2FeC_2O_4 \cdot 2H_2O + H_2O_2 + 3K_2C_2O_4 + H_2C_2O_4 =\!=\!= 2K_3[Fe(C_2O_4)_3] \cdot 3H_2O$$

2. 产物的定性分析

定性检测产物中 K^+、Fe^{3+}、$C_2O_4^{2-}$。

在稀 HAc 溶液中 K^+ 与 $Na_3[Co(NO_2)_6]$ 会生成黄色沉淀 $K_2Na[Co(NO_2)_6]$：

$$2K^+ + Na^+ + [Co(NO_2)_6]^{3-} =\!=\!= K_2Na[Co(NO_2)_6] \downarrow$$

Fe^{3+} 与 SCN^- 反应生成血红色 $[Fe(SCN)_n]^{3-n}$，$C_2O_4^{2-}$ 与 Ca^{2+} 生成白色 CaC_2O_4 沉淀，可以判断 Fe^{3+}、$C_2O_4^{2-}$ 处于配合物的内界还是外界。

3. 三草酸合铁（Ⅲ）酸钾晶体的光敏性质

三草酸合铁（Ⅲ）酸钾晶体是光敏物质，见光易分解，变为黄色。

$$2K_3[Fe(C_2O_4)_3] \xrightarrow{h\nu} 2FeC_2O_4 + 3K_2C_2O_4 + 2CO_2$$

仪器与药品

恒温水浴，循环水泵，减压过滤装置，常用玻璃仪器，温度计，滤纸，pH 试纸，电炉。

自制硫酸亚铁铵晶体，$K_3[Fe(CN)_6](s)$，$3 mol \cdot L^{-1}$ H_2SO_4，$1 mol \cdot L^{-1}$ $H_2C_2O_4$，饱和 $K_2C_2O_4$，6% H_2O_2，$Na_3[Co(NO_2)_6]$（钴亚硝酸钠）溶液，$0.5 mol \cdot L^{-1}$ $CaCl_2$，

0.1mol·L⁻¹ KSCN、FeCl₃，95％乙醇。

实验内容

1. 制备三草酸合铁（Ⅲ）酸钾

（1）制备 $FeC_2O_4·2H_2O$　称取 2.5g 自制硫酸亚铁铵晶体于 50mL 烧杯中，加入 10mL 蒸馏水和 3 滴 3mol·L⁻¹ H_2SO_4，加热使其溶解。加入 12.5mL 1mol·L⁻¹ $H_2C_2O_4$，加热至沸，维持微沸约 4min，停止加热（判断反应是否完全），静置，待 $FeC_2O_4·2H_2O$ 黄色晶体沉降，用倾析法弃去上层清液，用热去离子水少量多次地将 $FeC_2O_4·2H_2O$ 洗净（洗净的标准是什么？）。

（2）制备 $K_3[Fe(C_2O_4)_3]·3H_2O$　加 5mL 饱和 $K_2C_2O_4$ 溶液于上述沉淀中，用水浴加热至约 40℃，用滴管慢慢加入 5mL 6％ H_2O_2，不断搅拌并保温在 40℃左右，在生成 $K_3[Fe(C_2O_4)_3]$ 的同时，有氢氧化铁沉淀生成。加完 H_2O_2 后，取 1 滴所得的悬浊液用 $K_3[Fe(CN)_6]$ 溶液检验 Fe(Ⅱ)是否氧化完全，需要时，再加入 H_2O_2。将溶液加热至沸（加热过程要充分搅拌），以去除过量的 H_2O_2。

保持上述近沸状态，加入 4mL 1mol·L⁻¹ $H_2C_2O_4$，并保持溶液近沸。此时得到澄清的草绿色反应溶液（否则，再补充滴加 $H_2C_2O_4$ 溶液，至溶液完全变为澄清的草绿色）。

将溶液冷却至室温后，加入 10mL 95％乙醇，此时会有产品晶体出现。温热使已生成的晶体再溶解，用表面皿盖在烧杯上，暗处放置 1~2h，即有晶体析出。减压过滤，分别用少量 95％乙醇和少量丙酮各洗涤一次，称重，计算产率。

2. 产物的定性分析

（1）K^+ 的鉴定　在试管中加入少量产物，用去离子水溶解，再加入几滴 $Na_3[Co(NO_2)_6]$ 溶液，将试管放入沸水浴中加热 2min，观察现象。

（2）Fe^{3+} 的鉴定　在试管中加入少量产物，用去离子水溶解。另取一支试管加入几滴 $FeCl_3$ 溶液。分别向两支试管中各加入 1 滴 KSCN 溶液，观察现象。在产物试管中加入 1 滴 3mol·L⁻¹ H_2SO_4 溶液，再观察溶液颜色有何变化，解释实验现象。

（3）$C_2O_4^{2-}$ 的鉴定　在试管中加入少量产物，用去离子水溶解。另取一支试管加入 2 滴 $K_2C_2O_4$ 溶液。分别向两支试管中各加入 2 滴 $CaCl_2$ 溶液，比较两者的实验现象。

3. 产品的光敏试验

（1）在表面皿或点滴板上放少许三草酸合铁（Ⅲ）酸钾产品，置于日光下一段时间，观察晶体颜色变化，与放暗处的晶体比较。

（2）取 1.0g 自制 $K_3[Fe(C_2O_4)_3]·3H_2O$，再取 1.3g $K_3[Fe(CN)_6]$，加水 10.0mL 配成溶液，涂在纸上即成感光纸。用毛笔蘸此混合液在白纸上写字，字迹经强太阳光照射后，由浅黄色变为蓝色（$FeC_2O_4+K_3[Fe(CN)_6]$ === $KFe[Fe(CN)_6]+K_2C_2O_4$）。

思考题

1. 在制备 $K_3[Fe(C_2O_4)_3]·3H_2O$ 时，最后一步得到的溶液中加入乙醇的作用是什么？
2. 产品用丙酮洗涤的目的何在？
3. 查阅资料后回答：三草酸合铁（Ⅲ）酸钾制备有多少种合成工艺路线（以反应方程式表示）。
4. 影响三草酸合铁（Ⅲ）酸钾稳定性的因素有哪些？

[学习指导]

实验操作要点及注意事项

1. 除废铁屑表面的油污时，以倾析法除去碱液后，用水把铁屑洗涤 3~4 次，直至洗涤液近中性。否则残留碱会耗去加入的硫酸，致使反应过程中酸度不够。硫酸溶解铁屑时，若有 H_2S、PH_3 等有毒气体生成，则应改在锥形瓶中溶解，并安装上带导气管的活塞，将生成的气体导入盛有含 $0.1mol·L^{-1}$ 高锰酸钾的烧杯中，以除去生成的有毒气体。

2. 制备硫酸亚铁过程中，始终要保持必要的酸度。如果酸度不够，则会引起 Fe^{2+} 的水解和被空气氧化，使反应液由浅蓝绿色逐渐变为黄色，造成产品不纯。若开始出现此现象时，只要向溶液中加入几滴硫酸以提高酸度，使 pH 达 1~2，同时加入几粒纯净铁屑（或小铁钉），将 Fe^{3+} 还原为 Fe^{2+} 即可。若用水浴加热时不宜搅拌。因为，一是水浴加热温度温和，不会有迸溅现象；二是搅拌会破坏晶膜而导致蒸发过头。

3. 制备硫酸亚铁铵的过程中，蒸发至刚出现晶膜，即可冷却。如果蒸发太多，会造成杂质 $FeSO_4$ 或 $(NH_4)_2SO_4$ 的析出，使产品不纯。此外，晶体所需的水分（即每个化学式中含 6 个结晶水）也不够，会使成品结成大块，难于取出。若溶液蒸发过头，结晶成块。这时，可加些蒸馏水，加热重新溶解，再蒸发至刚出现晶膜，冷却结晶。

4. 硫酸亚铁和硫酸亚铁铵的母液可合并回收，直接作为 Fe^{2+} 溶液使用，也可作为酸性还原剂，用于处理 Cr(Ⅵ) 废液，或用于洗涤 $KMnO_4$、MnO_2 污迹。

5. $FeC_2O_4·2H_2O$ 热稳定性较差，在温度高于 100℃ 时会分解。

6. 制备三草酸合铁（Ⅲ）酸钾时，$FeC_2O_4·2H_2O$ 生成时要维持微沸几分钟，主要是有利于 $FeC_2O_4·2H_2O$ 晶体颗粒长大，便于倾析法过滤、洗涤。在不断搅拌下慢慢滴加 H_2O_2 且需保持恒温 40℃。温度太低，Fe(Ⅱ) 氧化速度太慢，温度太高易导致 H_2O_2 分解，而影响 Fe(Ⅱ) 氧化结果。

7. 本实验制备的硫酸亚铁、硫酸亚铁铵、三草酸合铁（Ⅲ）酸钾 3 种晶体均可溶于水，因此洗涤晶体产品时均应注意只能用少量水进行洗涤。

8. 目测比色时，样品不能直接在比色管中溶解。

实验知识拓展
晶体生成

晶体生成的一般过程是先生成晶核，而后再逐渐长大。一般认为晶体从液相或气相中的生长有三个阶段：①介质达到过饱和、过冷却阶段；②成核阶段；③生长阶段。

沉淀的形成过程示意如下：

构晶离子 $\xrightarrow{\text{成核作用}}$ 晶核 $\xrightarrow{\text{长大}}$ 沉淀微粒 $\xrightarrow{\text{长大}}$ 聚集 —— 无定形沉淀
定向排列 —— 晶形沉淀

在某种介质体系中，过饱和、过冷却状态的出现，并不意味着整个体系的同时结晶。体系内各处首先出现瞬时的微细结晶粒子。这时由于温度或浓度的局部变化，外部撞击，或一些杂质粒子的影响，都会导致体系中出现局部过饱和度、过冷却度较高的区域，使结晶粒子的大小达到临界值以上。这种形成结晶微粒子的作用称为**成核作用**。介质体系内的质点同时进入不稳定状态形成新相，称为均匀成核作用。在体系内的某些局部小区域首先形成新相的核，称为不均匀成核作用。

均匀成核是指在过饱和状态时，构晶离子由于静电作用缔合形成，即在一个体系内，各处的成核概率相等，这要克服相当大的表面能位垒，即需相当大的过冷却度才能成核。非均匀成核是指异相成核，是以固相微粒起着晶核的作用，该过程是由于体系中已经存在某种不均匀性，例如悬浮的杂质微粒，容器壁上凹凸不平等，它们都有效地降低了表面能成核时的位垒，优先在这些具有不均匀性的地点形成晶核。因之在过冷却度很小时亦能局部地成核。

在单位时间内，单位体积中所形成的核的数目称成核速度。它决定于物质的过饱和度或过冷却度。过饱和度和过冷却度越高，成核速度越高。成核速度还与介质的黏度有关，黏度大会阻碍物质的扩散，降低成核速度。

成核速度和晶核长大速度的大小决定沉淀微粒大小。成核速度（取决浓度）＞晶核长大速度（取决温度、搅拌等沉淀条件），得到小的沉淀微粒，反之得到大的沉淀微粒。

为得到纯度好的沉淀的条件是：控制小的相对过饱和度，沉淀陈化。即稀、热、搅、慢、陈。稀：相对过饱和度小，减少均相成核；减少杂质吸附量；增大溶解度。热：减少相对过饱和度，减少均相成核；增大扩散速度，有利于沉淀长大；减少吸附。搅、慢：减少均相成核；有利于沉淀长大；减少包藏。陈：晶形完整化。

实验3-12　以废铝为原料制备明矾——设计实验

实验目的
1. 依据选择设计无机化合物制备方案的基本原则，由废铝制备明矾，学习废弃物的回收及再利用。
2. 进一步掌握铝元素及其化合物的性质。
3. 练习和掌握称量、溶解、加热、冷却、蒸发浓缩、结晶、重结晶、过滤以及沉淀洗涤等无机制备中常用的基本操作。
4. 用自己设计的合成路线制备得到约10g明矾 $KAl(SO_4)_2 \cdot 12H_2O$ 晶体。

实验内容
明矾是硫酸钾铝的俗称，也叫铝钾矾，它是一种无色晶体，其化学组成为 $K_2SO_4 \cdot Al_2(SO_4)_3 \cdot 24H_2O$，常简写为 $KAl(SO_4)_2 \cdot 12H_2O$。

生活中大量废弃的铝（铝易拉罐、牙膏皮、药膏皮、铝制器皿等）可用作本实验的原料。

本实验要求利用废铝箔（实验室提供）制备10g左右的明矾。

实验要求
本实验是在无机化学制备实验的基础上，运用化学理论知识和实验技能，对化合物性质进行综合研究。要求学生根据实验内容独立设计实验方案；选择适当仪器、药品、试剂浓度及用量；说明实验应观察的内容。设计方案要经教师审查后方可进行实验。实验中详细记录现象，对出现的问题应及时加以分析、研究，得出结论，写出实验报告。

实验提示
① 制备提示路线：$Al \rightarrow$ 溶解（酸溶、碱溶）$\rightarrow Al_2(SO_4)_3 \rightarrow K_2SO_4 \cdot Al_2(SO_4)_3 \cdot 24H_2O$。
② 原料中可能含有少许铁等杂质。
③ 请自己选择合适的实验条件来设计实验路线，提交实验指导教师审阅。
④ 记录实验现象，对出现的问题应及时加以分析、研究，得出结论，写出实验报告。

思考题
1. 根据查到的文献资料，说说明矾的用途。
2. 查找各种废弃铝，如废铝箔、铝易拉罐、牙膏皮、药膏皮、铝制器皿等的大致成分及铝含量的资料，设计出相应的制备明矾的合适路线。本实验采用废铝箔作原料。
3. 根据实验设计路线，想想在实验中有哪些影响因素？应注意哪些问题？
4. 计算用1g金属铝能生成多少克硫酸铝？若将此硫酸铝全部转变成明矾，需要与多少克硫酸钾反应？

5. 计算用 1g 金属铝能生成多少克明矾？

6. 分析明矾的净水原因及存在的问题。

7. 文献调研——自来水净水剂的种类及其性能评价。

[学习指导]

实验设计方案的参考格式

实验目的

实验原理

实验部分

(1) 主要试剂（规格、浓度、配制方法）与仪器。

(2) 实验步骤。

(3) 有关计算。

以 Al→碱溶→$Al_2(SO_4)_3$→$K_2SO_4 \cdot Al_2(SO_4)_3 \cdot 24H_2O$ 为例进行说明：

① 提供 0.6g Al 为原料，根据相应的化学计量关系计算 NaOH 的用量，体系中应加多少水？计算产物的产量。

② 根据 $Al_2(SO_4)_3$，通过计算确定 K_2SO_4 的用量。

③ 根据 $Al_2(SO_4)_3$、K_2SO_4 溶解度，确定混合液蒸发的程度。

④ 对反应条件或中控指标应作说明，或用计算提供理论依据。中控指标是指溶液的酸碱度、反应温度、沉淀反应的条件、除杂的要求、杂质除尽与否的判断、蒸发浓缩的程度、产品的烘干温度等，这些指标在设计时均应考虑。

参考文献摘引书写格式

书刊：序号. 作者. 书名. 版次. 出版社，出版年份.

期刊：序号. 作者. 刊名. 年，卷（期）：起止页码.

实验报告参考格式

(一) 实验目的

(二) 实验原理

实验原理文字及有关反应方程式的叙述，并画出制备流程图。

(三) 实验部分

(1) 主要试剂与仪器

列出实验中所要使用的主要试剂（规格、浓度、配制方法）及仪器。

(2) 实验步骤

实验步骤，包括实验现象的详细记录。

(四) 实验结果与讨论

实验结果叙述，并对实验现象进行讨论和分析，尽可能地结合无机化学中有关理论，以提高分析、解决问题的能力，也为以后的科学研究打下一定基础。

(五) 问题讨论

(1) 自来水净水剂的种类及其性能评价。

(2) 思考题。

(六) 参考书目

第 4 章 定量分析化学实验

定量分析是化学专业及相关专业学生的重要基础课之一。本章选编了 11 个典型的定量分析实验，涉及酸碱平衡、络合平衡、氧化还原平衡、沉淀溶解平衡等的滴定分析和重量分析以及综合实验。通过实验，加深学生对定量分析基本概念和基本理论的理解；熟练掌握定量分析的基本操作；学习并掌握典型的定量分析方法；学会正确选择实验条件和实验仪器；正确处理实验数据的方法。

钡盐中钡含量的测定约需 10 学时，其余每个实验均约需 5 学时。

定量分析化学实验是大学化学专业及其他有关专业的重要基础课。通过该课程的学习，可以加深对分析化学基础理论、基本知识的理解，正确和熟练地掌握分析化学实验技能和基本操作，提高观察、分析和解决问题的能力，培养学生严谨、科学的工作作风，树立"量"和"误差"的概念，为后续课程的学习和今后的科学研究工作打下良好的基础。

4.1 滴定分析的原理和方法

(1) 滴定分析的原理

滴定分析是将一种已知准确浓度的试剂（标准溶液）滴加到被测物质的溶液中，或者是将被测物质的溶液滴加到标准溶液中，直到所加的试剂与被测物质按化学计量关系定量反应完为止，然后根据试剂溶液的浓度和用量，计算被测物质的含量。

滴定分析法对化学反应的要求：①反应必须具有确定的化学计量关系；②反应必须定量地进行；③必须具有较快的反应速率；④必须有适当简便的方法确定滴定终点。

(2) 滴定分析的方法

① 直接滴定法　凡能满足上述要求的反应，都可以采用直接滴定法。它是滴定分析中最常用和最基本的方法。

② 返滴定法　当试液中待测物质与滴定剂反应很慢，或者用滴定剂直接滴定固体试样，或者由于某些反应没有合适的指示剂时，可先准确地加入过量标准溶液，使与试剂中的待测物质或固体试样进行反应，待反应完成后，再用另一种标准溶液滴定剩余的标准溶液，从而求得待测物质的含量。

③ 置换滴定法　当待测组分所参与的反应不按一定反应式进行或有副反应时，可先用适当试剂与待测组分反应，使其定量地置换为另一种物质，再用标准溶液滴定这种物质。如以重铬酸钾法标定硫代硫酸钠溶液时，就是采用置换滴定法。

④ 间接滴定法　有些物质不能直接与滴定剂起反应，此时可通过另外的化学反应，以间接法进行测定。

4.2 重量分析的原理和方法

重量分析法一般是先用适当的方法将被测组分与试样中的其他组分分离后，转化为一定的称量形式，然后称重，由称得的物质的质量计算该组分的含量。根据被测组分与其他组分分离方法的不同，分为沉淀法、汽化法和电解法。沉淀重量分析是利用沉淀反应，使待测物质转变成一定的称量形式后测定物质含量的方法。它是分析化学中最经典、最基本的方法。重量分析法不需要基准物质，通过直接沉淀和称量而测得物质的含量，其测定结果准确度很高。尽管它的操作时间很长，但由于其不可替代的特点，目前在某些元素的常量分析或其化合物的定量分析中还经常使用。

重量分析对称重形式的要求是：称量形式必须有确定的化学组成，否则无法计算分析结果；称量形式必须十分稳定，不受空气中水分、CO_2 和 O_2 等的影响；称量形式的摩尔质量大，被测组分在称量形式中的百分含量小，这样可以提高分析的准确度。

沉淀可大致分为晶形沉淀和无定形沉淀两类。重量分析对沉淀的要求如下。

① 沉淀反应进行完全，即沉淀的溶解度要小，通常要求被测组分在溶液中的残留量在 0.1mg 以内，但很多沉淀不能满足这个条件。影响沉淀溶解度的因素主要有同离子效应、盐效应、酸效应、络合效应等。此外，温度、介质、晶体结构和颗粒大小也对溶解度有影响。利用同离子效应，可以使被测组分沉淀完全，但沉淀剂加得太多，可能引起盐效应、酸效应及络合效应等，反而使沉淀的溶解度增大。一般沉淀剂过量 50%～100% 是合适的，如果沉淀剂不易挥发，则以过量 20%～30% 为宜。

② 沉淀必须纯净，不应混进沉淀剂和其他杂质。

③ 沉淀应易于过滤和洗涤，因此进行沉淀时希望得到颗粒大的晶形沉淀。晶形沉淀的沉淀条件是"稀、热、搅、慢、陈"。

4.3 可见分光光度法概述

利用可见光吸收光谱对物质进行定性和定量分析的方法称作可见分光光度法。分光光度法是广泛应用的分析方法，其测定的灵敏度较高，适合于微量分析。而且与其他仪器分析方法相比，分光光度法所用的仪器结构简单，价格也较低廉，操作也简便。

(1) 测量原理

朗伯-比耳定律是光吸收的基本定律，也是分光光度法定量的依据，朗伯-比耳定律的数学表达式为

$$A = -\lg T = \lg(I_0/I) = \varepsilon bc$$

式中，A 为吸光度；T 为透光率；ε 为摩尔吸光系数，$L \cdot mol^{-1} \cdot cm^{-1}$；$b$ 为吸收液层厚度，cm；c 为物质的浓度，$mol \cdot L^{-1}$。朗伯-比耳定律表明，当特定波长的单色光通过溶液时，样品的吸光度与溶液中吸光物质浓度和光通过的距离呈正比。

根据朗伯-比耳定律，许多物质的浓度都可通过分光光度法进行测定，特别是对于摩尔吸光系数 ε 比较大的物质。在波长、溶液和温度确定的情况下，摩尔吸光系数与给定物质的特性有关。摩尔吸光系数也与使用的仪器有关。因此，在定量分析中，通常并不用已知物质的摩尔吸光系数，而是用一个或多个已知浓度的待测物质作一条校准或工作曲线。

(2) 仪器构造

分光光度计种类、型号较多，但都包括光源（一般为钨灯，产生 360～1000nm 的光谱）、色散系统（分出某一特定波长的光，又称光栅）、样品池（盛放试液的容器，又称比色皿）、检测器（将透过光转换为电信号进行测量）及显示系统（将电信号放大并显示出来）五部分。

4.4 学习要求和实验报告参考格式

对分析化学实验课的基本要求是：认真预习，仔细实验，如实记录，善于思考，认真写

好实验报告，遵守实验室规则和安全规范。

(1) 实验前预习

实验前应明确实验目的和要求，理解分析方法和分析仪器的基本原理，熟悉实验内容和操作步骤及注意事项，对实验中的有关问题积极思考，写好预习报告。

(2) 实验数据记录

数据应记在专门的笔记本上，不得将文字或数据记录在小纸片上，或随意记录在其他任何地方。应实事求是地记录实验过程中所发生的实验现象、测量数据及其结果，切忌伪造和杜撰实验数据。不随意涂改实验记录，对于读错的数据或计算错误的地方需要修改的，应用线划去错误数据，于旁边写上正确数据，并加以说明。记录实验过程中的测量数据时，应注意其有效数字的位数。

(3) 实验数据处理

① 可疑值的取舍 在对同一试样进行多次平行测定时，有时个别数据与其他数据相差较大，如果确定这是由于过失引起的，则可以弃去不要，否则应根据 $4\bar{d}$ 法、Q 检验法或格鲁布斯法来确定取舍。

② 系统误差的检验 采用对照实验、空白实验、校准仪器，以检验和消除测定过程中的系统误差。

③ 精密度的考察 用标准偏差、相对标准偏差或平均偏差、相对平均偏差来衡量测定结果的精密度。若精密度不符合分析要求，应增加平行测定的次数，直至精密度符合要求。

④ 有效数字的保留 由于各个测量值的有效数字可能不同，因此应按照有效数字的修约规则和运算规则来正确表示分析结果。

(4) 实验报告

实验完毕后，根据实验前预习、实验过程中的观察和数据记录，及时认真地书写实验报告。分析化学实验报告一般包括以下内容。

① 实验名称和日期。

② 实验目的。

③ 实验原理：以文字和化学反应式说明。对于滴定分析，通常应有标定和滴定的化学方程式，滴定方式，基准物质和指示剂的选择，标定和滴定的计算公式等。对于重量分析，应有沉淀反应化学方程式，沉淀的条件，沉淀型和称量型的获得，结果的计算公式等。

④ 主要仪器和试剂。

⑤ 实验步骤。

⑥ 数据记录及处理：应用文字、表格和图形将数据表示出来，计算出分析结果。以平均值（±标准偏差）或平均值的置信区间来表示分析结果。

⑦ 问题讨论：对实验教材上的思考题和实验中观察到的现象，产生误差的原因，结合已经学到的分析化学理论知识进行分析与讨论。

4.5 滴定分析实验

实验 4-1 甲醛法测定硫酸铵化肥中氮的含量

实验目的

1. 了解弱酸强化的基本原理。

2. 掌握甲醛法测定氨态氮的原理及实验方法。
3. 熟练掌握酸碱指示剂的选择原理。
4. 掌握容量分析仪器的正确操作规范、标准溶液的配制与标定。

实验原理

硫酸铵是常用的氮肥之一。由于铵盐 NH_4^+ 中的酸性太弱（$K_a=5.6\times10^{-10}$），不能用 NaOH 标准溶液直接滴定。为了用酸碱滴定法测定铵盐 NH_4^+ 中氮的含量，可以用蒸馏法（又称凯氏定氮法）或甲醛法测定其氮含量。

甲醛法测定氮含量的原理是：甲醛与 NH_4^+ 作用，生成质子化六亚甲基四胺和 H^+，反应式如下：

$$4NH_4^+ + 6HCHO \rightleftharpoons (CH_2)_6N_4H^+ + 3H^+ + 6H_2O$$

反应生成的 $(CH_2)_6N_4H^+$ 的 $K_a=7.1\times10^{-6}$，因此可以用 NaOH 标准溶液准确滴定。在这里，4mol NH_4^+ 生成了 4mol 可被准确滴定的酸，因此，氮与 NaOH 的化学计量比为 1:1。

利用上述原理测定物质氮含量时，若试样中含有游离酸，应以甲基红为指示剂，用 NaOH 标准溶液中和游离酸，直至甲基红变为黄色（$pH\approx6$），以避免试样中游离酸对测定的影响。否则，可能导致实验误差较大或者完全错误。中和完游离酸以后，再加入甲醛，以酚酞为指示剂，用 NaOH 标准溶液滴定酸性强化后的产物。

甲醛法也可用于测定有机物中氮的含量。但在实验前需进行预处理，使其转化为铵盐后再进行测定。

仪器与药品

台秤，试剂瓶，称量瓶，锥形瓶，电子天平，碱式滴定管，洗瓶，小烧杯，量筒，容量瓶。

$0.1mol\cdot L^{-1}$ NaOH，$2g\cdot L^{-1}$ 甲基红指示剂（60%乙醇溶液或甲基红钠盐的水溶液），$2g\cdot L^{-1}$ 酚酞指示剂（乙醇溶液），18%甲醛（甲醛和水体积比为1:1的混合溶液），$KHC_8H_4O_4$（s，基准试剂），硫酸铵化肥试样。

实验内容

1. $0.1mol\cdot L^{-1}$ NaOH 标准溶液的配制和标定

用烧杯称取 4g NaOH，加入煮沸除去 CO_2 的冷却蒸馏水，溶解完全后，转入带橡皮塞的试剂瓶中，加水稀释至 1L，充分摇匀。

准确称取 0.4~0.5g $KHC_8H_4O_4$ 于 250mL 锥形瓶中，加 50mL 蒸馏水（煮沸并已放冷）溶解，加酚酞指示剂 2~3 滴，用待标定的 NaOH 溶液滴定，平行测定 3 次。

2. 甲醛溶液的预处理

甲醛中常含有微量酸，使用前必须预先中和。其方法如下：将原瓶装甲醛上层清液倾入烧杯中，加水稀释一倍，滴入 1~2 滴酚酞指示剂，用 $0.1mol\cdot L^{-1}$ NaOH 标准溶液滴定至呈微红色，得到 18%甲醛溶液。

3. 硫酸铵化肥中氮含量的测定

准确称取 2~3g 硫酸铵化肥于小烧杯中，加入少量蒸馏水溶解，然后定量转入 250mL 容量瓶中定容。准确移取 25.00mL 此试液于 250mL 锥形瓶中，加入 1 滴甲基红指示剂，用 NaOH 标准溶液滴定至恰好变为黄色。加入 10mL18%甲醛溶液，滴入 1~2 滴酚酞指示剂，充分摇匀，放置 1min 后，用 NaOH 标准溶液滴定至溶液呈微橙红色，30s 溶液不褪色即为终点。平行测定 3 份。

数据记录与处理

1. 0.1mol·L⁻¹ NaOH 溶液的标定

项目	1	2	3	4
$KHC_8H_4O_4$/g				
V_{NaOH}/mL				
c_{NaOH}/mol·L⁻¹				
NaOH 平均浓度/mol·L⁻¹				
相对偏差/%				
平均相对偏差/%				

2. 硫酸铵化肥中氮含量的测定

项目	1	2	3	4
硫酸铵化肥/g				
V_{NaOH}/mL				
硫酸铵化肥中氮含量/%				
硫酸铵化肥中平均氮含量/%				
相对偏差/%				
平均相对偏差/%				

思考题

1. NH_4^+ 为 NH_3 的共轭酸，为什么不能用 NaOH 标准溶液直接滴定？

2. NH_4NO_3、NH_4Cl 或 NH_4HCO_3 的氮含量能否用甲醛法测定？

3. 为什么中和甲醛中游离酸使用酚酞指示剂，而中和 $(NH_4)_2SO_4$ 试样中游离酸却使用甲基红指示剂？

4. 滴定终点为什么呈橙红色？

[学习指导]

实验操作要点及注意事项

1. 甲醛常以白色聚合状态（多聚甲醛）存在。当甲醛试剂呈白色乳状时，可加入少量浓硫酸，加热处理使多聚甲醛解聚。

2. 邻苯二甲酸氢钾，使用前先在 105~110℃ 烘干至恒重后，然后置于干燥器内保存（注意，烘干温度不得超过 125℃！）。

3. 应节约试剂。甲醛用量按平行三次计算，需要 30mL (1+1) 甲醛。故应控制原装甲醛的用量，以不超过 20mL 为宜。

4. 中和游离酸所消耗的 NaOH 体积不计。

5. 中和试样中的游离酸时，应小心滴加 NaOH 标准溶液至甲基红刚变黄即停止加入。若不小心多加了，应弃去重新移取一份 25.00mL 的试样溶液处理。

6. 洗涤滴定管和移液管时，应避免直接用自来水龙头把水注入管内，以免满地是水。建议一律用烧杯将水注入，用移液管吸取烧杯中水进行洗涤。

7. 碱式滴定管用前不注意看，会留气泡。在滴定过程中，手指若挤压玻璃珠下方，将使尖嘴处引入气泡。正确做法是将手指捏在玻璃珠两侧中间和稍微偏上方处。

8. 在实验数据记录与处理部分仅需列出计算公式，不必列出详细计算过程。

实验知识拓展

铵盐含量的测定还可以用蒸馏法。向铵盐试液中加浓 NaOH 并加热,将 NH_3 蒸馏出来,用硼酸溶液吸收释放出来的 NH_3,然后采用甲基红与溴甲酚绿混合指示剂,用硫酸标准溶液滴定至灰色时为终点。硼酸可以吸收 NH_3,但不影响滴定,因为它的酸性极弱,故不需要定量加入。也可以用 H_2SO_4 标准溶液吸收,过量的酸用 NaOH 标准溶液返滴定,以甲基红或甲基橙为指示剂。

实验 4-2 混合碱的分析(双指示剂法)

实验目的

1. 掌握 HCl 溶液的配制和标定方法。
2. 掌握混合碱测定的原理和实验方法。
3. 掌握多元碱滴定中指示剂的选择及混合指示剂的应用。

实验原理

混合碱是 NaOH 与 Na_2CO_3 或 $NaHCO_3$ 与 Na_2CO_3 的混合物。要测定同一份试样中各组分的含量,可用 HCl 标准溶液滴定,根据滴定过程中 pH 变化的情况,选用两种不同的指示剂分别指示第一、第二化学计量点的到达,这种方法称为"双指示剂法"。

常用的两种指示剂分别是酚酞和甲基橙,在混合碱试液中先加入酚酞指示剂,此时溶液呈红色。用 HCl 标准溶液滴定至红色恰变为无色,这是第一个滴定突跃,反应式如下:

$$HCl + NaOH = NaCl + H_2O$$
$$HCl + Na_2CO_3 = NaHCO_3 + NaCl$$

设此时消耗 HCl 滴定剂的体积为 V_1。再加入甲基橙指示剂,此时溶液呈黄色,继续用 HCl 标准溶液滴定,使溶液由黄色突变为橙色,这是第二个滴定突跃,反应式如下:

$$HCl + NaHCO_3 = NaCl + CO_2\uparrow + H_2O$$

设此时消耗 HCl 滴定剂的体积为 V_2。

由反应式可知,当 $V_1 > V_2$ 时,试样为 Na_2CO_3 与 NaOH 的混合物。中和 Na_2CO_3 所消耗的 HCl 体积为 $2V_2$,NaOH 消耗 HCl 的体积为 $V_1 - V_2$,按下式可计算出 NaOH 和 Na_2CO_3 组分的含量分别为:

$$NaOH\% = \frac{c_{HCl}(V_1 - V_2)M_{NaOH}}{m_s \times \frac{25}{100} \times 1000} \times 100\%$$

$$Na_2CO_3\% = \frac{1}{2} \times \frac{c_{HCl} \times 2V_2 M_{Na_2CO_3}}{m_s \times \frac{25}{100} \times 1000} \times 100\%$$

当 $V_1 < V_2$ 时,试样为 Na_2CO_3 与 $NaHCO_3$ 的混合物。中和 Na_2CO_3 所消耗的 HCl 体积为 $2V_1$,$NaHCO_3$ 消耗 HCl 的体积为 $V_2 - V_1$,按下式可计算 $NaHCO_3$ 和 Na_2CO_3 组分的含量:

$$NaHCO_3\% = \frac{c_{HCl}(V_2 - V_1)M_{NaHCO_3}}{m_s \times \frac{25}{100} \times 1000} \times 100\%$$

$$Na_2CO_3\% = \frac{1}{2} \times \frac{c_{HCl} \times 2V_1 M_{Na_2CO_3}}{m_s \times \frac{25}{100} \times 1000} \times 100\%$$

式中，m_s 为样品质量；c_{HCl} 为 HCl 标准溶液的浓度，mol·L^{-1}；M 为物质的摩尔质量，g·mol^{-1}。

双指示剂中的酚酞指示剂可用甲酚红和百里酚蓝混合指示剂代替。甲酚红的变色范围为 6.7（黄）～8.4（红），百里酚蓝的变色范围为 8.0～9.6，混合后的变色点是 8.3，酸色呈黄色，碱色呈紫色，pH8.2 玫瑰色，pH8.4 紫色，此混合指示剂较酚酞指示剂变色敏锐。用盐酸滴定剂滴定溶液由紫色变为粉红色（用新配制相等浓度的 $NaHCO_3$ 溶液作参比溶液对照，观察指示剂的颜色变化）。

仪器与药品

烘箱、电子天平、烧杯、移液管、容量瓶、滴定管、锥形瓶、量筒。

0.2mol·L^{-1} HCl 溶液，无水 Na_2CO_3 基准物质，混合指示剂（0.1g 甲酚红溶于 100mL50％乙醇中，0.1g 百里酚蓝指示剂溶于 100mL20％乙醇中，0.1％甲酚红：0.1％百里酚蓝=1：6），甲基橙指示剂，混合碱试样。

实验内容

1. 0.2mol·L^{-1} HCl 溶液的标定

准确称取 0.30～0.40g 无水 Na_2CO_3 于 250mL 锥形瓶中，然后加入 20～30mL 水使之溶解，加入 1～2 滴甲基橙指示剂，用待标定的 HCl 滴定溶液由黄色恰变为橙色，即为终点，平行测定 3 份。计算 HCl 溶液的浓度。

2. 混合碱分析

准确称取混合碱试样 2.0～2.5g 于 250mL 烧杯中，加水使之溶解后，定量转入 100mL 容量瓶中定容。准确移取 25.00mL 试液于 250mL 锥形瓶中，加 5 滴百里酚蓝-甲酚红混合指示剂，用盐酸标准溶液滴定至淡蓝色消失，溶液略呈微红色时即为终点。记下消耗 HCl 溶液的体积 V_1，再加入 1～2 滴甲基橙指示剂，继续用 HCl 标准溶液滴定至由黄色变为橙色，记下消耗的 HCl 标准溶液的体积 V_2。平行测定 3 份。按公式计算各组分的含量。

思考题

1. 实验中采用双指示剂法测定混合碱的组成及含量，当用盐酸标准溶液滴定时，以酚酞或百里酚蓝-甲酚红为指示剂，消耗盐酸的体积为 V_1；再以甲基橙为指示剂，消耗盐酸的体积为 V_2。试判断下列 5 种情况下，混合碱中存在的成分是什么？
(1) $V_1=0$；(2) $V_2=0$；(3) $V_1>V_2$；(4) $V_1<V_2$；(5) $V_1=V_2$。

2. 取两份相同的混合碱溶液，一份以酚酞为指示剂，另一份以甲基橙为指示剂滴定至终点，哪一份消耗的盐酸体积多？为什么？

3. 以酚酞为指示剂测定混合碱组分时，在终点前，由于操作失误，造成溶液中盐酸局部过浓，使部分碳酸氢钠过早地转化为碳酸，对测定结果有何影响？为避免盐酸局部过浓，滴定时应怎样操作？

[学习指导]

实验操作要点及注意事项

1. 若待测试样为混合碱试液，可直接用单标吸管准确移取 25.00mL 试液，加 25mL 蒸馏水，按同法进行测定。

2. 在临近第一终点时，滴定速度不宜过快，应充分摇动锥形瓶，使 HCl 均匀分散，避免局部过浓的 HCl 与 $NaHCO_3$ 反应生成 H_2CO_3，从而分解为 CO_2 而逸出，导致 NaOH 或 $NaHCO_3$ 测定含量偏高，Na_2CO_3 测定含量偏低的分析结果。滴定也不能太慢，以免溶液

吸收空气中的 CO_2。

3. 滴定到达第二化学计量点时，由于易形成 CO_2 过饱和溶液，滴定过程中生成的 H_2CO_3 慢慢分解为 CO_2，使溶液的酸度稍有增大，终点提早出现，因此在终点附近应剧烈摇动溶液或加热煮沸除去 CO_2，以防止形成 CO_2 的过饱和溶液。同时应放慢滴定速度，每加一滴均要搅拌至颜色稳定后再加第二滴，否则因为颜色变化缓慢，容易过量。

4. 若混合碱为固体样品，应尽可能均匀，也可配成混合试液供分析测试。如果待测试样为混合碱溶液，则直接用移液管准确吸取 25.00mL 试液，分别加入 25mL 蒸馏水，按照同法进行测定。

5. 终点应以尽可能少的蒸馏水吹洗杯壁，因为过度的稀释，将使指示剂的变色不敏锐。

6. 第一个终点的确定可以用参比溶液作参考。在本实验中，第一化学计量点的 pH=8.31，分析中常采用新配制的浓度与第一化学计量点的浓度相同的 $NaHCO_3$ 溶液或 pH=8.31 的缓冲溶液，加入与滴定混合碱时相同量的 5 滴百里酚蓝-甲酚红混合指示剂，根据此溶液呈现的颜色来确定第一化学计量点，以便于第一化学计量点的准确控制，保证结果的重现性。

7. 在称量样品时，为避免纯碱样品吸湿或吸收空气中的二氧化碳，应迅速盖好称量瓶盖，快速完成称量操作，以得到准确的质量。

实验知识拓展

在双指示剂法中，允许误差为 1‰ 时，必须满足 $cK_{b1} \geqslant 10^{-9}$、$K_{b1}/K_{b2} \geqslant 10^4$，而在 Na_2CO_3、$NaHCO_3$ 的混合液中，$K_{b1}/K_{b2}=7.4\times10^3<10^4$，所以突跃较小，终点变色不灵敏，误差较大。在滴定 $NaHCO_3$ 中，由于 $K_{b2}=2.14\times10^{-8}$，且生成的 H_2CO_3 与 $NaHCO_3$ 形成缓冲溶液，pH 突跃也不明显，终点误差也较大。若采用电位滴定法测定，以一阶导数曲线确定终点，由于指示的是单位滴定剂体积电池电动势的变化率（即 pH 的变化率），所以终点非常明显，结果的准确度高。与双指示剂法相比，具有终点灵敏、误差小等优点，大大提高了测定结果的准确度和精密度，同时也提高了检测的自动化程度。

测定的基本原理是：参比电极、指示电极和被测溶液组成工作电池，电池的电动势和溶液 pH 的关系满足能斯特方程式

$$E=K+0.059\text{pH}$$

绘制滴定过程 $\Delta E/\Delta V$-V 曲线，曲线峰值所对应的体积即为化学计量点消耗的盐酸体积。若第一化学计量点消耗的盐酸体积 V_1 大于第二化学计量点消耗的盐酸体积 V_2，则组成为氢氧化钠和碳酸钠，按下式计算含量：

$$NaOH\%=c_{HCl}(V_1-V_2)\times40.01/(m\times10^3)$$
$$Na_2CO_3\%=c_{HCl}V_2\times105.99/(m\times10^3)$$

若 $V_1<V_2$，则组成为碳酸钠和碳酸氢钠，按下式计算其含量：

$$Na_2CO_3\%=c_{HCl}V_1\times105.99/(m\times10^3)$$
$$NaHCO_3\%=c_{HCl}(V_2-V_1)\times84.01/(m\times10^3)$$

式中，c_{HCl} 为滴定剂盐酸的浓度，$mol\cdot L^{-1}$；40.01、105.99、84.01 分别为 NaOH、Na_2CO_3、$NaHCO_3$ 的摩尔质量，$g\cdot mol^{-1}$；m 为混合碱的质量，g。

实验 4-3　络合滴定法测定天然水的总硬度

实验目的

1. 学习络合滴定法的原理及其应用。

2. 掌握直接滴定法测定水的总硬度的方法。
3. 学会 EDTA 标准溶液的配制与标定。
4. 掌握金属离子指示剂的变色原理及利用置换反应改善终点变色敏锐性的方法。

实验原理

水的硬度是衡量水质的一个重要指标。水的硬度对工业用水的影响很大。水的总硬度（即水中钙和镁总量）可为评价水的质量和对水进行的处理提供依据。水的总硬度包括暂时硬度和永久硬度。当水中 Ca^{2+}、Mg^{2+} 以酸式碳酸盐的形式存在时，称为暂时硬度；当水中 Ca^{2+}、Mg^{2+} 以硫酸盐、硝酸盐和氯化物形式存在时，称为永久硬度。

目前，国际和国内还没有统一硬度的表示方法。一些国家的硬度单位换算见表 4-1。在实际工作中，通常将钙和镁离子的总量折合成钙离子的量来表示水的硬度。我国《生活饮用水卫生标准》GB 5749—85 规定城乡生活饮用水总硬度（以碳酸钙计）不得超过 $450mg \cdot L^{-1}$。

表 4-1 一些国家的水硬度换算

硬度单位	$mmol \cdot L^{-1}$	德国硬度	法国硬度	英国硬度	美国硬度
$1mmol \cdot L^{-1}$	1.00000	2.8040	5.0050	3.5110	50.050
1 德国硬度	0.35663	1.0000	1.7848	1.2521	17.848
1 法国硬度	0.19982	0.5603	1.0000	0.7015	10.000
1 英国硬度	0.28483	0.7987	1.4255	1.0000	14.255
1 美国硬度	0.01998	0.0560	0.1000	0.0702	1.000

水总硬度的测定一般采用铬黑T（EBT）为指示剂的络合滴定法。在 pH≈10 的氨性缓冲溶液中，以铬黑T为指示剂，用乙二胺四乙酸二钠盐（EDTA）标准溶液直接滴定溶液中 Ca^{2+} 和 Mg^{2+} 的总量。由于 $K_{稳,CaY} > K_{稳,MgY} > K_{稳,Mg-EBT} > K_{稳,Ca-EBT}$。在滴定过程中，铬黑T先与部分 Mg^{2+} 络合为 Mg-EBT（酒红色）。当滴入 EDTA 时，EDTA 与 Ca^{2+} 和 Mg^{2+} 发生络合反应。当达到终点时，EDTA 会夺取 Mg-EBT 的 Mg^{2+}，将 EBT 置换出来，溶液由酒红色转变为蓝紫色。依据 EDTA 标准溶液的用量，可以计算水样中钙和镁的总量。

测定水中钙硬度时，另取等量水样，加 NaOH 溶液调节溶液酸度至 pH12～13。使 Mg^{2+} 生成 $Mg(OH)_2$ 沉淀，静置，加入钙指示剂，用 EDTA 滴定水中 Ca^{2+} 含量。当已知 Ca^{2+} 和 Mg^{2+} 的总量及 Ca^{2+} 含量时，可算出水中 Mg^{2+} 的含量，即镁硬度。

计算以 $CaCO_3$ 表示的水的总硬度公式为：

$$钙硬度 = \frac{(cV)_{EDTA} \times M_{CaCO_3}}{V_水} \times 1000 \ (mg \cdot L^{-1})$$

式中，$V_水$ 为水样的体积，mL。

在滴定分析中，Fe^{3+}、Al^{3+}、Cu^{2+}、Pb^{2+}、Zn^{2+} 等共存离子干扰测定，Fe^{3+} 和 Al^{3+} 的干扰可用三乙醇胺掩蔽，Cu^{2+}、Pb^{2+}、Zn^{2+} 等重金属离子的干扰可用 KCN、Na_2S 掩蔽。

仪器与药品

试剂瓶，称量瓶，锥形瓶，电子天平，碱式滴定管，小烧杯，量筒，容量瓶。

试剂：

1. $0.02mol \cdot L^{-1}$ EDTA 溶液 计算配制 500mL $0.02mol \cdot L^{-1}$ EDTA 溶液所需的

EDTA 质量（3.7g）。用天平称取上述 EDTA，置于 200mL 烧杯中，加水温热溶解，冷却后稀释至 1L，再移入聚乙烯塑料瓶中。

2. 铬黑 T 指示剂（$5g \cdot L^{-1}$） 称取 0.50g 铬黑 T，溶入 25mL 三乙醇胺和 75mL 无水乙醇的混合溶液中。低温保存，有效期约 100 天。

3. NH_3-NH_4Cl 氨性缓冲溶液（pH≈10） 将 20g NH_4Cl 溶于水，加 100mL 浓氨水以及步骤 4 配制的 Mg^{2+}-EDTA 溶液，用蒸馏水稀释至 1L，得到溶液 pH 约为 10。

4. Mg^{2+}-EDTA 盐溶液 称取 0.25g $MgCl_2 \cdot 6H_2O$，置于 100mL 烧杯中，用少量水溶解，转入 100mL 容量瓶。用水稀释至刻度，定容。移取 50.00mL 溶液，加入 5mL pH10 氨性缓冲液，3~4 滴铬黑 T 指示剂，用 $0.1mol \cdot L^{-1}$ 的 EDTA 滴定至溶液由紫红色变为蓝色，即为终点。准确移取同量 EDTA 溶液，加入容量瓶剩余的镁溶液，制得 Mg^{2+}-EDTA 盐。将此溶液全部倾入步骤 3 的缓冲溶液中。

5. 锌片（纯度为 99.99%）。

6. $CaCO_3$ 基准物质 将 $CaCO_3$ 置于 110℃烘箱中干燥 2h。稍冷后，在干燥器中冷却至室温，备用。

7. 六亚甲基四胺（$200g \cdot L^{-1}$）。

8. 二甲酚橙水溶液（$2g \cdot L^{-1}$） 低温保存，有效期为半年。

9. (1+1) HCl 溶液。

10. (1+2) 氨水。

11. 甲基红 60%乙醇溶液。

12. 2% Na_2S 溶液。

13. 20%三乙醇胺溶液。

实验内容

1. $0.02mol \cdot L^{-1}$ EDTA 溶液的标定

EDTA 溶液可用 3 种方法标定。

(1) 以金属锌为基准 准确称取 0.15g 金属锌，置于 100mL 烧杯中，缓慢滴加 (1+1) HCl 溶液 10mL，盖上表面皿。待完全溶解后，用水吹洗表面皿和烧杯壁，将溶液定量转入 250mL 容量瓶中定容，得到 Zn^{2+} 溶液。

准确移取 25.00mL Zn^{2+} 标准溶液于 250mL 锥形瓶中，加入 1~2 滴二甲酚橙指示剂，滴加 20%六亚甲基四胺至溶液呈现稳定的紫红色后，再过量加入 5mL，用 EDTA 滴定至由紫红色变为黄色，即为终点。平行滴定 3 次，计算 EDTA 溶液的浓度。

(2) 以 ZnO 为基准 准确称取在 800℃灼烧至恒重的 0.35~0.4g 基准 ZnO，置于小烧杯中，用少量水润湿，加 (1+1) HCl 10mL，盖上表面皿，待溶解完全后，吹洗表面皿，将溶液定量转入 250mL 容量瓶中定容，得到 Zn^{2+} 溶液。

准确移取 25.00mL Zn^{2+} 标准溶液于 250mL 锥形瓶中，加入 1 滴甲基红指示剂，滴加氨水至呈微黄色，再加 25mL 蒸馏水、10mL 氨性缓冲液，摇匀。加入 2~3 滴铬黑 T 指示剂，用 EDTA 溶液滴定至溶液由紫红色变为蓝紫色，即为终点。平行滴定 3 次，计算 EDTA 溶液的浓度。

(3) 以 $CaCO_3$ 为基准 准确称取 0.35~0.40g 基准 $CaCO_3$，置于 250mL 烧杯中，用少量水润湿，盖上表面皿，从烧杯嘴处缓慢滴加约 10mL (1+1) HCl 溶液。微热溶解。吹洗表面皿，将溶液定量转入 250mL 容量瓶中定容，得到 Ca^{2+} 溶液。

准确移取 25.00mL Ca^{2+} 标准溶液于 250mL 锥形瓶中，加 20mL 氨性缓冲液，摇匀。加入 2~3 滴铬黑 T 指示剂，用 EDTA 溶液滴定至溶液由紫红色变为蓝紫色，即为终点。平行滴定3次，计算EDTA溶液的浓度。

2. 水的总硬度的测定

准确移取100.00mL自来水于250mL锥形瓶中，加1～2滴（1+1）HCl酸化试液，煮沸数分钟除去CO_2。冷却后，加入3mL三乙醇胺溶液、5mL氨性缓冲液，1mL Na_2S溶液掩蔽重金属离子，加3滴铬黑T指示剂，用EDTA标液滴定至溶液由紫红色变为蓝紫色。平行测定3份，计算自来水的总硬度。（用$CaCO_3$的含量表示，单位$mg \cdot L^{-1}$）。

思考题

1. 在中和标准物质中的HCl时，能否用酚酞取代甲基红？
2. 本节所使用的EDTA，应采用何种指示剂标定？最适当的基准物质是什么？
3. 测定水样时，是处理一份滴定一份，还是处理三份后一起滴定？
4. 在pH为10、以铬黑T为指示剂时，为什么滴定的是钙、镁离子的总量？

[学习指导]

实验操作要点和注意事项

1. 铬黑T与Mg^{2+}之间显色反应的灵敏度高，而与Ca^{2+}显色的灵敏度低。当水样中钙含量高，而镁含量很低时，往往造成滴定终点的颜色变化不够敏锐。为了解决这一问题，可在水样中加入少许Mg-EDTA，利用置换滴定法提高终点变色的敏锐性，或者改用K-B指示剂。

2. 若水样中锰含量超过$1mg \cdot L^{-1}$时，在碱性溶液中锰离子易氧化成高价，使指示剂变为灰白或浑浊的玫瑰色，难以观察，为了克服锰离子的干扰，可在水样中加入0.5～12mL $10g \cdot L^{-1}$盐酸羟胺，还原高价锰，以消除干扰。

3. 使用三乙醇胺掩蔽Fe^{3+}、Al^{3+}时，须在pH<4时加入，摇动后再调节pH至滴定酸度。所测水样是否需要加入三乙醇胺，应由实验决定。若水样含铁量超过$10mg \cdot L^{-1}$，三乙醇胺掩蔽有困难时，需要将纯水试样稀释到含Fe^{3+}不超过$7mg \cdot L^{-1}$，再进行测定。

4. 因络合滴定时反应速率较慢，在接近终点时，标准溶液应该慢慢加入，并充分摇动。在氨性溶液中，当$Ca(HCO_3)_2$含量高时，会慢慢析出$CaCO_3$沉淀，使终点拖长，变色不敏锐。这时，可在滴定前将溶液酸化，加入1～2滴（1+1）HCl，煮沸除去CO_2。但HCl不宜多加，否则影响滴定时溶液的pH。

5. 当配制的EDTA溶液浓度较大时，即使进行加热处理，EDTA的溶解速度也太慢。此时，可加入少量NaOH，使溶液的pH稍大于5，可明显改善。

6. 标定EDTA的基准物质一般使用含量不低于99.95%的金属单质，如Cu、Zn、Ni、Pb等，以及它们的金属氧化物、盐类等，如$ZnSO_4 \cdot 7H_2O$、$MgSO_4 \cdot 7H_2O$、$CaCO_3$等。在选用纯金属作为基准物质时，应注意金属表面氧化膜会带来测定误差。金属表面氧化膜应用细砂纸预先擦去，或用稀酸溶掉，然后再分别用蒸馏水、乙醚或丙酮冲洗，经过105℃烘干、冷却后再称重。

7. $EDTA \cdot 2H_2O$只需以台秤称取。配制EDTA的水要十分纯净，不能含有金属离子，因某些金属离子能封闭某些指示剂，使滴定无法进行。标定EDTA溶液的基准物有多种，如金属锌、ZnO、$CaCO_3$、Cu等，选择标定的条件应尽可能与测定条件一致，以减少系统误差。

8. 溶解固体$CaCO_3$时，定容前要吹洗表面皿。

9. 络合反应速率相对较慢，因此滴定时速度要慢些，特别是近终点时，更要慢滴并充分摇动。

10. 在氨性溶液中，当$Ca(HCO_3)_2$含量高时，会慢慢析出$CaCO_3$、$Mg_2(OH)_2CO_3$

沉淀使终点拖长，变色不敏锐。遇此情况，可于滴定前将溶液酸化，加入 1~2 滴 1:1 HCl (pH≈5)，煮沸除去 CO_2。但 HCl 不宜多加，否则影响滴定时溶液的 pH，然后再加缓冲溶液，则终点稳定。或在加入 80%~90% 的 EDTA 后再加氨性缓冲液。

实验知识拓展

1. 本实验中，采用置换滴定法改善指示剂滴定终点的敏锐性。由于铬黑 T 与 Mg^{2+} 显色很灵敏，与 Ca^{2+} 显色的灵敏度差，为此，在 pH10 的溶液中用 EDTA 滴定 Ca^{2+} 时，于溶液中先加入少量 MgY，此时发生下列反应

$$MgY + Ca^{2+} \Longleftrightarrow CaY + Mg^{2+}$$

置换出的 Mg^{2+} 与铬黑 T 结合呈现很深的红色。滴定时，EDTA 先与 Ca^{2+} 络合，达到滴定终点时，EDTA 夺取 Mg-EDTA 络合物中的 Mg^{2+}，生成 MgY，游离出指示剂，显蓝色，颜色变化明显。另外滴定前加入的 MgY 和最后生成的 MgY 是等量的，故外加的 MgY 不影响滴定结果。

2. 2001 年卫生部《生活饮用水水质卫生规范》中将总硬度测定列为生活饮用水水质常规监测项目，与其相配套的《生活饮用水检验规范》中总硬度的检测方法为乙二胺四乙酸二钠滴定法，是目前最常用的滴定分析方法。

除此之外，可以用自动电位滴定法测定水中的总硬度，它是依据待测离子的活度与其电极电位之间的关系遵守能斯特方程，通过测量滴定过程中电池电动势的变化确定终点的滴定分析方法，利用微电脑程序自动控制滴定过程、处理数据及计算结果。自动电位滴定法测定水中的总硬度，能够自动控制滴定的过程，完成经典的容量法滴定，避免了分析人员的主观因素和操作技术引起的误差，直观屏幕实时显示滴定曲线，具有较好的精密度和准确度，具有快速、简单的特点，在进行大批量样品测定时，自动电位滴定仪会节省大量人力，适用于常规的水质分析工作。

实验 4-4　溶液中铅铋含量的连续测定

实验目的

1. 掌握混合离子连续络合滴定的原理及方法。
2. 掌握金属离子指示剂二甲酚橙的作用原理、适宜的 pH 范围。
3. 了解缓冲溶液在络合滴定中的重要性。

实验原理

Pb^{2+}、Bi^{3+} 均能与 EDTA 形成稳定的 1:1 络合物，lgK 值分别为 18.04 和 27.94。由于二者的 lgK 值相差很大，故可利用酸效应，控制不同的酸度，分别进行滴定。

在 Pb^{2+}、Bi^{3+} 混合溶液中，首先调节溶液的 pH=1，以二甲酚橙为指示剂，用 EDTA 标准溶液滴定至红色变为亮黄色为滴定终点，然后在溶液中加入六亚甲基四胺，调节溶液 pH=5~6，此时二甲酚橙与 Pb^{2+} 形成紫红色络合物，溶液再呈现紫红色，用 EDTA 标准溶液继续滴定至紫红色变为亮黄色时，即为滴定 Pb^{2+} 的终点。

仪器与药品

烘箱、电子天平、烧杯、移液管、容量瓶、滴定管、锥形瓶、量筒。

0.01mol·L^{-1} EDTA 溶液，0.2% 二甲酚橙水溶液，20% 六亚甲基四胺溶液，金属锌 (99.9% 以上)，浓度均为 0.01mol·L^{-1} 的 Pb^{2+}-Bi^{3+} 混合液，0.01mol·L^{-1} HNO_3 溶液，(1+1)HCl 溶液。

实验内容

1. EDTA 溶液的标定

同实验 4-3。

2. Pb^{2+}、Bi^{3+} 混合液的测定

用移液管移取 25.00mL 酸度为 0.5mol·L^{-1} 的 Pb^{2+}-Bi^{3+} 溶液 3 份，分别注入 250mL 锥形瓶中，然后再加入 10mL 0.1mol·L^{-1} 的硝酸，加 2 滴 0.2% 二甲酚橙指示剂，用 EDTA 标准溶液滴定至溶液由紫红色变为亮黄色，即为 Bi^{3+} 的终点。根据消耗的 EDTA 体积，计算混合液中 Bi^{3+} 的含量。

在滴定 Bi^{3+} 后的溶液中，滴加 20% 六亚甲基四胺溶液，至呈现稳定的紫红色后，再继续加入 5mL，用 EDTA 标准溶液滴定至溶液由紫红色变为亮黄色，即为终点。根据滴定结果，计算混合液中 Pb^{2+} 的含量（以 g·L^{-1} 计）。

思考题

1. 能否直接称取 EDTA 二钠盐配制标准溶液而不用标定？
2. 滴定 Pb 以前为何要调节 pH=5～6？为什么用六亚甲基四胺而不用氨水或碱中和酸？用 HAc-NaAc 缓冲液控制可否？
3. 试分析本实验中，金属指示剂由滴定 Bi 到调节 pH=5～6，又到滴定 Pb 后终点变色的过程和原因。

[学习指导]

实验操作要点和注意事项

1. EDTA·$2H_2O$ 只需用台秤称取。配制 EDTA 的水要十分纯净，不能含有金属离子，因某些金属离子能封闭指示剂，使滴定无法进行。
2. 溶解 Zn 时，定容前要吹洗表面皿。
3. Bi^{3+} 与 EDTA 络合反应速率较慢，因此滴定时速度宜慢，特别是近终点时，更要慢滴并充分摇动。
4. 滴定 Bi^{3+} 时，酸度宜控制在 pH=1，酸度太高不仅影响 Bi-EDTA 络合物的稳定性至不能准确滴定，同时在更高的酸度下，Bi^{3+} 也不与二甲酚橙指示剂配位显色。酸度太低，Bi^{3+} 将水解，产生白色浑浊，使终点过早出现，而且产生回红现象，此时应放置片刻，继续滴定至透明的稳定的亮黄色，即为终点。

实验知识拓展

除了上述利用控制酸度达到混合离子 Pb^{2+}、Bi^{3+} 的分别测定外，结合置换滴定法可以实现含 Bi、Pb、Cd 的合金试样中混合离子 Pb^{2+}、Bi^{3+} 和 Cd^{2+} 的分别测定。方法如下：试样以 HNO_3 溶解，调节溶液的 pH=1，以二甲酚橙为指示剂，以 EDTA 滴定 Bi^{3+}。然后在溶液中加入六亚甲基四胺，调节溶液 pH=5～6，以上述 EDTA 溶液滴定 Pb^{2+} 和 Cd^{2+} 总量。加入邻菲啰啉，置换出 EDTA 络合物中的 Cd^{2+}，用硝酸铅标准溶液滴定游离的 EDTA。这样可以分别求得 3 种金属离子的含量。

实验 4-5 碘量法测定葡萄糖注射液中葡萄糖（$C_6H_{12}O_6$）的含量

实验目的

1. 掌握用间接碘量法测定葡萄糖含量的原理及滴定操作技术。
2. 掌握 $Na_2S_2O_3$ 溶液的配制及标定要点。

3. 了解淀粉指示剂的作用原理。

实验原理

在碱性条件下，当定量的过量 I_2 加入葡萄糖（$C_6H_{12}O_6$）溶液时，I_2 与 NaOH 作用可以生成 NaIO，而葡萄糖分子中的醛基能够被 NaIO 定量氧化为羧基，反应为：

$$I_2 + 2NaOH = NaIO + NaI + H_2O$$

$$CH_2OH(CHOH)_4CHO + NaIO + NaOH = CH_2OH(CHOH)_4COONa + NaI + H_2O$$

总反应：

$$CH_2OH(CHOH)_4CHO + I_2 + 3NaOH = CH_2OH(CHOH)_4COONa + 2NaI + 2H_2O$$

过量 NaIO 在碱性介质中歧化为 $NaIO_3$ 和 NaI，它们在酸化时又反应生成 I_2：

$$3NaIO = NaIO_3 + 2NaI$$

$$NaIO_3 + 5NaI + 6HCl = 3I_2 + 6NaCl + 3H_2O$$

析出的 I_2 再用 $Na_2S_2O_3$ 标准溶液滴定：

$$2Na_2S_2O_3 + I_2 = Na_2S_4O_6 + 2NaI$$

1mol 葡萄糖与 1mol I_2 相当。根据 I_2 标准溶液的加入量和滴定消耗的 $Na_2S_2O_3$ 标准溶液的量计算葡萄糖的含量。

仪器与药品

试剂瓶，称量瓶，锥形瓶，电子天平，移液管，碱式滴定管，小烧杯，量筒，容量瓶。

试剂：

1. $0.05mol \cdot L^{-1}$ I_2 标准溶液 称取 3.2g I_2（预先磨细过），置于 250mL 烧杯中。加入 6gKI，加少量水，搅拌。待 I_2 全部溶解后，加水稀释至 250mL，混合均匀。贮藏于棕色瓶中，置暗处贮存。

2. $0.1mol \cdot L^{-1}$ $Na_2S_2O_3$ 标准溶液 称取 6.2g $Na_2S_2O_3 \cdot 5H_2O$，溶于适量刚煮沸并已冷却的水中。加入 0.05g Na_2CO_3，稀释至 250mL，倒入细口试剂瓶中，放置 1~2 周后再进行标定。

3. $2mol \cdot L^{-1}$ NaOH。

4. (1+1) HCl。

5. $5g \cdot L^{-1}$ 淀粉溶液 称取 0.5g 可溶性淀粉，加少量水，搅匀。加入 100mL 沸水，搅匀。若需放置，可加少量 HgI_2 作防腐剂。

6. 葡萄糖（s）或葡萄糖注射液（浓度以质量分数 w 计 0.05、0.10、0.50 三种，本实验 w 为 0.50，将注射液稀释 100 倍作为待测液）。

7. $200g \cdot L^{-1}$ KI。

8. (1+1) HAc。

9. $K_2Cr_2O_7$ 基准试剂。

实验内容

1. $Na_2S_2O_3$ 溶液的标定

准确称取 0.15g 预先干燥过的基准 $K_2Cr_2O_7$，置于 250mL 碘量瓶中，加入 20mL 水使之溶解。分别加入 2g KI、10mL $2mol \cdot L^{-1}$ HCl。混合溶解。盖好塞子，以防止 I_2 挥发。在暗处放置 5min，加 50mL 蒸馏水，用 $Na_2S_2O_3$ 溶液滴定，直到溶液呈浅绿黄色，加入 2mL 淀粉溶液，充分振荡。继续滴入 $Na_2S_2O_3$ 溶液，直至蓝色刚刚消失而绿色出现为止。记下消耗的 $Na_2S_2O_3$ 溶液的体积，计算 $Na_2S_2O_3$ 溶液的浓度。平行测定 3 次。

2. I₂ 和 Na₂S₂O₃ 溶液的比较滴定

将 I_2 和 $Na_2S_2O_3$ 溶液分别装入酸式滴定管和碱式中，放出 25.00mL I_2 标准溶液于锥形瓶中，加 50mL 水，用 $Na_2S_2O_3$ 标准溶液滴定至溶液呈浅黄色，加入 2mL 淀粉指示剂，充分振荡，用 $Na_2S_2O_3$ 标准溶液继续滴定至溶液的蓝色恰好消失，即为终点。

重复滴定 3 次，根据 $Na_2S_2O_3$ 标准溶液的浓度计算 I_2 溶液的浓度。

3. 葡萄糖注射液中葡萄糖含量的测定

将 25.00mL 待测溶液加入碘量瓶，加入 25.00mL I_2 标准溶液。一边摇动，一边逐滴滴加 $2 mol \cdot L^{-1}$ NaOH 溶液。直至溶液呈淡黄色（加碱不能过快，否则 NaIO 来不及氧化 $C_6H_{12}O_6$，结果偏低）。将碘量瓶盖好塞子，放在暗处放置 10min，加 2mL（1+1）HCl 使溶液酸化，立即用 $Na_2S_2O_3$ 溶液滴定至溶液呈淡黄色，加 2mL 淀粉指示剂，继续滴到蓝色消失为止（充分振荡）。记录滴定读数。重复滴定 2 次。

数据记录与处理

（1）自行设计数据记录表格，计算注射液中葡萄糖的含量。

（2）按下式计算葡萄糖的含量（单位为 $g \cdot L^{-1}$）。

$$葡萄糖含量 = \frac{\left[c(I_2)V(I_2) - \frac{1}{2}c(Na_2S_2O_3)V(Na_2S_2O_3)\right]M(C_6H_{12}O_6)}{25.00}$$

式中，$c(I_2)$ 和 $c(Na_2S_2O_3)$ 分别为 I_2 和 $Na_2S_2O_3$ 标准溶液的浓度；$V(I_2)$ 和 $V(Na_2S_2O_3)$ 分别为所用的碘标准溶液和滴定消耗的 $Na_2S_2O_3$ 标准溶液的体积；$M(C_6H_{12}O_6)$ 为葡萄糖的摩尔质量。

思考题

1. 为什么在氧化葡萄糖时滴加 NaOH 的速度要慢，且加完后要放置一段时间？而在酸化后则要立即用 $Na_2S_2O_3$ 标准溶液滴定？

2. 用 $Na_2S_2O_3$ 溶液滴定 I_2 溶液和用 I_2 溶液滴定 $Na_2S_2O_3$ 溶液时都是用淀粉指示剂，讨论淀粉指示剂要在何时加入？终点颜色变化有何不同？

3. 标定 $Na_2S_2O_3$ 溶液时，加入的 KI 溶液量要很精确吗？

[学习指导]

实验操作要点与注意事项

1. 硫代硫酸钠溶液标定时，酸度对滴定影响很大，应注意控制。KI 要过量，但浓度不要超过 2%～4%，因为 I^- 太浓，淀粉指示剂颜色转变不灵敏。注意观察实验现象，把握好淀粉的加入时机，即淀粉指示剂应在近终点、溶液呈浅黄色时再加入。

2. 硫代硫酸钠溶液滴定碘溶液时，淀粉指示剂也应在近终点时加入，即在溶液呈淡黄色时再加入淀粉溶液。

3. 碘具有挥发性，且在酸性溶液中 I^- 易被空气中的氧氧化而析出 I_2。因此碘量法宜在碘量瓶中进行，避免光直接照射，并注意滴定时不应剧烈摇动溶液，以减少 I^- 与空气的接触。因此碘量法测定时，应该掌握快滴慢摇，防止 I^- 的氧化和 I_2 的挥发带来的误差。近终点时，要慢滴，用力振摇，减少淀粉对碘的吸附。

4. 碘液对橡胶有腐蚀作用，必须放在酸式滴定管中滴定。

5. 碘在稀 KI 溶液中溶解缓慢，故将碘加入固体 KI 或浓的 KI 溶液，待其溶解后再行稀释。

6. 滴定结束后的溶液，放置后会变色，如果不是很快变蓝，则是空气氧化所致，若很快变蓝,说明重铬酸钾与碘化钾的反应不完全。

7. I_2 标准溶液为深棕色,最好用蓝带滴定管,否则不好读数。

8. 滴定过程中,若淀粉指示剂过迟加入,导致没有蓝色出现,应弃去重新滴定。

9. 碘-淀粉形成配合物的颜色与淀粉的结构有关,当淀粉中直链淀粉的含量多时,溶液呈现蓝色;当淀粉中支链淀粉含量多时,溶液呈紫红色,前者比后者的灵敏度高。

10. 氧化葡萄糖时滴加稀 NaOH 的速度要慢。否则,过量 IO^- 来不及和葡萄糖反应就歧化为氧化性较差的 IO_3^-,可能导致葡萄糖不能完全被氧化。

实验知识拓展

血清中葡萄糖的测定有两种方法:葡萄糖氧化酶法及邻甲苯胺法测定血糖。前者的测定原理是:葡萄糖可由葡萄糖氧化酶氧化成葡萄糖酸及过氧化氢,后者在过氧化物酶的作用下,能与苯酚及 4-氨基安替比林作用,产生红色醌化合物,醌的产量与葡萄糖含量呈正比。测定该有色化合物的吸光度即可计算出葡萄糖含量。后者的测定原理是:血样中的葡萄糖在酸性环境中加热时,脱水生成 5-羟甲基-2-呋喃甲醛(羟甲基糖醛),后者与邻甲苯胺缩合成蓝色的醛亚胺(Schiff 碱),颜色深浅与葡萄糖含量呈正比。利用此呈色反应,可根据待测血样的吸光度值,从标准曲线上求得血中葡萄糖的含量。

本实验中采用的碘量法还可以用于其他有机物如甲醛、丙酮及硫脲的测定。除此之外,利用咖啡因与碘在酸性溶液中生成难溶沉淀,可以测定咖啡因的含量。反应式如下:

$$C_8H_{10}N_4O_2 + 2I_2 + I^- + H^+ \Longrightarrow C_8H_{10}N_4O_2 \cdot HI \cdot I_4 \downarrow$$

在酸性溶液中加入过量的 I_2,生成难溶沉淀,剩余的 I_2 用硫代硫酸钠标准溶液滴定,根据生成沉淀用去的 I_2 量,即可计算出咖啡因的含量。

实验 4-6 高锰酸钾法测定过氧化氢的含量

实验目的

1. 掌握 $KMnO_4$ 溶液的配制及标定。
2. 掌握用氧化还原滴定法测定 H_2O_2 含量的原理及方法。
3. 掌握 $KMnO_4$ 溶液滴定的特点及滴定操作技术。

实验原理

H_2O_2 既有强氧化性,又有还原性。在稀硫酸溶液中,过氧化氢能定量地被高锰酸钾氧化,因此,可用高锰酸钾法测定过氧化氢的含量。

滴定反应式为:

$$5H_2O_2 + 2MnO_4^- + 6H^+ \Longrightarrow 2Mn^{2+} + 5O_2\uparrow + 8H_2O$$

刚开始滴定时,反应较慢,待溶液中产生一定量的 Mn^{2+} 后,由于 Mn^{2+} 有催化作用,反应速率逐渐加快。$KMnO_4$ 滴定剂(2×10^{-6} mol·L^{-1})本身显示紫红色,指示终点。因此到达滴定终点时,溶液呈现稳定的微红色。

由于反应产物 Mn^{2+} 对反应起着催化作用,该反应称为自催化反应。

仪器与药品

试剂瓶,称量瓶,锥形瓶,电子天平,碱式滴定管,小烧杯,量筒,容量瓶。
$Na_2C_2O_4$ 基准物质(将 $Na_2C_2O_4$ 于 105℃ 干燥 2h 后备用),3mol·L^{-1} H_2SO_4,0.02mol·L^{-1} $KMnO_4$(即 $c_{1/5KMnO_4}$=0.1mol·L^{-1}),H_2O_2 样品。

实验内容

1. KMnO₄ 溶液的配制

将 1.6g KMnO₄ 溶于 500mL 水中，盖上表面皿，加热至沸并保持微沸状态 1h，冷却后，用微孔玻璃漏斗（3号漏斗）过滤，滤液贮存于棕色试剂瓶中。该溶液在室温条件下静置 2～3 天后过滤备用。

2. KMnO₄ 溶液的标定

准确称取 0.13～0.16g 基准 $Na_2C_2O_4$，置于 250mL 锥形瓶中，加 50mL 水，再加入 10mL 3mol·L^{-1} H_2SO_4 溶液，水浴加热到 75～85℃。趁热用高锰酸钾溶液滴定。开始滴定时，反应速率慢，滴定速度也要慢。待溶液中产生一定量 Mn^{2+} 后，滴定速度可加快。临近终点时滴定速度要逐渐减慢，直到溶液呈微红色，维持 30s 不褪色即为终点。根据滴定消耗 KMnO₄ 溶液的体积和 $Na_2C_2O_4$ 的质量，计算出 KMnO₄ 溶液的浓度。

3. H_2O_2 含量的测定

准确移取 1.00mL H_2O_2 样品，置于 250mL 容量瓶中，加水稀释至标线，定容。准确移取 25.00mL 稀释液置于 250mL 锥形瓶中，加入 60mL 水，10mL 3mol·L^{-1} H_2SO_4 溶液，用 KMnO₄ 标准溶液滴定至溶液呈微红色，并维持 30s 不褪色为终点。平行滴定 3 次。

思考题

1. KMnO₄ 溶液的配制过程中要用微孔玻璃漏斗过滤，试问能否用定量滤纸过滤？
2. 配制 KMnO₄ 溶液时应注意些什么？用 $Na_2C_2O_4$ 标定 KMnO₄ 溶液时，为什么开始滴入的 KMnO₄ 紫色消失缓慢，后来却会消失得越来越快，直至滴定终点出现稳定的紫红色？
3. 用 KMnO₄ 法测定 H_2O_2 时，能否用 HNO_3、HCl 和 HAc 控制酸度？为什么？
4. 配制 KMnO₄ 溶液时，过滤后的滤器上沾附的物质是什么？应选用什么物质清洗干净？

[学习指导]

实验操作要点和注意事项

1. 高锰酸钾应提早一星期配制，溶于新煮沸放冷的蒸馏水中，置于棕色瓶中，于暗处放置。

2. 滴定完成时，溶液温度应不低于 55℃，否则反应速率慢影响终点的观察与准确性。操作中不要明火加热或使溶液温度过高，以免草酸分解。

3. 高锰酸钾在酸性介质中是强的氧化剂，滴定到达终点的粉红色溶液在空气中放置时，由于和空气中的还原性气体和灰尘作用而逐渐褪色，所以粉红色能保持 30s，即可视为终点到达。

4. 过氧化氢具有很强的腐蚀性，防止溅到皮肤和衣物上。

5. 市售高锰酸钾试剂常含有少量杂质，不能直接配制准确浓度的 KMnO₄ 溶液。因为 KMnO₄ 的氧化能力强，易和水中微量有机物、空气中尘埃、氨等还原性杂质作用，使 KMnO₄ 还原为 $MnO_2·nH_2O$。而还原产物会加速 KMnO₄ 的分解。在实际操作配制溶液时，通常先粗略配制稍大于所需浓度的溶液，放置 2～3 天，使溶液中可能的还原性物质氧化，待溶液稳定后过滤，除去生成的 $MnO_2·nH_2O$，再用基准物质或标准溶液标定。

6. 用 KMnO₄ 标准溶液滴定 H_2O_2 时，因 H_2O_2 与 KMnO₄ 溶液刚开始的反应速率很慢，滴定速度相应慢些，必须等溶液中紫红色退色后才能继续滴入。否则，在强酸性介质中未反应的高锰酸钾按照下式分解：

$$4MnO_4^- + 12H^+ = 4Mn^{2+} + 5O_2 + 6H_2O$$

一旦溶液中产生 Mn^{2+}，滴定速度可加快，但注意仍不能过快，否则来不及反应的高锰酸钾在热的酸性溶液中易分解。或者在滴定过程中预先加入 2~3 滴 $MnSO_4$ 溶液（相当于 10~13mg Mn^{2+}）作催化剂，以加快反应速率。近终点时，反应物浓度降低，反应速度也随之变慢，须小心缓慢滴入。

7. $KMnO_4$ 溶液滴定终点颜色不太稳定。这是由于空气中少量还原性杂质会进入溶液，使 $KMnO_4$ 慢慢分解的缘故，所以，粉红色能保持 30s 即为终点。

8. 滴定时 $KMnO_4$ 溶液不能沿锥形瓶壁滴入。因为这样会增加强氧化性 $KMnO_4$ 与空气接触的机会，使之与尘埃等还原性物质反应而改变其浓度。

9. 过氧化氢的应用十分广泛，测定它的含量十分有必要。若 H_2O_2 试样是工业产品，产品中常含有少量乙酰苯胺等有机物。在滴定反应过程中，这些有机物也会消耗 $KMnO_4$。这时上述方法测定的误差较大，在这种情况下，应改用碘量法或硫酸铈法进行测定。碘量法测定时，利用 H_2O_2 和 KI 作用生成 I_2 的反应，然后再用 $S_2O_3^{2-}$ 标准溶液进行滴定：

$$H_2O_2 + 2H^+ + 2I^- = 2H_2O + I_2 \quad E^\ominus_{H_2O_2/H_2O} = 1.77V$$

$$I_2 + 2S_2O_3^{2-} = S_4O_6^{2-} + 2I^-$$

实验知识拓展

除了直接法测定过氧化氢外，利用高锰酸钾法可以间接测定 Ca^{2+}，返滴定法测定软锰矿中 MnO_2 的含量。此外，在强碱性溶液中，利用高锰酸钾与某些有机物反应生成锰酸根，可以测定有些有机物如甘油、甲酸、甲醇、甘油酸、酒石酸、柠檬酸、苯酚、水杨酸、葡萄糖等。

实验 4-7 重铬酸钾法测定铁矿石中铁的含量（无汞定铁法）

实验目的

1. 掌握重铬酸钾法测定铁的基本原理和实验方法。
2. 学习矿石试样的酸溶法及试液的预处理方法。
3. 认识无汞定铁法的意义，增强环保意识。
4. 了解氧化还原指示剂的作用原理。
5. 熟练掌握滴定分析的基本操作。

实验原理

用 HCl 溶液分解铁矿石后，在热的 HCl 溶液中，以甲基橙为指示剂，用 $SnCl_2$ 将 Fe^{3+} 还原为 Fe^{2+}，并过量 1~2 滴。还原反应为

$$2FeCl_4^- + SnCl_4^{2-} + 2Cl^- \longrightarrow 2FeCl_4^{2-} + SnCl_6^{2-}$$

使用甲基橙指示 $SnCl_2$ 还原 Fe^{3+} 的原理是：Sn^{2+} 将 Fe^{3+} 还原为 Fe^{2+} 后，稍微过量的 Sn^{2+} 可将甲基橙还原为氢化甲基橙而褪色，不仅指示了还原终点，Sn^{2+} 还能继续使氢化甲基橙还原成 N,N-二甲基对苯胺和对氨基苯磺酸钠，从而使略微过量的 Sn^{2+} 也被除去。有关反应式：

$$(CH_3)_2NC_6H_4N = NC_6H_4SO_3^- + Sn^{2+} + 2H^+ \longrightarrow$$
$$(CH_3)_2NC_6H_4NH = HNC_6H_4SO_3^- + Sn^{4+}$$

$$(CH_3)_2NC_6H_4NH = HNC_6H_4SO_3^- + Sn^{2+} + 2H^+ \longrightarrow$$
$$(CH_3)_2NC_6H_4NH_2 + H_2NC_6H_4SO_3^- + Sn^{4+}$$

由于这些反应不可逆,因此甲基橙的还原产物不消耗重铬酸钾。

HCl 溶液的浓度应控制在 4mol·L^{-1},若 HCl 浓度太高,$SnCl_2$ 先还原甲基橙为无色,无法指示 Fe^{3+} 的还原反应,同时 Cl^- 也与重铬酸钾反应而产生干扰;酸度低于 2mol·L^{-1},则甲基橙褪色缓慢。

滴定反应为

$$6Fe^{2+} + Cr_2O_7^{2-} + 14H^+ \longrightarrow 6Fe^{3+} + 2Cr^{3+} + 7H_2O$$

滴定过程中生成的 Fe^{3+} 呈黄色,影响终点观察,若在溶液中加入磷酸,磷酸与 Fe^{3+} 生成无色的 $[Fe(HPO_4)_2]^-$,消除了对终点颜色的影响;同时由于 $[Fe(HPO_4)_2]^-$ 的生成,降低了 Fe^{3+}/Fe^{2+} 电对的电极电势,滴定突跃范围增大,指示剂变色点进入滴定突跃范围内,从而减少滴定误差。

Cu^{2+}、$As(V)$、$Ti(IV)$、$Mo(VI)$ 等离子存在时,可被二氯化锡还原,同时又能被重铬酸钾氧化。$Sb(V)$ 和 $Sb(III)$ 也干扰铁的测定。

仪器与药品

烘箱,沙浴盘,电子天平,烧杯,移液管,容量瓶,滴定管,锥形瓶,表面皿,量筒。

100g·L^{-1} $SnCl_2$,50g·L^{-1} $SnCl_2$,H_2SO_4-H_3PO_4 混酸(将 15mL 浓硫酸缓慢加至 70mL 水中,冷却后加入 15mL 浓磷酸混匀),1g·L^{-1} 甲基橙,2g·L^{-1} 二苯胺磺酸钠,$K_2Cr_2O_7$ 基准试剂。

实验内容

1. $K_2Cr_2O_7$ 标准溶液的配制

将 $K_2Cr_2O_7$ 在 150~180℃ 干燥 2h,置于干燥器中冷至室温。用指定质量称量法准确称取 $0.6129\text{g}K_2Cr_2O_7$ 于小烧杯中,以水溶解,定量转移到 250mL 容量瓶中,加水稀至刻度,摇匀。

2. 试样溶解

准确称取铁矿石粉 1.0~1.5g 于 250mL 烧杯中,用少量水润湿,加入 20mL 浓 HCl 溶液,盖上表面皿,在通风橱中低温加热分解试样。若有带色不溶残渣,可滴加 20~30 滴 100g·L^{-1} $SnCl_2$ 助溶。如试样中铁的含量较高,试样分解后溶液呈现红棕色,此时应滴加 $SnCl_2$ 使溶液变成黄色。试样分解完全时,残渣应接近白色(SiO_2)。稍冷用少量水吹洗表面皿及烧杯壁,冷却后转移至 250mL 容量瓶中,稀释至刻度并摇匀。

3. 还原和测定

准确移取试样溶液 25.00mL 于锥形瓶中,加 8mL 浓 HCl 溶液,加热近沸,加入 6 滴甲基橙,趁热边摇动锥形瓶边逐滴加入 100g·L^{-1} $SnCl_2$ 还原 Fe^{3+}。溶液由橙变红,再慢慢滴加 50g·L^{-1} $SnCl_2$ 至溶液变为粉红色,再摇几下直至粉红色褪去(如刚加入 $SnCl_2$ 红色立即褪去,说明 $SnCl_2$ 已经过量,可补加 1 滴甲基橙,以除去稍过量的 $SnCl_2$,此时溶液若呈现浅红色,表明 $SnCl_2$ 已不过量)。立即用流水冷却,加 50mL 蒸馏水、20mL H_2SO_4-H_3PO_4 混酸、4 滴二苯胺磺酸钠,立即用重铬酸钾标准溶液滴定到稳定的紫红色为终点,平行测定 3 次,计算铁矿石中铁的含量。

思考题

1. 溶解铁矿样时为什么不能沸腾?如出现沸腾对结果有什么影响?
2. $SnCl_2$ 还原 Fe^{3+} 的条件是什么?怎样控制 $SnCl_2$ 不过量?
3. 以重铬酸钾滴定 Fe^{2+} 时,加入磷酸的作用是什么?
4. 为什么加入磷酸后要立即用重铬酸钾滴定?为什么要加水稀释?

[学习指导]

实验操作要点与注意事项

1. 应将铁矿石处理成粉末状(过100目标准筛),以便于溶解。

2. 溶解铁矿石时,宜在沙浴上进行,避免沸腾,对于难以溶解的试样可加些二氯化锡提高溶解速率。大部分试样溶解后,溶液呈红棕色,三氯化铁的浓度较高,为避免$FeCl_3$挥发,应随时滴加$SnCl_2$溶液,使之保持浅黄色。

3. 先用10%$SnCl_2$预还原Fe^{3+}。滴加$SnCl_2$还原三价铁一定要慢,溶液颜色先由橙红变红,说明大部分Fe^{3+}已被还原,再慢慢滴加5%$SnCl_2$,至溶液为浅红色,再用力摇几下粉红色褪去。如刚加入$SnCl_2$红色立即褪去,说明$SnCl_2$已经过量,可补加1滴甲基橙,以除去稍微过量的$SnCl_2$;若此时溶液呈浅粉色,用力摇振后红色才褪去,则可继续后续实验(即加水稀释等),若补加1滴甲基橙后红色立即褪去,则此份实验失败,需重新做过。

4. 氧化还原滴定法易受空气中氧气的影响,所以实验要一份一份地进行。

5. 重铬酸钾无汞定铁法,当Cu^{2+}、As(V)<5mg,TiO_2<200mg,Mo(Ⅵ)<0.5mg时不干扰,含量高时可被二氯化锡还原,同时又能被重铬酸钾氧化。Sb(V)和Sb(Ⅲ)均干扰测定。

6. 若硫酸盐试样难于分解时,可加入少许氟化物助溶,但此时应避免用玻璃器皿溶样。

7. 应将铁矿石处理成粉末状(过100目标准筛),以便于溶解。

8. 先用100g·L^{-1} $SnCl_2$预还原Fe^{3+}。滴加$SnCl_2$还原三价铁一定要慢,溶液颜色先由橙红变红,说明大部分Fe^{3+}已被还原,再慢慢滴加50g·L^{-1} $SnCl_2$,至溶液为浅红色,再用力摇几下粉红色褪去。如刚加入$SnCl_2$红色立即褪去,说明$SnCl_2$已经过量,可补加1滴甲基橙,以除去稍微过量的$SnCl_2$,若此时溶液呈浅粉色,用力摇振后红色才褪去,则可继续后续实验。

实验知识拓展

重铬酸钾法是铁矿石中全铁含量测定的标准方法,也是测定化学需氧量(COD)的标准方法。该法适用范围广泛,可用于污水中COD的测定。其测定原理为:在硫酸酸性介质中,以重铬酸钾为氧化剂,硫酸银为催化剂,硫酸汞为氯离子的掩蔽剂,消解反应液硫酸酸度为9mol·L^{-1},加热使消解反应液沸腾,148℃±2℃的沸点温度为消解温度。以水冷却回流加热反应2h,消解液自然冷却后,以试亚铁灵为指示剂,以硫酸亚铁铵溶液滴定剩余的重铬酸钾,根据硫酸亚铁铵溶液的消耗量计算水样的COD值。

实验4-8 银量法测定生理盐水中氯化钠含量

实验目的

1. 学习莫尔法测定氯化物中氯含量的原理和方法。
2. 掌握莫尔法测定的操作技术。
3. 掌握硝酸银溶液的配制和标定及生理盐水中氯化钠含量的测定。

实验原理

氯化物中氯含量的测定可用沉淀滴定法进行分析。生成难溶性银盐的沉淀滴定法,称为银量法。根据银量法中确定终点指示剂的不同,可分为莫尔法、佛尔哈德法和法扬司法。本实验采用莫尔法进行测定。

莫尔法测定原理:在中性或弱酸性溶液中以K_2CrO_4为指示剂。用$AgNO_3$标准溶液直

接滴定 Cl^- 含量。

$$Ag^+ + Cl^- \rightleftharpoons AgCl \downarrow （白色）$$
$$2Ag^+ + CrO_4^{2-} \rightleftharpoons Ag_2CrO_4 \downarrow （砖红色）$$

由于 AgCl 的溶解度小于 Ag_2CrO_4 的溶解度，所以在滴定过程中，AgCl 先沉淀出来，当 AgCl 定量沉淀后，溶液中稍过量的 $AgNO_3$ 便与 CrO_4^{2-} 反应生成砖红色的 Ag_2CrO_4 沉淀，指示滴定的终点。

仪器与药品

试剂瓶，称量瓶，锥形瓶，电子天平，酸式滴定管，小烧杯，量筒，容量瓶。

$AgNO_3$（s，A.R.），NaCl（s，A.R.，将 NaCl 置于坩埚中，加热至 500～600℃，干燥后冷却至室温，放置于干燥器中备用），5% K_2CrO_4，生理盐水样品。

实验内容

1. $0.05mol·L^{-1}$ $AgNO_3$ 溶液的配制和标定

（1）$AgNO_3$ 溶液的配制 在小烧杯中称入 4.2g $AgNO_3$ 固体，加适量水溶解，转移到 500mL 棕色容量瓶中，用水稀释至标线，摇匀后置于暗处，备用。

（2）$AgNO_3$ 溶液标定 准确称取 0.20～0.25g 基准 NaCl，置于小烧杯中，用水溶解完全，定量转移到 100mL 容量瓶中，定容得到 NaCl 标准溶液。准确移取 25.00mL NaCl 溶液，置于 250mL 锥形瓶中，加入 10mL 蒸馏水和 1.00mL 5% K_2CrO_4 溶液。在充分振荡下，用 $AgNO_3$ 溶液滴定至溶液刚出现稳定的砖红色即为终点。平行测定 3 份。计算 $AgNO_3$ 溶液的浓度。

必要时进行空白测定，即取 25.00mL 蒸馏水按上述同样操作进行滴定，计算时应扣除滴定空白样品所耗 $AgNO_3$ 溶液的体积。

2. 生理盐水中 NaCl 含量的测定

准确移取 25.00mL 生理盐水，置于 250mL 锥形瓶中，加入 10mL 水和 1.00mL 5% K_2CrO_4 指示剂溶液，用 $AgNO_3$ 标准溶液滴定至溶液刚出现稳定的砖红色。平行测定 3 份。计算 NaCl 的含量。

思考题

1. 以铬酸钾做指示剂时，指示剂浓度过大或过小对测定有何影响？
2. 滴定液的酸度应控制在什么范围为宜？为什么？若有 NH_4^+ 存在时，对溶液的酸度范围的要求有什么不同？
3. 标定 $AgNO_3$ 的基准物 NaCl 为何要在高温下烘干？如不烘干对实验结果有何影响？
4. 如果要用莫尔法测定酸性氧化物溶液中的氯，事先应采取什么措施？

[学习指导]

实验操作要点与注意事项

1. $AgNO_3$ 见光析出金属银 $2AgNO_3 \rightleftharpoons 2Ag + 2NO_2 + O_2$，故溶液应盛放于棕色瓶中，避光保存。
2. $AgNO_3$ 若与有机物接触，会被还原，从而颜色变黑，故勿使 $AgNO_3$ 与皮肤接触。
3. 滴定的最适宜的酸度为 pH6.5～10.5。若溶液中有铵盐存在，为了避免生成 $[Ag(NH_3)_2]^+$，溶液酸度应控制在 pH6.5～7.2 为宜。
4. 实验结束后，盛装 $AgNO_3$ 溶液的滴定管应先用蒸馏水冲洗 2～3 次，再用自来水冲洗，以免产生 AgCl 沉淀，而难以洗净。
5. 银为贵金属，含 AgCl 的废液应回收处理。

6. 配制硝酸银标准溶液的水应无 Cl^-，否则配成的硝酸银溶液出现白色浑浊，不能使用，用前应进行检查。

7. 硝酸银与有机物接触易被还原，所以硝酸银溶液应储存于具玻璃塞的试剂瓶，滴定时必须使用酸式滴定管。硝酸银有腐蚀性，注意不要和皮肤接触。

8. 实验完毕后，应将盛硝酸银的滴定管先用蒸馏水冲洗 2~3 次后，再用自来水冲洗，以免产生的 AgCl 沉淀黏附在滴定管内壁上。若滴定管壁有 AgCl，可以用少量的氨水洗涤。

9. 铬酸钾的用量大小对测定有影响，必须定量加入，以减小实验误差。溶液较稀时，需做指示剂空白校正，方法如下：取 1mL 铬酸钾指示剂溶液，加入适量水，然后加入无氯的 $CaCO_3$ 固体（相当于滴定时 AgCl 的沉淀量），制成实际滴定的浑浊溶液，逐滴加入硝酸银溶液，直至与终点颜色相同为止，记录读数，从滴定试液所消耗的硝酸银的体积中扣除此读数。

10. 滴定过程中需不断摇振，因为 AgCl 沉淀可吸附 Cl^-，被吸附的 Cl^- 又较难和 Ag^+ 反应完全，如振荡不充分，可使终点提早出现。

11. 当形成的铬酸银红色沉淀消失缓慢，且 AgCl 沉淀开始凝聚时，表明已快到终点，此时需逐滴加入 $AgNO_3$，并用力摇振。

12. 沉淀滴定中，为减少沉淀对被测离子的吸附，一般滴定的体积以大些为好，故须加水稀释试液。

13. 凡是能与 Ag^+ 生成难溶化合物或络合物的阴离子都干扰测定。如 PO_4^{3-}、AsO_4^{3-}、SO_3^{2-}、S^{2-}、CO_3^{2-}、$C_2O_4^{2-}$ 等，S^{2-} 可通过酸化后加热除去，SO_3^{2-} 氧化为 SO_4^{2-} 后不再干扰测定。大量 Cu^{2+}、Ni^{2+}、Co^{2+} 等有色离子将影响终点的观察。凡是与铬酸根生成难溶化合物的阳离子如 Ba^{2+}、Pb^{2+} 也干扰测定。

实验知识拓展

沉淀滴定法除了莫尔法，还有佛尔哈德法和法扬司法。佛尔哈德法是在 Fe^{3+} 存在下用 SCN^- 滴定银离子，以铁铵矾为指示剂的方法。它除了可以用直接滴定法滴定 Ag^+ 外，分析上有意义的是用于间接测定卤化物：在含卤离子的酸性溶液中加入一定量过量的硝酸银溶液，再用 SCN^- 滴定剂返滴定过量的 Ag^+，稍过量的 SCN^- 与指示剂产生微红色为终点。因为这种方法必须在 $0.2~0.5mol \cdot L^{-1}$ 的硝酸介质中进行，以防止 Fe^{3+} 的水解，故可用于测定许多莫尔法不能测定的含卤试样，而且对 Br^-、I^-、SCN^- 都能测得准确。

法扬司法采用的是吸附指示剂，吸附指示剂是一类有机染料，当它被吸附于胶体微粒表面时，引起分子结构上的变化而显示颜色的改变。以硝酸银溶液滴定 Cl^-，荧光黄（酸性染料，阴离子 Fl^-）为指示剂，其测定原理如下：

过量 Cl^- 时，$(AgCl)Cl^- + Fl^- \longrightarrow$ 无变化

过量 Ag^+ 时，$(AgCl)Ag^+ + Fl^- \longrightarrow (AgCl)AgFl$ 吸附变色

该法可以用 $AgNO_3$ 标准溶液为滴定剂测定卤素离子和硫氰根，也可以用 NaCl 或 NaBr 标准溶液测定 Ag^+。

4.6 重量分析实验

实验 4-9 丁二酮肟重量法测定合金钢中镍含量的测定

实验目的

1. 掌握丁二酮肟镍重量法测定镍的原理和实验方法。

2. 了解有机沉淀剂在重量分析中的应用。
3. 学习烘干重量法的实验操作技术。
4. 学习干燥器的使用方法,掌握玻璃坩埚的恒重,沉淀的生成、过滤、洗涤、烘干至恒重。

实验原理

镍在合金钢中常形成固溶体。含镍合金钢大多易溶于酸中,如 HCl-HNO₃ 混合酸。Ni^{2+} 在氨性和丁二酮肟混合溶液中生成鲜红色沉淀。该沉淀溶解度小（$K_{sp}=2.3\times10^{-25}$）,组成恒定,经过滤、洗涤、烘干、称量步骤,由沉淀质量可计算出试样中镍的含量。

丁二酮肟（二甲基乙二醛肟、二乙基二肟）化学式为 $C_4H_8O_2N_2$,摩尔质量为 116.2 kg·mol^{-1}。丁二酮肟为二元弱酸,以 H_2D 表示,解离平衡为:

$$H_2D \underset{+H^+}{\overset{-H^+}{\rightleftharpoons}} HD^- \underset{+H^+}{\overset{-H^+}{\rightleftharpoons}} D^{2-}$$

在中性或氨性介质中,此试剂与 Ni^{2+} 形成红色絮状沉淀:

$$Ni^{2+} + 2\,CH_3-C(=NOH)-C(=NOH)-CH_3 + 2NH_3 \longrightarrow [Ni(C_4H_7O_2N_2)_2]\downarrow + 2NH_4^+$$

丁二酮肟是一种高选择性的有机沉淀剂,只与 Ni^{2+}、Pd^{2+}、Fe^{2+} 生成沉淀。在酸性溶液中,丁二酮肟与钯生成沉淀。在氨性溶液中,丁二酮肟与 Ni^{2+}、Fe^{2+} 生成红色沉淀。当试液中存在亚铁离子时,应事先氧化消除干扰。Co^{2+}、Cu^{2+} 含量高时,最好用二次沉淀法或预先分离排除干扰。Fe^{3+}、Al^{3+}、Cr^{3+}、Ti^{4+} 等在氨性溶液中会生成氢氧化物沉淀,干扰测定。为了克服干扰因素,可以在加入氨性溶液之前,加入柠檬酸或酒石酸（每克试样加浓度 50% 的溶液 10mL）等掩蔽剂,使其生成水溶性的配合物而消除干扰。

丁二酮肟在水中溶解度小。在溶液中要加入适量乙醇,以减少丁二酮肟本身共沉淀。在沉淀时溶液要充分稀释。一般控制溶液中乙醇用量为总体积的 30%～35% 为宜。在热溶液中进行沉淀能够减少共沉淀的发生。但在沉淀时,温度也不宜高。在高温下酒石酸或柠檬酸能部分还原 Fe^{3+} 为 Fe^{2+} 而干扰测定。制备沉淀的温度保持在 70～80℃ 为宜。

本方法沉淀介质为 pH=8～9 的氨性溶液。实验进行时,在酸性溶液中加入沉淀剂,再滴加氨水使溶液 pH 逐渐升高,慢慢析出沉淀,得到颗粒较大的沉淀。趁热过滤,用热水洗涤沉淀,以减少丁二酮肟和其他杂质的共沉淀,造成实验误差。丁二酮肟镍在碱性溶液中不宜久放,否则沉淀会被空气中的氧气所氧化,生成可溶性配合物而损失。

丁二酮肟镍重量法要求称取试样量适当,以含镍量 30～80mg 为宜。若试样中镍含量太多时,沉淀体积大,操作不便。当镍含量太少时,沉淀量太小,测定误差较大。称取试样量视含镍量而定。当试样含 Ni 为 2%～4% 时,称样量以 2g 为宜;当试样含 Ni 为 4%～8% 时,称样量以 1g 为宜;当试样含 Ni 为 8%～15% 时,称样量以 0.5g 为宜。沉淀剂丁二酮肟用量也要适当。每毫克 Ni 约需 1mL 1% 的丁二酮肟,沉淀剂用量以过量 40%～80% 为宜。若沉淀剂用量太少,沉淀不完全;若沉淀剂用量过多,则在沉淀冷却过程中易析出,使测定结果偏高。

仪器与药品

电子天平,玻璃坩埚（P16 或 G_4A）,循环水泵及抽滤瓶,恒温水浴,电热恒温干燥箱,烧杯,量筒,表面皿。

混合酸溶液（HCl：HNO$_3$：H$_2$O）=3：1：2：1+1HCl；2mol·L^{-1} HNO$_3$；1+1氨水；3.50%酒石酸或柠檬酸；1%丁二酮肟（乙醇溶液）；0.1mol·L^{-1} AgNO$_3$；NH$_3$-NH$_4$Cl洗涤液（每100mL水加1mL浓氨水和1g NH$_4$Cl）；50%酒石酸溶液；2%酒石酸（微氨性）溶液（每1000mL 2%酒石酸溶液中加0.5mL浓氨水）；镍合金钢样。

实验内容

1. 玻璃坩埚的恒重

将两个G$_4$微孔玻璃坩埚洗净，置于140℃的电热恒温干燥箱中烘1h。将坩埚移入干燥器中冷却至室温，称重。在140℃下，将坩埚再次烘30min，在相同条件下冷却、称量。直至前后两次质量差≤0.4mg，表示达到恒重。

2. 试样的测定

准确称取钢样（含Ni量为30~70mg）两份，分别置于400mL烧杯中，滴入20~30mL HCl-HNO$_3$混合酸，盖上表面皿，于通风橱内低温加热至完全溶解。煮沸，使碳化物分解，亚铁盐被氧化，小火继续煮沸10min，赶尽溶液中的氮氧化物（注意勿干）。冷却后加入5~10mL 50%的酒石酸溶液（每克试样可加10mL酒石酸溶液），在不断搅拌下，滴加（1+1）氨水至溶液转变为蓝绿色，此时pH为8~9。如有不溶物，应将沉淀过滤，并用热的NH$_3$-NH$_4$Cl洗涤液洗涤沉淀数次（洗涤液并入滤液中）。滤液用（1+1）HCl酸化，用热水稀释试液至约300mL，加热至70~80℃，在不断搅拌下加入1%的丁二酮肟乙醇溶液，加入量应使Ni^{2+}完全沉淀（1mg Ni^{2+}大约需1mL 1%的丁二酮肟溶液）。再多加20~30mL丁二酮肟乙醇溶液，但所加丁二酮肟溶液的总体积不要超过试液体积的1/3，以免增大沉淀的溶解度。然后在不断搅拌下，滴加（1+1）氨水，使溶液的pH8~9，至溶液变为深棕绿色。在60~70℃下保温30~40min。稍冷后，趁热用已恒重的G$_4$微孔玻璃坩埚减压过滤，用微氨性2%酒石酸溶液洗涤烧杯和沉淀8~10次，再用温热水洗涤沉淀至无Cl$^-$为止。将盛有沉淀的玻璃坩埚在140~145℃烘箱中烘1h，冷却后称量。再次烘30min，冷却至室温后称量，直至恒重。

数据记录与处理

1. 依据丁二酮肟（HD）的质量，由下式计算试样中Ni的质量分数：

$$w(Ni)=\frac{M(Ni)m[Ni(HD)_2]}{M[Ni(HD)_2]m_{样}}\times 100\%$$

式中，$m[Ni(HD)_2]$为丁二酮肟镍沉淀的质量；$m_{样}$为试样质量；$M(Ni)$和$M[Ni(HD)_2]$分别为Ni和Ni(HD)$_2$的摩尔质量。

2. 自行设计表格记录实验数据，计算合金钢中镍的含量。

思考题

1. 丁二酮肟重量法测定镍，应注意选择和控制哪些沉淀条件？为什么？
2. 加入酒石酸和柠檬酸的目的是什么？
3. 如何根据试样中大致的含镍量计算称取试样的质量和加入沉淀剂的体积？
4. 比较有机沉淀剂和无机沉淀剂的特点。

[**学习指导**]

实验操作要点与注意事项

1. 试样取样量要适中。若试样中镍含量太多时，沉淀体积大，操作不便。镍含量太少，沉淀量太小，测定误差增大。

2. 试样称取量依据含镍量而定。如含 Ni 为 15%～20%，称样 0.2g；含 Ni 为 8%～15%，称样 0.5g；含 Ni 4%～8%，称样 1g。本法适于含 Ni 10%以上试样的测定。如含 Ni 量太低，不易沉淀出来；称样量不宜太大，否则沉淀体积庞大，不易操作。

3. 沉淀时保持温度 70～80℃，可减小 Cu^{2+}、Fe^{3+} 的共沉淀。如果沉淀时，温度太高。由于乙醇溶液挥发过多而引起丁二酮肟析出，同时 Fe^{3+} 部分被酒石酸还原成 Fe^{2+}，干扰测定。

4. 注意防止乙醇着火。

5. 实验结束后，微孔玻璃坩埚用稀 HCl 洗净。

6. 对于要求恒重的称量，应保持各种操作条件的一致性，即坩埚在烘箱中干燥的温度、置干燥器中冷却的时间和称量时间都应保持一致。空坩埚的恒重条件和盛样品坩埚恒重条件也应一致。

7. 实验前应检查干燥器中的硅胶是否失效；干燥器磨口处涂的凡士林，应薄而均匀；打开盖子时，应采用推开方法；盖子取下后，放在桌上安全的地方，注意磨口朝上，圆顶朝下；加盖时也应当拿住盖上圆顶，推着盖好。

实验知识拓展

除了丁二酮肟镍重量法测定镍，8-羟基喹啉在弱酸性或弱碱性溶液中能与许多金属离子形成沉淀，沉淀组成恒定，烘干后即可称量。目前已合成了一些选择性较高的 8-羟基喹啉衍生物，如二甲基-8-羟基喹啉，可在 pH=5.5 时沉淀 Zn^{2+}，pH=9 时沉淀 Mg^{2+}，而不与 Al^{3+} 发生沉淀反应。四苯硼酸钠能与 K^+、NH_4^+、Rb^+、Ag^+ 等生成离子缔合物沉淀，常用于 K^+ 的测定，沉淀组成恒定，烘干后即可称重。

实验 4-10 钡盐中钡含量的测定

实验目的

1. 掌握硫酸钡重量法测定 $BaCl_2 \cdot 2H_2O$ 中钡的含量的原理和方法。
2. 掌握晶形沉淀的制备及沉淀性质。
3. 掌握重量分析中如沉淀的制备、瓷坩埚的恒重、过滤、洗涤、烘干、炭化、灰化、灼烧、恒重等基本操作技术。

实验原理

$BaSO_4$ 重量法，既可用于测定 Ba^{2+}，也可用于测定 SO_4^{2-} 的含量。

称取一定量的 $BaCl_2 \cdot 2H_2O$，用水溶解，加稀 HCl 溶液酸化，加热至微沸，在不断搅动下，慢慢地加入稀、热的 H_2SO_4，Ba^{2+} 与 SO_4^{2-} 反应，形成晶形沉淀。沉淀经陈化、过滤、洗涤、烘干、炭化、灰化、灼烧后，以 $BaSO_4$ 形式称量，可求出 $BaCl_2 \cdot 2H_2O$ 中 Ba 的含量。

Ba^{2+} 可形成一系列微溶化合物，其中以 $BaSO_4$ 溶解度最小，100mL 溶液中，100℃时溶解 0.4mg，25℃时仅溶解 0.25mg。当过量沉淀剂存在时，溶解度大为减小，沉淀的溶解损失可以忽略不计。

硫酸钡沉淀重量法一般在 $0.05mol \cdot L^{-1}$ 左右盐酸介质中进行，它是为了防止产生 $BaCO_3$、$BaHAsO_4$、$BaHPO_4$ 沉淀以及防止产生 $Ba(OH)_2$ 共沉淀。同时适当提高酸度，增加 $BaSO_4$ 在沉淀过程中的溶解度，以降低其相对过饱和度，有利于获得较好的晶形沉淀。至于增加酸度而造成硫酸钡的溶解损失，可以通过在沉淀的后期加入过量的沉淀剂来补偿。

用硫酸钡重量法测定钡离子时，一般用稀硫酸为沉淀剂。为了使硫酸钡沉淀完全，硫酸必须过量。由于硫酸是挥发性酸，在高温下可以挥发除去，不致引起误差，因此沉淀剂可以过量 50%～100%。如果是用硫酸钡重量法测定硫酸根，沉淀剂 $BaCl_2$ 只允许过量 20%～30%，因为 $BaCl_2$ 灼烧时不易挥发除去。

$PbSO_4$、$SrSO_4$ 的溶解度均较小，Pb^{2+}、Sr^{2+} 对钡的测定有干扰。NO_3^-、ClO_3^-、Cl^- 等阴离子和 K^+、Na^+、Ca^{2+}、Fe^{3+} 等阳离子均可以引起共沉淀现象，故应严格掌握沉淀条件，减少共沉淀现象，以获得纯净的 $BaSO_4$ 晶形沉淀。

仪器与药品

台秤，试剂瓶，称量瓶，电子天平，马弗炉，玻璃漏斗，小烧杯，量筒，瓷坩埚，坩埚钳，淀帚，定量滤纸（慢速或中速）。

$1mol·L^{-1}$ 和 $0.1mol·L^{-1}$ H_2SO_4，$2mol·L^{-1}$ HCl，$2mol·L^{-1}$ HNO_3，$0.1mol·L^{-1}$ $AgNO_3$，钡盐样品。

实验内容

1. 称样及沉淀的制备

准确称取两份 0.4～0.6g $BaCl_2·2H_2O$ 试样，分别置于 250mL 烧杯中，加入约 100mL 水、3mL $2mol·L^{-1}$ HCl 溶液，搅拌溶解，加热至近沸。

另取 4mL $1mol·L^{-1}$ H_2SO_4 两份于两个 100mL 烧杯中，加水 30mL，加热至近沸，趁热将两份 H_2SO_4 溶液分别用小滴管逐滴加入到两份热的钡盐溶液中，并用玻璃棒不断搅拌，直至两份 H_2SO_4 溶液加完为止。待 $BaSO_4$ 沉淀下沉后，于上层清液中加入 1～2 滴 $0.1mol·L^{-1}$ H_2SO_4 溶液，仔细观察沉淀是否完全。若溶液清澈，说明已经沉淀完全，若有浑浊出现，应再补加 $0.1mol·L^{-1}$ H_2SO_4，直至沉淀完全。盖上表面皿（勿将玻璃棒拿出烧杯外），沉淀在室温下放置过夜陈化。也可将沉淀放在水浴或沙浴上，保温 1h，陈化。

2. 沉淀的过滤和洗涤

用慢速或中速定量滤纸倾泻法过滤沉淀。用稀硫酸（取 1mL $1mol·L^{-1}$ 硫酸稀至 100mL）洗涤沉淀 3～4 次，每次约 10mL。然后，将沉淀定量转移到滤纸上，用沉淀帚由上到下擦拭烧杯内壁，并用折叠滤纸时撕下的小片滤纸擦拭杯壁，并将此小片滤纸放于漏斗中，再用稀硫酸洗涤 4～6 次，直至洗涤液中不含 Cl^- 为止（检查方法：用试管收集 2mL 滤液，加一滴 $2mol·L^{-1}$ 硝酸酸化，加入 2 滴的 $AgNO_3$，若无白色浑浊产生，表示 Cl^- 已经洗净）。

3. 空坩埚的恒重

将两个洁净的瓷坩埚放在 (800±20)℃ 的马弗炉中灼烧至恒重。第一次灼烧 40min，第二次后每次只灼烧 20min。

4. 沉淀的灼烧和恒重

将折叠好的沉淀滤纸包置于已恒重的瓷坩埚中，经烘干、炭化、灰化后，在 (800±20)℃ 的马弗炉中灼烧至恒重。计算钡盐中钡的含量。

思考题

1. 为什么制备 $BaSO_4$ 沉淀时要加 HCl？HCl 加入太多有什么影响？
2. 测定钡时，沉淀剂硫酸为什么要过量？可以过量多少？如果测定的是硫酸根，情况又将如何？
3. 为什么制备 $BaSO_4$ 沉淀要在稀溶液中进行？不断搅拌的目的是什么？

[学习指导]

实验操作要点和注意事项

1. 实验前应检查干燥器中的硅胶是否失效，干燥器磨口处涂的凡士林，应薄而均匀，打开盖子时，应采用推开的方法，盖子取下后，放在桌上安全的地方，注意磨口朝上，圆顶朝下，加盖时也应当拿住盖上圆顶，推着盖好。

2. 坩埚在灼烧前应进行编号，编号时可用铁墨水（普通蓝墨水中加少量 $FeCl_3$）或氧化钴溶液（将少许氧化钴粉末加入饱和硼砂溶液）。

3. 过滤时盛滤液的烧杯必须干净，一旦遇到硫酸钡透滤时必须重新过滤。

4. 滤纸灰化时要保持空气充足，否则硫酸钡沉淀易被滤纸中的碳还原为黑色的 BaS。如遇此情况，可用 2~3 滴（1+1）硫酸，小心加热，冒烟后重新灼烧。

$$BaSO_4 + 4C =\!=\!= BaS + 4CO\uparrow$$
$$BaSO_4 + 4CO =\!=\!= BaS + 4CO_2\uparrow$$

5. 如两次称量坩埚质量差大于 0.3mg，还需进行灼烧，直至其质量之差不超过 0.3mg 为止。

6. 坩埚的质量必须在一定的条件下进行恒重，灼烧坩埚的条件必须和灼烧沉淀时的条件相同，即应保持各种操作条件的一致性，主要指的是灼烧温度、灼烧时间、置干燥器中冷却时间和称量时间都应保持一致。

7. 硫酸钡沉淀完全后，应盖上表面皿，放置过夜或在水浴上保温 1h，使小晶体转化为大晶体，不完整晶体转化为完整晶体。

8. 过滤分 3 个阶段进行。第一阶段采用倾泻法过滤，尽可能过滤清液，第二阶段是洗涤沉淀并将沉淀转移到漏斗上；第三阶段是清洗烧杯和洗涤漏斗上的沉淀。

9. 在漏斗上洗涤沉淀应遵循"少量多次，从缝到缝"的原则，直至沉淀洗净为止。

10. 烘干、炭化、灰化应由小火到强火，一步步完成，炭化时如遇滤纸着火，要立即用坩埚盖盖住，至火焰熄灭，切不可用嘴吹。着火后，不能置之不理，让其燃尽，这样易使沉淀随大气流飞散损失。待火焰熄灭后将坩埚盖移至原来位置，继续加热至全部灰化。在电炉上进行烘干、炭化、灰化时，坩埚要直立，坩埚盖不能盖严。

11. 灼烧温度不能过高，如果超过 950℃，可能有部分硫酸钡分解：

$$BaSO_4 =\!=\!= BaO + SO_3\uparrow$$

12. 从高温炉中取出坩埚时，将坩埚移至炉口，红热稍退后，再将坩埚从炉中取出放在洁净的白瓷板上，在夹取坩埚时，坩埚钳应预热。待坩埚冷至红热退去后，再将坩埚转移至干燥器中，盖上盖子，随后须启动干燥器盖 1~2 次。

实验知识拓展

采用均匀沉淀法，以硫酸二甲酯或氨基磺酸为试剂水解产生 SO_4^{2-} 沉淀剂，可以测定钡、锶、铅。其反应式为：$(CH_3)_2SO_4 + 2H_2O =\!=\!= 2CH_3OH + SO_4^{2-} + 2H^+$。也可以利用络合物分解的方法沉淀硫酸根，方法是先将 EDTA-Ba^{2+} 络合物加到含硫酸根的试液中，然后加氧化剂破坏 EDTA，使络合物逐渐分解，Ba^{2+} 在溶液中均匀释出，使硫酸钡均匀沉淀。

4.7 分光光度法分析实验

实验 4-11 茶叶中微量元素的鉴定与定量分析

实验目的

1. 了解并掌握鉴定茶叶中某些化学元素的方法。
2. 学会选择合适的化学分析方法。

3. 掌握络合滴定法测量茶叶中钙、镁含量的方法和原理。
4. 掌握分光光度法测定茶叶中微量铁的方法。
5. 提高综合运用知识的能力。

实验原理

茶叶属植物类，为有机体，主要由 C、H、N 和 O 等元素组成，其中含有 Fe、Al、Ca、Mg 等微量金属元素。本实验的目的是要求从茶叶中定性鉴定 Fe、Al、Ca、Mg 等元素，并对 Fe、Ca、Mg 进行定量测定。

茶叶需先进行"干灰化"。"干灰化"即试样在空气中置于敞口的蒸发皿或坩埚中加热，把有机物经氧化分解而烧成灰烬。这一方法特别适用于生物和食品的预处理。灰化后，经酸溶解，即可逐级进行分析。

铁铝混合液中 Fe^{3+} 对 Al^{3+} 的鉴定有干扰。利用 Al^{3+} 的两性，加入过量的碱，使 Al^{3+} 转化为 AlO_2^- 留在溶液中，Fe^{3+} 则生成 $Fe(OH)_3$ 沉淀，经分离去除后，消除了干扰。

钙镁混合液中，Ca^{2+} 和 Mg^{2+} 的鉴定互不干扰，可直接鉴定，不必分离。

铁、铝、钙、镁各自的特征反应式如下：

$$Fe^{3+} + nKSCN(饱和) \longrightarrow Fe(SCN)_n^{3-n}(血红色) + nK^+$$

$$Al^{3+} + 铝试剂 + OH^- \longrightarrow 红色絮状沉淀$$

$$Mg^{2+} + 镁试剂 + OH^- \longrightarrow 天蓝色沉淀$$

$$Ca^{2+} + C_2O_4^{2-} \xrightarrow{HAc介质} CaC_2O_4 （白色沉淀）$$

根据上述特征反应的实验现象，可分别鉴定出 Fe、Al、Ca、Mg 4 个元素。

钙、镁含量的测定，可采用络合滴定法。在 pH=10 的条件下，以铬黑 T 为指示剂，EDTA 为标准溶液。直接滴定可测得 Ca、Mg 总量。若欲测 Ca、Mg 各自的含量，可在 pH>12.5 时，使 Mg^{2+} 生成氢氧化物沉淀，以钙指示剂、EDTA 标准溶液滴定 Ca^{2+}，然后用差减法即得 Mg^{2+} 的含量。

Fe^{3+}、Al^{3+} 的存在会干扰 Ca^{2+}、Mg^{2+} 的测定，分析时，可用三乙醇胺掩蔽 Fe^{3+} 与 Al^{3+}。

茶叶中铁含量较低，可用分光光度法测定。在 pH=2~9 的条件下，Fe^{2+} 与邻菲啰啉能生成稳定的橙红色的络合物，反应式见实验 3-3。

该络合物的 $lgK_{稳} = 21.3$，摩尔吸光系数 $\varepsilon_{530} = 1.10 \times 10^4$。

在显色前，用盐酸羟胺把 Fe^{3+} 还原成 Fe^{2+}，其反应式如下：

$$4Fe^{3+} + 2NH_2 \cdot OH = 4Fe^{2+} + H_2O + 4H^+ + N_2O$$

显色时，溶液的酸度过高（pH<2），反应进行较慢；若酸度太低，则 Fe^{2+} 水解，影响显色。

仪器与药品

1‰铬黑 T，$6mol \cdot L^{-1}$ HCl，$2mol \cdot L^{-1}$ HAc，$6mol \cdot L^{-1}$ NaOH，$0.25mol \cdot L^{-1}$ $(NH_4)_2C_2O_4$，$0.01mol \cdot L^{-1}$（自配并标定）EDTA，饱和 KSCN 溶液，$0.010mg \cdot L^{-1}$ $NH_4Fe(SO_4)_2 \cdot 12H_2O$ 标准溶液，铝试剂，镁试剂，25％三乙醇胺水溶液，NH_3-NH_4Cl 缓冲溶液（pH=10），HAc-NaAc 缓冲溶液（pH=4.6），0.1％邻菲啰啉水溶液，1％盐酸羟胺水溶液。

煤气灯，研钵，蒸发皿，称量瓶，托盘天平，分析天平，中速定量滤纸，长颈漏斗，250mL 容量瓶，50mL 容量瓶，250mL 锥形瓶，50mL 酸式滴定管，3cm 比色皿，5mL、10mL 吸量管，722 型分光光度计。

实验内容

1. 茶叶的灰化和试验的制备

取在 100~105℃ 下烘干的茶叶 7~8g 于研钵中捣成细末,转移至称量瓶中,称出称量瓶和茶叶的质量和,然后将茶叶末全部倒入蒸发皿中,再称空称量瓶的质量,差减得蒸发皿中茶叶的准确质量。

将盛有茶叶末的蒸发皿加热,使茶叶灰化(在通风橱中进行),然后升高温度,使其完全灰化,冷却后,加 6mol·L^{-1} HCl 10mL 于蒸发皿中,搅拌溶解(可能有少量不溶物),将溶液完全转移至 150mL 烧杯中,加水 20mL,再加 6mol·L^{-1} NH$_3$·H$_2$O,适量控制溶液 pH 为 6~7,使产生沉淀。并置于沸水浴中加热 30min,过滤,然后洗涤烧杯和滤纸。滤液直接用 250mL 容量瓶盛接,并稀释至刻度,摇匀,贴上标签,标明为 Ca^{2+}、Mg^{2+} 试液(1号试液),待测。

另取 250mL 容量瓶一只于长颈漏斗之下,用 6mol·L^{-1} HCl 10mL 重新溶解滤纸上的沉淀,并少量多次地洗涤滤纸。完毕后,稀释容量瓶中滤液至刻度,摇匀,贴上标签,标明为 Fe^{3+} 试液(2号试液),待测。

2. Fe、Al、Ca、Mg 元素的鉴定

从 1 号试液的容量瓶中取 1mL 于一洁净的试管中,取 2 滴于点滴板上,加镁试剂 1 滴,再加 6mol·L^{-1} NaOH 碱化,观察现象,作出判断。从上述试管中再取试液 2~3 滴于另一试管中,加入 1~2 滴 2mol·L^{-1} HAc 酸化,加 2 滴 0.25mol·L^{-1} (NH$_4$)$_2$C$_2$O$_4$,观察实验现象,作出判断。

从 2 号试液的容量瓶中取 1mL 于一洁净试管中,取试液 2 滴于点滴板上,加饱和 KSCN 1 滴,根据实验现象,作出判断。

在上述试管剩余的试液中,加 6mol·L^{-1} NaOH 直至白色沉淀溶解为止,离心分离,取上层清液于另一试管中,加 6mol·L^{-1} HAc 酸化,加铝试剂 3~4 滴,放置片刻后,加 6mol·L^{-1} NH$_3$·H$_2$O 碱化,在水浴中加热,观察实验现象,作出判断。

3. 茶叶中 Ca、Mg 总量与 Ca 含量的测定

从 1 号容量瓶中准确吸取试液 25mL 置于 250mL 锥形瓶中,加入三乙醇胺 5mL,再加入 NH$_3$-NH$_4$Cl 缓冲溶液 10mL,摇匀,最后加入铬黑 T 指示剂少许,用 0.01mol·L^{-1} EDTA 标准溶液滴定至溶液由红紫色恰变为纯蓝色,即达终点,根据 EDTA 的消耗量,计算茶叶中 Ca、Mg 的总量。并以 MgO 的质量分数表示。

从 1 号容量瓶中另取试液 25mL 置于 250mL 锥形瓶中,加入三乙醇胺 5mL,滴加 NaOH 溶液,调节 pH 为 12.5,以钙离子为指示剂,用 0.01mol·L^{-1} EDTA 标准溶液滴定至溶液由红紫色恰变纯蓝色,即达终点,根据 EDTA 的消耗量,计算茶叶中 Ca 的含量,并以 CaO 的质量分数表示。

4. 茶叶中 Fe 含量的测量

(1) 邻菲啰啉亚铁吸收曲线的绘制　用吸量管吸取铁标准溶液 0mL、2.0mL、4.0mL,分别注入 50mL 容量瓶中,各加入 5mL 盐酸羟胺溶液,摇匀,再加入 5mL HAc-NaAc 缓冲溶液和 5mL 邻菲啰啉溶液,用蒸馏水稀释至刻度,摇匀。放置 10min,用 3cm 比色皿,以试剂空白为参比溶液,在 722 型分光光度计中,从波长 420~600nm 间分别测定其吸光度,以波长为横坐标,吸光度为纵坐标,绘制邻菲啰啉亚铁的吸收曲线,并确定最大吸收峰的波长,以此为测量波长。

(2) 标准曲线的绘制　用吸量管分别吸取铁的标准溶液 0mL、1.0mL、2.0mL、3.0mL、4.0mL、5.0mL、6.0mL 于 7 只 50mL 容量瓶中,依次分别加入 5.0mL 盐酸羟胺,5.0mL HAc-NaAc 缓冲溶液,5.0mL 邻菲啰啉,用蒸馏水稀释至刻度,摇匀,放置 10min。

用 3cm 比色皿，以空白溶液为参比溶液，用分光光度计分别测其吸光度。以 50mL 溶液中铁含量为横坐标，相应的吸光度为纵坐标，绘制邻菲啰啉亚铁的标准曲线。

(3) 茶叶中 Fe 含量的测定　用吸量管从 2 号容量瓶中吸取试液 2.5mL 于 50mL 容量瓶中，依次加入 5.0mL 盐酸羟胺、5.0mL HAc-NaAc 缓冲溶液、5.0mL 邻菲啰啉，用水稀释至刻度，摇匀，放置 10min。以空白溶液为参比溶液，在同一波长处测其吸光度，并从标准曲线上求出 50mL 容量瓶中 Fe 的含量，并换算出茶叶中 Fe 的含量，以 Fe_2O_3 质量分数表示。

思考题
1. 测定钙镁含量时加入三乙醇胺的作用是什么？
2. 邻菲啰啉分光光度法测铁的原理是什么？用该法测得的铁含量是否为茶叶中亚铁含量？为什么？
3. 如何确定邻菲啰啉显色剂的用量？
4. 通过本实验，对分析问题和解决问题方面有何收获？请谈谈体会。

[学习指导]

实验仪器介绍——721W 微机型可见光分光光度计

(1) 721W 微机型可见光分光光度计简介

721W 微机型分光光度计可对样品进行定性和定量分析。该仪器单色器采用 1200 条/mm 高性能光栅，微机处理技术，自动调 "0" 和 "100"，$T/A/C$ 任意转换，数字直读，四位电子显示技术，波长三位计数器指示，输入标样数据后可以直读浓度，不必人工计算，半自动调节 100%T 和暗电流为零。该仪器结构轻巧，新型美观，操作方便，性能稳定。

(2) 721W 微机型可见光分光光度计操作

仪器使用前应当先熟悉光度计外部结构及各旋钮作用。具体操作步骤如下。

① 在打开样品室盖板，关闭光门的状态下，打开电源，预热 30min。
② 调节波长旋钮至所需波长。
③ 比色皿的选择。选择合适厚度的比色皿（比色皿光程有 0.5cm、1.0cm、3.0cm 3 种规格，应选用使所测溶液的吸光度在 0.8 以内的）；选择透光率一致的比色皿。
④ 样品准备。用待测液润洗比色皿 2～3 遍；装入容积 3/4～4/5 的待测液；用滤纸吸干比色皿外壁的水，再用擦镜纸轻轻擦干其透光面。
⑤ 将参比液放在比色皿暗盒的第一格，待测液依浓度从稀到浓放入其他格。
⑥ 在关闭光路状态下，调节透光率为 "0"。
⑦ 在开启光路状态下，调节透光率为 "100%"。
⑧ 重复步骤⑥、⑦几次，待仪器指示稳定后开始测量。
⑨ 测量完毕，关闭光度计电源。填写仪器使用登记簿。

实验操作要点和注意事项

1. 茶叶要尽量捣碎，以利于灰化。
2. 灰化时应注意控制好温度，避免茶叶燃烧。灰化应彻底，因灰化完全与否直接影响定量测定微量元素的结果。若酸溶后发现有未灰化物，应定量过滤，将未灰化的重新灰化。酸溶解灰烬的速率较慢时，可用小火加热。
3. 测定微量元素含量的实验中，应按定量分析的要求进行规范操作。
4. 测 Fe 时，使用的吸量管较多，应插在所吸的溶液中，以免搞错。
5. 1 号 250mL 容量瓶试液用于分析 Ca、Mg 元素，2 号 250mL 容量瓶用于分析 Fe、Al

元素,不要混淆。

6. 由于不同产地、不同牌号的茶叶中,微量元素的含量不同,定量分析时,取样量应作适当调整。

实验知识拓展

用分光光度法测定样品中的全铁和亚铁含量时要注意:测全铁时先用盐酸羟胺还原铁离子为亚铁,控制 pH,显色后测定;测亚铁时不用还原,控制 pH,直接显色测定。

第5章 有机化合物的制备

5.1 有机化合物制备的原理和方法

5.1.1 有机合成概述

有机合成指从较简单的化合物或单质经化学反应合成有机物的过程，有时也包括从复杂原料降解为较简单化合物的过程。由于有机化合物的各种特点，尤其是碳与碳之间以共价键相连，有机合成比较困难，常常要用加热、光照、加催化剂、加有机溶剂，甚至加压等反应条件。

有机合成遵循的规则如下：
① 要科学合理；
② 起始原料要廉价、易得、低毒性、低污染；
③ 合成路线最简捷，易于分离，产率较高；
④ 条件适宜，操作简便，能耗低，易于实现。

5.1.2 有机化合物的常规制备方法

随着科学技术和有机化学学科的发展，有机化学合成规模也在变化，有机化学合成实验大体有4种规模：常量合成、小量合成、半微量合成和微量合成。具体划分界限没有统一的规定。

目前4种合成规模都有成套仪器供应，这些仪器的形状相差不大，主要是尺寸、容量的差异，相应仪器连接磨口的标号不同。通常常量制备用的仪器的连接磨口为24号和19号；小量制备的仪器连接磨口标号为19号；半微量制备仪器的磨口为14号；而微量制备仪器的磨口标号为10号。

5.1.3 有机化合物的分离和提纯方法

有机化合物的分离、提纯与鉴别是研究有机化学必须具备的基本知识与技能，有机化合物的分离通常指从混合物中把几种有机物成分逐一分开；提纯则一般要求把杂质从主要产物中除去。

分离和提纯有机物的方法很多，大体上可分为物理方法（如蒸馏、分馏、水蒸气蒸馏、重结晶、升华、萃取、色谱分离等）和化学方法两大类。对化学方法的基本要求是方法简便易行，消耗少，被提纯物质可达较高的纯度。

近年来一些高效物理方法，如柱色谱、薄层色谱以及制备型液相色谱等，在分离结构相近的有机物方面发挥了重要作用。

5.1.4 有机物的结构鉴定和分析

(1) 有机物鉴定的经典程序

① 元素的定性分析　元素定性分析用于鉴定样品所含的元素，经过燃烧试验确定样品是有机物后不需要再对碳氢元素进行鉴定。必须指出氧元素的鉴定没有很好的方法。对其他元素的鉴定，一般是将样品分解使其组成元素以离子形式存在，再分别鉴定离子。分解样品最常用的方法是金属钠熔法。

② 元素的定量分析　元素的定量分析用于确定样品所含元素的含量。

③ 分子量的测定和分子式的确定　测定分子量，以确定分子式。
④ 官能团的定性分析　经过官能团的定性分析，确定化合物所含的官能团。

(2) 有机物的波谱鉴定程序

有机物结构的经典测定方法是根据反应推测结构的方法。随着仪器和物理方法的进展，目前主要以化合物的物理性质测定有机物的结构，波谱方法尤其是 X 射线衍射方法已成为有机物结构测定的强有力工具。波谱技术中的质谱（MS）可用于测定分子量，红外光谱（IR）可用于官能团的测定，紫外和可见光谱（UV-Vis）可用于确定分子是否含有共轭体系，核磁共振波谱（NMR）用于推测和证实结构。

5.2　学习要求和实验报告格式

5.2.1　学习要求

完成实验分为三个环节：预习（写预习报告）、实验及实验报告的书写（包括实验现象、实验记录、总结、分析、讨论）。经过以上训练，既让学生重新复习有机化学基础知识，又能掌握有机反应的基本操作，并训练科学的实验方法及书写科研实验报告的能力。要求学生做到以下几点。

(1) 预习报告要求

实验预习是化学实验的重要环节。为了使实验能够达到预期的效果，避免照方抓药，在实验之前必须做好充分的预习和准备。预习除了反复阅读实验内容，领会实验原理，了解有关实验步骤和注意事项外，还需在实验记录本上写好预习提纲。预习提纲包括以下内容：
① 实验目的和要求。
② 主反应和重要副反应的反应方程式。
③ 原料、产物、副产物和试剂的物理常数（查手册或文献等）；原料用量（单位：g、mL、mol）和规格；计算理论产量。
④ 正确而清楚地画出装置图。
⑤ 写出实验简单步骤（不是照抄教材实验内容）。
⑥ 列出粗产品纯化过程及原理，明确各步操作的目的和要求。
⑦ 找出本实验的关键和相应的实验操作注意事项。

(2) 实验记录要求

实验记录本应是一专用的装订本，其目的是培养学生的科学素养和态度。实验中学生应仔细观察，如实记录原料用量，实验操作步骤，反应体系温度和颜色的变化，结晶和沉淀的产生或消失，气体的产生或吸收，主产物和副产物的收率，测定的各种数据等。实验结束后，将实验记录本交老师签字。可按照下列格式做实验记录：
① 空出记录本头几页，留作编目用；
② 把记录本编好页码；
③ 每做一个实验，应从新的一页开始；
④ 记录主要和关键的实验操作和实验现象：试剂的规格和用量，仪器的名称、规格，实验日期，实验起止时间，实验现象和数据等。

对于观察的现象应忠实、详尽地记录，不能虚假，记录必须完整，作到简明而清楚。不仅自己现在能看懂，直至几年后也能看懂，而且他人也能看明白。如漏记了某些关键的细节，日后难于查找，将造成难以补救的损失。

(3) 实验报告要求

实验报告是整个实验的一个重要组成部分，是对本实验的总结，是分析问题和知识理性化的必要步骤，这有利于培养学生撰写科学论文的能力。

5.2.2 实验报告格式

实验目的
写实验目的通常包括以下 3 个方面：
1. 了解本实验的基本原理；
2. 掌握哪些基本操作；
3. 进一步熟悉和巩固已学过的某些操作。

【例】溴乙烷的制备实验目的：
1. 了解以醇为原料制备饱和一卤代烃的基本原理和方法。
2. 掌握低沸点化合物蒸馏的基本操作。
3. 进一步熟悉和巩固洗涤和常压蒸馏操作。

反应原理及反应方程式
本项内容在写法上应包括以下两部分内容：
1. 文字叙述——要求简单明了、准确无误、切中要害。
2. 主、副反应的反应方程式。

【例】溴乙烷的制备
用乙醇和溴化钠-硫酸为原料来制备溴乙烷是一个典型的双分子亲核取代反应 SN_2 反应，因溴乙烷的沸点很低，反应时可不断地从反应体系中蒸出，使反应向生成物的方向移动。

主反应：

副反应：

实验所需仪器的规格和药品用量
按实验的要求列出即可。

实验装置图
画实验装置图的目的是：进一步了解本实验所需仪器的名称、各部件之间的连接次序，即在纸面上进行一次仪器安装。

画实验装置图的基本要求是：横平竖直、比例适当。

实验操作示意流程
实验操作示意流程是实验操作的指南。

实验操作示意流程通常用框图形式来表示，其基本要求是：简单明了、操作次序准确、突出操作要点。

产率计算
在实验前，应根据主反应的反应方程式计算出理论产量。计算方法是以相对用量最少的原料为基准，按其全部转化为产物来计算。

例如：用 12.2g 苯甲酸、35mL 乙醇和 4mL 浓硫酸一起回流，得到 12g 苯甲酸乙酯，试计算其产率。

按加料量可知乙醇是过量的，故应以苯甲酸为基准计算。

讨论实验结果
实验结果讨论主要是针对产品的产量、质量进行讨论，找出实验成功或失败的原因。

【例】 溴乙烷的制备

本次实验产品的产量（产率72.8%）、质量（无色透明液体）基本合格。

最初得到的几滴粗产品略带黄色，可能是因为加热太快，溴化氢被硫酸氧化而分解产生溴所致。经调节加热速度后，粗产品呈乳白色。

浓硫酸洗涤时发热，说明粗产物中尚含有未反应的乙醇、副产物乙醚和水。副产物乙醚可能是由于加热过猛产生的；而水则可能是从水中分离粗产品时带入的。

由于溴乙烷的沸点较低，因此在用硫酸洗涤时会因放热而损失部分产品。

5.3 有机化合物的制备实验

有机化合物的合成是化学最重要的任务之一，也是化学学科中十分活跃的领域。本章共选择编入13个实验，包括有机化合物的典型制备方法、新型有机合成、多步骤有机合成、有机化合物的综合设计合成等。通过实验，让学生掌握有机化学实验的基本操作和技能，学习有机化合物的合成原理、学会正确选择合成有机化合物的实验方法及技术；学会选择科学、合理、先进的合成路线等。

实验 5-1 己二酸的制备

实验目的

1. 学习环己醇氧化制备己二酸的原理和方法。
2. 掌握固体有机化合物的提纯方法。

实验原理

己二酸是合成尼龙-66的主要原料之一，可以用硝酸或碱性高锰酸钾氧化环己醇制得。

仪器与药品

三颈烧瓶，温度计套管，温度计，滴液漏斗（实验装置如图5-1所示）。

高锰酸钾，0.3mol·L^{-1}氢氧化钠溶液，亚硫酸氢钠，浓盐酸，环己醇。

实验步骤

在搅拌下将6g高锰酸钾加到50mL 0.3mol·L^{-1}氢氧化钠溶液中。用滴液漏斗或滴管滴加2.1mL环己醇，维持反应温度为43～47℃。当醇滴加完毕而且反应温度降至43℃左右时，在沸水浴中将混合物加热几分钟，使二氧化锰凝聚。

在一张平整的滤纸上滴一小滴混合物，以试验反应是否完成。如果观察到试液的紫色存在，那么可以用少量固体亚硫酸氢钠来除掉过量的高锰酸钾。

趁热抽滤，滤渣二氧化锰用少量热水洗涤3次，每次尽量挤压掉滤渣中的水分。合并滤液和洗涤液，用大约4mL浓盐酸酸化（pH<1）。小心地加热蒸发，使溶液体积减少到10mL左右，冷却，分离析出己二酸。

产量：约2g。纯己二酸是无色单斜晶体，熔点153℃。

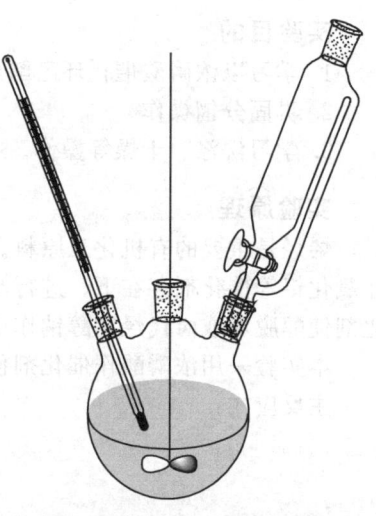

图5-1 制备己二酸的实验装置

[学习指导]

实验操作要点及注意事项
1. 合成实验也可用人工搅拌,但产量稍低。
2. 环己醇常温下为黏稠液体,可加入适量水搅拌,以便于用滴管滴加。
3. 此反应是放热反应,必须控制好滴加环己醇的速度,以免温度上升太高,使反应失控。
4. 反应后一定要检查高锰酸钾是否过量。
5. 浓缩蒸发时,加热不要过猛,以防液体外溅。

思考题
1. 为什么必须严格控制反应的温度和环己醇的滴加速度?
2. 反应完成后如果反应混合物呈淡紫红色,为什么要加入亚硫酸氢钠?写出其反应方程式。

实验知识拓展

羧酸的制备

伯醇和醛氧化后可以得到羧酸,羧酸不会继续氧化,又比较容易分离提纯,故在实验操作上比醇氧化制备醛要方便一些。氧化不饱和醛、醇到不饱和酸时要避免双键被氧化,需要用性能温和的弱氧化剂,如湿润的氧化银或$[Ag(NH_3)_2]^+$等。结构简单的环酮氧化后可以得到同碳二羧酸,但普通的直链酮氧化产物是一个较复杂的混合物而无实用价值,烷基苯氧化则可以得到苯甲酸。通过卤仿反应可以得到比反应物少一个碳原子的羧酸,三氯甲苯水解也产生苯甲酸。对称的烯烃、1-烯烃氧化也可以得到较纯的羧酸,但其他烯烃氧化得到的羧酸往往是一个混合物。烷烃氧化也产生脂肪酸,长链石蜡烷烃用空气氧化可得各种脂肪酸的混合物。氧对烷烃进攻,首先生成烷基过氧化氢,然后分解为醇、酮,进一步氧化成为酸。以石油品为原料的氧化反应已大量用于生产苯二甲酸和丁烯二酸等多种化合物,其中尤以甲醇羰基化生产乙酸的成功最为引人注目,该方法被誉为有机化学工业中的第三个发展里程碑。

实验 5-2 环己烯的制备

实验目的
1. 学习以浓磷酸催化环己醇脱水制备环己烯的原理和方法。
2. 巩固分馏操作。
3. 学习洗涤、干燥等操作。

实验原理

烯烃是重要的有机化工原料。工业上主要通过石油裂解的方法制备烯烃,有时也利用醇在氧化铝等催化剂存在下,进行高温催化脱水来制取,实验室则主要用浓硫酸、浓磷酸作催化剂使醇脱水或卤代烃在醇钠作用下脱卤化氢来制备烯烃。

本实验采用浓磷酸作催化剂使环己醇脱水制备环己烯。

主反应式:

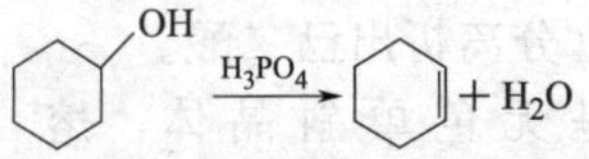

$$\text{环己醇} \xrightarrow{H_3PO_4} \text{环己烯} + H_2O$$

一般认为,该反应历程为 E_1 历程,整个反应是可逆的:酸使醇羟基质子化,使其易于离去而生成仲正碳离子，较稳定，所以较易形成，然后在碱的影响下，β-H 容易脱去形成产物烯，所以此反应较易进行，同时由于环己基正碳离子体积较大，当与另一个环己醇上的氧原子作用时，由于受到空间障碍的影响，不易靠近，所以此反应较难发生，得到副产物二环己醚也是不多的。相反，体积小的水分子却很容易接近环己基正碳离子而形成原料——环己醇，所以反应体系中应尽量减少水的生成，故此所用仪器都必须干燥，以防外界再增加体系中的水分。

另外，产物环己烯在较酸性环境下不稳定，可以与生成的水作用成醇，也可以发生重排，所以实验是采用边反应边将生成物移出反应体系，使逆反应减少。

可能的副反应：

仪器与药品

50mL 圆底烧瓶、分馏柱、直形冷凝管，100mL 分液漏斗、100mL 锥形瓶、蒸馏头，接液管。

环己醇，浓磷酸，氯化钠、无水氯化钙、5%碳酸钠水溶液。

实验步骤

在 50mL 干燥的圆底烧瓶中加入 10g（10.4mL，0.1mol）环己醇、4mL 浓磷酸和几粒沸石，充分摇振使之混合均匀，如图 5-2 安装反应装置。

将烧瓶缓缓加热至沸，控制分馏柱顶部的馏出温度不超过 90℃，馏出液为带水的浑浊液。至无液体蒸出时，可升高加热温度，当烧瓶中只剩下很少残液并出现阵阵白雾时，即可停止蒸馏。

将馏出液用 1g 氯化钠饱和，然后加入 3～4mL 5%的碳酸钠溶液中和微量的酸。将液体转入分液漏斗中，振摇（注意放气操作）后静置分层，打开上口玻璃塞，再将活塞缓缓旋开，下层液体从分液漏斗的活塞放出，产物从分液漏斗上口倒入一干燥的小锥形瓶中，用 1～2g 无水氯化钙干燥。

待溶液清亮透明后，小心滤入干燥的小烧瓶中，投入几粒沸石后用水浴蒸馏，收集 80～85℃的馏分于一已称量的小锥形瓶中。产量 3.8～4.6g（产率 46%～56%）。

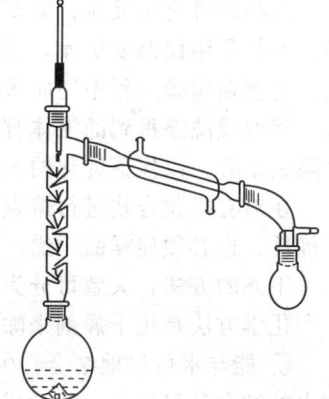

图 5-2 制备环己烯的实验装置

纯环己烯为无色液体，沸点为 82.98℃，$n_D^{20}=1.4465$。

作产物的红外谱图和 ^{1}H NMR 谱图，指出各主要谱峰的归属。

对产物进行化学定性鉴别。

思考题

1. 如果实验产率太低，试分析主要在哪些操作步骤中造成损失？
2. 用 85%磷酸催化工业环己醇脱水合成环己烯的实验中，将磷酸加入环己醇中，立即变成红色，试分析原因何在？如何判断分析的原因是否正确？

3. 用简单的化学方法来证明最后得到的产品是环己烯？

[学习指导]

实验操作要点及注意事项

1. 反应、干燥、蒸馏所涉及器皿都应干燥。

2. 投料时应先投环己醇，(环己醇的黏度较大，尤其室温低时，量筒内的环己醇若倒不干净，会影响产率)，再投浓磷酸；投料后，一定要混合均匀。

3. 磷酸有一定的氧化性，加完磷酸要摇匀后再加热，否则反应物会被氧化。

4. 加热反应一段时间后再逐渐蒸出产物，调节加热速度，保持反应速率大于蒸出速度才能使分馏连续进行。

5. 反应时，控制温度不要超过 90℃。因为反应中环己烯与水形成共沸物（沸点 70.8℃，含水 10%），环己醇与环己烯形成共沸物（沸点 64.9℃，含环己醇 30.5%），环己醇与水形成共沸物（97.8℃，含水 80%）。所以，温度不可过高，蒸馏速度不宜过快，以 1 滴/(2~3s) 为宜，减少未作用的环己醇蒸出。

6. 反应终点的判断可参考以下几个参数：a. 反应进行 40min 左右；b. 分馏出的环己烯和水的共沸物达到理论计算量；c. 反应烧瓶中出现白雾；d. 柱顶温度下降后又升到 85℃以上。

7. 用无水氯化钙干燥时，氯化钙用量不能太多，尽量使用粒状无水氯化钙。粗产物干燥好后再蒸馏，蒸馏装置要预先干燥，否则前馏分多（环己烯-水共沸物），降低产率。

8. 环己烯易燃，具有中等毒性。实验操作时请勿接近明火，避免吸入蒸气或与皮肤接触。环己醇有毒，请勿吸入蒸气或与皮肤接触；量取时应在通风橱中进行，并戴防护手套。

实验知识拓展

1. 有机化合物的干燥

干燥是在有机实验中，用于除去试剂及产品中的少量水分和有机溶剂的最常用的方法。

某些有机化学反应，需要在"绝对"无水的条件下进行，如格氏反应，用氢化铝锂还原等，不仅所用仪器要干燥，所用的试剂及溶剂也要干燥，其干燥的程度对实验的成败影响极大。甚至在实验过程中还应采取必要措施，防止空气中的湿汽进入反应体系中。

萃取或洗涤得到的液体有机化合物，在用蒸馏进一步纯化之前，也常常需要用干燥的方法除去水分，以保证纯化的效果。

在对有机化合物进行熔点测定，波谱分析或定性、定量的化学分析之前，为保证结果的准确性，也必须使样品干燥。

干燥的方法，大致可分为物理方法和化学方法两种。

化学方法是用干燥剂来除水，按其除水的机制又可将干燥剂分为两类。

① 能与水可逆地结合，生成水合物的干燥剂，如无水氯化钙、无水硫酸镁等。由于它与水的结合是可逆的，故形成水合物达到平衡需要一个过程，因此，加入干燥剂后，最少要放置 2h 或再长一些时间，通常的做法是放置过夜。此外，温度升高会使平衡向脱水的方向移动，所以在进行需要加热的操作（如蒸馏）前，必须将干燥剂滤去。

② 能与水发生化学反应生成新化合物的干燥剂，如金属钠、五氧化二磷等。由于这类干燥剂与水的结合是不可逆的，因此，在进行加热操作前不必滤去。

物理方法有吸附、冷冻、分馏和加热或利用共沸点蒸馏把水分带走等方法。近年来还常用离子交换树脂和分子筛来进行脱水干燥。

离子交换树脂是一种不溶于水、酸、碱和有机溶剂的高分子聚合物。如苯磺酸钾型离子交换树脂，内有很多孔隙，可以吸附水分子。使用后可将其加热至 150℃以上，被吸附的水就释放出来，可重新使用。

分子筛是有均一微孔结构而能将不同大小的分子分离的固体吸附剂。分子筛可由沸石（又称沸泡石，是许多含水的钙、钠以及钡、锶、钾的硅酸盐矿物的总称）除去结晶水制得，微孔的大小可在加工沸石时调节。如 4A 型分子筛是一种硅铝酸钠，微孔的表观直径大约为 0.45nm，能吸附直径约为 0.4nm 的分子；又如 5A 型分子筛是一种硅铝酸钙，微孔的表观直径大约为 0.55nm，能吸附直径约为 0.5nm 的分子。

水分子的直径为 0.3nm，一般选用 4A、5A 型分子筛除去有机化合物中所含的微量水分。若化合物中所含水分过多，应先去掉大部分水，剩下微量的水分，再用分子筛来干燥。

分子筛在使用前，应先加热到 150～300℃ 活化脱水 2h 时，趁热取出，存放在干燥器内备用。已吸过水的分子筛，若再加热到 200℃ 左右，让水解吸后，可重新使用。

(1) 固体有机化合物的干燥

固体有机化合物的干燥，主要为除去残留在固体上的少量水和低沸点溶剂。如乙醚、乙醇、丙酮、苯等。由于固体的挥发性小，所以可采用蒸发及吸附的方法干燥。前者可晾干或烘干；后者可用装有不同干燥剂的干燥器进行干燥。为提高干燥效率，有时两种方法同时使用，如用真空恒温干燥器。

① 晾干　从不吸湿的物质中除去易挥发组分时，常用自然晾干的方法，此法既简便又经济。

操作时，把要干燥的物质放在滤纸、表面皿或瓷板上，摊成薄层，再用一张滤纸覆盖上，放在空气中，直至晾干为止。

② 烘干　对热稳定的化合物，可用烘干的方法，很快地使其干燥。

干燥时，常用红外灯和电热干燥箱（烘箱）加热。注意要严格控制加热温度，不要高于有机物的熔点，并要随时翻动被干燥的物质，防止出现结块现象。

红外灯的温度控制，可利用功率、悬放高度的不同予以调节。若用的是电热干燥箱，可在 50～300℃ 的温度范围内，根据需要任意选定温度。借助于箱内的自动控制系统保持温度恒定，温度计应插入箱顶的排气阀上孔中。

③ 在真空干燥器中干燥　某些易分解、易升华、易吸湿或有刺激性的物质，需在真空干燥器中干燥。干燥时，根据样品中要除去的溶剂选择好干燥剂，放在干燥器的底部。如要除去水可用五氧化二磷；要除去水或酸可选生石灰；要除去水和醇可选无水氯化钙；要除去乙醚、氯仿、四氯化碳、苯等可选用石蜡片。

真空干燥器上配有活塞，可用来排气，抽气通常采用水泵。在抽气过程中，其外围最好能用布裹住，以保安全。

(2) 液体有机物的干燥

① 采用分馏和生成共沸混合物的方法　能与水形成二元、三元共沸混合物的液体有机物，共沸混合物的沸点均低于该液体有机物的沸点。若蒸馏（或分馏）共沸混合物，当共沸混合物蒸馏完毕时，即剩下无水的液体有机物。例如：无水苯的沸点为 80.3℃。由 70.4% 苯与 29.6% 水组成的共沸混合物的沸点为 69.3℃。若蒸馏含少量水的苯，则具有上述组成的共沸混合物先被蒸出，然后即可蒸出无水苯。

② 用干燥剂干燥　液体有机化合物的干燥，最常采用的方法是直接将干燥剂加入液体中，用以除去水分或其他有机溶剂（如无水 $CaCl_2$ 可除去乙醇等低级醇）。

a. 干燥剂的选择　选择干燥剂时，所选干燥剂应具备下列特点：干燥剂与有机物不发生任何化学变化，对有机物亦无催化作用；干燥剂应不溶于有机液体中；干燥剂的干燥速度快，吸水量大，价格便宜。

b. 干燥剂的用量　根据水在被干燥液体中的溶解度和所选干燥剂的吸水量，可以计算出干燥剂的理论用量。因为吸附过程是可逆的，再者干燥剂要达到最大的吸水量，必须有足够长的时间来保证生成干燥剂的最高水合物，因此实际用量往往会远远超过计算量。

另外，由于干燥剂在吸附水分子的同时，也会沾附上被干燥的液体，使产品的产量降低，所以干燥剂的用量应有所控制。

加入干燥剂时，可分批加入，每加一次放置十几分钟，直至对水分子的吸收已不显著为止（无水氯化钙保持粒状，无水硫酸铜不变成蓝色，五氧化二磷不结块等）。

一般来说，干燥剂的用量约为所干燥液体量的 5%~10%。由于液体中所含水分的量不尽相同，干燥剂的质量、黏度大小、干燥时的温度也不尽相同，再加上干燥剂还有可能吸收一些副产物，如氯化钙吸收醇等原因，因此实难规定一个准确的用量范围，操作者应在实践过程中注意积累这方面的经验。

c. 干燥操作　当选定干燥剂后，应注意被干燥液体中是否有明显的水分存在，如有要尽可能地分离干净。将要干燥的液体置于锥形瓶中，边加入干燥剂边振摇。当加入适量的干燥剂后，用塞子塞住瓶口室温下静置。若干燥剂与水反应放出气体，应采取相应措施，保证气体能顺利逸出而水汽又不至于进入。干燥时所用干燥剂的颗粒应适中，颗粒太大，表面积小，加入的干燥剂吸水量不大；如呈粉状，吸水后易呈糊状，使分离困难。干燥得好的液体，外观上是澄清透明的。已吸水干燥剂受热后又会脱水，故蒸馏之前要滤去干燥剂。

实验 5-3　正丁醚的制备

实验目的

1. 掌握醇脱水制醚的反应原理和实验方法。
2. 学习使用油水分离器。

实验原理

醚的制备方法有多种，如醇脱水、二烷基酯和酚盐作用或威廉森法（Williamson）等。醇分子间脱水生成醚是制备简单醚的常用方法。用硫酸作为催化剂，在不同温度下正丁醇和硫酸作用生成的产物会有不同，主要是正丁醚或丁烯，因此反应需严格控制温度。

反应式：

$$2CH_3CH_2CH_2CH_2OH \xrightleftharpoons[134\sim 135℃]{H_2SO_4} (CH_3CH_2CH_2CH_2)_2O + H_2O$$

副反应：

$$CH_3CH_2CH_2CH_2OH \xrightleftharpoons[>135℃]{H_2SO_4} C_4H_8 + H_2O$$

正丁醇、正丁醚和水可能生成如表 5-1 所示几种恒沸混合物。因此，本实验利用恒沸混合物蒸馏方法将反应生成的水不断地从反应物中除去。虽然蒸出的水中会夹有正丁醇等有机物，但含水的恒沸混合物冷凝后分层，由于它们在水中溶解度较小，密度又较小，浮于水层之上。故在控制反应温度的条件下，反应在装有分水器的回流装置中进行，借分水器使大部

表 5-1　几种恒沸混合物的沸点

恒沸混合物		沸点/℃	组成的质量分数/%		
			正丁醚	正丁醇	水
二元	正丁醇-水	93.0	—	55.5	45.5
	正丁醚-水	94.1	66.6	—	33.4
	正丁醇-正丁醚	117.6	17.5	82.5	—
三元	正丁醚-正丁醇-水	90.6	35.5	34.6	29.9

分的正丁醇自动连续地返回反应瓶中继续反应，使生成的水或水的共沸物不断蒸出，促使可逆反应朝有利于生成醚的方向进行，提高产率。

仪器与药品

三颈烧瓶，温度计套管，温度计，球形冷凝管，分水器，烧瓶，直形冷凝管，真空接液管，蒸馏头，分液漏斗，锥形瓶。

正丁醇，浓硫酸，50%硫酸，无水氯化钙。

实验步骤

在100mL三口烧瓶中加入15.5mL（约12.5g）的正丁醇，边摇边加2.2mL（4g）浓硫酸，充分摇匀，加入几粒沸石。如图5-3所示，一瓶口装上温度计，温度计的水银球必须浸入液面下。另一瓶口装上油水分离器，分水器上端接一回流冷凝管，先在分水器内放置(V−2)mL水（V代表分水器的容积），另一瓶口用塞子塞紧。然后将三颈烧瓶用小火加热，使瓶内液体微沸，开始回流。

反应液的蒸汽经冷凝管冷凝收集于分水器中。由于相对密度不同，水往下沉，有机层浮在水面，当液体在分水器中达到一定高度时，上层的有机液体可自动流回烧瓶，继续加热，使烧瓶内反应液的温度达到135℃（约需40min），当分水器中水层不再变化，表示反应已基本完成。若继续加热，则反应液变黑并有较多副产物烯生成。

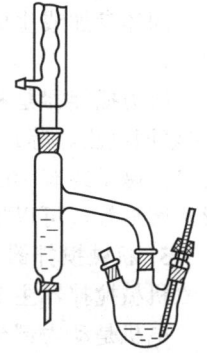

图 5-3 制备正丁醚的装置

待反应液冷却后，把混合物连同分水器里的水一起倒入盛有25mL水的分液漏斗中，充分振摇，静置后弃去下层液体。上层粗正丁醚依次用16mL 50%硫酸分两次洗涤，再用10mL水洗涤，然后用无水氯化钙干燥。干燥后产物滤入蒸馏烧瓶中，蒸馏收集139～142℃馏分，产量为5～6g（产率50%）。

纯正丁醚的沸点为142.4℃，折射率 $n_D^{20}=1.3992$。

思考题

1. 使用分水器的目的是什么？
2. 制备正丁醚时，理论上应分出多少体积的水？实际上往往超过理论值，为什么？

[学习指导]

实验操作要点及注意事项

1. 先加正丁醇，再加浓硫酸（酸入醇），加浓硫酸时需充分振动，如不充分摇动，硫酸局部过浓，加热后易使反应溶液变黑。

2. 本实验根据理论计算失水体积为1.5mL，故分水器放满水后先放掉约2mL水。实际分出水层的体积大于理论计算量，否则产率很低。因为有单分子脱水的副产物生成。分水器预装饱和食盐水会更好，因为可降低正丁醇和正丁醚在水中的溶解度。

3. 温度的控制、(V−2)mL的准确加入、分水器的正确安装及使用是本实验成败的关键（制备正丁醚的反应温度要严格控制在135℃以下，否则易产生大量的副产物正丁烯）。

4. 在反应溶液中，正丁醚能和正丁醇、水形成三元恒沸物，沸点为90.6℃，含正丁醇34.6%，含水29.9%。恒沸物冷凝后，在分水器中分层。上层主要是正丁醇和正丁醚，下层主要是水。利用分水器就可以使上层有机物流回反应器中继续参与反应。

5. 50%硫酸洗涤的目的是除去正丁醇，因为正丁醇能溶于50%硫酸，而正丁醚溶解很少。水洗的目的是除去酸。

6. 正丁醇属二级易燃品，请勿接近明火；且有毒，避免吸入蒸气或与皮肤接触。正丁醚易燃，请勿接近明火；其有毒，避免吸入蒸气或与皮肤接触。

实验知识拓展

1. 有机实验室常用仪器与使用——搅拌器

搅拌器也是有机化学实验中必不可少的仪器之一，它可使反应混合物混合得更加均匀，反应体系的温度更加均匀，从而有利于化学反应的进行，特别是非均相反应。

搅拌的方法有3种：人工搅拌、磁力搅拌和机械搅拌。人工搅拌一般借助于玻璃棒就可以进行，磁力搅拌是利用磁力搅拌器，机械搅拌则是利用机械搅拌器。

2. 磁力搅拌器

由于磁力搅拌器容易安装，因此，它可以用来进行连续搅拌。尤其当反应量比较少或反应是在密闭条件下进行时，磁力搅拌器的使用更为方便。但缺点是对于一些黏稠液体或是有大量固体参加或生成的反应，磁力搅拌器无法顺利使用，这时就应选用机械搅拌器作为搅拌动力。

磁力搅拌器是利用磁场的转动来带动磁子的转动。磁子是把一小块金属用一层惰性材料（如聚四氟乙烯等）包裹着，也可以自制：用一截10号铁铅丝放入细玻管或塑料管中，两端封口。磁子约有10mm、20mm、30mm长，也有更长的磁子，磁子的形状有圆柱形、椭圆形和圆形等，可以根据实验的规模来选用。

3. 机械搅拌器

机械搅拌器主要包括三部分：电机、搅拌棒和搅拌密封装置。

电机是动力部分，固定在支架上，由调速器调节其转动的快慢。搅拌棒与电机相连，当接通电源后，电机就带动搅拌棒转动而进行搅拌，搅拌密封装置是搅拌棒与反应器连接的装置，它可以使反应在密封体系中进行。搅拌的效率在很大程度上取决于搅拌棒的结构。根据反应器的大小、形状、瓶口的大小及反应条件的要求，选择较为合适的搅拌棒。

实验 5-4　1-溴丁烷的制备

实验目的

1. 学习由醇制备溴代烃的原理及方法。
2. 练习回流及有害气体吸收装置的安装与操作。
3. 进一步练习液体产品的纯化方法——洗涤、干燥、蒸馏等操作。

实验原理

主反应　　　　　　　$NaBr + H_2SO_4 \longrightarrow HBr + NaHSO_4$

　　　　　　　　　　$C_4H_9OH + HBr \rightleftharpoons C_4H_9Br + H_2O$

副反应　　　　　　　$C_4H_9OH \xrightarrow{H_2SO_4} C_2H_5CH=CH_2 + H_2O$

　　　　　　　　　　$2C_4H_9OH \xrightarrow{H_2SO_4} C_4H_9OC_4H_9 + H_2O$

　　　　　　　　　　$2HBr + H_2SO_4 \longrightarrow Br_2 + SO_2 + 2H_2O$

本实验主反应为可逆反应，提高产率的措施是让 HBr 过量，并用 NaBr 和 H_2SO_4 代替 HBr，边生成 HBr 边参与反应，这样可提高 HBr 的利用率；H_2SO_4 还起到催化脱水作用。反应中，为防止反应物醇被蒸出，采用了回流装置。由于 HBr 有毒，为防止 HBr 逸出，污染环境，需安装气体吸收装置。回流后再进行粗蒸馏，一方面使生成的产品 1-溴丁烷分离出来，便于后面的洗涤操作；另一方面，粗蒸过程可进一步使醇与 HBr 的反应趋于完全。

粗产品中含有未反应的醇和副反应生成的醚，用浓 H_2SO_4 洗涤可将它们除去。因为二者能与浓 H_2SO_4 形成𬭊盐：

$$C_4H_9OH + H_2SO_4 \longrightarrow [C_4H_9\overset{+}{O}H_2]HSO_4^-$$

$$C_4H_9OC_4H_9 + H_2SO_4 \longrightarrow [C_4H_9\underset{H}{\overset{+}{O}}C_4H_9]HSO_4^-$$

如果 1-溴丁烷中含有正丁醇，蒸馏时会形成沸点较低的前馏分（1-溴丁烷和正丁醇的共沸混合物，沸点为 98.6℃，含正丁醇 13%），导致精制品产率降低。

仪器与药品

烧瓶，球形冷凝管，吸收尾气装置，锥形瓶，温度计套管，温度计，直形冷凝管，接液管，蒸馏头。

正丁醇，溴化钠，浓硫酸，无水氯化钙，饱和碳酸氢钠溶液。

实验步骤

在 100mL 圆底烧瓶上安装球形冷凝管，冷凝管的上口接一气体吸收装置（见图 5-4），用自来水或稀碱作吸收液。

在圆底烧瓶中加入 10mL 水，并小心缓慢地加入 12mL（0.22mol）浓硫酸，混合均匀后冷至室温。再依次加入 7.5mL（0.08mol）正丁醇，混合后加入 10g（0.10mol）无水溴化钠，充分摇匀后加入几粒沸石，装上回流冷凝管和气体吸收装置。小火加热至沸，调节热源使反应物保持沸腾而又平稳回流。由于无机盐水溶液密度较大，不久会产生分层，上层液体为正溴丁烷，回流约需 30min（在此过程中，要经常摇动）。

反应完成后，待反应液冷却，卸下回流冷凝管，改为蒸馏装置，蒸出粗产品正溴丁烷，仔细观察馏出液，直到无油滴蒸出为止。

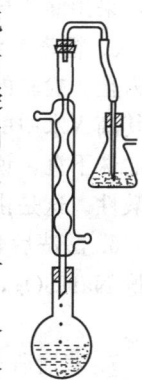

图 5-4 制备 1-溴丁烷的实验装置

将馏出液转入分液漏斗中，用等体积的水洗涤，将油层从下面放入一个干燥的小锥形瓶中，分两次加入 5mL 浓硫酸，每次都要充分摇匀，如果混合物发热。可用冷水浴冷却。将混合物转入干燥的分液漏斗中，静置分层，放出下层的浓硫酸。有机相依次用等体积的水（如果产品有颜色，在这步洗涤时，可加入少量亚硫酸氢钠，振摇几次就可除去）、饱和的碳酸氢钠溶液、水洗涤，然后转入干燥的锥形瓶中，加入块状无水氯化钙干燥，间歇摇动锥形瓶，至溶液澄清为止。

将干燥好的产物转入蒸馏瓶中（小心，勿使干燥剂进入烧瓶中），加入几粒沸石，加热蒸馏，收集 99~103℃的馏分，产量为 6~7g（产率约为 52%）。

纯 1-溴丁烷为无色透明液体，沸点为 101.6℃，折射率 $n_D^{20}=1.4401$。

思考题

1. 反应后的粗产物中含有哪些杂质？各步洗涤的目的何在？
2. 用分液漏斗洗涤产物时，1-溴丁烷时而在上层，时而在下层，若不知道产物的密度，可用什么简便的方法加以判断？

[学习指导]

实验操作要点及注意事项

1. 采用浓硫酸和溴化钠（或溴化钾）作为溴代试剂有利于加速反应和提高产率，加入浓硫酸的作用一是作为反应物与溴化钠生成氢溴酸；二是由于浓硫酸作为一个强酸，能提供

H⁺质子，使醇形成离子，使醇上的极弱离去基 OH⁻ 变成一个较强的离去基 H_2O，从而大大加快反应的速率。但硫酸的存在也会使醇脱水而生成烯烃和醚。所以反应完毕，除得到主产物 1-溴丁烷外，还可能含有未反应的正丁醇和副反应的正丁醚。另外还有无机产物硫酸氢钠，硫酸氢钠在水中溶解度较小，用通常的分液方法不易除去，故在反应完毕再进行粗蒸馏，一方面使生成的 1-溴丁烷分离出来，另一方面粗蒸馏过程可进一步使醇与氢溴酸的反应趋于完全。粗产物中含有正丁醇、正丁醚等杂质，用浓硫酸洗涤，可将它们除去，如果产品中有正丁醇，蒸馏时会形成沸点较低的馏分（1-溴丁烷和正丁醇的共沸混合物沸点为 98.6℃，含正丁醇 13%），从而导致精制品产率降低。

2. 配制硫酸溶液时，在冷水浴中一边振荡圆底烧瓶，一边慢慢将浓硫酸加入水中。加料时，不要让溴化钠黏附在液面以上的烧瓶壁上，加完物料后要充分摇匀，防止硫酸局部过浓，加热时产生氧化副反应，使产品颜色加深。

$$2NaBr + 3H_2SO_4 \longrightarrow Br_2 + SO_2 + 2H_2O + 2NaHSO_4$$

3. 开始加热时不要加热过猛，以防止反应体系中 HBr 来不及反应而逸出，反应混合物的颜色变深。操作情况良好时，油层仅呈浅黄色，冷凝管顶端应无明显的 HBr 逸出。

4. 装置的密封性要好。吸收液用水即可。气体导管出口处要接近，但不能接触吸收液面，采用漏斗导出气体则可将漏斗的一半伸进吸收液面。

5. 粗蒸 1-溴丁烷时，黄色的油层会逐渐被蒸出，应蒸至油层消失后，馏出液无油滴蒸出为止。检验的方法是用一个小锥形瓶，里面事先装一定量的水，用其接一两滴馏出液，观察其滴入水中的情况，如果滴入水中后，扩散开来，说明已无产品蒸出；如果滴入水中后，呈油珠下沉，说明仍有产品蒸出。当无产品蒸出后，若继续蒸馏，馏出液又会逐渐变黄，呈强酸性。这是由于蒸出的是 HBr 水溶液和 HBr 被硫酸氧化生成的 Br_2，不利于后续的纯化。

6. 酸洗后，如果油层有颜色，是由于氧化生成的 Br_2 造成的，在随后水洗时，可加入少量 $NaHSO_3$，充分振摇而除去。

$$Br_2 + 3NaHSO_3 \longrightarrow 2NaBr + NaHSO_4 + 2SO_2 + H_2O$$

7. 蒸馏所用的各仪器必须预先烘干，否则产品易浑浊。

8. 正丁醇属二级易燃品，请勿接近明火。且有毒，避免吸入蒸气或与皮肤接触。1-溴丁烷属易燃品，请勿接近明火。且有毒，避免吸入蒸气或与皮肤接触。

实验知识拓展
溴代烷的制备方法
溴代烷通常由相应的醇通过以下几种方法制备。

1. 醇与大量的氢溴酸（48% HBr）一起加热，使溴代烷慢慢地蒸出。此法适用于制备沸点较低的溴代烷（如 1-溴丙烷、2-溴丙烷、溴代环己烷），操作简单易行，只是需要用大大过量的氢溴酸。

2. 醇与氢溴酸-硫酸混合物一起加热。硫酸的存在使醇与氢溴酸的反应大大加快，溴代烷的产率也得到提高。此法氢溴酸只要稍微过量即可。

3. 醇与三溴化磷（或红磷加溴）反应制备产率很高的溴代烷。此法可用于制备高级碳链的溴代烷；还可避免产生分子重排而异构化的溴代烷。

实验 5-5　肉桂酸的制备

实验目的

1. 通过肉桂酸的制备学习并掌握 Perkin 反应的原理及操作。

2. 进一步掌握水蒸气蒸馏的原理、用途和操作。
3. 掌握固体有机化合物的提纯方法。

实验原理

肉桂酸又名 β-苯丙烯酸，有顺式和反式两种异构体。通常以反式形式存在，无色晶体，熔点133℃。肉桂酸是香料、化妆品、医药、塑料和感光树脂等的重要原料。肉桂酸的合成方法有多种，实验室常用珀金（Perkin）反应来合成肉桂酸。以苯甲醛和醋酐为原料，在无水醋酸钾（钠）的存在下，发生缩合反应，即得肉桂酸。

反应时，醋酐受醋酸钾（钠）的作用，生成酸酐负离子；负离子和醛发生亲核加成生成 β-羧基酸酐；然后再发生失水和水解作用得到不饱和酸。

Perkin反应的催化剂一般为酸酐对应的醋酸钠盐或钾盐，用无水碳酸钾代替醋酸钾，可缩短反应时间，产率也有所提高。

$$\underset{}{C_6H_5CHO} + CH_3-\underset{O}{\overset{O}{C}}-O-\underset{O}{\overset{O}{C}}-CH_3 \xrightarrow{K_2CO_3} C_6H_5CH=CH-COOH + CH_3COOH$$

仪器与药品

圆底烧瓶，空气冷凝管，直形冷凝管，真空接液管，接收瓶，蒸馏头，循环水泵及抽滤装置。

苯甲醛，醋酸酐，无水碳酸钾，氢氧化钠（10%），浓盐酸。

实验步骤

在100mL干燥的圆底烧瓶中加入1.5mL（0.015mol）新蒸馏过的苯甲醛、4mL（0.036mol）新蒸馏过的醋酐以及研细的2.2g无水碳酸钾、2粒沸石，按图5-5所示装好装置。加热回流（小火加热）40min，火焰由小到大使溶液刚好回流（也可将烧瓶置于微波炉中，装上回流装置，在微波输出功率为450W下辐射8min）。停止加热，待反应物冷却。往瓶内加入20mL热水，改装成水蒸气蒸馏装置，蒸馏出未反应的苯甲醛，至无油状物蒸出为止，将蒸馏烧瓶冷却至室温，加入10%NaOH（约10mL）至pH＞7，以保证所有的肉桂酸成钠盐而溶解。抽滤，滤液倒入250mL烧杯中，搅拌下加入浓HCl，酸化至刚果红试纸变蓝色。冷却抽滤得到白色晶体，粗产品可用水-乙醇（5:1）重结晶，产品空气中晾干后，称重，产量约1.5g（产率约68%）。

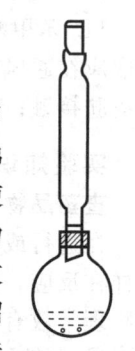

图5-5 制备肉桂酸的实验装置

纯肉桂酸（反式）为白色片状结晶，熔点为135～136℃。

思考题

1. 苯甲醛和丙酸酐在无水丙酸钾的存在下相互作用后得到什么产物？
2. 本实验利用碳酸钾代替Perkin反应中的醋酸钾，使反应时间缩短，那么具有何种结构的醛能进行Perkin反应？
3. 制备肉桂酸时，往往出现焦油，它是怎样产生的？又是如何除去的？

[**学习指导**]

实验操作要点及注意事项

1. 久置后的苯甲醛易自动氧化成苯甲酸，这不但影响产率，而且苯甲酸混在产物中不易除净，影响产物的纯度，故苯甲醛使用前必须蒸馏。
2. 所用仪器必须是干燥的（包括称取苯甲醛和乙酸酐的量筒）。因乙酐遇水能水解成乙酸，影响反应的进行。

3. 本实验中，反应物苯甲醛和乙酐的反应活性都较小，反应速率慢，必须提高反应温度来加快反应速率。但反应温度又不宜太高，一方面由于乙酐和苯甲醛的沸点分别为140℃和178℃，温度太高会导致反应物的挥发，另外，温度太高，易引起脱羧、聚合等副反应，故反应温度一般控制在150~170℃。

4. 加热回流：控制反应呈微沸状态，如果反应液激烈沸腾，易使乙酐蒸气从冷凝管逸出而影响产率。

5. 实验过程中的反应现象：刚开始，会因二氧化碳的放出而有大量泡沫产生，这时加热温度尽量低些，待大部分二氧化碳排出后，再小心加热到回流状态，这时溶液呈浅棕黄色。反应结束的标志是已达到规定的反应时间，有少量固体出现。反应结束后，趁热转移到水蒸气蒸馏烧瓶中。

6. 在反应温度下长时间加热，肉桂酸脱羧成苯乙烯，进而生成苯乙烯低聚物。

7. 中和时必须使溶液呈碱性，控制pH=8较合适。

8. 苯甲醛沸点较高，体系中又有大量焦油，所以选择水蒸气蒸馏装置回收未转化的苯甲醛。

9. 除杂时氢氧化钠用量：水蒸气蒸馏后的残留液用氢氧化钠中和到碱性，使肉桂酸全部变成钠盐溶于水中，使钠盐全部溶解，滤掉不溶物。

10. 肉桂酸要结晶彻底，进行冷过滤；不能用太多水洗涤产品。

11. 苯甲醛有毒，对神经有麻醉作用，对皮肤有刺激性。请勿吸入蒸气或与皮肤接触；量取应在通风橱中进行并戴防护手套。乙酸酐具有强烈的刺激性和腐蚀性。避免吸入蒸气或与皮肤接触；量取应在通风橱中进行并戴防护手套。

实验知识拓展

查药品物理常数的途径有哪些？

在进行或设计一个有机合成实验之前，必须首先弄清楚反应物料和生成物的物理常数，这样在反应、分离纯化时，才能设计出合理的工艺路线，操作时才能做到心中有数。通常查找物理常数有4个途径：

① 在教材书中，每一章都列出了一些常见化合物的物理常数。另外，在多数实验教材书的附表中，也列有一些常见溶剂和物料的物理常数。

② 在图书馆中，查阅相关的手册。主要查阅有机化合物手册、有机合成手册、化学手册、物理化学手册等。

③ 在网上查找，有些网站和化学品电子手册专门提供物理常数。

④ 在实验室的试剂瓶上，一般都列有主要物理常数。

实验5-6 三苯甲醇的制备

实验目的

1. 学习通过格氏反应制备三苯甲醇的方法。
2. 掌握格氏试剂的制备。
3. 巩固蒸馏、无水操作、干燥等基本操作。

实验原理

醇的制法有很多，实验室醇的制备，除了羰基还原和烯烃的硼氢化氧化等方法外，利用Grignard反应是生成各种结构复杂的醇的主要制法。

Grignard（格氏）试剂是指卤代烷在干燥的乙醚中和镁屑作用生成烃基卤代镁。

格氏试剂的制法是将卤代烃（常用氯代烷或溴代烷）乙醚溶液缓缓加入被乙醚浸泡着的镁屑中，加料速度应能维持乙醚微沸，直至镁屑消失，即得格氏试剂。反应是放热的，如果反应启动迟钝，可加一小粒碘来启动，一旦反应开始，乙醚发生沸腾后，乙醚的蒸气足以排除系统内空气的氧化作用，但绝不允许有水。格氏试剂易与空气或水反应，故制得后，应就近在容器中反应。氯乙烯和结合在烯碳上的氯不能在乙醚中与镁反应，如用四氢呋喃代替乙醚，可制得氯化乙烯基镁试剂。

$$R-X + Mg \xrightarrow{\text{干乙醚}} R-Mg-X（烃基卤代镁）$$

格氏试剂在醚的稀溶液中以单体形式存在，并与两分子醚络合，浓溶液中以二聚体存在。乙醚的作用是与格氏试剂络合生成稳定的溶剂化物：

四氢呋喃（THF）和其他醚类也可作为溶剂。

在制备格氏试剂时需要注意整个体系必须保证绝对无水，不然将得不到烃基卤代镁，或者产率很低。在形成格氏试剂的过程中往往有一个诱导期，作用非常慢，甚至需要加温或者加入少量碘来使它发生反应，诱导期过后反应变得非常剧烈，需要用冰水或冷水在反应器外面冷却，使反应缓和下来。

三苯甲醇可通过格氏试剂苯基溴代镁与二苯甲酮或苯甲酸乙酯反应制得。本实验是通过二苯甲酮与苯基溴代镁反应来制备三苯甲醇。

仪器与药品

三颈烧瓶（250mL），机械搅拌器，球形冷凝管，滴液漏斗，分液漏斗，循环水泵及抽滤装置，直形冷凝管，蒸馏头，真空接液管，温度计套管，温度计（100℃），干燥管。

镁屑，溴苯，无水乙醚，二苯甲酮，饱和氯化铵溶液，石油醚，80%乙醇，无水氯化钙。

实验步骤

实验所用仪器均要干燥，无水乙醚中加入干燥无水氯化钙过夜。按图 5-6 安装好反应装置，将镁条用砂纸打磨发亮，除去表面氧化膜，然后剪成屑状。称取 1.4g（0.055mol）镁屑和一小粒碘加入三颈烧瓶。分别将 5.3mL（0.05mol）溴苯和 10mL 无水乙醚加入滴液漏斗中。用温水加热使碘升华后，再从滴液漏斗慢慢地滴加溶液，并保持反应物缓缓回流。溴苯溶液滴完后，用热水浴（禁止用明火）使反应液保持回流至镁全部反应。然后将反应物冷却至室温。

在滴液漏斗中加入 9g（0.05mol）二苯甲酮和 20mL 乙醚，将此混合液缓缓滴加入反应瓶中。观察反应液的颜色变化，加毕用温水浴保持回流 30min，使反应完全，这时反应物明显分为两层。在冰水浴中于搅拌下通过滴液漏斗慢慢滴入饱和氯化铵40mL，以分解加成物而生成三苯甲醇。

将装置换成蒸馏装置，热水浴蒸去乙醚（回收）。切记，禁止用明火！然后加入（90~120℃）的石油醚25mL，即有固体产品析出，冷却过滤得黄白色固体。滤液用分液漏斗分层并回收石油醚。固体用水洗涤、抽干。粗产品可用80%乙醇重结晶。

产量约为4~5g（产率约为35%）。

纯三苯甲醇为白色片状晶体，熔点为164.2℃。

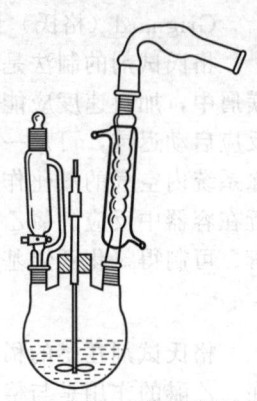

图 5-6　三苯甲醇的制备装置

思考题

1. 在本实验中溴苯滴入太快或一次加入对合成有何影响？
2. 本实验在水解前的各步中，为什么所用的仪器、药品都必须绝对干燥？需采取哪些措施？

[学习指导]

实验操作要点及注意事项

1. 整个反应过程中仪器必须是干燥的，所用试剂也必须预先处理成无水的。
2. 镁条除去表面氧化膜并剪成屑状，是为了增加反应表面积。
3. 引发反应一定要充分：若不反应，要温热加以引发。引发后温度会较高，容易发生偶联，应降低温度。
4. 溴苯不宜加入过快，否则会使反应过于激烈，且产生较多的副产物联苯。卤代物一定要用THF或乙醚稀释8~10倍后用恒压滴漏斗滴加。滴加不要过快，以1滴/2s为宜。
5. 反应过程中需剧烈搅拌，冲刷掉镁表面形成的格氏试剂。
6. 加入石油醚（90~120℃）的目的是除去副产物联苯等。
7. 饱和氯化铵溶液溶解三苯甲醇加成产物时，若产生氢氧化镁沉淀太多，可加几毫升稀盐酸，以溶解产生的絮状氢氧化镁沉淀。
8. 乙醚具有麻醉性，易燃。使用时请勿接近明火，实验场地注意通风。碘有毒，对眼、皮肤有强刺激性，量取应在通风橱中进行并戴防护手套。溴苯有毒，吸入本品蒸气或雾刺激上呼吸道，引起咳嗽、胸部不适。易燃。使用时请勿接近明火，实验场地注意通风。

实验知识拓展

格氏试剂是有机合成中应用最广泛的金属有机试剂。其化学性质十分活泼，可以与醛、酮、酯、酸酐、酰卤、腈等多种化合物发生亲核加成反应，常用于制备醇、醛、酮、羧酸及各种烃类。

反应条件要求如下：
① 格氏试剂很活泼，要求在无水、无氧、试剂不含活泼氢的条件下制备；
② 反应溶剂常用乙醚或四氢呋喃（要经较高的无水处理，如金属钠）；
③ 镁条要去除氧化膜，并剪成小碎片。

碘催化的过程可用下列方程式表示：

$$Mg + I_2 \longrightarrow MgI_2 \xrightarrow{Mg} 2M\dot{g}I$$

$$M\dot{g}I + RX \longrightarrow R\cdot + MgXI$$

$$MgXI + Mg \longrightarrow M\dot{g}X + M\dot{g}I$$

$$R\cdot + M\dot{g}X \longrightarrow RMgX$$

实验 5-7 偶氮苯的制备及其光学异构化

实验目的
1. 了解偶氮苯的制备及光学异构的原理。
2. 掌握薄层色谱分离异构体的方法。

实验原理

偶氮化合物具有各种鲜艳的颜色，多数偶氮化合物可用作染料，称为偶氮染料，它们是染料中品种最多、应用最广的一类合成染料。

制备偶氮苯最简单的方法是用镁粉还原溶解于甲醇中的硝基苯。采用此法时要注意镁粉不能过量并控制反应时间，以免在过量还原剂存在的情况下，偶氮苯进一步还原产生氢化偶氮苯。

偶氮苯有顺、反两种异构体，通常制得的是较为稳定的反式异构体。反式偶氮苯在光的照射下能吸收紫外线形成活化分子。活化分子失去过量的能量回到顺式或反式基础态，得到顺式和反式异构体。

$$\underset{C_6H_5}{\overset{C_6H_5}{N=N}} \xrightarrow{h\nu} 活化分子 \longrightarrow \underset{C_6H_5}{\overset{C_6H_5}{N=N}} + \underset{}{\overset{C_6H_5}{N=N}}\underset{C_6H_5}{}$$

生成的混合物的组成与所使用的光的波长有关。当用波长为365nm的紫外线照射偶氮苯的苯溶液时，生成90%以上的热力学不稳定的顺式异构体；若在日光照射下，则顺式异构体仅稍多于反式异构体。

反式偶氮苯的偶极矩为0，顺式偶氮苯的偶极矩为3.0D。两者极性不同，可借薄层色谱将它们分离开，分别测定它们的 R_f 值。

仪器与药品

烧瓶，球形冷凝管。

硝基苯、镁粉、无水甲醇、乙醇、冰醋酸、苯、环己烷、硅胶板（自制）。

实验步骤

在干燥的100mL圆底烧瓶中，加入2.6mL（3.1g，0.025mol）硝基苯、1.5g除去氧化膜的镁屑、55mL甲醇和一小粒碘，按图5-7装上球形冷凝管，振荡反应物。温热引发反应，注意反应不能太激烈，也绝不能停止反应。待大部分镁屑反应完全后，再加入1.5g镁屑，反应继续进行，反应液由淡黄色渐渐变成黄色，等镁屑完全反应后，加热回流30min左右，溶液呈淡黄色透明状。趁热将反应液在搅拌下倒入含100mL冰水的烧杯中，并用15g水洗涤烧瓶，将洗涤液并入烧杯中，然后在搅拌和冷却下慢慢加入冰醋酸小心中和至pH为4～5，析出成橙红色固体，减压过滤，用少量水洗涤固体，固体用50%乙醇重结晶。得到1～1.5g反式偶氮苯。纯反式偶氮苯为橙红色片状晶体，熔点68.5℃。

取0.1g偶氮苯，溶于5mL左右的苯中，将溶液分成两等份，分别装入两个试管中，其中一个试管用黑纸包好放在阴暗处，另一个则放在阳光下照射1h以上。

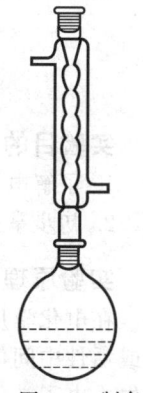

图5-7 制备偶氮苯的实验装置

用毛细管取上述两试管中的溶液，分别点在薄层色谱上，用1:3的苯-环己烷溶液作展开剂，在色谱缸中展开，计算顺、反异构体的 R_f 值。

思考题
1. 用冰醋酸中和时，为什么要严格控制 pH 为 4～5？
2. 为什么可以利用 R_f 值来鉴别有机物？简述其在本实验中的应用。

[学习指导]

实验操作要点及注意事项
1. 反应不能太激烈，也绝不能停止反应，必要时用水浴加热或冷却。
2. 加冰醋酸时，应在搅拌和冰水浴下缓慢加入，切忌快速倒入。
3. 冰醋酸的用量要略多一点，至有橙红色固体析出为宜。
4. 控制镁的用量，以免生成氢化偶氮苯。
5. 薄板涂布不匀，有气泡，致使分离不佳，铺板时一定要清除气泡。
6. 光照后的顺式斑点不明显，有时 R_f 值计算有误，可以在紫外灯下再观察。
7. 点样时斑点尽可能小，以免展开时造成扩散，分离不佳。
8. 硝基苯毒性较强，吸入大量蒸气或皮肤大量沾染，可引起急性中毒，使血红蛋白氧化或络合，血液变成深棕褐色，并引起头痛、恶心、呕吐等。处理时需格外小心。如果溅在皮肤上，可先用少量酒精擦洗，再用肥皂水洗净。
9. 甲醇有毒，吸入甲醇蒸气可引起眼和呼吸道黏膜刺激症状。

实验知识拓展
光化学反应
   人类开始系统地进行光化学研究只有近百年的时间，光化学形成化学的一个新的分支学科则还不足半个世纪。光化学学科在 20 世纪 60 年代形成后，其发展一直十分迅速。光化学是化学的一个新兴分支学科，也是化学和物理学的交叉学科。现在光化学研究早已不仅局限于化学和物理学领域，它正在向信息科学、能源科学、材料科学、生命科学、环境科学等学科的诸多高新技术领域渗透，并正在形成诸如生物光化学、环境光化学、光电化学、超分子光化学、光催化和光功能材料等新的分支学科和边缘学科。因此可以说，光化学已是与化学、材料科学、能源科学、生命科学、环境科学等诸多科技领域有关的一门基础学科。
   周环反应也具有光化学特性，是光化学反应重要的一类，有兴趣的同学可参见有机化学书，在此不再重复。

实验 5-8　电化学合成碘仿

实验目的
1. 了解电化学方法在有机合成中的应用。
2. 初步掌握电化学合成的基本原理和基本操作。

实验原理
   在电化学反应中，物质的分子或离子与电极间发生电子的转移，在电极表面生成新的分子或活性中间体，再进一步反应生成产物。在碘化钾-丙酮水溶液中进行电解，在阳极碘离子失去电子被氧化生成碘，碘在碱性溶液中变成次碘酸根，再与丙酮作用生成碘仿，反应如下：

$$2H_2O + 2e^- \longrightarrow 2OH^- + H_2$$
$$2I^- - 2e^- \longrightarrow I_2$$

$$I_2 + 2OH^- \longrightarrow IO^- + I^- + H_2O$$
$$CH_3COCH_3 + 3IO^- \longrightarrow CH_3COO^- + CHI_3 + 2OH^-$$

仪器与药品

烧杯，电池，石墨棒。

碘化钾、丙酮、无水乙醇、蒸馏水。

实验步骤

用一个150mL烧杯作为电解槽，用4根直径为6mm旧的1号电池的石墨棒做电极，两根并联做阳极，另两根并联作为阴极，把它们垂直交替地固定在硬纸板或有机玻璃上，4~7个1.5V干电池做电源。向烧杯中加入100mL蒸馏水、6gKI，溶解后加入1mL丙酮，将烧杯放置在电磁搅拌器上慢慢搅拌，接通电源，这时在电解槽阳极会有晶体（碘仿）析出。电解30min，切断电源，停止反应。

将电解液进行吸滤，将黏附在烧杯壁和电极上的碘仿，用水洗入漏斗，吸干，再水洗一次，干燥后，称重。粗产物可用无水乙醇进行重结晶，测定熔点。

碘仿为亮黄色晶体，熔点为119℃，能升华，不溶于水。

思考题

1. 电解过程中，溶液的pH逐渐增大（可用pH试纸试验），试对此做出解释。
2. 什么是卤仿反应？什么结构的化合物能起卤仿反应？

[学习指导]

实验操作要点及注意事项

1. 电极浸入电解液的高度约为40mm。
2. 纯净的碘仿为黄色晶体，但用石墨做电极时，析出的晶体呈灰绿色，是因为混有石墨，需要精制。
3. 此溶液中还剩下大部分碘化钾和丙酮，可再用来做此实验。
4. 搅拌磁子不能碰到电极。
5. 阴极和阳极不能碰在一起。
6. 丙酮易燃、有毒，使用时防止明火，注意避免吸入蒸气或与皮肤接触。

实验知识拓展

有机电化学合成

以电化学方法合成有机化合物称为有机电合成，这是一门涉及电化学、有机合成及化学工程等学科的交叉学科。由于电化学早已有之，合成技术、化学工程技术和化学材料不断更新，因而，有人称之为"古老的方法，崭新的技术"。

有机电合成是有机合成的一个分支学科，有其独特的优点和优势。有机电合成与一般有机合成相比，有机电合成反应是通过反应物在电极上得失电子实现的，一般无需加入氧化还原试剂，可在常温常压下进行，通过调节电位、电流密度等来控制反应，便于自动控制。这样，既简化了反应步骤，减少物耗和副反应的发生，又不产生大量"三废"。但由于有机电合成反应物机理较为复杂，常采用小电流密度进行，生产强度较低，故大规模生产较难。因此，直到目前，国内外把有机电合成的研究开发目标都集中在医药、农药、香料、食品添加剂、植物生长促进剂和特殊的染料中间体等一些产量小、附加值高的精细化学品上。

实验 5-9 微波辐射合成 2-甲基苯并咪唑

实验目的
1. 了解微波辐射合成 2-甲基苯并咪唑的原理和方法。
2. 熟练掌握微波加热技术的原理和实验操作方法。

实验原理
咪唑类杂环化合物是一类重要的有机中间体,通过咪唑类的还原水解及其甲基碘盐与试剂的加成反应得到的醛、酮、大环酮以及乙二胺衍生物等为这类化合物的合成提供了新的合成方法。通常苯并咪唑类化合物是由邻苯二胺和羧酸为原料,加热回流得到的。将微波技术用于邻苯二胺与乙酸的缩合反应,提供了 2-甲基苯并咪唑的快速合成法,反应时间比传统反应速率提高了 4~10 倍,产率也有较大的提高。反应如下:

$$\text{邻苯二胺} + CH_3COOH \xrightarrow{\text{微波}} \text{2-甲基苯并咪唑} + 2H_2O$$

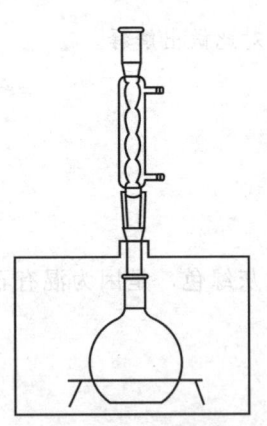

图 5-8 制备 2-甲基苯并咪唑的微波装置

仪器与药品
微波炉,25mL 圆底烧瓶,球形冷凝管。
邻苯二胺,乙酸,氢氧化钠。

实验步骤
在 25mL 圆底烧瓶中放入 2g(0.018mol)邻苯二胺和 2.0mL(0.034mol)乙酸,混合均匀后,置于微波炉中心,烧瓶上口接一个球形冷凝管(见图 5-8)。使用低火挡(162W)微波辐射 8min。反应完毕得淡黄色黏稠液,冷至室温,用 10% 氢氧化钠溶液调节至碱性。有大量沉淀析出,冰水冷却使析出完全。抽滤,冰水冷却,用水重结晶,干燥得到无色晶体 2.0g,产率 85%,熔点 176~177℃。

思考题
1. 微波辐射合成有机化合物的优点是什么?
2. 反应结束后为什么要用氢氧化钠调至碱性?

[学习指导]

实验操作要点及注意事项
1. 辐射功率不宜过高,一般以 162W 为宜,反应时间 6~8min 较佳。
2. 反应液的碱性一般调至 pH8~9,碱性不宜过强。
3. 不能空腔操作。
4. 完全非极性介质相当于空腔。
5. 反应物在 20mL 以下,不可满微波操作。
6. 切勿在无回流装置的情况下加热低沸点试剂。
7. 实验中切勿取下截止波导。
8. 不可放置金属物体。

9. 腔体内切勿采用无安全装置的密闭容器进行反应。

实验知识拓展

1. 微波有机合成简介

微波是指电磁波谱中位于远红外与无线电波之间的电磁辐射（波长为 $10^{-3} \sim 10^{-1}$ m），目前微波辐射已迅速发展成为一项新兴的合成技术。和传统方法相比，新型实验具有反应时间短、产率高和物耗低及污染少等特点，体现了新兴技术的运用和化学实验绿色化的改革目标。

微波最早用于有机合成反应是用电磁辐射脉冲进行丙烯酸酯、丙烯酸和异丁烯酸的乳液聚合。与常规乳液聚合相比，在微波条件下聚合反应速率有明显的提高。但此专利当时并未引起人们的重视。1986 年，Gedye 等首次报道了将商用微波炉用于有机小分子的合成。此后，微波辐射这一新技术逐渐引起人们的重视。

近年来的研究表明，许多有机反应可在商用微波炉中进行，反应时间可缩短 3 个数量级。在微波作用下反应物从分子内迅速升温，从而避免了反应物因长期受热而引起的破坏，有利于产率及纯度的提高。

2. 微波的作用机理

微波能量对材料有很强的穿透力，能对被照射物质产生深层加热作用。对微波加热促进有机反应的机理，目前较为普遍的看法是极性有机分子接受微波辐射的能量后会发生每秒几十亿次的偶极振动，产生热效应，使分子间的相互碰撞及能量交换次数增加，因而使有机反应速率加快。另外，电磁场对反应分子间行为的直接作用而引起的所谓"非热效应"，也是促进有机反应的重要原因。

微波技术在有机合成中的重要性是不言而喻的。由于微波对被照物质具有很强的穿透力，对反应物能进行深层加热作用，因而微波主要用于热反应。微波对反应物的加热速率，溶剂的性质，反应的体系及微波的输出功率等均能影响化学反应的速率。反应物对微波能量的吸收多少与快慢跟分子的极性有关，极性分子由于分子内部电荷分布不均匀，在微波辐射下吸收能量，通过分子的偶极作用以每秒数十亿次的高速旋转产生热效应；对于非极性分子由于在微波场中不能高速运动，所以微波对此类物质作用很小，甚至不作用。微波作用于反应物，加剧分子的运动，提高了分子的平均动能，大大加快了分子的碰撞频率，从而使反应速率大大提高，这就是微波提高化学反应速率的原因。

目前，微波化学处于初级阶段，不仅在基础理论上，而且在应用研究上，都存在许多有待解决的问题。但随着微波技术的发展，微波催化化学反应将会显示它无可比拟的优越性，因而在化学领域具有广阔的应用前景。

实验 5-10 从茶叶中提取咖啡因

实验目的

1. 了解从天然产物中提取和分离生物碱。
2. 掌握索氏提取器的使用。
3. 学习用升华法纯化固体物。

实验原理

茶叶中含有多种生物碱，其中以咖啡因（又称咖啡碱）为主，占 1%～5%。另外还含有 11%～12% 的丹宁酸（又名鞣酸），0.6% 的色素、纤维素、蛋白质等。咖啡因是弱碱性化合物，易溶于氯仿（12.5%）、水（2%）及乙醇（2%）等。在苯中的溶解度为 1%（热苯为5%)。丹宁酸易溶于水和乙醇，但不溶于苯。

咖啡因是杂环化合物嘌呤的衍生物，它的化学名称是1,3,7-三甲基-2,6-二氧嘌呤，其结构式如下：

$$\text{结构式}$$

为了提取茶叶中的咖啡因，往往利用适当的溶剂（氯仿、乙醇、苯等）在索氏提取器中连续抽提，然后蒸去溶剂，即得粗咖啡因。

粗咖啡因还含有其他一些生物碱和杂质，可以利用升华做进一步的提纯。

含结晶水的咖啡因系无色针状结晶，味苦，能溶于水、乙醇、氯仿等。在100℃时即失去结晶水，并开始升华，120℃时升华相当显著，至178℃时升华很快。无水咖啡因的熔点为234.5℃。

仪器和药品

索氏提取器，圆底烧瓶，球形冷凝管，蒸馏装置，蒸发皿，石棉网，玻璃漏斗，酒精灯。茶叶，乙醇（95%），生石灰。

实验步骤

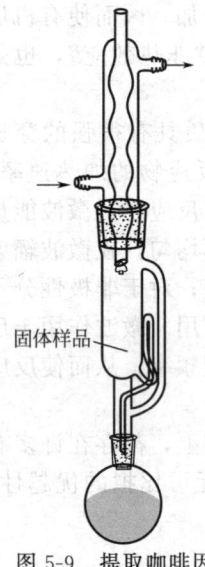

图5-9 提取咖啡因的实验装置

如图5-9装好提取装置。称取10g茶叶末，用滤纸包成圆柱形纸包，放入索氏提取器中，在圆底烧瓶中加入75mL 95%乙醇。用水浴加热，连续提取1~1.5h，停止加热。稍冷后，改成蒸馏装置，回收提取液中的大部分乙醇，直到水浴加热下馏出液几乎不出为止。趁热将烧瓶中的残液倾入蒸发皿中，拌入3~4g生石灰粉（生石灰起吸水和中和作用，以除去部分酸性杂质），使成糊状，在蒸汽浴上蒸干（其间应不断搅拌，并压碎块状物）。最后将蒸发皿放在石棉网上，用小火焙炒片刻，使水分全部除去。冷却后，擦去沾在边上的粉末，以免在升华时污染产物。取一只口径合适的玻璃漏斗，罩在隔以刺有许多小孔的滤纸的蒸发皿上，用沙浴小心加热升华（控制沙浴温度在220℃左右）。当滤纸上出现许多白色毛状结晶时，暂停加热，让其自然冷却至110℃左右。小心取下漏斗，揭开滤纸，将纸上和器皿周围的咖啡因刮下。残渣经搅拌后用较大的火再加热片刻，使升华完全。合并两次收集的咖啡因，称重并测量熔点。

纯咖啡因的熔点为238.2℃。

思考题

1. 从茶叶中提取出的粗咖啡因呈绿色，为什么？
2. 生石灰的作用是什么？

[学习指导]

实验操作要点及注意事项

1. 本实验既可选用乙醇作萃取剂，也可选用氯仿做溶剂。
2. 圆柱形的滤纸包大小既要紧贴器壁，又能方便取放，其高度不得超过虹吸管；否则提取时，高出虹吸管的那部分就不能浸在溶剂中，提取效果就不好。布袋的粗细应和提取器内筒大小相适应，太细，在提取时会漂起来；太粗，会装不进去，即使强行装进去，由于装得太紧，溶剂不好渗透，提取效果不好，甚至不能虹吸。滤纸包茶叶末时要严紧，防止漏出堵塞虹吸管；纸套上面折成凹形，以保证回流液均匀浸润被提取物。

3. 若提取液颜色很淡时，即可停止提取。

4. 瓶中乙醇不可蒸得太干，否则残液很黏，转移时损失较大，这时也可再加入 3~5mL 乙醇，以利于转移。

5. 萃取液和生石灰焙炒时，务使溶剂全部除去，若不除净，在下一步加热升华时在漏斗内会出现水珠。若遇此情况，则用滤纸迅速擦干漏斗内的水珠并继续升华。

6. 升华操作是实验成败的关键。升华过程中，始终需用小火间接加热。如温度太高，会使产物发黄。注意温度计放在合适的位置，使其正确反映出升华的温度，同时要小心，不要打破温度计。如无沙浴，也可用简易空气浴加热升华，即将蒸发皿底部稍离开石棉网进行加热。并在附近悬挂温度计指示升华温度。

7. 由于咖啡因很轻，很容易被吹走，因此升华后应注意小心取下漏斗，小心刮下咖啡因，产物放于一块表面皿上，再用另一表面皿盖住，以免损失。

8. 若产率低，其原因可能是开始回流提取时间不足，升华操作时不均匀，升温太快以致产品挥发未收集而损失。

9. 实验涉及高温操作，实验中注意安全，以免烫伤。

实验知识拓展
天然产物的提取

1. 天然产物中含有多种化合物，它们的提取分离是有机化合物研究中的一个重要分支，是药物、香料、染料、化妆品等的重要来源，所以学习有机化学，必须掌握天然产物的提取、分离、纯化的一般方法，从天然产物中获取对人类有重要价值的各类化合物。

2. 天然产物的提取分离方法，一般有溶剂回流、萃取分离、色谱分离等方法，溶剂提取方法中又分渗漉、索氏提取、连续液-液萃取等方法，本实验利用索氏提取方法。

3. 天然产物纯化主要有色谱法、重结晶法，本实验根据产物咖啡因在固态时具有较高蒸气压的特点，采用升华法进行提纯。

4. 脂肪提取器是利用溶剂回流及虹吸原理，使固体物质连续不断地被纯的溶剂所萃取，因而效率较高。萃取前应先将固体物质研细，以增加溶剂浸润的面积，然后将固体物质放在滤纸套内，置于提取器中。提取器的下端通过磨口和盛有溶剂的烧瓶连接，上端接冷凝管。当溶剂沸腾时，蒸汽通过玻璃管上升，被冷凝管冷凝成为液体，滴入提取器中，当溶剂液面超过虹吸管的最高处时，即虹吸流回烧瓶，因而萃取出溶于溶剂的部分物质。就这样利用溶剂回流和虹吸作用，使固体的可溶物质富集到烧瓶中。

实验 5-11　乙酰水杨酸（阿司匹林）的制备

实验目的

1. 通过本实验了解乙酰水杨酸（阿司匹林）的制备原理和方法。
2. 进一步熟悉重结晶、熔点测定、抽滤等基本操作。
3. 了解乙酰水杨酸的应用价值。

实验原理

乙酰水杨酸即阿司匹林（aspirin），是 19 世纪末成功合成的一种有效的解热止痛、治疗感冒的药物，至今仍广泛使用。有关报道表明，人们正在发现它的某些新功能。水杨酸可以止痛，常用于治疗风湿病和关节炎。它是一种具有双官能团的化合物，一个是酚羟基，一个是羧基，羧基和羟基都可以发生酯化反应，而且还可以形成分子内氢键，阻碍酰化和酯化反应的发生。

阿司匹林是由水杨酸（邻羟基苯甲酸）与醋酸酐进行酯化反应而得的。反应式为：

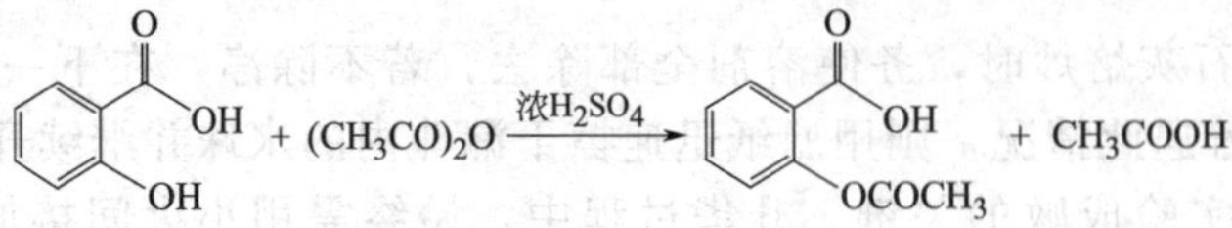

$$\text{水杨酸} + (CH_3CO)_2O \xrightarrow{\text{浓}H_2SO_4} \text{乙酰水杨酸} + CH_3COOH$$

仪器和药品

圆底烧瓶，球形冷凝管。

水杨酸，乙酐，浓硫酸，乙醇，1%三氯化铁溶液。

实验步骤

1. 酯化

在装有搅拌棒及球形冷凝管的100mL三颈烧瓶中，依次加入水杨酸10g、乙酐14mL，浓硫酸5滴。开动搅拌机，置油浴加热，待浴温升至70℃时，维持在此温度反应30min。停止搅拌，稍冷，将反应液倾入150mL冷水中，继续搅拌，至阿司匹林全部析出。抽滤，用少量稀乙醇水溶液洗涤，压干，得粗品。

2. 精制

将所得粗品置于附有球形冷凝管的100mL圆底烧瓶中，加入30mL乙醇，于水浴上加热至阿司匹林全部溶解，稍冷，加入活性炭回流脱色10min，趁热抽滤。将滤液慢慢倾入75mL热水中，自然冷却至室温，析出白色结晶。待结晶析出完全后，抽滤，用少量稀乙醇水溶液洗涤，压干，得无色晶体状乙酰水杨酸，置烘箱下干燥（干燥时温度不超过60℃为宜），测熔点（乙酰水杨酸熔点：136℃），计算收率。

3. 水杨酸限量检查

取阿司匹林少量，溶入几滴乙醇中，并滴加1~2滴1%三氯化铁溶液，如果发生显色反应，说明仍有水杨酸存在。

4. 结构确证

（1）红外吸收光谱法、标准物TLC对照法。

（2）核磁共振光谱法。

思考题

1. 水杨酸与乙酐的反应过程中，浓硫酸的作用是什么？
2. 若在硫酸的存在下，水杨酸与乙醇作用将得到什么产物？写出反应方程式。
3. 本实验中可产生什么副产物？

[学习指导]

实验操作要点及注意事项

1. 热过滤时，应该避免明火，以防着火。
2. 仪器要全部干燥，药品也要干燥处理，乙酐要使用新蒸馏的，收集139~140℃的馏分。
3. 产品用乙醇-水或苯-石油醚（60~90℃）重结晶。

实验知识拓展
阿司匹林的发现

阿司匹林是现代生活中最大众化的"万应药"之一，而且尽管它的奇妙历史开始于 200 多年之前，关于这个不可思议的药物我们仍有许多东西要学。虽然至今仍然无人确切地知道它究竟怎样或为什么起作用，美国每年消耗的阿司匹林量却在 3000 万磅以上（1 磅约等于 0.45kg）。

阿司匹林的历史开始于 1763 年 6 月 2 日，当时一位名叫 Edward Stone 的牧师在伦敦皇家学会宣读一篇论文，题为"关于柳树皮治愈寒战病成功的报告"，所指的寒战病现在称为疟疾，但他用"治愈"这两个字则是乐观主义的，他的柳树皮提取物真正所起的作用是缓解这种疾病的发烧症状。几乎在 1 个世纪以后，一位苏格兰医生想证实这种柳树皮提取物是否也能缓和急性风湿病。最终，发现这种提取物是一种强效的止痛、退烧和抗炎药。

实验 5-12　局部麻醉剂苯佐卡因的合成——设计实验

对氨基苯甲酸乙酯，俗称苯佐卡因（benzocaine），是外科手术所必需的麻醉剂，是一类已被研究比较透彻的药物。以对硝基甲苯为原料，可有 3 条合成方法。

1. 对硝基甲苯 $\xrightarrow{\text{还原}}$ 对甲苯胺 $\xrightarrow{\text{乙酰化}}$ 对甲基乙酰苯胺 $\xrightarrow{\text{氧化}}$ 对乙酰氨基苯甲酸 $\xrightarrow{\text{酯化、水解}}$ 对氨基苯甲酸乙酯

2. 对硝基甲苯 $\xrightarrow{\text{氧化}}$ 对硝基苯甲酸 $\xrightarrow{\text{还原}}$ 对氨基苯甲酸 $\xrightarrow{\text{酯化}}$ 对氨基苯甲酸乙酯
3. 对硝基甲苯 $\xrightarrow{\text{氧化}}$ 对硝基苯甲酸 $\xrightarrow{\text{酯化}}$ 对硝基苯甲酸乙酯 $\xrightarrow{\text{还原}}$ 对氨基苯甲酸乙酯

（1）查阅资料，掌握以对硝基甲苯为原料合成苯佐卡因的工艺路线和反应条件。
（2）根据工艺路线，查出所用的试剂、合成的中间体和最终产物的理化性质。
（3）根据有关化合物的理化性质，结合掌握的化学知识，判断工艺路线和反应条件是否有可以改进或优化的可能。
（4）详细写出拟采用的实验方案。
（5）与老师一起讨论、修正提出的实验方案。
（6）按照修正过的方案开展合成工作。在实验过程中要特别注意一些问题，比如在氧化对硝基甲苯时硫酸的加入方式，酯化反应时所用的试剂和仪器必须干燥等。
（7）对实验进行总结和讨论，找出实验过程中发现的问题并提出改进的方法。

实验 5-13　利用官能团反应鉴别有机化合物——设计实验

实验目的
1. 比较醇、酚、醛、酮和羧酸化学性质上的差别；加深对醇、酚、醛、酮和羧酸化学性质的认识。
2. 掌握鉴别醇、酚、醛、酮和羧酸的化学方法；设计 10 种含氧有机化合物的鉴别方案并实施。

设计要求
方案合理，试剂普通无毒，价格低，操作简单不繁琐，符合环保要求，现象明显，可操作性强，区分度好。

实验（设计）仪器和材料清单

1. 器材

烧杯，试管，试管夹，长滴管，量筒，药勺，pH 试纸，玻璃棒，点滴板，温度计。

2. 药品

鉴别 10 种含氧化合物：乙醇，正丁醇，乙二醇（10%），1%苯酚，甲醛，乙醛，苯甲醛，丙酮，苯乙酮，乙酸。

可提供选择的试剂为：

三氯化铁（1%），硝酸银溶液（1%），$CuSO_4$（5%），浓盐酸，HCl（5%），Na_2CO_3（5%），$KMnO_4$（0.5%），2,4-二硝基苯肼，Fehling Ⅰ，Fehling Ⅱ，Schiff 试剂，$AgNO_3$（0.2mol·L^{-1}），$NH_3·H_2O$（2mol·L^{-1}），浓硫酸，碘液，NaOH（2.5mol·L^{-1}），$NaHSO_3$，饱和溴水，固体碳酸氢钠。

第6章 基本物理量及有关参数的测定

本章主要是应用物理学原理及技术，对系统的某一物理化学参数进行测量，进而研究有关的化学问题。目的是使学生掌握物理化学实验的基本操作和基本实验技能，加深对有关的物理化学原理的理解；培养学生正确记录实验数据和现象、正确分析实验结果的能力。

6.1 温度的测量

6.1.1 温标

温度是表征体系中物质内部大量分子、原子平均动能的一个宏观物理量。物体内部分子、原子平均动能的增加或减少，表现为物体温度的升高或降低。物质的物理化学特性都与温度有密切的关系，因此准确测量和控制温度，在物理化学实验中十分重要。

温度是一个特殊的物理量，两个物体的温度不能像质量那样互相叠加，两个温度间只有相等或不等的关系。为了表示温度的数值，需要建立温标，即温度间隔的划分与刻度的表示，这样才会有温度计的读数。目前，国际上较常使用的温标有摄氏温标、华氏温标、热力学温标和国际温标。

① 摄氏温标是以 1atm 下水的冰点（0℃）和沸点（100℃）为两个定点，定点间分为 100 等份，每一份为 1℃。用外推法或内插法求得其他温度。

② 华氏温标是以 1atm 下，冰的熔点为 32°F，水的沸点为 212°F，中间划分为 180 等份，每一份为 1 华氏度，符号为°F。

③ 热力学温标是开尔文（Kelvin）在 1848 年提出的，它是建立在卡诺循环基础上的，与测温物质的性质无关。

$$T_2 = \frac{Q_2}{Q_1} T_1$$

开尔文建议用此原理定义温标，称为热力学温标，通常也叫做绝对温标，以开（K）表示。理想气体在定容下的压力（或定压下的体积）与热力学温度呈严格的线性函数关系。因此，国际上选定气体温度计，用它来实现热力学温标。氦、氢、氮等气体在温度较高、压强不太大的条件下，其行为接近理想气体。所以，这种气体温度计的读数可以校正成热力学温标。热力学温标用单一固定点定义，规定水的三相点热力学温度为 273.16K。由于历史原因，将比水的三相点低 0.01K 的温度值规定为零，用这种方法表示的热力学温标与通常习惯使用的摄氏温标的分度值相同，只是差一个常数

$$T/K = 273.15 + t/℃$$

④ 国际温标是 1927 年拟定的，建立了若干可靠而又能高度重现的固定点。随着科学技术的发展，又经多次修订，现在采用的是 1990 年国际温标 ITS-90。

6.1.2 温度计

(1) 水银温度计

水银温度计是实验室常用的温度计，其结构简单，价格低廉，具有较高的精确度，直接读数，使用方便；但是易损坏，损坏后无法修理。水银温度计适用范围为 −38.7℃ 到 356.7℃（水银的熔点为 −38.7℃，沸点为 356.7℃）。如果用石英玻璃作管壁，充入氮气或

氩气，最高使用温度可达到 600℃ 以上。常用的水银温度计刻度间隔有：2℃、1℃、0.5℃、0.2℃、0.1℃等，与温度计的量程范围有关，可根据测定精度选用。但在使用时，必须进行校正。

① 读数校正

a. 以纯物质的熔点或沸点作为标准进行校正。

b. 以标准水银温度计为标准，与待校正的温度计同时测定某一体系的温度，将对应值一一记录，做出校正曲线。

② 露茎校正　水银温度计有"全浸"和"非全浸"两种。非全浸式水银温度计常刻有校正时浸入量的刻度，在使用时若室温和浸入量均与校正时一致，则所示温度是正确的。

全浸式水银温度计使用时应当全部浸入被测体系中，如图 6-1 所示，达到热平衡后才能读数。全浸式水银温度计如不能全部浸没在被测体系中，则因露出部分与体系温度不同，必然存在读数误差，因此必须进行校正，这种校正称为露茎校正。如图 6-2 所示，校正公式为：

$$\Delta t = \frac{kn}{1-kn}(t_{测} - t_{环})$$

式中，$\Delta t = t_{实} - t_{测}$，是读数校正值；$t_{实}$ 是温度的准确值；$t_{测}$ 是温度计的读数值；$t_{环}$ 是露出待测体系外水银柱的有效温度（从放置在露出一半位置处的另一支辅助温度计读出）；n 是露出待测体系外部的水银柱长度，称为露茎高度，以温度差值表示；k 是水银对于玻璃的膨胀系数，使用摄氏度时，$k = 0.00016$。上式中 $kn \ll 1$，所以 $\Delta t \approx kn(t_{测} - t_{环})$。

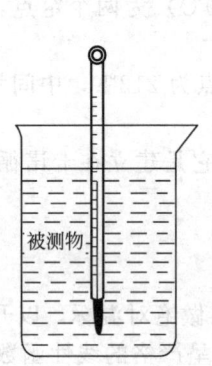

图 6-1　全浸式水银温度计的使用

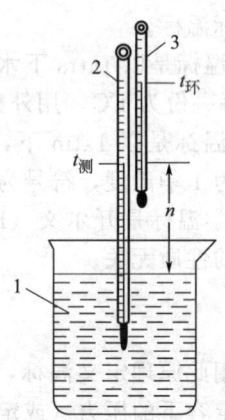

图 6-2　温度计露茎校正

1—被测体系；2—测量温度计；3—辅助温度计

(2) 贝克曼（Beckmann）温度计

① 贝克曼温度计是精确测量温差的温度计，其主要特点如下。

a. 它的最小刻度为 0.01℃，用放大镜可以读准到 0.002℃，测量精度较高；还有一种最小刻度为 0.002℃，可以估计读准到 0.0004℃。

b. 一般只有 5℃ 量程，0.002℃ 刻度的贝克曼温度计量程只有 1℃。为了使用于不同场合，其刻度方式有两种：一种是 0℃ 刻在下端；另一种是 0℃ 刻在上端。

c. 其结构（见图 6-3）与普通温度计不同，在它的毛细管 2 上端，加装了一个水银储槽 4，用来调节水银球 1 中的水银量。因此虽然量程只有 5℃，却可以在不同范围内使用，一般可以在 -6~120℃ 范围内使用。

d. 由于水银球 1 中的水银量是可变的，因此水银柱的刻度值不是温度的绝对值，只是在量程范围内的温度变化值。

② 使用方法　首先根据实验的要求确定选用哪一类型的贝克曼温度计。使用时需经过以下步骤。

a. 测定贝克曼温度计的 R 值。贝克曼温度计最上部刻度处 a 到毛细管末端 b 处所相当的温度值称为 R 值。将贝克曼温度计与一支普通温度计（最小刻度 0.1℃）同时插入盛水或其他液体的烧杯中加热，贝克曼温度计的水银柱就会上升，由普通温度计读出从 a 到 b 段相当的温度值，称为 R 值。一般取几次测量值的平均值。

b. 水银球 1 中水银量的调节。在使用贝克曼温度计时，首先应当将它插入一杯与待测体系温度相同的水中，达到热平衡以后，如果毛细管内水银面在所要求的合适刻度附近，说明水银球 1 中的水银量合适，不必进行调节。否则，应当调节水银球 1 中的水银量。若球内水银过多，毛细管水银量超过 b 点，就应当左手握贝克曼温度计中部，将温度计倒置，右手轻击左手手腕，使水银储槽 4 内的水银与 b 点处水银相连接，再将温度计轻轻倒转放置在温度为 t' 的水中，平衡后用左手握住温度计的顶部，迅速取出，离开水面和实验台，立即用右手轻击左手手腕，使水银储槽 4 内的水银在 b 点处断开。此步骤要特别小心，切勿使温度计与硬物碰撞，以免损坏温度计。温度 t' 的选择可以按照下式计算：

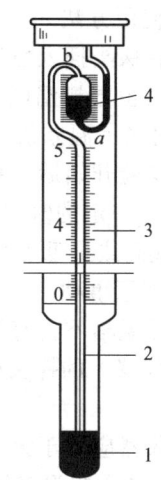

图 6-3　贝克曼温度计
1—水银球；2—毛细管；
3—温度标尺；4—水银储槽；
a—最高刻度；b—毛细管末端

$$t' = t + R + (5 - x)$$

式中，t 为实验温度；x 为 t 摄氏度时贝克曼温度计的设定读数。

若水银球 1 中的水银量过少时，左手握住贝克曼温度计中部，将温度计倒置，右手轻击左手腕，水银就会在毛细管中向下流动，待水银储槽 4 内的水银与 b 点处水银相接后，再按上述方法调节。

调节后，将贝克曼温度计放在实验温度为 t℃ 的水中，观察温度计水银柱是否在所要求的刻度 x 附近，如相差太大，再重新调节。

③ 注意事项

a. 贝克曼温度计属于较贵重的玻璃仪器，下端水银球的玻璃很薄，中间的毛细管较长，易于损坏，所以在使用时必须十分小心，不能随便放置，调节时握在手中，否则应放置在温度计盒里。

b. 调节时，注意不可骤冷骤热，以防止温度计破裂；另外，操作时动作不可过大，不要同任何硬的物件相碰，以免损坏。

c. 调节时，如温度计下部水银球内的水银与上部储槽中的水银始终不能相接，应停下来，检查一下原因，不可一味对温度计升温，以免使下部水银过多地导入上部储槽中。

d. 已经调节好的温度计，注意不要使毛细管中的水银再与水银储槽 4 管中水银相连接。

e. 使用夹子固定温度计时，必须垫有橡胶垫，不能用铁夹直接夹温度计。

(3) 数字式精密温度温差测量仪

① 主要特点　数字式精密温度温差测量仪是近年来数字电子技术的产物，具有与贝克曼温度计相同的功能，且该仪器可实现"温度""温差"切换显示，温差基准可自动置零，具有定时读数提示声、光警示功能。由于其灵敏度高、无汞污染、操作方便和数据直观等特点，将逐步取代传统的贝克曼温度计。

温度测量范围：-20~100℃；温度测量分辨率：0.01℃；温差测量分辨率：0.001℃，温差可调零。

② 使用方法

a. 将探头插入恒温槽中，开启电源开关，数码显示管即显示一个温度值，预热5min。

b. 待恒温槽温度稳定后，此时显示的数值为恒温槽的实际温度，按下"温度/温差"键，此时显示温差值。再按下"置零"键，此时显示"0000"。

c. 实验开始后，被测量体系温度发生变化，数码显示管不断显示体系的温差变化值 ΔT，每隔一定的时间记录一次温差值（要保证每个升、降温周期至少记录5个点，并且不能漏掉最高或最低点）。

③ 注意事项

a. 恒温槽不得有漏电现象。

b. 仪器上的探头严禁弯折，且由于探头的最前端是感温点，实验时应尽量将其靠近被测位置。

c. 仪器应置于无强磁场干扰的地方。

(4) 热电阻温度计

大多数金属导体的电阻值都随着它自身温度的变化而变化，并具有正的温度系数。一般是当温度每升高1℃时，电阻值要增加0.4%～0.6%。半导体材料则具有负温度系数，其值为（以20℃为参考点）温度每升高1℃时，电阻值要降低2%～6%。利用其电阻的温度函数关系，把它们当作一种"温度→电阻"的传感器，作为测量温度的敏感元件，并统称为电阻温度计。

① 电阻丝式热电阻温度计　电阻丝式热电阻温度计比其他类型的温度计有许多优点。它的性能最为稳定，测量范围较宽而且精确度高，尤其是铂电阻性能非常稳定，因此，在1968年国际温标（IPTS-68）中规定在－259.34℃（13.81K）～630.74℃温度范围内以铂电阻温度计作为标准仪器。它对低温的测量更为精确。与热电偶不同，它不需要设置温度参考点，这使它在航空工业及一些工业设备中得到广泛应用。目前，常用作电阻丝式热电阻温度计的材料主要有铂、铜、铁和镍。

铂是一种金属，由于其物理化学性质非常稳定，因此，被公认为目前最好的制造热电阻材料，是实验室最常用的温度传感器。

铜丝可用来制成－50～150℃范围内的工业电阻温度计，其特点为：价格便宜，易于提纯，其电阻温度系数 α 较铂高，但电阻率较铂低。缺点是易于氧化，只能用于150℃以下的较低温度，且体积也较大，因此一般用于对敏感元件尺寸要求不高之处。

铁和镍这两种金属的热电阻温度系数较高，电阻率也较大，因此，可以制成体积较小而灵敏度高的热电阻。但它们容易氧化，化学稳定性差，不易提纯，复制性差，非线性较大。

② 半导体热敏电阻温度计　半导体热敏电阻有很高的负电阻温度系数，其灵敏度较电阻丝式热电阻高得多。尤其是体积可以做得很小，故动态特性很好，特别适于在－100～300℃之间测温，它在自动控制及电子线路的补偿电路中都有广泛应用。

制造热敏电阻的材料为各种金属氧化物的混合物，如采用锰、镍、钴、铜或铁的氧化物，按一定比例混合后压制而成。

(5) 热电偶温度计

自1821年塞贝克（Seebeck）发现热电效应起，热电偶的发展已经历了一个多世纪。据统计，在此期间曾有300余种热电偶问世，但应用较广的热电偶仅有40～50种。国际电工委员会（IEC）对其中被国际公认、性能优良和产量最大的7种制定标准，即IEC584-1和584-2中所规定的：S分度号（铂铑10-铂）；B分度号（铂铑30-铂铑6）；K分度号（镍铬-镍硅）；T分度号（铜-康铜）；E分度号（镍铬-康铜）；J分度号（铁-康铜）；R分度号（铂铑13-铂）等热电偶。

热电偶是目前工业测温中最常用的传感器,这是由于它具有以下优点:

a. 测温点小,准确度高,反应速度快;

b. 品种规格多,测温范围广,在-270~2800℃范围内有相应产品可供选用;

c. 结构简单,使用维修方便,可作为自动控温检测器等。

① 热电偶的结构和制备 在制备热电偶时,热电极的材料,直径的选择,应根据测量范围,测定对象的特点,以及电极材料的价格,机械强度,热电偶的电阻值而定。热电偶的长度应由它的安装条件及需要插入被测介质的深度决定。

热电偶接点常见的结构形式如图6-4所示。

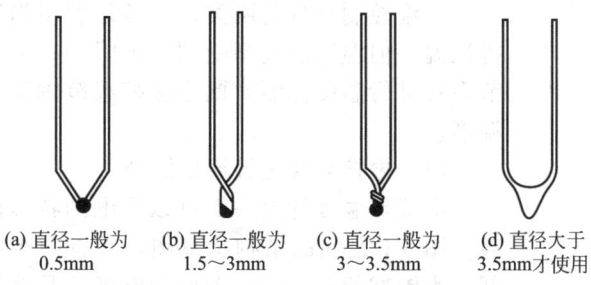

图6-4 热电偶接点常见的结构形式

② 热电偶的校正、使用 图6-5所示为热电偶的校正、使用装置。使用时一般是将热电偶的一个接点放在待测物体中(热端),而将另一端放在储有冰水的保温瓶中(冷端),这样可以保持冷端的温度恒定。校正一般是通过用一系列温度恒定的标准体系,测得热电势和温度的对应值来得到热电偶的工作曲线。

热电偶经过一个多世纪的发展,品种繁多,目前在我国常用的有以下几种热电偶。

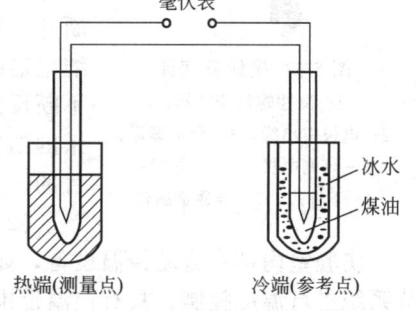

图6-5 热电偶的校正、使用装置

a. 铂铑10-铂热电偶 它由纯铂丝和铂铑丝(铂90%,铑10%)制成。由于铂和铂铑都能得到高纯度材料,故其复制精度和测量的准确性较高,可用于精密温度测量和作基准热电偶,有较高的物理化学稳定性。主要缺点是热电势较弱,在长期使用后,铂铑丝中的铑分子产生扩散现象,使铂丝受到污染而变质,从而引起热电特性失去准确性,成本高。

b. 镍铬-镍硅(镍铬-镍铝)热电偶 它由镍铬与镍硅制成,化学稳定性较高,可用于900℃以下温度范围。复制性好,热电势大,线性好,价格便宜。虽然测量精度偏低,但基本上能满足工业测量的要求,是目前工业生产中最常见的一种热电偶。镍铬-镍铝和镍铬-镍硅两种热电偶的热电性质几乎完全一致。由于后者在抗氧化及热电势稳定性方面都有很大提高,因而逐渐代替前者。

c. 铂铑30-铂铑6热电偶 这种热电偶可以测1600℃以下的高温,其性能稳定,精确度高,但它产生的热电势小,价格高。由于其热电势在低温时极小,因而冷端在40℃以下范围时,对热电势值需进行修正。

d. 镍铬-康铜热电偶 热电偶灵敏度高、价廉,测温范围在800℃以下。

e. 铜-康铜热电偶 铜-康铜热电偶的两种材料易于加工成漆包线,而且可以拉成细丝,因而可以做成极小的热电偶,其测量低温性极好,可达-70℃。测温范围为-70~400℃,而且热电灵敏度也高。它是标准型热电偶中准确度最高的一种,在0~100℃范围可以达到

0.05℃（对应热电势为 $2\mu V$ 左右）。

如前所述，各种热电偶都具有不同的优缺点。因此，在选用热电偶时应根据测温范围、测温状态和介质情况综合考虑。

6.1.3 温度控制

物质的物理化学性质，如黏度、密度、蒸气压、表面张力、折射率等都随温度而改变，要测定这些性质必须在恒温条件下进行。一些物理化学常数如平衡常数、化学反应速率常数等也与温度有关，这些常数的测定也需恒温，因此，掌握恒温技术非常必要。

恒温控制可分为两类，一类是利用物质的相变点温度来获得恒温，但温度的选择受到很大限制；另外一类是利用电子调节系统进行温度控制，此方法控温范围宽，可以任意调节设定温度。

(1) 电接点温度计温度控制

电接点温度计是一支可以导电的特殊温度计，又称为导电表。图6-6是它的结构示意图，它有两个电极：一个固定与底部的水银球相连；另一个可调电极4是金属丝，由上部伸入毛细管内。顶端有一磁铁，可以旋转螺旋丝杆，用于调节金属丝的高低位置，从而调节设定温度。当温度升高时，毛细管中水银柱上升与一金属丝接触，两电极导通，使继电器线圈中电流断开，加热器停止加热；当温度降低时，水银柱与金属丝断开，继电器线圈通过电流，使加热器线路接通，温度又回升。如此，不断反复，使恒温槽控制在一个微小的温度区间波动，被测体系的温度也就限制在一个相应的微小区间内，从而达到恒温的目的。

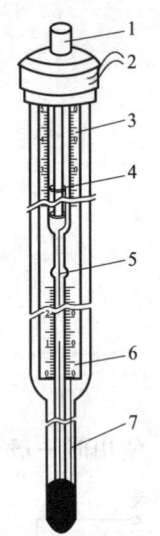

图6-6 接触温度计
1—磁性螺旋调节器；
2—电极引出线；3—指示螺母；
4—可调电极；5—上标尺；
6—下标尺；7—导通金属丝

(2) 继电器

实验室内都有自动控温设备，如电冰箱、恒温水浴、高温电炉等。现在多数采用电子调节系统进行温度控制，具有控温范围广、可任意设定温度、控温精度高等优点。

电子调节系统种类很多，但从原理上讲，它必须包括3个基本部件，即变换器、电子调节器和执行机构。变换器的功能是将被控对象的温度信号变换成电信号；电子调节器的功能是对来自变换器的信号进行测量、比较、放大和运算，最后发出某种形式的指令，使执行机构进行加热或制冷。

① 电子管继电器 电子管继电器由继电器和控制电路两部分组成，其工作原理如下：可以把电子管的工作看成一个半波整流器（见图6-7），$R_e \sim C_1$ 并联电路的负载，负载两端的交流分量用来作为栅极的控制电压。当电接点温度计的触点为断路时，栅极与阴极之间由于 R_1 的耦合而处于同位，即栅极偏压为零。这时板极电流较大，约有18mA通过继电器，能使衔铁吸下，加热器通电加热；当电接点温度计为通路，板极是正半周时，这时 $R_e \sim C_1$ 的负端通过 C_2 和电接点温度计加在栅极上，栅极出现负偏压，使板极电流减少到25mA，衔铁弹开，电加热器断路。

因控制电压是利用整流后的交流分量，R_e 的旁路电流 C_1 不能过大，以免交流电压值过小，引起栅极偏压不足，衔铁吸下不能断开。C_1 太小，则继电器衔铁会颤动，这是因为板流在负半周时无电流通过，继电器会停止工作，并联电容后依靠电容的充放电而维持其连续工作，如果 C_1 太小就不能满足这一要求。C_2 用来调整板极的电压相位，使其与栅压有相同的峰值；R_2 用来防止触电。

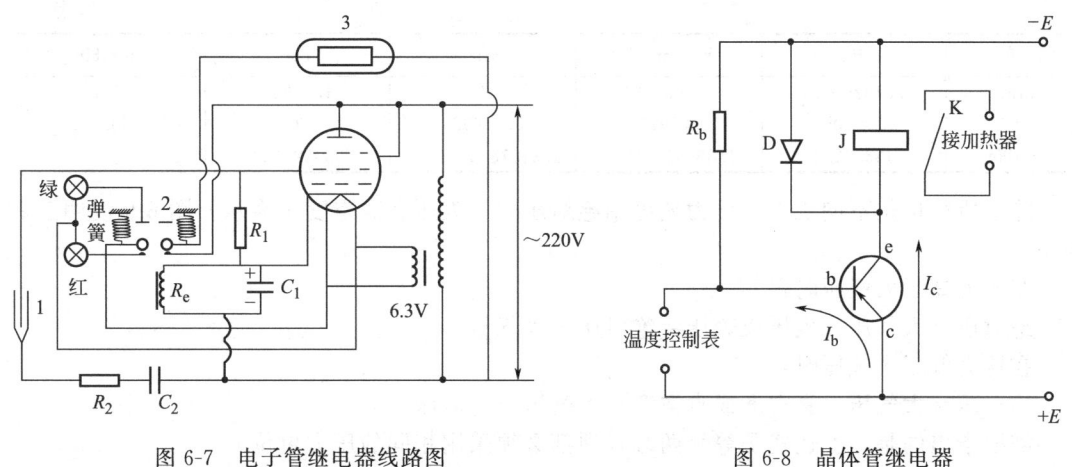

图 6-7　电子管继电器线路图　　　　　　　图 6-8　晶体管继电器

R_e—220V、直流电阻约 2200Ω 的电子继电器；
1—接触温度计；2—衔铁；3—电热器

② 晶体管继电器　随着科技的发展，电子管继电器中电子管逐渐被晶体管代替，典型线路见图 6-8。当温度控制表呈断开时，E 通过电阻 R_b 给 PNP 型三极管的基极 b 通入正向电流 I_b，使三极管导通，电极电流 I_c 使继电器 J 吸下衔铁，K 闭合，加热器加热。当温度控制表接通时，三极管发射极 e 与基极 b 被短路，三极管截止，J 中无电流，K 被断开，加热器停止加热。当 J 中线圈电流突然减少时会产生反电动势，二极管 D 的作用是将它短路，以保护三极管避免被击穿。

6.2　压力测量与真空技术

压力是用来描述体系状态的一个重要参数，物质的熔点、沸点、蒸气压几乎都与压力有关。在化学热力学和化学动力学研究中，压力也是一个很重要的因素。因此，压力的测量具有重要意义。

在物理化学实验中，压力的应用范围高至气体钢瓶的压力，低至真空系统的真空度。压力通常可分为高压（钢瓶）、常压和负压（真空系统）。压力范围不同，测量方法不一样。精确度要求不同，所使用的单位也各有不同的传统习惯。

6.2.1　压力的测量及仪器

压力是指均匀垂直作用于单位面积上的力，也可把它叫作压力强度，简称压强。国际单位制（SI）用帕斯卡作为通用的压力单位，以 Pa 或帕表示。当作用于 $1m^2$（平方米）面积上的力为 1N（牛顿）时，就是 1Pa（帕斯卡）：

$$Pa = \frac{N}{m^2}$$

但是，原来的许多压力单位，例如，标准大气压（简称大气压）、工程大气压（即 $kg \cdot cm^{-2}$）、巴等现在仍然在使用。此外，实际应用中还常选用一些标准液体（例如汞）制成液体压力计，压力大小就直接以液体的高度来表示。上述压力单位之间的换算关系见表 6-1。

表 6-1　常用压力单位换算表

压力单位	Pa	$kg \cdot cm^{-2}$	atm	bar	mmHg
Pa	1	1.019716×10^{-2}	0.9869236×10^{-5}	1×10^{-5}	7.5006×10^{-3}
$kg \cdot cm^{-2}$	9.800665×10^{-4}	1	0.967841	0.980665	753.559

续表

压力单位	Pa	kg·cm^{-2}	atm	bar	mmHg
atm	1.01325×10^5	1.03323	1	1.01325	760.0
bar	1×10^5	1.019716	6.986923	1	750.062
mmHg	133.3224	1.35951×10^{-3}	1.3157895×10^{-3}	1.33322×10^{-3}	1

除了所用单位不同之外，压力还可用绝对压力、表压和真空度来表示。图 6-9 说明三者的关系。

在压力高于大气压时：
绝对压＝大气压＋表压 或 表压＝绝对压－大气压
在压力低于大气压时：
绝对压＝大气压－真空度 或 真空度＝大气压－绝对压
需要指出的是，上述式子等号两端各项都必须采用相同的压力单位。

(1) 液柱式压力计

液柱式压力计构造简单、使用方便，能测量微小压力差，测量准确度比较高，且制作容易，价格低廉，但是测量范围不大，示值与工作液密度有关；且结构不牢固，耐压程度较差，现简单介绍一下 U 形压力计。

液柱式 U 形压力计由两端开口的垂直 U 形玻璃管及垂直放置的刻度标尺所构成。管内下部盛有适量工作液体作为指示液。图 6-10 中 U 形管的两支管分别连接于两个测压口，因为气体的密度远小于工作液的密度，因此，由液面差 Δh 及工作液的密度 ρ、重力加速度 g 可以得到下式：

$$p_1 = p_2 + \Delta h \cdot \rho g \quad \text{或} \quad \Delta h = \frac{p_1 - p_2}{\rho g}$$

U 形压力计可用来测量：
① 两气体压力差；
② 气体的表压（p_1 为测量气压，p_2 为大气压）；
③ 气体的绝对压力（令 p_2 为真空，p_1 所示即为绝对压力）；
④ 气体的真空度（p_1 通大气，p_2 为负压，可测其真空度）。

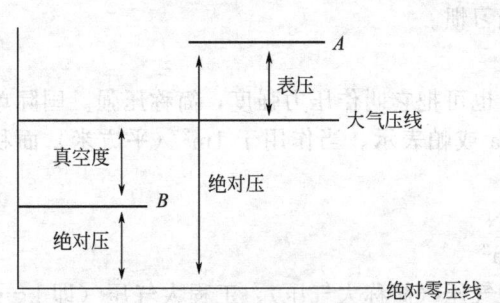

图 6-9 绝对压力、表压与真空度的关系

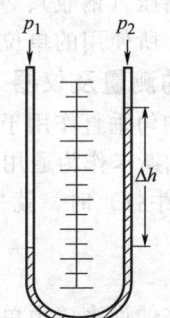

图 6-10 U 形管压力计

(2) 弹性式压力计

利用弹性元件的弹性力来测量压力，是测压仪表中相当重要的一种形式。由于弹性元件的结构和材料不同，它们具有各不相同的弹性位移与被测压力的关系。物化实验室中接触较多的为单管弹簧管式压力计。这种压力计的压力由弹簧管固定端进入，通过弹簧管自由端的位移带动指针运动，指示压力值。如图 6-11 所示。

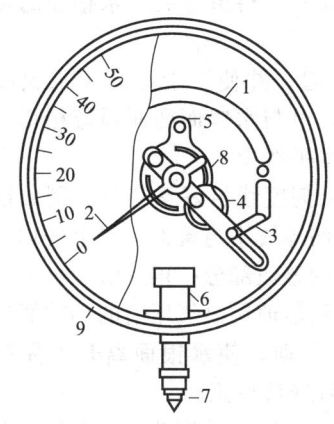
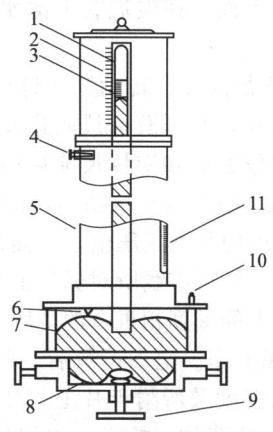

图 6-11 弹簧管式压力计
1—金属弹簧管；2—指针；3—连杆；
4—扇形齿轮；5—弹簧；6—底座；
7—测压接头；8—小齿轮；9—外壳

图 6-12 福廷式气压计
1—玻璃管；2—黄铜标尺；3—游标尺；
4—调节螺栓；5—黄铜管；6—象牙针；
7—汞槽；8—羚羊皮袋；9—调节汞面的螺栓；
10—气孔；11—温度计

使用弹性式压力计时应注意以下几点：

① 合理选择压力表量程，为了保证足够的测量精度，选择的量程应在仪表分度标尺的 1/2～3/4 范围内；

② 使用时环境温度不得超过 35℃，如超过应给予温度修正；

③ 测量压力时，压力表指针不应有跳动和停滞现象；

④ 压力表应定期进行校验。

(3) 福廷式气压计

福廷式气压计的构造如图 6-12 所示。它的外部是一黄铜管，管的顶端有悬环，用于悬挂在实验室的适当位置。气压计内部是一根一端封闭的装有水银的长玻璃管。玻璃管封闭的一端向上，管中汞面的上部为真空，管下端插在水银槽内。水银槽底部是一羚羊皮袋，下端由螺旋支撑，转动此螺旋可调节槽内水银面的高低。水银槽的顶盖上有一倒置的象牙针，其针尖是黄铜标尺刻度的零点。此黄铜标尺上附有游标尺，转动游标调节螺旋，可使游标尺上下游动。

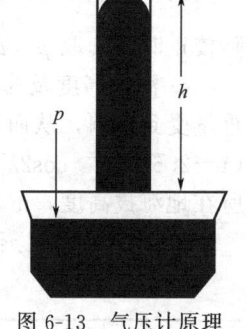

图 6-13 气压计原理示意图

福廷式气压计是一种真空压力计，其原理如图 6-13 所示。它以汞柱所产生的静压力来平衡大气压力 p，汞柱的高度就可以度量大气压力的大小。在实验室，通常用毫米汞柱（mmHg）作为大气压力的单位。毫米汞柱作为压力单位时，它的定义是：当汞的密度为 13.5951g·cm^{-3}（即 0℃时汞的密度，通常作为标准密度，用符号 ρ_0 表示），重力加速度为 980.665cm·s^{-2}（即纬度 45°的海平面上的重力加速度，通常作为标准重力加速度，用符号 g_0 表示）时，1mm 高的汞柱所产生的静压力为 1mmHg。mmHg 与 Pa 单位之间的换算关系为：

$$1\text{mmHg}=10^{-3}\text{m}\times\frac{13.5951\times10^{-3}}{10^{-6}}\text{kg·cm}^{-3}\times980.665\times10^{-2}\text{m·s}^{-2}=133.322\text{Pa}$$

① 福廷式气压计的使用方法

a. 慢慢旋转螺旋，调节水银槽内水银面的高度，使槽内水银面升高。利用水银槽后面磁板的反光，注视水银面与象牙尖的空隙，直至水银面与象牙尖刚刚接触；然后用手轻轻扣击一下铜管上面,使玻璃管上部水银面凸面正常;稍等几秒,待象牙尖与水银面的接触无变动为止。

b. 调节游标尺。转动气压计旁的螺旋,使游标尺升起,并使下沿略高于水银面。然后慢慢调节游标,直到游标尺底边及其后边金属片的底边同时与水银面凸面顶端相切。这时观察者眼睛的位置应和游标尺前后两个底边的边缘在同一水平线上。

c. 读取汞柱高度。当游标尺的零线与黄铜标尺中某一刻度线恰好重合时,则黄铜标尺上该刻度的数值便是大气压值,不需使用游标尺。当游标尺的零线不与黄铜标尺上任何一刻度重合时,那么游标尺零线所对标尺上的刻度,则是大气压值的整数部分;再从游标尺上找出一根恰好与标尺上的刻度相重合的刻度线,则游标尺上刻度线的数值便是气压值的小数部分。

d. 整理工作。记下读数后,将气压计底部螺旋向下移动,使水银面离开象牙针尖。记下气压计的温度及所附卡片上气压计的仪器误差值,然后进行校正。

② 气压计读数的校正 水银气压计的刻度是以温度为 0℃、纬度为 45°的海平面高度为标准的。若不符合上述规定,从气压计上直接读出的数值,除进行仪器误差校正外,在精密的工作中还必须进行温度、纬度及海拔高度的校正。

a. 仪器误差的校正。由于仪器本身制造的不精确而造成读数上的误差称为"仪器误差"。仪器出厂时都附有仪器误差的校正卡片,应首先加上此项校正。

b. 温度的校正。由于温度的改变,水银密度也随之改变,因而会影响水银柱的高度。同时由于铜管本身的热胀冷缩,也会影响刻度的准确性。当温度升高时,前者引起偏高,后者引起偏低。由于水银的膨胀系数较铜管的大,因此当温度高于 0℃ 时,经仪器校正后的气压值应减去温度校正值;当温度低于 0℃ 时,要加上温度校正值。气压计的温度校正公式如下:

$$p_0 = \frac{1+\beta t}{1+\alpha t}p = p - p\frac{\alpha-\beta}{1+\alpha t}t$$

式中,p 为气压计读数,mmHg;t 为气压计的温度,℃;α 为水银柱在 0~35℃ 之间的平均体胀系数($\alpha=0.0001818$/℃);β 为黄铜的线胀系数($\beta=0.0000184$/℃);p_0 为读数校正到 0℃ 时的气压值(mmHg)。显然,温度校正值即为 $p\frac{\alpha-\beta}{1+\alpha t}$。其数值列有数据表,实际校正时,读取 p、t 后可查表 6-2 求得。

c. 海拔高度及纬度的校正。重力加速度(g)随海拔高度及纬度不同而异,致使水银的重量受到影响,从而导致气压计读数的误差。其校正办法是:经温度校正后的气压值再乘以 $(1-2.6×10^{-3}\cos2\lambda-3.14×10^{-7}H)$。式中,$\lambda$ 为气压计所在地纬度,(°);H 为气压计所在地海拔高度,m。此项校正值很小,在一般实验中可不必考虑。

d. 其他如水银蒸气压的校正、毛细管效应的校正等,因校正值极小,一般都不考虑。

表 6-2 气压计读数的温度校正值

温度/℃	740mmHg	750mmHg	760mmHg	770mmHg	780mmHg
1	0.12	0.12	0.12	0.13	0.13
2	0.24	0.25	0.25	0.25	0.15
3	0.36	0.37	0.37	0.38	0.38
4	0.48	0.49	0.50	0.50	0.51
5	0.60	0.61	0.62	0.63	0.64
6	0.72	0.73	0.74	0.75	0.76
7	0.85	0.86	0.87	0.88	0.89
8	0.97	0.98	0.99	1.01	1.02
9	1.09	1.10	1.12	1.13	1.15

续表

温度/℃	740mmHg	750mmHg	760mmHg	770mmHg	780mmHg
10	1.21	1.22	1.24	1.26	1.27
11	1.33	1.35	1.36	1.38	1.40
12	1.45	1.47	1.49	1.51	1.53
13	1.57	1.59	1.61	1.63	1.65
14	1.69	1.71	1.73	1.76	1.78
15	1.81	2.83	1.86	1.88	1.91
16	1.93	2.96	1.98	2.01	2.03
17	2.05	2.08	2.10	2.13	2.16
18	2.17	2.20	2.23	2.26	2.29
19	2.29	2.32	2.35	2.38	2.41
20	2.41	2.44	2.47	2.51	2.54
21	2.53	2.56	2.60	2.63	2.67
22	2.65	2.69	2.72	2.76	2.79
23	2.77	2.81	2.84	2.88	2.92
24	2.89	2.93	2.97	3.01	3.05
25	3.01	3.05	3.09	3.13	3.17
26	3.13	3.17	3.21	3.26	3.30
27	3.25	3.29	3.34	3.38	3.42
28	3.37	3.41	3.46	3.51	3.55
29	3.49	3.54	3.58	3.63	3.68
30	3.61	3.66	3.71	3.75	3.80
31	3.73	3.78	3.83	3.88	3.93
32	3.85	3.90	3.95	4.00	4.05
33	3.97	4.02	4.07	4.13	4.18
34	4.09	4.14	4.20	4.25	4.31
35	4.21	4.26	4.32	4.38	4.43

③ 使用时注意事项

a. 调节螺旋时动作要缓慢，不可旋转过急。

b. 在调节游标尺与汞柱凸面相切时，应使眼睛的位置与游标尺前后下沿在同一水平线上，然后再调到与水银柱凸面相切。

c. 发现槽内水银不清洁时，要及时更换水银。

(4) 数字式低真空压力测试仪

数字式低真空压力测试仪是运用压阻式压力传感器原理测量实验系统与大气压之间压差的仪器。它可取代传统的 U 形水银压力计，无汞污染现象，对环境保护和人类健康有极大的好处。该仪器的测压接口在仪器后面板上，使用时，先将仪器按要求连接在实验系统上（注意实验系统不能漏气），再打开电源预热 10min；然后选择测量单位，调节旋钮，使数字显示为零；最后开动真空泵，仪器上显示的数字即为实验系统与大气压之间的压差值。

6.2.2 真空技术

真空是指压力小于一个大气压的气态空间。真空状态下气体的稀薄程度，常以压强值表示，习惯上称作真空度。在现行的国际单位制（SI）中，真空度的单位与压强的单位均为帕斯卡，简称帕，符号为 Pa。

在物理化学实验中，通常按真空度的获得和测量方法的不同，将真空区域划分为：粗真空（101325~1333Pa）、低真空（1333~0.1333Pa）、高真空（0.1333~1.333×10^{-6}Pa）、超高真空（<1.333×10^{-6}Pa）。为了获得真空，就必须设法将气体分子从容器中抽出。凡是能从容器中抽出气体，使气体压力降低的装置，均可称为真空泵，如水流泵、机械真空

泵、分子泵、扩散泵、吸附泵、钛泵等，本文主要介绍前三者。

(1) 水流泵

水流泵应用的是伯努利原理，水经过收缩的喷口以高速喷出，其周围区域的压力较低，由系统中进入的气体分子便被高速喷出的水流带走。水流泵所达到的极限真空度受水本身的蒸气压限制。水流泵在15℃时的极限真空度为1.71kPa，20℃时为2.34kPa，25℃时为3.17kPa。尽管其效率较低，但由于简便，实验室在抽滤或其他对真空度要求不高时经常使用。

(2) 机械真空泵

实验室常用的真空泵为旋片式真空泵，如图6-14所示。它主要由泵体和偏心转子组成。经过精密加工的偏心转子下面安装有带弹簧的滑片，由电机带动，偏心转子紧贴泵腔壁旋转。滑片靠弹簧的压力也紧贴泵腔壁。滑片在泵腔中连续运转，使泵腔被滑片分成的两个不同的容积呈周期性的扩大和缩小。气体从进气嘴进入，被压缩后经过排气阀排出泵体外。如此循环往复，将系统内的压力减小。

旋片式机械泵的整个机件浸在真空油中，这种油的蒸气压很低，既可起润滑作用，又可起封闭微小的漏气和冷却机件的作用。

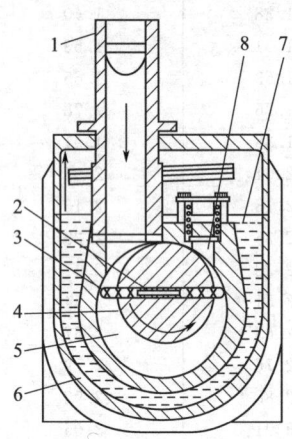

图 6-14　旋片式真空泵
1—进气嘴；2—旋片弹簧；
3—旋片；4—转子；
5—泵体；6—油箱；
7—真空泵油；8—排气嘴

使用机械泵时应注意以下几点。

① 机械泵不能直接抽含可凝性气体的蒸气、挥发性液体等。因为这些气体进入泵后会破坏泵油的品质，降低油在泵内的密封和润滑作用，甚至会导致泵的机件生锈。因而必须在可凝气体进泵前先通过纯化装置。例如，用无水氯化钙、五氧化二磷、分子筛等吸收水分；用石蜡吸收有机蒸气；用活性炭或硅胶吸收其他蒸气等。

② 机械泵不能用来抽含腐蚀性成分的气体，如含氯化氢、氯气、二氧化氮等的气体。因这类气体能迅速侵蚀泵中精密加工的机件表面，使泵漏气，不能达到所要求的真空度。遇到这种情况，应当使气体在进泵前先通过装有氢氧化钠固体的吸收瓶，以除去有害气体。

③ 机械泵由电机带动，使用时应注意电机的电压。若是三相电机带动的泵，第一次使用时特别要注意三相电机旋转方向是否正确。正常运转时不应有摩擦、金属碰击等异响，运转时电机温度不能超过50~60℃。

④ 机械泵的进气口前应安装一个三通活塞。停止抽气时应使机械泵与抽空系统隔开而与大气相通，然后再关闭电源。这样既可保持系统的真空度，又可避免泵油倒吸。

(3) 分子泵

分子泵是一种纯机械的高速旋转的真空泵，其工作原理是：高速旋转（10000~50000 r·min^{-1}）的涡轮叶片不断对被抽气体分子施以定向的动量和牵引压缩作用，将气体带走。分子泵的动轮叶与静轮叶间距只有数毫米，两者相间排列，而且叶面角相反，从而达到最大抽气作用。

6.2.3　气体钢瓶及其使用

(1) 气体钢瓶的颜色标记

我国气体钢瓶常用的标记见表6-3。

(2) 气体钢瓶的使用

① 在钢瓶上装上配套的减压阀。检查减压阀是否关紧，方法是逆时针旋转调压手柄至螺杆松动为止。

表 6-3　我国气体钢瓶常用的标记

气体类别	瓶身颜色	标字颜色	字样	气体类别	瓶身颜色	标字颜色	字样
氮气	黑	黄	氮	氯气	草绿	白	氯
氧气	天蓝	黑	氧	乙炔	白	红	乙炔
氢气	深绿	红	氢	氟氯烷	铝白	黑	氟氯烷
压缩空气	黑	白	压缩空气	石油气体	灰	红	石油气
二氧化碳	黑	黄	二氧化碳	粗氩气体	黑	白	粗氩
氨气	棕	白	氨	纯氩气体	灰	绿	纯氩
液氨	黄	黑	氨				

② 打开钢瓶总阀门，此时高压表显示出瓶内贮气总压力。

③ 慢慢地顺时针转动调压手柄，至低压表显示出实验所需压力为止。

④ 停止使用时，先关闭总阀门，待减压阀中余气逸尽后，再关闭减压阀。

(3) 注意事项

① 钢瓶应存放在阴凉、干燥、远离热源的地方。可燃性气瓶应与氧气瓶分开存放。

② 搬运钢瓶时要小心轻放，钢瓶帽要旋上。

③ 使用时应装减压阀和压力表。可燃性气瓶（如 H_2、CH_4）气门螺丝为反丝；不燃性或助燃性气瓶（如 N_2、O_2）气门螺丝为正丝。各种压力表一般不可混用。

④ 不要让油或易燃有机物沾染气瓶上（特别是气瓶出口和压力表上）。

⑤ 开启总阀门时，不要将头或身体正对总阀门，防止阀门或压力表冲出伤人。

⑥ 不可把气瓶内气体用光，以防重新充气时发生危险。

⑦ 使用中的气瓶每三年应检查一次，装腐蚀性气体的钢瓶应每两年检查一次，不合格的气瓶不可继续使用。

⑧ 氢气瓶应放在远离实验室的专用小屋内，用紫铜管引入实验室，并安装防止回火装置。

(4) 氧气减压阀的工作原理

氧气减压阀的外观及工作原理见图 6-15 和图 6-16。

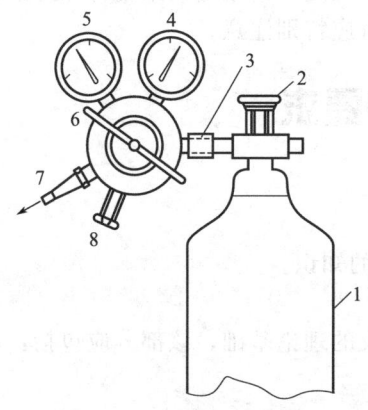

图 6-15　安装在气体钢瓶上的氧气减压阀示意
1—钢瓶；2—钢瓶开关；3—钢瓶与减压表连接螺母；
4—高压表；5—低压表；6—低压表压力调节螺杆；
7—出口；8—安全阀

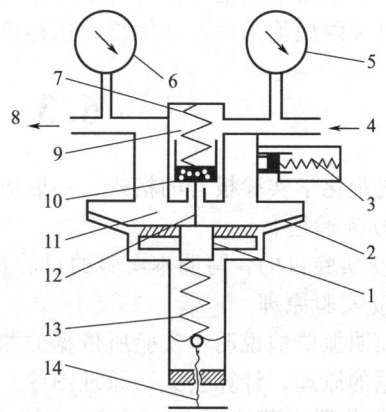

图 6-16　氧气减压阀工作原理示意
1—弹簧垫块；2—传动薄膜；3—安全阀；
4—进口（接气体钢瓶）；5—高压表；6—低压表；
7—压缩弹簧；8—出口；9—高压气室；10—活门；
11—低压气室；12—顶杆；13—主弹簧；
14—低压表压力调节螺杆

氧气减压阀的高压腔与钢瓶连接，低压腔为气体出口，并通往使用系统。高压表的示值为钢瓶内贮存气体的压力，低压表的出口压力可由调节螺杆控制。

使用时先打开钢瓶总开关，然后顺时针转动低压表压力调节螺杆，使其压缩主弹簧并传动薄膜、弹簧垫块和顶杆而将活门打开。这样进口的高压气体由高压室经节流减压后进入低压室，并经出口通往工作系统。转动调节螺杆，改变活门开启的高度，从而调节高压气体的通过量并达到所需的压力值。

减压阀都装有安全阀，它是保护减压阀并使之安全使用的装置，也是减压阀出现故障的信号装置。如果由于活门垫、活门损坏或由于其他原因，导致出口压力自行上升并超过一定许可值时，安全阀会自动打开排气。

(5) 氧气减压阀的使用方法

① 按使用要求的不同，氧气减压阀有许多规格。最高进口压力大多为 150kg·cm^{-2}（约 $150×10^5$ Pa），最低进口压力不小于出口压力的 2.5 倍。出口压力规格较多，一般为 0~1kg·cm^{-2}（$1×10^5$ Pa），最高出口压力为 40kg·cm^{-2}（约 $40×10^5$ Pa）。

② 安装减压阀时应确定其连接规格是否与钢瓶和使用系统的接头相一致。减压阀与钢瓶采用半球面连接，靠旋紧螺母使二者完全吻合。因此，在使用时应保持两个半球面的光洁，以确保良好的气密效果。安装前可用高压气体吹除灰尘，必要时也可用聚四氟乙烯等材料作垫圈。

③ 氧气减压阀应严禁接触油脂，以免发生火灾事故。

④ 停止工作时，应将减压阀中余气放净，然后拧松调节螺杆，以免弹性元件长久受压变形。

⑤ 减压阀应避免撞击振动，不可与腐蚀性物质相接触。

(6) 其他气体减压阀

有些气体，例如氮气、空气、氩气等永久性气体，可以采用氧气减压阀。但还有一些气体，如氨等腐蚀性气体，则需要专用减压阀。市面上常见的有氮气、空气、氢气、氨、乙炔、丙烷、水蒸气等专用减压阀。

这些减压阀的使用方法及注意事项与氧气减压阀基本相同。但是，还应该指出：专用减压阀一般不用于其他气体。为了防止误用，有些专用减压阀与钢瓶之间采用特殊连接口。例如氢气和丙烷均采用左牙螺纹，也称反向螺纹，安装时应特别注意。

6.3 实验报告要求

物理化学实验报告的格式，一般应包括下列各项。

① 实验题目。

② 实验目的：写明本实验的目的及要学习和掌握的知识。

③ 实验原理。

简明扼要地说明本实验所依据的测量原理和所涉及的理论基础，该部分应包括：本实验所依据的原理、计算公式、原理图等。

④ 仪器和药品。

列出本实验所用的仪器（应包含规格、数量、型号、仪器或装置示意图），实验辅助用具的种类和数量，药品（应说明纯度或浓度）。

⑤ 实验内容：按实验过程的先后顺序列出主要步骤。

⑥ 实验数据记录与处理。

a. 数据记录　以表格的方式列出所测的实验数据，包括物理量的名称、单位及测量次数。

b. 数据处理　按要求对原始数据进行处理，简化公式要写出具体的推导过程，要至少以一组实验数据为例说明数据处理的全过程,然后将计算结果列于表中。如果是采用作图法对数据进行处理的,则不仅要列出表格,还要用坐标纸绘出相应的图(或者用 Origin 等软件作图),再计算出最终结果(所有的计算都必须按有效数字的运算规则进行)。

c. 误差分析　根据误差理论分析出本实验存在的主要误差以及它们对测量结果的影响;根据实验过程中自己的体会,有针对性地提出对实验方法、实验设备的改进意见。

⑦ 思考题:完成思考题。

6.4　热力学实验

热力学是研究热、功和其他形式能量之间的相互转换及其转换过程中所遵循的规律;研究各种物理和化学变化过程中所发生的能量效应;研究化学变化的方向和限度。广义地说,热力学是研究体系宏观性质变化之间的关系。通常用体系的宏观可测性质,如体积、压力、温度、黏度、表面张力等来描述体系的热力学状态,这些性质又称为热力学变量。

本节包含温度测量与控制、凝固点下降法测尿素的摩尔质量和 Sn-Bi 二组分金属相图 3 个实验。

实验 6-1　温度测量与控制

实验目的

1. 熟悉恒温槽的构造及各部件的作用,学会恒温槽的安装和使用方法。
2. 掌握贝克曼温度计和接触式温度计的使用方法,测定恒温槽的灵敏度曲线。

实验原理

物质的物理化学特性,都与温度有密切关系,温度是确定物质状态的一个基本参量。在物理化学实验中,物质的黏度、折射率、表面张力、饱和蒸气压以及化学反应速率常数等的测定,均需在恒温下进行。因此,温度的准确测量、控制及恒温技术在物理化学实验中是非常重要的。

实验室常使用恒温槽来达到恒温的目的。恒温槽由槽体、介质、搅拌器、温度计、加热器、感温元件(常用接触温度计)和电子继电器等组成。有时为了控制加热元件的功率而连接变压器,其装置如图 6-17 所示。

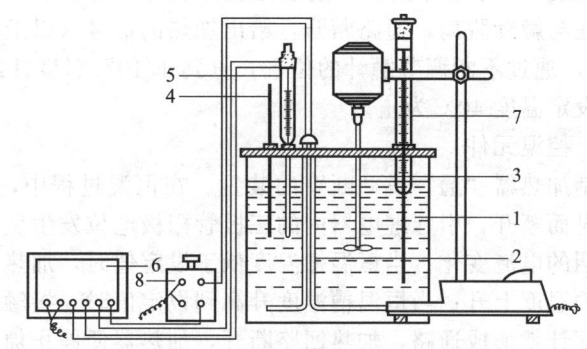

图 6-17　恒温槽装置
1—浴槽;2—加热器;3—搅拌器;4—温度计;5—接触温度计;6—继电器;
7—贝克曼温度计(或精密温度温差测量仪代替 4 和 7);8—调压器

(1) 槽体

用于盛装恒温介质,可根据恒温要求选用不同材质的槽体,其容量和形状也可视需要和有利于控温而定。本实验设定温度只略高于室温,因此选用 20L 左右的圆柱形敞口玻璃缸作槽体。

(2) 介质

在 $-60\sim30$℃时,一般用乙醇或乙醇的水溶液;$0\sim90$℃时用水;$80\sim160$℃时用甘油或甘油的水溶液;$70\sim200$℃时用液体石蜡或硅油。本实验设定温度只略高于室温,因此选用水为介质。

(3) 搅拌器

搅拌器的作用是搅动恒温介质,以保证恒温槽的温度均匀。搅拌器应装在加热器的上部或与加热器靠近,使加热后的液体及时混合均匀,再流至恒温区,可根据槽体的大小和形状,介质黏度以及传质、传热情况等实际需要调节搅拌速度。

(4) 温度计

一般采用分度为 1/10℃ 的水银温度计来测量恒温槽的实际温度。为了评价恒温槽的控温品质,作控温曲线,还要用到贝克曼温度计。如果采用数字式温度温差测量仪,则无需 1/10℃ 的水银温度计和贝克曼温度计。

(5) 加热器

一般常采用电加热器,并要求它的热容量小、导热性能好,功率大小根据恒温槽的大小和所需温度高低来选择(其功率最好是能使加热和停止加热的时间各占一半),并且加热器最好安装在槽底附近。为了提高恒温槽的控温品质,可采用调压器。

(6) 感温元件

感温元件的作用是当恒温槽的温度达到设定值时,发出信号,命令执行机构停止加热。低于设定温度时,则又发出信号,命令执行机构继续加热。感温元件有多种,目前实验室常用的感温元件是接触温度计。它是一支可以导电的特殊温度计,在它的毛细管中悬有一根可上下移动的金属丝(例如钨丝),另一根固定的金属丝深入温度计的底部与水银球相接,两根金属丝的引出线分别接入电子继电器的两个接线柱上。在接触温度计的上部装有一根随管外调节帽(内有永久磁铁)旋转的螺杆,螺杆上有一标铁与触针(即那根可以上下移动的金属丝)相连。当旋转调节帽时,螺杆跟着转动,标铁就上下移动,并带动触针也上升或下降(注意:接触温度计只能作为定温器,而不能作为温度指示器,它上面的读数不一定与恒温槽的实际温度一致。恒温槽的实际温度应以 1/10℃ 温度计或数字式温度温差测量仪的指示为准)。当加热时水银柱上升与触针接触,接触温度计就形成通路,给出停止加热的信号;当温度降低时,水银柱与触针脱离,通路断开,给出加热的信号(以上可以通过电子继电器的指示灯看出)。因此,通过不断调节触针的位置,直到 1/10℃ 温度计或数字式温度温差测量仪的指示温度达到设定温度 40℃ 为止。

(7) 电子继电器(控温元件)

电子继电器是控制加热器"通"或"断"的装置。在恒温过程中,由于温度不断波动,接触温度计时而接通时而断开,引起继电器内的三极管栅极电位发生变化,栅极电位变化的结果,就影响流过线圈的电流变化。当恒温槽温度低于设定值时,加热回路接通,此时继电器的红灯亮,恒温槽的温度上升;当恒温槽温度升高到设定值时,接触温度计的水银柱上升与触针接触,接触温度计就形成通路,加热回路断开,加热器便停止加热,此时继电器的绿灯亮。其简单恒温原理如图 6-18 所示。

电子继电器一般能控制温度的波动范围为 $\pm 0.1\sim\pm 0.01$℃,进一步改进并增加其他器件后可达 ± 0.001℃。

综上所述,恒温状态是通过一系列部件的相互配合而获得的,因此不可避免地存在着各种滞后效应,如温度传递、继电器、加热器等的滞后。所以在选择各部件时,对其灵敏度有

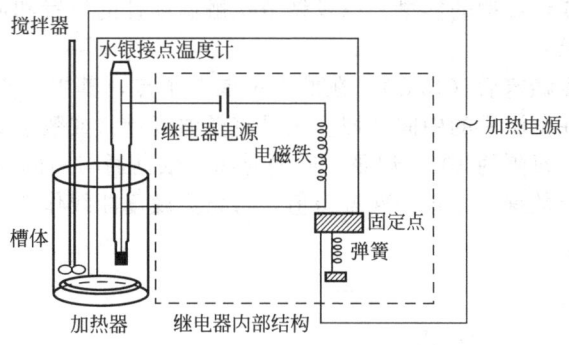

图 6-18 恒温槽控温工作示意

一定的要求,同时还要注意各部件在恒温槽中的布局是否合理。

恒温槽恒温效果通常用恒温槽灵敏度 t_E 来衡量。所谓恒温槽灵敏度 t_E 是指在规定温度下槽内温度的波动情况。其计算式如下:

$$t_E = \pm \frac{(t_1 - t_2)}{2}$$

式中,t_1 为恒温槽槽温达指定温度停止加热后,恒温槽达到的最高温度;t_2 为恒温槽槽温达指定温度后,因散热而降低到的最低温度。

若实验时,测取恒温槽温度波动值随时间而变的情况,并以测得温度波动值(即温差值)为纵坐标,时间为横坐标,作成曲线,称为恒温槽在指定温度下的灵敏度曲线(温度-时间曲线),如图 6-19 所示。

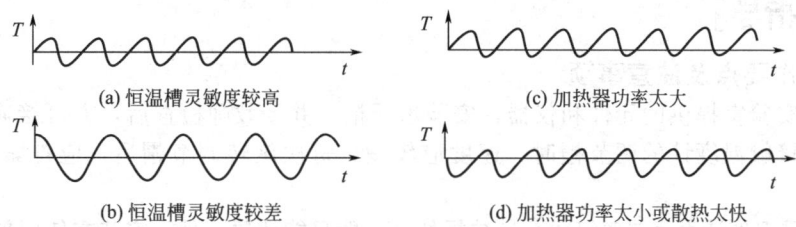

图 6-19 恒温槽控温灵敏度曲线

仪器与药品

带电加热器的玻璃缸(20L)1 套,接触温度计 1 支,电动搅拌器 1 台,电子继电器 1 台,1/10℃温度计和贝克曼温度计各 1 支(或数字式温度温差测量仪 1 台),秒表 1 只,调压变压器 1 台。

实验内容

(1) 按图 6-17 安装好仪器,加入自来水至离槽口 5cm 处。

(2) 接通电源,调节适当的搅拌速度。调节接触温度计,使其比设定值低 1~2℃,若设定值为 40℃,则调节接触温度计到 38~39℃处。当加热器开始加热一段时间后,由于温度上升,水银柱与触针重新接触,加热又停止,又将触针往上旋一些,如此即能逐步地调至所需的设定温度。在调节接触温度计的同时,应认真仔细地观察恒温槽中 1/10℃的水银温度计(或数字式温度温差测量仪),当接触温度计的触针与水银柱刚刚接触时(即继电器的加热指示灯刚刚熄灭时),1/10℃的水银温度计(或数字式温度温差测量仪)上的温度读数就是恒温槽的实际温度。

(3) 当温度达到设定值后,再认真观察电加热器通与断的时间是否大致相同(即继电器的红、绿指示灯交替变化的时间是否大致相同),以及通与断的周期是否较短。否则,应通过调整加热器的功率或恒温槽的容量，以及调节接触温度计的位置和适当加快搅拌器的速度等措施来达到上述要求。

（4）当恒温槽温度稳定后（40℃），在槽内选取3个点，其中一点靠近加热器，一点在恒温槽边缘，另一点在恒温槽的中间区域。用贝克曼温度计（或数字式温度温差测量仪）测量这些点的温度变化，每隔约10s（记录的间隔时间应依据通与断的时间长短来确定，要保证每个周期至少有5个数据）记录一次温差值，每条灵敏度曲线作3~4个周期即可。

数据记录与处理
（1）数据记录
室温：_____ 大气压：_____

t/s	T/℃	t/s	T/℃

（2）数据处理
① 分别绘制40℃时，恒温槽内3个不同位置的温差-时间曲线，即灵敏度曲线。
② 利用公式 $t_E = \pm \dfrac{t_1 - t_2}{2}$ 对恒温槽内3个不同位置的控温精度进行计算。

思考题
1. 对于指定的恒温槽，加热器功率适中是什么意思？
2. 为得到较好的控温曲线，应采取哪些措施？

[学习指导]

实验操作要点及注意事项
1. 根据实验室提供的元件和仪器，安装恒温槽，并经教师检查后，方可接通电源。
2. 旋转接触温度计的调节帽时，速度应较慢，每次旋转调节帽后，应拧紧调节帽的固定螺丝。
3. 贝克曼温度计由薄玻璃组成，易被损坏，一般只能放置三处：安装在使用仪器上、放在温度计盒内和握在手中，不准随意放置在其他地方。调节时，应当注意防止骤冷或骤热。
4. 使用夹子固定温度计时，必须垫有橡胶垫，不能用铁夹直接夹温度计。
5. 使用数字式温度温差测量仪时，严禁弯折仪器上的探头，且实验时应尽量将探头靠近被测位置。
6. 实验结束后，应先关闭电源，确保仪器不带电后，方可拆卸导线。

实验 6-2　凝固点下降法测尿素的摩尔质量

实验目的
1. 通过本实验加深对稀溶液依数性的理解。
2. 掌握凝固点的测量技术。
3. 用凝固点下降法测量尿素的摩尔质量。

实验原理
在一定压力下，固液两相达平衡时的温度称为凝固点。溶液的凝固点不仅与外压有关，还和液态溶液的组成，以及析出的固态物质的组成有关。当溶剂中溶有少量溶质形成稀溶液且溶质与溶剂不生成固态溶液时，从溶液中析出固态纯溶剂的温度会低于纯溶剂在同样外压下的凝固点，即凝固点降低。当确定了溶剂的种类和数量后，溶剂凝固点降低值仅取决于溶剂中溶质分子的数目。故凝固点下降法是测定溶质摩尔质量的一种简单而又比较准确的方法之一。

当溶液为稀溶液，且溶液中只有一种溶质，溶质在溶液中不挥发、不缔合、不解离、不与溶剂生成固溶体（即溶液凝固时结晶析出的只是纯溶剂）时，则溶液凝固点降低只与溶质的质量摩尔浓度呈正比，即：

$$\Delta T_f = T_f^* - T_f = K_f b_B \tag{6-1}$$

式中，T_f^* 为纯溶剂的凝固点；T_f 为溶液的凝固点；ΔT_f 为纯溶剂凝固点与溶液的凝固点之差；K_f 称为纯溶剂的凝固点降低常数，$K \cdot kg \cdot mol^{-1}$；$b_B$ 为溶质的质量摩尔浓度，$mol \cdot kg^{-1}$。

若溶质的质量为 $m_B(g)$，摩尔质量为 $M_B(g \cdot mol^{-1})$，溶剂的质量为 $m_A(g)$，则溶质的质量摩尔浓度 $b_B(mol \cdot kg^{-1})$ 可表示为：

$$b_B = \frac{m_B}{M_B m_A} \times 1000 \tag{6-2}$$

将式(6-2)代入式(6-1)中，整理可得

$$M_B = \frac{K_f \cdot m_B}{\Delta T_f \cdot m_A} \times 1000 \tag{6-3}$$

在本实验中，溶剂的质量 m_A 用移液管准确移取，溶质的质量 m_B 可通过电子天平精确称量；由式(6-3)可知，若再已知 K_f 值，则只要测出溶液的凝固点降低值 ΔT_f，即可求得溶质 B 的摩尔质量 M_B。

实验采用过冷法测量纯溶剂和溶液的凝固点。所谓"过冷法"是指将溶液冷却成过冷液体（液体的温度降至凝固点以下而不使其凝固），然后通过搅拌等其他措施令液体结晶。因为当溶液达到凝固点时，通常不马上析出晶体，而是使溶液处于过饱和状态。此时，一有晶体析出，立即有大量的晶体析出，伴随着大量的热量放出，使温度回升。当放出的热量与散热平衡时，温度就不再发生变化，此温度即为凝固点。

纯溶剂的凝固点是它的液相和固相共存时的平衡温度。若将纯溶剂缓慢冷却，理论上得到它的步冷曲线，如图 6-20 中的 (a)，但实际的过程往往会发生过冷现象，液体的温度会下降到凝固点以下，待固体析出后会慢慢放出凝固热，使体系的温度回到平衡温度，待液体全部凝固之后，温度逐渐下降，如图 6-20 中 (b)。

溶液的凝固点是该溶液的液相与纯溶剂的固相平衡共存的温度。溶液的凝固点

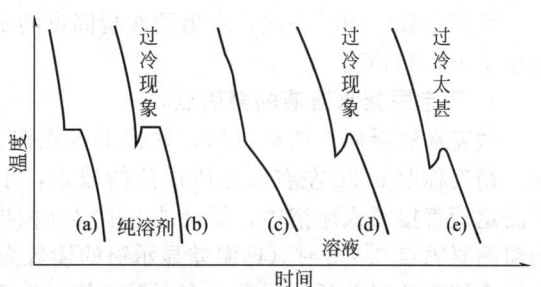

图 6-20　步冷曲线示意

很难精确测量，当溶液逐渐冷却时，其步冷曲线与纯溶剂不同，如图 6-20 中 (c) 和 (d)。由于有部分溶剂凝固析出，使剩余溶液的浓度增大，因而剩余溶液与溶剂固相平衡共存的温度也在下降，就会出现曲线 (c) 的形状，通常也会有稍过冷的曲线 (d) 形状。此时可以将温度回升的最高值近似地作为溶液的凝固点。

在测量过程中，析出的固体越少越好，以减少溶液浓度的变化，才能准确测定凝固点。若过冷太甚，溶剂凝固太多，溶液的浓度变化太大，就会出现图 6-20 中曲线 (e) 的形状，使测量值偏低。因此，在测量过程中可通过控制寒剂温度、加速搅拌、加入少量晶种等方式来控制溶液的过冷现象。

仪器与药品

凝固点测定装置1套、25mL移液管1支、电子天平、压片机、纱布、碎冰。

尿素（AR）、蒸馏水、氯化钠。

实验内容

1. 调节寒剂温度

将凝固点测定仪的测定管和空气套管洗净并烘干，在冰槽中放入一定比例的水、碎冰和氯化钠，调节温度达到$-3 \sim -2 \, ^\circ\mathrm{C}$。

2. 水的凝固点的粗测

① 接通凝固点测量仪的电源，预热5min。

② 在室温下用移液管移取25mL蒸馏水，置于已干燥的测定管中，插入电子温差测量仪的测温探头和搅拌器（应擦干后方可插入），将测温探头的顶端置于液体的中心部位。将测定管直接放入冰浴中，缓慢地上下移动搅拌器，让水温逐渐下降，当冷却至$-0.4 \sim -0.3 \, ^\circ\mathrm{C}$时，加速搅拌，促使固体析出。当测定管中水的温度上升后，直至温度保持不变，改为慢速搅拌，此即水的粗测凝固点。然后按"采零"键，对温差采零，再按下"锁定"键。此时温差显示屏显示"0.000"，稍后的变化值即为采零后的温差相对变化值。

3. 水的凝固点的精测

① 取出测定管，用手进行温热，令管内的结晶全部融化。再将测定管插入冰浴中，缓慢地上下移动搅拌器，让水温逐渐下降，当冷却至$0.2 \, ^\circ\mathrm{C}$时（温差显示窗的读数），取出，迅速擦干测定管外壁的水，将测定管放入空气套管中并固定好，慢慢搅拌，使水的温度均匀下降。

② 当温差显示窗读数约为$0.1 \, ^\circ\mathrm{C}$时开始每隔30s记录一次温差值，当温差显示数值比粗测凝固点读数低$0.4 \, ^\circ\mathrm{C}$时（即温差显示窗的读数为$-0.4 \, ^\circ\mathrm{C}$），应急速搅拌，促使固体析出。当温差开始回升后，每隔15s记录一次温差值，直至温差值相对稳定，立即改为缓慢搅拌，再记录5~6个温差值即可，此稳定值即为水的凝固点。

重复步骤①和②一次，求出两次凝固点的平均值，两次凝固点测量值的绝对平均误差值应小于$\pm 0.004 \, ^\circ\mathrm{C}$。

4. 测定尿素水溶液的凝固点

做完水的凝固点的精测后，取出凝固点测定管，用手捂热测定管，使管中晶体完全融化。精确称取0.3g左右已经压成片的尿素，小心地由测定管口投入水中，待尿素溶解后，将测定管直接放入冰浴中，缓慢地上下移动搅拌器，让溶液温度逐渐下降，当冷却至低于水的粗测凝固点$0.7 \, ^\circ\mathrm{C}$时（即温差显示窗的读数为$-0.7 \, ^\circ\mathrm{C}$），加速搅拌，促使固体析出。当测定管中溶液的温差开始回升，直至温差值保持不变，改为慢速搅拌，此即尿素溶液的粗测凝固点。粗测完成后，再按操作步骤3.精测尿素溶液的凝固点两次，且两次凝固点测量值的绝对平均误差值应小于$\pm 0.01 \, ^\circ\mathrm{C}$。

数据记录与处理

（1）数据记录

室温：_____　　大气压：_____

t/min	T/℃	t/min	T/℃

（2）数据处理

① 分别画出溶剂和溶液的步冷曲线（以温差值为纵坐标，时间为横坐标），分别求出水和尿素溶液的凝固点（两次测量取平均值），然后计算 ΔT_f。

一些常用溶剂的凝固点下降常数 K_f（K·kg·mol^{-1}）见表6-4。

表6-4 溶剂的凝固点下降常数

溶剂	水	乙酸	苯	环己烷	樟脑	萘
凝固点/℃	0	16.6	5.5	6.5	178.5	80.35
K_f/K·kg·mol^{-1}	1.86	3.90	5.12	20	40	6.9

② 利用式(6-3)求出尿素的摩尔质量。
③ 计算测定值与理论值的相对误差。

思考题

1. 定性讨论，当溶质在溶液中发生解离、缔合、溶剂化生成络合物的情况下，对测量结果会引起何种误差？
2. 加入溶剂中溶质的量应如何确定？加入太多或太少有何影响？
3. 冰浴中寒剂温度应调节在什么范围？过高或过低为何不好？
4. 尿素为何要压成片状？

[学习指导]

实验仪器介绍

(1) SWC-LG 凝固点测量仪构造
① 前面板 如图6-21所示。

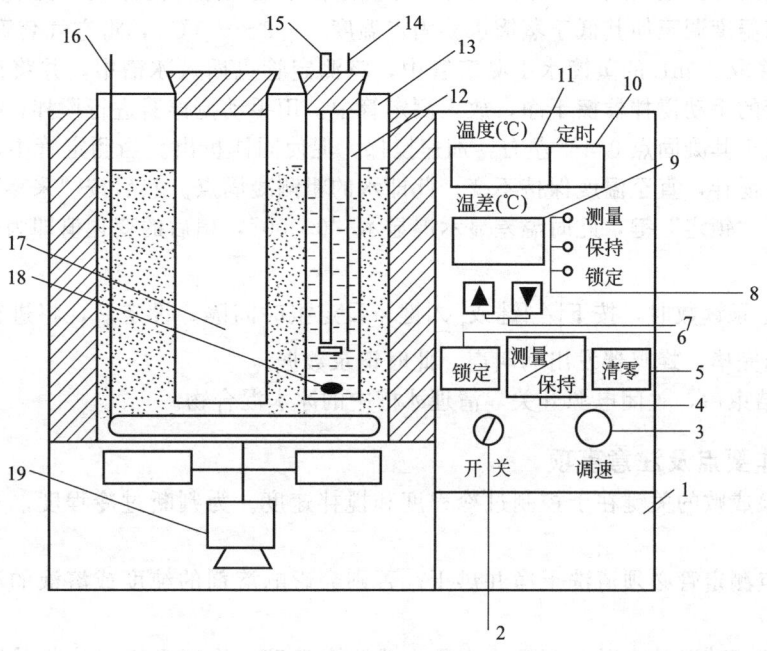

图6-21 前面板示意
1—机箱；2—电源开关；3—磁力搅拌器调速旋钮；4—测量与保持状态的转换；5—温差清零键；
6—锁定键；7—定时设置按键；8—状态指示灯；9—温差显示窗口；10—定时显示窗口；
11—温度显示窗口；12—凝固点测定管；13—冰浴槽（保温筒）；14—手动搅拌器；
15—温度传感器；16—手动搅拌器（冰浴槽）；17—空气套管；
18—搅拌磁珠；19—磁力搅拌器

② 后面板 如图6-22所示。

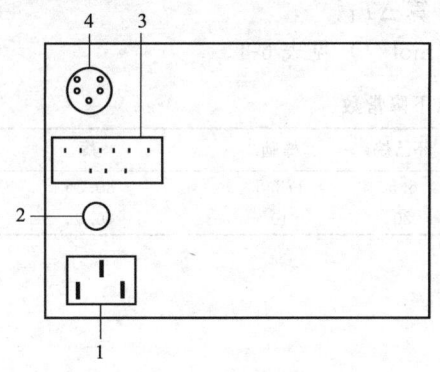

图6-22 后面板示意
1—电源插座：与市电~220V连接；
2—保险丝（0.5A）；
3—串行口（计算机接口，可选配）；
4—传感器插座：将传感器的插头插入此插座

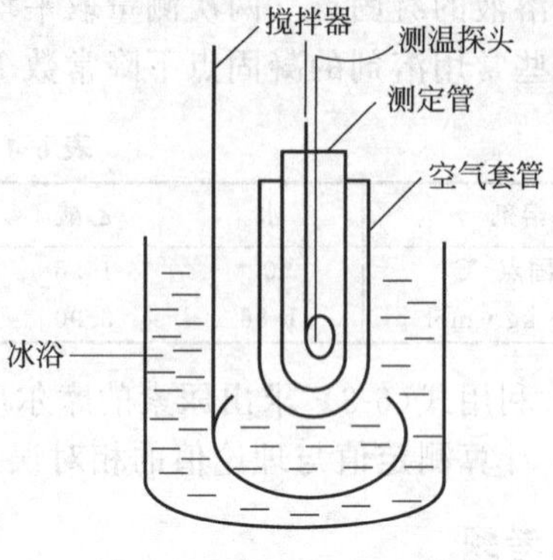

图6-23 凝固点测量装置

(2) 使用方法

① 将传感器航空插头插入后面板上的传感器接口（注意：要槽口对准）。

② 将~220V电源接入后面板上的电源接头。

③ 打开电源开关，此时温度显示屏显示初始状态（实时温度），温差显示屏显示以20℃为基温的温差值。

④ 将传感器放入冰槽中（见图6-23），并在冰槽中放入敲碎的冰块和自来水，加入适量的食盐将冰槽温度调至使其低于蒸馏水凝固点温度（-2~-3℃），将空气套管插入冰槽内。

⑤ 准确移取25mL的蒸馏水于测定管中，将测定管也插入冰槽中，并将传感器的测温探头和测定管的手动搅拌器擦干净，放入测定管中。用手动搅拌器进行搅拌，待测定管中水的温度降至低于其凝固点0.4℃左右，加速搅拌，促使固体析出。当测定管中水的温度上升时，改为慢速搅拌，直至温度保持不变，此即水的粗测凝固点。然后按"采零"键，对温差采零，再按下"锁定"键，此时温差显示屏显示"0.000"，稍后的变化值即为采零后的温差相对变化值。

⑥ 需要记录读数时，按下△键或▽键，设定报时间隔。设定后，将进行倒计时，当一个计时周期完毕，蜂鸣器发出鸣叫声，此时记录数据。

⑦ 实验结束后，关闭电源开关，清理冰槽中的冰水混合物。

实验操作要点及注意事项

1. 本实验成败的关键在于控制过冷程度和搅拌速度。为判断过冷程度，本实验先粗测凝固点。

2. 凝固点测定管必须清洗干净并烘干，否则会影响溶剂的纯度或溶液的浓度，进而影响实验结果。

3. 用移液管移取纯水时，不要让水溅出或溅在管壁上；将尿素压成片状并用电子天平准确称取，然后将片状的尿素投入水中，不要让其附着在管壁上；否则，会影响溶液的浓度，进而影响实验结果。

4. 在测量过程中，析出的固体越少越好，以减少溶液浓度的变化，才能准确测定溶液的凝固点。

5. 每次将测定管取出用手捂住融化晶体时,时间不宜过长,以晶体刚好全部融化为度,避免温度升高较多,再次冷却需要较长时间。

6. 使用手动搅拌器时,应避免其与传感器和管壁摩擦。

实验知识拓展

K_f 值和 M_B 值的测定:配制一系列不同 m_B 的稀溶液,测定一系列 ΔT_f 值,代入凝固点降低公式,计算出一系列 K_f,然后作 K_f-m_B 图。外推至 $m_B=0$ 的那个纵坐标就是准确的 K_f 值。反过来,若已知 K_f,则测定了 ΔT_f 就可求出溶质的摩尔质量。也可由 4 个以上的实测值 ΔT_f 算出 M_B,然后再作 M_B 对 m_B 的图,外推至 $m_B=0$ 的那个纵坐标就为 M_B 的准确值。

沸点升高常数 K_b 的测定同 K_f 的测定。

实验 6-3　Sn-Bi 二组分金属相图

实验目的

1. 熟悉热分析法(步冷曲线法)测绘 Sn-Bi 二组分金属相图。
2. 熟悉金属相图实验炉的使用方法。
3. 了解固-液相图的基本特点。

实验原理

用热分析法绘制相图的基本原理是将二组分体系全部熔化,然后让其在一定环境下自然冷却,观察体系在冷却时温度随时间变化的关系,绘制出温度-时间的关系曲线,即步冷曲线,进一步判断有无相变发生(见图 6-24)。

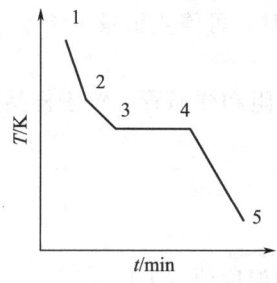

图 6-24　温度-时间的关系曲线

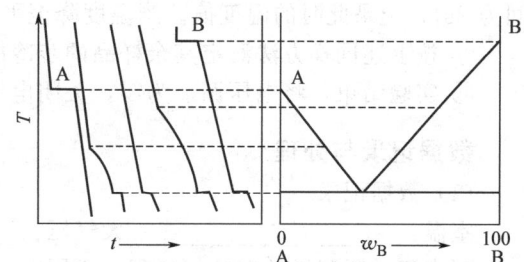

图 6-25　步冷曲线和金属相图

对于二元简单共熔物体系来说,当体系均匀冷却时,如果体系不发生相变,则体系的温度随时间的变化是均匀的,冷却也较快,此时在步冷曲线上应是一平滑的线段,如图 6-24 中的 1-2 线段。如果在冷却过程中发生了相变,由于在相变过程中放出相变热,使热损失有所抵偿,所以体系的冷却速度减缓,此时步冷曲线出现转折点(如图 6-24 中 2 点)。当溶液进一步冷却至某一点时,系统中低共熔混合物开始凝结,在低共熔混合物全部析出之前,系统温度保持不变,此时的步冷曲线出现平台(如图 6-24 中 3-4 线段),直到溶液完全固化后温度再继续下降(如图 6-24 中 4-5 线段)。

由此可知,对组成一定的二元低共熔混合物体系来说,可以根据它的步冷曲线判断有固体析出时的温度和最低共熔温度。如果取一系列组成不同的体系作出它们的步冷曲线,求出各转折点和平台对应的温度和组成,即能画出二元体系最简单的相图(温度-组成图)。不同组成体系的步冷曲线与金属相图之间的关系如图 6-25 所示。

仪器与药品

KWL-08 金属相图实验炉1套、SWKY 数字控温仪1台、样品管5支、样品架。锡、铋、石墨粉。

实验内容

(1) 配制样品

① 称取不同质量百分比（总量为100g）的锡、铋样品，分别放入5个样品管中。

样品编号	1	2	3	4	5
Bi/g	100	0	30	58	80
Sn/g	0	100	70	42	20
最高加热温度/℃	321	282	230	188	265

② 为了防止金属高温氧化，在各样品上覆盖 1~2cm 厚的石墨粉。

(2) 作步冷曲线

① 先检查样品管是否完好，然后将铂电阻插入样品管中，再将样品管放入电炉中。

② 将面板控制开关置于"内控"位置（本实验采用"内控"升温方式）。将电炉面板开关置于"开"的位置，接通电源，调节"加热量调节"旋钮，对炉子进行升温。

③ 当炉温接近所需温度时，适当调节"加热量调节"旋钮，降低加热电压，使炉内升温趋缓（必要时可开启"冷风量调节"旋钮，使炉膛升温平缓，以保证达到所需温度时基本稳定，避免温度过冲，影响实验的顺利进行）。

④ 降温时，首先将"加热量调节"旋钮逆时针旋到底（即关掉炉子的加热电源），然后调节"冷风量调节"旋钮来控制降温速度（本实验采用的降温速率为 4℃·min^{-1}）。待温度降到需要记录的温度值时，可按"工作/置数"键，置数灯亮，按定时增、减键设置所需间隔的定时时间（本实验设置间隔时间为 30s），即时间从 30 倒数至零，蜂鸣器鸣响（鸣响时间为 2s），记录此时的温度值。当温度降至平台下约 10℃时，可停止记录。

⑤ 按上述同样方法测定其余样品的步冷曲线。

⑥ 实验结束，将电压调节为零，关闭电源，取出铂电阻和样品管，置于样品架上冷却。

数据记录与处理

(1) 数据记录

室温：_____   大气压：_____

列表记录所测样品在冷却过程中不同时间（t）对应的温度值（T）。

t/min	T/℃	t/min	T/℃

(2) 数据处理

① 以时间 t 为横坐标，温度 T 为纵坐标，绘制各样品的步冷曲线。

② 二元金属相图的绘制：以步冷曲线中各转折点的相变温度为纵坐标，以各体系组成的组分百分率为横坐标作图，即可得锡、铋二元金属相图。

思考题

1. 对于不同组成的混合物的步冷曲线，其平台有何不同？哪一种组成的平台最长？为什么？

2. 用相律解释一个样品的步冷曲线中每一部分的含义，并指出其中的物相平衡。

3. 样品加热时温度为何不可过高或过低？

[学习指导]

实验仪器介绍

(1) SWKY 数字控温仪构造

① 前面板外观　如图 6-26 所示。

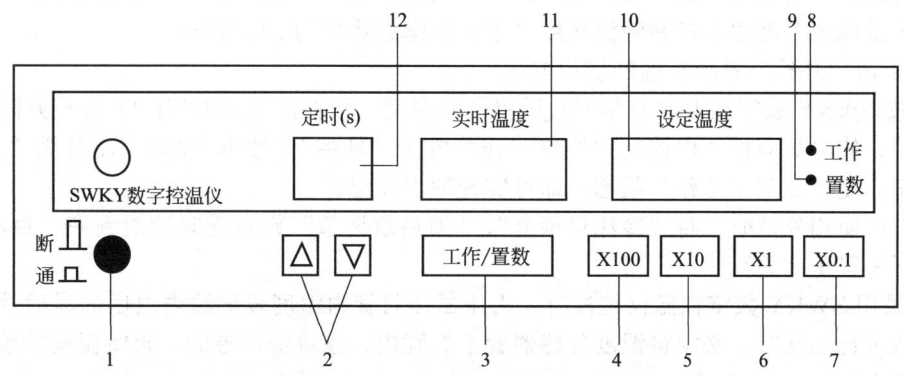

图 6-26　前面板示意

1—电源开关；2—定时设置按钮，从 0～99s 之间按增、减键按钮调节；3—工作/置数转换按钮，切换加热、设定温度的状态；4～7—设定温度调节按钮，分别设定温度的百位、十位、个位及小数点位；8—工作状态指示灯，灯亮，表明仪器对加热系统进行控制的工作状态；9—置数状态指示灯，灯亮，表明系统处于置数状态；10—设定温度显示窗口，显示设定温度值；11—实时温度显示窗口，显示被测物的实际温度；12—定时显示窗口，显示所设定的记录（报警）间隔时间

② 后面板　如图 6-27 所示。

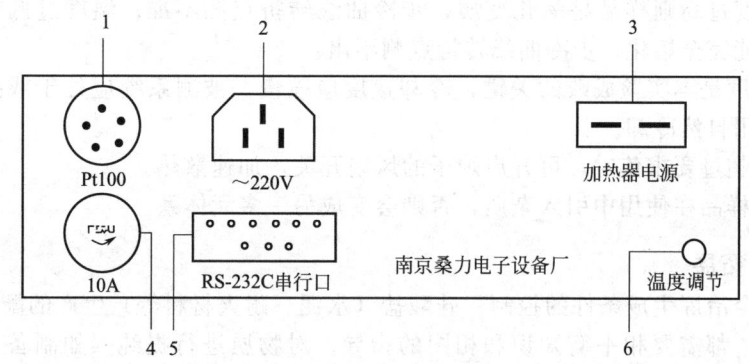

图 6-27　后面板示意

1—传感器插座，将传感器插入此插座；2—电源线插座，接～220V 电源；3—加热器电源插座，将加热器用对接线对准槽口连接在此处；4—保险丝；5—RS-232C 串行口，计算机接口（可选配）；6—温度调节，生产厂家进行仪表校验时用，用户切勿调节此处，以免影响仪表的准确度

(2) KWL-08 可控升降温电炉

① 采用"内控"系统控制温度的使用方法

a. 外观检查：电炉表面应光洁、平整、无划伤、划痕；旋钮平滑、舒适；开关灵活、

可靠。

  b. 将面板控制开关置于"内控"位置。

  c. 将温度传感器置于炉膛或样品管中。

  d. 将电炉面板开关置于"开"的位置，接通电源，调节"加热量调节"旋钮对炉子进行升温。

  e. 炉温接近所需温度时，适当调节"加热量调节"旋钮，降低加热电压，使炉内升温趋缓，必要时开启"冷风量调节"，使炉膛升温平缓，以保证达到所需温度时基本稳定，避免温度过冲，影响实验的顺利进行。

  f. 降温时，首先将"加热量调节"旋钮逆时针旋到底（关掉炉子的加热电源），然后调节"冷风量调节"旋钮来控制降温速度（本实验降温速率为2℃/30s）。

  ② 采用"外控"系统控温的使用方法

  a. 按 SWKY 数字控温仪使用方法设置所需温度，将控温仪与 KWL-08 可控升降温电炉进行连接。使电炉面板"内控"、"外控"开关置于"外控"，按下 SWKY 控温仪"工作/置数"按钮，使之处于"工作"状态，即可实现理想控温。

  注意：使用外控时，将"冷风量调节"、"加热量调节"旋钮逆时针旋到底（最小），电炉电源开关置于"关"。

  b. 采用 SWKY 数字控温仪控温时，由于试样料管内温度较炉膛内温度的滞后性，故当设置完成进行加热时，必须将温度传感器置于炉膛内。系统需降温时，再将温度传感器置于试样料管内。

  c. 当温度达到设定温度时，必须恒温一段时间（恒温时间为 20~30min），使管内样品完全熔化。

  d. 降温时，可按 SWKY 控温仪的"工作/置数"键，使之处于置数状态。电炉电源开关置于"开"的位置，调节电炉"冷风量调节"旋钮，来控制降温速度。

操作要点及注意事项

  1. 金属相图实验炉在加热时，人不能离开实验台；实验时注意控制温度，防止温度过热或过低。温度过高则样品易氧化变质，步冷曲线转折点测不准；温度过低或加热时间不够，则样品不能完全熔化，步冷曲线转折点测不出。

  2. 冷却速度是本实验成败的关键，冷却速度应缓慢，被测系统应处于或接近于平衡状态，本实验采用自然冷却。

  3. 当升温超过要求值时，可开启炉子的风扇开关，加速散热。

  4. 要防止样品在使用中引入杂质，否则会变成另一多元体系。

实验知识拓展

  钢铁和合金冶炼生成条件的控制、硅酸盐（水泥、耐火材料等）生产的配料、盐湖中无机盐的提取等，都需要相平衡知识和相图的指导。对物质进行提纯（如制备半导体材料）、配制各种不同低熔点的金属合金等，都需要考虑到有关相平衡的问题。

  人们常用图形来表示体系的存在状态与组成、温度、压力等因素之间的关系。以体系所含物质的组成为自变量，温度为应变量所得到的 T-x 图是常见的一种相图。二组分相图已经得到广泛的研究和应用。固-液相图多应用于冶金、化工等部门。

  二组分体系的自由度与相的数目存在以下关系：

$$\text{自由度}=\text{组分数}-\text{相数}+2 \tag{1}$$

  由于一般的相变均在常压下进行，所以压力 p 一定，因此以上的关系式变为：

$$\text{自由度} = \text{组分数} - \text{相数} + 1 \tag{2}$$

又因为一般物质其固、液两相的摩尔体积相差不大,所以固-液相图受外界压力的影响颇小。

金属相图突出的特点是直观性和整体性,通过相图可以得知在压力恒定时某温度下,体系所处的状态,平衡共存的各相组成如何,各个相的量之间有什么关系,以及当外界条件发生变化时,相变化进行的方向和限度。因此,金属相图的绘制对于了解金属的成分、结构和性质之间的关系具有十分重要的意义。

6.5 电化学实验

电解质溶液理论、原电池理论、电池过程动力学理论的验证都是通过大量的电化学实验而实现的。电解质溶液的许多物理化学性质(电导率、离子迁移数等)、氧化还原体系的热力学数据(标准电极电势、原电池的标准电动势)以及电极过程动力学参数(如交换电流密度、超电势)等也都是由电化学实验获得的。

本节包含电导法测乙酸电离常数和原电池电动势的测定两个实验。

实验 6-4　电导法测乙酸电离平衡常数

实验目的

1. 理解用电导法测乙酸电离平衡常数的原理。
2. 学习电导仪的使用。
3. 掌握电导池常数的测定和不同浓度乙酸溶液的配制。

实验原理

(1) 用电导仪测量溶液电导的原理

将电解质溶液放入两个平行电极之间,两电极之间的距离为 l,两电极的面积为 a,这时溶液的电阻为:

$$R = \rho \frac{l}{a}, G = \frac{1}{R} = \frac{1}{\rho} \times \frac{a}{l} = \kappa \frac{a}{l} \tag{6-4}$$

式中,ρ 为比例系数,称为电阻率;G 为电导;κ 为比例系数,称为电导率,它是指两电极距离为 1m,截面积为 $1m^2$ 的电导池中溶液的电导,单位为 $S \cdot m^{-1}$。

溶液的摩尔电导率 Λ_m 是指将含有 1mol 的电解质溶液放在相距为 1m 的电导池的两个平行电极之间,这时所具有的电导。摩尔电导率与电导率的关系为:

$$\Lambda_m = \frac{\kappa}{c} \tag{6-5}$$

式中,c 为电解质溶液的浓度,$mol \cdot m^{-3}$,所以 Λ_m 的单位为 $S \cdot m^2 \cdot mol^{-1}$。

电导池中两电极之间的距离和涂有铂黑的电极面积是很难测量的,通常是将已知电导率的溶液(常用 $0.0100 mol \cdot L^{-1}$ 的 KCl 溶液)注入电导池,测量其电导,就可以确定 l/a 的值,该值称为电导池常数,用 K_{cell} 表示,单位为 m^{-1},即

$$R = \rho \frac{l}{a} = \rho K_{cell} \tag{6-6}$$

$$K_{cell} = \kappa R \tag{6-7}$$

KCl 溶液的电导率 κ,前人已精确测出,可查找获得。

(2) 电导法测乙酸电离平衡常数的原理

对 1-1 价型弱电解质的摩尔电导率 Λ_m 与电离度 α 有如下近似关系：

$$\alpha = \Lambda_m / \Lambda_m^\infty \tag{6-8}$$

式中，Λ_m^∞ 是溶液无限稀释时的摩尔电导率，此值可用离子无限稀释摩尔电导率 Λ_m^∞ 加和求得。

对于乙酸水溶液来说，存在下列电离平衡：

$$\begin{array}{ccc} HAc & \rightleftharpoons & H^+ + Ac^- \\ c(1-\alpha) & & c\alpha \quad\quad c\alpha \end{array}$$

式中，c 为乙酸的摩尔浓度；α 为电离度。由此可以得出在一定浓度 c 时，电离平衡常数 K_c 与电离度的关系为：

$$K_c = \frac{c\alpha^2}{1-\alpha} \tag{6-9}$$

将 $\alpha = \Lambda_m / \Lambda_m^\infty$ 代入上式，得

$$K_c = \frac{c\Lambda_m^2}{\Lambda_m^\infty (\Lambda_m^\infty - \Lambda_m)} \tag{6-10}$$

将上式重排后得：$\Lambda_m^2 c = (\Lambda_m^\infty)^2 K_c - \Lambda_m^\infty K_c \Lambda_m \tag{6-11}$

由式(6-11)可知，测定一定浓度 c 时的摩尔电导率 Λ_m 后，将 $\Lambda_m^2 c$ 对 Λ_m 作图可得一条直线，且

$$K_c = \frac{(斜率)^2}{截距} \quad 或 \quad K_c = \frac{截距}{(\Lambda_m^\infty)^2}$$

仪器与药品

DDS-11 型电导仪 1 台（见图 6-28）、铂黑电极 1 支、电导池 1 个、恒温槽 1 套、容量瓶 (50mL) 4 个、吸量管 (25mL，5mL，1mL) 各 1 支。

$0.1000 mol \cdot L^{-1}$ 乙酸溶液、$0.0100 mol \cdot L^{-1}$ 氯化钾溶液。

实验内容

(1) 调节恒温槽在 (25.0 ± 0.1)℃。

(2) 准确配制 $0.0010 mol \cdot L^{-1}$、$0.0050 mol \cdot L^{-1}$、$0.0100 mol \cdot L^{-1}$ 及 $0.0500 mol \cdot L^{-1}$ 的乙酸溶液。

(3) 调整好电导仪，清洗电导池。

(4) 纯水电导的测定：将电导水装入电导池中，使液面超过铂黑电极的铂片 1~2cm，放入恒温槽中恒温 5~8min 后测量其电导，重复测 3 次。

(5) 测电导池常数：用 $0.0100 mol \cdot L^{-1}$ 氯化钾溶液润洗电导池和铂黑电极 3 次，将 $0.0100 mol \cdot L^{-1}$ 氯化钾溶液装入电导池中，用上述同样方法测量其电导，重复测 3 次。

(6) 与步骤(5)相似，从稀到浓依次测量不同浓度的乙酸溶液的电导。

(7) 实验完毕后，倒去乙酸溶液，洗净电导池和电极，最后将铂黑电极浸没在装有电导水的锥形瓶中。关闭恒温槽和电导仪的电源，整理实验台。

数据记录与处理

(1) 数据记录

室温：_____   大气压：_____

实验温度：_____   电导水的电导：_____

$0.0100 mol \cdot L^{-1}$ 氯化钾溶液的电导：_____

电导池常数 K_{cell}：_____

HAc 浓度 /mol·L⁻¹	溶液的电导/mS			电导率 κ/S·m⁻¹	摩尔电导率 /S·m²·mol⁻¹	电离度 α	电离平衡常数 K
	测定值	平均值	校正				
0.0010							
0.0050							
0.0100							
0.0500							
0.1000							

（2）数据处理

① 由 25℃时 0.0100mol·L⁻¹氯化钾溶液的电导率 $\kappa=0.143$ S·m⁻¹ 和测得的电导值，计算出电导池常数。

② 当溶液的电导较小时，电解质的电导要进行溶剂校正，即：

$$G_{溶质}=G_{溶液}-G_{溶剂}$$

因此，应将测得的各种浓度的乙酸溶液的电导值，减去同温度下电导水的电导值，才是乙酸真实的电导。

③ 由各浓度乙酸的真实电导值和上面求出的电导池常数求出各浓度乙酸的电导率。

④ 根据各浓度乙酸的电导率，求出各浓度乙酸相应的摩尔电导率 Λ_m 和电离度 α（已知 25℃时乙酸无限稀释的摩尔电导率 $\Lambda_m^\infty = 3.907 \times 10^{-2}$ S·m²·mol⁻¹）。

⑤ 由电离度 α 计算出电离平衡常数 K_c。

⑥ 用 $\Lambda_m^2 c$ 对 Λ_m 作图，求出相应的斜率和截距，进而求出平均电离平衡常数 K_c。

乙酸电离平衡常数随温度的变化关系可用下式计算：

$$\lg K_c = -1170.4 T^{-1} + 3.1649 - 0.013399 T$$

思考题

1. 电导池常数是否可用几何尺寸的测量方法确定？
2. 为何要用待测液多次润洗电导池和电极？
3. 测量溶液电导时为何要将装有待测液的电导池放入恒温槽中恒温？

[学习指导]

实验仪器介绍

（1）DDS-11 型电导仪的使用方法

① 接通电源前，先检查表针是否指零，如不指零，可调节表头上的校正螺丝，使表针指零（见图 6-29）。

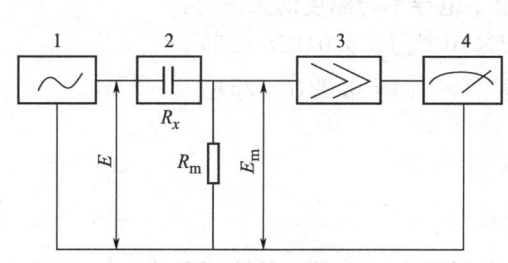

图 6-28 电导仪测量原理
1—振荡器；2—电导池；3—放大器；4—指示器

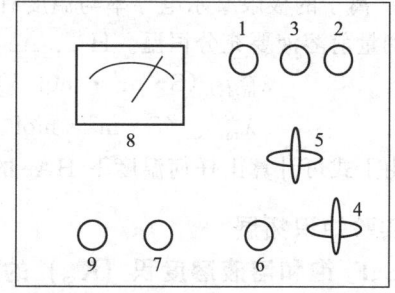

图 6-29 DDS-11 型电导仪的面板
1～3—电极接线柱；4—校正/测量开关；
5—范围选择器；6—校正调节器；7—电源开关；
8—指示表；9—电源指示灯

② 接通电源，打开电源开关，指示灯即亮。预热数分钟，即可开始工作。

③ 将测量范围选择器旋钮拨到所需的范围挡。如不知被测溶液电导的含量范围，则应将旋钮分置于最大量程挡，然后逐挡减小，以保护表不被损坏。

④ 选择电极 本仪器附有两种电极，分别适用于下列电导范围：a. 被测液电导低于 $5\mu S$ 时，用 260 型光亮电极；b. 被测液电导为 $5\sim 150mS$ 时，用 260 型铂黑电极。

⑤ 连接电极引线 使用 260 型电极时，电极上两根同色引出线分别接在接线柱 1，2 上，另一根引出线接在电极屏蔽线接线柱 3 上，如图 6-30 所示。

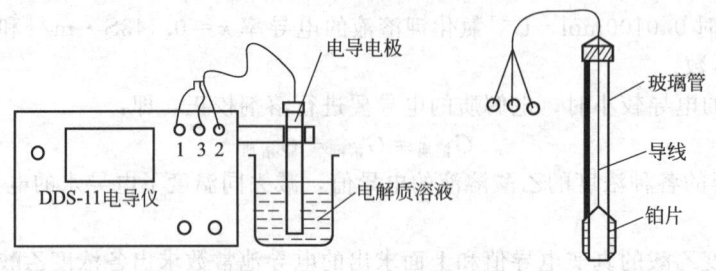

图 6-30 溶液电导的测量装置

⑥ 用少量待测液润洗电导池及电极 2~3 次，然后将电极浸入待测溶液中，并恒温。

⑦ 将"校正/测量"开关扳向"校正"，调节"校正"调节器，使指针停在红色倒三角处。应注意在电导池接妥的情况下方可进行校正。

⑧ 将"校正/测量"开关扳向"测量"，这时指针指示的读数乘以范围选择器上的倍率即为被测液的电导值。用 $1.5\mu S$，$15\mu S$，$150\mu S$，$1.5mS$，$15mS$，$150mS$ 挡进行测量时，应看指示表下面的刻度线（0~15）；而用 $5\mu S$，$50\mu S$，$500\mu S$，$5mS$，$50mS$ 挡进行测量时，应看指示表上面的刻度线（0~5）。为提高测量精度，每次测量都应先校正，方可读数。

⑨ 为保证读数精确，应尽可能使表针指示近于满刻度。

（2）操作要点及注意事项

① 高纯水盛入容器恒温后应迅速测量，否则因溶入空气中的 CO_2 产生 HCO_3^-，电导率将显著增大。

② 温度对电导的影响较大，故要保证整个实验过程都是在同一温度下进行的。

③ 铂黑电极使用后应浸在蒸馏水中，以防止铂黑惰化。任何硬物都不应触及铂黑，清洗时水流也不得直接冲击铂黑，防止铂颗粒从电极表面脱落，改变其电极常数。电极应轻拿轻放，切勿触摸铂黑；测量时，应用待测液润洗电极。

④ 离子的极限摩尔电导率与温度有关，通常温度每升高 1℃，电导率增加 2%~2.5%，因此测量前溶液要充分恒温。H^+、Ac^- 的极限摩尔电导率与温度的关系为：

$$\lambda_{m,H^+}^{\infty}(S\cdot m^2\cdot mol^{-1})=349.82\times 10^{-4}[1+0.042(t-25)]$$

$$\lambda_{m,Ac^-}^{\infty}(S\cdot m^2\cdot mol^{-1})=40.9\times 10^{-4}[1+0.02(t-25)]$$

由上式可计算出任何温度下 HAc 的 Λ_m^{∞} 值。

实验知识拓展

CaF_2 饱和溶液溶度积（K_{sp}）的测定

利用电导法能方便地求出微溶盐的溶解度，再利用溶解度得到其溶度积值。CaF_2 的溶解平衡可表示为：

$$CaF_2 \rightleftharpoons Ca^{2+}+2F^-$$

$$K_{sp}=c(Ca^{2+})c(F^-)^2=4c^3$$

微溶盐的溶解度很小，饱和溶液的浓度则很低，所以 Λ_m 可以认为就是 Λ_m^∞（盐），c 为饱和溶液中微溶盐的溶解度。则有

$$\Lambda_m^\infty(盐)=\frac{\kappa(盐)}{c}$$

式中，κ（盐）是纯微溶盐的电导率。注意在实验中所测定的饱和溶液的电导值为盐与水的电导之和：

$$G(溶液)=G(H_2O)+G(盐)$$

这样，可由实验测得的微溶盐饱和溶液的电导 G（溶液），以及水的电导 G（水），求出 G（盐）；由盐溶液的电导 $G=\dfrac{1}{R}=\dfrac{1}{\rho}\dfrac{a}{l}=\kappa\dfrac{a}{l}$ 求出 κ（盐）；再利用 $\Lambda_m^\infty(盐)=\dfrac{\kappa(盐)}{c}$ 求出溶解度，最后求出 K_{sp}。

实验 6-5　原电池电动势的测定

实验目的

1. 学会 Cu、Zn 电极的制备和处理方法。
2. 掌握对消法测原电池电动势的原理和方法。
3. 掌握电位差计、检流计和标准电池的使用方法。
4. 测定 Cu-Zn 电池的电动势并计算 Cu、Zn 电极的电极电位。

实验原理

原电池是化学能转变为电能的装置，它由两个"半电池"组成，而每一个半电池中有一个电极和相应的电解质溶液，由半电池可组成不同的原电池。在电池放电反应中，正极发生还原反应，负极发生氧化反应，电池反应是电池中两个电极反应的总和。

电池的书写习惯是左边为负极，右边为正极，符号"|"表示两相界面，"‖"表示盐桥，盐桥的作用主要是降低和消除两相之间的接界电势。下面以锌-铜电池为例：

$$Zn|ZnSO_4(a_1)\|CuSO_4(a_2)|Cu$$

负极反应　　　　　　　　$Zn(s) \longrightarrow Zn^{2+}+2e^-$

正极反应　　　　　　　　$Cu^{2+}+2e^- \longrightarrow Cu(s)$

电池总反应　　　　　　　$Zn(s)+Cu^{2+} \longrightarrow Zn^{2+}+Cu(s)$

电池电动势 $E=\varphi_右-\varphi_左=\varphi_+-\varphi_-$

$$=\left[\varphi^\ominus_{Cu^{2+}/Cu}-\frac{RT}{2F}\ln\frac{1}{a_{Cu^{2+}}}\right]-\left[\varphi^\ominus_{Zn^{2+}/Zn}-\frac{RT}{2F}\ln\frac{1}{a_{Zn^{2+}}}\right]$$

$$=(\varphi^\ominus_{Cu^{2+}/Cu}-\varphi^\ominus_{Zn^{2+}/Zn})-\frac{RT}{2F}\ln\frac{a_{Zn^{2+}}}{a_{Cu^{2+}}}$$

$$=E^\ominus-\frac{RT}{2F}\ln\frac{\gamma_\pm c_{Zn^{2+}}}{\gamma_\pm c_{Cu^{2+}}}$$

由上可知，原电池电动势的大小除了取决于电极的本性外，还与温度及电解质溶液中相应的离子活度有关。

由于电极电势的绝对值至今无法测定，因此，在电化学中通常采用相对值。规定标准氢电极（当氢电极在氢气压力为 101325Pa，溶液中氢离子活度为 1 时）的电极电势为零。然后以标准氢电极为负极，被测电极为正极，构成原电池，测其电动势，所求电动势值即为被测电极的电极电势。

由于标准氢电极的制备与使用比较麻烦，在实际使用过程中往往采用第二级的标准电极，如银-氯化银电极、饱和甘汞电极等，这些电极的电极电势已经精确测量，其数值可在附录中查找。

在热力学可逆条件下工作的电池称为可逆电池，它必须同时具备两个条件：①被测电池反应本身是可逆的，即要求电池的电极反应是可逆的，并且不存在不可逆的液接界；②电池必须在可逆情况下工作，即放电和充电过程都必须在准平衡状态下进行，此时只允许有无限小的电流通过电池。因此，测量电池的电动势，要在尽可能接近热力学可逆条件下进行，不能用伏特计直接测量，通常采用对消法来测量原电池电动势。

在测量原电池的电动势时，为消除电池内的液接电势，采用盐桥装置。常用的盐桥有饱和氯化钾、硝酸钾、硝酸铵等。

仪器与药品

UJ-25 电位差计 1 台、灵敏检流计 1 台、标准电池（1.01855~1.01868V）1 个、工作电池、饱和甘汞电极 1 支、锌电极 1 支、铜电极 2 支、镊子 1 把、50mL 烧杯 4 只、广口瓶 1 个、砂纸 1 张、棉花。

$0.1000 \text{mol} \cdot \text{L}^{-1}$ $ZnSO_4$、$0.1000 \text{mol} \cdot \text{L}^{-1}$ $CuSO_4$、$0.0100 \text{mol} \cdot \text{L}^{-1}$ $CuSO_4$、饱和 KCl、饱和硝酸亚汞、$3.0 \text{mol} \cdot \text{L}^{-1}$ 硫酸、$6.0 \text{mol} \cdot \text{L}^{-1}$ 硝酸、饱和 KCl 盐桥、镀铜溶液（$CuSO_4 \cdot 5H_2O$ 125g $\cdot \text{L}^{-1}$ + 乙醇 5g $\cdot \text{L}^{-1}$）。

实验内容

(1) 电极制备

① 锌电极制备　将锌电极放入装有稀硫酸的烧杯中浸洗几秒，除掉锌电极上的氧化层。取出后用自来水洗涤，再用蒸馏水淋洗，然后浸入饱和硝酸亚汞溶液和棉花的烧杯中，在棉花上摩擦 3~5s，使锌电极表面上有一层均匀的汞齐，再用蒸馏水洗净（汞有剧毒，用过的滤纸、棉花不能乱丢，应放入指定的广口瓶内）。将处理好的锌电极直接插入预先装有 $ZnSO_4$ 溶液（$0.1000 \text{mol} \cdot \text{L}^{-1}$）的烧杯中，且液面高出电极约 1cm。

② 铜电极的制备　将铜电极先用砂纸打磨，然后放入稀硝酸溶液中浸一下，除去氧化物，用蒸馏水冲洗干净。然后把它作为阴极，另一块纯铜片作阳极，放入盛有镀铜溶液的电镀槽内电镀 20~30min，电流密度控制在 $25 \text{mA} \cdot \text{cm}^{-2}$ 左右，其装置如图 6-31 所示。

电镀后应使铜电极表面有一紧密镀层，取出铜电极，用蒸馏水冲洗。按上述方法制备两支铜电极，分别放入装有 $0.1000 \text{mol} \cdot \text{L}^{-1}$ $CuSO_4$ 溶液和 $0.0100 \text{mol} \cdot \text{L}^{-1}$ $CuSO_4$ 溶液的烧杯中，且液面高出电极约 1cm。

(2) 电池组合

分别将上面制备好的锌、铜电极和甘汞电极组合成以下 4 个电池：

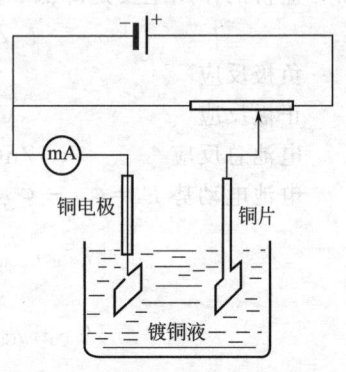

图 6-31　制备铜电极的电镀装置

a　$Zn|ZnSO_4(0.1000 \text{mol} \cdot \text{L}^{-1})||KCl(饱和)|Hg_2Cl_2\text{-}Hg$

b　$Hg\text{-}Hg_2Cl_2|KCl(饱和)||CuSO_4(0.1000 \text{mol} \cdot \text{L}^{-1})|Cu$

c　$Zn|ZnSO_4(0.1000 \text{mol} \cdot \text{L}^{-1})||CuSO_4(0.1000 \text{mol} \cdot \text{L}^{-1})|Cu$

d　$Cu|CuSO_4(0.0100 \text{mol} \cdot \text{L}^{-1})||CuSO_4(0.1000 \text{mol} \cdot \text{L}^{-1})|Cu$

(3) 电池电动势的测定

① 按照 UJ-25 电位差计电路图（见学习指导部分），接好电动势测量线路。

② 根据标准电池的温度系数，计算实验温度下的标准电池电动势，并以此对电位差计进行标定。

③ 用电位差计测定以上 4 个电池的电动势。

数据记录与处理

(1) 数据记录

室温：_____   大气压：_____

原电池编号	第一次测量值/V	第二次测量值/V	第三次测量值/V	平均值/V
a				
b				
c				
d				

(2) 数据处理

① 计算室温时饱和甘汞电极的电极电势（取前两项），室温为 t（℃）。

$\varphi_{甘汞}/V = 0.2415 - 7.6 \times 10^{-4}(t-25) - 1.75 \times 10^{-6}(t-25)^2 - 9.16 \times 10^{-10}(t-25)^3$

② 根据饱和甘汞电极的电极电势和 a、b 两组电池的电动势的实验值，计算铜电极和锌电极的电极电势。

计算理论值时电解质的浓度要用活度表示，对 2-2 价型电解质，设 $\gamma_+ \approx \gamma_- \approx \gamma_\pm$；其中 $\gamma_\pm$ 是电解质的离子平均活度系数，其值与离子种类、浓度、温度有关，不同种类的离子其值不同。铜、锌离子在 25℃ 时的 $\gamma_\pm$ 值如下：

$0.1000 \text{mol} \cdot \text{L}^{-1} \text{CuSO}_4$，$\gamma_+ \approx \gamma_- \approx \gamma_\pm = 0.16$；$0.1000 \text{mol} \cdot \text{L}^{-1} \text{ZnSO}_4$，$\gamma_+ \approx \gamma_- \approx \gamma_\pm = 0.15$；

$0.0100 \text{mol} \cdot \text{L}^{-1} \text{CuSO}_4$，$\gamma_+ \approx \gamma_- \approx \gamma_\pm = 0.4$。

铜、锌电极的标准电极电势与温度的关系：（温度以 K 为单位）

$E^\ominus_{Zn^{2+}/Zn}/V = -0.7627 + 0.0001(T-298) + 0.5 \times 0.62 \times 10^{-6}(T-298)^2$

$E^\ominus_{Cu^{2+}/Cu}/V = 0.3419 - 1.6 \times 10^{-5}(T-298)$

③ 根据有关公式计算 Cu-Zn 电池的理论值，并与实验值进行比较，计算相对误差。

④ 根据有关公式计算浓差电池的理论值，并与实验值进行比较，计算相对误差。

思考题

1. 在用电位差计测量电动势的过程中，若检流计的光点总是往一个方向偏转，可能是什么原因？
2. 为什么在测量原电池电动势时，要用对消法进行测量？为什么不能采用伏特表来测定电池电动势？
3. 可逆电池应具备什么条件？
4. 为何要估算一下被测电池的电动势？

[学习指导]

实验仪器介绍

(1) UJ-25 型电位差计

原电池电动势一般用直流电位差计并配以饱和式标准电池和检流计来测量。电位差计可分为高阻型和低阻型两类，使用时可根据待测系统的不同，选用不同类型的电位差计。通常高电阻系统选用高阻型电位差计，低电阻系统选用低阻型电位差计。但不管电位差计的类型如何，其测量原理都是一样的。下面具体以 UJ-25 型电位差计为例，说明其原理及使用方法。

UJ-25型直流电位差计属于高阻电位差计，它适用于测量内阻较大的电源电动势，以及较大电阻上的电压降等。由于工作电流小，线路电阻大，故在测量过程中工作电流变化很小，因此需要高灵敏度的检流计。它的主要特点是测量时几乎不损耗被测对象的能量，测量结果稳定、可靠，而且有很高的准确度，因此为教学、科研部门广泛使用。

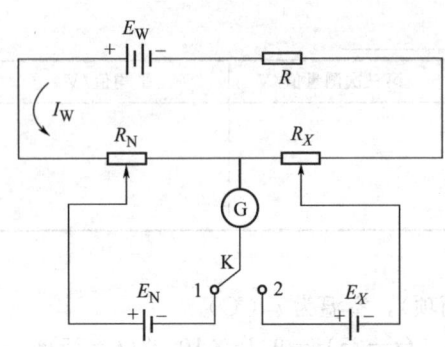

图 6-32 对消法测量原理示意
E_W—工作电源；E_N—标准电池；
E_X—待测电池；R—调节电阻；
R_X—待测电池电动势补偿电阻；
K—转换电键；R_N—标准电池
电动势补偿电阻；G—检流计

① 测量原理　电位差计是按照对消法测量原理而设计的一种平衡式电学测量装置，能直接给出待测电池的电动势值（以伏特表示）。图 6-32 是对消法测量电动势原理示意图，从图中可知电位差计由 3 个回路组成：工作电流回路、标准回路和测量回路。

a. 工作电流回路，也叫电源回路。从工作电源正极开始，经电阻 R_N、R_X，再经工作电流调节电阻 R，回到工作电源负极。其作用是借助于调节 R 使在补偿电阻上产生一定的电位降。

b. 标准回路。从标准电池的正极开始（当换向开关 K 扳向"1"一方时），经电阻 R_N，再经检流计 G 回到标准电池负极。其作用是校准工作电流回路，以标定补偿电阻上的电位降。通过调节 R 使 G 中电流为零，此时产生的电位降 V 与标准电池的电动势 E_N 相对消，也就是说大小相等而方向相反。校准后的工作电流 I 为某一定值 I_0。

c. 测量回路。从待测电池的正极开始（当换向开关 K 扳向"2"一方时），经检流计 G 再经电阻 R_X，回到待测电池负极。在保证校准后的工作电流 I_0 不变，即固定 R 的条件下，调节电阻 R_X，使得 G 中电流为零。此时产生的电位降 V 与待测电池的电动势 E_X 相对消。

从以上工作原理可见，用直流电位差计测量电动势时，有两个明显的优点：a. 在两次平衡中检流计都指零，没有电流通过，也就是说电位差计既不从标准电池中吸取能量，也不从被测电池中吸取能量，表明测量时没有改变被测对象的状态，因此在被测电池的内部就没有电压降，测得的结果是被测电池的电动势，而不是端电压；b. 被测电动势 E_X 的值是由标准电池电动势 E_N 和电阻 R_N、R_X 决定的。由于标准电池电动势的值十分准确，且具有高度的稳定性，而电阻元件也可以制得具有很高的准确度，所以当检流计的灵敏度很高时，用电位差计测量的准确度就非常高。

② 使用方法　UJ-25 型电位差计面板如图 6-33 所示。电位差计使用时都配用灵敏检流计、标准电池以及工作电源。UJ-25 型电位差计测电动势的范围其上限为 600V，下限为 0.000001V，但当测量高于 1.911110V 以上电压时，就必须配用分压箱来提高上限。下面说明测量 1.911110V 以下电压的方法。

a. 连接线路　先将（N、X_1、X_2）转换开关放在断的位置，并将左下方 3 个电计按钮（粗、细、短路）全部松开，然后依次将工作电源、标准电池、检流计以及被测电池按正、负极性接在相应的端钮上，检流计没有极性的要求。

b. 调节工作电压（标准化）　将室温时的标准电池电动势值算出。对于镉汞标准电池，温度校正公式为：

$$E_t = E_0 - 4.06 \times 10^{-5}(t-20) - 9.5 \times 10^{-7}(t-20)^2$$

式中，E_t 为室温 t℃时标准电池电动势；$E_0 = 1.0186$，为标准电池在 20℃时的电动势。调节温度补偿旋钮（A、B），使数值为校正后的标准电池电动势。

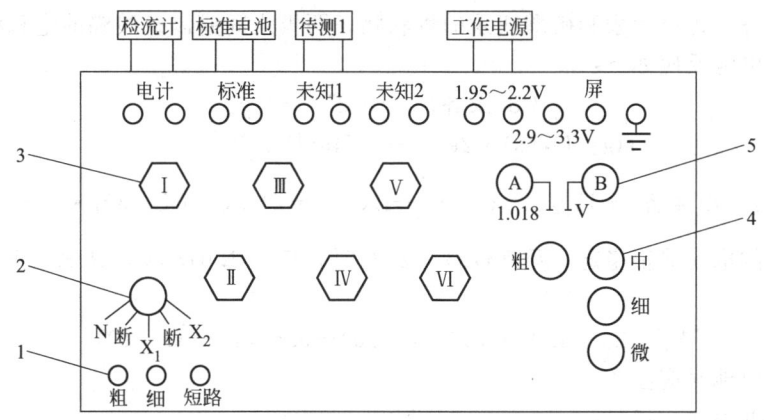

图 6-33　UJ-25 型电位差计面板
1—电计按钮（共 3 个）；2—转换开关；3—电势测量旋钮（共 6 个）；
4—工作电流调节旋钮（共 4 个）；5—标准电池温度补偿旋钮

将（N、X_1、X_2）转换开关放在 N（标准）位置上，按压"粗"电计旋钮，旋动右下方（粗、中、细、微）4 个工作电流调节旋钮，使检流计示零，然后再按压"细"电计按钮，重复上述操作。需要注意的是：按压电计按钮时，不能长时间按住不放，需要"按"和"松"交替进行。

c. 测量未知电动势　将（N、X_1、X_2）转换开关放在 X_1 或 X_2（未知）的位置，按下电计旋钮"粗"，由左向右依次调节 6 个测量旋钮，使检流计示零。然后再按下电计旋钮"细"，并按由大到小的顺序调节后四个测量转盘，使检流计示零。读出六个旋钮下方小孔示数的总和即为电池的电动势。平行测量三次数据时，每次测量之前都应重新将（N、X_1、X_2）转换开关扳回"N"，调节测量旋钮，使检流计示零，再将（N、X_1、X_2）转换开关扳到"X_1 或 X_2"，调节测量旋钮，使检流计示零（只用"细调"，不用"粗调"）。

③ 注意事项

a. 测量过程中，若发现检流计受到冲击，应迅速按下短路按钮，以保护检流计。

b. 由于工作电源的电压会发生变化，故在测量过程中要经常标准化。另外，新制备的电池电动势也不够稳定，应隔数分钟测一次，最后取平均值。

c. 测定时电计按钮按下的时间应尽量短，以防止电流通过而改变电极表面的平衡状态。

(2) 其他配套仪器及设备

① 盐桥　当原电池存在两种电解质界面时，便产生一种称为液体接界电势的电动势，它干扰电池电动势的测定。为了减小液体接界电势，通常采用盐桥。盐桥是在 U 形玻璃管中灌满盐溶液，把管插入两个互相不接触的溶液，使其导通。

一般盐桥溶液用正、负离子迁移速率都接近于 0.5 的饱和盐溶液，比如饱和氯化钾溶液等。这样当饱和盐溶液与另一种较稀溶液相接界时，主要是盐桥溶液向稀溶液中扩散，从而减小了液接电势。

应注意盐桥溶液不能与两端电池溶液产生反应。如果实验中使用硝酸银溶液，则盐桥溶液就不能用氯化钾溶液，而选择硝酸铵溶液较为合适，因为硝酸铵中正、负离子的迁移速率比较接近。

② 标准电池　标准电池是电化学实验中基本校验仪器之一，其构造如图 6-34 所示。电池由一 H 形管构成，负极为含镉

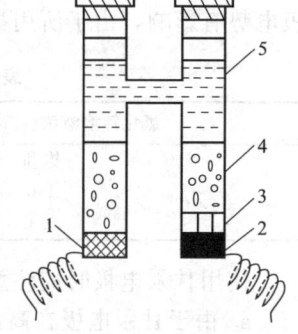

图 6-34　标准电池
1—含镉 12.5% 的镉汞齐；2—汞；
3—硫酸亚汞的糊状物；
4—硫酸镉晶体；
5—硫酸镉饱和溶液

12.5%的镉汞齐,正极为汞和硫酸亚汞的糊状物,两极之间盛以硫酸镉的饱和溶液,管的顶端加以密封。电池反应如下:

负极: $\quad$ Cd(汞齐) $\longrightarrow$ Cd^{2+}+2e$^-$

正极: $\quad$ Hg$_2$SO$_4$(s)+2e$^-$ $\longrightarrow$ 2Hg(l)+SO$_4^{2-}$

电池反应: Cd(汞齐)+Hg$_2$SO$_4$(s)+$\frac{8}{3}$H$_2$O $\Longleftrightarrow$ 2Hg(l)+CdSO$_4 \cdot \frac{8}{3}$H$_2$O

标准电池的电动势很稳定,重现性好,20℃时,$E_0=1.0186$V,其他温度下 E_t 可按下式算得:

$$E_t = E_0 - 4.06 \times 10^{-5}(t-20) - 9.5 \times 10^{-7}(t-20)^2$$

使用标准电池时应注意:

a. 使用温度为4~40℃;

b. 正负极不能接错;

c. 不能振荡,不能倒置,携取要平稳;

d. 不能用万用表直接测量标准电池;

e. 标准电池只是校验器,不能作为电源使用,测量时间必须短暂,间歇按键,以免电流过大,损坏电池;

f. 电池若未加套直接暴露于日光,会使硫酸亚汞变质,电动势下降;

g. 按规定时间,需要对标准电池进行计量校正。

③ 甘汞电极

甘汞电极是实验室中常用的参比电极。具有装置简单、可逆性高、制作方便、电势稳定等优点。其构造形状很多,但不管哪一种形状,在玻璃容器的底部皆装入少量的汞,然后装汞和甘汞的糊状物,再注入氯化钾溶液,将作为导体的铂丝插入,即构成甘汞电极。甘汞电极的表示形式如下:

$$\text{Hg-Hg}_2\text{Cl}_2(\text{s}) | \text{KCl}(a)$$

电极反应为: Hg$_2$Cl$_2$(s)+2e$^-$ $\longrightarrow$ 2Hg(l)+2Cl$^-$(a_{Cl^-})

$$\varphi_{\text{甘汞}} = \varphi_{\text{甘汞}}^{\ominus} - \frac{RT}{F}\ln a_{\text{Cl}^-}$$

由此可见,甘汞电极的电势随氯离子活度的不同而改变。不同浓度氯化钾溶液的 $\varphi_{\text{甘汞}}$ 与温度的关系见表6-5。

各文献上列出的甘汞电极的电势数据,常不相符合,这是因为接界电势的变化对甘汞电极电势有影响,由于所用盐桥的介质不同,而影响甘汞电极电势的数据。

表6-5 不同浓度氯化钾溶液的 $\varphi_{\text{甘汞}}$ 与温度的关系

氯化钾溶液浓度/mol·L^{-1}	电极电势 $\varphi_{\text{甘汞}}$/V
饱和	$0.2412 - 7.6 \times 10^{-4}(t-25)$
1.0	$0.2801 - 2.4 \times 10^{-4}(t-25)$
0.1	$0.3337 - 7.0 \times 10^{-5}(t-25)$

使用甘汞电极时应注意如下事项。

a. 由于甘汞电极在高温时不稳定,故甘汞电极一般适用于70℃以下的测量。

b. 甘汞电极不宜用在强酸、强碱性溶液中,因为此时的液体接界电位较大,而且甘汞可能被氧化。

c. 如果被测溶液中不允许含有氯离子,应避免直接插入甘汞电极。

d. 应注意甘汞电极的清洁,不得使灰尘进入该电极内部。

e. 当电极内溶液太少时，应及时补充。

④ 检流计　检流计灵敏度很高，常用来检查电路中有无电流通过。主要用在平衡式直流电测仪器如电位差计、电桥作示零仪器中，另外也用在光-电测量、差热分析等实验中测量微弱的直流电流。目前实验室中使用最多的是磁电式多次反射光点检流计，它可以和分光光度计、UJ-25 型电位差计配套使用。

a. 工作原理　磁电式检流计结构如图 6-35 所示。当检流计接通电源后，由灯泡、透镜和光阑构成的光源发射出一束光，投射到平面镜上，又反射到反射镜上，最后成像在标尺上。

被测电流经悬丝通过动圈时，使动圈发生偏转，其偏转的角度与电流的强弱有关。因平面镜随动圈而转动，所以在标尺上光点移动距离的大小与电流的大小呈正比。电流通过动圈时，产生的磁场与永久磁铁的磁场相互作用，产生转动力矩，使动圈偏转。但动圈的偏转又使悬丝的扭力产生反作用力矩，当二力矩相等时，动圈就停在某一偏转角度上。

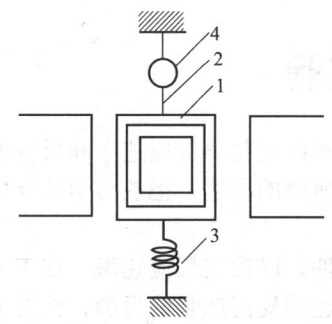
图 6-35　磁电式检流计结构示意
1—动圈；2—悬丝；3—电流引线；4—反射小镜

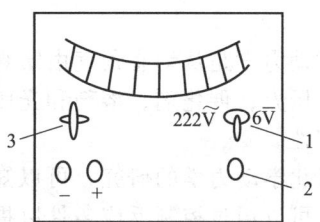
图 6-36　AC15 型检流计面板
1—电源开关；2—零点调节器；3—分流器开关

b. AC15 型检流计使用方法　仪器面板如图 6-36 所示。

ⅰ. 首先检查电源开关所指示的电压是否与所使用的电源电压一致，然后接通电源。

ⅱ. 旋转零点调节器，将光点准线调至零位。

ⅲ. 用导线将输入接线柱与电位差计"电计"接线柱接通。

ⅳ. 测量时先将分流器开关旋至最低灵敏度挡（0.01 挡），然后逐渐增大灵敏度进行测量（"直接"挡灵敏度最高）。

ⅴ. 在测量中如果光点剧烈摇晃时，可按电位差计"短路"键，使其受到阻尼作用而停止。

ⅵ. 实验结束时，或移动检流计时，应将分流器开关置于"短路"，以防止损坏检流计。

操作要点及注意事项

1. 铜电极电镀前应认真处理表面，将其表面用新的金相砂纸打磨至平整光亮；电镀好的铜电极不宜在空气中暴露时间过长，防止镀层氧化，应尽快洗净并置于硫酸铜溶液中，并使硫酸铜溶液超出电极 1cm 左右，尽快进行测量。

2. 要选择最佳的实验条件，使电极处于平衡状态。制备锌电极要使锌汞齐化，而不是使用锌棒。因为锌棒中不可避免地含有其他金属杂质，在溶液中本身会成为微电池，锌电极电势较低，在溶液中，H^+ 会在锌的杂质（金属）上放电，且锌是活泼的金属，易氧化。

3. 每次按电位差计按钮的时间不应太长，看清楚检流计光标偏转方向便立即松开，使电流通过标准电池及被测电池的时间尽可能缩短，防止电极极化造成误差。为此，在测量前可根据电化学基本知识，初步估算一下被测电池的电动势，以便在测量时能迅速找到平衡点，避免电极极化。

4. 检查甘汞电极是否有气泡，如有，必须排除。

实验知识拓展

（1）盐桥的作用

在两种溶液之间插入盐桥以代替原来的两种溶液的直接接触，减免和稳定液接电位（当组成或活度不同的两种电解质接触时，在溶液接界处由于正、负离子扩散通过界面的离子迁移速度不同，造成正、负电荷分离而形成双电层，这样产生的电位差称为液体接界扩散电位，简称液接电位），使液接电位减至最小，以致接近消除。

（2）饱和 KCl 盐桥的制备

烧杯中加入琼脂 3g 和 97mL 蒸馏水，在水浴上加热至完全溶解。然后加入 30gKCl 充分搅拌，KCl 完全溶解后趁热用滴管或虹吸将此溶液加入已事先弯好的玻璃管中，静置待琼脂凝结后便可使用。琼脂-饱和 KCl 盐桥不能用于含 Ag^+、Hg_2^{2+} 等与 Cl^- 作用的离子或含有 ClO_4^- 等与 K^+ 作用的物质的溶液。

6.6 动力学实验

化学动力学是从动态角度由宏观表象到微观分子水平研究化学反应速率和反应的机理以及温度、压力、催化剂、溶剂和光照等外界因素对反应速率的影响，把热力学的反应可能性变为现实性。

通过化学动力学的研究，可以知道如何控制反应条件，以改变反应速率。如工业上的许多反应，可以通过控制反应条件以提高反应速率，从而达到提高产量的目的；而对另一些反应，则希望降低其反应速率，如金属的腐蚀、食品变质、塑料老化、人体衰老等过程。

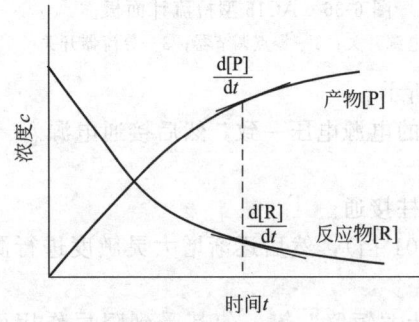

图 6-37 反应物和产物的浓度与时间的关系

反应系统中反应物的消耗和产物的生成速率随反应类型的不同而不同。一般情况下，反应体系中反应物和产物的浓度与时间的关系可以用图 6-37 所示的曲线来表示。化学反应的速率，就是单位时间内反应物和产物的浓度改变量，由于反应物和产物在反应式中的计量系数不一致，所以用不同的物质表示化学反应速率时，其数值也不一致。

测定化学反应速率，就是在不同时刻测定反应系统中反应物和产物的浓度，得到浓度-时间曲线，然后在不同时刻作切线求斜率，得到浓度对时间的变化率，求出反应速率。根据反应体系中物质浓度的测定方法，可以有物理方法和化学方法。

（1）化学方法

不同时刻取出一定量反应物，设法用骤冷、冲稀、加阻化剂、除去催化剂等方法使反应立即停止，然后进行化学分析。因为要使反应迅速停止在实验上是很困难的，因而所分析的浓度总与取样时的实际值存在偏差，所以此方法不够准确。

（2）物理方法

用各种物理性质测定方法（旋光度、折射率、电导率、电动势、黏度等）或现代谱仪（IR、UV-vis、ESR、NMR、ESCA 等）监测与浓度有定量关系的物理量的变化，从而求得浓度变化。物理方法有可能做原位反应，不过对物理性质有一定的要求：①物理性质和反应物的浓度要有简单的线性关系，最好是正比关系；②在反应过程中反应系统的物理性质要有明显的变化；③不能有干扰因素。

这个方法的优点是不需要从反应体系中取出样品，可直接测定，而且可连续地进行分析，方便迅速，还可将物理性质变成电信号进行自动记录等。但如果反应体系中有副反应或少量杂质对所测量的物理性质影响较灵敏时，将会造成较大的误差。

本节包含旋光法测蔗糖水解反应速率常数和乙酸乙酯皂化反应速率常数的测定两个实验。

实验 6-6　旋光法测蔗糖水解反应速率常数

实验目的
1. 测定蔗糖水解反应速率常数和半衰期。
2. 了解旋光仪的基本原理，掌握旋光仪的使用方法。

实验原理
反应速率与反应物浓度一次方呈正比的反应称一级反应，其速率方程为：

$$-\frac{dc}{dt}=kc \tag{6-12}$$

式中，c 是反应物在 t 时刻的浓度；k 是反应速率常数。积分上式，得

$$\ln\frac{c_0}{c}=kt \tag{6-13}$$

式中，c_0 为 $t=0$ 时反应物的浓度。一级反应具有以下两个特点：
① 以 $\ln c$ 对 t 作图，可得一直线，其斜率 $m=-k$。
② 反应物消耗一半所需的时间称为半衰期，以 $t_{1/2}$ 表示。

将 $c=\frac{1}{2}c_0$ 代入式(6-13)，得一级反应的半衰期为

$$t_{1/2}=\frac{\ln 2}{k} \tag{6-14}$$

式(6-14) 说明一级反应的半衰期 $t_{1/2}$ 只决定于反应速率常数 k，而与反应物起始浓度无关。

蔗糖在酸性溶液中的水解反应为：

$$C_{12}H_{22}O_{11}(蔗糖)+H_2O \xrightarrow{H^+} C_6H_{12}O_6(葡萄糖)+C_6H_{12}O_6(果糖)$$

实验表明，该反应的反应速率与蔗糖、水和氢离子 3 者的浓度均有关。在氢离子浓度（氢离子是催化剂）不变的条件下，反应速率只与蔗糖浓度和水的浓度有关，但由于水是大量的，在反应过程中的水浓度可视为不变。在这种情况下，反应速率只与蔗糖浓度的一次方呈正比，其动力学方程式符合式(6-14)，所以此反应视为一级反应。

蔗糖及其水解产物均是旋光性物质，但它们的旋光能力不同，故可以利用体系在反应过程中旋光度的变化来跟踪反应的进程，测量旋光度所用的仪器称为旋光仪。

物质的旋光性是指它们可以使一束偏振光的偏振面旋转一定角度，所旋转的角度称旋光度。对含有旋光性物质的溶液，其旋光度的大小与旋光性物质的本性、溶剂、入射光波长、溶液的浓度和样品管长度以及温度等因素有关。为了比较不同物质的旋光能力，引入了比旋光度 $[\alpha]_D^t$ 这一概念，其定义式为：

$$[\alpha]_D^t=\frac{\alpha}{lc} \tag{6-15}$$

式中，t 为实验温度，℃；D 为光源的波长（常用钠黄光，$\lambda=589$nm）；α 为旋光度；l 为样品管的长度，dm；c 为浓度 g·mL^{-1}。蔗糖、葡萄糖和果糖的比旋光度分别为：蔗糖 $[\alpha]_D^{20}=66.65°\cdot dm^2\cdot kg^{-1}$，葡萄糖 $[\alpha]_D^{20}=52.5°\cdot dm^2\cdot kg^{-1}$，果糖 $[\alpha]_D^{20}=-91.9°\cdot dm^2\cdot kg^{-1}$。正值表示右旋，负值表示左旋。

由于果糖的左旋性大于葡萄糖的右旋性，因此随着水解反应的进行，产物浓度的增加，反应体系的旋光度将由正值经零变为负值，即反应体系由右旋性逐渐变为左旋性。由于物质的旋光性与物质的浓度呈正比。即

$$\alpha=Kc \tag{6-16}$$

式中，$K=[\alpha]_D^t l$。因旋光度具有加和性，所以溶液的旋光度为各组分的旋光度之和。设反应时刻为 0、t 和 ∞ 时，溶液旋光度分别为 α_0、α_t 和 α_∞，则

$$\alpha_0=K_{反}c_0 \tag{6-17}$$

$$\alpha_\infty=K_{产}c_0 \tag{6-18}$$

$$\alpha_t=K_{反}c+K_{产}(c_0-c) \tag{6-19}$$

式中，$K_{反}=[\alpha]_D^t l$（蔗糖）；$K_{产}=[\alpha]_D^t l$（葡萄糖）$+[\alpha]_D^t l$（果糖）。

由式(6-17)、式(6-18)、式(6-19)联立可得

$$\alpha_0-\alpha_\infty=(K_{反}-K_{产})c_0 \tag{6-20}$$

$$\alpha_t-\alpha_\infty=(K_{反}-K_{产})c \tag{6-21}$$

式(6-20)除以式(6-21)，得

$$\frac{c_0}{c}=\frac{\alpha_0-\alpha_\infty}{\alpha_t-\alpha_\infty} \tag{6-22}$$

将式(6-22)代入式(6-13)，得

$$\ln\left(\frac{\alpha_0-\alpha_\infty}{\alpha_t-\alpha_\infty}\right)=kt \tag{6-23}$$

改写成：

$$\ln(\alpha_t-\alpha_\infty)=-kt+\ln(\alpha_0-\alpha_\infty) \tag{6-24}$$

由式(6-24)可以看出，当以 $\ln(\alpha_t-\alpha_\infty)$ 对 t 作图可得一直线，得直线的斜率 $m(m=-k)$，即可求得反应速率常数 k 和半衰期。

仪器与药品

旋光仪 1 台、10cm 旋光管 1 只、电子天平 1 台、移液管（25mL）2 支、烧杯（50mL、500mL）各 1 个、碘量瓶（150mL）3 只。

2mol·L^{-1} HCl 溶液、蔗糖（A.R.）、蒸馏水。

实验内容

(1) 旋光仪零点的校正

打开旋光仪开关预热。洗净旋光管的各部件，注入蒸馏水使液体在管口形成一凸面，将玻璃片沿管口轻轻推入盖好，用螺帽旋紧，勿使漏液或有气泡形成（若有小气泡，将其赶到旋光管的扩大部分），注意旋拧螺帽时不要过分用力，以不漏为准。用滤纸擦净旋光管外壁，再用擦镜纸将样品管两端的玻璃片擦净，然后将样品管放入旋光仪中。打开光源，待光源稳定后，调整目镜焦距使之视野清晰，再旋转检偏镜至能观察到三分视野暗度相等为止，记下检偏镜的旋光度 α。重复测定三次，取平均值，此平均值为旋光仪的零点，将旋光管中的蒸馏水倒掉。

(2) α_t 的测定

称取 10g 蔗糖配制成 50mL 的蔗糖溶液（蔗糖完全溶解，若溶液浑浊需进行过滤），用

移液管取 25mL 蔗糖溶液于碘量瓶中，再用另一支 25mL 移液管取 25mL 2mol·L^{-1}HCl 溶液注入装有蔗糖溶液的碘量瓶中，当盐酸加入一半时开始计时。当全部盐酸加入后，不断振荡摇动，取少量混合溶液清洗旋光管两次，然后以此混合液注满旋光管，测量各不同时刻的旋光度 α_t。

为了多读取一些数据，反应开始的 20min 内每隔 3min 测一次 α_t，以后由于反应物浓度降低，反应速率减缓，可以将时间间隔适当延长，从反应开始大约需连续测量 1h。

(3) α_∞ 的测定

为了得到反应终了时的旋光度 α_∞，将步骤(2)中的剩余混合液保存好，置于 50~60℃的水浴中温热 30min，使水解完全。然后冷却至室温，测其旋光度，此值即可认为是 α_∞。

实验结束后应立即将旋光管洗净擦干，防止酸对旋光管的腐蚀和蔗糖对玻璃片、盖套的黏合。

数据记录与处理

(1) 数据记录

室温：_____ 大气压：_____

实验温度：_____℃ HCl 浓度：_____mol·L^{-1}

零点_____ α_∞_____

反应时间 t/min	α_t	$\alpha_t - \alpha_\infty$	$\ln(\alpha_t - \alpha_\infty)$

(2) 数据处理

① $\ln(\alpha_t - \alpha_\infty)$ 对 t 作图，由所得直线的斜率求出 k。温度与盐酸浓度对蔗糖水解速率常数的影响见表 6-6。

表 6-6　温度与盐酸浓度对蔗糖水解速率常数的影响

c_{HCl}/mol·L^{-1}	$k \times 10^3$/min^{-1}		
	298.2K	308.2K	318.2K
0.0502	0.4169	1.738	6.213
0.2512	2.255	9.355	35.86
0.4137	4.043	17.00	60.62
0.9000	11.16	46.76	148.8
1.214	17.455	75.97	—

注：摘自 Lamble A, Lewis W C M. J Chem Soc.1915 (107)：233。

② 计算蔗糖水解反应的半衰期 $t_{1/2}$。

思考题

1. 蔗糖水解速率与哪些因素有关？作为一级反应的必要条件是什么？
2. 蔗糖溶液需准确配制吗？为什么？
3. 已知蔗糖的 $[\alpha]_D^{20} = 66.65° \cdot dm^2 \cdot kg^{-1}$，若旋光管的长度为 20cm 时，估计本实验反应溶液的最初旋光度可为多少？
4. 混合蔗糖和盐酸时，是将盐酸加入到蔗糖溶液中，若反向加入，有何影响？

[学习指导]

实验仪器介绍

(1) 旋光现象、旋光度和比旋光度

一般光源发出的光，其光波在垂直于传播方向的一切方向上振动，这种光称为自然光，或称非偏振光；而只在一个方向上有振动的光称为平面偏振光。当一束平面偏振光通过某些物质时，其振动方向会发生改变，此时光的振动面旋转一定的角度，这种现象称为物质的旋光现象。这个角度称为旋光度，以 α 表示。物质的这种使偏振光的振动面旋转的性质叫做物质的旋光性。凡有旋光性的物质称为旋光物质。

偏振光通过旋光物质时，从对着光的传播方向看，如果使偏振面向右（即顺时针方向）旋转的物质，叫做右旋性物质；如果使偏振面向左（逆时针）旋转的物质，叫做左旋性物质。

物质的旋光度是旋光物质的一种物理性质，除主要决定于物质的立体结构外，还因实验条件的不同而有很大的不同。因此，人们又提出"比旋光度"的概念作为度量物质旋光能力的标准。规定以钠光 D 线作为光源，温度为 293.15K 时，一根 10cm 长的样品管中，装满旋光物质溶液（浓度为 $1g \cdot cm^{-3}$）后所产生的旋光度，称为该溶液的比旋光度，见式(6-15)。

（2）旋光仪的构造和测试原理

旋光度是由旋光仪进行测定的，旋光仪的主要元件是两块尼柯尔棱镜。尼柯尔棱镜是由两块方解石直角棱镜沿斜面用加拿大树脂黏合而成，如图 6-38 所示。

当一束单色光照射到尼柯尔棱镜时，分解为两束相互垂直的平面偏振光，一束折射率为 1.658 的寻常光，一束折射率为 1.486 的非寻常光，这两束光线到达加拿大树脂黏合面时，折射率大的寻常光（加拿大树脂的折射率为 1.550）被全反射到底面上的黑色涂层并被吸收，而折射率小的非寻常光则通过棱镜，这样就获得了一束单一的平面偏振光。用于产生平面偏振光的棱镜称为起偏镜，如让起偏镜产生的偏振光照

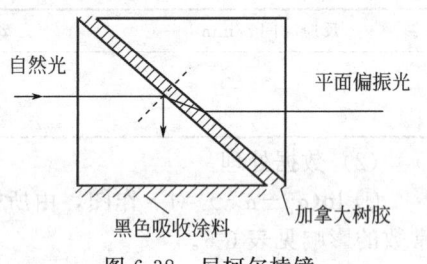

图 6-38 尼柯尔棱镜

射到另一个透射面与起偏镜透射面平行的尼柯尔棱镜，则这束平面偏振光也能通过第二个棱镜，如果第二个棱镜的透射面与起偏镜的透射面垂直，则由起偏镜出来的偏振光完全不能通过第二个棱镜。

如果第二个棱镜的透射面与起偏镜的透射面之间的夹角 θ 在 0°～90° 之间，则光线部分通过第二个棱镜，此第二个棱镜称为检偏镜。通过调节检偏镜，能使透过的光线强度在最强和零之间变化。如果在起偏镜与检偏镜之间放有旋光性物质，则由于物质的旋光作用，使来自起偏镜的光的偏振面改变了某一角度，只有检偏镜也旋转同样的角度，才能补偿旋光线改变的角度，使透过光的强度与原来相同。

旋光仪就是根据这种原理设计的，如图 6-39 所示。

通过检偏镜用肉眼判断偏振光通过旋光物质前后的强度是否相同是十分困难的，这样会产生较大的误差，为此设计了一种在视野中分出三分视界的装置，原理是：在起偏镜后放置一块狭长的石英片，由起偏镜透过来的偏振光通过石英片时，由于石英片的旋光性，使偏振光旋转了一个角度 Φ，通过镜前观察，光的振动方向如图 6-40 所示。

图 6-40 中 A 是通过起偏镜的偏振光的振动方向；A' 是又通过石英片旋转一个角度后的振动方向，此两偏振方向的夹角 Φ 称为半暗角（$\Phi = 2° \sim 3°$），如果旋转检偏镜使透射光的偏振面与 A' 平行时，在视野中将观察到：中间狭长部分较明亮，而两旁较暗，这是由于两旁的偏振光不经过石英片，如图 6-40(b) 所示。如果检偏镜的偏振面与起偏镜的偏振面平行（即在 A 的方向时），在视野中将是：中间狭长部分较暗而两旁较亮，如图 6-40(a)。当检偏镜的偏振面处于 $\Phi/2$ 时，两旁直接来自起偏镜的光偏振面被检偏镜旋转了 $\Phi/2$，而中

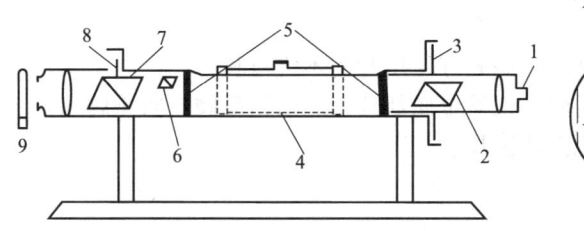 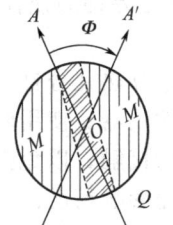 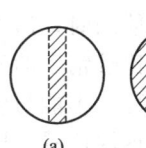 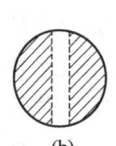 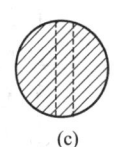

图 6-39 旋光仪构造示意图
1—目镜；2—检偏棱镜；3—圆形标尺；
4—样品管；5—窗口；6—半暗角器件；
7—起偏棱镜；8—半暗角调节；9—灯

图 6-40 三分视野示意

间被石英片转过角度 Φ 的偏振面对被检偏镜旋转角度 $\Phi/2$，这样中间和两边的光偏振面都被旋转了 $\Phi/2$，故视野呈微暗状态，且三分视野内的暗度是相同的，如图 6-40(c) 所示，将这一位置作为仪器的零点，在每次测定时，调节检偏镜使三分视界的暗度相同，然后读数。

(3) 影响旋光度的因素

① 浓度的影响　由式(6-15)可知，对于具有旋光性物质的溶液，当溶剂不具旋光性时，旋光度与溶液浓度和溶液厚度呈正比。

② 温度的影响　温度升高会使旋光管膨胀而长度加长，从而导致待测液体的密度降低。另外，温度变化还会使待测物质分子间发生缔合或解离，使旋光度发生改变。通常温度对旋光度的影响，可用下式表示：

$$[\alpha]_t^\lambda = [\alpha]_t^D + Z(t-20) \tag{6-25}$$

式中，t 为测定时的温度；Z 为温度系数。

不同物质的温度系数不同，一般在 $-0.01 \sim 0.04 ℃^{-1}$ 之间。为了消除温度的影响，可在旋光管上装上恒温夹套，并与超级恒温槽连接。

③ 浓度和旋光管长度的影响

在一定的实验条件下，常将旋光物质的旋光度与浓度视为呈正比，因此将比旋光度作为常数。而旋光度和溶液浓度之间并不是严格地呈线性关系，因此，在精密的测定中比旋光度和浓度间的关系可用下面的 3 个方程之一表示：

$$[\alpha]_t^\lambda = A + Bq$$
$$[\alpha]_t^\lambda = A + Bq + Cq^2$$
$$[\alpha]_t^\lambda = A + \frac{Bq}{C+q}$$

式中，q 为溶液的百分含量；A、B、C 为常数，可以通过不同浓度的几次测量来确定。

旋光度与旋光管的长度呈正比。旋光管通常有 10cm、20cm、22cm 3 种规格，经常使用的是 10cm 长度。但对旋光能力较弱或者较稀的溶液，为提高准确度，降低读数的相对误差，需用 20cm 或 22cm 长度的旋光管。

(4) 圆盘旋光仪的使用方法

① 调节望远镜焦距　打开钠光灯，稍等几分钟，待光源稳定后，从目镜中观察视野，如不清晰，可调节目镜焦距。

② 仪器零点校正　选用合适的样品管并洗净，充满蒸馏水（应无气泡），放入旋光仪的样品管槽中，调节检偏镜的角度使三分视野消失，读出刻度盘上的刻度并将此角度作为旋光仪的零点。

③ 旋光度测定　零点确定后，将样品管中蒸馏水换成待测溶液，按同样方法测定，此

时刻度盘上的读数与零点时读数之差即为该样品的旋光度。

(5) 使用注意事项

① 旋光仪在使用时，需通电预热几分钟，但钠光灯使用时间不宜过长。
② 旋光仪是比较精密的光学仪器。使用时，仪器金属部分切忌沾污酸碱，防止腐蚀。
③ 光学镜片部分不能与硬物接触，以免损坏镜片。
④ 不能随便拆卸仪器，以免影响精度。

操作要点及注意事项

1. 在测定 $α_∞$ 时，为缩短时间，可将剩余的混合液置于 50~60℃ 的恒温水浴中加热 30min，然后应冷却至室温，再测此混合液的旋光度。水浴的温度不宜过高，否则将产生副反应，使颜色变黄。因为蔗糖是由葡萄糖的苷羟基与果糖的苷羟基缩合而成的二糖，在 H^+ 催化下，除了苷键断裂转化、反应外，高温还会发生脱水反应，从而影响测试结果。此外，加热过程中也要避免溶液蒸发而影响浓度，进而影响测量结果。

2. 由于反应混合液的酸度较大，因此样品管一定要擦干净后才能放入旋光仪，以免管外黏附的反应液腐蚀旋光仪，实验结束后必须洗净旋光管。

3. 装样品时，旋光管的管盖旋至不漏液体即可，不要用力过猛，以免压碎玻璃片。

4. 旋光仪中的钠光灯不宜长时间开启，测量间隔较长时应熄灭，以免损坏。

5. 本实验中旋光度的测定应当使用同一台仪器和同一支旋光管，否则溶液旋光度的测量会受到影响。

实验知识拓展

蔗糖水解反应活化能的测定

由于反应速率常数与温度有关，它们之间的关系服从 Arrhenius 方程：$k=Ae^{-E_a/RT}$

式中，k 为反应速率常数；T 为反应温度，K；R 为摩尔气体常数，8.314J·mol^{-1}·K^{-1}；A 为指前因子，与 k 具有相同量纲；E_a 为反应活化能。

如果测得两个不同温度下的 k 值，可根据 Arrhenius 方程的定积分形式计算活化能：

$$\ln\frac{k_2}{k_1}=\frac{E_a}{R}\left(\frac{1}{T_1}-\frac{1}{T_2}\right)$$

求得活化能后，又可根据任一个温度下的反应速率常数，按 Arrhenius 方程计算指前因子 A。活化能和指前因子 A 是与反应本性有关的经验常数，与反应温度、反应物浓度等因素无关。

实验 6-7 乙酸乙酯皂化反应速率常数的测定

实验目的

1. 学会测定乙酸乙酯皂化反应速率常数。
2. 学会用图解法计算二级反应速率常数，加深理解反应动力学的特征。
3. 进一步认识电导率测定的应用，熟悉电导率仪的使用。

实验原理

乙酸乙酯皂化是双分子反应，其反应式为：

$$CH_3COOC_2H_5+Na^++OH^- \rightleftharpoons CH_3COO^-+Na^++C_2H_5OH$$

在反应过程中，各物质的浓度随时间而改变，不同反应时间内各物质的浓度可通过间接测量溶液的电导率而求出。为了简化数据处理，在设计这个实验时将反应物 $CH_3COOC_2H_5$

和 NaOH 采用相同的浓度 c，作为初始浓度。设反应时间为 t 时，反应所产生的 CH_3COO^- 和 C_2H_5OH 的浓度为 x，则 $CH_3COOC_2H_5$ 和 NaOH 的浓度为 $(c-x)$，即：

$$CH_3COOC_2H_5 + NaOH \longrightarrow CH_3COONa + C_2H_5OH$$

$t=0$ 时	c	c	0	0
$t=t$ 时	$c-x$	$c-x$	x	x
$t \to \infty$ 时	0	0	$x \to c$	$x \to c$

因该反应为双分子反应，则该反应的动力学方程为：

$$\frac{dx}{dt} = k(c-x)^2 \tag{6-26}$$

式中，k 为反应速率常数。

将上式积分，可得

$$kt = \frac{x}{c(c-x)} \tag{6-27}$$

从式(6-27)可知，由于反应物初始浓度 c 是已知的，因此只要测出 t 时刻的 x 值，就可算出反应速率常数 k 值。如果 k 值为常数，就可以证明该反应是二级反应。

不同时刻 t 生成物的浓度 x 可采用标准酸进行滴定求得，也可以通过间接测量溶液的电导率值而求出，本实验采用电导率法测定。用电导率法测定 x 的依据是：首先假定整个反应体系是在稀释的水溶液中进行的，因此可以认为 CH_3COONa 是全部电离的，参与导电的离子有 Na^+、OH^- 和 CH_3COO^-，而 Na^+ 在反应前后浓度不变，OH^- 的电导率值远大于 CH_3COO^- 的电导率值。随着反应的进行，OH^- 的浓度不断减少，CH_3COO^- 的浓度不断增加，所以，体系的电导率值不断下降。

在电解质稀溶液中，可以近似认为电导率与浓度呈正比关系。因此，体系电导率值的减少量与 CH_3COONa 浓度 x 的增大呈正比，即：

$$t=t \text{ 时} \qquad x = A(\kappa_0 - \kappa_t) \tag{6-28}$$

$$t \to \infty \text{ 时} \qquad c = A(\kappa_0 - \kappa_\infty) \tag{6-29}$$

式中，κ_0、κ_t 和 κ_∞ 分别表示反应开始（此时溶液的电导率完全由反应物 NaOH 提供）、t 时刻（此时溶液的电导率应是浓度为 $c-x$ 的 NaOH 与浓度为 x 的 CH_3COONa 提供的）和终了时溶液的电导率（此时认为反应进行到底，溶液的电导率应是 CH_3COONa 提供的）；A 为比例系数，它的取值与温度、溶剂、电解质的特性和电导池常数有关。

将式(6-28)和式(6-29)代入式(6-27)，得

$$kt = \frac{\kappa_0 - \kappa_t}{c(\kappa_t - \kappa_\infty)}$$

整理得：

$$ckt = \frac{\kappa_0 - \kappa_t}{\kappa_t - \kappa_\infty} \quad \text{或} \quad \kappa_t = \frac{1}{ck} \times \frac{\kappa_0 - \kappa_t}{t} + \kappa_\infty \tag{6-30}$$

由式(6-30)可知，只要测定了 κ_0、κ_t 和 κ_∞ 的值，利用 $\frac{\kappa_0 - \kappa_t}{\kappa_t - \kappa_\infty}$ 对 t 作图，或 κ_t 对 $\frac{\kappa_0 - \kappa_t}{t}$ 作图，都会得到一条直线，直线的斜率为 ck 或 $\frac{1}{ck}$，由直线的斜率就可求出反应速率常数 k。

仪器与药品

恒温槽 1 套、DDS-11A 型电导率仪 1 台、铂黑电极 1 支、电导池 1 个、停表 1 只、5mL 移液管 2 支。

$0.0200 \text{mol} \cdot L^{-1}$ NaOH，$0.0200 \text{mol} \cdot L^{-1}$ $CH_3COOC_2H_5$，$0.0100 \text{mol} \cdot L^{-1}$ NaOH，$0.0100 \text{mol} \cdot L^{-1}$ NaAc。

实验内容

(1) 调节恒温槽水温为 (30.0 ± 0.1)℃，开启并调节电导率仪。

(2) κ_0 和 κ_∞ 的测量 在干净的电导池中装入 $0.0100\text{mol}\cdot\text{L}^{-1}$ NaOH 溶液，插入铂黑电极，液面约高出铂片 1cm，恒温 10min 后测其电导率，即为 κ_0，重复三次，取平均值。按同样方法测定 $0.0100\text{mol}\cdot\text{L}^{-1}$ NaAc 溶液的电导率值 κ_∞。测量前要用待测液润洗电导池和电极三次。

(3) κ_t 的测量 用移液管准确移取 5.00mL 的 $0.0200\text{mol}\cdot\text{L}^{-1}$ NaOH 和 5.00mL 的 $0.0200\text{mol}\cdot\text{L}^{-1}$ $CH_3COOC_2H_5$ 溶液，分别注入到电导池的两个支管中（这两个支管必须干燥），塞上塞子，以免挥发，然后将此电导池置于恒温槽中，恒温 10min；再将其中一个支管中的溶液倾入另一个支管，当溶液倾入一半时开始计时，继续将溶液混匀，插入铂黑电极（铂黑电极应事先用电导水冲洗干净，并用滤纸轻轻吸干水分），每隔 5min 测量一次电导率值，30min 后每隔 10min 测量一次电导率值，反应进行到 1h 后可停止测量。

(4) 测量完毕，清洗电导池和铂黑电极，并将铂黑电极浸入电导水中。

数据记录与处理

(1) 数据记录

室温：_____，恒温槽温度：_____，大气压：_____

κ_0：_____，κ_∞：_____

t/min	κ_t/ms	$\kappa_0-\kappa_t$/ms	$\kappa_t-\kappa_\infty$/ms	$\dfrac{\kappa_0-\kappa_t}{\kappa_t-\kappa_\infty}$
5				
10				
15				
20				
25				
30				
40				
50				
60				

(2) 数据处理

① 将 $\dfrac{\kappa_0-\kappa_t}{\kappa_t-\kappa_\infty}$ 对 t 作图，得一直线，由直线斜率算出反应速率常数 k。

② 将实验结果与文献值进行比较，计算相对误差（文献值：30℃时，$k=0.135\text{L}\cdot\text{mol}^{-1}\cdot\text{s}^{-1}$）。

思考题

1. 为何本实验要在恒温条件下进行，而且 $CH_3COOC_2H_5$ 和 NaOH 溶液在混合前还要预先恒温。

2. 若 $CH_3COOC_2H_5$ 和 NaOH 的初始浓度不等时，应如何计算 k 值？

3. 为何实验所用的溶液要新鲜配制？

[学习指导]

实验仪器介绍

DDS-11A 型电导率仪

DDS-11A 型电导率仪的测量范围广，可以测量一般液体和高纯水的电导率，操作简便，可以直接从表上读取数据。

(1) 测量原理

电导率仪的工作原理与电导仪相同,只是表头直接读出电导率,如图 6-28 所示。

$$E_m = \frac{ER_m}{R_m + R_x} = ER_m \div \left(R_m + \frac{K_{cell}}{k}\right)$$

式中,K_{cell} 为电导池常数,当 E、R_m 和 K_{cell} 均为常数时,由电导率 κ 的变化必将引起 E_m 作相应变化,所以测量 E_m 的大小,也就测得溶液电导率的数值。

本机振荡产生低频(约 140Hz)及高频(约 1100Hz)两个频率,分别作为低电导率测量和高电导率测量的信号源频率。振荡器用变压器耦合输出,因而使信号 E 不随 R_x 变化而改变。因为测量信号是交流电,因而电极极片间及电极引线间均出现了不可忽视的分布电容 C_0 (大约 60pF),电导池则有电抗存在,这样将电导池视作纯电阻来测量,则存在比较大的误差,特别在 $0 \sim 0.1 \mu S \cdot cm^{-1}$ 低电导率范围内,此项影响较显著,需采用电容补偿消除,其原理见图 6-41。

信号源输出变压器的次极有两个输出信号 E_1 及 E,E_1 作为电容的补偿电源。E_1 与 E 的相位相反,所以由 E_1 引起的电流 I_1 流经 R_m 的方向与测量信号 I 流过 R_m 的方向相反。测量信号 I 中包括通过纯电阻 R_x 的电流和流过分布电容 C_0 的电流。调节 K_6 可以使 I_1 与流过 C_0 的电流振幅相等,使它们在 R_m 上的影响大体抵消。

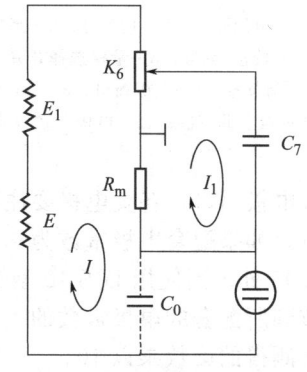

图 6-41 电容补偿原理图

(2) 电极选择

① 测量范围:$0 \sim 10^5 \mu S \cdot cm^{-1}$,分 12 个量程。

② 配套电极:DJS-1 型光亮电极;DJS-1 型铂黑电极;DJS-10 型铂黑电极。光亮电极用于测量较小的电导率($0 \sim 10 \mu S \cdot cm^{-1}$),而铂黑电极用于测量较大的电导率($10 \sim 10^5 \mu S \cdot cm^{-1}$)。通常用铂黑电极,因为它的表面积比较大,这样降低了电流密度,减少或消除了极化。但在测量低电导率溶液时,铂黑对电解质有强烈的吸附作用,出现不稳定的现象,这时宜用光亮铂电极。

③ 电极选择原则参考表 6-7。

表 6-7 电极选择

量程	电导率/$\mu S \cdot cm^{-1}$	测量频率	配套电极
1	$0 \sim 0.1$	低频	DJS-1 型光亮电极
2	$0 \sim 0.3$	低频	DJS-1 型光亮电极
3	$0 \sim 1$	低频	DJS-1 型光亮电极
4	$0 \sim 3$	低频	DJS-1 型光亮电极
5	$0 \sim 10$	低频	DJS-1 型光亮电极
6	$0 \sim 30$	低频	DJS-1 型铂黑电极
7	$0 \sim 10^2$	低频	DJS-1 型铂黑电极
8	$0 \sim 3 \times 10^2$	低频	DJS-1 型铂黑电极
9	$0 \sim 10^3$	高频	DJS-1 型铂黑电极
10	$0 \sim 3 \times 10^3$	高频	DJS-1 型铂黑电极
11	$0 \sim 10^4$	高频	DJS-1 型铂黑电极
12	$0 \sim 10^5$	高频	DJS-10 型铂黑电极

(3) 使用方法

DDS-11A 型电导率仪的面板如图 6-42 所示。

① 打开电源开关前,应观察表针是否指零。若不指零,可调节表头的螺丝,使表针指零。

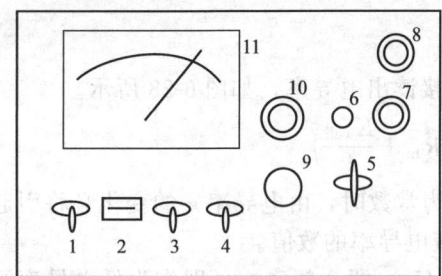

图 6-42 DDS-11A 型电导率仪的面板
1—电源开关；2—指示灯；3—高频、低频开关；
4—校正/测量；5—量程选择开关；6—电容补偿
调节器；7—电极插口；8—10mV 输出插口；
9—校正调节器；10—电极常数调节器；11—表头

② 插好电源后，将仪器侧面的"交流/直流"开关置于"交流"，此时指示灯亮。预热数分钟，待指针完全稳定下来为止。

③ 将"校正/测量"开关拨在"校正"位置。

④ 根据待测液电导率的大致范围选用低频或高频，并将高频、低频开关拨向所选位置。当被测液的电导率小于或等于 $300\mu S \cdot cm^{-1}$ 时，选用"低频"；而当被测液的电导率大于 $300\mu S \cdot cm^{-1}$ 时，选用"高频"。

⑤ 将量程选择开关拨到测量所需范围，如预先不知道被测溶液电导率的大小，则由最大挡逐挡下降至合适范围，以防表针打弯。

⑥ 根据表 6-7 的电极选用原则，选好电极并插入电极插口。各类电极要注意调节好配套的电极常数，当使用 DJS-1 型光亮电极或铂黑电极时，如果配套电极常数为 0.95（电极上已标明），则将电极常数调节器调节到相应的位置 0.95 处。当使用 DJS-10 型铂黑电极时，如果配套电极常数为 9.5，则将电极常数调节器调节到所配套的电极常数的 1/10 处，即将电极常数调节在 0.95，但被测液的实际电导率应为所测得的读数乘以 10。

⑦ 调节校正调节器，使表针指向满刻度。将电导池和电极用少量待测液润洗 2～3 次，再将电极浸入待测液中并恒温。

⑧ 将"校正/测量"开关拨向"测量"，这时表头上的指示读数乘以量程开关的倍率，即为待测液的实际电导率。

⑨ 当量程开关指向黑点时，读表头上刻度（$0\sim 1\mu S \cdot cm^{-1}$）的数值；当量程开关指向红点时，读表头下刻度（$0\sim 3\mu S \cdot cm^{-1}$）的数值。

⑩ 当用 $0\sim 0.1\mu S \cdot cm^{-1}$ 或 $0\sim 0.3\mu S \cdot cm^{-1}$ 这两挡测量高纯水时，在电极未浸入高纯水前，调节电容补偿调节器，使表头指示为最小值（此最小值是电极铂片间的漏阻，由于此漏阻的存在，使调节电容补偿调节器时表头指针不能达到零点），然后将电极浸入高纯水中开始测量。当选用较高电导率挡时，电容补偿影响很小，只要将电容补偿调节器逆时针旋到底即可。

操作要点及注意事项

1. 本实验需用电导水，并避免接触空气及杂质。
2. 配好的 NaOH 溶液要防止空气中的 CO_2 气体进入。
3. 配制溶液要准确，为减少乙酸乙酯的挥发损失，可临时配制，且配制时动作要迅速。在恒温时管口要塞紧，防止其挥发，影响测量结果。
4. 恒温槽温度波动应控制在 ±0.1℃，因温度会影响反应速率常数的测定。
5. 乙酸乙酯皂化反应是吸热反应，混合后体系温度降低，所以混合后的开始几分钟内所测溶液的电导率偏低，因此最好在反应 5min 后开始测量电导率。

实验知识拓展

铂黑电极的制备

铂黑电极是在铂片上镀一层颗粒较小的黑色金属铂所组成的电极，这是为了增大铂电极的表面积。电镀前一般需对铂表面进行处理，对新制作的铂电极，可放在热的氢氧化钠乙醇溶液中，浸洗 15min 左右，以除去表面油污，然后在浓硝酸中煮几分钟，取出用蒸馏水冲洗。长时间用过的老化的铂黑电极可浸在 40~50℃的混酸中（硝酸：盐酸：水＝1：3：4），经常摇动电极，洗去铂黑，再经过浓硝酸煮 3~5min 以去氯，最后用水冲洗。

以处理过的铂电极为阴极，另一铂电极为阳极，在 0.5mol·L^{-1} 的硫酸中电解 10~20min，以消除氧化膜。观察电极表面析氢是否均匀，若有大气泡产生，则表明有油污，应重新处理。在处理过的铂片上镀铂黑，一般采用电解法，电解液的配制如下：3g H_2PtCl_6、0.08g $PbAc_2·3H_2O$、100mL H_2O。电镀时将处理好的铂电极作为阴极，另一铂电极作为阳极。阴极电流密度约为 15mA·cm^{-2}，电镀约 20min。如所镀的铂黑一洗即落，则需重新处理；铂黑不宜镀得太厚，但太薄又易老化和中毒。

6.7 胶体化学和表面化学实验

密切接触的两相之间的过渡区（约几个分子厚度）称为界面，如果其中一相为气体，这种界面通常称为表面。界面现象（通常将气-液、气-固界面现象称为表面现象）所讨论的都是在相的界面上发生的一些行为。物质表面层的分子与内部分子的周围环境不同。内部分子所受四周邻近相同分子的作用力是对称的，各个方向的力彼此抵消；但是表面层的分子，则一方面受到本相内物质分子的作用；另一方面又受到性质不同的另一相中物质分子的作用，因此，表面层的性质与内部不同。

物质表面层的特性对于物质其他方面的性质也会有所影响。随着体系分散程度的增加，其影响更为显著。因此当研究在表面层上发生的行为或者研究多相的高分散体系的性质时，就必须考虑到表面的特性。

由于在界面上分子的处境特殊，有许多特殊的物理和化学性质，随着表面张力、毛细现象和润湿现象等逐渐被发现，被赋予了科学的解释。随着工业生产的发展，与界面现象有关的应用也越来越多，从而建立了界面化学（或表面化学）这一学科分支。表面化学是一门既有广泛实际应用，又与多门学科密切联系的交叉学科，它既有传统、比较成熟的规律和理论，又有现代分子水平的研究方法和不断出现的新发现。

本节包含溶液吸附法测活性炭的比表面积、溶液表面张力的测定——最大气泡法、黏度法测高聚物的分子量和电泳法测 $Fe(OH)_3$ 胶体的电动电势四个实验。

实验 6-8 溶液吸附法测活性炭的比表面积

实验目的

1. 用亚甲基蓝水溶液吸附法测定活性炭的比表面积。
2. 掌握溶液法测定比表面积的基本原理。
3. 了解 721 型分光光度计的基本原理。

实验原理

比表面积是指单位质量（或单位体积）的物质所具有的表面积，其数值与分散粒子大小有关。测定固体比表面积的方法很多，常用的有 BET 低温吸附法、电子显微镜法和气相色谱法，但它们都需要复杂的仪器装置或较长的实验时间；而溶液吸附法则仪器简单，操作方便。

本实验用亚甲基蓝水溶液吸附法测定活性炭的比表面积。在所有染料中，亚甲基蓝具有最大的吸附倾向。研究表明，在一定的浓度范围内，活性炭对亚甲基蓝的吸附是单分子层吸附，符合朗格缪尔（Langmuir）吸附等温式。根据朗格缪尔单分子层吸附理论，当亚甲基蓝与活性炭达到吸附饱和后，吸附与脱附处于动态平衡，这时亚甲基蓝分子铺满整个活性炭粒子表面而不留下空位，此时吸附剂活性炭的比表面积可按下式计算：

$$S = \frac{(c_0 - c)G}{W} \times 2.45 \tag{6-31}$$

式中，S 为比表面积，$m^2 \cdot g^{-1}$；c_0 为原始溶液的浓度，质量分数，%；c 为平衡溶液的浓度，质量分数，%；G 为溶液加入量，mg；W 为样品质量，g；2.45 是 1mg 亚甲基蓝可覆盖活性炭样品的面积，$m^2 \cdot mg^{-1}$。

但当原始溶液的浓度过高时，会出现多分子层吸附；而如果平衡后的浓度过低，吸附不能达到饱和。因此，原始溶液的浓度以及吸附平衡后的浓度都应在适当的范围。本实验原始溶液的浓度为 0.2% 左右，平衡溶液浓度不少于 0.1%。

本实验采用分光光度法测定亚甲基蓝溶液的浓度，根据光吸收定律，当入射光为一定波长的单色光时，某溶液的吸光值与溶液中有色物质的浓度及溶液层的厚度呈正比。

$$A = \lg \frac{I_0}{I} = KcL \tag{6-32}$$

式中，A 为吸光值；I_0 为入射光强度；I 为透射光强度；K 为吸光系数；c 为溶液浓度；L 为液层厚度。

一般来说，光的吸收定律能使用于任何波长的单色光，但同一种溶液在不同波长下所得的吸光值不同。如果将吸光值 A 对波长 λ 作图，可得到溶液的吸收曲线。为了提高测量的灵敏度，工作波长一般选择在 A 值最大处。亚甲基蓝溶液在可见光区有两个吸收峰：445nm 和 665nm，但在 445nm 处，活性炭吸附对吸收峰有很大的干扰，故本实验选用的工作波长为 665nm。

仪器与药品

分光光度计 1 套、振荡器 1 台、分析天平 1 台、离心机 1 台、锥形瓶（100mL）3 只、容量瓶（100mL）5 只、烧杯（100mL）2 只、移液管（1mL、5mL、10mL、25mL）各 1 支。

0.2%（质量分数）亚甲基蓝原始溶液、0.01%（质量分数）亚甲基蓝标准溶液（需准确配制）、颗粒活性炭。

实验内容

(1) 活化样品

将活性炭置于瓷坩埚中放入 500℃ 马弗炉中活化 1h（或在真空箱中 300℃ 下活化 1h），然后置于干燥器中备用。

(2) 溶液吸附

取 100mL 锥形瓶 1 只，准确称取活化过的活性炭约 0.1g，再加入 40g 浓度为 0.2% 左右的亚甲基蓝原始溶液，塞上包有锡纸的软木塞，然后放在振荡器上振荡 6h。

(3) 配制亚甲基蓝标准溶液

用吸量管分别量取 5.00mL、8.00mL、11.00mL 0.01% 标准亚甲基蓝溶液于容量瓶中，用蒸馏水稀释至 100mL，即得 $5\mu g \cdot mL^{-1}$、$8\mu g \cdot mL^{-1}$、$11\mu g \cdot mL^{-1}$ 3 种浓度的标准溶液。

(4) 原始溶液的稀释

为了准确测定原始溶液的浓度，用移液管吸取 0.2% 左右的原始溶液 0.5mL 放入 100mL 容量瓶中，并稀释至刻度。

(5) 平衡溶液的处理

样品振荡 6h 后，用移液管移取上层清液 0.50mL（如有需要的话，可通过取平衡溶液

5mL放入离心管中,用离心机离心分离10min,得到澄清的上层溶液),放入100mL容量瓶中,并稀释至刻度。

(6) 选择工作波长

对于亚甲基蓝溶液,工作波长为665nm,由于各台分光光度计波长刻度略有误差,因此,实验者应自行选择工作波长。用$5\mu g \cdot mL^{-1}$的标准溶液在650~680nm范围内测量其吸光值,以吸光值最大时的波长作为工作波长。

(7) 测量吸光值

以蒸馏水为空白溶液,分别测量$5\mu g \cdot mL^{-1}$、$8\mu g \cdot mL^{-1}$、$11\mu g \cdot mL^{-1}$ 3种浓度的标准溶液,以及稀释后的原始溶液和稀释后的平衡溶液的吸光值。

数据记录与处理

(1) 数据记录

室温:_____   大气压:_____

溶液/$\mu g \cdot mL^{-1}$	吸光值1	吸光值2	吸光值3	平均值
5				
8				
11				
原始溶液				
平衡溶液				

(2) 数据处理

① 作工作曲线:以$5\mu g \cdot mL^{-1}$、$8\mu g \cdot mL^{-1}$、$11\mu g \cdot mL^{-1}$ 3种浓度的亚甲基蓝标准溶液的浓度对吸光值作图,得一直线即工作曲线。

② 求亚甲基蓝的原始溶液浓度c_0和平衡溶液浓度c:将实验测得的原始溶液的吸光值从工作曲线上查得对应的浓度再乘上稀释倍数200,即得c_0;平衡溶液浓度c的求法同c_0。

③ 计算比表面积:将原始溶液浓度c_0和平衡溶液浓度c代入式(6-31),计算比表面积。

思考题

1. 为什么亚甲基蓝的原始溶液的浓度要选在0.2%左右,吸附平衡后的亚甲基蓝溶液要在0.1%左右?
2. 用分光光度计测亚甲基蓝溶液浓度时,为什么要将溶液稀释后再进行测量?
3. 标准溶液是否需准确配制?

[学习指导]

操作要点及注意事项

1. 活性炭应干燥且吸附要达到平衡。
2. 标准溶液的配制、平衡溶液和原始溶液的稀释都要准确。
3. 仪器配套的比色皿不能与其他仪器的比色皿单个调换。不能用手触摸比色皿光滑的表面。
4. 不测量时,应使样品室盖处于开启状态,否则会使光电管疲劳,数字显示不稳定。
5. 当光线波长调整幅度较大时,需稍等数分钟才能工作。因光电管受光后,需有一段响应时间。

实验知识拓展

BET比表面积测定法

BET理论计算是建立在Brunauer、Emmett和Teller三人从经典统计理论推导出的多分子层吸附公式基础上，即著名的 BET 方程，BET 方程图示见图 6-43。

$$\frac{p}{V(p_0-p)} = \frac{1}{V_mC} + \frac{C-1}{V_mC}(p/p_0)$$

式中，p 为吸附质分压；p_0 为吸附剂饱和蒸气压；V 为样品实际吸附量；V_m 为单层饱和吸附量；C 为与样品吸附能力相关的常数

由上式可以看出，BET 方程建立了单层饱和吸附量 V_m 与多层吸附量 V 之间的数量关系，为比表面积测定提供了很好的理论基础。

BET 方程是建立在多层吸附的理论基础之上，与许多物质的实际吸附过程更接近，因此测试结果可靠性更高。实际测试过程中，通常实测 3～5 组被测样品在不同气体分压下多层吸附量 V，以 p/p_0 为 x 轴，$\frac{p}{V(p_0-p)}$ 为 y 轴，由 BET 方程做图进行线性拟合，得到直线的斜率和截距，从而求得

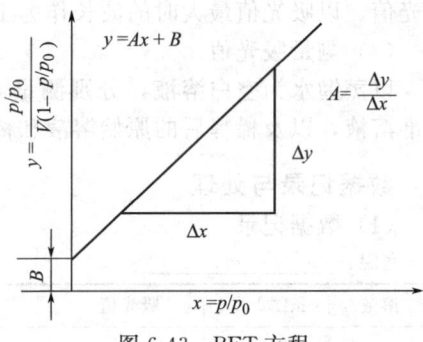

图 6-43　BET 方程

V_m 值计算出被测样品的比表面积。理论和实践表明，当 p/p_0 取点在 0.05～0.35 范围内时，BET 方程与实际吸附过程相吻合，图形线性也很好，因此实际测试过程中选点需在此范围内。由于选取了 3～5 组 p/p_0 进行测量，通常称之为多点 BET。当被测样品的吸附能力很强，即 C 值很大时，直线的截距接近于零，可近似认为直线通过原点，此时可只测量一组 p/p_0 数据，与原点相连求出比表面积，称之为单点 BET。与多点 BET 相比，单点 BET 结果误差会大一些。

若采用流动法来进行 BET 测量，测量系统需具备能精确调节气体分压 p/p_0 的装置，以实现不同 p/p_0 下吸附量测量。对于每一点 p/p_0 下 BET 吸脱附过程与直接对比法相近似，不同的是 BET 法需标定样品实际吸附气体量的体积大小，而直接对比法则不需要。

特点：BET 理论与物质实际吸附过程更接近，可测定样品范围广，测试结果准确性和可信度高，特别适合科研及生产单位使用。

实验 6-9　溶液表面张力的测定——最大气泡法

实验目的

1. 掌握最大气泡法测定不同浓度乙醇溶液的表面张力的原理和技术。
2. 利用吉布斯公式计算不同浓度下乙醇溶液的吸附量，进而求出乙醇分子的截面积和饱和吸附分子层厚度。
3. 了解表面吸附的性质和表面张力的关系。

实验原理

表面张力是液体重要性质之一，它与液体所处温度、压力及液体本身的组成有关。严格来说某液体的表面张力是指该液体与其饱和蒸气或空气共存的状态而言的。

(1) 溶液的表面吸附

根据能量最低原则，当表面层溶质的浓度比溶液内部大时，溶质能降低溶剂的表面张力；反之，溶质使溶剂的表面张力升高时，表面层中溶质的浓度比内部的低。这种表面浓度与溶液内部浓度不同的现象叫做溶液的表面吸附。显然，在指定的温度和压力下，溶质的吸

附量与溶液的表面张力及溶液的浓度有关,从热力学方法可知它们之间的关系遵守吉布斯吸附方程:

$$\Gamma = -\frac{c}{RT}\left(\frac{\mathrm{d}\gamma}{\mathrm{d}c}\right)_T \tag{6-33}$$

式中,Γ 为表面吸附量,$\mathrm{mol \cdot m^{-2}}$;$T$ 为热力学温度,K;c 为稀溶液浓度,$\mathrm{mol \cdot L^{-1}}$;$R$ 为摩尔气体常数。

$\left(\frac{\mathrm{d}\gamma}{\mathrm{d}c}\right)_T < 0$,则 $\Gamma > 0$,称为正吸附;$\left(\frac{\mathrm{d}\gamma}{\mathrm{d}c}\right)_T > 0$,则 $\Gamma < 0$,称为负吸附。

以表面张力对浓度作图,可得到 γ-c 曲线,如图 6-44 所示。在 γ-c 曲线上任选一点 i 用镜像法作切线,即可得该点所对应浓度 c_i 的斜率 $\left(\frac{\mathrm{d}\gamma}{\mathrm{d}c_i}\right)_T$;再由式(6-33)可求得不同浓度下的 Γ 值。

(2)饱和吸附与溶质分子的横截面积

对于单分子吸附,其吸附量 Γ 与浓度 c 之间的关系可用朗格缪尔(Langmuir)等温吸附方程表示,即:

$$\Gamma = \Gamma_\infty \frac{Kc}{1+Kc} \tag{6-34}$$

式中,Γ_∞ 为饱和吸附量;K 为常数。将上式取倒数可得:

$$\frac{c}{\Gamma} = \frac{c}{\Gamma_\infty} + \frac{1}{K\Gamma_\infty} \tag{6-35}$$

如果以 $\frac{c}{\Gamma}$-c 作图,则图中直线斜率的倒数即为 Γ_∞。

如果以 N 代表 $1\mathrm{m}^2$ 表面上溶质的分子数,则有:

$$N = \Gamma_\infty L \tag{6-36}$$

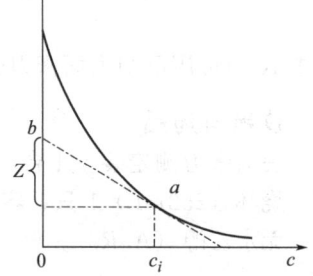

图 6-44 表面张力与浓度的关系

式中,L 为阿伏加德罗常数,由此可得每个溶质分子在表面上所占据的横截面积为:

$$\sigma_\mathrm{B} = \frac{1}{\Gamma_\infty L} \tag{6-37}$$

因此,若测得不同浓度溶液的表面张力,从 γ-c 曲线上求出不同浓度的吸附量 Γ;再从 $\frac{c}{\Gamma}$-c 直线上求出 Γ_∞,便可计算出溶质分子的横截面积 σ_B。

(3)最大气泡法

测定表面张力的方法很多,本实验采用最大气泡法测定乙醇水溶液的表面张力,实验装置如图 6-45 所示。

当毛细管下端端面与被测液体液面相切时,液体沿毛细管上升。打开抽气瓶(滴液漏斗)的活塞缓缓放水抽气,此时测定管中的压力 p_r 逐渐减小,毛细管中的大气压力 p_0 就会将管中液面压至管口,并形成气泡。其曲率半径恰好等于毛细管半径 r 时,根据拉普拉斯(Laplace)公式,此时所能承受的压力差为最大,其值为:

$$\Delta p_{\max} = p_0 - p_r = \frac{2\gamma}{r} = \rho g \Delta h \tag{6-38}$$

随着放水抽气,大气压力将把该气泡压出管口。曲率半径再次增大,此时气泡表面膜所能承受的压力差必然减少,而测定管中的压力差却在进一步加大,故立即导致气泡的破裂。最大压力差可通过数字式精密压力计得到。

用同一根毛细管分别测定具有不同表面张力的溶液时,由于 r 和 ρ 都为常数,将所有常数合并成常数项 K,则可得到下列关系:

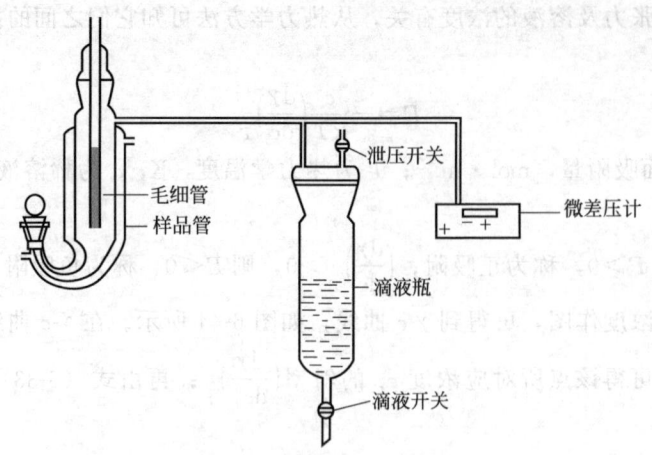

图 6-45 表面张力的测定装置

$$\gamma = K\Delta h \tag{6-39}$$

式中 K 值可用已知表面张力的物质（如纯水）来确定。

仪器与药品

表面张力测定装置 1 台、超级恒温槽 1 套、阿贝折光仪 1 台、吸量管 10mL 2 支、滴管 1 支、烧杯（250mL）1 只、容量瓶（50mL）5 只、洗耳球。

无水乙醇（A.R.）。

实验步骤

(1) 溶液的配制

用容量瓶配制质量分数分别约为 40%、30%、20%、10%和 5%的乙醇水溶液。也可以在表面张力测定管中直接采用稀释法配制不同浓度的乙醇水溶液，配制方法如表 6-8 所示。

表 6-8　溶液的配制方法

序号	浓度/%（质量分数）	配制方法
1	40	取 7.3mL 无水乙醇和 8.7mL 蒸馏水于表面张力测定管中，配制成约 16mL 40%（质量分数）的乙醇水溶液
2	30	从表面张力测定管中移走 3mL 40%（质量分数）的乙醇水溶液，再往测定管中加入 3mL 蒸馏水，配制成约 16mL 30%（质量分数）的乙醇水溶液
3	20	从表面张力测定管中移走 5mL 30%（质量分数）的乙醇水溶液，再往测定管中加入 5mL 蒸馏水，配制成约 16mL 20%（质量分数）的乙醇水溶液
4	10	从表面张力测定管中移走 7mL 20%（质量分数）的乙醇水溶液，再往测定管中加入 7mL 蒸馏水，配制成约 16mL 10%（质量分数）的乙醇水溶液
5	5	从表面张力测定管中移走 7mL 10%（质量分数）的乙醇水溶液，再往测定管中加入 7mL 蒸馏水，配制成约 16mL 5%（质量分数）的乙醇水溶液
6	0	洗净表面张力测定管，装入约 16mL 蒸馏水

(2) 测定不同浓度的乙醇溶液的表面张力

① 调节恒温槽的温度为（30.0±0.1）℃。

② 在已洗净的表面张力测定管中装入 5%（质量分数）的乙醇水溶液，使毛细管口与液面恰好相切，注意使测定装置垂直放置。放入恒温水槽中 5～8min，然后将其接入系统，检验系统不漏气，胶管内不得有水。将滴液漏斗内装满水，打开活塞，水慢慢滴出，使体系减压。当减至一定程度，即有气泡逸出，待气泡形成速度稳定，5～10s 出一个气泡后（一次

只能鼓一个气泡，不可连续鼓泡！)，读出气泡脱出的瞬间数字式精密压力计的数值（数字式精密压力计显示的最大值），连续测 3 次，取其平均值。

③ 用橡皮管将阿贝折光仪上的测量棱镜和辅助棱镜上保温夹套的进出水口与超级恒温槽串接起来，并调节其恒温温度在 30℃。用滴管吸取少量浓度约为 5%（质量分数）的乙醇水溶液于棱镜的工作面上，测其折射率。利用工作曲线，确定其准确的浓度。

④ 按浓度由稀到浓的顺序，用同样方法测定不同浓度的乙醇溶液的 Δh 值和折射率值，即重复步骤②和③。注意：每次测量前要用待测溶液润洗表面张力测定管 3 次（如果采用稀释法配制不同浓度的乙醇水溶液，则只要将稀释后的溶液混合均匀即可）。

（3）测定毛细管常数

洗净表面张力测定管，用同样方法测定纯水的 Δh 值和折射率值。

数据记录与处理

（1）数据记录

室温：_____   大气压：_____

溶液	Δh/mmH$_2$O				γ/(N·m)	n_D^{30}	真实浓度
	1	2	3	平均			
5%（质量分数）							
10%（质量分数）							
20%（质量分数）							
30%（质量分数）							
40%（质量分数）							
蒸馏水							

（2）数据处理

① 以纯水的测量结果，按式(6-39)计算 K 值（纯水的表面张力查找物理化学手册）。

② 根据不同浓度的乙醇水溶液所测的折射率值，由实验室提供的浓度-折射率工作曲线，确定各溶液的准确浓度。

③ 计算不同浓度的乙醇水溶液的 γ 值，作 γ-c 图，在曲线上均匀取 5 个点作切线，求出相应的 Γ 和 c/Γ 值。

④ 作直线 c/Γ-c，由直线斜率求出 Γ_∞，再由式(6-37)计算出乙醇分子的横截面积 σ_B。

思考题

1. 为什么毛细管端口必须与液面相切？
2. 最大气泡法测定表面张力时，为什么要读最大压力差值？

[学习指导]

实验仪器介绍——DP-AW 精密数字压力计使用方法

1. 前面板（见图 6-46）按键说明

(1) "单位"键：接通电源，初始状态 kPa 指示灯亮，LED 显示以 kPa 为计量单位的压力值；按一下"单位"键，mmH$_2$O 指示灯亮，LED 显示以 mmH$_2$O 为计量单位的压力值。

(2) "采零"键：在测试前必须按一下"采零"键，使仪器自动扣除传感器零压力值（零点漂移），LED 显示为"0000"，保证测试时显示值为被测介质的实际压力值。

(3) "复位"键：按下此键，可重新启动 CPU，仪表即可返回初始状态。一般用于死机时，在正常测试中，不需按下此键。

(4) 数据显示屏：显示被测压力数据。

(5) 单位键指示灯：显示不同计量单位的信号灯。

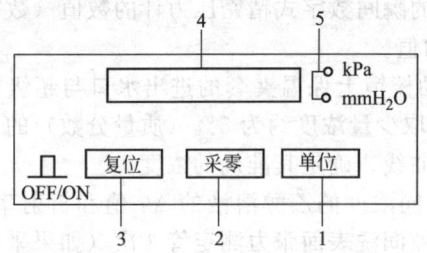
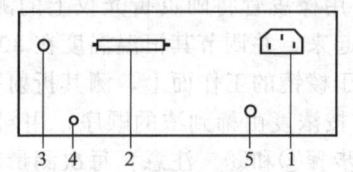

图 6-46 前面板示意

1—"单位"键；2—"采零"键；3—"复位"键；
4—数据显示屏；5—单位键指示灯

图 6-47 后面板示意

1—电源插座；2—电脑串行口；3—压力接口；
4—压力调整；5—保险丝

2. 后面板（见图 6-47）按键说明。

（1）电源插座：与 220V 相接。

（2）电脑串行口：与电脑主机后面板的 RS232C 串行口连接（可选配）。

（3）压力接口：压力接口。

（4）压力调整：仪器校正调节。

（5）保险丝：0.2A。

3. 使用方法

（1）气密性检查。缓慢加压至满量程，观察数字压力表显示值的变化情况，若 1min 内显示值稳定，说明传感器及其检测系统无泄漏。确认无泄漏后，泄压至零，并在全量程反复 2~3 次，方可正式测试。

（2）采零。泄压至零，使压力传感器通大气，按一下"采零"键，此时 LED 显示"0000"，以消除仪表的零点漂移。每次测试前都必须进行采零操作，以保证所测压力值的准确度。

（3）测试。仪表采零后接通被测量系统，此时仪表显示被测系统的压力值。

（4）关机。实验完毕，先将被测系统泄压后，再关掉电源开关。

注意：实验过程中，橡胶塞、玻璃仪器的各种塞子和开关都要塞紧。

实验操作要点及注意事项

1. 恒温槽的温度应保持恒定，否则对表面张力的测定影响较大。

2. 做好本实验的关键在于玻璃器皿必须洗涤干净，否则气泡可能不呈单泡逸出，而使压力读数不稳定，如发生这种现象，毛细管应重洗。毛细管应保持垂直，其端部应平整；溶液恒温后，体积略有改变，应注意毛细管平面与液面接触处要相切。

3. 连接压力计与毛细管及滴液漏斗用的乳胶管中不应有水等阻塞物，否则压力无法传递至毛细管，将没有气泡自毛细管口逸出。

实验知识拓展

表面活性剂

它是一类具有表面活性的化合物。溶于液体（特别是水）后，能显著降低溶液的表面张力或界面张力，并能改进溶液的增溶、乳化、分散、渗透、润湿、发泡和洗净等能力。主要用于制作合成洗涤剂、乳化剂、破乳剂、渗透剂、发泡剂、消泡剂、润湿剂、分散剂、浮选剂、柔软剂、抗静电剂、防水剂等助剂，广泛用于纺织、食品、医药、农药、化妆品、建筑、采矿等领域。表面活性剂具有共同的特点，即分子中同时存在亲水基和亲油基（又称疏水基）。亲水基通常是溶于水后容易电离的基团，如羧酸盐、磺酸盐、硫酸酯盐等，以及在水中不电离的羟基或聚氧乙烯基。亲油基能与油类互相吸引、溶解，通常是由石油或油脂组成的长碳链的烃基，可以是脂肪烃，也可以是芳香烃。表面活性剂分子中，若亲水基性能强,就溶解于水,反之,若亲油基性能强,就溶于油。表面活性剂溶于水后,能生成单分子膜和胶束,其分子在水中能自动定向吸附于水溶液-空气的界面处,亲水基伸向水溶液,亲油基伸向空气,分子通过界面吸附形成的单分子膜在界面处起着隔离作用,使空气和水溶液的接触面显著减少,因此,水溶液的表面张力急剧下降。表面活性剂通常按离子类型分为离子型(溶于水后电离成离子)、非离子型(溶于水不电离)。离子型又可分为阴离子型(如:磺酸盐、羧酸盐等)、阳离子型(如各类胺盐)、两性型(如氨基酸)。非离子型,如多元醇、聚氧乙烯等。

实验 6-10 黏度法测定高聚物的分子量

实验目的

1. 掌握用乌氏(Ubbelohde)黏度计测定黏度的原理和方法。
2. 掌握测定聚乙烯醇的平均分子量的方法。

实验原理

分子量是表征化合物特性的基本参数之一。但高聚物分子量大小不一,参差不齐,一般在 $10^3 \sim 10^7$ 之间,所以通常所测高聚物的分子量是平均分子量。测定高聚物分子量的方法很多,对线型高聚物,各方法适用的范围如下:

端基分析	$<3\times 10^4$
沸点升高,凝固点降低,等温蒸馏	$<3\times 10^4$
渗透压法	$10^4 \sim 10^6$
光散射法	$10^4 \sim 10^7$
超离心沉降及扩散	$10^4 \sim 10^7$
黏度法	$10^4 \sim 10^7$

其中黏度法设备简单,操作方便,有相当好的实验精度,黏度法可测的分子量范围为 $10^4 \sim 10^7$。因此,用溶液黏度法测定高聚物分子量是工业生产和科学研究中广泛应用的方法。但黏度法不是测分子量的绝对方法,因为此法中所用的特性黏度与分子量关系的经验方程式以及经验方程式中有关常数是要用其他方法来确定的,高聚物不同,溶剂不同,分子量范围不同,就要用不同的经验方程式。

高聚物在稀溶液中的黏度,主要反映了液体在流动时存在着内摩擦。其中,因溶剂分子与溶剂分子之间的内摩擦表现出来的黏度称为纯溶剂黏度,记做 η_0;而溶液的黏度应包含溶剂分子与溶剂分子之间的内摩擦、高分子与高分子之间的内摩擦,以及高分子与溶剂分子之间的内摩擦,上述三者的总和为溶液的黏度,记做 η。因此,在同一温度下,高聚物溶液的黏度 η 一般都比纯溶剂的黏度 η_0 大,即 $\eta > \eta_0$,其增加的值与 η_0 的比值称作增比黏度,记做 η_{sp},即

$$\eta_{sp} = \frac{\eta - \eta_0}{\eta_0} = \eta_r - 1 \tag{6-40}$$

式中,$\eta_r = \dfrac{\eta}{\eta_0}$,$\eta_r$ 称相对黏度,它表明溶液黏度对溶剂黏度的相对值。η_{sp} 则意味着它已经扣除了溶剂分子之间的内摩擦效应,仅留下纯溶剂与高分子之间,以及高聚物分子之间的内摩擦效应。

显然,溶液的黏度与浓度有关,浓度越大,黏度也越大。为了便于比较,常用单位浓度

时溶液的增比黏度作为高聚物分子量的量度，称比浓黏度，其值为 $\dfrac{\eta_{sp}}{c}$，c 的常用单位为 $g \cdot mL^{-1}$。

为了进一步消除高分子与高分子之间的内摩擦效应，必须将溶液浓度无限稀释。因为当溶液无限稀释时，高聚物分子之间相距很远，高聚物分子之间的内摩擦效应可忽略不计，溶液所呈现的黏度基本上反映了高聚物与溶剂分子之间的内摩擦。即当浓度 c 趋近于 0 时，比浓黏度趋近一固定极限值 $[\eta]$，即

$$\lim_{c \to 0} \dfrac{\eta_{sp}}{c} = [\eta] \tag{6-41}$$

式中，$[\eta]$ 称为特性黏度，其单位为浓度单位的倒数。如果高聚物分子的分子量越大，则它与溶剂间的接触面也越大，因此摩擦就大，表现出的特性黏度也较大。司笃丁格最早找出了 $\dfrac{\eta_{sp}}{c}$ 与大分子的分子量 (M) 呈正比例关系的规律，有

$$\dfrac{\eta_{sp}}{c} = KM \tag{6-42}$$

后人通过实验与理论探讨，将此式推广应用于高聚物溶液，并得到特性黏度 $[\eta]$ 和高聚物分子量 M 之间的半经验关系式为：

$$[\eta] = K\overline{M}^{\alpha} \tag{6-43}$$

式中，$\overline{M}$ 为平均分子量；K 为比例常数；α 是与分子形状有关的经验参数。K 和 α 值与温度、聚合物、溶剂性质有关，也和分子量大小有关。

测定黏度的方法主要有毛细管法（用毛细管黏度计测定液体在毛细管内的流出时间）、落球法（用落球式黏度计测定圆球在液体内的下落速度）和转筒法（用旋转式黏度计测定液体在同心轴圆柱体间相对转动的影响）。在测定高聚物溶液的特性黏度 $[\eta]$ 时，以本实验采用的毛细管法最方便。当液体在毛细管黏度计内因重力作用而流出时，遵守泊肃叶（Poiseuille）定律，有

$$\dfrac{\eta}{\rho} = \dfrac{\pi g h r^4 t}{8lV} - m \dfrac{V}{8\pi l t} \tag{6-44}$$

式中，η 为液体的黏度；ρ 为液体的密度；l 为毛细管的长度；r 为毛细管的半径；t 为流出时间；h 为流经毛细管液体的平均液柱高度；g 为重力加速度；V 为流经毛细管的液体体积；m 为与仪器的几何形状有关的常数，在 $r/l \ll 1$ 时，可取 $m=1$。

对于某一支指定的黏度计而言，令 $\alpha = \dfrac{\pi g h r^4}{8lV}$，$\beta = \dfrac{mV}{8\pi l}$，则式(6-44) 可改写为

$$\dfrac{\eta}{\rho} = \alpha t - \dfrac{\beta}{t} \tag{6-45}$$

式中，$\beta < 1$，当 $t > 100s$ 时，式(6-45) 右边第二项可以忽略。即

$$\dfrac{\eta}{\rho} \approx \alpha t, \text{则} \eta \approx \alpha \rho t \tag{6-46}$$

测定溶液黏度通常是在稀溶液中进行的（$c < 10^{-2} g \cdot mL^{-1}$），因此可以假定溶液的密度与溶剂的密度近似相等。在这种近似条件下，可将 η_r 写成：

$$\eta_r = \dfrac{\eta}{\eta_0} = \dfrac{t}{t_0} (\text{因} \rho \approx \rho_0) \tag{6-47}$$

式中，t 为溶液的流出时间；t_0 为纯溶剂的流出时间。这样，通过测定溶液和溶剂的流出时间，进而可分别计算得到 η_r、η_{sp}、$\dfrac{\eta_{sp}}{c}$、$\dfrac{\ln \eta_r}{c}$ 的值。

还可证明，在无限稀释的条件下

$$\lim_{c \to 0} \frac{\eta_{sp}}{c} = \lim_{c \to 0} \frac{\ln \eta_r}{c} = [\eta] \tag{6-48}$$

因此，获得 $[\eta]$ 的方法有两种：一种是以 $\dfrac{\eta_{sp}}{c}$ 对 c 作图，外推到 $c \to 0$ 的截距值；另一种是以 $\dfrac{\ln \eta_r}{c}$ 对 c 作图，也外推到 $c \to 0$ 的截距值，如图 6-48 所示，两根线应汇合于一点，这也可校核实验的可靠性。

一般这两根直线的方程表达式为下列形式：

$$\frac{\eta_{sp}}{c} = [\eta] + K'[\eta]^2 c \tag{6-49}$$

$$\frac{\ln \eta_r}{c} = [\eta] + \beta [\eta]^2 c \tag{6-50}$$

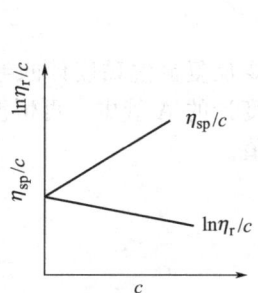

图 6-48 外推法求 $[\eta]$

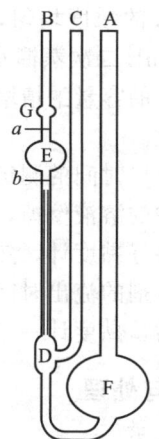

图 6-49 乌氏黏度计

因此，通过配制一系列不同浓度的溶液分别进行测定其流出时间，然后以 $\dfrac{\eta_{sp}}{c}$ 和 $\dfrac{\ln \eta_r}{c}$ 为纵坐标，c 为横坐标作图，得两条直线，分别外推至 $c=0$ 处，求其 $[\eta]$，代入式(6-43)，即可得到 $\overline{M}$（K，α 已知）。

仪器与药品

恒温槽 1 套，乌氏黏度计 1 只，移液管（10mL）2 支，（5mL）1 支，秒表 1 只，100mL 容量瓶 1 个，橡胶管（约 5cm 长）2 根，洗耳球 1 只，螺旋夹 1 只。

0.5% 葡聚糖，二次蒸馏水。

实验内容

本实验用的乌氏黏度计，又叫气承悬柱式黏度计。它的最大优点是可以在黏度计内逐渐稀释，从而节省许多操作手续，其构造如图 6-49 所示。

(1) 洗涤黏度计

先用洗液将黏度计洗净，再用自来水、蒸馏水分别冲洗几次，每次都要注意反复流洗毛细管部分，洗好后烘干备用。移液管也应洗涤干净。

(2) 调节恒温槽

调节恒温槽温度至 (25.0±0.1)℃，在黏度计的 B 管和 C 管上都套上橡胶管，然后将其垂直放入恒温槽，使水面完全浸没 E 球。

(3) 溶液流出时间的测定

① 用一只 10mL 的移液管准确移取已知浓度的葡聚糖溶液 10mL，由 A 管注入黏度计中，待恒温 5min 后，用夹子将 C 管的橡胶管夹紧，使不通气。然后用洗耳球对准 B 管上的橡胶管，将溶液从 F 球经 D 球、毛细管 E 球，抽至 G 球一半时，打开 C 管夹子，空气进入 D 球，G 球液面逐渐下降，当液面流经刻度 a 时，按下秒表，开始记录时间，当液面降至 b 刻度时（毛细管口），再按下秒表。由 a 至 b 所需的时间为 t_1，重复三次，每次相差不超过 0.2s，求其平均值。如果测量结果相差太大，则应检查毛细管有无堵塞现象，并查看恒温槽温度是否恒定。

② 用吸量管移取 2mL 已恒温的蒸馏水，经 A 管加入步骤①已测定好的黏度计中，使溶液的浓度为初始浓度的 5/6。为了使溶液混合均匀，可用夹子夹紧 C 管，洗耳球对准 B 管轻轻打气鼓泡多次（注意：不要使溶液溅出），然后将此稀释液抽洗黏度计的 E 球 3 次，使黏度计内各处溶液的浓度均匀，恒温 2min 后，按步骤①方法测定流出时间 t_2。依次再加入 3mL、5mL、5mL 二次蒸馏水，使溶液的浓度为初始浓度的 2/3、1/2、2/5（蒸馏水的加入量应依据黏度计的容量酌情增减），再分别测出其流出时间 t_3、t_4、t_5，每种浓度的溶液至少要重复测 3 次。

(4) 溶剂流出时间的测定

将黏度计中的溶液倒掉，用蒸馏水洗净黏度计，尤其要反复流洗黏度计的毛细管部分。按上述方法安装好黏度计，然后移入已恒温的蒸馏水至黏度计的 A 管中，再恒温 2min，按上述步骤测定溶剂的流出时间 t_0，重复操作 3 次，取平均值。

实验完毕后，黏度计一定要用蒸馏水洗干净。

数据记录与处理

(1) 数据记录

室温：_____ 大气压：_____

高聚物浓度：_____ 溶剂：_____ 恒温槽温度：_____

溶液	流出时间 t/s				η_r	$\ln \eta_r$	$\dfrac{\ln \eta_r}{c}$	η_{sp}	$\dfrac{\eta_{sp}}{c}$
浓度	①	②	③	平均					
溶液	c								
	$\dfrac{5}{6}c$								
	$\dfrac{2}{3}c$								
	$\dfrac{1}{2}c$								
	$\dfrac{2}{5}c$								
溶剂	c_0								

(2) 数据处理

① 以 $\dfrac{\eta_{sp}}{c}$、$\dfrac{\ln \eta_r}{c}$ 对浓度 c 做图,得两条直线,外推至 $c \to 0$,得 $[\eta]$。

结果要求得到两条线性良好的直线且相交于同一截距处。但在数据处理时会遇到一些反常现象,如图6-50所示。由于式(6-49)中 K' 和 $\dfrac{\eta_{sp}}{c}$ 的值与高聚物的结构及其在溶液中的形态有关;而式(6-50)基本上是数学运算式,含义不太明确。因此遇到上述情况,应以式(6-49)的 $\dfrac{\eta_{sp}}{c}$-c 关系为基准求高聚物的分子量。

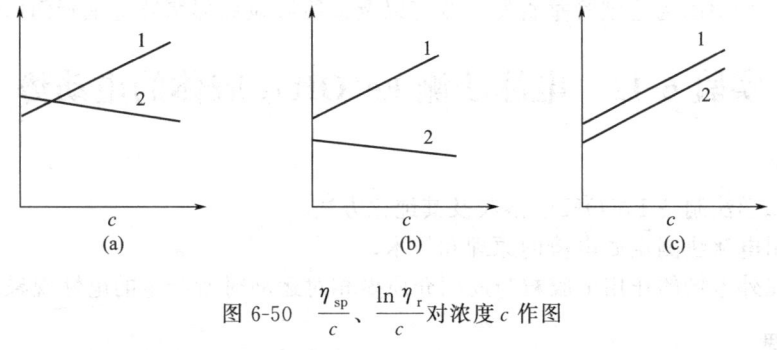

图6-50 $\dfrac{\eta_{sp}}{c}$、$\dfrac{\ln \eta_r}{c}$ 对浓度 c 作图

直线1——$\dfrac{\eta_{sp}}{c}$ 对浓度 c 作图;直线2——$\dfrac{\ln \eta_r}{c}$ 对浓度 c 作图

② 根据式(6-43)计算高聚物的分子量

文献值:25℃时葡聚糖的 $K=9.22\times 10^{-2}\,\text{mL}\cdot\text{g}^{-1}$,$\alpha=0.5$。

思考题

1. 乌氏黏度计中的支管C有什么作用?
2. 乌氏黏度计的毛细管太粗太细各有什么缺点?
3. 该实验为何应在恒温槽中进行?
4. 测量蒸馏水的流出时间时,加入蒸馏水的量是否需要准确测量?黏度计是否应干燥?

[学习指导]

操作要点及注意事项

1. 配制葡聚糖溶液时,必须充分振荡使之完全溶解,且应准确配制。

2. 如果乌氏黏度计使用前未用洗液充分浸泡和清洗,其内壁可能存在附着的高聚物和杂质等会使毛细管局部发生堵塞现象,影响溶液在毛细管内的流出时间,导致较大误差。若乌氏黏度计在恒温槽内固定得不垂直,会延长溶液的流出时间,从而影响测量结果。

3. 如果恒温槽的温度波动较大,会使溶液黏度发生变化,改变溶液的流出时间。因此,实验过程中恒温槽的温度要恒定,溶液每次稀释恒温后才能测量。

4. 若从A管加入蒸馏水稀释溶液时,应充分抽吸混合,溶液浓度不均匀,会影响溶液的流出时间。因此,每加入一次溶剂进行稀释时必须混合均匀,并抽洗E球和G球。

5. 实验最后安排溶剂流出时间的测定,这是为了让刚使用过的乌氏黏度计得以及时按规定进行洗涤,保持洁净。如果不认真洗涤,则会使测量水的流出时间存在较大误差,使实验结果产生较大偏差。

实验知识拓展

以 $\eta_{sp}/c\text{-}c$ 及 $\ln\eta_r/c\text{-}c$ 作图缺乏线性的影响因素如下。

① 温度的波动：一般而言，对于不同的溶剂和高聚物，温度的波动对黏度的影响不同。溶液黏度与温度的关系可以用 Andraole 方程 $\eta=Ae^{B/RT}$ 表示，式中 A 与 B 对于给定的高聚物和溶剂是常数，R 为气体常数。因此，这要求恒温槽具有很好的控温精度。

② 溶液的浓度：随着浓度的增加，高聚物分子链之间的距离逐渐缩短，因而分子链间作用力增大。当浓度超过一定限度时，高聚物溶液的 η_{sp}/c 或 $\ln\eta_r/c$ 与 c 的关系不呈线性。通常选用 $\eta_r=1.2\sim2.0$ 的浓度范围。

③ 测定过程中因为毛细管垂直发生改变以及杂质微粒局部堵塞毛细管而影响流经时间。

实验 6-11　电泳法测 $Fe(OH)_3$ 胶体的电动势

实验目的

1. 了解化学法制备 $Fe(OH)_3$ 溶胶及其纯化方法。
2. 掌握用电泳法测定 ζ 电势的原理和技术。
3. 理解在外电场的作用下胶粒与周围介质做相对运动时所产生的电性现象。

实验原理

胶体溶液是由分散胶粒和分散介质所组成的多相体系。分散胶粒和分散介质带有数量相等而符号相反的电荷，因此在相界面上建立了双电层结构。当胶体相对静止时，整个溶液呈电中性。

在外加电场的作用下，荷电的分散胶粒对分散介质发生相对移动，荷正电（或负电）的胶粒向负极（或正极）移动，这种现象则称为电泳。本实验通过电泳法测定 $Fe(OH)_3$ 胶体的 ζ 电势。

当带电荷的胶粒在外电场的作用下迁移时，胶粒受到电场的作用力 F 为胶粒所带电荷 q 与电势梯度 dE/dl 的乘积：

$$F=q\frac{dE}{dl}=q\frac{E}{l} \tag{6-51}$$

胶粒在介质中迁移时所受到摩擦阻力 f 等于黏度 η 与双电层中速度梯度 dv/dx 的乘积：

$$f=\eta\frac{dv}{dx}=\eta\frac{v}{x} \tag{6-52}$$

只有当摩擦阻力与电场的作用力相等时，胶粒才能以匀速运动，则有：

$$q\frac{E}{l}=\eta\frac{v}{\delta} \tag{6-53}$$

$$v=\frac{qE\delta}{\eta l} \tag{6-54}$$

根据静电学原理，ζ 电势可表示为：

$$q=\frac{\varepsilon\zeta}{4\pi\delta} \tag{6-55}$$

将式(6-55) 代入式(6-54) 中，得

$$\zeta=\frac{4\pi\eta vl}{E\varepsilon} \tag{6-56}$$

应用上式计算胶粒的 ζ 电势时，式中电学量应采用绝对静电单位。若采用我国法定单位时，

则上式应为：

$$\zeta = 3.6 \times 10^6 \frac{\pi \eta v l}{\varepsilon E} \quad (6\text{-}57)$$

式中，η 为分散介质的黏度，Pa·s；ε 为介电常数；E 为电泳测定管两端的电压，V；l 为两电极之间的距离（注意：不是水平横距离，而是 U 形管内溶液的导电距离），cm；v 为电泳速率，cm·s^{-1}。

仪器与药品

电泳仪、电泳测定管、铂电极、秒表、滴管、针筒、直尺、线等。
Fe(OH)$_3$ 胶体溶液，与 Fe(OH)$_3$ 胶体溶液电导率相接近的 KCl 溶液。

实验内容

(1) Fe(OH)$_3$ 溶胶的制备和提纯

① 水解法制备 Fe(OH)$_3$ 溶胶　在 250mL 烧杯中，盛蒸馏水 100mL，加热至沸，在不断搅拌下，逐渐加入 FeCl$_3$ 溶液（0.4gFeCl$_3$ 溶于 20mL 水中），再煮沸 2min。由于水解，得到红棕色的氢氧化铁溶胶，还有过量的 H$^+$、Cl$^-$、Fe^{3+} 等，需要除去。

② 胶体溶液的纯化　把制得的氢氧化铁溶胶置于半透膜袋中，用线系住袋口，置于大烧杯中，加入蒸馏水渗析，经常换水；并取 1mL 渗析水，用 AgNO$_3$ 和 KSCN 溶液分别检测 Cl$^-$ 和 Fe^{3+}，直至不能检出 Cl$^-$ 和 Fe^{3+}，即认为渗析纯化结束。如此在常温下渗析纯化约需一周时间，加热至 60~70℃，可加快渗析速度。

(2) ζ 电势的测定

① 清洗电泳管，并用电吹风将其吹干。电泳管的结构如图 6-51 所示。

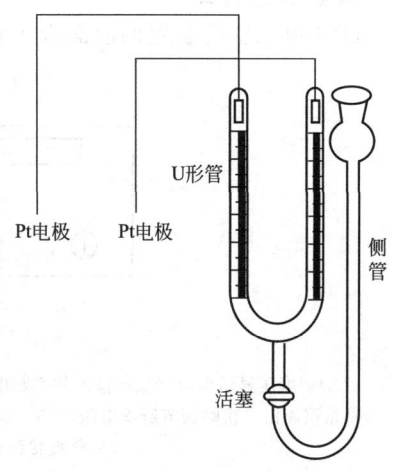

图 6-51　电泳管

② 关闭活塞，往电泳管的右侧管加入 Fe(OH)$_3$ 胶体至其高度的 4/5 处，打开活塞，缓慢排出管中的空气（注意：操作过程应缓慢，防止胶体冲过活塞，进入 U 形管的两端），然后，再关闭活塞。

③ 往电泳管的 U 形管加入 KCl 辅助液。

④ 缓慢打开活塞，使得胶体缓慢进入 U 形管，确保胶体与 KCl 辅助液间形成清晰的界面。

⑤ 往 U 形管的两端放入铂电极，并使两极浸入液面下的深度相等。将接连在两极上的导线分别接在稳压电源的两个输出端上（界面更清晰的一端接负极），调节工作电压在 50V，开始计时，并同时记录清晰的那端液-液界面的高度位置。

⑥ 每隔 2min 左右记录一次胶体移动的距离，直至胶体聚沉。

⑦ 胶体聚沉后，切断电源，拆除导线，分别用 HCl 溶液和蒸馏水清洗电泳管。然后，将电泳管平放在实验台上，用软线测量电泳管两极端点间的导电距离 l，测量 5~6 次，取平均值。

数据记录与处理

(1) 数据记录

室温：_____　　　大气压：_____

电泳时间/s	0	120	240	360	480	600	720	840	960	…
距离/cm										

(2) 数据处理

① 由胶体移动的距离对时间作图得一直线，该直线的斜率就是电泳速度（单位为 cm·s^{-1}）。

② 由胶体在电泳时移动的方向，确定胶粒所带的电荷。

③ 测量电泳管中两极之间的导电距离，求其平均值（即 l 值）。

④ 利用式(6-57) 计算 ζ 电势。

思考题

1. 电泳速度快慢与哪些因素有关？
2. 本实验中所用的电解质溶液的电导率为什么必须和所测溶胶的电导率非常接近？

[学习指导]

实验仪器介绍

DYJ 电泳实验装置的前面板示意如图 6-52 所示。

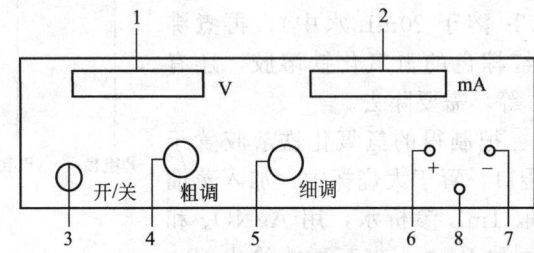

图 6-52　前面板示意

1—电压显示窗口（显示输出的实际电压）；2—电流显示窗口（显示输出的实际电流）；3—电源开关；
4—粗调旋钮（粗略调节所需电压）；5—细调旋钮（精确调节所需电压）；6—正极接线柱（负载的正极接入处）；
7—负极接线柱（负载的负极接入处）；8—接地接线柱

操作要点及注意事项

1. 电泳所用的溶胶必须严格纯化，否则其界面将会不清晰。
2. 清洗电泳管，防止有其他电解质黏附在管壁。
3. 打开活塞必须缓慢进行，确保胶体溶液与辅助液的界面清晰；轻放电极，防止液面被搅动，清晰的一端接负极。
4. 本实验中电极采用铂电极，电泳实验时两电极上有气泡析出（发生电解），导致辅助液电导率发生变化和扰动界面，这时可将辅助液与电极用盐桥隔开。
5. 辅助液的选择十分重要，因为电动电势对辅助液成分十分敏感。本实验选用 KCl 溶液，因 K$^+$ 和 Cl$^-$ 的迁移速率基本相同。此外要求辅助液的电导率与溶胶一致，目的是避免界面处电场强度的突变造成两臂界面移动速度不等而产生界面模糊。

实验知识拓展

电泳现象的实验测量方法可分为宏观法和微观法两类。宏观法是观察胶体与不含胶粒的辅助导电液的界面在电场中移动速率；微观法则是直接观察单个胶粒在电场中泳动速率。对于高分散的或过浓的胶体，因不易观察个别胶粒的运动，只能用宏观法；对于颜色太淡或浓度过稀的胶体，则适合用微观法。胶体溶液是一个多相系统，在相界面上建立了双电层结构。在外加电场的作用下，胶体中的胶粒和分散介质做反向相对移动时，就会产生电势差，称为电动电势。电动电势是胶粒特性的重要物理量之一，它可通过电泳或电渗实验测定。电泳是分散相胶粒对分散介质发生相对移动，电渗是分散介质对静态的分散相胶粒发生相对移动，两者都是荷电粒子在电场作用下的定向运动，电渗研究液体介质的运动，电泳则是研究固体粒子的运动。

6.8 结构化学实验

结构化学是研究微观粒子运动规律及其与物质性质之间关系的学科。本节介绍的是《磁化率的测定》，实验介绍了物质磁性起源和分类，应用古埃磁天平测量非均匀磁场对物质的作用力而引起物质质量的变化，间接测量磁化率，求得未成对电子数，进而研究物质的微观结构，说明配合物分子的配键特点。

实验 6-12 磁化率的测定

实验目的

1. 掌握古埃（Gouy）磁天平法测定物质的磁化率的原理和方法。
2. 测定 $FeSO_4 \cdot 7H_2O$ 和 $K_4Fe(CN)_6 \cdot 3H_2O$ 的磁化率，计算其不成对电子数和判断这些分子的配键类型。

实验原理

（1）磁化率

物质在外磁场的作用下，物质会被磁化产生一附加磁场，则物质的磁感应强度等于

$$\boldsymbol{B} = \boldsymbol{B}_0 + \boldsymbol{B}' = \mu_0 \boldsymbol{H} + \boldsymbol{B}' \tag{6-58}$$

式中，$\boldsymbol{B}_0$ 为外磁场的磁感应强度；$\boldsymbol{B}'$ 为附加磁感应强度；$\boldsymbol{H}$ 为外磁场强度；μ_0 为真空磁导率，其数值等于 $4\pi \times 10^{-7} N/A^2$。

物质的磁化可用磁化强度 $\boldsymbol{M}$ 来描述，$\boldsymbol{M}$ 也是矢量，它与磁场强度呈正比

$$\boldsymbol{M} = \chi \boldsymbol{H} \tag{6-59}$$

式中，χ 为物质的体积磁化率，是物质的一种宏观性质。

化学中常用质量磁化率 χ_m 或摩尔磁化率 χ_M 来表示物质的磁性质，它们的定义为：

$$\chi_m = \frac{\chi}{\rho} \tag{6-60}$$

$$\chi_M = M \chi_m = \frac{M\chi}{\rho} \tag{6-61}$$

式中，ρ 为物质的密度；M 为物质的摩尔质量；χ_m 的单位为 $m^3 \cdot kg^{-1}$；χ_M 的单位为 $m^3 \cdot mol^{-1}$。

（2）分子磁矩与磁化率

物质的原子、分子或离子在外磁场作用下的磁化现象有如下3种。

① 逆磁性物质 物质本身并不呈现磁性，但由于它内部电子的轨道运动，在外磁场作用下会产生一个诱导磁矩，表现为一个附加磁场，磁矩的方向与外磁场相反，其磁化强度与外磁场强度呈正比，并随外磁场的消失而消失，其 $\mu < 1$，$\chi_M < 0$。

② 顺磁性物质 物质的原子、分子或离子本身具有永久磁矩 μ_m，由于热运动，永久磁矩的指向各个方向的机会相同，所以该磁矩的统计值等于零。在外磁场的作用下，具有永久磁矩的原子、离子或分子除了其永久磁矩会顺着外磁场的方向排列（其磁化方向与外磁场相同，磁化强度与外磁场强度呈正比）表现为顺磁性外；还由于它内部的电子轨道运动有感应

的磁矩，其方向与外磁场相反，表观为逆磁性。因此，此类物质的摩尔磁化率χ_M应为摩尔顺磁化率χ_μ和摩尔逆磁化率χ_0之和。

$$\chi_M = \chi_\mu + \chi_0 \tag{6-62}$$

对于顺磁性物质，$\chi_\mu \gg |\chi_0|$，则可作近似处理，$\chi_M \approx \chi_\mu$；对于逆磁性物质，则只有χ_0，则$\chi_M \approx \chi_0$。

③ 铁磁性物质 物质被磁化强度与外磁场强度不存在正比关系，而是随着外磁场强度的增加而剧烈增加。当外磁场消失后，它们的附加磁场并不立即消失，这种物质称为铁磁性物质。

磁化率是物质的宏观性质，分子磁矩是物质的微观性质，用统计力学的方法可以得到摩尔顺磁化率χ_μ和分子永久磁矩μ_m之间的关系：

$$\chi_\mu = \frac{N_A \mu_m^2 \mu_0}{3kT} = \frac{C}{T} \tag{6-63}$$

式中，N_A为阿伏加德罗常数；k为玻耳兹曼常数；T为热力学温度。物质的摩尔顺磁化率与热力学温度呈反比这一关系，是居里（Curie P.）在实验中首次发现的，所以该式称为居里定律，C称为居里常数。

而物质的永久磁矩μ_m与它所含的未成对电子数n的关系为

$$\mu_m = \mu_B \sqrt{n(n+2)} \tag{6-64}$$

式中，μ_B为玻尔磁子，其物理意义是单个自由电子自旋所产生的磁矩。

$$\mu_B = \frac{eh}{4\pi m_e} = 9.274 \times 10^{-24} \text{J/T} \tag{6-65}$$

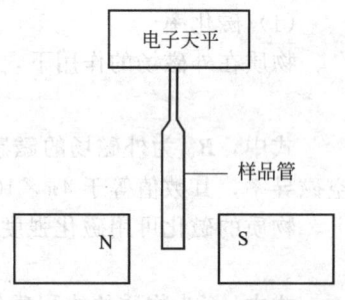

图 6-53 磁化率测定装置

式中，h为普朗克常数；m_e为电子的质量。因此，只要实验测得χ_M，即可求出μ_m，进而算出未成对电子数。这对于研究某些原子或离子的电子组态，以及判断配合物的配键类型是很有意义的。

(3) 磁化率的测定

古埃法测定磁化率装置如图6-53所示。将装有样品的圆柱形玻璃管悬挂在两磁极中间，使样品的底部处于两磁极中心，即磁场强度最强处H，样品顶部处于磁场强度最弱，甚至为0处。这样，样品就处于一个不均匀的磁场中，设样品管的截面积为A，装入样品的高度为h，体积为Ah的样品在非均匀磁场中所受到的作用力dF为：

$$dF \propto \chi H A \mu_0 \times \frac{dH}{dh} \tag{6-66}$$

式中，$\frac{dH}{dh}$为磁场强度的变化梯度。对于顺磁性物质，作用力指向磁场强度最大的方向；反磁性物质则指向磁场强度最弱的方向。当不考虑样品周围介质（如空气，其磁化率很小）和H_0的影响时，整个样品所受到的力为：

$$F = \int_{H=H}^{H=0} \mu_0 \chi H A \times \frac{\partial H}{\partial h} dh = \frac{1}{2} \mu_0 \chi H^2 A \tag{6-67}$$

样品受磁场作用力的大小可从电子天平的显示值来测定，设Δm为施加磁场前后的质量差，则

$$F = \frac{1}{2} \mu_0 \chi H^2 A = \Delta mg = g[\Delta m_{\text{空管+样品}} - \Delta m_{\text{空管}}] \tag{6-68}$$

由于 $\chi = \chi_m \rho$，$\rho = \dfrac{m}{hA}$ 代入式(6-68)，并经整理后得：

$$\chi_M = \frac{2\Delta mghM}{\mu_0 mH^2} \tag{6-69}$$

式中，h 为样品高度；m 为样品质量；H 为磁场强度；M 为样品的摩尔质量。

仪器与药品

CTP-I$_A$ 磁天平、电子天平、玻璃样品管、研钵、玻璃棒、角匙。

莫尔盐（A.R.）、$FeSO_4 \cdot 7H_2O$（A.R.）、$K_4Fe(CN)_6 \cdot 3H_2O$（A.R.）。

实验内容

(1) 将探头固定件固定在两磁铁中间，并用测试杆检查两磁头间隙为 20mm，并使样品管尽可能在两磁头的正中。

(2) 电流调节旋钮逆时针旋到底（以保证在接通电源时，励磁电流为零），接通电源，励磁电流显示"0000"。此时磁场强度也应显示"0000"，如不为"0000"，应按下"采零"键，使其显示"0000"。

(3) 将样品管挂在磁天平的挂钩上，然后将磁天平的门关闭。测样品管在 $H=0$ 时的质量 m_1，然后增大励磁电流，测定样品管在不同磁场强度（$H=300\text{mT}$、350mT）下的质量 m_1' 和 m_1''。略微增大励磁电流后，将励磁电流调小，再测定样品管在 $H=350\text{mT}$、300mT 和 0 下的质量 m_2''、m_2' 和 m_2。

(4) 将莫尔盐置于瓷研钵中研细，装入上述样品管中。在装样过程中，边装边抖实样品，装样高度为 12cm 左右；然后将样品管置于磁天平的挂钩上，并将磁天平的门关闭，按照上述测定样品管的方法，测定莫尔盐在不同磁场强度（$H=0$、300mT、350mT）下的质量。

(5) 在同一样品管中，同法分别测定 $FeSO_4 \cdot 7H_2O$ 和 $K_4Fe(CN)_6 \cdot 3H_2O$ 的磁化率，测定完后将样品管中的样品倒入相应的样品回收瓶中。不过，在每换一种样品时都必须擦净样品管，并且要读取称量时的温度。

(6) 测试完毕，将励磁电流调节旋钮逆时针旋至最小（显示"0000"），方可关闭电源。

数据记录与处理

(1) 数据记录

室温：_____   大气压：_____

样　品		空管	莫尔盐	$FeSO_4 \cdot 7H_2O$	$K_4[Fe(CN)_6] \cdot 3H_2O$
装样高度/cm		—			
$H_0 = 0$	m_1/g				
	m_2/g				
	$\bar{m}/g$				
$H_1 = 300\text{mT}$	m_1'/g				
	m_2'/g				
	$\bar{m}'/g$				
$H_2 = 350\text{mT}$	m_1''/g				
	m_2''/g				
	$\bar{m}''/g$				

续表

样 品	空管	莫尔盐	$FeSO_4 \cdot 7H_2O$	$K_4[Fe(CN)_6] \cdot 3H_2O$
温度 T/K				
样品 m/g	—			
$\bar{m}' - \bar{m}$				
$\bar{m}'' - \bar{m}$				
$M/g \cdot mol^{-1}$				
c_{M1}				
c_{M2}	—			
n_1	—			
n_2	—			
$\bar{n}$				

(2) 数据处理

① 计算各样品在磁场（300mT 和 350mT）和不在磁场中（0mT）的质量变化（Δm）及样品的质量（m）。

$$m = \bar{m}(样品+空管) - \bar{m}(空管)$$

300mT 时：$\Delta m_1(样品) = \Delta m_1(样品+空管) - \Delta m_1(空管)$

350mT 时：$\Delta m_2(样品) = \Delta m_2(样品+空管) - \Delta m_2(空管)$

② 磁场两极中心处的磁场强度 H，可采用特斯拉计直接测量或采用已知磁化率的标准物质莫尔盐进行间接测量。本实验采用已知磁化率的莫尔盐进行间接测量，已知莫尔盐的 χ_m 与热力学温度 T 的关系式为：

$$\chi_m = \frac{9500}{T+1} \times 4\pi \times 10^{-9} \quad (m^3 \cdot kg^{-1})$$

由上式算出莫尔盐的 χ_m，进而得到 χ_M，由于莫尔盐是顺磁性物质，则可得出 $\chi_M \approx \chi_\mu$，再由式(6-69)求出磁场强度 H。

③ 将其余各样品的实验数据和相应的 H 值分别代入式(6-69)计算它们各自的摩尔磁化率 χ_M，再由式(6-63)和式(6-64)分别算出它们的永久磁矩 μ_m 与它所含的未成对电子数 n。

④ 根据计算出的未成对电子数讨论 $FeSO_4 \cdot 7H_2O$ 和 $K_4Fe(CN)_6 \cdot 3H_2O$ 中 Fe^{2+} 的最外层电子结构及由此构成的配键类型。

思考题

1. 不同励磁电流下测得的样品摩尔磁化率是否相同？实验结果如有不同，应如何解释？
2. 用磁天平测定磁化率的精密度与哪些因素有关？

[学习指导]

实验仪器介绍

CTP-I_A 型古埃磁天平

(1) 结构 它是由电磁铁、稳流电源、数字式毫特斯拉计和数字式电流表、电子天平等构成。该仪器的主要技术指标参考如下：

磁极直径，40mm；磁隙宽度，0～40mm；励磁电流工作范围，1～10A；

励磁电流工作温度，<60℃；功率总消耗，约 300W。

（2）磁场　仪器的磁场由电磁铁构成，磁极材料用软铁，使励磁线圈中无电流时，剩磁最小。磁极端为双截锥的圆锥体，极的端面需平滑均匀，使磁极中心磁场强度尽可能相同。磁极间的距离连续可调，便于实验操作。

（3）稳流电源　励磁线圈中的励磁电流由稳流电源供给。电源线路设计时，采用了电子反馈技术，可获得很高的稳定度，并能在较大幅度范围内任意调节其电流强度。

（4）电子天平　CTP-I_A型古埃磁天平需自配电子天平。在作磁化率测量中，可配以电子天平。在安装时需作些改装，将电子天平的底盘拆除，将一根细铁丝挂在底盘的挂钩上并穿入磁天平内，以连接样品管。

（5）样品管　样品管由硬质玻璃管制成，内径为1cm，高度为16cm，样品管圆而均匀且底部是平底的。测量时将样品管垂直悬挂于天平盘底的挂钩下。注意样品管的底部应处于磁场的中部。

样品管为逆磁性。

（6）样品　金属或合金物质可做成圆柱体直接在磁天平上测量；液体样品则装入样品管测量；固体粉末状物质要研磨后再均匀紧密地装入样品管中测量。古埃磁天平不进行气体样品的测量。

微量的铁磁性杂质对测量结果的影响较大，故制备和处理样品时要特别注意防止杂质的污染。

实验操作要点及注意事项

1. 称量时，样品管应正好处于两磁极之间，其底部与磁极中心线齐平，以保证样品管底部放在磁场强度最大的地方。

2. 霍尔探头是易损元件，应防止挤压、扭弯、碰撞等，其型号应和刻度盘上所注编号相符。

3. 通电前，电流调至零位；通电后，调节电流应缓慢，以防电流调节过快而使磁场强度超出所要测量的值。

4. 样品管需洁净干燥，所测样品应研细，装样时应使样品均匀填实，确保样品管中样品的高度及堆积密度尽可能一致。

5. 每换一种样品都要将样品管擦洗干净，且样品倒入回收瓶时，要注意瓶上的标签，切忌倒错瓶子。

6. 磁天平总机必须水平放置，电子天平应作水平调整。测试样品时应关闭玻璃门窗，对整机不宜振动，否则实验数据误差较大。

实验知识拓展

配合物的价键理论认为配合物可分为电价配合物和共价配合物两种。由于中心原子（离子）的电子构型不同和配体中配位原子的不同（电负性等），中心离子利用空轨道杂化有两种方式：内轨型和外轨型杂化，形成低自旋和高自旋的配合物。这可以解释配合物的磁学性质和稳定性大小问题。当配位原子的电负性很大时，不易给出电子对，中心离子的电子结构不受配体的影响，基本上保持自由离子的电子结构。中心离子用外层的空轨道杂化，接受配位原子的电子对，生成外轨型配合物。这种配合物中，中心离子与配位体之间的结合力可认为静电引力，接近于离子键，也称电价配键，配合物也称电价配合物。当配位原子的电负性较小时，易给出电子对，对中心离子影响较大。这时中心离子为了尽可能多地成键，往往会发生电子重排，以腾出内层能量较低的d轨道与外层的s和p轨道杂化，接受配位原子的电子对，生成内轨型配合物。这种配合物中，中心离子与配位体之间的结合力接近于共价键，也称共价配键，配合物也称为共价配合物。

例如 Fe^{2+} 在自由离子状态下的外层电子组态为：

$$\underline{\uparrow\downarrow}\,\underline{\uparrow}\,\underline{\uparrow}\,\underline{\uparrow}\,\underline{\uparrow} \qquad \underline{} \qquad \underline{}\,\underline{}\,\underline{}$$
$$\quad\;\;3d \qquad\qquad\quad 4s \qquad\quad 4p$$

当它与 6 个 H_2O 配位体形成配离子 $[Fe(H_2O)_6]^{2+}$ 时，中心离子 Fe^{2+} 仍保持着上述自由离子状态下的电子组态，故此配合物是电价配合物。

当 Fe^{2+} 与 6 个 CN^- 配位体形成配离子 $[Fe(CN)_6]^{4-}$ 时，Fe^{2+} 的电子组态发生重排，如下所示：

$$\underline{\uparrow\downarrow}\,\underline{\uparrow\downarrow}\,\underline{\uparrow\downarrow}\,\underline{}\,\underline{} \qquad \underline{} \qquad \underline{}\,\underline{}\,\underline{}$$
$$\quad\;\;3d \qquad\qquad\quad 4s \qquad\quad 4p$$

Fe^{2+} 的 3d 轨道上原来未成对电子重新配对，腾出两个 3d 轨道来，再与 4s 和 4p 轨道进行 d^2sp^3 杂化，构成以 Fe^{2+} 为中心的指向正八面体各个顶角的 6 个空轨道，以此来容纳 6 个 CN^- 中 C 原子上的孤对电子，形成 6 个共价配键。

因此，由于配离子 $[Fe(H_2O)_6]^{2+}$ 未成对电子数为 4 个，配体与 Fe^{2+} 之间形成电价配键。由于配离子 $[Fe(CN)_6]^{4-}$ 的磁矩为 0，可知道配体与 Fe^{2+} 之间形成共价配键。

第 7 章　现代仪器分析实验

现代仪器分析实验的目的，是使学生加深理解现代仪器分析技术的基本原理，掌握现代仪器分析的主要方法，训练并掌握基本操作，了解和掌握常见分析仪器的使用方法；拓宽知识面，提高分析问题、解决问题的能力，培养实事求是的科学态度，为后继课程的学习和将来教学和科研工作打下基础。教学内容包括：光学分析方法、分离分析方法、电化学分析方法等共 9 个实验。

每个实验均约需 4 学时。

7.1　学习要求和实验报告格式

学习要求

通过本课程的学习，使学生了解各类分析仪器的分析原理，掌握仪器的基本工作原理、特点和应用，掌握常用仪器的基本操作，了解仪器常见故障的判断和处理，加深对分析化学、仪器分析化学基础理论、基本知识的理解；提高学生观察、分析和解决问题的能力，培养学生严谨的工作作风和实事求是的科学态度，树立严格的"量"的概念和条件依赖关系，做到认真细致、有条不紊、一丝不苟，为学习后续课程和未来的科学研究及实际工作打下良好的基础。

实验前，学生事先应认真阅读实验内容，了解实验的目的与要求，掌握实验所依据的基本理论，明确实验步骤，需要进行测量、记录的数据，了解所用仪器的构造和操作规程。

实验报告格式

实验完毕，应用专门的实验报告本，根据预习和实验中的现象及数据记录等，及时而认真地写出实验报告。仪器分析实验报告一般应包括以下内容。

实验（编号）　实验名称

（一）实验目的。

（二）实验原理：简要地用文字或化学反应式说明实验涉及的化学反应及原理；画出实验仪器的简单装置图，并简要地画出实验流程图。

（三）仪器和试剂：标出使用仪器的型号及主要部件的规格、仪器使用条件；指明主要试剂的规格。

（四）实验步骤：简明扼要地写出仪器操作方法、实验步骤流程，并写明实验现象。

（五）实验数据及其处理：应用文字或表格或图形将实验数据表示出来，将实验得到的原始图全部或选取具有代表性的部分附在实验报告上。根据实验要求及计算公式计算出分析结果，并对分析结果进行有关数据和误差处理，尽可能地使记录表格化。

（六）问题讨论：包括实验教材上的思考题，结合仪器分析理论教学中的有关知识，对实验现象、产生的误差等进行讨论和分析。

7.2　光学分析实验

光学分析法是基于物质发射的电磁辐射或电磁辐射与物质相互作用建立起来的一类分析

方法。这些电磁辐射包括从γ射线到无线电波的所有电磁波谱范围。电磁辐射与物质相互作用的方式有发射、吸收、反射、折射、散射、干涉、衍射、偏振等。光学分析法可以分为光谱法和非光谱法两大类。光谱法是基于物质与辐射能作用时，测量由物质内部发射量子化的能级之间的跃迁而产生的发射、吸收或散射辐射的波长和强度进行分析的方法，如紫外-可见分光光度法、红外光谱法、原子吸收光谱法、原子发射光谱法、分子荧光光谱法、核磁共振波谱等。非光谱法是基于物质与辐射相互作用时，测量辐射的某些性质，如折射、散射、干涉、衍射和偏振等变化的分析方法，非光谱法不涉及物质内部能级的跃迁，电磁辐射只改变传播方向、速度或某些物理性质。如折射法、干涉法、圆二色性法、X射线衍射法等方法。

本节包含紫外分光光度法测定废水中苯酚含量，傅里叶变换红外分光光度法测定有机化合物的红外光谱，原子吸收分光光度法测定生活用水中钙和镁的含量，电感耦合等离子体发射光谱法测定废水中镉、铬的含量，荧光法测定维生素 B_2 片剂中核黄素的含量 5 个实验。

实验 7-1　紫外分光光度法测定废水中苯酚含量

实验目的
1. 掌握紫外-可见分光光度计的构造原理。
2. 学习紫外分光光度计的使用方法。
3. 掌握苯酚的最大吸收波长，测定污水中的苯酚含量。

实验原理
不饱和有机化合物，特别是芳香族化合物，在 200～400nm 的近紫外区有特征吸收，可以为鉴定有机化合物提供有用的信息。芳香族化合物苯在 230～270nm 区间的精细结构是其特征吸收峰（B带）。吸收带中心波长在 254nm 附近。最大吸收峰随苯环上取代基的改变而发生移动。

苯酚是一种污染物，已经被列入有机污染物的黑名单。测定水中苯酚浓度十分有意义。苯酚在紫外光区的最大吸收波长 $\lambda_{max}=270nm$。对苯酚溶液进行紫外光区扫描时，在270nm处有较强的吸收峰。苯酚定量分析在 270nm 处测定不同浓度苯酚标准样品的吸光度值，绘制标准工作曲线（见图 7-1）。再在相同的条件下测定未知样品的吸光度值，依据朗伯-比耳定律的原理，由标准工作曲线可测得未知样中苯酚含量。

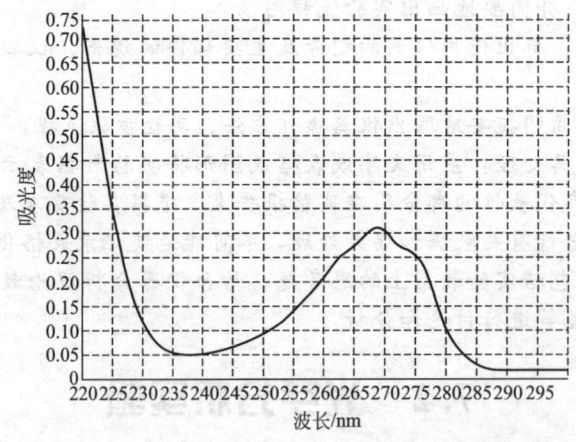

图 7-1　苯酚的吸收光谱

仪器与药品

紫外-可见分光光度计、1cm石英比色皿2个、0.1mL、10mL移液管各1支、10mL吸量管1支、50mL容量瓶7个、100mL容量瓶1个、10mL容量瓶2个、5mL容量瓶2个。

苯的环己烷溶液（1+250）、$0.3g \cdot L^{-1}$ 苯酚环己烷溶液、$0.1mol \cdot L^{-1}$ HCl、$0.1mol \cdot L^{-1}$ NaOH、$0.250g \cdot L^{-1}$ 苯酚标准溶液（准确称取25.0mg分析纯苯酚，溶于适量去离子水中，转移至100mL容量瓶中，用去离子水稀释至刻度，摇匀）。

含有苯酚的污水试样。

实验步骤

1. 吸收曲线的测定

准确移取4.00mL苯酚标准溶液，置于50mL容量瓶中，用去离子水稀释至刻度，摇匀。选取1cm石英比色皿，以去离子水作为参比溶液，测得吸收曲线，确定最大吸收波长。

2. 工作曲线的测定

在5只50mL容量瓶中，分别加入2.00mL、4.00mL、6.00mL、8.00mL和10.0mL苯酚标准溶液，用去离子水稀释至刻度，摇匀，制得苯酚标准溶液。选取1cm石英比色皿，以去离子水为参比溶液，在最大吸收波长处测定标准系列溶液的吸光度，绘制工作曲线。

3. 污水中苯酚含量的测定

准确移取10.00mL试样溶液于50mL容量瓶中，加入去离子水稀释至刻度，测定试液的吸光度。平行测定3份。

4. 溶剂酸碱性对苯酚吸收曲线的影响

准确移取1.00mL的苯酚标准溶液，加入10mL容量瓶中，用HCl溶液稀释至刻度，摇匀。选取1cm石英比色皿，以去离子水为参比溶液，测定220～350nm波长范围的吸收曲线。

准确移取1.00mL苯酚标准溶液，加入10mL容量瓶中，用NaOH溶液稀释至刻度，摇匀。选取1cm石英比色皿，以去离子水为参比溶液，测定220～350nm波长范围的吸收曲线。

比较不同酸度时苯酚吸收曲线的变化，讨论发生变化的原因。

5. 苯环上羟基对吸收曲线的影响

（1）用0.1mL移液管移取0.05mL苯的环己烷溶液，加入5mL容量瓶中，用环己烷稀释至刻度，摇匀。选用带盖1cm石英比色皿，以环己烷为参比溶液，测定220～320nm波长范围的吸收曲线。

（2）用0.1mL移液管移取0.05mL苯酚的环己烷溶液，加入5mL容量瓶中，用环己烷稀释至刻度，摇匀。带盖1cm石英比色皿，测定220～320nm波长范围的吸收曲线。

观察各吸收曲线的形状，分别找出苯和苯酚的最大吸收波长，计算最大吸收波长红移的情况。

数据记录与处理

1. 苯酚吸收曲线，并选择最大吸收波长。
2. 苯酚标准工作曲线，计算出水样中的苯酚含量（$mg \cdot L^{-1}$）。
3. 苯酚的酸性、碱性及水溶液的吸收曲线。
4. 苯、苯酚的环己烷溶液的吸收曲线，讨论变化原因。

思考题

1. 本实验测定时能否用玻璃比色皿盛放溶液？为什么？

2. 在近紫外区，饱和烷烃为什么没有吸收峰？
3. 在光度分析中，参比溶液的作用是什么？

[学习指导]

实验操作要点及注意事项

1. 空白溶液与试液必须澄清，不得有浑浊。如有浑浊，应预先过滤，并弃去初滤液。
2. 测定时应配制试剂空白。
3. 一般试液吸光度读数，以在 0.3～0.7 之间的误差较小。
4. 比色皿应选择配对，否则引入测定误差。两个吸收池的透光率相差要求小于 0.5%。在必要时，需扣除吸收池间的误差修正值。
5. 温度和湿度可以引起机械部件的锈蚀，使金属镜面的光洁度下降，引起仪器机械部分的误差或性能下降；造成光学部件如光栅、反射镜、聚焦镜等的铝膜锈蚀，产生光能不足、杂散光、噪声等，甚至仪器停止工作，影响仪器寿命。维护保养时应定期加以校正。应严格控制温、湿度。
6. 定期清洁，保障环境和仪器室内卫生条件，防尘。
7. 仪器使用一定时间后，内部会积累一定量的尘埃，定期开启仪器外罩对内部进行除尘工作，同时将各发热元件的散热器重新紧固，对光学盒的密封窗口进行清洁，必要时对光路进行校准，对机械部分进行清洁和必要的润滑，最后，恢复原状，再进行一些必要的检测、调校与记录。

实验知识拓展

紫外吸收光谱因分子中价电子在电子能级间跃迁而产生，是研究物质电子光谱的分析方法。通过测定分子对紫外线的吸收，可以对大量的无机物和有机物进行定性和定量测定。例如化合物的鉴定、结构分析和纯度检查以及在药物、天然产物化学中应用较多。在常见的紫外光谱教学实验中，紫外分光光度法还可用于废水中油的测定以及工业蒽醌纯度的测定等。

实验 7-2　傅里叶变换红外分光光度法测定有机化合物的红外光谱

实验目的

1. 了解傅里叶变换红外分光光度计的构造，熟悉其操作方法。
2. 学习液体及固体试样的制样方法，掌握压片法制作固体试样晶片的方法。
3. 学习傅里叶变换红外光谱图的处理和解析方法。
4. 研究醇与酚的 C—O 伸缩振动和不同取代基对羰基峰位的影响。

实验原理

在红外光谱的 $4000～1350 cm^{-1}$ 区域称为基团特征频率区。有机物分子同一类原子基团的振动频率非常相近，总是出现在某一特定范围内。但是，在不同物质中同一类型的基团振动频率又有区别，这种区别反映了分子结构的特点，可以在红外光谱 $1350～650 cm^{-1}$ 区域体现出其区别（指纹区）。

红外光谱定性：根据吸收曲线上吸收峰的位置和形状来判断未知物结构。红外定性分析的特征性高、分析时间短、使用试样量少、不破坏试样、测定方便，因而有广泛的应用。红外光谱定性分析，可分为官能团定性和结构定性两方面。官能团定性是根据化合物的红外光谱的特征基团频率来检定物质含有哪些基团，从而确定有关化合物的类别。结构分析或结构剖析，则需要结合其他实验资料（如相对分子质量、物理常数、紫外光谱、核磁共振波谱等）来推断。

红外光谱定量：依据是朗伯-比耳定律，采用特征吸收峰的强度来确定混合物中各组分的含量。红外光谱定量分析的优点是有许多吸收峰可供选择，当某些红外峰的测定受到干扰时，可以选择其他峰进行测定。

值得注意的是，与紫外吸收光谱相比，红外光谱的灵敏度较低。不过，与紫外分光光度计相比，红外分光光度计较复杂、价格贵重。只要有可能，尽量采用紫外吸收光谱法进行定量分析较方便。

仪器与药品

傅里叶变换红外光谱仪及其附件、棉花。

无水乙醇、异丙醇、叔丁醇、苯酚、苯甲醛、苯甲酸、苯甲酮、邻苯二甲酸酐、干燥过的溴化钾。

实验步骤

1. 制样的方法

（1）液体试样 对于沸点在 100～120℃ 以上，不易挥发，黏度不大的试样，可将 1～2 滴样滴加到 KBr 或 NaCl 窗片上，再压上另一片窗片，使液体试样在两片窗片中间形成一层毛细厚度，夹紧后，置于可拆卸的液体样品池中备用。

沸点高、不易挥发、黏度大的试样，可用不锈钢小勺均匀地涂在一块窗片上，使之形成适当厚度即可测试。

沸点低、易挥发的试样，要采用适当厚度的固定密封式液体槽。为了防止液体泄漏，装配要严密，从带有聚四氟乙烯塞子的小孔注入样品，然后盖上塞子。

也可以将液体试样配成溶液，再进行测定，常用的溶剂有 CCl_4、CS_2、$CHCl_3$ 等。缺点是溶剂在 4000～650 cm^{-1} 区间也有吸收。

（2）固体试样 固体试样的制备可采用压片法、石蜡糊法、薄膜法、溶液法等，其中压片法最常用。本实验学习压片法制样。压片装置包括振动球磨、压模、压片机。

制备过程如下：将研细的 KBr 置于烘箱中在 110～150℃ 温度下烘 48h 或在 400℃ 烘 2h，置于干燥器中冷却至室温备用。在玛瑙研钵中，将 100～200mg 干燥的 KBr 粉末粉碎至 2μm 左右，再加入 0.5～2mg 干燥的固体样品，研磨混合均匀，装模压片。

2. 分别测定乙醇、异丙醇、叔丁醇、苯酚、苯甲醛、苯甲酸、苯甲酮、邻苯二甲酸酐的红外谱图

3. 谱图解析

（1）解析其中 3 种化合物的红外光谱，指出各种吸收峰对应的官能团。

（2）比较乙醇、异丙醇、叔丁醇和苯酚的红外光谱图的 C—O 伸缩振动，找出规律性。

（3）研究苯甲醛、苯甲酸、苯甲酮和邻苯二甲酸酐的红外光谱，指出不同取代基对羰基峰位的影响。

数据记录与处理

1. 对所测谱图进行基线校正及平滑处理，标出主要吸收峰的位置，储存数据。
2. 用计算机进行图谱检索，判别各主要吸收峰的归属。

思考题

1. 产生红外吸收的条件是什么？

2. 分析环己醇、苯甲酸的红外谱图，检索标准谱图加以对照。
3. 苯甲醛、苯甲酸、苯甲酮和邻苯二甲酸酐的特征吸收峰有何区别？

[学习指导]

实验操作要点及注意事项

1. 分析前必须尽可能了解试样的来源和物理性质。如果试样有毒、有腐蚀性或含水，可预先采取有效措施，防止中毒或损坏仪器。

2. 若需进行化合物鉴定或结构测定，应事先采用各种手段进行分离提纯。分离时避免引入其他杂质。否则，样品不纯会引起"误诊"。

3. 尽量调节试样浓度和样片厚度，使最高谱峰的透光率介于 1%～5%，基线在 90%～95%。

4. 定性分析，特别是结构测定，吸收峰的位置和吸收谱带的强度及形状都很重要，仪器必须定期校验。

5. 为了保证良好的分辨能力，防止谱图失真，对于扫描速度等应仔细选择。

6. KBr 应干燥无水，研磨固体试样应在红外灯下进行，防止吸水变潮。KBr 和样品的质量比为（100～200）：1。制备样品 KBr 晶片时，KBr 晶体和样品要混合均匀。要求将样品和 KBr 晶体的混合物研磨成均匀、细小的颗粒，颗径要小于 $2\mu m$。制得的晶片必须无裂痕，局部无发白现象，呈透明状。

7. 实验室的门不能长时间敞开，防止湿汽进入仪器室或仪器内部。

8. 测试有异味样品时，测试后需用氮气进行吹扫。勤换硅胶，延长仪器使用寿命。

实验知识拓展

红外光谱对样品的适用性相当广泛，固态、液态或气态样品都能应用，无机、有机、高分子化合物都可检测。此外，红外光谱还具有测试迅速，操作方便，重复性好，灵敏度高，试样用量少，仪器结构简单等特点。因此，它已成为现代结构化学和分析化学最常用和不可缺少的工具。红外光谱在高聚物的构型、构象、力学性质的研究以及物理、天文、气象、遥感、生物、医学等领域也有广泛的应用。红外吸收峰的位置与强度反映了分子结构上的特点，可以用来鉴别未知液态水的红外光谱。

实验 7-3 原子吸收分光光度法测定生活用水中钙和镁的含量

实验目的

1. 掌握原子吸收分光光度法的基本原理。
2. 了解原子吸收分光光度计的基本结构及测试的操作技术。
3. 掌握用标准曲线法测定镁含量和标准加入法测定钙含量的方法。

实验原理

水中金属离子（如钙、镁、铅、汞等）含量关系到各种生活用水的质量标准和人们的身体健康，原子吸收分光光度法常用于检测水中金属离子的含量。

原子吸收分光光度法用于定量分析的依据如下。

当一束具有待测元素特征谱线的光通过试液蒸气时，被待测元素的基态原子会吸收特征谱线，使特征谱线的原有强度减弱，其减弱程度与待测元素的基态原子数及蒸气的厚度（火焰宽度）呈正比。

$$A = \lg(I_0/I) = kLN$$

式中，A 为吸光度；I_0 为入射光强度；I 为透射光强度；K 为比例常数；L 为待测元素蒸气的厚度，即火焰宽度；N 为待测元素的基态原子数。

由于溶液中待测金属离子的浓度 c 与吸收辐射谱线的原子总数呈正比，因此当火焰宽度 L 一定时，吸光度 A 与溶液中待测金属离子的浓度存在如下关系：

$$A = k'c$$

在一定实验条件下 k' 是常数，符合比耳定律。因此，通过测定溶液吸光度，可以求出待测元素的浓度。

原子吸收分光光度分析常用的定量方法有标准曲线法和标准加入法。

标准曲线法的测定原理与前面实验的相同。该法先配制已知浓度的标准溶液系列，在一定条件下测出吸光度 A，绘制 A-c 标准工作曲线。将适当处理的试样溶液在相同条件下测量吸光度，可由标准工作曲线查出试样溶液的浓度。

标准加入法的测定原理是，取若干份体积相同的待测试样溶液，置于同体积容量瓶中，从第 2 份开始，按比例分别加入不同量待测离子的标准溶液。若试样溶液中待测离子的浓度为 c_x，则在分别加入 0、V_1、$2V_1$、$3V_1$ 标准溶液后，测得相应的吸光度为 A_x、A_1、A_2、A_3。以吸光度对浓度作图得到如图 7-2 所示的直线。

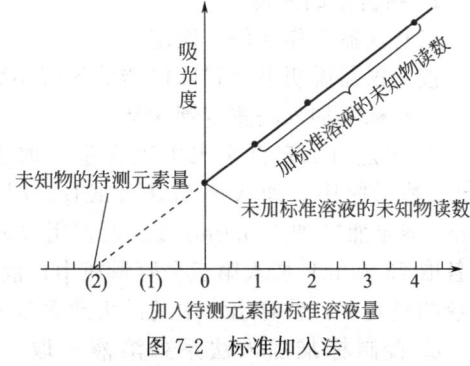

图 7-2 标准加入法

延长直线与横轴相交于 c_{x1}。c_{x1} 点与坐标原点的距离即为试样中待测离子的浓度。

测定水中 Ca、Mg 含量时，某些阴离子会产生化学干扰，使测定结果偏低。其原因是干扰离子会与待测离子生成难挥发的化合物。如果在试样中预先加入过量的 La 盐或 Sr 盐，由于 La 和 Sr 会与干扰离子生成更稳定的化合物，使待测离子释放出来，可以消除共存离子对 Ca、Mg 测定的干扰。

本实验采用标准曲线法测定 Mg，标准加入法测定 Ca。

仪器与药品

原子吸收分光光度计、乙炔钢瓶、无油空气压缩机、钙、镁元素空心阴极灯、乙炔-空气燃烧器、50mL 容量瓶 13 个、100mL 容量瓶 1 个、500mL 和 1000mL 容量瓶各 1 个、5mL 移液管 4 支、10mL 吸量管 1 支。

试剂：

1. 钙标准溶液（$100\mu g \cdot mL^{-1}$）：准确称取 0.1249g 已在 110℃ 烘干 2h 的 $CaCO_3$ 基准物，用 $6mol \cdot L^{-1}$ 盐酸溶解，在 500mL 容量瓶中定容。

2. 镁标准贮备溶液（$1000\mu g \cdot mL^{-1}$）：准确称取 1.000g 纯金属镁，溶于 20mL $1mol \cdot L$ 的盐酸中，用蒸馏水稀释，在 1000mL 容量瓶中定容。

3. 镁标准溶液（$10\mu g \cdot mL^{-1}$）：准确移取 2.50mL $1000\mu g \cdot mL^{-1}$ 镁标准贮备溶液于 250mL 容量瓶中，用蒸馏水稀释和定容。

4. 氯化镧溶液：称取 1.76g $LaCl_3$，溶于水中，稀释至 100mL，含 La^{3+} $10mg \cdot mL^{-1}$。

实验步骤

1. 镁含量的测定

(1) 仪器工作条件的确定

按照仪器说明书的要求设置好仪器各项参数。

(2) 标准曲线法测定镁含量

① 标准工作曲线的测定　准确移取 0.00mL、0.50mL、1.00mL、1.50mL、2.00mL $10\mu g\cdot mL^{-1}$ 镁标准溶液，分别加入 5 个 50mL 容量瓶中，加入 5.0mL $LaCl_3$ 溶液，用去离子水稀释至标线，摇匀。

将原子吸收分光光度计按所选择的工作条件调节好，先调吸光度为零，再依次测定标准系列溶液的吸光度（每次测定均需用去离子水调节吸光度为零）。

② 水样 Mg 含量的测定　准确吸取一定量的自来水两份，分别加入两只 50mL 容量瓶中，各加入 5.0mL $LaCl_3$ 溶液，用去离子水稀至标线，摇匀。在上述条件下，分别测定吸光度。如果水样的吸光度超出标准工作曲线的范围，可增加或减少取样量，使吸光度落在标准工作曲线的中部。计算水样中镁的含量。

2. 钙含量的测定

（1）仪器工作条件的确定

按照仪器说明书设置好仪器的各项参数。

（2）标准加入法测定钙含量

① 半定量测定自来水中钙含量　取 2.00mL $100\mu g\cdot mL^{-1}$ 钙标准溶液，加入第一个 50mL 容量瓶中，加入 5.0mL $LaCl_3$，用去离子水定容。取 25.00mL 自来水加入第二个 50mL 容量瓶，加入 5.0mL $LaCl_3$，用去离子水定容。将第一个容量瓶和第二个容量瓶的溶液各取 25.00mL 加入第三个容量瓶中，混合均匀。在所选择的工作条件下，测定上述 3 种溶液的吸光度，估算出水中钙的大致含量 c_x。

② 配制标准加入法系列溶液　取 5 个 50mL 容量瓶，分别加入 5.00mL 自来水和 5.0mL $LaCl_3$。向上述容量瓶中依次加入钙标准溶液 0.00、V_1、$2V_1$、$3V_1$、$4V_1$，用去离子水稀释至标线。测定时，原试样吸收值约为第一个加入量产生的吸收值的一半。

③ 在所选择的工作条件下逐个测定吸光度。

3. 实验完毕，吸喷去离子水，清洗燃烧器，按操作要求关好仪器

数据记录与处理

1. 将镁标准系列溶液的吸光度对浓度绘制标准曲线。在标准曲线上查得水样中镁的浓度，再计算原水样中的镁含量，以 $mg\cdot L^{-1}$ 表示。

2. 在方格坐标纸上绘制钙的标准加入法直线，并外推与横轴相交，求得钙的浓度，计算原水样中的钙含量，以 $mg\cdot L^{-1}$ 表示。

思考题

1. 请讨论标准加入法与标准曲线法的相同点与不同点。
2. 连续测定几个试样，为什么每次都要用去离子水调零？若忽略这一操作，将产生什么结果？
3. 原子吸收分析时为什么要使用锐线光源？

[学习指导]

实验操作要点及注意事项

1. 吸收线通常选择最灵敏线。若测定元素的浓度很高，或为了消除邻近光谱线的干扰，也可选用次灵敏线。

2. 测定时均以去离子水为参比，每测定一份溶液，均需用去离子水清洗至吸光度为零。

3. 点燃空气-乙炔火焰时，应先通空气，后通乙炔气。熄火时顺序相反，先关乙炔气体，后关空压机。为了使点火顺利，可适当增大乙炔气流量，点燃，待火焰稳定后再根据需要调节所需要的火焰类型。测量钙和镁含量时，燃助比以化学计量火焰为宜。

4. 废液排出口一定要插入盛水瓶中水封，以防回火。

5. 乙炔管道及接头禁止用紫铜材质，否则易生成乙炔铜而引起爆炸。乙炔钢瓶阀门旋开时不应超过 1.5 转，以防止丙酮逸出。乙炔钢瓶压力不得低于 0.5MPa（5kgf·cm^{-2}），否则丙酮会沿管路流出。

6. 确保实验室空气流通。仪器的原子化器上方应安装耐腐蚀材料制作的通风管道，强制通风的风速要适当，既能将有毒气体送出，又能使火焰稳定。

7. 原子吸收光谱仪的液体提升速率通常为 3～6mL·min^{-1}。

8. 选择光谱通带，对 Ca、Mg 的测定，狭缝宽度取 0.2mm。

9. 光电倍增管负高压能提高灵敏度，但噪声电平往往也增大。一般选择最大工作电压的 1/3～2/3 为宜。

10. 严格按使用可燃性气体的规定操作。注意以下几点。

① 选择有机溶液时，在满足分析要求的情况下，尽量选择闪点高的有机溶液。

② 不要选择密度低于 0.75g·cm^{-3} 的有机溶液。

③ 不要将装有有机溶液的容器敞盖放在燃烧头附近，在满足要求的条件下，尽可能少用有机溶液。

④ 废液管应采用耐有机溶剂的管子，如腈橡胶。仪器标配的废液管不适合在有机溶液中使用。液封瓶上的通气口不能堵住。

⑤ 不要将硝酸或高氯酸残留物与有机溶剂混合，将高氯酸的浓度降低到尽可能低的水平。当使用高氯酸时，一定要戴好耳防护罩、防护眼镜，仪器上所有防护盖都要安装到位。

⑥ 保持燃烧狭缝及雾化室、液封盒清洁。

⑦ 仅在所有安全条件都满足要求时，采用仪器内部点火器进行点火。

⑧ 确认乙炔消耗速度不超过规定量；如消耗速度太快，可将几个钢瓶并联使用。消除火灾及爆炸的可能性，并经常检查钢瓶是否有漏气。

⑨ 消除乙炔气带出丙酮的可能性。使用乙炔气之前，开少许压力检查是否有丙酮喷出，如有丙酮喷出，则应该将该气瓶退回供应商。乙炔器的纯度高于 99.5% 以上。分析工作完成后应将钢瓶关闭。

实验知识拓展

原子吸收光谱法是测定痕量和超痕量元素的有效方法。具有灵敏度高、干扰较少、操作简便、快速、结果准确、可靠等优点，而且可以使整个操作自动化，能测定几乎所有金属元素和一些类金属元素，此法已普遍应用于冶金、化工、地质、农业、医药卫生及生物等各部门，尤其在环境监测、食品卫生和生物机体中微量金属元素的测定中，应用日益广泛。如原子吸收法测定人发中的锌、原子吸收法测定土壤中的镉等实验。

实验 7-4 电感耦合等离子体发射光谱法测定废水中镉、铬的含量

实验目的

1. 学习电感耦合等离子体发射光谱法的基本原理。
2. 了解电感耦合等离子体发射光谱仪的基本结构及测试的操作条件。
3. 掌握测定废水中镉、铬含量的测定条件的确定和标准工作曲线法定量测定。

实验原理

电感耦合等离子体（ICP）是原子发射光谱的重要高效光源。在 ICP 中，试样被雾化后

形成气溶胶，由氩气载气带入等离子体焰炬中。在焰炬的高温中，溶质的气溶胶经历多种物理化学过程而被迅速原子化，成为原子蒸气，进而被激发，发射元素的特征谱线，经过分光后进入摄谱仪被记录下来，从而对待测元素进行定量分析。

电感耦合等离子体光谱仪主要由高频发生器、ICP 矩管、耦合线圈、进样系统、分光系统、检测系统及计算机控制、数据处理系统构成。ICP 光源具有激发能力强、稳定性好、基体效应小、检出限低等优点。由于 ICP 光源无自吸现象，标准曲线的线性范围宽，可达几个数量级，多数标准曲线是按 $I=Ac^b$（$b=1$）绘制。当有显著的光谱背景时，标准曲线可以不通过原点，曲线方程为 $I=Ac+D$，D 为直线的截距。可以用标准曲线法、标准加入法及内标法进行光谱定量分析。

仪器与药品

iCAP6000 电感耦合等离子体发射光谱仪；5 只 100mL 容量瓶。

试剂：

1. $1000\mu g \cdot mL^{-1}$ 镉标准贮备液　准确称取 0.5000g 金属镉于 100mL 烧杯中，用 5mL $6mol \cdot L^{-1}$ 的盐酸溶液溶解，定量转移至 500mL 容量瓶中，用 1%盐酸稀释至刻度，摇匀备用。

2. $100\mu g \cdot mL^{-1}$ 镉标准使用液　移取 10.00mL $1000\mu g \cdot mL^{-1}$ 镉标准贮备液，置于 100mL 容量瓶中，用 1%盐酸稀释至刻度，摇匀备用。

3. $1000\mu g \cdot mL^{-1}$ 铬标准储备液　准确称取 3.7349g 预先干燥过的 K_2CrO_4，置于 100mL 烧杯中，加入 20mL 水溶解，定量转移至 1000mL 容量瓶中，用水稀释至刻度，摇匀备用。

4. $100\mu g \cdot mL^{-1}$ 铬标准使用液　取 10.00mL $1000\mu g \cdot mL^{-1}$ 铬标准贮备液，置于 100mL 容量瓶中，用蒸馏水稀释至刻度，摇匀备用。

配制用水均为二次蒸馏水。

实验步骤

1. 准备 iCAP6000 电感耦合等离子体发射光谱仪。

(1) 分析线波长 Cd 226.502nm、Cr 267.716nm。

(2) 氩冷却气流量 $12\sim14L \cdot min^{-1}$。

(3) 氩辅助气流量 $0.5\sim0.8L \cdot min^{-1}$。

(4) 氩载气流量 $1.0L \cdot min^{-1}$。

(5) 试液提升量 $1.5mL \cdot min^{-1}$。

2. 配制镉标准系列溶液

分别吸取 2.00mL、4.00mL、6.00mL、8.00mL、10.00mL 镉标准使用液于 5 只 100mL 容量瓶中，用 1%盐酸稀释至刻度，摇匀，获得镉标准系列溶液。

3. 配制铬标准系列溶液

分别吸取 2.00mL、4.00mL、6.00mL、8.00mL、10.00mL 铬标准使用液于 5 只 100mL 容量瓶中，用蒸馏水稀释至刻度，摇匀，获得铬标准系列溶液。

4. 按照 iCAP6000 电感耦合等离子体发射光谱仪操作步骤，分别测量镉和铬的标准工作曲线。

5. 喷入工业废水试液，采集测试数据。根据试样数据，进行计算机自动在线结果处理。打印测定结果。

6. 按照关机程序。退出分析程序，进入主菜单，分别关泵、气路、关 ICP 电源及计算机系统，最后关冷却水。

数据记录与处理
1. 正确记录实验数据和处理数据。
2. 依据测量数据，绘制吸光度-镉浓度标准工作曲线，并根据工业废水中的测量数据，计算废水中镉的含量（$\mu g \cdot L^{-1}$）。
3. 依据测量数据，绘制吸光度-铬浓度标准工作曲线，并根据工业废水中的测量数据，计算废水中铬的含量（$\mu g \cdot L^{-1}$）。

思考题
1. 在 ICP-AES 法中，为什么必须特别重视标准溶液的配制？
2. 简述等离子体焰炬的形成过程。
3. 为什么 ICP 光源能够提高光谱分析的灵敏度和准确度？

[学习指导]

实验操作要点及注意事项
1. 非液体样品必须转移到水相才能进行分析。
2. 注意观察氩气压力，及时切换氩气钢瓶，否则会造成不必要的熄炬。
3. 样品中酸含量不能超过 5%；样品中含有有机物质，需事先进行消解处理；样品中的颗粒物应在分析样品当天用 $0.45\mu m$ 的滤膜进行过滤，以免堵塞雾化器。
4. 如需测 K、Na、B 等元素，从实验反应器、采样瓶、预处理过程等所有过程都不能使用玻璃设备及容器。
5. ICP-AES 法中，用来分解样品的酸，必须满足的条件：尽可能使各种元素迅速、完全地分解。
6. 测试完毕，进样系统用去离子水喷洗 3min，再关机，以免试样沉积在雾化器口和石英炬管口。
7. 先降高压，熄灭 ICP 炬，再关冷却气、冷却水。
8. 等离子体发射很强的紫外线，易伤害眼睛，应通过有色玻璃防护窗观察 ICP 炬。

实验知识拓展
iCAP6000 系列等离子体发射光谱仪具有出色的分辨率、稳定性、灵敏度和优异的检出限，极大地提高了分析效率，并使操作更加简便，同时节约运行成本。该最新产品可广泛应用于环境、石化、冶金、食品饮料、地球化学和水泥行业的普通和元素分析实验室。如 ICP-AES 检测工业硅中 8 种杂质元素、ICP-AES 分析土壤沉积物中金属元素、ICP-AES 测定粮食中主量元素和痕量元素。

实验 7-5 荧光法测定维生素 B_2 片剂中核黄素含量

实验目的
1. 掌握荧光分析基本原理及核黄素含量的测定方法。
2. 学会使用荧光分光光度计。
3. 了解荧光分光光度计的结构。

实验原理
荧光是光致发光。当物质分子吸收光，从基态跃迁到激发态，成为激发态分子，处于激发态的分子通过无辐射去活（释放能量），回到第一电子激发态的最低振动能级，再以发射辐射的形式去活，跃迁返回基态的各个振动能级而发出荧光。

有苯环或有多个共轭双键体系以及具有刚性平面结构的有机物分子易产生荧光；无机盐金属离子不产生荧光；而一些金属螯合物能产生很强的荧光。

取代基的性质、溶剂的极性、体系的 pH 和温度都会影响荧光体的荧光特性或荧光强度。

(1) 荧光光谱定量分析原理

溶液的荧光强度 F 与该溶液对光吸收的程度、溶液中荧光物质的荧光效率及浓度有关：
$$F = 2.303\Phi I_0 kbc$$

式中，Φ 为荧光效率，为发射的光子数与吸收的光子数之比；I_0 为激发光强度；k 为摩尔吸收系数；b 为光程长度；c 为荧光物质的浓度。当发光强度一定时，$F = Kc$。

只有在 c 较小时上式才适用。即在低浓度时，荧光强度 F 与溶液荧光物质的浓度 c 呈正比。荧光分光光度计由光源、单色器、液池和检测器等几个部分组成（见图 7-3）。

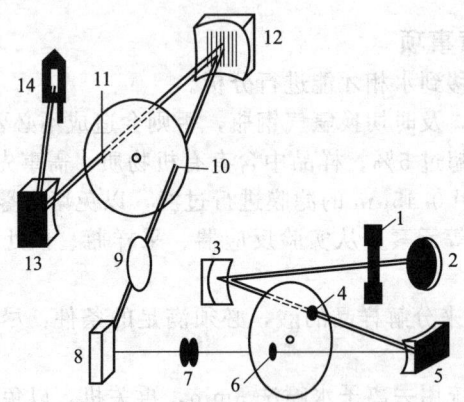

图 7-3 荧光分光光度计光路

1—氙灯；2—凸面镜；3—凹面镜；4,10—入射狭缝；5—激发凹面光栅；
6,11—出射狭缝；7—双透镜；8—样品池；9—透镜；
12—发射凹面光栅；13—凹面镜；14—光电倍增管

(2) 激发光谱

固定荧光最大发射波长，改变激发光波长，测得荧光强度与激发光波长的关系曲线即为激发光谱曲线。由激发光谱曲线可选出最大激发波长。

(3) 荧光光谱

固定最大激发波长，测定不同发射波长时的荧光强度，即得到荧光光谱曲线。由荧光光谱曲线可选出最大发射波长。

激发光谱与荧光光谱有镜像关系。

维生素 B_2 又称核黄素（结构如下所示）。核黄素水溶液在 430~440nm 蓝光或紫外线照射下会产生绿色荧光，荧光峰在 535nm，在 pH＝6~7 溶液中荧光强度最大，在 pH＝11 的碱溶液中荧光消失，在低浓度下，其荧光强度与浓度呈正比。所以可以用荧光光谱法测定核黄素的含量。

仪器与药品

荧光分光光度计（F-7000）、25mL 容量瓶 6 只、5mL 移液管 1 支。

试剂：核黄素（生化试剂），以及市售维生素 B_2 片等。

（1）5％醋酸溶液：取 5 份冰醋酸与 95 份体积蒸馏水混合。

（2）$10.0 mg \cdot L^{-1}$ 核黄素标准储备溶液：准确称取 10.0mg 核黄素，将其溶解于 5％ HAc 中，转移至 1L 容量瓶中，用 5％ HAc 稀释至刻度，该溶液应装于棕色试剂瓶中，置阴凉处保存。

实验步骤

1. 试剂溶液的配制

（1）核黄素标准系列溶液的配制

在 5 个干净的 25mL 容量瓶中，分别加入 0.50mL、1.00mL、1.50mL、2.00mL 和 2.50mL $10.0 mg \cdot L^{-1}$ 核黄素标准储备溶液，定容至 25mL。

（2）待测液

取市售维生素 B_2 一片，准确称量后，置于 50mL 烧杯中，加入一定量 5％ HAc 溶液，用玻璃棒捣碎药片后，转移并加入 5％ HAc 溶液定容至 100mL。静置数十分钟后，准确移取 0.50mL 的上层清液并定容至 50mL，贮于棕色试剂瓶中，置阴凉处保存。

2. 扫描激发光谱和荧光光谱

准确移取 $10.0 mg \cdot L^{-1}$ 核黄素标准溶液 2.5mL 于 25mL 容量瓶中定容，转移部分溶液至石英比色皿中。

（1）激发光波长的扫描：将荧光分光光度计的荧光波长暂定在 525nm 处，在 200～500nm 波长范围内对激发波长进行扫描，记录激发光谱曲线，约在 265nm、370nm、442nm 处有 3 个峰。

（2）发射光波长的扫描：将激发波长设定在 370nm 处（实验过程中，分别尝试 265nm、442nm 处），在 400～700nm 波长范围内对荧光波长扫描，记录荧光光谱曲线，约在 525nm 处荧光强度最大。

（3）从激发和发射光谱上确定最佳的激发和发射波长。

3. 核黄素的定量分析

（1）核黄素系列标准溶液的测定

设置适当的仪器参数，在最佳激发波长和发射波长处从稀到浓测量系列标准溶液的荧光强度。

（2）未知试样的测定

用测定标准系列时相同的条件，测量待测液的荧光强度。

数据记录与处理

1. 以荧光强度和溶液浓度作图，绘制标准工作曲线。
2. 由未知样品的荧光强度在标准曲线上求出未知样品的浓度。
3. 根据以上数据，求出维生素 B_2 片剂中核黄素的含量（以 $mg \cdot g^{-1}$ 表示）。

思考题

1. 解释为什么测得的荧光与激发辐射成直角？
2. 叙述如何测量荧光激发光谱。
3. 荧光分析法为什么比紫外-可见分光光度法有更高的灵敏度？

[学习指导]

实验操作要点及注意事项

1. 绘制标准工作曲线与待测溶液所选定的波长应一致。
2. 能正确识别荧光光谱中的干扰峰（拉曼光等）。
3. 荧光比色皿为"四面光"的，因此拿取时，需要用手拿其棱角的上部。
4. 影响荧光强度的因素很多，每次测定的条件很难完全控制一致，因此每次必须做工作曲线，且标准曲线最好与样品同时做。
5. 注意掌握如何测定某物质的荧光激发光谱与发射光谱曲线。
6. 要求待测物质与荧光参比溶液均为稀溶液。
7. 大多数荧光反应都受溶液酸碱度的影响，故荧光分析需在适合的酸碱度溶液中进行。最适当的酸碱度必须由实验来确定。所用酸的种类也影响荧光的强度，例如，奎宁在硫酸溶液中的荧光较在盐酸中的要强些。
8. 能与试剂发生反应的其他金属盐类都应事先除去。碱金属与铵盐虽不参与反应，但量太大亦有妨碍；强氧化剂、还原剂及络合剂均不应存在于溶液中。
9. 荧光强度达到最高点所需要的时间不同。有的反应加入试剂后荧光强度立即达到最高峰。有的反应需要经过 15～30min 才能达到最高峰。
10. 有机溶剂中常有产生荧光的杂质，可用蒸馏法提纯。

实验知识拓展

在紫外线照射下能发生荧光的无机物很少，但许多元素与有机试剂所组成的络合物，在紫外线照射下会发生荧光，由其荧光强度和标准曲线可以测定该元素的含量。因此，荧光法可用于无机化合物的定量分析。现在借助于有机试剂进行荧光分析的元素已达 60 余种。采用激光时间分辨荧光法，灵敏度可大大提高。例如，测定海水中铀的检出限可达 $0.04\mu g \cdot L^{-1}$，测定铕的检出限可达 $2pg \cdot L^{-1}$。

荧光法还可用于有机化合物的定量分析。芳香族化合物因具有共轭的不饱和体系，易于吸光，其中庞大而结构复杂的化合物在紫外线照射下都能发生荧光。如采用溶剂萃取、色谱法、电泳等方法预先加以分离而后进行荧光分析，常可测定它们在试样中的低微含量。荧光分析与高效液相色谱法密切结合，已成为该法的检测工具。

7.3 电化学分析实验

电化学分析法是应用电化学原理和技术，利用化学电池内被分析溶液的组成及含量与其电化学性质的关系而建立起来的一类分析方法。其特点是灵敏度高，选择性好，设备简单，操作方便，应用范围广。许多电化学分析法既可定性，又可定量；既能分析有机物，又能分析无机物，并且许多方法便于自动化，可用于连续、自动及遥控测定。根据测量的电信号不同，电化学分析法可分为电位法、电解法、电导法和伏安法。电位法是通过测量电极电动势以求得待测物质含量的分析方法。若根据电极电位测量值，直接求算待测物的含量，称为直接电位法；若根据滴定过程中电极电位的变化以确定滴定的终点，称为电位滴定法。电解法是根据通电时，待测物在电极上发生定量沉积的性质以确定待测物含量的分析方法。电导法是根据测量分析溶液的电导以确定待测物含量的分析方法。伏安法是将一微电极插入待测溶液中，利用电解时得到的电流-电压曲线为基础而演变出来的各种分析方法的总称。

本节包含氟离子选择电极法测定饮用水中微量氟的实验以及银电极在碱性介质中的循环

伏安曲线的测定 2 个实验。

电位分析法（Potentiometry）包括电位测定法（也称直接电位法）和电位滴定法两种分析方法。测量原理是：将指示电极和参比电极浸入被测试液中，构成工作电池。在测定过程中注意保持参比电极电位的恒定，指示电极的电位取决于试液中某组分的活度。

实验 7-6 氟离子选择电极法测定饮用水中的微量氟

实验目的

1. 掌握用氟离子选择性电极测定微量氟的原理和方法。
2. 理解总离子强度调节缓冲溶液的作用。
3. 掌握 PHS-2C 型数字显示酸度计，电磁搅拌器的操作规程。
4. 掌握标准曲线法、标准加入法测定水中微量 F^- 的分析技术。

实验原理

离子选择性电极可以将溶液中特定离子的活度转换成相应的电信号。氟电极（氟离子选择性电极）为氟化镧（LaF_3）单晶敏感膜电极。电极内部装有 $0.1 mol \cdot L^{-1}$ NaCl-NaF 内参比溶液，以 Ag/AgCl 作内参比电极。当氟电极插入含 F^- 溶液时，敏感膜会对 F^- 产生响应，在膜和溶液界面上产生膜电势：

$$E_{膜}=k-\frac{2.303RT}{F}\lg a_{F^-}$$

在一定条件下，膜电势 $E_{膜}$ 和 F^- 活度的对数呈线性关系。当氟电极与饱和甘汞电极组成化学电池时，电池的电动势 E 也与 F^- 活度的对数呈线性关系：

$$E_{MF}=k'-\frac{2.303RT}{F}\lg a_{F^-}$$

上式中，在一定条件下，k' 是内参比电极电势、液接电势等的常数。通过测量电动势，可以测定 F^- 的活度。当溶液的总离子强度保持不变时，离子活度系数为一定值，则电池电动势 E 与 F^- 的浓度有如下关系：

$$E_{MF}=K-\frac{2.303RT}{F}\lg c_{F^-}$$

为了测定 F^- 的浓度，常在标准溶液与试样溶液中同时加入足够量的总离子强度调节缓冲溶液，使它们的离子强度基本相同。当 F^- 浓度在 $1.0\times10^{-6}\sim1.0 mol \cdot L^{-1}$ 范围内时，氟电极电势与 $pF(-\lg c_{F^-})$ 呈线性关系，因此可用标准曲线法或标准加入法对 F^- 的浓度进行测定。

在酸性溶液中，H^+ 会与部分 F^- 形成 HF 或 HF_2^-，降低游离 F^- 的浓度，使测定结果偏低。在碱性溶液中，LaF_3 膜会与 OH^- 发生交换作用，析出游离的 F^-，使测定结果偏高。在 pH=5~7 的范围内，以上影响可以忽略。因此氟电极适宜测定的酸度范围为 pH=5~7。

选用氟电极要注意其他离子干扰。凡是能与 F^- 形成稳定配合物或难溶沉淀的离子对测定有干扰作用，如 Fe^{3+}、Al^{3+}、Ca^{2+}、Mg^{2+} 等。它们对测定的干扰作用可采用柠檬酸、EDTA、磺基水杨酸等掩蔽。

由于离子活度系数随溶液离子浓度而变化，为了方便测定和计算，在测试过程中加入总离子强度调节缓冲剂（TISAB），可以保持测定过程中离子强度的恒定，同时控制溶液的 pH 以及掩蔽干扰离子的作用。

饮用水中氟对人体健康的影响还有不同看法。不过，普遍认为水中氟含量应在 0.5~

$1mg \cdot L^{-1}$ 范围。氟含量太低，人易得龋牙；氟含量太高，会发生氟中毒。对饮用水中氟含量进行监测，是保障人们身体健康和制定饮用水质量标准的前提。目前，广泛使用氟离子选择性电极法测定氟的含量。其特点是简便、快速、选择性好、线性范围宽（$1 \times 10^{-6} \sim 1mol \cdot L^{-1}$）。此法已成为测定水中氟的标准方法。

仪器与药品

pHS-2C 型数字显示酸度计，电磁搅拌器，氟离子选择性电极，甘汞电极（232 型），搅拌子若干，50mL 容量瓶 2 个，干燥的 50mL 塑料烧杯 2 个，50mL 塑料烧杯 1 个，50mL 玻璃烧杯 1 个，10mL、25mL 移液管各 1 支，100μL 微量进样器 1 支。

试剂：

1. $0.1000mol \cdot L^{-1} F^-$ 标准溶液：准确称取 4.20g 已于 120℃ 干燥 2h 并冷却的 NaF（A.R.），溶于去离子水中，移入 1000mL 容量瓶中，稀释至刻度，摇匀。贮存于聚乙烯瓶中。

2. TISAB：在 1000mL 烧杯中加入 500mL 去离子水、57mL 冰醋酸、58g 氯化钠和 12g 柠檬酸钠（$Na_3C_6H_5O_7 \cdot 2H_2O$），搅拌至完全溶解。将烧杯放在冷水浴中，缓缓加入 $6mol \cdot L^{-1} NaOH$ 溶液，仔细搅匀。用酸度计测量，使 pH 在 5.0～5.5 之间。转入 1000mL 容量瓶中，用去离子水稀释至标线，充分摇匀。

3. 自来水样。

实验步骤

1. 电极准备

将氟离子选择电极与参比电极与酸度计正确连接：氟电极接"测量电极"，饱和甘汞电极接"参比电极"。接通电源，预热仪器。

在 50mL 塑料烧杯中加入适量去离子水，滴入 1～2 滴 TISAB 溶液，放入搅拌子，将电极插入。开动电磁搅拌器，清洗氟电极直至空白电势值（必要时更换新鲜去离子水清洗）在 +300mV 以上，表示电极已进入工作状态，可以进行测量。

2. 配制 $1 \times 10^{-6} \sim 1 \times 10^{-2}$ 的氟标准溶液系列

往 100mL 容量瓶，准确加入 10.00mL $0.1000mol \cdot L^{-1}$ 的氟标准溶液，加入 TISAB 10.00mL，用水稀释至刻度，得 $1 \times 10^{-2} mol \cdot L^{-1}$ 氟标准溶液（pF=2.00）。然后在 $1 \times 10^{-2} mol \cdot L^{-1}$ 标准溶液的基础上逐级稀释成 $10^{-3} \sim 10^{-6} mol \cdot L^{-1}$ 氟标准溶液，每个浓度差为 10 倍（请不要忘记每个标准液加入 9.00mL TISAB 溶液）。配制空白溶液：在容量瓶中加入 25mL TISAB 溶液，用去离子水稀释至刻度即可。

3. 氟标准工作曲线的测定

首先测量空白溶液，标准系列由稀到浓进行测量电极响应电位（调节适当的搅拌速度，搅拌几分钟），分别记下读数。

4. 水样的测定

取 25.00mL 饮用水，移入 50mL 容量瓶中，加入 10.0mL TISAB 溶液，用去离子水稀释至标线，摇匀。将溶液全部转入干燥的 50mL 塑料烧杯中，用滤纸吸干电极上的水分，将电极插入溶液中，按照上述操作步骤测定电势 E_1。

5. 标准加入法

在步骤 4 已测 E_1 的水样中加入 100μL 氟标准液，搅拌 3min，静置 1min，读取平衡电势 E_2。

6. 结束实验

将氟电极插入去离子水中搅拌清洗，必要时更换新鲜去离子水，使电势接近空白电势。

氟电极保存在水中，微量进样器先用去离子水，再用乙醇洗净。

数据记录与处理

1. 原始数据记录

氟电极空白电势_____mV

pF	6.00	5.00	4.00	3.00	2.00	1.00
电势值 E/mV						

水样 $E_1=$ mV，$E_2=$ mV。

2. 数据处理与结果计算

（1）标准曲线法。绘制 E-pF 标准工作曲线。

根据水样的电势值 E_1，从标准曲线上查出对应的 $-\lg c_{F^-}$，计算水样中氟的质量浓度（$\mu g\cdot mL^{-1}$）。

（2）标准加入法。未知液氟离子质量浓度计算公式：

$$c_x = \frac{\Delta c}{10^{\Delta E/S}-1}$$

式中 c_x——被测液中氟离子的质量浓度，$\mu g\cdot mL^{-1}$；

   Δc——加入氟标准溶液后质量浓度的增量，$\mu g\cdot mL^{-1}$；

   ΔE——加入氟标准溶液后的电势增量，$\Delta E = E_2 - E_1$；

   S——电极响应斜率，即标准曲线的斜率。

在电极的线性响应范围内，离子浓度改变 10 倍所引起的电势变化 ΔE，等于曲线斜率。实验中采用实测值，测定方法是：分别取 $10\mu L$ 和 $100\mu L$ 氟标准溶液，分别测定其电势，则 $S=\Delta E$。

（3）水样中氟质量浓度按下式计算：

$$氟质量浓度 = \frac{c_x \times 50.00}{25.00}\ (mg\cdot L^{-1})$$

思考题

1. 用氟电极测定溶液中 F^- 浓度的原理是什么？
2. 本实验中加入总离子强度调节剂的作用何在？
3. 比较标准曲线法和标准加入法的使用条件和优缺点，两种方法所得结果有无差异，是什么原因？
4. 电极响应斜率如何测定？

[学习指导]

实验操作要点及注意事项

1. 在离子选择性电极测定过程中，电势平衡时间除了与所测离子浓度有关外，还与电极状态、溶液温度、搅拌速度及共存离子和浓度等因素有关。使用氟电极时，通常经过 3min 即可达到平衡。测定过程，平衡时间应当固定，以减小误差。搅拌时平衡电势与静态时平衡电势不完全相同，可根据具体情况选用动态测定或静态测定，但同一次实验中必须统一。

2. 离子选择性电极接触浓溶液后再测稀溶液时，电势平衡滞后，难以测准。因此，接触过浓溶液的电极必须先用去离子水清洗至空白电势值，然后才用于测定稀溶液。进行测定过程，一般先测低浓度的稀溶液，再测定浓度较高的溶液。

3. 实验前检查使用过的氟离子选择性电极是否已经清洗干净。氟电极内部装有电解质溶液。如果发现晶片内侧附着气泡而使电路不通，可使晶片朝下，轻击电极杆将气泡排除。氟电极使用前，应在去离子水中浸泡数小时，或在 1×10^{-3} mol·L^{-1} NaF 溶液中浸泡 $1\sim 2h$，再在含有离子强度调节剂的去离子水中洗到空白电位值。

每次氟电极使用完毕，要注意充分清洗电极头，应清洗至空白电势值，并用滤纸吸去水分，放在空气中，或者放在稀的氟化物标准溶液中。连续使用的间隙时间，可浸在去离子水中。如果短时间不再使用，应洗净，吸去水分，阴干，套上电极帽放电极盒内保存。电极使用前仍应洗净，并吸去水分再用。

用去离子水清洗氟电极时，往往出现电表指针不稳或洗不到原空白电位的现象。这是由水的电导率过低引起的。加入 $1\sim 2$ 滴 TISAB 溶液即可消除这种现象。其他电极如遇同样现象也可以照此办法消除。测试过程注意低浓度的氟可能与玻璃发生反应或被容器吸附，对实验结果造成不利影响。

4. 注意保护氟离子选择性电极不被损坏。氟离子选择性电极只能用于弱酸性的溶液中。测定时，电极头离搅拌子要有一定距离，防止被打碎。不得用手触摸电极的敏感膜；如果电极膜表面被有机物等沾污，必须先清洗干净才能使用；如果水样的酸性或碱性较强，需用适当浓度的 HCl 及 NaOH 溶液调节 pH=5~7 之后再进行测定。

5. 测定标准系列溶液的电位值时，要严格按照浓度由小到大的次序进行。如果试液中氟化物含量低，则应从测定值中扣除空白试验值。接触过浓溶液的电极必须先用去离子水清洗至空白电势值，然后才用于测定稀溶液。

6. 测试时加入 TISAB，防止测试过程活度系数变化等因素对结果的影响。

7. 标准加入法所加入标准溶液的浓度（c_s）约比试液浓度（c_x）高 100 倍，加入的体积为试液的 $1/1000\sim 1/100$，以使体系的 TISAB 浓度变化不大。

8. 仪器可以长时间连续使用，当仪器不用时，拔出电极插头，关掉电源开关。电极插口必须保持清洁干燥。在环境湿度较大时，应用干净的布擦干。

9. 甘汞电极不用时要用橡皮套将下端套住，用橡皮塞将上端小孔塞住，以防饱和 KCl 流失。当饱和 KCl 溶液流失较多时，则通过电极上端小孔补加 KCl 溶液。

10. 玻璃电极球泡切勿接触污物。如有污物，可用医用棉花轻擦球泡部分或用 0.1mol·L^{-1} HCl 溶液清洗。玻璃电极不用时，不应长期浸在去离子水中。

实验知识拓展

直接电位法是电位分析法的一种。生活饮用水、工业用水以及工业废水中各种离子的检测和监测都用到了离子选择性电极。在医学上，离子选择性电极用于测定人血和生物体液中各种离子，或者作为电化学传感器，各种微型离子电极可用来探测活体组织中体液内某些离子的活度，对药理和病理研究有着重要意义。在物理化学研究中也广泛地用到电位分析法。如用电位分析法测定溶度积、离子活度系数、酸碱电离常数、络合物稳定常数等。

我国地方性氟病发病情况较为严重，除上海市外，全国各省、自治区、直辖市均有不同程度的流行，病区人口约 3.3 亿，其中饮水型氟病区患者人数占 90% 以上。饮水型地方性氟病病情与饮水中含氟量呈直线相关关系。饮水含氟量作为反映饮水型地方性氟病区氟源和环境氟的客观指标，测定饮水含氟量是十分必要的。

对于水中氟含量的测定，有两种方法：一个是离子选择性电极法；另一个就是离子色谱法。这两种方法相比，离子选择性电极法方法简单，而且设备比较便宜，实验的成本比较低。一般来说，氟离子选择性电极只能测定氟离子，并不能测定其他离子，尽管选择性非常高,但是如果想要测定溶液中存在的其他阴离子,必须要换电极再测定,因此比较耗时。而离子色谱法所需要的仪器设备比较昂贵,而且所选择的柱子一定要将水的负峰和氟离子峰分开才能够对氟离子进行准确的定量。离子色谱的优点是可以把常见的阴离子彼此分开,进行多组分的同时测定,极大地节省了时间。

实验 7-7　银电极在碱性介质中的循环伏安曲线的测定

实验目的

1. 掌握电化学反应原理和循环伏安法理论基础知识。
2. 掌握碱性介质中银电极在循环伏安曲线的测试技术,学习解释影响循环伏安曲线的因素。
3. 了解 CHI660 电化学系统的测量原理及恒电位测量原理。
4. 了解循环伏安法的基本原理和测量技术,学习解读简单的循环伏安曲线。

实验原理

将脉冲等腰三角形线性扫描电位作用于研究电极,电极完成一次氧化过程和一次还原过程的循环,其电流随扫描电位的响应曲线就是循环伏安曲线。研究循环伏安曲线的峰值电位 E_p 和峰值电流 I_p,以及与脉冲波扫描速率、电解质浓度等的关联,可获得有关电极过程可逆性、电极过程类型、电极过程电子转移情况等信息。

处于平衡状态的电极电位为平衡电极电位。在平衡状态下,阳极过程的电流密度 j_A 与阴极过程的电流密度 j_C 相等,都等于交换电流密度 j_0。平衡状态下,j_A、j_C、j_0 都不随时间变化。

如果将直流电位信号作用于电极,电极将发生极化。电极电势会偏离平衡电极电势,电流也发生相应变化。

所加的直流电势信号为脉冲等腰三角形线性扫描电位信号,则电极的电流响应曲线见图 7-4。

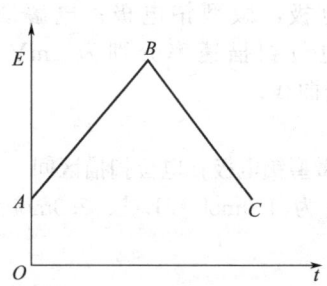

图 7-4　脉冲等腰三角形线性扫描电位信号

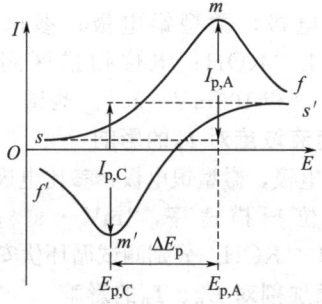

图 7-5　典型循环伏安曲线

如图 7-4 所示,电位由 A 点 E_i 线性扫描到 B 点,即最大值 E_m;再由 B 点回扫到初始值 E_i,即 C 点,完成一个电位扫描循环。相应于这一电位扫描循环,电流扫描信号如图 7-5 所示。当电位由 A 点线性扫描到 B 点时,电流先增大,再减小。而当电位由 B 点回扫到 C 点时,电流则向负方向增大,经过一个极值然后回到最小,电流也经过一次循环变化。

当电位由 A 扫描到 B 时,由低电位扫描到高电位,电极上发生氧化反应(阳极过程),图中 smf 描述的电流是阳极电流,电极发生为阳极极化。$E_{p,A}$ 和 $I_{p,A}$ 分别代表阳极峰值电位和阳极峰值电流。而当电位由 B 向 C 回扫时,高电位向低电位扫描,电极上发生还原反应（阴极过程），$E_{p,C}$和$I_{p,C}$分别为阴极峰值电位和阴极峰值电流。$\Delta E_p=E_{p,A}-E_{p,C}$为峰电位差（见表7-1）。

表 7-1 循环伏安曲线中 E_p、I_p 与扫描速率 v 的关系

电极类型	可逆电极	准可逆电极	不可逆电极
E_p与v的关系	无关	$E_{p,A}$随v的增大而正移，$E_{p,C}$随v的增大而负移	v增大10倍，正扫描的E_p移动$30mV/\alpha_z$
ΔE_p与v的关系	$\Delta E_p=59mV/z$，且与v无关	ΔE_p随v的增大而增大	无ΔE_p
$I_{p,A}$、$I_{p,C}$与v和c的关系	$I_{p,A}/I_{p,C}=1$，I_p正比于浓度c	$\alpha_a=\alpha_c=0.5$时，$I_{p,A}/I_{p,C}=1$，I_p正比于浓度c	$I_p\propto v^{1/2}$
回扫峰	有	有	无

注：上述α、z分别为电极过程传递系数和电极反应的电子数。只要获得了某一电极系统的循环伏安曲线，理论上就可以进行电极反应可逆性及其他有关研究。

用Ox代表氧化态，用Red代表还原态时，阴极电流的反应是$Ox+ze^-\Longrightarrow Red$，而阳极电流的反应为$Red\Longrightarrow Ox+ze^-$。图7-4中，线段$AB$或$BC$的斜率，即$dE/dt$称为电位的线性扫描速率（$v$）。

对于完全可逆电极，$\Delta E_p=59mV/z$左右，E_p、ΔE_p与扫描速率v无关；对于完全不可逆电极，E_p与扫描速率v有关，而且不出现回扫峰；对于准可逆电极，E_p、ΔE_p与扫描速率v有关，ΔE_p随扫描速率v的增大而增大。

仪器与药品

CHI 660电化学系统1台，计算机1台，打印机1台，参比电极（饱和甘汞电极，SCE），微型铂电极，微型银电极各1只，50mL小烧杯2只，硝酸钾盐桥，3号金相砂纸。

KCl（s，A.R.），KNO_3（s，A.R.），1.0mol·L^{-1}、2.0mol·L^{-1}、3.0mol·L^{-1} KOH，0.50mol·L^{-1} NaCl。

实验步骤

1. 电位线性扫描速率对循环伏安曲线的影响

研究电极，微型银电极；参比电极，SCE；辅助电极，微型铂电极；电解质溶液，1.0mol·L^{-1} KOH；电位扫描区间，$-0.1\sim1.0$V；电位扫描速率分别为1mV·s^{-1}、10mV·s^{-1}和100mV·s^{-1}。测试三电极体系的循环伏安曲线。

2. 溶液浓度对I_p的影响

研究电极，微型银电极；参比电极，SCE；辅助电极，微型铂电极；电位扫描区间，$-0.1\sim1.0$V；电位扫描速率，1mV·s^{-1}；电解质溶液分别为1.0mol·L^{-1}、2.0mol·L^{-1}、3.0mol·L^{-1} KOH，分别测试循环伏安曲线。

3. 添加剂对E_p、I_p的影响

研究电极，微型银电极；参比电极，SCE；辅助电极，微型铂电极；电位扫描区间，$-0.1\sim1.0$V；电位扫描速率，1mV·s^{-1}；电解质溶液，分别选择2.0mol·L^{-1} KOH与2.00mol·L^{-1} KOH+0.50mol·L^{-1} NaCl混合溶液，测试循环伏安曲线。

数据记录与处理

1. 从循环伏安图测定$i_{p,A}$，$i_{p,C}$值。
2. 分别以$i_{p,A}$和$i_{p,C}$对$v^{1/2}$作图，说明峰电流与扫描速率间的关系。
3. 记录循环伏安曲线的有关参数，填入自己设计的表中。

汇总数据，根据自己的理解，结合实验事实进行适当的有关电极反应的讨论。

(1) 依据 E_p、ΔE_p 与扫描速率 v 的关系，判断银电极在 KOH 水溶液中反应的可逆程度。

(2) 依据 ΔE_p 与 $59\text{mV}/z$ 偏离的大小，判断银电极在 KOH 水溶液中反应的可逆程度。

(3) 循环伏安曲线上的电流响应峰由哪几个反应贡献？

(4) 银电极在 KOH 水溶液中氧化成 Ag_2O 的机理是什么？

(5) Cl^- 对银在碱性介质中的氧化还原行为有何影响？

思考题

1. 怎样测定循环伏安曲线？

2. 循环伏安曲线上，峰值电势 E_p 与峰值电流 I_p 各代表什么意义？峰面积代表什么意义？

3. 如果电势自动扫描前电极预处理不干净，电极上或溶液中有杂质，将对循环伏安曲线产生什么影响？

4. 电位扫描速率对循环伏安曲线的影响有哪些？

5. 实验中电极表面是否洁净，直接影响实验结果。实验取放电极时应注意避免任何污染？

[学习指导]

实验操作要点及注意事项

1. 在使用 CHI 仪器时应先接参比电极和对电极，先试扫一圈 CV，确认仪器正常后再连接工作电极。

2. CHI 仪器的程序运行过程中不要断开任何电极。

3. 注意正确选择量程和扫描范围，实验过程中不能过载。

4. 参与电化学反应的往往是电极表面的物种，因此电极表面是否洁净，直接影响实验结果。实验取放电极时应注意避免任何污染。

5. 在计算机规定的硬盘区间域建立自己的子目录，实验数据保存在该目录中。

实验知识拓展

循环伏安法是一种很有用的电化学研究方法，可用于判断电极表面反应过程，判断电极反应的可逆性。也可用于电极反应的性质、机理和电极过程动力学参数的研究。但该法很少用于定量分析。

(1) 电极可逆性的判断：循环伏安法中电压的扫描过程包括阴极与阳极两个方向，因此从所得的循环伏安法图的氧化波和还原波的峰高和对称性中可判断电活性物质在电极表面反应的可逆程度。若反应是可逆的，则曲线上下对称；若反应不可逆，则曲线上下不对称。

(2) 电极反应机理的判断 循环伏安法还可研究电极吸附现象、电化学反应产物、电化学-化学偶联反应等，对于有机物、金属有机化合物及生物物质的氧化还原机理研究很有用。

(3) 循环伏安法的用途

① 判断电极表面微观反应过程；

② 判断电极反应的可逆性；

③ 作为无机制备反应"探索实验条件"的手段；

④ 为有机合成"探索实验条件"；

⑤ 前置化学反应（CE）的循环伏安特征；

⑥ 后置化学反应（EC）的循环伏安特征；

⑦ 催化反应的循环伏安特征。

7.4 分离分析实验

分离科学是研究被分离组分在空间移动和再分布的宏观和微观变化规律的一门学科。色谱法和毛细管电泳法是最常见的分离分析方法。色谱法是根据各物质在两相中的分配系数（表示溶解或吸附的能力）不同而进行分离、分析的方法。当携带待分离混合物的流动相流经固定相时，混合物中各组分与固定相作用的程度不同，组分在两相间有不同分配系数。经过多次分配后，各组分在固定相中滞留时间不同，使各组分依次流出色谱柱而得到分离。按两相物理状态分，色谱法可分为气相色谱法、液相色谱法和超临界流体色谱法。毛细管电泳是以弹性石英毛细管为分离通道，以高压直流电场为驱动力的新型液相分离技术，它是依据样品中各组分之间淌度和分配行为上的差异而实现分离的电泳分离分析方法。

本节包含气相色谱法测定白酒中乙酸乙酯的含量及高效液相色谱法测定磺胺类药物的含量2个实验。

实验 7-8 气相色谱法测定白酒中乙酸乙酯的含量

实验目的
1. 理解气相色谱分析的基本原理。
2. 熟练掌握利用气相色谱仪测试的操作技术。
3. 掌握用内标法进行定量分析的数据处理方法。

实验原理
1. 分离原理
气相色谱技术测定有机物时，将样品在气化室汽化后，被载气带入色谱柱的样品在固定相和流动相之间不断分配。由于固定相对混合物各组分的溶解或吸附能力不同，分配系数小的组分在固定相上的溶解或吸附能力弱，先流出柱子；反之，分配系数大的组分后流出柱子，实现各组分的分离。由于气相色谱的柱效较高，混合物在色谱柱上经过多次的分配，可以让原来性质只有微小差异的组分分离开来，因此，气相色谱具有较高的选择性和灵敏度。

2. 方法原理
（1）定性 各种物质在一定的色谱条件（固定相与操作条件等）下有各自确定的保留值，因此保留值可作为一种定性指标。GC 分析中最常用的一种定性方法为纯物质对照法，即：各色谱峰的保留值与各相应的标准试样在同一条件下所得到的保留值（保留时间）进行对照比较，从而确定各色谱峰所代表的物质。该法简便，但要求待测组分较为简单且均已知，且受操作条件影响较大。

（2）定量 气相色谱法进行定量分析的依据是被分析组分的质量或在载气中的浓度与检测器的响应信号呈正比。对于微分型检测器来说，物质的质量正比于色谱峰面积（或峰高），其表达式为

$$m_i = f'_i A_i \text{（或 } m_i = f'_i h_i\text{）}$$

式中，m_i 代表组分 i 的质量；A_i、h_i 分别代表组分 i 的峰面积和峰高；f'_i 为比例常数，称为校正因子。

当组分通过检测器时，所给出的信号称为响应值。物质响应值的大小取决于物质的性质、浓度、检测器的灵敏度及其特性等。实验表明，同一种物质在不同类型的检测器上有不同的响应值，且不同的物质在同一种检测器上的响应值也不同。为此，要对响应值进行校

正，在进行定量计算时引入相对校正因子 f_i，即某物质的组分 i 和标准物质 s 的绝对校正因子之比：

$$f_i = f'_i / f'_s$$

式中，f'_s 为标准物的绝对校正因子；f'_i 为组分 i 的绝对校正因子。

目前常用的色谱定量方法主要有归一化法、内标法和校正曲线法 3 种。这些定量方法各有其优缺点和适用范围。

对于试样中少量物质的测定，或仅需测定试样中某些组分时，可采用内标法定量。用内标法测定时需在试样中加入一种物质作内标，而内标物质应符合下列条件：

① 应是试样中不存在的纯物质；
② 内标物质的色谱峰位置，应位于被测组分色谱峰的附近；
③ 其物理性质和物理化学性质应与被测组分相近；
④ 加入的量应与被测组分含量接近。

设在质量为 $m_{试样}$ 的试样中加入内标物质的质量为 m，被测组分的质量为 m_i，被测组分及内标物质的色谱峰面积分别为 A_i、A_s，则

$$\frac{m_i}{m_s} = \frac{f_i A_i}{f_s A_s} \Rightarrow m_i = m_s \frac{f_i A_i}{f_s A_s}$$

$$w_i = \frac{m_i}{m_{试样}} \times 100\%$$

$$\Rightarrow w_i = \frac{m_s}{m_{试样}} \times \frac{f_i A_i}{f_s A_s} \times 100\%$$

若以内标物作标准，则可设 $f_s = 1$，则上式简化为：$w_i = \frac{m_s}{m_{试样}} \times \frac{f_i A_i}{A_s} \times 100\%$。

实验可预先测定 f_i [先准确称量被测物 i 和标准物质 s，混合后在一定的实验条件下进行色谱测定，按公式 $\frac{m_i}{m_s} = \frac{f_i A_i}{f_s A_s} \Rightarrow f_i \frac{m_i A_s}{m_s A}$ ($f_s = 1$) 计算 f_i]；也可配制系列标准溶液，参照教材得到 w_i。

除了可用质量百分含量表示外，也可用其他表示含量的方式，如质量体积浓度等。本实验用质量体积浓度表示，即 $x = \frac{m_s}{V} \times \frac{f_i A_i}{A_s}$ (g·L^{-1})。

仪器与药品

Agilent 6890N 气相色谱仪、氢气钢瓶、微量注射器（1μL，5μL）、螺纹口玻璃瓶（1.5mL）。

乙醇、乙酸乙酯、乙酸丁酯均为分析纯；白酒（市售二锅头）。

实验步骤

1. 检查接线是否正确和气路密封性能是否良好。
2. 按下列色谱条件设置仪器参数。

色谱操作条件：

色谱柱，30m×0.32mm I.D. HP-5；

流动相，氮气，流速为 1.2mL·min^{-1}；

柱温 80℃；

进样口（气化室）温度 200℃；

检测器温度 250℃；

进样分流比 50∶1。

3. 配制标准样品。吸取 2% 的乙酸乙酯溶液（用 60% 乙醇配制）1.00mL，移入 25mL 容量瓶中，然后加入 2% 的乙酸丁酯（内标物，用 60% 乙醇配制）1.00mL，用 60% 乙醇稀释至刻度。

4. 配制待测样品（酒样）。吸取酒样 5.0mL，移入 2% 的乙酸丁酯（内标）0.20mL，混匀备用。

5. 定性分析。根据实验条件，将色谱仪调节至可进样状态（基线平直即可）。用微量注射器分别吸取乙酸乙酯、乙酸丁酯纯物质（0.2μL），进样，记录每个纯样的保留时间 t_R。

6. 定量分析。

(1) 校正因子 f 值的测定：在同样的色谱条件下，吸取标样 0.4μL 进样，记录色谱数据（出峰时间及峰面积），用乙酸乙酯的峰面积与内标峰面积之比，计算出乙酸乙酯的相对校正因子 f 值。实验平行 3 次。

(2) 样品的测定：同样条件下，吸取已配入 2% 乙酸丁酯的酒样 0.4μL 进样，记录色谱数据（出峰时间及峰面积），根据计算公式计算出酒样中乙酸乙酯的含量。实验平行 3 次。

7. 实验结束后，按要求关好仪器。

数据记录与处理

计算：$f = \dfrac{A_1}{A_2} \times \dfrac{d_1}{d_2}$（当 $v_1 = v_2$）

$$x = f \times \dfrac{A_3}{A_4} \times 0.704$$

式中，x 为酒样中乙酸乙酯的含量，$g \cdot L^{-1}$；f 为乙酸乙酯的相对校正因子；A_1 为标样中内标物的峰面积；A_2 为标样中乙酸乙酯的峰面积；A_3 为酒样中乙酸乙酯的峰面积；A_4 为添加于酒样中内标的峰面积；d_1 为乙酸乙酯的相对密度；d_2 为内标物的相对密度；0.704 为酒样中添加内标的量，$g \cdot L^{-1}$。

结果的允许差

同一样品两次测定值之差，不超过 5%，结果保留两位小数。

思考题

1. 用内标法进行定量分析有什么优点？
2. 引起内标法定量分析的误差的因素有哪些？
3. 为什么可以利用色谱峰的保留值进行色谱定性分析？

[学习指导]

实验操作要点及注意事项

1. 钢瓶上的减压阀和仪器上的稳压阀均逆时针为关，顺时针为开。
2. 使用氢气作载气时，尾气需用导管引至室外排空。
3. 钢瓶压力不能低于 0.1MPa（10kgf·cm^{-2}），注意及时充气。
4. 柱老化时，不接到检测器上，防止污染检测器；老化时，在室温下通载气 10min 后，再老化，以防损坏柱子。
5. 在点火前要确保检测器温度高于 100℃。
6. 分析样品在设定温度下应能汽化。

7. GC 可以直接分析气体样品，但分析样多是液体。因此液体样品的注射进样技术十分重要。微量注射器的使用方法如下。

（1）抽样　用微量注射器抽取液样时，可反复把液体抽入注射器内再迅速排回瓶的操作方法，排除注射器内的空气。但必须注意，对于黏稠液体推得过快会使注射器胀裂。抽取样品时，可先抽出需用量两倍量，使注射器针尖垂直朝上，穿过一层纱布，以吸收排出的液体。推注射器柱塞至所需读数。此时空气已排尽。用纱布擦干针尖，拉回部分柱塞，使之抽进少量空气。此少量空气有两个作用：一是在色谱图上流出空气峰可计算调整保留值；二是有一段空气缓冲段，使液样不致流失。

（2）注射　双手拿注射器，用左手把针插入进样口垫片，另一只手用力使针刺透垫片，同时用右手食指稳住柱塞，以防止色谱仪内压力将柱塞反弹出来。注射器针头要完全插入进样口，压下柱塞停留 1～2s，然后尽可能快而稳地抽出针头（手始终压住柱塞）。

（3）清洗　色谱进样为高沸点液体时，注射器用后必须用挥发性溶剂如二氯甲烷或丙酮等清洗。清洗办法是将洗液反复吸入注射器，高沸点溶液被洗净后，将注射器取出，不断反复抽吸空气，使溶剂挥发。最后用纱布擦干柱塞，再装好待用。如针头长期使用变钝，可用磨石磨锐。

实验知识拓展

气相色谱分析法是高效能、高速度、高灵敏度、操作简便、应用广泛的分离分析方法。只要在色谱温度适用范围内，具有 20～1300Pa 蒸气压，或沸点在 500℃ 以下和相对分子质量在 400 以下的化学稳定物质，原则上均可采用气相色谱法进行分析。气相色谱法广泛应用于环境样品中的污染物分析、药品质量检验、天然产物成分分析、食品中农药残留量测定、工业产品质量监控等领域。

实验 7-9　高效液相色谱法测定磺胺类药物的含量

实验目的

1. 掌握磺酸药物的高效液相色谱分离和定量分析的原理。
2. 熟悉高效液相色谱仪的构造。
3. 学习高效液相色谱仪的操作技术。

实验原理

高效液相色谱（HPLC）分离的原理与气相色谱相似。不同点在于，HPLC 使用液相作为流动相。在应用 HPLC 进行分离和定量分析时，被流动相带入色谱柱的样品在固定相和流动相之间不断分配。分配系数小的组分在固定相中的溶解能力弱，先流出柱子；反之，分配系数大的组分后流出柱子，从而实现各组分的分离。HPLC 具有较高的选择性和灵敏度。

HPLC 是根据保留值的大小进行定性分析。在一定色谱条件（固定相、操作条件等）下，分别测试被分析物与标准物质的保留值，以确定各色谱峰所代表的物质。若得不到标准物质，也可利用文献报道的保留值或经验规律进行定性分析。HPLC 进行定量分析可以采用外标法进行。分析原理是利用被分析组分的质量或在流动相中的浓度与检测器的响应信号呈正比来测定。

磺胺药物是含有磺胺基团的抗菌药总称。磺胺类药物能抑制多种细菌和少数病毒的生长和繁殖，用于防治多种病菌感染。磺胺是这类药物的基本结构，磺胺药物可分为两类：一类如磺胺噻唑、磺胺嘧啶、磺胺甲基嘧啶等，在肠内吸收，可在全身发挥治疗作用；另一类如磺胺脒、酞磺胺噻唑、息拉米等，在肠内不易吸收，能保持有效浓度，发挥抗菌作用。HPLC 可直接分离和定量分析磺胺药物，测定条件温和，结果比较满意。本实验采用的磺胺药物为磺胺甲噁唑和磺胺嘧啶的混合物。

仪器与药品

Varian Star workstation HPLC 高效液相色谱仪、超声波振荡提取器、在线溶剂脱气机、手动进样器、溶剂过滤器、样品过滤器、平头进样器（10μL）。

HPLC 甲醇、二次蒸馏水。

标准溶液的配制：准确称取磺胺甲噁唑和磺胺嘧啶标准样品各 0.0100g 于 100mL 容量瓶中，用去离子水定容至刻度，作为标准贮备液。贮备液浓度为标准物 $1.00\text{mg}\cdot\text{mL}^{-1}$。此贮备液用去离子水稀释后制成标准系列溶液。

实验步骤

1. 试样处理

准确称取含磺胺药品 0.0100～0.0200g 于烧杯中，加入去离子水，温热溶解，在 100mL 容量瓶中定容。取 1mL 该溶液于 5mL 容量瓶中，用外标法测定磺胺和磺胺嘧啶的含量。

2. 确定色谱条件

色谱柱：ODS-18，4.6mm×200mm。

流动相：$w=0.01$ 乙酸的甲醇溶液与 $w=0.10$ 甲醇的水溶液，体积比为 4∶6。

流量：等梯度淋洗，流速为 $0.5\text{mL}\cdot\text{min}^{-1}$。

检测器：二极管阵列 DAD 检测器。

检测波长：275nm。

3. 定性分析

按仪器操作规程开启仪器和计算机，启动工作站，建立分析方法。待基线平稳后，将混合物进样，打印 HPLC 分离磺胺类药物的色谱图。

4. 定量测定

将磺胺甲噁唑的标准贮备液用去离子水稀释成含标准物质 $10\text{ng}\cdot\text{mL}^{-1}$、$20\text{ng}\cdot\text{mL}^{-1}$、$30\text{ng}\cdot\text{mL}^{-1}$、$40\text{ng}\cdot\text{mL}^{-1}$、$50\text{ng}\cdot\text{mL}^{-1}$ 的标准系列。在步骤 2 的实验条件下，定量进样 2μL，用色谱工作站建立校正表和标准曲线。然后，再测定未知试样，采用外标法测定磺胺甲噁唑的含量。

将磺胺嘧啶标准贮备液用去离子水稀释成同上浓度的标准系列，在步骤 2 的实验条件下定量进样 2μL，用色谱工作站建立校正表和标准曲线。然后，再测定未知试样，采用外标法测定磺胺嘧啶含量。

数据记录与处理

（1）数据记录

标准系列	c_1	c_2	c_3	c_4	c_5
磺胺甲噁唑质量浓度 $\rho/\text{ng}\cdot\text{mL}^{-1}$					
磺胺嘧啶质量浓度 $\rho/\text{ng}\cdot\text{mL}^{-1}$					
磺胺甲噁唑试样	c_1	c_2	c_3	c_4	c_5
磺胺甲噁唑试样质量浓度/$\text{ng}\cdot\text{mL}^{-1}$					
磺胺甲噁唑试样平均浓度/$\text{ng}\cdot\text{mL}^{-1}$					
磺胺嘧啶试样	c_1	c_2	c_3	c_4	c_5
磺胺嘧啶试样浓度/$\text{ng}\cdot\text{mL}^{-1}$					
磺胺嘧啶试样平均浓度/$\text{ng}\cdot\text{mL}^{-1}$					

(2) 采用外标法定量，打印分析报告。计算出药品中磺胺甲噁唑和磺胺嘧啶的含量（mg·g^{-1}）。

思考题
1. 试分析 HPLC 法与 GC 法的原理。
2. 试分析 HPLC 与 GC 仪器构造的异同点。

[学习指导]

实验操作要点及注意事项
1. 严格按仪器操作规程进行。
2. 在使用前流动相必须脱气和过滤。
3. 关机时要先退出化学工作站，再正常退出 Windows NT。
4. 色谱柱长时间不用的话，存放时柱内应充满溶剂，两端封死，正相色谱柱使用相应有机相。
5. 对于手动进样器，当使用缓冲溶液时，每次数毫升。
6. 不要使用多日存放的蒸馏水，而且使用前也必须过滤。
7. 高效液相色谱操作注意事项
① 流动相和样品均需过滤和脱气。
② C_{18} 柱的流动相仅限于中性或弱酸性。
③ 确保管路中不存在气泡。

实验知识拓展
高效液相色谱仪具有高灵敏、高效能和高速度等特点，应用范围广泛。在自然界数百万种有机化合物中，仅有 20% 可以不经过化学预处理，直接采用气相色谱分析。对于总数 75%～80% 的样品分析，可采用高效液相色谱分析。特别是对于高沸点、难挥发、热稳定性差的物质，如生物化学制剂、金属有机络合物等的分离和分析，都可借助于高效液相色谱法进行。高效液相色谱还可用于环境中内分泌干扰物、水体中微囊藻毒素等的测定。

在高效液相色谱中溶剂和样品过滤非常重要，它会对色谱柱、仪器起到保护作用，消除污染物对分析结果的影响。由于色谱柱中填料颗粒细，内腔小，溶剂和样品中的细小颗粒会使色谱柱和毛细管堵塞，增加进样阀的堵塞和磨损，同时也会增加泵头内蓝宝石活塞杆和活塞的磨损。

第 8 章 化工基础实验

化工实验系统性较强，流程比较复杂，操作的变动因素较多，数据也有一定的波动，具有明显的工程特点。本章共选择编入 9 个实验，主要内容包括流体流动的基本原理、流体阻力、离心泵性能、传热、精馏、吸收、干燥、反应器的选型等。通过实验，让学生熟悉化学工程的实验方法，熟悉有关实验装置结构、流程，学会仪器设备选择、确定流程及选择测试手段；掌握化工实验的基本操作和技能。

每个实验项目及建议学时数为：流体流动型态及临界雷诺数的测定（2 学时）；流体流动过程的能量转化（2 学时）；流体流动阻力的测定（5 学时）；离心泵特性曲线的测定（5 学时）；空气-蒸汽传热膜系数的测定（5 学时）；干燥操作和干燥速率曲线的测定（5 学时）；筛板精馏塔实验（5 学时）；填料吸收塔传质系数的测定（5 学时）；多釜串联反应器停留时间分布的测定（5 学时）。

8.1 实验基础知识和要求

8.1.1 流量测量技术

温度、压力和流量等参数是化工过程需要测量的重要参数。其中温度和压力等参数的测量技术在第 6 章已有论述。本章主要介绍流量的测量方法及有关的测量仪表。

流体流量的测量是化工实验和化工生产中的重要操作。随着科学技术的发展，流体流量和流速测量技术也日益提高。测定流体流量的装置称为流量计或流速计。实验室常用的测量流量的方法有速度法和体积法。作为前者的实例有测速管、孔板流量计、文氏流量计和转子流量计等；后者的实例如椭圆齿轮、旋转活塞、湿式流量计等。

（1）孔板流量计

利用流体动力学测量流体流量的仪表主要有孔板流量计、文氏流量计（文丘里流量计）和转子流量计。孔板流量计是最成熟也是应用最广泛的流量测量仪表之一。如图 8-1 所示，孔板流量计的结构简单，其主要部件是一片中央开有圆孔的金属薄板，固定于导管中，孔板前后管壁上有测压孔，用于连接液柱压强计或其他测压仪表。

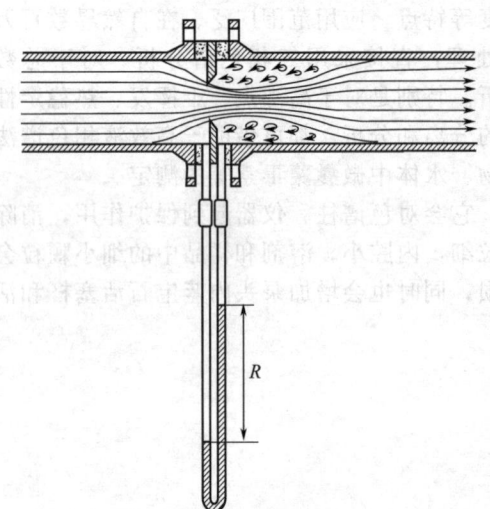

图 8-1 孔板流量计

流体通过孔口时，因截面积骤然缩小而流速增大，动压头随之增大，其静压头则相应减小。根据柏努利方程，不可压缩流体的流量基本方程为：

$$q_V = c_0 A_0 \sqrt{\frac{2gR(\rho_i - \rho)}{\rho}} \tag{8-1}$$

式中 q_V——流体的体积流量，$m^3 \cdot s^{-1}$；
c_0——孔板流量系数，由实验或经验关系确定，一般情况下，c_0 为 0.61～0.63；
A_0——孔板的孔口横截面积，m^2；
R——液柱压力计的压差读数，m；
ρ_i——指示液的密度，$kg \cdot m^{-3}$；
ρ——流体的密度，$kg \cdot m^{-3}$。

实际生产中使用的标准孔板流量计附有换算图表，可直接从读数求得流量。对于非标准孔板（如自行设计制造的孔板），在使用前必须进行校正，取得流量系数或流量校正曲线后，才能使用。

孔板的孔径一般为管径的 1/3～1/2。减小孔板的孔的直径，可以提高测量的灵敏度，但压头损失会显著增大。

孔板流量计可安装在水平管路或垂直管路上，但要求孔口的中心线与管轴线相重合；孔口的钝角方向与流向相同；要求孔板上游保持有 $30d$（d 为管径）以上和下游有不小于 $5d$ 的直管稳定段，以避免由于管、阀件扰动的影响而产生额外的误差。

(2) 文氏流量计

孔板流量计有相当大的压头损耗，当孔径为管径的 1/5 时，压头损耗可达测量指示压头差读数的 90%。如图 8-2 所示，文氏流量计是孔板流量计的改进。流体在文氏流量计中经缓和的收缩和扩大，使压头损失减少到读数的 10% 或更少。文氏流量计的测压孔的位置是在流体进入流量计前和流量计的喉管处。

文氏流量计的流量与测压的压强计读数间的关系同样为：

$$q_V = c_V A_0 \sqrt{\frac{2gR(\rho_i - \rho)}{\rho}} \quad (8-2)$$

文氏流量系数 c_V 值与众多因素有关，当孔径与管径之比在 1/3～1/2 的常用范围内，c_V 值为 0.98～1.0。

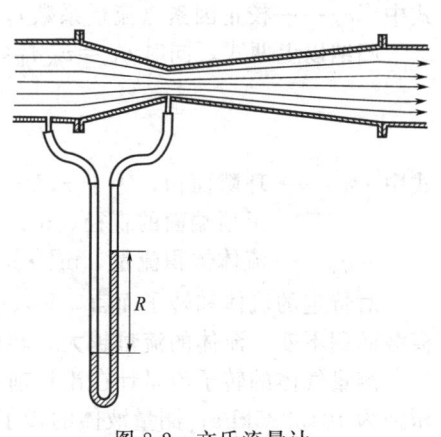

图 8-2 文氏流量计

(3) 转子流量计

转子流量计的构造如图 8-3 所示，外管是略呈圆锥形、带刻度的玻璃管，管内有一个顶部直径略为扩大的转子。流体由玻璃管底部进入，从顶部流出。当流体流动所产生的上升力大于转子在流体中的净重力时，转子浮起至一定高度，并不断旋转，根据转子停留的高度，可直接从锥管刻度上读出流体的流量。

流体通过管壁与转子之间管的环隙时，由于通道截面积减小，流速增大，流体的静压力降低，使转子上下产生压力差 Δp。当作用于转子的上升力（包括由压力差产生的向上净压力和流体对转子的浮力）等于转子的净重力时，转子在流体中处于平衡状态，即：

$$\Delta p A_R (\text{净压力差}) = V_R \rho_R g (\text{转子重}) - V_R \rho g (\text{流体浮力}) \quad (8-3)$$

式中 Δp——转子上下间流体的压力差，Pa；
V_R——转子的体积，m^3；
A_R——转子最大部分顶端面的横截面积，m^2；
ρ_R、ρ——转子材料和流体的密度，$kg \cdot m^{-3}$。

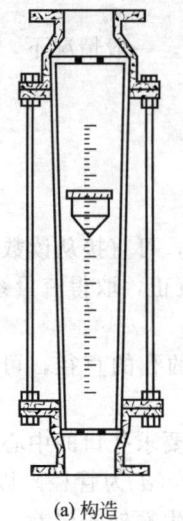
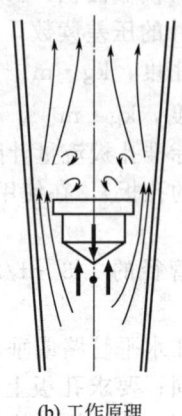

(a) 构造　　　　　　　(b) 工作原理

图 8-3　转子流量计

转子上下间的压力差是由于流体通过环隙时流速增大而形成的。若流体通过环隙处的流速为 v_R，则按柏努利方程推导，可以得出它们之间存在以下关系：

$$v_R = c_R \sqrt{2g\Delta p/\rho g} \tag{8-4}$$

式中　c_R——校正因素（流量系数），与流体流动形态、转子形状等因素有关。

归纳以上两式，同时 $q_V = v_R a_R$，得：

$$q_V = c_R a_R \sqrt{2g V_R \frac{\rho_R - \rho}{A_R \rho}} \tag{8-5}$$

式中　a_R——环隙面积，等于 $\pi(D^2 - d^2)/4$，D 和 d 分别为转子处于平衡位置时锥管和转子顶端面的直径，m；

　　　q_V——流体体积流量，$m^3 \cdot s^{-1}$。

对特定的流体和转子而言，V_R、A_R、ρ_R、ρ 均为定值，流量与 a_R 呈正比；因为转子横截面积不变，流体的流量越大，转子在锥管中上升的位置越高，环隙面积越大。

测量气体的转子流量计在出厂前，要用空气或被测量气体进行标定，标定温度为 20℃，压强为 101.325kPa；测量液体的转子流量计，则多用水作为标定介质，标定温度为 20℃。

在实际使用过程中，若被测介质的密度与标定介质不同，而黏度与标定介质相近，流量系数 c_R 可视为常数，则可按下式换算：

$$q_{V,2} = q_{V,1} \sqrt{\frac{(\rho_R - \rho_2)\rho_1}{(\rho_R - \rho_1)\rho_2}} \tag{8-6}$$

式中　$q_{V,2}$——被测介质流量，$m^3 \cdot s^{-1}$；

　　　$q_{V,1}$——标定介质流量，$m^3 \cdot s^{-1}$；

　　　ρ_2——被测介质的密度，$kg \cdot m^{-3}$；

　　　ρ_1——标定介质的密度，$kg \cdot m^{-3}$；

　　　ρ_R——转子材料的密度，$kg \cdot m^{-3}$。

若被测气体的温度和压强与标定条件不同，则应按下式换算：

$$q_{V,2} = q_{V,1} \sqrt{\frac{p_1 T_2}{p_2 T_1}} \tag{8-7}$$

式中 $q_{V,2}$——实际状态下的气体流量，m³·s⁻¹；

$q_{V,1}$——标定状态下的气体流量，m³·s⁻¹；

p_1、p_2——标定状态下和被测气体的绝对压强，Pa；

T_1、T_2——标定状态下和被测气体的温度，K。

转子的材料有不锈钢、塑料、玻璃和铝等，可根据流体性质和测量范围选择。转子流量计常用于测量管径在50mm以下管道系统中，耐压力达300~400kPa。

转子流量计的锥管必须垂直安装在垂直、无振动的管路上，不可倾斜，以免造成测量误差。测量流量时，要缓慢开启控制阀，以防止转子激烈振动、冲撞而损坏元件；应待浮子稳定后再读取流量，还应避免被测流体的温度、压力突然急剧变化。

读取不同形状转子的流量计刻度时，均应以转子最大截面处作为读数基准，参见图8-4。

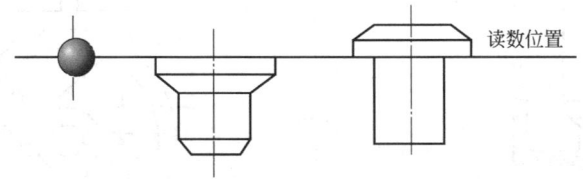

图 8-4 不同转子流量计的正确读数位置

（4）毛细管流量计

实验室中也可以应用与孔板流量计相似的原理来制作毛细管流量计，用于测定气体的流量或流速。玻璃毛细管的直径可在0.5~2mm间选择。毛细管流量计的读数实际上表示的是气体经过毛细管前后的压力降。

毛细管流量计的外表形式很多，图8-5所示是其中的一种。当气体通过毛细管时，流速增大，静压强降低，同时会造成阻力损失，这样气体在毛细管前后就产生压差，借流量计中的液柱压强计两液面高度差显示出来。当毛细管长度L与其半径之比等于或大于100时，气体流量q_V与毛细管两端压差R存在线性关系：

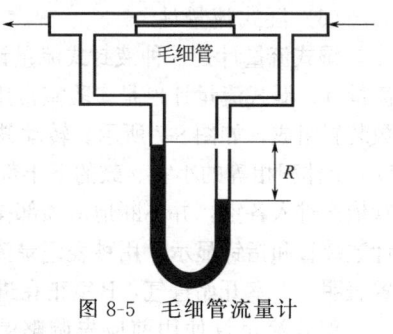

图 8-5 毛细管流量计

$$q_V = \frac{\pi r^4 \rho}{8L\eta}R = f\frac{\rho}{\eta}R \tag{8-8}$$

式中，$f = \frac{\pi r^4}{8L}$为毛细管特征系数；r为毛细管半径；ρ为液柱压强计中指示液的密度；η为气体黏度系数。

当流量计中的毛细管和液柱压强计的指示液一定时，气体流量q_V和压差R呈直线关系。对不同的气体，q_V和R有不同的直线关系；对同一气体，更换毛细管后，q_V和R的直线关系也与原来不同。而流量与压差这一直线关系不是由计算得来的，需通过实验校准，并绘制出q_V-R的关系曲线。因此，绘制出的这一关系曲线，必须说明使用的气体种类和对应的毛细管规格。

这种流量计多为自行装配，根据测量流速的范围，选用不同孔径的毛细管。液柱压强计中的指示液可以选用水、四氯化碳、液体石蜡和水银等。在选择指示液时，要考虑被测气体与该指示液不互溶，也不起化学反应，同时对流速小的气体采用密度小的指示液，对流速大的采用密度大的指示液，在使用和标定过程中，要注意保持流量计的清洁与干燥。

(5) 皂膜流量计

实验室常用皂膜流量计对小型气体流量计进行校正或标定。皂膜流量计结构如图 8-6 所示。它可用滴定管改制而成。垂直部分是一段刻度均匀的玻璃管，距下端 2～3cm 处接有一短支管，并在下端套上装有肥皂水的橡胶滴管头。当待测气体经侧管流入后，用手将橡胶头一捏，气体就把肥皂水吹成一圈圈的皂膜，并沿管随气流上升，用秒表记录某一皂膜移动一定体积（一段玻璃管）所需的时间，即可求出流量。这种流量计的测量是间断式的，宜用于尾气流量的测定，标定测量范围较小的流量计（约 $100mL \cdot min^{-1}$ 以下），而且只限于对气体流量的测定。

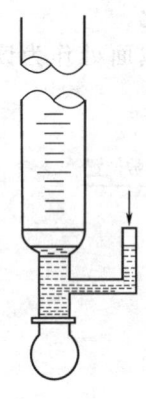
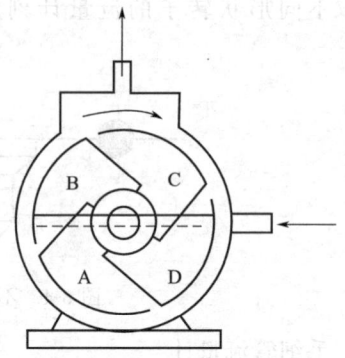

图 8-6 皂膜流量计　　　　　　　图 8-7 湿式流量计原理

(6) 湿式流量计

湿式流量计是一种液封式流量计。常用于测量低气压、小流量、非腐蚀性气体的流量和标定流量计。湿式流量计也是实验室常用的一种流量计。它的构造主要由圆鼓形壳体、转鼓及传动计数装置组成，如图 8-7 所示。转动鼓由圆筒及 4 个弯曲形状的叶片构成。4 个叶片构成 A、B、C、D 4 个体积相等的小室。鼓的下半部浸在水中，水位高低由水位器指示。气体从背部中间的进气管依次进入各室，并不断地由顶部排出，迫使转鼓不停地转动。气体流经流量计的体积由盘上的计数装置和指针显示，用秒表记录流经某一体积所需的时间，便可求得气体流量。图中所示的位置表明：A 室开始进气，B 室正在进气，C 室正在排气，D 室排气即将完毕。

湿式流量计使用前应先调整湿式流量计的水平，使流量计顶部水平器内的气泡居中；在流量计内注入蒸馏水，其水位高低应使水位器中液面与针尖接触；注意被测气体应不溶于水且不腐蚀流量计；使用时，应记录流量计的温度。在使用前，湿式流量计一般应经标准容量瓶进行校准。

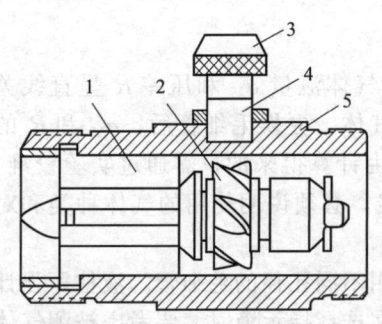

图 8-8 涡轮流量计变送器示意
1—前导流架；2—叶轮；3—插头；
4—磁电检测器；5—壳体

(7) 涡轮流量计

涡轮流量计为速度式流量计。它是根据动量矩守恒原理测量流量的。将涡轮流量计连接在流体输送管路中，涡轮叶片因受流动流体冲击而旋转，当流体流量大于一定值时，叶片旋转频率和流量呈正比的线性关系。若将叶片旋转速度或频率转换成可测量的电脉冲信号，只要测量出电脉冲信号的频率或由电脉冲转换成的电压、电流信号，就可以测得流体的流量。

涡轮流量计由变送器和显示仪表两部分组成。常见的变送器主要由壳体组件、叶轮组件、前后导向架组件、压紧圈和磁电感应转换器组成，如图 8-8 所示。将磁电感应转换器产生的脉冲电信号经放大后送到二次显示仪表显示或累计，将显示的脉冲频率 f 除以仪表系数 ζ，就可以得到瞬时流量 $q_V(\text{L}\cdot\text{s}^{-1})$，将一段时间内的累计脉冲次数 N 除以仪表系数 ζ，就可以得到这段时间内的累计流量 $V(\text{L})$。它们的关系如下：

$$q_V = f/\zeta, V = N/\zeta$$

仪表系数 ζ 是涡轮流量变送器的重要特征参数，它表示流过单位体积流体所对应的信号脉冲次数（脉冲次数·L^{-1}），故又可称为流量系数。其值由实验确定。

目前有流量指示积算仪，它可和变送器配套使用，可以直接显示出瞬时流量和累计流量。

涡轮流量计的优点是：①精度高，精度可达 0.5 级以上，可以作为校正 1.5～2.5 级普通流量计的标准计量仪表；②对被测介质的变化反应快，如被测流体为水时，涡轮流量计的时间常数为几毫秒到几十毫秒，因此，特别适合于脉动流体流量的测定；③量程范围宽。

涡轮流量计使用中的一些注意事项如下。

① 要求被测流体洁净，以减少对轴承的磨损和防止涡轮被卡死。安装时，应在变送器前加上过滤装置。

② 涡轮流量计变送器的流量系数 ζ 一般是用常温下的水标定得到的，当被测流体的密度和黏度发生变化时，应重新标定。

③ 变送器要求水平安装，并保证变送器前后有一定长度的平直管段，一般入口平直管段的长度约为管径的 10 倍，出口平直管段的长度约为管径的 5 倍以上。

④ 由于存在启动摩擦力矩和黏性摩擦力矩，当流体流量很小时，涡轮叶片并不转动，而且在小流量时，转动频率 f 和流量 q_V 之间并不呈线性关系，只有当流量增大到一定值时，两者才近似为线性关系。也就是说，涡轮流量计有测量下限。而且由于轴承寿命和压强损失的限制，涡轮的转速也不宜太大，所以也有测量上限。

8.1.2 化工实验一般注意事项和安全知识

化工实验与其他化学实验比较起来，有其共同之处，也有其本身的特殊性。为了安全成功地完成实验，除了各个实验的特殊要求外，还有一些进行化工实验必须遵守的注意事项和一些必须具备的安全知识。

(1) 实验室一般注意事项

① 在实验过程中要爱护实验设备与器材，精心操作，精心维护。化工实验装置较复杂，安装一套实验装置，集中了不少人的辛勤劳动，并且备用的装置和设备较少，往往因一个人的粗心大意或使用不当，不仅造成仪器损失，而且会使实验教学中断。

② 实验前要认真仔细检查实验装置和仪器仪表是否完好；实验完毕要认真进行整理，装置恢复原状，保持整洁。若有损坏的要立即报告，说明原因。有了损坏和隐患隐瞒不报告，往往会使下一轮进行实验的人不明真相而发生事故。

③ 实验过程中，要集中精力进行观察、记录与思考，严格按操作规程操作，注意培养严肃认真的科学作风。在实验室不要嬉闹和大声说话，不允许擅自离开岗位，不做与实验无关的事情和串组闲逛。

④ 化工实验要特别注意安全。实验前要考虑到万一发生事故应如何处理，搞清楚实验室总电闸的位置和灭火器材的安放地点，并学会灭火器材的使用。

(2) 安全知识

为了确保设备和人身安全，进行化工实验的人员必须具备如下一些最起码的安全知识。

① 化学药品　在化工实验中所接触的化学药品，虽不如化学实验的品种多，但凡是在使用化学药品之前，一定要了解该药品的性能，如毒性、易燃性和易爆性等，并搞清楚其使用方法和防护措施。

a. 有毒药品：在化工实验中，压差计中所用的水银和四氯化碳，是易被忽视的毒物。由于操作不慎，压差计中的水银或四氯化碳容易冲洒出来。水银是一种累积性毒物，进入人体后不易被排除，积累多了就会中毒。因此，对压差计要慎重操作，开关阀门要缓慢，防止冲走压差计中的水银。一旦水银被冲洒出来，一定要认真地尽可能地将其收集起来。实在无法收集的细粒，要用硫黄粉或氯化铁溶液覆盖，绝不能用扫帚一扫或用水一冲了之。

b. 易燃易爆品：在化工实验中，还会使用到一些易燃易爆品。如汽液平衡实验和精馏实验所采用的物系（如乙醇、丙醇、正庚烷和甲基环己烷等）多为易燃易爆品，存在着一定的安全隐患。所以在实验时一定要注意防火防爆，首先要严格按照实验的规范进行操作，避免物系暴沸，在加药、取样分析时注意不要让药品泄漏外滴；其次要注意实验室的通风，不要让挥发出来的易燃易爆气体积累；最后要熟悉所用易燃易爆品的消防常识。万一着火，应保持沉着镇静，不要惊慌失措，立即采取各种正确的措施及时进行有效的处理。

一是扑灭火源。对乙醇、丙醇、正庚烷和甲基环己烷等有机物品的着火，着火面积不大的可用湿抹布、石棉布或砂子盖灭，较大面积的应采用干粉灭火器或二氧化碳灭火器灭火，不可用水进行扑救。衣服着火时，应立即用湿布或石棉布压灭火焰；如果燃烧面积较大，可躺在地上打几个滚压灭。衣服着火时，绝不可慌张乱跑。

二是防止火势扩展。迅速移走一切可燃物，关闭电闸，切断电源，停止通风，并疏散实验室人员。

② 电器设备　化工实验中电器设备较多，某些设备的负荷也较高，因此，注意安全用电极为重要。一方面要健全电器设备的安全措施，另一方面要严格遵守操作规程。实验操作时，必须遵守下列规定。

a. 在接通电源之前，必须认真检查电器设备和电路是否符合规定要求，对于直流电设备应检查正、负极是否接对。必须搞清楚整套实验装置的启动和停车操作顺序，以及紧急停车的方法。

b. 严禁用湿手去接触电闸、开关或任何电器。电器设备要保持干燥清洁。

c. 接通电源之后，若发现异常声音或气味，应立即断开电源，若无异常情况，则再用电笔检查设备是否漏电。

d. 操纵电负荷较大的设备时，最好穿胶底鞋或塑料底鞋，尽量不要用两手同时接触负电设备。

e. 当实验设备的管路出现漏水时，应及时切断实验设备的电源，以避免漏电发生。

f. 做完实验，必须断开实验设备的电源或开关。

g. 进入实验室后，必须搞清楚实验室总电闸的位置；离开实验室前必须把实验室的总电闸拉下。

8.2　实验预习和实验报告要求

化工实验课应包括：实验前的准备（实验预习）、进行实验操作、记录和处理实验数据及撰写实验报告4个主要环节。认为实验课就是单纯进行实验"操作"的观点是不正确的。下面对实验预习和实验报告的具体要求进行说明。

(1) 实验预习

要完成好每个实验，就必须认真做好实验课前预习工作。化工实验的装置流程较为复杂，课前预习尤为重要。具体要求如下。

① 阅读实验指导书和有关参考资料，弄清实验目的与要求。

② 根据实验的具体任务，研究实验的方法及其理论根据，分析应该测取哪些数据并估

计实验数据的变化规律。

③ 到实验室对照具体实验装置，观看设备流程、主要设备的构造、仪表种类、安装位置，审查这些设备是否合适，了解它们的使用方法。对某些精密测试仪器必须仔细阅读该仪器的使用说明，掌握其操作规程和安全注意事项。

④ 根据实验任务及观场设备情况或实验室可能提供的其他条件，确定应该测取的数据。

⑤ 拟定实验方案，决定先做什么，后做什么，操作条件如何？设备的启动程序怎样？如何调整？实验中数据点希望如何分配，何处实验数据应密集些，何处可间距大些？

⑥ 本课程的实验一般都是几个人合作的，因此实验前必须预先组织好实验小组，实验方案应在实验小组讨论，并预先作好分工。注意协同合作，既能保证实验质量，又能获得全面训练。

⑦ 写出简明的预习提纲，提纲的内容应包括：实验的主要任务；拟订的实验方案；实验操作要点；实验数据的布点；准备好记录实验基本参数和原始数据的各种表格。预习报告应在实验前交给实验指导教师审阅，获准后方能参加实验。

(2) 实验报告

实验完成后，应对测取的数据、观察到的实验现象和发现的问题进行分析解决，得出实验结论，检验是否达到实验的目的。所有这些工作，应以实验报告的形式进行综合整理。

学生应独立地完成实验报告。撰写实验报告要本着实事求是的态度，不随便记录任何一个数据，更不能以任何理由为借口随意更改测得的数据。任何编造、修改和歪曲实际观测到的情况的行为，都是错误的。尊重所测数据，寻找误差原因，才是从事科学实验的正确态度。

实验报告虽是以实验数据的准确性和可靠性为基础的，但将实验结果整理成一份好的报告，却也是需要经过训练的一种实际工作能力。一份好的实验报告，必须写得简单、明白、一目了然、数据完整、交待清楚、结论明确、有讨论、有分析、得出的公式或图线有确定的使用条件。报告的格式虽不必强求一致，但一般应包括下列各项：

① 报告的题目（实验题目）；
② 写报告人及共同测定人员；
③ 实验目的：指出实验所要达到的目的；
④ 实验原理：简述实验所依据的测定原理和所涉及的理论基础；
⑤ 实验装置说明：包括流程示意图及主要设备、仪表的类型及规格；
⑥ 实验步骤：结合实验实际操作过程，简述操作方法、步骤等；
⑦ 实验原始记录及数据处理：报告中的实验数据除原始记录外，应包括经过加工后用于计算的全部数据。引用的数据要注明来源，简化公式要写出导出过程，要列出用某次实验数据计算的全过程，作为计算示例。计算结果列于表中，用规定的坐标纸绘出有关的图。

⑧ 实验结果与分析讨论，内容包括：根据实验结果得出哪些有价值的结论；分析误差大小及原因；对实验过程中发现的问题进行分析讨论；对实验方法、实验设备有何改进的建议。

8.3 流体流动实验

化工生产中所处理的物料大多数是流体，因此，流体的流动和输送是化工生产中必不可少的重要操作。流体流动规律不仅是研究流体输送、液体搅拌、非均相物系分离，以及固体流态化等单元操作所依据的基本规律，而且与热量传递、质量传递和化学反应等过程都有着极为密切的联系，因此在化学工程学科中极为重要。

化工生产中研究流体的流动和输送，是为了确定输送流体所需要的能量和设备、选择输送流体所需的管径、流体流量的测量和控制，以及通过研究流体的流动形态和条件，作为强化设备和操作的依据。其研究的主要内容涉及流体静力学、流体动力学、流体流动系统的质量衡算及能量衡算、流体流动阻力和流体输送设备等。

研究流体流动所涉及的许多问题用理论是无法求得的，有时用数值计算方法也甚为困难，解决问题的唯一方法就是实验方法。因此，实验方法对研究流体流动过程的重要性不言而喻。

实验 8-1　流体流动型态及临界雷诺数的测定

实验目的

通过雷诺试验，观察流体流动过程的不同流动型态及其转变过程，并测定流型转变时的临界雷诺数。

实验原理

研究流体流动的型态，对于化学工程的理论和工程实践都具有决定性的意义。1883 年，雷诺 （Reynolds） 首先在实验装置中观察到实际流体的流动存在两种不同型态——滞流（层流）和湍流（紊流），以及两种不同流动型态的转变过程。

流体的流动型态决定于流体流动的速度、流体的黏度和密度、设备的几何尺寸等物理量所组成的一无因次数群——雷诺数（或雷诺准数）：

$$Re = \frac{dv\rho}{\mu} \tag{8-9}$$

式中　d——导管直径，m；

　　　ρ——流体密度，kg·m^{-3}；

　　　μ——流体黏度，Pa·s；

　　　v——流体流速，m·s^{-1}。

层流转变为湍流时的雷诺数称为临界雷诺数，用 Re_c 表示。工程上一般认为，流体在直圆管内流动时，当 $Re \leqslant 2000$ 时为层流；当 $Re > 4000$ 时，圆管内已形成湍流；当 Re 在 2000~4000 范围内，流动处于一种过渡状态，可能是层流，也可能是湍流，或者是二者交替出现，这要视外界干扰而定，一般称这一 Re 范围为过渡区。

式 (8-9) 表明，对于一定温度的流体，在特定的圆管内流动，雷诺数仅与流体流速有关。本实验即是通过改变流体在管内的速度，观察在不同雷诺数下流体的流动型态。

实验装置

实验装置如图 8-9 所示。主要由玻璃实验导管、流量计、流量调节阀、低位贮水槽、循环水泵、稳压溢流水槽等部分组成，主管路为 ϕ20mm×2mm 硬质玻璃管。

示踪剂采用红色墨水，它由红墨水储槽经连接管和细孔喷嘴，注入试验导管。细孔玻璃注射管（或注射针头）位于试验导管入口的轴线部位。

实验步骤

1. 开启自来水阀门，先将水充满低位储水槽，关闭流量计后的调节阀，然后启动循环水泵。待水充满稳压溢流水槽后，开启流量计后的调节阀。水由稳压溢流水槽流经缓冲槽、试验导管和流量计，最后流回低位储水槽。水流量的大小，可由流量计和调节阀调节。

2. 层流流动型态：试验时，先少许开启调节阀，将流速调至所需要的值。再调节红墨水储槽的下口旋塞，并作精细调节，使红墨水的注入流速与试验导管中主体流体的流速相适应，一般略低于主体流体的流速为宜。待流动稳定后，记录主体流体的流量。此时，在试验导管的轴线上，就可观察到一条平直的红色细流，好像一根拉直的红线一样。

3. 缓慢地逐渐增大调节阀的开度，使水通过实验导管和流速平稳地增大，直至实验导管内直线流动的红色细流开始发生波动时，记下水的流量和温度，以供计算下临界雷诺数。

4. 湍流流动型态：继续缓慢地增加调节阀开度，使水流量平稳地增加，这时导管内流体的流型逐步由滞流向湍流过渡。随着流速的增大，红色细流的波动程度也随之增大，最后断裂成一段段的红色细流。当流速继续增大时，红墨水进入试验导管后立即呈烟雾状分散在整个导管内，进而迅速与主体水流混为一体，使整个管内流体染为红色，以致无法辨别红墨水的流线。这时表明流体的流型已进入湍流区域，记下水的流量和温度，以供计算上临界雷诺数。

5. 如此反复进行实验操作数次（至少5～6次），以便取得较为准确的实验数据。

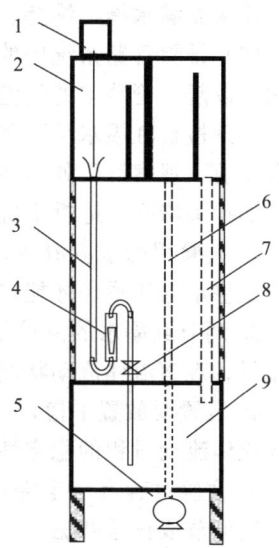

图 8-9　雷诺实验装置
1—红墨水储槽；2—溢流稳压槽；
3—实验导管；4—转子流量计；
5—循环泵；6—上水管；
7—溢流回水管；8—调节阀；
9—储水槽

数据记录与处理

1. 实验设备基本参数

实验导管内径：$d=$ 　　 mm。

2. 实验数据记录

实验序号	流量 /m³·s⁻¹	水温 /℃	黏度 /Pa·s	密度 /kg·m⁻³	流速 /m·s⁻¹	临界雷诺数	实验现象及流型
1							
2							
3							
4							
5							

（注：流量单位为 $m^3 \cdot s^{-1}$，黏度单位为 $Pa \cdot s$，密度单位为 $kg \cdot m^{-3}$，流速单位为 $m \cdot s^{-1}$）

列出上表中各项计算式。

思考题

1. 实验导管入口为何呈喇叭口形状？
2. 能否只用流速的数值来作为流动型态判别的标准？为什么？
3. 本实验为何仅通过改变管内流体的流速，即可观察到流体不同的流动型态？
4. 本实验装置中，水在铅垂的实验导管内自上向下流动，可否让水在水平导管内流动来进行实验？

[学习指导]

实验操作要点及注意事项

1. 检查实验装置是否正常

（1）稳压溢流水槽的充水与检查准备。关闭系统出水阀门，全开稳压溢流水槽的进水阀，让水充满水槽，维持有少量水溢流而出，保持进出水的平衡。检查水槽系统是否漏水。

（2）排除管路系统中的气泡。打开系统出水阀门让管路有水流通，并调节流量大小交替变化，以赶走管路中的气泡。

（3）检查红墨水示踪剂是否流出通畅。打开红墨水出口阀，打开系统出水阀门，让管路有水流通，观察针头处是否有红墨水流出。也可挤压红墨水导管，观察针头是否有墨水流出。如针头堵塞，应拆下针头用专用钢丝疏通并清洗。

2. 实验用的水应清洁，红墨水的密度应与水相当，随着水流速的增大，需相应地细心调节红墨水的流量，才能得到较好的实验结果。

3. 调节红墨水的流量尽量小一些，以明显可视即可，缓慢调节系统出水阀门，控制一定流量，观察流体流动状况。加大流量或减少流量，观察流动状况的变化。

4. 装置要放置平稳，在整个实验过程中，切勿碰撞设备，操作时也要轻巧缓慢，以免干扰流体流动过程的稳定性。

5. 实验过程有一定滞后现象，因此调节流量过程切勿操之过急。状态确定稳定之后，再继续调节或记录数据。

6. 实验结束后应关紧红墨水出口阀，关闭系统出水阀门，关闭水嘴阀门。如长期不用该装置，应把高位水槽中的水放出，取出针头洗净保存。

实验数据处理提示

1. 水的密度、黏度根据实验时的水温查附录表，注意黏度的单位。
2. 转子流量计测得的流量（q_V）单位一般为 $L \cdot h^{-1}$，注意应换算为 $m^3 \cdot s^{-1}$。
3. 当流量为 $q_V(m^3 \cdot s^{-1})$，管径为 $d(m)$，流速由式(8-10) 计算：

$$v = \frac{q_V}{\frac{\pi}{4}d^2} \tag{8-10}$$

实验知识拓展

1. 观察流体在管内的流速分布情况

用本实验装置还可观察流体在管内的流速分布情况，具体操作如下。

① 在流体呈滞流流动时，维持流量不变，全开示踪剂调节阀，观察玻璃管内流体流速分布情况。

② 同样在流体呈湍流流动时，维持流量不变，全开示踪剂调节阀，观察玻璃管内流体流速分布情况。

2. 化工实验中应测取的数据

（1）凡是影响实验结果或者数据整理过程中所必需的数据，都必须测取。它包括大气条件、设备有关尺寸、物料性质以及操作数据等。

（2）并不是所有数据都要直接测取，凡可以根据某一个数据导出或从手册中查得的其他数据，就不必直接测定。例如水的黏度、密度等物理性质，一般只要测出水温后即可查出。

实验 8-2 流体流动过程的能量转化

实验目的

观察流体在流动过程中静压能、动能、位能和阻力损失等项能量之间的转换关系，了解阻力损失与流速之间的关系，进一步加深对柏努利方程的理解。

实验原理

对于不可压缩流体，在管路中做定态流动，系统与环境又无功的交换时，若以单位质量流体为衡算基准，则对确定的系统可列出机械能衡算方程（柏努利方程）：

$$H_1+\frac{p_1}{\rho g}+\frac{v_1^2}{2g}=H_2+\frac{p_2}{\rho g}+\frac{v_2^2}{2g}+H_f \tag{8-11}$$

式中　　　H——流体的位压头，m 液柱；

　　　　　p——流体的压力，Pa；

　　　　　v——流体的流速，m·s^{-1}；

　　　　　ρ——流体的密度，kg·m^{-3}；

　　　　　H_f——流动体系内因阻力造成的压头损失，m 液柱；

符号下标 1 和 2——系统的进口和出口两个截面。

流体流动时，具有位能、动能和静压能，这 3 种机械能均可用测压管中的一段液柱高度来表示。这 3 种机械能在管路中的管径、位置、流速等改变时，可相互转换。由于流体在流动过程中有一部分能量因摩擦和碰撞而损失，所以两截面之间机械能总和不等，两者之差即为阻力损失。

当测压孔垂直水流方向时，测压管内的液位高度即表示静压头（H_J）；当测压孔正对水流方向时，测压管内液位高度（H_C）为静压头（H_J）与动压头（H_D）之和，其动压头（H_D）：

$$H_D=H_C-H_J \tag{8-12}$$

实验装置

本实验装置主要由实验导管、稳压溢流水槽和测压管所组成。实验导管为一水平装置的变径圆管，沿程分 3 处设置测压管，每处测压管由一对并列的测压管组成，分别测量该截面处的静压头（H_J）和冲压头（H_C）。

实验装置的流程如图 8-10 所示，液体由稳压溢流水槽流入实验导管，途经直径分别为 20mm、30mm 和 20mm 的管子，最后排出设备。流体流量由出口调节阀调节。

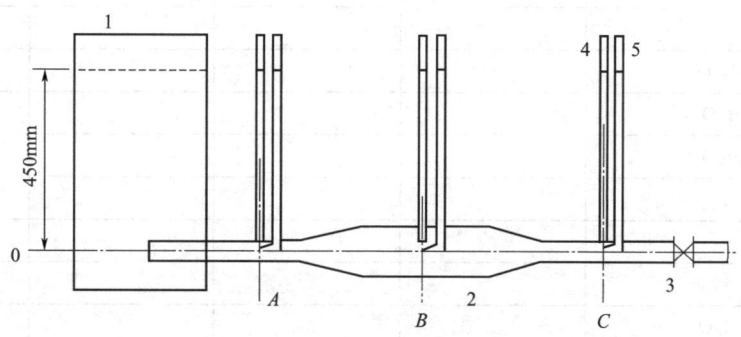

图 8-10　柏努利实验装置

1—稳压溢流水槽；2—实验导管；3—出口调节阀；4—静压头测量管；5—冲压头测量管

实验步骤

1. 实验前，先缓慢开启进水阀，将水充满稳压溢流水槽，并保持有适量溢流水流出，使槽内液面稳定不变。实验前一定要将实验导管和测压管中的空气泡排除干净，否则会干扰实验现象和影响测量的准确性。

2. 关闭实验导管出口调节阀，观察和测量液体处于静止状态下，A、B、C 3 个测试点的压力。

3. 开启实验导管出口调节阀，观察比较液体在流动情况下，各测试点的压头变化。

4. 缓慢开启实验导管的出口调节阀,测量流体在不同流量下,各测试点的静压头、动压头和损失压头。

5. 实验结束,关闭实验导管出口调节阀。

数据记录与处理

1. 实验设备基本参数

实验导管内径:$d_A=$　　mm,$d_B=$　　mm,$d_C=$　　mm。

系统的总压头:$H=$　　mmH_2O。

2. 非流动体系的机械能分布及其转化

(1) 实验数据记录

水温	密度	各测试点的静压头			各测试点的静压力		
$t/℃$	$\rho/kg·m^{-3}$	$(p_A/\rho g)$ /mmH_2O	$(p_B/\rho g)$ /mmH_2O	$(p_C/\rho g)$ /mmH_2O	p_A/Pa	p_B/Pa	p_C/Pa

(2) 验证流体静力学方程。

3. 流动体系的机械能分布及其转化

(1) 实验数据记录

	实验序号	1	2	3	4
	温度 $t/℃$				
	密度 $\rho/kg·m^{-3}$				
静压头	$(p_A/\rho g)/mmH_2O$				
	$(p_B/\rho g)/mmH_2O$				
	$(p_C/\rho g)/mmH_2O$				
静压力	p_A/Pa				
	p_B/Pa				
	p_C/Pa				
动压头	$(v_A^2/2g)/mmH_2O$				
	$(v_B^2/2g)/mmH_2O$				
	$(v_C^2/2g)/mmH_2O$				
流速	$v_A/m·s^{-1}$				
	$v_B/m·s^{-1}$				
	$v_C/m·s^{-1}$				
损失压头	$H_{f,(1-A)}/mmH_2O$				
	$H_{f,(1-B)}/mmH_2O$				
	$H_{f,(1-C)}/mmH_2O$				

(2) 验证流动流体的机械能衡算方程。

思考题

1. 本实验装置中,稳压溢流水槽有何作用?
2. 本实验如何测定流体的动压头?
3. 运用柏努利方程解释各点压头变化。
4. 流量增大对流体损失压头及流速分别有何影响,这两种影响有何关系?

[学习指导]

实验操作要点及注意事项

1. 检查实验装置是否正常

（1）稳压溢流水槽的充水与检查准备。关闭系统出水阀门，全开稳压溢流水槽的进水阀（实验过程中保持此阀全开），缓慢打开与进水管连接的水嘴阀门（水龙头），让水充满水槽，开始溢流后，控制水嘴阀门，维持有少量水溢流而出，保持进出水的平衡。检查水槽系统是否漏水。

（2）排除管路系统及液柱压强计中的气泡。打开系统出水阀门让管路有水流通，并调节流量大小交替变化，以赶走管路及液柱压强计中的气泡。

（3）测压小孔遇有堵塞时，测压管液位升降迟缓或不升降，可用洗耳球在测压管上端吸放几次，进行排除。

2. 开启进水阀向稳压水槽注水，或开关实验导管口调节阀时，一定要缓慢地调节开启程度，并随时注意设备内的变化。

3. 实验装置正常后，关闭系统出水阀门，通过比较各测压点的压头，观察流体静止时的压强分布规律。为了便于观察测压管的液柱高度，可在临测定前，向各测压管滴入几滴红墨水。

4. 调节系统出水阀门，观察流体在流动过程中静压能、动能、位能和阻力损失等项能量之间的转换关系，了解阻力损失与流速之间的关系。实验过程中需根据测压管量程范围，确定最小和最大流量。

5. 实验结束后，应关闭系统出水阀门、关闭水嘴阀门。如长期不用该装置，应把稳压溢流水槽中的水放出。

实验数据处理提示

1. 本实验系统的总压头（H）等于实验导管出口调节阀关闭时，液体处于静止状态下各测试点（A、B 和 C 3 点）的压头。

2. 由动压头（H_D）可计算各测试点的流速：

$$v=\sqrt{2gH_D} \tag{8-13}$$

3. 水槽至各测试点的损失压头（H_f）为系统的总压头（H）与各测试点的冲压头（H_C）差：

$$H_f = H - H_C \tag{8-14}$$

实验知识拓展

1. 测定管路中流体阻力损失与流速之间的关系

用本实验装置可测定管路中流体阻力损失与流速之间的关系。流体流动过程中的阻力损失（H_f）可用下式表示：

$$H_f = \xi \frac{v^2}{2g} \tag{8-15}$$

管路中流体的流速（v）与流量（q_V）之间的关系为：

$$\frac{v_1}{v_2} = \frac{q_{V,1}}{q_{V,2}} \tag{8-16}$$

流体流动过程中流速变化时，阻力损失的变化可由下式计算：

$$\frac{H_{f,1}}{H_{f,2}} = \frac{H - H_{C,1}}{H - H_{C,2}} \tag{8-17}$$

实验时，在某一测点测取两组不同流速时的数据，可验证：

$$\frac{H_{f,1}}{H_{f,2}} = \left(\frac{v_1}{v_2}\right)^n \tag{8-18}$$

得 $n \leqslant 2$。

2. 测定管路中流体的点流速与平均流速

用本实验装置可测定管路中流体的点流速与平均流速，并进行比较。在本实验装置的实验导管出口处，用量筒、秒表测定体积流量（q_V），由某一测点处的管径（d），由式(8-10)可求出平均流速（$\bar{v}$）；由测出的动压头（H_D）可求出测试点处的点流速（v）：

$$v = \sqrt{2gH_D} \tag{8-19}$$

比较 $\bar{v}$ 与 v。

实验 8-3　流体流动阻力的测定

实验目的

1. 掌握测定流体流经直管、管件和阀门时阻力损失的一般实验方法。
2. 测定直管摩擦系数 λ 与雷诺数 Re 的关系，验证在一般湍流区内 λ 与 Re 的关系曲线。
3. 测定流体流经管件、阀门时的局部阻力系数 ξ。
4. 学会涡轮流量计的使用方法，识辨组成管路的各种管件、阀门，并了解其作用。

实验原理

流体通过由直管、管件（如三通和弯头等）和阀门等组成的管路系统时，由于黏性剪应力和涡流应力的存在，要损失一定的机械能。流体流经直管时所造成机械能损失称为直管阻力损失。流体通过管件、阀门时因流体运动方向和速度大小改变所引起的机械能损失称为局部阻力损失。工业上，测定流体的阻力，不仅可以帮助正确估计流体输送机械所必需的功率，而且可以为寻求减少能源消耗提供合理的途径，因此具有重要的经济意义。

1. 直管阻力摩擦系数 λ 的测定

流体在水平等径直管中稳定流动时，阻力损失为：

$$h_f = \frac{\Delta p_f}{\rho} = \frac{p_1 - p_2}{\rho} = \lambda \frac{l}{d} \times \frac{v^2}{2} \tag{8-20}$$

即

$$\lambda = \frac{2d\Delta p_f}{\rho l v^2} \tag{8-21}$$

式中　λ——直管阻力摩擦系数，无因次；

　　　d——直管内径，m；

　　　Δp_f——流体流经 l m 直管的压强降，Pa；

　　　h_f——单位质量流体流经 l m 直管的机械能损失，J·kg^{-1}；

　　　ρ——流体密度，kg·m^{-3}；

　　　l——直管长度，m；

　　　v——流体在管内流动的平均流速，m·s^{-1}。

滞流（层流）时，

$$\lambda = \frac{64}{Re} \tag{8-22}$$

$$Re = \frac{dv\rho}{\mu} \tag{8-23}$$

式中　Re——雷诺数，无因次；

　　　μ——流体黏度，Pa·s。

湍流时 λ 是雷诺数 Re 和相对粗糙度（ε/d）的函数，须由实验确定。

由式(8-21)可知，欲测定 λ，需确定 l、d，测定 Δp_f、v、ρ、μ 等参数。l、d 为装置参数（表 8-1 中给出），ρ、μ 通过测定流体温度，再查有关手册而得，v 通过测定流体流量，再由管径计算得到。

例如，本装置采用涡轮流量计测流量，q_V，$m^3 \cdot h^{-1}$。

$$v = \frac{q_V}{900\pi d^2} \tag{8-24}$$

Δp_f 可用 U 形管、倒置 U 形管、测压直管等液柱压差计测定，或采用差压变送器和二次仪表显示。

（1）当采用倒置 U 形管液柱压差计时

$$\Delta p_f = \rho g R \tag{8-25}$$

式中　R——水柱高度，m。

（2）当采用 U 形管液柱压差计时

$$\Delta p_f = (\rho_0 - \rho) g R \tag{8-26}$$

式中　R——液柱高度，m；

　　　ρ_0——指示液密度，$kg \cdot m^{-3}$。

根据实验装置结构参数 l、d，指示液密度 ρ_0，流体温度 t（查流体物性 ρ、μ），及实验时测定的流量 q_V、液柱压差计的读数 R，通过式(8-24)、式(8-25) 或式(8-26)、式(8-23) 和式(8-21) 求取 Re 和 λ，再将 Re 和 λ 标绘在双对数坐标图上。

2. 局部阻力系数 ξ 的测定

局部阻力损失通常有两种表示方法，即当量长度法和阻力系数法。

（1）当量长度法

流体流过某管件或阀门时造成的机械能损失看作与某一长度为 l_e 的同直径的管道所产生的机械能损失相当，此折合的管道长度称为当量长度，用符号 l_e 表示。这样，就可以用直管阻力的公式来计算局部阻力损失，而且在管路计算时可将管路中的直管长度与管件、阀门的当量长度合并在一起计算，则流体在管路中流动时的总机械能损失 $\sum h_f$ 为：

$$\sum h_f = \lambda \frac{l + \sum l_e}{d} \times \frac{v^2}{2} \tag{8-27}$$

（2）阻力系数法

流体通过某一管件或阀门时的机械能损失表示为流体在小管径内流动时平均动能的某一倍数，局部阻力的这种计算方法，称为阻力系数法，即

$$h'_f = \frac{\Delta p'_f}{\rho g} = \xi \frac{v^2}{2} \tag{8-28}$$

故

$$\xi = \frac{2\Delta p'_f}{\rho g v^2} \tag{8-29}$$

式中　ξ——局部阻力系数，无因次；

　　　$\Delta p'_f$——局部阻力压降（本装置中，所测得的压降应扣除两测压口间直管段的压降，直管段的压降由直管阻力实验结果求取），Pa；

　　　ρ——流体密度，$kg \cdot m^{-3}$；

　　　g——重力加速度，$9.81 m \cdot s^{-2}$；

　　　v——流体在小截面管中的平均流速，$m \cdot s^{-1}$。

待测的管件和阀门由现场指定。本实验采用阻力系数法表示管件或阀门的局部阻力损失。

根据连接管件或阀门两端管径中小管的直径 d，指示液密度 ρ_0，流体温度 t_0（查流体物性 ρ、μ），及实验时测定的流量 q_V、液柱压差计的读数 R，通过式(8-24)、式(8-25) 或

式(8-26)、式(8-29)求取管件或阀门的局部阻力系数ξ。

实验装置

本实验装置主要由水箱，离心泵，不同管径、材质的水管，各种阀门、管件，涡轮流量计和差压变送器等组成，如图8-11所示。装置参数见表8-1。

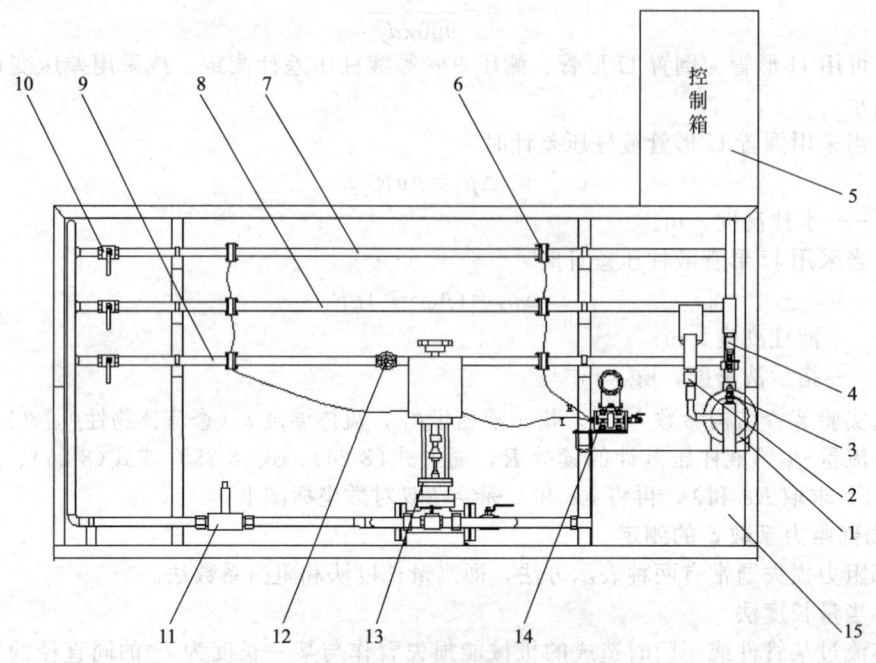

图 8-11 管路中流体流动阻力测定装置
1—离心泵；2—进口压力变送器；3—铂热电阻（测量水温）；4—出口压力变送器；5—电气仪表控制箱；
6—均压环；7—粗糙管；8—光滑管（离心泵实验中充当离心泵管路）；9—局部阻力管；
10—管路选择球阀；11—涡轮流量计；12—局部阻力管上的闸阀；
13—电动调节阀；14—差压变送器；15—水箱

管路部分有三段并联的长直管，分别用于测定局部阻力系数、光滑管直管阻力系数和粗糙管直管阻力系数。测定局部阻力部分使用不锈钢管，其上装有待测管件（闸阀）；光滑管直管阻力的测定同样使用内壁光滑的不锈钢管，而粗糙管直管阻力的测定对象为管道内壁较粗糙的镀锌管。水的流量使用涡轮流量计测量，管路和管件的阻力采用差压变送器将差压信号传递给无纸记录仪。

表 8-1 实验装置参数

名称	材质	管内径/mm		测量段长度/cm
		管路号	管内径	
局部阻力	闸阀	1A	20.0	95
光滑管	不锈钢管	1B	20.0	100
粗糙管	镀锌铁管	1C	21.0	100

实验步骤

1. 泵启动：首先对水箱进行灌水，然后关闭出口阀，打开总电源和仪表开关，启动水泵，待电机转动平稳后，把出口阀缓缓开到最大。

2. 实验管路选择：选择实验管路，把对应的进口阀打开，并在出口阀最大开度下，保持全流量流动5～10min。

3. 流量调节：手控状态，电动调节阀的开度选择100%，然后开启管路出口阀，调节流量，让流量在$1\sim4m^3\cdot h^{-1}$范围内变化，建议每次实验变化$0.5m^3\cdot h^{-1}$左右。每次改变流量，待流动达到稳定后，记下对应的压差值；自控状态，流量控制界面设定流量值或设定电动调节阀开度，待流量稳定记录相关数据即可。

4. 计算：装置确定时，根据Δp和v的实验测定值，可计算λ和ξ，在等温条件下，雷诺数$Re = dv\rho/\mu = Av$，其中A为常数，因此只要调节管路流量，即可得到一系列$\lambda\text{-}Re$的实验点，从而绘出$\lambda\text{-}Re$曲线。

5. 实验结束：关闭出口阀，关闭水泵和仪表电源，清理装置。

数据记录与处理

1. 测量并记录实验基本参数

直管长度：$l=$　　　　　m，　　光滑管内径：$d_{光滑}=$　　　　m，

粗糙管内径：$d_{粗糙}=$　　　　m，　　局部阻力管内径：$d_{局部}=$　　　m，

平均水温：$t=$　　　　　℃，　　水黏度：$\mu=$　　　　　Pa·s，

水密度：$\rho=$　　　　　kg·m^{-3}。

2. 实验数据记录

序号	流量/m³·h⁻¹	光滑管压差/kPa	粗糙管压差/kPa	局部阻力压差/kPa
1				
2				
3				
4				
5				
6	…			

3. 根据粗糙管实验结果，在双对数坐标纸上标绘出$\lambda\text{-}Re$曲线，对照化工原理教材上有关曲线图，即可估算出该管的相对粗糙度和绝对粗糙度。

4. 根据光滑管实验结果，对照柏拉修斯方程，计算其误差。

5. 根据局部阻力实验结果，求出闸阀全开时的平均ξ值。

6. 对实验结果进行分析讨论。

思考题

1. 什么是直管阻力损失？什么是局部阻力损失？
2. 以水做介质所测得的$\lambda\text{-}Re$关系能否适用于其他流体？
3. 测定流体的阻力有何实际意义？
4. 试述测定阻力压强降Δp的实验方法有哪些？本实验采用哪种方法？

[学习指导]

实验操作要点及注意事项

1. 熟悉并检查实验装置系统是否正常

（1）熟悉实验装置的结构和流程，对照实验装置图，认识沿程水头损失的测定系统、局部水头损失的测定系统、水箱、涡轮流量计、电动调节阀和离心泵的构造。

（2）系统是否漏水，如有漏水，应及时报告并处理。

（3）检查水箱的水位是否正常，如液位不够，应往水箱灌水。灌水时应注意水箱的水位，避免水满溢出。

（4）阅读并记录所操作的仪器的有关参数。

2. 装置系统各部分正常后,可按实验步骤开始进行实验。
3. 离心泵启动前,必须要灌水排气;离心泵要在出口阀关闭的情况下启动。
4. 进行不同管路测定时,注意调节管路选择球阀的开关状态。

实验数据处理提示

1. 水的密度、黏度根据实验时的平均水温去查附录表。为了获得较准确的数据,可根据附录表中的数据,画出密度、黏度与温度的关系曲线,从曲线上查得某个水温时,水的密度、黏度数值。

2. 计算 v、Re、λ、ξ 时,一般采用常数归纳法(参见本实验的知识拓展部分):

$$v = \frac{q_V}{\frac{\pi}{4}d^2} = Aq_V \tag{8-30}$$

$$Re = \frac{dv\rho}{\mu} = \frac{d\rho}{\mu} \times \frac{q_V}{\frac{\pi}{4}d^2} = Bq_V \tag{8-31}$$

$$\lambda = \frac{2dg}{lv^2}h_f = \frac{2dg\left(\frac{\pi}{4}\right)^2 d^4}{lq_V^2}h_f = C\frac{h_f}{q_V^2} \tag{8-32}$$

$$\xi = \frac{2g}{v^2}h_f = \frac{2g\left(\frac{\pi}{4}\right)^2 d^4}{q_V^2}h_f = D\frac{h_f}{q_V^2} \tag{8-33}$$

式中的 A、B、C、D 为归纳的计算常数。d 的取值:计算流体通过直管的流速时,取直管的内径(d)。

3. 绘制各实验曲线时,应先分析所测得的数据,个别不合理的数据应予剔除;应力求曲线平滑,体现变化趋势。

4. 绘制 λ-Re 曲线,应使用双对数坐标纸,并注意双对数坐标纸的使用。在对数坐标上,标出的数值为真数,原点应该是 1 而不是零,由于 1、10、100 等的对数分别为 0、1、2 等,所以在坐标纸上,每一数量级的距离是相等的。

实验知识拓展

1. 采用量纲分析指导下的实验研究方法介绍

对流体流动阻力的测定,可采用量纲分析指导下的实验研究方法。由于影响阻力损失的因素很多,为了减少变量和实验的工作量,也为了能将在实验室装置中用水所做实验的结果应用到其他物系中去,而使实验结果具有普遍意义,需要采用量纲分析指导下的实验研究方法。

影响流体流动时产生阻力损失的因素有以下几类。

(1) 流体的性质:密度 ρ、黏度 μ;
(2) 流体流动的几何尺寸:管径 d,管长 l,管壁的粗糙度 ε;
(3) 流体流动的条件:流速 v。

流体阻力损失 Δp 为这些因素的函数,即:

$$\Delta p = f(d, l, \mu, \rho, v, \varepsilon) \tag{8-34}$$

根据因次分析法,该函数可以写成如下无因次式:

$$\frac{\Delta p}{\rho v^2} = \varphi\left(\frac{dv\rho}{\mu}, \frac{l}{d}, \frac{\varepsilon}{d}\right) \tag{8-35}$$

$$\frac{\Delta p}{\rho g} = \frac{l}{d} \times \frac{v^2}{2g} \varphi \left(\frac{dv\rho}{\mu}, \frac{\varepsilon}{d} \right) \tag{8-36}$$

工程上计算流体流过直管的阻力损失,通常采用以下公式:

$$h_{\mathrm{f}} = \frac{\Delta p}{\rho g} = \lambda \frac{l}{d} \times \frac{v^2}{2g} \tag{8-37}$$

式中,λ 称为沿程阻力系数。

因

$$Re = \frac{dv\rho}{\mu} \tag{8-38}$$

则

$$\lambda = \varphi \left(Re, \frac{\varepsilon}{d} \right) \tag{8-39}$$

即

$$\frac{\Delta p}{\rho g} = \lambda \frac{l}{d} \times \frac{v^2}{2g} = \frac{l}{d} \times \frac{v^2}{2g} \varphi \left(Re, \frac{\varepsilon}{d} \right) \tag{8-40}$$

可见 λ 为雷诺数 Re 和管壁相对粗糙度 ε/d 的函数。它们之间的函数关系,只要用水作物系,在实验室规模的装置中进行有限量的实验即可确定。λ 与 Re 及 ε/d 的关系一经确定,就可计算任一流体在管道中的流动阻力损失。

2. 整理化工实验数据的方法

为了使化工实验数据整理又快又好,可以采用以下方法。

(1) 同一条件下,如有几次比较稳定但稍有波动的数据,应先计算其平均值,然后加以整理,不必先逐个整理后计算平均值,以节省时间。

(2) 数据计算时应根据有效数字的运算规律,舍弃一些没意义的数字(见有关"有效数字"的论述)。一个数据的精确度是由测量仪表本身的精确度所决定的,它绝不因为计算时位数增加而提高,但是任意减少位数却是不允许的,因为它降低了应有的精确度。

(3) 数据计算时,如果过程比较复杂,实验数据又多,一般以采用列表整理法为宜,同时应将同一项目一次整理。这种整理方法不仅过程明显,而且节省时间。

(4) 数据计算时,要以其中一组数据为例子,把各项计算过程列出,以便检查。

(5) 数据计算时还可以采用常数归纳法,即将计算公式中的许多常数归纳为一个常数看待。例如,计算固定管路中,由于流速改变后计算雷诺数的数值时,因为 d、ρ、μ 在实验中均不变化,可作常数处理,可归纳出常数 B,见式(8-31)。计算时,先将 B 值求出,这样只要依次代入 q_V 值,即可求出相应的 Re 值,可以大大提高计算速度。

实验 8-4 离心泵特性曲线的测定

实验目的

本实验采用单级单吸离心泵装置,测定在一定转速下泵的特性曲线。通过实验了解离心泵的构造、安装流程和正常的操作过程,掌握离心泵各项主要特性及其相互关系,进而理解离心泵的性能和操作原理。

实验原理

在化工厂或者实验室中,经常需要各种输送机械用来输送流体,根据不同使用场合和操作要求,选择各种形式的流体输送机械。离心泵是其中最为常用的一类液体输送机械,离心泵的特性曲线是选择和使用离心泵的重要依据之一,其特性曲线是在恒定转速下泵的扬程 H、轴功率 N、效率 η 与泵的流量 q_V 之间的关系曲线,它是流体在泵内流动规律的宏观表现形式。由于泵内部流动情况复杂,不能用理论方法推导出泵的特性关系曲线,只能依靠实验测定。

1. 扬程 H 的测定与计算

取离心泵进口真空表和出口压力表处为 1、2 两截面，列机械能衡算方程：

$$z_1 + \frac{p_1}{\rho g} + \frac{v_1^2}{2g} + H = z_2 + \frac{p_2}{\rho g} + \frac{v_2^2}{2g} + \sum h_f \tag{8-41}$$

由于两截面间的管道较短，通常可忽略阻力项 $\sum h_f$，速度平方差也很小，故可忽略，则：

$$H = (z_2 - z_1) + \frac{p_2 - p_1}{\rho g} = H_0 + H_1(\text{表值}) + H_2 \tag{8-42}$$

式中　H_0——泵出口和进口间的位差，m；

ρ——流体密度，$kg \cdot m^{-3}$；

g——重力加速度，$m \cdot s^{-2}$；

p_1，p_2——泵进、出口的真空度和表压，Pa；

H_1，H_2——泵进、出口的真空度和表压对应的压头，m；

v_1，v_2——泵进、出口的流速，$m \cdot s^{-1}$；

z_1，z_2——真空表、压力表的安装高度，m。

由式(8-42)可知，只要直接读出真空表和压力表上的数值，及两表的安装高度差，就可计算出泵的扬程。

2. 轴功率 N 的测量与计算

$$N = kN_{电} \tag{8-43}$$

式中，$N_{电}$ 为电功率表显示值；k 代表电机传动效率，可取 $k = 0.95$。

3. 效率 η 的计算

泵的效率 η 是泵的有效功率 N_e 与轴功率 N 的比值。有效功率 N_e 是单位时间内流体经过泵时所获得的实际功率，轴功率 N 是单位时间内泵轴从电机得到的功，两者差异反映了水力损失、容积损失和机械损失的大小。

泵的有效功率 N_e 可用下式计算：

$$N_e = Hq_V \rho g \tag{8-44}$$

故泵效率为：

$$\eta = \frac{Hq_V \rho g}{N} \times 100\% \tag{8-45}$$

4. 转速改变时的换算

泵的特性曲线是在一定转速下的实验测定所得。但是，实际上感应电机在转矩改变时，其转速会有变化，这样随着流量 q_V 的变化，多个实验点的转速 n 将有所差异，因此在绘制特性曲线之前，需将实测数据换算为某一定转速 n' 下（可取离心泵的额定转速 $2900 r \cdot min^{-1}$）的数据。流量、扬程、轴功率、效率的换算关系如下：

$$q_V' = q_V \frac{n'}{n} \tag{8-46}$$

$$H' = H \left(\frac{n'}{n}\right)^2 \tag{8-47}$$

$$N' = N \left(\frac{n'}{n}\right)^3 \tag{8-48}$$

$$\eta' = \frac{q_V' H' \rho g}{N'} = \frac{q_V H \rho g}{N} = \eta \tag{8-49}$$

5. 泵的特性曲线

泵的各项特性参数并不是孤立的，而是相互制约的。因此，为了准确全面地表征离心泵的性能，需在一定转速下，将实验测得的各项参数之间的变化关系绘成一组曲线。这组关系曲线即为离心泵特性曲线，如图 8-12 所示。通过离心泵特性曲线可对离心泵的操作性能得到完整的概念，并由此可确定泵的最适宜操作状况。

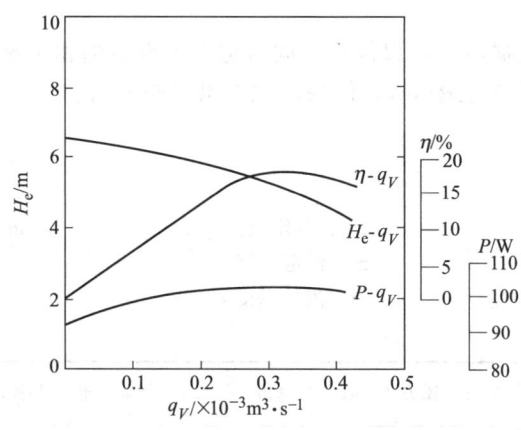

图 8-12　离心泵特性曲线

实验装置

本实验装置主要由水箱、离心泵、涡轮流量计和压力传感器等组成，如图 8-13 所示。

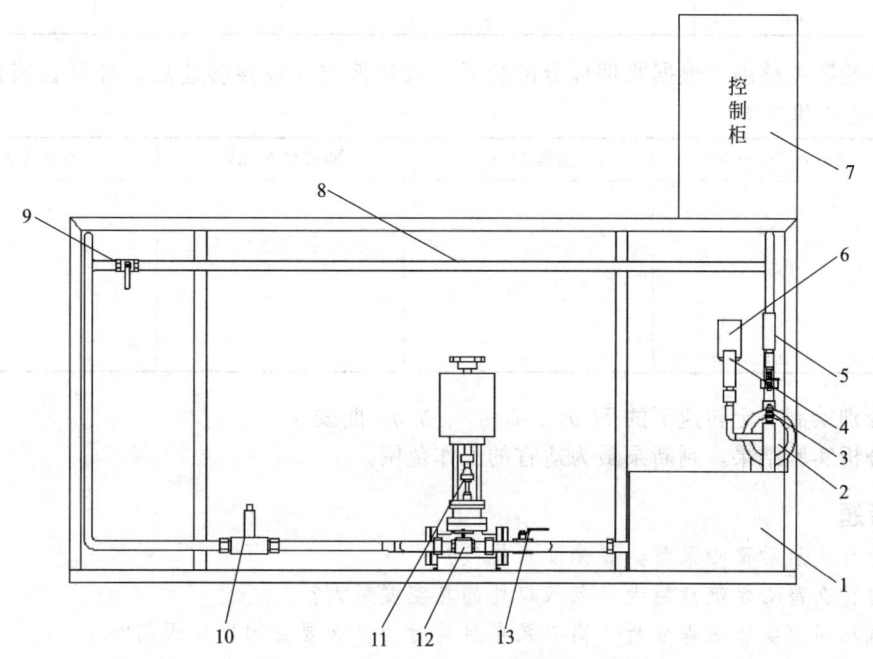

图 8-13　离心泵特性曲线测定装置

1—水箱；2—离心泵；3—铂热电阻（测量水温）；4—泵进口压力传感器；5—泵出口压力传感器；
6—灌泵口；7—电器控制柜；8—离心泵实验管路（光滑管）；9—离心泵的管路阀；10—涡轮流量计；
11—电动调节阀；12—旁路闸阀；13—离心泵实验电动调节阀管路球阀

实验步骤

1. 清理水箱中的杂质，然后加装实验用水。给离心泵灌水，直到排出泵内气体。

2. 检查各阀门开度和仪表自检情况，试开状态下检查电机和离心泵是否正常运转。开启离心泵之前先将出口阀关闭，当泵达到额定转速后，方可逐步打开出口阀。

3. 实验时，通过组态软件或者仪表逐渐增加电动调节阀的开度以增大流量，待各仪表读数显示稳定后，读取相应数据。离心泵特性实验主要获取实验数据为：流量 q_V、泵进口压力 p_1、泵出口压力 p_2、电机功率 $N_电$、泵转速 n，流体温度 t 和两测压点间高度差 H_0。($H_0=0.1\text{m}$)。

4. 测取10组左右数据后，可以停泵，同时记录下设备的相关参数（如离心泵型号、额定流量、额定转速、扬程和功率等），停泵前先将出口阀关闭。

数据记录与处理

1. 实验基本参数。

离心泵型号：_____；额定流量 $q_V=$ _____ $\text{m}^3\cdot\text{s}^{-1}$；
额定扬程 $H_e=$ _____ m；额定功率 $P=$ _____ W；
泵进出口测压点高度差 $H_0=$ _____ m；流体温度 $t=$ _____ ℃。

2. 实验数据记录。

序号	流量 $q_V/\text{m}^3\cdot\text{h}^{-1}$	泵进口压力 p_1/kPa	泵出口压力 p_2/kPa	电机功率 $N_电$/kW	泵转速 $n/\text{r}\cdot\text{min}^{-1}$
1					
2					
3					
4					
5					
6	...				

3. 实验数据整理（根据原理部分的公式，按比例定律校核转速后，计算各流量下的泵扬程、轴功率和效率）。

序号	流量 $q_V/\text{m}^3\cdot\text{h}^{-1}$	扬程 H/m	轴功率 N/kW	泵效率 η/%
1				
2				
3				
4				
5				
6	...			

4. 分别绘制一定转速下的 H-q_V、N-q_V、η-q_V 曲线。

5. 分析实验结果，判断泵最为适宜的工作范围。

思考题

1. 为什么启动离心泵前，要先灌水排气？
2. 为什么离心泵流量越大，泵入口处的真空度越大？
3. 试从所测实验数据分析，离心泵在启动时为什么要关闭出口阀门？
4. 测定在一定转速下离心泵的特性曲线具有何意义？

[学习指导]

实验操作要点及注意事项

1. 熟悉并检查实验装置系统是否正常

(1) 熟悉实验装置的结构和流程，认识离心泵的构造。

（2）检查水箱的水位是否正常，如液位不够，应往水箱灌水。

2. 装置系统各部分正常后，可按实验步骤开始进行实验。启动离心泵前，要先灌水排气，否则会出现气缚现象，离心泵不能正常工作。注意定期对泵进行保养，防止叶轮被固体颗粒损坏。

3. 泵运转过程中，勿触碰泵主轴部分，因其高速转动，可能会缠绕并伤害身体接触部位。

4. 启动离心泵前，先确认泵出口调节阀关闭，然后再接通电源，使离心泵的启动电流最低。同时，不要在出口阀关闭状态下长时间使泵运转，一般不超过 3min，否则泵中液体循环温度升高，易生气泡，使泵抽空。

5. 实验结束时，先将泵出口调节阀关闭，再切断电源。

实验数据处理提示

1. 计算各流量下的泵扬程、轴功率和效率时，需根据原理部分的公式，将实测数据换算为某一转速下（可取离心泵的额定转速）的数据。

2. 应在绘制的离心泵特性曲线上标出离心泵型号、额定转速等相关参数。

实验知识拓展

1. 离心泵的流量调节方法

离心泵常采用出口阀门调节流量，方便且易控制，但会造成较大的能量损失。离心泵的流量调节方法还有旁路流量调节法或改变电机转速法等。

2. 用 U 形管压差计测量离心泵的扬程

测量离心泵的扬程，也可在离心泵的进出口处安装 U 形管压差计，由压差计指示压差值求得泵的扬程。

3. 离心泵的"气缚"现象

离心泵是一种液体输送机械，它借助于泵的叶轮高速旋转，使充满在泵体内的液体在离心力的作用下，从叶轮中心被甩至边缘，在此过程中液体获得能量，提高了静压能和动能。液体在离开叶轮进入壳体时，由于流动截面积的增大，部分动能变成静压能，进一步提高了静压能。流体获得能量的多少，不仅取决于离心泵的结构和转速，而且与流体的密度有关。当离心泵内存在空气时，因空气的密度远比液体的小，使离心泵所产生的离心力不足以在泵的进口处形成所需的真空度，无法吸入液体，该现象称为"气缚"。如果被输送的液体液面低于泵的进口管，为了保证离心泵的正常操作，在启动前必须在离心泵和吸入管路内充满液体，并确保运转过程中没有空气漏入。

8.4 传热实验

在化工生产中，热量传递是常见的单元操作过程。如蒸发、蒸馏、干燥、结晶等，均必须在提供或移走一定热量的条件下才能顺利进行。对于化学反应器，也需要有效地供给或移走反应热，使反应在一定的温度下进行。此外，化工生产中设备的保温、热能的合理利用及废热的回收等，也都涉及传热问题。

对传热过程研究的目的，主要是能够分析传热过程的传热速率及其影响因素，掌握控制热量传递速率的一般规律。以便能根据生产的要求强化或削弱热量的传递，正确地选择适宜的传热设备和保温（隔热）方法。进行传热实验，是获得以上信息的重要手段，如物质的热导率的测定，总传热系数及传热膜系数的测定，以及通过实验研究传热膜系数的影响因素等。

实验 8-5 空气-蒸汽传热膜系数的测定

实验目的
1. 了解间壁式传热元件,掌握传热膜系数测定的实验方法。
2. 掌握热电阻测温的方法,观察水蒸气在水平管外壁上的冷凝现象。
3. 学会传热膜系数测定的实验数据处理方法,了解影响传热膜系数的因素和强化传热的途径。

实验原理

在工业生产过程中,大量情况下,冷、热流体系通过固体壁面(传热元件)进行热量交换,称为间壁式换热。如图 8-14 所示,间壁式传热过程由热流体对固体壁面的对流传热、固体壁面的热传导和固体壁面对冷流体的对流传热所组成。

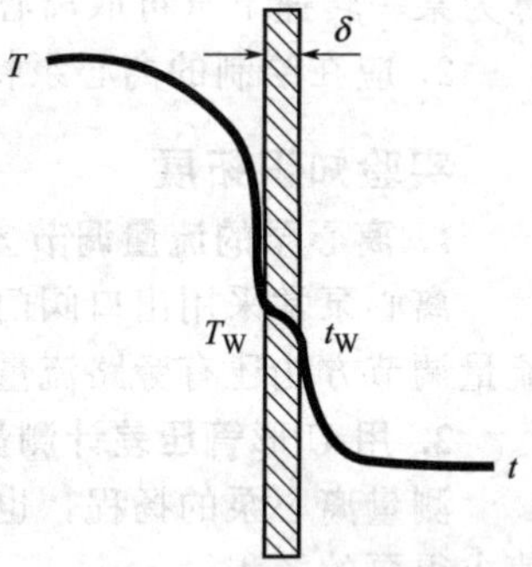

达到传热稳定时,有:
$$Q = m_1 C_{p1}(T_1 - T_2) = m_2 C_{p2}(t_2 - t_1)$$
$$= \alpha_1 A_1 (T - T_W)_m = \alpha_2 A_2 (t_W - t)_m = KA \Delta t_m \quad (8\text{-}50)$$

式中
Q——传热量,$J \cdot s^{-1}$;
m_1——热流体的质量流率,$kg \cdot s^{-1}$;
C_{p1}——热流体的比热容,$J \cdot kg^{-1} \cdot ℃^{-1}$;
T_1——热流体的进口温度,℃;
T_2——热流体的出口温度,℃;
m_2——冷流体的质量流率,$kg \cdot s^{-1}$;
C_{p2}——冷流体的比热容,$J \cdot kg^{-1} \cdot ℃^{-1}$;
t_1——冷流体的进口温度,℃;
t_2——冷流体的出口温度,℃;
α_1——热流体与固体壁面的对流传热膜系数,$W \cdot m^{-2} \cdot ℃^{-1}$;
A_1——热流体侧的对流传热面积,m^2;
$(T - T_W)_m$——热流体与固体壁面的对数平均温差,℃;
α_2——冷流体与固体壁面的对流传热膜系数,$W \cdot m^{-2} \cdot ℃^{-1}$;
A_2——冷流体侧的对流传热面积,m^2;
$(t_W - t)_m$——固体壁面与冷流体的对数平均温差,℃;
K——以传热面积 A 为基准的总传热系数,$W \cdot m^{-2} \cdot ℃^{-1}$;
Δt_m——冷、热流体间的对数平均温差,℃;

图 8-14 间壁式传热过程示意

热流体与固体壁面的对数平均温差可由式(8-51)计算:
$$(T - T_W)_m = \frac{(T_1 - T_{W1}) - (T_2 - T_{W2})}{\ln \dfrac{T_1 - T_{W1}}{T_2 - T_{W2}}} \quad (8\text{-}51)$$

式中 T_{W1}——冷流体进口处热流体侧的壁面温度,℃;
T_{W2}——冷流体出口处热流体侧的壁面温度,℃。

固体壁面与冷流体的对数平均温差可由式(8-52)计算:
$$(t_W - t)_m = \frac{(t_{W1} - t_1) - (t_{W2} - t_2)}{\ln \dfrac{t_{W1} - t_1}{t_{W2} - t_2}} \quad (8\text{-}52)$$

式中　t_{w1}——冷流体进口处冷流体侧的壁面温度,℃;
　　　t_{w2}——冷流体出口处冷流体侧的壁面温度,℃。
　　冷、热流体间的对数平均温差可由式(8-53) 计算,

$$\Delta t_m = \frac{(T_1-t_2)-(T_2-t_1)}{\ln\dfrac{T_1-t_2}{T_2-t_1}} \tag{8-53}$$

当在套管式间壁换热器中,环隙通以水蒸气,内管内通以冷空气或水进行对流传热膜系数测定实验时,则由式(8-50) 得内管内壁面与冷空气或水的对流传热膜系数:

$$\alpha_2 = \frac{m_2 C_{p2}(t_2-t_1)}{A_2(t_w-t)_m} \tag{8-54}$$

实验中测定紫铜管的壁温 t_{w1}、t_{w2},冷空气或水的进出口温度 t_1、t_2,实验用紫铜管的长度 l、内径 d_2,$A_2=\pi d_2 l$,以及冷流体的质量流量,即可计算 α_2。

然而,直接测量固体壁面的温度,尤其管内壁的温度,实验技术难度大,而且所测得的数据准确性差,带来较大的实验误差。因此,通过测量相对较易测定的冷、热流体温度来间接推算流体与固体壁面间的对流传热膜系数就成为人们广泛采用的一种实验研究手段。

由式(8-50) 得:

$$K = \frac{m_2 C_{p2}(t_2-t_1)}{A\Delta t_m} \tag{8-55}$$

实验测定 m_2、t_1、t_2、T_1、T_2,并查取 $t_{平均}=(t_1+t_2)/2$ 下冷流体对应的 C_{p2}、换热面积 A,即可由式(8-55) 计算得总传热系数 K。下面通过两种方法来求对流传热膜系数。

1. 近似法求算对流传热膜系数 α_2

以管内壁面积为基准的总传热系数与对流传热膜系数间的关系为:

$$\frac{1}{K} = \frac{1}{\alpha_2} + R_{S2} + \frac{bd_2}{\lambda d_m} + R_{S1}\frac{d_2}{d_1} + \frac{d_2}{\alpha_1 d_1} \tag{8-56}$$

式中　d_1——换热管外径,m;
　　　d_2——换热管内径,m;
　　　d_m——换热管的对数平均直径,m;
　　　b——换热管的壁厚,m;
　　　λ——换热管材料的热导率,W·m^{-1}·℃$^{-1}$;
　　　R_{S1}——换热管外侧的污垢热阻,m^2·K·W^{-1};
　　　R_{S2}——换热管内侧的污垢热阻,m^2·K·W^{-1}。

用本装置进行实验时,管内冷流体与管壁间的对流传热膜系数为几十到几百 W·m^{-2}·℃$^{-1}$;而管外为蒸汽冷凝,冷凝传热膜系数 α_1 可达 10^4W·m^{-2}·℃$^{-1}$左右,因此冷凝传热热阻 $(d_2/\alpha_1 d_1)$ 可忽略,同时蒸汽冷凝较为清洁,因此换热管外侧的污垢热阻 $(R_{S1}d_2/d_1)$ 也可忽略。实验中的传热元件材料采用紫铜,热导率为 383.8W·m^{-1}·℃$^{-1}$,壁厚为 2.5mm,因此换热管壁的导热热阻 $(bd_2/\lambda d_m)$ 可忽略。若换热管内侧的污垢热阻 R_{S2} 也忽略不计,则由式(8-56) 得:

$$\alpha_2 \approx K \tag{8-57}$$

由此可见,被忽略的传热热阻与冷流体侧对流传热热阻相比越小,此法所得的准确性就越高。

2. 传热准数式求算对流传热膜系数 α_2

对于流体在圆形直管内作强制湍流对流传热时,若符合如下范围:$Re=1.0\times10^4 \sim 1.2\times10^5$,$Pr=0.7\sim120$,管长与管内径之比 $l/d\geqslant60$,则传热准数经验式为:

$$Nu = 0.023Re^{0.8}Pr^n \tag{8-58}$$

式中　Nu——努塞尔数，$Nu=\alpha d/\lambda$，无因次；
　　　Re——雷诺数，$Re=dv\rho/\mu$，无因次；
　　　Pr——普兰特数，$Pr=C_p\mu/\lambda$，无因次；
　　　n——方次，当流体被加热时，$n=0.4$；流体被冷却时，$n=0.3$；
　　　α——流体与固体壁面的对流传热膜系数，$W\cdot m^{-2}\cdot ℃^{-1}$；
　　　d——换热管内径，m；
　　　λ——流体的热导率，$W\cdot m^{-1}\cdot ℃^{-1}$；
　　　v——流体在管内流动的平均速度，$m\cdot s^{-1}$；
　　　ρ——流体的密度，$kg\cdot m^{-3}$；
　　　μ——流体的黏度，$Pa\cdot s$；
　　　C_p——流体的比热容，$J\cdot kg^{-1}\cdot ℃^{-1}$。

对于水或空气在管内强制对流被加热时，可将式(8-58)改写为：

$$\frac{1}{\alpha_2}=\frac{1}{0.023}\times\left(\frac{\pi}{4}\right)^{0.8}\times d_2^{1.8}\times\frac{1}{\lambda_2 Pr_2^{0.4}}\times\left(\frac{\mu_2}{m_2}\right)^{0.8} \tag{8-59}$$

令

$$m=\frac{1}{0.023}\times\left(\frac{\pi}{4}\right)^{0.8}\times d_2^{1.8} \tag{8-60}$$

$$X=\frac{1}{\lambda_2 Pr_2^{0.4}}\times\left(\frac{\mu_2}{m_2}\right)^{0.8} \tag{8-61}$$

$$Y=\frac{1}{K} \tag{8-62}$$

$$C=R_{S2}+\frac{bd_2}{\lambda d_m}+R_{S1}\frac{d_2}{d_1}+\frac{d_2}{\alpha_1 d_1} \tag{8-63}$$

则式(8-59)可写为：

$$Y=mX+C \tag{8-64}$$

当测定管内不同流量下的对流传热膜系数时，由式(8-63)计算所得的 C 值为一常数。管内径 d_2 一定时，m 也为常数。因此，实验时测定不同流量所对应的 t_1、t_2、T_1、T_2，由式(8-53)、式(8-55)、式(8-61)、式(8-62)求取一系列 X、Y 值，再在 X-Y 图上作图或将所得的 X、Y 值回归成一直线，该直线的斜率即为 m。任一冷流体流量下的传热膜系数 α_2 可用下式求得：

$$\alpha_2=\frac{\lambda_2 Pr_2^{0.4}}{m}\times\left(\frac{m_2}{\mu_2}\right)^{0.8} \tag{8-65}$$

3. 冷流体质量流量的测定

(1) 若用转子流量计测定冷空气的流量，还需用下式换算得到实际流量：

$$V'=V\sqrt{\frac{\rho(\rho_f-\rho')}{\rho'(\rho_f-\rho)}} \tag{8-66}$$

式中　V'——实际被测流体的体积流量，$m^3\cdot s^{-1}$；
　　　ρ'——实际被测流体的密度，$kg\cdot m^{-3}$；均可取 $t_{平均}=(t_1+t_2)/2$ 下对应水或空气的密度，见冷流体物性与温度的关系式；
　　　V——标定用流体的体积流量，$m^3\cdot s^{-1}$；
　　　ρ——标定用流体的密度，$kg\cdot m^{-3}$；对水 $\rho=1000kg\cdot m^{-3}$；对空气 $\rho=1.205kg\cdot m^{-3}$；

ρ_f——转子材料密度,kg·m^{-3}。

于是:
$$m_2 = \rho' V' \tag{8-67}$$

(2) 若用孔板流量计测冷流体的流量,则:
$$m_2 = \rho V \tag{8-68}$$

式中,ρ 为冷流体进口温度下对应的密度;V 为冷流体进口处流量计的读数。

4. 冷流体物性与温度的关系式

在 0~100℃之间,冷流体的物性与温度的关系有如下拟合公式。

(1) 空气的密度与温度的关系式
$$\rho = 10^{-5} t^2 - 4.5 \times 10^{-3} t + 1.2916 \tag{8-69}$$

式中 ρ——空气的密度,kg·m^{-3};
　　　t——空气的温度,℃。

(2) 空气的比热与温度的关系式

60℃以下,$C_p = 1005$ J·kg^{-1}·℃$^{-1}$;70℃以上,$C_p = 1009$ J·kg^{-1}·℃$^{-1}$。

(3) 空气的热导率与温度的关系式
$$\lambda = -2 \times 10^{-8} t^2 + 8 \times 10^{-5} t + 0.0244 \tag{8-70}$$

式中 λ——空气的热导率,W·m^{-1}·℃$^{-1}$;
　　　t——空气的温度,℃。

(4) 空气的黏度与温度的关系式
$$\mu = (-2 \times 10^{-6} t^2 + 5 \times 10^{-3} t + 1.7169) \times 10^{-5} \tag{8-71}$$

式中 μ——空气的黏度,Pa·s;
　　　t——空气的温度,℃。

实验装置

1. 装置流程

本实验装置如图 8-15 所示。来自蒸汽发生器的水蒸气进入不锈钢套管换热器环隙,与

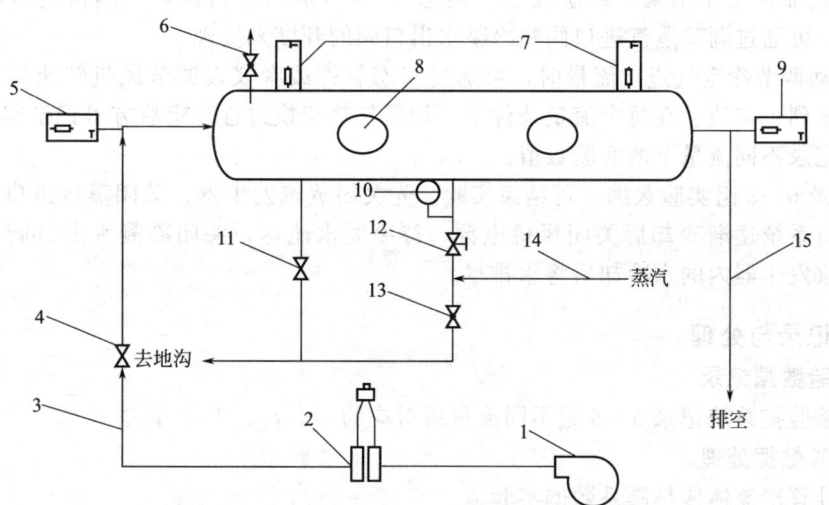

图 8-15　空气-蒸汽传热膜系数测定装置

1—风机;2—孔板流量计;3—冷流体管路;4—冷流体进口阀;5—冷流体进口温度;
6—不冷凝气体排空阀;7—蒸汽温度;8—视镜;9—冷流体出口温度;10—压力表;
11—冷凝水出口阀;12—蒸汽进口阀;13—冷凝水排空阀;
14—蒸汽进口管路;15—冷流体出口管路

来自风机的空气在套管换热器内进行热交换，冷凝水排出装置外。冷空气经孔板流量计或转子流量计进入套管换热器内管（紫铜管），热交换后排出装置外。

2. 设备与仪表规格

（1）紫铜管（内含翅片）规格：直径 $\phi21mm×2.5mm$，长度 $L=1000mm$；

（2）外套不锈钢管规格：直径 $\phi100mm×5mm$，长度 $L=1000mm$；

（3）铂热电阻及无纸记录仪温度显示；

（4）全自动蒸汽发生器及蒸汽压力表。

实验步骤

1. 打开控制面板上的总电源开关，打开仪表电源开关，使仪表通电预热，观察仪表显示是否正常。

2. 在蒸汽发生器中灌装清水，开启发生器电源，使水处于加热状态。达到符合条件的蒸汽压力后，系统会自动处于保温状态。

3. 打开控制面板上的风机电源开关，让风机工作，同时打开冷流体进口阀，让套管换热器内充有一定量的空气。

4. 打开冷凝水出口阀，排出上次实验残留的冷凝水，在整个实验过程中也保持一定开度。注意开度适中，开度太大会使换热器中的蒸汽跑掉，开度太小会使换热不锈钢管内的蒸汽压力过大而导致不锈钢管炸裂。

5. 在通水蒸气前，也应将蒸汽发生器到实验装置之间管道中的冷凝水排除，否则夹带冷凝水的蒸汽会损坏压力表及压力变送器。具体排除冷凝水的方法是：关闭蒸汽进口阀门，打开装置下方的冷凝水排空阀，让蒸汽压力把管道中的冷凝水带走，当听到蒸汽响时关闭冷凝水排空阀，方可进行下一步实验。

6. 开始通入蒸汽时，要仔细调节蒸汽进口阀的开度，让蒸汽徐徐流入换热器中，逐渐充满系统，使系统由"冷态"转变为"热态"，不得少于10min，防止不锈钢管换热器因突然受热、受压而爆裂。

7. 上述准备工作结束，系统处于"热态"，调节蒸汽进口阀，使蒸汽进口压力维持在 $0.01MPa$，可通过调节蒸汽进口阀和冷凝水出口阀的开度来实现。

8. 自动调节冷空气进口流量时，可通过组态软件或者仪表调节风机转速频率来改变冷流体的流量到一定值。在每个流量条件下，均需待热交换过程稳定后方可记录实验数值。改变流量，记录不同流量下的实验数值。

9. 记录6～8组实验数据，可结束实验。先关闭蒸汽发生器，关闭蒸汽进口阀，关闭仪表电源，待系统逐渐冷却后关闭风机电源，待冷凝水流尽，关闭冷凝水出口阀，关闭总电源。待蒸汽发生器内的水冷却后将水排尽。

数据记录与处理

1. 实验数据记录

由实验监控系统记录6～8组不同流量所对应的 t_1、t_2、T_1、T_2。

2. 实验数据处理

（1）计算冷流体传热膜系数的实验值。

（2）冷流体传热膜系数的准数式：$Nu/Pr^{0.4}=ARe^m$，由实验数据作图拟合曲线方程，确定式中常数 A 及 m。

（3）以 $\ln(Nu/Pr^{0.4})$ 为纵坐标，$\ln(Re)$ 为横坐标，将处理实验数据的结果标绘在图上，并与经验式 $Nu/Pr^{0.4}=0.023Re^{0.8}$ 比较。

思考题

1. 提高传热速率的有效途径是什么?
2. 实验中冷流体和蒸汽的流向,对传热效果有何影响?
3. 蒸汽冷凝过程中,若存在不冷凝气体,对传热有何影响?应采取什么措施?
4. 实验过程中,冷凝水不及时排走,会产生什么影响?如何及时排走冷凝水?

[学习指导]

实验操作要点及注意事项

1. 熟悉并检查实验装置系统是否正常

(1) 熟悉实验装置的结构和流程。认清实验装置中管路的走向,套管式热交换器的结构,保温绝热的措施。

(2) 检查蒸汽发生器水箱的水位是否正常,水箱浮球是否正常。

(3) 阅读并记录所操作的仪器的有关参数。

2. 先打开冷凝水排空阀,注意只开一定的开度,开度太大会使换热器中的蒸汽跑掉,开度太小会使换热不锈钢管里的蒸汽压力增大而使不锈钢管炸裂。

3. 一定要在套管换热器内管输以一定量的空气后,方可开启蒸汽阀门,且必须在排除蒸汽管线上原先积存的冷凝水后,方可把蒸汽通入套管换热器中。

4. 刚开始通入蒸汽时,要仔细调节蒸汽进口阀的开度,让蒸汽徐徐流入换热器中,逐渐加热,由"冷态"转变为"热态",不得少于10min,以防止不锈钢管因突然受热、受压而爆裂。

5. 操作过程中,蒸汽压力必须控制在0.02MPa(表压)以下,如有变化,应及时调整,以免造成对装置的损坏。

6. 确定各参数时,必须是在稳定传热状态下,随时注意蒸汽量的调节和压力表读数的调整。

7. 实验过程中,为避免下水管因蒸汽或冷凝水的排入而过热,应注意保持下水管冷却水的流量,并随时注意下水管的温度。

实验数据处理提示

1. 冷流体的密度、黏度、比热容及热导率等物性由定性温度去查附录表,或通过作图较精确地查出。也可根据实验原理部分的拟合公式求出。

2. 用数据处理软件进行实验数据处理的步骤

(1) 打开数据处理软件,选择"空气-蒸汽传热膜系数测定实验",导入MCGS实验数据。

(2) 打开导入的实验,可以查看实验原始数据以及实验数据的最终处理结果,点"显示曲线",则可得到实验结果的曲线对比图和拟合公式。

(3) 数据输入错误,或明显不符合实验情况,程序会有警告对话框跳出。每次修改数据后,都应点击"保存数据",再按步骤(2)中次序,点击"显示结果"和"显示曲线"。

(4) 记录软件处理结果,并可作为手算处理的对照。结束,点"退出程序"。

实验知识拓展

用建立数学模型的方法处理实验数据

在化学化工实验中,为了更好地描述过程或现象的自变量和因变量之间的关系,常常采用建立数学模型的方法处理实验数据,即将实验数据整理为数学方程式。利用数学方程式便于进行微分、积分等数学运算和在计算机上求解,并且在一定的范围内可以较好地预测实验结果，因此，这种实验数据的整理方法通常为人们所采用。

由于化学化工是以实验为主的科学，很难用数学物理的方法直接推导出数学模型，因此可以采用纯经验方法、半经验方法和实验曲线图解法得到经验公式。

纯经验方法是根据长期的经验积累，对某类现象决定应采用什么样的经验公式。如对于物质的等压比热容和温度的关系，根据经验可以采用下式表示：

$$C_p = b_0 + b_1 T + b_2 T^2 + \cdots + b_n T^n \tag{8-72}$$

或

$$C_p = b_0 + b_1 \frac{1}{T} + b_2 \frac{1}{T^2} + \cdots + b_n \frac{1}{T^n} \tag{8-73}$$

在化工过程的研究中常常采用因次为1的分析方法就是典型的半经验方法。这种方法不需要导出过程或现象的微分方程，就可以得到特征数方程。有时导出了微分方程，但还很难得出解析解时，也可以采用这种方法得出特征数方程。如热量传递过程中的特征数方程为：

$$Nu = A Re^m Pr^n \tag{8-74}$$

实验曲线图解法是指采用作图法整理实验数据得到一直线或曲线后，选择与实验曲线相似的典型曲线函数进行描述，并用直线化的方法通过图解法得出函数中的各种系数。

在很多情况下，由于自变量和因变量之间的关系较复杂，采用纯经验方法、半经验方法或曲线图解法很难得到理想的数学模型。随着计算机技术的快速发展，人们更多地采用一种称为"回归分析"的数学方法求出回归方程来表示实验数据的变化规律。

8.5 传质实验

在含有两个或两个以上组分的混合体系中，如果存在浓度梯度，某一组分或某些组分将由高浓度区向低浓度区移动，该移动过程称为传质过程。工业上常见的吸收、精馏等单元操作过程就是通过物质的传递来实现分离混合物的目的。此外，化工生产中常见的传质分离操作还有萃取、吸附、干燥、膜分离、热扩散等。

研究物质传递过程，尤其是研究或设计一种新体系的分离，研制或设计一种新设备，其中一个重要内容是确定其传质系数。但传质系数的影响因素众多，较为复杂。要获得传质系数的数据，通过传质实验实际测定是最根本的办法。通过传质实验，还可以对传质设备进行评价，如精馏塔理论塔板数的测定和填料性能的评比等。

实验 8-6　干燥操作和干燥速率曲线的测定

实验目的

1. 了解洞道式干燥装置的基本结构、工艺流程和操作方法。
2. 学习测定物料在恒定干燥条件下干燥特性的实验方法。
3. 掌握根据实验干燥曲线求取干燥速率曲线以及恒速阶段干燥速率、临界含水量、平衡含水量的实验分析方法。
4. 实验研究干燥条件对于干燥过程特性的影响。

实验原理

在设计干燥器的尺寸或确定干燥器的生产能力时，被干燥物料在给定干燥条件下的干燥速率、临界湿含量和平衡湿含量等干燥特性数据是最基本的技术依据参数。由于实际生产中被干燥物料的性质千变万化，因此对于大多数具体的被干燥物料而言，其干燥特性数据常常需要通过实验测定。

按干燥过程中空气状态参数是否变化，可将干燥过程分为恒定干燥条件操作和非恒定干燥条件操作两大类。若用大量空气干燥少量物料，则可以认为湿空气在干燥过程中温度、湿度均不变，再加上气流速度、与物料的接触方式不变，则称这种操作为恒定干燥条件下的干燥操作。

1. 干燥速率的定义

干燥速率的定义为单位干燥面积（提供湿分汽化的面积）、单位时间内所除去的湿分质量。即：

$$U = \frac{\mathrm{d}W}{A\mathrm{d}\tau} = -\frac{G_c\mathrm{d}X}{A\mathrm{d}\tau} \tag{8-75}$$

式中　U——干燥速率，又称干燥通量，$kg \cdot m^{-2} \cdot s^{-1}$；
　　　A——干燥表面积，m^2；
　　　W——汽化的湿分质量，kg；
　　　τ——干燥时间，s；
　　　G_c——绝干物料的质量，kg；
　　　X——物料湿含量，kg 湿分·(kg 绝干物料)$^{-1}$，负号表示 X 随干燥时间的增加而减少。

2. 干燥速率的测定方法

将湿物料样品置于恒定空气流中进行干燥实验，随着干燥时间的延长，水分不断汽化，湿物料质量减少。若记录物料不同时间下质量 G，直到物料质量不变为止，也就是物料在该条件下达到干燥极限为止，此时留在物料中的水分就是平衡水分 X^*。再将物料烘干后称重得到绝干物料质量 G_c，则物料中瞬间含水率 X 为：

$$X = \frac{G - G_c}{G_c} \tag{8-76}$$

计算出每一时刻的瞬间含水率 X，然后将 X 对干燥时间 τ 作图，如图 8-16 所示即为干燥曲线。

上述干燥曲线还可以变换得到干燥速率曲线。由已测得的干燥曲线求出不同 X 下的斜率 $\mathrm{d}X/\mathrm{d}\tau$，再由式(8-75)计算得到干燥速率 U，将 U 对 X 作图，就是干燥速率曲线，如图 8-17 所示。

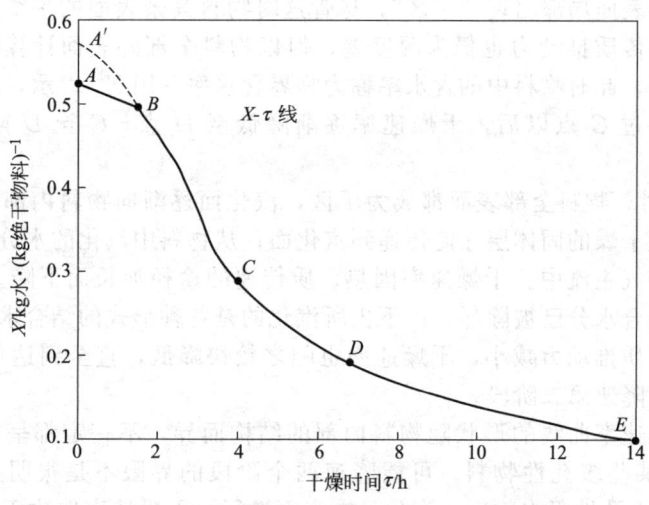

图 8-16　恒定干燥条件下的干燥曲线

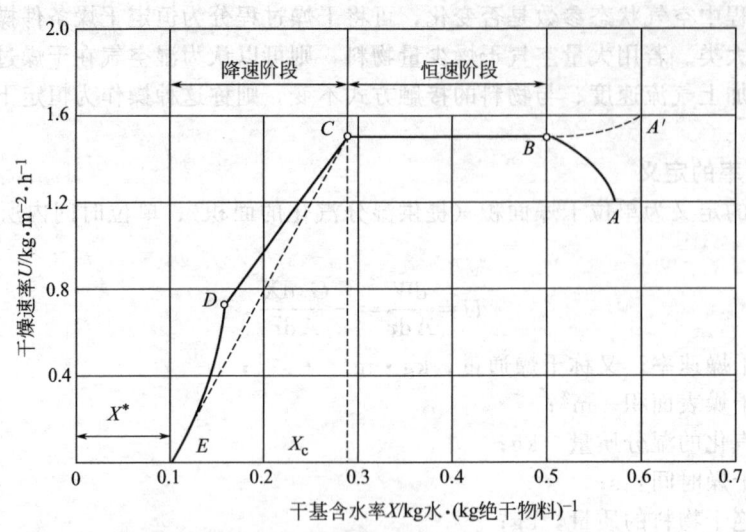

图 8-17　恒定干燥条件下的干燥速率曲线

3. 干燥过程分析

预热段：见图 8-16 和图 8-17 中的 AB 段或 $A'B$ 段。物料在预热段中，含水率略有下降，温度则升至湿球温度 t_W，干燥速率可能呈上升趋势，也可能呈下降趋势。预热段经历的时间很短，通常在干燥计算中忽略不计，有些干燥过程甚至没有预热段。本实验中也没有预热段。

恒速干燥阶段：见图 8-16 和图 8-17 中的 BC 段。该段物料水分不断汽化，含水率不断下降。但由于这一阶段去除的是物料表面附着的非结合水分，水分去除的机理与纯水的相同，故在恒定干燥条件下，物料表面始终保持为湿球温度 t_W，传质推动力保持不变，因而干燥速率也不变。于是，在图 8-17 中，BC 段为水平线。

只要物料表面保持足够湿润，物料的干燥过程中总有恒速阶段。而该段的干燥速率大小取决于物料表面水分的汽化速率，亦即决定于物料外部的空气干燥条件，故该阶段又称为表面汽化控制阶段。

降速干燥阶段：随着干燥过程的进行，物料内部水分移动到表面的速度赶不上表面水分的汽化速率，物料表面局部出现"干区"，尽管这时物料其余表面的平衡蒸气压仍与纯水的饱和蒸气压相同，传质推动力也仍为湿度差，但以物料全部外表面计算的干燥速率因"干区"的出现而降低，此时物料中的含水率称为临界含水率，用 X_c 表示，对应图 8-17 中的 C 点，称为临界点。过 C 点以后，干燥速率逐渐降低至 D 点，C 至 D 阶段称为降速第一阶段。

干燥到点 D 时，物料全部表面都成为干区，汽化面逐渐向物料内部移动，汽化所需的热量必须通过已被干燥的固体层才能传递到汽化面；从物料中汽化的水分也必须通过这层干燥层才能传递到空气主流中。干燥速率因热、质传递的途径加长而下降。此外，在点 D 以后，物料中的非结合水分已被除尽。接下去所汽化的是各种形式的结合水，因而，平衡蒸气压将逐渐下降，传质推动力减小，干燥速率也随之较快降低，直至到达点 E 时，速率降为零。这一阶段称为降速第二阶段。

降速阶段干燥速率曲线的形状随物料内部的结构而异，不一定都呈现前面所述的曲线 CDE 形状。对于某些多孔性物料，可能降速两个阶段的界限不是很明显，曲线好像只有 CD 段；对于某些无孔性吸水物料，汽化只在表面进行，干燥速率取决于固体内部水分的扩散速率，故降速阶段只有类似 DE 段的曲线。

与恒速阶段相比，降速阶段从物料中除去的水分量相对少许多，但所需的干燥时间却长得多。总之，降速阶段的干燥速率取决于物料本身结构、形状和尺寸，而与干燥介质状况关系不大，故降速阶段又称物料内部迁移控制阶段。

实验装置

1. 装置流程

本装置流程如图 8-18 所示。空气由鼓风机送入电加热器，经加热后流入干燥室，加热干燥室料框中的湿物料后，经排出管道排入大气中。随着干燥过程的进行，物料失去的水分量由称重传感器转化为电信号，并由智能数显仪表记录下来（或通过固定间隔时间，读取该时刻的湿物料质量）。

2. 主要设备及仪器

（1）鼓风机：BYF7122，370W。

（2）电加热器：额定功率 4.5kW。

（3）干燥室：180mm×180mm×1250mm。

（4）干燥物料：湿毛毡或湿砂。

（5）称重传感器：CZ500 型，0～300g。

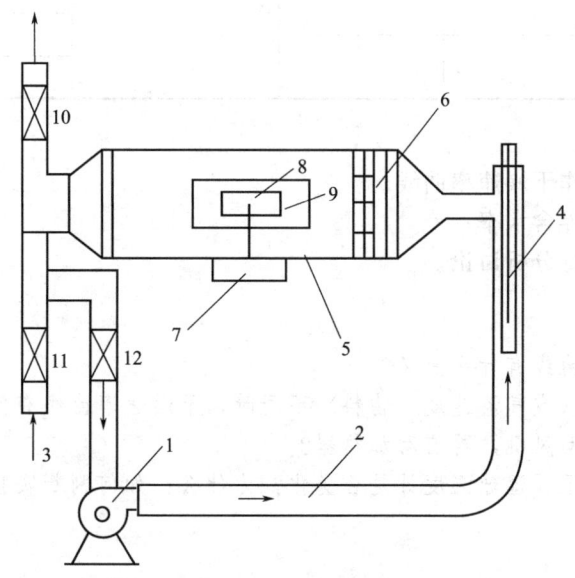

图 8-18 干燥实验装置

1—风机；2—管道；3—进风口；4—加热器；5—干燥室；6—气流均布器；
7—称重传感器；8—湿毛毡；9—玻璃视镜门；10～12—蝶形阀

实验步骤

1. 开启总电源，开启风机电源。

2. 打开仪表电源开关，打开加热器电源。在 U 形湿漏斗中加入一定水量，并关注干球温度，干燥室温度（干球温度）要求达到恒定温度（例如 70℃）。

3. 将毛毡加入一定量的水并使其润湿均匀，注意水量不能过多或过少。

4. 当干燥室温度恒定时，将装有湿毛毡的不锈钢料框十分小心地放置于称重传感器支架上。放置时应特别注意不能用力下压，因称重传感器的测量上限仅为 300g，用力过大容易损坏称重传感器。

5. 记录时间和脱水量，每分钟记录一次质量数据；每两分钟记录一次干球温度和湿球温度。实验过程中,不要拍打、碰扣装置面板,以免引起料框晃动,影响结果。

6. 待毛毡恒重时,即为实验终了时,关闭加热器电源,注意保护称重传感器,非常小心地取下不锈钢料框。

7. 关闭风机,关闭仪表电源,切断总电源,清理实验设备。

数据记录与处理

1. 测量并记录实验基本参数

试样名称: 试样尺寸:

试样绝干质量:$G_c=$ g,试样初始质量:$G_0=$ g。

2. 实验数据记录

序号	湿料质量 G/g	时间间隔 $\Delta\tau/s$	湿料质量差 $\Delta W/g$	干燥速率 $U/kg \cdot m^{-2} \cdot s^{-1}$	含水率 X	间隔平均含水率 X_m
1						
2						
3						
4						
5						
6	...					

3. 绘制干燥曲线;
4. 根据干燥曲线作干燥速率曲线;
5. 读取物料的临界含水率;
6. 对实验结果进行分析讨论。

思考题

1. 测定干燥速率曲线有什么意义?
2. 如果气流温度(或气流速度、物料)不同时,干燥速率曲线有何变化?
3. 为什么要先启动风机,再启动加热器?
4. 实验过程中,干、湿球温度计是否变化?为什么?如何判断实验已经结束?

[学习指导]

实验操作要点及注意事项

1. 熟悉并检查实验装置系统是否正常

(1) 熟悉洞道式干燥器装置的结构和流程。注意空气的输送和加热、温度的控制、空气流速的控制(装置上3个蝶形阀的作用)、系统保温绝热的措施。

(2) 检查湿球温度计(U形湿漏斗)中是否有水,否则应往湿球温度计加水。实验过程中,应保持U形湿漏斗中有水。

2. 实验开始时,必须先开风机,后开加热器,否则加热管可能会被烧坏。

3. 特别注意传感器的负荷量仅为300g,放取毛毡时必须十分小心,绝对不能下压,以免损坏称重传感器。

4. 任何时候蝶形阀都不允许全关,否则电加热器就会因空气不流动而过热,引起损坏。

5. 实验开始时,应待温度稳定后才将湿试样放入干燥室。

6. 实验结束时,先关电加热器,保持风机运转,待电加热器温度降低后,再切断电源。

实验数据处理提示

(1) 干燥速率的计算

为了便于处理实验数据,干燥速率 U 也可按下式作近似计算:

$$U = \frac{\Delta W}{A \Delta \tau} \tag{8-77}$$

湿料质量差 ΔW 可由相邻两次湿料质量 G 之差得到:

$$\Delta W = G_i - G_{i-1} \tag{8-78}$$

(2) 含水率的计算

因为所得的干燥速率 U 是在 $\Delta \tau$ 时间间隔的平均干燥速率,所以与之对应的物料含水率应为平均含水率 X_m,可按下式计算:

$$X_m = \frac{X_i + X_{i+1}}{2} \tag{8-79}$$

式中,X_i 可按下式计算:

$$X_i = \frac{G_i - G_c}{G_c} \tag{8-80}$$

式中,G_c 为试样绝干质量。

实验知识拓展

传质系数的求取

因干燥过程既是传热过程也是传质过程,干燥速率可表示为:

$$\frac{dm}{A d\tau} = \frac{dQ}{r_w A d\tau} = K_H (H_w - H) = \frac{\alpha}{r_w}(t - t_w) \tag{8-81}$$

式中　Q——由空气传给物料的热量,kJ;

τ——干燥时间,s;

m——由物料汽化至空气中水分的质量,kg;

α——空气至物料表面的对流传热膜系数,$kW \cdot m^{-2} \cdot K^{-1}$;

t——空气温度,K;

K_H——以湿度差为推动力的传质系数,$kg \cdot m^{-2} \cdot s^{-1} \cdot \Delta H^{-1}$;

t_w——湿物料表面温度(即空气的湿球温度),K;

H——空气的湿度,kg 水 $\cdot$ (kg 干空气)$^{-1}$;

H_w——t_w 时空气的饱和湿度,kg 水 $\cdot$ (kg 干空气)$^{-1}$;

r_w——t_w 时水的汽化潜热,$kJ \cdot kg^{-1}$。

因在恒定干燥条件下,空气的湿度、温度、流速以及物料接触方式均保持不变,故随空气条件而定的 α 和 K_H 亦保持恒定值。所以传质系数 K_H 可由上式计算。对于静止的物料层,空气流动方向平行于物料表面时,当空气的质量流速 $L = 0.7 \sim 8.5 kg \cdot m^{-2} \cdot s^{-1}$ 时,式中 α 可用下式计算:

$$\alpha = 0.0143 L^{0.8} \tag{8-82}$$

空气的质量流速 L 为:

$$L = \frac{\rho V_S}{F} \tag{8-83}$$

式中　V_S——流经孔板的空气体积流量(按孔板流量计的公式计算),$m^3 \cdot s^{-1}$;

ρ——流经孔板的空气密度,$kg \cdot m^{-3}$;

F——干燥室的流通截面积,m^2。

实验 8-7 筛板精馏塔实验

实验目的

1. 了解筛板精馏塔及其附属设备的基本结构，掌握精馏过程的基本操作方法。
2. 学会判断系统达到稳定的方法，掌握测定塔顶、塔釜组分浓度的实验方法。
3. 学习测定精馏塔全塔效率和单板效率的实验方法，研究回流比对精馏塔分离效率的影响。

实验原理

1. 全塔效率 E_T

全塔效率又称总板效率，是指达到指定分离效果所需理论板数与实际板数的比值，即：

$$E_T = \frac{N_T - 1}{N_P} \tag{8-84}$$

式中　N_T——理论塔板数，包括蒸馏釜；

N_P——实际塔板数，本装置 $N_P = 10$。

全塔效率简单地反映了整个塔内塔板的平均效率，说明了塔板结构、物性因素、操作状况对塔分离能力的影响。对塔内所需理论塔板数 N_T，可由已知的双组分物系平衡关系，以及实验中测得的塔顶、塔釜出液的组成，回流比 R 和热状况 q 等，用图解法求得。

2. 单板效率 E_M

单板效率又称莫弗里板效率，如图 8-19 所示，是指气相或液相经过一层实际塔板前后的组成变化值与经过一层理论塔板前后的组成变化值之比。

按气相组成变化表示的单板效率为：

$$E_{MV} = \frac{y_n - y_{n+1}}{y_n^* - y_{n+1}} \tag{8-85}$$

按液相组成变化表示的单板效率为：

$$E_{ML} = \frac{x_{n-1} - x_n}{x_{n-1} - x_n^*} \tag{8-86}$$

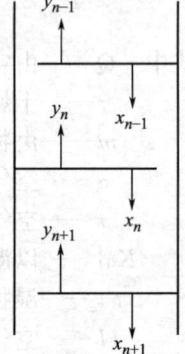

图 8-19　塔板气液流向示意图

式中　y_n, y_{n+1}——离开第 n、$n+1$ 块塔板的气相组成（摩尔分数）；

x_{n-1}, x_n——离开第 $n-1$、n 块塔板的液相组成（摩尔分数）；

y_n^*——与 x_n 成平衡的气相组成（摩尔分数）；

x_n^*——与 y_n 成平衡的液相组成（摩尔分数）。

3. 图解法求理论塔板数 N_T

图解法又称麦卡勃-蒂列（McCabe-Thiele）法，简称 M-T 法，其原理与逐板计算法完全相同，只是将逐板计算过程在 y-x 图上直观地表示出来。

精馏段的操作线方程为：

$$y_{n+1} = \frac{R}{R+1} x_n + \frac{x_D}{R+1} \tag{8-87}$$

式中　y_{n+1}——精馏段第 $n+1$ 块塔板上升的蒸汽组成（摩尔分数）；

x_n——精馏段第 n 块塔板下流的液体组成（摩尔分数）；

x_D——塔顶馏出液的组成（摩尔分数）；

R——泡点回流下的回流比。

提馏段的操作线方程为：

$$y_{m+1} = \frac{L'}{L'-W} x_m - \frac{W x_W}{L'-W} \tag{8-88}$$

式中 y_{m+1}——提馏段第 $m+1$ 块塔板上升的蒸汽组成（摩尔分数）；
x_m——提馏段第 m 块塔板下流的液体组成（摩尔分数）；
x_W——塔底釜液的组成（摩尔分数）；
L'——提馏段内下流的液体量，$kmol \cdot s^{-1}$；
W——釜液流量，$kmol \cdot s^{-1}$。

加料线（q 线）方程可表示为：

$$y = \frac{q}{q-1} x - \frac{x_F}{q-1} \tag{8-89}$$

其中，

$$q = 1 + \frac{C_{pF}(t_S - t_F)}{r_F} \tag{8-90}$$

式中 q——进料热状况参数；
r_F——进料液组成下的汽化潜热，$kJ \cdot kmol^{-1}$；
t_S——进料液的泡点温度，℃；
t_F——进料液温度，℃；
C_{pF}——进料液在平均温度 $(t_S + t_F)/2$ 下的比热容，$kJ \cdot kmol^{-1} \cdot ℃^{-1}$；
x_F——进料液组成（摩尔分数）。

回流比 R 的确定：

$$R = \frac{L}{D} \tag{8-91}$$

式中 L——回流液量，$kmol \cdot s^{-1}$；
D——馏出液量，$kmol \cdot s^{-1}$。

式(8-91) 只适用于泡点下回流时的情况，而实际操作时为了保证上升气流能完全冷凝，冷却水量一般都比较大，回流液温度往往低于泡点温度，即冷液回流。

如图 8-20 所示，从全凝器出来的温度为 t_R、流量为 L 的液体回流进入塔顶第一块板，由于回流温度低于第一块塔板上的液相温度，离开第一块塔板的一部分上升蒸汽将被冷凝成液体，这样，塔内的实际流量将大于塔外回流量。

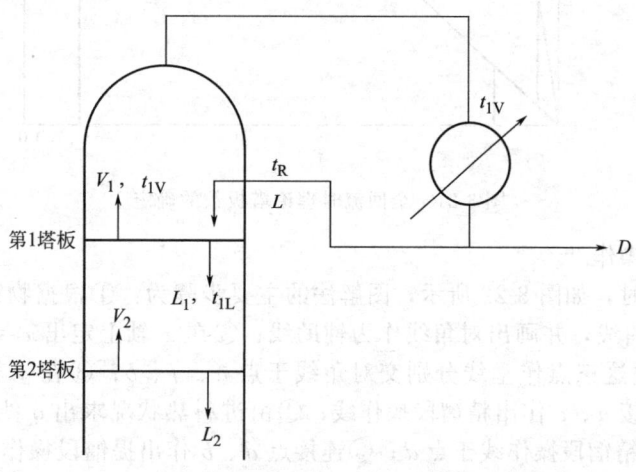

图 8-20 塔顶回流示意

对第一块板作物料、热量衡算：

$$V_1+L_1=V_2+L \tag{8-92}$$

$$V_1 I_{V1}+L_1 I_{L1}=V_2 I_{V2}+L I_L \tag{8-93}$$

对式(8-92)、式(8-93)整理、化简后，近似可得：

$$L_1 \approx L\left[1+\frac{C_p(t_{1L}-t_R)}{r}\right] \tag{8-94}$$

即实际回流比：

$$R_1=\frac{L_1}{D} \tag{8-95}$$

$$R_1=\frac{L\left[1+\dfrac{C_p(t_{1L}-t_R)}{r}\right]}{D} \tag{8-96}$$

式中　　V_1，V_2——离开第1、2块板的气相摩尔流量，$kmol \cdot s^{-1}$；

L_1——塔内实际液流量，$kmol \cdot s^{-1}$；

I_{V1}，I_{V2}，I_{L1}，I_L——对应 V_1、V_2、L_1、L 下的焓值，$kJ \cdot kmol^{-1}$；

r——回流液组成下的汽化潜热，$kJ \cdot kmol^{-1}$；

C_p——回流液在 t_{1L} 与 t_R 平均温度下的比热容，$kJ \cdot kmol^{-1} \cdot ℃^{-1}$。

(1) 全回流操作

在精馏全回流操作时，操作线在 y-x 图上为对角线，如图8-21所示，根据塔顶、塔釜的组成在操作线和平衡线间作梯级，即可得到理论塔板数。

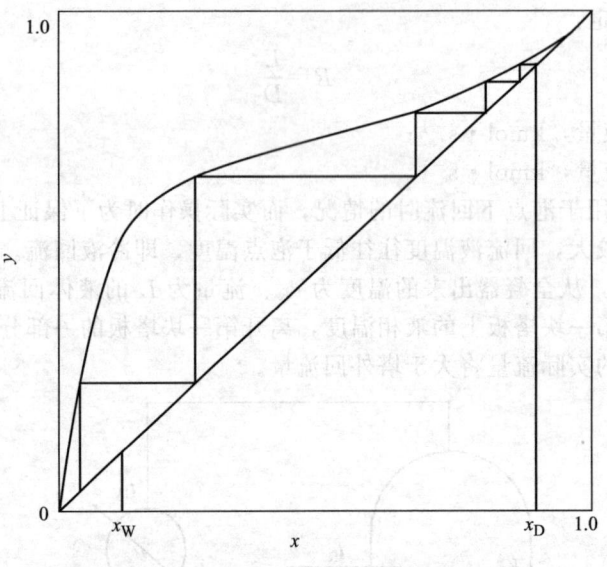

图 8-21　全回流时理论塔板数的确定

(2) 部分回流操作

部分回流操作时，如图8-22所示，图解法的主要步骤为：①根据物系和操作压力在 y-x 图上作出相平衡曲线，并画出对角线作为辅助线；②在 x 轴上定出 $x=x_D$、$x=x_F$、$x=x_W$ 3点，依次通过这三点作垂线分别交对角线于点 a、f、b；③在 y 轴上定出 $y_C=x_D/(R+1)$ 的点 c，连接 a、c 作出精馏段操作线；④由进料热状况求出 q 线的斜率 $q/(q-1)$，过点 f 作 q 线交精馏段操作线于点 d；⑤连接点 d、b 作出提馏段操作线；⑥从点 a 开始在平衡线和精馏段操作线之间画阶梯，当梯级跨过点 d 时，就改在平衡线和提馏段操作线间画阶梯，直至梯级跨过点 b 为止；⑦所画的总阶梯数就是全塔所需的理论塔板数（包含再沸器），跨过点 d 的那块板就是加料板，其上的阶梯数为精馏段的理论塔板数。

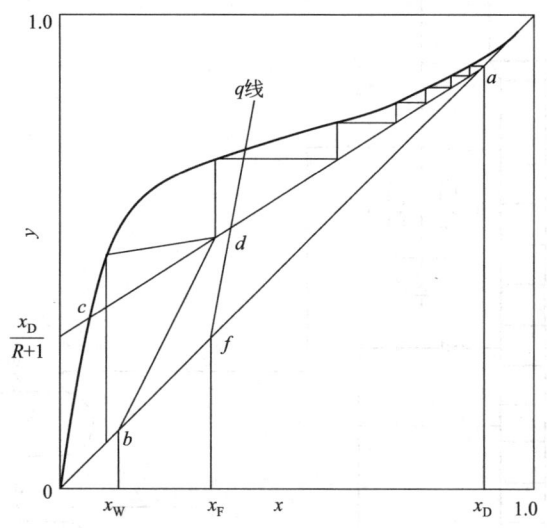

图 8-22　部分回流时理论塔板数的确定

实验装置

本实验装置如图 8-23 所示，主体设备是筛板精馏塔，配套的有加料系统、回流系统、产品出料管路、残液出料管路、进料泵和一些测量、控制仪表。

筛板塔主要结构参数：塔内径 $d=68\text{mm}$，厚度 $\delta=2\text{mm}$，塔节 $\phi76\text{mm}\times4\text{mm}$，塔板数 $N=10$ 块，板间距 $H_T=100\text{mm}$。加料位置由下向上起数第 4 块和第 6 块。降液管采用弓形、齿形堰，堰长 56mm，堰高 7.3mm，齿深 4.6mm，齿数 9 个。降液管底隙 4.5mm。筛孔直径 $d_0=1.5\text{mm}$，正三角形排列，孔间距 $t=5\text{mm}$，开孔数为 74 个。塔釜为内电加热式，加热功率为 2.5kW，有效容积为 10L。塔顶冷凝器、塔釜换热器均为盘管式。单板取样为自下而上第 1 块和第 10 块，斜向上为液相取样口，水平管为气相取样口。

本实验料液为乙醇-水溶液，釜内液体由电加热器加热产生蒸汽逐板上升，经与各板上的液体换热传质后，进入盘管式换热器壳程，冷凝成液体后再从集液器流出，一部分作为回流液从塔顶流入塔内，另一部分作为产品引出，进入产品罐；残液经釜液转子流量计流入釜液罐。

实验步骤

1. 全回流

（1）配制浓度 10%～20%（体积分数）的料液加入原料罐中，打开进料管路上的阀门，由进料泵将料液打入塔釜，观察塔釜液位计高度，进料至釜容积的 2/3 处。进料时可以打开进料旁路的闸阀，加快进料速度。

（2）关闭塔身进料管路上的阀门，打开加热电源，逐步增加加热电压（电压调节范围为 100～150V），使塔釜温度缓慢上升（因塔中部玻璃部分较为脆弱，若加热过快玻璃极易碎裂，使整个精馏塔报废，故升温过程应尽可能缓慢）。

（3）打开塔顶冷凝器的冷却水，调节合适冷凝量，并关闭塔顶出料管路，使整塔处于全回流状态。

（4）当塔顶温度、回流量和塔釜温度稳定后，分别取塔顶样品和塔釜样品，用酒精计测定浓度（可将样品稀释一定倍数后测定）或进行色谱分析。

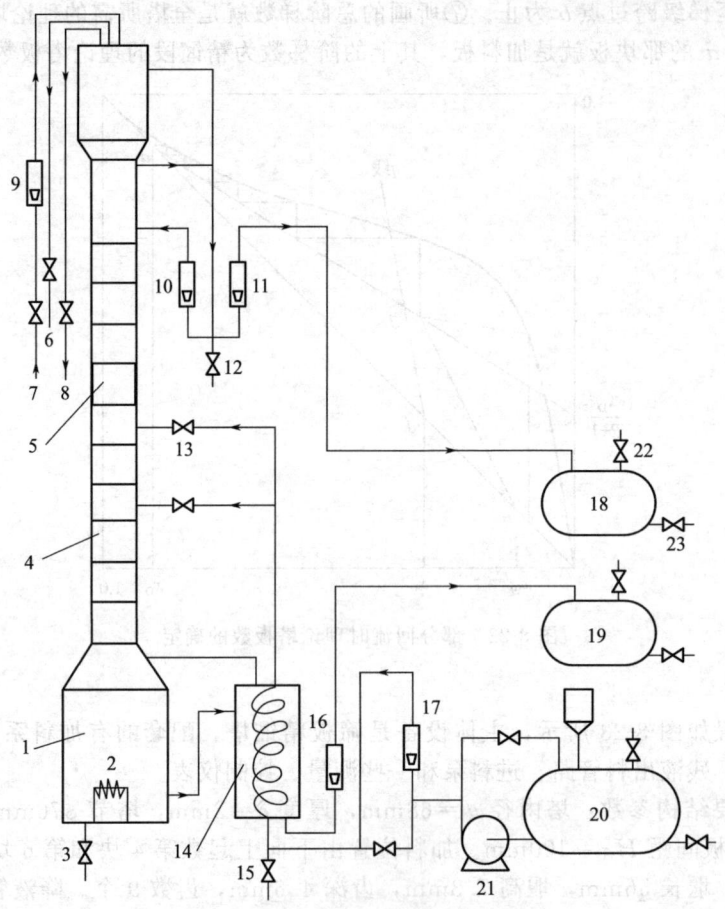

图 8-23 筛板精馏塔实验装置

1—塔釜；2—电加热器；3—塔釜排液口；4—塔节；5—玻璃视镜；6—不凝性气体出口；
7—冷却水进口；8—冷却水出口；9—冷却水流量计；10—塔顶回流流量计；11—塔顶出料流量计；
12—塔顶出料取样口；13—进料阀；14—换热器；15—进料液取样口；16—塔釜残液流量计；
17—进料液流量计；18—产品罐；19—残液罐；20—原料罐；21—进料泵；22—排空阀；23—排液阀

2. 部分回流

（1）待全回流操作稳定时，打开进料阀，调节进料量至适当的流量。

（2）控制塔顶回流和出料两个转子流量计，调节回流比 R（$R=1\sim4$）。

（3）打开塔釜残液流量计，调节至适当流量。

（4）当塔顶、塔内温度读数以及流量都稳定后即可取样。

3. 取样与分析

（1）进料、塔顶、塔釜样品从各相应的取样阀放出。

（2）塔板取样用注射器从所测定的塔板中缓缓抽出，取 1mL 左右注入事先洗净烘干的样品瓶中，并给该瓶盖标号，以免出错，各个样品尽可能同时取样。

（3）用酒精计测定浓度（可将样品稀释一定倍数后测定）或进行色谱分析。

数据记录与处理

1. 将塔顶、塔底温度和组成，以及各流量计读数等原始数据列表。

2. 按全回流和部分回流分别用图解法计算理论塔板数。

3. 计算全塔效率和单板效率。

4. 分析并讨论实验过程中观察到的现象。

思考题

1. 测定全回流和部分回流全塔效率与单板效率时各需测几个参数？取样位置在何处？
2. 全回流时测得板式塔上第 n、$n-1$ 层液相组成后，如何求得 x_n^*？部分回流时，又如何求 x_n^*？
3. 查取进料液的汽化潜热时定性温度取何值？
4. 试分析实验结果成功或失败的原因，提出改进意见。

[学习指导]

实验操作要点及注意事项

1. 熟悉并检查实验装置系统是否正常

（1）熟悉实验装置的结构和流程，对照实验装置图，认识筛板精馏柱系统及其附属设备的基本结构。

（2）系统的冷却水是否正常，连接的管路如有漏水，应及时报告并处理。

（3）塔顶放空阀是否已经打开，否则容易因塔内压力过大导致危险。

（4）检查塔釜内的混合液量是否充足，如不足，应补充加液到指定位置。注意加料阀门不要弄错。

（5）阅读并记录所操作的仪器的有关参数。

2. 装置系统各部分正常后，先往塔顶冷凝器送冷却水，然后接通加热电源，逐步增加加热电压，使塔釜温度缓慢上升。注意不能加热过快，避免塔中部玻璃碎裂。

3. 塔顶放空阀一定要打开，否则容易因塔内压力过大导致危险。

4. 料液一定要加到设定液位 2/3 处，方可打开加热管电源，否则塔釜液位过低会使电加热丝露出干烧致坏。

5. 全回流操作时，应注意关闭塔顶出料管路；部分回流操作时，要注意维持进料量、出料量基本平衡，控制适当的进料量、塔顶出料量及塔釜出料量，并根据回流比控制回流量。

6. 如果实验中塔板温度有明显偏差，是由于所测定的温度不是气相温度，而是气液混合的温度。

7. 用酒精计测定塔顶样品和塔釜样品浓度时，由于取样量有限，可将样品稀释一定倍数后测定。测定剩余的样品应注意回收。

8. 本实验采用的乙醇为易燃物，实验操作时应注意防火安全，严禁烟火，小心操作，注意通风。

9. 实验结束后，先切断加热电源，待釜内溶液温度降低至接近室温后，再关闭冷却水，以减少乙醇的挥发。

实验数据处理提示

1. 用酒精计测得的进料、塔顶、塔釜样品组成为体积分数，数据处理时应换算为摩尔分数。

2. 常压（101.325kPa）下乙醇-水的汽液平衡数据见表 8-2。

实验知识拓展

1. 维持稳定连续精馏操作过程的条件

（1）根据进料量及其组成以及分离要求，严格维持塔内的总物料平衡：

表 8-2　常压下乙醇-水汽液平衡数据（均以乙醇的摩尔分数表示）

$t/℃$	x	y	$t/℃$	x	y
100	0	0	81.5	0.327	0.583
95.5	0.019	0.170	80.7	0.397	0.612
89.0	0.072	0.389	79.8	0.508	0.656
86.7	0.097	0.438	79.7	0.520	0.660
85.3	0.124	0.470	79.3	0.573	0.684
84.1	0.166	0.509	78.74	0.676	0.739
82.7	0.234	0.545	78.41	0.747	0.782
82.3	0.261	0.558	78.15	0.894	0.894

$$F=D+W \tag{8-97}$$

若 $F>D+W$，塔釜液面上升，会发生淹塔；相反，若 $F<D+W$，会引起塔釜干料，最终导致破坏精馏塔的正常操作。

易挥发组分的物料平衡：

$$Fx_F=Dx_D+Wx_W \tag{8-98}$$

塔顶采出率：

$$\frac{D}{F}=\frac{x_F-x_W}{x_D-x_W} \tag{8-99}$$

若塔顶采出率过大，即使精馏塔有足够的分离能力，塔顶也不能获得合格产物。

(2) 精馏塔应有足够的分离能力

在塔板数一定的情况下，正常的精馏操作要有足够的回流比，才能保证一定的分离效果，获得合格的产品，所以要严格控制回流量。

(3) 精馏塔操作时，应有正常的汽液负荷量，避免发生以下不正常的操作状况。

严重的液沫夹带现象：当塔板上的液体的一部分被上升气流带至上层塔板时，这种现象称为液沫夹带。液沫夹带是一种与液体主流方向相反的流动，属返混现象，是对操作有害的因素，使板效率降低。液流量一定时，气速过大将引起大量的液沫夹带，严重时还会发生夹带液泛，破坏塔的正常操作。

严重的漏液现象：在精馏塔内，液体与气体应在塔板上有错流接触，但是当气速太小时，部分液体会从塔板开孔处直接漏下，这种漏液现象对精馏操作过程是有害的，它使汽、液两相不能充分接触。严重的漏液，将使塔板上不能积液而无法正常操作。

溢流液泛：因受降液管通过能力的限制而引起的液泛称溢流液泛。对一定结构的精馏塔，当气液负荷增大，或塔内某塔板的降液管有堵塞现象时，降液管内清液高度增加。当降液管液面升至堰板上缘时，降液管内的液体流量为极限通过能力，若液体流量超过此极限值，板上开始积液，最终会使全塔充满液体，引起溢流液泛，破坏塔的正常操作。

2. 产品不合格原因及调节方法

由于物料不平衡而引起的不正常现象及调节方法如下。

(1) 过程在 $Dx_D>Fx_F-Wx_W$ 下操作：随着过程的进行，塔内轻组分会大量流失，重组分则逐步积累，表现为釜温正常而塔顶温度逐渐升高，塔顶产品不合格。

原因：①塔顶产品与塔釜产品采出比例不当；②进料组成不稳定，轻组分含量下降。

调节方法：减少塔顶采出量，加大进料量和塔釜出料量，使过程在 $Dx_D<Fx_F-Wx_W$ 下操作一段时间，以补充塔内轻组分量。待塔顶温度下降至规定值时，再调节参数使过程回复到 $Dx_D=Fx_F-Wx_W$ 下操作。

(2) 过程在 $Dx_D<Fx_F-Wx_W$ 下操作：与上述相反，随着过程的进行，塔内重组分流失而轻组分逐步积累，表现为塔顶温度合格而釜温下降，塔釜产品不合格。

原因：①塔顶产品与塔釜产品采出比例不当；②进料组成不稳定，轻组分含量升高。

调节方法：可维持回流量不变，加大塔顶采出量，同时相应调节加热蒸气压，使过程在 $Dx_D > Fx_F - Wx_W$ 下操作。适当减少进料量，待釜温升至正常值时，再按 $Dx_D = Fx_F - Wx_W$ 的操作要求调整操作条件。

由于分离能力不够引起的产品不合格现象及调节方法：表现为塔顶温度升高，塔釜温度下降，塔顶、塔釜产品都不符合要求。

调节方法：一般可通过加大回流比来调节，但应该注意，由于回流比的加大，塔内上升蒸气量超过塔内允许的气液负荷时，容易发生严重的雾沫夹带或其他不正常现象，因而不能盲目加大回流比。

3. 灵敏板温度

灵敏板温度是指一个正常操作的精馏塔当受到某一外界因素的干扰（如 R、x_F、F、采出率等发生波动时），全塔各板上的组成发生变化，全塔的温度分布也发生相应的变化，其中有一些板的温度对外界干扰因素的反应最灵敏，故称它们为灵敏板。灵敏板温度的变化可预示塔内不正常现象的发生，可及时采取措施进行纠正。

实验 8-8 填料吸收塔传质系数的测定

实验目的

1. 了解填料塔吸收装置的基本结构及流程。
2. 掌握总体积传质系数的测定方法。
3. 了解气相色谱仪和六通阀的使用方法。

实验原理

气体吸收是典型的传质过程之一。由于 CO_2 气体无味、无毒、廉价，所以气体吸收实验常选择 CO_2 作为溶质组分。本实验采用水吸收空气中的 CO_2 组分。一般 CO_2 在水中的溶解度很小，即使预先将一定量的 CO_2 气体通入空气中混合以提高空气中的 CO_2 浓度，水中的 CO_2 含量仍然很低，所以吸收的计算方法可按低浓度来处理，并且此体系 CO_2 气体的解吸过程属于液膜控制。因此，本实验主要测定液相总体积传质系数 K_{xa} 和液相总传质单元高度 H_{OL}。

1. 计算公式

填料层高度 Z 为：

$$Z = \int_0^Z dZ = \frac{L}{K_{xa}} \int_{x_2}^{x_1} \frac{dx}{x - x^*} = H_{OL} \cdot N_{OL} \tag{8-100}$$

式中 L——液体通过塔截面的摩尔流量，$kmol \cdot m^{-2} \cdot s^{-1}$；

K_{xa}——以 Δx 为推动力的液相总体积传质系数，$kmol \cdot m^{-3} \cdot s^{-1}$；

H_{OL}——液相总传质单元高度，m；

N_{OL}——液相总传质单元数，无因次。

令吸收因数：

$$A = L/mG \tag{8-101}$$

$$N_{OL} = \frac{1}{1-A} \ln \left[(1-A) \frac{y_1 - mx_2}{y_1 - mx_1} + A \right] \tag{8-102}$$

2. 测定方法

（1）空气流量和水流量的测定：本实验采用转子流量计测得空气和水的流量，并根据实验条件（温度和压力）和有关公式换算成空气和水的摩尔流量。

(2) 测定填料层高度 Z 和塔径 D。

(3) 测定塔顶和塔底气相组成 y_1 和 y_2。

(4) 平衡关系：

本实验的平衡关系可写成：

$$y = mx \tag{8-103}$$

式中 m——相平衡常数，$m = E/P$；

E——亨利系数，$E = f(t)$，kPa，可根据液相温度查得；

P——总压，取 101.325kPa。

对清水而言，$x_2 = 0$，由全塔物料衡算：

$$G(y_1 - y_2) = L(x_1 - x_2) \tag{8-104}$$

可得 x_1。

实验装置

1. 装置流程

本装置流程如图 8-24 所示。由自来水源来的水送入填料塔塔顶，经喷头喷淋在填料顶层。由风机送来的空气和由二氧化碳钢瓶来的二氧化碳混合后，一起进入气体混合罐，然后再进入塔底，与水在塔内进行逆流接触，进行质量和热量的交换，由塔顶出来的尾气放空，由于本实验为低浓度气体的吸收，所以热量交换可略，整个实验过程看成是等温操作。

2. 主要设备及仪器

(1) 吸收塔：高效填料塔，塔径 100mm，塔内装有金属丝网波纹规整填料或 θ 环散装填料，填料层总高度为 2000mm。塔顶有液体初始分布器，塔中部有液体再分布器，塔底部有栅板式填料支承装置。填料塔底部有液封装置，以避免气体泄漏。

(2) 填料规格和特性：金属丝网波纹规整填料，型号 JWB-700Y，规格 ϕ100mm×100mm，比表面积 700m$^2 \cdot$m^{-3}。

(3) 转子流量计：

介质	常用流量	最小刻度	标定介质	标定条件
CO_2	2L·min^{-1}	0.2L·min^{-1}	CO_2	20℃，1.0133×10^{5}Pa

(4) 空气风机：旋涡式气机。

(5) 二氧化碳钢瓶、氢气钢瓶。

(6) 气相色谱分析仪。

实验步骤

1. 熟悉实验流程，并掌握气相色谱仪及其配套仪器的结构、原理、使用方法和注意事项。

2. 打开混合罐底部排空阀，排放掉空气混合储罐中的冷凝水。

3. 打开仪表电源开关及风机电源开关，进行仪表自检。

4. 开启进水阀门，让水进入填料塔润湿填料，仔细调节玻璃转子流量计，使其流量稳定在某一实验值（塔底液封控制：仔细调节液体出口阀的开度，使塔底液位缓慢地在一段区间内变化，以免塔底液封过高溢满或过低而泄气）。

5. 启动风机，打开 CO_2 钢瓶总阀，并缓慢调节钢瓶的减压阀（压力指示为 0.05MPa 左右）。

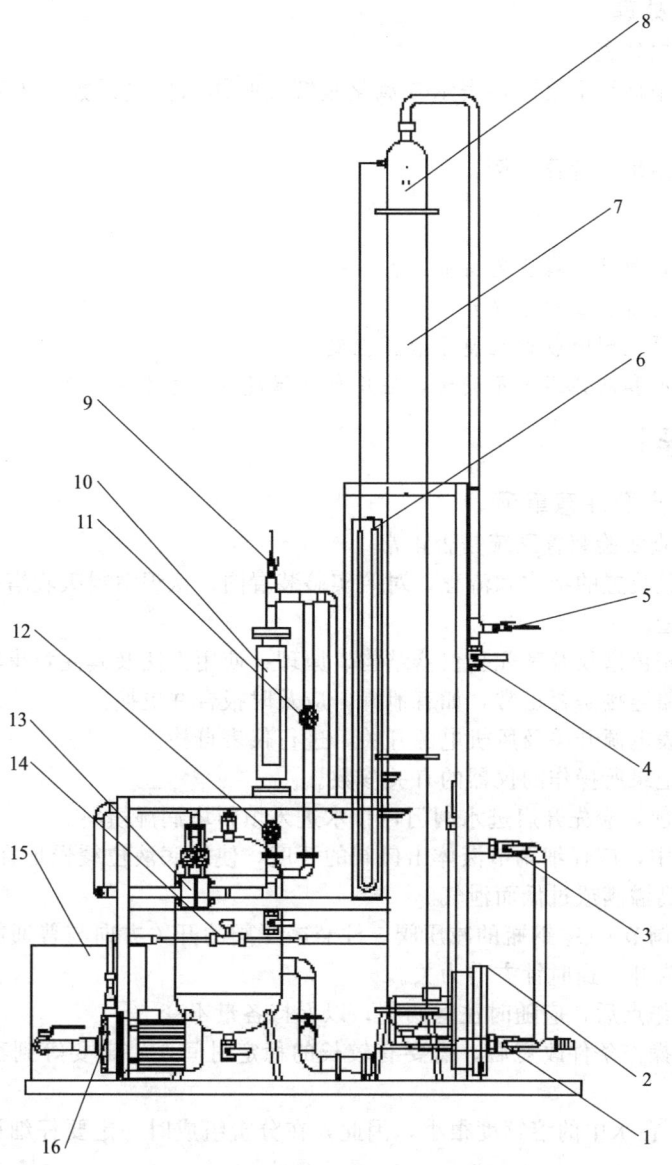

图 8-24 填料吸收塔实验装置
1—液体出口阀 2；2—风机；3—液体出口阀 1；4—气体出口阀；5—出塔气体取样口；
6—U 形压差计；7—填料层；8—塔顶预分布器；9—进塔气体取样口；
10—玻璃转子流量计（$0.4 \sim 4 m^3 \cdot h^{-1}$）；11—混合气体进口阀 1；12—混合气体进口阀 2；
13—孔板流量计；14—涡轮流量计；15—水箱；16—水泵

6. 仔细调节风机旁路阀门的开度（并调节 CO_2 转子流量计的流量，使其稳定在某一值），建议气体流量为 $3 \sim 5 m^3 \cdot h^{-1}$；液体流量为 $0.6 \sim 0.8 m^3 \cdot h^{-1}$；$CO_2$ 流量为 $2 \sim 3 L \cdot min^{-1}$。

7. 待塔操作稳定后，读取各流量计的读数，并通过温度计、压差计、压力表读取各温度、塔顶塔底压差读数。通过六通阀在线进样，利用气相色谱仪分析出塔顶、塔底气体组成。

8. 实验完毕，关闭水转子流量计、CO_2 钢瓶和转子流量计、风机出口阀门，再关闭进水阀门，及风机电源开关（实验完成后先停止水的流量，再停止气体的流量，防止液体从进气口倒压破坏管路及仪器），清理实验仪器和实验场地。

数据记录与处理

1. 将原始数据列表。
2. 在双对数坐标纸上绘图，表示二氧化碳解吸时体积传质系数、传质单元高度与气体流量的关系。
3. 列出实验结果与计算示例。

思考题

1. 本实验中，为什么塔底要有液封？
2. 测定 K_{xa} 有什么工程意义？
3. 为什么二氧化碳吸收过程属于液膜控制？
4. 当气体温度和液体温度不同时，应用什么温度计算亨利系数？

[学习指导]

实验操作要点及注意事项

1. 熟悉并检查实验装置系统是否正常
(1) 熟悉实验装置的结构和流程，对照实验装置图，认识填料吸收塔系统、金属丝网波纹规整填料的构造。
(2) 熟悉气相色谱仪及其配套仪器结构、原理、使用方法及其注意事项。
(3) 系统管路连接是否正常，如有泄漏，应及时报告并更换。
(4) 打开仪表电源开关及风机电源开关，进行仪表自检。
(5) 阅读并记录所操作的仪器的有关参数。
2. 实验开始前，应先开启进水阀门，让水进入填料塔润湿填料。
3. 实验过程中，应仔细调节液体出口阀的开度，使塔底液位缓慢地在一段区间内变化，以免塔底液封过高溢满或过低而泄气。
4. 必须缓慢调节 CO_2 钢瓶的减压阀。注意减压阀的开关方向与普通阀门的开关方向相反，顺时针方向为开，逆时针方向为关。
5. 固定好操作点后，应随时注意调整，以保持各量不变。
6. 在填料塔操作条件改变后，需要有较长的稳定时间，一定要等到稳定以后方能读取有关数据。
7. 由于 CO_2 在水中的溶解度很小，因此，在分析组成时一定要仔细认真，这是做好本实验的关键。
8. 实验完成后，应先停止进水再停止进气，防止液体从进气口倒压破坏管路及仪器。

实验数据处理提示

1. 实验测得的空气流量和水流量，需换算成摩尔流量。
2. 二氧化碳水溶液的亨利系数 E 值见表 8-3。

表 8-3 二氧化碳水溶液的亨利系数 E

温度/℃	$E \times 10^{-5}$/kPa	温度/℃	$E \times 10^{-5}$/kPa
0	0.738	30	1.88
5	0.888	35	2.12
10	1.05	40	2.36
15	1.24	45	2.60
20	1.44	50	2.87
25	1.66	60	3.46

实验知识拓展

吸收塔的操作和调节

吸收操作的结果最终表现在出口气体的组成 Y_2 上，或组分的回收率 η 上。在低浓度气体吸收时，回收率 η 可按下式计算：

$$\eta = \frac{Y_1 - Y_2}{Y_1} = 1 - \frac{Y_2}{Y_1} = \frac{y_1 - y_2}{y_1} = 1 - \frac{y_2}{y_1} \tag{8-105}$$

吸收塔的气体进口条件是由前一道工序决定的，吸收剂的进口条件，包括流率 L、温度 T、浓度 X_2 是控制和调节吸收操作的三要素。

由吸收分析可知，改变吸收剂用量是对吸收过程进行调节的最常用方法。当气体流率 G 不变时，增加吸收剂流率，吸收速率 N_A 增加，溶质吸收量增加，那么出口气体的组成 Y_2 减少，回收率 η 增大。当液相阻力较小时，增加吸收剂流量，总传质系数变化较小或基本不变，溶质吸收量的增加主要是由于传质平均推动力 ΔY_m 的增大而引起，即此时吸收过程的调节主要靠传质推动力的变化。但当液相阻力较大时，增加吸收剂流量，总传质系数大幅度增加，而传质平均推动力 ΔY_m 可能减少，但总的结果使传质速率增大，溶质吸收量增大。

吸收剂入口温度对吸收过程影响也甚大，也是控制和调节吸收操作的一个重要因素。降低吸收剂的温度，使气体的溶解度增大，相平衡常数减小。

对于液膜控制的吸收过程，降低操作温度，吸收过程阻力 $(1/K_{Ya}) \approx (m/k_{Xa})$ 将随之减少，结果使吸收效果变好，Y_2 降低，但平均推动力 ΔY_m 或许也会减少。对于气膜控制的吸收过程，降低操作温度，吸收过程阻力 $(1/K_{Ya}) \approx (1/k_{Ya})$ 不变，但平均推动力 ΔY_m 增大，吸收效果同样会变好。总之，降低吸收剂的温度，改变了相平衡常数，对过程阻力及过程推动力都产生影响，其总的结果使吸收效果变好，吸收率提高。

吸收剂进口浓度 X_2 是控制和调节吸收操作的又一个重要因素。降低吸收剂进口浓度 X_2，液相进口处的推动力增大，全塔平均推动力 ΔY_m 也随之增大，有利于吸收过程回收率的提高。

应该注意，当气液两相在塔底接近平衡时，要降低 Y_2，提高回收率，用增大吸收剂用量的方法更有效。但当气液两相在塔顶接近平衡时，提高吸收剂用量，即增大液气比不能使 Y_2 明显的降低，只能用降低吸收剂入塔浓度 X_2 才是有效的。

最后应注意，上述讨论是基于填料塔的填充高度是一定的，亦即针对某一特定的工程问题进行的操作型问题的讨论。若是设计型的工程问题，则上述结果不一定相符，视具体问题而定。

8.6 反应工程实验

化学反应工程是以工业反应器为研究对象，从化学反应动力学和传递过程原理出发，研究反应器内物料的流动与混合，传热与传质等物理过程对化学反应过程的影响，找到工业反应器内宏观反应体系的反应过程规律，建立数学模型，为反应器的放大和优化提供可靠方法。

反应器内物料流动的停留时间分布函数是化学反应工程中极为重要的概念。通过对反应器停留时间分布的测定，根据实验测定的停留时间分布曲线的形状，不但可以判断反应器内物料的流动与混合情况，还可以从其不规则的形状来判断反应器结构是否合理。

实验 8-9　多釜串联反应器停留时间分布的测定

实验目的

1. 通过实验学会测定停留时间分布的基本原理和实验方法。

2. 掌握停留时间分布的统计特征值的计算方法。
3. 学会用理想反应器串联模型来描述实验系统的流动特性。
4. 了解计算机系统数据采集的方法。

实验原理

物料在稳定流动体系中的停留时间分布可反映出反应器内物料的情况，而反应器内物料的流况往往影响着化工生产中反应速率、转化率及产品的质量等。所以对实际反应器停留时间分布的测定具有重要意义，可以用来寻找改进和强化反应器的途径，从而提高反应转化率和产品的收率。

本实验采用示踪响应法测定停留时间分布。它的原理是：在反应器入口用电磁阀控制的方式加入一定量的示踪剂KCl，通过电导率仪测量反应器出口处水溶液电导率的变化，间接地描述反应器流体的停留时间。常用的示踪剂加入方式有脉冲输入、阶跃输入和周期输入等。本实验选用脉冲输入法。

脉冲输入法是在较短的时间内（0.1~1.0s），向设备内一次注入一定量的示踪剂，同时开始计时并不断分析出口示踪剂的浓度 $c(t)$ 随时间的变化。由概率论知识可知，概率分布密度 $E(t)$ 就是系统的停留时间分布密度函数。因此，$E(t)dt$ 就代表了流体粒子在反应器内停留时间介于 t~dt 间的概率。

在反应器出口处测得的示踪计浓度 $c(t)$ 与时间 t 的关系曲线叫响应曲线。由响应曲线可以计算出 $E(t)$ 与时间 t 的关系，并绘出 $E(t)$-t 关系曲线。计算方法是对反应器作示踪剂的物料衡算，即：

$$Qc(t)dt = mE(t)dt \tag{8-106}$$

式中，Q 表示主流体的流量；m 为示踪剂的加入量，示踪剂的加入量可以用下式计算：

$$m = \int_0^\infty Qc(t)dt \tag{8-107}$$

在 Q 值不变的情况下，由式(8-106) 和式(8-107) 求出：

$$E(t) = \frac{c(t)}{\int_0^\infty c(t)dt} \tag{8-108}$$

关于停留时间分布的另一个统计函数是停留时间分布函数 $F(t)$，即：

$$F(t) = \int_0^\infty E(t)dt \tag{8-109}$$

用停留时间分布密度函数 $E(t)$ 和停留时间分布函数 $F(t)$ 来描述系统的停留时间，给出了很好的统计分布规律。但是为了比较不同停留时间分布之间的差异，还需引进两个统计特征，即数学期望和方差。

数学期望对停留时间分布而言就是平均停留时间 $\bar{t}$，即

$$\bar{t} = \frac{\int_0^\infty tE(t)dt}{\int_0^\infty E(t)dt} = \int_0^\infty tE(t)dt \tag{8-110}$$

方差是和理想反应器模型关系密切的参数。它的定义是：

$$\sigma_t^2 = \int_0^\infty t^2 E(t)dt - \bar{t}^2 \tag{8-111}$$

对活塞流反应器 $\sigma_t^2 = 0$，而对全混流反应器 $\sigma_t^2 = \bar{t}^2$。

多釜串联参数 N 的计算：

$$N = \frac{\overline{t^2}}{\sigma_t^2} \tag{8-112}$$

N 的值不一定为整数，它代表该非理想流动反应器可用 N 个等体积的全混流反应器的串联来建立模型。

不同流动模型的停留时间分布密度函数曲线，如图 8-25 所示。

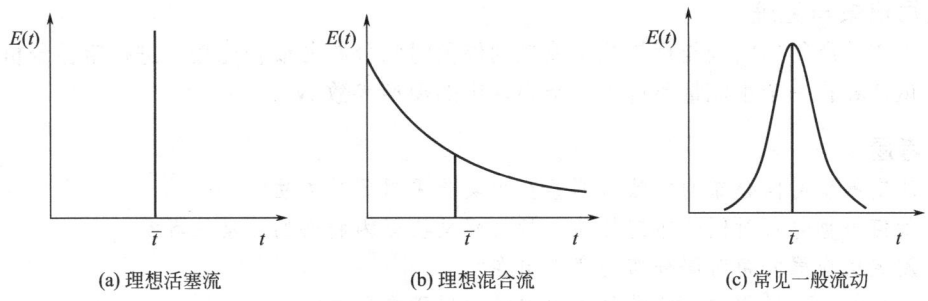

图 8-25 停留时间分布 $E(t)$-$\bar{t}$ 曲线示意

实验装置

实验装置由反应器（有机玻璃制成的搅拌釜）、D-7401 型电动搅拌器、DDS-11C 型电导率仪、LZB 型转子流量计（$DN=10\text{mm}$，$L=10\sim100\text{L} \cdot \text{h}^{-1}$）、DF2-3 电磁阀（$PN0.8\text{MPa}$，220V）、压力表（量程 $0\sim1.6\text{MPa}$，精度 1.5 级）、数据采集与 A/D 转换系统、控制与数据处理微型计算机、打印机等组成。反应器的有效容积为 1000mL。搅拌方式为叶轮搅拌。流程中配有 4 个这样的搅拌釜。主流体为自来水，示踪剂为 KCl 饱和溶液。示踪剂是通过电磁阀瞬时注入反应器。示踪剂 KCl 在不同时刻浓度 $c(t)$ 的检测通过电导率仪完成。

数据采集原理如图 8-26 所示，电导率仪的浓度传感器为铂电极，当含有 KCl 的水溶液通过安装在釜内液相出口处的铂电极时，电导率仪将浓度 $c(t)$ 转化为毫伏级的直流电压信号，该信号经放大器与 A/D 转化卡处理后，由模拟信号转换为数字信号。该代表浓度 $c(t)$ 的数字信号在微机内用预先输入的程序进行数据处理并计算出每釜平均停留时间和方差以及 N 值后，由打印机输出。

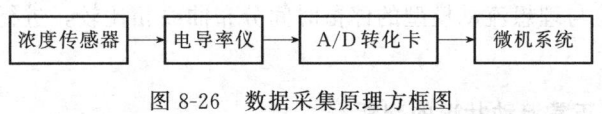

图 8-26 数据采集原理方框图

实验步骤

1. 打开系统电源，使电导率仪预热 1h。
2. 打开自来水阀门向储水槽进水，开动水泵，调节转子流量计的流量，待各釜内充满水后将流量调至 $30\text{L} \cdot \text{h}^{-1}$，打开各釜放空阀，排净反应器内残留的空气。
3. 将预先配制好的饱和 KCl 溶液加入示踪剂瓶内，注意将瓶口小孔与大气连通。实验过程中，根据实验项目（单釜或三釜）将指针阀转向对应的实验釜。
4. 观察各釜的电导率值，并逐个调零和满量程，各釜所测定值应基本相同。
5. 启动计算机数据采集系统，使其处于正常工作状态。
6. 键入实验条件：将进水流量输入微机内，可供实验报告生成。
7. 在同一个水流量条件下，分别进行 2 个搅拌转速的数据采集；也可以在相同转速下改变水流量，依次完成所有条件下的数据采集。

8. 选择进样时间为 0.1～1.0s，按"开始"键自动进行数据采集，每次采集时间需35～40min。结束时按"停止"键，并立即按"保存数据"键存储数据。

9. 打开"历史记录"选择相应的保存文件进行数据处理，实验结果可保存或打印。

10. 实验完毕，先关闭自来水阀门，再依次关闭水泵、搅拌器、电导率仪和总电源，关闭计算机，将仪器复原。

数据记录与处理

1. 将实验所得的曲线与理想流动模型的停留时间分布曲线相比较，进行定性分析。
2. 试计算在一个水流量条件下多釜串联中的模型参数 N。

思考题

1. 测定停留时间分布的方法有哪些？本实验采用哪种方法？
2. 如何根据停留时间分布定性地分析实际反应器内物料的流动状况？
3. 测定反应器停留时间分布的意义何在？
4. 试分析实验过程中，使曲线出现波动的原因有哪些？

[学习指导]

实验操作要点及注意事项

1. 熟悉并检查实验装置系统是否正常
(1) 熟悉实验装置的结构和流程，认识反应器模型的构造。
(2) 检查电极、电导仪、数据采集与 A/D 转换系统、控制与数据处理系统是否正常。
(3) 阅读并记录所操作的仪器的有关参数。
2. 实验过程中应注意调整流量稳定。
3. 注意控制进样时间不能太长，防止进样过量。
4. 进行多釜串联反应器停留时间分布的测定时，应注意调节各釜的搅拌速度相同。
5. 在电极的检测通道中，不能有气泡存在，否则会使曲线出现波动。电极有时会有钝化现象，应及时进行清洗。

实验数据处理提示

1. 注意要在实验所得的曲线上注明操作条件，包括水的流量、搅拌速度。
2. 将得到的曲线与理想流动模型的停留时间分布曲线相比较，进行定性分析。

实验知识拓展

反应器中物料不正常流动状况的判断

停留时间分布的问题存在于各种连续操作过程之中，不仅存在于化学反应过程，而且也广泛地存在于干燥、结晶、精馏、吸收等过程之中。对停留时间分布的测定，具有广泛的应用。停留时间分布的应用主要可分为两类：一类是定性的，主要用于对现有操作设备流动情况的诊断，即通过对某一设备在操作时的停留时间分布的测定，以判断该设备是否存在短路、死角、沟流等不正常的流动状况；另一类则是定量的，主要是应用流动模型描述非理想流动并预测反应结果，以用于反应器的设计和操作模拟分析。

图 8-27 列出了应用脉冲法输入示踪剂所得到的停留时间分布的几种 $E(t)$-t 曲线。图中的 $\bar{t}$ 是物料在反应器中的平均停留时间，是将反应器容积除以体积流量，即 V_R/q_V 求得的。图 8-27 中(a)的曲线峰形和位置都符合预期的结果，表明反应器中物料的流动情况是正常的。图 8-27 中(b)的曲线出峰太早，表示反应器内可能存在沟流或短路。这种现象在固体床催化反应器中较容易发生，这是由于催化剂颗粒装填不均匀，因而在床层中存在着一条或

几条阻力较小的通道,因而出峰比预期的要来得早。物料流动的短路会导致转化率的下降,催化剂也没有得到有效的利用。图 8-27 中(c)的曲线出峰偏早而且拖尾很长。这种分布曲线表明反应器中可能存在死角,致使反应器有效容积减少,而部分物料在反应器中的滞留时间又偏长,即出现拖尾现象。拖尾现象也可能是由于流体流速过低,而形成层流造成的。图 8-27 中(d)的曲线峰形落后,其原因可能是计量上的原因,也可能是示踪剂被器壁或内部的填料吸附所致。图 8-27 中(e)的曲线出现多个递降的峰形,说明反应器内部有循环流动。这些不良的流动情况,都可以根据停留时间曲线的图形作出判断,然后采取相应的措施加以克服和改进。

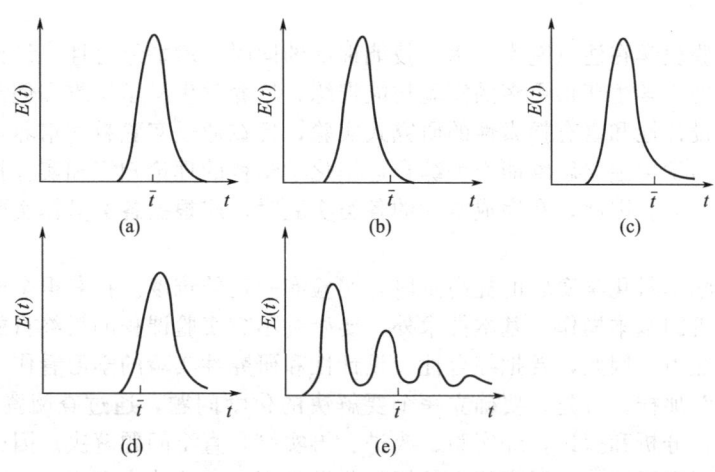

图 8-27 不正常流动状况的判断

本实验过程中,曲线形状如出现不正常情况,可参照上述所讨论的原因进行分析判断,然后进行相应的调节。

第 9 章 综合性、设计性和研究性实验

9.1 学习要求

基础化学实验教学在注重基本技术、技能训练的同时,增加综合性、设计性和研究性实验的内容,将有助于学生获得更多的实验技能训练,培养学生科学思维和创新能力。本章主要介绍综合性、设计性和富有探索性的研究式实验,旨在通过实验教学培养学生的创新意识和科学素质,提高学生独立思维能力和综合运用化学学科的理论知识和实验技能来解决实际化学问题的实践能力。因此,在完成本章的各类实验时,应根据各类具体实验的特点,有所侧重。

这一章是大学本科化学实验的提高阶段,实验有一定的难度。在获得全面训练的学习过程中,除了继续巩固基本操作、基本技术外,要始终不忘实验课程的最终目的——获得独立解决实际问题的能力。因此,要把综合性、设计性和研究性实验的学习看作"化学家在实验室里做研究工作"那样,首先,要确立一个要解决的化学问题,通过查阅资料,设计实验,进行观察和测试,分析和探讨,经实验、改进、再实验,直至问题解决。因此,必须投入时间和精力,需要周密思考,灵活应用已掌握的化学知识、实验技术和方法,用主动、积极的学习方式,去获得提高能力的最佳效果。

9.1.1 综合性实验的要求

综合性实验是由若干个简单实验组成的,介绍对化学物质进行初步研究的思路和方法,进行化合物的制备和组分测定、复杂体系的预处理和组分分析。综合性实验是为了进一步培养学生灵活运用已掌握的理论知识和实验技能,提高学生分析问题和解决问题的能力。

① 在综合所学过的化学理论和掌握实验技能的基础上,在教师指导下,由学生自己选定实验题目,或者由老师提供实验项目。

② 根据题目查阅资料,拟定合适的实验方案及实验所用的试剂和仪器。

③ 提前两周将实验方案交指导教师审核,经同意后方可进行实验。

④ 独立完成实验,要求操作规范化,在实验过程中,细心观察,实事求是,详细记录,养成严谨的科学态度。

⑤ 实验结束后,以论文的形式写出实验报告,其内容包括:实验原理、实验与结果、问题讨论及参考资料。

9.1.2 设计性实验的要求

在经过基本操作实验和一定量的合成实验训练之后,学生已初步掌握了有机化学实验的常识和最常用的基本操作技能,具备了分析问题和解决问题的初步能力,就会产生改进实验和自己设计实验的欲望。因此,适当安排一些设计实验有利于活跃实验教学的气氛,开拓学生的思路,培养学生的创新意识,也是培养能力型人才的重要环节。但此阶段的设计实验课题尚不宜过于复杂,而且必须符合教学节拍(即可以在单位教学时间内完成或可在此停顿),还要考虑实验室的具体条件并努力避开高压、剧毒和高度易燃易爆等不安全因素。设计实验的目的是运用已经学过的理论知识和操作技能,自查文献,综合分析,设计出较好的实验方案,从常见的、价廉易得的初始试剂或天然产物制备出合格的目标化合物,并尽可能减少和

消除实验"三废"。同时应注意，设计实验并不是文献规程的简单实践，而应该在设计过程中有自己的创新点。

(1) 设计实验的报告要求

设计实验的报告应该参照研究论文的格式撰写，一般应包括以下项目。

① 前缀

a. 论文题目。

b. 作者姓名（作者所在单位，地址，邮编）。

c. 摘要（研究的内容，方法，创新点，效果，意义等）。

d. 关键词（产物名称，关键试剂，反应，技术方法等）。

② 论文正文

a. 前言　介绍课题的意义和背景，研究的目的、方法和成果等。

b. 实验部分　本部分通常包含：实验所用的仪器、器材，包括仪器名称、型号，试剂名称、级别、用量和生产厂家等；详细的操作步骤，包括试剂用量、操作方法、条件控制等；实验结果，包括产量、收率、产品性状、相关物理常数及文献值等。

c. 结果与讨论　介绍由具体的实验结果阐发出来的推论、体会、改进意见等，说明本工作中的创新点及所获得的研究成果。

根据具体情况，也可以将"结果与讨论"放在"实验部分"的前面。

③ 后缀

a. 参考文献

一般杂志：作者姓名，篇名，杂志名称，卷号、期号（年）、页码。专著：著者姓名，书名，页码，出版地，出版社，出版日期。成名已久的大型工具书：工具书名，版别，卷别，页码（或条目号）。专利：国别，专利号。参考文献中的人名写法，中国人姓在前名在后，外国人名在前姓在后。

b. 致谢。

④ 论文的英文简介

a. 英文标题。

b. 用汉语拼音拼写的作者姓名（作者所在单位，地址，邮编）。

c. 英文摘要。

d. 英文关键词。

(2) 实验选题范围

① 利用所学过的制备化合物的方法和基本操作，自行设计制备一些标题化合物。

② 讨论化学实验中出现的问题和对如何做好某个实验以及实验条件进行探索等。

③ 化学实验中废液或废弃物的回收、处理。

④ 对新实验技术（例如微型实验技术、微波加热技术等）和新开设的实验进行教学实践。

⑤ 工业生产中的实际问题。

⑥ 老师的科研项目。

9.1.3　研究性实验的要求

研究性实验是由指导教师给出课题或由学生自行选定题目，在认真查阅文献资料的基础上，拟定实验方案，独立完成实验探索过程，最后用小论文的形式表达实验结果，培养学生用实验解决化学实际问题的能力。这是科研能力的提高阶段，通过训练，学生将初步具有从事科研活动的技能，可为今后的毕业科研实践和研究生学习奠定基础。

9.1.4　教学安排

(1) 第一学期的后期，安排一次文献查阅指导课。首先让学生明确开设综合设计实验的意义、目的和要求，然后，让学生分别到校图书馆和院资料室学习查阅文献的方法。

(2) 综合实验可以根据学科的需要，分散在相关学科的实验中进行；设计实验一般安排在第二学期进行；研究性实验则安排在高年级进行。除集中安排18学时外，可根据学校的办学特点，对学生实行"开放实验室"制度。

(3) 中心实验室对学生开出的药品和仪器进行审查后，应认真做好实验前的准备工作，保证综合、设计实验的正常进行。

9.1.5 建议时间安排

考虑到这类实验的项目内容较多，建议根据各自学校的仪器设备、教学计划等实际情况，对具体的实验内容进行选做，实验学时控制在12~25学时为宜。

9.2 综合性实验

实验 9-1 天然水体综合分析

未来的世界是海洋的世界，水资源的开发利用和生态环境的保护都离不开水体的化学成分的分析。然而天然水体基体复杂，不同组分的含量差异大，干扰严重。目前，天然水体化学成分的分析方法多种多样，但以快速、准确、灵敏、操作方便及易于现场监测的现代仪器分析方法为主要发展方向。

我国拥有辽阔的海域，国家十分重视海洋科学的发展。国家"863计划"也把近岸海水的溶解氧、pH、-2价硫、氨氮检测仪器的研制列为研究课题，各种光、电传感器、探针等新技术已开始用于海水分析。

本实验通过天然水体生态环境调查其中的一些重要成分，如天然水体中溶解氧、化学耗氧量、pH、重金属元素、磷酸盐、氟离子、维生素、叶绿素等的分析，使学生掌握多种仪器分析方法，并培养学生的综合实验技能和创新思维能力。

I 石墨炉原子吸收法测定水样中的铜

实验目的

1. 掌握用石墨炉原子吸收法测定天然水样品中铜的原理和方法。
2. 掌握石墨炉原子吸收分光光度计的使用方法。
3. 了解对化学物质进行初步研究的思路和方法，学会进行化合物的制备和组分测定、复杂体系的预处理和组分分析。
4. 进一步培养学生灵活运用已掌握的理论知识和实验技能，提高学生分析问题和解决问题的能力。

实验原理

原子吸收分析是将锐线光源——空心阴极灯所发射出的待测元素的特征的光（第一共振发射线）通过石墨炉原子化器时，被其中待测元素的基态原子所吸收，经单色器（光栅）分光后，通过检测器测得其吸收前后的发射线特征波长光的强度变化，从而计算出待测元素的含量。在使用锐线光源和低浓度原子蒸气的条件下，基态原子蒸气对特征谱线的吸收符合朗伯-比耳定律

$$A = abc$$

利用石墨炉原子吸收法测定水样中的痕量重金属，是一种较灵敏、快速、简便的定量分析方法，方法的检出限可达 $1\times10^{-9}\sim1\times10^{-12}$ g·mL^{-1} 级。

仪器与药品

Varian AA20 型原子吸收光谱仪及石墨炉，冷却装置，氯气钢瓶。

1000μg·mL^{-1}铜标准储备溶液，1∶1 HNO$_3$。

实验步骤

(1) 中间储备溶液的配制：通过计算，移取适量铜标准储备液于 25mL 容量瓶中，加入 1mL 1∶1 HNO$_3$，用二次去离子水定容，摇匀。此中间储备液浓度为 0.100μg·mL^{-1} Cu^{2+}。

(2) 标准加入法溶液的配制：于 5 个 25mL 容量瓶中各加入天然水样品 20mL，再依次加入 Cu 的中间储备液 0.00mL、1.00mL、2.00mL、3.00mL、4.00mL 及 1∶1 HNO$_3$ 500μL，用二次去离子水定容，摇匀备用。

(3) 仪器的调试：VarianA A20 型原子吸收光谱仪操作规范。

(4) 吸光度的测量：每次用自动进样器注入样品溶液 20μL 进行测定，记录读数，一般每个样品测量 2～3 次。然后逐次进样测出各样品的吸光度。

数据记录与处理

依上述测量结果，绘制标准加入法外推曲线，从而计算出未知样品中待测元素的含量。

思考题

1. 用石墨炉原子吸收法直接测定天然水样品时会遇到哪些问题？
2. 为什么要使用标准加入法直接测定天然水样品？
3. 石墨炉法为什么必须使用背景扣除技术？

[学习指导]

实验操作要点及注意事项

1. 使用自动进样器注入试液时，液管尖端不应触及石墨管内壁。
2. 在配制溶液时，要注意操作，避免沾污试样。
3. 实验开始前，要仔细检查气瓶总阀与减压阀的连接处，并仔细检查冷却水装置和排气扇是否已打开。

实验知识拓展

用石墨炉原子吸收法，易于完成样水中多种元素的分析。尽管这种方法存在着多种可能影响分析灵敏度的基体效应，但对于含盐量低的水样来说，这些基体效应一般较小，而且可以通过使用标准加入法予以校正。对于总盐含量较高的样品，如海水，基体干扰较为严重，用早期的无火焰原子化器直接分析这种样品，即使采用背景校正、选择性蒸发和标准加入法，结果仍不能令人满意。随着现代石墨炉原子化器的出现，在一定程度上克服了基体干扰问题。已经提出使用这种原子化器不经化学分离步骤直接分析海水中痕量重金属的方法，这些方法配合一台原子吸收分光光度计可完成数以百计的海水样品的常规分析。以这种准确而简便的方法测定大量样品中的重金属元素，极大地提高了对天然水样中痕量金属循环进行普查的能力。然而，无火焰原子吸收法仍然存在若干局限性，限制了它的适用范围。例如，样品分析速率不如火焰原子吸收法快；必须采用标准加入法；灵敏度不够高，以致在天然水样的背景浓度下如不经过预浓缩只能测定少数几种元素等。

Ⅱ 在线分离富集 ICP-AES 测定天然水样中多种元素

实验目的

1. 掌握用在线分离富集电感耦合等离子体原子发射光谱法测定天然水样中痕量元素的原理和方法。
2. 掌握电感耦合等离子体原子发射光谱仪的使用方法。
3. 使学生能熟练运用现代仪器进行分析,培养学生的综合实验技能和创新思维能力。

实验原理

原子发射光谱法(AES)是较早建立和发展起来的仪器分析方法,它利用元素的原子在能量的作用下发射出特征谱线而进行元素的定性和定量分析。由于缺少产生和激发原子用的有效手段,加之所用单色器装置的分辨率有限,早期的原子发射分析面临着干扰和灵敏度不高的问题。从样品中产生并激发原子,一直是使用火焰、电弧和火花。火焰的温度只能将很少几种元素激发到可供分析使用的程度,而电弧和火花则存在样品引入及原子化与离子化速率变化所引起的基本干扰问题。因此,20 世纪 70 年代初,电感耦合等离子体(ICP)作为原子发射光谱的激发源的问世,使发射光谱成为化学干扰少、稳定性好、动态范围大和可作多元素同时测定等的检测方法。经过多年的仪器改进、基础研究和实际应用的考验,已被公认为最有前途的常规分析工具之一。

仪器与药品

BAIRD PS4 型电感耦合等离子体原子发射光谱仪及流动注射分析仪,C_{18} 富集柱,氧气钢瓶。

$1000\mu g \cdot mL^{-1}$ 多元素混合标准储备溶液,1∶1 HNO_3,1% 8-羟基喹啉溶液。

实验步骤

(1) 系列标准溶液的配制:通过计算,依次移取 0.001mL、1.00mL、2.00mL、3.00mL、4.00mL 多元素混合标准储备液于 25mL 容量瓶中,加入 1% 8-羟基喹啉溶液 1mL;用二次去离子水定容。

(2) 海水样品的配制:于 25mL 容量瓶中加入海水样品 20mL,再加入 1% 8-羟基喹啉溶液 1mL,用二次去离子水定容。

(3) 仪器的调试:等离子体原子发射光谱仪操作规范。

(4) 测量:用在线分离富集电感耦合等离子体原子发射光谱系统进行测定,记录读数,一般每个样品测量 2~3 次。

数据记录与处理

将上述测量结果绘制成标准曲线,从而计算出未知样品中待测元素的含量。

思考题

1. 在线分离富集有哪些特点?
2. 本方法与石墨炉法在实际应用中最大的不同点是什么?
3. 通过在线联机分析,你对分析自动化有何感想?

[学习指导]

实验操作要点及注意事项

1. 仔细检查连接管路是否泄漏。

2. 在配制溶液时，要注意操作，避免沾污试样。
3. 实验开始前，要仔细检查气瓶总阀与减压阀的连接处，检查排气扇是否已打开。

实验知识拓展

20 世纪 70 年代初，电感耦合等离子体（ICP）作为原子发射光谱的激发源的问世，使发射光谱成为化学干扰少、稳定性好、动态范围大和可作多元素同时测定等的检测方法。经过多年的改进，已被公认为最有前途的常规分析工具之一。然而，这种技术的局限性也是显而易见的，特别是在分析溶液中 1×10^{-9} g·mL^{-1} 级或低于 1×10^{-9} g·mL^{-1} 级含量的元素时，其灵敏度不能满足要求。因此，必须采用化学分离富集手段，即把待测元素从基体中分离富集出来，然后使用电感耦合等离子体原子发射光谱法测定浓缩液中的待测元素。使用这种分离手续时，一则大大提高了方法的检测灵敏度，二则减小了基体干扰，可实现天然水样中多种痕量元素的同时测定。使用在线的分离富集还可使方法具有分析速率快和污染误差小的优点。

Ⅲ 荧光分光光度法测定天然水样中微量氟

实验目的

1. 了解荧光分析法的基本原理和方法。
2. 掌握荧光分光光度计的原理和使用方法。
3. 掌握利用荧光分析法测定天然水样中微量氟的原理和方法。
4. 进一步培养学生灵活运用已掌握的理论知识和实验技能，提高学生分析问题的能力。

实验原理

在酸性介质中，Zr^{4+}-钙黄绿素蓝的配合物在紫外线照射下会发射荧光，其最大激发和发射波长分别为 350nm 和 410nm。当氟离子存在时，Zr^{4+}-钙黄绿素蓝可以与氟形成 1∶1∶1 的三元配合物，从而有效地增强体系的荧光强度。其荧光强度的增强程度与样品中氟的含量呈正比关系，据此可以测定天然水样中氟的含量。

仪器与药品

自动扫描式荧光分光光度计。

2.0μg·mL^{-1} 氟标准溶液；钙黄绿素蓝溶液；锆溶液；氨溶液；过滤天然水样和无氟蒸馏水样（实验前预先准备好）。

实验步骤

1. 激发和发射光谱的绘制

于 50mL 容量瓶中分别加入 2.00mL 氟的标准溶液、1.0mL 钙黄绿素蓝溶液、2.0mL 氨溶液和 1.0mL 锆溶液，用水稀释至刻度后混匀。室温放置 20～30min 后，以 350nm 为激发波长，在 350～450nm 波长范围内扫描荧光发射光谱。以最大荧光发射波长为发射波长，在 300～400nm 波长范围内扫描荧光激发光谱。确定其最大荧光激发和发射波长。

2. 工作曲线的绘制

于 50mL 容量瓶中分别加入 0.00mL、0.50mL、1.00mL、1.50mL、2.00mL、2.50mL 氟的标准溶液，加入 2.0mL 无氟蒸馏水，然后加入 1.0mL 钙黄绿素蓝溶液、2.0mL 氨溶液和

1.0mL 锆溶液,用水稀释至刻度后混匀。室温放置 20~30min 后,以 350nm 为激发波长,在 410nm 处测量体系的相对荧光强度。以荧光强度对氟浓度作工作曲线。

3. 天然水样品的测定

于 3 个 50mL 容量瓶中分别加入 2.00mL 经过过滤处理的天然水样品,按序加入 1.0mL 钙黄绿素蓝溶液、2.0mL 氨溶液和 1.0mL 锆溶液,用水稀释至刻度后混匀。然后按绘制工作曲线同样的方法测量样品体系的相对荧光强度。

数据记录与处理

1. 从工作曲线上查出天然水样品中氟的含量,计算测定平均值。
2. 计算 3 次样品平行测定的相对标准偏差。

思考题

1. 本实验为何要在酸性条件下进行?提高体系的 pH 对实验有何影响?
2. 绘制工作曲线时为何要加入无氟蒸馏水?

[学习指导]

实验操作要点及注意事项

1. 一些试剂的配制

(1) 氟标准溶液:准确称取 22.1mg 分析纯氟化钠,溶于 100mL 水中,得 $100.0\mu g \cdot mL^{-1}$ 氟标准溶液。将该溶液稀释 50 倍,配制浓度为 $2.0\mu g \cdot mL^{-1}$ 的氟标准操作溶液。

(2) 钙黄绿素蓝溶液:称取 160.2mg 分析纯钙黄绿素蓝,加入几滴 $0.1mol \cdot L^{-1}$ 的 KOH 溶液,溶解后定容至 50mL,其浓度为 $1 \times 10^{-2} mol \cdot L^{-1}$。暗处保存。取该溶液 1.0mL 稀释至 100mL,得浓度为 $1 \times 10^{-4} mol \cdot L^{-1}$ 的钙黄绿素蓝操作溶液。

(3) 锆溶液:称取 32.2mg 分析纯氯化锆酰($ZrOCl_2 \cdot 8H_2O$),溶于 100mL 的 $3mol \cdot L^{-1}$ 盐酸溶液中,配制浓度为 $1 \times 10^{-3} mol \cdot L^{-1}$ 的锆溶液。该溶液用 $3mol \cdot L^{-1}$ 盐酸溶液稀释至 $1 \times 10^{-4} mol \cdot L^{-1}$ 为操作溶液。

(4) 氨溶液:量取 11mL 分析纯浓氨水(约 $14mol \cdot L^{-1}$),用水稀释至 100mL,其浓度约为 $1.5mol \cdot L^{-1}$。

2. 进行激发和发射光谱的绘制时,体系 pH 的改变会直接影响测定的灵敏度和体系的稳定性。当 pH 大于 3.0 时,由于 Zr^{4+} 发生水解,体系荧光强度将不稳定。因此,要求体系的最终 pH 应控制在 2.5 左右为宜。

实验知识拓展

在酸性介质中,当氟离子存在时,Zr^{4+}-钙黄绿素蓝可以与氟形成三元配合物,可有效地增强体系的荧光强度,其荧光强度的增强程度与样品中氟的含量呈正比关系,因此可以测定水样中氟的含量。

Ⅳ 天然水样中活性磷酸盐的测定

实验目的

1. 掌握采用磷钼蓝分光光度法测定天然水样中活性磷酸盐的方法。
2. 掌握分光光度计的使用方法。
3. 培养学生灵活运用已掌握的理论知识进行分析问题,提高学生的综合实验技能。

实验原理

天然水样中的活性磷酸盐,是指在酸性介质中可以溶解的那一部分磷酸盐,它是水中生物重要的营养盐之一。可以采用磷钼蓝分光光度法测定天然水样中的活性磷酸盐。当加入硫酸-钼酸铵-抗坏血酸-酒石酸氧锑钾混合试剂后，天然水样品中的活性磷酸盐与钼酸铵先生成磷钼黄，然后在酒石酸氧锑钾的存在下，磷钼黄被抗坏血酸还原为磷钼蓝。在710nm附近波长处测定溶液的吸光度，该吸光度与天然水样品中活性磷酸盐的含量呈比例关系，据此可以测定天然水样中的活性磷酸盐的含量。

仪器与药品

自动扫描式分光光度计。

磷标准使用液（1mL 含 0.0800μmoL）；3.0％钼酸铵溶液；5.4％抗坏血酸溶液；0.136％酒石酸氧锑钾溶液；3.0mol·L^{-1} H_2SO_4 溶液；1.5mol·L^{-1} H_2SO_4 溶液；过滤天然水样（实验前预先准备好）。

实验步骤

1. 混合试剂的配制

按序用量筒量取 50mL 3.0mol·L^{-1} H_2SO_4 溶液、20mL 3.0％钼酸铵溶液、20mL 5.4％抗坏血酸溶液和10mL 0.136％酒石酸氧锑钾溶液于250mL烧杯中，每加入一种溶液后均需搅拌均匀。将混合试剂盛于试剂瓶中待用。

2. 吸收光谱的绘制

于50mL具塞量筒中移入 2.00mL 磷标准使用液，用二次去离子水稀释至刻度，混匀。用移液管加入 5.00mL 混合试剂，混匀，并打开磨口瓶塞，让瓶口的蓝色溶液流回瓶中，塞上瓶塞，再次混匀。如此重复两次，可使溶液充分混匀。10min 后，用1cm 玻璃比色皿，在自动扫描式分光光度计上，在 550~850nm 波长范围内，以二次水为参比绘制吸收光谱。确定其最大吸收波长。

3. 工作曲线的绘制

于 10 个 50mL 具塞量筒中分别移入 0mL、0.50mL、1.00mL、1.50mL、2.00mL 磷标准使用液（每种含量各做两份），用二次去离子水稀释至刻度，混匀。用移液管各加入 5.00mL 混合试剂，混匀。10min 后，用1cm 玻璃比色皿在仪器上于最大吸收波长处，以二次水为参比测量各份溶液的吸光度值。其中未加入磷标准使用液者即为试剂空白吸光度值。将每种含量溶液的吸光度及其平均值（A_a）和试剂空白吸光度及其平均值（A_b）记入预先设计好的数据记录表中。以（$A_a - A_b$）为纵坐标、磷含量（单位：μmol·L^{-1}）为横坐标，在计算机上计算测定磷的工作曲线的拟合方程和相关系数。

4. 天然水样的测定

用 50mL 具塞量筒量取 50mL 经过滤处理的天然水样（双份），用移液管各加入 5.00mL 混合试剂，混匀。10min 后，用1cm 玻璃比色皿在仪器上于测定波长处，以二次水为参比测量其吸光度值，得其平均值记为 A_w。再用 50mL 具塞量筒量取 50mL 经过滤处理的天然水样（双份），用移液管各加入 5.00mL 1.5mol·L^{-1} H_2SO_4 溶液，混匀。按相同方法测量其吸光度。其平均值即为水样因浑浊而引起的吸光度值 A_t。

数据记录与处理

将有关数据记录在预先设计好的数据记录表中。设天然水样的总吸光度值为 A_n，则

$$A_n = A_w - A_b - A_t$$

由 A_n 值查工作曲线，即可得天然水样中活性磷酸盐的含量。

思考题

1. 抗坏血酸在本方法中起何作用？可用何种试剂代替？

2. 酒石酸氧锑钾在本方法中起何作用？如果不加会有何影响？
3. 为何混合试剂不能长期使用？
4. 为何在结果计算中要扣除 A_t 值？
5. 试讨论天然水样中活性磷酸盐的含量是冬季多还是夏季多？

[学习指导]

实验操作要点及注意事项

1. 进行混合试剂的配制时，由于混合试剂的有效时间仅为 6h，故应在临使用前配制，且不要配制过量，以免造成浪费。
2. 各组测得的最大吸收波长可能略有不同，应以自己测得的为准。
3. 如果测得的 A_t 值为零或为负值，表明水样不浑浊，则在计算公式中可以不考虑 A_t 项。

实验知识拓展

当加入硫酸-钼酸铵-抗坏血酸-酒石酸氧锑钾混合试剂后，天然水样品中的活性磷酸盐与钼酸铵先生成磷钼黄，然后在酒石酸氧锑钾的存在下，磷钼黄被抗坏血酸还原为磷钼蓝。在 710nm 附近波长处测定溶液的吸光度，该吸光度与天然水样品中活性磷酸盐的含量呈比例关系，据此可以测定天然水样中的活性磷酸盐的含量。

V 聚苯胺导电聚合膜的制备及天然水样 pH 的测定

实验目的

1. 掌握应用电聚合的方法在玻碳载体上制备聚苯胺膜。
2. 绘制聚苯胺膜/玻碳电极的 pH 响应曲线。
3. 应用制备的聚苯胺 pH 计检测天然水样的 pH。
4. 掌握恒电位仪、386 型记录仪和 PZ28-1 型数字电压表的使用方法。
5. 培养学生的综合实验技能和创新思维能力。

实验原理

将玻碳电极置于苯胺（PA）的盐酸溶液中，施加一个线性扫描电位，可以在玻碳电极载体上电聚成一层聚苯胺膜（PPA）。图 9-1 给出了苯胺在电聚合过程的循环伏安曲线。所得的聚苯胺膜对 H^+ 有能斯特（Nernst）影响特性，如图 9-2 所示。有关聚合膜对 pH 的响应机制，正引起人们广泛的兴趣和研究。利用聚苯胺的 pH 响应特性可以制成简单方便的 pH 计，并用于天然水样中 pH 的检测。

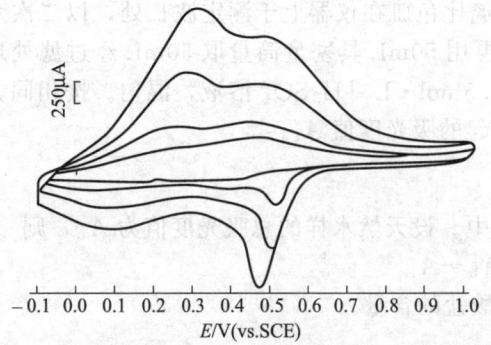

图 9-1 苯胺 GC 电极上聚合的循环伏安图
电解质：$0.1 mol \cdot L^{-1}$ 苯胺 $+ 1 mol \cdot L^{-1}$ HCl

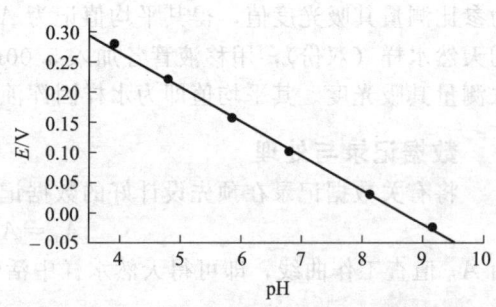

图 9-2 PPA/GC 电极 pH-E 关系曲线

仪器与药品

8511B 恒电位仪（延边永恒电化学仪器厂）；3086 型 A4X-Y 记录仪（四川仪表总厂）。

0.1mol·L^{-1}苯胺＋1mol·L^{-1}HCl 溶液；过滤天然水样（实验前预先准备好）。

实验步骤

1. 玻碳电极的前处理

玻碳电极使用前用 6 号金相砂纸，金刚玉粉抛光至镜面，然后在王水中浸泡数分钟，蒸馏水洗净，分别在乙醇、二次水中超声清洗备用。

2. 电解槽的装配

将 0.1mol·L^{-1}苯胺＋1mol·L^{-1} HCl 溶液置入电解槽，以处理过的玻碳电极为研究电极，饱和甘汞电极为参比电极，Pt 电极为辅助电极组成三电极系统。

3. 恒电位仪和记录仪的预调节

将恒电位仪扫描范围调节为－0.1～＋1.0V（vs. SCE），扫描速率调在 100mV·A^{-1}，电流量程调在 1mA·V^{-1}。将记录仪的 $Y(I)$ 轴灵敏度置于 0.25V·cm^{-1}，$X(E)$ 轴灵敏度置于 100mV·cm^{-1}。

4. 聚苯胺膜的制备

将恒电位仪由预控转向极化，循环扫描 20min，做出 0.1mol·L^{-1}苯胺在 1mol·L^{-1} HCl 介质中的循环伏安图。

5. pH-E 响应曲线的绘制

制备不同 pH 的标准溶液 3 份（pH＝4.003、6.864、9.182），以饱和甘汞电极为参比电极，用 PZ28-1 型数字电压表测定所制的聚苯胺电极在各种 pH 溶液中的电位响应值，绘制 pH-E 响应曲线。

6. 未知溶液的电位值

测定未知溶液（天然水样品）的电位值，并从 pH-E 响应曲线求出该溶液的 pH。

数据记录与处理

将数据记入表 9-1 中。

表 9-1 数据记录

项目	标准溶液			未知溶液
pH	4.003	6.864	9.182	
电位 E/mV				

思考题

1. 为什么玻碳电极在聚合前要认真地进行前处理？
2. 什么是修饰电极？在分析上有何应用？

[学习指导]

实验操作要点及注意事项

1. 0.1mol·L^{-1}苯胺＋1mol·L^{-1}HCl 溶液的配制：用分析纯的苯胺、盐酸和二次蒸馏水配制 200mL 的 0.1mol·L^{-1}苯胺＋1mol·L^{-1}HCl 溶液。

2. 认真、仔细作好玻碳电极的前处理。

3. 实验前，先在等效电路上熟悉恒电位仪和记录仪的使用方法。

实验知识拓展

将玻碳电极置于苯胺（PA）盐酸溶液中使其电聚成一层聚苯胺膜（PPA），它对 pH 有响应机制，可利用此特性制成简单方便的 pH 计，用于天然水样中 pH 的检测。

Ⅵ 薄层流动时安法测定天然水样的溶解氧

实验目的
1. 理解实验的方法原理，掌握 YSL5000、SY-1A 型溶解氧测定仪的测试方法。
2. 了解溶解氧测定仪传感器的原理和结构特点。
3. 了解什么是 Winkler 溶解氧测定法。
4. 使学生能熟练运用已掌握的理论知识进行分析问题，培养学生的创新思维能力。

实验原理
海水中溶解氧的检测是海洋环境调查的重要参数。常规的碘量法（Winkler 法）操作步骤复杂，而且不适于现场连续检测。研制海水溶解氧传感器是海水分析十分令人重视的课题，国家将此课题列入"海洋 863 计划"。本实验采用薄层流动时安法溶解氧传感器检测天然水样中的溶解氧。

仪器与药品
美国 YSI5000 型溶解氧测定仪（美国）；SY-1A 型溶解氧测定仪（厦门大学分析教研室研制）。

5 瓶含氧量不同的天然水样（实验前预先准备好）。

实验步骤
1. 系统的连接与预操作

将传感器放入工作台，与储液瓶（清洗用水）的输出管相连接，调节流速（约 2mL·min^{-1}）；将传感器小心地插入仪器插孔，开启仪器电源预热 10min，在流水状态平衡 15~20min。

2. 仪器的调零

将 Na_2SO_3 低氧液瓶移到进水管处，流低氧液 1min，调零至 0.00 处。

3. 仪器的定标

将定标水（经空气平衡的水）移到进水管处，待数据较稳定时，调解定标旋钮至当日水温下溶解氧值，并平衡 5~10min，至显示的溶解氧值稳定。

4. 天然水样中溶解氧的测定

依次流入 5 瓶含氧量不同的天然水样，记录其溶解氧值，如果要进行（Winkler 法）化学滴定，要在读数后立即取样。

数据记录与处理
1. 零氧值测定

将数据记入表 9-2 中。

表 9-2 数据记录表

Na_2SO_3 流入时间/s	30~60
数据	

2. 水样测定

将数据记入表 9-3 中。

表 9-3　数据记录表

水样	测定值			平均值
	60s	90s	120s	
1号水样				
2号水样				
3号水样				
4号水样				
5号水样				

思考题

1. 比较本方法（恒电位时安法）和碘量法（Winkler 法）。
2. 比较本方法（恒电位时安法）和极谱法。

[学习指导]

实验操作要点及注意事项

1. 实验前传感器探头先与主机连接，再接通电源，实验后探头先与主机分离，再关闭电源。
2. 低氧水在实验前用 Na_2SO_3 平衡 24h。

实验知识拓展

本实验采用薄层流动时安法溶解氧传感器检测天然水样中的溶解氧。薄层流动时安法是在一个特定结构的电解池上，加一个恒电压，将被测天然水试样经小水管由下向上以一定的速率流经电解池的工作阴极表面，试液与电极接触的表面层因摩擦阻力造成一层很薄的溶液层，此层当试液流速达到某一定值后，厚度不再受流速变动的影响，形成一个相对静止层，这种流动称薄层流动。在所加的阴极方向的恒电压下测定薄层流动天然水样中溶解氧的电解电流，可以推算出天然水样中溶解氧的含量。

Ⅶ　天然水样中化学耗氧量的测定

实验目的

1. 掌握酸性高锰酸钾法和重铬酸钾法测定化学耗氧量的原理及方法。
2. 了解水样化学耗氧量的意义。
3. 灵活运用已掌握的理论知识进行分析问题，培养学生的综合实验技能和创新思维能力。

实验原理

水样的耗氧量是水质污染程度的主要指标之一，它分为生物耗氧量（简称 BOD）和化学耗氧量（简称 COD）两种。BOD 是指水中有机物质发生生物过程时所需要氧的量；COD 是指在特定条件下，用强氧化剂处理水样时，水样所消耗的氧化剂的量，常用每升水消耗 O_2 的量来表示。水样中的化学耗氧量与测试条件有关，因此应严格控制反应条件，按规定的操作步骤进行测定。

测定化学耗氧量的方法有重铬酸钾法、酸性高锰酸钾法和碱性高锰酸钾法。重铬酸钾法是指在强酸性条件下，向水样中加入过量的 $K_2Cr_2O_7$，让其与水样中的还原性物质充分反应，剩余的 $K_2Cr_2O_7$ 以邻菲啰啉为指示剂，用硫酸亚铁铵标准溶液返滴定。根据消耗的 $K_2Cr_2O_7$ 溶液的体积和浓度，计算水样的耗氧量。氯离子干扰测定，可在回流前加硫酸银除去。该法适用于工业污水及生活污水等含有较多复杂污染物的水样的测定。其滴定反应式为：
$$Cr_2O_7^{2-} + 6Fe^{2+} + 14H^+ = 2Cr^{3+} + 6Fe^{3+} + 7H_2O$$

酸性高锰酸钾法测定水样的化学耗氧量是指在酸性条件下，向水样中加入过量的 $KMnO_4$ 溶液，并加热溶液让其充分反应，然后再向溶液中加入过量的 $Na_2C_2O_4$ 标准溶液还原多余的 $KMnO_4$，剩余的 $Na_2C_2O_4$ 再用 $KMnO_4$ 溶液返滴定。根据 $KMnO_4$ 的浓度和水样所消耗的 $KMnO_4$ 溶液体积，计算水样的耗氧量。该法适用于污染不十分严重的地面水和河水等的化学耗氧量的测定。若水样中 Cl^- 含量较高，可加入 Ag_2SO_4 消除其干扰，也可改用碱性高锰酸钾法进行测定。有关反应如下：

$$4MnO_4^- + 5C + 12H^+ = 4Mn^{2+} + 5CO_2\uparrow + 6H_2O$$
$$2MnO_4^- + 5C_2O_4^{2-} + 16H^+ = 2Mn^{2+} + 10CO_2\uparrow + 8H_2O$$

仪器与药品

800W 电炉，回流装置。

$0.002mol \cdot L^{-1}$ $KMnO_4$；$0.005mol \cdot L^{-1}$ $Na_2C_2O_4$ 标准溶液；$0.040mol \cdot L^{-1}$ $K_2Cr_2O_7$ 标准溶液；邻菲啰啉指示剂；$0.1mol \cdot L^{-1}$ 硫酸亚铁铵；$6mol \cdot L^{-1}$ H_2SO_4；$Ag_2SO_4(s)$

实验步骤

1. 水样中化学耗氧量的测定（酸性高锰酸钾法）

于 250mL 锥形瓶中，加入 100.00mL 水样和 5mL $6mol \cdot L^{-1}$ H_2SO_4 溶液，再用滴定管或移液管准确加入 10.00mL $0.002mol \cdot L^{-1}$ $KMnO_4$ 溶液，然后尽快加热溶液至沸，并准确煮沸 10min（红色不应褪去，否则应增加 $KMnO_4$ 溶液的体积）。取下锥形瓶，冷却 1min 后，准确加入 10.00mL $0.005mol \cdot L^{-1}$ $Na_2C_2O_4$ 标准溶液，充分摇匀（此时溶液应为无色，否则应增加 $Na_2C_2O_4$ 的用量）。趁热用 $KMnO_4$ 溶液滴定至溶液呈微红色，记下 $KMnO_4$ 溶液的体积。如此平行测定三份。另取 100.00mL 蒸馏水代替水样进行实验，求空白值。计算水样的化学耗氧量。

2. 水样中化学耗氧量的测定（重铬酸钾法）

（1）硫酸亚铁铵溶液的标定

准确移取 10.00mL $0.040mol \cdot L^{-1}$ $K_2Cr_2O_7$ 溶液 3 份，分别置于 500mL 锥形瓶中，加入 50mL 水、20mL 浓 H_2SO_4 溶液（注意应慢慢加入，并随时摇匀）、3滴指示剂，然后用硫酸亚铁铵溶液滴定，溶液由黄色变为红褐色即为终点，记下硫酸亚铁铵溶液的体积。如此平行测定 3 份，计算硫酸亚铁铵的浓度。

（2）化学耗氧量的测定

取 50.00mL 水样于 250mL 回流锥形瓶中，准确加入 15.00mL $0.040mol \cdot L^{-1}$ $K_2Cr_2O_7$ 标准溶液、20mL 浓 H_2SO_4 溶液、1g Ag_2SO_4 固体和数粒玻璃珠，轻轻摇匀后，加热回流 2h。若水样中氯含量较高，则先往水样中加 1g $HgSO_4$ 和 5mL 浓硫酸，待 $HgSO_4$ 溶解后，再加入 25.00mL $K_2Cr_2O_7$ 溶液，20mL 浓 H_2SO_4，1g Ag_2SO_4，加热回流。冷却后用适量蒸馏水冲洗冷凝管，取下锥形瓶，用水稀释至约 150mL。加 3 滴指示剂，用硫酸亚铁铵标准溶液滴定至溶液呈红褐色即为终点，记下所用硫酸亚铁铵的体积。以 50.00mL 蒸馏水代替水样进行上述实验，测定空白值。计算水样的化学耗氧量。

思考题

1. 水样中加入 $KMnO_4$ 溶液煮沸后，若紫红色褪去，说明什么？应怎样处理？
2. 用重铬酸钾法测定时，若在加热回流后溶液变绿，是什么原因？应如何处理？

3. 水样中 Cl^- 的含量高时，为什么对测定有干扰？如何消除？
4. 水样中化学耗氧量的测定有何意义？

[学习指导]

实验操作要点及注意事项

1. $KMnO_4$ 溶液（$0.002mol \cdot L^{-1}$）：移取 25.00mL $0.02mol \cdot L^{-1}$ $KMnO_4$ 溶液于 250mL 容量瓶中，加水稀释至刻度，摇匀即可。

2. $Na_2C_2O_4$ 标准溶液（$0.005mol \cdot L^{-1}$）：准确称取 $0.16\sim0.18g$ 在 105℃ 烘干 2h 并冷却的 $Na_2C_2O_4$ 基准物质，置于小烧杯中，用适量水溶解后，定量转移至 250mL 容量瓶中，加水稀释至刻度，摇匀。按实际称取质量计算其准确浓度。

3. $K_2Cr_2O_7$ 溶液（$0.040mol \cdot L^{-1}$）：准确称取约 2.9g 在 $150\sim180$℃ 烘干过的 $K_2Cr_2O_7$ 基准试剂于小烧杯中，加少量水溶解后，定量转入 250mL 容量瓶中，加水稀释至刻度，摇匀。按实际称取的质量计算其准确浓度。

4. 邻菲啰啉指示剂：称取 1.485g 邻菲啰啉和 0.695g $FeSO_4 \cdot 7H_2O$，溶于 100mL 水中，摇匀，贮于棕色瓶中。

5. 硫酸亚铁铵（$0.1mol \cdot L^{-1}$）：用小烧杯称取 9.8g 六水硫酸亚铁铵，加 10mL $6mol \cdot L^{-1}$ H_2SO_4 溶液和少量水，溶解后加水稀释至 250mL，贮于试剂瓶内，待标定。

实验知识拓展

水样的耗氧量是水质污染程度的主要指标之一，它分为生物耗氧量（简称 BOD）和化学耗氧量（简称 COD）两种。BOD 是指水中有机物质发生生物过程时所需要氧的量；COD 是指在特定条件下，用强氧化剂处理水样时，水样所消耗的氧化剂的量，常用每升水消耗 O_2 的量来表示。水样中的化学耗氧量与测试条件有关，因此应严格控制反应条件，按规定的操作步骤进行测定。测定化学耗氧量的方法有重铬酸钾法、酸性高锰酸钾法和碱性高锰酸钾法。

Ⅷ 水样中微量维生素 B_{12} 的测定

实验目的

1. 关注海洋，增强环保意识，了解赤潮的产生和对海洋环境的危害。
2. 通过天然水样（或海水样品）中维生素的富集，掌握固相萃取的原理和实验技术。
3. 进一步掌握高效液相色谱的实验技术。
4. 培养学生的综合实验技能和创新思维能力。

实验原理

赤潮是一类严重的海洋污染现象。通常认为它与海水中的氮、磷等元素的富营养化有重要关系，但也有人认为海水中水溶性微量维生素 B_1（硫胺素）和维生素 B_{12}（钴维生素）的存在对赤潮的生物生长与繁殖具有一定的促进作用。高效液相色谱法是分析水溶性维生素混合物的有效方法。但海水中维生素含量在通常情况下很低（如维生素 B_{12} 仅为 $ng \cdot L^{-1}$ 级），必须加以适当的浓缩后，才能采用高效液相色谱方法测定。

固相萃取（solid phase extraction，SPE）是目前实验室常用的一种微量样品分离富集技术。本实验采用 C_{18} 固相萃取柱富集天然水样（或海水）中微量的维生素 B_{12}，用高效液相色谱测定天然水样（或海水）中的维生素 B_{12} 含量。

仪器与药品

TSP 高压梯度 HPLC 仪：3500-3200 型高压梯度泵；UV-2000 型双波长吸收检测器；

Rheodyne 7725i 六通进样阀；PC1000 色谱工作站；100μL 微量进样器；CQ-50 超声波除气装置。SGE Exsil ODS（4.6mm×250mm，5μm）；针头式 C_{18} 固相萃取柱（天津腾达滤材厂）。

维生素 B_1（$C_{12}H_{17}N_4OSCl \cdot HCl$，$M_W 337.28$，生化试剂）、维生素 B_{12}（$C_{63}H_{90}CoN_{14}O_{14}P$，$M_W 1357$，生化试剂）；甲醇；实验用水为二次去离子水，经玻璃系统重蒸馏；人工污染的天然水样（或海水）。

实验步骤

1. 天然水样品中维生素的富集

取一支 C_{18} 固相萃取柱，用 5mL 甲醇冲洗进行活化，接着用 5mL 蒸馏水冲洗后，才能进行样品富集。准确量取 100～200mL 洁净天然水样品（如果浑浊，先用 0.45μm 滤膜过滤）于一烧杯中，分次用注射针筒吸取并注入 C_{18} 预处理小柱，富集海水中的维生素。然后用 5mL 蒸馏水冲洗，再用空气挤掉色谱柱水分。最后用 1.00mL 甲醇洗脱吸附在小柱上的维生素，并蒸馏水定容 2.00mL，摇匀后用于色谱分析。

用同样方法，分别富集其他带有维生素 B_{12} 人工污染的天然水样品。

2. 流动相的配制

实验前，配制甲醇-水（30∶70，体积比），含 $0.05 mol \cdot L^{-1} KH_2PO_4$ 流动相。流动相需用 0.45μm 微孔膜过滤，并经超声波除气 15min 后使用。

3. 色谱条件试验

色谱柱为 SGE Exsil ODS（4.6mm×250mm，5μm），流动相为甲醇-水（30∶70，体积比），含 $0.05 mol \cdot L^{-1} KH_2PO_4$，流速为 $0.70 mL \cdot min^{-1}$，检测波长为 254nm 和 360nm，进样体积为 20μL。

如仪器正常，可进标准化合物试液分析得到正确的色谱图。样品组分的出峰顺序维生素 B_1 在前，维生素 B_{12} 在后。如分离不理想，可适当调节试验条件，使之得到良好的分离度和重现性好的色谱图为止。观察两个波长的色谱图的差异。为了提高测定灵敏度，可设定一检测波长-时间程序同时测定维生素 B_1 和维生素 B_{12}。

4. 工作曲线的绘制

于 5 个 10mL 容量瓶中，分别移入 0mL、0.20mL、0.40mL、0.60mL、0.80mL 和 1.00mL $0.20 mg \cdot mL^{-1}$ 维生素 B_{12} 和维生素 B_1 标准混合液，用二次蒸馏水定容，然后分别进样分析。在确定的实验范围内，维生素 B_{12} 的浓度均与峰面积呈现良好关系。计算相应的回归方程和相关系数。

5. 天然水样品的测定

将富集后的海水样试液直接进样分析。根据保留值定性，根据工作曲线计算实际海水中的维生素 B_{12} 含量。由于维生素 B_1 保留时间较靠前，容易受溶剂峰等干扰，定量误差较大。

思考题

1. 固相萃取的原理是什么？为什么 C_{18} 预处理小柱富集样品的要进行活化？
2. 文献[16]采用 Ultrasphere ODS（4.6mm×250mm），流动相为甲醇-水（40∶60，体积比），含 $0.05 mol \cdot L^{-1} KH_2PO_4$，出峰顺序维生素 B_{12} 在前，维生素 B_1 在后，正好与本实验相反。你认为这两种结果都正确吗？如何正确地确定色谱峰的归属。
3. 有人认为维生素 B_{12} 在 212nm 有更大的吸光系数，为什么本实验不能采用这一波长检测？为什么 360nm 的色谱图不出现维生素 B_1 的色谱峰？
4. 流动相中 KH_2PO_4 的作用是什么？试述反相离子对色谱的分离机制。
5. 荧光法和毛细管电泳法能否测定天然水样中的维生素 B_{12}，为什么？

6. 查阅文献设计食品或药品中水溶性维生素的分析方法。

[学习指导]

实验操作要点及注意事项

1. 维生素 B_{12} 见光容易分解，标准溶液应配在棕色瓶中并低温保存。
2. 开启仪器应按操作规程，观察仪器参数是否在设定范围内。待仪器稳定时，方可进样分析。
3. 每完成一种试液分析，应用甲醇等溶剂将注射针彻底洗干净。否则会引起样品残留，影响下一个样品分析。
4. 实验结束，应按规定清洗仪器，方能关机。

实验知识拓展

固相萃取（solid phase extraction，SPE）是目前实验室常用的一种微量样品分离富集技术，其原理是利用选择性吸附与选择性洗脱的液相色谱分离原理，使液体样品通过一吸附剂小柱，保留其中某些组分，再选用适当的溶剂冲洗杂质，然后用少量溶剂迅速洗脱，从而达到快速分离净化与浓缩的目的。

XI 天然水样中叶绿素 a 的荧光分析

实验目的

1. 掌握同步荧光分析基本原理和测量方法。
2. 了解荧光分光光度计的基本结构和工作原理，掌握其使用方法。
3. 使学生能熟练运用已掌握的理论知识进行分析问题，培养学生的综合实验技能和创新思维能力。

实验原理

叶绿素是海洋生态学中必不可少的检测项目。由海水中叶绿素（通常为叶绿素 a）的量可推知海水中浮游植物的总量。海洋浮游植物是海洋生态系统中的初级生产者，故测定天然水样中浮游植物所含的叶绿素是反映浮游植物生物量乃至初级生产力的最有效而且方便的指标，对估计天然水体初级生产力有着重要意义。海水中叶绿素的含量与海洋渔业及海水养殖有密切关系，且叶绿素浓度的分布和变化与海洋环境理化因子有一定的相关性。因此准确测定叶绿素的含量，也有利于海洋渔业和养殖业的发展及海洋生态环境的保护。

海水中的叶绿素分析主要采用分子吸收光度法和荧光光度法。前者的灵敏度不高，现多用荧光法。先用滤膜过滤海水，使海水中含活体叶绿素的各种浮游植物保留在滤膜上，处理滤膜，用适当溶剂将叶绿素萃取出来。然后，利用叶绿素 a 所具有的天然荧光进行测定。叶绿素 a 的荧光激发和发射峰分别位于 428nm 和 667nm。萃取液中存在其他植物色素，如脱镁叶绿素和叶绿素 b 的干扰。为减少其干扰，本实验采用同步荧光法进行测定。

仪器与药品

减压过滤装置；冰箱；荧光光谱仪；$0.45\mu m$ 滤膜。

叶绿素 a 的储备液；N,N-二甲基甲酰胺（DMF）；天然水样（由实验员提供）；饱和碳酸镁溶液。

实验步骤

1. 标准溶液的制备

取叶绿素 a 的储备液，用 N,N-二甲基甲酰胺（DMF）做溶剂，稀释成 $0ng \cdot mL^{-1}$、

40ng·mL^{-1}、80ng·mL^{-1}、120ng·mL^{-1}、160ng·mL^{-1}和200ng·mL^{-1}的系列标准溶液。

2. 天然水样的处理

取适量水样（0.5～2L），加入体积为水样5%的饱和碳酸镁溶液，经0.45μm滤膜减压过滤，截留天然水样中的浮游植物细胞于滤膜上。滤膜取出风干，加入10mL的N,N-二甲基甲酰胺萃取剂，盖好，放入冰箱0.5h后，即可取上层清液进行荧光测定。

3. 荧光激发和发射光谱的测绘

取叶绿素a的标准溶液（以160ng·mL^{-1}为例），定激发波长为428nm，在600～800nm范围内扫描其荧光发射光谱；定发射波长为667nm，在350～600nm范围内扫描其荧光激发光谱。

4. 标准同步荧光光谱的测绘

取叶绿素a标准溶液（以160ng·mL^{-1}为例），用$\Delta\lambda=239$nm在激发波长350～600nm范围内进行同步扫描，得叶绿素a的同步荧光光谱。

5. 工作曲线

以$\Delta\lambda=239$nm对系列叶绿素a标准溶液进行同步扫描，由同步荧光峰信号对浓度绘制成工作曲线。

6. 样品同步荧光光谱的测绘

同步骤4扫描测绘萃取液的同步荧光光谱，比较萃取液和标样的光谱。

7. 样品的定量

测叶绿素a的同步荧光峰强度，查对工作曲线，求出浓度值。计算出天然水样中叶绿素a的含量。

思考题

1. 为什么水样过滤前需加入$MgCO_3$？
2. 叶绿素a的同步荧光光谱和常规荧光光谱相比，有什么不同？
3. 天然水样中的叶绿素从何而来？试想若叶绿素含量较高，足以现场测定，那么直接天然水样现场叶绿素测定所得的荧光光谱和经萃取后的叶绿素荧光光谱是否相同？请分析原因。

[学习指导]

实验操作要点及注意事项

1. 叶绿素见光易分解，注意避光操作。
2. 应取用新鲜天然水样（或海水）。
3. 注意荧光分光光度计的开关机顺序。开机时主机电源需在确认氙灯亮后才开启。关机时则相反，主机电源先关。

实验知识拓展

在常规荧光分析中，所获得的两种类型的光谱是荧光激发光谱和发射光谱。而同步荧光光谱是在同时扫描激发和发射两个单色器波长的情况下测绘光谱的，由测得的荧光强度信号与对应的激发波长（或发射波长）构成的光谱图称为同步荧光光谱。目前最广为使用的恒波长同步荧光分析法，即在扫描过程中使激发波长和发射波长两者之间始终保持固定的波长间隔$\Delta\lambda$（$\Delta\lambda=\lambda_{em}-\lambda_{ex}$）。对于某种待测物质，在实验条件保持固定的情况下，同步荧光信号与待测物质的浓度呈正比。叶绿素a的荧光激发和发射波长差为239nm，选用此值作为$\Delta\lambda$进行光谱扫描，利用所得的同步荧光峰的位置、形状和强度，就可鉴别叶绿素a的存在和测出其含量。

实验 9-2 表面活性剂综合分析

表面活性剂是一类具有多种灵活用途的有机化合物。除了大量地作为日用洗涤剂外，还广泛地应用于石油、煤炭、机械、化学、冶金、材料、轻工业及农业生产中。此外，表面活性剂科学与其他科学也有着密切的联系，特别是在生物物理化学和化学动力学领域中，表面活性剂逐渐成为重要的研究对象。因此，表面活性剂的开发与应用已成为一个非常重要的行业。

在化学结构上，表面活性剂都是由非极性的、亲油（疏水）的长碳氢链和极性的、亲水（疏油）的基团共同构成的，这两个基团分处分子的两端，形成不对称的结构。因此，表面活性剂分子是一种两亲分子，具有亲油又亲水的两亲性质。亲油基团的差别主要表现在碳氢链的结构变化上，差别较小。亲水部分的基团则种类繁多，各式各样，所以表面活性剂的性质差异，除与碳氢链的大小、形状有关外，主要还与亲水基团的不同有关。亲水基团的结构变化远大于亲油基团，因而表面活性剂的分类，一般也以亲水基团的结构为依据。根据亲水基团的离子性或非离子性考虑，表面活性剂可分为阴离子、阳离子、非离子及两性表面活性剂等。

本实验通过测定十二烷基硫酸钠的表面张力与浓度的关系曲线，以及测定十二烷基硫酸钠胶束的解离平衡常数和胶束的生存期，使学生了解表面活性剂的表面吸附性质以及表面活性剂胶束形成-破坏的动力学机制，让学生掌握表面活性剂研究的最基本的实验技术和知识。

I 表面吸附的物理化学性质

实验目的
1. 用吊片法测定十二烷基硫酸钠的表面张力与浓度的关系曲线。
2. 了解表面活性剂的表面吸附性质。
3. 掌握 Sigma 701 型自动表面张力测定仪的原理和使用方法。
4. 进一步培养学生的实验技能，提高学生分析问题的能力。

实验原理
表面张力是衡量表面活性剂表面活性大小的最重要物理量。在表面活性剂溶液的浓度很稀时，溶液中的表面活性剂分子呈分散状态，表面上分子的状态是亲水基团留在水中，亲油基团伸向空气。由于表面活性剂分子在溶液表面上的吸附，溶液的表面张力随着表面活性剂浓度的增加而急剧下降。但当浓度超过某一定值后，表面上的表面活性剂分子达到吸附饱和状态，溶液中的表面活性剂分子的亲油基团相互靠在一起而形成胶团，以减少亲油基团与水的接触面积。由于胶团不具有活性表面，溶液的表面张力不再随着表面活性剂浓度的增加而下降。这一定值称为临界胶团浓度（cmc）。

仪器与药品
Sigma 701 型自动表面张力测定仪，N1-2RC 低温恒温循环水槽。
十二烷基硫酸钠（A.R.）。

实验步骤
1. 用重蒸馏水准确配制 $0.002\ \mathrm{mol \cdot L^{-1}}$、$0.004\ \mathrm{mol \cdot L^{-1}}$、$0.006\ \mathrm{mol \cdot L^{-1}}$、$0.007\ \mathrm{mol \cdot L^{-1}}$、$0.008\ \mathrm{mol \cdot L^{-1}}$、$0.009\ \mathrm{mol \cdot L^{-1}}$、$0.010\ \mathrm{mol \cdot L^{-1}}$、$0.012\ \mathrm{mol \cdot L^{-1}}$、

0.014mol·L^{-1}、0.016mol·L^{-1}、0.018mol·L^{-1}、0.020mol·L^{-1}的十二烷基硫酸钠溶液各100mL。

2. 仔细阅读自动表面张力测定仪说明书，掌握自动表面张力测定仪的原理和正确的使用方法。

3. 用重铬酸钾洗液清洗吊片和样品池。

4. 分别测定上述溶液在温度为25℃、30℃、35℃、40℃、45℃时的表面张力。

数据记录与处理

1. 作表面张力γ与浓度c的关系曲线。

2. 用曲线拟合的方法找出γ-c的关系式，然后求出$(d\gamma/dc)_T$的表达式，代入Gibbs吸附公式，求出在不同浓度时气/液界面上的吸附量Γ，并作吸附量Γ与浓度c的关系曲线。

3. 用Langmuir吸附等温方程和Frumkin吸附等温方程分别对实验曲线进行拟合，找出实验曲线是符合哪种吸附等温方程。

4. 作cmc与温度T的关系曲线，计算出胶团形成的标准自由能、标准焓变化和标准熵变化，并列成表格。

思考题

1. 少量的杂质（如醇类）对十二烷基硫酸钠的表面张力会有什么影响？

2. 温度对十二烷基硫酸钠的表面张力会有什么影响？

3. 测定溶液的表面张力，除了吊片法外，还有哪些方法？请论述它们的优缺点。

4. 关于胶团形成的热力学，除了质量作用模型外，还有哪些模型？请讨论它们的优缺点。

[学习指导]

实验操作要点及注意事项

1. 要仔细阅读自动表面张力测定仪说明书，掌握自动表面张力测定仪的原理和正确的使用方法。

2. 清洗吊片和样品池时，由于重铬酸钾洗液具有腐蚀性，要戴上PE手套，不可让洗液沾到皮肤和眼睛。

3. 实验完毕，要将吊片和样品池洗净并放回原处。

实验知识拓展

表面张力是衡量表面活性剂表面活性大小的最重要物理量。

1. 表面张力和表面吸附量的测定

在一定的温度下，表面活性剂浓度、表面张力与表面吸附量之间的定量关系可用Gibbs吸附等温方程表达，即

$$\Gamma = -\frac{c}{RT}\left(\frac{d\gamma}{dc}\right)_T \tag{9-1}$$

式中 Γ——气/液界面上的吸附量，mol·m^{-2}；

γ——溶液的表面张力，N·m^{-1}；

T——热力学温度，K；

c——表面活性剂浓度，mol·L^{-1}；

R——摩尔气体常量。

式(9-1)适用于非离子型表面活性剂，对于离子型表面活性剂，情况比较复杂。对于

1-1 型不水解的离子型表面活性剂，如：Na^+R^-（R^-为表面活性剂离子），在水溶液中基本完全电离。此时 Gibbs 吸附定理应取式(9-2) 形式

$$\Gamma = -\frac{c}{nRT}\left(\frac{d\gamma}{dc}\right)_T \tag{9-2}$$

当溶液中有过量无机盐存在时，$n=1$；当溶液中无盐时，$n=2$。

用曲线拟合的方法找出 γ-c 的关系式，然后求出 $(d\gamma/dc)_T$ 的表达式，代入 Gibbs 吸附公式，即可求出在不同浓度时气/液界面上的吸附量 Γ。

2. 吸附等温线

吸附等温线一般可分为两种类型。

(1) 理想表面模型

表面吸附和脱附的活化能与表面吸附量无关（$E_a = E_a^\ominus$，$E_d = E_d^\ominus$），如 Langmuir 吸附等温方程。Langmuir 吸附等温方程可表示为

$$\Pi = RT\Gamma_\infty \ln\left(1 + \frac{c}{a}\right) = -RT\Gamma_\infty \ln\left(1 - \frac{\Gamma}{\Gamma_\infty}\right) \tag{9-3}$$

$$\frac{\Gamma}{\Gamma_\infty} = \frac{\dfrac{c}{a}}{1+\dfrac{c}{a}} \tag{9-4}$$

式中　Π——表面压；

a——Langmuir-Szyszkowski 常量；

Γ_∞——溶液表面极限吸附量；

c——溶液中表面活性剂浓度。

(2) 非理想表面模型

表面吸附和脱附的活化能与表面吸附量有关（$E_a = E_a^\ominus + v_a\Gamma$，$E_d = E_d^\ominus + v_d\Gamma$），如 Frumkin 方程。Frumkin 方程为

$$\Gamma = \frac{\Gamma_\infty c}{a\exp\left(-\dfrac{2H}{RT}\times\dfrac{\Gamma}{\Gamma_\infty}\right)+c} \tag{9-5}$$

$$\Pi = -RT\Gamma_\infty\left[\ln\left(1-\frac{\Gamma}{\Gamma_\infty}\right)+\frac{H}{RT}\left(\frac{\Gamma}{\Gamma_\infty}\right)^2\right] \tag{9-6}$$

式中，$H = 1/2(v_d - v_a)\Gamma_\infty$，$v_d$、$v_a$ 是常数。当 $H=0$ 时，Frumkin 方程还原为 Langmuir 方程。

3. 胶团形成的热力学函数

根据质量作用模型，胶团形成可看成是一种缔合过程。对于正离子表面活性剂在溶液中的缔合，采用关系式(9-7)。

$$jC^+ + (j-z)A^- = M^{z+} \tag{9-7}$$

胶团 M^{z+} 是 j 个表面活性剂的正离子和 $(j-z)$ 个表面活性剂的负离子牢固结合的聚合体。其平衡常数为

$$K_M = \frac{F[M^{z+}]}{[C^+]^j[A^-]^{j-z}} \tag{9-8}$$

式中，$F = f_M/[(f_C)^j(f_A)^{(j-z)}]$（$f$ 为有关的活度系数）。

胶团形成的标准自由能变化为

$$\Delta G_{MA}^\ominus = -\frac{RT}{j}\ln K_M = -\frac{RT}{j}\ln\frac{F[M^{z+}]}{[C^+]^j[A^-]^{j-z}} \tag{9-9}$$

一般情况下，在 cmc 时，溶液的浓度很稀，而胶团聚集数 j 较大，$(1/j)\ln(F[M^{z+}])$ 项可以略去，且 $[C^+]=[A^-]=cmc$，若 $z=0$，则

$$\Delta G_{MA}^{\ominus}=2RT\ln cmc \tag{9-10}$$

相应于这种处理的标准焓变化 $\Delta H_{MA}^{\ominus}$ 为：

$$\Delta H_{MA}^{\ominus}=-2RT^2\left(\frac{\partial \ln cmc}{\partial T}\right)_p \tag{9-11}$$

标准熵变化 $\Delta S_{MA}^{\ominus}$ 为

$$\Delta S_{MA}^{\ominus}=\frac{\Delta H^{\ominus}-\Delta G^{\ominus}}{T} \tag{9-12}$$

Ⅱ 表面活性剂胶团胶束形成——破坏动力学

实验目的

1. 用快速反应装置测定十二烷基硫酸钠胶束的解离平衡常数和胶束的生存期。
2. 了解表面活性剂胶束形成-破坏的动力学机制。
3. 掌握快速反应装置的原理和使用方法。
4. 进一步培养学生灵活运用已掌握的理论知识的能力，提高学生的实验技能。

实验原理

当表面活性剂浓度达到 cmc 时，溶液中的表面活性剂分子或离子开始缔合成为胶团。随着表面活性剂浓度的增加，由于表面已经占满，只能增加溶液中胶束的数量和引起胶团结构的改变。胶团结构的变化规律为：球状→棒状→层状→液晶。各种构型的胶团都有其存在的浓度区域。由于胶团体系具有其特殊的性质并具有重要的应用前景，所以胶团性质的研究已成为一个很重要的研究领域。

在溶液中，表面活性剂胶团的大小分布是与温度、压力和浓度有关的。目前，一般通常采用化学弛豫的方法研究胶团形成的动力学，此方法是从处于热力学平衡状态下的反应物与生成物的混合物入手，继而使决定该平衡的环境参数中的一个（如温度、压力等）产生一个快速的，但非常微小的变化来微扰这一平衡。结果，该体系移动到一个新的、由微扰参数最终值决定的平衡状态，而该体系的变化以一个（或多个）时间常数，即化学弛豫时间来表征。弛豫时间是指浓度对其平衡值的偏移降低到其起始值的 $1/\tau$ 时的时间间隔。本实验采用浓度阶跃的方法。

仪器与药品

紫外分光光度计。
十二烷基硫酸钠（A.R.）；吖啶橙（A.R.）。

实验步骤

1. 根据 30℃时十二烷基硫酸钠的 cmc，配制两种溶液，一种略低于 cmc，另一种略高于 cmc 且加入一定量的染料，并将恒温槽的温度控制在 30℃。
2. 测定染料（吖啶橙）的最大吸收波长。
3. 测定混合液在不同时间下的吸光度。
4. 用动态光散射的方法测定混合液中胶束的多分散性 σ。
5. 在 35℃、40℃、45℃下，重复步骤 1~4。

数据记录与处理

1. 以不同温度下的 $\ln(A-A_\infty)$ 对 t 作图，求出 τ_2。

2. 将 τ_2 和 σ 代入式(2.14)，求出胶团生存期 T_m。

思考题
1. 十二烷基硫酸钠中的杂质对实验结果是否有影响？
2. 论述温度对胶束解离平衡常数和胶束的生存期的影响。
3. 在表面活性剂胶团动力学研究中，除了浓度阶跃法外，还有哪些主要研究方法？

[学习指导]

实验操作要点及注意事项
1. 仔细阅读紫外分光光度计的说明书，掌握快速反应装置的原理和正确的使用方法。
2. 将两种要混合的溶液分别装在两个注射器中，并快速混合。
3. 测定不同温度条件下的数据，在重复实验步骤1～4时，要取对应于实验温度时的十二烷基硫酸钠的 cmc 值。

实验知识拓展
在溶液中，表面活性剂胶团的大小分布是与温度、压力和浓度有关的。目前，一般通常采用化学弛豫的方法研究胶团形成的动力学。

1. 胶团胶束形成-破坏动力学机制
胶束形成-破坏是一个慢过程，其弛豫时间的表达式为

$$\tau_2^{-1} = N^2(R\overline{A}_s)^{-1}\left(1 + \frac{\sigma^2}{N^\alpha}\right) \tag{9-13}$$

其中

$$R = \sum(k_s^- \overline{A}_s) \quad \alpha = (c-c_1)/c_1$$

式中 $\overline{A}_s$ ——聚集体的平衡浓度；
k_s^- ——胶团解离平衡常数；
c ——表面活性剂浓度；
c_1 ——表面活性剂单体的浓度，可以当作临界胶团浓度（cmc）；
σ ——表征胶束的多分散性；
N ——胶团的聚集数。

胶团溶液中的胶团生存期 T_m 与 τ_2 存在如下关系

$$T_m = N\tau_2\alpha\left(1 + \frac{\alpha^2}{N^\alpha}\right) \tag{9-14}$$

式(2.14)表明只要测定胶束形成-破坏弛豫时间 τ_2 和 σ，即可求出胶团生存期 T_m。

2. 浓度阶跃法
将两种要混合的表面活性剂溶液，一种略低于 cmc，另一种略高于 cmc，分别装在两个注射器中，其活塞由气动系统驱动。两种溶液流入一个混合室，在其中经过几毫秒达到充分混合，然后送入测量池，以分光光度计检测其浓度的变化。由于十二烷基硫酸钠本身并不含发色团，因而实验需要添加染色剂以指示反应的进行，但所加染色剂的量应以不影响反应为前提。其弛豫时间 τ 与吸光度 A 的关系为

$$\ln(A - A_\infty) = -t/\tau + \ln(A_0 - A_\infty) \tag{9-15}$$

式中 A_∞ ——平衡时的吸光度；
A_0 ——停止流动时的吸光度。

因此，通过 $\ln(A-A_\infty)$ 对 t 作图，即可求出弛豫时间 τ。

实验 9-3 植物叶绿体色素的提取、分离、表征及含量测定

实验目的
1. 利用化学手段提取和纯化植物叶片中的叶绿素、胡萝卜素色素，并用光谱技术（导数分光光度法、同步荧光法）和高效液相色谱法进行表征和含量测定。
2. 让学生初步掌握天然产物的分离提取、鉴定及含量测定等实验技术。
3. 培养学生的综合实验技能和创新思维能力。

实验原理
高等植物体内的叶绿体色素有叶绿素和类胡萝卜素两类，主要包括叶绿素 a($C_{55}H_{72}O_5N_4Mg$)、叶绿素 b（$C_{55}H_{70}O_6N_4Mg$）、β-胡萝卜素（$C_{40}H_{56}$）和叶黄素（$C_{40}H_{56}O_2$）4 种。叶绿素 a 和叶绿素 b 为吡咯衍生物与金属镁的络合物，β-胡萝卜素和叶黄素为四萜类化合物。根据它们的化学特性，可将它们从植物叶片中提取出来，并通过萃取、沉淀和色谱分离方法将它们分离开来。

高效液相色谱是在高效分离的基础上对各个色素进行测定的，对叶绿素和胡萝卜素等天然产物的分析测定是一种非常有效的手段。

仪器与药品
DU-7HS 型或其他类型具有导数功能的自动扫描式分光光度计，荧光分光光度计，TSP 高压梯度 HPLC 仪（包括 UV-2000 型双波长吸收检测器和 PC1000 型色谱工作站），新华 1 号色谱滤纸。

叶绿素 a、叶绿素 b 和 β-胡萝卜素纯品为定购产品，甲醇，乙腈，丙酮，CCl_4，石油醚，乙醚，甲醇，碳酸镁。

新鲜绿叶蔬菜。

实验步骤
一、叶绿体色素的提取和色谱分离
1. 叶绿体色素的提取

称取干净的新鲜绿叶蔬菜（如菠菜等）10g，剪碎后放入研钵，加入 0.5g 碳酸镁，将菜叶粗捣后加入 20mL 丙酮，迅速研磨 5min 倒入不锈钢网滤器过滤，残渣再研磨提取 1 次。合并滤液，转入预先放有 20mL 石油醚的分液漏斗中，加入 5mL 饱和 NaCl 溶液和 45mL 蒸馏水，摇匀，使色素转入石油醚层。再用 2×50mL 蒸馏水洗涤石油醚层 2 次。往石油醚色素提取液中加入无水 Na_2SO_4 除水，并进行适当浓缩，约得 10mL 提取液。

2. 纸色谱

采用新华 1 号色谱滤纸，展开剂用石油醚-乙醚-甲醇体积比为 30：1.0：0.5 等。展开方式可以采用上升法、下降法或辐射法等。如为制备少量天然叶绿素 a 和叶绿素 b 纯品，最好采用辐射法。用毛细管在直径为 11cm 滤纸中心重复点样 3~4 次，斑点约 1cm。吹干后，另在样斑中心点加 1~2 滴展开剂，让样品斑形成一个均匀的样品环。沿着样品环中心穿一个直径约为 3mm 的洞，做一条 2cm 长的滤纸芯穿过。取一对直径为 10cm 培养皿，其中一个倒入约 1/3 的石油醚-乙醚-甲醇展开剂，放上色谱滤纸，盖上另一培养皿，展开。纸色谱分离后，分别将各个色带剪下，用体积比为 90：10 的丙酮-水溶液溶出，以备配制色素标准液时使用。

3. 硅胶薄层色谱

采用 5cm×20cm 硅胶板，105℃ 活化 0.5h。展开剂为石油醚（60~90℃）-丙酮-乙醚

(体积比为 3∶1∶1)。

4. 氧化铝柱色谱

在直径为 1.0cm 的加压色谱柱底部放少量的玻璃丝,分别加入 0.5cm 高的海沙、10cm 高的色谱中性氧化铝(250 目)和 0.5cm 高的海沙。加入 25mL 石油醚,用双连球打气加压浸湿氧化铝填料。整个洗脱过程应保持液面高于氧化铝填料。将 2.0mL 植物色素提取液加到色谱柱顶部。流完后,再加少量石油醚洗涤,使色素全部进入氧化铝柱体。加入 25mL 石油醚-丙酮(体积比为 9∶1)溶液,适当加压洗脱出第一个有色组分——橙黄色的 β-胡萝卜素溶液。然后约用 50mL 石油醚-丙酮体积比为 7∶3 的溶液洗脱出第二个黄色带——叶黄素溶液和第三个色带——叶绿素 a (蓝绿色)。最后用石油醚-丙酮体积比为 1∶1 的溶液洗脱叶绿素 b(黄绿色)组分。收集各色带后,放入棕色瓶低温保存。

5. 样品纯度的鉴定

色谱法分离得到的样品组分,可用吸收光谱(400~700nm)和荧光光谱进行表征和鉴定。其纯度可通过薄层色谱和后面实验的 3 种测定技术进行测定。

二、叶绿素 a 和叶绿素 b 的同时测定

1. 标准溶液系列的配制:应用多波长分光光度法确定用纯品试剂配制或用经分离提纯液配制的标准液的浓度 D 的计算公式为:

叶绿素 a: $c_{\text{Chl a}}(\mu g \cdot mL^{-1}) = 9.78 A_{662} - 0.99 A_{644}$

叶绿素 b: $c_{\text{Chl b}}(\mu g \cdot mL^{-1}) = 21.43 A_{644} - 4.65 A_{662}$

式中,吸光度 A 的下标为测定波长。标准溶液系列均采用体积比为 9∶1 的丙酮-水溶液配制,一般采用 5 种不同浓度的标准溶液绘制工作曲线。

2. 样品试液的制备:样品可以是各种绿色植物叶片,一般取自市场购买的新鲜蔬菜。取 0.5g 左右干净新鲜去脉的菜叶,准确称量,剪碎,置于研钵中,加入 0.10g 固体 $MgCO_3$ 和 3mL 体积比为 9∶1 的丙酮-水溶液,研磨至浆状。沥出离心分离。重新研磨提取直至残余的植物组织无色为止。上层清液收集在 50mL 容量瓶中,以体积比为 9∶1 丙酮-水溶液定容。每份样品应同时提取两份。

3. 导数分光光度法测定

(1) 测绘叶绿素 a、叶绿素 b 的吸收光谱(600~700nm)和一阶导数谱图,确定其导数测定波长,参比溶液为体积比为 9∶1 的丙酮-水溶液。

(2) 绘制 Chla 和 Chlb 的工作曲线:对 5 种不同浓度的叶绿素 a 和叶绿素 b 系列标准溶液,在确定的波长处进行一阶导数光谱测定,用计算机求出各自工作曲线的拟合方程和相关系数。

(3) 测定实际样品溶液的叶绿素 a 和叶绿素 b 含量,换算出蔬菜叶片中它们的含量。

4. 同步荧光法测定

(1) 荧光激发和发射光谱的测绘

叶绿素 a ($160ng \cdot mL^{-1}$):采用 428nm 激发波长,在 600~800nm 范围内扫描其荧光发射光谱;采用 667nm 发射波长,在 350~600nm 范围内扫描其荧光激发光谱。

叶绿素 b:采用 457nm 激发波长,在 600~800nm 范围内扫描其荧光发射光谱;采用 650nm 发射波长,在 350~600nm 范围内扫描其荧光激发光谱。

(2) 同步荧光光谱的测绘:用 $\Delta\lambda = 258nm$ 在激发波长 350~600nm 范围内进行同步扫描,得叶绿素 a 的同步荧光光谱;用 $\Delta\lambda = 193nm$ 在激发波长 350~600nm 范围内进行同步扫描,得叶绿素 b 的同步荧光光谱。

(3) 工作曲线:以 $\Delta\lambda = 258nm$ 对系列叶绿素 a 标准溶液进行同步扫描;以 $\Delta\lambda = 193nm$ 对系列叶绿素 b 标准溶液进行同步扫描。由同步荧光峰信号对浓度绘制成工作曲线。

(4) 菜叶中叶绿素 a 和叶绿素 b 的测定：实际样品试液经适当稀释，直接测定同步荧光峰强度，计算出菜叶中叶绿素 a 和叶绿素 b 的含量。

5. 高效液相色谱法测定

(1) 色谱条件试验：色谱柱为 Hypersil BDS C_{18}（$\phi 4.0mm \times 200mm$，$5\mu m$），另加 1 支 $\phi 20mm$ C_{18} 的保护柱。流动相为二氯甲烷-乙腈-甲醇-水（体积比为 20∶10∶65∶5）溶液，流速为 $1.5mL \cdot min^{-1}$，检测波长为 440nm 和 660nm。进样体积为 $20\mu L$。注入混合标准化合物试液，分析记录的色谱图，确定出峰顺序。

(2) 工作曲线的绘制：分别注入 $0.20mg \cdot mL^{-1}$、$0.40mg \cdot mL^{-1}$、$0.60mg \cdot mL^{-1}$、$0.80mg \cdot mL^{-1}$ 和 $1.00mg \cdot mL^{-1}$ 混合色素标准溶液进行色谱分析，绘制各个色素的浓度-峰面积工作曲线。为提高各个组分的检测灵敏度，可设定一个检测波长-时间程序进行检测。

(3) 实际样品测定：实际样品试液经 $0.2\mu m$ 针头式过滤器直接进样分析。根据保留值定性，对照工作曲线计算各组分含量。

实验结果和讨论

1. 观察提取过程溶液的颜色情况，并根据化合物的特性分析色素的去处。

2. 记录色谱分离谱图，包括斑点的颜色和形状、展开时间及前沿形状，计算比移值，确定各色素组分。

3. 对制备纸色谱和氧化铝柱色谱收集到的各种色素进行吸收光谱扫描（400～700nm），确定为何种化合物及其纯度。

4. 讨论叶绿素 a 和叶绿素 b 的光谱特性。确定可供测定叶绿素 a 和叶绿素 b 的导数波长。分别测量在 646nm 和 635nm 两波长处的一阶导数值，用于绘制叶绿素 a 和叶绿素 b 的工作曲线，并求出它们的拟合方程和相关系数。由于在 646nm 波长处叶绿素 b 的一阶导数值为零，而在 635nm 波长处叶绿素 a 的一阶导数值为零，因而两者的测定互不干扰。

5. 讨论叶绿素 a 和叶绿素 b 的荧光激发、发射光谱和同步荧光光谱。分别以 $\Delta\lambda = 258nm$ 和 193nm 扫描得到的同步荧光峰信号，绘制叶绿素 a 和叶绿素 b 的工作曲线，并求出它们的拟合方程和相关系数。

6. 讨论样品组分的出峰顺序和对比两个波长的色谱图。绘制叶绿素 a 和叶绿素 b 的工作曲线，并求出它们的拟合方程和相关系数。

7. 计算各样品的叶绿素 a 和叶绿素 b 的实际含量和叶绿素 a 和叶绿素 b 的比值。比较同一样品 3 种方法的测定结果，讨论它们的优缺点。

思考题

1. 绿色植物叶片的主要成分是什么？一般天然产物的提取方式有哪些？

2. 色谱法是一种高效分离技术，其"高效性"在于独特的色谱分离过程。结合本实验观察到的植物色素分离过程，联想和体会 GC 和 HPLC 的分离过程。

3. 试比较叶绿素、胡萝卜素和叶黄素 3 种色素的极性，为什么胡萝卜素在氧化铝色谱柱中移动最快？

4. 为何在 646nm 和 635nm 波长处叶绿素 b 和叶绿素 a 的一阶导数值分别为零？试从吸收光谱与一阶导数谱图的关系加以解释。

5. 叶绿素同步荧光光谱和常规荧光光谱相比，有什么不同？能否只用一次同步扫描完成叶绿素 a 和叶绿素 b 的测定？

6. 在 HPLC 中，采用双波长检测有什么好处？如何确定色谱峰的纯度？

7. 对比同一份植物叶片试液的 3 种分析结果，简述导数分光光度法、同步荧光法和高效液相色谱法的特点。

[学习指导]

实验操作要点及注意事项

1. 叶绿体色素对光、温度、氧气、酸碱及其他氧化剂都非常敏感。色素的提取和分析一般都要在避光、低温及无干扰的情况下进行。提取液不宜长期存放,必要时应抽干充氮,避光低温保存。

2. 在导数分光光度法测定时,各组测得的最大吸收波长和一阶导数测定波长可能略有不同,应以自己测得的为准。

3. 色素提取液可能含有不溶物(如植物组织),色谱分析时必须除去,否则将缩短柱寿命。实验过程采用保护柱和针头过滤器保护色谱柱。

4. 每完成1种试液分析,应用丙酮等溶剂将液池和进样注射针筒彻底清洗干净,否则会引起样品残留,影响下一个样品的分析。

实验知识拓展

叶绿素 a 和叶绿素 b 的分子结构相似,它们的吸收光谱、荧光激发光谱和发射光谱重叠,用常规分光光度法和荧光方法难以实现其同时测定。但利用一阶导数光谱技术和同步荧光技术,消除了叶绿素 a 和叶绿素 b 的光谱干扰,可以同时测定它们的含量。

实验 9-4 GC-ECD 法测定蔬菜中拟除虫菊酯类农药的残留量

实验目的

1. 熟悉样品的制备、提取、净化、浓缩等预处理过程的操作原理和方法。
2. 进一步掌握气相色谱的定性与定量方法的基本原理和应用。
3. 掌握 Agilent 4890D 气相色谱仪和 3398A 色谱工作站的操作方法。

实验原理

目前,施用化学农药仍然是防治农作物病虫、草、鼠害的主要手段,对保护农作物生长和保障农业持续稳定的增长起了积极的作用。但是化学农药的施用也会对农业生态环境和农产品造成不同程度的破坏和污染,如果施用不当,后果尤为严重。近年来,因化学农药严重污染的蔬菜而造成的急性食物中毒事件屡有发生,因此蔬菜中化学农药残留量的检测十分必要。

化学农药残留量分析监测是一种从复杂的混合体系中分离和分析痕量组分的分析监测技术,它要求准确的微量提取操作、高分辨率的分离方法和高灵敏度的检测技术。目前,毛细管气相色谱法和高效液相色谱法(配合高灵敏度的检测器)仍然是化学农药残留量分析监测的主要仪器分析方法。

本实验直接采集新鲜蔬菜样品,样品经过制备、提取、净化和浓缩等预处理过程制备成样品测试液后,用气相色谱外标法(标准曲线法)测定以上 3 种拟除虫菊酯类农药的残留量。

仪器与药品

Agilent 4890D 气相色谱仪(配 Ni^{63}-ECD),3398A 色谱工作站,马弗炉,组织捣碎机,电子天平,超声波提取器,离心机,恒温水浴槽,玻璃棉。

丙酮(HPLC),正己烷(HPLC),层析剂(450℃马弗炉中灼烧 4h 后保存在干燥器中备用):无水硫酸钠(A.R.),色谱用中性氧化铝(A.R.),60~100 目佛罗里(Florisil)

硅藻土。

农药标准品与纯度：氯氰菊酯（cypermethrin）96%，氰戊菊酯（fenvalerate）94.3%，溴氰菊酯（deltamethrin）97.6%。

农药标准溶液的配备：

① 单标准储备液：以市售的氯氰菊酯、氰戊菊酯、溴氰菊酯农药标准品，用正己烷溶剂配制成适当浓度的单标准储备液。

② 单标准中间液：用正己烷溶剂将单标准储备液稀释成适当浓度的单标准中间液。

③ 单标准使用液：用正己烷溶剂分别将 3 个单标准中间液稀释成含氯氰菊酯 $2.00\mu g \cdot mL^{-1}$、氰戊菊酯 $1.00\mu g \cdot mL^{-1}$ 和溴氰菊酯 $2.00\mu g \cdot mL^{-1}$ 的单标准使用液。

④ 混合标准使用液：用正己烷溶剂将 3 个单标准中间液混合稀释成含氯氰菊酯 $20.0\mu g \cdot mL^{-1}$、氰戊菊酯 $10.0\mu g \cdot mL^{-1}$ 和溴氰菊酯 $20.0\mu g \cdot mL^{-1}$ 的混合标准使用液。

新鲜蔬菜样品（20g）。

实验步骤

1. 样品的制备与提取

称取经组织捣碎机绞碎的新鲜蔬菜样品 10g 于 50mL 带盖塑料离心管中，根据样品含水量多少加入适量的无水硫酸钠。然后向离心管样品中加入 13mL 丙酮-正己烷混合溶剂（3：10，体积比），混匀后在超声波提取器中萃取 10min，再用离心机（$3500r \cdot min^{-1}$）离心分离 5min，将离心管上层提取液转移至 100mL 烧杯中。逐次向离心管样品残渣中加入 5mL、3mL 正己烷溶剂，重复以上萃取、离心分离操作两次，合并离心管上层提取液至同一烧杯中。若合并提取液中还存在水分，再加适量无水硫酸钠除水。

2. 色谱柱净化与浓缩

在 30cm（长）×1cm（内径）玻璃管色谱柱底部加少许玻璃棉，按顺序分别装上无水硫酸钠、中性氧化铝和 60~100 目佛罗里硅藻土各约 1.0cm 高，轻轻敲实。先用 3mL 丙酮预洗色谱柱，弃掉淋洗液。再将烧杯中的样品提取液全部转移至柱内进行净化，用 3mL 丙酮-正己烷混合溶剂（1：2，体积比）各洗脱 3 次，收集洗脱液于接液管中。

将接液管置于 50℃ 恒温水浴中用氮气吹脱至洗脱液体积大约低于 0.30mL，再转移至 2mL 的样品瓶中，用正己烷定容至 1mL，加盖密封，置于冰箱（0~4℃）中保存待测。

3. 测定

（1）色谱操作条件

色谱柱：HP-5 石英弹性毛细管柱（柱长 30m，内径 0.32mm，液膜厚度 $0.25\mu m$）。

载气与柱前压：高纯氮气，157.9kPa。

检测器及温度：Ni^{63}-ECD，300℃。

进样口温度：260℃；采用不分流进样方式。

柱温（程序升温）：

$$160℃\ 保持1min \xrightarrow{升温速率23℃ \cdot min^{-1}} 250℃\ 保持3min \xrightarrow{升温速率4℃ \cdot min^{-1}} 280℃\ 保持10min$$

（2）GC-4890D（Ni^{63}-ECD）的操作使用

按 GC-4890D（Ni^{63}-ECD）的操作方法，开机预热稳定后，在 3398A 色谱工作站上设置色谱仪各参数空运行一次，待色谱基线平稳后即可进样测定。

（3）定性测定

用 $10\mu L$ 微量进样器分别吸取 $2.00\mu L$ 氯氰菊酯、氰戊菊酯、溴氰菊酯的单标准使用液进样，绘制各自完整的单标准色谱图。

(4) 外标法（标准曲线法）系列溶液的测定

外标法（标准曲线法）系列溶液的配制：取 4 个干净的 10mL 容量瓶，分别移入 0.00mL、0.50mL、1.00mL、2.00mL、3.00mL 混合标准使用液，用正己烷溶剂定容至刻度，摇匀后备用。用 10μL 微量进样器分别吸取 2.00μL 外标法（标准曲线法）系列溶液进样，绘制各自完整的外标法（标准曲线法）色谱图。

(5) 样品的测定

用 10μL 微量进样器吸取 2.00μL 样品测试瓶中的样品制备液进样，绘制完整的色谱图。

数据记录与处理

1. 在 3398A 色谱工作站上，对所有绘制的色谱图进行数据处理，求出各色谱峰的保留时间与峰面积。

2. 以保留时间为依据，比较单标准、外标法（标准曲线法）标准、样品制备液色谱图，定性鉴定 3 种物质的色谱峰。

3. 以外标法（标准曲线法）系列色谱图中各物质的浓度对峰面积作图，或者用最小二乘法回归出各物质浓度-峰面积线性方程。

4. 根据样品制备液色谱图中各物质的峰面积在相应的外标法（标准曲线法）浓度-峰面积图或方程中求出样品制备液中各物质的浓度。

5. 分别计算蔬菜样品中 3 种菊酯类农药的残留量（以 $\mu g \cdot g^{-1}$ 表示）。

思考题

1. 样品的预处理过程非常重要，其农药残留物的提取效率直接影响到最后测定结果的准确度，应该怎样来评估农药残留物的提取效率？

2. 用外标法-标准曲线法测定蔬菜中菊酯类农药残留量，应特别注意哪些事项？是否可以采用归一化法或内标法来测定其残留量？

3. 如果农药残留物的色谱峰有重叠，不能完全分开，可以调节哪些参数来改善色谱分离效果？

[学习指导]

实验操作要点及注意事项

1. 新鲜蔬菜样品含水量较大，因此预处理过程中要注意除水，切不可将含水分的样品制备液进样。

2. 在开启色谱仪之前，要先开通载气数分钟。实验结束后要先关仪器，再关闭载气。

实验知识拓展

蔬菜中残留的化学农药主要含有机氯、有机磷、氨基甲酸酯和拟除虫菊酯 4 大类。其中拟除虫菊酯农药是施用于果树、蔬菜、棉花、茶树、小麦、水稻等农作物的一种广谱型杀虫剂。此类农药品种多、药效高、用途广，且具有降解快、残留低等特点，但是短期毒性大。因此世界各国都对其残留量制定出极为严格的限量标准，我国制定的蔬菜中该类农药最高残留量的国家标准为：氯氰菊酯 $0.20mg \cdot kg^{-1}$（GB 4829.4—1994）；氰戊菊酯 $0.20mg \cdot kg^{-1}$（GB 14928.5—1994）；溴氰菊酯 $0.20mg \cdot kg^{-1}$（GB 4828.4—1994）。

化学农药残留量分析监测是一种要求准确的微量提取操作、高分辨率的分离方法和高灵敏度的检测技术，目前主要的仪器分析方法是毛细管气相色谱法和高效液相色谱法。

实验 9-5　稀土铕、铽 β-二酮配合物的合成、表征及其发光性能测定

实验目的
1. 了解两种稀土离子铕 Eu(Ⅲ) 和 Tb(Ⅲ) 的配合物的合成、表征方法。
2. 通过紫外吸收光谱和激发、发射光谱对其荧光性质进行研究。

实验原理
稀土元素是指镧系元素加上同属ⅢB族的钪（Sc）和钇（Y），共 17 种元素。由于稀土元素具有外层电子结构相同，而内层 4f 电子能级相近的电子层结构，含稀土元素的化合物表现出许多独特的化学性质和物理性质，在光、电、磁等领域得到了广泛的应用，被誉为新材料的宝库。稀土元素的原子具有未充满的受到外界屏蔽的 4f5d 电子态，因此有丰富的电子能级和长寿命激发态，能级跃迁通道多达 20 余万个，可以产生多种多样的辐射吸收和发射，几乎覆盖了整个固体发光的范畴，构成了广泛的发光和激光材料。并且稀土元素由于 4f 电子处于内层轨道，受外层 s 和 p 轨道有效屏蔽，受外界环境的干扰少，4f 轨道能级差极小，f-f 跃迁呈现尖锐的线状光谱，具有非常好的色纯度。20 世纪 40 年代，Weissman 发现用近紫外线可以激发某些具有共振结构的有机配体的稀土配合物产生较强的荧光，其后相继发现了其他一些稀土配合物的光致发光配合物，20 世纪 60～70 年代，伴随着寻找激光工作物质，人们开始系统地研究稀土发光配合物。现在稀土发光材料已经广泛地应用于分子荧光免疫分析、结构探针、防伪标签、生物传感器、农用薄膜和器件显示等领域。

本实验选择 β-二酮二苯甲酰甲烷（dibenzoylmethane，DBM）来敏化 Eu^{3+} 发光，用乙酰丙酮（acetylacetone，ACAC）来敏化 Tb^{3+} 发光，用邻菲啰啉（Phen）作为中性配体屏蔽水分子的影响和加强配合物的刚性结构，来研究配合物的紫外吸收和发光性能。

仪器与药品
球形冷凝管，烧杯（100mL，250mL），量筒（10mL），磨口锥形瓶（250mL），吸滤瓶（250mL），布氏漏斗（6cm），容量瓶（100mL），磨口塞（19号），抽气头（19号），表面皿，洗瓶，搅拌磁子，镍匙，骨匙，滴管，玻璃棒，煤气灯，石棉网。

Eu_2O_3 99% (A.R.)，Tb_4O_7 99% (A.R.)，氢氧化钠 (C.P.)，盐酸 (C.P.)，二苯甲酰甲烷 (C.P.)，乙酰丙酮 (C.P.)，一水邻菲啰啉 (C.P.)，乙醇 (C.P.)。

实验步骤
1. 制备氯化稀土盐溶液

(1) $0.02 mol \cdot L^{-1}$ $EuCl_3$ 乙醇溶液的配制

0.3519g Eu_2O_3（白色粉末）用过量 1∶1 盐酸加热使其完全溶解，在水浴上蒸发近干，用无水乙醇溶液溶解，于 100mL 容量瓶中配制 $0.02 mmol \cdot L^{-1}$ 溶液（无色）。

(2) $0.02 mol \cdot L^{-1}$ $TbCl_3$ 乙醇溶液的配制

0.3738g Tb_4O_7（棕色粉末）用过量 1∶1 盐酸加热，使其完全溶解，在水浴上蒸发近干，用无水乙醇溶液溶解，于 100mL 容量瓶中配制 $0.02 mmol \cdot L^{-1}$ 溶液（无色）。

2. 配合物 Eu (DBM)$_3$Phen 和 Tb (ACAC)$_3$Phen 的合成

(1) Eu(DBM)$_3$Phen 的合成

称取 0.0456g HDBM（0.3mmol，M=152.19）和 0.0198g Phen·H_2O（0.1mmol，M=198.22），放入 100mL 圆底烧瓶中，加入 15mL 乙醇，在搅拌下溶解。加入约 3mL

0.3mol·L⁻¹的 NaOH 溶液，调节 pH 为 8～9，然后滴加 5mL 0.02mol·L⁻¹ EuCl₃ 乙醇溶液，有浅黄色沉淀生成。溶液在 60℃ 加热搅拌 2h，冷却至室温，陈化，过滤，产物分别用水、乙醇洗涤，红外灯下干燥。称量，计算产率。测定熔点，并进行 IR、^{1}H-NMR 和 MS 表征。

（2）Tb(ACAC)₃Phen 的合成

于分析天平上直接用 100mL 圆底烧瓶称取 0.030g HAc（0.3mmol，$M=100.11$），然后加入 0.0198g Phen·H₂O（0.1mmol，$M=198.22$）和 15mL 乙醇，在搅拌下溶解。加入约 3mL 0.3mol·L⁻¹ 的 NaOH 溶液调节 pH 为 8～9，然后滴加 5mL 0.02mol·L⁻¹ TbCl₃ 乙醇溶液，有白色沉淀生成。溶液在 60℃ 加热搅拌 2h，冷却至室温，陈化，过滤，产物分别用水、乙醇洗涤，红外灯下干燥。称量，计算产率。测定熔点，并进行 IR、^{1}H-NMR 和 MS 表征。

3. 配合物 Eu(DBM)₃Phen 和 Tb(ACAC)₃Phen 荧光性质研究

（1）紫外光谱的测定

称取适量配体和配合物溶解于 CH₂Cl₂ 溶液中，配制 10^{-4} mol·L⁻¹ 左右的稀溶液，测定其紫外吸收光谱，对比自由配体和配合物吸收峰的移动并进行归属，了解形成配合物后能级的变化。

（2）荧光激发、发射光谱的测定

用上述配制的 CH₂Cl₂ 溶液进行溶液中荧光激发、发射光谱的测定，归属发射峰的来源。另用固体粉末测定激发、发射光谱，了解晶体场对荧光发射的影响。

数据记录与处理

1. 红外光谱和紫外吸收光谱的对比

通过自由配体和配合物的 IR、UV 光谱的比较，分析形成配合物后化学键的变化，了解稀土配合物的配位性质。

2. 荧光光谱的分析

讨论荧光光谱的发射峰的特征，了解稀土配合物发光的特点。

思考题

1. 与一般过渡金属和其他金属离子相比，稀土离子形成配合物时有什么特点？
2. 稀土配合物发光材料和其他发光材料有什么优点？
3. 通过文献调研，举例说明稀土发光材料在未来科技中潜在的应用前景。

[学习指导]

实验操作要点及注意事项

稀土配合物之间会有能量传递，少量的铕配合物能够完全淬灭铽配合物的发射，故实验中应避免样品的污染。

实验知识拓展

属于 f-f 禁阻跃迁的三价稀土离子在紫外光区（200～400nm）的吸收系数很小，自身发光效率低。在配合物中有机配体在紫外光区吸收能量后可以有效地将激发态能量通过无辐射跃迁转移给稀土离子的发射态，弥补了稀土离子发光的效应，称为 Antenna 效应（天线效应），是一个光吸收—能量传递—发射过程。具有天线效应的配体之间通过协同效应把所吸收的能量有效地传递给中心离子，使稀土离子受激激发，当稀土离子由激发态回到基态时，发出相应的荧光。这样，与中心离子能级匹配的配体可以大幅度提高稀土离子本身的特征发光。关于稀土配合物分子内部能量传递机制有不同的理论，目前普遍公认的是如下的发光过程：①配体吸收能量后进行 $\pi \to \pi^*$ 跃迁，电子由基态 S_0 跃迁到最低激发单重态 S_1；②S_1 经系间窜跃到最低激发三重态 T_1；③通过键的振动偶合由最低激发三重态 T_1 向稀土离子振动态能级进行能量转移，稀土离子的基态电子受激发跃迁到激发态；④电子由激发态能级返回基态时，发射稀土离子的特征荧光。因此，影响这个过程有 3 个因素：①配体的光吸收强度和内部弛豫过程；②配体-稀土离子的能量传递效率；③稀土离子本身的发射效率。对于某种稀土离子，可以通过选择适宜能级的配体来提高发光强度。

稀土元素与过渡金属相比，在配位数方面有两个突出的特点：①有较大的配位数，例如 3d 过渡金属离子的配位数常是 4 或 6，而稀土元素离子最常见的配位数为 8 或 9，这一数值比较接近 6s、6p 和 5d 轨道数的总和；另一方面，也是由于稀土离子具有较大的离子半径，当配位数同为 6 时，Fe^{3+} 和 Co^{3+} 的离子半径分别为 55pm 和 54pm，而 La^{3+} 和 Gd^{3+} 的离子半径则分别为 103.2pm 和 93.8pm。②有多变的配位数。稀土离子具有较小的配体场稳定化能（一般只有 $4.18kJ \cdot mol^{-1}$），而过渡金属的配体场稳定化能较大（一般 $400kJ \cdot mol^{-1}$），因而稀土元素在形成配合物时，键的方向不强，配位数可以在 3~12 范围内变动。常用来敏化稀土发光的配体有 β-二酮、羧酸等。

激发配体，铕配合物的发射谱中常出现 5 个峰，其中出现在 613nm 处的最强峰对应于 Eu^{3+} 的 $^5D_0 \to {}^7F_2$ 跃迁，出现在 580nm 处的弱峰对应于 Eu^{3+} 的 $^5D_0 \to {}^7F_2$ 跃迁，出现在 595nm 处的峰对应于 Eu^{3+} 的 $^5D_0 \to {}^7F_1$ 跃迁，出现在 653nm 处的峰对应于 Eu^{3+} 的 $^5D_0 \to {}^7F_3$ 跃迁，出现在 705nm 处的峰对应于 Eu^{3+} 的 $^5D_0 \to {}^7F_4$ 跃迁。如果制备的配合物是晶体样品，在晶体场作用下，激发态能级发生分裂，还可以检测到 598nm 和 618nm 等劈裂峰。对铽配合物来说，配合物常出现 4 个荧光发射峰，分别对应于 Tb^{3+} 的 $^5D_4 \to {}^7F_6$（491nm）、$^5D_4 \to {}^7F_5$（548nm）、$^5D_4 \to {}^7F_4$（581nm）和 $^5D_4 \to {}^7F_3$（620nm），其中 $^5D_4 \to {}^7F_5$ 是最强的发射，为超灵敏跃迁发射峰。

配合物的结构式

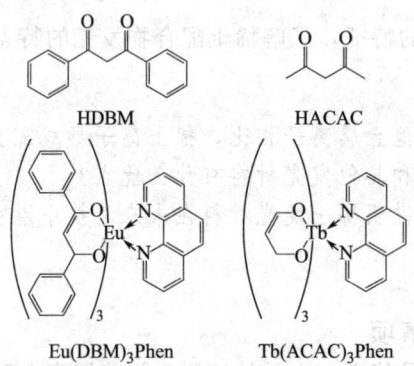

9.3 设计性实验

实验 9-6 水和土壤中有机磷农药残留量的测定

实验目的

1. 学习复杂样品的萃取技术。
2. 学习并掌握水和土壤中有机磷农药残留的测定方法。

3. 学习使用气相色谱仪中的氮磷检测器测定有机磷农药含量的操作方法。

实验原理

采用合适的有机溶剂萃取水或土壤中的有机磷农药。使用气相色谱氮磷检测器测定有机磷农药的含量，如速灭磷（mevinphos）、甲拌磷（phorate）、二嗪磷（diazinon）、异稻瘟净（IBP）、甲基对硫磷（parathion-methyl）、杀螟硫磷（fenitrothion）、溴硫磷（bromophos）、水胺硫磷（isocarbophos）、稻丰散（phenthoate）、杀扑磷（methidathion）等。

供选择的仪器与药品

1. 仪器：气相色谱仪，色谱工作站，水浴锅，微量注射器（5μL，10μL），玻璃磨口样品瓶，旋转蒸发仪，振荡器，真空泵，分液漏斗（500mL），具塞锥形瓶（300mL），吸滤瓶（500mL），布氏漏斗，平底烧瓶（250mL）。

2. 试剂：农药标准样品（速灭磷、甲拌磷、二嗪磷、异稻瘟净、甲基对硫磷、杀螟硫磷、溴硫磷、水胺硫磷、稻丰散、杀扑磷，含量 95%～99%），二氯甲烷（CH_2Cl_2，A.R.），三氯甲烷（$CHCl_3$，A.R.），丙酮（CH_3COCH_3，A.R.），石油醚（沸点 60～90℃），乙酸乙酯（$CH_3COOC_2H_5$，A.R.），磷酸（H_3PO_4，85%，A.R.），氯化铵（NH_4Cl，A.R.），氯化钠（NaCl，A.R.），无水硫酸钠（Na_2SO_4，A.R.，300℃烘 4h），助滤剂 Celite545，玻璃棉，固定液（OV-17，聚苯基甲基硅氧烷），氮气（99.9%，氧的体积分数低于 $5×10^{-6}$），氢气，空气。

实验内容

1. 色谱柱的老化处理。
2. 仪器的调整。
3. 标准样品的制备及标准样品图的获得。
4. 水样的提取及净化（由实验者自采或实验员提供）。
5. 土样的提取及净化（由实验者自采或实验员提供）。
6. 样品分析。
7. 结果处理。

根据标准色谱图各组分的保留时间来确定被测试样中出现的组分数目和名称，计算出各组分的含量（$mg·kg^{-1}$或 $mg·L^{-1}$）。

思考题

1. 如何确定组分的出峰顺序？
2. 定量的方法还有哪些？

[学习指导]

实验操作要点及注意事项

让学生学会气相色谱仪的使用技术，了解复杂样品的萃取技术，掌握水和土壤中有机磷农药残留的测定方法。

实验 9-7　$γ-Al_2O_3$ 的制备、表征和活性评价

实验目的

1. 了解 $γ-Al_2O_3$ 的制备方法。
2. 熟悉催化剂的一些表征方法。

3. 熟练掌握催化剂的活性评价方法。

实验原理

氧化铝是烯烃异构化以及醇类脱水的优异催化剂，也是工业上在金属载体催化剂中大量使用的一种载体，同时作为多功能催化剂中一个组成部分的重要助催化剂。氧化铝通常系由氢氧化铝以及羟基氧化铝等经过加热脱水处理而成。由于制备条件的不同，可以得到具有不同结构和性质的氧化铝。到目前为止，Al_2O_3 按晶型可以分为 8 种，即 $\alpha\text{-}Al_2O_3$、$\theta\text{-}Al_2O_3$、$\gamma\text{-}Al_2O_3$、$\delta\text{-}Al_2O_3$、$\eta\text{-}Al_2O_3$、$\chi\text{-}Al_2O_3$、$\kappa\text{-}Al_2O_3$、$\rho\text{-}Al_2O_3$。通常用作催化剂的氧化铝有 $\eta\text{-}Al_2O_3$ 和 $\gamma\text{-}Al_2O_3$。其中 $\gamma\text{-}Al_2O_3$ 比表面积大，稳定性好，在用作载体时，除了可以起到分散和稳定活性组分的作用外，还可以提供酸碱活性中心，与催化剂的活性组分起到协同作用。

仪器与药品

1. 仪器：搅拌器及恒温水浴，真空泵，马弗炉，天平，反应活性测试装置，气相色谱仪，氢气发生器，记录仪，TPD 装置，真空系统，半微量滴定仪。
2. 试剂：$Al(NO_3)_3$（A.R.），氨水（A.R.）。

实验内容

1. 催化剂的合成：制备 20g $\gamma\text{-}Al_2O_3$。
2. 催化剂的表征：比表面积、酸碱强度和酸碱量。
3. 脱水活性：甲醇的转化率。

思考题

1. 甲醇的转化率与 $\gamma\text{-}Al_2O_3$ 的什么性质有关？
2. 就你所了解的知识，还可以用什么手段表征 $\gamma\text{-}Al_2O_3$ 的性质？

[学习指导]

实验操作要点及注意事项

让学生了解 $\gamma\text{-}Al_2O_3$ 的制备方法，熟悉催化剂的一些常用表征方法，掌握催化剂活性评价的方法。

实验知识拓展

$\gamma\text{-}Al_2O_3$ 是由 $\alpha\text{-}Al_2O_3 \cdot H_2O$、$\beta\text{-}Al_2O_3 \cdot 3H_2O$ 在一定条件下制得的勃母石（$Al_2O_3 \cdot H_2O$）在 500～850℃ 焙烧而成。如进一步提高焙烧温度，$\gamma\text{-}Al_2O_3$ 则相继转化为 $\delta\text{-}Al_2O_3$、$\theta\text{-}Al_2O_3$ 和 $\alpha\text{-}Al_2O_3$。

在用 Al_2O_3 作催化剂时，其表面酸碱性质与制备条件有关，还与焙烧过程中的脱水程度及 Al_2O_3 的晶型有关。经 800℃ 焙烧过的 Al_2O_3 得到的红外吸收谱图中有 5 种不同的吸收峰，它们分别对应于 5 种不同的—OH。由于这些—OH 基周围配位的情况不同，所以它们的性质也不同。$\gamma\text{-}Al_2O_3$ 表面羟基的酸性是很弱的，通常并不具备 B 酸的功能。$\gamma\text{-}Al_2O_3$ 在焙烧脱水过程中通过以下反应形成了 L 酸中心（可以接受电子对的物种）和 L 碱中心（可以提供电子对的物种）：

而上述 L 酸中心很容易吸收水转变成 B 酸中心（可以提供质子的物种）：

$$-O-\underset{|}{Al^+}-O-\underset{|}{\underset{\downarrow}{Al}}-O- \xrightarrow{-H_2O} -O-\underset{|}{\underset{\downarrow}{Al}}-O-\underset{|}{\underset{\downarrow}{Al}}-O-$$

由于上面的结构中既含有酸性中心，也含有碱性中心，在酸碱的协同作用下，可以使醇脱水形成相应的醚。例如，甲醇在 $\gamma\text{-}Al_2O_3$ 的作用下脱水形成了二甲醚：

$$CH_3OH + CH_3OH \xrightarrow{\gamma\text{-}Al_2O_3} CH_3OCH_3 + H_2O$$

实验 9-8　光学树脂的合成与表征

实验目的

1. 了解光学树脂的基本性质和合成方法。
2. 掌握光学树脂的表征手段。

实验原理

随着科学技术的发展，聚合物光学材料越来越广泛地应用于生产和科研领域中。光学塑料是塑料中的一类，是一种透明的非晶态高分子有机化合物。光学塑料作为聚合物光学材料的重要组成部分，在制造菲涅尔透镜、非球面透镜及阵列式透镜、阵列式光栅等特种光学元件中的光学塑料具有更突出的优越性。但是，由于高分子材料结构上的特点，光学塑料存在着表面硬度低、折射率低、折射率范围窄、吸水率大、耐热性差等缺点。因此，研制和开发性能优异及折射率在一定范围内可调的光学塑料一直是研究者们所努力的目标。

折射率和色散是光学材料的最基本性能。折射率与分子体积呈反比，与摩尔折射度呈正比，摩尔折射度与介质极化率呈正比。所以为提高折射率，要求分子具有大的极化率和小的分子体积，如具有较大的极化率和较小分子体积的苯环具有较高的折射率。

色散的大小常用平均色散（$n_f - n_c$）或阿贝数 γ_d 来表示：

$$\gamma_d = \frac{n_d - 1}{n_f - n_c}$$

式中，n_d、n_f、n_c 为太阳光谱相应 flaunhofer 线中的 d 线（587.56nm）、f 线（486.13nm）和 c 线（656.28nm）所对应的折射率。

透光率是表征树脂透明程度的一个重要性能指标，任何一种透明材料的透过率都达不到 100%，即使是透明性最好的光学玻璃，其透过率一般也难以超过 95%。聚合物光学材料在紫外和可见光区的透光性与光学玻璃相近。在近红外以上区域不可避免地出现碳氢等基团的振动吸收。通常，光学树脂在可见光区的透光率的损失主要由以下 3 个因素造成：光的反射、光的散射及光的吸收。可见，透光率的损失主要是由光在介面上的反射引起的，因而表面涂覆增透膜，如 MgF_2 对增加透光率特别有效。经多层增透处理的树脂或光学玻璃，透光率可达 99% 以上。

双折射是指光进入各向异性的介质后分解成相互垂直的两个光波的现象。大多数聚合物随着分子极化结合方向的不同都显示出一定的双折射现象。

要制备一种性能优良的光学塑料，必须考虑树脂的各种性能之间的均衡性，如折射率、阿贝数、双折射、冲击强度、表面硬度、吸湿性等之间的均衡。总之，在对光学树脂进行分子设计时，要综合考虑树脂的各种性能，才能制备出综合性能优异、具有实用性的新型光学塑料。

供选择的仪器与药品

1. 仪器：红外光谱仪（粉末样品，溴化钾压片），核磁共振波谱仪（Unity-400NMR 和 FT-80A 型，$CDCl_3$ 为溶剂，四甲基硅烷为内标），元素分析仪，熔点测定仪（熔点较低的样品采用熔点测定仪；熔点较高的样品采用熔点管法，浓硫酸为介质），液相色谱仪黏度计，气相色谱仪，差动热分析仪（DSC）。

2. 试剂：硫代双乙醇（TDG，C.P.，而 $n_d^{20}=1.5140\sim1.5195$，$d_4^{20}=1.162\sim10185g\cdot cm^{-3}$，$M=122.19$），三氧化铬（$CrO_3$，A.R.，$M=99.99$），硫代乙酸（C.P.，含量不少于98%，$d_4^{20}=1.065\sim1.069g\cdot cm^{-3}$，沸点88~93℃，$M=76.12$），硫化苯（优级纯，$n_d^{20}=1.631\sim1.636$，$d_4^{20}=1.113\sim1.117g\cdot cm^{-3}$，$M=186.27$），二苯砜（工业纯），发烟硫酸（分析纯，游离$SO_3$含量为50%），氯磺酸（A.R.，$M=116.52$），二氯亚砜［C.P.，$d_4^{20}=1.63\sim1.65g\cdot cm^{-3}$，沸程（90%）为75~80℃］，氯化亚锡（$SnCl_2\cdot 2H_2O$，分析纯，$M=225.63$），α-甲基丙烯酸（HMA，C.P.，$M=86.09$，用前经减压蒸馏提纯），α-甲基丙烯酰氯（MC，由减压蒸馏过的α-甲基丙烯酸与氯化亚砜在无水 LiCl 的存在下，参照有关文献制备，经2~3次精馏。终产品为无色、具有强刺激性的液体，熔点为94~99℃，$n_d^{20}=1.4458$，$d_4^{20}=1.0871g\cdot cm^{-3}$，$M=104.54$），二环己基碳二亚胺（DCC，$M=225.63$，熔点高于32℃），三乙基苄基氯化铵［TEBA，由试剂级的三乙胺与氯化苄在二氯乙烷中制备，并用30∶1（体积比）的二氯乙烷/无水乙醇重结晶，$M=227.78$］。

实验内容

1. 制备 4,4'-二磺酰氯二苯硫醚（CSPS）：制备10g。
2. 制备 4,4'-二巯基二苯硫醚（MPS）：制备10g。
3. 产物的结构表征。
4. MPS 中巯基含量的测定。

为使 MPS 与异氰酸酯化合物聚合生成聚硫代氨基甲酸酯型树脂，必须首先知道化合物中—SH 的含量，这样才能与异氰酸酯按一定比例的量进行聚合。为此采用了 X 射线光电子能谱（XPS）分析法来测定 MPS 中—SH 的含量，以一束固定能量的 X 射线来激发分析试样的表面，通过检测其光电子来对试样进行定性和定量分析。

5. 制备 4,4'-二巯基二苯硫醚双甲基丙烯酸酯（MPSDMA）：制备10g。
6. 表征 4,4'-二巯基二苯硫醚双甲基丙烯酸酯（MPSDMA）的结构。
（1）元素分析
（2）FT-IR 和 ^{1}H-NMR
7. 光学树脂的制备。
8. 树脂的性能测试
（1）折射率和阿贝值。
（2）透光率和黄色指数。
（3）密度。
（4）饱和吸水率。

思考题

1. 光学树脂有哪些用途？
2. 光学树脂的主要性能有哪些？
3. 针对光学树脂的缺点，可用哪些方法进行改性？

[学习指导]

实验操作要点及注意事项

让学生了解光学树脂的基本性质和合成方法,并掌握光学树脂的表征手段。

实验知识拓展

近年来,光折变材料、光波导材料、非线性光学材料、塑料光纤、梯度折射率材料、光学涂料等的应用都得到了迅速发展。光学塑料作为聚合物光学材料的重要组成部分,由于其质轻、抗冲击、易成型加工、可染色及优异的光学性能,正逐渐取代无机光学材料,在光盘、光纤、建材、树脂镜片、精密透镜的制造方面等得到了广泛的应用。

为使透镜超薄和低曲率,必须使用高折射率的光学材料。根据经典的电磁学理论,折射率可用 Loentz-lorenz 关系式表示:

$$R = \frac{(n^2-1)M_r}{(n^2+1)\rho} = \frac{n^2-1}{n^2+1}V_m = \frac{4}{3}\pi N_A \gamma \tag{9-16}$$

式中,R 为摩尔折射度;n 为折射率;M_r 为相对分子质量;ρ 为密度;V_m 为摩尔体积;N_A 为阿伏加德罗常数;γ 为介质极化率。

从上面的关系式可以看出,含有相同碳数的碳氢基团,折射率按支链<直链<脂环<芳环的顺序变大。此外,分子中引入除氟以外的卤族元素,硫、磷原子、砜基、稠环、重金属离子等均可提高折射率,而含有甲基和氟原子时折射率降低。共聚物的折射率一般在其均聚物之间。

按经典电磁理论,光学材料的色散度可表示为:

$$R_{\lambda_1 \lambda_2} = \left(\frac{n_{\lambda_1}^2-1}{n_{\lambda_1}^2+2} - \frac{n_{\lambda_2}^2-1}{n_{\lambda_2}^2+2}\right)\frac{M}{\rho} = \frac{4}{3}\pi N_A (\gamma_{\lambda_1} - \gamma_{\lambda_2}) \tag{9-17}$$

式中,$R_{\lambda_1 \lambda_2}$ 为分子色散度。

可见 $R_{\lambda_1 \lambda_2}$ 与在 λ_1、λ_2 波长下介质的极化率之差呈正比,含有脂环、Br、I、S、P、—SO_2 基团的聚合物既具有较高的折射率,又有较低的色散。此外,引入 La、Ta、Ba、Cd、Th 等金属离子也可得到低色散、高折射率的树脂;而引入苯环、稠环、Pb、Bi、Tl、Hg 等基团或离子则可得到高色散、高折射率的树脂。

一种树脂的透光率越高,其透明性就越好。透过率的定义为:透过材料的光通量(T_2)与入射到材料表面上的光通量(T_1)之比,即:

$$T_t = \frac{T_2}{T_1} \times 100\% \tag{9-18}$$

任何一种透明材料的透过率(T_t)都达不到100%,通常,光学树脂在可见光区的透光率的损失主要由以下3个因素造成。

(1) 光的反射

当一束光线由一种介质照射在另外一种介质的表面上时,光线在两种介质的表面不可避免地发生反射。

由 Fresnel 关系式可得:

$$r = \frac{(n_2-n_1)^2}{(n_2+n_1)^2} \tag{9-19}$$

式中,n_1、n_2 为两种介质的折射率;r 是光在每个界面的反射损失。

若光线是从空气照射在介质表面上,n_1 等于 1。如 PS 的 n_d 为 1.59,则光线在两个表面的损失共约为 10%。上式在光线入射角大于 30°后不再适用。

此外，树脂的表面粗糙或经长时间使用表面划伤，则不可避免地使漫反射增大，引起树脂的透光率下降。

（2）光的散射

光的散射是由介质的不均一性引起的。对透明光学塑料而言，这种散射引起的树脂的透光率下降一般很小。

（3）光的吸收

介质对光的吸收可用朗伯-比耳定律来表征。光学塑料在可见光区是透明的，因而由于对光的吸收引起透光率的下降很小。

光学树脂存在着耐候和耐老化问题，因此除了考虑树脂的初始透光率外，还要考虑树脂的使用环境。如含苯环的树脂不宜长期在紫外线存在下使用，因紫外线易使制品变黄，在蓝光区产生吸收，使透光率下降。

树脂中的双折射主要是由于加工过程中残留的内应力导致链段或基团取向，因而应力与双折射间有一定的关系。通常带苯环的聚合物由于苯环的极化率较大而易产生双折射，脂肪族和脂环族聚合物双折射较小。通过共混或共聚，正、负双折射性材料可以消除表观双折射。但是光学树脂的折射率和阿贝数或密度、冲击强度和表面硬度或耐热性之间的关系是相互矛盾的。例如，为了提高材料的折射率，就必须引入极化率较大的基团或增加密度，但这样一来，就使树脂的色散变大，影响元件的成像质量。折射率与色散是材料内部难以克服的矛盾统一体，因此要通过调节折射率和阿贝数在一定范围内来满足特定场合的需求。为了提高折射率，引入硫原子等相对密度较大的原子，必然使材料的密度增大，这部分抵消了折射率提高对元件厚度变薄、质量减轻的贡献。再如，使树脂交联在提高材料耐热性和表面硬度的同时，会使材料的冲击强度下降，这就要控制树脂有适当的交联度，以保证树脂既有足够的耐热性和表面硬度，又有能满足需要的抗冲击强度。

X射线光电子能谱（XPS）的基本原理是：当具有一定能量的光照射物质时，入射光子把全部能量转移给物质原子中某一个束缚电子。如果该能量足够克服该束缚电子的结合能时，剩余的能量就作为该电子的动能，使之逸出原子成为光电子。这个过程就是光电效应。

根据爱因斯坦光电定律，对于电子在原子中的结合能 E_B，应服从下列关系：

$$E_B = h\nu - E_K \tag{9-20}$$

式中，$h\nu$ 为入射光子的能量；E_K 为光电过程中电子克服结合能后所获得的动能。

在已知 $h\nu$ 的情况下，借助电子分析器和检测装置测定 E_K，即可知道 E_B。

实验 9-9 环氧树脂的合成与表征

实验目的

1. 了解环氧树脂的基本性质和合成方法。
2. 掌握环氧树脂的表征手段。

实验原理

环氧树脂是指含有环氧基的聚合物，由于种类与相对分子质量的不同，其状态在室温下通常为液态到固态，当与固化剂反应后可形成三维网状的热固性树脂。其种类按化学结构可大致分为以下几类。

① 缩水甘油醚类，如双酚 A 型环氧树脂，这是使用最广泛的环氧树脂。此外，还有双酚 S 型环氧树脂、双酚 F 型环氧树脂、酚醛型环氧树脂等。

② 缩水甘油酯类。

③ 缩水甘油胺类。
④ 脂环类环氧树脂。
⑤ 环氧化烯烃类。

环氧树脂具有优良的力学性能、介电性能和热稳定性，已被广泛应用于电子、电气、机械制造、航天航空等领域来制造涂料、黏合剂、电气绝缘材料、复合材料等。

最常用的环氧树脂是由双酚 A 与环氧氯丙烷反应制备的双酚 A 型环氧树脂，这种环氧树脂通常具有 6 个特性参数：树脂黏度（液态树脂）、环氧当量、羟基值、平均相对分子质量及相对分子质量分布、熔点（固态树脂）、固化树脂的热变形温度。

环氧摩尔质量为含 1mol 环氧基时树脂的质量（g）。

羟值表示 100g 环氧树脂中所含的氢氧基的物质的量，而羟基值表示含有 1mol 羟基的环氧树脂的量（g），二者之间的关系为：

$$羟基值 = \frac{100}{羟值}$$

未固化的环氧树脂是黏合性液体或脆性固体，没有什么实用价值，只有与固化剂反应生成三维交联结构后才能实现最终用途。环氧树脂的反应活性很大，因此可以和多种化合物进行反应。常用的固化剂主要有多元胺和多元酸，它们的分子中都含有活泼氢原子。固化剂的选择与环氧树脂的固化温度与固化时间有关，在通常温度下固化时一般用多元胺和多元酰胺，而在较高温度下固化时一般用酸酐和多元酸等为固化剂。固化剂的用量通常由环氧树脂的环氧值以及所用固化剂的种类来决定。新型固化剂的品种正在不断被开发出来。

仪器与药品

回流装置，甘油浴，搅拌器，差动热分析仪（DSC），红外光谱仪，黏度计，气相色谱仪。

双酚 A，环氧氯丙烷，丙酮，盐酸，三乙胺，铝粉，铝片。

实验内容

1. 双酚 A 型环氧树脂的红外分析及环氧值的测定。
2. 固化反应的研究。
3. 黏度测定。
4. 相对分子质量的测定。

思考题

1. 环氧树脂有哪些特点？
2. 影响环氧树脂固化的因素有哪些？
3. 针对环氧树脂的缺点，可用哪些方法进行改性？

[学习指导]

实验操作要点及注意事项

让学生了解环氧树脂的基本性质和合成方法，并掌握环氧树脂的表征手段。

实验 9-10　裂化催化剂活性的表征

实验目的

1. 了解各种裂化催化剂的特点。

2. 了解催化剂活性的测定方法。

实验原理

通过裂化，石油馏分中的大分子转化为小分子。石油的裂化主要以两种方式进行：热裂化与催化裂化。这两种裂化包含不同的反应物和产物分布。

在石油的热裂化产物中，气体烃占 10%～15%，汽油占 20%～30%。气体烃中主要含乙烯，其次是甲烷、氢、丙烷及丙烯。热裂化是以自由基机理进行的。催化裂化主要以正碳离子机理进行。

第一代裂化催化剂用的是酸处理过的活性白土，第二代是硅酸铝（简称硅铝）催化剂，第三代是分子筛催化剂。

裂解催化剂在使用过程中不可避免地要发生积炭，致使催化剂失活，通过再生烧去积炭，活性得以恢复。一般认为，催化剂的酸性过强利于积炭的发生。积炭是一个要求空间的反应，因此具有特定孔结构的沸石对积炭显示择形性。

评价一个催化剂是指对适用于某一反应的催化剂进行较全面的考察。主要考察项目有活性、选择性、寿命、物理性质、制备方法、使用方法、价格、毒性等。其中最重要的是活性、选择性和寿命。

本实验使用异丙苯裂化反应来评价几种催化剂的活性和选择性，从中判断出比较好的催化剂。

仪器与药品

催化剂活性评价装置，程序升温脱附装置，酸性滴定装置，色谱仪，热分析仪，马弗炉，天平，气相色谱仪，氢气发生器，记录仪，真空系统。

异丙苯，氨气，正丁胺，环己烷。

实验内容

1. 各种裂化催化剂的酸性比较：选择活性白土、硅酸铝、分子筛进行比较。
2. 异丙苯裂解的活性比较。
3. 反应后积炭量的比较。

思考题

哪种催化剂的裂解活性高，哪种催化剂的裂解活性低，为什么？

[学习指导]

实验知识拓展

裂化是 C—C 键断裂的过程，是吸热反应，故要在高温下进行。裂化一般包括以下一些基本反应。

（1）初级反应

初级反应只是裂化，还有少量的异构化和歧化。裂化有以下一些类型。

① 大的链烷烃分子裂化为小分子链烷烃及烯烃。
② 大的烯烃分子裂化为小的烯烃分子。
③ 芳烷烃脱烷基，芳烷烃侧链断裂。
④ 环烷烃裂化为烯烃。

（2）次级反应

初级反应产物经次级反应转化为最终产物，所以次级反应决定着产物分布。次级反应有下列一些类型。

① 氢转移和烷基转移。
② 异构反应。
③ 缩合反应。
④ 芳构化及低相对分子质量烷烃的歧化。
⑤ 裂化。

烃类分子首先与催化剂上的酸中心生成正碳离子，再继续进行各种反应。正碳离子是烃在酸性催化剂的作用下分子中的碳带上一个正电荷形成的物种。由于正电荷的存在，其结构不稳定，具有较高的活性，因而可以进行许多裂化反应，最终得到小分子的产物。

硅铝催化剂是无定形 SiO_2-Al_2O_3 催化剂的简称。从组成上看，是硅与铝的复合氧化物。纯的氧化硅既无 B 酸性又无 L 酸性，因而无裂解活性。单一的氧化铝尽管其表面上存在着羟基，但这些羟基只显示极弱的酸性，此外，表面羟基脱除后形成的不完全配位的铝构成 L 酸中心。L 酸的多少与处理温度有关。SiO_2-Al_2O_3 催化剂的结构是无定形的，根据制备条件不同，氧化硅-氧化铝的表面存在着 B 酸和 L 酸的比例不同。一定条件下，B 酸和 L 酸可以相互转化。正是这些酸使得硅铝催化剂能够进行石油的催化裂化反应。

沸石分子筛催化剂是一种晶态的硅铝酸盐，它的化学组成如下：

$$M_{j/n}(AlO_2)_j(SiO_2)_y \cdot x H_2O$$

式中，M 代表可交换阳离子；y 代表硅氧四面体的个数；j 代表铝氧四面体的个数；x 代表所含水分子的个数。

沸石中硅和铝处于四面体的中心，氧处于四面体的顶点上，各四面体之间借氧桥相连形成环，各种环按某种方式连接形成不同的笼。

分子筛有很规整的孔结构。一般把分子筛三维结构中的环称为晶孔，笼内包含的空间称晶穴，许多晶孔、晶穴串联成为孔道。分子筛类型不同，孔结构也不同。各种沸石的孔道情况比较见表 9-4。

表 9-4 各种沸石的比较

沸石的类型	A	X	Y	M(丝光)	ZSM-5
SiO_2/Al_2O_3	2	2.3~3.0	3.1~6	9~11	20~500
主孔道形状	八元环	十二元环	十二元环	十二元环	十元环
孔道尺寸/nm	0.41	0.74	0.74	0.74	0.54×0.54

沸石分子筛内存在着 B 酸和 L 酸，B 酸来自于它的结构羟基，而结构羟基的产生主要有两种途径：一种是铵型沸石分解；另一种是多价阳离子的水合解离。

9.4 研究性实验

实验 9-11 纳米材料（CuO、Mn_2O_3、CdS）的合成与表征

纳米材料以其不同于一般材料的物理、化学性质而受到广泛关注，相关研究非常活跃。纳米材料是指由极细晶粒组成、尺寸在纳米量级（1~100nm）的固体材料。由于这种材料的尺度处于原子簇和宏观物体的交接区域，故而具有表面效应，并产生奇异的力学、电学、磁学、光学、热学和化学等特性，实现直接为人类按需要排布原子、制造出性能独特的产品的理想。从而使其在国防、电子、化工、冶金、航空、轻工、医药、生物、核技术等领域中具有重要的应用价值。

纳米材料的合成方法总体上可分为气相法、液相法和固相法。气相法还可分为气体冷凝法、活性氢-熔融金属反应法、溅射法和化学气相沉积法等。液相反应也可进一步分为溶胶-凝胶法、沉淀法、喷雾法和水热法等。固相法主要有机械研磨法。上述方法各有优缺点。

在固相反应过程中,反应产物的形貌取决于反应过程中产物成核与生长的速率。当成核的速率大于生长的速率时,得到的产物为纳米微粒;反之,则得到块状材料。南京大学忻新泉教授等人据此理论,开发出低温固相反应以来,已经研究了几百个反应体系,合成了200多个原子簇化合物以及30多种纳米化合物,并成功地合成了几种纳米粒子自组装结构。该反应的突出优点是:操作简单、转化率高、污染少、粒径分布窄并可调控。

纳米材料常见的表征手段如下:利用透射电子显微镜(TEM)可以观察到纳米粒子的大小及形貌。粒子的比表面积可由BET法测得,利用测得的数据还可以计算出粒子的孔径,利用差热热重方法可以测得粒子的含水量。

纳米科学技术被认为是21世纪的新科技,它可以使人们在原子、分子尺度上研究物质变化的行为和规律,深化人们对客观世界的认识。因此,纳米科学技术的出现及其不断深入发展无疑是对现代科学的重大突破,必将深刻影响国民经济未来的发展。在这一领域中,纳米材料的制备技术、分析和表征手段、性能测试及实际应用等全方位的综合研究,已日益引起人们的极大兴趣。

本实验试图通过对纳米材料(如 CuO、Mn_2O_3、CdS)的合成与表征,以期对纳米材料的制备技术、分析和表征手段、性能测试及实际应用等全方位的信息有一定的研究。

实验目的及要求
1. 了解几种标题纳米材料的合成方法。
2. 熟悉纳米材料的分析表征方法。

思考题
1. 固相反应不仅能够制备纳米氧化物、硫化物、复合氧化物等,还能够制备多种簇合物,特别是一些对溶剂发生副反应的化合物。它还广泛用于一些有机反应。根据固相反应理论,试提出两个常见的化学反应改用固相反应的可能性。
2. 固相化学反应为什么能生成纳米材料?
3. 为什么液相均相沉淀法合成纳米 Mn_2O_3 粉末过程中要加入 $C_{18}H_{29}NaO_3S$(十二烷基苯磺酸钠)表面活性剂?
4. 晶粒尺寸的减小是否为导致衍射加宽的唯一因素?

[学习指导]

实验示例

一、纳米材料的合成

(1) 室温固相法制备纳米氧化铜

取氯化铜 17.0g(0.10mol),在研钵中充分研细后加入氢氧化钠 8.0g(0.20mol),再充分地混合研细。待体系剧烈反应变黑后,继续研磨 10min。将混合体系转移到离心瓶中,加入 80mL 蒸馏水超声清洗,在 $8000r·min^{-1}$ 条件下离心。倾去上层清液后再加入 80mL 蒸馏水清洗,重复上述操作至清洗液中检测无 Cl^-。再用 40mL 无水乙醇超声清洗一遍。在 85℃烘箱中烘干 1h。

(2) 液相均相沉淀法合成纳米 Mn_2O_3 粉末

把 $MnCl_2·4H_2O$ 晶体溶于水中,配成 $0.125mol·L^{-1}$ 浓度的溶液 200mL,同时加入 8mL 2.5mol·L^{-1} 的 H_2O_2 氧化剂,然后加入 12mL 0.025mol·L^{-1} 的 $C_{18}H_{29}NaO_3S$(十二

烷基苯磺酸钠）表面活性剂，溶液中出现了非常轻微的浑浊现象。在电磁搅拌下，待混合均匀后缓缓加入 12mL 2.5mol·L^{-1} 的 NaOH 溶液，继续搅拌直到沉淀完全。分离出沉淀，放入瓷坩埚中在 100℃下烘干，将粉末重新研磨后放入马弗炉中在 250℃下热处理 2h。保留好样品进行物相分析和粒径测定。

(3) 用固相反应法合成纳米 CdS 粉末

先用 $CdCl_2$ 制备新生的 $Cd(OH)_2$（用水充分洗涤除去 Cl^-），以 $n[Cd(OH)_2]/n(Na_2S·9H_2O)=1:1$ 称取 $Cd(OH)_2$ 与 $Na_2S·9H_2O$（用滤纸吸干水分）置于研钵中，充分研磨 10min，反应体系的颜色由白色变成橙红色。将混合物用蒸馏水和 $\omega=95\%$ 的乙醇溶液交替洗涤 3 次，自然干燥。保留好样品，以备物相分析和粒径的测定。

二、XRD 表征

(1) 让 2θ 值从 60°扫描至 20°，测定所得纳米样品的 XRD 图谱。并进行物相分析。

(2) 数据处理

纳米粒子的粒径可由 Scherrer 公式求出：

$$D_{hlk}=\frac{0.89\lambda}{\beta_{hlk}\cos\theta}$$

根据 PDF 卡片，查出主要峰对应的 h、k、l 值，并利用 Scherrer 方程求出纳米氧化铜 (111)、(200)、(202) 各峰对应的粒径。对 Mn_2O_3 和 CdS 粉末，测量样品的全部衍射峰的半高宽，根据 Scherrer 公式求其平均粒径。

三、纳米晶形貌分析

取少量样品，拍摄其透射电镜照片，将所得结果与 XRD 法相比较。

实验 9-12　微波等离子体化学反应制备纳米新材料

物质通常以固、液、气三态存在。常规化学反应在物质的三态条件下进行。不同状态之下（或之间）进行的化学反应有着各不相同的特点。现有的化学理论与实践主要是针对物质的三态而言的。

等离子体是具有一定电离度的电离气体，通常是由光子、电子、基态原子（或分子）、激发态原子（或分子）以及正离子和负离子 6 种基本粒子构成的集合体。等离子体是物质的第四态，因为和已有物质的三态相比，无论在组成上还是在性质上均有着本质的差别。等离子体即使和有所相近（在密度、压力等参量方面）的气体相比也是这样：在组成上，等离子体是由带电粒子和中性粒子组成的集合体；普通气体则是由电中性的分子或原子组成。在性质上，首先，等离子体是一种导电流体，而整体上又保持电中性，气体通常是不导电的；其二，组成粒子间的相互作用由带电粒子间的库仑作用力所支配，并由此导致等离子体空间的种种集体运动。中性粒子间的相互作用退居次要地位；其三，作为一个带电粒子体系，其运动行为明显受到电磁场的影响和支配。等离子体中的"等"字代表这种电离气体中正、负电荷总数在数值上是相等的，宏观上呈现电中性。

要使一个化学反应得以进行，必须提供反应所需的活化能。普通化学反应和化工设备中所产生的温度只能达 2000℃左右，对于一些需要特大活化能、要实现高能量的传递、保存及反应的体系，或者对于一些生成物在高温下不稳定的反应体系，在实验技术上是很难达到的。因此，化学家们一直在试图寻找激活化学反应体系的新方式。

从化学角度来看，等离子体空间富集的电子、离子、激发态的原子、分子及自由基，正是极为活泼的反应物种。因此，当物质由三态转变成为等离子体态时，其化学行为必然发生变化，一些在三态条件下不易进行的化学反应，在等离子体状态下会很容易进行。因此，等离子体空间的化学反应越来越引起人们的重视,已在化学合成、薄膜制备、表面处理、精细化学加工等方面开拓出一系列新技术与新工艺,取得了令人瞩目的成就,极大地丰富了化学的研究内容,是化学的前沿。

等离子体条件下进行化学反应的过程大致如此,通过气体放电产生等离子体。自由电子从外加电场中获得能量后跟气体中的原子和分子碰撞,由此引起原子、分子的内态变化,产生激发、解离和电离。这些物种都是极不稳定的,具有很高的化学活性,因而很容易发生在一般条件下无法进行的各种化学反应,生成新的化合物。可见,气体分子内态的变化是关键的一步。

产生等离子体的方法和手段是多种多样的,其中微波等离子体由于成熟的微波技术、无电极污染、易于操作、普适性强、等离子体的密度较高、反应可具备非平衡等特点正越来越受到人们的重视。微波比其他方法更能增强气体分子的激发、解离和电离。不仅在微波等离子体区发现有大量长寿命的自由基,甚至在辉光下游空间也存在着相当多的基态原子、振动激发态分子和电子激发态分子等化学活性物种。这显然为许多独特的化学反应及工艺提供了十分有利的条件。近年来,有关微波等离子体化学反应的研究和应用在国际上明显呈增加趋势。

另一方面,在材料科学领域,近年来纳米材料的研究在世界范围内日益引起人们的重视,被称为21世纪的新材料。因为由有限数目的原子、分子组装起来的纳米材料表现出一系列有异于宏观物质的物性。这包括由于不饱和表界面原子或基团数比值的陡增而形成明显的"界面效应"、由于有限的粒子尺寸而呈现的"量子尺寸效应"以及可能存在的短程有序、长程无序的非晶态结构等派生出的特异理化性质,是开发各种新型功能材料的重要源泉。这类材料的制备、研究和应用已成为当今科学研究的一个热点,而等离子体化学反应在这类新材料的制备方面也正发挥越来越重要的作用。

本实验通过微波等离子体化学反应制备 TiO_2、Fe_2O_3、Al_2O_3 等纳米新材料及其表征和讨论,初步熟悉微波等离子体化学反应的现象、方法、技术、原理及其在纳米新材料研究领域中发挥的重要作用,为微波等离子体化学反应的广泛应用奠定基础。

实验目的及要求
1. 初步熟悉微波等离子体化学反应的技术原理及其应用。
2. 通过微波等离子体化学反应制备纳米新材料。
3. 熟悉纳米材料的表征方法。

思考题
1. 等离子体化学反应有哪些特点?等离子体化学反应主要应用于哪些方面?
2. 想一想,您熟悉的实验或研究课题中存在哪些可以利用等离子体的地方?您对本研究型实验有哪些改进意见?

[学习指导]

实验示例

微波发生器功率可调,最大功率为800W,工作频率为2.45GHz。波导采用BJ-22型(109.2cm×54.6cm)。微波振荡器为磁控管,无需增幅器,为保护其免遭负载端产生的反射波的损伤,在波导传输线中接入环行器及水负载,它可以使入射波几乎无衰减地通过,而反射波偏转90°之后被水负载吸收掉。入射波及反射波功率由定向耦合器引出信号测定或监控。与定向耦合器相连的四螺钉调配器用于调节系统的匹配。为满足不同的实验需要,可用两种不同模式的放电腔。其一是垂直方向放置,石英放电管直接耦合矩形波导管传输的

TE$_{10}$模波［见图9-4(a)］，石英反应器的垂直放置便于催化反应等实验中安放催化剂等。其二是水平方向放置。通过圆形波导管将TE$_{10}$模波转换成TE$_{11}$模波［见图9-4(b)］，再与石英放电管耦合。这便于纳米材料的制备、收集及表面包裹等操作。本实验示例采用水平方向放置的TE$_{11}$模波。图9-3为微波等离子体发生装置示意。

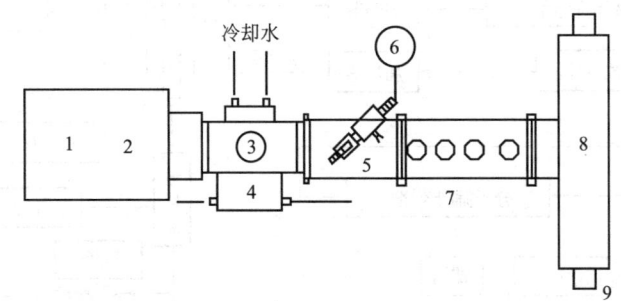

图9-3 微波等离子体发生装置原理
1，2—微波发生电源、磁控管；3—环行器；4—水负载；5—定向耦合器；
6—功率测量仪；7—四螺钉调配器；8—放电腔；9—石英放电管

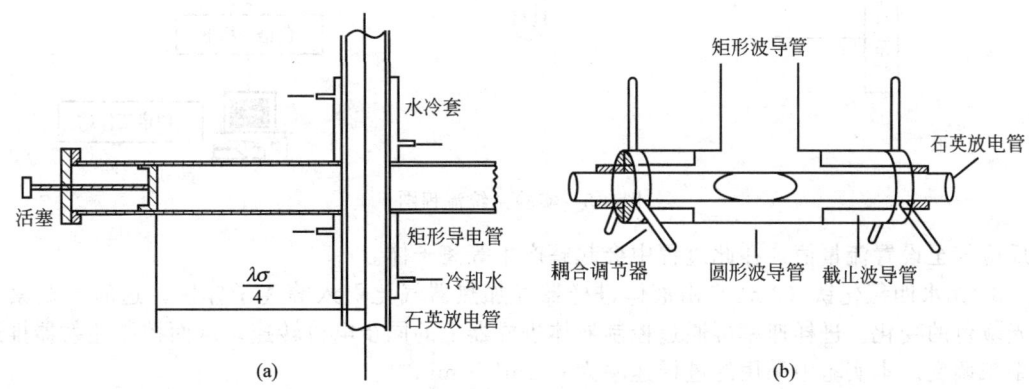

图9-4 两种不同模式的放电腔示意
(a) TE$_{10}$模波，反应器垂直放置，λ_g为微波波长；(b) TE$_{11}$模波，反应器水平放置

图9-5是实验系统流程图。原料气或载气经干燥等预处理后进入石英反应管，其流量由质量流量计控制。固体或液体原料由相应进样器引入，经加热、汽化，由载气带入石英管。反应物分子在放电腔内经微波激发成等离子体后反应，生成的纳米微粒沉积于石英管壁，收集即得产物样品。反应系统的真空度由皮喇尼真空计测定。本系统的放电气压范围可达$1\times 10^2 \sim 8\times 10^4$ Pa。

下面以无水四氯化钛与氧的等离子体反应制TiO$_2$纳米微粒为例说明所用试剂、器材、实验过程及步骤。

一、试剂：无水四氯化钛（TiCl$_4$），氩气（Ar），氧/氩（O$_2$/Ar）混合反应气［$\varphi(O_2)=20\%$］。

二、实验步骤

1. 安装好实验系统，打开真空泵，抽气至10Pa左右，以检测体系的密封状态。打开微波源低压电源、质量流量控制器、加热器及皮喇尼真空计电源，预热约5min。质量流量控制器设置：载气（Ar）流量为50mL·min^{-1}，反应气（O$_2$/Ar）流量为450mL·min^{-1}。加热器温度设置为150℃，以确保TiCl$_4$气化。

2. 打开微波源高压电源，调节阳极电流至180mA（此时功率约400W）。逐渐通入载气

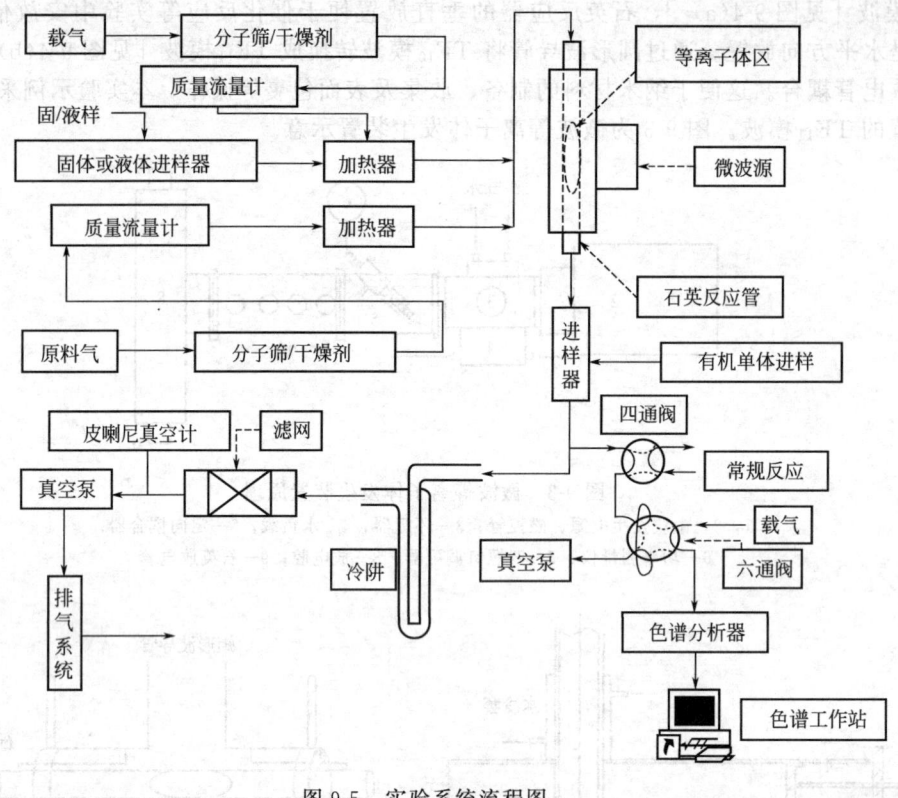

图 9-5 实验系统流程图

和反应气至设置流量值。在此过程中会起辉产生等离子体。

3. 无水四氯化钛（2mL）由液体进样器经加热器气化引入等离子体区，这时可观察到辉光颜色的变化。进样速率可通过控制液体进样器上的同步电机转速，从而控制注射器推进速率来调变。本实验中采用的进样速率为 $0.2\text{mL} \cdot \text{min}^{-1}$。

4. 反应持续约 15min 生成的产物为白色粉末，附着在管壁上，收集即得纯的 TiO_2 纳米微粒。

5. 反应结束，关闭微波源高压电源。关闭其他所有电源。拆卸反应系统。

6. 收集反应管样品。清洗、整理实验器材。

三、表征

以透射电子显微镜观测产物的粒度，以 X 射线衍射仪测定产物结构。可知所得 TiO_2 具有锐钛型结构，约 10nm。类似地，以 $Fe(CO)_5$、$AlCl_3$ 为反应原料，可制得 Fe_2O_3、Al_2O_3 纳米微粒。

实验知识拓展

如前所述，等离子体空间富集有常规"三态"下不易获得的活性物种，激活高能量水平的化学反应。利用等离子体辐射所释放的能量也可有效地激活一些反应体系，如紫外线可引发某些有机单体瞬间聚合。因此，利用这类装置可开展下述几类典型化学反应的研究。

1. 等离子体化学气相沉积

$$A(g) + B(g) \longrightarrow C(s) + D(g)$$

两种气体在等离子体状态下发生反应，产生新的物种，通过碰撞成核生长，沉积于基片或器壁表面，近年来广泛应用于薄膜或纳米材料的制备。如本实验示例中通过 $TiCl_4$、

Fe(CO)$_5$、AlCl$_3$ 等与 O$_2$ 的等离子体反应制得了约 10nm 的 TiO$_2$、Fe$_2$O$_3$、Al$_2$O$_3$ 纳米微粒。改变反应气种类，如通入 N$_2$ 或 CH$_4$，则可制得相应的氮化物或碳化物。在纳米颗粒的出口处引入有机单体，则在等离子体辐射下瞬时聚合包裹于微粒表面，可制得有机物包裹的有机-无机纳米复合材料，也可制备金刚石薄膜、碳纳米管等。这一方法已成为制备新型材料的有效手段。

2. 等离子体表面改性

$$A(s)+B(g)\longrightarrow C(s)$$

B 气体放电等离子体与固体 A 表面反应并在表面生成新的化合物，可使表面性质发生显著变化，可广泛应用于高分子材料、金属等固体表面改性。例如，通过对透红外特种玻璃 As$_{10}$Ge$_{30}$Se$_{60}$ 与 As$_2$S$_3$ 的氮等离子体表面处理，显著提高了材料的显微硬度，分别提高了 34% 和 17%。

3. 等离子体刻蚀

$$A(s)+B(g)\longrightarrow C(g)$$

选择合适的气体（如 CF$_4$、O$_2$ 等），其等离子体与固体（如 Si、聚合物等）表面物质发生反应，生成气态物质（如 SiF$_4$、CO$_2$、H$_2$O 等），可用于材料表面的刻蚀。等离子体刻蚀已广泛应用于微电子工业。

4. 等离子体催化反应

$$A(g)+B(g)+M(s)\longrightarrow AB(g)+M(s)$$

气态物质 A、B 经等离子体活化，在固体催化剂 M 表面催化合成新的物种。可根据实验需要采取不同的操作方式。如 A、B 可分别从等离子体上游引入或在余辉区引入，M 也可置于等离子区或余辉区，演化出丰富多彩的研究内容。等离子体与催化剂协同作用的研究几乎还是空白，值得深入研究。这时适宜采用图 9-2(a) 的模式，通常也要用到图 9-3 中色谱分析功能块。

除上述 4 种典型用途外，本装置还可作为一种新型的样品处理手段。氧等离子体可有效地促进一些反应物的分解，与常规加热处理相比有新的特点。例如，制备 LaCoO 钙铁矿纳米催化剂时，常规方法要在 800℃熔烧 5h，而在氧等离子体中只需处理 5min，且比表面积增大一倍。

总之，等离子体化学反应为化学合成、表面处理、多相催化及精细化学加工等提供了崭新的实验技术手段，为新方法、新工艺、新思路的实现奠定了良好的基础，必将在新的世纪里发挥越来越重要的作用。

实验 9-13 新型添加剂氨基酸锌的制备及性质

前言

1. 生命之花——锌

锌是人体必需的 14 种微量元素之一，它不但具有重要的生物功能：影响生长发育，改变食欲及消化机能，加速创伤组织的愈合和再生，增强机体免疫功能，参与肝脏及视网膜内维生素 A 的代谢，保证生殖机能的正常发育，保证胆固醇与高密度脂蛋白的代谢，影响人和动物的行动和情绪，与智力发育密切相关，可防治感冒，与癌症有关，而且与人体中不下 200 种金属酶有关，参与多种酶的合成与组成，在核酸、蛋白质、糖、脂质代谢及 RNA、DNA 的合成中发挥着重要作用，与肌体的代谢及某些疾病的发生关系极为密切。因此，锌被人们广泛称为"生命之花"。锌添加剂的研究一直为人们重视。

2. 锌添加剂的发展

人们用锌治疗疾病已有 3000 多年的历史。公元前 1500 年，中国人已开始用含锌的炉甘石治疗局部疾病。1750年后，西欧各国已系统用ZnO及ZnS治疗疾病。1963年医学证明锌为人体必需的微量元素后，人们加快了补锌剂研究的步伐。其重点在于寻找低毒、吸收率高、综合功能好的锌添加剂，即新型配体的研究。

（1）无机离子作配体　无机锌盐，如$ZnCO_3$、$ZnSO_4 \cdot 7H_2O$、$ZnCl_2$、$ZnAc_2 \cdot 2H_2O$等作为最早采用的补锌剂，它们对治疗口腔溃疡、痤疮、食欲不振、肠原性肢体皮炎、不孕症、湿疹、免疫力低下、下肢溃疡等具有一定的治疗作用。但由于它们易吸潮、生物吸收率低、口感不适，对胃、肠道有较大的刺激作用，个别盐甚至会引起胃出血，因而逐渐被淘汰。

（2）有机弱酸作配体　常用的有机弱酸锌有甘草酸锌、乳酸锌和葡萄糖酸锌等。甘草酸锌是从天然植物中提取的甘草酸与锌盐反应而得，成本较高。$[CH_3CH(OH)COO]_2Zn \cdot 3H_2O$（乳酸锌），一般为$ZnSO_4$与$[CH_3CH(OH)COO]_2Ca$复分解法或ZnO与$CH_3CH(OH)COOH$直接反应而得。葡萄糖酸锌$[HOCH_2(CHOH)_4COO]_2Zn$，常以$[HOCH_2(CHOH)_4COO]_2Ca$、浓$H_2SO_4$、ZnO等为原料合成。有机弱酸锌比无机锌盐有较好的吸收，但由于其合成复杂、收率低、含锌量小，不适宜于糖尿病人的补锌，也不是最理想的补锌剂。

表9-5　几种含锌片服用前后兔体内血清锌浓度比较　　　　单位：$\mu g \cdot mL^{-1}$

	t/h	硫酸锌片剂组($X+SD$)	葡萄糖酸锌片剂组($X+SD$)	L-赖氨酸锌片剂组($X+SD$)
给药前		1.44±0.49	1.03±0.28	1.90±0.82
给药后	0.5	2.58±0.90	3.07±0.72	6.35±2.12
	1	4.30±2.30	4.67±1.50	7.82±2.81
	2	5.55±2.29	5.40±1.59	8.40±2.87
	3	4.52±1.57	6.17±0.74	9.52±3.15
	4	4.13±1.72	5.03±1.23	6.40±1.07
	6	3.40±1.72	3.33±1.40	5.32±0.94
	9	1.93±0.96	1.67±0.42	3.47±0.21
	24	1.52±0.51	1.22±0.30	2.83±0.54

（3）氨基酸作配体　α-氨基酸作为蛋白质的基本结构单元，在人体中有着非常重要的生理作用。氨基酸锌是以二价锌阳离子与给电子氨基中N原子形成配位键，又与给电子的羧基形成五元环或六元环，是一螯合状化合物，因而具有以下特点：①金属与氨基酸形成的环状结构使分子内电荷趋于中性，在体内pH条件下溶解性好，容易被小肠黏膜吸收进入血液供全身细胞需要，不损害肠胃，故生物利用率高；②具有良好的化学稳定性和热稳定性，具有抗干扰、缓解矿物质之间的拮抗竞争作用，不仅能补锌，又能补氨基酸；③流动性好，与其他物质易混合且稳定不变质、不结块、使用安全、易于贮存；④既含氨基酸，又含锌，两者都具有一定的杀菌作用，具有很好的配伍性。研究证明，氨基酸锌的吸收率明显高于其他补锌剂（见表9-5）。

3. 氨基酸锌的合成

氨基酸锌螯合物一般是通过锌（Ⅱ）离子与氨基酸在一定条件下反应而制得。提供锌（Ⅱ）离子的可以是金属锌、硫酸锌、氧化锌、醋酸锌、碳酸锌、高氯酸锌、氢氧化锌等；氨基酸一般是α-氨基酸，包括单一氨基酸和复合氨基酸。其制备方法可归纳为以下几种。

（1）水体系合成法

① 按锌与氨基酸物质的量比为1:2，将ZnO或$Zn(OH)_2$在搅拌下逐渐加到一定量的氨基酸水溶液中，在水浴上于40～50℃加热2h，再用一定量的乙醇处理，静置得到沉淀，

过滤、干燥，得 $ZnL_2 \cdot nH_2O$，不溶于水，反应收率一般为 80% 左右。

② 按物质的量比 1.25∶1 称取氨基酸和 ZnO，以适量水溶解氨基酸，搅拌下分批加 ZnO，至 pH≈7 时，将不溶物过滤掉，母液回流 5~6h，蒸发至有晶膜，加甲醇，晶体析出真空干燥，得 $ZnL_2 \cdot nH_2O$，溶于水，本法只适用于二羧一氨酸性氨基酸。

③ 按锌盐与氨基酸物质的量比为 1∶2，将蛋氨酸溶液加到新鲜制备的 $Zn(OH)_2$ 悬浮液中，搅拌，过滤掉不溶物，将滤液浓缩至透明片状沉淀，即 $Zn(Met)_2$。

④ 氨基酸与 $ZnSO_4 \cdot 7H_2O$ 按物质的量比为 1∶1，溶于一定量的微热水中，在快速搅拌下，加入一定量的丙酮，冷却，得白色沉淀，洗涤、干燥，得物质的量比为 1∶1 型含阴离子配合物：$Zn(Met)SO_4 \cdot H_2O$，溶于水，本法溶剂为 $V(水)\colon V(酮)=1\colon30$，消耗丙酮量太大。

⑤ 按锌与蛋氨酸物质的量比为 1∶1，将蛋氨酸溶液与 ZnO 加盐酸溶液混合，在 90℃ 保温反应 1h，生成物质的量比为 1∶1 型含阴离子配合物：$Zn(Met)Cl_2$。

⑥ 按氨基酸与可溶性金属盐物质的量比为 2∶1 溶于水中，在一定温度下，用碱性物质如 NaOH、KOH、氨水等调 pH 为 4~11（一般大于 7），得 ZnL_2 型氨基酸螯合物。目前用作饲料添加剂的由羽毛等蛋白质水解而得复合氨基酸制复合氨基酸金属螯合物多属此类方法。

⑦ 以金属 M、MO、$M(OH)_2$ 或 MCO_3 与氨基酸水溶液反应，加入一定量的、不对产物产生干扰的有机弱酸（催化剂），如柠檬酸、抗坏血酸等，促使反应进行。得 ML_2 型配合物。反应如下：

$$M/MO/M(OH)_2/MCO_3 + 2RCH(NH_2)COOH \xrightarrow{\text{有机弱酸}} [RCH(NH_2)COO]_2M$$

M=Ca、Mg、Mn、Mg、Fe、Zn、Cu 等

（2）非水体系合成法

① 按锌盐与蛋氨酸物质的量比为 1∶1，把氨基酸加到一定量的乙醇钠的乙醇溶液中溶解，水合高氯酸盐配成饱和乙醇溶液加到上述溶液中，立即形成白色沉淀，过滤，用水洗涤，在 P_4O_{10} 中干燥，得 ZnL_2 螯合物，几乎不溶于所有溶剂。

② 按锌盐与氨基酸物质的量比为 1∶2，将氨基酸溶解在 0℃ 条件下的甲醇钠溶液中，室温下慢慢加入 $ZnAc_2 \cdot 2H_2O$ 的甲醇溶液，搅拌 3h，静置、过滤、水洗、真空干燥，得 $ZnL_2 \cdot nH_2O$。产品收率因氨基酸不同而不同，一般在 15%~90% 之间，如 $Zn(His)_2$ 收率只有 16%，而 $Zn(Met)_2$ 收率达 90%。

（3）干粉体系合成法

将 $ZnSO_4 \cdot 7H_2O$ 与 Met 按物质的量比为 1∶1 混合，水浴上加热至糊状，蒸发约 1h，然后 90℃ 保温干燥 20h，得物质的量比为 1∶1 型配合物 $Zn(Met)SO_4 \cdot H_2O$，产品易变黄。

（4）电解合成法

该法是利用一种可选择阳离子而不渗透阴离子的特殊膜，将电解池分成阳极室和阴极室，金属阳离子在阳极室可按下列方式形成：

$$M \longrightarrow M^{2+} + 2e^- \tag{9-21}$$

$$MCl_2 \longrightarrow M^{2+} + Cl_2\uparrow + 2e^- \tag{9-22}$$

式（9-21）中，阳极是由纯金属构成，溶解形成 M^{2+}，在阳极室与氨基酸形成螯合物：

$$M^{2+} + 2RCH(NH_2)COOH + 2e^- \longrightarrow [RCH(NH_2)COO]_2M + H_2\uparrow \tag{9-23}$$

此时在阳极形成的 H^+ 透过膜到阴极室，在阴极室形成 H_2 逸出：

$$2H^+ + 2e^- \longrightarrow H_2\uparrow \tag{9-24}$$

式(9-22)中,金属氯化物被加到阳极室,按式(9-22)形成 M^{2+},金属阳离子穿过膜进入含氨基酸溶液的阴极室,在阴极室形成 H_2 和氨基酸金属螯合物:

$$M^{2+} + 2RCH(NH_2)COOH + 2e^- \longrightarrow [RCH(NH_2)COO]_2M + H_2 \uparrow \qquad (9-25)$$

最后由电解所得溶液喷雾干燥而得产品 ML_2。该法能耗太高,产率未见报道。

(5) 相平衡合成法

以上文献中介绍的各种方法,大多制备的是不带阴离子的氨基酸锌,不溶于水,产率低或反应条件难以控制。利用相平衡研究方法,可提供锌盐与氨基酸在水中能否形成配合物,形成几种及其性质如何等信息,为新型氨基酸锌的合成提供热力学依据。我们用半微量相平衡法研究了多个锌盐-α-氨基酸-水在25℃及全浓度范围内的溶度性质,其主要相平衡结果列于表 9-6。

表 9-6 已完成的 ZnX_2-A_m-H_2O 三元体系主要相平衡结果(25℃)

体系	配合物			
	物种数	组 成	$n(Zn):n(AA)$	性质
$ZnCl_2$-Met-H_2O	2	$Zn(Met)Cl_2$	1:1	异成分溶解化合物
		$Zn(Met)_2Cl_2 \cdot 2H_2O$	1:2	异成分溶解化合物
$ZnAc_2$-Met-H_2O	0			
$ZnSO_4$-Met-H_2O	0			
$Zn(NO_3)_2$-Met-H_2O	2	$Zn(Met)(NO_3)_2 \cdot H_2O$	1:1	同成分溶解化合物
		$Zn(Met)_3(NO_3)_2 \cdot H_2O$	1:3	异成分溶解化合物
$ZnCl_2$-His-H_2O	1	$Zn(His)Cl_2 \cdot 0.5H_2O$	1:1	异成分溶解化合物
$ZnAc_2$-His-H_2O	1	$Zn(His)Ac_2 \cdot 0.5H_2O$	1:1	同成分溶解化合物
$ZnSO_4$-His-H_2O	1	$Zn(His)SO_4 \cdot H_2O$	1:1	同成分溶解化合物
$Zn(NO_3)_2$-His-H_2O	1	$Zn(His)(NO_3)_2 \cdot 0.5H_2O$	1:1	同成分溶解化合物
$ZnCl_2$-Phe-H_2O	2	$Zn(Phe)Cl_2 \cdot 0.5H_2O$	1:1	异成分溶解化合物
		$Zn(Phe)Cl_2 \cdot H_2O$	1:2	异成分溶解化合物
$ZnAc_2$-Phe-H_2O	0			
$ZnSO_4$-Phe-H_2O	0			
$Zn(NO_3)_2$-Phe-H_2O	2	$Zn(Phe)(NO_3)_2 \cdot H_2O$	1:1	异成分溶解化合物
		$Zn(Phe)_3(NO_3)_2 \cdot H_2O$	1:3	异成分溶解化合物
$ZnSO_4$-Thr-H_2O	0			
$ZnSO_4$-Thy-H_2O	0			
$ZnSO_4$-Leu-H_2O	0			

符号说明:Met—蛋氨酸;His—组氨酸;Phe—苯丙氨酸;Thr—苏氨酸;Leu—亮氨酸。

从表 9-6 可知:①若体系为简单体系,例如 $ZnSO_4$-Met-H_2O 体系[见图 9-6(a)],相图中不存在任何组分的新化合物,说明在 25℃ 相平衡条件下,水体系中由 $ZnSO_4 \cdot 7H_2O$ 和 Met 在全浓度范围内不能制得蛋氨酸锌,只能采取上述加有机溶剂或干法等方法合成;②若体系中存在有同成分溶解化合物的相区(即水顶与化合物的连线通过化合物的溶解度曲线),例如 $Zn(NO_3)_2$-His-H_2O 体系[见图 9-6(b)],则可在水中按一般方法制得;③若体系中存在有异成分溶解化合物的相区(即水顶与化合物的连线不通过化合物的溶解度曲线),例如 $ZnCl_2$-Phe-H_2O 体系[见图 9-6(c)],则可依相图在其相区内任何一点按组成配样熔封后平衡槽内平衡后分离得到。

补锌剂的配体从无机酸根到氨基酸,无疑是一个飞跃,是从离子补锌剂发展到分子补锌剂,有利于机体对锌的吸收。L-苏糖酸钙作为分子补钙剂把钙的吸收率由原来离子补钙剂的 30% 提高到 90% 以上,从根本上提高了补钙剂中钙的吸收。那么,模拟人体生理机制选择配体,合成适合人体细胞的选择性,具有生物活性的分子锌补锌剂无疑是研究方向。例如畜牧业中使用的蛋氨酸锌,其喂养蛋鸡试验中锌的生物利用率比无机锌提高 116%～206%。本实验研究结果,从相平衡方法解决了大量氨基酸锌可从水中直接制得的技术,降低了成本,降低了毒性（LD_{50} 实验结果证明它们属低毒级或实用无毒级食品添加剂）,提高了产率,为其广泛应用打下了基础。

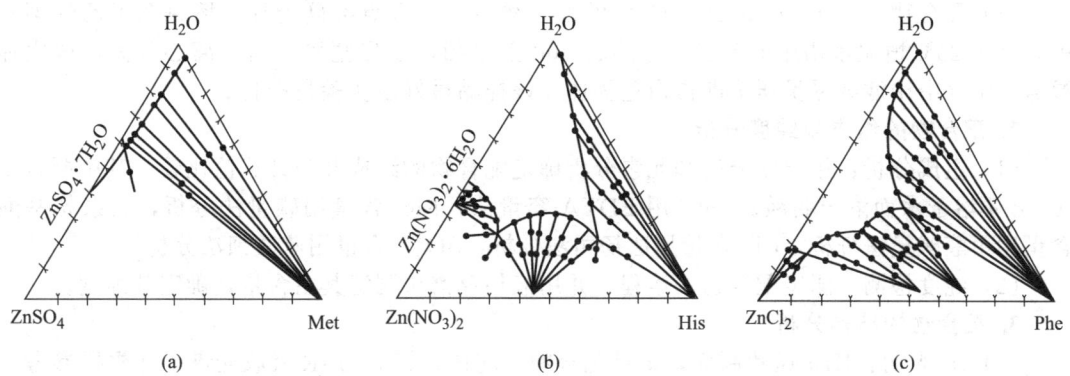

图 9-6　$ZnSO_4/Zn(NO_3)_2/ZnCl_2$-Met/His/Phe-H_2O 三元体系溶解度图

近年来,锌与除氨基酸外的其他生物配体,如 L-苏糖酸、甲壳胺或多肽的配合行为的研究正在深入,或者说锌与它们的混配物具有很好的配伍性或协同作用,正在引起人们的重视。

本实验通过几种不同方法合成氨基酸锌固体配合物,并对配合物的组成、结构、纯度、热稳定性和热化学性质进行分析,为研发更多更好的新型锌添加剂奠定基础。

实验目的及要求

1. 熟悉氨基酸锌的合成原理及其方法。
2. 对配合物的组成、结构、纯度、热稳定性和热化学性质进行分析。

思考题

1. 试述对利用相平衡法发现、制备新型化合物有何认识?
2. 对新型配合物结构分析的方法,还能有什么手段,例如 NMR 谱、Raman 谱等。你认为这些方法与配合物的单晶结构分析关系如何?
3. 通过本实验的完成,对进行一个研究题目的过程是否有了较为深刻的认识和了解:查阅大量文献和工具书,找出依据,设计出最佳的实验方案,动用多种实验方法,将结果进行归纳、分析,得出合理结论。

[学习指导]

实验示例

1. 氨基酸锌的合成

使用几种不同方法合成氨基酸锌固体配合物。

配合物 A:取 L-α-Thr 与 $ZnSO_4 \cdot 7H_2O$ 按物质的量比为 1:1,溶于一定量的微热水中,搅拌约 2h 后,加入 3 倍于水体积的丙酮,继续搅拌 30min,得到苏氨酸锌白色沉淀,抽滤,少量丙酮洗涤,真空干燥至恒重,得白色粉末,记录产率。

对于不同的氨基酸,制备中加入的丙酮量不同。为了将丙酮的量减到最小量,本实验中学生可将反应后的溶液分成若干份,再分别加入不同量的丙酮,记录现象并计算产率,以确定应加入的丙酮量。

(1) 配合物 B:将 $ZnSO_4 \cdot 7H_2O$ 与 Met 按物质的量比为 1:1 混合,在水浴上加热至糊状，蒸发约 1h，然后在 90℃ 干燥前中保温 20h，得白色或微黄色粉末。记录产率。

（2）配合物 C：将 $Zn(NO_3)_2 \cdot 2H_2O$ 与 His 按物质的量比为 1∶1 溶于水中，60～70℃ 水浴加水溶解，反应 4h 后，蒸发浓缩至有晶膜产生，冷却静置过夜，抽滤分离固体，用少量 95% 的乙醇洗涤，抽干，在 P_4O_{10} 中真空干燥至恒重，得白色粉末。记录产率。

（3）配合物 D：在 $ZnCl_2$-Phe-H_2O 的配合物相区中选点准确配样，熔封在聚乙烯塑管中，置于 25℃ 恒温水槽中的转盘上，旋转 30d 至平衡，取出塑管，高速离心分离，取固体湿渣，空气中用滤纸尽量压干即得白色固体。该样品最好由实验员准备。

2. 配合物的组成和纯度分析

（1）组成分析：用化学分析和元素分析确定配合物的组成并与计算值比较。其中配合物 A、B 不溶于水而溶于弱酸。Zn^{2+} 用 EDTA 容量法，Met 含量用碘量法分析，其余氨基酸含量用甲醛碱量法分析，Cl^- 含量用法扬司法分析，SO_4^{2-} 含量用硫酸钡法分析。

（2）纯度检测：测定配合物的熔程，并用液相色谱法测定其主含量，确定其纯度。

3. 配合物的结构分析

（1）IR 光谱：KBr 压片制样，记录配合物、配体、锌盐的 IR 吸收光谱，并根据参考文献对各主要基团的吸收峰进行指认和说明。

（2）FS 光谱：若配合物中的配体为 His，可配制可溶性配合物、配体及锌盐的 1×10^{-5} $mol \cdot L^{-1}$ 水溶液，在荧光分光光度计上记录其激发光谱和荧光光谱，进行说明。狭缝宽度：$E_X=10nm$，$E_M=10nm$，灵敏度高，增益×64。

（3）XRD 分析：记录配合物、配体、锌盐各自 8 条强衍射峰在不同衍射角的衍射面间距 d(nm) 和相对衍射强度 I/I_0，比较它们的区别。CuK_α 靶，管压 20kV，管流 30mA。

（4）XPS 光谱：记录配合物、配体、锌盐的 XPS 光谱，根据文献 [18] 对主要原子的电子结合能峰进行指认和解释。MgK_α 靶（1253.6eV），污染碳（284.6eV）为内标。

由以上实验结果对配合物的成键情况进行分析，并推测其结构。

4. 配合物的热稳定性

记录配合物的 TG-DTG 曲线，依图划分其分解阶段，记录各分解阶段的温度范围，并将各阶段产物的失重残留率与计算值比较，确定各分解阶段的存在。最好能对各中间产物和最终产物进行 IR 光谱分析或其他方法分析，对各分解阶段的存在进行佐证，最后得出配合物热分解机理。样品质量 1～2mg，升温速率 10℃ $\cdot$ min^{-1}，O_2 气氛流量 60mL $\cdot$ min^{-1}。也可进行样品的 DSC 和 DTA 热分析实验。

5. 配合物的热化学性质

（1）恒容燃烧能 $\Delta_{c,coor(s)}H^{\ominus}$ 的测定和标准生成焓 $\Delta_{f,coor(s)}H^{\ominus}$ 的计算

在精密静止弹或转动弹上进行样品的恒容燃烧能测定（6 次），计算其平均值及标准误差。依 $\Delta_{c,coor(s)}H^{\ominus} = \Delta_{c,coor(s)}U + \Delta nRT$ 计算其标准燃烧焓。再依 Hess 定律，依样品在 298.15K 和 101.325kPa 下的理想燃烧反应式计算出样品的标准生成焓 $\Delta_{f,coor(s)}H^{\ominus}$ 值，并依误差传递公式计算其标准误差。

（2）配合物在水中的溶解热

用基准 KCl 标定 RD-496 型微热量计（或其他型号），再测定固态配合物 298.15K 在水中的溶解焓（6 次），计算其平均值及标准偏差，写出其溶解反应式。

实验 9-14　功能化超支化聚酯的合成

实验目的

超支化聚合物是具有某种程度的树枝状结构、高度支化的一类新型高分子材料，在涂料

工业、聚合物共混改性、药物缓释、特殊光电材料等领域具有广泛的应用前景。与线型聚合物相比，超支化聚合物具有内部多孔的三维结构，通常不结晶、无链缠结。熔融态黏度较低，并呈现出不同于线型聚合物的溶液性质。表面富集大量的端基，因而具有较高的反应活性。与规整的树枝状高分子相比，尽管超支化聚合物没有树枝状高分子那样完美的球状几何外形，但两者在分子结构和性质上仍有很多共同点，在许多场合可以替代合成繁杂、造价很高的树枝状高分子。本实验介绍准一步法合成超支化聚酯及其羧基功能化改性。

实验原理

1952 年，Flory 首先提出了超支化的概念，并描述了由 AB_2 型单体聚合成的独特结构。然而这一理论在当时和随后的数十年中并未引起足够的重视，其间一些文献报道的产生支化结构的反应也多被认为是需要抑制和避免的副反应。直到 1987 年，杜邦公司的 Kim 首次专门合成了超支化聚合物（hyperbraached polymer，HBP）且获授权专利，随后超支化聚合物受到了越来越广泛的关注。在合成方法、反应机理研究、复杂分子结构形成、支化结构及动力学、计算机模拟、材料性质及应用等方面迅速取得了巨大进展，成为高分子科学中一个充满活力的研究领域。

与线型聚合物相比，超支化聚合物具有内部多孔的三维结构，表面富集大量的端基，因而具有较高的反应活性，其独特的分子内部的纳米微孔可以螯合离子、吸附小分子或者为小分子反应提供受限环境。由于具有高度支化的结构，超支化聚合物难以结晶，且分子间不存在键的缠结，因而溶解性、相容性大大提高，熔融态黏度较低，并呈现出不同于线型聚合物的溶液性质。超支化聚合物的分子尺寸小，结构紧凑（较低的均方回转半径和流体力学半径）。采用传统的体积排除色谱测定超支化聚合物的相对分子质量和相对分子质量分布往往偏差很大，尤其是相对分子质量比实际值要小得多。处于超支化聚合物分子外围的大量末端基团可以方便地通过端基反应得到各种改性官能团，从而获取所需的性能。超支化聚合物独特的结构使其在许多领域均有应用，尤其是在那些传统线性分子无力顾及的范围更可以显示其优良的性能。

超支化聚合物的合成可分为逐步控制增长（"准一步法"）及无控制增长（"一步法"），一般无需逐步分离提纯。"一步法"即一次性将所需的核组分及支化单体原料，催化剂投入反应釜合成。其优点是合成方法简单，但是一步法合成超支化聚合物产率不高，支化产物具有随机支化的特点，相对分子质量缺乏控制，相对分子质量分布较宽。"准一步法"是在一步法的基础上添加 B_y 型分子为中心"核"，即将核原料与部分支化单体原料、催化剂反应一段时间后，再分次将剩余原料和催化剂加入。降低聚合反应中心核的浓度和慢速加入单体可以很好地控制聚合产物的相对分子质量和分散度。绝大多数聚合反应方式都可以应用于 AB_x 单体的聚合，如缩聚反应、开环聚合及阳离子加成聚合等，通常溶液聚合最为适用。本体聚合、固相聚合等也有报道用于合成超支化聚合物。

仪器与药品

机械搅拌器，三颈烧瓶（250mL），油浴加热装置，真空系统，干燥管，氮气钢瓶及氮气包等。

二羟甲基丙酸（DMPA）（C.P.），三甲醇丙烷（TMP）（A.R.），对甲苯磺酸（p-TSA）（A.R.），五氧化二磷（C.P.），丁二酸酐（A.R.），丙酮（A.R.），乙醚（A.R.）。

实验步骤

1. 过程及分子结构示意

反应式示意如图 9-7 所示（以合成 G4 为例）。

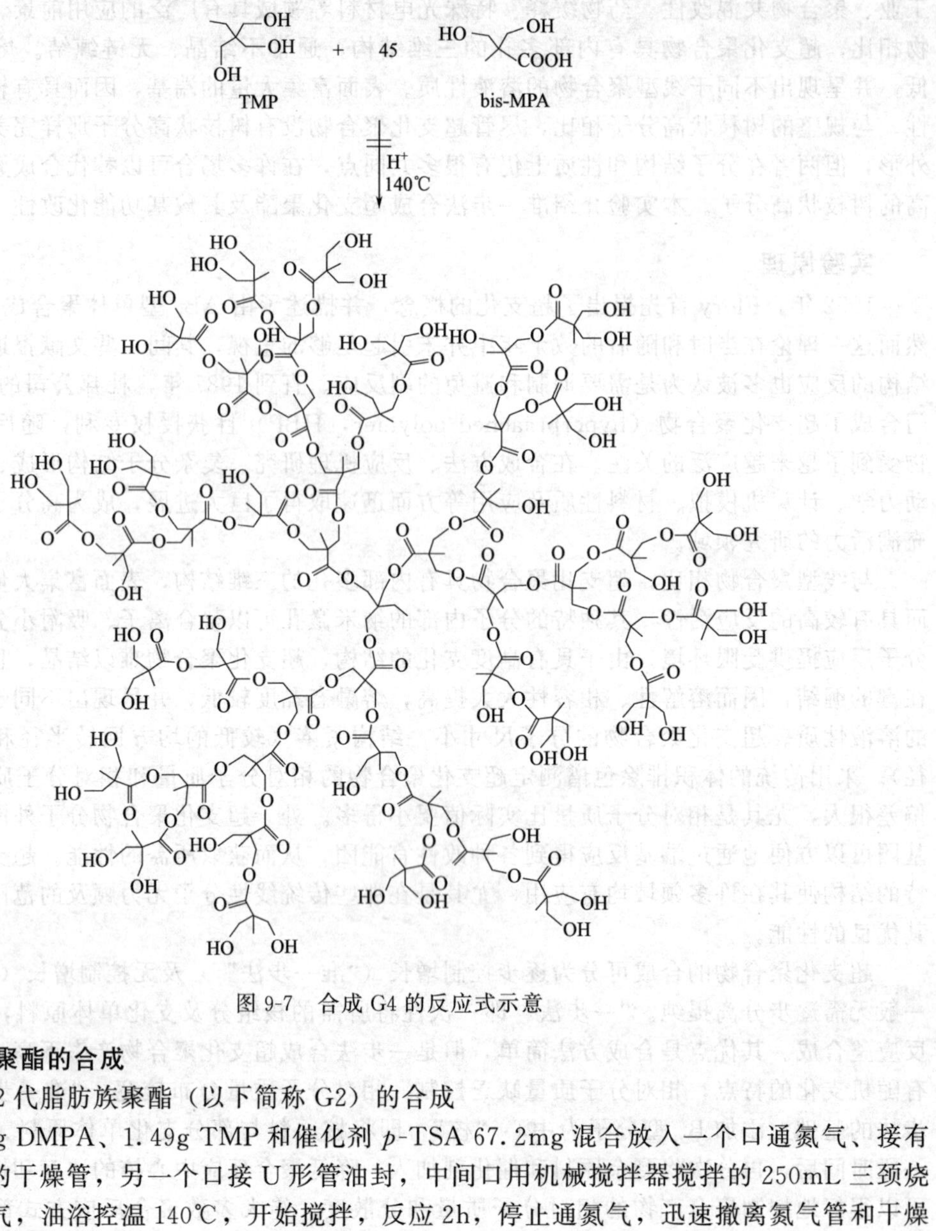

图 9-7 合成 G4 的反应式示意

2. 支化聚酯的合成

(1) 第 2 代脂肪族聚酯（以下简称 G2）的合成

将 13.4g DMPA、1.49g TMP 和催化剂 p-TSA 67.2mg 混合放入一个口通氮气、接有五氧化二磷的干燥管，另一个口接 U 形管油封，中间口用机械搅拌器搅拌的 250mL 三颈烧瓶中。通氮气，油浴控温 140℃，开始搅拌，反应 2h，停止通氮气，迅速撤离氮气管和干燥管，接上真空泵，抽真空，使真空度低于 12mbar，反应 1h。冷却至室温后，撤去真空系统，将所得产物溶解于丙酮，沉淀在乙醚中即得产物 G2。

(2) 第 3 代脂肪族聚酯（以下简称 G3）的合成

在上述产物 G2 的基础上，再往三颈烧瓶中加入 17.88g DMPA 和 89.6mg p-TSA。在通氮气、油浴控温 140℃的条件下，继续机械搅拌反应 2h。停止通氮气、体系抽真空，保持真空度 12mbar，继续反应 1h。冷却至室温后，恢复常压，将所得产物溶解于丙酮，沉淀在乙醚中即得产物 G3。

(3) 第 4 代脂肪族聚酯（以下简称 G4）的合成

在上述产物 G3 的基础上，再往三颈烧瓶中加入 35.79g DMPA 和 0.17mg p-TSA，反应操作如前述，通氮气脱水反应 2h，抽真空继续反应 1.5h，将所得物溶解于丙酮，沉淀在乙醚中得产物 G4。

(4) 超支化聚合物的羧基功能化

称取 2.57g G3 和 2.40g 丁二酸酐放入三颈烧瓶中，加入 20mL 丙酮，磁力搅拌，油浴控温使丙酮沸腾回流，反应 2h。沉淀在乙醚中得到 G3-COOH，同法制得 G2-COOH、G4-COOH。

3. 超支化聚酯表征

对所得到的超支化聚酯及其改性产物采用红外光谱、核磁共振谱等进行表征。

数据记录与处理

1. 超支聚合物合成

超支化聚酯的合成是以二羟甲基丙酸（DMPA）为重复单元，三甲醇丙烷（TMP）为核分子，在酸催化条件下进行的酯化本体聚合反应。这种酯化反应需要在反应过程中不断移去反应中的水，使反应向聚合方向移动。反应中生成水的不断移去对于获得高摩尔质量的产物至关重要，在反应初期，通过通入氮气将反应中生成的水不断带走，因此氮气流的流速需要较大，且需要用强吸水性的五氧化二磷代替一般的无水氯化钙作为干燥剂。当反应接近结束的时候，需要较高的真空度来抽出水汽以及少量低分子量产物杂质。

2. 超支化聚合物及功能化产物的对比分析与表征

注意红外光谱中特征峰的归属，对比功能化前后羟基、羧基、酯羰基峰强度的变化。

归属 ^{1}H-NMR 的谱峰，注意各峰在功能化前后的峰面积变化，特别是表征羟基发生了酯化转化的相应特征峰变化。

思考题

1. 超支聚合物同传统线性高分子及规整树枝状高分子相比有什么结构性能特点？
2. 要得到相对分子质量及分布都比较满意的脂肪族超支化聚合物，合成时有哪些关键控制参数？

[学习指导]

实验操作要点及注意事项

1. 为增加未反应的单体与带有羟基的超支化的骨架反应而不是与其他未反应单体反应的机会，必须使自由的 DMPA 基团和树状羟基团的化学计量比尽量低。因此，DMPA 必须按照每一代的化学计量比分批加入。即采用准一步法反应。

2. 采用相对较低的酯化温度 140℃，实际上是为了防止其他副反应的发生。

3. 核分子三羟甲基丙烷在反应中起着重要作用，当相同的反应在没有核分子的情况下进行，最终的产物将很难溶于任何溶剂，这表明在没有核分子时所得产物结构可控性差，具有很高的摩尔质量或是发生了交联。

实验知识拓展

超支化聚合物含有 3 种不同类型的重复单元，即末端单元、线性单元和树枝状支化单元。通常采用支化度（DB）即完全支化单元和末端单元占所有重复单元的摩尔分数来描述超支化聚合物的支化程度。这样，结构规整的树枝状高分子（dendrimer）的 DB 值为 1（见图 9-8），而超支化聚合物的 DB 值都小于 1，一般为 0.5~0.6，其 DB 值越高，其分子结构越接近树枝状分子，相应溶解性越好，熔融黏度越低。尽管超支化聚合物没有树枝状聚合物那样严格的几何外形，但两者在分子结构和性质上仍有很多共同点，在许多场合可以替代，从工业角度而言，所有的树状大分子的合成工艺都离不开极其烦琐的保护和去保护反应、分离、提纯以及重复的叠代反应，所需费用较高，且产率较低；而超支化聚合物具有合成的方便性，通常只需用一步法或准一步法合成即可，一般不需要复杂的分离提纯。而且由于超支化聚合物的非挥发性，使得它的再生也比较容易，这也相当于一定程度上降低了成本，因此具有更好的应用前景。

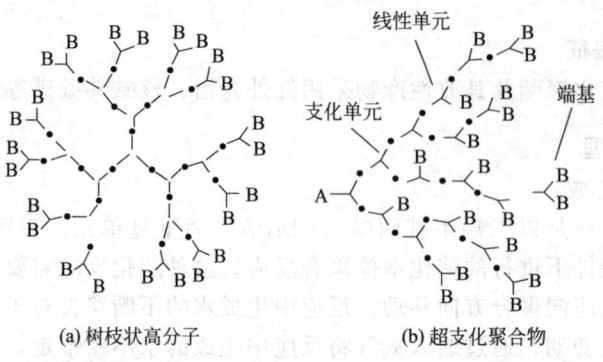

(a) 树枝状高分子　　　　(b) 超支化聚合物

图 9-8　树枝状高分子和超支化聚合物的分子结构示意

　　缩聚反应是合成超支化聚合物最常用的方法，主要是采用 AB_x 型单体通过逐步增长的方式合成。目前很多种超支化聚合物包括聚醚、聚苯醚、聚酯、聚酰胺、聚碳酸酯、聚硅氧烷、聚醚醚酮等都可经相应 AB_x 单体的准一步缩聚反应得到。Frecher 于 1995 年提出了自缩合乙烯基聚合（SCVP）合成超支化聚合物的方法，这种方法的特点是单体既是引发剂也是支化点，乙烯基单体在外激发作用下活化，产生多个活性自由基，形成新的反应中心，引发下一步反应。目前，SCVP 已应用于多种活性聚合体系，包括阳离子聚合、基团转移聚合、受控自由基聚合、开环聚合等。Suzuki 等首次报道了钯催化下环状氨基甲酸酯通过开环聚合（SCROP）合成超支化聚胺，Wang 等以丙三醇为起始剂、缩水甘油为单体，在三氟化硼乙醚引发下阳离子开环聚合得到超支化聚缩水甘油。另外已有聚胺、聚醚、聚酯通过 SCROP 途径合成。目前可利用开环聚合制备超支化聚合物的单体主要有环状氨基甲酸酯类、环氧乙烷类、氧杂环丁烷类、四氢呋喃类、ε-己内酯类等。一些环氧基或羟基封端的聚酯和聚硅氧烷可以通过质子转移聚合（PTP）合成。Frechet 等于 1999 年提出了这种新方法并成功地合成了一种新型的环氧基或羟基功能化的超支化聚合物。他们还通过这种聚合方法合成了环氧基团封端的新型的超支化聚酯。

　　正是由于超支化聚合物具有如上所述这些特点和优势，各种超支化聚合物已广泛用作聚合物共混改性、黏度调节剂、交联剂、涂料、药物包覆和缓释等用途。

　　① 在涂料工业中的应用：超支化聚合物低的熔融黏度和众多可以改性的端基，使得超支化聚合物在涂料领域具有广阔的应用前景。超支化聚合物具有紧凑的分子结构，不易发生分子间的缠结，当相对分子质量增加或浓度增高时，体系仍能保持较低的黏度，从而使其具有独特的流变性质、很好的成膜性以及极佳的抗化学性、耐候性和力学性能，可用于制作光固化涂料、粉末涂料、无溶剂涂料、高固体分涂料以及涂料中的添加剂。

　　② 在聚合物共混改性中的应用：共混改性是发展已有聚合物材料的重要途径，基于超支化聚合物的分子结构特点，可在聚合物共混中用做各种添加剂，如分散剂、增容剂、增韧剂、环氧树脂固化剂、烃类的染色助剂等。

　　③ 在药物缓释剂中的应用：超支化聚合物作为药物载体的研究较多，可望用于农业、化妆品和医药行业。通过设计合成的超支化聚合物的高度憎水的"核"分子部分可以较好地与憎水药物相溶，而分子外部的聚乙二醇长链亲水性较好，增加了憎水药物在极性介质中的溶解性。控制超支化分子尺寸与支化度，可制成可控药物缓释剂；或设计可与缓释药物物理交联的超支化大分子，水解后能够产生具有生物相容性的小分子药物。有专利报道，使用超

支化聚合物作分散剂，可使油相在水相中稳定达 6 个月，粒径在 309～400nm。采用生物相容且低毒性的原料制成超支化药物载体，载体在 24h 内释放药力，随着载体相对分子质量的增大，药力释放更缓慢、更均匀。

④ 在其他方面的应用：超支化聚合物还可作为大分子催化剂和大分子引发剂。由于其特殊的结构和性能，超支化聚合物在聚电解质、超支化分子液晶及光电材料、空间受限纳米反应器、固体粒子表面改性等领域也有广泛的应用前景。

实验 9-15 纳米组装血红蛋白的直接电化学和催化研究

实验目的

1. 利用稀硝酸处理多壁碳纳米管（MWNT），加入壳聚糖（CS）使之成为模拟生物膜的 MWNT-CS 薄膜，实现血红蛋白（H_b）直接电子传递。
2. 研究 H_b-MWNT-CS 膜修饰玻璃碳电极对过氧化氢的电催化行为及其催化剂机理。
3. 测定血红蛋白催化过氧化氢的米氏常数。

实验原理

血红蛋白 H_b（hemologlobin）是血红蛋白的一种，在脊椎动物的血液中担负着存储和运输的重要任务。血红蛋白 Hb 的相对分子质量约为 67000，其分子具有四级结构，是由两条 α-和两条 β-多肽链构成四聚体，每个肽链上各结合一个血红素分子，且相互接近，形成近似球形的血红蛋白分子。尽管血红蛋白不参与生物呼吸链的电子传递过程，但它的结构非常类似于过氧化酶，因此表现出很高的类似过氧化酶的催化性。在本实验中将 H_b 直接吸附固定在经羧基化处理的多壁碳纳米管和壳聚糖薄膜中，实现了 H_b 在玻璃碳电极（GC）上的直接转移，并在此基础上研究了固定的 H_b 对过氧化氢的催化特性。

仪器与试剂

电化学工作站，三电极系统（玻璃碳电极、饱和甘汞电极、铂丝电极）、超声波清洗器、离心机、红外光谱仪。

牛血红蛋白（C.P.），多壁碳纳米管（直径<10nm；长度=1～2μm；纯度>95%），壳聚糖（chitosan）（C.P.），过氧化氢（30%，A.R.），硝酸（65%，A.R.），$K_3Fe(CN)_6$（≥99%，A.R.），乙醇（A.R.），KCl（99.5%，A.R.），Al_2O_3 抛光粉（0.3μm 和 0.5μm）。

实验步骤

1. 可溶性多壁碳纳米管的制备

称取 20mg 多壁碳纳米管于 50mL 圆底烧瓶中，加入 30mL 30% HNO_3 在 140℃ 回流 4h。冷却至室温，在 1000～2000r·min^{-1} 下离心 3min，分离出多壁碳纳米管，并用去离子水洗涤到 pH5～6。放于 110℃ 烘箱中干燥 1h，取出在红外灯下恒重。红外表征，与未处理过的多壁碳纳米管比较。

2. 玻璃碳电极的预处理和循环伏安表征

玻璃碳电极用 0.3μm 和 0.05μm 的 Al_2O_3 粉抛光成镜面，然后依次用无水乙醇及蒸馏水超声洗净，晾干。在电解池中放入 1.0mmol·L^{-1} $K_3Fe(CN)_6$+0.1mol·L^{-1} KCl 溶液，插入玻璃碳电极（工作电极）、饱和甘汞电极（参比电极）及铂丝电极（对电极）三电极。通氮除氧 15min 以上，以不同扫描速率：10MV·s^{-1}、20MV·s^{-1}、30MV·s^{-1}、

40MV·s^{-1}、60MV·s^{-1}、80MV·s^{-1}、100MV·s^{-1}、200MV·s^{-1}，分别记录从＋0.6～－0.2V扫描循环伏安图。

3. 纳米组装血红蛋白酶修饰电极的制备

称取20mg壳聚糖超声溶解于2mL 1%的冰醋酸溶液（pH5左右）中，将1mg水溶性多壁碳纳米管和4mg血红蛋白加入1mL制备好的壳聚糖溶液中。超声振荡分散成黑色悬浮物。将10μgH$_b$-MWNT-GC修饰电极作为对照，不加多壁碳纳米管以相似的方法制得H$_b$-GC修饰电极。

4. 过氧化氢的催化和米氏常数的测定

在电解池中放入10mL 0.1mol·L^{-1} pH7.0的磷酸缓冲溶液，通氮除氧15min以上，加入不同浓度的过氧化氢溶液：0mmol·L^{-1}、0.05mmol·L^{-1}、0.10mmol·L^{-1}、0.15mmol·L^{-1}、0.20mmol·L^{-1}、0.25mmol·L^{-1}、0.30mmol·L^{-1}、0.35mmol·L^{-1}、0.40mmol·L^{-1}、0.45mmol·L^{-1}、0.50mmol·L^{-1}，分别记录在100mV·s^{-1}扫描速率从＋0.3～－0.8V扫描循环伏安图。

数据记录与处理

1. 比较处理前后多壁碳纳米管的红外光谱图并解释水溶性原因。
2. 计算电极粗糙因子。
3. 讨论血红蛋白修饰电极上的直接化学行为。
4. 比较并讨论H$_b$-MWNT-CS和H$_b$-CS修饰电极对过氧化氢催化电流的大小。
5. 测定米氏常数。

思考题

1. 纳米材料在电极表面修饰层内作用原理和原因是什么？
2. 探讨血红蛋白对过氧化氢的催化机理？
3. 说明米氏常数K_m的生物学意义。

[学习指导]

实验操作要点及注意事项

1. 玻璃碳电极表面要处理干净，否则会阻碍修饰膜电极的电子传递。
2. 缓冲溶液中的空气要彻底排除，防止对过氧化氢的催化干扰。

实验知识拓展

血红蛋白，由于其分子结构庞大，电活性中心不易暴露，以及在电极上的吸附变形而造成电极表面的钝化，使得它在一般固体电极上的电子传递速率很低，导致电子传递受阻，然而对生物蛋白酶的直接电化学研究，不但能获得有关蛋白质或酶的热力学和动力学性质等重要信息，为开发新型生物传感器和生物反应器提高理论指导，而且对了解它们在生命体内的电子转移机理和生理作用机制具有重要意义。因此，许多研究都致力于电子转移媒介体、促进剂和特殊电极材料的研究以加速H$_b$的电子传递速率。纳米技术的发展为血红素蛋白质的直接电化学提供了一个全新而强有力的平台。纳米材料的高比表面积、高活性和具有的尺寸效应、界面效应、量子效应等特性使血红蛋白的直接电化学变为可能，Davis等用多壁碳纳米管固定蛋白和酶，发现固定在带羧基碳管上的蛋白或酶没有变形，为蛋白质的固定提供了一个新方法。

米氏常数（K_m）是研究酶促反应动力学最重要的常数。它的数值等于酶促反应到达其最大速率一半时的底物浓度[S]，可以表示酶和底物之间的亲和能力，K_m值越大，亲和能力越弱，反之亦然。在稳态条件下，类似酶促反应的电催化过程，根据 Lineweaver-Burk 方程可得下列等式：

$$1/i = K_m/i_m[S] + 1/i_m$$

$1/i$ 对 $1/[S]$ 作图的一直线，其斜率是 K_m/i_m，在纵轴上的截距为 $1/i_m$。从而可以计算出米氏常数的数值。

附　录

附录1　酸性、碱性溶液中的半电极反应和标准电极电势

A. 在酸性溶液中 (298.16K)

电极反应	$E^{\ominus}/V$
$Ag^+(aq) + e^- \rightleftharpoons Ag(s)$	0.80
$Ag^{2+}(aq) + e^- \rightleftharpoons Ag^+(aq)$	1.98
$AgBr(s) + e^- \rightleftharpoons Ag(s) + Br^-(aq)$	0.071
$AgCl(s) + e^- \rightleftharpoons Ag(s) + Cl^-(aq)$	0.222
$AgI(s) + e^- \rightleftharpoons Ag(s) + I^-(aq)$	-0.152
$Ag_2CrO_4(aq) + 2e^- \rightleftharpoons 2Ag(s) + CrO_4^{2-}(aq)$①	0.447
$Al^{3+}(aq) + 3e^- \rightleftharpoons Al(s)$	-1.676
$HAsO_2(aq) + 3H^+(aq) + 3e^- \rightleftharpoons As(s) + 2H_2O(l)$	0.240
$H_3AsO_4(aq) + 2H^+(aq) + 2e^- \rightleftharpoons HAsO_2(aq) + 2H_2O(l)$①	0.560
$Au^{3+}(aq) + 3e^- \rightleftharpoons Au(s)$	1.52
$Au^{3+}(aq) + 2e^- \rightleftharpoons Au^+(aq)$	1.36
$AuCl_4^-(aq) + 3e^- \rightleftharpoons Au(s) + 4Cl^-(aq)$	1.002
$Ba^{2+}(aq) + 2e^- \rightleftharpoons Ba(s)$	-2.92
$Br_2(l) + 2e^- \rightleftharpoons 2Br^-(aq)$	1.065
$2BrO_3^-(aq) + 12H^+(aq) + 10e^- \rightleftharpoons Br_2(l) + 6H_2O(l)$	1.478
$2CO_2(g) + 2H^+(aq) + 2e^- \rightleftharpoons H_2C_2O_4(aq)$	-0.49
$Ca^{2+}(aq) + 2e^- \rightleftharpoons Ca(s)$	-2.84
$Cd^{2+}(aq) + 2e^- \rightleftharpoons Cd(s)$	-0.403
$Cl_2(g) + 2e^- \rightleftharpoons 2Cl^-(aq)$	1.358
$ClO_3^-(aq) + 6H^+(aq) + 6e^- \rightleftharpoons Cl^-(aq) + 3H_2O(l)$	1.450
$2ClO_3^-(aq) + 12H^+(aq) + 10e^- \rightleftharpoons Cl_2(g) + 6H_2O(l)$①	1.47
$ClO_4^-(aq) + 2H^+(aq) + 2e^- \rightleftharpoons ClO_3^-(aq) + H_2O(l)$	1.189
$2HClO(aq) + 2H^+(aq) + 2e^- \rightleftharpoons Cl_2(g) + 2H_2O(l)$①	1.611
$Co^{2+}(aq) + 2e^- \rightleftharpoons Co(s)$	-0.277
$Co^{3+}(aq) + e^- \rightleftharpoons Co^{2+}(aq)$①	1.92
$Cr^{2+}(aq) + 2e^- \rightleftharpoons Cr(s)$	-0.90
$Cr^{3+}(aq) + e^- \rightleftharpoons Cr^{2+}(aq)$	-0.424
$Cr_2O_7^{2-}(aq) + 14H^+(aq) + 6e^- \rightleftharpoons 2Cr^{3+}(aq) + 7H_2O(l)$	1.33
$Cs^+(aq) + e^- \rightleftharpoons Cs(s)$	-2.923
$Cu^+(aq) + e^- \rightleftharpoons Cu(s)$	0.52
$Cu^{2+}(aq) + e^- \rightleftharpoons Cu^+(aq)$	0.159
$Cu^{2+}(aq) + 2e^- \rightleftharpoons Cu(s)$	0.34
$Cu^{2+}(aq) + I^-(aq) + e^- \rightleftharpoons CuI(s)$	0.86
$F_2(g) + 2e^- \rightleftharpoons 2F^-(aq)$	2.866
$OF_2(g) + 2H^+(aq) + 4e^- \rightleftharpoons H_2O(l) + 2F^-(aq)$	2.1
$Fe^{2+}(aq) + 2e^- \rightleftharpoons Fe(s)$	-0.44
$Fe^{3+}(aq) + e^- \rightleftharpoons Fe^{2+}(aq)$	0.771
$Fe(CN)_6^{3-}(aq) + e^- \rightleftharpoons Fe(CN)_6^{4-}(aq)$	0.361

续表

电 极 反 应	$E^{\ominus}/V$
$2H^+(aq)+2e^- \rightleftharpoons H_2(g)$	0.000
$Hg^{2+}(aq)+2e^- \rightleftharpoons Hg(l)$	0.854
$Hg_2^{2+}(aq)+2e^- \rightleftharpoons 2Hg(l)$①	0.7973
$2Hg^{2+}(aq)+2e^- \rightleftharpoons Hg_2^{2+}(aq)$①	0.920
$2HgCl_2(aq)+2e^- \rightleftharpoons Hg_2Cl_2(s)+2Cl^-(aq)$	0.63
$Hg_2Cl_2(s)+2e^- \rightleftharpoons 2Hg(l)+2Cl^-(aq)$	0.2676
$I_2(s)+2e^- \rightleftharpoons 2I^-(aq)$	0.535
$I_3^-(aq)+2e^- \rightleftharpoons 3I^-(aq)$	0.536
$2IO_3^-(aq)+12H^+(aq)+10e^- \rightleftharpoons I_2(s)+6H_2O(l)$	1.20
$In^{3+}(aq)+3e^- \rightleftharpoons In(s)$	-0.338
$K^+(aq)+e^- \rightleftharpoons K(s)$	-2.924
$La^{3+}(aq)+3e^- \rightleftharpoons La(s)$	-2.38
$Li^+(aq)+e^- \rightleftharpoons Li(s)$	-3.04
$Mg^{2+}(aq)+2e^- \rightleftharpoons Mg(s)$	-2.356
$Mn^{2+}(aq)+2e^- \rightleftharpoons Mn(s)$	-1.18
$MnO_2(s)+4H^+(aq)+2e^- \rightleftharpoons Mn^{2+}(aq)+2H_2O(l)$	1.23
$MnO_4^-(aq)+8H^+(aq)+5e^- \rightleftharpoons Mn^{2+}(aq)+4H_2O(l)$	1.51
$MnO_4^-(aq)+4H^+(aq)+3e^- \rightleftharpoons MnO_2(s)+2H_2O(l)$	1.70
$MnO_4^-(aq)+e^- \rightleftharpoons MnO_4^{2-}(aq)$	0.56
$NO_3^-(aq)+4H^+(aq)+3e^- \rightleftharpoons NO(g)+2H_2O(l)$	0.956
$NO_3^-(aq)+3H^+(aq)+2e^- \rightleftharpoons HNO_2(aq)+H_2O(l)$①	0.934
$2NO_3^-(aq)+4H^+(aq)+2e^- \rightleftharpoons N_2O_4(aq)+2H_2O(l)$①	0.803
$Na^+(aq)+e^- \rightleftharpoons Na(s)$	-2.713
$Ni^{2+}(aq)+2e^- \rightleftharpoons Ni(s)$	-0.257
$O_2(g)+2H^+(aq)+2e^- \rightleftharpoons H_2O_2(aq)$	0.695
$O_2(g)+4H^+(aq)+4e^- \rightleftharpoons 2H_2O(l)$	1.229
$O_3(g)+2H^+(aq)+2e^- \rightleftharpoons O_2(g)+H_2O(l)$	2.075
$H_2O_2(aq)+2H^+(aq)+2e^- \rightleftharpoons 2H_2O(l)$	1.763
$H_3PO_4(aq)+2H^+(aq)+2e^- \rightleftharpoons H_3PO_3(aq)+H_2O(l)$	-0.276
$Pb^{2+}(aq)+2e^- \rightleftharpoons Pb(s)$	-0.125
$PbO_2(s)+SO_4^{2-}(aq)+4H^+(aq)+2e^- \rightleftharpoons PbSO_4(s)+2H_2O(l)$	1.69
$PbO_2(s)+4H^+(aq)+2e^- \rightleftharpoons Pb^{2+}(aq)+2H_2O(l)$	1.455
$PbSO_4(s)+2e^- \rightleftharpoons Pb(s)+SO_4^{2-}(aq)$	-0.356
$Rb^+(aq)+e^- \rightleftharpoons Rb(s)$	-2.924
$S(s)+2H^+(aq)+2e^- \rightleftharpoons H_2S(g)$	0.144
$H_2SO_3(aq)+4H^+(aq)+4e^- \rightleftharpoons S(s)+3H_2O(l)$①	0.449
$SO_4^{2-}(aq)+4H^+(aq)+2e^- \rightleftharpoons SO_2(g)+2H_2O(l)$	0.17
$SO_4^{2-}(aq)+4H^+(aq)+2e^- \rightleftharpoons H_2SO_3(aq)+H_2O(l)$①	0.172
$S_2O_8^{2-}(aq)+2e^- \rightleftharpoons 2SO_4^{2-}(aq)$	2.01
$S_2O_8^{2-}(aq)+2H^+(aq)+2e^- \rightleftharpoons 2HSO_4^-(aq)$①	2.123
$Sn^{2+}(aq)+2e^- \rightleftharpoons Sn(s)$	-0.137
$Sn^{4+}(aq)+2e^- \rightleftharpoons Sn^{2+}(aq)$	0.154
$Sr^{2+}(aq)+2e^- \rightleftharpoons Sr(s)$	-2.89
$Ti^{2+}(aq)+2e^- \rightleftharpoons Ti(s)$	-1.630
$U^{3+}(aq)+3e^- \rightleftharpoons U(s)$	-1.66
$VO_2^+(aq)+2H^+(aq)+e^- \rightleftharpoons VO^{2+}(aq)+H_2O(l)$	1.00
$VO^{2+}(aq)+2H^+(aq)+e^- \rightleftharpoons V^{3+}(aq)+H_2O(l)$	0.337
$Zn^{2+}(aq)+2e^- \rightleftharpoons Zn(s)$	-0.763

B. 在碱性溶液中 (298.16K)

电极反应	$E^{\ominus}/V$
$2AgO(s) + H_2O(l) + 2e^- \rightleftharpoons Ag_2O(s) + 2OH^-(aq)$	0.604
$Ag_2O(s) + H_2O(l) + 2e^- \rightleftharpoons 2Ag(s) + 2OH^-(aq)$	0.342
$Al(OH)_4^-(aq) + 3e^- \rightleftharpoons Al(s) + 4OH^-(aq)$	−2.31
$H_2AlO_3^-(aq) + H_2O(l) + 3e^- \rightleftharpoons Al(s) + 4OH^-(aq)$ [1]	−2.33
$As(s) + 3H_2O(l) + 3e^- \rightleftharpoons AsH_3(g) + 3OH^-(aq)$	−1.21
$AsO_2^-(aq) + 2H_2O(l) + 3e^- \rightleftharpoons As(s) + 4OH^-(aq)$	−0.68
$AsO_4^{3-}(aq) + 2H_2O(l) + 2e^- \rightleftharpoons AsO_2^-(aq) + 4OH^-(aq)$	−0.67
$BrO^-(aq) + H_2O(l) + 2e^- \rightleftharpoons Br^-(aq) + 2OH^-(aq)$	0.766
$BrO_3^-(aq) + 3H_2O(l) + 6e^- \rightleftharpoons Br^-(aq) + 6OH^-(aq)$	0.584
$Ca(OH)_2(s) + 2e^- \rightleftharpoons Ca(s) + 2OH^-(aq)$	−3.02
$ClO^-(aq) + H_2O(l) + 2e^- \rightleftharpoons Cl^-(aq) + 2OH^-(aq)$	0.890
$ClO_3^-(aq) + 3H_2O(l) + 6e^- \rightleftharpoons Cl^-(aq) + 6OH^-(aq)$	0.622
$ClO_3^-(aq) + H_2O(l) + 2e^- \rightleftharpoons ClO_2^-(aq) + 2OH^-(aq)$ [1]	0.33
$ClO_4^-(aq) + H_2O(l) + 2e^- \rightleftharpoons ClO_3^-(aq) + 2OH^-(aq)$ [1]	0.36
$Cr(OH)_3(s) + 3e^- \rightleftharpoons Cr(s) + 3OH^-(aq)$ [1]	−1.48
$CrO_4^{2-}(aq) + 4H_2O(l) + 3e^- \rightleftharpoons Cr(OH)_3 + 5OH^-(aq)$ [1]	−0.13
$Cu_2O(s) + H_2O(l) + 2e^- \rightleftharpoons 2Cu(s) + 2OH^-(aq)$ [1]	−0.360
$Fe(OH)_2(s) + 2e^- \rightleftharpoons Fe(s) + 2OH^-(aq)$	−0.8914
$Fe(OH)_3(s) + e^- \rightleftharpoons Fe(OH)_2(s) + OH^-(aq)$ [1]	−0.56
$2H_2O(l) + 2e^- \rightleftharpoons H_2(g) + 2OH^-(aq)$	−0.8277
$HgO(s) + H_2O(l) + 2e^- \rightleftharpoons Hg(s) + 2OH^-(aq)$ [1]	0.0977
$IO^-(aq) + H_2O(l) + 2e^- \rightleftharpoons I^-(aq) + 2OH^-(aq)$ [1]	0.485
$2IO^-(aq) + 2H_2O(l) + 2e^- \rightleftharpoons I_2(s) + 4OH^-(aq)$	0.42
$IO_3^-(aq) + 3H_2O(l) + 6e^- \rightleftharpoons I^-(aq) + 6OH^-(aq)$ [1]	0.26
$Mg(OH)_2(s) + 2e^- \rightleftharpoons Mg(s) + 2OH^-(aq)$ [1]	−2.69
$Mn(OH)_2(s) + 2e^- \rightleftharpoons Mn(s) + 2OH^-(aq)$ [1]	−1.56
$MnO_4^-(aq) + 2H_2O(l) + 3e^- \rightleftharpoons MnO_2(s) + 4OH^-(aq)$	0.595
$MnO_4^{2-}(aq) + 2H_2O(l) + 2e^- \rightleftharpoons MnO_2(s) + 4OH^-(aq)$ [1]	0.60
$NO_3^-(aq) + H_2O(l) + 2e^- \rightleftharpoons NO_2^-(aq) + 2OH^-(aq)$	0.01
$O_2(g) + 2H_2O(l) + 4e^- \rightleftharpoons 4OH^-(aq)$	0.401
$O_3(g) + H_2O(l) + 2e^- \rightleftharpoons O_2(g) + 2OH^-(aq)$	1.246
$HPbO_2^-(aq) + H_2O(l) + 2e^- \rightleftharpoons Pb(s) + 3OH^-$	−0.54
$S(s) + 2e^- \rightleftharpoons S^{2-}(aq)$ [1]	−0.455
$SO_4^{2-}(aq) + H_2O(l) + 2e^- \rightleftharpoons SO_3^{2-}(aq) + 2OH^-(aq)$	−0.93
$2SO_3^{2-}(aq) + 3H_2O(l) + 4e^- \rightleftharpoons S_2O_3^{2-}(aq) + 6OH^-(aq)$ [1]	−0.571
$SbO_2^-(aq) + 2H_2O(l) + 3e^- \rightleftharpoons Sb(s) + 4OH^-(aq)$ [1]	−0.66
$Zn(OH)_2(s) + 2e^- \rightleftharpoons Zn(s) + 2OH^-(aq)$	−1.246

① 数据摘自 CRC Handbook of Chemistry and Physics, 82 nd. 2001~2002。

注：数据摘自 Petrucci, R. H., Harwood, W. S., Herring, F. G. general Chemistry: Principles and Modern Applications. 8 ed. 2002。

附录 2　难溶化合物的溶度积常数 (298.16K)

分子式	K_{sp}	pK_{sp}	分子式	K_{sp}	pK_{sp}
AgAc①	1.9×10^{-3}	2.72	AgCN	1.2×10^{-16}	15.92
Ag_3AsO_4	1.0×10^{-22}	22.0	AgCl	1.8×10^{-10}	9.75
AgBr	5.0×10^{-13}	12.3	Ag_2CO_3	8.5×10^{-12}	11.07
$AgBrO_3$	5.50×10^{-5}	4.26	Ag_2CrO_4	1.1×10^{-12}	11.96

续表

分子式	K_{sp}	pK_{sp}	分子式	K_{sp}	pK_{sp}
AgI	8.5×10^{-17}	16.07	Fe(OH)$_2$[1]	4.87×10^{-17}	16.31
AgIO$_3$	3.0×10^{-8}	7.52	Fe(OH)$_3$[1]	2.64×10^{-39}	38.58
AgNO$_2$	6.0×10^{-4}	3.22	FePO$_4$	1.3×10^{-22}	21.89
α-Ag$_2$S	6.0×10^{-51}	50.22	FeS	6×10^{-19}	18.22
AgSCN	1.0×10^{-12}	12.0	Hg$_2$Br$_2$	5.6×10^{-23}	22.25
Ag$_2$SO$_3$	1.5×10^{-14}	13.82	Hg$_2$Cl$_2$	1.3×10^{-18}	17.89
Ag$_2$SO$_4$	1.4×10^{-5}	4.85	Hg$_2$I$_2$	4.5×10^{-29}	28.35
Al(OH)$_3$	4.6×10^{-33}	32.34	Li$_2$CO$_3$[1]	8.15×10^{-4}	3.09
AlPO$_4$	6.3×10^{-19}	18.20	LiF	3.8×10^{-3}	2.42
BaCO$_3$	5.1×10^{-9}	8.29	Li$_3$PO$_4$	3.2×10^{-9}	8.49
BaCrO$_4$	1.2×10^{-10}	9.92	MgCO$_3$[1]	6.82×10^{-6}	5.17
BaF$_2$[1]	1.84×10^{-7}	6.74	Mg(OH)$_2$	1.8×10^{-11}	10.74
Ba(OH)$_2$	5.0×10^{-3}	2.3	Mg$_3$(PO$_4$)$_2$	1.0×10^{-25}	25.0
BaSO$_3$	8.0×10^{-7}	6.1	MnCO$_3$	1.8×10^{-11}	10.74
BaSO$_4$	1.1×10^{-10}	9.96	Mn(OH)$_2$	1.9×10^{-13}	12.72
BaS$_2$O$_3$	1.6×10^{-5}	4.8	NiCO$_3$[1]	1.42×10^{-7}	6.85
CaCO$_3$	2.8×10^{-9}	8.55	Ni(OH)$_2$(新)	2.0×10^{-15}	14.7
CaC$_2$O$_4$	4.0×10^{-9}	8.4	PbBr$_2$	4.0×10^{-5}	4.4
CaCrO$_4$	7.1×10^{-4}	3.15	PbCl$_2$	1.6×10^{-5}	4.8
CaF$_2$	5.3×10^{-9}	8.28	PbCO$_3$	7.4×10^{-14}	13.13
CaHPO$_4$	1.0×10^{-7}	7.0	PbCrO$_4$	2.8×10^{-13}	12.55
Ca(OH)$_2$	5.5×10^{-6}	5.26	PbF$_2$	2.7×10^{-8}	7.57
Ca$_3$(PO$_4$)$_2$[1]	2.07×10^{-33}	32.68	PbI$_2$	7.1×10^{-9}	8.15
CaSO$_3$	6.8×10^{-8}	7.17	Pb(OH)$_2$[1]	1.42×10^{-20}	19.85
CaSO$_4$[1]	7.10×10^{-5}	4.15	PbS	3×10^{-28}	27.52
CdCO$_3$	5.2×10^{-12}	11.28	PbSO$_4$	1.6×10^{-8}	7.8
Cd(OH)$_2$[1]	5.27×10^{-15}	14.1	ScF$_3$	4.2×10^{-18}	17.38
CdS	8.0×10^{-28}	27.1	Sc(OH)$_3$	8.0×10^{-31}	30.1
CoCO$_3$	1.4×10^{-13}	12.85	Sn(OH)$_2$[1]	5.45×10^{-27}	27.49
Co(OH)$_2$(粉红,新沉淀)	1.6×10^{-15}	14.80	SnS	3.25×10^{-28}	27.49
Co(OH)$_3$	1.6×10^{-44}	43.8	SrCO$_3$	1.1×10^{-10}	9.96
Cr(OH)$_2$	2.0×10^{-16}	15.7	SrCrO$_4$	2.2×10^{-5}	4.66
Cr(OH)$_3$	6.3×10^{-31}	30.2	SrF$_2$	2.5×10^{-9}	8.6
Cu$_3$(AsO$_4$)$_2$	7.6×10^{-36}	35.12	SrSO$_4$	3.2×10^{-7}	6.49
CuCl[1]	1.72×10^{-7}	6.76	TlBr	3.4×10^{-6}	5.47
CuCN	3.2×10^{-20}	19.49	TlCl	1.7×10^{-4}	3.77
CuCO$_3$	1.4×10^{-10}	9.85	TlI	6.5×10^{-8}	7.19
CuCrO$_4$	3.6×10^{-6}	5.44	Tl(OH)$_3$	6.3×10^{-46}	45.2
CuI	1.1×10^{-12}	11.96	ZnCO$_3$[1]	1.19×10^{-10}	9.92
Cu(OH)$_2$	2.2×10^{-20}	19.66	ZnC$_2$O$_4$	2.7×10^{-8}	7.57
CuS	6×10^{-37}	36.22	Zn(OH)$_2$	1.2×10^{-17}	16.92
FeCO$_3$	3.2×10^{-11}	10.49	Zn$_3$(PO$_4$)$_2$	9.0×10^{-33}	32.05
Fe$_4$[Fe(CN)$_6$]$_3$	3.3×10^{-41}	40.18	ZnS	2.0×10^{-25}	24.7

[1] 数据摘自 CRC Handbook of Chemistry and Physics, 82 ed. 2001~2002。

注：数据摘自 Petrucci, R. H., Harwood, W. S., Herring, F. G. general Chemistry: Principles and Modern Applications 8 ed. 2002。

附录3 弱酸、弱碱在水中的解离常数 (298.16K)

A. 弱酸的解离常数

名 称	化 学 式	K_a	pK_a
亚砷酸	H_3AsO_3	6.0×10^{-10}	9.22
砷酸	H_3AsO_4	$5.62\times10^{-3}(K_1)$	2.25
		$1.70\times10^{-7}(K_2)$	6.77
		$3.95\times10^{-12}(K_3)$	11.40
偏铝酸	$HAl(OH)_4$	6.3×10^{-13}	12.20
硼酸	H_3BO_3	7.3×10^{-10}	9.14
碳酸	H_2CO_3	$4.3\times10^{-7}(K_1)$	6.37
		$5.6\times10^{-11}(K_2)$	10.25
氢氰酸	HCN	4.93×10^{-10}	9.31
铬酸	H_2CrO_4	$1.8\times10^{-1}(K_1)$	0.74
		$3.2\times10^{-7}(K_2)$	6.49
氢氟酸	HF	3.53×10^{-4}	3.45
氢硫酸	H_2S	$9.1\times10^{-8}(K_1)$	7.04
		$1.2\times10^{-15}(K_2)$	14.92
亚硝酸	HNO_2	4.6×10^{-4}	3.34
过氧化氢	H_2O_2	2.4×10^{-12}	11.62
磷酸	H_3PO_4	$7.52\times10^{-3}(K_1)$	2.12
		$6.23\times10^{-8}(K_2)$	7.12
		$2.2\times10^{-13}(K_3)$	12.66
焦磷酸	$H_4P_2O_7$	$3.0\times10^{-2}(K_1)$	1.52
		$4.4\times10^{-3}(K_2)$	2.36
		$2.5\times10^{-7}(K_3)$	6.60
		$5.6\times10^{-10}(K_4)$	9.25
亚磷酸	H_3PO_3	$1.0\times10^{-2}(K_1)$	2.00
		$2.6\times10^{-7}(K_2)$	6.59
硫氰酸	$HSCN$	1.4×10^{-1}	0.85
偏硅酸	H_2SiO_3	$1.7\times10^{-10}(K_1)$	9.97
		$1.6\times10^{-12}(K_2)$	11.80
硫酸	H_2SO_4	$1.2\times10^{-2}(K_2)$	1.92
亚硫酸	H_2SO_3	$1.54\times10^{-2}(K_1)$	1.81
		$1.02\times10^{-7}(K_2)$	6.99
甲酸	$HCOOH$	1.77×10^{-4}	3.75
乙酸	CH_3COOH	1.76×10^{-5}	4.75
丙酸	C_2H_5COOH	1.34×10^{-5}	4.87
抗坏血酸	(结构式)	$7.94\times10^{-5}(K_1)$	4.10
		$1.62\times10^{-12}(K_2)$	11.79
草酸	$HOOCCOOH\cdot2H_2O$	$5.9\times10^{-2}(K_1)$	1.23
		$6.4\times10^{-5}(K_2)$	4.19
水杨酸	(结构式)	$1.00\times10^{-12}(K_1)$	3.00
		$4.2\times10^{-13}(K_2)$	12.38
磺基水杨酸	(结构式)	$4.7\times10^{-3}(K_1)$	2.33
		$4.8\times10^{-12}(K_2)$	11.32
酒石酸	$HO-CH-COOH$ $HO-CH-COOH$	$9.6\times10^{-4}(K_1)$	3.02
		$4.4\times10^{-5}(K_2)$	4.36

续表

名　称	化 学 式	K_a	pK_a
邻苯二甲酸	邻-C$_6$H$_4$(COOH)$_2$	$1.1\times10^{-3}(K_1)$	2.95
		$3.91\times10^{-5}(K_2)$	5.41
柠檬酸	H$_2$C—COOH HO—C—COOH H$_2$C—COOH	$7.0\times10^{-4}(K_1)$	3.15
		$1.8\times10^{-5}(K_2)$	4.74
		$4.0\times10^{-7}(K_3)$	6.40
苹果酸	H$_2$C—COOH HO—CH—COOH	$3.88\times10^{-4}(K_1)$	3.41
		$7.80\times10^{-6}(K_2)$	5.11
苯甲酸	C$_6$H$_5$COOH	6.2×10^{-5}	4.21
苯酚	C$_6$H$_5$OH	1.1×10^{-10}	9.95
乳酸	H$_3$C—CH(OH)—COOH	1.4×10^{-4}	3.86
乙二胺四乙酸(EDTA)	(HOOCCH$_2$)$_2$NCH$_2$CH$_2$N(CH$_2$COOH)$_2$	$1.0\times10^{-2}(K_1)$	2.00
		$2.14\times10^{-3}(K_2)$	2.67
		$6.92\times10^{-7}(K_3)$	6.16
		$5.50\times10^{-11}(K_4)$	10.26
二亚乙基三胺五乙酸(DTPA)	(HOOCCH$_2$)$_2$NCH$_2$CH$_2$N(CH$_2$COOH)CH$_2$CH$_2$N(CH$_2$COOH)$_2$	$1.29\times10^{-2}(K_1)$	1.89
		$1.62\times10^{-3}(K_2)$	2.79
		$5.13\times10^{-5}(K_3)$	4.29
		$2.46\times10^{-9}(K_4)$	8.61
		$3.81\times10^{-11}(K_5)$	10.42
邻二氮菲	(邻二氮菲结构式)	1.1×10^{-5}	4.96
8-羟基喹啉	(8-羟基喹啉结构式)	$9.6\times10^{-6}(K_1)$	5.02
		$1.55\times10^{-10}(K_2)$	9.81

B. 弱碱的解离常数

名　称	化 学 式	K_b	pK_b
氨水	NH$_3$·H$_2$O	1.8×10^{-5}	4.74
联氨	H$_2$NNH$_2$	$3.0\times10^{-6}(K_1)$	5.52
		$7.6\times10^{-15}(K_2)$	14.12
羟胺	NH$_2$OH	9.1×10^{-9}	8.04
甲胺	CH$_3$NH$_2$	4.2×10^{-4}	3.38
乙胺	CH$_3$CH$_2$NH$_2$	5.6×10^{-4}	3.25
乙醇胺	HOCH$_2$CH$_2$NH$_2$	3.2×10^{-5}	4.50
三乙醇胺	(HOCH$_2$CH$_2$)$_3$N	5.8×10^{-7}	6.24
苯胺	C$_6$H$_5$NH$_2$	(4×10^{-10})	9.40
六亚甲基四胺	(CH$_2$)$_6$N$_4$	(1.4×10^{-9})	8.85
乙二胺	H$_2$NCH$_2$CH$_2$NH$_2$	$8.5\times10^{-5}(K_1)$	4.07
		$7.1\times10^{-9}(K_2)$	7.15
吡啶	(吡啶结构式)	1.7×10^{-9}	8.77
喹啉	(喹啉结构式)	6.3×10^{-10}	9.20

注：1. 表 A 数据取自：《无机化学丛书》第六卷（科学出版社，1995 年 12 月）。
2. 表 B 数据取自：LideDR. CRC Handbook of Chemistry and Physics 78th，1997~1998。
3. 括号中的数据取自：Lange's Handbook of Chemistry（13th ed，1985）。其余数据均按《NBS 化学热力学性质表》（刘天和，赵梦月译，中国标准出版社，1998 年 6 月）的数据计算得来的。

附录 4 配合物的稳定常数 (298.16K)

配离子	$K_f^\ominus$	配离子	$K_f^\ominus$	配离子	$K_f^\ominus$
$AgCl_2^-$	1.84×10^5	$Co(EDTA)^-$	(1×10^{36})	$Hg(EDTA)^{2-}$	(6.3×10^{21})
$AgBr_2^-$	1.93×10^7	$CuCl_2^-$	6.91×10^4	$Ni(NH_3)_6^{2+}$	8.97×10^8
AgI_2^-	4.80×10^{10}	$CuCl_3^{2-}$	4.55×10^5	$Ni(CN)_4^{2-}$	1.31×10^{30}
$Ag(NH_3)^+$	2.07×10^3	$Cu(CN)_2^-$	9.98×10^{23}	$Ni(N_2H_4)_6^{2+}$	1.04×10^{12}
$Ag(NH_3)_2^+$	1.67×10^7	$Cu(CN)_3^{2-}$	4.21×10^{28}	$Ni(EDTA)^{2-}$	(3.6×10^{18})
$Ag(CN)_2^-$	2.48×10^{20}	$Cu(CN)_4^{3-}$	2.03×10^{30}	$Pb(OH)_3^-$	8.27×10^{13}
$Ag(SCN)_2^-$	2.04×10^8	$Cu(CNS)_4^{3-}$	8.66×10^9	$PbCl_3^-$	27.2
$Ag(S_2O_3)_2^{3-}$	(2.9×10^{13})	$Cu(SO_3)_3^{3-}$	4.13×10^8	$PbBr_3^-$	15.5
$Ag(en)_2^+$	(5.0×10^7)	$Cu(NH_3)_4^{2+}$	2.30×10^{12}	PbI_3^-	2.67×10^3
$Ag(EDTA)^{3-}$	(2.1×10^7)	$Cu(P_2O_7)_2^{6-}$	8.24×10^8	PbI_4^-	1.66×10^4
$Al(OH)_4^-$	3.31×10^{33}	$Cu(C_2O_4)_2^{2-}$	2.35×10^9	$Pb(CH_3COO)^+$	152
AlF_6^{3-}	(6.9×10^{19})	$Cu(EDTA)^{2-}$	(5.0×10^{18})	$Pb(CH_3COO)_2$	826
$Al(EDTA)^-$	(1.3×10^{16})	FeF^{2+}	7.1×10^6	$Pb(EDTA)^{2-}$	2×10^{18}
$Ba(EDTA)^{2-}$	(6.0×10^7)	FeF_2^+	3.8×10^{11}	$PdCl_4^{2-}$	2.10×10^{10}
$Be(EDTA)^{2-}$	(2×10^9)	$Fe(CN)_6^{3-}$	4.1×10^{52}	$PdBr_4^{2-}$	6.05×10^{13}
$BiCl_4^-$	7.96×10^6	$Fe(CN)_6^{4-}$	4.2×10^{45}	PdI_4^{2-}	4.36×10^{22}
$BiCl_6^{3-}$	2.45×10^7	$Fe(NCS)^{2+}$	9.1×10^2	$Pd(NH_3)_4^{2+}$	3.10×10^{25}
$BiBr_4^-$	5.92×10^7	$FeCl^{2+}$	24.9	$Pd(CN)_4^{2-}$	5.20×10^{41}
BiI_4^-	8.88×10^{14}	$Fe(EDTA)^{2-}$	(2.1×10^{14})	$Pd(CNS)_4^{2-}$	9.43×10^{23}
$Bi(EDTA)^-$	(6.3×10^{22})	$Fe(EDTA)^-$	(1.7×10^{24})	$Pd(EDTA)^{2-}$	3.2×10^{18}
$Ca(EDTA)^{2-}$	(1×10^{11})	$HgCl^+$	5.73×10^6	$PtCl_4^{2-}$	9.86×10^{15}
$Cd(NH_3)_4^{2+}$	2.78×10^7	$HgCl_2$	1.46×10^{13}	$PtBr_4^{2-}$	6.47×10^{17}
$Cd(CN)_4^{2-}$	1.95×10^{18}	$HgCl_3^-$	9.6×10^{13}	$Pt(NH_3)_4^{2+}$	2.18×10^{35}
$Cd(OH)_4^{2-}$	1.20×10^9	$HgCl_4^{2-}$	1.31×10^{15}	$Zn(OH)_3^-$	1.64×10^{13}
CdI_4^{2-}	4.05×10^5	$HgBr_4^{2-}$	9.22×10^{20}	$Zn(OH)_4^{2-}$	2.83×10^{14}
$Cd(en)^{2+}$	(1.2×10^{12})	HgI_4^{2-}	5.66×10^{29}	$Zn(NH_3)_4^{2+}$	3.60×10^8
$Cd(EDTA)^{2-}$	(2.5×10^{16})	HgS_2^{2-}	3.36×10^{51}	$Zn(CN)_4^{2-}$	5.71×10^{16}
$Co(NH_3)_6^{2+}$	1.3×10^5	$Hg(NH_3)_4^{2+}$	1.95×10^{19}	$Zn(CNS)_4^{2-}$	19.6
$Co(NH_3)_6^{3+}$	(1.6×10^{35})	$Hg(CN)_4^{2-}$	1.82×10^{41}	$Zn(C_2O_4)_2^{2-}$	2.96×10^7
$Co(EDTA)^{2-}$	(2.0×10^{16})	$Hg(CNS)_4^{2-}$	4.98×10^{21}	$Zn(EDTA)^{2-}$	2.5×10^{16}

注：本数据是根据《NBS化学热力学性质表》（刘天和，赵梦月译，中国标准出版社，1998年6月）中的数据计算得来的。括号中的数据取自于 Lange's Handbook of Chemistry (13th ed, 1985)。

附录 5 常用酸、碱溶液的密度和浓度

名称	密度 $\rho_B(20℃)/(g/cm^3)$	$w_B\times 100$	物质的量浓度 c_B /(mol/dm^3)
浓硫酸	1.84	98	18
稀硫酸	1.06	9	1
浓硝酸	1.42	69	16
稀硝酸	1.07	12	2

名　　称	密度 ρ_B(20℃)/(g/cm³)	$w_B \times 100$	物质的量浓度 c_B /(mol/dm³)
浓盐酸	1.19	38	12
稀盐酸	1.03	7	2
磷酸	1.7	85	15
高氯酸	1.7	70	12
冰醋酸	1.05	99	17
稀醋酸	1.02	12	2
氢氟酸	1.13	40	23
氢溴酸	1.38	40	7
氢碘酸	1.70	57	7.5
浓氨水	0.88	28	15
稀氨水	0.98	4	2
浓氢氧化钠溶液	1.43	40	14
稀氢氧化钠溶液	1.09	8	2
饱和氢氧化钡溶液	—	2	0.1
饱和氢氧化钙溶液	—	0.15	—

注：辛剑，孟长功. 基础化学实验. 北京：高等教育出版社，2004.

附录6　滴定分析中的常用指示剂

A. 酸碱指示剂

名称	变色范围 pH	颜色变化	配制方法
百里酚蓝(1g/L)	1.2～2.8	红—黄	0.1g 指示剂与 4.3mL 0.05mol/L NaOH
	8.0～9.6	黄—蓝	溶液一起摇匀，加水稀释成 100mL
甲基橙(1g/L)	3.1～4.4	红—黄	0.1g 甲基橙溶于 100mL 热水
溴酚蓝(1g/L)	3.0～4.6	黄—紫蓝	0.1g 溴酚蓝与 3mL 0.05mol/L NaOH 溶液一起摇匀，加水稀释成 100mL
溴甲酚绿(1g/L)	3.8～5.4	黄—蓝	0.1g 指示剂与 1mL 0.05mol/L NaOH 溶液一起摇匀，加水稀释成 100mL
甲基红(1g/L)	4.4～6.2	红—黄	0.1g 甲基红溶于 60mL 乙醇中，加水至 100mL
中性红(1g/L)	6.8～8.0	红—黄橙	0.1g 甲基红溶于 60mL 乙醇中，加水至 100mL
酚酞(1g/L)	8.2～10.0	无色—淡红	1g 酚酞溶于 90mL 乙醇中，加水至 100mL
百里酚酞(1g/L)	9.4～10.6	无色—蓝色	0.1g 指示剂溶于 90mL 乙醇中，加水至 100mL
茜素黄R(1g/L)	1.9～3.3	红—黄	0.1g 茜素黄溶于 100mL 水中
	10.1～12.1	黄—淡紫	
混合指示剂			
甲基红-溴甲酚绿	5.1	红—绿	3份 1g/L 的溴甲酚绿乙醇溶液与 1份 2g/L 的甲基红乙醇溶液混合
甲酚红-百里酚蓝	8.3	黄—紫	1份 1g/L 的甲酚红钠盐水溶液与 3份 1g/L 的百里酚蓝钠盐水溶液
百里酚酞-茜素黄R	10.2	黄—紫	0.1g 茜素黄和 0.2g 百里酚酞溶于 100mL 乙醇中

B. 氧化还原指示剂

名　称	变色电势 $E^{\ominus}$/V	颜色 氧化态	颜色 还原态	配　制　方　法
二苯胺(10g/L)	0.76	紫	无色	1g 二苯胺在搅拌下溶于 100mL 浓硫酸储于棕色瓶中

续表

名 称	变色电势 $E^{\ominus}/V$	颜色		配 制 方 法
		氧化态	还原态	
二苯胺磺酸钠(5g/L)	0.85	紫	无色	0.5g 二苯胺磺酸钠溶于 100mL 水中,必要时过滤
邻苯氨基苯甲酸(2g/L)	1.08	红	无色	0.2g 邻苯氨基甲酸加热溶解在 100mL $w=0.002$ 的 Na_2CO_3 溶液中,必要时过滤
邻二氮菲 Fe(Ⅱ)	1.06	淡蓝	红	0.965g $FeSO_4$ 加 1.485g 邻二氮菲溶于 100mL 水中
5-硝基邻二氮菲-Fe(Ⅱ)	1.25	浅蓝	紫红	1.608g 5-硝基邻二氮菲加 0.695g $FeSO_4$,溶于 100mL 水中

C. 沉淀及金属指示剂

名 称	颜色		配 制 方 法
	游离态	化合物	
铬酸钾($w=0.05$ 的水溶液)	黄	砖红	
硫酸铁铵($w=0.40$)	无	血红	$NH_4Fe(SO_4)_2 \cdot 12H_2O$ 饱和水溶液,加数滴浓 H_2SO_4
荧光黄(5g/L)	绿色荧光	玫瑰红	0.50g 荧光黄溶于乙醇,并用乙醇稀释至 100mL
铬黑 T	蓝	酒红	(1)0.2g 铬黑 T 溶于 15mL 三乙醇胺及 5mL 甲醇中 (2)1g 铬黑 T 与 100g NaCl 研细、混匀
钙指示剂	蓝	红	0.5g 钙指示剂与 100g NaCl 研细、混匀
二甲酚橙(1g/L)	黄	红	0.1g 二甲酚橙溶于 100mL 水中
K-B 指示剂	蓝	红	0.5g 酸性铬蓝 K 加 1.25g 萘酚绿 B,再加 25g K_2SO_4 研细、混匀
磺基水杨酸(10g/L 水溶液)	无	红	1g 磺基水杨酸溶于 100mL 水中
吡啶偶氮萘酚(PAN)(2g/L)	黄	红	0.2g PAN 溶于 100mL 乙醇中
邻苯二酚紫(1g/L)	紫	蓝	0.1g 邻苯二酚紫溶于 100mL 水中

注:辛剑,孟长功. 基础化学实验. 北京:高等教育出版社,2004。

附录7 常用的缓冲溶液

A. 我国建立的七种 pH 基准缓冲溶液

温度/℃	0.05mol/kg 四草酸氢钾	25℃饱和酒石酸氢钾	0.05mol/kg 邻苯二甲酸氢钾	0.025mol/kg 磷酸二氢钾 0.025mol/kg 磷酸氢二钠	0.008695mol/kg 磷酸二氢钾 0.03043mol/kg 磷酸氢二钠	0.01mol/kg 硼砂	25℃饱和氢氧化钙
0	1.668		4.006	6.981	7.515	9.458	13.416
5	1.669		3.999	6.949	7.490	9.391	13.210
10	1.671		3.996	6.921	7.4667	9.330	13.011
15	1.673		3.996	6.898	7.445	9.276	12.820
20	1.676		3.998	6.879	7.426	9.226	12.637
25	1.680	3.559	4.003	6.864	7.409	9.182	12.460
30	1.684	3.551	4.010	6.852	7.395	9.142	12.292
35	1.688	3.547	4.019	6.844	7.386	9.105	12.130
40	1.694	3.547	4.029	6.838	7.380	9.072	11.975
45	1.700	3.550	4.042	6.834	7.379	9.042	11.828
50	1.706	3.555	4.055	6.833	7.383	9.015	11.697
55	1.713	3.563	4.070	6.834		8.990	11.553
60	1.721	3.573	4.087	6.837		8.968	11.426
70	1.739	3.596	4.122	6.847		8.926	
80	1.759	3.622	4.161	6.862		8.890	
90	1.782	3.648	4.203	6.881		8.856	
95	1.795	3.660	4.224	6.891		8.839	

注:张晓丽. 仪器分析实验. 北京:化学工业出版社,2006。

B. 常用缓冲溶液的配制

缓冲溶液组成	pK_a	缓冲溶液 pH	缓冲溶液配制方法
氨基乙酸-HCl	2.35 (pK_{a1})	2.3	取150g氨基乙酸溶于500mL水中后，加80mL浓HCl，用水稀释至1L
柠檬酸-Na_2HPO_4		2.5	取113g $Na_2HPO_4 \cdot 12H_2O$溶于200mL水后，加387g柠檬酸，溶解，过滤，用水稀释至1L
一氯乙酸-NaOH	2.86	2.8	取200g一氯乙酸溶于200mL水后，加40gNaOH溶解后，稀释至1L
邻苯二甲酸氢钾-HCl	2.95 (pK_{a1})	2.9	取500g邻苯二甲酸氢钾溶于500mL水中，加80mL浓HCl，稀释至1L
甲酸-NaOH	3.76	3.7	取95g甲酸和40gNaOH溶于500mL水中，稀释至1L
HAc-NaAc	4.74	4.2	取3.2g无水NaAc溶于水中，加50mL冰HAc，稀释至1L
HAc-NH_4Ac		4.5	取77g NH_4Ac溶于水中，加60mL冰HAc，稀释至1L
HAc-NaAc	4.74	4.7	取83g无水NaAc溶于水中，加60mL冰HAc，稀释至1L
HAc-NaAc	4.74	5.0	取160g无水NaAc溶于水中，加60mL冰HAc，稀释至1L
HAc-NH_4Ac		5.0	取250g NH_4Ac溶于水中，加25mL冰HAc，稀释至1L
六亚甲基四胺-HCl	5.15	5.4	取40g六亚甲基四胺溶于200mL水中，加10mL浓HCl，稀释至1L
HAc-NH_4Ac		6.0	取600g NH_4Ac溶于水中，加20mL冰HAc，稀释至1L
NaAc-Na_2HPO_4		8.0	取50g无水NaAc和50g $Na_2HPO_4 \cdot 12H_2O$溶于水中，稀释至1L
三羟甲基氨基甲烷-HCl	8.21	8.2	取25g三羟甲基氨基甲烷试剂溶于水中，加18mL HCl，稀释至1L
NH_3-NH_4Cl	9.26	9.2	取54g NH_4Cl溶于水中，加63mL浓氨水，稀释至1L
NH_3-NH_4Cl	9.26	9.5	取54g NH_4Cl溶于水中，加126mL浓氨水，稀释至1L
NH_3-NH_4Cl	9.26	10.0	(1) 取54g NH_4Cl溶于水中，加350mL浓氨水，稀释至1L (2) 取67.5g NH_4Cl溶于200mL水中，加570mL浓氨水，用水稀释至1L

注：辛剑，孟长功. 基础化学实验. 北京：高等教育出版社，2004。

附录8 常用基准物质及其干燥条件与应用

基 准 物	标 定 对 象	干燥温度及时间
$Na_2B_4O_7 \cdot 10H_2O$	酸	NaCl-蔗糖饱和溶液干燥器在室温下保存
邻苯二甲酸氢钾	NaOH	105~110℃干燥1 h
$Na_2C_2O_4$	$KMnO_4$	105~110℃干燥2 h
$K_2Cr_2O_7$	$Na_2S_2O_3$，$FeSO_4$	130~140℃加热0.5~1 h
$KBrO_3$	$Na_2S_2O_3$	120℃干燥1~2 h
KIO_3	$Na_2S_2O_3$	105~120℃干燥
As_2O_3	I_2	硫酸干燥器中干燥至恒重
$(NH_4)_2Fe(SO_4)_2 \cdot 6H_2O$	氧化剂	室温下空气干燥
NaCl	$AgNO_3$	250~350℃加热1~2 h
$AgNO_3$	卤化物，硫氰酸盐	120℃干燥2 h
$CuSO_4 \cdot 5H_2O$		室温下空气干燥
$KHSO_4$		750℃以上灼烧
ZnO	EDTA	约800℃灼烧至恒重
Na_2CO_3	HCl，H_2SO_4	260~279℃加热0.5h
$CaCO_3$	EDTA	105~110℃干燥

注：辛剑，孟长功. 基础化学实验. 北京：高等教育出版社，2004。

附录9 几种液体的折射率

物质	温度 $t/℃$ 15	温度 $t/℃$ 20	物质	温度 $t/℃$ 15	温度 $t/℃$ 20
苯	1.50439	1.50110	环己烷	1.42900	—
丙酮	1.38175	1.35911	硝基苯	1.5547	1.5524
甲苯	1.4998	1.4968	正丁醇	—	1.39909
醋酸	1.3776	1.3717	二硫化碳	—	1.62546
氯苯	1.52748	1.52460	丁酸乙酯	—	1.3928
氯仿	1.44853	1.44550	乙酸正丁酯	—	1.3961
四氯化碳	1.46305	1.46044	正丁酸	—	1.3980
乙醇	1.36330	1.36139	溴苯	—	1.5604

注：辛剑，孟长功. 基础化学实验. 北京：高等教育出版社，2004.

附录10 实验室中某些试剂的配制

试剂名称	浓度/(mol/L)或(g/L)	配制方法
硫化钠 Na_2S	1	称取240g $Na_2S·9H_2O$，40g NaOH溶于适量水中，稀释至1L，混匀
硫化铵 $(NH_4)_2S$	3	通 H_2S 于200mL浓 $NH_3·H_2O$ 中直至饱和，然后再加200mL浓 $NH_3·H_2O$，最后加水稀释至1L，混匀
氯化亚锡 $SnCl_2$	0.25	称取56.4g $SnCl_2·2H_2O$ 溶于100mL浓HCl中，加水稀释至1L，在溶液中放几颗纯锡粒（也可将锡溶解于一定量的浓HCl中配制）
氯化铁 $FeCl_3$	0.5	称取135.2g $FeCl_3·6H_2O$ 溶于100mL 6mol/L HCl中，加水稀释至1L
三氯化铬 $CrCl_3$	0.1	称取26.7g $CrCl_3·6H_2O$ 溶于30mL 6mol/L HCl中，加水稀释至1L
硝酸亚汞 $Hg(NO_3)_2$	0.1	称取56g $Hg_2(NO_3)_2·2H_2O$ 溶于250mL 6mol/L HNO_3 中，加水稀释至1L，并置入金属汞少许
硝酸铅 $Pb(NO_3)_2$	0.25	称取83g $Pb(NO_3)_2$ 溶于少量水中，加入15mL 6mol/L HNO_3，用水稀释至1L
硝酸铋 $Bi(NO_3)_3$	0.1	称取48.5g $Bi(NO_3)_3·5H_2O$ 溶于250mL 1mol/L HNO_3 中，加水稀释至1L
硫酸亚铁 $FeSO_4$	0.25	称取69.5g $FeSO_4·7H_2O$ 溶于适量水中，加入5mL 18mol/L H_2SO_4，再加水稀释至1L，并置入小铁钉数枚
Cl_2 水	Cl_2 的饱和水溶液	将 Cl_2 通入水中至饱和为止（用时临时配制）
Br_2 水	Br_2 的饱和水溶液	在带有良好磨口塞的玻璃瓶内，将市售的 Br_2 约50g(16mL)注入1L水中，在2h内经常剧烈振荡，每次振荡之后微开塞子，使积聚的 Br_2 蒸气放出。在储存瓶底总有过量的溴。将 Br_2 水倒入试剂瓶时，剩余的 Br_2 应留于储存瓶中，而不倒入试剂瓶（倾倒 Br_2 或 Br_2 水时，应在通风橱中进行，将凡士林涂在手上或戴橡皮手套操作，以防 Br_2 蒸气灼伤）
I_2 水	约0.005	将1.3g I_2 和5g KI溶解在尽可能少量的水中，待 I_2 完全溶解后（充分搅动）再加水稀释至1L
淀粉溶液	约0.5%	称取1g易溶淀粉和5mg $HgCl_2$（作防腐剂）置于烧杯中，加水少许调成薄浆，然后倾入200mL沸水中
亚硝酰铁氰化钠	3	称取3g $Na_2[Fe(CN)_5NO]·2H_2O$ 溶于100mL水中
奈斯勒试剂		称取115g HgI_2 和80g KI溶于足量的水中，稀释至500mL，然后加入500mL 6mol/L NaOH溶液，静置后取其清液保存于棕色瓶中
对氨基苯磺酸	0.34	0.5g对氨基苯磺酸溶于150mL 2mol/L HAc溶液中
α-萘胺	0.12	0.3g α-萘胺加20mL水，加热煮沸，在所得溶液中加入150mL 2mol/L HAc
钼酸铵		5g钼酸铵溶于100mL水中，加入35mL HNO_3（密度1.2g/mL）
硫代乙酰胺	5	5g硫代乙酰胺溶于100mL水中

续表

试剂名称	浓度/(mol/L)或(g/L)	配 制 方 法
钙指示剂	0.2	0.2g 钙指示剂溶于 100mL 水中
镁试剂	0.007	0.001g 对硝基偶氮间苯二酚溶于 100mL 2mol/L NaOH 中
铝试剂	1	1g 铝试剂溶于 1L 水中
二苯硫腙	0.01	10mg 二苯硫腙溶于 100mL CCl_4 中
丁二酮肟	1	1g 丁二酮肟溶于 100mL 95%乙醇中
乙酸铀酰锌		(1)10g $UO_2(Ac)_2 \cdot 2H_2O$ 和 6mL 6mol/L HAc 溶于 50mL 水中 (2)30g $Zn(Ac)_2 \cdot 2H_2O$ 和 3mL 6mol/L HCl 溶于 50mL 水中将(1)、(2)两种溶液混合,24h 后取清液使用
二苯碳酰二肼	0.04	0.04g 二苯碳酰二肼溶于 20mL 95%乙醇中,边搅拌,边加入 80mL(1:9) H_2SO_4(存在冰箱中可用一个月)
六亚硝酸合钴(Ⅲ)钠盐		$Na_3[Co(NO_2)_6]$ 和 NaAc 各 20g,溶解于 20mL 冰醋酸和 80mL 水的混合溶液中,储于棕色瓶中备用(久置溶液,颜色由棕变红即失效)
$NH_3 \cdot H_2O$-NH_4Cl 缓冲溶液	pH=10.0	称取 20.0g $NH_4Cl(s)$ 溶于适量水中,加入 100.00mL 浓氨水(密度为 0.9g/mL)混合后稀释至 1L,即为 pH=10.00 的缓冲溶液
邻苯二甲酸氢钾-氢氧化钠缓冲溶液	pH=4.00	量取 0.200mol/L 邻苯二甲酸氢钾溶液 250.00mL 和 0.100mol/L 氢氧化钠溶液 4.00mL,混合后稀释至 1L,即为 pH=4.00 的缓冲溶液

注:蔡炳新,陈贻文. 基础化学实验. 第 2 版. 北京:科学出版社,2007。

附录 11 常见阳离子的鉴定

(1) NH_4^+

方法①:取 10 滴试液于试管中,加入 NaOH 溶液 (2.0mol/L) 使其呈碱性,微热,并用滴加奈斯勒(Nessler)试剂的滤纸检验逸出的气体。如有红棕色斑点出现,表示有 NH_4^+ 存在。

$$NH_3(g)+2[HgI_4]^{2-}+3OH^- \Longrightarrow HgO \cdot HgNH_2I(s)+7I^-+2H_2O$$

方法②:取 10 滴试液于试管中,加 NaOH 溶液 (2.0mol/L) 碱化,微热,并用润湿的红色石蕊试纸(或用 pH 试纸)检验逸出的气体,如试纸显蓝色,表示有 NH_4^+ 存在。

(2) K^+

取 3~4 滴试液于试管中,加入 4~5 滴 Na_2CO_3 溶液 (0.5mol/L),加热,使有色离子变为碳酸盐沉淀。离心分离,在所得清液中加入 HAc 溶液 (6.0mol/L),再加入 2 滴 $Na_3[Co(NO_2)_6]$ 溶液,最后将试管放入沸水浴中加热 2min,若试管中有黄色沉淀,表示有 K^+ 存在。

$$2K^++Na^++[Co(NO_2)_6]^{3-} \Longrightarrow K_2Na[Co(NO_2)_6](s)$$

(3) Na^+

取 3 滴试液于试管中,加氨水 (6.0mol/L) 中和至碱性,再加 HAc 溶液 (6.0mol/L) 酸化,然后加 3 滴 EDTA 溶液 (饱和,(掩蔽其他金属离子的干扰)和 6~8 滴醋酸铀酰锌,充分摇荡,放置片刻,若有淡黄色晶状沉淀生成,表示有 Na^+ 存在。

$$Na^++Zn^{2+}+3UO_2^{2+}+8Ac^-+HAc+9H_2O \Longrightarrow$$
$$NaAc \cdot Zn(Ac)_2 \cdot 3UO_2(Ac)_2 \cdot 9H_2O(s)+H^+$$

(4) Mg^{2+}

取 1 滴试液于点滴板上,加 2 滴 EDTA 溶液 (饱和,掩蔽其他金属离子的干扰),搅拌后,加 1 滴镁试剂Ⅰ和 1 滴 NaOH 溶液 (6.0mol/L),如有蓝色沉淀生成,表示有 Mg^{2+} 存在。

(5) Ca^{2+}

取 5 滴试液于试管中,加入少量锌粉,水浴加热 (使 Ag^+、Pb^{2+}、Cu^{2+}、Hg^{2+}、Hg_2^{2+} 等离子还原为金属),离心分离后,在清液中加入饱和 $(NH_4)_2C_2O_4$ 溶液,水浴加热后,慢慢生成白色沉淀,表示有 Ca^{2+} 存在。

(6) Sr^{2+}

取 4 滴试样于试管中,加入 4 滴 Na_2CO_3 溶液 (0.5mol/L),在水浴上加热得 $SrCO_3$ 沉淀,离心分离。

在沉淀中加 2 滴 HCl 溶液（6.0mol/L），使其溶解为 $SrCl_2$，然后用清洁的镍铬丝或铂丝蘸取 $SrCl_2$ 置于煤气灯的氧化焰中灼烧，如有猩红色火焰，表示有 Sr^{2+} 存在。

注意：在做焰色反应前，应将镍铬丝或铂丝蘸取浓 HCl 在煤气灯的氧化焰中灼烧，反复数次，直至火焰无色。

(7) Ba^{2+}

取 4 滴试样于试管中，加 $NH_3 \cdot H_2O$（浓）使其呈碱性，再加锌粉少许，在沸水浴中加热 1~2min，并不断搅拌（使 Ag^+、Pb^{2+}、Hg^{2+} 等离子还原为金属），离心分离。在溶液中加醋酸酸化，加 3~4 滴 K_2CrO_4 溶液，摇荡，在沸水中加热，如有黄色沉淀，表示有 Ba^{2+} 存在。

$$Ba^{2+} + CrO_4^{2-} = BaCrO_4(s)$$

(8) Al^{3+}

取 4 滴试液于试管中，加 NaOH 溶液（6.0mol/L）碱化，并过量 2 滴，加 2 滴 H_2O_2（$w=0.03$），加热 2min，离心分离（消除 Fe^{3+}、Bi^{3+} 的干扰）。用 HAc 溶液（6.0mol/L）将溶液酸化，调 pH 为 6~7，加 3 滴铝试剂，摇荡后，放置片刻，加 $NH_3 \cdot H_2O$（6.0mol/L）碱化，置于水浴上加热（消除 Cr^{3+}、Cu^{2+} 的干扰），如有橙红色（有 CrO_4^{2-} 存在）物质生成，可离心分离。用去离子水洗沉淀，如沉淀为红色，表示有 Al^{3+} 存在。

(9) Sn^{2+}

取 2 滴试液于试管中，加 2 滴 HCl 溶液（6.0mol/L），加少许铁粉，在水浴上加热至作用完全，气泡不再发生为止。吸取清液于另一干净试管中，加入 2 滴 $HgCl_2$，如有白色沉淀生成，表示有 Sn^{2+} 存在。

$$SnCl_4^{2-} + 2HgCl_2 = SnCl_6^{2-} + Hg_2Cl_2(s)$$
$$SnCl_4^{2-} + Hg_2Cl_2(s) = SnCl_6^{2-} + 2Hg(s)$$

(10) Pb^{2+}

取 4 滴试液于试管中，加 2 滴 H_2SO_4 溶液（3.0mol/L），加热几分钟，摇荡，使 Pb^{2+} 沉淀完全，离心分离。在沉淀中加入 NH_4Ac（3.0mol/L）溶液，并加热 1min，使 $PbSO_4$ 转化为 $[PbAc]^+$，离心分离。在清液中加 HAc 溶液（6.0mol/L），再加 2 滴 K_2CrO_4 溶液（0.1mol/L），如有黄色沉淀，表示有 Pb^{2+} 存在。

$$Pb^{2+} + CrO_4^{2-} = PbCrO_4(s)$$

(11) Bi^{3+}

取 3 滴试液于试管中，加入 $NH_3 \cdot H_2O$（浓），Bi(Ⅲ) 变为 $Bi(OH)_3$ 沉淀，离心分离。洗涤沉淀，以除去可能共沉淀的 Cu(Ⅱ) 和 Cd(Ⅱ)。在沉淀中加入少量新配制的 $Na_2[Sn(OH)_4]$ 溶液，如沉淀变黑，表示有 Bi^{3+} 存在。

$$2Bi(OH)_3 + 3[Sn(OH)_4]^{2-} = 2Bi(s) + 3[Sn(OH)_6]^{2-}$$

(12) Sb^{3+}

取 6 滴试液于试管中，加 $NH_3 \cdot H_2O$ 溶液（6.0mol/L）碱化，加 5 滴 $(NH_4)_2S$ 溶液（0.5mol/L），充分摇荡，于水浴上加热 5min 左右，离心分离（消除 Hg^{2+}、Bi^{3+} 等的干扰）。在溶液中加 HCl 溶液（6.0mol/L）酸化，使其呈微酸性，并加热 3~5min，离心分离（消除 Hg^{2+}、Bi^{3+} 等的干扰）。沉淀中加 3 滴 HCl（浓），再加热使 Sb_2S_3 溶解。取此溶液滴在锡箔上，片刻锡箔上出现黑斑。用水洗去酸，再用 1 滴新配制的 NaBrO 溶液处理（排除砷离子的干扰），黑斑不消失，表示有 Sb(Ⅲ) 存在。

$$2SbCl_6^{2-} + 3Sn = 2Sb(s) + 3SnCl_4^{2-}$$

(13) As(Ⅲ)，As(Ⅴ)

取 3 滴试液于试管中，加 NaOH 溶液（6.0mol/L）碱化，再加少许锌粒，立刻用一小团脱脂棉塞在试管上部，再用 $w=0.05$ 的 $AgNO_3$ 溶液浸过的滤纸盖在试管口上，置于水浴中加热，如滤纸上 $AgNO_3$ 斑点渐渐变黑，表示有 AsO_3^{3-} 存在。

$$AsO_3^{3-} + 3OH^- + 3Zn + 6H_2O = 3Zn(OH)_4^{2-} + AsH_3(g)$$
$$6AgNO_3 + AsH_3 = Ag_3As \cdot 3AgNO_3（黄）+ 3HNO_3$$
$$Ag_3As \cdot 3AgNO_3 + 3H_2O = H_3AsO_3 + 3HNO_3 + 6Ag(s,黑色)$$

(14) Ti^{4+}

取 4 滴试液于试管中，加入 7 滴 $NH_3 \cdot H_2O$（浓）和 5 滴 NH_4Cl 溶液（1.0mol/L），摇荡，离心分

离。在沉淀中加 2~3 滴 HCl（浓）和 4 滴 H_3PO_4（浓），使沉淀溶解，再加 4 滴 H_2O_2 溶液（$w=0.03$），摇荡，如溶液呈橙色，表示有 Ti^{4+} 存在。

(15) Cr^{3+}

取 2 滴试液于试管中，加 NaOH 溶液（2.0mol/L）至生成沉淀又溶解，再多加 2 滴。加 H_2O_2 溶液（$w=0.03$），微热，溶液呈黄色。冷却后再加 5 滴 H_2O_2 溶液（$w=0.03$），加 1mL 戊醇（或乙醚），最后慢慢滴加 HNO_3 溶液（6.0mol/L），注意，每加 1 滴 HNO_3 都必须充分摇荡。如戊醇层呈蓝色，表示有 Cr^{3+} 存在。

$$2[Cr(OH)_4]^- + 3H_2O_2 + 2OH^- \xrightarrow{\triangle} 2CrO_4^{2-} + 8H_2O$$
$$2CrO_4^{2-} + 2H^+ \rightleftharpoons Cr_2O_7^{2-} + H_2O$$
$$Cr_2O_7^{2-} + 4H_2O_2 + 2H^+ \rightleftharpoons 2CrO(O_2)_2 + 5H_2O$$

(16) Mn^{2+}

取 2 滴试液于试管中，加 HNO_3 溶液（6.0mol/L）酸化，加少量 $NaBiO_3$ 固体，摇荡后，静置片刻，如溶液呈紫红色，表示有 Mn^{2+} 存在。

$$2Mn^{2+} + 5NaBiO_3(s) + 14H^+ \rightleftharpoons 2MnO_4^- + 5Bi^{3+} + 5Na^+ + 7H_2O$$

(17) Fe^{2+}

取 1 滴试液于点滴板上，加 1 滴 HCl 溶液（2.0mol/L）酸化，加 1 滴 $K_3[Fe(CN)_6]$ 溶液（0.1mol/L），如出现蓝色沉淀，表示有 Fe^{2+} 存在。

$$xFe^{2+} + xK^+ + x[Fe(CN)_6]^{3-} \rightleftharpoons [KFe(III)(CN)_6Fe(II)]_x(s)$$

(18) Fe^{3+}

方法①：与 KSCN 或 NH_4SCN 反应。

取 1 滴试液于点滴板上，加 1 滴 HCl 溶液（2.0mol/L）酸化，加 1 滴 KSCN 溶液（0.1mol/L），如溶液显红色，表示有 Fe^{3+} 存在。

$$Fe^{3+} + nSCN^- \rightleftharpoons [Fe(NCS)_n]^{3-n} \quad (n=1\sim6)$$

方法②：与 $K_4[Fe(CN)_6]$ 反应。

取 1 滴试液于点滴板上，加 1 滴 HCl 溶液（2.0mol/L）及 1 滴 $K_4[Fe(CN)_6]$，如立即生成蓝色沉淀，表示有 Fe^{3+} 存在。

$$xFe^{3+} + xK^+ + x[Fe(CN)_6]^{4-} \rightleftharpoons [KFe(II)(CN)_6Fe(III)]_x(s)$$

(19) Co^{2+}

取 5 滴试液于试管中，加入数滴丙酮，再加少量 KSCN 或 NH_4SCN 晶体（Fe^{3+} 的干扰可加 NaF 来掩蔽），充分摇荡，若溶液呈鲜艳的蓝色，表示有 Co^{2+} 存在。

$$Co^{2+} + 4SCN^- \rightleftharpoons [Co(NCS)_4]^{2-}$$

(20) Ni^{2+}

取 5 滴试液于试管中，加入 5 滴 $NH_3 \cdot H_2O$（2.0mol/L）碱化，加丁二酮肟溶液（$w=0.01$），若出现鲜红色沉淀，表示有 Ni^{2+} 存在。

$$Ni^{2+} + 2NH_3 + 2DMG \rightleftharpoons Ni(DMG)_2(s) + 2NH_4^+$$

(21) Cu^{2+}

取 1 滴试液于点滴板上，加 2 滴 $K_4[Fe(CN)_6]$ 溶液（0.1mol/L），若生成红棕色沉淀，表示有 Cu^{2+} 存在。

$$2Cu^{2+} + [Fe(CN)_6]^{4-} \rightleftharpoons Cu_2[Fe(CN)_6](s)$$

(22) Zn^{2+}

取 2 滴试液于试管中，加入 5 滴 NaOH 溶液（6.0mol/L），加 10 滴 CCl_4，加 2 滴二苯硫腙溶液，摇荡，如水层显粉红色，CCl_4 层由绿色变棕色，表示有 Zn^{2+} 存在。

$$\frac{1}{2}Zn^{2+} + OH^- + \underset{\underset{N=N-C_6H_5}{NH-NH-C_6H_5}}{C=S} \longrightarrow \underset{\underset{N=N-C_6H_5}{NH-N-C_6H_5}}{C=S}-Zn/2(s) + H_2O$$

(23) Ag^+

取 5 滴试液于试管中，加 5 滴 HCl 溶液（2.0mol/L），置于水浴上温热，使沉淀聚集，离心分离。沉淀用热的去离子水洗 1 次，然后加入过量 $NH_3 \cdot H_2O$(6.0mol/L)，摇荡，如有不溶沉淀物存在时，离心分离。取一部分溶液于试管中加 HNO_3 溶液（2.0mol/L），如有白色沉淀，表示有 Ag^+ 存在。或取一部分溶液于试管中，加入 KI 溶液（0.1mol/L），如有黄色沉淀生成，表示有 Ag^+ 存在。

$$AgCl(s) + 2NH_3 \Longrightarrow [Ag(NH_3)_2]^+ + Cl^-$$

$$[Ag(NH_3)_2]^+ + Cl^- + 2H^+ \Longrightarrow AgCl(s) + 2NH_4^+$$

(24) Cd^{2+}

取 3 滴试液于试管中，加 10 滴 HCl 溶液（2.0mol/L），加 3 滴 Na_2S 溶液（0.1mol/L），可使 Cu^{2+} 沉淀，Co^{2+}、Ni^{2+} 和 Cd^{2+} 均无反应，离心分离。在清液中加 NH_4Ac 溶液（$w=0.30$），使酸度降低，若有黄色沉淀析出，表示有 Cd^{2+} 存在。在该酸度下 Co^{2+}、Ni^{2+} 不会生成硫化物沉淀。

(25) Hg^{2+}，Hg_2^{2+}

取 2 滴试液，加入 2~3 滴 $SnCl_2$ 溶液（0.1mol/L），若生成白色沉淀，并逐渐转变为灰色或黑色，表示有 Hg^{2+} 存在。

$$2HgCl_2 + SnCl_4^{2-} \Longrightarrow Hg_2Cl_2(s) + SnCl_6^{2-}$$

$$Hg_2Cl_2 + SnCl_4^{2-} \Longrightarrow 2Hg(s) + SnCl_6^{2-}$$

附录 12　水的物性数据

温度 t /℃	蒸气压 p /kPa	密度 ρ /(kg/dm³)	黏度 η /10⁻⁴Pa·s	表面张力 σ /(mN/m)	折射率 n_D
0	0.6105	0.9998	1.7921	75.64	1.33395
5	0.8718	0.9999	1.5188		
10	1.227	0.9997	1.3077	74.22	1.33368
15	1.705	0.9992	1.1404	73.49	1.33337
16	1.187		1.1111		
17	1.937		1.0828		
18	2.063		1.0559		
19	2.197		1.0299		
20	2.338	0.9983	1.0050	72.75	1.33300
21	2.486		0.9810		
22	2.643		0.9579		
23	2.809		0.9359		
24	2.983		0.9142		
25	3.167	0.9971	0.8937	71.97	1.33254
26	3.360		0.8737		
27	3.564		0.8545		
28	3.779		0.8360		
29	4.004		0.8180		
30	4.243	0.9958	0.8007	71.18	1.33192
31	4.492		0.7840		
32	4.753		0.7679		
33	5.029		0.7523		
34	5.319		0.7371		
35	5.623	0.9941	0.7225	70.38	
40	7.376	0.9922	0.6529	69.56	1.33051
45	9.579	0.9903	0.596	68.74	
50	12.334	0.9881	0.5468	67.91	1.32894
55	15.737	0.9857	0.504		
60	19.916	0.9832	0.4665	66.18	
65	25.003	0.9806	0.4335		
70	31.157	0.9778	0.4042	64.4	

续表

温度 t /℃	蒸气压 p /kPa	密度 ρ /(kg/dm³)	黏度 η /10⁻⁴Pa·s	表面张力 σ /(mN/m)	折射率 n_D
75	38.544	0.9749	0.3781		
80	47.343	0.9718	0.3547	62.6	
85	57.809		0.3337		
90	70.096	0.9653	0.3147	60.7	
95	84.513		0.2975		
100	101.33	0.9584	0.2818	58.9	

注：1. 辛剑，孟长功. 基础化学实验. 北京：高等教育出版社，2004。
2. 上海师范大学，福建师范大学. 化工基础. 第3版. 北京：高等教育出版社，2000。

附录13 不同温度下某些液体的密度

温度 t/℃	ρ_B/(kg/dm³)			
	汞	水	乙醇	苯
0	13.596	0.9998	0.806	—
5	13.583	0.9999	0.802	—
10	13.571	0.9997	0.798	0.887
11	13.568	0.9996	0.797	
12	13.566	0.9995	0.796	
13	13.563	0.9994	0.795	
14	13.561	0.9993	0.795	—
15	13.559	0.9992	0.794	0.883
16	13.556	0.9990	0.793	0.882
17	13.554	0.9988	0.792	0.882
18	13.551	0.9986	0.791	0.881
19	13.549	0.9984	0.790	0.880
20	13.546	0.9983	0.790	0.879
21	13.544	0.9980	0.789	0.879
22	13.541	0.9978	0.788	0.878
23	13.539	0.9976	0.787	0.877
24	13.536	0.9973	0.786	0.876
25	13.534	0.9971	0.785	0.875
26	13.532	0.9968	0.784	—
27	13.529	0.9965	0.784	—
28	13.527	0.9963	0.783	—
29	13.524	0.9959	0.782	—
30	13.522	0.9958	0.781	0.869
40	13.497	0.9922	0.772	0.853
50	13.473	0.9881	0.763	0.847
60	13.376	0.9832	0.754	0.836

注：蔡炳新，陈贻文. 基础化学实验. 第2版. 北京：科学出版社，2007。

附录14 原子吸收光谱及原子发射常用谱带

A. 原子发射光谱中各种元素的重要分析线

元素	分析线波长/nm				元素	分析线波长/nm			
Ag	328.068	289.789			Na	330.132	330.299	(588.995)	(589.592)
Al	309.271	308.216	394.403	396.153	Nb	313.079	292.781	295.088	
As	228.812	234.984	278.020		Nd	430.357			
Au	242.795	267.595			Ni	305.082	341.477		
B	249.678	249.773			Os	290.906	305.866		
Ba	455.404	493.409			P	253.401	253.565	255.328	255.493
Be	234.861	313.042	313.107	332.134	Pb	283.307	280.200		
Bi	306.772	289.789			Pd	340.458	342.124		
C	247.857				Pr	422.298	422.533		
Ca	393.367	396.847	422.673		Pt	265.945	306.471		
Cd	228.802	326.106	340.365		Rb	420.185	421.556		
Ce	429.668	413.756			Re	346.047	345.188	346.473	
Co	340.512	345.351	346.580		Rh	343.674	332.309	339.685	
Cr	425.435	427.480	428.972		Ru	343.674	349.894	359.618	
Cs	455.536	459.319	(852.111)	(894.350)	Sb	252.854	259.806	287.792	
Cu	324.754	327.396			Sc	335.373	424.683		
Dy	313.537	389.854			Se	241.352			
Er	326.479				Si	251.612	288.158		
Eu	272.778				Sm	442.434	428.078		
Fe	248.327	259.940	302.064		Sn	283.999	286.333	317.502	
Ga	294.364	287.424			Sr	407.771	421.552	460.733	
Gd	301.014				Ta	268.511	271.467	331.116	
Ge	265.118	303.906	326.949		Tb	332.440	321.995		
Hf	263.871	264.141	277.336	282.022	Te	238.325	238.576	253.070	
Hg	253.652	365.015			Th	283.231	283.730	287.041	
Ho	342.535	345.600			Ti	308.803	334.904	337.280	
In	303.936	325.609			Tl	351.924	276.787	322.975	
Ir	322.078	292.479			Tm	286.922			
K	404.414	404.720	(766.490)	(769.896)	U	424.167	424.437		
La	333.749	433.374			V	318.341	318.898	318.540	
Li	323.261	(670.784)			W	289.645	294.440	294.698	
Lu	261.542				Y	324.228	437.494		
Mg	285.213	279.553	280.270		Yb	398.799	328.985		
Mn	257.610	259.373	279.482	279.827	Zn	330.259	330.294	334.502	
Mo	313.159	317.035			Zr	327.305	339.198	343.823	349.621

B. 原子吸收光谱中元素的主要吸收线

元素	λ/nm	元素	λ/nm	元素	λ/nm
Ag	328.07, 338.29	Hg	253.65	Ru	349.89, 372.80
Al	309.27, 308.22	Ho	410.38, 405.39	Sb	217.58, 206.83
As	193.70, 197.20	In	303.94, 325.61	Sc	391.18, 402.04
Au	242.80, 267.60	Ir	209.26, 208.88	Se	196.03, 203.99
B	249.68, 249.77	K	766.49, 769.90	Si	251.61, 250.69
Ba	553.55, 455.40	La	550.13, 418.73	Sm	429.67, 520.06
Be	234.86	Li	670.78, 323.26	Sn	224.61, 286.33
Bi	223.06, 222.83	Lu	335.96, 328.17	Sr	460.73, 407.77
Ca	422.67, 239.86	Mg	285.21, 279.55	Ta	271.47, 277.59
Cd	228.80, 326.11	Mn	279.48, 403.08	Tb	432.65, 431.89
Ce	520.00, 369.70	No	313.26, 317.04	Te	214.28, 225.90
Co	240.71, 242.49	Na	589.00, 330.30	Th	371.9, 380.3
Cr	357.87, 359.35	Nb	334.37, 358.03	Ti	364.27, 337.15
Cs	852.11, 455.54	Nd	463.42, 471.90	Tl	276.79, 377.58
Cu	324.75, 327.40	Ni	232.00, 341.48	Tm	409.4, 410.58
Dy	421.17, 404.60	Os	290.91, 305.87	U	351.46, 358.49
Er	400.80, 415.11	Pb	216.70, 283.31	V	318.40, 385.58
Eu	159.40, 462.72	Pd	247.64, 244.79	W	255.14, 294.74
Fe	248.33, 252.29	Pr	495.14, 513.34	Y	410.24, 412.83
Ga	287.42, 294.42	Pt	265.95, 306.47	Yb	398.80, 346.44
Gd	368.41, 407.87	Rb	780.02, 794.76	Zn	213.86, 307.59
Ge	265.16, 275.46	Re	346.05, 346.67	Zr	360.12, 301.18
Hf	307.29, 286.64	Rh	343.49, 339.69		

注：张晓丽．仪器分析实验．北京：化学工业出版社，2006。

附录15 红外、紫外常用特征峰

A. 红外吸收特征频率

化合物	基团	频率/cm^{-1}	波长/μm	强度	振动类型
烷烃	—CH$_3$	2962±10	3.37	s	ν C—H
		2872±10	3.48	s	ν C—H
		1450±20	6.89	m	δ C—H
		1375±10	7.25	s	δ C—H
	—CH$_2$—	2926±5	3.42	s	ν C—H
		2853±5	3.51	s	ν C—H
		1465±20	6.83	m	δ C—H
	—(CH$_3$)$_3$	1395~1385	7.16~7.22		δ C—H
		1365±5	7.33	m	δ C—H
		1250±5	8.00	s	ν C—C
		1250~1200	8.00~8.33		ν C—C
	—C(CH$_3$)$_2$—	1385±5	7.22		δ C—H
		1370±5	7.30	s	δ C—H
		1170±5	8.55	s	ν C—C
		1170±1140	8.55~8.77		ν C—C
	—(CH$_2$)$_n$—	750~720	13.33~13.88		ν C—C($n=4$)
不饱和烃	C=C	1680~1620	5.95~6.17	变化	ν C=C
	C=C(共轭)	~1600	6.25	s	ν C=C
	R—C≡CH	2140~2100	4.67~4.76	m	ν C≡C
	R—C≡C—R	2260~2190	4.47~4.57	m	ν C≡C
	—C≡C—(共轭)	2260~2235	4.42~4.47	s	ν C≡C
	≡C—H	3320~3310	3.01~3.02	m	ν C—H
		680~610	14.71~16.39	m	ν C—H

续表

化合物	基团	频率/cm^{-1}	波长/μm	强度	振动类型
芳烃	⬡	3070～3030	3.25～3.30	s	ν C—H
		1600～1450	6.26～6.89	m	ν C—C
		900～695	11.11～14.39		δ C—H
醇和酚	OH(二聚)(分子间氢键)(多聚)	3550～3450	2.82～2.90	变化	ν O—H
		3400～3200	2.94～3.13	s	ν O—H
	伯醇	3643～3630	2.74～2.75	s	ν O—H
		1075～1000	9.30～10.00	s	ν C—O
		1350～1260	7.41～7.93	s	δ O—H
	仲醇	3635～3630	2.75～2.76	s	ν O—H
		1120～1030	9.83～9.71	s	ν C—O
		1350～1260	7.41～7.93	s	δ O—H
	叔醇	3620～3600	2.76～2.78	s	ν O—H
		1170～1100	8.55～9.09	s	ν C—O
		1410～1310	7.09～7.63	m	δ O—H
	酚	3612～3593	2.77～2.78	s	ν O—H
		1230～1140	8.13～8.77	s	ν C—O
		1410～1310	7.09～7.63	m	δ O—H
胺	伯胺	3398～3381	2.92～2.96	w	ν N—H
		3344～3324	2.99～3.01	w	ν N—H
		1079±11	9.27	m	ν C—N
		3400～3100	2.94～3.23	s	ν N—H(氢键)
		1650～1590	6.06～6.29	s	δ N—H
		900～650	11.11～15.38	w	δ N—H
	仲胺	3360～3310	2.76～3.02	w	ν N—H
		1139±7	8.78	m	ν C—N
		1650～1550	6.06～6.45	w	δ N—H
羰基化合物	酮	1725～1705	6.00～5.87	s	ν C=O
	芳酮	1690～1680	5.92～5.95	s	ν C—H
					δ C—H
	醛	1745～1730	5.73～5.78	s	ν C=O
		2900～2700	3.45～3.70	w	ν C—H
		1440～1325	6.94～7.55	s	δ C—H
	酯	1750～1730	5.71～5.78	s	ν C=O
		1300～1000	7.69～10.00	s	ν C—O—C
羰基化合物	酸	1725～1700	5.80～5.88	s	ν C=O
		1700～1680	5.88～5.95	s	ν C=O(芳胺)
		2700～2500	3.70～4.00	w	ν O—H(二聚体)
		3560～3500	2.81～2.83	m	ν O—H(单体)
		1440～1395	6.94～7.19	w	
		1320～1211	7.58～8.26	s	δ O—H
	COO$^-$	1610～1560	6.21～6.45	s	ν C=O
		1420～1300	7.04～7.69	m	ν C=O
	酰卤	1810～1970	5.53～5.59	s	ν C=O
	伯酰胺	1690～1650	5.92～6.06	s	ν C=O
		约3520	2.84	m	ν N—H
		约3410	2.93	m	ν N—H
		1420～1405	7.04～7.12	m	ν C—N
	叔酰胺	1670～1630	5.99～6.13	s	ν C=O
硝基化合物	C—NO$_2$(脂肪族)	1554±6	6.44	vs	ν N=O
		1383±6	7.24	vs	ν N=O
	C—NO$_2$(芳香族)	1555～1478	6.43～6.72	s	ν N=O
		1357～1348	7.37～7.59	s	ν N=O
		875～830	11.42～12.01	m	ν C—N
	O—N=O	1640～1620	6.10～6.17	s	ν N=O
		1285～1270	7.78～7.87	s	ν N=O

续表

化合物	基团	频率/cm^{-1}	波长/μm	强度	振动类型
有机卤化物	C—F	1100~1000	9.09~10.00	s	ν C—F
	C—Cl	830~500	12.04~20.00	s	ν C—Cl
	C—Br	600~500	16.67~20.00		ν C—Br
	C—I	600~465	16.61~21.50		ν C—I
其他有机化合物	—C—S—H	2950~2500	3.38~3.90	w	ν S—H
		700~590	14.28~16.95	w	ν C—S
	C=S	1270~1245	7.87~8.03	s	ν C=S
	C—P—H	2475~2270	4.04~4.40	m	ν P—H
		1250~950	8.00~10.53	w	δ P—H
	C—Si—H	2280~2050	4.39~4.88	vs	ν Si—H
		890~860	11.24~11.63		δ Si—H
无机化合物	CO_3^{2-}	1490~1410	6.71~7.09	vs	ν C—O
		880~860	11.36~12.50	m	δ C—O
	SO_4^{2-}	1130~1080	8.85~9.62	vs	ν S—O
		680~610	14.71~16.40	m	δ S—O
	NO_2^-	1250~1230	8.00~8.13	s	ν N—O
		1360~1340	7.35~7.46	s	ν N—O
		840~800	11.90~12.50	w	δ N—O
	NO_3^-	1380~1350	7.25~7.41	vs	ν N—O
		840~815	11.90~12.26	m	δ N—O
	NH_4^+	3300~3030	3.03~3.33	vs	ν N—H
		1485~1390	6.73~7.19	m	δ N—H
	PO_4^{3-}, HPO_4^{2-}, $H_2PO_4^-$	1100~1000	9.09~10.00	s	ν P—O
	ClO_3^-	980~930	10.20~10.75	vs	ν Cl—O
	ClO_4^-	1140~1060	8.77~9.43	vs	ν Cl—O
	$Cr_2O_7^{2-}$	950~900	10.35~11.11	s	ν Cr—O
	CN^-, CNO^-, CNS^-	2200~2000	4.55~5.00	s	ν C—N

注：1. 表中强度的符号分别表示：s——强；m——中；w——弱；vs——极强。
2. 振动类型的符号分别表示：ν——伸缩；δ——弯曲。
3. 此数据取自 Ballamy L J. The Infrared Spectra of Complex Molecules, 1975。

B. 紫外吸收特征频率

化合物	溶剂	$\lambda_{max}(nm)/\varepsilon_{max}$	$\lambda_{max}(nm)/\varepsilon_{max}$
乙烯基环己烷	正庚烷	177/13000	
环戊基-C≡C-CH₃	正庚烷	178/10000	196/2000
		225/160	
CH₃COOH	乙醇	204/41	
CHCONH₂	水	214/60	
CH₃COCH₃	正己烷	186/1000	280/16
CH₃COCH₃	正己烷	180/大	293/12
CH₃N=NCH₃	乙醇	339/5	
CH₃NO₂	异辛烷	280/22	
C₄H₉NO	乙醚	300/100	665/20
C₂H₅ONO₂	二氧杂环己烷	270/12	
二烯	正己烷	217/21000	
三烯	异辛烷	268/—	
多烯	环己烷	304/43000	

续表

化 合 物	溶 剂	$\lambda_{max}(nm)/\varepsilon_{max}$	$\lambda_{max}(nm)/\varepsilon_{max}$
(三烯结构)	异辛烷	334/121000	
(四烯结构)	异辛烷	364/138000	
(α,β-不饱和酮)	正己烷	219/3600	324/24
(α,β-不饱和酮)	正己烷	221/6450	320/26
(α,β-不饱和酮)	正己烷	218/8300	319/27
亚乙基丙酮	正己烷	224/9750	314/38
丙炔醛	正己烷	<210/—	328/13
巴豆醛	正己烷	217/15650	321/19
柠檬醛	正己烷	238/13500	324/65
β-环柠檬醛	正己烷	245/8300	328/43
苯	正己烷	184/68000 254/250	204/8800
甲苯	正己烷	189/55000 262/260	208/7900
苯酚	水	211/6200	270/1450
苯胺	水	230/8600	280/1400
苯甲酸	水	230/10000	270/800
硝基苯	正己烷	252/10000	280/1000
苯甲醛	正己烷	242/14000	280/1400
苯乙烯	正己烷	248/15000	282/740
萘	异辛烷	221/110000 311/250	275/5600
蒽	异辛烷	251/200000	376/5000
并四苯	正庚烷	272/180000	473/12500
菲	甲醇	251/90000 330/350	292/20000

注：赵藻藩，周性尧，张悟铭，赵文宽．仪器分析．北京：高等教育出版社，1990。

附录16 色谱常用固定相、流动相

A. 十二种常用固定液

序号	固定相名称	型号	麦氏常数和	最高使用温度/℃
1	角鲨烷	SQ	0	150
2	甲基硅油或甲基硅橡胶	SE-30[①], OV-101 SP-2100, SF-96	205~229	350
3	苯基(10%)甲基聚硅氧烷	OV-3	423	350
4	苯基(20%)甲基聚硅氧烷	OV-7	592	350
5	苯基(50%)甲基聚硅氧烷	DC-710 OV-17[①], SP-2250	827~884	375
6	苯基(60%)甲基聚硅氧烷	OV-22	1075	350
7	三氟丙基(50%)甲基聚硅氧烷	OV-210[①], QF-1 SP-2401	1500~1520	275
8	β-氰乙基(25%)甲基聚硅氧烷	XE-60	1785	250
9	聚乙二醇-20000	Carbowax-20M[①]	2308	225
10	聚己二酸二乙二醇酯	DEGA	2764	200
11	聚丁二酸二乙二醇酯	DEGS[①]	3504	200
12	1,2,3-三(2-氰乙氧基)丙烷	TCEP	4145	175

① 使用概率大。

B. 气-固色谱法常用的几种吸附剂及其性能

吸附剂	主要化学分	最高使用温度/℃	性质	活化方法	分离特征	备注
活性炭	C	<300	非极性	粉碎过筛,用苯浸泡几次,以除去其中的硫黄、焦油等杂质,然后在350℃下通入水蒸气,吹至乳白色物质消失为止,最后在180℃烘干备用	分离永久性气体及低沸点烃类,不适于分离极性化合物	商品色谱用活性炭,可不用水蒸气处理
石墨化炭黑	C	>500	非极性	粉碎过筛,用苯浸泡几次,以除去其中的硫黄、焦油等杂质,然后在350℃下通入水蒸气,吹至乳白色物质消失为止,最后在180℃烘干备用	分离气体及烃类,对高沸点有机化合物也能获得较对称峰形	
硅胶	$SiO_2 \cdot xH_2O$	<400	氢键型	粉碎过筛后,用6mol/L HCl浸泡1~2h,然后用蒸馏水洗到没有氯离子为止,在180℃烘箱中烘6~8h,装柱后于使用前在200℃下通载气活化2h	分离永久性气体及低级烃	商品色谱用硅胶,只需在200℃下活化处理
氧化铝	Al_2O_3	<400	弱极性	200~1000℃下烘烤活化	分离烃类及有机异构物,在低温下可分离氢的同位素	
分子筛	$x(MO) \cdot y(Al_2O_3) \cdot z(SiO_2) \cdot nH_2O$	<400	极性	粉碎过筛后,用前在350~550℃下活化3~4h,或在350℃真空下活化2h	特别适用于永久性气体和惰性气体的分离	

C. 常用的商品吸附剂

类型	名称	形状	粒度/μm	比表面/(m²/g)	平均径/Å	制造厂
全多孔型硅胶	YQG-1	球形	37～55	300	100	青岛海洋化工厂
	YWG-1	无定形	5, 10	300	100	青岛海洋化工厂
	堆积硅球	球形	3～5	300～350		上海试剂一厂
	Porasil C	球形	35～75	50～100	200～400	Waters
	Porasil	球形	10	400		Waters
	LichrosorbSI160	无定形	5, 10	500	60	E Merck
	LichospherSI100	无定形	5, 10	400	100	E Merck
	LichrospherSI100	球形	5, 10	370	100	E Merck
	Zorbax sil	球形	6～8	250～350	350	Du Pont
	Biosil	无定形	2～10	400	100	Bio-Rad
	Partisil	无定形	5,10,20	400	40～50	Reeve Angel
	Six-x-1	无定形	13±5	400		Perkin-Elmer
	JascosilSS-05	球形	5			日本分光
	日立 3040	球形	20～25			日立
薄壳型硅胶	薄壳玻珠-2	球形	37～50	7		上海试剂一厂
	薄壳玻珠-3	球形	37～50	14		上海试剂一厂
	Corasil	球形	37～50	7		Waters
	Corasil	球形	37～50	14		Waters
	Perisorb A	球形	30～40	14		E Merck
	Vybac	球形	30～40	12	57	Applied Sci
全氧化多孔铝	Woelm Alumina	无定形	18～30	200	150	Woelm
	Lichrosorb ALOX-T	无定形	5,10,30	70		E Merck
	Bio-Rad AG	无定形	74	200		Bio-Rad

D. 化学键合固定相的选择

样品种类	键合基因	流动相	色谱类型	实例
低极性溶解于烃类	—C$_{18}$	甲醇/水 乙腈/水 乙腈/四氢呋喃	反相	多环芳烃、甘油三酯、类脂、脂溶性维生素、甾族化合物、氢醌
中等极性可溶于醇	—CN	乙腈、正己烷	正相	脂溶性维生素、甾族、芳香醇、胺、类脂止痛药
	—NH$_2$	氯仿 正己烷 异丙醇		芳香胺、脂、氯化农药、苯二甲酸
	—C$_{18}$ —C$_8$ —CN	甲醇、水 乙腈	反相	甾族、可溶于醇的天然产物、维生素、芳香酸、黄嘌呤
高极性可溶于水	—C$_8$ —CN	甲醇、乙腈 水、缓冲溶液	反相	水溶性维生素、胺、芳醇、抗生素、止痛药
	—C$_{18}$	水、甲醇、乙腈	反相离子对	酸、磺酸类染料、儿茶酚胺
	—SO$_3^-$	水和缓冲溶液	阳离子交换	无机阳离子、氨基酸
	—NR$_3^+$	磷酸缓冲溶液	阴离子交换	核苷酸、糖、无机阴离子、有机酸

E. 高效液相色谱常用溶剂的性质

溶剂	折射率 n(20℃)	紫外截止波长/nm	黏度 η(25℃)/mPa·s
正戊烷	1.358	210	0.23
环己烷	1.427	210	0.90
氯仿	1.443	245	0.57

续表

溶剂	折射率 n(20℃)	紫外截止波长/nm	黏度 η(25℃)/mPa·s
乙醚	1.353	220	0.23
二氯甲烷	1.424	245	0.44
四氢呋喃	1.408	222	0.46
丙酮	1.359	330	0.32
乙腈	1.344	210	0.37
甲醇	1.329	210	0.54
乙醇	1.361	210	1.08
乙二醇	1.427	210	16.5
水	1.333	210	0.89

注：1. 赵藻藩，周性尧，张悟铭，赵文宽. 仪器分析. 北京：高等教育出版社，1990。
2. 刘晓薇. 实验化学基础. 北京：国防工业出版社，2005。

附录 17　KCl 溶液的电导率（25℃）

单位：S/cm

t/℃	c/(mol/L)			
	1.000[①]	0.1000	0.0200	0.0100
0	0.06541	0.00715	0.001521	0.000776
5	0.07414	0.00822	0.001752	0.000896
10	0.08319	0.00933	0.001994	0.001020
15	0.09252	0.01048	0.002243	0.001147
16	0.09441	0.01072	0.002294	0.001173
17	0.09631	0.01095	0.002345	0.001199
18	0.09822	0.01119	0.002397	0.001225
19	0.10014	0.01143	0.002449	0.001251
20	0.10207	0.01167	0.002501	0.001278
21	0.10400	0.01191	0.002553	0.001305
22	0.10594	0.01215	0.002606	0.001332
23	0.10789	0.01239	0.002659	0.001359
24	0.10984	0.01264	0.002712	0.001386
25	0.11180	0.01288	0.002765	0.001413
26	0.11377	0.01313	0.002819	0.001441
27	0.11574	0.01337	0.002873	0.001468
28		0.01362	0.002927	0.001496
29		0.01387	0.002981	0.001524
30		0.01412	0.003036	0.001552
35		0.01539	0.003312	
36		0.01564	0.003368	

① 在空气中称取 74.56g KCl，溶于 18℃水中，稀释到 1L，其浓度为 1.000mol/L（密度 1.0449g/cm³），再稀释得其他浓度溶液。

注：复旦大学等. 物理化学实验. 第 3 版. 北京：高等教育出版社，2004。

附录 18　不同温度下甘汞电极的电极电势（vs. SHE）

单位：mV

温度/℃	饱和 KCl	3.5mol/L KCl	1mol/L KCl	0.1mol/L KCl
0	260.2			
10	254.1	255.6		
20	247.7	252.0		335.8

· 453 ·

续表

温度/℃	饱和 KCl	3.5mol/L KCl	1mol/L KCl	0.1mol/L KCl
25	244.5	250.1	283	335.6
30	241.5	248.1		335.4
40	234.3	243.9		
50	227.2			
60	219.9			
70	207.1			

注：复旦大学等. 物理化学实验. 第3版. 北京：高等教育出版社, 2004。

附录19 不同温度下 Ag/AgCl 的电极电势（vs. SHE）

单位：mV

温度/℃	$E^{\ominus}$	3.5mol/L KCl 溶液	饱和 KCl 溶液
0	236.6		
10	231.4	215.2	213.8
20	225.6	208.2	204.0
25		204.6	198.9
30	219.0	200.9	193.9
40	212.1	193.3	183.5
50	204.5		
60	196.5		
90	169.5		

注：傅献彩, 沈文霞, 姚天扬, 侯文华. 物理化学. 第5版. 北京：高等教育出版社, 2005。

附录20 思考题提示

第2章 化学实验基本操作与规范

实验 2-1 仪器认领、洗涤与干燥

1. 玻璃仪器里附着有不溶于水的碳酸盐、碱性氧化物时怎样洗？附有油脂等污物又怎样洗？容器壁沾有硫黄应该怎样去除？

提示：视污垢的性质选用合适的试剂经化学作用去除。如碳酸盐、碱性氧化物，用废酸反应溶解；油脂等污物用洗涤剂或废碱液洗去。

2. 在酒精灯上烤干试管时为什么管口要略向下倾斜？

提示：以防水珠倒流，引起试管炸裂。

3. 在烘箱中烘干玻璃仪器应注意些什么？

提示：操作的要点和注意事项请参阅 2.2.2 小节相关内容。

4. 玻璃仪器洗涤洁净的标志是什么？

提示：已洗净的仪器内外壁可以被水完全湿润，形成均匀的水膜，不挂水珠。

实验 2-2 粗食盐的提纯

1. 在粗食盐提纯过程中涉及哪些基本操作，总结这些操作的要点和注意事项。

提示：本实验涉及试剂取用，台秤的使用，溶解，溶液加热、冷却，固、液的离心分离，常压过滤、减压过滤，蒸发、结晶等基本操作，操作的要点和注意事项请参阅本章相关各小节。

2. 加入 30.0mL 水溶解 8.0g 食盐的依据是什么？加水过多或过少有什么影响？

提示：依据 NaCl 在沸点下的溶解度。加水过多不利于杂质离子的沉淀完全；加水过少粗食盐可能溶不完。

3. 由粗食盐制取试剂级氯化钠的原理是什么？怎样检验其中的 Ca^{2+}、Mg^{2+}、SO_4^{2-} 是否沉淀完全？

提示：粗食盐中，除含有泥砂等不溶性杂质外，还含有 Ca^{2+}、Mg^{2+}、K^+、SO_4^{2-} 等可溶性杂质离子。不溶性杂质可以通过过滤法除去。可溶性杂质可采用化学法，加入某些化学试剂，使之转化为沉淀再滤除。

检验某杂质离子是否沉淀完全的方法：①待烧杯中含有沉淀的溶液沉降后，沿烧杯壁在上层清液中滴加 2~3 滴待检溶液，如果溶液无浑浊，表明已沉淀完全；②可取少量含有沉淀的溶液放入离心管中，离心后，再沿试管壁滴加氯化钡溶液，检验沉淀是否完全。

4. 在粗食盐的提纯中，除去 SO_4^{2-} 和除去 Mg^{2+}、Ca^{2+}、Ba^{2+} 等阳离子两步，能否合并过滤？

提示：不能。合并过滤，可能部分 $BaSO_4$ 会转化为 $BaCO_3$，从而又释放出少量 SO_4^{2-}。

5. 食盐重结晶时，为什么不能将溶液全部蒸干？

提示：若蒸干，可溶性杂质 KCl 会析出，无法去除。

6. 制备碘盐，加入何种碘剂？是何考虑？

提示：KIO_3。

7. 固液分离有哪些方法？总结选择固液分离方法的依据。

提示：常用的固、液分离方法有：倾析法、过滤法和离心分离法。

实验 2-3　电子天平称量练习

1. 用电子天平称量的方法有哪几种？固定称量法和递减称量法各有何优缺点？如何使这两种方法的称量更准确？

提示：称量的方法有直接称量法、固定称量法和递减称量法。操作的要点和注意事项请参阅 2.6.2 小节相关内容。

2. 在实验中记录称量数据应准确至几位？为什么？

提示：4 位。

3. 使用称量瓶时，如何操作才能保证试样不致损失？

提示：操作时，从天平上取出称量瓶，在盛装样品的容器上方打开称量瓶，用瓶盖的下面轻敲称量瓶口的上沿，使样品缓缓落入容器。在敲出样品的过程中，保证样品没有损失。估计倾出的样品已够量时，再轻敲瓶口的边并扶正瓶身，盖好瓶盖后将瓶移出容器的上方，然后再准确称量。

4. 本实验中要求称量偏差不大于 0.4mg，为什么？

提示：为控制实验误差在千分之二之内。

实验 2-4　溶液的性质和配制

1. 影响物质溶解度的因素有哪些？

提示：除与物质的本性有关外，还与溶剂、溶解温度等有关。

2. 怎样制备过饱和溶液，它有什么特性？用哪些方法可以破坏过饱和溶液？

提示：任何溶液均可能形成过饱和溶液，只不过程度不同而已。过饱和溶液属于热力学不稳定体系，溶质结晶会自发析出。一般过饱和溶液可由高温下不含有固相的饱和溶液小心冷却而得。过饱和溶液是一种亚稳体系，加入晶种（如加入该结晶物质的小晶体）、搅拌溶液或摩擦器壁都可以破坏过饱和溶液，使过量溶质结晶析出。

3. 为什么实验室中有些试剂需现用现配？请举出 5 例实验室需要现用现配的试剂。

提示：有些试剂容易发生氧化还原或分解反应，以及容易吸收空气中的氧和 CO_2 而发生变化的试剂，不能久放，需要在使用时现配。常见的试剂有：①亚硝酸钠溶液，②亚硫酸钠溶液，③硫代硫酸钠溶液，④硫酸亚铁溶液，⑤H_2S 溶液，⑥Na_2S 溶液，⑦漂白粉溶液等。

4. 在使用移液管时，移液管下端伸入溶液液面下约 1cm 处，不可伸入太深或太浅，为什么？

提示：太深时，移液管外表面有过多溶液，而且如果一些下面有部分微小固体、沉淀等物质时，也容易将其吸入，引起实验误差。太浅时，随着溶液被逐渐移取，液面下降，易造成悬空状态，而使部分溶液进入了洗耳球，无法继续移取溶液。

5. 是否需将残留在移液管尖嘴内的液体吹出，为什么？

提示：这要看使用的移液管是否标有"吹"或"快"字，若移液管标有"吹"的字样，使用时，需将残留在尖嘴内的液体吹出，否则就不用吹出。

6. 用容量瓶配制溶液时

（1）为什么采用两次混合摇匀？

（2）最后摇匀时是应先定容至刻度还是摇匀后再定容至刻度？为什么？

（3）某同学在配制溶液时已定好体积，当最后摇匀后，发现弯月面最低处已低于标线下，于是该同学又用滴管在容量瓶中加了几滴水，重新使弯月面达到标线，应如何评价这位同学的操作？

提示：（1）（2）为保证溶液体积的准确。

（3）该同学的操作错误，溶液因被稀释不再是原来配制的浓度。

实验 2-5　滴定分析基本操作练习

1. 自学相关实验内容的操作规范，在预习报告中总结出操作要点。

2. HCl 和 NaOH 溶液能直接配制准确浓度吗？为什么？

提示：HCl(aq) 的挥发性、NaOH(s) 的易潮解性、易吸收 CO_2。

3. 配制 NaOH 溶液时，应用何种天平称取试剂？为什么？

提示：台秤。

4. 用 NaOH 固体直接配制 NaOH 溶液的操作对初学者较为方便，但不严格。为什么？如何配制不含 CO_3^{2-} 的 NaOH 溶液？

提示：因为市售 NaOH 常吸收 CO_2 而混有少量 Na_2CO_3，以致对分析结果中造成误差。在严格要求的实验过程中，必须设法除去或减小杂质的影响。

不含 CO_3^{2-} 的 NaOH 溶液的配制方法：固体 NaOH 易吸收空气中的 CO_2，使 NaOH 表面形成一薄层碳酸盐。实验室配制不含碳酸盐的 NaOH 溶液一般有两种方法：①以少量蒸馏水洗涤固体 NaOH，除去表面生成的碳酸盐，将 NaOH 固体溶解于加热至沸、冷却至室温的蒸馏水中。②利用 Na_2CO_3 在饱和 NaOH 溶液析出的性质，配制近于饱和的 NaOH 溶液，静置，让 Na_2CO_3 沉淀析出后，吸取上层澄清溶液，稀释到所需浓度，即为不含 CO_3^{2-} 的 NaOH 溶液。

5. 在滴定分析实验中，滴定管、移液管为何分别用滴定剂和要移取的溶液润洗？滴定使用的锥形瓶是否也要用滴定剂润洗？为什么？

提示：滴定管、移液管润洗是为了保证溶液的体积摩尔浓度；锥形瓶不需润洗。

6. HCl 与 NaOH 溶液定量反应后，生成 NaCl 和水。为什么用 HCl 滴定 NaOH 溶液时采用甲基橙作为指示剂，而用 NaOH 滴定 HCl 溶液时使用酚酞作指示剂？

提示：指示剂的变色范围。

实验 2-6　蒸馏

1. 蒸馏时为何要加入沸石？加热后发现忘了加沸石，应怎么操作？

提示：（1）沸石为多孔性物质，它在溶液中受热时会产生一股稳定而细小的空气泡气流，这些空气泡气流以及随之而产生的湍动，能使液体中的大气泡破裂，成为液体分子的汽化中心，从而使液体平稳地沸腾，防止了液体因过热而产生的暴沸。

（2）如果加热后才发现没加沸石，应立即停止加热，待液体冷却后再补加，切忌在加热过程中补加，否则会引起剧烈的暴沸，甚至使部分液体冲出瓶外，有时会引起着火。

（3）如果加热后才发现没加沸石，但此时如果液体已经沸腾了，开始正常蒸馏了，就不需要补加沸石。

（4）当中途停止蒸馏，再重新开始蒸馏时，因液体已被吸入沸石的空隙中，再加热已不能产生细小的空气流而使沸石失效，必须重新补加沸石。

2. 欲蒸馏 60mL 丙酮（沸点 56.5℃），应如何选择仪器和热源？

提示：可以选择 100mL 圆底烧瓶、蒸馏头、100℃温度计、100mL 锥形瓶、直形冷凝管与接液管。采用热水浴加热。

3. 蒸馏时温度计水银球上是否应有液滴存在？为什么？若没有液滴，将会产生什么影响？

提示：蒸馏时温度计水银球上应始终有液滴存在，因为沸点的定义是指在标准大气压时汽液平衡时的温度，故在蒸馏时要保证在水银球处存在汽液平衡才对。水银球上若没有液滴，说明加热温度过高，沸腾太激烈，蒸汽的温度也过高，这样读出来的沸点温度将会过高。

实验 2-7　简单分馏

1. 分馏柱分馏效率的高低取决于哪些因素？

提示：影响分馏效率的因素有：①理论塔板；②回流比；③柱的保温。

2. 何谓韦氏（Vigreux）分馏柱？使用韦氏分馏柱的优点是什么？

提示：韦氏（Vigreux）分馏柱，又称刺形分馏柱，它是一根每隔一定距离就有一组向下倾斜的刺状物，且各组刺状间呈螺旋状排列的分馏管。

使用该分馏柱的优点是：仪器装配简单，操作方便，残留在分馏柱中的液体量少。

3. 什么叫共沸物？为什么不能用分馏法分离共沸混合物？

提示：当某两种或三种液体以一定比例混合，可组成具有固定沸点的混合物，将这种混合物加热至沸腾时，在汽液平衡体系中，汽相组成和液相组成一样，故不能使用分馏法将其分离出来，只能得到按一定比例组成的混合物，这种混合物称为共沸混合物或恒沸混合物。

实验 2-8　水蒸气蒸馏

1. 什么是水蒸气蒸馏？

提示：水蒸气蒸馏是将水蒸气通入不溶于水的有机物中或使有机物与水经过共沸而蒸出的操作过程。

2. 什么情况下可以利用水蒸气蒸馏进行分离提纯？

提示：水蒸气蒸馏常用于下列几种情况：①反应混合物中含有大量树脂状杂质或不挥发性杂质；②要求除去易挥发的有机物；③从固体多的反应混合物中分离被吸附的液体产物；④某些有机物在达沸点时容易被破坏，采用水蒸气蒸馏可在 100℃ 以下蒸出。

3. 被提纯化合物应具备什么条件？

提示：被提纯化合物应具备以下条件：①不溶或难溶于水；②在沸腾下与水不起化学反应；③在 100℃ 左右，该化合物应具有一定的蒸气压（一般不小于 13.33kPa，10mmHg）。

实验 2-9　减压蒸馏真空蒸馏

1. 减压蒸馏时，为什么要在蒸馏烧瓶内插入一根末端拉成毛细管的玻璃管？如何调节毛细管的进气量？

提示：①为了平稳地蒸馏，避免液体过热而产生暴沸溅跳现象；②玻璃管另一端应拉细一些或在玻璃管口套一段橡皮管，用螺旋夹夹住橡皮管。

2. 在进行减压蒸馏时，为什么必须用热浴加热，而不能直接用火加热？进行减压蒸馏时须先抽气才能加热？

提示：用热浴的好处是加热均匀，可防止暴沸，如果直接用火加热的话，情况正好相反。因为系统内充满空气，加热后部分溶液汽化，再抽气时，大量气体来不及冷凝和吸收，会直接进入真空泵，损坏泵改变真空度。如先抽气再加热，可以避免或减少这种情况。

3. 当减压蒸完所要的化合物后，应如何停止减压蒸馏？为什么？

提示：移去热源，然后慢慢旋开夹在毛细管上的橡皮管的螺旋夹放空，待蒸馏瓶稍冷后再慢慢开启安全瓶上的活塞，平衡内外压力（若开得太快，水银柱很快上升，有冲破测压计的可能），最后才关闭真空水泵。

实验 2-10　有机物重结晶提纯法

1. 重结晶的原理是什么？重结晶提纯法的一般过程如何？

提示：重结晶的原理：利用混合物中各组分在某种溶剂中的溶解度不同，或在同一溶剂中不同温度时的溶解度不同，而使它们相互分离。

重结晶提纯法的一般过程：选择溶剂→溶解固体→除去杂质→晶体析出→晶体的收集与洗涤→晶体的干燥

2. 重结晶时，溶剂的用量为什么不能过量太多，也不能过少？正确的用量应该如何控制？

提示：过量太多，不能形成热饱和溶液，冷却时析不出结晶或结晶太少；过少，有部分待结晶的物质热溶时未溶解，热过滤时和不溶性杂质一起留在滤纸上，造成损失。考虑到热过滤时，有部分溶剂被蒸发损失掉，使部分晶体析出留在滤纸上或漏斗颈中，造成结晶损失，所以适宜用量是制成热的饱和溶液后，再过量 20% 左右。

3. 重结晶时，如果溶液冷却后不析出晶体怎么办？

提示：可采用下列方法诱发结晶：

① 用玻璃棒摩擦容器内壁；

② 用冰水或其他制冷溶液冷却；

③ 投入"晶种"。

实验 2-11　有机物熔点与沸点的测定

1. 是否可以使用第一次测过熔点时已经熔化的有机化合物再作第二次熔点测定呢？为什么？

提示：测过熔点的有机化合物分子的晶体结构有可能改变，那么它的熔点也会有所改变，所以不能用做第二次测量。

2. 什么叫沸点？液体的沸点和大气压有什么关系？文献里记载的某物质的沸点是否即为实验中的沸点温度？

提示：将液体加热，其蒸气压增大到和外界施于液面的总压力（通常是大气压力）相等时，液体沸腾，此时的温度即为该液体的沸点。

文献上记载的某物质的沸点不一定即为实验中的沸点，通常文献上记载的某物质的沸点，如不加说明，一般是一个大气压时的沸点，如果实验中的大气压不是一个大气压的话，该液体的沸点会有变化。

3. 用微量法测沸点，把最后一个气泡刚欲缩回至内管的瞬间的温度作为该化合物的沸点，为什么？

提示：最后一个气泡刚欲缩回至内管的瞬间的温度即表示毛细管内液体的蒸气压与大气压平衡时的温度，亦即该液体的沸点。

实验 2-12　萃取

1. 萃取的原则是什么？

提示：萃取是利用物质在两种不互溶（或微溶）溶剂中溶解度或分配比的不同来达到分离、提取或纯化目的一种操作。原则是：①两个接触的液相完全不互溶或部分互溶；②溶质组分在两相中的溶解度不同，萃取剂对溶质要有较大的溶解度。

2. 使用分液漏斗时应注意什么？

提示：①不能把活塞上附有凡士林的分液漏斗放在烘箱内烘干；
②不能用手拿住分液漏斗的下端；
③不能用手拿住分液漏斗进行分离液体；
④上口玻璃塞打开后才能开启活塞；
⑤上层的液体不要由分液漏斗下口放出。

3. 如何判断哪一层是有机物？哪一层是水层？

提示：可任取一层的少量液体，置于试管中，并滴少量自来水，若分为两层，说明该液体为有机相，若加水后不分层则是水溶液。

实验 2-13　液态有机化合物折射率的测定

1. 影响折射率数值的因素有哪些？

提示：通常大气压的变化的影响不明显，只是在精密的测定工作中，才考虑压力因素。所以，在测定折射率时必须注明所用的光线和温度。

2. 折射率相同的两种有机物是同一种物质吗？

提示：不一定是同一种物质，还需进一步检测；但如果折射率不一样的两种物质，一定不是同一种物质。

3. 滴加样品量过少将会产生什么后果？

提示：调不出明暗相间的图。

实验 2-14　薄层色谱法

1. 在一定的操作条件下为什么可利用 R_f 值来鉴定化合物？

提示：在条件完全一致的情况，纯的化合物在薄层色谱中呈现一定的移动距离，称比移值（R_f 值），所以利用薄层色谱法可以鉴定化合物的纯度或确定两种性质相似的化合物是否为同一物质。但影响比移值的因素很多，如薄层的厚度，吸附剂颗粒的大小，酸碱性，活性等级，外界温度和展开剂纯度、组成、挥发性等。所以，要获得重现的比移值就比较困难。为此，在测定某一试样时，最好用已知样品进行对照。

2. 薄层色谱法点样应注意些什么？

提示：用毛细管吸取样品溶液，垂直地轻轻地触到薄层的起点线上，如溶液太稀，一次点样不够，第一次点样干后，再点第二次，第三次；多次点样时，每次都应点在同一圆心上；若样品量太少时，成分不易显出；样品量太多时，易造成斑点过大，互相交叉或拖尾，不能得到很好的分离。

3. 展开剂的高度若超过了点样线，对薄层色谱有何影响？

提示：展开剂若高于样品点，会使本就少量的样品溶于展开剂，难以随展开剂的展开而分离，达不到分析的目的。

第3章 基本化学原理和无机物的制备

实验 3-1 电离平衡与缓冲溶液

1. 酸式盐是否一定显酸性？

提示：比较相应的 K_a、K_h 的相对大小。

2. (1) $0.1mol \cdot L^{-1}$ HCl 10mL 和 $0.2mol \cdot L^{-1}$ $NH_3 \cdot H_2O$ 10mL 混合；

  (2) $0.2mol \cdot L^{-1}$ HCl 10mL 和 $0.1mol \cdot L^{-1}$ $NH_3 \cdot H_2O$ 10mL 混合，

上述两种混合溶液是否均属缓冲溶液？为什么？

提示：(1) 为 NH_4Cl-$NH_3 \cdot H_2O$ 体系；(2) 为 HCl-NH_4Cl 体系。

3. 实验室有 NaOH、HCl、HAc、NaAc 4 种浓度相同的溶液，现要配制 pH=4.44 的缓冲溶液，问有几种配法，写出每种配法所用的两种溶液及其体积比 [已知 K_a(HAc)=1.8×10^{-5}]。

提示：有 3 种配法：(1) HAc 与 NaAc 混合，体积比为 2∶1；(2) HCl 与 NaAc 混合，体积比为 2∶3；(3) NaOH 与 HAc 混合，体积比为 1∶3。

4. 将 $BiCl_3$、$FeCl_3$ 或 $SnCl_2$ 固体溶于水中发现溶液浑浊时，能否用加热的方法使它们溶解？为什么？

提示：加热促进水解进行。

5. 配制 $0.1mol \cdot L^{-1}$ $SnCl_2$ 溶液 50mL，应如何正确操作？

提示：防水解、防氧化。

6. 用 $FeCl_3$、$MgCl_2$、NaOH 三种溶液，设计一个分步沉淀实验，并预言试验现象？

提示：设计分步沉淀如下：在试管中注入 $0.1mol \cdot L^{-1}$ $FeCl_3$ 和 $MgCl_2$ 各 1mL。然后边振荡试管边逐滴加入 $0.1mol \cdot L^{-1}$ NaOH 溶液，有哪些沉淀物生成？观察沉淀物的颜色及其变化，用溶度积规则解释实验现象。

预言实验现象：因为沉淀类型不同 [$Fe(OH)_3$ 是 1∶3 型，$Mg(OH)_2$ 是 1∶2 型]，所以不能用 K_{sp} 数据直接判断沉淀的先后顺序，而是应根据各自的 K_{sp} 计算出沉淀 Fe^{3+} 和 Mg^{2+} 需要的 OH^- 的浓度大小，小者先沉淀。

实验 3-2 氧化还原反应与电化学

1. 在 KI（或 KBr）与 $FeCl_3$ 反应溶液中为什么要加入 CCl_4？

提示：因为 $FeCl_3$ 本身具有颜色，碘水和溴水的颜色差别又不是很明显，所以不能根据水溶液颜色的变化，来判断反应发生与否；但碘或溴在四氯化碳中溶解度较大，且显示特殊颜色，根据四氯化碳层的颜色变化可判断碘或溴是否生成，即可判断反应进行的情况。

2. 用实验事实说明酸度如何影响电极电势？在实验中应如何控制介质条件？

提示：①影响反应的产物。如：高锰酸钾在不同介质中产物不同，在酸性溶液中为 Mn^{2+}，在碱性溶液中为 MnO_4^{2-}，在中性溶液中为 MnO_2。

② 影响反应方向。如：在有些电极反应中，H^+ 或 OH^- 也参与了电极反应，所以当它们的浓度发生变化时，对电极电势就有一定的影响，甚至可以改变反应方向。例如 KI 和 $FeCl_3$ 就是典型的例子。

③ 影响反应速率。如：有些强氧化剂在强酸性介质中氧化反应速率要快。

3. 重铬酸钾与盐酸反应能否得到氯气？与氯化钠溶液反应能否制得氯气？为什么？

提示：定性说明，重铬酸钾在酸性介质中氧化性较大，能将 Cl^- 氧化成 Cl_2。但在中性介质中，氧化性相对小些，不足以将 Cl^- 氧化成 Cl_2。自己定量计算。

4. 通过本实验归纳影响电极电势的因素。

提示：内因，电极本性，外因，酸度、浓度、压力、温度。

5. 标准电池电动势小于 0.2V，甚至为负值时，反应是否就一定不能进行？

提示：当电极电势相差不多时，电对的氧化形或还原形形成难溶的电解质、配合物。弱酸或弱碱以及酸度的变化，可改变反应的方向。

6. 电池电动势越大，反应是否进行得越快？

提示：电池电动势仅从热力学角度衡量反应进行的可能性和进行的程度，它是电极处于平衡状态时表现出的特征值，它与到达平衡的快慢，反应速率的大小无关。因此，它们的差值也只能从热力学角度衡量反应进行的可能性和进行的程度，却不能从动力学角度衡量反应速率的快慢。

必须注意的是：当一种氧化剂同时氧化几种还原剂时，首先氧化最强的还原剂，但在判断氧化还原反应的次序时，还要考虑反应速率，考虑还原剂的浓度等因素，否则容易得出错误的结论。

7. 催化剂能改变反应的速率，它能否改变反应的方向？

提示：催化剂不影响化学平衡。

实验 3-3 配合物与配位平衡

1. 配合盐和复盐有何区别？如何区分硫酸铁铵和铁氰化钾这两种物质？

提示：由两种或两种以上的简单盐所组成的晶形化合物，称为复盐，复盐溶于水后将全部解离，解离为相应简单盐所具有的各种离子。

由配离子组成的盐称为配合盐，配合盐与复盐不同。配合盐电离出来的配离子一般较稳定，在水溶液中仅有极少数部分电离成为简单离子。例如：

配合盐：$K_4[Fe(CN)_6] \rightleftharpoons 4K^+ + [Fe(CN)_6]^{4-}$

$[Fe(CN)_6]^{4-} \rightleftharpoons Fe^{2+} + 6CN^-$

$$K_{不稳} = [Fe^{2+}][CN^-]^6/[Fe(CN)_6^{4-}] \approx 10^{-31}$$

复盐：$FeNH_4(SO_4)_2 \cdot 6H_2O \rightleftharpoons NH_4^+ + Fe^{3+} + 2SO_4^{2-} + 6H_2O$

可采用定性检验金属离子的方法，进而判断某化合物是否为配合物。

2. 举例说明有哪些因素影响配位平衡。

提示：解释配位平衡受其他化学平衡影响的实验现象时应清楚说明配合物或配离子的中心离子或配体的浓度受其他化学平衡的影响而改变，破坏原有的配位平衡，促使配位平衡移动，从而产生新的实验现象。

3. 实验中所用的 EDTA 是什么物质？它与金属离子形成配离子有何特点？写出 Mg^{2+} 与 EDTA 形成配离子的结构式。

提示：EDTA 是指螯合剂乙二胺四乙酸及其二钠盐，它含有 4 个羧基，还有 2 个可以和金属离子配位的氮原子。

EDTA 配位能力很强，和金属离子键合时，形成具有 5 个螯合环的很稳定的 1:1 型螯合物 $[Mg(EDTA)]^{2-}$。图 1 是 EDTA 与 Mg^{2+} 形成的配合物。它是在分析化学中广泛应用的六齿配位体。

此外，利用 EDTA 与金属离子的螯合作用，可用于水的软化、锅炉中水垢的去除；印染业的染浴中，消除 Fe^{2+}、Cu^{2+} 等使染料颜色改变的影响；在医学上用于有毒金属离子中毒症的治疗等。

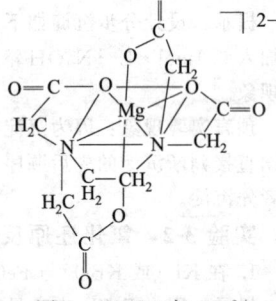

图 1 EDTA 与 Mg^{2+} 形成的配合物

实验 3-5 pH 法测定醋酸电离度及电离平衡常数

1. 影响 HAc 的 α 和 K_a 的因素有哪些？

提示：电离平衡常数 K_a 和其他平衡常数一样，会受温度影响。电离度 α 与浓度、温度皆有关系。

若 HAc 溶液的浓度相同，HAc 的 K_a 随温度升高而增加，然后再随温度的升高而减小，在 298K 附近有最大值。温度对电离度影响类似。

2. 为什么在测 pH 时用于盛装 HAc 的小烧杯一定要干燥？若无干燥的烧杯，则先用待装溶液洗 2~3 次亦可，为什么？

提示：保证 HAc 的浓度。

3. 若所用的 HAc 溶液浓度极稀，是否还能用 $K \approx \dfrac{[H^+]^2}{c}$ 求电离平衡常数？

提示：上式是一元弱酸中 $[H^+]$ 计算的简化式。注意其简化所必须具备的条件。

实验 3-6 化学反应速率与活化能

1. 下列操作对实验有何影响？

(1) 取用试剂的量筒没有分开专用。

(2) 先加 $(NH_4)_2S_2O_8$ 溶液，最后加 KI 溶液。

(3) $(NH_4)_2S_2O_8$ 溶液慢慢加入 KI 等混合液中。

提示：（1）取用的试剂间有化学反应。

（2）会造成（NH$_4$）$_2$S$_2$O$_8$ 和 Na$_2$S$_2$O$_3$ 之间发生反应，这是不希望发生的无用的反应，还导致两者所需初始浓度的变化（变小），影响测定结果的准确度。

（3）实验中的正确计时计量，是把反应物 KI 和（NH$_4$）$_2$S$_2$O$_8$ 总量混合在一起开始计算。如果（NH$_4$）$_2$S$_2$O$_8$ 溶液加入时很慢，则先加入的试剂已发生反应，后加入的试剂反应推后，这样就不能正确计时，准确计算初始反应物浓度。

2. 为什么在实验序号 2~5 中，分别加入 KNO$_3$ 或（NH$_4$）$_2$SO$_4$ 溶液？

提示：为弥补加入 KI 或（NH$_4$）$_2$S$_2$O$_8$ 溶液用量的减少，必须分别用相同浓度和离子电荷的 KNO$_3$ 和（NH$_4$）$_2$SO$_4$ 溶液来代替，以保持每个反应体系的总体积和离子强度不变。

3. 本实验都是用溶液体积来表示各反应用量的，为什么加入各试剂时不用移液管或滴定管，而用量筒？

提示：用量筒可以快速地加入，保证反应浓度计算的准确。

4. 在实验中，向 KI、淀粉、Na$_2$S$_2$O$_3$ 混合溶液中加入（NH$_4$）$_2$S$_2$O$_8$ 溶液时，为什么必须迅速倒入？

提示：保证反应浓度计算的准确。

5. 实验中为什么可以由反应溶液出现蓝色的时间长短来计算反应速率？当溶液出现蓝色后，反应是否就停止了？

提示：反应（2）终止，反应（1）未终止。

6. 化学反应的反应级数是怎样确定的？用本实验的结果加以说明。

提示：根据速率方程 $v=k[S_2O_8^{2-}]^m[I^-]^n$，两边取对数得：

$$\lg v = m\lg[S_2O_8^{2-}] + n\lg[I^-] + \lg k$$

当 $[I^-]$ 不变时，以 $\lg v$ 为纵坐标，$\lg[S_2O_8^{2-}]$ 为横坐标作图，得 $\lg v$-$\lg[S_2O_8^{2-}]$ 图（见图2）。

在直线上任取两点求出直线斜率为

$$m = [(-4.91)-(-5.06)]/[(-1.50)-(-1.65)] = 0.988 \approx 1$$

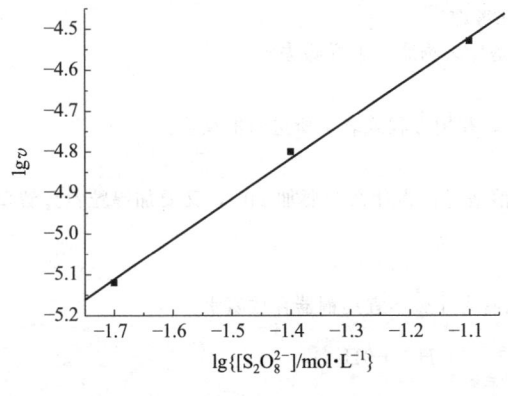
图 2　$\lg v$-$\lg[S_2O_8^{2-}]$

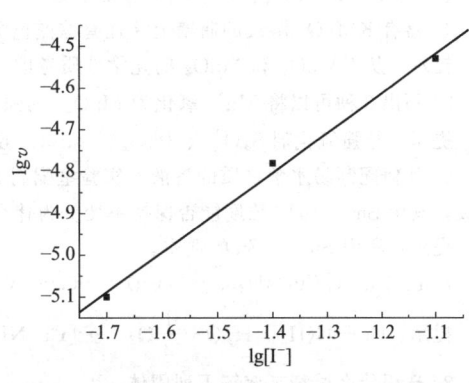
图 3　$\lg v$-$\lg[I^-]$

同理，当 $[S_2O_8^{2-}]$ 不变时，以 $\lg v$ 对 $\lg[I^-]$ 作图，得 $\lg v$-$\lg[I^-]$ 图（见图3）。

在直线上任取两点求出直线斜率

$$n = [(-4.96)-(-4.68)]/[(-1.56)-(-1.27)]$$
$$= 0.966 \approx 1$$

根据速率方程 $v=k[S_2O_8^{2-}]^m[I^-]^n$，将 v 对应的 $[S_2O_8^{2-}]$、$[I^-]$ 及求出的 m、n 代入，算出相应的 k 填入表 3-9，再求其算术平均值，得到反应速率常数：

$$k = 4.9 \times 10^{-3}(\text{mol}\cdot\text{L}^{-1})^{-1}\cdot\text{s}^{-1}$$

则速率方程 $v = 4.9 \times 10^{-3}[S_2O_8^{2-}][I^-](\text{mol}\cdot\text{L}^{-1}\cdot\text{s}^{-1})$

7. 用 Arrhenius 公式计算反应的活化能，并与作图法得到的值进行比较。

提示：计算法：用 Arrhenius 公式可导出 k 与 T 的关系式

$$\ln\frac{k_2}{k_1}=\frac{E_a}{R}\left(\frac{1}{T_1}-\frac{1}{T_2}\right)$$

任取两个不同温度下的 k 数据代入上式，即可直接计算求得反应活化能 E_a。

作图法：用 Arrhenius 公式

$$\lg k=-\frac{E_a}{2.303RT}+\lg A$$

以 $\lg k$ 对 $1/T$ 作图可得一直线，由直线的斜率即可求出反应活化能 E_a。

比较两者可以看出，计算法比作图法简便，但从准确性来说，作图法较好。因为从实验获得的一系列数据中，总会有偏差，而作图法能起到求平均值的作用。

8. 通过上述实验总结温度、浓度、催化剂对反应速率的影响。

提示：浓度对化学反应速率的影响：本实验随 $(NH_4)_2S_2O_8$ 或 KI 溶液浓度的增加，化学反应速率增大；

温度对化学反应速率的影响：本实验随温度的升高，化学反应速率加快，蓝色出现的时间迅速变短；

催化剂对化学反应速率的影响：在一定范围内，随 $Cu(NO_3)_2$ 用量的增加，本实验的化学反应速率增大。

实验 3-7 化合物的性质及其实验研究方法

1. $MgCl_2$ 和 $NH_3 \cdot H_2O$ 反应生成 $Mg(OH)_2$ 和 NH_4Cl，但是 $Mg(OH)_2$ 沉淀又能溶于 NH_4Cl 饱和溶液，试加以解释。

提示：依据沉淀溶解平衡移动原理讨论。

2. 检验 $Pb(OH)_2$ 的碱性时应该用什么酸？为什么不能用稀 HCl 或 H_2SO_4？

提示：选用 HNO_3。因为 $PbCl_2$ 与 $PbSO_4$ 都为难溶于水的白色沉淀。

3. 如何分离 Cr^{3+}、Al^{3+} 和 Zn^{2+}？

提示：从 Zn^{2+} 的配位性、碱性介质中 Cr^{3+} 的还原性考虑。

4. 盛有 $KMnO_4$ 溶液的瓶壁上往往有棕黑色沉淀，是什么物质？怎样除去？

提示：从 $KMnO_4$ 和 MnO_2 的化学性质考虑。

5. 写出 3 种可以将 Mn^{2+} 氧化为 MnO_4^- 的强氧化剂，并用方程式表示所进行的反应。

提示：与强氧化剂 $S_2O_8^{2-}$、PbO_2、$NaBiO_3$ 反应。

6. 如何配制易水解物质的溶液？实验室配制 $SnCl_2$ 溶液时，为什么既要加 HCl，又要加锡粒？久置此溶液，其中 Sn^{2+}、H^+ 浓度能否保持不变？为什么？

提示：考虑 Sn^{2+}、Sn 的性质。

7. 已知 $\varphi^{\ominus}([Cu(NH_3)_4]^{2+}/Cu)=-0.065V$，试说明为什么不宜用铜器存放氨水。

提示：$Cu+4NH_3 \cdot H_2O+\frac{1}{2}O_2 \longrightarrow [Cu(NH_3)_4]^{2+}+2OH^-+3H_2O$

8. 选用什么试剂来溶解下列固体：

氢氧化铜　硫化铜　溴化银　碘化银

提示：酸可溶解氢氧化铜，硝酸可溶解硫化铜，硫代硫酸钠可溶解溴化银，可溶性氰化物可溶解碘化银。

9. 进行银镜反应时，为什么要把 Ag^+ 变成 $[Ag(NH_3)_2]^+$？镀在试管上的银如何洗掉？

提示：控制 Ag（Ⅰ）的还原析出速率，得到均匀的银镀层。

10. 稀三氯化铁溶液为淡黄色，当它遇到什么物质时，可以呈现出血红色、浅绿色、蓝色，说出各物质的名称。试根据以上各物质设计出一幅供化学晚会用的"白色显画"图。

提示：KSCN：$Fe^{3+}+nCNS^- \Longrightarrow [Fe(CNS)_n]^{3-n} (n=1\sim6)$（血红色）

Fe：$2Fe^{3+}+Fe \Longrightarrow 3Fe^{2+}$（绿色）

$K_4[Fe(CN)_6]$：$K_4[Fe(CN)_6]+Fe^{3+} \Longrightarrow KFe[Fe(CN)_6]$（蓝色）$+3K^+$

Na_2S：$2Fe^{3+}+3S^{2-} \Longrightarrow Fe_2S_3$（黑色）　NaOH：$Fe^{3+}+3OH^- \Longrightarrow Fe(OH)_3$（红棕色）

11. 砷、镉、铬、铅、汞及其化合物有毒，查阅资料了解它们的环保排放标准、回收和处理的方法。设计出实验室回收和处理它们的合理方案。

实验 3-8　未知物鉴别与未知离子混合液的分离与鉴定——设计实验

1. 什么叫无机定性分析？它涉及哪两方面的问题？

提示：参见本实验的实验知识拓展。

2. 作为鉴定反应具备什么条件？

提示：参见本实验的实验知识拓展。

3. 可采用什么方法提高鉴定反应的选择性？

提示：参见本实验的实验知识拓展。

4. 是否必须先将各组分离子分离后才可进行鉴定？为什么？

提示：参见本实验的实验知识拓展。

5. 何为空白实验、对照实验？各有何作用？

提示：参见本实验的实验知识拓展。

6. 阴离子常采用分别分析方法，为什么？

提示：参见本实验的实验知识拓展。

7. 加稀 H_2SO_4 或稀 HCl 溶液于固体试样中，如观察到有气泡产生，则该固体试样中可能存在哪些阴离子？

提示：CO_3^{2-}，SO_3^{2-}，$S_2O_3^{2-}$，S^{2-}，NO_2^- 可能存在。

8. 有一阴离子未知液，用稀 HNO_3 调节其至酸性后，加入 $AgNO_3$ 试剂，发现并无沉淀生成，则可以确定哪几种阴离子不存在？

提示：Cl^-、Br^-、I^-。

9. 在酸性溶液中能使 I_2-淀粉溶液褪色的阴离子有哪些？

提示：S^{2-}，SO_3^{2-}，$S_2O_3^{2-}$。

10. 某阴离子未知溶液经初步试验，结果如下：

① 酸化时无气体产生；

② 加入 $BaCl_2$ 时有白色沉淀析出，再加 HCl 后又溶解；

③ 加入 $AgNO_3$ 时有黄色沉淀析出，再加 HNO_3 后发生部分沉淀溶解；

④ 试液能使 $KMnO_4$ 紫色褪去，但与 KI、碘-淀粉试液无反应。

试指出：哪些离子肯定不存在？哪些离子肯定存在？哪些离子可能存在？

提示：肯定不存在的离子为 S^{2-}，CO_3^{2-}，SO_3^{2-}，$S_2O_3^{2-}$，SO_4^{2-}，NO_2^-。

肯定存在的离子为 PO_4^{3-}，I^-。

可能存在的离子为 NO_3^-、Cl^-、Br^-。

实验 3-9　硝酸钾的制备和提纯

1. 制备硝酸钾晶体时，为什么要把溶液进行加热和热过滤？能否将除去氯化钠后的滤液直接冷却制取硝酸钾？

提示：若溶液稍微冷却，则 KNO_3 会混在 NaCl 中在滤纸上和漏斗颈的末端析出。

2. 重结晶时，主要杂质是什么？硝酸钾与水的比例为 2∶1 的依据是什么？

提示：主要杂质是 NaCl。在 100℃ 时 KNO_3 的溶解度是 246g/100g 水。要制得饱和溶液时，2.46g KNO_3 需加水 1g。为了制得近饱和溶液，2g KNO_3 中加入 1g 水为宜。

3. 何为重结晶？如何控制重结晶的条件？本实验涉及哪些基本操作？

提示：①初结晶中仍混有少量可溶性杂质，用再次结晶的方法去掉杂质，得到较纯净的物质，叫作重结晶。其步骤同结晶法相同：溶解蒸发（或冷却）→晶析→分离。反复这样操作。

② 使用时，应根据物质溶解度的大小随温度变化而确定。

当该物质在不同温度下的溶解度差别较大时，用冷却法（如 KNO_3）。在一定量的初结晶中，加入略多于 100℃ 时全部溶解它所需要的水，加热，使晶体全部溶解，随即冷却结晶。当该物在不同温度下的溶解度差别不大时，用蒸发法（如 NaCl）。在一定量的初结晶中，加入较多的水，再加热蒸发至表面出现晶膜（饱和），随即冷却结晶。

③ 实验中重结晶操作过程示意如下：

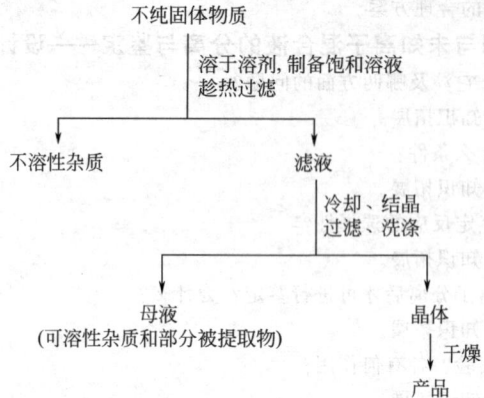

4. 本实验产品纯度的定性检验中，为什么粗品或重结晶产品 KNO_3 的试液中要加 HNO_3 酸化后，再加 $AgNO_3$？

提示：这是因为未酸化的 KNO_3 中，存在 OH^- 和 CO_3^{2-}，若未酸化就加入 $AgNO_3$ 进行定性检验，有 Ag_2O 和 Ag_2CO_3 沉淀生成而误认为有 Cl^- 存在。

5. 产品产量高，是否就说明实验完成得好；如何兼顾产品的产量和质量？

提示：只有保证产品质量（纯度）的前提下，产量高才有意义。

实验 3-10 碱式碳酸铜的制备——设计实验

1. 哪些铜盐适合于制取碱式碳酸铜？写出硫酸铜溶液和碳酸钠溶液反应的化学方程式。

提示：可溶性铜盐均适合于制备碱式碳酸铜。

2. 估计反应的条件，如反应温度、反应物浓度及反应物配料比等对反应产物是否有影响。

提示：根据影响水解平衡移动的因素，反应温度、反应物浓度及反应物配料比对反应产物是有影响的。

3. 本实验寻求反应物配料比，各试管中沉淀的颜色为何会有差别？估计何种颜色产物的碱式碳酸铜含量最高？

提示：反应物浓度不同，产物会有差别，如 Na_2CO_3 浓度不足时，生成的主要产物为 $Cu(OH)_2$，因此，沉淀的颜色会有差别。产物是浅蓝绿色时碱式碳酸铜含量最高。

4. 若将 Na_2CO_3 溶液倒入 $CuSO_4$ 溶液中，其结果是否会有所不同？

提示：充分搅拌反应后，没有影响。

5. 反应温度对本实验有何影响？

提示：水解反应可看作中和反应的逆反应，它是吸热反应，根据化学平衡移动原理，加热可促进水解反应的进行，有利于沉淀的生成。

6. 反应在何种温度下进行会出现褐色产物？这种褐色物质是什么？

提示：因为新制备的试样在沸水中很易分解；100℃时会出现褐色产物 CuO。

7. 两种反应液混合后，为什么会产生气泡？气泡是什么物质？

提示：盐水解。

实验 3-11 由铁屑出发制备含铁化合物——综合实验

Ⅰ 硫酸亚铁铵的制备

1. 在制备硫酸亚铁及其铵盐的过程中，为什么溶液必须保持较强的酸性？

提示：在制备硫酸亚铁铵时，溶液必须呈酸性，这是因为 Fe^{2+} 在酸性溶液中较稳定。如果酸度不够，很易水解和被空气中的 O_2 所氧化。

如果溶液到了近中性，硫酸亚铁可能被空气氧化后析出棕黄色的碱式盐或氢氧化铁沉淀。

2. 在浓缩硫酸亚铁溶液时，为何不能将溶液煮沸？

提示：为了防止白色 $FeSO_4 \cdot H_2O$ 的析出。

3. 如何制取 $FeSO_4 \cdot H_2O$ 晶体？

提示：较高温度下浓缩 $FeSO_4$ 溶液。

4. 如果硫酸亚铁溶液已有部分被氧化，则应如何处理才能制得较纯的 $FeSO_4 \cdot 7H_2O$？

提示：参见［学习指导］实验操作要点及注意事项2。

5. 制备硫酸亚铁铵时，为什么采用水浴加热法？

提示：①水浴加热温度温和，不会有迸溅现象。

②绿矾和摩尔盐的热稳定性较差，不宜直接用火加热。

6. 用乙醇洗涤晶体的目的是什么？

提示：利用合成产物在乙醇中的溶解度小及乙醇的强挥发性，洗涤沉淀以除去杂质及吸附水。

Ⅱ 硫酸亚铁铵杂质及成品含量的分析

1. 如何制备"不含 O_2 的去离子水（或蒸馏水）"？

提示：将去离子水（或蒸馏水）煮沸1～2min，以赶走溶于水中的 O_2，冷却（不要搅拌，最好盖上表面皿）后随即使用。

2. 为什么配制比色样品溶液时一定要用不含 O_2（或含 O_2 较少）的去离子水（或蒸馏水）？

提示：以防 Fe^{2+} 被氧气氧化为 Fe^{3+}。

3. 在分析纯级和化学纯级 $(NH_4)_2SO_4 \cdot FeSO_4 \cdot 6H_2O$ 试剂中，Fe^{3+} 杂质的百分含量各为多少？

提示：25mL 溶液中含 Fe^{3+} 0.05mg，分析纯；25mL 溶液中含 Fe^{3+} 0.10mg，化学纯。

Ⅲ 三草酸合铁（Ⅲ）酸钾的制备及其性质

1. 在制备 $K_3[Fe(C_2O_4)_3] \cdot 3H_2O$ 时，最后一步得到的溶液中加入乙醇的作用是什么？

提示：产物在乙醇中的溶解度较小。

2. 产品用丙酮洗涤的目的何在？

提示：利用产物在丙酮中的溶解度小及丙酮的强挥发性，洗涤沉淀以除去杂质及吸附水。

4. 影响三草酸合铁（Ⅲ）酸钾稳定性的因素有哪些？

提示：参见实验原理。

实验3-12　以废铝为原料制备明矾——设计实验

3. 根据你的实验设计路线，想想在实验中有哪些影响因素？应注意哪些问题？

提示：①铝箔酸溶、碱溶制备 $Al_2(SO_4)_3$ 的优缺点比较。

② Al、$Al(OH)_3$、$Al_2(SO_4)_3$ 的物理与化学性质及原料中可能含有杂质对制备的影响。

第4章　定量分析化学实验

实验4-1　甲醛法测定硫酸铵化肥中氮的含量

1. NH_4^+ 为 NH_3 的共轭酸，为什么不能用 NaOH 标准溶液直接滴定？

提示：NH_4^+ 为极弱酸（$K_a = 5.6 \times 10^{-10}$，$cK_a < 10^{-8}$），无法用指示剂法直接滴定，需先用甲醛处理，使生成质子化的六亚甲基四胺和 H^+。前者 $K_a = 7.1 \times 10^{-6}$，可满足准确滴定的条件。

2. NH_4NO_3、NH_4Cl 或 NH_4HCO_3 的氮含量能否用甲醛法测定？

提示：NH_4NO_3 和 NH_4Cl 中铵态氮可用甲醛法测定，NH_4HCO_3 则不能。因为 HCO_3^- 为两性物质，会干扰测定。

3. 为什么中和甲醛中游离酸使用酚酞指示剂，而中和 $(NH_4)_2SO_4$ 试样中游离酸却使用甲基红指示剂？

提示：甲醛中的游离酸多为甲酸，以 NaOH 测定时，终点产物为甲酸钠，溶液呈弱碱性，故以酚酞为指示剂；而 $(NH_4)_2SO_4$ 试样溶液为弱酸性，故中和其中的微量游离酸宜用甲基红。若用酚酞，则可能有少量试样被中和，引入误差。

4. 滴定终点为什么呈橙红色？

提示：滴定终点为甲基红的黄色和酚酞红色的混合色，所以呈橙红色。

实验4-2　混合碱的分析（双指示剂法）

1. 实验中采用双指示剂法测定混合碱的组成及含量，当用盐酸标准溶液滴定时，以酚酞或百里酚蓝-甲酚红为指示剂，消耗盐酸的体积为 V_1；再以甲基橙为指示剂，消耗盐酸的体积为 V_2。试判断下列5种情况下，混合碱中存在的成分是什么？

(1) $V_1 = 0$；(2) $V_2 = 0$；(3) $V_1 > V_2$；(4) $V_1 < V_2$；(5) $V_1 = V_2$

提示：(1) $V_1 = 0$，存在的组分为碳酸氢钠；(2) $V_2 = 0$，存在的组分为氢氧化钠；(3) $V_1 > V_2$，存

在的组分为氢氧化钠+碳酸钠；(4) $V_1 < V_2$，存在的组分为碳酸钠+碳酸氢钠；(5) $V_1 = V_2$，存在的组分为碳酸钠。

2. 取两份相同的混合碱溶液，一份以酚酞为指示剂，另一份以甲基橙为指示剂滴定至终点，哪一份消耗的盐酸体积多？为什么？

提示：后者。

3. 以酚酞为指示剂测定混合碱组分时，在终点前，由于操作失误，造成溶液中盐酸局部过浓，使部分碳酸氢钠过早地转化为碳酸，对测定结果有何影响？为避免盐酸局部过浓，滴定时应怎样操作？

提示：导致氢氧化钠测定含量偏高，碳酸钠测定含量偏低。

实验 4-3 络合滴定法测定天然水的总硬度

1. 在中和标准物质中的 HCl 时，能否用酚酞取代甲基红？

提示：不可。因为酚酞变色点在 pH=9.1，此时可能引起 Ca^{2+} 生成氢氧化物沉淀。

2. 本节所使用的 EDTA，应采用何种指示剂标定？最适当的基准物质是什么？

提示：测定体系和标定体系最好一致，以减少系统误差。所以宜用 $CaCO_3$ 基准物质标定，铬黑 T 为指示剂。

3. 测定水样时，是处理一份滴定一份，还是处理三份后一起滴定？

提示：应处理一份滴定一份，以避免 CO_2 对测定的影响。

4. 在 pH 为 10、以铬黑 T 为指示剂时，为什么滴定的是钙、镁离子的总量？

提示：EDTA 和 Ca^{2+}、Mg^{2+} 配合物的稳定常数相近，$lgK(CaY)=10.7$，$lgK(MgY)=8.7$。故虽能定量滴定，但却不能分别滴定，因此以铬黑 T 为指示剂，测定的是钙、镁总量。

实验 4-4 溶液中铅铋含量的连续测定

1. 能否直接称取 EDTA 二钠盐配制标准溶液而不用标定？

提示：EDTA 常因吸附水分和其中含有少量杂质而不能直接配制标准溶液，只能间接法配制。另外，由于 EDTA 中含 4 个羧基，在制备二钠盐时很难做到正好反应两个羧基，而是多反应了一点或是少反应了一点，因此其组成很难准确确定，这类物质是不能用于基准的。用于基准的物质必须要求组成固定和容易提纯。

2. 滴定 Pb 以前为何要调节 pH=5~6？为什么用六亚甲基四胺而不用氨水或碱中和酸？用 HAc-NaAc 缓冲液控制可否？

提示：用六亚甲基四胺调节 pH=5~6，使滴定 Pb^{2+} 处于其合适酸度范围内，用氨水或碱调节将使金属离子析出沉淀，无法滴定。由于 Ac^- 对 Pb^{2+} 具有络合作用，故不能用 HAc-NaAc 缓冲溶液控制酸度。

3. 试分析本实验中，金属指示剂由滴定 Bi 时调节 pH=5~6，又到滴定 Pb 后终点变色的过程和原因。

提示：金属指示剂一般都是有机弱酸，具有酸碱指示剂的变色性质，颜色随 pH 而变，且指示剂与金属离子的络合反应与其他络合反应一样，受各种副反应的影响，指示剂阴离子是一弱碱，有结合质子的倾向，要考虑其酸效应。滴定 Bi^{3+} 时，调节 pH=1，此时受酸效应影响，Pb^{2+} 并不与 XO 络合，但 Bi^{3+} 与 XO 络合稳定性大于 Pb^{2+}，所以 Bi^{3+} 可与 XO 形成紫红色络合物。滴定 Bi^{3+} 后二甲酚橙呈游离状态的颜色，即黄色，调节 pH=5~6，酸效应减少，此时 XO 与 Pb^{2+} 络合，呈现紫红色，到滴定终点 EDTA 夺取 Pb^{2+}-二甲酚橙络合物中的二甲酚橙，游离出指示剂，使终点呈黄色。

实验 4-5 碘量法测定葡萄糖注射液中葡萄糖（$C_6H_{12}O_6$）的含量

1. 为什么在氧化葡萄糖时滴加 NaOH 的速度要慢，且加完后要放置一段时间？而在酸化后则要立即用 $Na_2S_2O_3$ 标准溶液滴定？

提示：若滴加过快，过量的 IO^- 来不及和葡萄糖反应就歧化生成氧化性较差的 IO_3^-，致使葡萄糖氧化不完全。加完后放置一段时间是让反应物反应完全。一旦酸化后，即生成 I_2，应立即硫代硫酸钠滴定，防止碘的挥发，导致误差。

2. 用 $Na_2S_2O_3$ 溶液滴定 I_2 溶液和用 I_2 溶液滴定 $Na_2S_2O_3$ 溶液时都是用淀粉指示剂，讨论淀粉指示剂要在何时加入？终点颜色变化有何不同？

提示：前者淀粉指示剂应在近终点时加入，颜色从蓝色变为无色；后者不受限制，颜色从无色变为蓝色。

3. 标定 $Na_2S_2O_3$ 溶液时，加入的 KI 溶液量要很精确吗？

提示：KI溶液应过量加入。

实验4-6 高锰酸钾法测定过氧化氢的含量

1. $KMnO_4$溶液的配制过程中要用微孔玻璃漏斗过滤，试问能否用定量滤纸过滤？

提示：高锰酸钾具有氧化性，不能用定量滤纸过滤。

2. 配制$KMnO_4$溶液时应注意些什么？用$Na_2C_2O_4$标定$KMnO_4$溶液时，为什么开始滴入的$KMnO_4$紫色消失缓慢，后来却会消失越来越快，直至滴定终点出现稳定的紫红色？

提示：纯的高锰酸钾溶液相当稳定，但试剂中常含有少量MnO_2及其他杂质，配制溶液所用的水中的微量有机物、空气中的尘埃、氨等还原性杂质作用，使$KMnO_4$还原为$MnO_2 \cdot H_2O$，还原的产物会加速$KMnO_4$的分解，因此不能用直接法配制准确浓度的$KMnO_4$标准溶液。通常需先粗略地配制成稍大于所需浓度的溶液，放置7~10天，让其充分作用，使溶液中可能存在的还原性物质完全氧化，待溶液趋于稳定后，用玻璃滤器过滤除去$MnO_2 \cdot H_2O$，再用基准物质标定。$Na_2C_2O_4$标定$KMnO_4$的反应速率慢，开始滴定时加入的高锰酸钾不能立即褪色，但一经反应生成Mn^{2+}后，Mn^{2+}对该反应有催化作用，反应速率加快。

3. 用$KMnO_4$法测定H_2O_2时，能否用HNO_3、HCl和HAc控制酸度？为什么？

提示：不可。因为硝酸是氧化性酸；盐酸中的Cl^-由于受诱反应生成Cl_2，消耗了滴定剂溶液；醋酸为弱酸，达不到反应所需的酸度要求。

4. 配制$KMnO_4$溶液时，过滤后的滤器上沾附的物质是什么？应选用什么物质清洗干净？

提示：MnO_2，用热的浓HCl除去。方程式如下：

$$MnO_2 + 4HCl = MnCl_2 + Cl_2 + 2H_2O$$

实验4-7 重铬酸钾法测定铁矿石中铁的含量（无汞定铁法）

1. 溶解铁矿样时为什么不能沸腾？如出现沸腾对结果有什么影响？

提示：避免沸腾是防止$FeCl_3$挥发损失。

2. $SnCl_2$还原Fe^{3+}的条件是什么？怎样控制$SnCl_2$不过量？

提示：$SnCl_2$还原Fe^{3+}的条件是在$4mol \cdot L^{-1}$的HCl介质中。HCl浓度太高，$SnCl_2$先还原甲基橙，同时Cl^-也与重铬酸钾反应而产生干扰；酸度低于$2mol \cdot L^{-1}$，则甲基橙褪色缓慢。$SnCl_2$的加入量可以用预先加入的甲基橙来指示。因为Sn^{2+}将Fe^{3+}还原后，稍微过量的Sn^{2+}可将甲基橙还原为氢化甲基橙而褪色，表明$SnCl_2$已经过量。Sn^{2+}还能继续使氢化甲基橙还原成N,N-二甲基对苯胺和对氨基苯磺酸钠，从而略微过量的Sn^{2+}也被除去。有关反应式：

$$2FeCl_4^- + SnCl_4^{2-} + 2Cl^- \rightleftharpoons 2FeCl_4^{2-} + SnCl_6^{2-}$$

$$(CH_3)_2NC_6H_4N = NC_6H_4SO_3^- + Sn^{2+} + 2H^+ \rightleftharpoons (CH_3)_2NC_6H_4NH-HNC_6H_4SO_3^- + Sn^{4+}$$

由于这些反应不可逆，因此甲基橙的还原产物不消耗重铬酸钾。

3. 以重铬酸钾滴定Fe^{2+}时，加入磷酸的作用是什么？

提示：作用有二其一是H_3PO_4与Fe^{3+}配位后生成无色的$[Fe(HPO_4)_2]^-$，消除了黄色$FeCl_4^-$对终点颜色的影响；其二是降低了Fe^{3+}/Fe^{2+}电对的电极电势，滴定突跃范围增大，指示剂变色点进入滴定突跃范围内，从而减少滴定误差。

4. 为什么加入磷酸后要立即用重铬酸钾滴定？为什么要加水稀释？

提示：温度升高和有磷酸存在能加速二价铁受空气中氧气的氧化作用，因为此时Fe^{3+}/Fe^{2+}电对的电极电势和O_2/H_2O电对的电极电势差距增大了。所以还原后应立即加水稀释，冷却，加入硫-磷混酸后立即滴定，免得在热溶液中已获得的Fe^{2+}又被空气中的氧气氧化为Fe^{3+}。加水稀释的目的是降低Fe^{3+}和Cr^{3+}的浓度而使终点易于观察。

实验4-8 银量法测定生理盐水中氯化钠含量

1. 以铬酸钾做指示剂时，指示剂浓度过大或过小对测定有何影响？

提示：由于终点到达的迟早和溶液中指示剂的浓度大小有关。若铬酸钾的浓度过大，终点提早出现，使分析结果偏低；若铬酸钾的浓度过小，则终点推迟，使分析结果偏高。一般铬酸钾的浓度为2.6×10^{-3}~$5.2 \times 10^{-3} mol \cdot L^{-1}$，即每50~100mL滴定溶液中加入质量浓度为5%的铬酸钾溶液1mL即可。

2. 滴定液的酸度应控制在什么范围为宜？为什么？若NH_4^+存在时，对溶液的酸度范围的要求有什么不同？

提示：用铬酸钾做指示剂，溶液的 pH 需控制在 6.5~10.5。滴定不能在酸性溶液中进行，因为在酸性溶液中铬酸根和氢离子结合，生成铬酸氢根、重铬酸根，使得铬酸根浓度降低较多，导致在化学计量点不能形成铬酸银沉淀；同时滴定也不能在强碱性介质中进行，此时银离子将形成氧化银沉淀。所以说滴定只能在近中性或弱碱性介质中（pH6.5~10.5）进行。当溶液有 NH_4^+ 存在时，只能在中性条件下滴定，因为随着 pH 增高，会有相当数量的 NH_4^+ 转变成 NH_3，从而增加 AgCl 和 $AgCrO_4$ 的溶解度，影响滴定的准确度。

3. 标定 $AgNO_3$ 的基准物 NaCl 为何要在高温下烘干？如不烘干对实验结果有何影响？

提示：因为 NaCl 易吸收空气中的水分，所以在使用前应充分烘干（500~600℃）或在瓷坩埚中加热搅拌。若不烘干，将使得标定的硝酸银浓度偏高。

4. 如果要用莫尔法测定酸性氧化物溶液中的氯，事先应采取什么措施？

提示：取样后调整 pH 到中性（一般用碳酸氢钠），再加 5% 铬酸钾 1mL，用 $AgNO_3$ 标准溶液滴定至沉淀出现稳定的砖红色为终点。

实验 4-9 丁二酮肟重量法测定合金钢中镍含量的测定

1. 丁二酮肟重量法测定镍，应注意选择和控制哪些沉淀条件？为什么？

提示：反应介质应在 pH8~9 的氨性溶液中进行，酸度和碱度增大都将使得沉淀的溶解度增大；丁二酮肟溶液中须加入适量的乙醇，一般乙醇量控制在溶液的总体积的 30%~35% 为宜，以减少试剂本身的共沉淀；沉淀时的温度应控制在 70~80℃，在热溶液中进行沉淀能够减少共沉淀发生。但温度也不宜过高，否则乙醇挥发太多，引起丁二酮肟沉淀，且在高温下酒石酸和柠檬酸能部分还原 Fe^{3+}。实验时应在酸性溶液中加入沉淀剂，再滴加氨水使溶液的 pH 逐渐升高，沉淀缓慢析出，这样能得到颗粒较大的沉淀；趁热过滤，并以热水洗涤沉淀，以减少丁二酮肟和其他杂质的共沉淀。

2. 加入酒石酸和柠檬酸的目的是什么？

提示：Fe^{3+}、Al^{3+}、Cr^{3+}、Ti(IV) 等离子虽不与丁二酮肟反应，但在氨性溶液中生成氢氧化物沉淀，干扰测定，所以在加入氨性溶液之前，加入酒石酸和柠檬酸掩蔽这些离子，使其生成水溶性的配合物，以消除干扰。

3. 如何根据试样中大致的含镍量计算称取试样的质量和加入沉淀剂的体积？

提示：丁二酮肟镍重量法测定镍，以含镍量 30~80mg 为宜。称取试样量视含镍量而定。当试样含 Ni 2%~4% 时，称样量以 2g 为宜；当试样含 Ni 4%~8% 时，称样量以 1g 为宜；当试样含 Ni 8%~15% 时，称样量以 0.5g 为宜。沉淀剂丁二酮肟用量也要适当。每毫克 Ni 约需 1mL 1% 的丁二酮肟，沉淀剂过量 40%~80% 为宜。若沉淀剂用量太少时，沉淀不完全；若沉淀剂用量过多，则在沉淀冷却过程中析出，而造成结果偏高。

4. 比较有机沉淀剂和无机沉淀剂的特点

提示：无机沉淀剂和金属离子生成的一般是离子型化合物，容易吸附杂质，沉淀的纯度不高；沉淀反应的选择性较差；某些化合物的溶解度较大，沉淀不完全。而有机沉淀剂与金属离子生成的沉淀大多数是螯合物，具有沉淀表面不带电荷，吸附杂质少，纯度较高；沉淀反应有一定的选择性；沉淀的摩尔质量较大，称量的误差小；沉淀疏水性强，溶解度小，沉淀完全等特点。

实验 4-10 钡盐中钡含量的测定

1. 为什么制备 $BaSO_4$ 沉淀时要加 HCl？HCl 加入太多有什么影响？

提示：硫酸钡沉淀法一般在 $0.05mol \cdot L^{-1}$ 左右盐酸介质中进行，它是为了防止产生 $BaCO_3$、$BaHAsO_4$、$BaHPO_4$ 沉淀以及防止产生 $Ba(OH)_2$ 共沉淀。同时适当提高酸度，增加 $BaSO_4$ 在沉淀过程中的溶解度，以降低其相对过饱和度，有利于获得较好的晶形沉淀。至于增加酸度而造成硫酸钡的溶解损失，可以通过在沉淀的后期加入过量的沉淀剂来补偿。

HCl 加入量太多，酸效应将大大增强，使沉淀的溶解度增加，引起沉淀溶解损失，对结果产生负误差。

2. 测定钡时，沉淀剂硫酸为什么要过量？可以过量多少？如果测定的是硫酸根，情况又将如何？

提示：25℃ 时，100mL 溶液中，硫酸钡的溶解度为 0.25mg，而重量分析法要求沉淀的溶解损失不超过 0.1mg，因此要加入过量的沉淀剂，根据同离子效应，大大降低沉淀的溶解度，使 $BaSO_4$ 沉淀完全。由于硫酸是挥发性酸，在高温下可以挥发除去，不致引起误差，因此沉淀剂可以过量 50%~100%。如果是用硫酸钡重量法测定硫酸根，沉淀剂 $BaCl_2$ 只允许过量 20%~30%，因为 $BaCl_2$ 灼烧时不易挥发除去。

3. 为什么制备 $BaSO_4$ 沉淀要在稀溶液中进行？不断搅拌的目的是什么？

提示：在稀溶液中沉淀，溶液的相对过饱和度不大，均相成核作用不显著，容易得到大颗粒的晶形沉淀。同时由于溶液稀，杂质的浓度减小，共沉淀现象也相应减少，有利于得到纯净的沉淀。搅拌的目的是避免局部过浓。

实验 4-11 茶叶中微量元素的鉴定与定量分析
1. 测定钙镁含量时加入三乙醇胺的作用是什么？

提示：参见实验原理。

2. 邻菲啰啉分光光度法测铁的原理是什么？用该法测得的铁含量是否为茶叶中亚铁含量？为什么？

提示：总铁含量。

3. 如何确定邻菲啰啉显色剂的用量？

提示：其他条件固定，变化显色剂的用量，测定相应吸光度，绘制吸光度-显色剂用量曲线。确定显色剂的用量。

第 5 章 有机化合物的制备

实验 5-1 己二酸的制备
1. 为什么必须严格控制反应的温度和环己醇的滴加速度？

提示：该实验是放热反应，若环己醇滴加速度过快，反应温度上升太快，反应溶液失控，环己醇滴加速度过慢，温度不够会使未反应的环己醇堆积起来。

2. 反应完成后如果反应混合物呈淡紫红色，为什么要加入亚硫酸氢钠？写出其反应方程式。

提示：加入亚硫酸氢钠是为了还原过量的高锰酸钾。

实验 5-2 环己烯的制备
1. 如果实验产率太低，试分析主要在哪些操作步骤中造成损失？

提示：见如下几个方面：(1) 环己醇的黏度较大，尤其室温低时，量筒内的环己醇很难倒净而影响产率。(2) 磷酸和环己醇混合不均，加热时产生碳化。(3) 反应温度过高、馏出速度过快，使未反应的环己醇因与水形成共沸混合物，或产物环己烯与水形成共沸混合物而影响产率。(4) 干燥剂用量过多或干燥时间过短，致使最后蒸馏时前馏分增多而影响产率。

2. 用 85% 磷酸催化工业环己醇脱水合成环己烯的实验中，将磷酸加入环己醇中，立即变成红色，试分析原因何在？如何判断分析的原因是否正确？

提示：该实验只涉及两种试剂：环己醇和 85% 磷酸。磷酸有一定的氧化性，混合不均，磷酸局部浓度过高，高温时可能使环己醇氧化，但低温时不能使环己醇变红。那么，最大的可能就是工业环己醇中混有杂质。工业环己醇是由苯酚加氢得到的，如果加氢不完全或精制不彻底，会有少量苯酚存在，而苯酚却极易被氧化成带红色的物质。因此，本实验现象可能就是少量苯酚被氧化的结果。

将环己醇先后用碱洗、水洗涤后，蒸馏得到的环己醇，再加磷酸，若不变色，则可证明上述判断是正确的。

3. 用简单的化学方法来证明最后得到的产品是环己烯？

提示：见实验内容部分。

实验 5-3 正丁醚的制备
1. 使用分水器的目的是什么？

提示：见实验原理部分。

2. 制备正丁醚时，理论上应分出多少体积的水？实际上往往超过理论值，为什么？

提示：按反应式计算，生成水的量约为 1.5mL，但是实际分出水的体积要略大于理论计算量，因为有单分子脱水的副产物生成。

实验 5-4 1-溴丁烷的制备
1. 反应后的粗产物中含有哪些杂质？各步洗涤的目的何在？

提示：杂质有正丁醚、未反应的正丁醇和氢溴酸。加入浓硫酸是为了除去未反应的正丁醇，有机相依次用水、饱和碳酸氢钠和水洗涤的目的是除去未反应的硫酸、氢溴酸和过量的碳酸氢钠。

2. 用分液漏斗洗涤产物时，1-溴丁烷时而在上层，时而在下层，若不知道产物的密度，可用什么简便的方法加以判断？

提示：在分液漏斗中加入一些水，体积增大的那一层是水层，另一层是有机层。

实验 5-5　肉桂酸的制备

1. 苯甲醛和丙酸酐在无水丙酸钾的存在下相互作用后得到什么产物？

提示：可得到 α-甲基肉桂酸（即 α-甲基-β-苯基丙烯酸）。

2. 本实验利用碳酸钾代替 Perkin 反应中的醋酸钾，使反应时间缩短，那么具有何种结构的醛能进行 Perkin 反应？

提示：醛基与苯环直接相连的芳香醛能发生 Perkin 反应。

3. 制备肉桂酸时，往往出现焦油，它是怎样产生的？又是如何除去的？

提示：产生焦油的原因是：在高温时生成的肉桂酸脱羧生成苯乙烯，苯乙烯在此温度下聚合所致，焦油中可溶解其他物质。产生的焦油可用活性炭与反应混合物碱溶液一起加热煮沸，焦油被吸附在活性炭上，经过滤除去。

实验 5-6　三苯甲醇的制备

1. 在本实验中溴苯滴入太快或一次加入对合成有何影响？

提示：实验是一个放热反应，一次加入或滴加速度太快，易造成反应过于激烈，不易控制并会增加副产物的生成。

2. 本实验在水解前的各步中，为什么所用的仪器、药品都必须绝对干燥？需采取哪些措施？

提示：三口烧瓶、滴液漏斗、球形冷凝管、干燥管、量杯等预先烘干；乙醚经金属钠处理放置一周成无水乙醚。在安装干燥管时，先在干燥管球体下支管口塞上脱脂棉（以防干燥剂落入冷凝管），再加入粒状的氯化钙颗粒（若是粉末，易使整个装置呈密闭状态，产生危险）。

实验 5-7　偶氮苯的制备及其光学异构化

1. 用冰醋酸中和时，为什么要严格控制 pH 为 4~5？

提示：中和时一旦 pH 过低，偶氮苯就会溶于醋酸中。

2. 为什么可以利用 R_f 值来鉴别有机物？简述其在本实验中的应用。

提示：不同的有机物通常极性不同，一般在同一种展开剂体系中在硅胶板上爬的高度也不一样（因为和硅胶的相互作用程度不同），因此可以通过 R_f 值的不同，判断两个物质是不是同一种物质。当用波长为 365nm 的紫外线照射偶氮苯的苯溶液时，生成 90%以上的热力学不稳定的顺式异构体；若在日光照射下，则顺式异构体仅稍多于反式异构体。反式偶氮苯的偶极矩为 0，顺式偶氮苯的偶极矩为 3.0D。两者极性不同，可借薄层色谱把它们分离开，分别测定它们的值。

实验 5-8　电化学合成碘仿

1. 电解过程中，溶液的 pH 逐渐增大（可用 pH 试纸试验），试对此做出解释。

提示：电解水一直产生氢氧根造成的。

2. 什么是卤仿反应？什么结构的化合物能起卤仿反应？

提示：卤仿反应（haloform reaction）指有机化合物与次卤酸盐的作用产生卤仿的反应。凡是结构式为 CH_3COR 的醛或酮（R 也可为芳基），可发生卤仿反应。同时乙醇和甲基二级醇在这一反应条件下被氧化成羰基化合物，因而也能发生卤仿反应。

实验 5-9　微波辐射合成 2-甲基苯并咪唑

1. 微波辐射合成有机化合物的优点是什么？

提示：反应速率快，副反应少，产率高，环境友好，操作方便。

2. 反应结束后为什么要用氢氧化钠调至碱性？

提示：2-甲基苯并咪唑溶于酸，加碱后才能析出。

实验 5-10　从茶叶中提取咖啡因

1. 从茶叶中提取出的粗咖啡因呈绿色，为什么？

提示：过程中带入了原料的叶绿素。

2. 生石灰的作用是什么？

提示：放置生石灰可以中和茶叶中的单宁酸，此外还可以吸收水分。

实验 5-11　乙酰水杨酸（阿司匹林）的制备

1. 水杨酸与醋酐的反应过程中，浓硫酸的作用是什么？

提示：加入酸的目的主要是破坏氢键的存在。

2. 若在硫酸的存在下，水杨酸与乙醇作用将得到什么产物？写出反应方程式。

提示：水杨酸乙酯。

3. 本实验中可产生什么副产物？

提示：副产物包括水杨酰水杨酸酯、乙酰水杨酰水杨酸酯和聚合物。

实验 5-12　局部麻醉剂苯佐卡因的合成——设计实验

设计方案提示：

方法（一）　主反应：

$$\text{对硝基甲苯} \xrightarrow{\text{Fe/HCl}} \text{对甲苯胺} \xrightarrow{+(CH_3CO)_2O} \text{对甲基乙酰苯胺} + CH_3COOH$$

$$\text{对甲基乙酰苯胺} + 2KMnO_4 \longrightarrow \text{对乙酰氨基苯甲酸} + 2MnO_2 + 2KOH$$

$$\text{对乙酰氨基苯甲酸} + CH_3CH_2OH \xrightarrow{H_2SO_4} \text{对氨基苯甲酸乙酯} + CH_3COOH$$

副反应：

$$\text{对乙酰氨基苯甲酸} + KOH \longrightarrow \text{对乙酰氨基苯甲酸钾} + H_2O$$

$$\text{对乙酰氨基苯甲酸钾} + H_2SO_4 \longrightarrow \text{对乙酰氨基苯甲酸} + KHSO_4$$

步骤：

(1) 对甲基苯胺的制备　在 250mL 三口烧瓶上装配电动搅拌器、回流冷凝管和温度计。向三口瓶中加入 10g 细铁屑和 90mL 水。在微微加热和搅拌下，加入浓盐酸（相对密度 1.19）0.9mL。然后将 9.2g 对硝基甲苯分批加入瓶中，并使反应在 90℃进行 1.5h。还原反应完成后，加入 0.9g 碳酸钠使呈碱性。然后用水蒸气蒸馏法蒸出对甲苯胺，后者在充分冷却后结晶析出。

产量：约 5g。纯对甲苯胺为白色片状结晶，熔点 44~45℃。

(2) 对甲基乙酰苯胺的制备　在 100mL 圆底烧瓶中加入 5g 对甲苯胺和 2.7mL 冰醋酸，微热使其溶解。片刻后装上回流冷凝管，将反应物在水浴上加热回流 0.5h。将此温热的反应液倒入 100mL 冷水中，不时搅拌并微热以分解残余的醋酐。冷却，抽滤，滤饼用 10mL 冷水洗涤后抽干。产品如不纯，可用乙醇-水重结晶。

产量：约 6g。纯对甲基乙酰苯胺为单斜晶体，熔点 148.5℃。

(3) 对乙酰氨基苯甲酸的制备　在大烧杯中将 12g 高锰酸钾和 9g 硫酸镁溶解于 350mL 水中。在 500mL 圆底烧瓶中放入 4.5g 对甲基乙酰苯胺，并加入约 1/3 上述已配制的高锰酸钾水溶液，投入沸石后装上回流冷凝管，在不断振荡下用石棉网回流煮沸 1~2h，期间分批加完其余的高锰酸钾水溶液。氧化作用完成后，加 10~15mL 10%氢氧化钠，使反应液呈碱性，然后趁热抽滤。将无色透明的滤液用稀硫酸酸化至弱酸性，对乙酰氨基苯甲酸呈白色粉状固体析出。抽滤，滤饼用少量水洗涤后压干，再用红外灯烘干。

产量：约 4.5g。纯对乙酰氨基苯甲酸为针状结晶，熔点 256.5℃。

(4) 对氨基苯甲酸乙酯的制备 在干燥洁净的 100mL 圆底烧瓶中，溶解干燥的 4.5g 对乙酰氨基苯甲酸于 13mL 95%乙醇中，再加入 2mL 浓硫酸（相对密度 1.84），投入沸石后装上回流冷凝管，将反应物用水浴加热回流 1～1.5h。冷却，加水 60ml，再在搅拌下分批加碳酸固体至呈中性，滤集析出的沉淀。晾干后测其熔点。必要时再用 50%乙醇重结晶。

产量：1～2g。纯对氨基苯甲酸乙酯为白色针状晶体，熔点 92℃。

方法（二）

(1) 对硝基苯甲酸的制备

反应：

$$\underset{NO_2}{\underset{|}{C_6H_4}}-CH_3 + Na_2Cr_2O_7 + 4H_2SO_4 \longrightarrow \underset{NO_2}{\underset{|}{C_6H_4}}-COOH + Cr_2(SO_4)_3 + Na_2SO_4 + 5H_2O$$

步骤：本实验采用机械搅拌装置

向该装置的 250mL 三口烧瓶中加入 6g 研碎的对硝基甲苯、18g 重铬酸钠和 22mL 水，开启搅拌器。在滴液漏斗中放入 30mL 浓硫酸，然后慢慢滴加入烧瓶。随着浓硫酸的加入，氧化反应即开始，反应温度迅速上升，料液颜色逐渐变深。注意要严格控制滴加浓硫酸的速度，严防反应混合物高于沸腾温度（滴加时间 20～30min）。硫酸加完，稍冷后再将烧瓶放在石棉网用小火加热，使反应混合物微微沸腾 30min。停止加热。冷却后，慢慢加入 76mL 冷水，然后关闭搅拌器。将混合物抽滤，压碎粗产物，用 20mL 水分两次洗涤，粗制的对硝基苯甲酸呈深黄色固体。将固体放入 100mL 烧杯中暂存。第一次实验到此为止。

为了除去粗产物夹杂的铬盐，向烧杯中加入 76mL 5%氢氧化钠溶液，温热（不超过 60℃）使粗产物溶解。冷却后抽滤。在玻璃棒搅拌下将滤液慢慢倒入盛有 60mL 15%硫酸的另一大烧杯中，浅黄色沉淀立即析出。用试纸检验溶液是否呈酸性。呈酸性后抽滤，固体用少量水洗至中性，抽干后放置晾干，而后称重。必要时再用 50%乙醇重结晶，可得到浅黄色小针状晶体。

产量：约 4g。纯对硝基苯甲酸为浅黄色单斜叶片状晶体，熔点 242℃。

(2) 对硝基苯甲酸先还原后酯化。

还原

反应：

$$\underset{NO_2}{C_6H_4}\text{-COOH} \xrightarrow{Sn/HCl} \underset{NH_2\cdot HCl}{C_6H_4}\text{-COOH} \xrightarrow{NH_3\cdot H_2O} \underset{NH_2}{C_6H_4}\text{-COONH}_4 \xrightarrow{CH_3COOH} \underset{NH_2}{C_6H_4}\text{-COOH}$$

步骤：在 100mL 圆底烧瓶中放置 4g 对硝基苯甲酸、9g 锡粉和 20mL 浓盐酸，装上回流冷凝管，小火加热至还原反应发生，移去热源，不断振荡烧瓶，必要时可再微热片刻，以保持正常反应。

20～30min 后，大部分锡粉均已参与反应，反应液呈透明状，稍冷，将反应液倾入烧杯中，加入浓氨水，直至溶液对 pH 纸刚好呈碱性。滤去析出的氢氧化亚锡沉淀，沉淀用少许水洗涤，合并滤液和洗液（若总体积超过 55mL，在水浴上加热浓缩至 45～55mL，浓缩过程中若有固体析出，应滤去）。向滤液中小心地滴加冰乙酸，至对蓝色石蕊试纸恰好呈酸性乃有白色晶体析出为止。在冷水浴中冷却，滤集产品，在空气中晾干后称重。

产量：约 2g。纯对氨基苯甲酸为白色絮状晶体，于 186℃熔融并分解。

酯化：

$$\underset{NH_2}{C_6H_4}\text{-COOH} \xrightarrow[H_2SO_4]{C_2H_5OH} \underset{NH_2\cdot H_2SO_4}{C_6H_4}\text{-COOC}_2H_5 \xrightarrow{Na_2CO_3} \underset{NH_2}{C_6H_4}\text{-COOC}_2H_5$$

步骤：在干燥的 250mL 圆底烧瓶中放置 2g 对氨基苯甲酸、20mL 无水乙醇、2.5mL 浓硫酸，混匀后投入沸石，水浴加热回流 1~1.5h。将反应液趁热倒入装有 85mL 冷水的 250mL 烧杯中，得一透明溶液。在不断搅拌下加入碳酸钠固体粉末至液面有少许白色沉淀出现时，慢慢加入 10% 碳酸钠液，使溶液对 pH 试纸呈中性，滤集沉淀，少量水洗涤，抽干，空气中晾干。必要时可用 50% 乙醇重结晶。

产量：1~2g。

方法（三）

(1) 对硝基苯甲酸的制备：同方法（二）。

(2) 对硝基苯甲酸先酯化后还原

$$\text{对硝基苯甲酸} \xrightarrow[H_2SO_4]{C_2H_5OH} \text{对硝基苯甲酸乙酯}$$

酯化：在 250mL 圆底烧瓶中依次加入 4g 对硝基苯甲酸、20mL 95% 乙醇和 1.5mL 浓硫酸，加热回流 1.5h。用小火蒸出一部分乙醇（约 9mL），趁热将残液倒入 50mL 冷水中并随加搅拌，滤集析出的白色沉淀，用少量水洗，再将沉淀转移至研钵内，加 5% 碳酸钠 5mL，研磨以除去未酯化的对硝基苯甲酸，抽滤，用少量水洗涤滤饼，抽干，得白色颗粒晶体。必要时可用乙醇重结晶。

产量：2~3g。纯对硝基苯甲酸乙酯为无色结晶，熔点 57℃。

$$\text{对硝基苯甲酸乙酯} \xrightarrow{Fe+CH_3COOH} \text{对氨基苯甲酸乙酯}$$

还原：在 100mL 三颈烧瓶中，放 5.6g 铁屑、18mL 水、1mL 冰醋酸，搅拌回流煮沸 10min 使铁屑活化，放冷，加入 2g 对硝基苯甲酸乙酯和 18mL 95% 乙醇，搅拌下慢慢回流 1.5~2h，将 13mL 温热的 10% 碳酸钠溶液慢慢加入热的反应物中，并随加随搅拌，迅速抽滤，滤液加水至结晶产品完全析出，冷却，滤集产品，必要时可用 50% 乙醇重结晶。

实验 5-13 利用官能团反应鉴别有机化合物——设计实验

设计方案提示：

苯酚与 $FeCl_3$ 作用，苯酚与溴水作用，苯酚的酸性，羧酸与碳酸钠的反应。

(1) 邻位多羟基醇与某些二价金属氢氧化物生成类似盐的化合物，如与 $Cu(OH)_2$ 生成蓝紫色配合物。

$$\begin{array}{c} CH_2-OH \\ CH-OH \\ CH_2-OH \end{array} + Cu(OH)_2 \longrightarrow \begin{array}{c} CH_2-O \\ CH-O \\ CH_2-OH \end{array}Cu + 2H_2O$$

甘油铜(深蓝色)

在浓盐酸作用下，配合物能被分解成原来的醇和铜盐。

(2) 醛、酮同属羰基化合物，都能与羰基试剂 2,4-二硝基苯肼等发生亲核反应，例如：

$$CH_3CHO + NH_2NHC_6H_3(NO_2)_2 \xrightarrow{-H_2O} CH_3CH=NNHC_6H_3(NO_2)_2 \downarrow$$

黄色

(3) 醛能被一些弱氧化剂如吐伦试剂、斐林溶液和席夫试剂等氧化

醛易氧化成酸，都能与托伦（Tollens）试剂——硝酸银氨溶液反应生成银镜；与席夫（Schiff）试剂结合成紫红色的化合物。

$$RCHO + 2[Ag(NH_3)_2]OH \longrightarrow RCOONH_4 + 2Ag \downarrow + 3NH_3 + H_2O$$

$$2RCHO + (HSO_2HNC_6H_5)_2C\!\!=\!\!\!\begin{array}{c}\\ \\ SO_3H\end{array}\!\!\!\!-\!\!\!\overset{+}{N}H_3Cl^- \xrightarrow{-H_2SO_3} (R-\underset{H}{\overset{OH}{C}}-SO_2NHC_6H_5)_2C\!\!=\!\!\!-\!\!\!\overset{+}{N}H_2Cl^-$$

席夫(Schiff)试剂　　　　　　　　　　紫红色

在醛与席夫（Schiff）试剂结合成紫红色的化合物中加入无机酸时，这种紫红色的化合物发生分解，从而褪色。只有甲醛与席夫（Schiff）试剂结合成紫红色的化合物加入无机酸时不褪色。

酮类不发生此类反应。

醛类的进一步鉴别可通过斐林（Fehling）反应。Fehling试剂呈深蓝色，当与脂肪醛共热时，溶液颜色依次发生蓝→绿→黄→砖红色沉淀的变化。甲醛还可能进一步将氧化亚铜还原为暗红色的金属铜。芳香醛与Fehling试剂无此反应，借此可与脂肪醛区别。

$$RCHO + 2Cu(OH)_2 \longrightarrow RCOOH + Cu_2O\downarrow + 2H_2O$$

与亚硫酸氢钠的加成：

大多数醛、脂肪族甲基酮及八个碳以下的脂环酮能与亚硫酸氢钠（$NaHSO_3$）饱和溶液（40%）发生加成反应，生成不溶于40% $NaHSO_3$ 的 α-羟基磺酸钠白色结晶。此晶体溶于水，难溶于有机溶剂，并且此反应为可逆反应，生成的 α-羟基磺酸钠与稀酸或稀 Na_2CO_3 溶液共热时，则分解为原来的醛或酮。因此，这一反应可用来区别和纯化醛、脂肪族甲基酮或碳原子数少于8的脂环酮。

α-羟基磺酸钠

(4) 碘仿反应

羰基化合物的另一重要反应是 α-碳原子上活泼氢的反应。α-碳氢的 σ 键与碳氧间 π 键发生 σ-π 共轭，因此，醛、酮 α-氢具有一定的活性。能进行 α-卤代或卤仿反应，对具有 $CH_3\overset{O}{\overset{\|}{C}}-$ 结构的羰基化合物，常用碘的碱性溶液与之反应（碘仿反应），生成具有特殊气味的黄色碘仿结晶进行鉴定。由于碘的碱液同时是氧化剂，可以使醇氧化成相应的醛、酮。因此，具有结构 $CH_3\overset{OH}{\overset{|}{C}}H-$ 的醇也能进行碘仿反应。

$$CH_3\overset{O}{\overset{\|}{C}}CH_2CH_3 \xrightarrow{I_2,NaOH} CH_3CH_2COONa + CHI_3\downarrow$$
碘仿

第6章 基本物理量及有关参数的测定

实验6-1 温度测量与控制

1. 对于指定的恒温槽，加热器功率适中是什么意思？

提示：加热时间与散热时间接近且时间较短。

2. 为得到较好的控温曲线，应采取哪些措施？

提示：使用功率适中的加热器、精密度高的温度温差测量仪，高灵敏度的接触温度计及继电器、所使用搅拌器的搅拌速度要固定在一个较适中的值，同时要根据恒温范围选择适当的工作介质，此外还要有合理的布局。

实验6-2 凝固点下降法测尿素的摩尔质量

1. 定性讨论，当溶质在溶液中发生解离、缔合、溶剂化合生成络合物的情况下，对测量结果会引起何种误差？

提示：当溶剂的种类和数量一定时，溶剂凝固点的下降值 ΔT_f 仅取决于所含溶质分子的数目。当溶质在溶液中发生解离时，溶液中溶质分子的数目增加，则溶剂凝固点的下降值增大，而 $M_B = \dfrac{K_f m_B}{\Delta T_f m_A} \times 1000$，因此 M_B 的测量结果偏小。对于溶质在溶液中缔合、溶剂化合生成络合物的情况，同理讨论。

2. 加入溶剂中溶质的量应如何确定？加入太多或太少有何影响？

提示：(1) 稀溶液，凝固点下降 0.5℃ 左右。(2) 太多，在测量过程中，随着溶剂的析出，且析出的量无法知道，因此造成溶液浓度变化较大，而在计算时仍以初始浓度来代替平衡浓度，这将造成较大的误差；太少，则凝固点下降不明显。

3. 冰浴中寒剂温度应调节在什么范围？过高或过低为何不好？

提示：寒剂的温度应控制在 −2～−3℃。过高，不利于溶液的冷却。若寒剂温度过低，易造成寒剂吸收热量的速度大于溶剂凝固放出热量的速度，体系温度将继续下降，过冷严重，且凝固的溶剂过多，溶液的浓度变化太大，从而影响测量结果。

4. 尿素为何要压成片状？

提示：防止将尿素加入测定管时，有少量尿素颗粒黏附于管壁。

实验 6-3 Sn-Bi 二组分金属相图

1. 对于不同组成的混合物的步冷曲线，其平台有何不同？哪一种组成的平台最长？为什么？

提示：不同组成的混合物其步冷曲线平台出现的温度相同，但长短不同。

二组分样品步冷曲线平台的长短取决于多种因素：一是样品的相对组成；二是样品的用量；三是低共熔混合物的熔点与环境的温差。二组分样品的组成越接近三相共熔体的组成，其步冷曲线的平台越长，二组分样品的组成越是远离低共熔混合物的组成，其步冷曲线的平台越短，当二组分样品的组成恰好等于低共熔混合物的组成时，则其步冷曲线的平台最长。这主要是因为平台的长度与所析出的低共熔物的量呈正比，对于相同质量不同组成的混合物，其组成越接近低共熔物组成，它在三相点析出低共熔混合物的量就越多，析出的时间越长，即步冷曲线的平台越长。

2. 用相律解释一个样品的步冷曲线中每一部分的含义，并指出其中的物相平衡。

提示：自由度＝组分数－相数＋1 ($f^* = C - \phi + 1$)

右图所示的是含 80%Bi 和 20%Sn 的样品的步冷曲线。

1～2 段是熔化物的自然冷却过程，只存在熔化物一个相，因此 $\phi = 1$，$f^* = C - \phi + 1 = 2$。由于体系不发生相变，冷却过程无相变潜热放出，故温度随时间均匀下降，在步冷曲线上是一段平滑的线段。

2～3 段是金属 Bi 的逐渐析出过程，此时 Bi(s) 与熔化物 (L) 两相共存，$\phi = 2$，$f^* = C - \phi + 1 = 1$，温度继续下降。但由于在冷却过程中发生了相的变化，相变潜热的放出使体系的冷却速度减缓，温度随时间的变化速度发生变化，步冷曲线出现转折点（见图 4 中 2 点）。

3～4 段是 Sn、Bi 同时析出形成低共熔混合物的过程，此时 Bi(s)、Sn(s) 与熔化物 (L) 三相共存，$\phi = 3$，$f^* = C - \phi + 1 = 0$，温度不再随时间而改变，步冷曲线出现平台。

4～5 段是固体全部析出后，Bi(s)、Sn(s) 混合物的自然冷却过程。此时为 Bi(s)、Sn(s) 两相共存，$\phi = 2$，$f^* = C - \phi + 1 = 1$。由于无相变过程发生，故温度随时间均匀地下降。

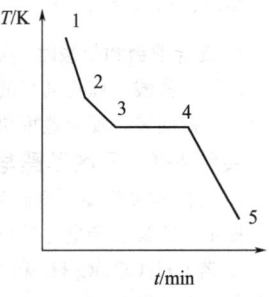

图 4 样品的步冷曲线

3. 样品加热时温度为何不可过高或过低？

提示：加热过高，有可能导致样品氧化；加热过低，则样品未熔化。

实验 6-4 电导法测乙酸的电离平衡常数

1. 电导池常数是否可用几何尺寸的测量方法确定？

提示：电导池中两极之间的距离和涂有铂黑的电极面积是很难测量的，通常是将已知电导率的溶液（常用 0.0100 mol·L^{-1} 的 KCl 溶液）注入电导池，测量其电导，就可以确定 l/a 的值，该值称为电导池常数，用 K_{cell} 表示，单位为 m^{-1}。

2. 为何要用待测液多次润洗电导池和电极？

提示：溶液的电导率与溶液的浓度有关，多次润洗电导池和电极，以保证被测溶液的浓度与容量瓶中溶液的浓度一致。

3. 测量溶液电导时为何要将装有待测液的电导池放入恒温槽中恒温？

提示：电离平衡常数与温度有关。

实验 6-5　原电池电动势的测定

1. 在用电位差计测量电动势的过程中，若检流计的光点总是往一个方向偏转，可能是什么原因？

提示：可能是电极的正负极接错、线路接触不良、导线有断路、工作电源电压不够等原因引起，应该进行检查。

2. 为什么在测量原电池电动势时，要用对消法进行测量？为什么不能采用伏特表来测定电池电动势？

提示：因为伏特计测量时必须有一定的电流通过，则破坏了电池的可逆状态，且电池本身有内阻，当电流通过时会产生电势降，伏特计测出的只是电池的端电压，不是电动势。

3. 可逆电池应具备什么条件？

提示：在热力学可逆条件下工作的电池称为可逆电池，它必须同时具备两个条件：①被测电池反应本身是可逆的，即要求电池的电极反应是可逆的，并且不存在不可逆的液接界；②电池必须在可逆情况下工作，即放电和充电过程都必须在准平衡状态下进行，此时只允许有无限小的电流通过电池。

4. 为何要估算一下被测量电池的电动势？

提示：估算一下被测量电池的电动势，以便在测量时能迅速找到平衡点，避免电极极化。

实验 6-6　旋光法测蔗糖水解反应速率常数

1. 蔗糖水解速率与哪些因素有关？作为一级反应的必要条件是什么？

提示：蔗糖的水解速率与蔗糖浓度、酸浓度、温度及催化剂种类有关。蔗糖水解反应中水作为溶剂是大量存在的，尽管有水分子参加了反应，但整个过程中水浓度基本不变；氢离子是催化剂，其浓度也保持不变，所以该反应可看作一级反应。

2. 蔗糖溶液需准确配制吗？为什么？

提示：不要。其一，对于这个假单分子（二级）反应，由于大量水存在，虽有部分水分子参加反应，但在反应过程中水的浓度变化极小，所以只要蔗糖浓度不太浓，水的浓度变化问题对反应速率的影响不大。其二，尽管蔗糖的水解速率与蔗糖浓度有关，但水解反应速率常数 k 与蔗糖浓度无关。

3. 已知蔗糖的 $[\alpha]_D^{20}=66.65°\cdot dm^2\cdot kg^{-1}$，若旋光管的长度为 20cm 时，估计本实验反应溶液的最初旋光度可为多少？

提示：代入公式 $[\alpha]_D^t=\dfrac{\alpha}{lc}$ 计算。

4. 混合蔗糖和盐酸时，是将盐酸加入到蔗糖溶液中，若反向加入，有何影响？

提示：盐酸（催化剂）的浓度影响蔗糖水解的速率常数。若将蔗糖溶液加到盐酸溶液中的话，一开始蔗糖少，盐酸多，反应速率快，影响测量结果。

实验 6-7　乙酸乙酯皂化反应速率常数的测定

1. 为何本实验要在恒温条件下进行，而且 $CH_3COOC_2H_5$ 和 NaOH 溶液在混合前还要预先恒温。

提示：乙酸乙酯皂化反应速率常数是温度的函数。

2. 若 $CH_3COOC_2H_5$ 和 NaOH 的初始浓度不等时，应如何计算 k 值？

提示：可根据 $\dfrac{1}{a-b}\ln\dfrac{b(a-x)}{a(b-x)}=kt$（$a$、$b$ 分别代表 $CH_3COOC_2H_5$ 和 NaOH 的初始浓度）来计算反应速率常数。

3. 为何实验所用的溶液要新鲜配制？

提示：由于空气中的 CO_2 会溶入氢氧化钠溶液中而使溶液浓度改变。而乙酸乙酯溶液则由于其易挥发。

实验 6-8　溶液吸附法测活性炭的比表面积

1. 为什么亚甲基蓝的原始溶液的浓度要选在 0.2% 左右，吸附平衡后的亚甲基蓝溶液要在 0.1% 左右？

提示：测定固体比表面时所用溶液中溶质的浓度要选择适当，即初始溶液的浓度以及吸附平衡后的浓度都选择在合适的范围内。既要防止初始浓度过高导致出现多分子层吸附，又要避免平衡后的浓度过低，使吸附达不到饱和。因此，亚甲基蓝在活性炭上的吸附实验中原始溶液的浓度为 0.2% 左右，吸附后的亚甲基蓝溶液浓度要在 0.1% 左右。

2. 用分光光度计测亚甲基蓝溶液浓度时，为什么要将溶液稀释后再进行测量？

提示：使溶液吸附前后的吸光值在工作曲线范围内，以减小测定误差；当浓度过高时，将使吸光值偏离朗伯-比耳定律。

3. 标准溶液是否需准确配制？

提示：需准确配制。在一定范围内，浓度与吸光度呈正比。

实验 6-9　溶液表面张力的测定——最大气泡法

1. 为什么毛细管端口必须与液面相切？

提示：①若毛细管端高于液面，则无法产生气泡；②若将毛细管末端插入到溶液内部，则气泡鼓泡时还需克服毛细管外那段液柱所产生的静压力，使测得的 Δp_{max} 值比气泡实际承受的压力差值大，因此测量结果偏大。

2. 最大气泡法测定表面张力时，为什么要读最大压力差值？

提示：如果毛细管半径很小，则形成的气泡基本上是球形的。当气泡开始形成时，表面几乎是平的，此时曲率半径最大；随着气泡的形成，曲率半径逐渐变小，直到形成半球形，其曲率半径 R 恰好等于毛细管半径 r 时，根据拉普拉斯（Laplace）公式，此时所能承受的压力差为最大，其值为：

$$\Delta p_{max} = p_0 - p_r = \frac{2\gamma}{r} = \rho g \Delta h$$

气泡进一步长大，R 变大，压力差值则变小，直至气泡逸出。

实验 6-10　黏度法测定高聚物的分子量

1. 乌氏黏度计中的支管 C 有什么作用？

提示：乌氏黏度计中的支管 C 的作用是使毛细管下端出口处压力恒定在 101.325kPa 下，不受液柱高低影响，故可在黏度计里逐渐稀释，以测定不同浓度溶液的黏度。

2. 乌氏黏度计的毛细管太粗太细各有什么缺点？

提示：毛细管内径太细，容易堵塞；太粗，测量误差较大；为了使动能校正可略，须使流出的时间不小于 100s。

3. 该实验为何应在恒温槽中进行？

提示：温度波动会使溶液黏度发生变化，进而改变溶液的流出时间。

4. 测量蒸馏水的流出时间时，加入蒸馏水的量是否需要准确测量？黏度计是否应干燥？

提示：不需要准确测量；也不需要干燥。

实验 6-11　电泳法测 Fe(OH)$_3$ 胶体的电动势

1. 电泳速度快慢与哪些因素有关？

提示：从 $v = \dfrac{qE\delta}{\eta l}$ 进行分析。

2. 本实验中所用的电解质溶液的电导率为什么必须和所测溶胶的电导率非常接近？

提示：避免界面处电场强度的突变造成两臂界面移动速度不等而产生界面模糊。

实验 6-12　磁化率的测定

1. 不同励磁电流下测得的样品摩尔磁化率是否相同？实验结果如有不同，应如何解释？

提示：相同。如有不同，与样品洁净程度、称量的准确性、温度波动、剩磁现象等有关。

2. 用磁天平测定磁化率的精密度与哪些因素有关？

提示：从公式 $\chi_M = \dfrac{2\Delta m \cdot g \cdot h \cdot M}{\mu_0 m H^2}$ 考虑影响磁化率精密度的因素。

第 7 章　现代仪器分析实验

实验 7-1　紫外分光光度法测定废水中苯酚含量

1. 本实验测定时能否用玻璃比色皿盛放溶液？为什么？

提示：玻璃比色皿吸收紫外线。

2. 在近紫外区，饱和烷烃为什么没有吸收峰？

提示：饱和烷烃中，电子的跃迁在远紫外区。

3. 在光度分析中，参比溶液的作用是什么？

提示：光度分析要测的是溶质的吸光度，而溶剂对吸光度也是有影响的，所以要有参比，消除此影响。

实验 7-2　傅里叶变换红外分光光度法测定有机化合物的红外光谱

1. 产生红外吸收的条件是什么？

提示：红外吸收产生的条件，如偶极矩。

2. 分析环己醇、苯甲酸的红外谱图，检索标准谱图加以对照。

3. 苯甲醛、苯甲酸、苯甲酮和邻苯二甲酸酐的特征吸收峰有何区别？

提示：重点考虑官能团的特征。

实验 7-3　原子吸收分光光度法测定生活用水中钙和镁的含量

1. 请讨论标准加入法与标准曲线法的相同点与不同点。

提示：标准加入法适用于试样的基体组成复杂且对测定有明显干扰时，但在标准曲线呈线性关系的浓度范围内的样品。标准加入法只能消除基体效应，而不能消除背景吸收的影响。

2. 连续测定几个试样，为什么每次都要用去离子水调零？若忽略这一操作，将产生什么结果？

提示：前一次测试时喷入的溶液要洗涤干净，防止对后面的实验造成影响。

3. 原子吸收分析时为什么要使用锐线光源？

提示：特征谱线强度大，线性光源，选择性，干扰少；测量谱线峰值吸收。

实验 7-4　电感耦合等离子体发射光谱法测定废水中镉、铬的含量

1. 在 ICP-AES 法中，为什么必须特别重视标准溶液的配制？

提示：①不正确的配制方法将导致系统偏差的产生；②介质和酸度不合适，会产生沉淀和浑浊；③元素分组不当，会引起元素间谱线干扰；④试剂和溶剂纯度不够，会引起空白值增加、检测限变差和误差增大。

2. 简述等离子体焰炬的形成过程。

提示：当在感应线圈上施加高频电场时，由于某种原因（如电火花等）在等离子体工作气体中部分电离产生的带电粒子在高频交变电磁场的作用下做高速运动，碰撞气体原子，使之迅速、大量地电离，形成雪崩式放电，电离的气体在垂直于磁场方向的截面上形成闭合环形的涡流，在感应线圈内形成相当于变压器的次级线圈并同相当于初级线圈的感应线圈耦合，这种高频感应电流产生的高温又将气体加热、电离，并在管口形成一个火炬状的稳定的等离子体焰炬。

3. 为什么 ICP 光源能够提高光谱分析的灵敏度和准确度？

提示：ICP 光源：①温度高，惰性气氛，原子化条件好，有利于难熔化合物的分解和元素激发，有很高的灵敏度和稳定性；②"趋肤效应"有效消除自吸现象，线性范围宽（4～5 个数量级）；③ICP 中电子密度大，碱金属电离造成的影响小；④Ar 气体产生的背景干扰小；⑤无电极放电，无电极污染。

实验 7-5　荧光法测定维生素 B_2 片剂中核黄素含量

1. 解释为什么测得的荧光与激发辐射呈直角？

提示：荧光与激发光相比是很弱的。如果不是呈直角而是在同一角度，那么测量结果是会受激发光影响的。

2. 叙述如何测量荧光激发光谱。

提示：激发光源为波长可调，测量荧光在某个波长下，不同波长的激发光对荧光的影响。

3. 荧光分析法为什么比紫外-可见分光光度法有更高的灵敏度？

提示：荧光分析法是在入射光的直角方向测定荧光强度，即在黑背景下进行检测，因此可以通过入射光强度 I 或者增大荧光或者磷光信号的放大倍数来提高灵敏度，而紫外-可见法中测定的参数是吸光度，该值与入射光强度和透射光强度的比值相关，入射光强度增大，透射光强度也随之增大，增大检测器的放大倍数也同时影响入射光和透射光的检测，因而限制了灵敏度的提高。

实验 7-6　氟离子选择电极法测定饮用水中的微量氟

1. 用氟电极测定溶液中 F^- 浓度的原理是什么？

提示：能斯特公式和膜电位公式。

2. 本实验中加入总离子强度调节剂的作用何在？

提示：①保持较大且相对稳定的离子强度，使活度系数恒定；②维持溶液在适宜的 pH 范围内，满足离子电极的要求；③掩蔽干扰离子。

3. 比较标准曲线法和标准加入法的应用条件和优缺点，两种方法所得结果有无差异，是什么原因？

提示：考虑测定时的干扰因素。
4. 电极响应斜率如何测定？
提示：作 E-pF 图。

实验 7-7　银电极在碱性介质中的循环伏安曲线的测定
1. 怎样测定循环伏安曲线？
提示：循环伏安曲线是通过循环伏安法测量得到的曲线。
2. 循环伏安曲线上，峰值电位 E_p 与峰值电流 I_p 各代表什么意义？峰面积代表什么意义？
提示：注意氧化反应和还原反应，阴极电流和阳极电流。
3. 如果电势自动扫描前电极预处理不干净，电极上或溶液中有杂质，将对循环伏安曲线产生什么影响？
提示：杂质参加电极反应。
4. 电位扫描速率对循环伏安曲线的影响有哪些？
提示：如果扫描的速度过快，扫描的范围会很宽，测定结果会出现负的误差。
5. 实验中电极表面是否洁净，直接影响实验结果。实验取放电极时应注意避免任何污染？
提示：①电极用后应用水充分冲洗干净，并用滤纸吸去水分，放在空气中，或者放在稀的氟化物标准溶液中。如果短时间不再使用，应洗净，吸去水分，套上保护电极敏感部位的保护帽。电极使用前仍应洗净，并吸去水分。②不得用手触摸电极的敏感膜；如果电极膜表面被有机物等沾污，必须先清洗干净后才能使用。

实验 7-8　气相色谱法测定白酒中乙酸乙酯的含量
1. 用内标法进行定量分析有什么优点？
提示：主要可消除操作条件变化而引起的误差，且定量较准确。
2. 引起内标法定量分析的误差的因素有哪些？
提示：内标物是否选择合适。
3. 为什么可以利用色谱峰的保留值进行色谱定性分析？
提示：相同的物质在同样的色谱条件下，色谱峰的保留值是固定的，所以可以进行定性。

实验 7-9　高效液相色谱法测定磺胺类药物的含量
2. 试分析 HPLC 与 GC 仪器构造的异同点。
提示：主要考虑由流动相不同带来的仪器原理及仪器构造的不同。

第 8 章　化工基础实验
实验 8-1　流体流动型态及临界雷诺数的测定
1. 实验导管入口为何呈喇叭口形状？
提示：本实验流动型态的现象（特别是滞流时）容易受到外界的干扰，实验导管入口呈喇叭口形状，可避免实验流体流经突然缩小的管口时，产生涡流扰动。
2. 能否只用流速的数值来作为流动型态判别的标准？为什么？
提示：不能只用流速的数值来作为流体流动型态判别的标准，因为流体的流动型态决定于流体流动的速度、流体的黏度和密度、设备的几何尺寸等物理量。而雷诺数是流体以上 4 个物理量所组成的无因次数群，因此可作为流体流动型态判别的标准。
3. 本实验为何仅通过改变管内流体的流速，即可观察到流体不同的流动型态？
提示：对于一定温度的流体，在特定的圆管内流动，雷诺数仅与流速有关。本实验是改变水在管内的流速，观察在不同雷诺数下流体流型的变化。
4. 本实验装置中，水在铅垂的实验导管内自上向下流动，可否让水在水平导管内流动来进行实验？
提示：可以。但由于红墨水的密度比水大，观察层流流动型态时，红墨水容易下沉。

实验 8-2　流体流动过程的能量转化
1. 本实验装置中，稳压溢流水槽有何作用？
提示：本实验装置中，稳压溢流水槽的作用是保持实验过程中系统的总压头（H）恒定不变。
2. 本实验如何测定流体的动压头？
提示：测定流体的动压头的方法可参考本实验的实验原理部分。
3. 运用柏努利方程解释各点压头变化。

提示：比较 A 和 B 两点：B 点因管径大，流速小，因此动压头明显比 A 点为小，而静压头比 A 点大，这是动压头转换成静压头的缘故。但是，应该注意，并非扩大管径后静压头一定增加，有时也可能降低，要视管径的扩大情况，突然扩大造成的阻力的大小以及两点之间的距离和位置而定。对于 B、C 两点：由于管径减小，除了需要克服阻力外，还需增加动压头，所以静压头必然降低。

4. 流量增大对流体损失压头及流速分别有何影响，这两种影响有何关系？

提示：管路中流体的流量增大，流速与流体损失压头也增大。但流速与流体损失压头的变化关系并不一致，与流体的流动型态有关（可参考本实验的知识拓展部分）。

实验 8-3　流体流动阻力的测定

1. 什么是直管阻力损失？什么是局部阻力损失？

提示：流体流经直管时所造成机械能的损失称为直管阻力损失。流体通过管件、阀门时因流体运动方向和速度大小改变所引起的机械能损失称为局部阻力损失。

2. 以水做介质所测得的 λ-Re 关系能否适用于其他流体？

提示：适用。

3. 测定流体的阻力有何实际意义？

提示：见实验原理部分。

4. 试述测定阻力压强降 Δp 的实验方法有哪些？本实验采用哪种方法？

提示：见实验原理部分。

实验 8-4　离心泵特性曲线的测定

1. 为什么启动离心泵前，要先灌水排气？

提示：离心泵启动前，必须要灌水排气，否则会出现"气缚"现象（参见本实验的知识拓展部分），离心泵不能正常工作。

2. 为什么离心泵流量越大，泵入口处的真空度越大？

提示：离心泵流量越大，则泵入口处的流速也越大，静压能变成动能，压强就减小，所以真空度越大。

3. 试从所测实验数据分析，离心泵在启动时为什么要关闭出口阀门？

提示：从实验数据可得出：流量越小，轴功率越低。离心泵在启动时关闭出口阀门，可使轴功率最低，以免电机过载烧坏。

4. 测定在一定转速下离心泵的特性曲线具有何意义？

提示：见实验原理部分。

实验 8-5　空气-蒸汽传热膜系数的测定

1. 提高传热速率的有效途径是什么？

提示：根据总传热方程，可从增大传热面积、提高传热的温差、提高传热系数等方面采取措施。

2. 实验中冷流体和蒸汽的流向，对传热效果有何影响？

提示：无影响。因为 $Q=\alpha A \Delta t_m$，不论冷流体和蒸汽是并流还是逆流流动，由于蒸汽的温度不变，故 Δt_m 不变，而 α 和 A 不受冷流体和蒸汽的流向的影响，所以传热效果不变。

3. 蒸汽冷凝过程中，若存在不冷凝气体，对传热有何影响？应采取什么措施？

提示：不冷凝气体的存在相当于增加了一项热阻，降低了传热速率。冷凝器必须设置排气口，以排除不冷凝气体。

4. 实验过程中，冷凝水不及时排走，会产生什么影响？如何及时排走冷凝水？

提示：冷凝水不及时排走，附着在管外壁上，增加了一项热阻，降低了传热速率。在外管最低处设置排水口，及时排走冷凝水。

实验 8-6　干燥操作和干燥速率曲线的测定

1. 测定干燥速率曲线有什么意义？

提示：见本实验原理部分。

2. 如果气流温度（或气流速度、物料）不同时，干燥速率曲线有何变化？

提示：可改变被干燥的物料和干燥操作条件（气流温度或气流速度），根据实验结果讨论干燥速率曲线的变化情况。

3. 为什么要先启动风机，再启动加热器？

提示：避免电加热器因空气不流动而过热，引起损坏。

4. 实验过程中，干、湿球温度计是否变化？为什么？如何判断实验已经结束？

提示：根据实验过程中干、湿球温度计的变化情况进行讨论；被干燥物（毛毡）恒重时，实验结束。

实验 8-7　筛板精馏塔实验

1. 测定全回流和部分回流全塔效率与单板效率时各需测几个参数？取样位置在何处？

提示：测定全回流的全塔效率需测定塔顶、塔釜出液的组成；测定部分回流的全塔效率需测定塔顶、塔釜出液的组成，回流比 R 和热状况 q 等。测定全回流或部分回流的单板效率需测定板式塔上第 n、$n-1$ 层液相组成。

2. 全回流时测得板式塔上第 n、$n-1$ 层液相组成后，如何求得 x_n^*，部分回流时，又如何求 x_n^*？

提示：全回流时，测得 x_{n-1} 后，由 $y_n = x_{n-1}$ 及相平衡关系可求得 x_n^*；部分回流时，测得 x_{n-1} 后，还需测得操作线方程，再通过操作线方程及相平衡关系可求得 x_n^*。

3. 查取进料液的汽化潜热时定性温度取何值？

提示：进料液的泡点温度。

4. 试分析实验结果成功或失败的原因，提出改进意见。

提示：根据实验结果进行分析。

实验 8-8　填料吸收塔传质系数的测定

1. 本实验中，为什么塔底要有液封？

提示：避免塔内气体泄漏，保持塔内压力。

2. 测定 K_{xa} 有什么工程意义？

提示：液相总体积传质系数 K_{xa} 是气液吸收过程重要的参数，是吸收剂性能评定，吸收设备设计、放大的关键参数之一。

3. 为什么二氧化碳吸收过程属于液膜控制？

提示：因二氧化碳在水中的溶解度很小，传质阻力集中于液膜中。

4. 当气体温度和液体温度不同时，应用什么温度计亨利系数？

提示：应用液体温度计算亨利系数。

实验 8-9　多釜串联反应器停留时间分布的测定

1. 测定停留时间分布的方法有哪些？本实验采用哪种方法？

提示：停留时间分布的测定常使用刺激-应答技术，有脉冲输入法和阶跃输入法（阶梯输入法）两种。本实验采用的是脉冲输入法。

2. 如何根据停留时间分布定性地分析实际反应器内物料的流动状况？

提示：可比较实际反应器与理想流动模型的停留时间分布曲线，定性地分析所测的实际反应器内物料的流动状况属于哪种流动模型。

3. 测定反应器停留时间分布的意义何在？

提示：见实验原理部分。

4. 试分析实验过程中，使曲线出现波动的原因有哪些？

提示：在电极的检测通道中有气泡存在、实验过程中误加示踪剂等。

第 9 章　综合性、设计性和研究性实验

实验 9-1　天然水体综合分析

Ⅰ. 石墨炉原子吸收法测定水样中的铜

1. 用石墨炉原子吸收法直接测定天然水样品时会遇到哪些问题？

提示：会遇到多种可能影响分析灵敏度的基体效应。

2. 为什么要使用标准加入法直接测定天然水样品？

提示：为了校正基体效应带来的影响。

3. 石墨炉法为什么必须使用背景扣除技术？

提示：因为总盐含量较高的样品，基本干扰严重。

Ⅱ. 在线分离富集 ICP-AES 测定天然水样中多种元素

1. 在线分离富集有哪些特点？

提示：（1）ICP-AES 是一种化学干扰少、稳定性好、动态范围大和可作多元素同时测定等的检测方法。

（2）大大提高了方法的检测灵敏度，减小了基体干扰。

（3）具有分析速率快和污染误差小的优点。

Ⅲ. 荧光分光光度法测定天然水样中微量氟

2. 绘制工作曲线时为何要加入无氟蒸馏水？

提示：避免 Zr^{4+}-钙黄绿素蓝与氟发生作用。

Ⅳ. 天然水样中活性磷酸盐的测定

1. 抗坏血酸在本方法中起何作用？可用何种试剂代替？

提示：抗坏血酸在本方法中起还原剂作用，可用氯化亚锡代替。

2. 酒石酸氧锑钾在本方法中起何作用？如何不加会有何影响？

提示：在酒石酸氧锑钾的存在下，磷钼黄被抗坏血酸还原为磷钼蓝，可在 710nm 附近波长处测定溶液的吸光度。

3. 为何混合试剂不能长期使用？

提示：混合后易变质。

4. 为何在结果计算中要扣除 A_t 值？

提示：因为 A_t 为水样因浑浊而引起的吸光度值。

5. 试讨论天然水样中活性磷酸盐的含量是冬季多还是夏季多？

提示：夏季多。

Ⅴ. 聚苯胺导电聚合膜的制备及天然水样 pH 的测定

1. 为什么玻碳电极在聚合前要认真地进行前处理？

提示：用来作化学修饰电极的玻碳电极要求表面十分清洁，无沾污，具有较好的活性。

2. 什么是修饰电极？在分析上有何应用？

提示：修饰电极是利用化学或物理的方法，将特定功能的分子、离子、聚合物等固定在电极表面，实现功能设计。在分析上的应用是提高电极的灵敏度。

Ⅵ. 薄层流动时安法测定天然水样的溶解氧

1. 比较本方法（恒电位时安法）和碘量法（Winkler 法）。

提示：恒电位法是控制被测电极的电位，测定不同电位下的电流密度，把测得的一系列不同电位下的电流密度与电位值在平面坐标系中描点并连接成曲线，即得恒电位极化曲线。恒电位法的精确度比恒电流法差，但是测量起来比较简便。碘量法是测定水中溶解氧的基准方法，在没有干扰的情况下，此方法适用于各种溶解氧浓度大于 $0.2mg \cdot L^{-1}$ 和小于氧的饱和浓度 2 倍（约 $20mg \cdot L^{-1}$）的水样。由于考虑到某些干扰而采用改进的 Winkler 法。

2. 比较本方法（恒电位时安法）和极谱法。

提示：通过测定电解过程中所得到的极化电极的电流-电位（或电位-时间）曲线来确定溶液中被测物质浓度的一类电化学分析方法。极谱法是使用滴汞电极或其他表面能够周期性更新的液体电极为极化电极。

Ⅶ. 天然水样中化学耗氧量的测定

1. 水样中加入 $KMnO_4$ 溶液煮沸后，若紫红色褪去，说明什么？应怎样处理？

提示：说明水样的 COD 值很高，应增加 $KMnO_4$ 溶液的体积。

2. 用重铬酸钾法测定时，若在加热回流后溶液变绿是什么原因？应如何处理？

提示：那是溶液中的还原性物质与重铬酸钾反应得到三价铬离子的颜色。需要再加一下重铬酸钾，然后再进行下面的操作，不过新加入的重铬酸钾要适量。

3. 水样中 Cl^- 的含量高时，为什么对测定有干扰？如何消除？

提示：分析过程中，水样中 Cl^- 极易被氧化剂氧化，大量的 Cl^- 使得 COD 测定结果偏高。可加入 Ag_2SO_4 消除其干扰，也可改用碱性高锰酸钾法进行测定。

4. 水样中化学耗氧量的测定有何意义？

提示：COD 是水质污染程度的主要指标之一。

Ⅷ. 水样中微量维生素 B_{12} 的测定

1. 固相萃取的原理是什么？为什么 C_{18} 预处理小柱富集样品的要进行活化？

   提示：见前面的知识拓展。活化可排除杂质的干扰。

2. 文献[16]采用 Ultraspher ODS（4.6×250），流动相为甲醇-水（40：60，体积比）含 0.05mol·L^{-1} KH_2PO_4，出峰顺序维生素 B_{12} 在前，维生素 B_1 在后，正好与本实验相反。你认为这两种结果都正确吗？如何正确地确定色谱峰的归属。

   提示：两种结果都正确，要根据具体的实验条件来确定色谱峰的归属。

3. 有人认为维生素 B_{12} 在 212nm 有更大的吸光系数，为什么本实验不能采用这一波长检测？为什么 360nm 的色谱图不出现维生素 B_1 的色谱峰？

   提示：因为也要考虑维生素 B_1 的出峰情况。分离效果问题，可能被掩盖了。

4. 流动相中 KH_2PO_4 的作用是什么？试述反相离子对色谱的分离机制。

   提示：流动相中 KH_2PO_4 的作用是保证被检测物具有良好的分离效果。反相离子对色谱的分离机制：把离子对试剂加入到含水流动相中，被分析的组分离子在流动相中与离子对试剂的反离子生成不带电荷的中性离子，从而增加溶质与非极性固定相的作用，使分配系数增加，改善分离效果。

5. 荧光法和毛细管电泳法能否测定天然水样中的维生素 B_{12}，为什么？

   提示：可以测定。

Ⅸ. 天然水样中叶绿素 a 的荧光分析

1. 为什么水样过滤前需加入 $MgCO_3$？

   提示：更好地截留天然水样中的浮游植物细胞在滤膜上。

2. 叶绿素 a 的同步荧光光谱和常规荧光光谱相比，有什么不同？

   提示：为减少萃取液中存在其他植物色素如脱镁叶绿素和叶绿素 b 的干扰影响，实验应采用同步荧光法进行测定。

3. 天然水样中的叶绿素从何而来？试想若叶绿素含量较高，足以现场测定，那么直接天然水样现场叶绿素测定所得的荧光光谱和经萃取后的叶绿素荧光光谱是否相同？请分析原因。

   提示：来自海洋浮游植物不同，经萃取后的叶绿素成分与天然水样现场叶绿素有区别。

实验 9-2 表面活性剂综合分析

Ⅰ. 表面吸附的物理化学性质

1. 少量的杂质（如醇类）对十二烷基硫酸钠的表面张力会有什么影响？

   提示：表面张力会增大。

2. 温度对十二烷基硫酸钠的表面张力会有什么影响？

   提示：温度对十二烷基硫酸钠的表面张力有一定的影响，呈先降后升的趋势。

3. 测定溶液的表面张力，除了吊片法外，还有哪些方法？请论述它们的优缺点。

   提示：表面张力方法、电导法、光散射法、染料法、荧光光度法、核磁共振法、导数光谱法等。

4. 关于胶团形成的热力学，除了质量作用模型外，还有哪些模型？请讨论它们的优缺点。

   提示：还有相分离模型。

Ⅱ. 表面活性剂胶团胶束形成——破坏动力学

1. 十二烷基硫酸钠中的杂质对实验结果是否有影响？

   提示：有影响。

2. 论述温度对胶束离解平衡常数和胶束的生存期的影响。

   提示：论述温度对胶束解离平衡常数和胶束的生存期的影响。

3. 在表面活性剂胶团动力学研究中，除了浓度阶跃法外，还有哪些主要研究方法？

   提示：还有化学弛豫的方法。

实验 9-3 植物叶绿体色素的提取、分离、表征及含量测定

1. 绿色植物叶片的主要成分是什么？一般天然产物的提取方式有哪些？

   提示：主要成分是叶绿素和类胡萝卜素。一般天然产物的提取方式有浸渍法、渗入法、煎煮法、回流提取法、连续提取法等。

3. 试比较叶绿素、胡萝卜素和叶黄素 3 种色素的极性，为什么胡萝卜素在氧化铝色谱柱中移动最快？

提示：极性大小：叶绿素＞叶黄素＞胡萝卜素。极性小，其在氧化铝柱上的吸附力最弱，所以移动快。

4. 为何在646nm和635nm波长处叶绿素b和叶绿素a的一阶导数值分别为零？试从吸收光谱与一阶导数谱图的关系加以解释。

提示：因为在600～700nm之间胡萝卜素一阶导数为零，没有吸收。在某个特定波长下，叶绿素a有一定的导数值，而叶绿素b的导数为零；同理，在另一个特定波长下，叶绿素b有一定的导数值，而叶绿素a的导数值为零。这样可以实现叶绿素a和叶绿素b的同时测定，又不受胡萝卜素的干扰。

5. 叶绿素同步荧光光谱和常规荧光光谱相比，有什么不同？能否只用一次同步扫描完成叶绿素a和叶绿素b的测定？

提示：区别是同时扫描激发和发射两个单色器波长；由测得的荧光强度信号与对应的激发波长（或发射波长）构成光谱图，称为同步荧光光谱。不能。

6. 在HPLC中，采用双波长检测有什么好处？如何确定色谱峰的纯度？

提示：在HPLC中，采用双波长检测可有效排除不同测定组分之间的干扰。可以用MS来确定色谱峰的纯度。

实验9-4　GC-ECD法测定蔬菜中拟除虫菊酯类农药的残留量

1. 样品的预处理过程非常重要，其农药残留物的提取效率直接影响到最后测定结果的准确度，应该怎样来评估农药残留物的提取效率？

提示：首先实验所用的时间不能太长，所制得的待测液颜色应该比较浅，因为纯粹的该类农药溶液是无色的，颜色越多说明混入的杂质的量越多，虽然大家可能认为只是叶绿素偏多了，但事实上叶绿素的偏多可以间接证明实验操作并不规范，一定还有很多杂质混入，这对结果的影响是很大的，结果图谱中在相应的时间内所出的峰越独立，如尖峰是比较好的，如果是没有很多杂质峰连在一起的锯齿状峰，则所造成的误差就很大了。须知，农药的含量本身就是微量，如果与杂质峰相连，那么误差一定很大！这对于要求十分严格的农药测定来说是不符要求的。所以操作前一定要严谨！

2. 用外标法-标准曲线法测定蔬菜中菊酯类农药残留量，应特别注意哪些事项？是否可以采用归一化法或内标法来测定其残留量？

提示：最好是和样品有同样的基体成分，标准物的量和样品中的要测定成分的量相近。可以采用。

3. 如果农药残留物的色谱峰有重叠不能完全分开，可以调节哪些参数来改善色谱分离效果？

提示：峰连在一起的原因有：仪器来不及检测，相邻的物质性质十分相似等。除了基本的仪器与处理操作外，可以通过设置扩大进样延迟的时间，降低升温速度，在某一处比较集中的区域设置停止升温的缓冲时间（程序升温），降低流动速度，降低柱压，另外还有一些非参数调节，如更换流动相、换极性不同的管子等。

实验9-5　稀土铕、铽 β-二酮配合物的合成、表征及其发光性能测定

1. 与一般过渡金属和其他金属离子相比，稀土离子形成配合物时有什么特点？

提示：稀土元素与过渡金属相比，在配位数方面有两个突出的特点：①有较大的配位数；②有多变的配位数。

2. 稀土配合物发光材料和其他发光材料有什么优点？

提示：性质：稀土发光是由稀土4f电子在不同能级间跃出而产生的，因激发方式不同，发光可区分为光致、阴极射线、电致、放射性和X射线发光等。稀土发光具有吸收能力强，转换效率高，可发射从紫外线到红外线的光谱，特别在可见光区有很强的发射能力等优点。稀土发光材料已广泛应用在显示显像、新光源、X射线增光屏等各个方面。

实验9-6　水和土壤中有机磷农药残留量的测定

1. 如何确定组分的出峰顺序？

提示：根据组分的保留时间来确定。

2. 定量的方法还有哪些？

提示：定量的方法还有外标法、内标法等。

实验9-7　γ-Al_2O_3的制备、表征和活性评价

1. 甲醇的转化率与γ-Al_2O_3的什么性质有关？

提示：与γ-Al_2O_3的表面酸性质有关。

2. 就你所了解的知识，还可以用什么手段表征 γ-Al_2O_3 的性质？

提示：可以用 Py-IR、NH_3-TPD 等手段来表征 γ-Al_2O_3 的性质。

实验 9-8 光学树脂的合成与表征

1. 光学树脂材料有哪些用途？

提示：制造矫正视力用的镜片、角膜接触镜、放大镜和太阳镜等。

2. 光学树脂的主要性能有哪些？

提示：折射率、阿贝数、双折射、冲击强度、表面硬度、吸湿性等。

3. 针对光学树脂的缺点，可用哪些方法进行改性？

提示：可通过共混或共聚；通过调节折射率和阿贝数在一定范围内；引入硫原子等相对密度较大的原子；控制树脂有适当的交联度等。

实验 9-9 环氧树脂的合成与表征

1. 环氧树脂有哪些特点？

提示：环氧树脂具有优良的力学性能、介电性能和热稳定性。

2. 影响环氧树脂固化的因素有哪些？

提示：影响环氧树脂固化的因素有：环氧树脂、固化剂及固化剂促进剂的结构；固化反应温度、空气中二氧化碳及溶剂。

3. 针对环氧树脂的缺点，可用哪些方法进行改性？

提示：可用聚氨酯改性环氧树脂。

实验 9-10 裂化催化剂活性的表征

哪种催化剂的裂解活性高，哪种催化剂的裂解活性低，为什么？

提示：催化裂化主要以正碳离子机理进行的，其活性就与催化剂的表面酸性有关，分子筛的活性高，活性白土活性低。

实验 9-11 纳米材料（CuO、Mn_2O_3、CdS）的合成与表征

1. 固相反应不仅能够制备纳米氧化物、硫化物、复合氧化物等，还能够制备多种簇合物，特别是一些对溶剂发生副反应的化合物。它还广泛用于一些有机反应。根据固相反应理论，试提出两个常见的化学反应改用固相反应的可能性。

提示：参见实验示例中的反应。

2. 固相化学反应为什么能生成纳米材料？

提示：在固相反应过程中，反应产物的形貌取决于反应过程中产物成核与生长的速率。当成核的速率大于生长的速率时，得到的产物为纳米微粒。

3. 为什么液相均相沉淀法合成纳米 Mn_2O_3 粉末过程中要加入 $C_{18}H_{29}NaO_3S$（十二烷基苯磺酸钠）表面活性剂？

提示：因为表面活性剂可以有效地缩小晶粒尺寸，抑制粒子的团聚。添加适当品种和用量的表面活性剂对于形成形状和大小均一的粒子是很重要的条件。

4. 晶粒尺寸的减小是否为导致衍射加宽的唯一因素？

提示：不是。狭缝大小、角度、样品的位置高低、样品的吸收因子、密实程度等都会影响到衍射峰的宽度。

实验 9-12 微波等离子体化学反应制备纳米新材料

1. 等离子体化学反应有哪些特点？等离子体化学反应主要应用于哪些方面？

提示：等离子体化学反应是通过气体放电产生等离子体，自由电子从外加电场中获得能量后跟气体中的原子和分子碰撞，由此引起原子、分子的内态变化，产生激发、解离和电离。这些物种都是极不稳定的，具有很高的化学活性，因而很容易发生在一般条件下无法进行的各种化学反应，生成新的化合物。等离子体化学反应主要应用于化工、冶金、机械、纺织、电子、能源、半导体、医药等不同领域。

实验 9-13 新型添加剂氨基酸锌的制备及性质

1. 你对利用相平衡法发现、制备新型化合物有何认识？

提示：利用相平衡法可进行化合物的分离，可提供反应物在体系中是否能形成配合物、形成几种及其性质如何等信息。

2. 对新型配合物结构分析的方法，还能有什么手段，例如 NMR 谱、Raman 谱等。你认为这些方法与配合物的单晶结构分析关系如何？

提示：对新型配合物结构分析的方法，还有 NMR 谱、Raman 谱、EXAFS 等手段，这些方法有助于解析配合物的单晶结构。

实验 9-14　功能化超支化聚酯的合成

1. 超支聚合物同传统线性高分子及规整树枝状高分子相比有什么结构性能特点？

提示：超支化聚合物含有 3 种不同类型的重复单元，即末端单元、线性单元和树枝状支化单元。

2. 要得到相对分子质量及分布都比较满意的脂肪族超支化聚合物，合成时有哪些关键控制参数。

提示：合成时可在聚合物共混中用做各种添加剂，如分散剂、增容剂、增韧剂、环氧树脂固化剂、烃类的染色助剂等。

实验 9-15　纳米组装血红蛋白的直接电化学和催化研究

1. 纳米材料在电极表面修饰层内作用原理和原因是什么？

提示：当利用纳米材料对电极进行修饰时，除了可将材料本身的物化特性引入电极界面外，同时也会拥有纳米材料的大比表面积，粒子表面带有较多功能基团等特性，从而对某些物质的电化学行为产生特有的催化效应。

2. 探讨血红素蛋白对过氧化氢的催化机理？

提示：血红素蛋白对过氧化氢的催化机理：

$2Fe^{2+}(ferro) + H_2O_2 \longrightarrow 2Fe^{3+}(ferro) + 2OH^-$　　$Fe^{3+}(ferro) + e^- \longrightarrow Fe^{2+}(ferro) ferro-卟啉$

3. 说明米氏常数 K_m 的生物学意义。

提示：米氏常数（K_m）是研究酶促反应动力学最重要的常数。它的数值等于酶促反应到达其最大速率一半时的底物浓度 [S]，可以表示酶和底物之间的亲和能力，K_m 值越大，亲和能力越弱，反之亦然。

参 考 文 献

[1] 徐家宁,门瑞芝,张寒琦编. 基础化学实验:上册. 北京:高等教育出版社,2006.
[2] 徐家宁,张锁秦,张寒琦编. 基础化学实验:中册. 北京:高等教育出版社,2006.
[3] 徐家宁,朱万春,张忆华,张寒琦编. 基础化学实验:下册. 北京:高等教育出版社,2006.
[4] 张寒琦,徐家宁主编. 综合和设计化学实验. 北京:高等教育出版社,2006.
[5] 张勇主编,胡显智,童志平副主编. 现代化学基础实验. 第2版. 北京:科学出版社,2005.
[6] 辛剑,孟长功主编. 基础化学实验. 北京:高等教育出版社,2004.
[7] 段玉峰主编. 综合训练与设计. 北京:科学出版社,2003.
[8] 古凤才,肖衍繁,张明杰,刘炳泗主编. 基础化学实验教程. 第2版. 北京:科学出版社,2005.
[9] 武汉大学化学与分子科学学院实验中心编. 无机化学实验. 武汉:武汉大学出版社,2002.
[10] 武汉大学化学与分子科学学院实验中心. 有机化学实验. 第3版. 武汉:武汉大学出版社,2004.
[11] 王伦,方宾主编. 化学实验:上册. 北京:高等教育出版社,2003.
[12] 王伦,方宾主编. 化学实验. 下册. 北京:高等教育出版社,2003.
[13] 北京师范大学无机教研室主编. 无机化学实验. 第3版. 北京:高等教育出版社,2001.
[14] 南京大学化学实验教学组编. 大学化学实验. 北京:高等教育出版社,1999.
[15] 大连理工大学无机化学教研室. 无机化学实验. 第2版. 北京:高等教育出版社,2004.
[16] 王清廉,沈凤嘉编. 有机化学实验. 北京:高等教育出版社,1992.
[17] 曾昭琼主编. 有机化学实验. 第3版. 北京:高等教育出版社,2000.
[18] 华中师范大学,东北师范大学,陕西师范大学,北京师范大学编. 分析化学实验. 第3版. 北京:高等教育出版社,2001.
[19] 刘洪来,任玉杰主编. 实验化学原理与方法. 第2版. 北京:化学工业出版社,2007.
[20] 黄佩丽编. 无机元素化学实验现象剖析. 北京:北京师范大学出版社,1990.
[21] 林培良主编. 无机化学实验解说. 长春:东北师范大学出版社,1985.
[22] 林宝凤等编著. 基础化学实验技术绿色化教程. 北京:科学出版社,2003.
[23] 北京师范大学《化学实验规范》编写组编著. 化学实验规范. 北京:北京师范大学出版社,1987.
[24] 武汉大学化学与分子科学学院实验中心. 物理化学实验. 武汉:武汉大学出版社,2004.
[25] 冯仰婕,邹文樵主编. 应用物理化学实验. 北京:高教出版社,1990.
[26] 柳厚田,徐品第等译. 周伟舫校. 电化学的仪器方法. 上海:复旦大学出版社,1992.
[27] 游效曾主编. 结构分析导论. 北京:科学出版社,1980.
[28] 陈志文,张蔗远. 纳米Mn_2O_3的制备及其ESR研究. 波谱学杂志,1997,15:443-448.
[29] 复旦大学等编. 物理化学实验. 第2版,北京:高等教育出版社,2003.
[30] 尹业平,王辉宪主编. 物理化学实验. 北京:科学出版社,2006.
[31] 北京大学化学学院物理化学实验教学组编. 物理化学实验. 第4版. 北京:北京大学出版社,2002.
[32] 韩喜江,张天云主编. 物理化学实验. 哈尔滨:哈尔滨工业大学出版社,2004.
[33] 金丽萍,邬时清,陈大勇编. 物理化学实验. 第2版,上海:华东理工大学出版社,2005.
[34] 李元高主编. 物理化学实验研究方法. 长沙:中南大学出版社,2003.
[35] 孙在春,蔺五正,刘金河,杨国华编著. 物理化学实验. 第2版. 山东:石油大学出版社,2002.
[36] 刘寿长,张建民,徐顺主编. 物理化学实验与技术. 郑州:郑州大学出版社,2004.
[37] 浙江大学化学系组编,雷群芳主编. 中级化学实验. 北京:科学出版社,2005.
[38] 苏克曼,张济新主编. 仪器分析实验. 第2版,北京:高等教育出版社,2005.
[39] 赵藻藩,周性尧,张悟铭,赵文宽编. 仪器分析. 北京:高等教育出版社,1998.
[40] 朱明华编. 仪器分析. 北京:高等教育出版社,2000.
[41] 北京师范大学仪器分析实验编写组. 基础仪器分析实验. 北京:北京师范大学出版社,1988.
[42] 穆华荣,陈志超主编. 仪器分析实验. 第2版. 北京:化学工出版社,2004.
[43] 武汉大学化学与分子科学学院实验中心编. 化工基础实验. 武汉:武汉大学出版社,2003.

[44] 福建师范大学，上海师范大学编. 化工基础：上册. 第4版. 北京：高等教育出版社，2014.
[45] 福建师范大学，上海师范大学编. 化工基础：下册. 第4版. 北京：高等教育出版社，2014.
[46] 祁存谦，胡振瑗主编. 简明化工原理实验. 武汉：华中师范大学出版社，1991.
[47] 邹华生，黄少烈主编. 化工原理. 第2版. 北京：高等教育出版社，2009.
[48] 武汉大学主编. 化学工程基础. 第2版. 北京：高等教育出版社，2011.
[49] 郭翠梨主编. 化工原理实验. 北京：高等教育出版社，2013.